변환 계수	
면적/넓이 :	$1\ \mathrm{m}^2 = 10^4\ \mathrm{cm}^2 = 10^6\ \mathrm{mm}^2$
	$1\ \mathrm{m}^2 = 10.764\ \mathrm{ft}^2$
	$1\ \mathrm{ft}^2 = 144\ \mathrm{in}^2$
	$1\ \mathrm{ft}^2 = 0.092903\ \mathrm{m}^2$
밀도 :	$1\ \mathrm{g/cm}^3 = 1000\ \mathrm{kg/m}^3$
	$1\ \mathrm{g/cm}^3 = 62.428\ \mathrm{lbm/ft}^3$
	$1\ \mathrm{lbm/ft}^3 = 16.018\ \mathrm{kg/m}^3$
에너지 :	$1\ \mathrm{J} = 0.73756\ \mathrm{ft-lbf}$
	$1\ \mathrm{kJ} = 737.56\ \mathrm{ft-lbf}$
	$1\ \mathrm{kJ} = 0.9478\ \mathrm{Btu}$
	$1\ \mathrm{ft-lbf} = 1.35582\ \mathrm{J}$
	$1\ \mathrm{Btu} = 778.17\ \mathrm{ft-lbf}$
	$1\ \mathrm{Btu} = 1.0551\ \mathrm{kJ}$
	$1\ \mathrm{kcal} = 4.1868\ \mathrm{kJ}$
에너지 전달률 :	$1\ \mathrm{W} = 3.413\ \mathrm{Btu/h}$
	$1\ \mathrm{kW} = 1.341\ \mathrm{hp}$
	$1\ \mathrm{Btu/h} = 0.293\ \mathrm{W}$
	$1\ \mathrm{hp} = 2545\ \mathrm{Btu/h}$
	$1\ \mathrm{hp} = 550\ \mathrm{ft-lbf/s}$
	$1\ \mathrm{hp} = 0.7457\ \mathrm{kW}$
	$1\ 냉동톤 = 200\ \mathrm{Btu/min}$
	$1\ 냉동톤 = 211\ \mathrm{kJ/min}$
힘 :	$1\ \mathrm{N} = 1\ \mathrm{kg-m/s}^2$
	$1\ \mathrm{N} = 0.22481\ \mathrm{lbf}$
	$1\ \mathrm{lbf} = 4.4482\ \mathrm{N}$
길이 :	$1\ \mathrm{cm} = 0.3937\ \mathrm{in.}$
	$1\ \mathrm{in.} = 2.54\ \mathrm{cm}$
	$1\ \mathrm{m} = 3.2808\ \mathrm{ft}$
	$1\ \mathrm{ft} = 0.3048\ \mathrm{m}$
	$1\ \mathrm{mile} = 1.6093\ \mathrm{km}$
	$1\ \mathrm{km} = 0.62137\ \mathrm{mile}$
질량 :	$1\ \mathrm{kg} = 2.2046\ \mathrm{lbm}$
	$1\ \mathrm{lbm} = 0.4536\ \mathrm{kg}$
압력 :	$1\ \mathrm{Pa} = 1\ \mathrm{N/m}^2$
	$1\ \mathrm{Pa} = 1.4504 \times 10^{-4}\ \mathrm{lbf/in}^2$
	$1\ \mathrm{atm} = 101.325\ \mathrm{kPa}$
	$1\ \mathrm{bar} = 100\ \mathrm{kPa}$
	$1\ \mathrm{lbf/in}^2 = 6894.8\ \mathrm{Pa}$

$$1 \text{ lbf/in}^2 = 144 \text{ lbf/ft}^2$$
$$1 \text{ atm} = 14.696 \text{ lbf/in}^2$$

비에너지 :

$$1 \text{ kJ/kg} = 0.42992 \text{ Btu/lbm}$$
$$1 \text{ Btu/lbm} = 2.326 \text{ kJ/kg}$$

비열 :

$$1 \text{ kJ/kg} \cdot \text{K} = 0.238846 \text{ Btu/lbm} \cdot \text{R}$$
$$1 \text{ kcal/kg} \cdot \text{K} = 1 \text{ Btu/lbm} \cdot \text{R}$$
$$1 \text{ Btu/h} \cdot \text{R} = 4.1868 \text{ kJ/kg} \cdot \text{K}$$

체적/부피 :

$$1 \text{ cm}^3 = 0.061024 \text{ in}^3$$
$$1 \text{ m}^3 = 35.315 \text{ ft}^3$$
$$1 \text{ L} = 0.001 \text{ m}^3$$
$$1 \text{ in}^3 = 16.387 \text{ cm}^3$$
$$1 \text{ ft3} = 0.028317 \text{ m}^3$$
$$1 \text{ gal} = 0.13368 \text{ ft}^3$$
$$1 \text{ gal} = 0.0037854 \text{ m}^3$$

물리 상수

일반 이상 기체 상수 :

$$\overline{R} = 8.314 \text{ kJ/kmol} \cdot \text{K}$$
$$= 1545 \text{ ft} - \text{lbf/lbmol} \cdot \text{R}$$
$$= 1.986 \text{ Btu/lbmol} \cdot \text{R}$$

표준 중력 가속도 :

$$g = 9.8067 \text{ m/s}^2$$
$$= 32.174 \text{ ft/s}^2$$

표준 대기압 :

$$1 \text{ atm} = 101.325 \text{ kPa}$$
$$= 14.696 \text{ lbf/in}^2$$
$$= 760 \text{ mmHg} = 29.92 \text{ in.Hg}$$

EE 단위 변환 상수 :

$$g_c = 32.174 \text{ lbm} - \text{ft}/(\text{lbf} - \text{s}^2)$$

Principles of
ENGINEERING THERMODYNAMICS
SECOND EDITION

공업열역학 2e

Principles of Engineering Thermodynamics, SI Edition, Second Edition

John R. Reisel

ISBN-13: 979-11-5971-470-2

Cengage Learning Korea Ltd.
14F YTN Newsquare 76 Sangamsan-ro
Mapo-gu Seoul 03926 Korea
Tel: (82) 2 1533 7053
Fax: (82) 2 330 7001

Cengage is a leading provider of customized learning solutions with employees residing in nearly 40 different countries and sales in more than 125 countries around the world. Find your local representative at: **www.cengage.com**.

To learn more about Cengage Solutions, visit **www.cengageasia.com**.

Every effort has been made to trace all sources and copyright holders of news articles, figures and information in this book before publication, but if any have been inadvertently overlooked, the publisher will ensure that full credit is given at the earliest opportunity.

Printed in Korea
Print Number: 01   Print Year: 2023

SI EDITION

Principles of
ENGINEERING THERMODYNAMICS
SECOND EDITION

John R. Reisel 지음

공업열역학 2e

권영진 · 박상희 · 박세환 · 양 협
염정국 · 정창윤 · 한영배 옮김

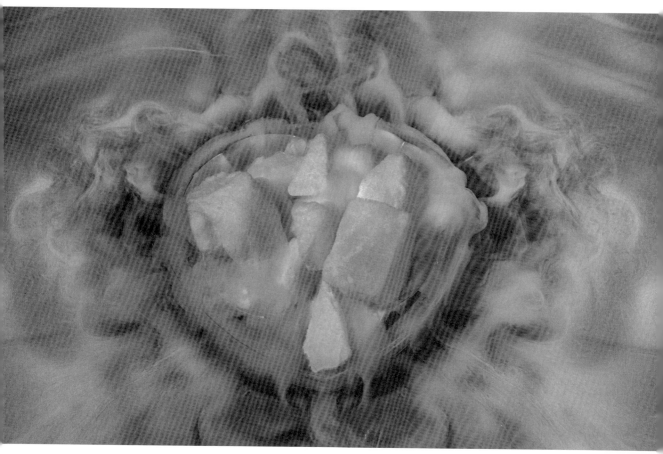

 북스힐

Cengage

Australia · Brazil · Canada · Mexico · Singapore · United Kingdom · United States

To my wife Jennifer, and my children Theresa and Thomas—may Thermodynamics continue to provide them with modern wonders.

SI판 서문

이번 **공업 열역학** 제2판은 전반적으로 국제 단위계(*Le Système International d'Unités*, 즉 SI 단위계)를 채택한 개정판이다.

국제 단위계

미 상용 단위계(USCS ; the United States Customary System of units)에서는 FPS(foot - pound - second) 단위가 사용된다. (이는 영국 단위 또는 제국 단위라고도 한다). SI 단위계는 주로 MKS(meter - kilogram - second) 단위계이다. 그러나 cgs(centimeter - gram - second) 단위계 또한 특히 여러 교재에서 SI 단위로 인정을 많이 받고 있다.

이 교재에서 SI 단위를 사용한 내용

이번 교재에는 MKS 단위와 cgs 단위가 모두 사용되어 있다. 미 국내 판에 사용되었던 FPS 단위인 미 상용 단위계는 본문과 문제에서 완전히 SI 단위로 바뀌었다. 그러나 각종 편람과 정부 표준 그리고 제품 안내서에 있는 데이터를 인용하게 될 때는, 모든 값을 SI 단위로 변환시키는 것이 극히 어려울 뿐만 아니라 그 출전의 지식재산권을 침해하는 것이기도 하다. 그러므로, 그림과 표 그리고 참고 문헌에 포함되어있는 데이터 가운데 일부에는 FPS 단위가 그대로 실려있다. 특히, 제1장과 제2장에는 USCS 단위와 FPS 단위가 함께 사용되어 있는데, 이는 이 장에서는 이러한 여러 단위계를 소개하고 일반적으로 널리 사용되고 있는 단위계 간 변환을 연습시키고자 하고 있기 때문이다. USCS 단위와 SI 단위 간 관계에 익숙하지 않을 때는, 앞·뒤표지 안쪽 면에 단위 변환표가 실려있으므로 이를 참고하면 된다.

출처가 분명한 데이터를 사용해서 문제를 풀고자 할 때는, 그 데이터를 계산에 사용하기 직전에 FPS 단위에서 SI 단위로 변환시키면 된다. 단위가 SI인 표준값과 제조업체 데이터가 필요할 때는 해당 국가/지역에 있는 담당 정부 기관이나 관계 당국에 알아보면 된다.

2판 역자 서문

 이번 제2판 국문판에서도 초판에서 기술한 발간 기조를 그대로 유지하였으므로, 초판 역자 서문을 참고하길 바란다.

 다만, 제2판 원서에 새롭게 편성된 특징적인 변화 내용과 역자로서 마땅히 한 일을 함께 개조식으로 요약하면 다음과 같으며, 전자에 관한 상세한 설명은 원저자 서문과 해당 본문을 참고하길 바란다.

 ① 적어도 200 문이 넘는 연습문제들이 각 장에 신규/교체 되어 새로이 추가되었다.
 ② 각 장의 해당 절 마다 끝부분에 "심층 사고/토론용 질문"란이 신설되어 있다.
 ③ 각 장 마다 "요약"란에 "핵심 식"들을 정리하여 추가하였다.
 ④ 제1장에는 국제단위계(SI) 외에도 미 상용단위계(USCS)가 추가 소개되어 있다.
 ⑤ 제7장에 왓킨슨 사이클과 밀러 사이클에 관한 간단한 내용이 신규 추가되었다.
 ⑥ 참고로 Digital Resources 사용에 관한 안내문을 원문 그대로 실었다.
 ⑦ 초판에 있었던 구문상 오류와 의미상 오류를 색출하여 바로 잡았다.

 제①항에 관하여, 저자 서문에는 '무려 100문이 넘는' 새로운 문제로 연습문제가 풍부해졌다고 하였으나, 실제로 살펴보니 연습문제는 적어도 200문 이상이 신규로 또는 교체되어 증가하였으며 각종 문제도 함께 분석한 결과 그 통계는 다음과 같다.

판 / 항목 / 장	초판 연습문제 수 (N_1)	제2판			
		연습문제 수 (N_2)	설계/개방형 문제 수 $(n_2 \subset N_2)$	예제 수	연습문제 수 증분 $(\Delta = N_2 - N_1)$
1	52	67	–	6	15
2	57	75	–	11	18
3	62	81	–	13	19
4	113	147	8	19	34
5	64	77	4	4	13
6	118	146	9	21	28
7	103	120	16	14	17
8	41	51	5	4	10
9	78	94	6	9	16
10	71	87	6	10	16
11	108	126	8	14	18
합	867	1,071	62	125	204

제②항에 관하여, 이 질문란이 신설된 것은, 저자 서문 내용을 빌리자면, 열역학 및 공학과 관련된 주제에 관하여 깊이 생각하도록 자극을 주어 제시된 질문을 생각하고 토론함으로써, 에너지가 개개인과 세상에 어떻게 영향을 미치는지를 꿰뚫어 보는 통찰력을 키우게 될 것이다. 또한, 이러한 정보가 설계 및 제작 중에 어떻게 에너지에 적용될 수 있는지를 이해하게 해 줄 것이므로 이는 저자가 기획한 매우 중요한 특징적인 변화 가운데 하나임이 분명하다.

제③항에 관하여, 공학에서는 해당 이론 식의 탄생 배경과 식 유도 과정도 중요하지만 식을 쉽게 사용할 수 있도록 식들을 잘 정리하는 관리 또한 중요하다. 그러한 견지에서 볼 때, 각 장 마다 "요약"란에는 "핵심 식"들이 잘 정리하여 새로이 추가되어 있다.

제④항에 관하여, 단위는 공대 학생들과 엔지니어들에게는 항상 긴장하고 있어야만 하는 기본 소양이자 최종 병기이다. 단위는 가장 중요한 공학 정보이자 차원해석 수단임을 잘 알면서도 소홀히 하기 쉬운, 말하자면 '애증의 대상'이라고나 할까? 제1.1.5목에서는 미 상용단위계 (USCS, the United States Customary System ; FPS 단위계를 기본으로 한다)의 수줍은 귀환을 예고하는 것일까? 현재 일상생활에서 국제단위계 (SI, Le Système International d'Unités ; MKS + cgs 단위계를 기본으로 한다) 사용이 강제되고 있지 않는 나라로 미국과 미얀마가 공식적으로 언급되고 있지만, 현실적인 면을 고려할 때 SI 단위와 함께 USCS 를 익히는 것도 엔지니어로서 차원과 단위 개념의 외연을 넓히는데 훨씬 더 좋다고 생각한다.

제⑤항에 관하여, 최근 하이브리드 차량용 내연기관에 왓킨슨 사이클과 밀러 사이클 용도가 늘어나는 것을 염두에 두고 이를 추가하여 짧게 소개하고 있다. 종래에 인기가 많은 여러 종류의 사이클에 쏟아붇고 있는 설명 분량에 비하면 턱없이 부족하지만 엔진 설계 관련 분야에도 여러분의 관심을 끌고자 시도한 내용이므로 저자의 의도대로 많은 관심을 기울이길 바란다.

제⑥항에 관하여, 당연히 모든 교재에는 관련 자료들이 딸려 있기 마련이다. 굳이 고유 명칭을 사용하지는 않겠지만, 이를테면, 해답집, 슬라이드와 이미지 라이브러리를 일컫는 일명 강의 보조 자료 그리고 컴퓨터 S/W와 IT 앱을 사용하여 강의/학습을 설계하고 수행 평가 등을 측정할 수 있는 여러 툴과 그 접속 방법이 소개되어 있으므로, 관심이 많은 교수자/학습자들은 참조하길 바란다. 다만, 국문 역서 사용자에게는 사용 권리 계약 관계로 방문/접속 방법과 비밀번호 사용이 매우 제한적이라는 점 또한 유념하길 바란다.

제⑦항에 관하여, 대표적인 예를 하나 들어 보면, 그림 3.5 제목에 있는 'critical point'를 초판에서 '삼중점'이라고 오기한 엄청난 실수를 저질러 놓고도 손 놓고 있다가 비로소 이번 판에서 '임계점'으로 바로 잡으면서 부디 독자 여러분의 해량*만을 바랄 뿐이다.

끝으로, 여전히 오류가 남아 있다면 아직도 역자가 부주의하고 과문**하다는 증거이므로 다시금 삼가 독자 여러분의 관대한 이해와 친절한 지적을 기대한다.

2022. 12.
2022 카타르 월드컵 열기 속에서
대표 역자 올림

---

* 해량 (海諒): '바다처럼 넓은 도량'이라는 뜻
** 과문 (寡聞): '보고 들은 것이 적음'이라는 뜻

1판 역자 서문

이 책의 원저자는 저자 서문에서 "본 교재는 엔지니어들이 직무에서 열역학을 어떻게 사용해야 하는지를 이해하도록 준비시키는 것이 가장 중요하다는 철학"에서 썼으며, 수년에 걸친 저자의 실험적인 교육학적 접근 방법을 바탕으로 하고 있다고 서술하고 있다.

또한, 원저자는 열역학을 "표로 작성되어 있는 상태량 데이터로 개별적인 문제를 해결하기만 되는 그러한 과목"이 아니라고 일갈하면서, "그런 식으로 열역학을 배운 학생들은 다양한 매개변수들이 한 가지 설비나 과정에서의 에너지 관련 성능에 어떻게 영향을 미치는지를 깨닫지 못하고 현업 엔지니어로 끝나 버리게 된다"고 엄중한 경고를 날리고 있다.

사실, 그동안 '열역학은 단순히 공식을 암기 또는 이해하여 문제를 해결해내는 '푸는 과목'이라기보다는 지배식에 사용될 데이터를 표/그래프에서 잘 뽑아내는 것이 관건인 '찾는 과목'이다'고 하는 관념 정도가 최선이었을 것 같다.

본 역서를 펴내게 된 주 동기는, '바로 이 원서야말로 이러한 고정 관념에서 벗어날 수 있게 해줄 교육학적 접근 방법이 전개되어 있구나'하는 경종이었으며, '이러한 확신을 바탕으로 하면 이른바 'classical'한 열역학을 'streamlining'된 주제로 학습하여 'state-of-the-art'하고 'open-end oriented'한 문제에 'smart'하게 적용하여 'creative'하게 풀 수 있도록 준비할 수가 있겠구나'하는 확신이었다.

아울러, 이 번역서는 '전공 역서의 원전'을 펴내겠다고 하는 의욕에서도 비롯되었다. 적어도, 독자들이 최신 정보를 취득하려고 하는 선택에서 번역 미숙이나 전달 수준 미달로 인하여 어려움과 불이익을 겪지 않게 하려는 의무감이 원동력이 되었다.

다만, 전공 역서도 분명 번역서의 범주를 벗어나서는 안 되므로 번역의 규준을 벗어나지 않아야 하는 것이 분명하지만, 일반 서적의 번역서와는 달리 다소 융통성이 필요하다. 즉, 전문성과 전달성이라는 두 가지를 다 만족시켜야 하므로 용어의 통일성을 고집하기보다는 입과 귀에 익숙한 표현을 기준으로 하여 학술 용어와 일반 용어를 혼용하기도 하였다. 참고로, 다음은 몇 가지 사례를 정리한 것이다.

용어	국문 용어	영문 용례	국문 용례	비고
analysis	해석	theoretical analysis	이론 해석	
	분석	gas analysis	가스 분석	
constant ~	정~ (또는 등~)	constant pressure	정압 (등압)	定일정정, 等같을등
	일정	constant specific heat assumption approach	일정 비열 가정 해법	variable specific heat (가변 비열)
engine	기관	thermal engine	열기관	
	엔진	Diesel engine	디젤 엔진	
gas	기체	ideal gas	이상 기체	
	가스	gas turbine	가스 터빈	
refrigeration	냉장	food refrigeration	음식 냉장	일반 표현에서
	냉동	refrigeration cycle	냉동 사이클	사이클 표현에서
stream	흐름	stream of products	반응물 흐름	물질/입자 이동
	기류	moisture air stream	습공기 기류	기체 유동
system	계	open system	개방계	열역학 용어
	시스템, 장치	dehumidification system	제습 장치	일반 용어
완전 연소	완전 연소	complete combustion	완전 연소	범용 용어
	화학량론적 (또는 이론) 완전 연소	perfect combustion (stoichiometric ~ 의미)	화학량론적 완전 연소	화학 용어

원저자도 간절히 기원하고 있듯이, 이 책을 통해서 더욱 더 많은 엔지니어들이 열역학의 고전 개념을 적절하게 학습함으로써 현실에 직면하고 있는 열역학 관련 문제의 해결 역량을 충분히 갖추길 바랄 뿐이다.

끝으로, 오류가 발견된다면 이는 역자가 부주의하고 과문하기 때문임을 미리 밝히면서 삼가 독자 여러분의 관대한 이해와 친절한 지적을 기대한다.

2018. 02.
2018 평창 동계 올림픽 축제 분위기 속에서
대표 역자 梁 協 씀

2판 저자 서문

이 책의 목적과 목표

공학을 공부하는 학생들이 열역학을 배워야만 하는 이유는 과연 무엇일까? 그 답은 바로 우리 주위에 널려있다. 바꿔 말하자면, 전기 조명 기기, 자동차. 컴퓨터, 스마트폰 등 에너지를 사용하는 모든 장치를 살펴보면 된다. 에너지를 직접 사용하지 않는 장치일지라도 이 또한 에너지가 반드시 사용되는 기계로 만들어진 것이다. 오늘날, 에너지는 이 세상 모든 곳에서 사용되고 있으며, 이러한 에너지를 공부하는 학문이 바로 열역학이다. 또한, 엔지니어라면 에너지를 효율적으로 사용하는 방법을 알아야 한다. 이러한 이유로, 이 책에서 추구하는 목표는, 에너지 관련 시스템은 어떻게 작동하는 것이고 이러한 시스템의 효율은 조업 변수 변화에 어떻게 영향을 받는지를 직관적으로 이해할 수 있는 역량을 갖춘 실무 엔지니어가 될 수 있도록 준비 교육을 하고자 하는 것이다.

열역학의 기본 원리와 개념들은 이미 100년도 넘는 그 이전에 잘 개발된 것이긴 하지만, 여전히 오늘날에도 세상 만물이 작동되는 방법을 해석하고 설명하는 데 사용되고 있다. 오늘날의 모든 기술은 열역학 때문에 가능하게 되었고 이어서 미래에도 이 열역학으로 신기술 개발에 박차를 가할 수 있기 마련이기 때문이다. 그러므로 계속해서 기술을 개발하여 더욱더 나은 세상이 되게 하고자 하려면 엔지니어는 열역학을 기본적으로 확실히 이해하고 있어야만 한다.

이 교재는 엔지니어에게 실무에서 열역학을 어떻게 사용해야 하는지를 이해하도록 준비 교육을 하는 것이 가장 중요하다는 철학을 바탕으로 하여 저술되었다. 엔지니어들은 시스템 매개변수 변화가 과정을 겪고 있는 에너지 관련 성능에 어떻게 영향을 미치게 되는가에 관하여 직관적으로 이해하고 있어야만 한다. 이 책에서 채택하고 있는 문제 해결 방법은 학생들을 도와 이러한 이해력을 증진하여 나가도록 하는 것이다. 이 책에서는, 전체에 걸쳐서 학생들이 시스템 특징 간 상호작용을 깨달을 수 있도록 시스템 매개변수를 신속하게 변화시키는 데 현대적인 컴퓨터 툴을 사용하게 할 것이다. 열역학을 학습하면서 따라붙게 되는 전통적인 문제점은, 열역학을 개개 문제마다 상태량 표에 실려있는 데이터로 해결하기만 하면 되는 그러한 과목으로 많이 알고 있다는 것이다. 그런 식으로 열역학을 배운 학생들은 다양한 매개변수들이 한 가지 설비나 과정에서의 에너지 소비에 어떻게 영향을 미치는지를 깨닫지 못하고 그저 현업 엔지니어로 끝나 버리게 된다. 예를 들어, 공학도라면 공기 압축기를 작동시키는 데 필요한 에너지를 구하는 법을 열역학에서 배우기도 한다. 그러나 현장 엔지니어 정도라면 고온의 공기보다 저온의 공기를 압축시킴으로써 에너지 소비를 감소시킬 수 있다는 사실을 이해하지 못 할 수도 있다. 그 결과, 그 현장 동료들은 겨울철에 공장 외부의 차가운 공기를 사용하지 않고 그 대신 공장 내부에서 더운 공기를 끌어와 압축기 흡입구에 유입시키기를 되풀이하면서 그 과정에서 에너지와 비용을 낭비하게 된다. 이 책이 목표로 하는 것은, 학생들에게 시스템 매개변수 간 관계를 탐구하도록 하여 과거 열역학 교육에서 골칫거리였던 그러한 부족한 점을 바로잡고자 하는 것이다.

이 책의 특징

컴퓨터 기반 상태량 및 식 풀이 플랫폼에 중점을 둠

학생들이 에너지 관계를 이해하는 것을 돕고자, 학생들에게 장치, 과정 및 사이클들의 컴퓨터 기반 모델을 개발하고, 열역학 데이터를 신속하게 구하는 데 엄청나게 많은 인터넷 기반 프로그램들과 컴퓨터 앱들의 이점을 누리도록 다그치고 있다. 이렇게 하는 것은, 더 나아가 실무를 배우는 엔지니어들이 정규적으로 해야 하는 일이기도 하다. 식을 풀이하는 데 특정한 플랫폼이 편한 학생들은 해당 플랫폼을 사용하여 오로지 자신만의 식을 개발하기만 하면 된다. 일부 플랫폼은 열역학 상태량 데이터와 바로 연결되기도 하므로 이로써 이러한 플랫폼들에 이미 익숙한 학생들은 플랫폼을 사용하기가 잠재적으로 더 쉬어진다. 다른 방법으로는, 종량 상태량 데이터 프로그램을 사용하여 필요한 데이터를 구한 다음, 식 풀이 프로그램에 직접 대입하면 된다. 이러한 해석 방법을 사용하게 되면, 학생들은 열역학 학습에 더 많은 시간을 쏟게 되고 새로운 소프트웨어 종목을 배우는 데에는 시간을 덜 쏟게 되는 것이다.

매개변수 해석을 기반으로 하는 문제

열역학적 시스템의 작동 방식에 관한 직관적인 이해력 계발이라는 목표에 어울리게, 학생들은 이 책 전체에 출제되어 있는 많은 예제와 문제를 통하여 변수 해석을 수행해 나아가게 될 것이다. 이러한 문제들은 특정 양이 독립되어 설계되어 있으므로 학생들은 그 특정 양의 변화가 시스템 내 기타 부분에 어떠한 영향을 미치는가를 배우게 된다.

열역학 주제의 최신화

이 책의 이면에 있는 또 다른 철학적인 차별점으로는, 이 책에 제공된 자료들은 다른 열역학 교재와 비교하여 볼 때 최신화가 되어 있다는 것이다. 이 책의 내용은 실무 엔지니어가 되려고 열역학을 배우는 학생들에게 가장 중요한 항목에 초점을 맞춰 선정되었다. 그렇다고 해서 이 말이 열역학 과목에는 중요한 주제들이 여러 가지로 많지 않다는 것을 의미하는 것은 아니다. 그러나 본 저자는 이러한 주제들이 한층 더 고급 수준의 공업 열역학 과정에 (즉, 대학원에서 에너지 관련 분야를 연구할 학생들이 최초로 이수하는 과정에) 더욱더 적합하다고 믿고 있다.

과정 구성

이 책의 내용은 한 학기 과정의 열역학 강좌나 두 학기 연속 과정의 열역학 강좌에 적합하다. 한 학기 과정의 열역학 강좌에서는, 제1-6장의 내용을 다루길 권장하며, 시간이 된다면 (제7장의 기본 랭킨 사이클이나 오토 사이클, 또는 제8장의 증기 압축식 냉동 사이클과 같은) 일부 기본 사이클도 다루길 권장한다. 두 학기 연속 과정의 열역학 강좌에서는, 제2차 학기에서 제7-11장에 있는 나머지 내용을 포함하면 된다. 이 제2차 학기 과정은 제1차 학기 과정에서 다루었던 기본 원리를 실제 시스템에서 적용하는 데 초점이 맞춰져 있다. 제1차 학기 과정만을 이수하여도 열역학의 기본 공학 원리를 잘 이해하게 되고 아울러 열역학 시스템에 영향을 미치는 매개변수 간 상관관계를 어느 정도 알게 될 것이다. 두 학기 과정을 이수한 학생들은 열역학적 매개변수 간 관계를 훨씬 더 깊이 이해하게 되어 열역학을 매우 다양한 기계 시스템에 적용할 수가 있게 될 것이다.

이 책은 학생들이 열역학을 즐길 수 있게 하여 오늘날의 세상에서 열역학이 차지하는 중요성을 이해할 수 있게 하는 것을 목표로 하고 있다. 현실에 직면하고 있는 많은 문제는 에너지의 사용에 집중되어 있다. 이 책을 통해서, 더욱더 많은 엔지니어가 이러한 에너지 관련 문제를 열역학의 고전 개념을 적절하게 적용함으로써 해결 준비를 하여 열정적으로 해결해 내길 바란다.

이번 판에 새로이 추가된 내용

이 책에 담겨있는 핵심 개념은, 교재에 요즈음 학생들이 감당할 수 있는 분량의 내용을 담고자 하는 것이다. 그러한 이유로, 제2판에서 채택한 많은 변화는 내용 편집 변화와 관련이 있는데, 이러한 의도적인 변화로 본 교재의 교육학적 위상이 향상되었다.

교재에 걸쳐서 알 수 있는 새로운 특징은 "심층 사고/토론용 질문"이다. 이 질문을 편성한 목적은 학생들이 열역학 및 공학과 관련된 주제에 관하여 생각하도록 자극을 주는 작용을 하는 것이다. 이 질문은 비기술적인 개념에 중점을 많이 두고 있다. 이러한 질문을 생각하고 토론함으로써, 학생들은 에너지가 개개인과 세상에 어떻게 영향을 미치는지를 꿰뚫어 보는 통찰력을 키우게 될 것이다. 이러한 과정을 거침으로써 설계 및 제작 중에 어떻게 그러한 정보가 에너지에 적용될 수 있는지를 이해하게 해 줄 것이다. 교수자는 학생들이 스스로 이러한 질문을 생각하도록 하거나 아니면 주제에 관하여 수업 중 토론을 할 수 있도록 해주기만 하면 된다. 이러한 질문에 관심을 쏟아붓게 되면 열역학 과정이 ABET 학생들의 성취에 부합하게 되는 이익을 부수적으로 얻을 수 있다.

많은 하이브리드 차량용 내연기관에서 그 용도가 늘어나고 있는 현상에 시선을 돌리게 하고자 제7장에는 왓킨슨 사이클과 밀러 사이클에 관한 절을 추가하였다. 이러한 사이클을 해석하는 것은 한층 더 종류가 많은 종래의 엔진을 해석하는 것과는 비상하게 다르긴 하지만, 이 절로 엔진 설계 관련 분야에도 많은 관심을 쏟게 될 것이다.

끝으로, 이번 판에는 각 장에 100 문이 넘는 새로운 문제들이 연습문제로 추가되어 새롭게 문제 풀이를 연습할 수 있도록 풍부하게 나열되어 있으므로, 이를 통해 학생들은 열역학을 열심히 학습하길 바란다.

교수자 보조 자료

본 교재의 보조 자료로는 각 장의 연습문제에 관하여 완벽한 풀이를 제공할 수 있는 해답집과 강의 노트 PowerPoint® 슬라이드 그리고 이 책에 실려있는 모든 그림의 이미지 라이브러리가 있다. 이 모든 자료는 login.cengage.com에 방문하여 이 책에 관한 Instructor's Resources website에서 비밀번호를 입력하고 찾아보면 된다.

감사의 글

본 저자는 교재 개발 중에 이 책을 검토하여 주신 여러분의 고견과 조언에 감사의 말씀을 드리고자 한다. 그분들을 거론하자면 다음과 같다.

- Edward E. Anderson, *Texas Tech University*
- Sarah Codd, *Montana State University*
- Gregory W. Davis, *Kettering University*
- Elizabeth M. Fisher, *Cornell University*
- Sathya N. Gangadharan, *Embry-Riddle Aeronautical University*
- Dominic Groulx, *Dalhousie University*
- Fouad M. Khoury, *Unversity of Houston*
- Kevin H. Macfarlan, *John Brown University*
- Kunal Mitra, *Florida Institute of Technology*
- Patrick Tebbe, *Minnesota State University, Mankato*
- Kenneth W. Van Treuren, *Baylor Unversity*

아울러, 제1판을 검토하고 나서 값진 소감을 보내주신 여러분에게도 감사의 말씀을 전한다. 그 사려 깊은 분들은 다음과 같다.

- Paul Akangah, *North Carolina A&T State University*
- Emmanuel Glakpe, *Howard University*
- James Kamm, *Unversity of Toledo*
- Chaya Rapp, *Yeshiva University*
- Francisco Ruiz, *Illinois Institute of Technology*
- David Sawyers, *Ohio Northern University*
- Keith Strevett, *Unversity of Oklahoma*
- Victor Taveras, *West Kentucky Community and Technical College*

이분들이 검토하여 주신 덕택으로 이 책이 더욱더 좋아지게 되었다.

본 저자는 또한 Villanova University의 Charles Marston과 Purdue University의 Normand Laurendeau를 비롯하여 본인에게 열역학을 가르쳐주신 여러분에게 감사의 말씀을 전하고자 한다. 이분들이 열역학에 그토록 심혈을 기울이지 않으셨다면, 본인은 결코 열역학을 향한 열정을 키우지 못했을지도 모른다. 아울러, 본 저자는 University of Wisconsin — Milwaukee 와 어딘가 다른 곳에서 수년에 걸쳐 열역학 교육에 심사숙고하면서 논의하고 있는 동료 여러분에 게도 그러한 논의 덕분에 본인이 열역학을 어떻게 가르쳐야만 하는지에 균형 잡힌 관점을 형성할 수 있게 된 점에 감사의 뜻을 표하고자 한다. 그러한 관점들이 비로소 이 책에서야 그 결실을 이루게 되었다. 수년에 걸쳐 본인이 가르쳤던 학생들도 또한 본인이 여러 교육학적 접근방법으로 실험을 하고 있었던 과정에서 그들이 보여준 인내도 인정을 받아야 함이 마땅하다 고 생각한다.

끝으로, 이 책이 발간되기까지 도움을 주신 샌게이지 사의 모든 개개인에게 감사의 말을 전하고자 한다. 특히, Timothy Anderson (Senior Product Manager), MariCarmen Constable (Learning Desiner), Alexander Sham (Associate Content Manager) 및 Anna Goulart (Senior Product Assistant) 께 감사의 말씀을 전하고자 한다. 또한, Rose Kernan (RPK Editorial Services Inc.) 께 덕을 입어 특별히 고마운 마음을 표한다. 이 출판 프로젝트가 완료되기까지 이분들이 베풀어주신 지원은 '무한 가치' 바로 그 자체였음을 밝힌다.

John R. Reisel

저자 소개

이 책의 저자인 John R. Reisel 박사는 미국 밀워키 소재 위스콘신 대학교(UWM; University of Wisconsin-Milwaukee) 기계공학과 교수로 재직하고 있다. Reisel 박사는 기계공학 학사 학위를 수학을 부전공으로 하여 Villanova University에서 수위하였고, 기계공학 석사 학위와 박사 학위를 퍼듀 대학교(Purdue University)에서  수위하였다. Reisel 박사의 관심 연구 분야는 연소, 에너지 사용 모델링, 에너지 효율, 연료 생산, 지속가능한 공학, 공학 교육 등이다. 그는 공학 교육 분야에서 많은 상을 수상하였는데, 여기에는 UWM 대학과정 우수 강의상, UWM 공학 및 응용과학 대학 우수 강의상 및 SAE(미 자동차 공학회)의 Ralph R. Teetor 교육상 등이 있다.

Reisel 박사는 미 공학교육학회(ASEE), 미 기계공학회(ASME), 미 연소 학회, 미 자동차 공학회(SAE)의 회원이며, ASEE에서는 공학과 공공 정책 부문의 부문장을 맡고 있다. 또한, Reisel 박사는 미국 위스콘신 주의 공인 기술사이기도 하다.

Digital Resources

New Digital Solution for Your Engineering Classroom

WebAssign is a powerful digital solution designed by educators to enrich the engineering teaching and learning experience. With a robust computational engine at its core, WebAssign provides extensive content, instant assessment, and superior support.

WebAssign's powerful question editor allows engineering instructors to create their own questions or modify existing questions. Each question can use any combination of text, mathematical equations and formulas, sound, pictures, video, and interactive HTML elements. Numbers, words, phrases, graphics, and sound or video files can be randomized so that each student receives a different version of the same question.

In addition to common question types such as multiple choice, fill-in-the-blank, essay, and numerical, you can also incorporate robust answer entry palettes (mathPad, chemPad, calcPad, physPad, Graphing Tool) to input and grade symbolic expressions, equations, matrices, and chemical structures using powerful computer algebra systems.

WebAssign Offers Engineering Instructors the Following

- The ability to create and edit algorithmic and numerical exercises.
- The opportunity to generate randomized iterations of algorithmic and numerical

exercises. When instructors assign numerical WebAssign homework exercises (engineering math exercises), the WebAssign program offers them the ability to generate and assign their students differing versions of the same engineering math exercise. The computational engine extends beyond and provides the luxury of solving for correct solutions/answers.

- The ability to create and customize numerical questions, allowing students to enter units, use a specific number of significant digits, use a specific number of decimal places, respond with a computed answer, or answer within a different tolerance value than the default.

Visit www.webassign.com/instructors/features/ to learn more. To create an account, instructors can go directly to the signup page at www.webassign.net/signup.html.

WebAssign Features for Students

Review Concepts at Point of Use

Within WebAssign, a "Read It" button at the bottom of each question links students to corresponding sections of the textbook, enabling access to the MindTap Reader at the precise moment of learning. A "Watch It" button allows a short video to play. These videos help students understand and review the problem they need to complete, enabling support at the precise moment of learning.

My Class Insights

WebAssign's built-in study feature shows performance across course topics so that students can quickly identify which concepts they have mastered and which areas they may need to spend more time on.

Ask Your Teacher

This powerful feature enables students to contact their instructor with questions about a specific assignment or problem they are working on.

MindTap Reader

Available via WebAssign, **MindTap Reader** is Cengage's next-generation eBook for engineering students. The MindTap Reader provides more than just text learning for the student. It offers a variety of tools to help our future engineers learn chapter concepts in a way that resonates with their workflow and learning styles.

Personalize their experience

Within the MindTap Reader, students can highlight key concepts, add notes, and bookmark pages. These are collected in My Notes, ensuring they will have their own study guide when it comes time to study for exams.

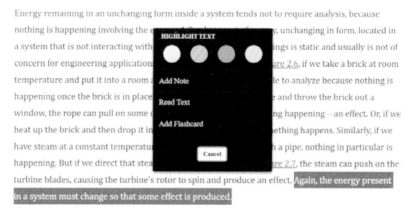

Flexibility at their fingertips

With access to the book's internal glossary, students can personalize their study experience by creating and collating their own custom flashcards. The ReadSpeaker feature reads text aloud to students, so they can learn on the go—herever they are.

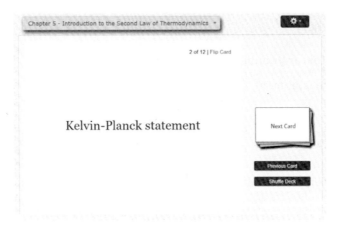

The Cengage Mobile App

Available on iOS and Android smartphones, the Cengage Mobile App provides convenience. Students can access their entire textbook anyplace and anytime. They can take notes, highlight important passages, and have their text read aloud whether they are online or off.

To learn more and download the mobile app, visit www.cengage.com/mobile−app/.

차 례

열역학 및 에너지 서론

학습 목표

1.1 열역학 학습의 주제를 알고 열역학이 수반되는 공학적 응용의 유형을 안다.

1.2 열역학적 계, 과정, 열역학적 평형 및 상태량 등의 개념을 이해한다.

1.3 여러 가지 온도 척도를 잘 다룰 수 있다.

1.4 질량과 힘 사이의 차이점을 인식한다.

1.5 체적과 압력 등의 기본 상태량을 사용할 수 있다.

1.6 열역학 제0법칙을 설명하고 적용할 수 있다.

1.7 물질의 여러 가지 상을 구별할 수 있다.

주위를 둘러보자. 무엇이 보이는가? 아마도 움직이고 있는 여러 사람과 사물들, 작동하고 있는 전기 장치 그리고 쾌적한 건물들이 보일 것이다. 지금 보이는 것은 바로 에너지가 사용되고 있는 모습이다. 에너지를 사용한다는 것은 너무나도 흔한 일이라서 폭풍이 불어와서 전기가 나가 정전이 된다든지 자동차에 기름이 떨어진다든지 또는 사람한테 먹을 것이 없어 쇠약해지거나 해서 에너지를 사용할 수 없게 될 때까지 대부분의 사람들은 에너지를 사용하고 있다는 사실을 알아차리지 못한다. 움직이는 것은 어느 것이든 그 움직임에 얼마간의 에너지가 필요하다. 전기를 동력으로 하는 것은 그 어느 것이나 에너지를 필요로 한다. 심지어는 지구조차도 전체로서 온난한 상태를 유지하고 생명이 번성하게 하는 데 태양 에너지를 필요로 한다. 우리가 알고 있는 세상은 에너지가 작용하고 있기 때문에 존재하는 것이다.

최근에 들어와 무심코 뉴스거리를 따라가다가 보면 세상만사 속사정이 에너지하고 연관되지 않은 것이 없다는 사실을 알게 된 적이 있을 것이다. 기름값이나 전기료가 오르게 되고 그 공급 때문에 스트레스를 받는다는 이야기는 아주 흔한 이야기이다. 화석 연료의 연소로 발생되는 대기 중 이산화탄소(CO_2) 수준이 상승함으로써 환경에 미치게 되는 효과에는 심각한 문제가 도사리고 있다. 사람들이 새롭고 한층 더 깨끗한 에너지원을 추구함에 따라, 전 세계적으로 떠오르고 있는 풍력 터빈과 이전에는 그 기술이 거의 사용되고 있지 않았던 곳에서 볼 수 있는 태양열 집열판을 보게 된다. 에너지의 단가와 가용성뿐만 아니라 그러한 에너지를 사용함으로써 환경에 미치게 되는 영향까지도 사회에 대한 그 중요성이 점점 더 커지고 있다.

그런데도 사람들이 에너지를 소유하려는 욕구 수준은 어떻든 간에 최고로 높은 상태이다. 이전의 그 어느 때보다도 사람이 많을 뿐 아니라, 세상 사람들은 가장 부유한 나라에서 누릴 법한 물품과 생활수준을 원한다. 사람들은 교통수단에 쉽게 접근하길 원하지만, 수송 체계에는 에너지가 필요하다. 사람들은 건물이 원하는 수준으로 쾌적하게 냉 · 난방이 되길 원하며, 여기에는 에너지가 필요하다. 공장들은 막대한 양의 에너지를 사용하여 사람들이 원하는 제품을 생산한다. 식량을 재배하고 수송하는 데에는 에너지가 필요하다. 에너지의 수요는 이전에 비하면 지금이 가장 높지만 앞으로도 계속해서 증가할 것으로 보인다.

실제로 에너지원을 이용하는 것이 문명의 발전에서 핵심 요소였다고 할 수 있다. 그림 1.1은 사람들이 에너지를 사용하는 방법이 시대별로 어떻게 발전했는지를 보여주는 여러 가지 실례이다. 사람들은 몸을 데우고 음식을 조리하고자 불을 다루는 법을 습득하였다. 사람들은 풍력을 이용하여 물을 퍼 올렸다. 엔진이 개발되어 연료의 화학 에너지가 사람들에게 유용한 일을 하게 되었다. 사람들은 원자 속에 구속되어 있는 동력을 끄집어내어 전기를 발생시키는 방법까지도 알게 되었다. 미래에는 사람들이 주위에 사실상 존재하는 에너지를 어떻게 사용하게 될지

Dutourdumonde Photography/Shutterstock.com

Fedor Selivanov/Shutterstock.com

Oliver Sved/Shutterstock.com

SpaceKris/Shutterstock.com

〈그림 1.1〉 에너지가 응용되는 예를 시대별로 다양하게 나타낸 사진: 모닥불, 풍차, 자동차 엔진, 핵발전소.

모르지만, 문명의 발전이 계속해서 진행되게 하려면 에너지를 이용하는 새로운 수단이 필요할 것이다.

엔지니어는 대개 상황에 따라 다소 쓸모없는 형태의 에너지를 취한 다음 변환시켜 사람들이 이를 사용하여 생산적이 될 수 있도록 함으로써, 에너지를 하나의 형태에서 또 다른 형태로 변환시키는 시스템을 창안하는 데 핵심적인 역할을 하는 사람이다.

예를 들어, "가솔린"을 구성하는 분자에 구속되어 있는 에너지는 그 상태로는 거의 쓸모가 없다. 그러나 가솔린을 연소 과정에서 공기와 함께 점화시키면 대량의 열을 방출하므로, 이 열을 사용하면 그림 1.2와 같은 엔진에서 피스톤을 밀어낼 수 있는 고온·고압의 가스를 발생시킬 수 있다. 이러한 과정에서 발생된 일은 차량을 전방으로 추진시키는 데 사용될 수 있다. 엔지니어는 에너지를 효율적으로 사용하는 시스템을 설계할

〈그림 1.2〉 내연기관 실린더의 단면도.

때에도 핵심적인 역할을 한다. 엔지니어는 쓸모가 덜한 에너지를 사용하여 동일한 목적을 달성하는 장치를 창안하기도 하므로, 소비자들은 이러한 장치를 통하여 쓸모가 덜한 연료를 사용함으로써 돈을 절약하게 된다. 게다가 한층 더 효율이 좋은 장치들 때문에 한층 더 많은 에너지를 필요로 하는 총체적인 수요가 감소한다. 예를 들면, 그림 1.3과 같은 전구처럼 널리

erashov/Shutterstock.com   Polryaz/Shutterstock.com   Roman Samokhin/Shutterstock.com

〈그림 1.3〉 전구 기술의 예: 백열전구, 콤팩트형 형광등 및 LED 전구.

보급된 기술조차도 에너지 효율 면에서 극적인 향상을 보였다. 발광 다이오드(LED)는 백열전구보다 6배 더 효율적이고 콤팩트형 형광등보다 40 % 더 효율적이므로 두 기술보다 수명이 훨씬 더 길다. 엔지니어가 인류를 지대하게 이롭게 하면서 에너지를 효율적으로 사용하는 수단을 개발하고자 한다면 에너지에 감춰져 있는 기초 과학을 이해하여야만 한다.

열역학(thermodynamics)은 에너지의 과학이다. 이 용어의 원 그리스어 어근을 살펴보면, thermos는 "열"을 의미하고 dynamikos는 "동력"을 의미한다. 그리고 물체에 가해지는 동력은 운동을 발생시킨다. 그러므로 열역학은 열 동력, 즉 열운동이다. 에너지에 관한 이해가 진화함에 따라, 에너지가 열뿐만 아니라 그 이상의 것과도 관련이 있다는 사실을 알고 있으며, 그러한 면에서 볼 때 열역학을 모든 에너지의 과학이라고 간주하고 있다. 공학에서는 열역학을 사용하여 에너지가 어떻게 하나의 형태에서 또 다른 형태로 변형되어 주어진 목적을 달성하게 되는지를 이해한다. 그러므로 열역학을 설명해주는 기본 법칙뿐만 아니라 에너지 사용 과업을 달성하는 데 사용하여야 할 기술을 탐구해야 될 것이다.

그림 1.4는 엔지니어들이 개발하여 오늘날 세계적으로 사용되고 있는 여러 가지 응용을 보여주고 있는데, 이 응용에는 에너지가 사용되고 있으므로 열역학이 필수적인 설계 요소인 것이다. 터빈은 작동 유체의 에너지를 축의 회전 운동으로 변환시키고 이어서 발전기에서 전기를 발생시키는 데 사용된다. 터빈은 고 에너지의 가스나 증기(일반적으로 높은 온도와 압력)를 유입시켜서 그 유체에서 에너지를 뽑아내어 축(로터라고도 함)을 회전시키는 데 필요한 일을 발생시킨다. 저 에너지 유체는 터빈에서 배출된다. 자동차 엔진은 고온·고압의 가스(이는 공기 중에서 연료가 연소되어 형성되는데, 연소 과정에서는 연료에 결합되어 있는 화학 에너지가 방출됨)를 취하여 이 가스로 피스톤을 밀어내게 한다. 그러면 피스톤은 크랭크축을 구동시키게 되는데, 이렇게 함으로써 동력이 바퀴에 전달되므로 차량이 전진하게 된다. 에너지가 추출된 후에 온도와 압력이 낮아진 가스는 실린더에서 배출된다.

냉장고는 음식을 차갑게 유지시키는 데 사용된다. 냉장고는 전력을 취하고 이 전력을 냉매 증기의 압력을 증가시키는 압축기(컴프레서)를 구동시키는 데 사용함으로써 냉장고의 사용 목적을 달성한다. 냉매 증기는 압축되기 전에는 그 온도가 냉장고 내부보다 더 낮으므로 냉장고 안쪽에서 열을 제거하여 냉장고 내부를 냉각시킬 수 있다. 그러나 냉매 증기는 압축되고 난 후에는 그 온도가 실내 온도보다 더 높으므로 초과된 만큼의 열을 냉장고 바깥쪽의 공기로 방출시킬 수 있다. 그러므로 이 경우에는 전력을 사용하여 냉매의 상태를 변화시키는 것이므로, 냉장고는 에너지를 냉장고 내측의 온도가 더 낮은 공간으로부터 냉장고 외측의 온도가 더 높은 공간으로 이동시키는 목적을 달성할 수 있다.

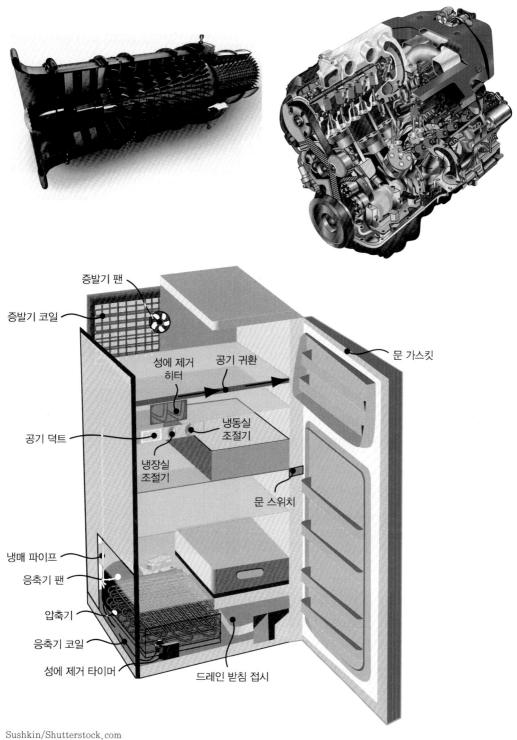

〈그림 1.4〉 대표적인 에너지 관련 기술의 단면도: 가스 터빈 엔진, 왕복 기관 및 냉장고.

매일 매일 접하게 되는 것으로서 열역학을 어느 정도 응용하고 있는 장치와 시스템은 굉장히 많이 있으며, 그중 몇 가지는 그림 1.5와 같다. 건물 난방용 난로, 건물 냉방용 에어컨, 엔진의 라디에이터, 지구를 내리쬐는 태양, 실내용 조명(및 난방) 전구, 사람이 타고 있는 자전거, 구동 중에 열이 발생하고 있는 컴퓨터 등은 모두가 다 그러한 예이다. 주위를 둘러보면, 에너지가 이동하고 있고 그 형태가 변환하고 있음을 알 수 있다. 이러한 에너지 이동과 변환은 열역학으로 설명이 되는 것이다. 일상생활의 여러 가지 사물과 현상을 해석하는 데 전통적인 열역학적 해석이 필요한 것은 아니지만, 열역학은 세상이 돌아가는 이치를 밝혀주는 근본이 된다는 사실을 명심하여야 한다.

열역학과 열역학적 해석은 4가지 과학적 법칙으로 정의된다. 이 법칙들은 이 책의 적절한 곳에 소개되어 있다. 과학적 법칙이란 절대적으로 증명된 원리는 아니지만, 관찰을 거쳐서 잘 정립되고 아직까지는 틀린 적이 없는 개념을 말한다. 어떤 법칙은 세상에 관한 지식이 깊어짐에 따라 수정되어야 할 때가 있을 지도 모르지만, 기본 원리는 일반적으로 변함이 없다. (예를 들어, 에너지 보존 법칙은 아인슈타인이 질량과 에너지는 등가라는 사실을 증명하자

Oleksiy Mark/Shutterstock.com

liseykina/Shutterstock.com

EcoPrint/Shutterstock.com

〈그림 1.5〉 오늘날 세상에서 볼 수 있는 열역학의 예: 산업용 용광로, 지구를 내리쬐는 태양, 무동력 자전거.

핵 반응과정에서는 질량이 포함되도록 수정되어야만 했다.) 만약 열역학의 기초가 되는 4가지 법칙 가운데 하나라도 맞지 않는다면, 미래의 과학자와 공학자들은 열역학의 근간이 되는 기초를 재공식화해야 할 것이다. 그러나 이런 일은 거의 일어나지 않을 것이다.

열역학은 엔지니어가 과학적 원리를 적용하여 인류에 도움이 되는 문제를 해결할 때 사용하는 기초 과학 중의 하나이다. 그렇다고 해서 모든 엔지니어가 자신의 일상 업무에 열역학적 해석을

해야 한다는 것이 아니라, 일부 엔지니어만이 열역학 원리를 바탕으로 장치와 공정을 설계하고 해석하기를 몇 번이고 한다는 것을 의미한다. 또 일부 엔지니어는 자신의 업무에 열역학 원리를 간간히 동원해야 할 뿐이다. 그 외의 엔지니어들은 열역학을 직접적으로 거의 사용하지는 않지만, 그래도 업무를 볼 때 열역학을 통해서 정보를 얻고 열역학 때문에 부차적으로 영향을 받기도 한다. 이와 같이 모든 엔지니어에게는 열역학 기초를 튼튼히 하는 것이 중요하다.

열역학 원리를 탐구하기에 앞서, 먼저 이후의 본문 내용에서 근간이 될 여러 가지 기본 개념의 정의와 설명이 필요하다. 이는 다음 절의 중심 내용이다.

1.1 기본 개념: 계, 과정, 상태량

1.1.1 열역학적 계

모든 열역학적 해석은 **열역학적 계**(system)라고 하는 심리적 개념이 기본이 된다. 열역학적 계는 열역학적 해석의 중점이 되는 대상(들)을 포함하고 있는 공간 체적이다. 계(시스템)는 열역학적 해석을 하려고 하는 해석자가 정의하게 된다. 그 때문에 불필요한 복잡성은 해석이 부정확하게 되거나 추가적으로 해야 할 일의 양이 상당히 많아지므로 피하여야만 한다.

열역학적 계는 그림 1.6에서와 같이, 계의 경계(점선으로 그려져 있음)로 그 윤곽을 나타내는데, 이 경계의 안쪽에 있는 모든 것은 계가 되고 경계의 바깥쪽에 있는 모든 것은 **주위**(surroundings)로 본다. 그림 1.7에는 몇 가지 가능한 계가 그려져 있는데, 이들은 그림과 같은 특정한 문제를

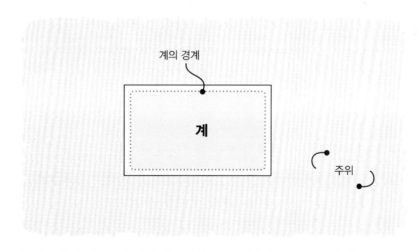

〈그림 1.6〉 열역학적 계, 계의 경계(점선으로 그려져 있음) 및 주위의 예.

〈그림 1.7〉 열역학적 계를 어떻게 선정하는가에 따라 해석해야 하는 문제가 어떻게 달라지는지를 보여주는 예:
(a) 계가 물로만 국한될 때, (b) 계가 물과 주전자일 때, (c) 계가 주전자와 그 모든 내용물일 때.

해석할 때 계로 잡을 수 있는 모든 경우이다. 여기에서 구해야할 양은 스토브에 올려놓은 주전자 속에 들어 있는 액체 상태의 물을 가열시키는 데 필요한 열량이다. 그림 1.7a에서는 계가 주전자 속에 들어 있는 물로만 국한되어 잡혀 있다. 그림 1.7b에서는 계가 물과 주전자로 잡혀 있다. 그림 1.7c에서는 계가 물, 주전자 그리고 주전자 안쪽 물 위의 공기로 잡혀 있다. 이 3가지 모든 계는 문제를 해석하는 데 사용할 수 있다. 그러나 (b)와 (c)의 계를 사용하게 되면 물에만 가해지는 열량을 구하면 되는 기본 문제가 복잡해지게 된다.

계 (b)에서는 먼저 물과 주전자 모두에 얼마나 많은 열이 가해졌는지를 구한 다음, 물 자체에는 얼마나 많은 열이 가해졌는지를 구해야 하는 추가 해석이 필요하게 된다. 계 (c)에서는 여기에다가 공기에 얼마나 많은 열이 가해졌는지도 구한 다음, 물에 가해진 열만을 분리해내야 하므로 문제가 더욱 더 복잡해지게 된다. 그러므로 이 3가지 계는 모두 다 문제를 풀 때 사용할 수는 있지만, 시스템의 범위를 한정할 때에는 해석에서 가능한 한 최소 체적이 사용되도록 주의하는 것이 최선이다. 이렇게 하면 해를 구하는 데 들어가는 필요 이상의 작업량을 줄일 수 있다.

계의 유형에는 다음과 같이 3가지가 있는데, 이는 질량과 에너지 중에서 무엇이 계의 경계를 통과하고 또 무엇이 통과하지 못하게 되는지에 따라 구별된다. 즉,

고립계: 질량과 에너지 모두가 계의 경계를 통과하지 못한다.
밀폐계: 에너지는 계의 경계를 통과할 수 있지만 질량은 통과하지 못한다.
개방계: 질량과 에너지 모두 다 계의 경계를 통과할 수 있다.

이 밀폐계는 "검사 질량", 개방계는 "검사 체적"이라고 할 때도 있다. 그러나 이 책에서는 각각 "밀폐계"와 "개방계"라는 용어를 사용할 것이다.

해석에서 어떤 유형의 계를 사용해야 하는지 결정할 때에는, 문제에서 취급하려고 하는 시간 척도에 관한 중요한 특징을 살펴보아야 할 필요가 있다. 시간이 충분히 주어진다면, 일부 소량의 질량이 밀폐계의 고체 경계를 지나 확산할 수도 있겠구나 하고 생각할 수도 있지만, 문제에서 주어진 상황 하에서 소요되는 시간에 걸쳐 계의 경계를 통과하는 질량의 양을 무시할 수 있다면, 그 계는 밀폐계로 보는 것이 가장 좋을 것 같다. 예를 들어, 자전거 타이어에 공기가 가득 차 있고 이 타이어는 공기가 새지 않는다는 것이 확실할 때, 관찰에 소요되는 시간이 하루나 이틀 정도라면 이 계를 밀폐계로 취급해도 무방하다. 그러나 이 타이어를 1년이라는 기간에 걸쳐 관찰할 때라면, 공기가 타이어에서 아주 서서히 빠져나가는 효과를 고려해야 할 것이며, 그러므로 이 계는 개방계가 된다.

이 책에서는 고립계가 큰 역할을 하게 되지는 않지만, 수준이 한층 더 높은 열역학 분야에서는 이 고립계가 중요하다. 고립계로 볼 수 있는 계의 유형 가운데 하나로는, 그림 1.8과 같이 뚜껑이 닫힌 단열 보온병을 들 수 있다. 하루 일과를 시작할 때 이 보온병에 뜨거운 커피를 가득 채워가지고 간다고 하자. 한 동안은 뚜껑이 그대로 닫혀 있지만, 얼마 지나지 않아 뚜껑을 열어 커피를 따르게 된다.

짧은 시간 동안에는 커피 상태가 거의 변화하지 않을 것이므로, 보온병에 커피를 채우는 시점과 커피를 일부 따라 붓는 시점 사이에서는 보온병을 (질량도 에너지도 계의 경계를 통과하지 않는) 고립계로 볼 수 있다. 비교적 시간 간격이 짧을 때에는, 보온병에서 에너지가 빠져 나가는 것을 충분히 무시할 수 있을 정도로 낮은 냉각률로 커피가 식게 된다. 반시간이나 한 시간 동안이라면 이 계를 고립계로 선정하여도 논리적으로 잘 들어맞겠지만, 하루라는 기간의 시간에 걸쳐 커피를 해석할 때에는 이 계를 고립계로 선정하는 것은 좋지 않은 결정이 될지도 모른다. 더욱 더 긴 기간의 시간이 지나면 커피는 눈에 띄게 식으므로, 이 계를 모델링할 때에는 밀폐계로 선정하는 것이 한층 더 좋은 결정이 될 것이다.

〈그림 1.8〉 커피와 공기가 들어 있지만, 커피만을 계로 잡은 단열 보온병의 단면도.

고립계의 또 다른 예로는 전우주를 들 수 있지만, 이 전우주를 열역학적으로 해석하는 일은 이 책의 범주를 벗어나는 것이다. 지금껏 우주를 이해하고 있는 범위에서 볼 때, 우주는 존재하고 있는 질량과 에너지를 모두 다 수용하고 있으므로 질량과 에너지는 계의 경계를 넘어갈 수 없다.

밀폐계의 실례는 더욱 더 많이 들 수 있으며, 이 가운데 몇 가지가 그림 1.9에 나타나 있다. 고체 물체는 특정하게 질량 손실이 일어나지 않는 한 일반적으로 밀폐계로 본다. 밀폐된 용기에 들어 있는 액체나 기체 또한 일반적으로 밀폐계로 본다. 밀봉된 풍선과 같은 물체에 들어 있는 내용물은, 풍선 체적이 변화하기는 하여도 내용물의 질량은 변화하지 않으므로, 밀폐계로 본다. 마찬가지로, 질량이 고정되어 있는 기체나 액체를 수용하고 있는 피스톤-실린더 기구도 밀폐계로 본다.

질량이 명백하게 부가되거나 제거되는 계라면 어떠한 계라도 개방계로 본다. 그림 1.10에는 주위에서 볼 수 있는 많은 개방계 중에서 몇 가지 예가 주어져 있다. 정원용 호스, 창문이 열려 있는 집, 공기 압축기, 자동차 엔진, 끓는 물이 들어 있어 수증기가 빠져 나가고 있는 주전자 등은 모두 개방계의 예이다. 주목하여야 할 점은, 밀폐계는 개방계의 특별한 적용(경우)으로 볼 수 있다는 것이다. 일반적인 개방계의 열역학적 해석에서는 밀폐계 해석에서 나타나게 되는 모든 요소를 포함하고 있지만, 밀폐계 해석에서는 계를 출입하는 질량에 관계되는 항들이 소거되어 있기 마련이다.

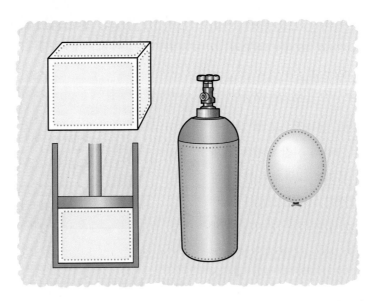

〈그림 1.9〉 밀폐계의 예: 금속 고체 블록, 탱크에 들어 있는 기체, 풍선에 들어 있는 공기, 피스톤-실린더 기구에 들어 있는 기체.

<그림 1.10> 개방계의 예: 창문이 열려 있는 집, 주전자에서 빠져 나가는 수증기, 자동차 엔진.

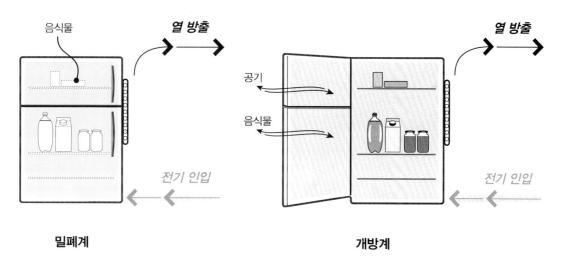

<그림 1.11> 밀폐계로 볼 때와 개방계로 볼 때의 냉장고.

  사용하고자 하는 계의 유형을 결정할 때에는, 관찰하고 있는 물체의 용도를 고려하는 것이 중요하다. 예를 들어, 보온병을 채우거나 비우고 있을 때에는 잠재적인 고립계로 보기보다는

확실하게 개방계로 취급하는 것이다. 다른 예로, 그림 1.11과 같은 가정용 냉장고를 살펴보기로 하자. 냉장고는 문 밀폐가 잘 된다고 할 때, 문이 닫혀 있으면 냉장고 내부의 질량은 고정이 된다. 전기 형태의 에너지가 계속 냉장고로 공급되고 있고, 냉장고 내부가 냉각됨에 따라 열 형태의 에너지가 주위로 제거되고 있다. (열은 또한 냉장고 벽을 거쳐 천천히 냉장고 내부로 유입되고 있지만, 설치가 잘된 붙박이 냉장고에서는 이 열을 무시하기도 한다.) 이 경우에는 에너지가 계의 경계를 통과할 수 있지만 질량은 통과할 수 없기 때문에, 밀폐계로 보게 된다. 이제, 냉장고 문을 열어서 음식물을 채워 넣거나 꺼내거나 할 때를 살펴보자. 음식물에 포함되어 있는 공기와 질량은 모두 계의 경계를 통과할 수 있으므로, 냉장고가 문이 열려 있을 때에는 개방계로 보는 것이 한층 더 적절할 것이다.

그 대신에, 그림 1.12와 같이 자동차 엔진 내부의 피스톤-실린더 기구를 살펴보자. 흡기 밸브와 배기 밸브가 닫혀 있을 때에는, 실린더 안에 갇혀 있는 질량이 고정되어, 계는 밀폐계가 된다. 그러나 배기 밸브가 열리게 되면, 실린더 내의 기체가 실린더에서 유출되어 다기관으로 유입될 수 있으므로, 이 피스톤-실린더 기구는 개방계가 된다. 그러므로 사용하고자 하는 계 유형의 선정은 관찰하고 있는 엔진 사이클의 해당 부분에 달려 있다.

앞서, 정원용 호스도 개방계라고 한 바 있다. 그러나 물을 호스에 유입되게 하는 밸브가 닫혀 있다고 하자. 이때, 호스가 새지 않는 한 호스 내에는 물의 고정 질량이 들어 있게 된다. 일부 물은 천천히 기화할 수도 있지만, 실제로 호스에 유입되거나 호스에서 유출되는 질량이 거의 없기 때문에, 이 호스를 밀폐계로 보는 것이 최상일 것이다. 그러므로 명심해야 할 점은, 관찰하고 있는 물체를 식별함으로써 계가 개방계인지 아니면 밀폐계인지를 항상 결정할 수는 없으므로, 오히려 계에 영향을 주는 과정의 본질을 또한 알아야만 한다는 사실이다.

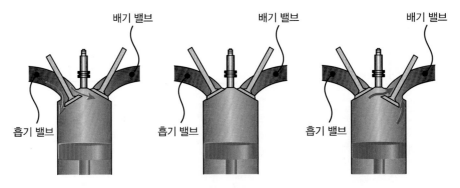

〈그림 1.12〉 개방계(흡기 밸브가 열린 상태)로서, 밀폐계(흡기 밸브와 배기 밸브가 닫힌 상태)로서 그리고 개방계(배기 밸브가 열린 상태)로서의 엔진 실린더.

1.1.2 열역학적 과정

열역학적 계는 특정한 시점에서 계의 특성량으로 기술되는 바와 같이 특정한 상태로 존재한다. 계가 상태 변화를 겪고 있으면 계는 열역학적 과정을 겪고 있는 것이다. **열역학적 과정**은 열역학적 계를 하나의 상태에서 또 다른 상태로 변화시키는 작용이므로, 계가 "최초 상태"에서 "최종 상태"로 변형하면서 계가 겪게 되는 일련의 열역학적 상태로 기술된다. 이는 직관적인 면에서 다소 간단한 개념의 것을 다소 형식적으로 정의한 것이다. 본질적으로, 과정은 ① 질량 및/또는 에너지가 계에 부가되거나 계에서 제거될 때 계에서 일어나는 것이거나, ② 계 내의 질량이나 에너지가 내적인 변형을 겪게 됨으로써 일어나는 것이다. 과정의 예에는 계의 가열 또는 냉각, 계의 압축 또는 팽창 및 전기의 유입에 따른 계의 변화 등이 포함된다. 물체가 높은 곳에서 낙하하면서 물체가 가속되는 것은 에너지의 내적 변형을 수반하는 과정의 예로서, 이는 제2장에서 설명될 것이다. 통상적으로, 열역학적 과정의 진행은 과정 도중에 계의 특성량 중에서 2가지가 변하는 방식을 설명해주는 그림을 그려서 나타낸다. 예를 들어, 그림 1.13에는 강체 용기(고정된 체적)에 들어 있는 공기를 가열시키는 열역학적 과정을 이 과정에서의 압력과 온도 간의 관계를 시각적으로 예시하여 나타내고 있다.

계는 흔히 일련의 과정을 겪는다. 예를 들어, 흡기 밸브와 배기 밸브가 닫혀 있는 상태에서 자동차 엔진 내부의 피스톤–실린더 기구 내의 기체를 살펴보자. 이러한 과정은 그림 1.14에 나타나 있다. 먼저, 공기–연료 혼합기(체)는 피스톤으로 압축된다. 그런 다음, 점화 스파크를 사용하여 이 혼합기를 점화시키게 되는데, 이로써 온도와 압력이 급격하게 증가하게 된다. 이 증가된 압력으로 기체는 팽창 과정을 겪으면서 피스톤을 가압하게 된다. 이 설명에서, 기체는 밸브가 닫힌 상태에서 일련의 3가지 과정을 겪게 된다는 사실을 알 수 있다.

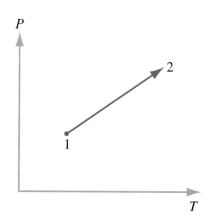

〈그림 1.13〉 열역학적 과정을 나타내는 압력 대 온도 (P–T) 선도.

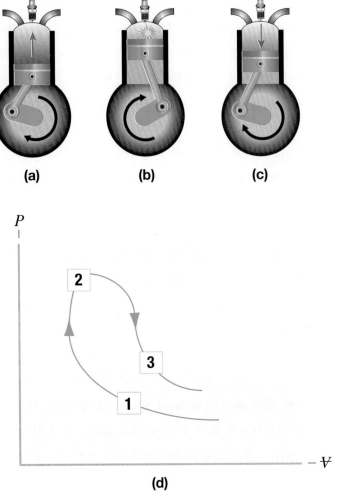

〈그림 1.14〉 자동차 엔진 작동 중에 발생하는 3가지 과정: (a) 압축 행정, (b) 연소 과정
및 (c) 팽창 행정. (d) 그러므로 이 과정들은 압력 대 체적(P-∀) 선도이다.

이 일련의 과정에서 특별한 경우는 맨 처음 과정의 최초 상태가 마지막 과정의 최종 상태와
같을 때 일어난다. 계의 최초 상태와 최종 상태가 일련의 과정의 전후에서 같을 때에는, 이
과정들이 **열역학적 사이클**을 이루었다고 한다. 사이클은 열역학에서 다양한 개념을 이론적으로
개발할 때나 열역학을 일상생활에서 접하게 되는 계에 실제로 적용할 때에 모두 중요한 역할을
한다. 사이클의 예로는 그림 1.15와 같은 단순한 (수)증기 발전소를 들 수 있다. 여기에서,
액체 물은 펌프를 거쳐 이송되는데, 이 과정에서 액체 물의 압력이 증가된다. 그런 다음, 고압의
물은 가열되어 비등하게 되어 고압의 수증기가 발생된다. 이 수증기는 터빈을 통과하는데,

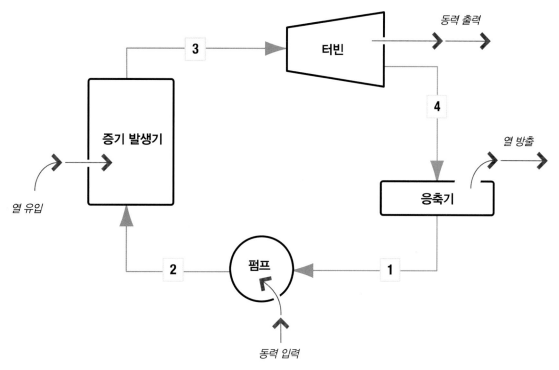

〈그림 1.15〉 증기 발전소용 기본 랭킨 사이클의 개략도.

이로써 동력이 발생된다. 그런 다음, 저압이 된 수증기는 응축기를 거쳐 이송되는데, 이 응축기에서는 저온의 외부 냉각수가 사용되어 수증기에서 열이 제거되고 이에 따라 수증기는 저압의 액체 물로 바뀌게 된다. 그런 다음 이 저압의 액체 물은 펌프로 이송되어 사이클 자체가 반복된다. 이 사이클이 연속적으로 반복되게 하려면, 물은 과정들을 거쳐 한 번의 사이클 순환이 완료될 때마다 매번 동일한 상태에서 펌프로 유입되어야만 한다. 그러므로 물은 4가지 과정을 겪게 되는데, 이 때문에 최초 상태와 최종 상태가 같아야 한다.

1.1.3 열역학적 평형의 개념

평형은 일반적으로 대항력이 일으키는 작용의 상쇄로 인한 균형 상태로서 정의된다. 평형에는 여러 가지 다른 유형이 많이 있는데, 그중에서 몇 가지는 이미 잘 알고 있는 것들이다. 역학적 평형은 계에 작용하는 힘들이 균형을 이루게 됨으로써 계가 가속도를 전혀 겪게 되지 않을 때 존재하는 상태이다. 열역학에서는, 역학적 평형을 흔히 계의 압력이 균일한 상태로 보기 마련이다. 열역학적 평형은 ① 2개 이상의 계가 동일한 온도 상태에 있거나 ② 단일 계가 균일한 온도 상태에 있는 것이다.

열역학적 평형은 계가 열적 평형, 역학적 평형, 화학적 평형 및 상평형이 결합되어 있을 때 존재하는 상태이다. 열역학적 평형 상태에 있는 계는 그 상태를 자발적으로 변화시킬 역량이 없다. 즉, 열역학적 평형 상태에 있는 계가 그 상태가 변화하려면, 계는 계의 외부에서 가해지는 구동력(구동 요인)을 겪어야만 한다.

이 책에서는 평형 열역학을 학습하게 될 것이다. 비평형 열역학이라고 하는 또 다른 열역학 분야가 있는데, 이 분야는 이 책의 범주를 벗어나는 것으로 대부분의 엔지니어에게 실용적인 용도가 많지는 않다. 평형 열역학에서는, 취급하는 계가 열역학적 평형 상태에 있다고 가정한다. 하지만, 주목하여야 할 점은, 계가 과정 중에 하나의 상태에서 또 다른 상태로 진행할 때에 매 순간 순간에 평형 상태에 있다고 할 수는 없다는 사실이다. 예를 들어, 물 용기가 레인지에서 가열되고 있을 때, 열원 가까이 용기 바닥에 있는 물은 용기의 윗부분에 있는 물보다 더 온도가 높다. 시간이 충분히 주어진다면 계는 전체가 동일한 온도 상태에 놓이겠지만, 주어진 시각에서 계는 전체가 기술적으로 열적 평형 상태에 있지 않기 마련이다. 이러한 상황에서는 일반적으로 계를 일련의 준평형 상태를 겪고 있다고 본다. 이러한 상태는 엄격히 말해서 평형 상태는 아니며, 이러한 과정에서 겪게 되는 평형 편차는 문제의 전체 해석 면에서 볼 때 미미하기는 하지만, 이 편차는 비교적 짧은 시간 기간 동안에 존재한다. 이러한 평형 편차 때문에 시스템을 매우 상세하게 해석할 때에는 오차가 발생하기도 하지만, 일반적으로는 계를 공학적으로 해석하거나 설계할 때에 심각한 오차를 발생시키지 않는다.

1.1.4 열역학적 상태량

열역학적 계의 상태를 기술하는 데에는 그 방법이 필요하다. 계의 열역학적 상태량은 계의 상태를 기술하는 데 사용하는 도구이다. **열역학적 상태량**은 그 수치 값이 계의 상태가 달성되는 방식에는 독립적이고 계의 국소적인 열역학적 평형 상태에만 종속되는 양이다. 이러한 내용은, 해당하는 값이 계가 겪게 되는 특정 과정에 종속되는 것이라면 그 어느 것도 계의 특성량이 되지는 못하지만 과정을 기술하는 수단이 된다는 것을 의미하기 때문에, 중요한 특징이다.

분명히 온도, 압력, 질량, 체적, 밀도 등과 같은 많은 상태량을 이미 잘 알고 있을 것이다. 온도가 상태량의 정의에 부합하는 방식을 예로 들어, 실내 공기를 살펴보자. 실내 공기가 특정 온도 상태에 있을 때에는, 계를 기술하는 데에 해당 온도가 (가열이나 냉각을 통하여) 달성되는 방식을 설명할 필요가 없으며, 계는 그저 그 온도 상태에 있을 뿐이다. 주목해야할 다른 상태량들은 점도, 열전도도, 방사율 외에도 이 책에서 적절할 때 소개되는 많은 상태량 등이 있다. 계의 색상은 색상을 구성하는 빛의 파장을 나타내는 스펙트럼을 통하여 수치적으로 기술할 수 있기 때문에, 색상 또한 상태량의 정의에 부합한다.

일부 상태량은 **종량 상태량**(extensive property)이라고 하고 일부 상태량은 **강도 상태량**(intensive property)이라고 한다. 종량 상태량은 그 값이 계의 질량에 종속되는 상태량인 반면에, 강도 상태량은 그 값이 계의 질량과는 독립적인 상태량이다. 어떤 상태량이 종량 상태량인지 강도 상태량인지를 빨리 결정하는 데 사용할 수 있는 방법은, 마음속으로 계를 둘로 나누고 그 계의 절반의 상태량 값이 변하는지를 판별하는 것이다. 이렇게 하면 온도, 압력, 밀도 등은 크기가 절반인 계에서도 이러한 상태량 값들이 원래 계에서의 값과 같기 마련이므로, 강도 상태량이라는 결론이 나온다. (즉, 계를 절반으로 나눠도 온도에는 전혀 영향을 주지 않는다.) 그러나 질량과 체적은, 그 크기가 최초 계의 절반인 계에서는 다른 값이 나오기 때문에, 종량 상태량이다. (즉, 크기가 최초 계의 절반인 계의 체적은 분명히 초기 체적의 절반이다.)

종량 상태량은 종량 상태량을 계의 질량으로 나눔으로써 강도 상태량으로 변환시킬 수 있다. 이와 같이 변환된 상태량에는 "비(specific)"라는 접두어를 붙여준다. 예를 들어, 계의 체적 Ψ는 질량 m으로 나눌 수 있으며, 이렇게 하면 **비체적** v가 나온다. 즉,

$$v = \Psi/m \tag{1.1}$$

여기에서, 주목해야 할 점은 비체적은 **밀도** ρ의 역수라는 것이며, 이 밀도는 질량을 체적으로 나눈 것($\rho = m/\Psi$)으로 정의된다는 것이다.

아래에서 설명하겠지만, 일반적으로 열역학적 해석에서는 계의 강도 상태량으로 계산을 한 다음 이 값에 계의 질량을 곱하여 특정 계에서의 전체 종량 상태량 값을 구하면 된다. 종량 상태량으로 계산을 하게 되면 과정을 겪게 되는 계의 모든 가능한 질량마다 계산을 할 필요성이 사라지게 된다. 과정을 강도 기반(단위 질량 기준)으로 일반적으로 푼 다음 이 해를 과정을 겪게 되는 어떤 특정 질량에 적용하면 된다.

물질의 상태량은 **상태식**을 통하여 서로 서로 관계가 맺어진다. 이후에 알게 되겠지만, 일부 상태식은 매우 간단한 관계식인 반면에, 다른 상태식들은 아주 복잡해서 컴퓨터 프로그램을 통해서 계산하는 편이 더 낫다. 잘 알고 있을 것이라고 믿는 간단한 상태식의 예로는 다음과 같은 이상 기체 법칙을 들 수 있다. 즉,

$$P\Psi = mRT \tag{1.2}$$

여기에서, P는 압력, T는 온도이고, R은 기체별 이상 기체 상수로서 이는 일반 이상 기체 상수 $\bar{R}$을 기체의 분자 질량 M으로 나눈 것과 같다. 이상 기체 법칙은 또한 비체적을 사용하여

다음과 같이 쓸 수 있다.

$$Pv = RT \qquad (1.3)$$

이 이상 기체 법칙은 이후에 한층 더 상세히 학습할 것이다.

식 (1.3)을 살펴보면, 특정 기체에서는 3가지 특성량들을 주어진 상태식을 통하여 그 관계를 맺을 수 있다는 것을 알 수 있다. 이 상태량 중에서 2개는 독립적으로 짝(set)을 지을 수 있으므로, 제3의 상태량은 이러한 다른 2개의 상태량을 알게 됨으로써 계산할 수 있을 것이다. 특정 계에 대하여 임의로 선정될 수 있는 상태량들을 **독립 상태량**이라고 하는 반면에, 그 값들을 상태식을 통하여 그 결과로서 구하게 되는 상태량들은 **종속 상태량**이라고 한다. 식 (1.3)에서, 압력 P와 비체적 v가 독립 상태량으로 선정되었다면, 온도 T가 그 값을 이상 기체 법칙을 통하여 구할 수 있는 종속 상태량이 된다. 마찬가지로, P와 T가 독립 상태량이라고 하면, v가 종속 상태량이 된다.

식 (1.2)와 식 (1.3)은 또한 비상태량(specific properties)을 사용할 때의 이점을 보여주는 구체적인 예를 제시해 주고 있다. 즉, 특정 기체가 차지하고 있는 전체 체적을 구하는 데 사용할 수 있는 압력-온도의 짝(set)에 관한 정보 목록을 작성해 보라고 했다 하자. 식 (1.2)를 사용하여 전체 체적을 직접 계산하려고 한다면, 기체가 보유할 수 있는 모든 질량에 대하여 목록을 작성할 필요가 있을 것이다. 그러나 식 (1.3)을 사용하려고 한다면, 비체적에 관한 목록 한가지만을 준비해 준 다음, 데이터 사용자에게는 주어진 숫자에 계의 특정 질량을 곱해주기만 하면 된다고 하면 되는 것이다. 확실히, 나중 방법이 더 간단하다.

이후에는, 계를 기술하는 데 일반적으로 사용되는 기본적이면서 쉽게 측정할 수 있는 상태량들을 정식으로 소개할 것이다. 그러나 먼저, 열역학에 수반되는 단위계의 특성을 언급할 필요가 있다.

1.1.5 단위 설명

공학 실무에서는, 일반적으로 2가지의 주요한 단위계가 사용되고 있다. 그 하나는 **국제 단위계**(SI)라고 하며 이는 전 세계에서 공통적으로 사용되고 있는 반면에, 다른 하나는 **영국 공학 단위계**(EE)라고 하며 미국에서만 거의 제한적으로 사용되고 있지만, 현재 미국에서는 SI 단위계 또한 더욱 더 일반적으로 사용되고 있다. SI 단위계는 과학적 원리를 기반으로 하고 있으며 확고하게 십진법을 채택하고 있다. EE 단위계는 보편적인 표준으로서 일관성이 떨어지곤 했던 편의적인 치수를 사용하면서 오랜 세월 동안 그저 그렇게 발전했다. 그 후로 지금까지 여러 가지 표준들이 개발되어왔지만, EE 단위계에서의 단위 변환은 직관적이지 않을 때가 많았으며 이제 와서 봐도 임의의 값을 부여해 온 것 같다.

이 책에서는 SI 단위계를 주로 사용하려고 하지만, 제1장과 제2장에서는 EE 단위계를 소개하는 데에도 지면을 할애하고자 한다. 이로써, 일반적으로 사용하고 있는 2가지 단위계 간 단위 변환을 실습할 수 있는 기회를 얻게 될 것이다. 이 책의 표지 안쪽에는 SI 단위계와 EE 단위계 간 단위 변환표가 실려있다.

SI 단위계가 직관적으로 단순하다는 점을 설명하는 데 길이 측정에 사용하는 단위들을 비교해 보자. SI 단위계는 길이의 기본 단위로 미터(m)를 사용한다. 계의 길이가 미터보다 실제로 더 크거나 더 작을 때에는, SI 단위계에서 사용하는 표 1.1의 접두어 가운데 하나를 사용하면 된다. 그러므로 1 밀리미터(mm)는 1 미터의 천분의 일과 같다. 즉, 1 mm = 0.001 m이다. 1 킬로미터(km)는 천 미터와 같다. 즉, 1 km = 1000 m이다. 실용적인 면에서, 센티미터(cm) 또한 사용되며 이는 1 미터의 백분의 일과 같다. 즉, 1 cm = 0.01 m이다.

EE 단위계에서는, 길이는 그 기본 단위가 피트(ft)이고 한층 더 작은 단위로 변환시키려면 1 ft = 12 in와 1 mile = 5280 ft와 같은 변환계수를 사용하면 된다. 이러한 변환계수를 사용 하더라도 계산을 할 때에는 불필요하게 복잡해질 수도 있으므로 SI 단위 변환을 할 때보다 실수하기가 더 쉽다.

SI 단위계에서나 EE 단위계에서는 시간 단위가 모두 초(s)이다. 이 두 단위계에서는 0.001 s 를 밀리 초(millisecond; ms)로 한다는 개념을 모두 채택하고 있다. 또한, 이 두 단위계에서는 모두 1 분은 60 초이고 1 시간은 3600 초라고 하고 있다. 이러한 변환은 SI 단위계에서 단위 변환을 전적으로 10의 배수로 처리하지 못하게 되는 유일한 경우이다.

〈표 1.1〉 SI 단위계에서 사용하는 일반적인 접두어

접두어	배수	기호
피코(Pico)	10^{-12}	P
나노(Nano)	10^{-9}	n
마이크로(Micro)	10^{-6}	μ
밀리(Milli)	10^{-3}	m
센티(Centi)	10^{-2}	c
킬로(Kilo)	10^{3}	k
메가(Mega)	10^{6}	M
기가(Giga)	10^{9}	G
테라(Tera)	10^{12}	T

잊지 말아야 할 점은, 일단 열역학 원리들을 학습하기만 하면 어떠한 단위계를 사용하더라도 그 원리들을 똑같은 방식으로 적용하면 된다는 것이다. 양 단위계를 사용할 때 중요한 점은, 계산식에다가 단위를 올바르게 적용하여야만 서로 약분이 되어 정확한 최종 단위가 나온다는 것이다.

심층 사고/토론용 질문

전 세계 대부분에서는 SI 단위계가 사용되고 있는데, 미국에서는 일반적으로 EE 단위계를 사용하고 있다. 만약, 미국이 SI 단위계를 채택하게 된다면 이는 좋은 생각일까? 또한, 이렇게 하려면 무엇을 준비해야 할까?

1.2 대표적인 상태량의 소개

앞에서 언급한 대로, 몇 가지 열역학적 상태량은 잘 알고 있기도 하고 흔히 마주치게 되며 측정하기가 (다소) 쉽다. 이들이 계를 기술하고자 할 때 흔히 사용되는 상태량들이다. 이 절에서는, 이러한 대표적인 상태량과 그와 관련된 단위들을 설명할 것이다.

1.2.1 온도

"열"과 같은 개념을 생각할 때면, 제일 먼저 흔히 생각하게 되는 상태량이 온도이다. 그리고 온도를 자유롭게 입에 올리면서도 정작 **"온도(temperature)"**라는 단어의 정의를 내리기가 쉽지 않다는 것을 알게 되기도 한다. 온도는 계 내부에서의 분자 운동 및 이 분자 운동과 관련된 에너지의 척도이다.

온도가 낮은 계에서는 원자와 분자의 운동이 상대적으로 느린 반면에, 온도가 높은 계에서는 원자와 분자의 운동이 상대적으로 빠르다. 어떤 의미에서 보면, 이는 고온 계가 저온 계와 접촉하게 되면 차가워지게 (되고 저온 계가 뜨거워지게) 되는 이유이다. 고온 계에 있는 고속 운동 분자는 저온 계에 있는 저속 운동 분자와 충돌하면서 얼마간의 에너지를 전달하기 마련이다. 이 때문에 고속 운동 분자는 느려지게 되어 (고온계의 온도는 감소하게 되고) 저속 운동 분자는 속도가 증가하게 (되어 저온 계의 온도는 증가하게) 되는데, 이 과정은 그림 1.16에 예시되어 있다.

계의 온도를 측정하는 방법에는 여러 가지가 있지만, 일반적으로 가장 잘 알려진 방법으로는

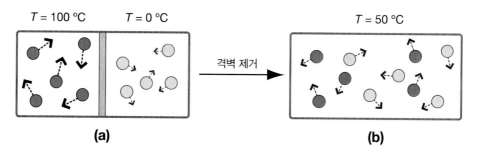

〈그림 1.16〉 (a) 격벽으로 100 ℃의 분자와 0 ℃의 분자가 반반씩 격리되어 있는 상자. (b) 고온의 분자가 저온의 분자와 충돌한 후에 분자들은 모두 50 ℃ 상태가 된다.

온도계가 있다(그림 1.17 참조). 온도계를 들여다보게 되면, 물질의 "온도"를 지시하게 되는 일련의 눈금을 나타내는 척도를 보게 된다. SI 단위계에서 사용되는 온도의 단위는 섭씨(Celsius) 온도 단위(℃)이다. 이 국제단위계에서는 다음과 같은 논리적인 과학적 기준점을 부여하여 온도 척도를 정의하고 있다.

0 ℃는 대기압에서 물이 어는점에 상응한다.
100 ℃는 대기압에서 물이 끓는점에 상응한다.

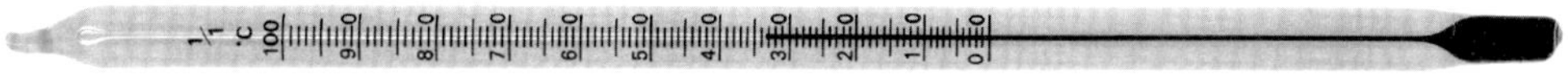

TAGSTOCK1/Shutterstock.com

〈그림 1.17〉 일반적인 온도계.

EE 단위계에서는, 온도 단위가 화씨 온도 (degree Fahrenheit, ℉) 이다. 이 척도를 정의하는 데 사용되는 기준점은 다음과 같으며, 그림 1.18에 섭씨 척도와 비교되어 있다. 즉,

32 ℉는 1 대기압에서 물이 어는점에 상응한다.
212 ℉는 1 대기압에서 물이 끓는점에 상응한다.

분명히, 이 값들은 과학적으로는 그다지 큰 의미가 없다. 그러나, 일상생활에서 온도를 나타낼 때 사용하기에는 온도 척도가 더 편리하다. 거의 모든 세상사를 둘러보자면, 사람들이 겪을 법한 온도 범위를 나타내기에는 0 ℉에서 100 ℉ 사이의 온도 범위가 좋다. 이 범위를 벗어난

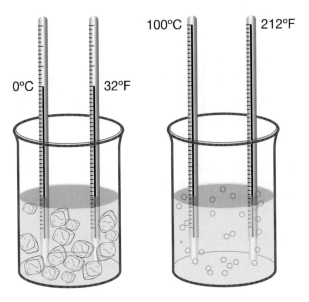

〈그림 1.18〉 얼음물(왼쪽 그림)과 끓는 물(오른쪽 그림)의 온도를 섭씨 척도와 화씨 척도로 각각 나타낸 그림.

온도와 맞부딪치게 되는 사람들도 있겠지만, 사람들 대부분은 연중 거의 매일 매일을 이 온도 범위 안에서 생활하게 된다.

이 두 가지 온도 척도는 모두 다 동일한 물리적인 관점에서 온도가 설정되었으므로, 이들 사이의 상관관계는 다음과 같은 관계식에서 유도할 수 있다. 즉,

$$T(℃) = \frac{5}{9}[T(℉) - 32] \qquad (1.4)$$

또는, 이와 마찬가지로,

$$T(℉) = \frac{9}{5}T(℃) + 32 \qquad (1.5)$$

이 두 가지 온도 척도는 모두 다 임의로 설정한 0점(영점)을 기준으로 하는데, 이 때문에 섭씨온도 척도는 "상대" 척도가 된다. 상대 척도는 여러 단위계의 온도를 비교하는 데에 아주 적합하기도 하고 온도 변화를 구하는 데에도 적합하기는 하지만, 득정 온도를 수반하는 계산을 할 때에는 중대한 문제를 야기할 수도 있다. 이상 기체 법칙인 식 (1.2)를 다음과 같이 계의 질량을 구하는 형태로 변형시킨 식을 살펴보기로 하자.

$$m = P ∀ / RT$$

이제, 계의 온도가 대기압에서 물이 어는점의 온도와 같을 때 이 계의 질량을 구한다고 하자. 섭씨온도를 사용하게 된다면, 계의 질량으로는 무한개의 값이 나오게 될 것이다. 마찬가지로, 이 온도 척도에서는 온도가 0보다 낮게 나오게 되면 계의 질량은 음(−)의 값이 되게 된다. 상대 온도 척도를 사용함으로써 벌어질 수 있는 문제들을 회피하고자 한다면, 절대 온도 척도를 사용하면 된다.

온도의 정의가 계의 분자 운동의 척도임을 돌이켜 본다면 임의의 영점에 기준을 두지 않는 온도 척도의 개념을 세울 수 있다. 계의 온도를 낮추게 되면 계의 분자 운동은 느려지기 마련이다. 계의 온도가 낮아질수록 분자의 운동은 더욱 더 느려지게 된다. 어떤 온도에서는 모든 분자 수준의 운동이 중지하게 되는 것이다. 그러면 이 모든 운동이 중지하게 되는 온도에서 온도 척도를 정의하여 0의 온도를 정의할 수 있다. 이와 같은 척도를 절대 척도라고 하는데, 바로 이 척도가 0의 운동이라는 진정한 정의에 기준을 두기 때문이다. 이 "절대 0도"보다 더 낮은 온도는 나올 수 없는데, 이는 일단 분자가 정지해버리고 나면 운동이 더 이상 느려질 수 없기 때문이다.

SI 단위계에서 절대 온도 척도는 켈빈(K) 척도이다. 1 K은 그 크기가 1 ℃와 같다. 절대 0도는 −273.15℃에서 발생하며, 이는 0 K에 상응한다. 그러므로 ℃ 온도 척도와 K 온도 척도 사이의 관계는 다음과 같다.

$$T(\text{K}) = T(℃) + 273.15 \tag{1.6}$$

실제로는 273.15를 흔히 273으로 반올림하여 사용한다. ℃ 온도의 크기와 K 온도의 크기는 같으므로 온도차의 크기는 예제 1.1에서와 같이 ℃ 온도 척도에서나 K 온도 척도에서 그 수치가 같다.

▶ 예제 1.1

온도가 30℃인 계와 70℃인 계 사이의 온도 차를 ℃와 K 두 가지 단위로 구하라.

주어진 자료 : $T_A = 30$ ℃, $T_B = 70$ ℃

구하는 값 : ℃ 단위와 K 단위에서의 ΔT

풀이 먼저, 주어진 지시 온도가 $T_A = 30$ ℃와 $T_B = 70$ ℃이므로, 두 개의 계 A와 B를 살펴보아야 한다. 온도차는 $\Delta T = T_B - T_A$이다.

온도차는, ℃ 단위에서는 다음과 같다.

$$\Delta T = 70 ℃ - 30 ℃ = \mathbf{40} ℃$$

각각의 ℃ 온도는 다음과 같이 K 온도로 변환시킬 수 있다.

$$T_A \approx 30 + 273.15 = 303.15 \text{ K} = 303 \text{ K}$$

$$T_B \approx 70 + 273.15 = 343.15 \text{ K} = 343 \text{ K}$$

온도차는, K 단위에서는 다음과 같다.

$$\Delta T = 343 \text{ K} - 303 \text{ K} = \mathbf{40 \text{ K}}$$

해석 : 각각의 단위의 크기가 같으므로 온도 차는 그 수치가 같다. 사실상, 이 말은 온도 차를 따질 때에는 두 척도 중에서 어느 하나를 사용해도 된다는 것을 의미한다. 또한, 어떤 양의 값이 그 단위가 "단위/K"일 때에는 그 값은 "단위/℃"일 때에도 같으며 그 역도 성립한다.

EE 단위계에서는, 절대 온도 척도가 랭킨 (Rankine) 척도 (°R) 이다. SI 단위계에서처럼, 단위 크기인 1 °R은 단위 크기인 1 °F 와 같다. 절대 영도인 0 °R은 - 459.67 °F 에 상응한다. 그러므로 화씨 온도 척도와 랭킨 온도 척도 사이의 관계는 다음과 같다.

$$T(\text{R}) = T(°\text{F}) + 459.67 \tag{1.7}$$

숫자 값 459.67은 460으로 반올림하여 사용하는 것이 실용적이다. 단위의 크기에 관하여 SI 온도 척도에서 설명한 개념은 랭킨 온도 척도와 화씨 온도 척도에서도 동일하게 적용된다. 주목할 점은, K 단위의 온도와 °R 단위의 온도는 다음과 같은 관계가 있다는 것이다.

$$T(\text{K}) = \frac{5}{9} T(°\text{R}) \tag{1.8}$$

▶ 예제 1.2

어떤 계가 온도가 25 ℃이다. 이 온도 값을 °F, K 및 °R 단위로 각각 구하라.

주어진 자료 : $T(℃) = 25$ ℃

구하는 값 : $T(°\text{F})$, $T(\text{K})$, $T(°\text{R})$

풀이 $T(℃) = 25$ ℃이므로, 식 (1.5)를 사용하면 계의 온도를 °F 단위로 구할 수 있다.

$$T(°\text{F}) = \frac{9}{5} T(℃) + 32 = \frac{9}{5}(25) + 32 = \mathbf{77 \text{ °F}}$$

식 (1.6) 을 사용하면 계의 온도를 K 단위로 구할 수 있다.

$$T(\text{K}) = T(℃) + 273.15 = 25 + 273.15 = 298.15 \text{ K} = \mathbf{298 \text{ K}}$$

식 (1.8) 을 $T(^{\circ}R)$을 구하는 식으로 변형해서 사용하면 계의 온도를 $^{\circ}R$ 단위로 구할 수 있다. 즉, 랭킨 온도 단위에서는 다음과 같다.

$$T(R) = \frac{9}{5} T(K) = \frac{9}{5} (298.15) = 536.67\ R = \mathbf{537\ ^{\circ}R}$$

이러한 온도 차 값들은 그림 1.19에 예시되어 있다.

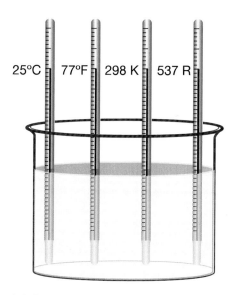

〈그림 1.19〉 4가지 온도 척도에서 같은 온도를 보여주고 있는 4가지 온도계.

오늘날, 절대 온도 척도는 절대 0도 점과 물의 삼중점에 걸쳐 정의되고 있다. (물의 삼중점은 고상, 액상 및 기상이 모두 다 공존하는 온도이다.) 이 온도는 $0.01^{\circ}C$이고, 켈빈 온도 척도에서 K 단위의 크기는 절대 0도 점과 물의 삼중점인 273.16 K에 걸쳐 규정되므로, 절대 0도와 물의 삼중점 사이에는 273.16과 같은 크기의 K 단위가 들어가 있다.

심층 사고/토론용 질문

본인이 상대 온도 척도를 사용하는 온도를 분류한다고 했을 때 터무니없는 결과가 나올지도 모르겠지만 하여튼 몇 가지 가능한 시나리오를 생각해 보라. 이 결과를 사용하여 다른 사람들에게 절대 온도(들)만을 사용하라고 어떻게라도 설득할 수 있을까?

1.2.2 질량, 몰, 힘

질량(mass)이라는 상태량은 물질의 양으로 규정된다. 질량은 문자 m으로 나타낸다. 질량도 어느 정도는 온도처럼 그 개념을 이해하기는 쉽지만 정의하기에는 어려운 면을 보여준다. 질량에 사용하는 SI 단위는 kg이고, EE 단위는 질량 파운드(lbm)이다.

몰(mole)은 물질의 원자나 분자의 아보가드로 상수 값을 포함하고 있는 물질의 양을 나타내며, 아보가드로(Avogadro) 상수는 6.022×10^{23}과 같다. 한층 더 공식적으로는, 아보가드로 상수가 C12의 0.012 kg에 들어 있는 탄소 원자의 개수로 정의된다. 물질의 몰(mole) 수는 문자 n으로 나타낸다. 물질의 **분자 질량** M은 물질 1 몰의 질량이다. 즉,

$$M = m/n$$

그러나 질량은 kg 단위로 사용될 때가 많으므로 당연히 물질의 킬로 몰(kilomole) 수에 더 신경을 써야 하는 것이며, 이때에는 분자 질량이 물질 1 kmol의 질량 kg을 의미한다. 이 책에서는, 기체 혼합물과 화학 반응계를 취급하기 전까지는 몰보다는 주로 질량에 더 치중할 것이다.

뉴턴의 운동 제2법칙에서, **힘** F는 질량이 가속도가 a인 상태로 있을 때 이 질량이 발휘하게 되는 힘으로 다음과 같다.

$$F = ma \tag{1.9}$$

힘의 SI 단위는 N(뉴턴)이며, 1 N = 1 kg · m/s^{2}로 정의된다. 그러므로 SI 단위계에서는 가속도의 단위가 m/s^{2}이므로 힘의 단위는 힘의 정의에서 직접 유도된다. 물체의 중량 W는 가속도가 g인 중력장에서 물체의 질량이 발휘하게 되는 힘으로 $W = mg$이라는 점을 주목하여야 한다. 지구는 해수면 높이에서 중력 가속도 g가 SI 단위로는 9.81 m/s^{2}이고, EE 단위에서는 32.17 ft/s^{2}이다. 이 값은, 장소마다 서로 다른 중력 가속도 값을 일일이 알아야 할 필요가 없이, 일반적으로 사용된다. 물체의 중량은 변할 수 있지만 물체의 질량은 위치에 상관없이 쭉 일정하다는 점에 유의하여야 한다. 그러므로 물체가 다른 중력장 내에서 운동하게 되면 그 때는 중량이 달라지기 마련이어서, 이 때문에 물체들은 질량이 같더라도 중량이 지구에서보다 달에서 더 가벼워지게 되는 것이다.

힘에 관해서는 EE 단위계에 복잡한 속사정이 더 있다. EE 단위계에서 힘의 단위는 힘파운드 (lbf)이다. 질량의 단위와 개념이 발달하게 되어 이를 사용해 오면서, 질량과 중량은 사용하는 단위가 서로 다르기는 하지만, 지구상 해수면에서는 물체의 파운드 단위 질량 수치와 파운드 단위 중량 수치를 같아지게 하는 편이 더 나았을 것이다. 그래서, 물체가 질량이 50 lbm 이면,

해수면에서는 중량을 50 lbf가 되게 하였던 것이다. 그러나 중력 가속도가 32.17 ft/s²라는 점을 고려해보면, 식 $W=mg$을 사용할 때 그렇게 되지 않는다는 점을 분명히 알 수 있기 마련이다. 이러한 점을 감안하여 단위 변환 계수 g_c가 도입되었다.

$$g_c = 32.174 \ \text{lbm} \cdot \text{ft}/(\text{lbf} \cdot \text{s}^2)$$

더 나아가서, 이 때문에 식 (1.9)는 다음과 같이 변형된다.

$$F = ma/g_c$$

이 식은 EE 단위계에 해당된다. 실제로는, lbm과 lbf 사이에서 변환을 시켜야 하는 식이라면 어떤 식에라도 변환 계수 g_c를 도입해야 한다. 그래서 바로 이 점이 바로 EE 단위계를 사용하여 열역학을 공부해보려고 할라치면 복잡해지게 되는 원인 가운데 하나가 된다. SI 단위에서는 $g_c = 1$이다. 이 책에서는, SI 단위에 중점을 두고 있기 때문에 식에다가 g_c 사용을 무시하고는 있지만, EE 단위를 계산할 때에는 반드시 단위 변환을 해야 한다는 점을 잊지 말아야 한다.

(역자 주: 이 책에서는 g가 기호일 때는 '중력가속도'로, 단위일 때는 '그램'으로, 하첨자일 때는 '중력가속도' 또는 '게이지(gage)' 또는 '기체'로 혼용되어 있음)

▶ 예제 1.3

먼 행성에 있는 물체가 그 중량이 58.5 N이다. 이 행성에서는 중력 가속도가 31.5 m/s²이다. 이 물체의 질량을 구하라.

주어진 자료 : $W = 58.5$ N

$g = 31.5$ m/s²

구하는 값 : m

풀이 $W = mg$이므로 다음을 구할 수 있다.

$$m = 58.5 \ \text{N}/31.5 \ \text{m/s}^2 = 58.5 \ \text{kg} \cdot \text{m/s}^2/31.5 \ \text{m/s}^2 = \mathbf{1.86 \ kg}$$

▶ 예제 1.4

금속 블록이 지구 해수면 높이에서 그 중량이 95 kg이다. 이 금속 블록은 로켓에 실려서 달로 운반되고 있는데, 달에서는 중력 가속도가 1.62 m/s²이다. 달 표면에서 이 금속 블록의 중량을 구하라.

주어진 자료 : 지구 : $W_e = 95$ kgf

달 : $g_m = 1.62$ m/s^2

구하는 값 : W_m (달에서의 중량)

풀이 물체의 질량은 지구상에서의 금속 블록에 관한 정보로 구할 수 있다.

$$m = W_e / g_e = (95 \text{ kgf})/(9.81 \text{ m/s}^2) = 9.68 \text{ kg}$$

질량이 일정하므로, 달에서의 중력 가속도를 사용하면 지구에서의 금속 블록 중량을 다음과 같이 구할 수 있다. 즉,

$$W_m = mg_m = (9.68 \text{ kg})(1.62 \text{ m/s}^2) = \textbf{15.7 kg}$$

이와 같이 서로 다른 중량은 그림 1.20에 나타나 있다.

지구 **달**

〈그림 1.20〉 동일한 물체의 중량을 지구와 달에서 각각 나타내고 있는 저울 숫자.

1.2.3 체적과 비체적

계의 체적 V 는 계가 차지하고 있는 물리적 공간이다. 체적은 3차원 공간 영역이므로, 체적은 SI 단위로는 m^3 이고, EE 단위계에서는 세제곱 피트, 즉 ft^3 이다.

앞서 설명한 대로, 열역학적 계산은 일반적으로 강도 상태량을 사용하여 수행한 다음, 그 결과에다가 계의 질량을 곱해주면 문제의 규모에 맞게 값의 크기가 조정된다. 체적은 종량 상태량인 반면에 **비체적(specific volume)** v 는 그에 상응하는 강도 상태량이다. 비체적은 다음과 같이 계의 전체 체적을 그 계의 질량으로 나눈 값이다. 즉,

$$v = V/m$$

이 비체적 v 는 SI 단위가 m^3/kg이다. 강조한 대로, 이 비체적 v 는 밀도 ρ 의 역수이다. 즉, $v = 1/\rho$ 이다.

1.2.4 압력

압력 P는 쉽게 측정할 수 있는 대표적인 상태량 중의 하나로 계를 기술할 때 흔히 사용된다. 압력은 가해지고 있는 힘 F를 그 힘이 작용하고 있는 면적 A로 나눈 값이다. **압력**은 다음과 같이 공간에 있는 특정 점에서 면적이 그 특정 점의 면적에 접근할 때 힘을 이 면적으로 나눈 값에 극한을 취하여 구한다. 즉,

$$P = \lim_{A \to A'} \frac{F}{A} \tag{1.10}$$

여기에서, A'는 점의 면적이다. 실제로, 계에 가해지는 압력이나 계가 가하는 압력은 표면에 균일하게 작용하게 되는 것이므로 일반적으로 압력은 다음과 같이 간단하게 계산하기 마련이다.

$$P = F/A \tag{1.11}$$

압력의 단위는 SI 단위계에서 Pa(파스칼)이며, 1 Pa = 1 N/m²이다. 그러나 이 단위의 크기를 살펴보면, 그 값이 공간에서 1 m²의 면적에 걸쳐 퍼져있는 대략 0.1 kg의 지구상 중량과 같음을 알게 될 텐데, 이는 매우 작은 압력 단위이다. 그와 같으므로, 열역학에서는 일반적으로 kPa($=1000$ Pa) 단위와 MPa($=10^6$ Pa) 단위에 더 치중하기 마련이다. 때로는 압력 단위로 "bar" 단위가 사용되기도 하는데, 1 bar = 100 kPa = 10^5 Pa이다. 이 단위를 사용하는 이유는 나중에 금방 알 수 있을 것이다. EE 단위계에서는 압력의 표준 단위가 제곱 피트 당 힘 파운드, 즉 lbf/ft²이다. 제곱 인치 당 힘 파운드(lbf/in² 또는 psi)가 사용될 때도 많이 있으며, 여기에서 1 ft는 12 in이므로 1 lbf/ft² = 144 lbf/in²가 된다.

계가 평형 상태에 있다는 가정 아래 역학적 평형을 이루려면 계의 외부에 가해지는 압력은 계가 내부에서 가하는 압력과 같아야 한다. 그러므로 계 내부의 압력은 외력이 계에 가하는 순 압력과 같다고 하여 구하면 된다. 명심할 사항으로는, 이 힘에는 계를 둘러싸고 있는 벽이 계 내부를 되밀어 붙이고 있으면 이러한 벽이 포함되기도 한다는 것이다. 그러므로 계에 가해지는 추가적인 외부 압력을 측정하기보다는 오히려 계 내부의 압력을 측정하는 것이 더 쉬울 수 있다.

대기압은 어떤 장소의 상공에 있는 공기가 가하는 힘(공기의 중량)을 그 공기가 분포하고 있는 면적으로 나눈 값이다. 표준 대기압 P_0는 해수면 높이에서의 평균 공기 압력으로 정의되며 그 값은 다음과 같다.

$$P_0 = 101.325 \text{ kPa} = 14.696 \text{ lbf/in}^2 = 2116.2 \text{ lbf/ft}^2$$

표준 대기압을 1 atm이라고 하기도 하므로, 압력을 대기압 수로 기록해도 된다. 이미 알고 있듯이, 표준 대기압은 약 100 kPa 정도가 되는데, 이는 bar 단위로 주어진 압력은 대기압 수와 거의 같다는 것을 의미한다. **국소 대기압** P_{atm}은 표준 대기압과 다를 때가 많이 있는데, 특히 해수면보다 훨씬 더 높은 위치에서 그렇다. 산악 지대에서는 그 공기압이 해수면에서의 공기압보다 꽤 낮은데, 그 압력 차는 물의 비등 상태량에 효과를 미쳐 일부 음식의 조리 시간을 변화시킬 만큼 중요성이 크다.

압력차를 측정하는 것은 비교적 쉬운 작업이다. 이러한 측정에는 마노미터(액주계)나 다른 단순한 압력계를 사용하면 된다. 그림 1.21과 같이 마노미터에는 비교하려고 하는 2개의 계 사이에 액체가 들어 있는 튜브가 놓이게 되는데, 이 그림에서 2개의 계는 기체가 들어 있는 원통과 대기이다. 원통에는 고압 기체가 들어 있으므로, 이 기체는 대기가 유체의 대기 쪽에 가하는 힘에 비하여 유체의 원통 쪽에 더 큰 힘을 가한다. 이 때문에 튜브의 양 갈래 사이에는 액체의 높이차 L이 생기게 된다. 이 높이차 L에다가 액체의 밀도 ρ와 국소 중력 가속도 g를 곱하게 되면 2개의 계 사이의 압력차가 나온다. 이 압력 차를 **게이지 압력** P_g라고 한다. 즉,

$$P_g = \rho g L \tag{1.12}$$

게이지 압력(계기 압력)은 다른 방법으로도 측정할 수 있다. 원통 안에 있는 기체의 압력이 국소 대기압과 같을 때 마노미터의 상태를 살펴보자. 이때에는, 튜브의 양쪽 끝에 똑같은 힘이 걸리게 되어, 마노미터의 양 갈래에 있는 유체 사이에는 압력차가 있을 리가 없다. 이 말은 게이지 압력이 0이라는 것을 의미한다. 그렇다고 해서 원통 속의 압력도 0일까? 그렇지

〈그림 1.21〉 기체 탱크의 압력을 측정하는 데 사용하는 마노미터(액주계).

않다. 원통 속의 압력은 대기압과 같다. 그러므로 계의 실제 압력을 구하려면 게이지 압력 P_g와 국소 대기압 P_atm을 합하여 절대 압력 P를 구해야 한다. 즉,

$$P = P_\text{g} + P_\text{atm} \tag{1.13}$$

절대 압력은 상태식을 사용하여 계의 다른 상태량을 구하는 계산에 필요한 압력이다.

절대 압력의 필요성을 생각하게 하는 또 다른 사례를 들어본다면 바람 빠진 자전거 타이어 내부 공기의 질량을 구하는 문제를 살펴보는 것이다. 바람 빠진 타이어가 바로 내부 공기압이 국소 대기압과 같은 사례인데. 타이어가 바람이 빠졌을 때에는 타이어의 게이지 압력이 0을 가리키게 되는 것이다. 그렇다면 타이어 속에는 아직도 공기가 들어 있을까? 그렇다. 타이어에서 공기가 빠져 있다고 해서 진공 조건이 형성되는 것이 아니기 때문에 타이어 속에는 여전히 공기가 들어 있는 것이다. 이상 기체 법칙[식 (1.2)]을 다시 살펴보자. 즉,

$$m = P\forall/RT$$

게이지 압력이 0이라는 것은 질량이 0이라는 뜻이므로, 이 0의 게이지 압력을 타이어 속에 들어 있는 공기의 압력으로 사용해서는 안 된다는 사실이 분명하다. 그 대신에 이 계산에서는 절대 압력이 필요하게 되는데, 이 경우에는 절대 압력이 국소 대기압이다.

앞서 설명한 대로, 국소 대기압 정보를 달리 알 수 없을 때에는 만족할 만한 근삿값으로 표준 대기압을 사용할 수는 있겠지만, 국소 대기압이 반드시 표준 대기압과 같을 수는 없다. 국소 대기압을 측정한다는 것은 어려운 쪽에 속하고 비용이 많이 드는 편이다. 이러한 측정을 할 때 일반적으로 사용하는 기기가 기압계(barometer)이므로, 국소 대기압을 흔히 기압이라고도 한다.

심층 사고/토론용 질문

기밀이 잘 되어 있고 완전히 부풀려 진 자전거 타이어를 압력이 1.5 MPa인 가압실 안에 넣어 놓으면 어떤 일이 일어날까?

▶ 예제 1.5

고압 헬륨으로 채워져 있는 탱크의 압력계는 탱크 내부 압력이 352 kPa임을 가리키고 있다. 탱크가 설치되어 있는 방의 기압계는 국소 대기압이 100.2 kPa임을 가리키고 있다. 탱크 내 헬륨의 절대 압력을 구하라.

주어진 자료 : $P_g = 352$ kPa(압력계는 탱크 내부의 게이지 압력이다)

$P_{atm} = 100.2$ kPa(기압계는 국소 대기압을 제공한다)

구하는 값 : P

풀이 절대 압력은 게이지 압력과 대기압의 합이다.

$$P = P_g + P_{atm} = 452.2 \text{ kPa} = 452 \text{ kPa}$$

▶ 예제 1.6

실린더 속에 들어 있는 원형 피스톤은 그 직경이 5 cm이다. 실린더에는 공기가 들어 있다. 실린더 내부의 압력계는 300 kPa의 압력을 가리키고 있다. 피스톤은 해수면 높이에 있고, 이 위치에서는 중력 가속도가 9.81 m/s²이다. 피스톤의 질량을 구하라.

주어진 자료 : $D = 5$ cm $= 0.05$ m, $P_g = 300$ kPa, g $= 9.81$ m/s^2

구하는 값 : m

풀이 그림 1.22와 같이, 실린더 내부의 절대 압력은 피스톤의 중량이 가하는 압력과 국소 대기압을 합한 것과 같다. 그러므로 실린더 내부 공기압과 실린더 외부 공기압(즉, 게이지 압력) 사이의 압력 차는 피스톤의 중량으로 인한 압력이다. 이와 같이, 피스톤의 질량을 구하려고 실린더 안의 절대 압력을 구할 필요는 없고, 게이지 압력을 피스톤 때문에 발생되는 압력과 같게 놓기만 하면 된다.

$$P_g = F/A = mg/A$$

피스톤의 면적은 원의 면적이다.

$$A = \pi D^2/4 = \pi (0.05 \text{ m})^2/4 = 0.00196 \text{ m}^2$$

N 단위의 힘에서 자연스럽게 유도되는 압력 단위는 Pa이라는 점을 유념하여야 한다. 그러므로 $P_g = 300$ kPa $= 300,000$ Pa이다.

$$\begin{aligned} m &= P_g A/g = (300,000 \text{ Pa})(0.00196 \text{ m}^2)/(9.81 \text{ m/s}^2) \\ &= (300,000 \text{ N/m}^2)(0.00196 \text{ m}^2)/(9.81 \text{ m/s}^2) = 60.0 \text{ N} \cdot \text{s}^2/\text{m} \\ &= 60.0 (\text{kg} \cdot \text{m/s}^2)(\text{s}^2/\text{m}) = \textbf{60.0 kg} \end{aligned}$$

해석 : 이 문제는 계산 과정에서 단위를 추적할 때의 이점을 보여주는 좋은 예제이다. 단위 추적을 계속하면서 단위를 적절하게 소거하면 부주의로 실수를 저지르지 않게 된다. 예를 들어, 게이지 압력의 단위를 계속해서 kPa로 유지했더라면, 이 단위가 제 때에 소거되지 않아 질량이 kg 단위로 나오지 않기 때문에 최종 답은 분명히 틀렸을 것이다.

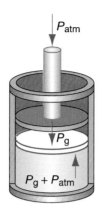

〈그림 1.22〉 피스톤–실린더 속 기체에 가해지는 압력을 나타내는 그림.

앞에 있는 2가지 예제는 열역학 계산의 답에 "공학적 정밀도"를 사용한 예시이다. 일반적으로, 공학적 정밀도는 계산 값에서 유효숫자가 3자리인 정밀도로 본다. 유효숫자는 답에서 0이 아닌 자릿수이다. 10,300, 431, 2.04 및 0.00352 등과 같은 숫자들은 모두 다 유효숫자가 3자리이다. 일반적으로, 대부분의 양들은 유효숫자 3자리의 정밀도로 계산하면 된다고 보며, 대부분의 물체는 지나치게 애쓰지 않고도 이 정도의 설계 명세서로 제조하면 된다고 본다. 분명히 이보다 더 높은 정밀도를 적용해야 할 곳도 있고 더 높을 필요가 없는 곳도 있다. 그러나 이러한 과정에서는 일반적으로 유효숫자 3자리의 정밀도로 답을 제시하려고 하기 마련이고 주어진 양들이 (예제 1.6에서 직경 5 cm처럼) 이와 같은 수준의 정밀도로 주어지지 않았더라도 정밀도가 그렇게 주어졌다고 가정하면 된다.

열역학적 과정 중에는 상태량 가운데 하나가 일정하게 유지되는 특별한 과정이 몇 가지가 있다. 일정 온도 과정은 **등온 과정**(isothermal process)이라고도 한다. 일정 압력 과정은 **정압** (또는 **등압**) **과정**(isobaric process)이라고도 한다. 이보다 일반적이지는 않지만, 일정 체적 과정은 **정적 과정**(isochoric process)이라고 하기도 한다.

1.3   열역학 제0법칙

지금까지 열역학에서 사용되는 몇 가지 기본적인 개념과 상태량을 소개하였으므로, 열역학을 지배하는 4가지 법칙 중에서 하나를 살펴볼 준비가 된 것이다. 이 법칙은 **열역학 제0법칙**이라고 하는데, 이 법칙이 공표된 것은 열역학 제1법칙 이후이지만 결과적으로 그보다 더 기본적인 것으로 간주되어 이렇게 명명되었다.

3개의 계, A, B 및 C가 있다고 하자. 열역학 제0법칙은, 계 A가 계 B와 열적 평형상태 (즉, 온도가 같은 상태)에 있고 계 B가 계 C와 열적 평형상태에 있으면, 계 A는 계 C와 열적 평형상태에 있다는 내용이다. 이 법칙은 논리적임에 틀림없고, 또 너무나도 논리적이어서 다른 과학 법칙만큼이나 일찍이 공표되지 못했다. 그러나 앞으로도 설명하겠지만, 열역학 제0법칙은 온도 측정의 핵심이 되어 있고 진작부터 온도는 열역학에서 매우 중요한 상태량이라고 여겨져 온 바이다. 그래서 열역학 제0법칙이 공표되어 열역학의 다른 법칙들이 여기에 의존하고 이에 의지하게 되어 정확한 온도측정이 제공되는 것이다.

온도 측정 장치의 일례로 그림 1.23과 같은 수은 온도계를 생각해 보자. 이 온도계는 수은이 들어 있는 유리 막대로 되어 있고 물이 채워져 있는 유리컵에 담겨 있다. 일단 온도계가 일정하게 유지되는 온도에 도달할 때까지는 계속해서 물의 온도를 측정하기로 한다. 그러나 실제로는 유리 막대 속에 들어 있는 수은의 온도를 읽고 있는 것이다. 물의 온도를 측정하려고 한다면 수은의 온도(T_{Hg})가 유리의 온도(T_g)와 같고 이어서 물의 온도(T_w)와 같다고 가정을 하여야 한다. 이 가정이 성립되려면, 수은은 유리와 열적 평형상태에 있어야 하고 유리는 물과 열적 평형상태에 있어야 한다. 이제, 열역학 0법칙을 적용하자면, 수은은 물과 열적 평형상태에 있으므로 실제로 이는 수은의 온도를 측정하는 것이 물의 온도를 측정하는 것과 같다고 할 수 있다. 즉,

$$T_{Hg} = T_g \text{이고,}$$
$$T_g = T_w \text{이면,}$$
$$T_{Hg} = T_w \text{이다.}$$

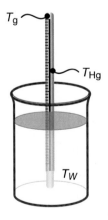

〈그림 1.23〉 물의 온도를 측정하는 수은 온도계. 3개의 계(수은, 유리 및 물)는 모두 열적 평형상태에 있으므로, 수은의 온도(측정하려고 하는 온도)는 물 온도와 같다.

여기에서 주목해야 할 점은, 이러한 온도측정 개념의 요건이 성립하려면 열적 평형에 도달해 있어야 한다는 것이다. 수은 온도계를 냉장고에 충분히 넣은 다음 꺼내서 끓는 물에 담글 때, 이 수은 온도계를 끓는 물에 담그자마자 바로 온도계가 가리키고 있는 수은 온도를 들여다봐도 물 온도는 정확하게 나오지가 않게 된다. 이 때에는, 3개의 계 사이의 열적 평형이 그 평형 온도에 도달하지 못하였으므로, 열적 평형 조건이 들어맞을 때까지는 수은 온도가 물 온도와 같지 않다는 사실을 열역학 제0법칙이 시사하고 있다.

1.4 물질의 상

순수 물질(pure substance)은 화학적으로 균질인 물질, 즉 그 화학적 조성이 전체적으로 균일한 물질이다. 순수 물질은 단일 분자 물질(예를 들면, 물, 질소, 산소 등)일 수도 있고 전체적으로 화학적 조성이 일정한 물질(예를 들면, 공기와 같은 기체 혼합물. 여기에서 혼합되는 기체들은 계의 크기가 상당히 커도 그 화학적 조성이 그 계의 전체에 걸쳐 동일함)일 수도 있다. 물질의 **상**(相; phase)은 물리적으로 균질인 순수 물질의 양이다. 그러므로 상은 전체적으로 화학적으로나 물리적으로 균일하다. 물질의 상은 그 가짓수가 비교적 작은데, 그중에서 3가지는 고체, 액체, 기체로서 이는 엔지니어에게 주 관심 대상이 된다. 플라즈마 상도 일부 응용에서는 중요하며, 보세-아인슈타인 응축물(Bose-Einstein condensate)과 같은 상은 과학적 수준에서는 주요 관심거리이지만 실용 수준에서는 꼭 그렇지는 않다.

고상은 그 원자와 분자들이 고정된 격자 구조 상태에 있는 물질의 양이라는 점이 특징이다. 원자나 분자들은 서로 가까이 떨어져 있으며 분자 간 인력으로 제자리를 유지한다. 고체는 용기에 넣지 않아도 제 모습을 유지한다. 고체가 가열되면 분자들은 격자 구조 내에서 더욱 더 진동하게 되고 결국에는 에너지가 충분해져서 격자가 깨지게 되고 분자들은 자유로워 지는 것이다. 이 과정은 분자가 액상으로 전이하게 되면 용융 과정이고 분자가 기상으로 전이하게 되면 승화 과정이다.

액상은 분자들이 여전히 서로 가까이 떨어져 있기는 하지만 고정된 격자 구조 상태에 있지는 않다. 분자들은 자유로워서 상 내부를 이동하므로 부득이하게도 특정한 다른 분자의 곁에 위치할 수 없게 된다. 즉, 분자들은 병진 운동과 회전 운동을 할 수 있다. 분자 간 인력은 고상만큼 강하지는 않지만, 분자들이 어느 정도는 질서정연하고 구조적인 분위기로 유지되게 할 정도는 된다. 액체에 에너지가 더욱 더 부가되면, 분자들은 에너지를 충분히 얻게 되어 액체를 서로 결합하고 있는 분자 간 인력을 극복할 수 있으므로 기체가 되는 비등 과정이 발생한다.

기상은 다른 분자에 부착하지 않고 임의의 방향으로 운동하는 자유 원자나 분자들이라는 점이 특징이다. 분자 사이의 간격이 크므로 분자 간 인력은 매우 작다. 기체에서 분자 사이의 상호작용은 분자들이 서로 다른 방향으로 운동하면서 임의로 충돌함으로써 주로 발생하게 된다. 기상은 증기상이라고 하기도 한다. **증기**(vapor)라는 용어가 액상인 상태에서 자신의 비등/응축 온도에 비교적 가까운 물질에 한층 더 일반적으로 적용되고 있는 상황에서 볼 때, 증기상은 기상과 동일한 것이다. 기체라는 용어는, 다른 상으로 존재하기도 하지만 일반적으로 기체로서 접하게 되는 물질에 한층 더 일반적으로 사용될 수 있도록 그 사용이 자제되고 있다. 그러므로 수소 기체 또는 질소 기체 또는 이산화탄소 기체와 같은 물질들은 일상생활에서 일반적으로 기상으로서만 접할 수 있기 때문에, 흔히 수소 기체 또는 질소 기체 또는 이산화탄소 기체라고 부르기 마련이다. 그러나 물은 흔히 액체 형태와 기체 형태(및 고체 형태)로 접할 수 있기 때문에, 물의 기상을 흔히 "수증기"라고 하는 것이다.

상은 물질에서 에너지가 제거되는 결과로서도 변화할 수 있다. 기체는 액체로 응축(또는 적절한 조건하에서는 직접 고체로 응고)되기 마련이고, 액체는 고체로 응고되기(얼기) 마련이다. 물질에 에너지가 부가되면, 상변화가 역방향으로 일어나기도 한다. 어떤 물질에서는, 이러한 상변화 과정이 일어나는 온도가 계의 압력에 종속되지만 상변화 방향에는 종속되지 않는다. 그러므로 101.3 kPa에서, 순수 물은 0 ℃에서 용융 과정을 거쳐 고상(얼음)에서 액상(액체 물)으로 변하고 액체 물(액상)은 0 ℃에서 응고 과정을 거쳐 얼음(고상)으로도 변하기 마련이다. 이와 마찬가지로, 101.3 kPa에서 액체 물은 100 ℃에서 기상(수증기)으로 비등하고, 수증기는 100 ℃에서 액체

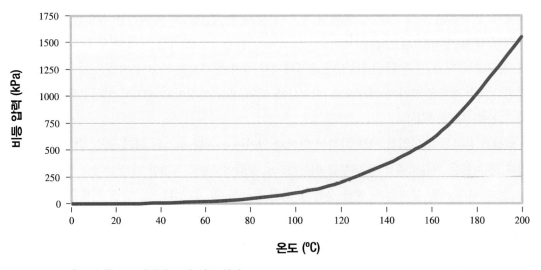

〈그림 1.24〉 온도의 함수로 나타낸 물의 비등 압력.

물로 응축하기 마련이다. 이러한 온도들은 그림 1.24와 같이 압력에 따라 다르다. 예를 들어, 물의 비등/응축 온도는, 200 kPa에서는 120.2 ℃이고 1000 kPa에서는 179.9 ℃이다.

제3장에서 한층 더 자세하게 설명하겠지만, 순수 물질은 계에서 하나 이상의 상으로 존재할 수 있다. 이러한 내용의 일반적인 예로는, 물과 얼음 사이에 열적 평형이 도달되어 같은 온도로 이 두 가지가 모두 다 들어 있는 한 잔의 얼음냉수(ice water)를 들 수 있다. 계 내부에 물질의 다상이 존재하고 각각의 상의 질량이 변치 않고 있으면, 이 계는 **상평형**(phase equilibrium) 상태에 있다고 한다. 상평형은 계가 열역학적 평형 상태에 있다고 간주하게 되는 데 필요한 요건 중에 하나이다.

심층 사고/토론용 질문

압력이 101.3 kPa 이고 온도가 100 ℃ 일 때, 액체 물이 끓지 않게 하는 방법 2가지는 무엇인가?

요약

이 장에서는, 세계적인 면에서 에너지의 중요성을 입증하고 엔지니어가 에너지를 기술하는 데 과학, 즉 열역학을 이해해야 할 필요성을 확립하였다. 또한, 계, 과정, 열역학적 상태량의 개념 등과 같이 열역학적 해석에 수반되는 기본 개념을 설명하였다. SI 단위계와 EE 단위계를 소개하였으며 이 책의 초점이 SI 단위에 있음을 강조하였다. 압력, 온도 등과 같이 계를 일반적으로 기술하는 데 사용되는 기본 상태량들을 설명하였다. 열역학 제0법칙을 소개하였으며 온도 측정 방법에 이를 적용하는 내용을 학습하였다. 마지막으로, 물질의 상 개념을 소개하였다.

위의 내용은 모두 다 기본 개념이며, 이들 가운데 많은 내용은 다른 교과 과목을 수강함으로써 이미 잘 알고 있으리라고 본다. 그러나 이 책의 나머지 부분은 이러한 개념에 달려 있으므로 진도를 더 나가기 전에 확실히 이러한 원리들을 철저하게 이해해야 할 것이다. 일부 원리들은 이 책에서 앞으로 두고두고 명확하게 설명을 하겠지만, (열역학적 평형이나 열역학 제0법칙과 같은) 다른 개념들은 열역학 원리 전개에서 근본적인 구성 요소라는 사실을 절대적으로 당연한 것으로 간주할 것이다.

주요 식

온도 척도 변환 :

$$T(°C) = \frac{5}{9}[T(°F) - 32]$$ (1.4)

$$T(°F) = \frac{9}{5}T(°C) + 32$$ (1.5)

$$T(K) = T(°C) + 273.15$$ (1.6)

$$T(R) = T(°F) + 459.67$$ (1.7)

힘 :

$$F = ma$$ (1.9)

이 식에서, $g_c = 1$(SI 단위) 또는 32.174 lbm · ft/(lbf · s²) (EE 단위)

절대 압력 :

$$P = P_g + P_{atm}$$ (1.13)

1.1 다음에 서술되어 있는 계 가운데에서, 어느 계가 고립계, 밀폐계 및 개방계를 가장 잘 설명하고 있는지를 각각 정하라.

(a) 터빈을 지나면서 흐르는 수증기

(b) 백열전구

(c) 주행 중인 자동차의 연료 펌프

(d) 대양의 해수면 아래 3000 m 지점에 누워있는 침몰선의 닻

(e) 집의 지붕

1.2 다음에 서술되어 있는 계 가운데에서, 어느 계가 고립계, 밀폐계 및 개방계를 가장 잘 설명하고 있는지를 각각 정하라.

(a) 숲속에서 자라고 있는 나무

(b) TV

(c) 노트북 컴퓨터

(d) 현 상태의 보이저 2호(Voyager II)

(e) 수성 둘레 궤도를 돌고 있는 메신저호(Messenger)

1.3 다음에 서술되어 있는 계 가운데에서, 어느 계가 고립계, 밀폐계 및 개방계를 가장 잘 설명하고 있는지를 각각 정하라.

(a) 팽창된 타이어

(b) 실제로 사용하고 있는 잔디밭 살수기

(c) 액체 상태의 물이 가득 차 있는 컵

(d) 엔진의 라디에이터

(e) 지표면 아래 200 m 지점에서의 암석층

1.4 다음에 서술되어 있는 계 가운데에서, 어느 계가 고립계, 밀폐계 및 개방계를 가장 잘 설명하고 있는지를 각각 정하라.

(a) 건물에 물을 공급하고 있는 펌프

(b) 끓은 물이 들어 있는 차 주전자

(c) 활화산

(d) 단열이 매우 잘 되는 상자에 들어 있는 고형 금괴

(e) 의자

1.5 다음에 서술되어 있는 계 가운데에서, 어느 계가 고립계, 밀폐계 및 개방계를 가장 잘 설명하고 있는지를 각각 정하라.

(a) 엘리베이터에 있는 풀리(pulley)

(b) 욕조

(c) 인체

(d) 선반(lathe)에서 성형 가공을 하고 있는 금속편

(e) 오르트 구름(Oort cloud)에서 태양 주위를 궤도를 따라 돌고 있는 혜성(오르트 구름 : 행성의 궤도에서 멀리 떨어져 있는 휴지 상태 혜성의 무리)

1.6 물이 절반 정도 차있는 밀폐된 병이 냉장고 안에 들어 있다. 다음 각각의 열역학 해석에 가장 적절한 계를 나타내는 그림을 그려라.

(a) 병 안에 있는 물만 고려할 때

(b) 병 안에 있는 물과 공기만 고려할 때

(c) 병 안에 있는 물과 공기 그리고 병 자체를 고려할 때

(d) 병 안에 있는 내용물은 제외하고 병만 고려할 때

(e) 냉장고 자체는 제외하고 냉장고 안에 들어 있는 모든 내용물을 고려할 때

1.7 물이 소방 호스 속을 흔든 다음 호스 끝에 있는 노즐 속을 흔든다고 하자. 다음 각각의 경우의 열역학적 해석에 가장 적합한 계를 나타내는 그림을 그려라.

(a) 계의 노즐에 있는 물만을 고려할 때

(b) 호스와 노즐 속에 흐르는 물을 고려할 때

(c) 노즐 속을 흐르는 물과 노즐 자체를 모두 고려할 때

1.8 농구 선수가 슛을 쏴서 농구공이 선수 손을 막 떠나려는 순간에 있다. 다음 각각의 경우의 열역학적 해석에 가장 적합한 계를 나타내는 그림을 그려라.

(a) 농구공 속에 들어있는 공기만을 고려할 때

(b) 농구공 속에 들어있는 공기는 제외하고 농구공 재료만을 고려할 때

(c) 농구공과 공 속에 들어있는 공기를 모두 고려할 때

(d) 농구공, 공 속에 들어있는 공기 및 선수 손 모두를 고려할 때

(e) 농구공이 있는 전체 경기장을 고려할 때.

1.9 수증기의 흐름을 응축시키고자, 액체 냉각수를 파이프 속으로 흘려보내면서 이 파이프 외부에 수증기를 통과시키고 있다. 다음 각각의 경우의 열역학적 해석에 가장 적합한 계를 나타내는 그림을 그려라.

(a) 파이프 속을 흐르는 물만을 고려할 때

(b) 파이프의 외부에서 응축되고 있는 수증기만을 고려할 때

(c) 파이프만을 고려할 때

(d) 파이프, 파이프 속의 냉각수, 파이프의 외부에서 응축되고 있는 수증기 모두를 고려할 때

1.10 본인이 살고 있는 곳의 개략도를 그려라. 질량이나 에너지가 방이나 건물의 안팎으로 전달되는 곳이 있다면 그 어느 곳이라도 확인하라.

1.11 자동차 엔진의 개략도를 그려라. 질량이나 에너지가 엔진의 안팎으로 전달되는 곳이 있다면 그 어느 곳이라도 확인하라.

1.12 탁상용 컴퓨터의 개략도를 그려라. 질량이나 에너지가 컴퓨터의 안팎으로 전달되는 곳이 있다면 그 어느 곳이라도 확인하라.

1.13 강을 가로지르는 차량통행용 다리의 개략도를 그려라. 질량이나 에너지를 다리 계의 안팎으로 전달되게 하는 메커니즘이 있다면 그 어느 메커니즘이라도 확인하라.

1.14 비행기가 비행을 하고 있을 때의 개략도를 그려라. 질량이나 에너지가 비행기로 유입되거나 비행기에서 유출하는 곳이 있다면 그 어느 곳이라도 확인하라.

1.15 밀폐계가, 압력이 100 kPa에서 300 kPa으로 변하면서, 체적 유량이 0.25 m^3/kg 인 일정 체적과정 (정적 과정) 을 겪고 있다. 이 과정을 압력-비체적 선도($P-v$ 선도)로 그려라.

1.16 계가 30 ℃에서 등온 과정을 겪으면서 비체적이 0.10 m^3/kg에서 0.15 m^3/kg으로 변화한다. 이 과정을 $T-v$(온도 대 비체적) 선도로 그려라.

1.17 계가 200 kPa에서 등압 과정을 겪으면서 온도가 50 ℃에서 30 ℃로 변화한다. 이 과정을 $P-T$(압력 대 온도) 선도로 그려라.

1.18 계가 $Pv =$ 일정의 과정을 겪으면서 초기 상태인 100 kPa 및 0.25 m^3/kg에서 최종 비체적이 0.20 m^3/kg으로 변화한다. 최종 압력을 구하고 이를 $P-v$(압력 대 비체적) 선도로 그려라.

1.19 다음과 같은 3가지 연속 과정을 $P-v$ 선도로 각각 그려라.

(a) 등압 과정을 겪으면서 초기 상태인 500 kPa 및 0.10 m^3/kg에서 최종 비체적이 0.15 m^3/kg으로 팽창하는 과정

(b) 일정 비체적 과정을 겪으면서 최종 압력이 300 kPa로 감압되는 과정

(c) $Pv =$ 일정의 과정을 겪으면서 최종 압력이 400 kPa이 되는 과정

1.20 다음과 같은 3가지 연속 과정을 $T-v$ 선도로 각각 그려라.

    (a) 일정 비체적 과정을 겪으면서 초기 상태인 300 K 및 0.80 m³/kg에서 최종 온도가 450 K로 되는 과정

    (b) 등온 과정을 겪으면서 최종 비체적이 0.60 m³/kg으로 압축되는 과정

    (c) 등적 과정을 겪으면서 최종 온도가 350 K로 냉각되는 과정

1.21 다음과 같은 2가지 연속 과정을 $P-T$ 선도로 각각 그려라.

    (a) 등온 과정을 겪으면서 초기 상태인 500 K 및 250 kPa에서 최종 압력이 500 kPa로 되는 과정

    (b) 등압 과정을 겪으면서 최종 온도가 350 K로 냉각되는 과정

1.22 열역학적 사이클이 다음과 같은 4가지 연속 과정으로 구성되어 있다. 이 사이클을 $P-v$ 선도로 그려라.

    (a) 200 kPa 및 0.50 m³/kg에서 비체적이 0.20 m³/kg으로 되는 등압 압축 과정

    (b) 비체적이 0.30 m³/kg으로 되는 일정 압력 팽창 과정

    (c) 압력이 125 kPa로 되는 일정 체적 감압 과정

    (d) 비체적이 0.30 m³/kg으로 되는 일정 압력 팽창 과정

1.23 열역학적 사이클이 다음과 같은 3가지 연속 과정으로 구성되어 있다. 이 사이클을 $T-v$ 선도로 그려라.

    (a) 0.10 m³/kg 및 300 K에서 500 K로 되는 일정 체적 가열 과정

    (b) 비체적이 0.15 m³/kg으로 되는 등온 과정

    (c) 초기 상태로 복귀하는 선형 과정

1.24 열역학적 사이클이 다음과 같은 3가지 연속 과정으로 구성되어 있다. 이 사이클을 $P-v$ 선도로 그려라.

    (a) 300 kPa 및 1.20 m³/kg에서 비체적이 0.80 m³/kg으로 되는 등압 압축 과정

    (b) 비체적이 1.20 m³/kg으로 되는 $Pv =$ 일정 과정

    (c) 압력이 300 kPa로 되는 등적 과정

1.25 열역학적 사이클이 다음과 같은 4가지 연속 과정으로 구성되어 있다. 이 사이클을 $P-T$ 선도로 그려라.

    (a) 500 K 및 400 kPa에서 온도가 700 K로 되는 등압 가열 과정

    (b) 압력이 800 kPa이 되는 등온 압축 과정

(c) 온도가 500 K로 되는 등압 냉각 과정

(d) 적절한 등온 팽창 과정

1.26 대기압에서 납이 녹는 온도(용융점)는 601 K이다. 이 온도를 ℃, °F 및 °R로 구하라.

1.27 대기압에서 금이 녹는 온도(용융점)는 1336 K이다. 이 온도를 ℃ 단위로 구하라.

1.28 압력이 517 kPa일 때, 이산화탄소는 −57 ℃에서 액체로 응축된다. 이 온도를 K 단위로 구하라.

1.29 사람은 "정상" 온도가 37 ℃이다. 이 온도를 K 단위로 구하라.

1.30 암모니아는 대기압에서 비등 온도(끓는 점)가 239.7 ℃이다. 이 온도를 K 단위로 구하라.

1.31 알루미늄은 대기압에서 용융 온도(녹는 점)가 660 ℃이다. 이 온도를 K 단위로 구하라.

1.32 메탄올은 대기압에서 비등 온도(끓는 점)가 337.7 K 이고 에탄올은 대기압에서 비등 온도가 351.57 K 이다. 이 두 온도를 모두 ℃ 단위로 변환한 다음, K 단위 온도와 ℃ 단위 온도 차를 각각 구하라.

1.33 대기압에서, 순수 백금의 녹는 온도(용융점)는 2045 K이며, 은의 녹는 온도는 1235 K이다. 이 2가지 온도를 ℃ 단위로 변환시키고, K와 ℃ 단위에서 이 2가지 온도의 차를 구하라.

1.34 뜨거운 물이 들어 있는 컵에 얼음 덩어리를 넣어서 뜨거운 물을 냉각시키고자 한다. 얼음 덩어리의 온도는 −10 ℃이고 뜨거운 물의 온도는 92 ℃이다. 이 온도를 모두 K 단위로 변환시키고, K 단위와 ℃ 단위에서 이 2가지 온도의 차를 구하라.

1.35 산소 O_2는 그 분자 질량이 32 kg/kmol이다. O_2가 17 kg일 때 몰은 얼마가 되는가?

1.36 어떤 물질의 1.2 kmol은 그 질량이 14.4 kg으로 나왔다. 이 물질의 분자 질량을 구하라.

1.37 금이 3.5 kmol이 들어 있는 상자를 요구한다. 유일한 거래 조건은 본인의 힘만을 사용하여 이 상자를 이동시켜야 한다는 것이다. 금의 분자 질량이 197 kg/kmol일 때, 상자에 들어 있는 금의 질량은 얼마인가? 본인은 이 거래를 받아들일 수 있다고 생각하는가?

1.38 어떤 기체 물질 1 kmol이 주어진 온도와 압력에서 차지하는 체적이 24 m³이라고 한다. 이 조건에서 이 특정 기체는 밀도가 1.28 kg/m³이다. 주어진 온도와 압력에서 이 기체가 2.0 m³짜리 용기에 가득 차 있을 때 질량은 얼마나 들어 있는가?

1.39 탄화수소 연료를 연소시키면 연료 속의 탄소는 이산화탄소로 변환되기 마련이다. 연소시킬 탄소 1 kmol당 산소(O_2)가 1 kmol이 필요하다. 이렇게 하면 CO_2가 1 kmol이 생성된다. 연소시킬 탄소가 원래 2 kg이 있을 때, 생성되게 되는 CO_2의 질량은 얼마인가? 각각의 분자 질량은 탄소가 12 kg/kmol, 산소가 32 kg/kmol, CO_2가 44 kg/kmol이다.

1.40 지구에서 해수면 높이(여기에서 g = 9.81 m/s²임)에 있는 암석은 그 질량이 25 kg이다. 이 암석의 중량은 N 단위로 얼마인가?

1.41 멀리 떨어져 있는 행성에서 중력 가속도가 6.84 m/s²이다. 이 행성에 있는 물체의 중량은 542 N이다. 이 물체의 질량은 얼마인가? 이 물체를 g = 9.81 m/s²인 지구로 옮겼을 때, 물체의 중량은 얼마인가?

1.42 질량이 0.5 kg인 공을 25 m/s²로 가속시키는 데 필요한 힘은 얼마인가?

1.43 질량이 0.72 kg인 블록을 11 m/s²로 가속시키는 데 필요한 힘은 얼마인가?

1.44 어떤 물체의 질량이 66 kg이다. 이 물체를 우주로 보내서 중력 가속도가 7.6 m/s²인 항성 표면에 올려 놓았다. 이 항성에서 물체의 중량은 N 단위로 얼마인가?

1.45 화성에서 중력 가속도는 3.71 m/s²이다. 지구의 해수면 높이에서 우주인은 중량이 555 N인 물체를 들어 올릴 수 있다. 이 우주인이 화성에서 들어 올릴 수 있는 물체의 질량은 얼마인가?

1.46 타격 봉으로 질량이 700 g인 고무공에 50 N의 힘을 가하고 있다. 이 공이 이 힘으로 타격될 때 겪게 되는 가속도는 얼마인가?

1.47 질량이 2.4 kg인 돌덩어리를 11 m/s²로 가속시키고자 할 때 필요한 힘은 얼마인가?

1.48 수증기는 500 ℃ 및 500 kPa에서 비체적이 0.7109 m³/kg이다. 500 ℃ 및 500 kPa에서 체적이 0.57 m³인 용기에 이 수증기가 가득 채워져 있다. 용기에 들어 있는 수증기 질량을 구하라.

1.49 조성을 알지 못하는 고체 블록의 치수가 그 길이는 0.5 m이고 폭이 0.25 m이며 높이가 0.1 m이다. 해수면 높이(g = 9.81 m/s²)에서 이 블록의 중량은 45 N이다. 이 블록의 비체적을 구하라.

1.50 액체 물과 수증기의 혼합물이 직경이 0.05 m이고 길이가 0.75 m인 원통형 튜브에 들어 있다. 물의 비체적이 0.00535 m³/kg일 때, 해당하는 물의 질량을 구하라.

1.51 몇 가지 금속의 밀도가 각각 다음과 같다. 즉, 납: 11,340 kg/m³, 주석: 7310 kg/m³, 알루미늄:

2702 kg/m³. 이 금속 중의 한 가지를 주어진 작은 상자(0.1 m × 0.1 m × 0.075 m)에 채워 넣는다. 이제, 이 상자는 뚜껑을 열 수도 없고 상자에 붙어 있는 금속 종류 라벨을 볼 수도 없을 때, 상자의 중량을 달아 내부에 들어 있는 금속을 결정하고자 한다. 상자의 중량이 53.8 N 임을 알았다. 상자의 밀도와 비체적을 구하여 상자 내부의 금속이 무엇인지를 선정하라.

1.52 질량이 81 kg인 사람이 면적이 0.25 m × 0.25 m인 작은 발판 위에 서있다. 이 사람이 발판 아래의 지면에 가하는 압력을 구하라.

1.53 돌풍이 면적이 2.5 m²인 벽을 때리고 있다. 이 돌풍이 벽에 가하는 힘은 590 kN이다. 돌풍이 벽에 가하는 압력을 구하라.

1.54 프레스 (press) 가 0.025 m²의 면적에 걸쳐 800 kPa의 압력을 균일하게 가하고 있다. 프레스가 가하는 총 힘은 얼마인가?

1.55 마노미터를 사용하여 대기와 액체 탱크 사이의 압력 차를 구하고자 한다. 마노미터에 사용되고 있는 액체는 밀도가 1,000 kg/m³인 물이다. 마노미터는 g = 9.81 m/s²인 해수면 높이에 위치되어 있다. 마노미터의 양쪽 가지에 있는 액체의 높이 차는 0.25 m이다. 압력 차를 구하라.

1.56 수은(ρ = 13,500 kg/m³)이 들어 있는 마노미터를 사용하여 2개의 탱크에 들어 있는 액체 사이의 압력을 측정하려고 한다. 마노미터의 양쪽 가지에 있는 수은의 높이 차는 10 cm이다. 탱크 간의 압력 차를 구하라.

1.57 수은(ρ = 13,500 kg/m³)이 들어 있는 마노미터를 사용하여 압축 질소 기체 탱크에 달려있는 압력계의 정밀도를 확인하고자 한다. 마노미터는 탱크와 대기 사이에 설치하게 되고, 마노미터의 양쪽 가지에 있는 수은의 높이 차는 1.52 m이다. 확인 후 압력계는 탱크 내 게이지 압력으로 275 kPa의 압력을 가리키고 있다. 이 압력계는 정밀한가?

1.58 압축 기체 탱크는 그 게이지 압력이 적어도 1 MPa일 때가 흔하다. 마노미터를 사용하여 그 압력이 적어도 1 MPa이었던 압축 공기 탱크의 게이지 압력을 측정하고자 한다. 마노미터는 탱크와 대기 사이에 설치하게 된다. 마노미터 내의 액체가 각각 다음과 같을 때, 이러한 측정에 필요한 튜브의 최소 길이는 얼마인가? (a) 수은(ρ = 13,500 kg/m³), (b) 물(ρ = 1,000 kg/m³), (c) 엔진 오일(ρ = 880 kg/m³). 이 기구들은 이러한 측정에 실용적이라고 보는가?

1.59 밀도가 1750 kg/m³인 액체가 들어있는 마노미터를 설치하여 유동 시스템 내 두 위치 간 압력 차를 측정려고 한다. 마노미터 액체의 높이는 0.12 m이다. 두 위치 간 압력 차는 얼마인가?

1.60 압축 질소 탱크에 있는 압력계가 785 kPa를 가리키고 있다. 기압계를 사용하여 국소 대기압이

99 kPa로 측정되게 하려고 한다. 탱크 안의 절대 압력은 얼마인가?

1.61 압축 공기 탱크에 있는 압력계가 872 kPa를 가리키고 있다. 대기압이 100.0 kPa로 측정되었다. 탱크 안의 절대 압력은 얼마인가?

1.62 압력계를 사용하여 피스톤-실린더 기구 속에 들어 있는 공기의 압력을 측정하려고 한다. 실린더의 직경은 8 cm이다. 피스톤이 정지 상태에 있는 동안에 압력계는 압력을 40 kPa로 가리키고 있다. 기압계로는 대기압이 100 kPa로 측정되고 있다. 질량이 20 kg인 추를 피스톤의 윗면에 올려놓아서 피스톤은 새로운 평형점에 도달할 때까지 이동하게 된다. 이 새로운 평형에 도달하게 될 때, 실린더 내 공기의 새로운 게이지 압력과 새로운 절대 압력을 구하라.

1.63 피스톤-실린더 기구에 들어 있는 공기의 절대 압력이 220 kPa이다. 국소 대기압은 99 kPa이다. 중력 가속도가 9.79 m/s²이고 실린더의 직경이 0.10 m일 때, 피스톤의 질량은 얼마인가?

1.64 공기가 피스톤-실린더 기구에 들어 있다. 실린더의 직경은 12 cm이고 피스톤의 질량은 5 kg이며 중력 가속도는 9.80 m/s²이다. 국소 대기압은 100.5 kPa이다. 피스톤의 윗면에 올려놓아서 실린더 내 공기의 절대 압력이 250 kg이 되도록 하는 데 필요한 한 세트(set)의 중량의 질량을 구하라.

1.65 탱크 속의 액체가 탱크의 바닥에 달려 있는 플러그에 300 kPa의 압력을 가하고 있다. 국소 대기압은 99 kPa이다. 원형 플러그의 직경은 2.5 cm이다. 플러그가 정위치를 유지하게 하면서 플러그에 추가적으로 가해도 되는 힘은 얼마인가?

1.66 국소 대기압이 101.01 kPa인 곳에서, 직경이 15 cm인 실린더에서 피스톤의 질량이 70 kg일 때, 이 피스톤-실린더 기구에 들어 있는 공기의 절대 압력은 얼마인가? 이 기구는 지구의 해수면 높이에 놓여있다.

1.67 피스톤-실린더 기구가 초기 평형 상태에서 실린더 내 공기 압력이 150 kPa이라고 한다. 피스톤의 위치를 변화시키지 않고 실린더에 공기를 더 넣어서 공기 압력을 300 kPa로 올리고자 한다. 피스톤 직경이 8 cm일 때, 공기 압력을 올리면서도 피스톤이 동일한 위치에 유지되게 하려면 실린더에 얼마나 더 공기 질량을 부가하여야 하는가? 지구에서 해수면에서의 표준 중력 가속도로 가정한다.

CHAPTER
02

에너지의 본질

학습 목표

2.1 에너지의 특성과 에너지가 취할 수 있는 여러 가지 형태를 이해한다.

2.2 에너지를 계의 안팎으로 수송하는 방법을 식별한다.

2.3 열전달의 3가지 방식을 인식한다.

2.4 여러 가지 일의 형태를 기술하고 계산한다.

2.5 열역학 문제를 푸는 체계적인 방법을 습득한다.

2.1 에너지란 무엇인가?

에너지는 대부분의 사람들이 선천적으로 이해하고 있는 어떤 것이지만 정의를 내리기는 매우 어렵다. Oxford English Dictionary에서는 **에너지**(energy)를 "결과를 일으키는 능력이나 역량"으로 정의하고 있다. 이 정의를 살펴보면, 에너지가 있는 물질이나 물체는 자신이나 주위를 변화시킬 능력이 있다. 예를 들어, 에너지가 있는 물질은 움직일 수 있거나, 일을 할 수 있거나, 다른 물질을 가열시킬 수 있다. 에너지는 물질의 상태량이다. 물질에 있는 에너지의 양은 어떻게 그 물질의 상태에 도달하게 되었는지와는 관계가 없고 오히려 단지 열역학적 평형 상태의 함수일 뿐이다. 이 장에서는 이러한 개념 중에서 일부를 한층 더 상세하게 설명할 것이다.

에너지는 오늘날 세계적으로 매우 큰 관심거리이기도 하다. 현대 사회는 사람들이 주위의 세상에 있는 에너지를 이용할 수 있는 능력 때문에 발전하게 되었다. 에너지는 매일 매일 도처에서 사용되고 있다. 에너지는 건물을 난방하거나 냉방하는 데 사용된다. 에너지는 사람과 물건을 수송하고자 차량에 사용된다. 에너지는 가정과 사무실에 있는 컴퓨터와 전등 그리고 모든 전기 장치에 사용된다. 에너지는 주위에서 볼 수 있는 모든 것을 제조하는 데 사용된다. 결과적으로, 에너지의 공급과 가격은 사람들 생각에 최고의 관심사일 때가 많다. 많은 엔지니어들은 일일 기준으로 에너지를 취급한다. 엔지니어 중에는 발전 분야나 연료 수송 분야에서 일을 하기도 하고, 자연의 에너지를 이용할 새로운 방법을 모색하기도 한다. 또한 장치들이 에너지를 한층 더 효율적으로 사용하게 하여 가용 에너지가 더 오래 지속될 수 있도록 노력하는 엔지니어들도 있다. 모든 엔지니어가 이러한 분야에서 일을 하는 것은 아니어도 에너지를 효율적으로 사용해야 하는 것 때문에 대부분의 엔지니어의 직무가 적어도 이따금씩은 간섭을 받기도 하지만, 꼭 그런 것만은 아니다. 교량 설계자가 비용 절감을 유지하고자 자신이 설계하는 다리에 자재 사용을 줄이려고 하는 것은 자연스러운 현상이라는 말을 살펴보기로 하자. 자재 사용을 줄이는 것이 어떻게 비용을 절감하게 되는 것일까? 그 한 가지 이유를 살펴보면, 원자재를 다리에 사용되는 강재와 콘크리트로 바꾸는 데는 에너지가 필요하게 되고, 그 에너지에는 비용이 들어가게 된다. 즉, 자재 사용을 줄일수록, 에너지 비용은 낮아지는 것이다. 자재를 건축 현장으로 수송하는 데에도 비용이 들어가며, 트럭이나 선박 수송에는 에너지가 필요하다. 그러므로 자재 사용이 줄어들수록 자재 수송에 사용되는 에너지가 적어지는 것이다.

에너지의 표준 SI 단위는 J(Joule, 줄)이며, 이는 N · m와 같다. 즉,

$$1 \text{ J} = 1 \text{ N} \cdot 1 \text{ m}$$

또한, kJ이나 MJ로 다룰 때도 많이 있는데, 1 kJ＝1000 J이고, 1 MJ＝1000 kJ이다. 에너지 사용률이나 에너지 변화율을 다룰 때(일반적으로, 에너지 전달이나 수송을 설명할 때)에는, 표준 SI 단위가 W(Watt, 와트)이며, 이는 J/s와 같다. 즉,

$$1 \text{ W} = 1 \text{ J/s}$$

마찬가지로, kW이나 MW를 접할 때도 많이 있는데, 1 kW＝1000 W이고, 1 MW＝1000 kW이다.

EE 단위계 사용자들은 에너지 단위로서 주로 2가지 단위를 접하기 마련이다. EE 단위계에서 이 2가지 에너지 단위는 피트-(힘) 파운드(ft-lbf)와 영국 열량 단위(British thermal unit, Btu)가 그것이다. 이 두 단위 간 변환 계수는 다음과 같다.

$$1 \text{ Btu} = 778.1693 \text{ ft} \cdot \text{lbf}$$

또한, SI 단위와 EE 단위 사이에서도 1 Btu = 1.005 kJ과 같이 변환을 할 수가 있다. EE 단위계에서는 에너지 단위가 이렇게 2가지여서 동력 단위도 역시 ft · lbf/s와 Btu/s로 2가지가 나오게 되며, 시간 간격이 달리 사용되면 Btu/hr와 같은 단위가 나오기도 한다. 게다가, EE 단위계에서 전통적인 동력 단위로는 마력(horsepower, hp)이 있는데, 이는 다음과 같다.

$$1 \text{ hp} = 550 \text{ ft} \cdot \text{lbf/s} = 2544.43 \text{ Btu/s}$$

마력은 역사적으로 중요한 단위이므로, SI 단위로 변환할 줄을 하면 유용할 것이다. 즉,

$$1 \text{ hp} = 0.7457 \text{ kW}$$

마지막으로, 냉동 과정이 수반될 때에는 "냉동톤(ton of refrigeration)"이라는 단위에 접하게 될 텐데, 이는 다음과 같다.

$$1 \text{ 냉동톤} = 12{,}000 \text{ Btu/h}$$

이제, 에너지가 취할 수 있는 여러 가지 형태와, 에너지가 하나의 계에서 다른 하나의 계로 수송될 수 있는 방식을 살펴보기로 한다.

2.2 에너지의 유형

줄리어스 시저(Julius Caesar)가 말한 대로 골(Gaul) 전역이 세 지역으로 나뉘어져 있는 것처럼, 학습 취지에서 말하자면 물질의 모든 에너지는 3가지 에너지, 즉 내부 에너지, 운동 에너지 및 위치 에너지로 나눌 수가 있다. 이러한 형태들은 제각기 특정한 응용에서 주요 역할을 하기는 하지만, 대개는 이들이 똑같이 중요한 것은 아니다. 그림 2.1에도 예시되어 있듯이, 응용에 따라서는 계에서 다양한 에너지 형태를 무시하기도 하는데, 이 때문에 열역학 문제가 단순해지게 되며, 이러한 내용은 이후에 알게 될 것이다.

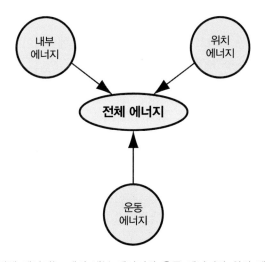

〈그림 2.1〉 계의 전체 에너지는 계의 내부 에너지와 운동 에너지와 위치 에너지의 조합이다.

2.2.1 위치 에너지

위치 에너지는 계가 중력장에 놓여 있음으로 해서 유래하는 계의 에너지이며, 계가 어떤 기준점보다 더 높이 놓여 있을 때 그 계의 질량이 원인이 된다. 물질에는 효과를 발생시키는 잠재능력(potential)이 있으므로, 이 잠재능력은 물질이 중력의 영향을 받아 기준점(일반적으로는 지면이나 바닥)을 향하여 낙하하게 되면 방출하게 된다. 과정 중에 높이 변화가 없는 물질은 자신의 초기 위치 에너지를 그대로 간직한다. 예를 들어, 그림 2.2와 같이, 창문에 내걸려 있는 공은 위치 에너지를 보유하고 있지만, 공이 떨어져 나가기 전까지는 위치 에너지에 변화가 전혀 일어나지 않는다. 공이 떨어져 나가기 전까지는, 공이 보유하고 있는 위치 에너지는 본질적으로 쓸모가 없다.

계의 위치 에너지(potential energy) PE는 다음과 같은 형태로 표현되기도 한다.

$$PE = mgz \tag{2.1}$$

여기에서, m은 계의 질량이고, g는 중력 가속도이며, z는 기준점 위에 있는 계의 높이이다.

위치 에너지는 수력 발전소와 같은 설비에서 중요한 구동력이다. 고체 물체의 상하 이동이 수반되는 상황이라면 어떠한 경우라도 일반적으로 위치 에너지의 변화를 고려해야 되는 것이다. 그러나 여러 가지 일반적인 열역학 적용에서 보면, 위치 에너지가 존재하여도 공학 계산에는 거의 영향을 미치지 못하게 된다는 사실을 알게 될 것이다.

2.2.2 운동 에너지

운동 에너지는 물체의 운동 결과로 물체에 존재하게 되는 에너지이다. 운동하고 있는 물체에는 효과를 일으키는 능력이 있다. 예를 들어, 도로를 굴러 내려오는 트럭이 멈춰있는 자동차를 들이받게 되면 자동차는 움직이기 마련이다. 트럭의 운동 에너지 때문에 자동차가 움직이게 되는 것이다. 운동 에너지는 통상적으로 위치 에너지를 보유하고 있는 물체가 낙하하기 시작할 때 초기에 발생되는 에너지 형태이다. 그림 2.3과 같이, 창문에 내걸려 있는 공이 떨어져 나가게 되면, 공은 지면 쪽으로 가속이 시작되기 마련이다. 정지 상태에 있던 공의 위치 에너지가 운동 상태에 놓인 공에 속도가 붙어가면서 운동 에너지로 변환되어 가는 것이다.

계의 운동 에너지(kinetic energy) KE는 다음과 같은 형태로 표현되기도 한다.

$$KE = \frac{1}{2}mV^2 \tag{2.2}$$

여기에서, V는 계의 속도이다. 그러므로 물체가 빨리 움직이면 움직일수록 운동 에너지는

〈그림 2.2〉 창문에 내걸려 있는 공은 20 ℃의 온도에 상응하는 내부 에너지와 소정의 값의 위치 에너지를 보유하고 있고 운동 에너지는 전혀 없다.

〈그림 2.3〉 공이 땅으로 떨어지게 되면, 위치 에너지는 운동 에너지로 변환된다. 주위 공기와의 마찰 가열을 무시하면 공의 내부 에너지는 변하지 않는다.

더욱 더 커진다는 사실을 쉽게 알 수 있다. 운동 에너지는 운동 물체가 보유하고 있는 에너지 중에서 중요한 성분이며, 이는 특히 고속 운동 적용에서 그러하다. 트럭처럼 중량이 많이 나가는 운동 물체나 고속으로 흐르는 기체/액체 유동과 같은 응용에서 열역학적 해석을 할 때에는 운동 에너지가 그 배경 구동력이 될 때도 있기 마련이다. 그러나 물체가 정지해 있거나 느리게 움직일 때에는 그 운동 에너지 효과를 무시해도 된다고 본다.

▶ 예제 2.1

질량이 2 kg인 돌덩이가 지상 20 m의 절벽에서 수직으로 15 m/s로 낙하하고 있을 때, 이 돌덩이의 위치 에너지와 운동 에너지를 각각 구하라. 이 절벽 높이는 해수면을 기준으로 한다.

주어진 자료 : $m = 2\,\text{kg}$, $z = 20\,\text{m}$, $V = 15\,\text{m/s}$, $\text{g} = 9.81\,\text{m/s}^2$(해수면에서의 중력 가속도)

구하는 값 : PE, KE

풀이   식 (2.1)을 사용하여 위치 에너지를 구한다.

$$PE = m\text{g}z = (2\,\text{kg})(9.81\,\text{m/s}^2)(20\,\text{m}) = \mathbf{392\ J}$$

식 (2.2)를 사용하여 운동 에너지를 구한다.

$$KE = \frac{1}{2}\,m\,V^2 = \frac{1}{2}(2\,\text{kg})(15\,\text{m/s})^2 = \mathbf{225\ J}$$

▶ 예제 2.2

질량이 65 kg인 낙하산이 1800 m의 높이에서 31 m/s의 속도로 떨어지고 있다. 이 낙하산의 운동 에너지와 위치 에너지를 각각 구하라. 중력 가속도는 9.79 m/s²이라고 한다.

주어진 자료 : $m = 65\,\text{kg}$, $V = 31\,\text{m/s}$, $z = 1800\,\text{m}$, $\text{g} = 9.79\,\text{m/s}^2$

구하는 값 : PE, KE

풀이   식 (2.1)을 사용하여 위치 에너지를 구한다.

$$PE = m\text{g}z = (65\,\text{kg})(9.79\,\text{m/s}^2)(1800\,\text{m})$$

$$= 1{,}145{,}000\,\text{N} \cdot \text{m} = 1{,}145{,}000\,\text{J} = 1145\,\text{kJ}$$

식 (2.2)를 사용하여 운동 에너지를 구한다.

$$KE = \frac{1}{2}\,m\,V^2 = \frac{1}{2}(65\,\text{kg})(31\,\text{m/s})^2$$

$$= 31{,}200\,\text{J} = 31.2\,\text{kJ}$$

2.2.3 내부 에너지

물질의 위치 에너지와 운동 에너지는 규모가 거시적이고 쉽게 가시화할 수 있기 때문에 대부분의 사람들이 직관적으로 잘 알고 있기는 하지만, 그 내부 에너지는 파악하기가 한층 더 어렵다. 그런데도 대부분의 계에서는 운동 에너지나 위치 에너지 형태보다 내부 에너지 형태로 한층 더 많이 존재한다. 물질의 내부 에너지는 전부 다 분자 수준으로 존재하는 에너지이다. 분자는 운동하고 진동하며 회전한다. 전자는 원자핵 주위를 돌면서 에너지를 갖게 된다. 이 모든 분자 운동은 분자 수준의 운동 에너지와 위치 에너지라고 볼 수도 있는데 이는 물질의 내부 에너지의 일부 원인이 된다. 중요하게도, 이 에너지는 물질의 온도가 증가함에 따라 증가하기 마련이므로 온도는 물질의 내부 에너지와 밀접한 관계가 있다고 할 수 있으며 물질의 분자 운동의 척도라고 할 수도 있다. 그러므로, 이 책에서는 계의 내부 에너지를 구하는 식을 세우지는 않고, 계의 온도가 변하면 계의 내부 에너지 변화를 구할 수 있는 관계식(상태식)을 사용할 것이다. 내부 에너지는 또한 계의 압력의 영향을 훨씬 약하게 받는 함수이기도 하여, 그 영향이 너무 약할 때에는 내부 에너지에 대한 압력의 효과를 무시하기도 한다. 물질의 내부 에너지는 기호 U로 나타낼 것이다.

내부 에너지의 예로서 창문에서 낙하한 공을 생각해보자. 낙하 운동을 하는 공은, 그림 2.4와 같이, 결국 지면에 부딪치고 나서 멈추게 된다. 이 시점에서 공의 운동 에너지는 다시

〈그림 2.4〉 공이 지면에 부딪치고 나서 멈추게 되면, 부딪치기 직전의 공의 위치 에너지와 운동 에너지가 내부 에너지로 변환되어 공의 위치 에너지와 운동 에너지는 모두 0이 되어 버리는데, 이는 공의 온도 증가에 상응한다.

0 이 되지만 위치 에너지는 높이가 더 낮아졌기 때문에 감소하게 된다. 에너지는 어디로 가버렸을까? 이 에너지는 공의 온도가 증가하게 되고 지표면과 공기 또한 마찰로 가열됨으로써 운동 에너지가 바로 내부 에너지로 변환되어 버린 것이다. 온도 증가량이 작기는 하겠지만 분명히 존재하므로, 온도가 증가했다는 것은 공과 지면과 공기 내에서 분자 운동(즉, 내부 에너지)이 증가하였다는 것을 의미한다.

앞서 말한 대로, 계의 모든 에너지는 이와 같은 3개의 부분으로 분할할 수 있다. 계의 전체 에너지 E는 다음과 같이 나타낼 수 있다.

$$E = U + KE + PE = U + \frac{1}{2}mV^2 + mgz \tag{2.3}$$

제1장에서는, 비상태량을 사용하여 풀 수 있는 많은 양의 문제를 설명하였다. 그러므로, 계의 비에너지 e는 식 (2.3)을 질량으로 나누면 구할 수 있다. 즉,

$$e = E/m = u + \frac{1}{2}V^2 + gz \tag{2.4}$$

여기에서, u는 비내부 에너지($u = U/m$)이다.

2.2.4 에너지 유형의 크기

각각의 에너지 유형의 상대적 크기를 이해하는 것은 유용한 면이 있다. 예를 들어, 지상 20 m 지점에 놓여 있는 파이프 속을 50 m/s로 흐르는 20 ℃의 액체 물 1 kg을 살펴보기로 하자. 이 속도(물이 축구장의 길이를 약 2 s에 이동하는 속도에 해당함)는 액체 물에게는 큰 속도이며, 파이프가 놓여 있는 위치 또한 높다. 액체 물의 비내부 에너지를 구하는 방법은 제3장에 설명이 되어 있지만, 지금은 20 ℃의 액체 물의 비내부 에너지를 $u = 83.9$ kJ/kg이라고 하자. 그러므로 각각의 에너지 유형이 차지하는 값은 다음과 같이 다름을 알 수 있다.

$$U = mu = (1\,\text{kg})(83.9\,\text{kJ/kg}) = 83.9\,\text{kJ}$$

$$KE = \frac{1}{2}mV^2 = (0.5)(1\,\text{kg})(50\,\text{m/s})^2 = 1250\,\text{J} = 1.25\,\text{kJ}$$

$$PE = mgz = (1\,\text{kg})(9.81\,\text{m/s}^2)(20\,\text{m}) = 196\,\text{J} = 0.196\,\text{kJ}$$

이 값들은 그림 2.5에 그래프로 나타나 있다.

이 물의 내부 에너지는 운동 에너지보다 훨씬 더 크고 운동 에너지는 위치 에너지보다 훨씬 더 크다. 물질이 온도가 계속 올라가서 기체나 증기가 되면, 그 비내부 에너지가 급속하게

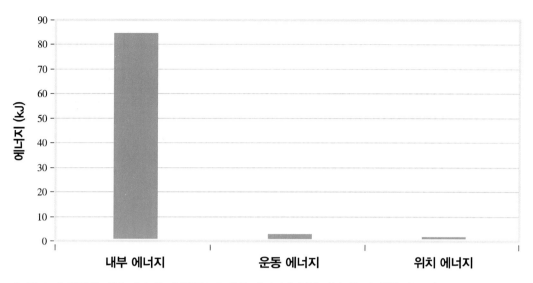

〈그림 2.5〉 물체의 내부 에너지는 일반적으로 운동 에너지나 위치 에너지보다 훨씬 더 크다.

증가하게 되며, 이 때문에 많은 응용에서 운동 에너지와 위치 에너지가 차지하게 되는 값은 앞서 설명한 액체 물에서보다 그 중요성이 더 떨어지게 되기도 한다.

심층 사고/토론용 질문

지난 100년 동안 인류가 에너지를 사용해온 방식은 어떻게 변했는가? 200년 전에는 생각도 해보지 못한 오늘날의 에너지 사용 방식에는 무엇이 있는지 몇 가지를 들어보라.

2.3 에너지 수송

계 내에서 변하지 않는 형태를 유지하는 에너지는, 이 에너지하고는 아무것도 일어나지 않기 때문에, 굳이 해석하려고 하지는 않는다. 다른 계나 주위와 상호작용하지 않는 계에 자리잡고 있는 형태 변화가 없는 고정된 양의 에너지는 정적이므로 대개는 공학 응용에서 관심거리가 되지 못한다. 예컨대, 그림 2.6과 같이 상온의 벽돌을 그 온도와 같은 방에 갖다만 놓았을 때에는, 일단 벽돌을 제자리에 놓아도 아무것도 일어나지 않기 때문에, 거의 해석을 하지 않는다. 그러나 그 벽돌을 끈으로 묶어서 창문 밖으로 던질 때에는, 그 끈이 다른 쪽 끝에 묶여 있는 물체를 끌어당길 수도 있으며 이로써 무엇인가(즉, 효과)가 일어나게 된다.

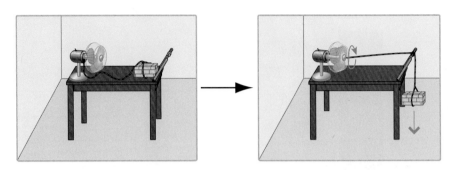

〈그림 2.6〉 낙하하는 물체의 에너지는 또 다른 효과를 일으키는 데 사용될 수 있다. 이 경우에는 낙하하는 벽돌이 선풍기 날개를 회전하게 할 수 있다.

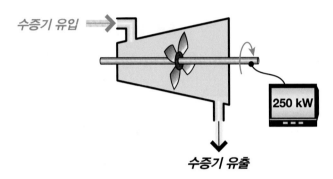

수증기 유입

250 kW

수증기 유출

〈그림 2.7〉 흐르는 수증기가 터빈 블레이드에 부딪치게 되면 터빈 축을 회전시킬 수 있다.

그렇지 않으면, 벽돌을 가열시킨 다음 물동이에 집어넣을 때에도 무엇인가가 일어나게 된다. 마찬가지로, 온도와 압력이 일정한 수증기가 파이프 속을 흐를 때에는, 특별히 일어나는 것은 아무것도 없다. 그러나 이 수증기를 그림 2.7과 같은 터빈 속으로 흐르게 하면 수증기가 터빈 블레이드를 밀어서 터빈 로터를 회전시켜 효과가 발생되게 할 수 있다. 다시 말하자면, 계에 존재하는 에너지는 변화를 하여야만 무엇인가 효과가 발생하게 된다.

에너지를 보유한 물질은 어떻게 해서 효과를 발생시키게 되는가? 효과는 물질이 보유한 에너지를 (앞에서 설명한 공에서와 같이) 다른 형태로 변환시키거나 아니면 에너지를 하나의 물질/계에서 또 다른 물질/계로 전달시킴으로써 달성된다. 에너지를 계 안팎으로 전달되게 함으로써 계 안에서 변화를 신속하게 일으킬 수 있다. 예를 들어, 끓고 있는 물이 들어 있는 컵 밖으로 에너지가 전달되게 함으로써 이 물을 실내 온도(실온/상온)로 냉각시킬 수 있는 것이다. 또는, 엘리베이터의 풀리에 에너지가 전달되게 함으로써 엘리베이터를 건물 고층으로 들어 올릴 수 있다. 에너지를 계 내부에서 다른 형태로 변환시킬 수 있는 가능성은 이미 살펴보았으므로, 이제는 에너지를 계 안팎으로 전달되게 하는 데 주목하기로 한다. 이를 에너지 수송이라고 하기도 한다.

에너지가 수송될 수 있는 방법으로는 일반적으로 3가지가 있다. 즉, (1) 열전달, (2) 일 전달 및 (3) 물질 전달이 그것이다. 주목할 점은 이 3가지 양이 열역학적 상태량은 아니라는 것이다. 잊지 말아야 할 점은, 열역학적 상태량은 그 수치가 국소 열역학적 평형 상태에만 종속되고 그 상태가 달성된 방식에는 종속되지 않는다는 것이다. 에너지가 상태량이기는 하지만, 이 3가지 수송 메커니즘은 과정이므로 그 수치들은 전적으로 사용된 과정에만 종속된다. 그러므로 **계가 소정의 열량을 보유하고 있다거나 소정의 일 양을 보유하고 있다고 하는 것은 말이 되지 않는다.** 그보다는 계가 소정의 에너지양을 보유하고 있어서, 계는 소정의 열량/일 양이 공급/제거되는 과정을 겪었다고 하는 편이 맞다. 이후에서는, 이러한 메커니즘을 각각 한층 더 상세하게 살펴볼 것이다.

2.4 열전달

열전달을 통한 에너지 수송은 2개의 계 사이의 온도 차(또는 하나의 계와 주위 사이의 온도 차)에 의해 일어나게 되는 에너지의 이동이다. 직관적으로 볼 때, 그림 2.8과 같이, 100 ℃의 금속 블록(계 1)을 20 ℃의 물(계 2)과 접촉시키게 되면, 금속 블록은 차가워지는 반면에 물은 더 따듯해지기 마련이다. 금속의 내부 에너지(금속 온도의 하강으로 표현됨)가 물의 내부 에너지(물 온도의 상승으로 표현됨)로 전달되는 이러한 과정이 바로 **열전달**이다. 열전달이 일어나는 방식을 상세히 해석하는 것은 또 다른 과목의 주제로서, 그 과목 명칭을 전형적으로 "열전달(Heat Transfer)" 또는 "전열공학"이라고 하는데, 여기에서는 기본 메커니즘을 설명하고 여러 열전달 방식들이 차지하는 몫을 계산하는 간단한 식들을 소개할 것이다. 앞으로는 열전달량은 Q로, 열전달률은 $\dot{Q}$로 표시할 것이다.

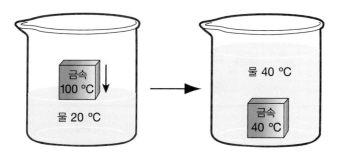

⟨그림 2.8⟩ 뜨거운 물체를 차가운 물속에 넣게 되면, 에너지는 열의 형태로 뜨거운 물체에서 물로 열적 평형이 도달될 때까지 전달되게 된다.

열전달량은 Q로, 열전달률은 $\dot{Q}$로 표시할 것이다.

수많은 세월 동안 이 열전달을 과학적으로 탐구한 결과, 온도 차로 인한 에너지 전달에는 단지 3가지 방식만이 확인되었다. 이러한 3가지 열전달 방식은 (1) 전도, (2) 대류, (3) 복사 등이다.

2.4.1 열전도

전도(conduction)는 에너지가 하나의 원자/분자로부터 또 다른 원자/분자로 직접 전달되는 과정이다. 이를 설명해 줄 수 있는 거시적인 예를 살펴보기로 하자. 즉, 당구공이 당구대 위에서 빠르게 굴러서 이보다 더 느리게 움직이고 있는 또 다른 당구공에 막 부딪히려고 하고 있다. 이 2개의 당구공이 부딪히게 되면 무슨 일이 일어나게 될까? 빠르게 움직이는 당구공으로부터 느리게 움직이는 당구공으로 운동 에너지가 전달되게 되는 결과로, 첫째 번 공은 속도가 느려지게 될 것이고 둘째 번 공은 속도가 빨라지게 되기 마련이다. 이 당구공들이 서로 부딪히지 않았다면 당구공의 속도에 어떤 변화도 일어나지 않았을까? 그렇다. 마찰을 무시하였다면, 당구공들의 속도에는 아무런 변화도 일어나지 않았을 것이다. 그러므로 에너지 전달에는 두 당구공의 접촉이 필요하였던 것이다.

이와 동일한 개념은 그림 2.9와 같이 분자 수준에서도 볼 수 있다. 앞에서 언급한 대로, 모든 분자들은 움직이고 있으며, 온도가 높을수록 분자 운동은 더 빠르다. 빠르게 움직이고 있는 분자가 이보다 더 느리게 움직이고 있는 분자에 부딪히게 되면, 에너지는 첫째 번 분자로부터 둘째 번 분자로 전달되기 마련이다. 첫째 번 분자는 속도가 둘째 번 분자보다 더 빠르므로 온도가 더 높고, 충돌이 일어난 다음에는 첫째 번 분자의 속도(와 온도)는 감소되는 반면에 둘째 번 분자의 속도(와 온도)는 증가하게 된다. 만약, 이 2개의 분자가 처음에 온도가 같았고

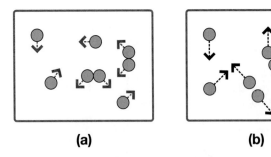

(a)　　　　　**(b)**

〈그림 2.9〉 에너지는 이동하는 분자 사이에서 전달된다. (a) 느리게 움직이는 (저온의) 분자들은 에너지가 더 낮고, (b) 빠르게 움직이는 (고온의) 분자들은 에너지가 더 높다.

〈그림 2.10〉 끓고 있는 물과 숟가락 사이의 전도에 의한 열전달로 인하여
숟가락이 뜨거워지게 되어 숟가락을 막 쥐려고 할 때 손을 데기도 한다.

(그러므로 속도도 같았다면) 속도들은 충돌로 인해 변하지 않았을 것이고 분자들은 둘 다 동일한 에너지를 보유하게 되었을 것이다. 이 2개의 분자가 충돌하지 않았다면, 에너지 전달은 전혀 일어나지 않았을 것이다. 원자와 분자들끼리 직접 충돌로 에너지 전달이 일어나는 과정을 **열전도**라고 한다.

　명심해야 할 점은 다음과 같은 전도에 필요한 조건이다. 즉, 분자들 간의 온도 차와 분자들 간의 직접 접촉이 그것이다. 이제, 하나의 분자가 또 다른 분자와 접촉함으로 해서 유일한 에너지 전달이 일어나게 된다면, 그 결과는 열역학적 계의 거시적 수준에서 볼 때 중요하지 않을 것이다. 그러므로 2개의 계가 직접 접촉하게 하면, 아주 많은 개수의 분자들의 직접적인 상호작용을 통하여 발생하게 되어 결국 계 사이의 열전달로 이어지게 되는 에너지 전달을 보게 된다.

　열전도의 사례는 그림 2.10과 같이, 실온의 금속 숟가락의 넓적한 부분(술잎이라고도 함)을 물이 끓고 있는 냄비 속으로 넣었을 때로 찾아볼 수 있다. 몇 분을 기다린 다음 숟가락 자루(술총이라고도 함)를 쥐려고 하면, 숟가락의 넓적한 부분이 물과 직접 접촉한 상태에서 그 온도가 증가된 다음 에너지가 숟가락 자루의 길이를 타고 전도됨에 따라 숟가락 자루가 뜨거워지게 되는 결과로 손이 델 위험이 있다.

　그러나 모든 숟가락이 모두 다 똑같은 거동을 할까? 모든 숟가락이 똑같은 시간에 또 같은 온도에 도달하게 되는 걸까? 그렇지 않다. 두께가 얇은 숟가락은 자루가 넓은 숟가락과는 다르게 가열이 될 것이다. 그리고 여러 가지 재료마다 열이 숟가락 자루에 전도되는 전도율에 영향을 미칠 것이다. 이러한 특징들은 푸리에 법칙(Fourier's Law)이라고 하는 다음과 같은

1차원 열전도의 기본 식에 나타나 있다. 즉,

$$\dot{Q}_{\text{cond}} = -\kappa A \frac{dT}{dx} \qquad (2.5)$$

여기에서, κ는 재료의 **열전도도**[단위는 W/(m·K) 또는 W/(m·C)임]이고, A는 열이 전달되는 방향에 수직인 면적이며, dT/dx는 위치(x)에 관한 온도 변화율이다. 흔히, dT/dx는 $\Delta T/\Delta x$로 근사화하기도 하는데, 여기에서 ΔT는 길이 Δx에 따른 온도 차이다.

▶ 예제 2.3

추운 겨울날, 그림 2.11과 같이 벽 바깥쪽 온도는 −5 ℃인 반면에 벽 안쪽의 온도는 20 ℃이다. 벽 두께는 10 cm이고 벽은 열전도도가 0.70 W/m·℃인 벽돌 형태로 되어 있다. 벽의 표면적은 8 m²이다. 이 벽에서의 전도 열전달률을 구하라.

주어진 자료 : $T_1 = 20\,℃$, $T_2 = -5\,℃$, $x_2 - x_1 = 10\,\text{cm} = 0.10\,\text{m}$,

$A = 8\,\text{m}^2$, $k = 0.70\,\text{W/m}\cdot℃$

구하는 값 : $\dot{Q}_{\text{cond}}$

풀이   전도에 의한 열전달률은 식 (2.5)로 구할 수 있다. 즉,

$$\dot{Q}_{\text{cond}} = -\kappa A \frac{dT}{dx}$$

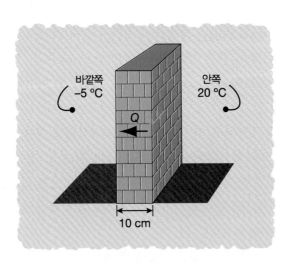

〈그림 2.11〉 열은 고온인 면적에서 저온의 면적으로 벽을 통하여
전도로 전달되기 마련이다.

벽에서는, 다음과 같이 근사화할 수 있다.

$$\frac{dT}{dx} = \frac{T_2 - T_1}{x_2 - x_1} = 250\,℃/\text{m}$$

그러므로 $\dot{Q}_{\text{cond}} = (-0.70\,\text{W/m·℃})(8\,\text{m}^2)(250\,℃/\text{m}) = -1400\,\text{W} = -1.40\,\text{kW}$

해석 : 음(−)의 부호는 에너지가 고온 면적에서 저온 면적으로 전달됨을 나타낸다.

2.4.2 열대류

온도 차를 통해 에너지가 전달될 수 있는 제2의 방식을 열대류라고 한다. **대류**(convection)에서는, 에너지가 고체 표면과 이 표면과 접촉 상태에 있는 이동 유체와의 사이에서 전달된다. 열대류의 예는, 그림 2.12와 같이, 바람이 부는 추운 날에 집 밖에 서 있을 때 일어난다. 열은 사람의 피부로부터 주위에 불고 있는 차가운 공기쪽으로 잽싸게 빠져나가면서 전달되어, 정지해 있는 공기 속에 서 있을 때 체온이 낮아지는 것보다 한층 더 빨리 체온을 떨어지게 한다. 다른 예로는 전도 예에서 사용하였던 끓는 물이 들어 있는 냄비에서 찾아볼 수 있다. 수증기가 끓는 물에서 피어오를 때 이 수증기에 얼굴을 대어보면, 수증기가 얼굴 피부를 지나면서 피부가 따뜻하여짐을 금방 느끼게 될 것이다. 이 또한 대류의 예이다.

대류에는 다음과 같이 2가지 과정이 포함된다. 즉, 먼저, 이동하는 유체의 분자와 고체 표면 사이에는 열전도가 있으며, 둘째, 유체의 이동으로 인한 이류(移流, advection)가 있다. 이러한 유체의 이동 때문에 표면에 있는 가열되었거나 냉각된 유체 분자들이 나머지 유체와 섞이게 되고, 이러한 유체의 대량 혼합으로 인하여 열전달률은 정지 유체의 전도에서 발생하게 되는 열전달률 이상으로 증가하게 된다. 열전달이 수반되는 대부분의 공학적인 응용에서는

〈그림 2.12〉 사람 주위로 부는 차가운 공기 바람은 열대류의 예이다.

상당한 양의 대류 열전달이 발생하게 된다.

열대류의 기본 식은 다음과 같은 뉴턴의 냉각 법칙(이 법칙은 유체의 온도와 고체 표면의 온도에 따라 가열 법칙이 되기도 함)이다. 즉,

$$\dot{Q}_{conv} = hA(T_f - T_s) \tag{2.6}$$

여기에서, h는 **대류 열전달계수**[단위는 $(W/(m^2 \cdot K))$]이고, A는 유체와 접촉하고 있는 면적이며, T_s는 표면 온도이고, T_f는 표면에서 상당히 멀리 떨어져 있는 곳에서의 유체 온도이다. 전도 때문에, 표면 바로 가까이의 유체 온도는 표면 온도와 같고, 그러고 나서 유체 온도는 "경계층"에 걸쳐서 체적평균 유체 온도(bulk fluid temperature)까지 변화한다. 대류 열전달계수를 구하는 것은 사소한 일이 아니며 한 학기 단위의 열 과목에서 시간을 많이 들여야 한다.

▶ 예제 2.4

그림 2.13과 같이, 20 ℃의 공기가 화로의 바깥쪽 주위를 흐르고 있는데, 이 화로의 표면 온도는 70 ℃이다. 이 공기의 흐름에서 대류 열전달계수는 155 $W/m^2 \cdot K$이다. 화로의 표면적은 3.5 m^2이다. 화로 표면에서의 대류 열전달률을 구하라.

주어진 자료 : $T_f = 20$ ℃, $T_s = 70$ ℃, $h = 155\ W/m^2 \cdot K$, $A = 3.5\ m^2$

구하는 값 : $\dot{Q}_{conv}$

풀이 식 (2.6)에서, 대류 열전달률은 다음 식과 같다.

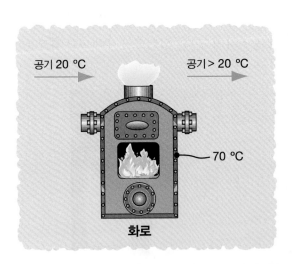

〈그림 2.13〉 차가운 공기는 고온 표면의 주위를 흐를 때 열 대류로 가열되기 마련이다.

$$\dot{Q}_{\mathrm{conv}} = hA(T_f - T_s)$$

대입 : $\dot{Q}_{\mathrm{conv}} = (155\ \mathrm{W/m^2 \cdot K})(3.5\ \mathrm{m^2})(20-70)℃ = -27{,}000\ \mathrm{W} = \mathbf{-27.1\ kW}$

해석 : 음(-)의 부호는 열이 화로에서 전달됨을 나타낸다. 또한, 대류 열전달계수에서 "1/K"는 "1/℃"와 의미가 같다. 즉, 온도차 50 ℃ = 50 K이다. 이 사실을 이해한다면, 식에서 온도 단위가 어떻게 소거되는지를 알 수 있을 것이다.

2.4.3 복사 열전달

온도 차로 인하여 에너지를 전달시키는 제3의 방식은 복사 열전달이다. 이 방식에서는, 에너지가 광자(또는 전자기파)로 전달된다. 이 열전달은, 슈테판-볼츠만 법칙(Stefan-Boltzmann law)에서 알 수 있듯이, 물체의 온도에 크게 종속되는데, 이 법칙은 다음과 같이 **복사**(radiation)를 통하여 온도가 T_s인 표면에서 나오는 최대 열전달계수를 설명하고 있다. 즉,

$$\dot{Q}_{\mathrm{emit}} = \sigma A T_s^4 \tag{2.7}$$

여기에서, A는 표면적이고 σ는 슈테판-볼츠만 상수[$\sigma = 5.67 \times 10^{-8}\ \mathrm{W/(m^2 \cdot K^4)}$]이다. 표면에 대한 순 복사 열전달량은, 표면 온도, 주위 온도 T_{surr}(주위 역시 표면에 열을 복사하기 때문임) 및 표면의 방사율 ε에 종속된다. 표면의 방사율은 복사를 방사하고 있는 표면의 효율이라고 생각할 수 있으며, 방사율 1은 "흑체"라고도 하는 완벽한 방사체에 상응한다. 표면과 주위 사이의 순 복사 열전달률은 다음과 같이 된다.

$$\dot{Q}_{\mathrm{rad}} = -\varepsilon \sigma A (T_s^4 - T_{\mathrm{surr}}^4) \tag{2.8}$$

이 식에서 음(-)의 부호는 이후에 설명하는 열전달 부호 규약과 일관성을 유지하고자 사용되었다. 복사 열전달이 지배적인 열전달 방식이 될 수 있는 상황의 예로는, 그림 2.14와 같이 지구를 덥혀주는 태양과 차가운 물체에 조사하는 적외선등(heat lamp)을 들 수 있다. 복사 열전달량을 크게 하려면 매우 뜨거운 표면과 (복사가 표면 온도의 4승에 종속되기 때문에) 이 표면과 주위 사이의 큰 온도 차가 둘 다 필요하다.

예를 들어, 용융 금속을 노 속으로 장입시키면, 고온임에도 둘 다 모두 온도가 높기 때문에 금속과 노 사이에는 상대적으로 거의 복사 열전달이 일어나지 않는다.

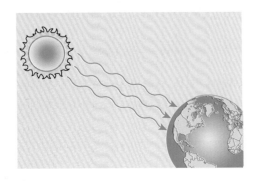

RossHelen/Shutterstock.com

〈그림 2.14〉 복사 열전달의 예로는 지구를 덥혀주는 태양과 음식을 데워주는 데 사용하는 적외선등(heat lamp)을 들 수 있다.

▶ 예제 2.5

그림 2.15와 같이, 겨울철에 열차 플랫폼을 난방시키는 데에는 표면적이 0.25 m^2인 적외선등(heat lamp)을 사용한다. 이 적외선등은 표면 온도가 250 ℃이며, 주위 온도는 −2 ℃이다. 적외선등의 방사율은 0.92이다. 이 적외선등에서 전달되는 순 복사 열전달률을 구하라.

주어진 자료 : $A = 0.25 \text{ m}^2$,　$T_s = 250 \text{ ℃} = 523 \text{ K}$,　$T_{\text{surr}} = -2 \text{ ℃} = 271 \text{ K}$,　$\varepsilon = 0.92$

구하는 값 : $\dot{Q}_{\text{rad}}$

풀이　식 (2.8)을 사용하여 적외선등의 복사 열전달을 계산한다.

$$\dot{Q}_{\text{rad}} = -\varepsilon \sigma A (T_s^4 - T_{\text{surr}}^4)$$

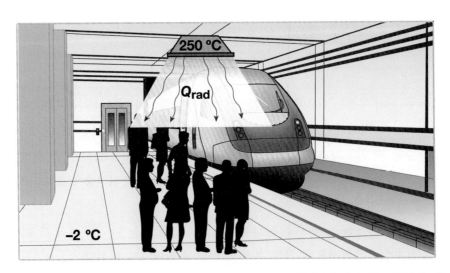

〈그림 2.15〉 적외선등은 복사 열전달을 이용하여 겨울철에 실외 환경에서 사람들을 따뜻하게 해준다.

대입 : $\dot{Q}_{\mathrm{rad}} = -(0.92)(5.67 \times 10^{-8}\,\mathrm{W/m^2 \cdot K^4})(0.25\,\mathrm{m^2})((523\,\mathrm{K})^4 - (271\,\mathrm{K})^4)$

$\qquad\qquad = -905\,\mathrm{kW}$

해석 : 음(−)의 부호는 열이 적외선등에서 전달됨을 나타낸다.

2.4.4 전체 열전달과 부호 규약

계가 겪게 되는 전체 열전달량은, 그림 2.16과 같이, 3가지 열전달 방식이 차지하는 각각의 열전달량의 합이다. 즉,

$$\dot{Q} = \dot{Q}_{\mathrm{cond}} + \dot{Q}_{\mathrm{conv}} + \dot{Q}_{\mathrm{rad}} \qquad\qquad (2.9)$$

앞에서 설명한 대로, 3가지 열전달 방식 모두가 모든 공학 응용에서 반드시 중요한 것은 아니다. 예를 들어, 바람이 부는 여름날에 집 밖에 서 있는 사람의 열손실을 측정할 때에는 대류만을 고려해도 될 것이고, 벽을 통한 열전달률을 구할 때에는 전도만을 고려해도 될 것이며, 궤도에 놓여 있는 우주선에서의 열손실율을 구할 때에는 복사만을 고려하여도 될 것이다. 엔진 실린더에서 엔진 냉각제로 빠져나가는 열손실률을 구할 때처럼 2가지 열전달 방식(전도 및 대류)이 중요할 때도 있다. 그리고 백열전등에서의 열전달률을 구할 때처럼 3가지 열전달

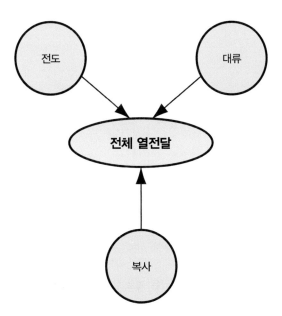

〈그림 2.16〉 계가 겪게 되는 전체 열전달은 전도, 대류 및 복사의 합이다.

방식이 모두 다 중요하게 될 때도 있다. 이 책의 대부분에서는 전체 열전달계수에 관심을 두고, 특별히 열전달 방식에는 관심을 두지는 않을 것이다. 그럼에도, 열이 계에서 전달되거나 계로 전달되는 방식을 이해하는 것이 도움이 되므로, 필요한 대로 열전달을 감소시키거나 증가시키는 방법을 알 수 있도록 하여야 한다.

필요하다면, 과정에서의 전체 열전달량은 다음과 같이 열전달률을 시간에 걸쳐 적분함으로써 구할 수 있다. 즉,

$$Q = \int_{t_1}^{t_2} \dot{Q} \cdot dt \tag{2.10}$$

어떤 때에는 과정의 빠르기에 관심을 두어야 하고, 어떤 때에는 과정에 수반되는 전체 양에 관심을 두어야 한다.

열역학적 문제를 해결하는 데 중요한 요소는 에너지의 전달을 나타내는 부호 규약을 설정하는 것이다. 열전달에서는, 다음과 같은 부호 규약을 사용하게 될 것이다.

계로 유입되는 열전달 ⇒ Q는 양(+)

계에서 유출되는 열전달 ⇒ Q는 음(−)

이 부호 규약은 그림 2.17에 나타나 있다. 끝으로, 열전달이 전혀 없는 응용도 있기 마련이다. 어떠한 열전달도 수반되지 않는 그러한 과정(즉, $Q = 0$)을 **단열 과정**(adiabatic process)이라고 한다.

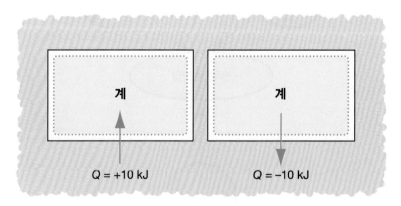

〈그림 2.17〉 열전달에서의 부호 규약은 계로 유입되는 열전달은 양(+)이고 계에서 유출되는 열전달은 음(−)이다.

2.5 일 전달

계의 안팎으로 에너지를 전달시키는 둘째 번 방법은 일 전달 또는 그냥 일이라고 한다. **일** W는 단지 변위 dx에 걸쳐 작용하는 힘 F이다. 즉,

$$W = \int F \cdot dx \qquad (2.11)$$

일이 수행되는 빠르기인 일률은 **동력** $\dot{W}$ 이라고 하며, 이는 다음과 같다.

$$\dot{W} = \frac{\delta W}{\delta t} \qquad (2.12)$$

이미 설명한 대로, 일은 계의 상태량이 아니라, 오히려 열역학적 과정의 설명이다. 그러므로 식 (2.12)에서는 미분 기호로 d가 아니라 δ가 사용되어 있는데, 이는 일이 **점 함수**(상태량처럼 열역학적 상태에만 종속된다)가 아니라, **경로 함수**(수행되는 열역학적 과정에 종속된다)라는 것을 의미한다.

힘 종류와 그 힘이 작용하고 있는 변위 종류가 조합하게 되면 어떠한 조합이던지 일의 형태 (mode)가 나오게 되어 있다. 그러므로 가능한 일 전달 형태는 열전달과는 달리 그 가짓수가 무한하다고 할 수 있다. 그러나 기초 열역학에서 관심을 두게 되는 일 전달 형태는 몇 가지 밖에 되지 않는다. 다음 절에서는, 기초 열역학에서 한층 더 일반적으로 사용되는 일 형태를 몇 가지 설명할 것이다.

2.5.1 이동 경계 일

계의 물리적 크기가 과정 도중에 변하게 되면, 계의 팽창이나 수축이 이동 경계 일의 결과로서 발생한다. 이동 경계 일의 예를 들면, 그림 2.18과 같이, 풍선 속의 공기가 가열될 때 풍선이 팽창하는 것이다. 공기의 온도가 증가하게 되면, 제3장에도 설명하겠지만, 이는 체적의 증가로 이어지기 마련이고, 이 팽창으로 계는 주위에 일을 하기 마련이다. 또 다른 예로는 자동차 엔진에서와 같이, 그림 2.19의 피스톤–실린더 기구 안에 들어 있는 공기를 들 수 있다. 압축 행정 중에는, 피스톤이 이동하여 기체를 압축시키고, 이렇게 힘으로써 이동 경계 일의 형태를 거쳐 계에 에너지가 부가된다.

이와는 반대로, 팽창 행정(동력 행정) 중에는, 기체가 피스톤을 가압하면서 기체가 차지한 체적이 팽창하게 된다. 이 경우에는, 에너지가 계를 떠나 피스톤 속에 있는 기체가 수행한 이동 경계 일을 거쳐 주위로 이동한다.

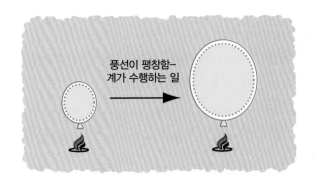

〈그림 2.18〉 계 체적의 변화는 일의 형태, 즉 이동 경계 일이다.

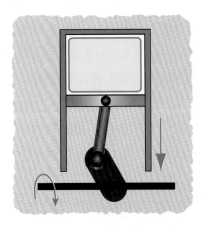

〈그림 2.19〉 기계적 링크기구를 거쳐서, 피스톤-실린더 기구
내 이동 경계 일은 회전 축 일로 변환될 수 있다.

피스톤-실린더 기구에서처럼 1차원 변위에서는 이동 경계 일 W_{mb}는 최초 위치와 최종 위치 사이에 식 (2.11)을 적용함으로써 구할 수 있다.

$$W_{mb} = \int_{x_1}^{x_2} F \cdot dx \tag{2.13}$$

여기에서는 그림 2.20과 같이, F는 계 경계에 작용하는 힘이고, x_1는 경계의 최초 위치이며, x_2는 과정이 끝난 후의 최종 위치이다. 이 식은 1차원 운동에서 그리고 힘을 알고 있을 때 성립하는 것이지만, 열역학적 계에서는 (풍선의 팽창과 수축과 같은) 다차원 팽창과 수축을 취급할 때와 힘보다도 기체나 액체의 압력을 한층 더 쉽게 측정하고자 할 때에도 흔히 사용된다. 식 (2.11)은 그와 같은 상황에도 적용할 수 있다. 압력 P는 다음 식과 같이 힘을 이 힘이

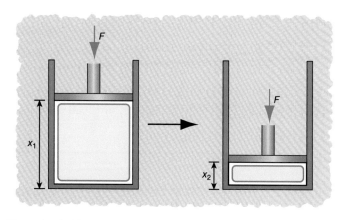

〈그림 2.20〉 피스톤으로 계에 가해지는 힘으로 인하여 체적이 감소하게 되는데,
이때에는 이동 경계 일을 거친 에너지의 입력이 필요하다.

가해지는 면적 A로 나눈 것과 같다는 점을 고려하여,

$$P = F/A \qquad (2.14)$$

식 (2.13)에 힘 식을 대입하면 다음과 같은 식이 나온다.

$$W_{mb} = \int_{x_1}^{x_2} P \cdot A \cdot dx \qquad (2.15)$$

면적과 미분 선형 변위의 곱이 바로 미분 체적 $d\Psi$이므로 다음 식과 같이 된다.

$$W_{mb} = \int_{\Psi_1}^{\Psi_2} P \cdot d\Psi \qquad (2.16)$$

이동 경계 일은 일반적으로 식 (2.16)으로 고려하기 마련이다. 몇몇 경우에는 적분하기 쉬운 식으로 이어지기도 한다. 예를 들어, 압력이 일정할 때에는(즉, 정압과정에서는) 식 (2.16)이 다음과 같이 된다.

$$W_{mb} = P(\Psi_2 - \Psi_1) \quad (P = 일정) \qquad (2.16a)$$

열역학적 과정 중에는 **폴리트로프 과정**이라는 종류도 있다. 폴리트로프 과정에서는, 관계식 $P\Psi^n = $ 일정이 성립한다. $n = 1$일 때는, $P\Psi = $ 일정이 되어, 식 (2.16)은 적분이 가능해지므로 다음과 같이 된다.

$$W_{mb} = P_1 \Psi_1 \ln \frac{\Psi_2}{\Psi_1} \quad (P\Psi^n = 일정, \ n = 1) \qquad (2.16b)$$

$n \neq 1$일 때 폴리트로프 과정은 식 (2.16)은 다음과 같이 된다.

$$W_{mb} = \frac{P_2 \Psi_2 - P_1 \Psi_1}{1-n} \quad (P \Psi^n = \text{일정}, \ n \neq 1) \tag{2.16c}$$

끝으로, 체적이 일정(Ψ = 일정, 정적과정)할 때에는, $d\Psi = 0$이므로 $W_{mb} = 0$이 된다.

▶ 예제 2.6

그림 2.21과 같이, 공기가 실린더 내부에서 피스톤 아래에 들어 있다. 실린더는 그 단면적이 0.008 m²이다. 초기에, 공기는 0.01 m²의 체적을 차지하고 있고 공기의 압력은 150 kPa이다. 피스톤의 윗면에 질량이 5 kg인 추를 올려놓아 피스톤이 하향 이동하면서 공기는 0.007 m³으로 압축된다. 이 과정에서 이루어진 일의 양을 구하라.

〈그림 2.21〉 피스톤 윗면에 질량이 5 kg인 추가 놓여 있는 피스톤–실린더 기구.

주어진 자료 : $A = 0.008 \ \text{m}^2$, $\Psi_1 = 0.01 \ \text{m}^3$, $\Psi_2 = 0.007 \ \text{m}^3$, $m_w = 5 \ \text{kg}$

구하는 값 : W_{mb}

풀이 초기에는 피스톤이 평형 상태에 있으므로, 피스톤이 가하는 압력은 초기 공기 압력과 같다. 이 압력은 이 과정에서 이루어지는 일에 기여하지는 않는다. 그보다는, 부가된 추가 발생시키는 힘에 의한 압력이 일을 발생시킨다. 이 문제를 풀려면, 먼저 질량이 5 kg인 추가 가하는 압력을 구한다. 표준 중력 가속도로 가정한다.

$$F = mg = (5 \ \text{kg})(9.81 \ \text{m/s}^2) = 49.05 \ \text{N}$$

$$P = F/A = 49.05 \ \text{N}/0.008 \ \text{m}^2 = 6131 \ \text{Pa}$$

그런 다음, 해당하는 유일한 일 형태인 이동 경계 일은 식 (2.16)으로 구한다.

$$W_{mb} = \int_{V_1}^{V_2} P \cdot dV$$

압력이 일정하므로,

$$W_{mb} = P(V_2 - V_1) = (6131 \text{ Pa})(0.007 - 0.01)\,\text{m}^3 = -18.4 \text{ J}$$

해석 : 척 보면 알겠지만, 일에서 음(-)의 부호는 당연히 에너지가 이 일 형태로 계에 부가되고 있음을 나타낸다.

▶ 예제 2.7

알지 못하는 기체가 풍선 속에서 가열되고 있다. 초기에는 이 기체가 0.21 m^3의 체적을 차지하고 있고 그 압력은 320 kPa이다. 기체는 부피가 0.34 m^3로 팽창할 때까지 가열된다. 팽창 과정 중에 압력과 체적은 $PV^{1.2} =$ 일정의 관계가 성립된다. 이 과정에서 이루어진 이동 경계 일을 구하라.

주어진 자료 : $V_1 = 0.21 \text{ m}^3$, $V_2 = 0.34 \text{ m}^3$, $P_1 = 320 \text{ kPa}$, $PV^{1.2} =$ 일정

구하는 값 : W_{mb}

풀이 이 이동 경계 일은 $n = 1.2$인 폴리트로프 과정의 결과이므로, 식 (2.16c)를 사용하여 이동 경계 일을 구하면 된다.

$$W_{mb} = \frac{P_2 V_2 - P_1 V_1}{1 - n}$$

이 식에서는 P_2를 제외하고 모든 값을 알고 있다. P_2는 압력과 체적 간의 관계에서 구하면 된다.

$$P_1 V_1^{1.2} = P_2 V_2^{1.2}$$

$$P_2 = (320 \text{ kPa})(0.21 \text{ m}^3 / 0.34 \text{ m}^3)^{1.2} = 179.5 \text{ kPa}$$

대입 :

$$W_{mb} = \frac{(179.5 \text{ kPa})(0.34 \text{ m}^3) - (320 \text{ kPa})(0.21 \text{ m}^3)}{1 - 1.2} = 30.9 \text{ kJ}$$

해석 : 일에서 양(+)의 부호는 계가 이 팽창 과정에서 에너지가 주위에 전달되고 있음을 나타낸다.

▶ 예제 2.8

질량이 0.50 kg인 공기가 1000 kPa의 압력과 0.06 m³의 체적에서 0.11 m³의 체적으로 일정 온도 팽창을 겪고 있다. 이 과정은 $P\Psi = $ 일정의 관계가 성립된다. 이 팽창 과정에서 최종 압력과 공기가 수행한 일을 각각 구하라.

주어진 자료 : $m = 0.55$ kg, $P_1 = 1000$ kPa, $\Psi_1 = 0.06$ m³, $\Psi_2 = 0.11$ m³
폴리트로프 지수가 $n = 1$인 폴리트로프 과정

구하는 값 : P_2, W_{mb}

풀이 먼저, 최종 압력은 관계식 $P\Psi = $ 일정에서 구하면 된다.

$$P_1 \Psi_1 = P_2 \Psi_2$$

P_2에 관하여 풀면 다음과 같다. 즉,

$$P_2 = P_1 \Psi_1 / \Psi_2$$

$$P_2 = (1000 \text{ kPa})(0.06 \text{ m}^3)/(0.11 \text{ m}^3) = 545.5 \text{ kPa}$$

지수가 $n = 1$인 폴리트로프 과정에서 이동 경계 일을 구하려면 식 (2.16b)를 사용하면 된다.

$$W_{mb} = P_1 \Psi_1 \ln \frac{\Psi_2}{\Psi_1} = (1000 \text{ kPa})(0.06 \text{ m}^3)\left(\ln \frac{0.11 \text{ m}^3}{0.06 \text{ m}^3}\right) = \textbf{36.4 kJ}$$

2.5.2 회전축 일

에너지가 회전하고 있는 축을 거쳐 계의 안팎으로 전달되고 있을 때 존재하는 일 형태를 **회전축 일** W_{rs}라고 한다. 이와 같은 일의 예로는, 그림 2.22와 같이 발전기에 기계적 일 입력으로 사용되는 터빈 W_{mb}의 로터(rotor)와, 동력을 동력 전달 계통(drive train)에 이전시키는 내연기 관의 크랭크축을 들 수 있다. 이때, 힘은 토크 T로 나타내고, 변위는 축의 각 변위 $d\theta$이다. 즉,

$$W_{rs} = \int_{\theta_1}^{\theta_2} T \cdot d\theta \tag{2.17}$$

이 식으로 회전축 일을 계산하기는 하지만, 제4장에서는 터빈, 압축기 및 펌프와 같은 응용에 존재하는 회전축 일은 일반적으로 열역학 제1법칙을 사용하여 구하면 된다.

72 Chapter 02 에너지의 본질

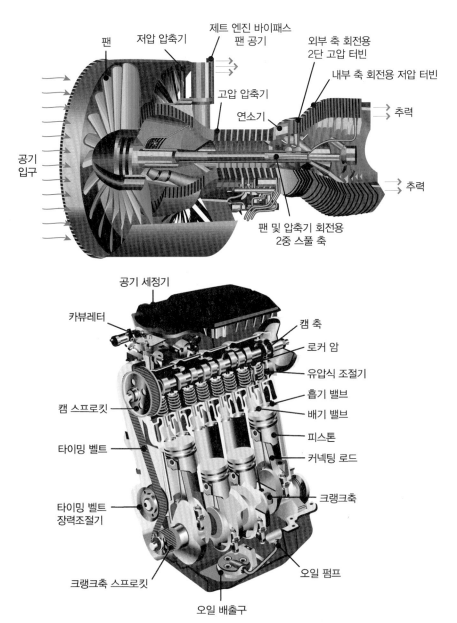

공기
입구

팬

저압 압축기

제트 엔진 바이패스
팬 공기

고압 압축기

연소기

외부 축 회전용
2단 고압 터빈

내부 축 회전용 저압 터빈

추력

추력

팬 및 압축기 회전용
2중 스풀 축

공기 세정기

카뷰레터

캠 축

로커 암

유압식 조절기

흡기 밸브

배기 밸브

피스톤

커넥팅 로드

크랭크축

오일 펌프

캠 스프로킷

타이밍 벨트

타이밍 벨트
장력조절기

크랭크축 스프로킷

오일 배출구

Iaroslav Neliubov/Shutterstock.com

〈그림 2.22〉 회전축 일은 여러 가지 장치, 즉 터빈의 회전축과 왕복 엔진의 크랭크축에서 찾아볼 수 있다.

어떤 엔진에서 출력축에 200 N · m의 토크가 가해지고 있다. 이 축은 500 rpm으로 회전한다. 엔진이 공급하는 회전축 동력은 얼마인가?

주어진 자료 : $T = 200\ \text{N} \cdot \text{m}$, $\dot{n} = 500\ \text{rpm}$ (회전 속도)

구하는 값 : $\dot{W}_{rs}$

풀이 동력은 일률(rate of work)이므로, 회전축 동력은 다음과 같이 식 (2.17)의 회전축 일을 시간에 관하여 미분을 취하여 구하면 된다. 즉,

$$\dot{W}_{rs} = \frac{\delta W_{rs}}{\delta t} = \int_{\theta_1}^{\theta_2} T \cdot \frac{d\theta}{dt}$$

회전 속도가 일정하므로, 주어진 시간에서의 회전 라디안 값은 원의 라디안 값(2π)에다가 회전수를 곱한 것과 같다. 이를 시간에 관하여 확대 해석하면 다음과 같다. 즉,

$$\int_{\theta_1}^{\theta_2} \frac{d\theta}{dt} = 2\pi\dot{n}$$

이 식에서, $\dot{n}$은 회전 속도이다. 일정 토크이므로, 회전축 동력은 다음과 같다.

$$\dot{W}_{rs} = 2\pi\dot{n}T$$

이 식에 자료 값을 대입하면 다음과 같다. 즉,

$$\dot{W}_{rs} = 2\pi\left(\frac{\text{rad}}{\text{rev}}\right)\left(500\frac{\text{rev}}{\text{min}}\right)\left(\frac{1\ \text{min}}{60\ \text{s}}\right) = \textbf{10.5 kW}$$

해석 : 이 값은 엔진에서 회전축으로 전달되는 동력이다. 주목하여야 할 점은, 이 값이 여러 엔진과 비교하여 동력량이 다소 작다는 것이다. 이는 토크보다는 느린 회전 속도에 주안점을 두었기 때문이다.

2.5.3 전기 일

전자는 기전력의 영향으로 전선을 이동할 수 있다. 정해진 시간 동안 변위를 이동하는 전자를 살펴보면, 이것이 그림 2.23과 같이 전기 일이라고 하는 일 형태를 나타낸다는 것을 알 수 있다. **전기 일** W_e은 전위차(즉, 전압 E)로 표현되는 기전력과 단위 시간당 전하량인 전류 I로, 다음과 같은 식으로 나타낼 수 있다.

$$W_e = \int_{t_1}^{t_2} - EI \cdot dt \tag{2.18}$$

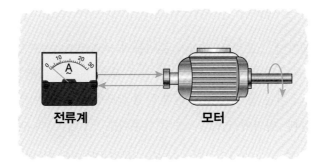

〈그림 2.23〉 전기 일은 모터에서 회전축 일로 변환될 수 있다.

여기에서, t는 시간이다. 전력(즉, 전기 동력) $\dot{W}_e$은 시간 변화율 기준으로 다음과 같다.

$$\dot{W}_e = -EI \tag{2.19}$$

음(−)의 부호는 이후에 설정하려고 하는 부호 규약과 일치되게 붙였다. 계에 들어가는 전기적 입력은 정확하게 전기 일로 모델링된다. 이와는 달리 전기적 입력이 전기 저항 히터로 유입될 때에는 열 입력으로 모델링되기도 한다.

▶ 예제 2.10

가정용 물웅덩이(sump) 펌프가 350 W의 동력을 사용한다. 이 펌프는 표준 120 V 출력 단자에 플러그를 꽂아 사용한다. 이 펌프가 사용 중일 때 소비되는 전류는 얼마인가?

주어진 자료 : $\dot{W}_e = -350\,\text{W}$

$\qquad\qquad\quad E = 120\,\text{V}$

구하는 값 : I

풀이　전류는 식 (2.19)를 변형하여 구하면 된다. 즉,

$$\dot{W}_e = -EI$$

그러므로,

$$I = -\frac{\dot{W}_e}{E}$$

이 식에 자료값을 대입하면 다음과 같다. 즉,

$$I = -\frac{(-350\,\text{W})}{120\,\text{V}} = \mathbf{2.92\,A}$$

2.5.4 스프링 일

스프링에 힘이 가해지면 스프링은 길이가 줄어들기 마련이고, 스프링의 길이가 늘어나게 되면 힘이 방출된다. 분명히, 이는 힘이 변위에 걸쳐 작용하는 또 다른 경우이며, 그 결과는 **스프링 일** W_{spring}이라고 하는 일 형태이다. 선형 탄성 스프링에서는 힘이 변위에 선형 비례하며, 즉 $F = kx$가 성립하는데, 여기에서 k는 스프링 상수이다. 식 (2.11)에 대입하면, 다음과 같은 식이 나온다.

$$W_{\mathrm{spring}} = \int_{x_1}^{x_2} F \cdot dx = \int_{x_1}^{x_2} kx \cdot dx = \frac{1}{2} k (x_2^2 - x_1^2) \tag{2.20}$$

같은 방식을 사용하면, 비선형 스프링에서는 한층 더 복잡한 식이 유도되기도 한다.

2.5.5 기타 일 형태

다음은 여러 응용에서 다양하게 만나게 되는 몇 가지 기타 일 형태의 요약이다.

탄성 고체에서의 일

탄성 고체 봉이 신장되거나 압축되면, 일 전달이 발생한다. 이 일은 법선 응력 σ_n을 포함하는 다음 식으로 계산할 수 있다.

$$W_{\mathrm{elastic}} = \int_{x_1}^{x_2} - \sigma_n A \, dx \tag{2.21}$$

음(−)의 부호는 이후에 설정하려고 하는 일의 부호 규약과 일치되게 붙였다.

막의 표면장력에서의 일

액체 막에는 표면장력이 작용하게 되고, 이 표면장력은 액체 막이 신축될 때 일 전달로 나타난다. 표면장력 σ_s는 다음 식과 같이 표면장력 일이 된다.

$$W_{\mathrm{surface}} = \int_{A_1}^{A_2} - \sigma_s \, dA \tag{2.22}$$

자기 일

일이 행하여지면 계의 자기장이 변화한다. 이 일은 자기장 강도 H, 재료의 자화율 χ_m 및 투자율($\mu_0 = 4\pi \times 10^{-7} \, \mathrm{V} \cdot \mathrm{s}/(\mathrm{A} \cdot \mathrm{m})$)로 다음 식과 같이 구할 수 있다. 즉,

$$W_{\mathrm{magnetic}} = -\mu_0 \,\forall\, (1+\chi_m) \left(\frac{H_2^2 - H_1^2}{2}\right) \tag{2.23}$$

화학적 일

화학종이 계에 부가되거나 계에서 제거될 때에는 화학적 일이 존재하게 된다. 이 일은 화학종 i의 화학적 퍼텐셜 μ_i에다가 질량 변화를 곱한 값을, 계에 부가되거나 계에서 제거되는 모든 화학종 k에 관해 합하여 다음 식과 같이 구할 수 있다. 즉,

$$W_{\mathrm{chemical}} = -\sum_{i=1}^{k} \mu_i (m_2 - m_1)_i \tag{2.24}$$

식 (2.24)에서는, 각 화학종의 화학적 퍼텐셜은 질량 전달 중에 일정하다고 가정한다.

이 밖에도 다른 형태의 일들이 있다. 위에서 설명한 일들은 소개되지 않은 다른 형태의 일들보다 한층 더 일반적으로 접하게 되는 형태 중의 일부이지만, 잊지 말아야 할 것은 변위를 거쳐 작용하는 힘은 어떠한 것이라도 일 형태로 나타나게 마련이라는 점이다.

2.5.6 전체 일과 부호 규약

전체 열전달에서와 마찬가지로, 과정에서의 전체 일도 각각의 일 형태가 차지하는 값의 모든 합으로 다음 식과 같다. 즉,

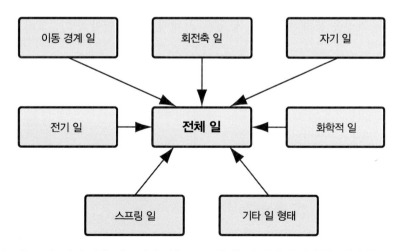

〈그림 2.24〉 계가 겪게 되는 전체 일은 모든 가능한 일 형태가 차지하는 값의 합이다.

$$W = \sum_i W_i \qquad (2.25)$$

여기에서, W_i는 각각의 유형의 일 형태를 나타낸다. 이는 그림 2.24에 예시되어 있다.

일에도 부호 규약을 사용하게 될 것인데, 이 부호 규약은 공업 열역학에서 통상적인 것이다. 그런데, 이 부호 규약은 열에서 사용되는 부호 규약과 반대이다. 일에 사용하게 되는 부호 규약은 다음과 같다.

계로 유입되는 일 전달 ⇒ W는 음(–)
계에서 유출되는 일 전달 ⇒ W는 양(+)

이 부호 규약은 그림 2.25에 나타나 있다. 계가 일을 발생시키는 과정을 겪을 때, 부호 규약은 일 항이 양(+)이어야 한다는 것을 나타낸다. 이러한 내용은 앞에서 설명한 다양한 일 형태의 식에서 이미 입증되어 있다. 부호 규약은 이동 경계 일의 식 (2.16)에서 쉽게 이해할 수 있다. 이동 경계 일에서, 체적이 팽창할 때에는 계가 주위에 일을 하고 있으므로 계의 밖으로 일 형태의 에너지 전달이 일어난다. 체적이 팽창하면, 식 (2.16)에서 일은 양(+)의 값으로 나온다.

일의 부호 규약이 열전달의 부호 규약과 반대라는 사실은 이상하게 보이기도 하므로, 열과 일에 에너지 전달 방향을 동일하게 적용하는 부호 규약을 사용하려고 하는 사람들도 있다는 점도 주목해야만 한다. 우리가 사용하는 부호 규약은 실용적인 공학 적용에서 유래한 것이다. 예를 들어, 자동차 엔진을 살펴보자. 엔진의 목적은 일을 발생시키는 것이므로, 이 일을 발생시키려면 열이 연소 과정을 통하여 실린더에 있는 기체에 부가되어야 한다. 그러므로 엔진에서

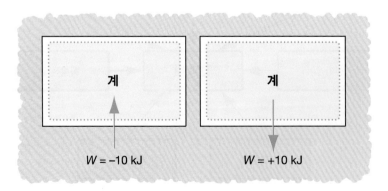

⟨그림 2.25⟩ 일의 부호 규약은 일이 계로 들어갈 때에는 음(–)이고 일이 계에서 나올 때에는 양(+)이다.

과정들은 에너지가 열을 통하여 기체에 부가(열 유입이 양)된 다음, 엔진 실린더 속의 기체가 팽창하여 일을 하는 것(일 유출이 양)으로 해석할 수 있다. 간단히 해석하자면, 유출 일이 발생된 계에 유입된 열, 이 모두에 여기에서 사용되는 부호 규약을 적용하게 되면, 두 항은 모두 양(+)의 양인 것이다. 동일한 부호 규약을 일관적으로 적용시켜 도출되는 양을 적절하게 사용하는 식들을 세우는 한, 옳은 부호 규약도 없고 그른 부호 규약도 없는 것이다. 제4장에서 열역학 제1법칙의 식들을 세울 때에는 이러한 사고방식을 명심하여야 한다.

심층 사고/토론용 질문

전기 사용을 엄밀하게 말해서 일이라고 보는 반면에, 전기 일이 수반되는 에너지 전달을 열 입력이라고 생각하기도 한다. 전기 일과 관련되는 에너지 전달을 열전달이라고 해석하는 것이 타당하다고 할 수 있을 때는 언제인가?

2.6 물질 전달에 의한 에너지 전달

계의 안팎으로 에너지를 전달하는 제3의 방법은 물질 전달을 통한 에너지 전달이다. 이 장에서 이미 설명한 대로 물질에는 내부 에너지, 운동 에너지 및 위치 에너지가 있다. 물질이 계로 유입되거나 계에서 유출될 때에는, 그 유출·입과 함께 물질의 에너지가 운반된다. 예를 들어, 물로 반이 채워진 버킷이 있을 때 이 버킷에 유리잔에 있는 물을 부어 넣으면, 버킷 속에 있는 해당하는 물은 이제 초기에 유리잔에 있던 에너지를 얻게 된 것이다. 아니면, 또 다른 예로서, 학생들로 가득 찬 교실을 생각해보자. 학생 한 명이 교실을 떠나게 되면, 학생이 교실에서 나올 때 학생 본인에게 있는 내부 에너지, 운동 에너지 및 위치 에너지가 함께 나오기 때문에, 교실에 있는 에너지는 감소하게 되는 것이다.

그러나 이 간단한 사고방식에는 복잡한 요소가 들어 있다. 물질이 계의 경계를 지날 때에는, 에너지가 계의 안팎으로 유출·입을 하여야만 한다. 이러한 에너지 전달은 힘이 변위에 걸쳐 작용하는 것이기 때문에 일종의 일의 형태이며, 이를 **유동 일**(flow work)이라고 한다.

물질을 미는 힘은 다음과 같은 형태로 구할 수 있다.

$$F = PA \qquad (2.26)$$

여기에서, P는 유체의 압력이며 A는 유체가 흐르는 입구나 출구의 단면적이다. 그림 2.26과 같이, 물질에는 얼마간의 공간 길이 L이 있는데, 이는 물질이 입구나 출구에서 차지하고 있는 길이이므로, 유동 일은 이 길이에 걸쳐 힘을 가한 것이 된다. 즉,

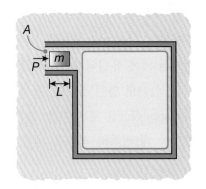

$$W_{\text{flow}} = FL = (PA)(L) = P\mathrm{V}$$
$$= P(mv) = m(Pv) \qquad (2.27)$$

이 유동 일은 질량이 계의 안팎으로 유출·입을 할 때에는 언제라도 존재하게 되므로 그러한 상황이 발생할 때에만 의미가 있다.

〈그림 2.26〉 계의 안팎으로 유출·입을 하는 물질은 결과적으로 에너지를 계의 안팎으로 전달하는 방법이 된다.

물질의 에너지 개념을 유동 일과 결합시키게 되면, 물질 전달 중에 일어나게 되는 계의 안팎으로의 에너지 전달식을 다음과 같이 세울 수 있다.

$$E_{\text{mass flow}} = m\left(u + \frac{1}{2}V^2 + \mathrm{g}z\right) + m(Pv) \qquad (2.28)$$

이 식에서, 우변의 첫째 항은 물질에 들어 있는 에너지를 나타내고 둘째 항은 유동 일이다. 식 (2.28)은 다음과 같이 바꿔 쓸 수 있다.

$$E_{\text{mass flow}} = m\left(u + Pv + \frac{1}{2}V^2 + \mathrm{g}z\right) \qquad (2.29)$$

물질 유동으로 인한 에너지 수송 성분은 그림 2.27에 나타나 있다.

계의 안팎으로 유출·입을 하는 물질이라면 그 어느 것에나 식 $(u + Pv)$가 항상 등장한다. 이 식은 아주 빈번하게 발생하므로, 자체의 명칭이 주어져 있다. 즉, **비엔탈피**가 그것이다. 물질의 엔탈피 H는 열역학적 상태량이다.

$$H = U + PV \qquad (2.30)$$

그리고 비엔탈피 h는 엔탈피를 질량으로 나누었을 때 그 결과로서 나타나는 강도 상태량이다.

$$h = H/m = u + Pv \qquad (2.31)$$

주목해야 할 점은, 대부분의 물질은 엔탈피 값이 흔히 계의 내부 에너지가 차지하는 몫에 지배를 받게 되지만, 엔탈피와 내부 에너지의 차는 (기체와 같이) 비체적이 크거나 압력이 매우 높은 물질에서는 그 의미가 중요할 수도 있다는 것이다.

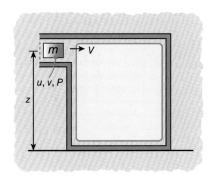

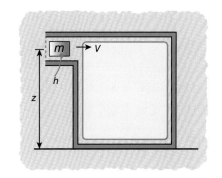

〈그림 2.27〉 물질이 계로 유입되면서 물질은 계에 내부 에너지, 운동 에너지 및 위치 에너지를 부가시킨다. 또한, 물질을 계의 경계를 지나 밀어 넣는 일을 통하여 에너지가 계에 부가되기도 한다.

〈그림 2.28〉 계에 유입되는 물질의 엔탈피는 그 내부 에너지와 유동 일의 합이다.

식 (2.29)는 비엔탈피를 사용하여 다음과 같이 바꿔 쓸 수 있다. 즉,

$$E_{\mathrm{mass\,flow}} = m\left(h + \frac{1}{2}\,V^2 + \mathrm{g}z\right) \qquad (2.32)$$

이를 시간 변화율(rate) 기준으로 바꿔 쓰면, 물질 전달을 통한 에너지 전달률은 다음과 같이 된다.

$$\dot{E}_{\mathrm{mass\,flow}} = \dot{m}\left(h + \frac{1}{2}\,V^2 + \mathrm{g}z\right) \qquad (2.33)$$

이는 유체의 상태량들이 시간 변화율 기준 해석을 하는 도중에 일정하다고 가정한 것이다. 계의 상태량의 조합은 그림 2.28에 나타나 있다.

▶ 예제 2.11

300 ℃ 및 2 MPa의 수증기가 105 m/s의 속도로 터빈으로 유입된다. 이 상태에서 수증기의 비엔탈피는 3024.2 kJ/kg이다. 수증기의 질량 유량은 3.5 kg/s이다. 터빈에서 유입되는 수증기의 물질 전달을 통한 에너지 전달률을 구하라.

주어진 자료 : $h = 3024.2 \ \mathrm{kJ/kg}$
$\qquad\qquad\quad \dot{m} = 3.5 \ \mathrm{kg/s}$
$\qquad\qquad\quad V = 105 \ \mathrm{m/s}$

구하는 값 : $\dot{E}_{\mathrm{mass\,flow}}$

풀이 물질 전달을 통한 에너지 전달을 구하려면, 식 (2.33)을 사용하면 된다.

$$\dot{E}_{\text{mass flow}} = \dot{m}\left(h + \frac{1}{2}V^2 + gz\right)$$

이 식에는 위치 에너지 항이 포함되어 있지만, 이에 관하여는 전혀 정보가 없다. 결과적으로, 위치 에너지에 관한 가정이 필요하다.

가정 : 이 수증기는 그 높이를 무시할 수 있다($PE = 0$).

이제, 해당 식에 알고 있는 정보를 대입하면 된다.

$$\dot{E}_{\text{mass flow}} = \left(3.5\frac{\text{kg}}{\text{s}}\right)\left(3024.2\frac{\text{kJ}}{\text{kg}} + \frac{1}{2}\left(105\frac{\text{m}}{\text{s}}\right)^2\left(\frac{1}{1000\frac{\text{J}}{\text{kJ}}}\right) + 0\right)$$

$$= 10{,}604 \text{ kJ/s} = \textbf{10.6 MW}$$

해석 : 운동 에너지가 차지하는 몫은 엔탈피가 차지하는 몫에 비하여 매우 작은데, 이 엔탈피는 주로 내부 에너지이고 계의 내부 에너지와 밀접한 관계가 있다. 마찬가지로, 위치 에너지 몫은 운동 에너지보다도 훨씬 더 작으므로, 이 때문에 계의 높이에 관하여 정보가 전혀 없을 때에는 위치 에너지 값을 0으로 가정해도 타당하다.

물질 전달을 통한 에너지 전달에는 부호 규약을 부여하지는 않겠지만, 그 대신에 계에 유입되는 물질은 계의 에너지를 증가시키게 되는 반면에 계에서 유출되는 물질은 계의 에너지를 감소시키게 된다는 내용을 바탕으로 하여 향후 식들을 전개할 것이다. 끝으로 명심해야 할 내용은, 정의한 대로 밀폐계에서는 계의 안팎으로 물질 유입이나 물질 유출이 전혀 없으므로, 물질 전달을 통한 에너지 전달은 개방계에서 일어난다는 점이다.

2.7 열역학적 계와 과정을 해석하기

지금까지는 장치와 계의 열역학적 해석을 수행하는 데 필요한 많은 기초 개념을 소개하였다. 해석 과정에서 세워지는 식을 푸는 것은 수학적인 관점에서 볼 때에 어렵지는 않지만, 많은 학생들은 문제에서 주어진 정보를 받아들여서 이 정보를 식에 있는 변수들과 연결시키는 방법을 알아내려고 애쓴다. 모든 이에게 만족스러운 단일의 해석 절차는 없지만, 그래도 다음과 같은 풀이 매뉴얼(solution framework)을 따르게 되면 생각이 정리되고 가장 좋은 결과가 나오게 되는 풀이 절차로 유도될 것이다.

문제 해석 및 풀이 절차의 추천안

1. 문제 내용을 주의 깊게 읽는다.
2. 장치나 과정에 관하여 알게 된 모든 정보(즉, 알고 있는 것)를 목록으로 작성한다.
3. 해석에서 구해야 하는 양(즉, 풀어야 할 것)을 목록으로 작성한다.
4. 장치의 개략도를 그려서 해석하려고 하는 계를 표시한다.
5. 열역학적 계가 개방계인지 밀폐계인지 아니면 고립계인지를 정한다. 해석하고자 하는 물질의 유형(즉, 고체, 액체, 기체, 2상)을 정하고 어떤 상태식으로 물질의 거동을 기술할지를 정한다(이 상태식들은 주로 제3장에서 확인하면 됨).
6. 해석하고자 하는 계의 유형을 기술할 적절한 일반식을 작성한다(이 일반식들은 주로 제4장과 제6장에 유도되어 있음).
7. 어떠한 단순화 가정들이 이 특정 해석에 적절한지를 정한다. 즉, 가정들을 분명하게 기술하고 이 가정들을 일반식에 적용한다.
8. 상태식을 적용하여 주어진 상태량 자료를 변형시킨 식에 필요한 상태량과 연결시킨다.
9. 식을 풀어 원하는 상태량을 구한다.
10. 구한 답이 공학적 관점에서 합당하면 그 결과를 사려 깊게 살펴보고 결정한다.

이 풀이 과정을 밟아서 각각의 양의 단위를 기록하는 것이 유용한데, 그렇게 하면 수치 실수를 저지를 가능성이 줄게 되고 식을 올바르게 사용하고 있는지를 확인할 수 있는 수단으로서 기능할 수 있기 때문이다. 예를 들어, 동력 계산의 답을 kW 단위로 하려고 하는데 계산 결과가 kJ/kg 단위로 나왔다면, kg/s의 질량유량을 곱해주지 않은 것이다. 다른 예를 들자면, 깔끔하고 주어진 체적유량을 질량유량으로 변환시키지 않고 있는 경우, 이 단위들이 당연히 주어진 숫자에게만 적합하다는 점을 생각지 못하면서 계산을 하면서도 이 단위들을 계속 그대로 놔둔다면 실수를 저지를 게 뻔한 일이다.

2.8 열역학적 해석 플랫폼

전통적으로, 열역학 교육에서는 개개의 문제들을 풀 때마다 상태량 자료를 표나 그래프에서 추출하여 이 자료를 가지고 손으로 계산하는 방식에 의존해 왔다. 손 계산을 하면 어느 정도 이득이 있다. 즉, 처음으로 장치를 연구하게 되면 계와 해석을 충분히 주의 깊게 생각하여 열역학적 해석의 상세한 내용을 이해하는 데 도움이 된다. 그러나 장치를 몇 번 해석해보고 나면 손 계산에서 배우게 되는 것은 한계가 있다. 열역학을 일련의 무관한 문제로 보기 시작할 수도 있고, 여러 요인들이 장치 성능에 영향을 미치는 방식을 깊이 이해하게 되기보다는 개개의 문제들을 푸는 방법을 배울 수도 있다. 예를 들어, 개별적인 문제를 풀 때에는, 압축기에서 저온의 공기보다 고온의 공기를 압축시키는 데 더 많은 동력이 필요한 이유를 결코 이해하지 못 할 것이다. 결과적으로, 단순히 공기 압축기의 흡입구 위치를 바꾸기만 하여도 전기료가 절감된 청구서로 많은 금액의 회사 경비를 절약할 수 있다.

이 책을 전반적으로 살펴보면 알 수 있겠지만, 기초 수준의 열역학으로 풀리는 개개의 식들은 크게 어렵지는 않다. 그러나 시간을 소모하게 되는 것은 필요한 열역학적 상태량 자료를 구하려고 표나 그래프를 사용하는 것이다. 그러므로 몇 가지 다른 입구 온도에서 공기를 압축시키는 데 필요한 동력을 구하는 식을 쉽게 풀 수는 있겠지만, 필요한 상태량 자료를 구하는 것이 시간 소모적이고 그와 같은 해석을 수행하는 데 방해물이 될 수도 있다. 게다가, 21세기에는 엔지니어가 많은 양의 해석을 컴퓨터로 수행하는 것이 통상적인 일이 되어버렸다. 그러므로 이 책에서는 독자들로 하여금 다양한 일반적인 장치와 열역학적 계의 컴퓨터 기반 모델을 개발하게끔 할 것이다. 그렇게 함으로써 계의 성능에 영향을 주는 매개변수들을 조사하게 할 것이며 그러한 효과들이 얼마나 큰지를 습득하게 할 것이다. 그러면 그렇게 이해한 내용은 현업에서 활동 중인 엔지니어에게 없어서는 안 될 활력소가 되기도 한다. 저자들은 독자들로 하여금 어떤 문제들을 처음에는 손으로 풀어 보게 한 다음, 일단 독자들이 과정에 적절한 식을 세우는 방법을 이해하고 나면 컴퓨터 기반 모델을 개발하게끔 할 것이다.

식을 푸는 데 사용하는 소프트웨어 패키지는 많이 있는데, 그 예를 들자면 MATLAB, Mathcad, **Mathematica** 그리고 EES(Engineering Equation Solver) 등이 있다. Microsoft Excel과 같은 스프레드시트(spread sheet)도 열역학 문제를 푸는 데 설치하기도 한다. 공학전공 학생들은 흔히 열역학 과목을 수강하기 전에 이러한 패키지를 한 가지 또는 그 이상을 처음 배우게 된다. 게다가, 열역학 문제 풀이용으로 특별히 설계된 소프트웨어도 사용가능하다. 오늘날의 세상에서, 컴퓨터 소프트웨어나 태블릿 앱(app) 형식으로 가능한 것들은, 특정한 소프트웨어나 앱이 작동하는 방식이 그러하듯이, 흔히 변화하기 마련이다. 그러므로 이 책에서는 열역학 문제를 푸는 데 특정한 소프트웨어 플랫폼(platform) 하나만을 사용하는 것을 촉구하지는 않을 것이다. 그 대신에, 사용하기에 가장 편한 플랫폼을 선정하는 것과 그 플랫폼에 관한 지식을 사용하여 여러 가지 장치와 과정을 해석할 수 있는 모델을 개발하는 것은 전적으로 독자 여러분이나 학생을 지도하시는 선생님들께 맡기겠다.

제3장에서 설명하겠지만, 소프트웨어를 사용하여 열역학적 상태량을 구하는 선택적 방법은

많이 있다. 다시 말하지만, 이러한 소프트웨어와 앱들이 변화하는 속도 때문에 학과목을 수강하고 있는 도중에도 매우 뛰어난 선택적 방법을 사용할 수 있기 때문에, 사용할 방법을 선택하는 것은 독자 여러분의 몫이다. 일부 일반적인 식 솔버(equation solver)들은 열역학적 상태량 솔버로 직접 연결되거나 아니면 가용한 플러그 인(plug-in)들을 거쳐 연결되기도 한다. 이와 같이 통합적 접근 방법이 편리하다는 사실을 알 수 있을 것이다.

> **심층 사고/토론용 질문**
> 열역학 문제를 풀 때, 컴퓨터를 사용하는 해법(컴퓨터 기반 해법)이 손으로 푸는 전통적인 해법(계산기 사용 해법)에 비해 어떤 이점들이 있는가?

요약

이 장에서는, 물질에서 나타나는 여러 형태의 에너지를 학습하였다. 또한, 계의 안팎으로 전달되는 3가지 에너지 전달 방식, 즉 열전달, 일 전달, 물질 전달에 의한 에너지 전달을 학습하였다. 제4장에서는, 이 학습 내용을 사용하여 열역학 제1법칙을 나타내는 식을 세우게 될 것이다. 그에 앞서, 다양한 열역학적 상태량을 계산하고 그 관계를 세우는 방법을 학습하여야 한다. 이 학습 내용이 제3장의 주제이다.

주요 식

위치 에너지 :

$$PE = mgz \tag{2.1}$$

운동 에너지 :

$$KE = \frac{1}{2}mV^2 \tag{2.2}$$

전체 에너지 :

$$E = U + KE + PE = U + \frac{1}{2}mV^2 + mgz \qquad (2.3)$$

열 전도율/전도 열전달률 :

$$\dot{Q}_{\text{cond}} = -\kappa A \frac{dT}{dx} \qquad (2.5)$$

대류 열전달률 :

$$\dot{Q}_{\text{conv}} = hA(T_f - T_s) \qquad (2.6)$$

순 복사 열전달률 :

$$\dot{Q}_{\text{rad}} = -\varepsilon \sigma A(T_s^4 - T_{\text{surr}}^4) \qquad (2.8)$$

이동 경계 일 :

$$\text{일반식} : \quad W_{mb} = \int_{V_1}^{V_2} P \cdot dV \qquad (2.16)$$

$$P = \text{일정일 때} : \quad W_{mb} = P(V_2 - V_1) \qquad (2.16\text{a})$$

$$\text{폴리트로프 과정}, \ n = 1 \ \text{일 때} : \quad W_{mb} = P_1 V_1 \ln\frac{V_2}{V_1} \qquad (2.16\text{b})$$

$$\text{폴리트로프 과정}, \ n \neq 1 \ \text{일 때} : \quad W_{mb} = \frac{P_2 V_2 - P_1 V_1}{1 - n} \qquad (2.16\text{c})$$

전력 (전기 동력) :

$$\dot{W}_e = -EI \qquad (2.19)$$

물질 유동에 의한 에너지 전달률 :

$$\dot{E}_{\text{mass flow}} = \dot{m}\left(h + \frac{1}{2}V^2 + gz\right) \qquad (2.33)$$

2.1 극장 무대 위에 질량이 5.00 kg인 조명 시설이 지면으로부터 15.0 m의 높이에 매달려있다. 국소 중력 가속도는 9.75 m/s²이다. 조명 시설의 위치 에너지를 구하라.

2.2 1908년에, 워싱턴 D.C. 야구팀 소속 찰스 스트리트(Charles Street)는 워싱턴 기념비의 꼭대기에서 던진 야구공을 받았다. 공을 던진 높이가 165 m이었고 공의 질량이 0.145 kg이었다면, 던지기 전의 공의 위치 에너지는 얼마인가? 중력 가속도는 9.81 m/s²이라고 한다.

2.3 질량이 10.0 kg인 물이 폭포 가장자리에서 막 떨어지려고 한다. 가장자리의 높이는 115 m이다. 표준 지구 중력 가속도 하에서 물 질량의 위치 에너지를 구하라.

2.4 제트 비행기가 10,300 m의 높이에서 240 m/s의 속도로 비행하고 있다. 비행기는 질량이 85,000 kg이고 중력 가속도가 9.70 m/s²일 때, 비행기의 위치 에너지와 운동 에너지를 각각 구하라.

2.5 질량이 7 kg인 우주 쓰레기 조각이 4.5 km의 높이에서 230 m/s의 속도로 지구를 향해 대기 중을 낙하하고 있다. 이 물체의 위치 에너지와 운동 에너지를 각각 구하라.

2.6 어떤 사람이 바닷가에 125 m 높이로 우뚝 솟아 있는 낭떠러지 가장자리에서 사진을 찍고 있다. 이 사람은 다른 사람과 부딪쳐서 카메라를 떨어뜨리고 말았다. 카메라를 손에서 놓쳤을 때 그 속도는 1.5 m/s이다. 카메라는 질량이 450 g이다. 이 순간에 바닷가를 기준으로 하여 카메라의 운동 에너지와 위치 에너지를 각각 구하라.

2.7 질량이 45.8 g인 골프 공을 특정하게 샷(shot)을 하면 최고 높이가 15 m에 도달한다. 이 높이에서 골프 공은 속도가 31 m/s이다. 이 특정 샷의 최고 높이에서 골프 공의 운동에너지와 위치 에너지를 각각 구하라.

2.8 투수가 질량이 0.145 kg인 야구공을 42.0 m/s의 속도로 던졌다. 이 야구공의 운동 에너지를 구하라.

2.9 건물 옥상에서 떨어지고 있는, 질량이 2.50 kg인 벽돌이 지면에 27.0 m/s의 속도로 부딪히려고 한다. 이 벽돌의 운동 에너지를 구하라.

2.10 질량이 80.0 kg인 돌덩이가 투석기로 사출되어 7.50 m/s의 속도로 날아 벽에 부딪히려고 한다. 이 돌덩이가 벽에 부딪히기 직전의 운동 에너지를 구하라.

2.11 수증기가 지상 4 m에 놓여 있는 파이프를 흐르고 있다. 파이프 속을 흐르는 수증기의 속도는 80.0 m/s이다. 수증기의 비내부 에너지가 2765 kJ/kg일 때, 파이프 속을 흐르는 수증기 1.50 kg의 전체 내부 에너지, 운동 에너지, 위치 에너지를 각각 구하라.

2.12 문제 2.11에서, 수증기를 액체 물로 대체한다. 액체 물의 비내부 에너지가 120 kJ/kg일 때, 파이프 속을 흐르는 물 1.50 kg의 전체 내부 에너지, 운동 에너지, 위치 에너지를 각각 구하라.

2.13 비내부 에너지가 2803 kJ/kg인 수증기가 지상 5 m에 놓여 있는 파이프를 흐르고 있다. 파이프 속을 흐르는 수증기의 속도는 75 m/s이다. 파이프 속을 흐르는 수증기 1 kg의 전체 내부 에너지, 운동 에너지, 위치 에너지를 각각 구하라.

2.14 문제 2.13에서, 수증기를 액체 물로 대체한다. 액체 물의 비내부 에너지가 105 kJ/kg일 때, 파이프 속을 흐르는 물 1 kg의 전체 내부 에너지, 운동 에너지, 위치 에너지를 각각 구하라.

2.15 온도가 25 ℃인 공기가 10.0 m의 높이에서 35.0 m/s의 속도로 이동할 때, 비에너지를 구하라. 공기의 비내부 에너지는 212.6 kJ/kg으로 본다.

2.16 질량이 2.50 kg이고 비내부 에너지가 2780 kJ/kg인 수증기가 3.50 m의 높이에서 56.0 m/s의 속도로 이동할 때, 전체 에너지를 구하라.

2.17 질량이 2.5 kg인 액체 물이 6 m의 높이에서 40 km/s의 속도로 이동할 때, 전체 에너지를 구하라. 이 물은 비내부 에너지가 85 kJ/kg이라고 한다.

2.18 어떤 집에서 바깥 벽이 열전도도가 1.20 W/m·K인 벽돌로 되어 있다. 벽 두께는 0.20 m이다.
   (a) 벽 안쪽 온도가 20.0 ℃이고 벽 바깥쪽 온도가 −10.0 ℃일 때, 벽에서의 단위 면적당 전도 열전달계수(전도 열 플럭스)를 구하라.
   (b) 벽 안쪽 온도가 20.0 ℃이고 벽 바깥쪽 온도가 30.0 ℃에서 −15.0 ℃ 사이의 범위에서 변할 때, 벽에서의 전도 열 플럭스를 그래프로 그려라.
   (c) 벽 바깥쪽 온도가 −10.0 ℃이고 벽 안쪽 온도가 15.0 ℃에서 25.0 ℃ 사이의 범위에서 변할 때, 벽에서의 전도 열 플럭스를 그래프로 그려라. 이러한 내용이 겨울철에 이 집을 더 낮은 온도로 난방함으로써 난방비를 절감하게 되는 방식과 어떠한 관계가 있는지를 논의하라.

2.19 유리창을 통한 열전달 손실을 줄이고자, 유리창을 다음 3가지 대안 가운데 하나로 대체하는 것을 고려한다고 하자. 즉, 두께가 0.50 cm인 주석 판재, 두께가 8.0 cm인 벽돌 층 및 두께가 4.0 cm인 나무와 단열재의 복합재가 그것이다. 유리의 원 두께는 1.0 cm이다. 각각의 열전도도는 다음과 같다고 하자. 즉, 유리 = 1.40 W/m·K, 주석 = 66.6 W/m·K, 벽돌 = 1.20 W/m·K,

나무-단열재의 복합재 = 0.09 W/m · K이다. 표면 안쪽 온도는 20.0 ℃이고 바깥쪽 온도는 −5.0 ℃라고 할 때, 유리와 3가지 대체재의 단위 면적당 열전도율을 각각 구하고, 3가지 대체재의 장점을 비교 설명하라.(각각의 재료와 단열재의 가격은 무시한다.)

2.20 어떤 공장에서 금속 판재 벽이 열전도도가 180 W/m · K이다. 벽 두께는 2.5 cm이다.

(a) 벽 안쪽 온도가 25.0 ℃이고 벽 바깥쪽 온도가 −12 ℃일 때, 벽에서의 단위 면적당 전도 열전달계수(전도 열 플럭스)를 구하라.

(b) 벽 안쪽 온도가 25 ℃일 때, 30.0 ℃에서 −30 ℃ 사이의 벽 바깥쪽 온도에 대하여 벽을 통한 전도 열 플럭스를 그래프로 그려라.

(c) 벽 바깥쪽 온도가 −12 ℃일 때, 10 ℃에서 30 ℃ 사이의 벽 안쪽 온도에 대하여 벽을 통한 전도 열 플럭스를 그래프로 그려라. 이러한 내용이 겨울철에 이 건물을 더 낮은 온도로 난방함으로써 난방비를 절감하게 되는 방식과 어떠한 관계가 있는지를 논의하라.

2.21 화로에 불을 피우려면 급탄기(stoker)를 몇 분 동안 화로 내부에 두어야 한다. 급탄기의 화로 쪽 끝은 온도가 300 ℃에 이르지만 공기 중에 있는 다른 쪽 끝은 충분히 차가워져서 그 온도가 60 ℃를 유지하게 된다. 급탄기는 양 끝 사이의 길이가 2.0 m이다. 급탄기의 단면적이 0.0010 m² 일 때, 급탄기가 각각 다음과 같은 재질로 되어 있을 때 발생하는 열전달률을 각각 구하라.

(a) 알루미늄(κ = 237 W/m · K)

(b) 철(κ = 80.2 W/m · K)

(c) 화강암(κ = 2.79 W/m · K)

2.22 길이가 0.50 m인 금속 봉에 전도 열전달 15 W가 가해지고 있다. 이 봉에서 뜨거운 쪽은 온도가 80 ℃이다. 봉이 각각 다음과 같을 때 다른 쪽 끝의 온도를 각각 구하라.

(a) 단면적이 0.0005 m²인 구리 봉(κ = 401 W/m · K)

(b) 단면적이 0.005 m²인 구리 봉(κ = 401 W/m · K)

(c) 단면적이 0.005 m²인 아연 봉(κ = 116 W/m · K)

2.23 어떤 재료 덩어리가 단면적이 0.10 m²이고 두께는 0.15 m로 한 쪽 면은 온도가 90 ℃로 다른 한 쪽 면은 20 ℃로 각각 유지되고 있다. 그 재질이 각각 다음과 같을 때, 전도 열전달률을 각각 구하라. (a) 니켈(κ = 90.7 W/m · K), (b) 일반 벽돌(κ = 0.72 W/m · K), 및 (c) 유리 섬유 (κ = 0.04 W/m · K).

2.24 열교환기는 고온 유체에서 저온 유체로 에너지가 열전달 과정을 거쳐 전달되도록 하는 장치이다. 열교환기는 표면적이 0.75 m²인 평판의 한 쪽 면 위를 고온 유체가 지나고 다른 쪽 면 위에는 저온 유체가 지나도록 설계되었다고 한다. 평판의 고온 쪽 유체는 표면 온도를 100 ℃로 유지시키며, 저온 쪽 유체는 표면 온도를 30 ℃로 유지시키고 있다. 이 평판은 재질이 탄소 강(κ = 60 W/m · K)이

다. 이 강판을 가로지르는 전도 열전달률로 각각 다음이 필요할 때 그 두께는 각각 얼마인가? (a) 25 kW, (b) 100 kW 및 (c) 300 kW.

2.25 뜨거운 물을 조리대에 뿌려서 씻어 내고 있다. 물은 온도가 75 ℃이고 조리대는 20 ℃이다. 이 뜨거운 물과 접촉하게 되는 조리대 표면적은 0.05 m²이다. 대류 열전달계수가 30 W/m²·K 일 때, 물에서 조리대로 전달되는 대류 열전달률을 구하라.

2.26 추운 겨울날, 사람 얼굴에 바람이 분다. 공기는 온도가 −5.0 ℃이고 사람 피부는 온도가 35.0 ℃ 이다. 대류 열전달계수가 10.0 W/m²·K이고, 노출된 얼굴 면적이 0.008 m²일 때, 대류에 의해 피부에서 일어나는 열손실률을 구하라.

2.27 제조 공정에서 냉각수가 표면적이 0.5 m²인 뜨거운 금속판의 표면을 흐른다. 냉각수는 온도가 15 ℃이고, 금속판은 표면 온도가 200 ℃로 유지되고 있다. 대류 열전달계수가 68.0 W/m²·K 일 때, 금속판의 대류 열전달률을 구하라.

2.28 공기가 표면적이 0.25 m²인 뜨거운 금속 봉의 표면을 흐른다. 공기는 온도가 20 ℃이고, 금속 봉은 그 온도가 140 ℃로 유지되고 있다. 대류 열전달계수가 23 W/m²·K일 때, 금속 봉의 대류 열전달률을 구하라.

2.29 이른 봄에 차가운 바람이 단열이 잘 되지 않은 집 지붕을 스쳐 지나간다. 지붕은 표면적이 250 m²이고 온도는 집에서 빠져나가는 열로 20 ℃로 유지되고 있다. 공기는 온도가 5.0 ℃이고, 대류 열전달계수는 12.0 W/m²·K이다. 지붕의 대류 열전달률을 구하라.

2.30 커피 컵 위로 바람(공기)을 불어 커피를 식히려고 한다. 커피는 온도가 90 ℃이고 공기 온도는 25 ℃이다. 공기와 접촉하게 되는 커피 표면적은 0.005 m²이다. 바라는 냉각률을 달성하려면 공기 속도를 결정해야 하는데, 이 값은 한층 더 고급 수준의 열전달 과목에서나 찾아볼 수 있는 적절한 상관관계의 열전달 계수에서 구할 수가 있다. 바라는 커피 대류 열전달률이 −10 W일 때, 이에 상응하는 열전달 계수는 얼마인가?

2.31 뜨거운 물병이 빈 상자 안에 들어있다. 상자 벽은 초기 온도가 17 ℃이다. 병은 표면적이 0.0024 m²이다. 이 물병이 표면 온도가 75 ℃이고 방사율이 0.70이라고 할 때, 물병에서 상자로 전달되는 초기 복사 열전달률은 얼마인가?

2.32 전기식 실내 히터에서 금속 코일은 그 온도가 250 ℃이며, 이 히터를 사용하여 공기 온도가 15 ℃가 되게 하여 공간을 난방시킨다. 히터의 표면적이 0.02 m²이고 발열체의 방사율이 0.95일 때, 히터와 공기 사이의 복사 열전달률은 얼마인가?

2.33 전기 저항식 히터가 속이 비어 있는 중공 실린더 내에 들어 있다. 히터는 그 표면 온도가 260 ℃이고, 실린더는 내부가 25 ℃로 유지되고 있다. 히터는 표면적이 0.12 m²이고 방사율이 0.90일 때, 히터의 순 복사 열전달률은 얼마인가?

2.34 제과업자가 쿠키를 진공 냉각실에서 복사 열전달만으로 식힐 때 가장 효과가 있는 놀라운 쿠키 조리법을 개발하였다. 쿠키는 표면 온도가 125 ℃인 상태로 냉각실 안에 놓이게 된다. 쿠키는 냉각 과정 중에 온도가 전체에 걸쳐 균일하게 유지될 만큼 두께가 충분히 얇다고 가정한다. 냉각실의 두께는 10.0 ℃로 유지된다. 쿠키는 표면적이 0.005 m²이고 방사율이 0.80이라고 할 때, 쿠키에서 냉각실 벽으로 전달되는 초기 복사 열전달률을 구하라.

2.35 건물에서 주위 공기로 열이 손실되고 있다. 이 건물의 벽 안쪽은 그 온도가 22.0 ℃로 유지되고 있으며, 벽은 열전도도가 0.50 W/m・K이다. 벽 두께는 0.10 m이고 벽 바깥쪽 온도는 2.0 ℃로 유지되고 있다. 공기 온도는 −10.0 ℃이다. 벽 바깥쪽은 방사율이 0.85라고 한다. 전도 열 플럭스와 복사 열 플럭스를 각각 계산하라. 벽 안쪽에서 벽 바깥쪽으로 전달되는 열 플럭스는 벽 바깥쪽에서 대류와 복사로 전달되는 열 플럭스와 균형을 이룬다고 할 때, 벽 바깥쪽을 흐르는 공기의 대류 열전달계수를 구하라.

2.36 직경이 3.0 cm인 기다란 원형 단면 봉이 공기 중에 놓여 있다. 이 봉은 전류로 가열되어 표면 온도가 200 ℃로 되도록 하고 있다. 공기는 온도가 21 ℃이다. 공기는 5.0 W/m²・K의 대류 열전달률로 봉 주위를 흐르고 있다. 봉은 방사율이 0.92라고 한다. 봉 끝의 말단 효과를 무시하고, 각각 다음의 경우에 봉의 단위 길이당 열전달률을 각각 구하라.

(a) 대류, (b) 복사

2.37 발열 램프가 공기가 없는 진공 오븐 내 재료 표본을 처리하는 데 사용된다. 발열 램프는 온도가 400 ℃로 유지되고 오븐 벽은 초기 온도 (오븐 속에 처리 대상 재료 표본을 넣은 다음 공기를 모두 다 빼낸 상태의 온도) 가 20 ℃로 유지된다. 램프는 방사율이 0.95이다. 이 램프는 직경이 0.025 m이고 길이가 0.20 m인 티타늄 봉 (κ = 21.9 W/m・K)으로 오븐 벽에 부착되어 있다. 램프는 표면적이 0.02 m²이다. 다음 각각의 경우에 램프에서 오븐 벽으로 전달되는 열전달률을 각각 구하라. (a) 전도, (b) 복사.

2.38 추(weight)가 마찰이 없는 풀리를 거쳐 수평 방향 부하에 부착되어 있다. 이 추는 질량이 25.0 kg이고 중력 가속도는 9.80 m/s²이다. 이 추를 2.35 m 높이에서 떨어뜨리려고 한다. 이 낙하하는 추가 수평면 위에 놓여있는 부하를 잡아당기면서 한 일은 얼마인가?

2.39 질량이 58.0 kg인 돌덩이를 15.0 m의 높이만큼 들어 올리는 데 필요한 일은 얼마인가? 여기에서 중력 가속도는 9.81 m/s²이다.

2.40 질량이 140 kg인 돌덩이를 7.5 m의 거리만큼 들어 올리는 데 필요한 일은 얼마인가? 여기에서 중력 가속도는 9.81 m/s²이다.

2.41 피스톤-실린더 기구가 공기로 채워져 있다. 초기에, 피스톤은 실린더 길이를 피스톤 아래로 0.15 m가 되도록 하여 안정화되어 있다. 피스톤은 직경이 0.10 m이다. 피스톤의 윗면에 질량이 17.5 kg인 추를 올려놓아 피스톤이 0.030 m를 이동하게 되어, 피스톤 아래에 공기로 채워진 실린더의 새로운 길이는 0.12 m가 된다. 새로 추가한 질량이 한 일을 구하라.

2.42 피스톤-실린더 기구에서 250 kPa의 압력이 피스톤에 가해지고 있다. 이 압력으로 피스톤은 0.025 m를 이동하게 되었다. 피스톤의 직경은 0.20 m이다. 피스톤-실린더 기구 내의 기체가 행한 일을 구하라.

2.43 피스톤-실린더 기구에 온도가 150 ℃인 액체 물이 5 kg 들어 있다. 이 액체 물은 비체적이 0.0010905 m³/kg 이다. 물의 일부가 끓을 때까지만 가열하여 비체적이 0.120 m³/kg인 액체-증기 혼합물이 되었다. 물은 압력이 475.8 kPa이다. 팽창하는 수증기가 한 일은 얼마인가?

2.44 피스톤-실린더 기구에 700 kPa 및 25 ℃인 공기를 채워서 체적이 0.015 m³이 되었다. 이 공기는 일정 온도 과정에서 압력이 205 kPa이 될 때까지 팽창한다. (기체의 일정 온도 과정은 $n = 1$인 폴리트로프 과정으로 모델링한다.) 공기가 팽창하면서 한 일을 구하라.

2.45 압력과 온도는 각각 100 kPa 및 35 ℃인 공기를 체적이 0.001 m³인 피스톤-실린더 기구에 채운다. 그런 다음, 이 공기는 체적이 0.0001 m³이 될 때까지 $PV^{1.4} =$ 일정인 관계식을 따라 압축된다. 이 과정에서 행하여진 일을 구하라.

2.46 피스톤-실린더 기구에 450 kPa 및 20 ℃인 공기를 채워서 체적이 0.075 m³이 되었다. 이 공기는 일정 온도 과정에서 압력이 150 kPa이 될 때까지 팽창한다. (기체의 일정 온도 과정은 $n = 1$인 폴리트로프 과정으로 모델링한다.) 공기가 팽창하면서 한 일을 구하라.

2.47 풍선에 압력이 500 kPa인 수증기가 1.5 kg 들어 있다. 수증기는 비체적이 0.3749 m³/kg이다. 이 수증기는 일정 압력 과정에서 비체적이 0.0938 m³/kg인 액체-증기 혼합물이 될 때까지 응축되었다. 이 과정에서 이루어진 일을 구하라.

2.48 풍선에 1200 kPa 및 250 ℃인 공기를 채워서 체적이 2.85 m³이 되었다. 풍선은 압력이 400 kPa 이 될 때까지 냉각 및 팽창한다. 압력과 체적은 $PV^{1.3} =$ 일정인 관계식을 따른다. 공기가 팽창하면서 한 일을 구하고, 공기의 최종 온도를 구하라.

2.49 신축성 용기에 들어 있는 산소가 $PV^{1.15} =$ 일정인 관계식을 따라 팽창한다. 이 산소는 질량이 750 g이며, 초기 압력과 온도는 각각 1 MPa 및 65 ℃이다. 산소는 원래 체적의 2배가 될 때까지 팽창된다. 산소의 최종 압력과 온도를 각각 구하고, 산소가 팽창하면서 한 일을 구하라.

2.50 신축성 용기에 들어 있는 질소가 $PV^{1.2} =$ 일정인 관계식을 따라 압축된다. 이 질소는 질량이 1.5 kg이며, 초기 압력과 온도는 각각 120 kPa 및 15 ℃이다. 질소는 체적이 0.10 m^{3}이 될 때까지 압축된다. 질소의 최종 압력과 온도를 각각 구하고, 이 과정에서 질소에 행하여진 일을 구하라.

2.51 공기가 체적이 0.5 m^{3}이고 압력이 850 kPa인 상태에서 등온 과정을 거쳐 체적이 1.2 m^{3}으로 팽창된다. 이 공기는 온도가 25 ℃이다. 이 팽창 과정에서 공기가 한 일을 구하라.

2.52 질량이 3.0 kg인 공기가 초기에 200 kPa 및 10 ℃ 상태에 있다. 이 공기는 $PV^n =$ 일정인 관계식을 따라 폴리트로프 과정으로 압축된다. 공기는 체적이 0.40 m^{3}이 될 때까지 압축된다. n의 값이 각각 1.0, 1.1, 1.2, 1.3, 1.4일 때, 수행된 일과 공기의 최종 온도를 각각 구하고 일을 n의 함수로 하는 그래프를 그려라.

2.53 특정 장치가 공기를 $PV^{1.25} =$ 일정인 관계식을 따라 압축시킨다고 한다. 이 장치는 초기 체적이 0.20 m^{3}으로 101 kPa 및 20 ℃인 공기의 질량 0.24 kg을 보유하게 된다. 이 공기를 다음과 같이 다양한 체적이 되도록 압축시킬 때 공기 압력과 필요한 일을 각각 구하라.

(a) 최종 체적을 0.10 m^{3}이 되도록 압축시킬 때 공기 압력과 필요한 일.

(b) 최종 체적의 범위가 0.18 m^3 ~ 0.025 m^{3}이 되도록 압축시킬 때 공기 압력과 필요한 일을 그래프로 그려라.

2.54 다음 데이터는 어떤 장치에서 질량이 0.025 kg인 O_2를 압축/팽창시킬 때 관련되는 자료이다.

P (kPa)	V (m^3)
125	0.0157
250	0.00859
500	0.00470
750	0.00331
1000	0.00257
1500	0.00181

이 과정이 폴리트로프 과정일 때 $PV^n =$ 일정의 관계식에서 지수 n을 구하고, O_2가 1500 kPa에서 125 kPa로 팽창할 때 이 산소에 의해 행하여진 일을 구하라.

2.55 회전축에 250 N·m의 토크가 가해지고 있다. 이 축이 1 회전할 때 산출되는 일을 구하라.

2.56 회전축에 510 N·m의 토크가 가해지고 있다. 이 축이 1500 rpm(분당 회전수)으로 회전할 때, 사용되는 동력을 구하라.

2.57 엔진이 55 kW의 동력을 회전축에 전달한다. 이 축이 2500 rpm으로 회전할 때, 엔진이 축에 가하는 토크를 구하라.

2.58 증기 터빈이 1800 rpm으로 작동하고 있다. 이 터빈은 65.0 MW의 동력을 발전기 축에 전달한다. 증기 터빈축의 토크를 구하라.

2.59 발전기가 터빈에 연결된 회전축으로 850 N·m의 토크를 받고 있다. 이 회전축은 3600 rpm으로 운전된다. 발전기로 생산되는 동력을 구하라.

2.60 전기 오븐이 208 V 전선에 접속되어 작동되고 있다. 이 오븐에 인입되는 전력(전기동력)은 1.25 kW이다. 이 오븐에 인입되는 전류는 얼마인가?

2.61 실내 선풍기가 120 V에서 작동하여 1.5 A의 전류를 소비한다. 선풍기에서 사용되는 동력은 얼마인가?

2.62 23 W짜리 소형 형광등이 120 V의 전원에 꽂혀 있다. 이 형광등에서 소비되는 전류는 얼마인가?

2.63 공기 압축기가 전원이 208 V인 출력 단자에 꽂혀 있고 압축 과정을 수행하는 데에는 10 kW의 동력이 필요하다. 이 공기 압축기에서 소비되는 전류는 얼마인가?

2.64 표준이 아닌 전기 플러그를 사용하는 여러 가지 색다른 전기 장치로 둘러싸인 낯선 환경에 있다고 하자. 그러면 특정한 출력 단자의 전압을 알아야만 한다. 출력 단자에 꽂혀있는 기계에 관한 정보를 보니 이 기계는 2.50 kW의 전력을 사용하고 20.8 A의 전류를 소비하고 있는 것으로 나타났다. 출력 단자의 전압은 얼마인가?

2.65 100 W 짜리 백열등, 25 W 짜리 CFL등 (형광등) 및 18 W 짜리 LED등은 거의 동등한 광 루멘수(lumen number)를 나타낸다. 이 등이 모두 120 V로 작동될 때, 각각의 조명 장치에 인입되는 전류는 각각 얼마인가?

2.66 선형 탄성 스프링이 그 길이가 0.15 m에서 0.11 m로 압축되는 데 95 J의 일이 필요하다. 이 스프링의 스프링 상수를 구하라.

2.67 스프링 상수가 250 N/m인 선형 탄성 스프링이 그 길이가 0.25 m에서 0.17 m로 압축되고 있다. 이 압축 과정에서 수행된 일은 얼마인가?

2.68 스프링 상수가 300 N/m인 선형 탄성 스프링이 그 길이가 45 cm에서 40 cm로 압축되고 있다. 이 압축 과정에서 수행된 일은 얼마인가?

2.69 스프링 상수가 1.25 kN/m인 선형 탄성 스프링이 그 최초 길이가 0.25 m이다. 이 스프링이 신장되면서 이 과정에서 40 J의 일을 한다. 스프링의 최종 길이는 얼마가 되는가?

2.70 공기가 8.0 kg/s의 질량 유량으로 가스 터빈에 유입되고 있다. 터빈으로 유입되고 있는 공기는 엔탈피가 825 kJ/kg이고, 유입 속도는 325 m/s이며, 공기가 흐르고 있는 높이는 지상 2.5 m이다. 중력 가속도는 9.81 m/s²이다. 공기의 질량 유동으로 가스 터빈에 전달되고 있는 에너지 전달률(동력)은 얼마인가?

2.71 속도가 42 m/s이고 엔탈피가 62 kJ/kg인 액체 물 제트류가 210 kg/s의 질량 유량으로 계에 유입되고 있다. 물의 위치 에너지는 무시한다. 물 제트류의 질량 유동으로 이 계에 전달되고 있는 에너지 전달률(동력)은 얼마인가?

2.72 수증기가 3 m³/s의 체적 유량으로 증기 터빈에 유입되고 있다. 이 수증기는 엔탈피가 3070 kJ/kg이고, 비체적은 0.162 m³/kg이다. 수증기는 증기 터빈에 유입되는 속도가 75 m/s이고, 입구의 높이는 지상 3 m이다. 중력 가속도는 9.81 m/s²이다. 수증기의 질량 유동으로 증기 터빈에 전달되고 있는 에너지 전달률(동력)은 얼마인가?

2.73 수증기의 질량 유동을 통하여 에너지를 부가시킬 수 있다. 수증기는 엔탈피가 2750 kJ/kg이고, 유동 속도는 120 m/s이다. 수증기의 위치 에너지는 무시한다. 이 수증기로 계에 33.1 MW의 에너지를 부가시키고자 할 때, 계에 유입시켜야 하는 수증기의 질량 유량은 얼마인가?

2.74 호스를 사용하여 용기 속으로 온도가 20 ℃인 액체 물을 15 m/s의 속도로 뿌리고 있다. 이 물은 질량 유량이 0.15 kg/s이고 비엔탈피는 83.92 kJ/kg이다. 물 높이의 변화를 무시한다고 가정할 때, 이 용기에 질량 유량으로 유입되는 에너지 전달률은 얼마인가?

2.75 고온 급수관과 저온 급수관을 모두 다 사용하여 사발 그릇에 물을 추가하고 있다. 이 그릇에 추가되는 물의 전체 추가율은 2.5 kg/s로 고정되어 있다. 고온 급수관은 직경이 1.5 cm이고 저온 급수관은 직경이 2.0 cm이다. 물의 속도는 $V = \dfrac{m}{\rho A}$로 구할 수 있으며, 이 식에서 액체 물은 $\rho = 1000$ kg/m³이다. 저온수는 비엔탈피가 21.0 kJ/kg이고 고온수는 335 kJ/kg이다. 위치 에너지의 변화는 이 시스템에 전혀 영향을 미치지 않는다고 가정한다. 추가되는 고온수의 백분율이 전체 유량(2.5 kg/s)의 0 %에서 100 %까지 변화할 때, 그릇에 질량 유량으로 추가되는 에너지 전달률을 그래프로 그려라.

열역학적 상태량과 상태식

학습 목표

3.1 상 선도의 구조와 관련 용어를 설명한다.

3.2 상태의 근본 원리를 표현한다.

3.3 2가지 비열의 관계와 비엔탈피 및 비내부에너지 등 상태량을 요약 설명한다.

3.4 이상 기체와 비압축성 물질에 상태 식을 적용하고, 실제 기체에 적용하는 한층 더 복잡한 상태 식을 이해한다.

3.5 물과 냉매와 같은 상변화 영역 근방 물질의 열역학적 상태량을 계산한다.

3.1 서론

열역학적 계를 설계하고 해석할 때에는 계 내의 물질 상태를 기술할 수 있어야 한다. 제1장에서 설명한 대로, 물질의 상태는 물질의 다양한 상태량을 식별하여 기술한다. 물질의 상태를 상세히 기술하는 데에는 반드시 모든 상태량을 측정할 필요는 없다. 이 장에서 알게 되겠지만, 순수 물질의 상태는 흔히 2개의 독립된 강도 상태량으로 적절하게 기술할 수 있다. 그런 다음, 기타 모든 상태량들은 상태식을 거쳐 유도할 수 있다. 이 장에서는, 먼저 물질의 상태와 물질이 겪게 되는 여러 과정을 시각적으로 예시하는 방법을 학습한 다음, 상태식을 사용하여 정의가 잘 된 계에서 필요한 모든 상태량을 구하는 방법을 학습한다.

3.2 상 선도

제1장에서 설명한 대로, 물질은 여러 상으로 존재하며, 이 중에서 가장 주목하여야 할 상이 고체, 액체 및 기체(또는 증기)이다. 특정한 조건 세트(set, 짝)에서는 평형 상태에 있는 물질은 항상 동일한 상으로 존재하기 마련이다. 그러므로 101 kPa의 압력과 20 ℃의 온도에서 평형 상태에 있는 물은 항상 액체 형태로 있다. 마찬가지로, 이와 동일한 조건에서 금은 항상 고체일

뿐이다. 주어진 독립 상태량 세트에서 특정한 물질의 상태를 결정하는 데 사용할 수 있는 한층 더 발전된 열역학적 개념들이 있지만, 여기에서는 그러한 방법들을 학습하지는 않는다. 물질이 특정한 조건 세트에서 특정한 상에 놓이게 되는 이유에 관하여는 기본적인 열역학적 원리라고만 말해 두자. 즉, 무작위로 이루어지는 과정이 아니라는 것이다.

순수 물질의 압력, 온도 및 비체적의 관계를 3차원(3D) 선도로 그릴 수 있다. 압력-비체적 세트와 온도-비체적 세트, 이 2가지 세트는 항상 서로가 독립적인 상태량 세트이다. 물질의 압력과 비체적을 알면, 온도를 계산할 수 있다(즉, T와 v를 알면, P를 계산할 수 있다). 이러한 관계에서 물질이 놓이게 되는 3D 선도를 작도할 수 있다. 그림 3.1과 그림 3.2에는 이러한 $P-v-T$ 선도의 예가 그려져 있다. 그림 3.1은 물을 나타내고 있고, 그림 3.2는 대부분의 순수 물질을 나타내고 있는데, 대부분의 물질은 얼 때 수축을 하는 반면에, 물은 얼 때 팽창을 하는 점에서 이례적인 물질이다. 이러한 거동 차이 때문에 $P-v-T$ 선도의 형상이 달라지는 것이다.

그림 3.1과 그림 3.2에서, 물질의 상은 적절한 P, v 및 T 영역에 놓이게 된다. 또한, 이 그림에는 2개의 상이나 3개의 상이 공존하는 영역도 나타나 있다. 주목해야 할 점은, 이러한 영역에서는 선도 표면이 평평해지므로 압력과 온도는 독립된 상태량이 아니라는 것이다. 그러므

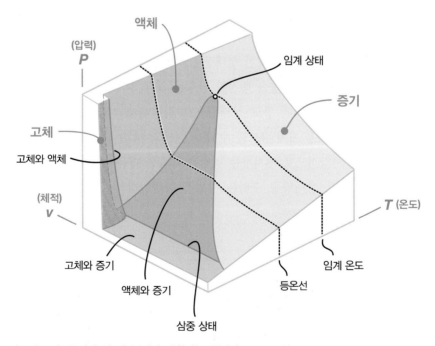

〈그림 3.1〉 물처럼 얼 때 부피가 팽창하는 물질의 $P-v-T$ 선도.

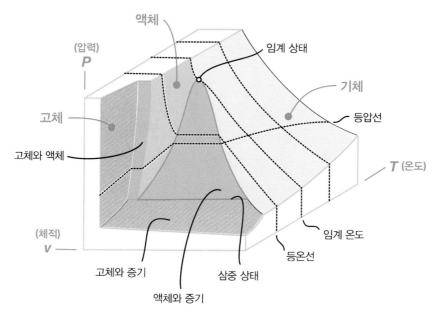

〈그림 3.2〉 얼 때 부피가 수축하는 물질(대부분의 물질)의 P-v-T 선도.

로 압력과 온도가 계의 상태량을 상세히 기술하는 데 흔히 사용되는 유용한 상태량이기는 하지만, 압력과 온도만으로는 다상 영역을 완벽하게 정의하기에는 불충분하다. 그러므로 비체적이나 비내부 에너지 같은 또 다른 독립적인 상태량이 필요하다. 다상 영역에서는, 압력을 알면 온도를, 온도를 알면 압력을 각각 충분히 알 수 있지만, 계의 다른 상태량들은 알 수가 없다. 예를 들어, 101 kPa에서 끓고 있는 물(즉, 액체와 증기의 혼합물)이 있을 때, 그 온도가 100 ℃임을 알 수는 있지만 비체적이나 비내부 에너지가 얼마인지는 알 수가 없다. 이러한 양들은 액체 상태인 물과 증기 형태인 물의 상대적인 양에 종속된다.

P - v - T 선도가 물질의 상을 이해하게 되는 데 유용하기는 하지만, 물질이 겪고 있는 과정을 설명할 때에는 필요 이상으로 번거로울 때가 많이 있다. 그러므로, 대개는 열역학적 과정을 설명할 때에 이 3차원 선도를 투영시킨 2차원 선도에 의존하기 마련이다. 그림 3.3에는 물의 P - T 선도(여기에는 온도가 숨겨져 있음)가 그려져 있으며, 그림 3.4에는 대부분의 다른 물질들의 거동을 나타내는 P - T 선도가 그려져 있다. 그림 3.3과 그림 3.4를 보면 알 수 있듯이, 두 선도는 고상과 액상을 가르는 선의 기울기가 다른 점을 빼고는 서로 비슷하다. 즉, 이것이 대부분의 물질들이 얼 때 수축하는 반면에, 얼 때 팽창하는 물의 특징을 나타내는 결과이다. 2가지 상을 가르는 선은 그 2가지 상이 모두 공존하고 있는 상태를 나타내고 있다. 3가지 모든 상이 만나는 교점에는, 그 3가지 모든 상이 공존하는 압력과 온도가 있다.

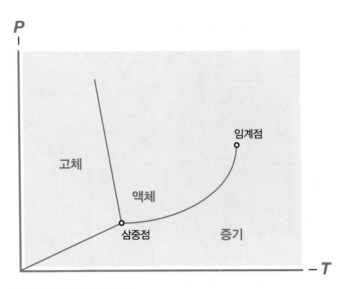

〈그림 3.3〉 물의 P–T 선도.

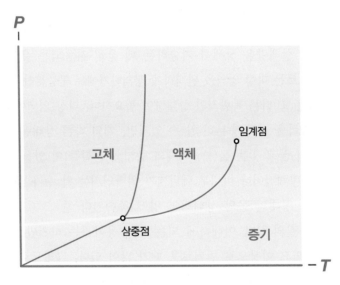

〈그림 3.4〉 얼 때 부피가 수축하는 물질의 P–T 선도.

$P - T$ 선도에서는 이 점을 **삼중점(triple point)**이라고 한다. 그러나 주목해야 할 점은, 이러한 상태가 특정한 체적 범위에 걸쳐 존재하므로, 이를 ($P - v$ 선도에서 볼 수 있듯이) **삼중선(triple line)**이라고 하는 것이 더욱 더 적절하다.

관심을 끄는 또 다른 점은 액상과 증기상을 나누고 있는 선의 끝이다. 이 점은 **임계점(critical point)**이라고 하며 이는 액상과 증기상이 구별되지 않는 상태를 나타낸다. 이 두 상 사이의 주된 차이점이 분자 간 힘의 강도에 달려 있기는 하지만, 액상과 기상 모두에서는 물질들이 자유롭게 움직일 수 있다는 점을 되새겨야 한다. 기상에서는 분자 간 힘이 약한 편이므로 분자 개개는 자유롭게 부상하게 되는 반면에, 액상에서는 분자 간 힘으로 인근 분자들이 서로 결속하게 되는 경향이 있다. 고압의 액체는 온도가 올라가기 시작하면, 온도가 높아진 분자는 분자 운동 에너지가 증가하게 되어 그 분자 간 인력이 약화되기 시작한다. 바꿔 말하면, 기체에서 고온의 기체는 압력이 증가하게 되면, 분자들은 서로 간에 힘을 가하는 경향이 있다. 물질을 액체로 봐야 하는지 아니면 기체로 봐야 하는지를 결정해주는 확실한 원리는 전혀 없다. 액체를 중력때문에 용기 바닥에서 괴게 되는 쪽으로 끌려가는 물질이라고 간주할 수도 있겠지만, 액체 방울을 기체 중에 띄워서 부유 상태에 있도록 할 수도 있다.

이러한 조건에서 물질이 액체인지 기체인지를 결정해주는 주요 방법은 상의 밀도를 비교하는 것이다. 액체는 밀도가 기체보다 더 크다는 사실에 익숙해져 있고, 액체의 밀도가 높을수록 액체를 통과하는 빛의 경로는 더욱 더 많이 바뀌게 되고 빛은 더욱 더 잘 보이게 된다. 물의 경우에는 101 kPa에서 물을 통과하는 빛이 왜곡되면서 물을 쉽게 볼 수 있는 반면에, 수증기를 공기 중에서 구별하는 것은 어려운 일이다. 그 이유는 빛이 대기압 상태의 수증기를 통과하여도 수증기의 영향을 크게 받지 않기 때문이다. 임계점에서는, 액상 물질의 밀도가 기상 물질의 밀도와 같아지게 된다. 즉, 임계점에서는 액상과 기상을 분간할 수가 없다. 임계점 이상에서는, 액상과 기상은 같아지게 되므로 더 이상 이를 구별할 필요가 없다. 그러므로 $P - T$ 선도 상에는 이 선이 거기서 끝이 나있다. 그러므로 상은 단지 한 가지만 존재하게 되는 것이다. 이는 실생활에서 아주 낯선 상황이다. 물은 여러 상으로 존재하기도 하고 해서 가장 잘 알고 있는 물질이며, 물의 임계점은 압력이 22.089 MPa이고 온도가 374.14 ℃일 때 발생한다. 그러나 대부분의 사람들은 결코 이러한 조건을 경험하지 못하기 마련이며, 그래서 임계점에서의 물질의 상태는 여전히 어느 정도 신비롭기까지도 하다. 그림 3.5에는 임계점에 있는 물질이 나타나 있다.

그림 3.6에는 물의 $P - v - T$ 선도를 투영시킨 $P - v$ 선도가 그려져 있다. 그림 3.6에서는, 2가지 이상의 상이 존재하는 큰 영역이 있음을 쉽게 알 수 있다. 그리고 삼중선으로 표시되어 있는 선을 따라 3상 영역이 존재하고 있는 것도 명백히 알 수 있다. 임계점은 단지 하나의 독특한 압력-온도-비체적의 조합으로 존재하기 때문에, 단일의 점으로 남아있다. 그러나 $P - v$ (또는 $T - v$) 선도를 보면, 이 상태에서는 액상과 기상의 밀도(비체적의 역수라고 정의한 바가 있다)가 같아진다는 것을 훨씬 더 쉽게 알 수 있다. 역시나, 유의해야 할 사항은 임계점을 초과하는 압력과 온도에서 존재하는 물질에 **기체**(gas)라는 용어 사용을 유보하는 반면에 임계점

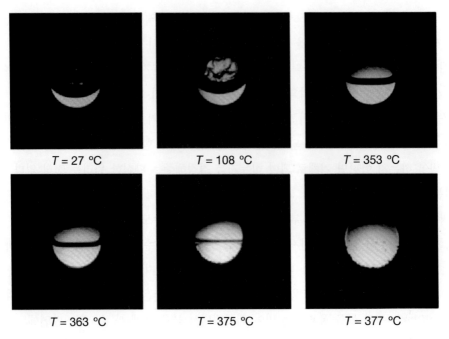

$T = 27\ ^\circ\text{C}$ $T = 108\ ^\circ\text{C}$ $T = 353\ ^\circ\text{C}$

$T = 363\ ^\circ\text{C}$ $T = 375\ ^\circ\text{C}$ $T = 377\ ^\circ\text{C}$

〈그림 3.5〉 물질의 임계점에서의 사진. 이 임계점에서는 액상과 기상을 구별할 수 없다는 점에 유의하여야 한다.

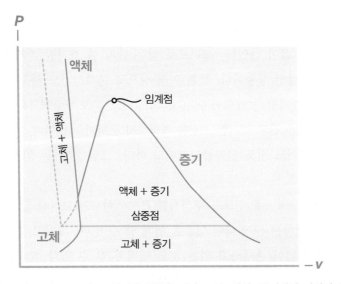

〈그림 3.6〉 물의 P-v 선도. 상전이 영역을 따라 고상, 액상, 증기상이 나타나 있다.

보다 아래에 존재하는 기상에는 **증기**(vapor)를 사용하는 사람들이 있기는 하지만, 이것이 보편적인 구별법은 아니라는 점이다.

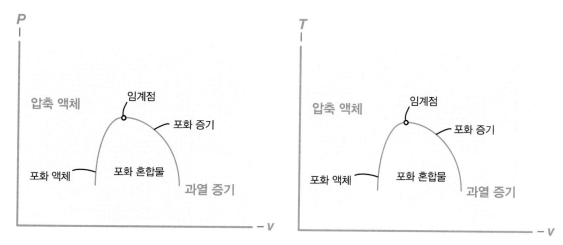

〈그림 3.7〉 액체–증기 영역의 P–v 선도와 T–v 선도.

이 책에서는 주로 액상 물질과 기상 물질을 관심 대상으로 삼을 것이다. 고체에도 역시 관심을 두기는 하겠지만, 주로 그 과정이 고체에서 시작해서 고체로 끝나는 물질에 관심을 둘 것이다. 즉, 고체–액체 전이와 고체–증기 전이는 거의 비중을 두지 않을 것이다. 그러므로 당연히 그림 3.7과 같이 액체–증기 전이 근방의 $P - v$ 선도와 $T - v$ 선도에서 해당하는 부분만을 주목할 것이다. (여기에서 주목해야 할 점은, 기상으로만 구성되어 있는 선도 역시 사용하게 된다는 것인데, 이는 기체가 특정한 과정을 겪고 있을 때 여러 가지 상태량에서 일어나고 있는 변화를 시각적으로 나타내는 데 유용하기 때문이다.) 또한, 상변화 영역 근방에 놓이는 물질에 사용하는 새로운 용어를 그림 3.7을 사용하여 소개할 수도 있다. 고체–액체 전이와 고체–기체 전이에도 이와 비슷한 개념과 용어가 사용된다는 점에 유의하기 바란다.

어떤 물질이 특정한 상으로 있다가 또 다른 상으로 막 전이하려고 할 때에는, **포화**(saturation)라는 용어를 붙여주면 된다. 예를 들어, 101 kPa에서 액체 물이 있고 이 물이 가열되어 그 온도가 100 ℃에 도달하게 되었지만 여전히 전체가 액체 상태일 때에는, 이 물을 **포화 액체**라고 한다. 마찬가지로, 101 kPa에서 수증기가 있고 이 수증기를 냉각시켜 그 온도는 100 ℃이지만 여전히 전체가 수증기 상태인 점에 이르게 되었을 때에는, 이 물을 **포화 증기**라고 한다. 그림 3.7에는 이러한 상태의 위치가 나타나 있다. 그림 3.7에는 위로 볼록한 형상의 곡선이 그려져 있는데, 그 꼭짓점이 임계점이다. 이 곡선을 증기 선도의 볼록부(vapor dome)라고 한다. 이 증기 선도의 볼록부에서 임계점을 중심으로 해서 왼쪽에 있는 선은 포화 액체 상태의 물을 나타내는 선인 반면에, 그 오른쪽에 있는 선은 포화 증기 상태인 물을 나타내는 선이다. 증기 선도의 볼록부 아래 영역은 액체–수증기 혼합물이, 특히 포화 액체 상태의 물과 포화 증기

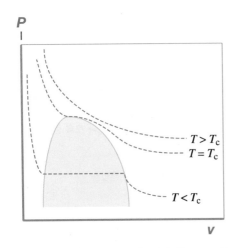

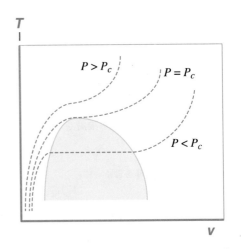

〈그림 3.8〉 여러 가지 등온선을 나타내는 $P-v$ 선도.　　〈그림 3.9〉 여러 가지 등압선을 나타내는 $T-v$ 선도.

상태의 물의 혼합물이 차지한다. 이 영역을 **포화 혼합물** 영역이라고 한다. 포화 액체선의 왼쪽에 있는 물질의 상은 액체이므로, 이 영역을 **압축 액체** 또는 **과냉 액체** 영역이라고 한다. 포화 액체선의 오른쪽에 있는 물질의 상은 모두 기체(증기)이므로, 이 물질을 **과열 증기**라고 한다. (논리적으로는 이 영역을 팽창 증기라고 할 수도 있지만, 이 용어는 사용되지 않고 있으므로 이 용어를 사용한다면 실제로 혼란을 불러일으킬지도 모른다.)

　그림 3.8에는 $P-v$ 선도 상에 등온 압축 또는 등온 팽창 과정을 나타내는 선이 여러 개 그려져 있는 반면에, 그림 3.9에는 $T-v$ 선도 상에 이와 비슷한 정압 가열 또는 정압 냉각 과정을 나타내는 선이 여러 개 그려져 있다. 그림 3.9에서 아임계 압력 선을 살펴보고 본인의 경험에 비추어 이 선과 끓는 물과의 관계를 세워보자.

　정압 상태에서 액체 물을 가열하게 되면, 비체적은 거의 변화하지 않으면서 온도는 상승하게 된다. 온도는 비등점(끓는 온도)에 도달할 때까지 계속 상승한다. (주어진 온도에서의 상변화 온도를 **포화 온도** T_{sat} 라고 하고, 주어진 온도에서의 상변화 압력을 **포화 압력** P_{sat} 라고 한다.) 그런 다음, 온도는 (그림 3.9에 나타나 있는 대로) 액체가 기체(수증기)로 되면서 일정하게 유지된다. 이러한 현상이 일어나면서, 액체가 차지하는 체적은 천천히 감소하게 되고 기체가 차지하는 체적은 급격히 증가하게 된다. 이 때문에 온도는 거의 변화하지 않으면서 비체적은 증가하게 된다. 끝으로, 일단 물이 모두 수증기 형태가 되고 나서도, 더욱 더 열을 가하면 온도는 다시 증가하기 시작한다. 이러한 과정은 그림 3.10에 나타나 있다.

　이러한 과정과 다른 점들은 임계점에서 볼 수 있다. 다시금 물이 임계점에 도달할 때까지 열을 가하면 온도가 증가한다. 임계점 근방에서는 가열을 하면 할수록 온도 증가율은 계속

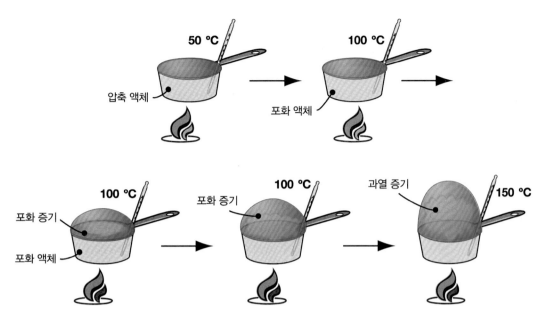

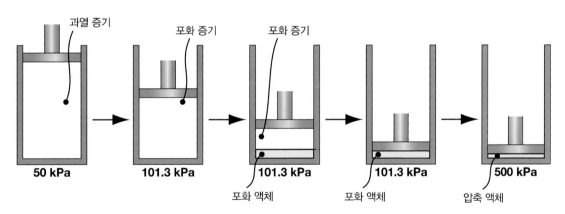

〈그림 3.10〉 물이 대기압에서 압축 액체에서 과열 증기까지 가열될 때, 온도와 체적의 변화를 예시하는 그림. 초기에는 물이 체적 변화가 거의 없이 가열되며, 그런 다음에 물이 일정 온도 상태에서 비등할 때에는 체적이 두드러지게 변화한다. 일단 물이 완전히 기화하게 되면, 열이 부가됨에 따라 온도와 압력은 모두 증가한다.

〈그림 3.11〉 100 ℃의 일정 온도에서 과열 수증기가 압축 액체로 압축되고 있는 과정을 예시하는 그림. 101.3 kPa에서는, 물은 완전한 수증기에서 완전한 액체로 전이된다.

낮아져서 임계점에서 0이 되지만, 그런 다음 임계점을 지난 후에는 곧 바로 온도 증가율은 높아지기 시작한다. 과임계 압력에서는 온도가 일정한 평탄한 영역(plateau)은 전혀 없고, 오히려 계는 온도가 매우 높은 액체에서 밀도가 매우 큰 기체로 변해 가면서 온도가 거의 일정하게 증가하는 상태를 겪게 된다.

그림 3.11과 같은 수증기의 등온 압축 과정에도 이와 비슷한 설명을 할 수 있다. 초기에 아임계 일정 온도에서 기체의 압력을 증가시켜 가면, 그 압력은 천천히 증가하게 되는 반면에 비체적은 감소하게 된다. 일단 이 온도에서 포화 압력에 도달하게 되면, 물은 응축되기 시작한다. 이러한 현상은 물이 전체가 포화 액체 상태에 있게 될 때까지 일정 압력에서 계속된다. 물이 더욱 더 압축되게 되면, 이 압축 액체는 비체적은 비교적 변화가 작으면서 압력은 급격하게 상승하기 시작한다.

이러한 설명과 함께 상응하는 선도를 바탕으로 하여 알 수 있듯이, 상변화를 겪고 있는 물질은 특정한 포화 압력이나 포화 온도에서 특정한 체적 범위에 존재하게 된다. 중요한 점은, 이러한 계에서는 전체 계가 포화 액상인 물질 부분과 포화 증기상인 물질 부분으로 구성되어 있다는 사실을 인식하는 것이다. 이러한 계의 비체적은 포화 액체 상태의 비체적과 포화 증기 상태의 비체적에다가 해당 질량 분율을 각각 곱한 값의 합, 즉 각각의 비체적의 질량 분율 가중 평균(mass fraction-weighted average)이다.

참고하기에 편하도록, 포화 액체 상태량은 하첨자 "f"로 써서 나타내고 포화 증기 상태량은 하첨자 "g"를 써서 나타낸다. (이러한 포화 액체 상태량과 포화 증기 상태량의 값을 구하는 과정은 제3.6절에서 한층 더 자세히 학습하게 될 것이다.) 그러므로 계의 전체 질량 m은 다음과 같다.

$$m = m_f + m_{\mathrm{g}} \tag{3.1}$$

또한, 전체 체적 V는 다음과 같다.

$$V = V_f + V_{\mathrm{g}} \tag{3.2}$$

전체 체적은 질량과 비체적의 곱이라는 사실을 잘 알고 있을 것이다. 그러므로 다음과 같이 된다.

$$V = mv = m_f v_f + m_{\mathrm{g}} v_{\mathrm{g}} \tag{3.3}$$

이 식을 풀면 혼합물의 비체적을 구하는 식이 다음과 같이 나온다.

$$v = \frac{m_f}{m} v_f + \frac{m_{\mathrm{g}}}{m} v_{\mathrm{g}} \tag{3.4}$$

일부 설비를 운전할 때에는 비체적이 제한 조건이 될 때가 많이 있으므로, 포화 증기 형태 물질의 질량 분율로 표현하는 것이 유용하다. 이 포화 증기 형태 물질의 질량 분율을 **건도**(quality) 라고 하고, 다음과 같이 x로 나타낸다. 즉,

$$x = m_g/m \qquad (3.5)$$

액상의 질량 분율과 증기상의 질량 분율의 합은 1이 되어야 하므로, 액상의 질량 분율은 $(1-x)$가 된다. 건도를 사용하여 식 (3.4)를 다시 쓰면 다음과 같이 된다.

$$v = (1-x)v_f + xv_g \qquad (3.6)$$

2상계의 질량의 양을 하나의 상으로 측정하기가 쉽지 않지만, 계의 전체 질량과 체적을 측정하기는 쉽다. 그러므로 혼합물의 건도를 구하고자 할 때에는 식 (3.5)를 사용하기보다는 식 (3.6)을 풀어서 다음과 같이 x를 계산하는 것이 더 쉬울 때가 많이 있다. 즉,

$$x = \frac{v - v_f}{v_g - v_f} \qquad (3.7)$$

이 식에서, 대부분의 순수 물질은, 그 포화 액체 상태량과 포화 증기 상태량을 포화 온도나 포화 압력의 함수로서 구하고 있다.

유념해야 할 점은, 포화 액체의 건도는 0.0이고 포화 증기의 건도는 1.0이라는 것이다. 다른 포화 혼합물은 그 어떤 것이라도 건도가 $0 < x < 1$이다. 즉,

$$x = 0.0 \qquad \text{포화 액체}$$

$$0.0 < x < 1.0 \qquad \text{포화 혼합물}$$

$$x = 1.0 \qquad \text{포화 증기}$$

건도는 포화 (2상) 영역의 바깥에서는 정의되지 않는다. (고체−액체 전이와 고체−증기 전이에도 유사한 설명을 적용할 수 있다.) 어떤 계에서 건도가 1보다 더 큰 값으로 계산되어 나오면, 그 계는 과열 증기이며 건도는 확정되지 않는다. 그러므로 식 (3.7)과 같은 식을 사용하여 건도가 1.25로 계산이 되었다고 하더라도, 이는 물질의 125 %가 증기임을 의미하는 것은 아니라, 이는 전체가 과열 증기이지만 건도는 확정이 되지 않은 것을 의미한다. 마찬가지로, 건도가 0 미만으로 계산되어 나오면, 물질은 압축 액체이지만 건도는 이번에도 마찬가지로 확정되지 않은 것이다. 그러므로 건도가 −0.25 %라고 계산이 되어 나오더라도, 이는 물질의 −25 %가 증기임을 의미하는 것이 아니라, 이는 전체가 압축 액체이지만 건도는 확정이 되지 않은 것을 의미한다.

명심해야 할 점은, 건도는 계에서 포화 증기의 질량 분율로서 정의된다는 것이다. 대부분의 아임계 압력이나 온도에서, 포화 액체의 밀도는 포화 증기의 밀도보다 훨씬 더 크다. (즉,

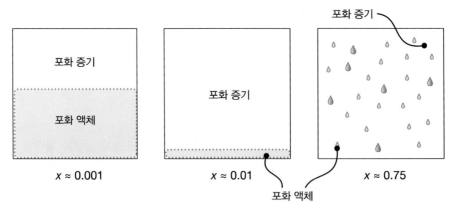

〈그림 3.12〉 건도를 시각적으로 나타낸 그림. 포화 액체 상태와 포화 증기 상태 사이의 밀도 차는
계의 액상 질량의 주요부가 점유했던 체적이 거의 없어졌기 때문에 발생한다.

포화 액체의 비체적은 포화 증기의 비체적보다 훨씬 더 작다.) 그러므로 시각적으로 그 체적의
절반이 액체이고 절반이 증기로 되어 보이는 계일지라도 건도는 여전히 매우 낮기 마련이다.
심지어는 바닥에 괴어 있는 액체의 양이 아주 적은 계조차도 건도가 낮은 경향을 보이기 마련이다.
건도 값이 높은 계는 증기 속에 작은 액체 방울들이 떠있기 마련이다. 이는 그림 3.12에 나타나
있다.

심층 사고/토론용 질문
포화수 혼합물에서 수증기와 액체 물의 질량 분율을 구하는 데 어떤 유형의 실험을 설계하겠는가?

3.3 상태의 근본 원리

앞 절에서는, 계의 상태를 확정하는 데에는 통상적으로 2개의 독립된 강도 상태량이 필요하다는
사실을 설명하였는데, 이러한 결론에 이르게 하는 개념이 상태의 근본 원리로서 그 내용은
다음과 같다. 즉,

**순수 물질의 상태를 완전하게 상세히 기술하는 데 필요한 독립된 강도 상태량의 개수는 해당하는
비화학적 일 형태의 개수에 1개를 더한 것과 같다.**

공학 실무에서 직면하게 되는 대부분의 응용에서는, 계를 **단순 압축성 계**로 본다는 것이다. 단순 압축성 계는 자기, 운동, 중력, 전기 또는 표면장력 등과 같은 효과가 사실상 전혀 없는 계이다. 게다가, 계가 중력에 끌려가게 되는 효과나 계에 가열과 마찬가지인 전기 일 입력이 공급되는 효과 등과 같이 가능성이 있는 효과도 전혀 없다. 조금 더 정확히 말한다면, 단순 압축성 계에서는 외부 힘 장이 작용한 결과로 인한 추가적인 일 상호작용이 일어나지 않는 것이다. 대부분의 공학 응용에서는 이러한 외력의 영향을 무시할 수 있으므로, 대부분의 공학 응용을 단순 압축성 계로 보는 것이다.

단순 압축성 계는 단지 하나의 비화학적 일 형태를 겪을 뿐이다. 그러므로 단순 압축성 계의 순수 물질에 대하여는, 상태의 기본 원리는 다음과 같이 그 내용을 바꿔서 설명할 수 있다. 즉,

단순 압축성 계의 순수 물질의 상태를 완전하게 상세히 기술하는 데 필요한 독립된 강도 상태량의 개수는 2개이다.

추가적인 일 형태들이 존재할 때에는, 이미 알고 있는 추가적인 상태량들이 있어야만 상태를 상세히 기술할 수 있다. 예를 들어, 계에 큰 영향을 주는 중력 효과가 있다면, 물질을 기술하는 2개의 열역학적 상태량에 더하여 이 물질의 높이를 명시할 필요가 있다.

게다가, 계가 2가지 이상의 순수 물질로 구성되어 있을 때에는 추가적인 상태량이 필요하다. 이러한 상황에서는, 전형적으로 계의 조성을 상세히 기술하여 각각의 성분이 계의 전체 상태량에서 차지하는 몫을 구할 수 있도록 하여야 한다.

3.4 내부 에너지, 엔탈피 및 비열

제2장에서는, 내부 에너지와 엔탈피라고 하는 상태량을 소개하였다. 내부 에너지나 엔탈피는 대부분의 열역학적 계를 해석하고 설계하는 데 중요한 역할을 하기 마련이다. 제1장과 제2장에서 설명하였듯이, 명백한 사실은 물질의 내부 에너지와 온도가 밀접한 관계가 있다는 것이다. 온도는 물질의 분자 운동의 척도이고, 내부 에너지는 물질의 분자 운동, 진동 회전 및 전자 운동과 밀접한 관계가 있는 전체 에너지라고 설명한 바 있다. 내부 에너지는 온도와 밀접한 관계가 있고 엔탈피는 주로 물질의 내부 에너지로 구성되어 있기 때문에, 엔탈피 역시 온도와 밀접한 관계가 있다. 이러한 관계들은 비열이라고 하는 추가적인 2가지 열역학적 상태량으로 표현할 수 있다. 정압 비열 c_p는 다음과 같이 물질의 비엔탈피 변화와 물질의 온도 변화의

관계를 나타내는 데 사용한다. 즉,

$$c_p = \left(\frac{\partial h}{\partial T} \right)_p \qquad (3.8)$$

정압 비열은 정압 과정(일정 압력 과정)에서의 온도에 관한 엔탈피의 편도함수와 같다. 정적 비열 c_v는 다음과 같이 정적 과정(일정 체적 과정)에서의 온도에 관한 내부 에너지의 편도함수와 같다. 즉,

$$c_v = \left(\frac{\partial u}{\partial T} \right)_v \qquad (3.9)$$

나중에 알게 되겠지만, 어떤 경우에는 비열의 값을 일정하다고 가정해야 할 때도 있으며, 실제로 단원자 기체는 비열이 일정하다. 그러나 대부분의 물질은 그 비열과 온도의 관계가 복잡하므로 이럴 때에는 그 관계를 직접 손으로 적분하려고 하는 것은 좋지 않다. 그러므로 이럴 때에는, 전형적으로 가정을 세워서 계산을 단순히 하거나, 아니면 컴퓨터 프로그램을 사용하여 알맞은 상태량 값을 풀어내야 하는 것이다. 복잡한 관계는, 통계 열역학적 고급 툴(tool)을 사용하여 비열을 이론적으로 예측해야 하거나, 아니면 실험 기법을 통하여 추출된 데이터를 곡선 맞춤(curve fitting)을 해야만 나오게 된다.

비열은 다음과 같이 몰 기준으로 나타내기도 한다. 즉,

$$\bar{c}_p = \left(\frac{\partial \bar{h}}{\partial T} \right)_p \qquad (3.10)$$

및

$$\bar{c}_v = \left(\frac{\partial \bar{u}}{\partial T} \right)_v \qquad (3.11)$$

여기에서, $\bar{h}$는 몰 기준 비엔탈피($\bar{h} = H/n$)이고, $\bar{u}$는 몰 기준 비내부 에너지 ($\bar{u} = U/n$)이다.

역시나 유의해야 할 점은, 비열도 상태량이므로, 비열의 사용을 정압 과정이나 정적 과정에만 한정해서는 안 된다는 것이다. 명심해야 할 점은, 상태량은 그 상태가 달성된 방식과는 독립적이므로, 엔탈피 변화나 내부 에너지 변화는 지나온 과정이 정압 과정 또는 정적 과정이었거나 아니었거나 상관없이 동일하다는 것이다. 상태 A와 상태 B 간의 엔탈피 변화와 내부 에너지 변화는 그 과정이 정압 상태이거나 정적 상태이거나 아니면 또 다른 상태이거나 상관없이 일정하다. 비열을 기술할 때 사용하는 수식어를 살펴보게 되면 상태량이 처음부터 실험적으로 결정된 것인지 아니면 이론적으로 결정된 것인지를 알 수 있게 된다. 그러므로 주어진 온도 변화에서 비엔탈피 변화를 구해야 한다면, 온도 변화가 정압 상태에서 일어났는지 아닌지에

상관없이 식 (3.8)을 사용하면 된다. 마찬가지로, 비내부 에너지 변화는 정적 과정에 구속되지 않는다고 말할 수 있다. 즉, 어떠한 유형의 과정에서도 비내부 에너지 변화를 구하고자 할 때에는, 식 (3.9)를 사용하면 된다는 말이다.

열역학을 학습해 가면서 빈번하게 사용하게 되는 값으로는 **비열비** k가 있다. 이 비열비는 다음과 같이 정의된다. 즉,

$$k = \frac{c_p}{c_v}$$

비열과 그 외의 다른 상태량의 관계를 나타내는 상태식의 복잡성은 여러 상태량들의 관계를 나타내는 여러 가지 서로 다른 상태식에서 찾아 볼 수 있다. 이와 같으므로, 중요한 점은, 물질에 대하여 단순화하는 가정을 내리게 되는 시점이나, 아니면 훌륭한 공학 설계와 해석을 달성하고자 할 때에 한층 더 정밀한 관계식이 필요하게 되는 시점을 아는 것이다. 상변화를 겪고 있는 물질이나 그 상태량이 상변화 영역에 비교적 가까운 물질에는, 그 과정이 비교적 단순할지라도, 일반적으로 복잡한 상태량 관계식을 고려해 볼 필요가 있다. 물과 다양한 냉매들은 통상적으로 이러한 부류로 분류되는 물질이다. 그러나 상태식을 전개할 때 여러 가지 가정을 하더라도 열역학적 해석에 수반되는 계산에 실질적으로 영향을 주지 않는 이상화된 물질에는 2가지 부류가 있다. 이러한 부류들은 이상 기체와 비압축성 물질이다. 많은 물질들을 이러한 2가지 유형 중에서 하나로 모델링을 할 수 있으므로, 이상화된 물질이라고 가정을 하여도 충분한 정밀도가 나오게 되어 만족스러운 설계나 해석을 할 수 있게 해주는 실용적인 공학 계들이 많이 있다. 이어서, 이러한 물질에 사용할 수 있는 몇 가지 상태식을 살펴보기로 하자.

3.5 이상 기체에 사용하는 상태식

이상 기체는, 그림 3.13과 같이, 기상인 물질의 계에 들어 있는 분자 간에 또는 원자 간에 상호작용이 전혀 없다고 가정하는 기체이다. 단일 분자로 구성되어 있는 계를 제외하고, 그러한 물질은, 어떠한 실제 계라도 실제 계에 들어 있는 분자들은 충돌을 하기 마련이어서 분자 간 힘이 존재하기 마련이므로, 존재하지 않는다. 그러나 공학 실무에서, 기상 상태에 있고 상전이 근방에 있지 않는 물질은 일반적으로 이상 기체로 본다. (계산에 아주 뛰어난 정확도가 요구되는 때에나 기체의 밀도가 매우 높을 때에는 이 가정을 세워서는 안 된다. 그러한 상황에는, 다른 상태식이 존재하는데, 이러한 상태식 중에 일부는 이후에 간략하게 소개할 것이다.) 이상 기체

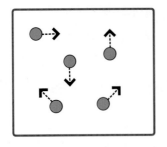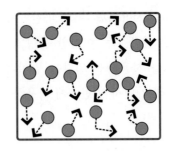

〈그림 3.13〉 왼쪽은 분자 밀도가 낮은 기체가 분자 간에 상호작용이 전혀 없는 상태에서
이상 기체처럼 거동하게 되는 그림. 오른쪽은 고밀도 기체가 분자 간에 상호작용이 많이
일어나게 되어 결과적으로 비이상 기체 거동을 나타내는 그림.

가정의 사용에 대한 일반적인 경험법칙은, 기체가 주어진 압력에서 그 포화 온도보다 충분히
높은 온도에 있다고 가정할 때 그리고 기체의 밀도가 매우 높지 않다고 가정할 때, 보통 (공기,
질소, 산소, 수소 등과 같은) 기체라고 생각하고 있는 물질에서 일반적으로 만족스럽게 사용되는
것이다.

3.5.1 이상 기체 법칙

이상 기체 법칙은 이상 기체의 압력, 체적 및 온도의 관계를 나타내는 데 사용된다. 이상
기체 법칙을 적용할 때에는, 질량 단위를 다루려고 하는지 아니면 몰 단위를 다루려고 하는지에
기준을 두고 그리고 비체적을 다루려고 하는지 아니면 전체 체적을 다루려고 하는지에 기준을
두고, 다음과 같은 몇 가지 형태의 식들을 사용하면 된다. 즉,

$$P \mathcal{V} = mRT \tag{3.12a}$$

$$Pv = RT \tag{3.12b}$$

$$P \mathcal{V} = n \overline{R} T \tag{3.12c}$$

$$P \overline{v} = \overline{R} T \tag{3.12d}$$

여기에서, $\overline{R}$는 일반 이상 기체 상수($\overline{R} = 8.314\,\mathrm{kJ/kmole \cdot K}$)이고, R은 기체별 이상 기체
상수(gas-specific ideal gas contant)($R = \overline{R}/M$, 여기에서 M은 기체의 분자 질량)이며,
$\overline{v}$는 몰 기준 비체적($\overline{v} = \mathcal{V}/n$)이다($R$은 일반적으로 간단히 **기체 상수**라고 한다). 제11장에서
기체 혼합물의 반응을 학습하기 시작할 때까지는 식 (3.12a)와 식 (3.12b)를 가장 많이 사용할
것이다.

명심해야 할 점은, 이상 기체는 분자 간에 상호작용이 전혀 없고 이상 기체 법칙은 분자 간 상호작용의 개수가 최소화가 될 때 가장 정확하다는 것을 명심하여야 한다. 이러한 최소화는 기체 밀도가 작을 때 발생한다. 밀도는 비체적의 역수이므로, 식 (3.12b)에서 다음과 같은 식을 끄집어낼 수 있다.

$$\rho = P/RT$$

그러므로 전형적으로 이상 기체 법칙은 저압 상태이거나 고온 상태이거나 저압·고온 상태인 기체에 가장 잘 들어맞는다. 바꿔 말하면, 이상 기체 법칙은 고압 상태이거나 저온 상태이거나 고압·저온 상태인 기체에는 가장 들어맞지 않는데, 이는 흔히 상변화 영역 근방에 있는 경우에 해당한다.

▶ 예제 3.1

압축 산소 탱크에 20 ℃, 1000 kPa의 O_2가 들어 있다. 탱크의 체적은 0.120 m^{3}이다. 이상 기체 법칙을 사용하여 탱크 속 산소의 질량을 구하라.

주어진 자료 : $\forall = 0.120 \, \text{m}^3$, $P = 1000 \, \text{kPa}$, $T = 20℃ = 293 \, \text{K}$

구하는 값 : m

풀이 이상 기체 법칙을 사용하여 O_2의 질량을 구한다. 식 (3.12a)에서 다음과 같다.

$$m = P\forall/RT$$

표 A.1에서, O_2의 $R = 0.2598 \, \text{kJ/kg} \cdot \text{K}$이다.
그러므로

$$m = \frac{(1000 \, \text{kPa})(0.120 \, \text{m}^3)}{(0.2598 \, \text{kJ/kg} \cdot \text{K})(293 \, \text{K})} = \textbf{1.58 kg}$$

해석 : 잊지 말아야 할 점은, 온도는 곱하기나 나누기가 이루어지므로, 이상 기체 법칙에서는 절대 온도를 사용해야 한다는 점이다. 왜냐하면, 이러한 수학적인 연산에 상대 온도 척도를 사용하게 되면 오차가 있는 결과가 나오기 때문이다. 또한, 단위를 소거하는 방법을 잘 모를 때에는, kPa는 kN/m^{2}로, kJ는 kN·m로 각각 풀어 쓰면 된다.

이상 기체 법칙은 시간 변화율(rate) 기준으로 쓰기도 하므로, 체적 유량 $\dot{V}$는, 다음과 같이 질량 유량 $\dot{m}$ 또는 몰 유량 $\dot{n}$과의 관계를 사용하여 나타낼 수 있다.

$$P\dot{V} = \dot{m}RT \qquad (3.12e)$$

$$P\dot{V} = \dot{n}\,\overline{R}\,T \qquad (3.12f)$$

▶ 예제 3.2

공기 압축기에 100 kPa, 25 ℃의 공기 3.5 kg/s가 들어가도록 되어 있다. 그런 다음, 이 공기는 800 kPa, 300 ℃의 상태에서 동일한 질량 유량으로 공기 압축기에서 나가게 된다. 이상 기체 법칙을 사용하여, 공기 압축기의 입구와 출구에서의 체적 유량을 각각 구하라.

주어진 자료 : $\dot{m} = 3.5\,\text{kg/s}$, $T_{in} = 25\,℃ = 298\,\text{K}$, $P_{in} = 100\,\text{kPa}$, $P_{out} = 800\,\text{kPa}$,
$\qquad\qquad\quad T_{out} = 300\,℃ = 573\,\text{K}$

구하는 값 : $\dot{V}_{in}$, $\dot{V}_{out}$

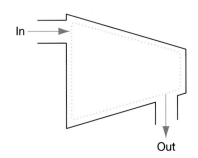

풀이 공기를 이상 기체로 취급하게 되면, 이상 기체 법칙을 사용하여 문제에서 요구하는 체적 유량을 구한다. 식 (3.12e)에서, 다음과 같다.

$$\dot{V} = \frac{\dot{m}RT}{P}$$

질량 유량은 이러한 장치에서 일반적으로 볼 수 있듯이 공기 압축기의 입구와 출구에서 동일하지만, 체적 유량은 기체의 밀도가 변화하게 되면 변하기 마련이다.
표 A.1에서, 공기의 $R = 0.287\,\text{kJ/kg} \cdot \text{K}$이다. 그러므로,

$$\dot{V}_{in} = \frac{\dot{m}RT_{in}}{P_{in}} = \frac{(3.5\,\text{kg/s})(0.287\,\text{kJ/kg} \cdot \text{K})(298\,\text{K})}{(100\,\text{kPa})} = 2.99\,\text{m}^3/\text{s}$$

$$\dot{V}_{out} = \frac{\dot{m}RT_{out}}{P_{out}} = \frac{(3.5\,\text{kg/s})(0.287\,\text{kJ/kg} \cdot \text{K})(573\,\text{K})}{(800\,\text{kPa})} = 0.719\,\text{m}^3/\text{s}$$

해석 : 명심해야 할 점은, 체적 유량은 개방계 과정 중에 변하게 될 때가 많지만 질량 유량은 일정하게 유지될 때가 많다는 것이다. 출구 체적 유량은 입구 체적 유량보다 상당히 더 적어지기는 하지만, 실제로 공기는 공기 압축기에서 나오기 전에 냉각이 될 때가 많으므로, 결과적으로는 체적 유량조차도 더 적어지게 된다.

3.5.2 이상 기체의 내부 에너지 및 엔탈피의 변화

일반적으로, 비엔탈피와 비내부 에너지는 모두 온도와 비체적의 함수라고 본다. 즉, $h = h(T, v)$, $u = u(T, v)$이다. 그러나 이상 기체는 분자 간 상호작용이 전혀 존재하지 않는다고 가정한다. 그러므로 각각의 분자는 다른 분자들이 전혀 존재하지 않는 것처럼 행동하므로, 다른 분자들이 전혀 존재하지 않는다면 계의 비체적(또는 밀도)과는 아무런 관련성이 없게 된다. 논리적으로는, 비엔탈피와 비내부 에너지의 상태량들이 온도만의 함수가 되어야만 한다. 이상 기체의 비내부 에너지가 온도만의 함수라는 사실은 실험적으로나 이론적으로 증명이 된 사실이다. 즉, $u = u(T)$이다. 비엔탈피의 정의를 살펴보고 식 (3.12b)를 대입하면 다음과 같은 식이 나온다.

$$h = u + Pv = u + RT$$

그러므로 이상 기체의 비내부 에너지가 온도만의 함수라면, 이상 기체의 비엔탈피도 온도만의 함수이다. 즉, $h = h(T)$이다.

u와 h는 하나의 상태량, 즉 온도만의 함수이므로, 비열의 정의에 들어 있는 편도함수[식 (3.8) 및 식 (3.9)]는 상도함수로 변환될 수 있다.

그러므로 이상 기체에서는 다음과 같이 된다.

$$c_p = \frac{dh}{dT} \tag{3.13}$$

및

$$c_v = \frac{du}{dT} \tag{3.14}$$

이러한 관계들은 일반적으로 편도함수를 계산하는 것보다 더 쉽다. 그러나 먼저, c_p (및 c_v)와 T 사이의 함수 관계의 본질이 정립되어야 한다. 이상 기체에서는, 이러한 관계들이 전형적으로 몰 기준 일정 비열(molar contant–specific heat)로 주어지며 다음과 같은 형태를 띤다.

$$\bar{c}_p = C_0 + C_1 T + C_2 T^2 + C_3 T^3 + \cdots \tag{3.15}$$

여기에서, C_n 항들은 특정 기체의 상수들을 나타낸다.

이상 기체에서는, c_p와 c_v의 값들의 관계를 다음과 같이 쉽게 나타낼 수 있다. 즉,

$$dh = du + d(Pv) = du + d(RT) = du + R dT$$

$$c_p = \frac{dh}{dT} = \frac{du}{dT} + R\frac{dT}{dT} = c_v + R \qquad (3.16)$$

그러므로 c_p와 T 사이의 함수 관계에서 바로 c_v와 T 사이의 함수 관계가 나올 수 있다. 알 수 있듯이, 이상 기체에서 정압 비열과 정적 비열은 기체별 이상 기체 상수만큼 차이가 난다. 또한, 이상 기체에서는 다음과 같은 식이 성립된다.

$$c_p = \frac{kR}{k-1} \quad \text{및} \quad c_v = \frac{R}{k-1} \qquad (3.17\text{a, b})$$

일정 비열로 가정하는 이상 기체

비열이 온도에 따라 변화하기는 하지만, 그 변화는 그림 3.14의 그래프에서와 같이 다소 완만하다. 그러므로 비열 값을 상수라고 충분히 가정할 수 있다. 그러한 조건에는 다음이 포함된다.

(a) 과정에서 온도 변화($\Delta T < \sim 200\,\mathrm{K}$)가 비교적 작음.
(b) 온도 변화가 큰 범위에서만 근사해가 필요함. (예를 들어, 빨리 계산을 할 때)
(c) 비열에 평균값을 사용할 때 온도 변화가 어느 정도 더 큼.

또한, 주목해야 할 점은, 불활성 기체(He, Ne, Ar, Kr, Xe, Rn)의 비열은 각각 $c_p = (5/2)\mathrm{R}$ 및 $c_v = (3/2)\mathrm{R}$이라는 것이다.

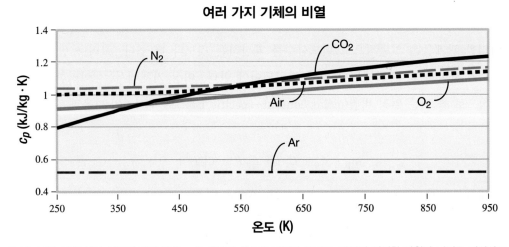

〈그림 3.14〉 여러 가지 기체의 정압 비열 c_p를 온도의 함수로 나타낸 그래프. 비열이 일정한 단원자 기체를 제외하고, 비열은 온도에 따라 증가한다.

비열이 일정하다고 가정을 한 이상 기체에서, 비엔탈피 변화와 비내부 에너지 변화는 적분을 통해서 구할 수 있다.

$$h_2 - h_1 = c_p(T_2 - T_1) \tag{3.18a}$$

및

$$u_2 - u_1 = c_v(T_2 - T_1) \tag{3.18b}$$

300 K의 온도에서 비열의 값은 부록의 표 A.1에 실려 있다. 표 A.2에는 6가지 기체의 여러 온도에서의 비열이 실려 있다.

▶ 예제 3.3

공기가 20 ℃에서 100 ℃로 되는 가열 과정을 겪는다. 이 공기가 비열이 일정한 이상 기체로 거동한다고 가정하고, 이 과정에서 공기의 비엔탈피의 변화와 비내부 에너지의 변화를 각각 구하라.

주어진 자료 : $T_1 = 20\ ℃$, $T_2 = 100\ ℃$

구하는 값 : Δh, Δu

풀이 300 K에서 공기의 비열 값은 표 A.1에서 구할 수 있다. 이 온도는 문제에서 주어진 공기의 온도 범위에 들어가므로 그 근삿값으로 사용하면 된다. 이 표에서 $c_p = 1.005\ \mathrm{kJ/kg \cdot K}$이고 $c_v = 0.718\ \mathrm{kJ/kg \cdot K}$이다.

비엔탈피의 변화와 비내부 에너지의 변화는 각각 다음과 같다.

$$\Delta h = h_2 - h_1 = c_p(T_2 - T_1) = (1.005\ \mathrm{kJ/kg \cdot K})(100\ ℃ - 20\ ℃)$$
$$= (1.005\ \mathrm{kJ/kg \cdot ℃})(100\ ℃ - 20\ ℃) = \mathbf{80.4\ kJ/kg}$$

$$\Delta u = u_2 - u_1 = c_v(T_2 - T_1) = (0.718\ \mathrm{kJ/kg \cdot K})(100\ ℃ - 20\ ℃) = \mathbf{57.4\ kJ/kg}$$

해석 : 잊지 말아야 할 점은, K의 크기가 ℃의 크기와 같으므로, 주어진 단위에 "1/K"가 포함되어 있으면 "1/℃"가 포함되어 있는 것과 같다는 점이다. 그러므로 kJ/kg · K는 kJ/kg · ℃과 같다. 이 때문에 문제를 풀 때 단위 대체를 할 수가 있는 것이다.

▶ 예제 3.4

초기에 온도가 300 K이고 압력이 100 kPa인 질소 기체 2.5 kg이 압축되어 체적은 초기 체적의 90 %가 되고 압력은 140 kPa가 된다. 이 질소 기체는 비열이 일정한 이상 기체로 거동한다고 가정하고, 이 과정에서 질소의 비내부 에너지의 변화를 구하라.

주어진 자료 : $m = 2.5\ \mathrm{kg}$, $T_1 = 300\ \mathrm{K}$, $P_1 = 100\ \mathrm{kPa}$, $V_2 = 0.90\ V_1$, $P_2 = 140\ \mathrm{kPa}$

구하는 값 : Δu

풀이　이 문제에서는 N_2를 비열이 일정한 이상 기체로 취급한다. 먼저, 이상 기체 법칙을 사용하여 질소의 초기 체적을 구하면 된다. 최종 체적은 초기 체적의 90 %이다. 일단, 최종 체적이 구해지면, 재차 이상 기체 법칙을 사용하여 질소의 최종 온도를 구한다.

표 A.1에서, 다음과 같이 N_2에 관한 값을 구한다. 즉, $R = 0.2968 \text{ kJ/kg} \cdot \text{K}$, $c_v = 0.745 \text{ kJ/kg} \cdot \text{K}$ (300 K에서의 값은 이 온도가 문제에서 주어진 질소의 온도 범위에 들어가므로 이 값을 사용하면 된다.)

이상 기체 법칙을 사용하여 계산하면 다음과 같이 된다. 즉,

$$V_1 = mRT_1/P_1 = (2.5 \text{ kg})(0.2968 \text{ kJ/kg} \cdot \text{K})(300 \text{ K})/(100 \text{ kPa}) = 2.226 \text{ m}^3$$

$$V_2 = 0.90 \, V_1 = 2.003 \text{ m}^3$$

$$T_2 = P_2 V_2/mR = (140 \text{ kPa})(2.003)/[(2.5 \text{ kg})(0.2968 \text{ kJ/kg} \cdot \text{K})] = 378 \text{ K}$$

최종 온도를 알고 있으므로, 비내부에너지의 변화는 다음과 같이 구한다.

$$u_2 - u_1 = c_v(T_2 - T_1) = (0.745 \text{ kJ/kg} \cdot \text{K})(378 \text{ K} - 300 \text{ K}) = \mathbf{58.1 \text{ kJ/kg}}$$

▶ 예제 3.5
뜨거운 공기가 가스 터빈을 지나면서 팽창하여 온도가 1000 K에서 850 K로 낮아진다. 이 공기가 비열이 일정한 이상 기체로 거동한다고 가정하고, 이 과정에서 공기의 비엔탈피의 변화를 구하라.

주어진 자료 : $T_1 = 1000 \text{ K}$, $T_2 = 850 \text{ K}$

구하는 값 : Δh

풀이　이 문제에서는 공기를 비열이 일정한 이상 기체로 취급하고 있다. 이 문제를 풀 때에는 표준 온도에서의 공기의 비열 값을 사용하면 되지만, 비엔탈피 변화에서 한층 더 정밀한 값을 구하려면 이 과정의 온도 범위에 드는 비열 값을 사용하면 된다.
그러므로 공기의 비열 값을 900 K에서의 값으로 선정하면 된다 (이 값은 표 A.2에 실려 있다). 900 K에서, $c_p = 1.121 \text{ kJ/kg} \cdot \text{K}$이다. 그러므로

$$h_2 - h_1 = c_p(T_2 - T_1) = (1.121 \text{ kJ/kg} \cdot \text{K})(850 \text{ K} - 1000 \text{ K}) = \mathbf{-168 \text{ kJ/kg}}$$

해석 : c_p를 300 K에서의 값으로 잡았으면, $c_p = 1.005 \text{ kJ/kg} \cdot \text{K}$이고 $h_2 - h_1 = -151 \text{ kJ/kg}$이다. 이 값은 실제적인 비엔탈피의 차를 나타내고 있으며, 이 예제는 문제에서 주어진 온도 범위에서 꽤 벗어나 있는 비열 값을 사용하여 구한 비열이 일정하다고 가정을 하고 풀 가능성이 있는 문제를 예시하고 있다.

가변 비열을 고려해야 하는 이상 기체

큰 온도 범위를 고려해야 할 때에나 아니면 한층 더 정확한 비내부 에너지 변화 계산이나 비엔탈피 변화 계산이 필요할 때에는 흔히 비열 값의 변화를 온도 변화로 고려하는 것이 필요하다. 앞에서 언급하였듯이, 이는 식 (3.15)와 같은 함수 관계를 적분함으로써 달성할 수 있다. 표 3.1은 여러 이상 기체에서 $\bar{c}_p$와 온도 간의 함수 관계를 예시하고 있다. 그러나 한 번 또는 두 번의 계산보다 더 많은 계산에서는 이러한 적분이 지루하게 된다. 결과적으로, 한층 더 일반적으로 사용되고 있는 기체에서는 당연히 적분이 상태량을 컴퓨터를 기반으로 하여 계산함으로써 수행된다.

방대한 정보 양은 전자적으로 쉽게 사용할 수 있으므로, 이제 엔지니어들은 컴퓨터 기반의 프로그램과 앱을 사용하여 많은 이상 기체의 상태량 값을 구할 수 있다. 프로그램과 앱은 비번하게 업데이트 되고 수정되므로, 이상 기체의 열역학적 상태량을 계산하게 되는 앱을 찾을 때에는 인터넷 기반 프로그램의 인터넷 검색이나 태블릿 기반 앱의 태블릿 앱 스토어 검색을 수행하는 것이 좋은 생각이다. 온도를 입력하여 비엔탈피 값과 비내부 에너지 값이 나오게 되는 프로그램을 선택해야만 한다. 공기를 계산하는 프로그램을 찾아내는 것이 매우 중요하기는 하지만, 다른 기체를 계산하는 프로그램을 찾아내는 것 또한 유익하다. 일부 프로그램에서는 온도와 압력을 모두 입력하여, 그 결과로 나오는 상태량이 한층 더 실제 기체를 잘 나타낼 수 있게 한다. 전형적으로, 압력 입력은 상태량에 거의 효과를 미치지 못 하기 마련이다. 이 대목에서, 공기 상태량을 살펴볼만한 가치가 있는 2가지 정보 제공원은 Wolfram Alpha™(프로그램과 앱) 및 Peacesoftware™(peacesoftware.de)이다. 미 국립 표준 기술원(NIST)은

〈표 3.1〉 여러 가지 기체의 $\bar{c}_p$와 온도 사이의 관계

$$\frac{\bar{c}_p}{R} = a + bT + cT^2 + dT^3 + eT^4$$

T는 단위가 켈빈(K)이고, 계수들은 $300\,\text{K} \leq T \leq 1000\,\text{K}$에서 유효하다.

기체	a	$b \times 10^3$	$c \times 10^6$	$d \times 10^9$	$e \times 10^{12}$
공기	3.653	−1.337	3.294	−1.913	0.2763
CH_4	3.826	−3.979	24.558	−22.733	6.963
CO_2	2.401	8.735	−6.607	2.002	0
H_2	3.057	2.677	−5.810	5.521	−1.812
N_2	3.675	−1.208	2.324	−0.632	−0.226
O_2	3.626	−1.878	7.055	−6.764	2.156
단원자 기체 (즉, He, Ne, Ar)	2.5	0	0	0	0

또한 많은 기체의 상태량을 제공하고 있다. 여기에서, 기체의 분자 질량(M)을 사용하여 분자 단위와 질량 기준 단위를 변환할 필요가 있다는 사실을 알 수 있을 것이다.

가용한 많은 컴퓨터 프로그램의 한 가지 제한은 (예를 들어) 비엔탈피 값의 입력이 되지 않고 출력이 온도로 된다는 것이다. 그러한 경우에는, 원하는 비엔탈피가 나오게 되는 온도를 구할 때까지 몇 가지 온도를 입력해야 한다. 게다가, 유의해야 할 점은, 일부 제공원은 여러 참조 계산을 사용하고 있는데, 이렇게 되면 이러한 비교 양들에 여러 가지 값들이 나오게 되므로, 특정 문제에는 동일한 상태량 값 제공원을 사용해야만 한다는 것이다. 그러나 아무리 특정한 참조 계산이 사용되더라도 2가지 상태 간의 상태량 변화는 여전히 동일하다. 끝으로, 사용하고 있는 솔루션 플랫폼에 이상 기체 상태량 데이터를 제공해주는 정확한 플러그-인을 찾았을 때는, 그 플랫폼으로 개발하고 있는 모델에 직접 플러그-인을 적분하는 것을 깊이 생각해봐야 한다.

비열의 가변성을 고려해야 하는 이상 기체의 상태량을 구하는 대체 방법은 부록에 있는 공기 표(표 A.3)나 다른 기체 표(표 A.4)와 같은 기체 표를 사용하는 것이다. 이 표에서는, 비엔탈피, 비내부 에너지 및 비에너지의 온도 종속분(제6장에서 소개할 것임)이 온도의 함수로 주어져 있다. 모든 온도가 들어 있지 않으므로, 데이터에 선형 보간법(내삽법)을 적용하여 원하는 데이터 점을 구해야 한다.

선형 보간법을 적용하려면, 2개의 데이터 점(x_1, y_1)과 (x_2, y_2)를 살펴보아야 한다. 이 2개의 점에는 선형 관계가 존재한다고 가정을 하기 마련이다. 이러한 가정(표에서 모르는 양 근방에서 가장 가까운 순차 값과 같음)은, 점 데이터 사이에서 가능한 한 작은 증분이 사용될 때, 아주 정확하다. x값을 변환시켜 x축을 값 x_1 쪽으로 이동시키면, 값 y_1은 선의 y교점이 된다. x값 변환은 $x \rightarrow (x-x_1)$으로 달성된다. 선의 식은 $y = mx+b$ 형식으로는 다음과 같이 된다.

$$y = [(y_2 - y_1)/(x_2 - x_1)](x - x_1) + y_1 \qquad (3.19)$$

x_1과 x_2 사이 (즉, $x_1 < x_3 < x_2$)의 값 x_3에서, 보간식에 수치를 대입함으로써 y_3에 상응하는 값을 구할 수 있다.

▶ 예제 3.6
  표 A.3의 값으로 선형 보간법(내삽법)을 사용하여, 온도가 327 K인 공기의 비엔탈피를 구하라.
  주어진 자료 : 표 A.3에 수록되어 있는 공기의 가변 비열 값들을 취합하는 데이터

구하는 값 : 327 K에서의 h

풀이 이 예제에서는 표 A.3에 있는 공기의 상태량을 사용하는데, 이 표에는 공기의 비열이 온도에 따라 변하게 되는 온도 가변성이 내포되어 있다. 식 (3.19)를 사용하여, 비 엔탈피 양을 y라 하고 온도를 x라 하자. 그러면 식 (3.19)를 다음과 같이 바꿔 쓸 수 있다.

$$h_3 = \left[\frac{(h_2 - h_1)}{T_2 - T_1} \right] (T_3 - T_1) + h_1$$

여기에서, 상태 3은 $T_3 = 327$ K일 때의 조건이다.

상태 1과 상태 2의 선정에는, 표 A.3에서 $T_3 = 327$ K의 근방에 있는 값을 사용한다. 상태 1은 $T_1 = 320$ K의 상태가 되며 상태 2는 $T_2 = 340$ K의 상태가 된다. 표 A.3에서 다음과 같이 값을 구한다.

$$T_1 = 320 \text{ K} \qquad h_1 = 320.29 \text{ kJ/kg}$$
$$T_2 = 340 \text{ K} \qquad h_2 = 340.42 \text{ kJ/kg}$$
$$T_3 = 327 \text{ K} \qquad h_3 = ?$$

대입 :
$$h_3 = \left[\frac{(h_2 - h_1)}{T_2 - T_1} \right] (T_3 - T_1) + h_1$$

$$= \left[\frac{(340.42 - 320.29) \frac{\text{kJ}}{\text{kg}}}{(340 - 320) \text{ K}} \right] (327 - 320) \text{K} + 320.29 \text{ kJ/kg}$$

$$= 327.3355 \text{ kJ/kg}$$

$$\approx 327.34 \text{ kJ/kg}$$

$$\mathbf{h_3 = 327.34 \text{ kJ/kg}}$$

해석 : 2개의 데이터 점에 값을 입력하여 선형 보간법을 계산할 수 있는 휴대용 계산기는 많이 있다.

3.5.3 기타 기체 상태식

엔지니어들은 자신들이 하고 있는 설계와 해석이 한층 더 잘 다루어지게 되도록 가정을 자주 한다. 엔지니어에게 중요한 것은 자신들이 세운 가정들이 타당한지 아니면 타당하지 않는지를 알고 있어야 하는 것이다. 타당한 가정에서 나오게 되는 작은 오차는 강인 설계에서는 쉽게 설명이 되기는 하지만, 가정을 잘못 세우게 되면 설계 실패나 완전히 부정확한 설계로 이어지기도 한다. 이상 기체로 거동하는 기체라고 세운 가정은 일반적으로 공학에서 허용이 되고 있지만, 엔지니어에게 중요한 점은 기체가 나타내고 있는 이상 거동이 과연 얼마나 가까운지를 알고 있는 것이다.

이상 기체 가정의 정확도를 빨리 판단하는 방법은 기체의 압축성 계수 Z를 결정하는 것이다. 기체는 그 임계 상태 상태량으로 정규화(normalization)를 시키면 균일한 거동을 보이므로, 이 거동은 그림 3.15와 같이 일반화된 압축성 선도에 나타낼 수 있다. 기체의 균일 거동은 **상태 대응의 원리**(the principle of corresponding state)라고 한다. 이러한 선도에서, 환산 온도 T_R과 환산 압력 P_R이 다음과 같이 정의된다.

$$T_R = T/T_c \quad \text{및} \quad P_R = P/P_c$$

여기에서, T_c와 P_c는 각각 기체의 임계 온도와 임계 압력이다. 이러한 양들의 값은 표 A.1의 여러 가지 기체에서 구할 수 있다. 이 값들을 선도와 함께 사용하여 **압축성 계수** Z를 구하는데, 이는 다음과 같이 정의된다.

$$Z = Pv/RT \tag{3.20}$$

압축성 계수는 이상 기체 거동을 나타내는 기체에서 1이다($Z = 1$). 그림 3.15와 같은 압축성 선도를 사용하게 되면 비이상 기체의 거동을 이상화하기에 얼마나 가까운지 빨리 어림잡을

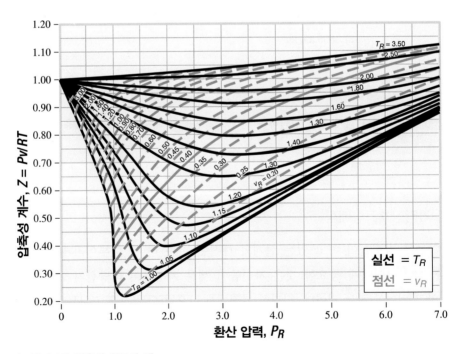

〈그림 3.15〉 압축성 선도의 예.

수 있게 해준다. 기체의 임계 온도 충분히 위에 있는 온도에서는 기체의 거동이 흔히 10 % 이내에 들고, 임계 압력보다 훨씬 아래나 훨씬 위에 있는 압력에서도 또한 기체가 한층 더 이상 거동을 하게 된다.

엔지니어들은 이상 기체 가정이 사용되고 있을 때 비이상 기체 거동의 수준이 자신들이 하는 일에서 허용이 될 수 있는지를 알고 있어야 한다. 많은 적용에서, 비이상 기체의 거동이 20 % 이내에 들면 이상 기체 거동은 대체로 허용된다.

$$v_R = \frac{v}{\left(\dfrac{RT_c}{P_c}\right)} \tag{3.21}$$

기체의 비체적을 알고 있을 때에는, 식 (3.21)에 주어진 관계를 사용하게 되면 상응하는 상태와의 상관관계가 훨씬 더 잘 구해지므로, 기체의 의사 환산 비체적($v_R = v/v_c$)은 압축성 계수를 구하게 하는 데 사용할 수 있다.

▶ 예제 3.7

250 K, 2500 kPa에서 산소의 압축성 계수를 구하라.

주어진 자료 : $T = 250\,\text{K}$, $P = 2500\,\text{kPa}$

구하는 값 : Z(압축성 계수)

풀이 주어진 조건에서 O_2의 압축성 계수를 구하려면, 먼저, O_2의 임계 온도 값과 임계 압력 값이 필요하다. 표 A.1에서, O_2에 관한 값은 다음과 같다.

$$T_c = 154.8\,\text{K}, \quad P_c = 5080\,\text{kPa}$$

그런 다음, 이 값들을 사용하여 변환 온도와 변환 압력을 다음과 같이 구한다. 즉,

$$T_R = T/T_c = 1.61 \qquad P_R = P/P_c = 0.492$$

그러면, 그림 3.15 (또는 이와 유사한 다른 압축성 선도) 를 사용하여, 압축성 계수를 구하면 된다. 압축성 선도에서 변환 온도와 변환 온도의 교점을 읽으면 다음과 같이 나온다.

$$Z \approx 0.97$$

해석 : 이 산소 기체는 온도가 꽤 낮고 압력은 아주 높긴 하지만, 거의 이상 기체 거동을 나타내게 된다. 게다가, 압축성 계수 값을 선도에서 판독하는 것이므로, 이렇게 하는 것이 주어진 값에 가장 가까운 Z값을 가리키는 최상의 방법이다.

이상 기체 $P - v - T$ 거동의 근사 예측값을 압축성 계수로 보정하고자 할 때에는, 식 (3.19)를 사용하면 된다. 또한, 한층 더 상세한 다른 상태식들이 기체 거동에 대하여 개발되어 왔다. 이러한 상태식 중에서 가장 잘 알려진 식이 반데르발스(van der Waals) 식이다.

$$\left(P + \frac{a}{v^2}\right)(v - b) = RT \tag{3.22}$$

여기에서, a와 b는 특히 특정 기체에 대한 상수이다. 이 모델로 인하여, (a) a/v^2을 도입하여

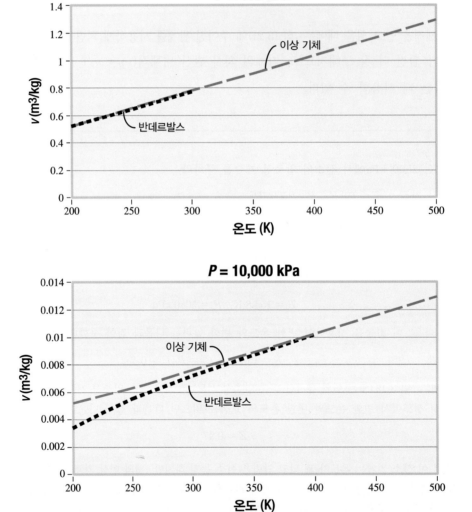

〈그림 3.16〉 이상 기체 법칙과 반데르발스 식을 각각 사용하여 계산한 O_2 비체적의 비교. 이 계산값의 차는 고압 영역과 저온 영역에서 더 커지는데, 이 영역에서는 기체 밀도가 더 커진다.

분자 간 힘을 설명하고, (b) b 항을 도입하여 유한한 체적을 차지하는 기체 분자를 설명함으로써 이상 기체 모델이 개선된다. 이 후자 항의 필요성은 특히 이해하기가 쉽다. 즉, 분명히 하나의 분자는 또 다른 분자가 채워진 공간을 차지할 수 없으므로, 이 체적은 하나의 분자가 차지하기에 사용할 수가 없는 것이다. 분자 간 힘의 보정을 사용하게 된 것은 기체가 액체를 압축시킨다는 사실을 이해한 결과인데, 이로써 분자끼리 서로 끌어당기는 힘이 필요하게 된다.

상수 a와 b는 임계점에서의 값을 사용하여 결정하면 된다. 임계점에서는 $P-v$ 선도의 임계 온도 선이 수평 변곡점에 닿게 하므로, 체적에 관한 압력의 1차 및 2차 도함수는 0이 되어야만 한다. 이렇게 하여, 다음을 구할 수 있다.

$$a = \frac{27R^2T_c^2}{64P_c} \quad \text{및} \quad b = \frac{RT_c}{8P_c} \tag{3.23}$$

반데르발스 식과 이상 기체 상태식으로 각각 계산하여 구해 본 비체적 값의 차는 그림 3.16에 나타나 있는데, 여기에서는 식 (3.22)와 식 (3.12b)를 사용하여 2가지 압력에서 계산한 산소의 비체적 v의 값이 온도의 함수로 그래프로 작성되어 있다.

▶ 예제 3.8

다음 조건을 사용하여, 250 K 및 2500 kPa에서 O_2의 비체적을 각각 구하라.

(a) 이상 기체 법칙, (b) 압축성 계수 및 (c) 반데르발스 식.

주어진 자료 : $T = 250\,\text{K}$, $P = 2500\,\text{kPa}$

구하는 값 : 3가지 다른 방법을 사용하여 구하는 v 값

풀이   표 A.1에서, $R = 0.2598\,\text{kJ/kg} \cdot \text{K}$이다.

(a) 이상 기체 법칙에서 다음과 같다. 즉,

$$v = \frac{RT}{P} = 0.0260\,\text{m}^3/\text{kg}$$

(b) 예제 3.7에서, 이 경우에는 $Z \approx 0.97$이다. 그러므로 이 압축성 계수에서는 다음과 같이 된다.

$$v = \frac{ZRT}{P} = 0.0252\,\text{m}^3/\text{kg}$$

(c) 반 데르 발스 식은 그 계산이 다소 복잡하다. 먼저,

$$a = \frac{27R^2T_c^2}{64P_c} = 0.1343\,\text{kPa} \cdot \text{m}^6$$

및

$$b = \frac{RT_c}{8P_c} = 0.0009896 \, \text{m}^3$$

v를 구할 때 반 데르 발스 식으로 푸는 것이 수치 해로서 가장 좋을 것이다. 반 데르 발스 식은 다음과 같고,

$$\left(P + \frac{a}{v^2}\right)(v - b) = RT$$

이 식의 수치 해로 다음이 나온다.

$$v = 0.0249 \, \text{m}^3/\text{kg}$$

수치 해석에 익숙하지 않다면, 시행오차법 (trial-and-error) 사용하여 이상 기체 법칙 값으로 1차 가정 값을 잘 잡아서 v를 구하면 된다.

해석 : 이 3가지 방법에서는 비체적 값들이 유사하게 나오지만, 이 값들이 모두 다 정확하다고 볼 수는 없을 것이다. 그렇지만, 다행히도 대부분의 공학적인 차원에서는 고도의 정확도가 요구되지 않는 한, 이 값들은 그 어느 것이나 받아들일 수가 있다.

▶ 예제 3.9

6.0 MPa, 280 ℃에서 수증기의 비체적을 실험으로 구하면 0.03317 m³/kg로 나온다. 이 상태에서 수증기의 비체적을 이상 기체 법칙으로 예측한 값과 압축성 계수를 사용하여 예측한 값은 각각 얼마인가?

주어진 자료 : $T = 280℃ = 553 \, \text{K}$, $P = 6.0 \, \text{MPa} = 6000 \, \text{kPa}$

구하는 값 : 이상 기체 법칙과 압축성 계수를 각각 사용하여 구하는 v값

풀이 *이 예제는 단지 예시 목적의 문제이다. 실제에서는, 수증기에 이상 기체 법칙을 사용하지 않기를 바란다.*

물은 기체 기준 이상 기체 상수가 $R = 0.4615 \, \text{kJ/kg} \cdot \text{K}$이다.
이상 기체 법칙에서, $v = RT/P = (0.4615 \, \text{kJ/kg} \cdot \text{K})(553 \, \text{K})(6000 \, \text{KPa}) = \mathbf{0.04253 \, m^3/kg}$
물은 $T_c = 647.3 \, \text{K}$, $P_c = 22{,}090 \, \text{kPa}$이다.
그러므로 $T_R = T/T_c = 0.854$이고 $P_R = P/P_c = 0.272$이다.
압축성 선도를 사용하면, $Z \approx 0.82$가 된다.
그러면 $v = ZRT/P = \mathbf{0.0349 \, m^3/kg}$이다.

해석 : 이와 같은 상변화 영역 근방 물질의 조건에서는, 이상 기체 법칙에서 오차가 28.2 %인 비체적이 나온다는 것을 알 수 있다. 그런데 이 값은 대부분의 공학 적용에서 받아들이기 어려울

정도로 큰 양이다. 이 예제는 왜 수증기를 이상 기체로 취급하지 않는지를 보여주는 훌륭한 예시이다. 압축성 계수를 사용하여도 5 % 정도의 오차가 나오게 되는데, 이는 압축성 계수를 선도에서 판독할 때 일반적으로 예상할 수 있는 오차이다. 이러한 수준의 오차는 대부분의 경우에 받아들일 수 있기는 하지만, 다른 방법을 사용하여 수증기처럼 상변화 영역 근방 물질의 상태량을 구하는 것이 일반적으로 더 낫다. 이러한 방법들은 이후에 설명하기로 한다.

실제로는 한층 더 복잡한 상태식이 제안되어 있어 사용하고 있다. 이러한 상태식으로는 Beattie-Bridgeman 식, Benedict-Webb-Rubin 식, virial 상태식 등이 있다. 이 식들은 실제 기체에서 관찰된 거동에 가장 잘 들어맞게 설계된 상수들이 더욱 더 많이 특징적으로 붙어 있으므로, 일부 식들은 액체와 기체 사이의 상변화 영역에서, 심지어는 증기 선도의 볼록한 구간 내부에 있는 지점에서도 한층 더 가까이 들어맞게 설계되어 있다. 일반적으로, 대부분의 엔지니어들은 이러한 복잡한 상태식을 사용할 필요는 없다.

심층 사고/토론용 질문

실제 기체는 그 어느 것도 이상 기체 법칙을 전혀 따르지 않는다. 일반적인 공학 적용에서, 이상 기체 법칙에서 벗어나는 편차를 어느 정도까지 받아들일 수 있다고 생각하는가? 한층 더 복잡한 기체 상태식을 사용해야 하는 적용에는 무엇이 있을까?

3.6 비압축성 물질

이상화된 물질의 두 번째 유형은 비압축성 물질이라고 한다. 비압축성 물질은 다음과 같이 비체적이 변화하지 않는 물질로 정의된다. 즉,

$$v = \text{일정}$$

이는 또한 비압축성 물질은 밀도가 일정하다는 것을 나타내고 있다. 비압축성 물질 근사화는 고체와 액체에, 특히 압력과 온도가 크게 변화하지 않는 고체와 액체에 최적이다. 고체와 액체는 온도가 변화함에 따라 수축과 팽창을 하기 마련이지만, 이러한 체적 변화는 비교적 작은 비체적 변화로 이어지고, 이에 따라 근사화가 상당히 정확해지게 된다. 또한, 고체나 액체에서 체적 변화가 크게 일어나려면 흔히 매우 큰 압력 변화가 필요하게 된다. 결과적으로, 압력 변화가 큰 일부 액체를 제외하고, 대체로 고체와 액체는 비압축성 물질로 가정하기 마련이다.

비압축성 물질이 $c_p = c_v$임을 증명하려면 한층 더 정확한 상태량 관계식을 사용하면 된다. 진짜 고체와 액체는 압축률의 양이 작기는 하지만, c_p와 c_v 사이의 차이는 전형적으로 충분히 무시할 수 있을 만큼 작다. 비압축성 물질은 $c_p = c_v$이므로 비압축성 물질의 비열은 c 하나라고 하는 것이다. 이 단일의 비열을 사용하여 비압축성 물질에는 다음과 같은 식을 세울 수 있다.

$$\Delta u = \int c \, dT \tag{3.24}$$

비압축성 물질의 비열은 온도의 함수이지만, 온도 범위가 작거나 보통 정도일 때에는 상수로 취급할 수도 있다. 일정 비열의 가정을 적용하면 다음과 같이 된다. 즉,

$$u_2 - u_1 = c(T_2 - T_1) \tag{3.25}$$

비엔탈피 변화에서는 먼저 v = 일정일 때, $dh = du + vdP$가 성립됨을 알아야 한다. 일정 비열이라고 가정하면, 이 식을 적분한 결과 다음 식이 나온다.

$$h_2 - h_1 = c(T_2 - T_1) + v(P_2 - P_1) \tag{3.26}$$

그러나 고체와 대부분의 액체에서는, 압력차가 매우 큰 경우를 제외하고는 $v(P_2 - P_1)$가 매우 작다. 결과적으로, 비열이 일정할 때 비압축성 물질에서는 다음과 같이 된다.

$$h_2 - h_1 \approx u_2 - u_1 = c(T_2 - T_1) \tag{3.27}$$

비열이 일정하지 않다고 가정하면, 비열과 온도 사이의 적절한 함수 관계는 적분을 하여야 한다. 표 A.5에는 일부 대표적인 고체와 액체의 비열이 수록되어 있다.

▶ 예제 3.10

대기압에 놓여있는 철이 10 ℃에서 50 ℃로 가열된다. 이 과정에서 철의 비내부 에너지의 변화를 구하라.

주어진 자료 : $T_1 = 10℃$, $T_2 = 50℃$

구하는 값 : Δu

풀이 철은 비압축성 물질이고 그 비열은 일정하다고 가정한다. 비열이 일정한 비압축성 물질은 다음과 같이 식 (3.25)을 사용하여 비내부 에너지를 구하면 된다. 즉,

$$\Delta u = u_2 - u_1 = c(T_2 - T_1)$$

300 K(이 온도는 이 문제에서 합리적인 온도임) 의 철에서는, $c = 0.447\,kJ/kg \cdot K$(이 값은 표 A.5에

수록되어 있음)이다.

$$\Delta u = u_2 - u_1 = (0.447\ \text{kJ/kg} \cdot \text{K})(50℃ - 10℃) = \mathbf{17.9\ kJ/kg}$$

3.7 물과 냉매의 상태 결정

앞에서 설명한 대로 공학적인 목적에서 볼 때, 기체인 물질을 이상 기체로 모델링하고 액체와 고체인 물질들을 비압축성 물질로 모델링해도 충분할 때가 많이 있다. 이러한 물질에 사용하는 상태식은 다소 단순하지만, 기체의 $P - v - T$ 거동은 한층 더 복잡한 식을 사용하여 더욱 더 정확하게 모델링할 수도 있다. 그러나 상변화를 겪고 있거나 아니면 그 열역학적 상태가 증기 곡선의 볼록부 꼭대기 근방에 있는 물질들은, 물질을 기술하는 상태식이 훨씬 더 복잡해진다. 이러한 물질들의 열역학적 상태량을 정확하게 구하려면 여러 가지 방법이 필요하다.

그러나 먼저, 열역학적 상태량을 증기 선도의 볼록부에 "가깝게" 선정한다는 것에 의문이 있다. 이 의문에 절대적인 답은 전혀 없다. 좋은 경험법칙은 물질이 계에서 쉽사리 증기 상태로도 되고 또 액체 상태로도 될 때를 살펴보는 것이다(동일한 추론을 고체-액체 전이와 고체-증기 전이 사이에 적용할 수도 있겠지만, 이 설명에서 고상은 제외한다). 예를 들어, 공장에서의 정규 활동에서는, 액체 상태의 물뿐만 아니라 증기 상태(공기 중의 수증기로서나 과정 중에서의 수증기로서)의 물을 경험할 수 있다. 그러므로 일상적인 사용에서는, 잠재적으로 물을 수증기 선도의 볼록부 근방에 있는 물질로서 보게 된다. 냉장고나 에어컨 적용에 사용되는 냉매에도 동일한 설명을 할 수 있다. 그러나 질소가 대기압에서 액체가 될 수도 있기는 하지만, 그렇게 하려면 −196 ℃까지 냉각시켜야만 한다. 그러므로 이 때문에 N_2가 여러 가지 적용에서 일반적으로 액체가 되는 것을 기대하기란 쉽지 않으므로 질소를 기체로 (그리고 대개의 경우에는 이상 기체로) 모델링하게 되지만, 액체 N_2가 사용되는 극저온 공정으로 작업을 할 때에는 이 액체 질소를 물과 냉매를 취급하는 방식과 유사하게 취급하게 되고 이상 기체로는 취급하지는 않게 된다.

이미 언급한 대로, 수증기 선도의 볼록부 근방이나 아래 부분에서는 상태식이 훨씬 더 복잡하게 되어 대개는 식 형태로 나타내지는 않는다. 이 책의 취지에서 볼 때, 물과 냉매를 이러한 물질의 범주에 들어간다고 하겠지만, 명심하여야 할 점은 물과 냉매의 상태량을 구하는 방법은 어떤 특정한 적용에서 상변화에 가깝거나 상변화를 겪게 되는 다른 물질에도 적용할 수 있다는 것이다.

엔지니어는 일반적으로 컴퓨터를 사용하여 계의 설계와 해석을 보조하므로, 어떤 상태에서도 물과 냉매에 상태량 데이터를 제공해주게 되는 컴퓨터 프로그램이나 태블릿 앱을 사용하기를 권장한다. 비열이 가변적인 이상 기체에 관하여 이미 설명한 대로, 인터넷 사이트와 프로그램과 앱은 빈번하게 변화하므로, "수증기 상태량"이나 "냉매 상태량"의 검색을 실시하여 지금 가능한 응용 프로그램이나 앱을 찾아내야 한다. 이 대목에서도 다시 말하지만, Wolfram Alpha, Peacesoftware, 및 NIST에는 사용이 가능한 훌륭한 툴(tool)이 소장되어 있다. 또한, MATLAB 사용자에게는 몇 가지 플러그-인이 있는데, 이 플러그-인들은 이후의 장에 있는 계를 모델링할 때 사용하면 유익하다. 일부 프로그램에는 몰 질량을 사용하여 질량기준 단위로 변환시킬 필요가 있는 몰 단위의 값이 제공되어 있다. 그리고 비엔탈피와 같은 양의 값들이 일반적으로 해당 물질에 관하여 임의의 0의 점에 대해서 주어지므로, 여러 제공원에서 제공되는 실제 숫자들은 서로 다를 수 있지만 상태량의 변화는 동일할 수밖에 없다.

전통적으로, 물과 냉매의 상태량 구하기는 상태량 표를 사용하여 이루어진다. 즉 물에 사용하는 상태량 표는 일반적으로 "수증기 표"라고 한다. 물에 사용하는 일련의 수증기 표는 부록에 표 A.6 – 표 A.9로 실려 있다. 이 표들을 살펴보면, 포화 영역에 있는 물에 사용하는 2개의 표(표 A.6 및 표 A.7)가 있고, 과열 수증기인 물에 사용하는 일련의 표(표 A.8)가 있으며, 압축 액체인 물에 사용하는 일련의 표(표 A.9)가 있다. 유의할 점은, 포화 영역에서는 표에 유사한 데이터가 들어 있다는 것이다. 표 사이의 차이점은, 표 A.6는 포화 온도가 순차적으로 증가하는 방식으로 편성되어 있는 반면에, 표 A.7는 포화 압력이 순차적으로 증가하는 방식으로 편성되어 있다.

이러한 표를 사용하고자 할 때에는, 제일 먼저 해야 할 일은 주어진 데이터를 기반으로 하여 어느 표를 사용해야 하는지를 결정하는 것이다. 전형적으로는 포화 상태 표(표 A.6 및 표 A.7)를 사용하여 이러한 결정을 지원하는 것이 최상이다. 물질의 온도와 압력(T와 P)이 주어졌을 때에는 다음의 2가지 해석 방법 가운데 하나를 좇아 물질의 상태량을 결정하면 된다.

방법 1 : $T = T_{\text{sat}}$ 라고 놓는다. 표 A.6을 사용하여 $P > P_{\text{sat}}(T)$이면, 물질은 압축 액체이다. $P < P_{\text{sat}}(T)$이면, 물질은 과열 증기이다. $P = P_{\text{sat}}(T)$이면, 물질은 포화 상태이므로 이 상태를 고정시키려면 추가적인 상태량이 필요하다.

방법 2 : $P = P_{\text{sat}}$ 라고 놓는다. 표 A.7을 사용하여 $T < T_{\text{sat}}(P)$이면, 물질은 압축 액체이다. $T > T_{\text{sat}}(P)$이면, 물질은 과열 증기이다. $T = T_{\text{sat}}(P)$이면, 물질은 포화 상태이므로 이 상태를 고정시키려면 추가적인 상태량이 필요하다.

▶ 예제 3.11

수증기 표를 사용하여 압력이 1.0 MPa이고 온도가 각각 다음과 같을 때, 물(H_2O)의 상을 결정하여라. (a) 30 ℃, (b) 179.9 ℃ 및 (c) 300 ℃.

주어진 자료 : 물, P = 1.0 MPa, (a) 30 ℃, (b) 179.9 ℃ 및 (c) 300 ℃

구하는 값 : 주어진 각각의 온도에서 물(H_2O)의 상

풀이 이 예제를 풀 때 컴퓨터 프로그램이나 앱(app)도 사용할 수 있겠지만, 여기에서는 수증기 표를 사용한다. 압력 기준의 수증기 값은 표 A.7에 실려 있으므로, 위 방법 2를 적용하여 각각의 경우의 물(H_2O)의 상을 결정하면 된다. 표 A.7에서, 포화 압력이 1.0 MPa일 때, 포화 온도는 다음과 같다.

$$T_{sat} = 179.9 \text{ ℃}$$

그러므로 다음과 같이 된다.

(a) T = 30 ℃일 때에는 $T < T_{sat}$이므로 물은 **압축 액체**이다.

(b) T = 179.9 ℃일 때에는, $T = T_{sat}$이므로 물은 **포화 상태**로서, 포화 액체일 수도 있고 포화 수증기일 수도 있고 포화 혼합물일 수도 있다. 그러므로 어떤 상태인지를 확정하려면 추가적인 상태량이 필요하다.

(c) T = 300 ℃일 때에는, $T > T_{sat}$이므로 물은 **과열 증기**이다.

압력이나 온도가 아닌 다른 상태량을 알고 있을 때도 흔히 있다. 예를 들어, 온도와 비체적을 알고 있을 때도 있다. 이러한 유형의 상황(알고 있는 상태량의 조합, 즉 T와 v, T와 u, T와 h, T와 s, P와 v, P와 u, P와 h, 및 P와 s)에서는, 다음과 같은 해법을 사용하여 상을 결정하면 된다[여기에서 s는 비엔트로피이며, 이는 제6장에 소개되어 있음]. 즉,

(1) 알고 있는 상태량에 적합한 포화 상태량 표(T를 알고 있으면 표 A.6, P를 알고 있으면 표 A.7)를 사용하여, T 또는 P를 다음과 같이 놓는다. 즉, $T = T_{sat}$ 또는 $P = T_{sat}$.

(2) 다른 알고 있는 상태량을 비교하여 주어진 포화 상태에서 포화 액체일 때의 상태량 값과 포화 증기일 때의 상태량 값과 비교한다. 예를 들어, v를 알고 있으면, v를 v_f 및 v_g와 비교한다.

$v < v_f$이면, 물질은 압축 액체이다.

$v = v_f$이면, 물질은 포화 액체이다.

$v_f < v < v_g$이면, 물질은 포화 혼합물이다.

$$v = v_g$$이면, 물질은 포화 증기이다.

$$v > v_g$$이면, 물질은 과열 증기이다.

이러한 비교 결과는 u, h, s에도 적용된다.

▶ 예제 3.12

다음의 각각에서 물의 상을 결정하라.

(a) $T = 200$ ℃이고 $u = 1500$ kJ/kg일 때, (b) $P = 500$ kPa이고 $h = 3000$ kJ/kg일 때

주어진 자료 : 물, (a) $T = 200$ ℃ 및 $u = 1500$ kJ/kg, (b) $P = 500$ kPa 및 $h = 3000$ kJ/kg

구하는 값 : 주어진 각각의 상태에서 물의 상

풀이 물질이 물이므로 수증기 표를 사용하여 이 문제를 푼다. 물의 상태량을 제공하는 컴퓨터 프로그램을 사용하여도 된다.

(a) $T = 200$ ℃일 때에는, 표 A.6을 사용한다. 표 A.7에서, $T = T_\text{sat} = 200$ ℃일 때는 다음과 같다.

$$u_f = 850.65 \text{ kJ/kg 및 } u_g = 2595.3 \text{ kJ/kg}$$

주어진 값 $u = 1500$ kJ/kg을 검토한 결과, $u_f < u < u_g$이 성립됨을 알 수 있으므로, 이 물은 **포화 혼합물**이다. 이 물의 건도는 다음과 같이 구한다.

$$x = (u - u_f)/(u_g - u_f) = 0.372$$

이 값은 물의 37.2 %는 포화 증기이고, 62.8 %는 포화 액체라는 것을 의미한다.

(b) $P = 500$ kPa일 때에는, 표 A.7을 사용하고, $P = P_\text{sat} = 500$ kPa으로 놓는다. 이 포화 압력에서는 다음과 같다.

$$h_f = 640.23 \text{ kJ/kg 및 } h_g = 2748.7 \text{ kJ/kg}$$

주어진 값 $h = 3000$ kJ/kg을 검토한 결과, $h > h_f$가 성립하므로, 이 물은 **과열 증기**이다.

일단 유체의 상을 알았으면, 이에 적합한 표를 사용하면 된다.

3.7.1 포화 상태량 표

표 A.6과 표 A.7의 구성이 간단하게 되어 있다. 포화 온도(또는 포화 압력)에 상응하는 압력(또는 온도)가 주어져 있다. 포화 액체 및 포화 증기의 비체적, 비내부 에너지, 비엔탈피

및 비엔트로피가 실려 있다. 유의해야 할 점은, 일부 표에는 h_{fg}와 같은 상태량 값이 실려 있다. 이 값은 기화 중의 해당 상태량 변화(즉, $h_{fg} = h_g - h_f$)를 나타내므로 상태량 값 계산을 더욱 더 빨리 할 수 있게 해준다. 어떤 값이 표로 작성되어 있지 않을 때에는 표에 실려 있는 값 근방에서 가장 가까운 2개의 값 사이에서 선형 보간법(내삽법)을 사용하면 된다. 예를 들어, 130 kPa의 포화 액체 물의 비내부 에너지가 필요할 때에는, 표 A.7에서 100 kPa과 150 kPa의 값 사이에서 보간법을 사용하면 된다.

3.7.2 과열 증기 표

표 A.8에는 물의 과열 증기표가 들어 있다. 온도와 압력은 모두 과열 영역에서는 독립된 상태량이므로, 표는 확실히 다른 형태를 띠고 있다. 표에는 데이터 군이 각각의 특정한 압력 값에 주어져 있다. 이러한 각각의 데이터 군에는 비체적, 비내부 에너지, 비엔탈피 및 비엔트로피가 일련의 온도에 주어져 있다. 표에 그대로 실려 있는 상태량 정보를 찾을 때에는, 그 값을 곧장 읽으면 된다. 예를 들어, 1.0 MPa 및 400 ℃의 수증기의 비엔탈피가 필요할 때면, P = 1.0 MPa에서의 데이터 군을 찾은 다음, 400 ℃의 온도가 들어 있는 열을 보고 h = 3263.9 kJ/kg을 구하면 된다. 그러나 상태량 데이터가 표에 그대로 실려 있지 않을 때에는, 선형 보간법(내삽법)을 사용하면 된다. 이 과정은 표에 알고 있는 상태량이 한 가지라도 있으면 비교적 간단하지만, 표에 알고 있는 상태량이 한 가지도 없을 때에는 보간법을 여러 번 사용하여야 한다. 3가지 변수가 보간법에 수반될 때에는, 변수 값들을 표에서 선정할 때 이 변수 값 가운데 하나를 상수로 놓는 것이 중요하다. 예제 3.13에는 이러한 내용이 예시되어 있다.

▶ 예제 3.13

수증기 표를 사용하여 다음의 각각에서 수증기의 비내부 에너지를 구하라.

(a) P = 1.0 MPa 및 T = 310 ℃

(b) P = 2.20 MPa 및 T = 365 ℃

주어진 자료 : 물(수증기),
   (a) P = 1.0 MPa 및 T = 310 ℃, (b) P = 2.20 MPa 및 T = 365 ℃

구하는 값 : 주어진 각각의 경우에서 u 값

풀이 이 문제는 수증기 표를 사용하여 푼다. 그리고 구한 답을 컴퓨터 프로그램이나 앱 결과와 비교해 보기를 바란다.

(a) $P = 1.0$ MPa의 데이터는 표 A.8에 실려 있으므로, $T = 310$ ℃ 근방의 T와 u 값들을 사용하여 선형 보간법(내삽법)을 한 번만 사용하면 된다. 표 A.8에서 다음의 값을 구한다.

$$T_1 = 300 \text{ ℃}, \ u_1 = 2793.2 \text{ kJ/kg}$$

$$T_2 = 350 \text{ ℃}, \ u_2 = 2875.2 \text{ kJ/kg}$$

선형 보간 모델링에는 식 (3.19)를 사용하면 다음과 같이 된다.

$$u_3 = [(u_2 - u_1)/(T_2 - T_1)](T_3 - T_1) + u_1$$
$$= [(2875.2 - 2793.2)(\text{kJ/kg})/(350 - 300)\text{℃}](310 - 300)\text{℃} + 2793.2 \text{ kJ/kg}$$
$$= 2809.6 \text{ kJ/kg}$$

$T_3 = 310$ ℃일 때, $u_3 = $ **2809.6 kJ/kg**으로 나온다

(b) 표 A.8에는 이 압력도 온도도 주어져 있지 않으므로, 선형 보간법(내삽법)을 여러 번 사용해야 된다. 이렇게 하려면, $P = 2.2$ MPa에서 350 ℃와 400 ℃에서 비내부 에너지의 값을 각각 구한 다음, 이 두 값 사이에 보간법을 사용하여 365 ℃에서의 비내부 에너지의 값을 구하거나, 아니면 $T = 365$ ℃에서 2.0 MPa와 2.5 MPa에서 비내부 에너지의 값을 각각 구한 다음, 이 두 값 사이에 보간법을 사용하여 2.2 MPa에서의 비내부 에너지의 값을 구하면 된다. 여기에서 유의해야 할 점은, 이 2가지 계산 방법에서 보간법을 사용할 때에는 하나의 변수를 일정하게 유지시켜야 한다. 이 예제에서는, 첫째 방법을 사용할 것이다.

$T = 350$ ℃으로 일정하게 잡고, 표 A.8에서 다음과 같이 P와 u의 값을 구한다. 즉,

$$P_1 = 2.0 \text{ MPa}, \ u_1 = 2859.8 \text{ kJ/kg}$$

$$P_2 = 2.5 \text{ MPa}, \ u_2 = 2851.9 \text{ kJ/kg}$$

$$P_3 = 2.2 \text{ MPa}, \ u_3 = ?$$

$$u_3 = [(u_2 - u_1)/(P_2 - P_1)](P_3 - P_1) + u_1$$
$$= [(2851.9 - 2859.8)(\text{kJ/kg})/(2.5 - 2.0)\text{MPa}](2.2 - 2.0)\text{MPa} + 2859.8 \text{ kJ/kg}$$
$$= 2856.64 \text{ kJ/kg}$$
$$\approx 2856.6 \text{ kJ/kg}$$

$P_3 = 2.2$ MPa일 때, 여기에서 $u_3 = 2856.6$ kJ/kg이 나온다.

다음으로, $T = 400$ ℃일 때에도 마찬가지로 다음과 같이 처리한다.

$$P_4 = 2.0 \text{ MPa}, \ u_4 = 2945.2 \text{ kJ/kg}$$

$$P_5 = 2.5 \text{ MPa}, \ u_5 = 2939.1 \text{ kJ/kg}$$

$$P_6 = 2.2 \text{ MPa}, \ u_6 = ?$$

$$u_6 = [(u_5 - u_4)/(P_5 - P_4)](P_6 - P_4) + u_4$$

$$= [(2939.1 - 2945.2)(\text{kJ/kg})/(2.5 - 2.0)\,\text{MPa}](2.2 - 2.0)\,\text{MPa} + 2945.2\,\text{kJ/kg}$$

$$= 2942.76\,\text{kJ/kg}$$

$$\approx 2942.8\,\text{kJ/kg}$$

$P_6 = 2.2$ MPa일 때, 여기에서 $u_6 = 2942.8$ kJ/kg이 나온다.

이제, 여기에서 $P = 2.2$ MPa일 때의 데이터 2개가 나온다. 즉,

$$T_3 = 350 \ ℃, \ u_3 = 2856.6 \ \text{kJ/kg}$$

$$T_6 = 400 \ ℃, \ u_6 = 2942.8 \ \text{kJ/kg}$$

이 값 사이에서 보간법을 사용하면 다음과 같이 된다.

$$u_7 = [(u_6 - u_3)/(T_6 - T_3)](T_7 - T_3) + u_3$$

$$= [(2942.8 - 2856.6)(\text{kJ/kg})/(400 - 350)℃](365 - 350)\,\text{MPa} + 2856.6\,\text{kJ/kg}$$

$$= 2882.46\,\text{kJ/kg}$$

$$\approx 2882.5\,\text{kJ/kg}$$

$T_7 = 365℃$ 일 때, 여기에서 $u_7 = \mathbf{2882.5\ kJ/kg}$이 나온다.

해석 : Wolfram Alpha™와 같은 온라인 계산기를 사용하여 계산하면, 2883.3 kJ/kg이 바로 나온다. 분명한 것은, 컴퓨터 자원을 사용하면 수증기 표에 있는 데이터를 선형 보간법으로 처리할 필요가 크게 줄어들게 된다는 점이다.

3.7.3 압축 액체 상태량 데이터

표 A.9는 그 형식이 표 A.8과 비슷하지만, 여기에는 압축 액체 물의 데이터가 제공되어 있다. 표 A.9는 과열 증기 표와 같은 방식으로 사용하면 되는데, 여기에서 유의해야 할 점은 이 표에서 가장 낮은 압력이라도 여전히 꽤 높다는 것이다. 이 값들을 살펴보면, v, u, h 및 s의 값들이 압력에 따라 급격하게 변하지 않는다는 것도 알 수 있을 것이다. 그 이유는 이 값들이 주로 온도의 함수이기 때문이다. 끝으로, 유의해야 할 점은 압축 액체 같은 많은 물질의 상세한 표를 구하기가 쉽지 않다는 것이다.

결과적으로 말하자면, "압축이 약간 된" 압축 액체를 취급할 때에는 흔히 근삿값을 사용하게 된다는 것이다. 여기에서 저수준 압축 액체는 압력이 5 MPa미만의 것을 말한다. 한층 더 상세한 데이터를 구할 수 없을 때에는, 고압에서도 이러한 근삿값을 사용하여도 되며, 공학적인 관점에서 볼 때에도 그 정밀도는 크게 떨어지지 않는다. 이러한 근삿값을 정할 때에는 다음과

같이 물질의 상태량을 해당 온도에서의 물질의 포화 액체의 상태량으로 잡는 것을 의미한다. 즉,

$$v(T, P) \approx v_f(T)$$

$$u(T, P) \approx u_f(T)$$

$$s(T, P) \approx s_f(T)$$

그러나 일부 상태량에서는 다음과 같이 비엔탈피 항에 압력 보정항을 더하는 것이 더 좋다.

$$h(T, P) \approx h_f(T) + v_f(P - P_{\text{sat}}(T))$$

그러나 이 압력 보정항은 저수준 압축 액체가 수반되는 대부분의 적용에서는 그 값이 작기 마련이어서, 그 값을 무시하여도 아무런 지장이 없을 때가 많다.

심층 사고/토론용 질문

압축 액체의 건도 값이나 과열 증기의 건도 값을 계산 (및 기록) 하는 것이 옳지 않은 이유는?

요약

이 장에서는, 물질의 $P-v-T$ 거동을 학습하였으며, 상변화와 상태량 관계를 설명하였다. 또한, 상태 원리를 소개하였는데, 이 원리에서 단순 압축성 계의 순수 물질에서는 그 상태를 상세히 기술하는데 2개의 상태량이 필요하다는 사실을 알게 되었다. 이러한 상태량으로 적절한 상태식을 사용하여 다른 모든 상태량들을 구할 수 있다. 또한, 비열이라는 열역학적 상태량을 소개하였다.

이상 기체의 개념을 설명하였고 이상 기체 법칙을 소개하였다. 또한, 이상 기체에서 비엔탈피의 변화 값과 비내부 에너지의 변화 값을, 비열이 일정하다고 가정함과 동시에 계산 과정에 비열의 가변성을 반영하면서, 구하는 방법을 학습하였다. 비압축성 물질과 함께 이러한 비압축성 물질의 상태량 간의

적절한 관계를 설명하였다. 끝으로, 물과 냉매와 같이, 상변화 영역 근방에 있는 물질들의 상태량 데이터를 구하는 방법을 설명하였다. 컴퓨터를 기반으로 하는 계산원에서 물과 냉매의 상태량 데이터를 구하는 방법을 알아야 하는 중요성을 강조하였다.

이제, 열, 일 그리고 열역학적 상태량들에 관한 지식을 바탕으로 하여, 열역학 제1법칙을 습득할 준비가 되어 있다. 지금까지 배운 것을 도구로 하여, 많은 열역학적 시스템을 설계하고 해석할 때 열역학 제1법칙을 적용할 수 있을 것이다.

주요 식

이상 기체 상태식 :

이상 기체 법칙 :

$$P \Psi = mRT \tag{3.12a}$$

$$Pv = RT \tag{3.12b}$$

일정 비열 가정에서 엔탈피 변화와 내부 에너지 변화:

$$h_2 - h_1 = c_p(T_2 - T_1) \tag{3.18a}$$

$$u_2 - u_1 = c_v(T_2 - T_1) \tag{3.18b}$$

압축성 계수 :

$$Z = Pv/RT \tag{3.20}$$

반 데르 발스 상태식 :

$$\left(P + \frac{a}{v^2}\right)(v - b) = RT \tag{3.22}$$

비열이 일정한 비압축성 물질의 엔탈피 변화와 내부 에너지 변화:

$$u_2 - u_1 = c(T_2 - T_1) \tag{3.25}$$

$$h_2 - h_1 = c(T_2 - T_1) + v(P_2 - P_1) \tag{3.26}$$

$$h_2 - h_1 \approx u_2 - u_1 = c(T_2 - T_1) \tag{3.27}$$

3.1 101 kPa의 물을, 일정 압력 상태에서 125 ℃에서 50 ℃로 냉각시키는 과정을 기술하라. 열이 제거되면서 물에서는 무슨 현상이 일어나는가? 이 과정을 $T-v$ 선도에 나타내고, 기술한 내용과 선도에 나타낸 내용과의 관계를 설명하라.

3.2 101 kPa의 물을, 일정 압력 상태에서 −10 ℃에서 150 ℃로 가열시키는 과정을 기술하라. 열이 부가되면서 물에서는 무슨 현상이 일어나는가? 이 가정을 $T-v$ 선도에 나타내고, 기술한 내용과 선도에 나타낸 내용과의 관계를 설명하라.

3.3 물이 초기에는 온도가 150 ℃이고 압력은 1000 kPa이다. 용기 내의 체적이 천천히 증가하면서 압력은 80 kPa까지 감소하게 된다. 150 ℃ 물의 포화 압력은 475.8 kPa이다. 물은 이 과정에서 150 ℃로 유지된다. 이 과정을 $P-v$ 선도에 나타내고, 이 과정 중에 물에서 일어나는 현상을 기술하라.

3.4 강성 용기가 압력이 500 kPa인 압축 액체로 완전히 가득 채워졌다. 그런 다음, 이 액체 물은 용기에서 천천히 배출되지만, 이 때에도 용기 내 압력은 500 kPa로 유지된다. 액체 물은 마지막 한 방울까지 완전히 제거된다. 이 과정을 $P-v$ 선도로 그리고 이 과정에서 물에 일어나는 현상을 기술하라.

3.5 온도가 200 ℃인 물이 0.005 m³의 체적을 차지하고 있다. 이 물은 질량이 0.0525 kg이다. 포화 액체 물은 200 ℃에서 비체적 v_f이 0.001156 m³/kg이고, 포화 수증기는 비체적 v_g가 0.1274 m³/kg 이다. 포화 혼합물의 건도를 구하라.

3.6 온도가 120 ℃인 물 0.5 kg이 0.12 m³의 체적을 차지하고 있다. 120 ℃에서 포화 액체 물의 비체적 v_f는 0.0010603 m³/kg이고, 120 ℃에서 포화 수증기의 비체적 v_g는 0.8919 m³/kg이다. 포화 혼합물의 건도를 구하라.

3.7 물은 80 ℃에서 $v_f = 0.0010291$ m³/kg이고 $v_g = 3.407$ m³/kg이다. 이 물은 0.05 m³의 체적을 차지하고 있다. 다음과 같은 각각의 질량 값에서 물이 압축 액체인지, 포화 액체인지, 포화 혼합물인지, 아니면 과열 증기인지를 결정하고, 물의 건도를 각각 구하라.
(a) 60 kg, (b) 5 kg, (c) 0.025 kg, (d) 0.0147 kg, (e) 0.0095 kg

3.8 물은 400 kPa에서 $v_f = 0.0010836$ m³/kg이고 $v_g = 0.4625$ m³/kg이다. 이 물은 질량이 0.5 kg 다. 다음과 같은 각각의 체적에서 물이 압축 액체인지, 포화 액체인지, 포화 혼합물인지, 아니면 과열 증기인지를 결정하고, 물의 건도를 각각 구하라.

(a) 0.00045 m^3, (b) 0.000542 m^3, (c) 0.025 m^3, (d) 0.20 m^3, (e) 0.40 m^3

3.9 물은 180 ℃에서 v_f = 0.0011274 m^3/kg이고 v_g = 0.1941 m^3/kg이다. 180 ℃에서 물의 포화 혼합물은 건도가 0.25이다.

(a) 물의 비체적을 구하라.

(b) 물의 질량이 1.5 kg일 때, 물의 전체 체적을 구하라.

3.10 물은 1.7 MPa에서 v_f = 0.001164 m^3/kg이고 v_g = 0.1152 m^3/kg이다. 1.7 MPa에서 물의 포화 혼합물은 건도가 0.71이다.

(a) 물의 비체적을 구하라.

(b) 이 물이 0.30 m^{3}의 체적을 차지하고 있을 때, 물의 질량을 구하라.

3.11 냉매 R-134a는 −12 ℃에서 v_f = 0.0007498 m^3/kg이고 v_g = 0.1068 m^3/kg이다. −12 ℃에서 R-134a 3kg의 포화 혼합물은 건도가 0.93이다. R-134a의 비체적과 전체 체적을 각각 구하라.

3.12 냉매 R-134a는 140 kPa에서 v_f = 0.0007381 m^3/kg이고 v_g = 0.1395 m^3/kg이다. 140 kPa에서 R-134a는 질량이 5.0 kg이다. 이 R-134a가 차지하는 체적을 건도 값이 0.0에서 1.0 사이인 범위에서 건도의 함수로 그래프를 그려라.

3.13 물은 200 ℃에서 v_f = 0.0011565 m^3/kg이고 v_g = 0.1274 m^3/kg이다. 200 ℃에서 물은 체적이 0.05 m^{3}이다. 이 물의 질량을 건도 값이 0.0에서 1.0 사이인 범위에서 건도의 함수로 그래프를 그려라.

3.14 암모니아는 0 ℃에서 v_f = 0.001556 m^3/kg이고 v_g = 0.2892 m^3/kg이다. 0 ℃에서 암모니아가 들어있는 용기는 체적이 0.012 m^{3}이다. 이 암모니아의 건도를, 질량 0.042 kg ~ 7 kg 사이의 범위에서, 질량의 함수로 하는 그래프를 그려라.

3.15 포화 수증기가 14 MPa에서 비체적이 0.010 m^3/kg이다. 이 물이 이 상태에서 비체적이 일정하게 감압된다. 문제에 주어진 데이터를 살펴보고 압력이 10 MPa, 5 MPa, 1 MPa, 및 500 kPa로 떨어질 때마다 혼합물의 건도를 구하라.

P(MPa)	v_f(m^3/kg)	v_g(m^3/kg)
14	0.001611	0.01149
10	0.001452	0.01803
5	0.001286	0.04111
1	0.001127	0.1944
0.5	0.001093	0.3891

3.16 물은 임계점에서 그 비체적이 0.003155 m³/kg이다. 이 물이 비체적이 일정한 상태에서 임계점에서 냉각된다. 문제에 주어진 데이터를 살펴보고 온도가 340 ℃, 300 ℃, 200 ℃ 및 100 ℃로 각각 떨어질 때마다 혼합물의 건도를 구하라.

$T(℃)$	$v_f(\text{m}^3/\text{kg})$	$v_g(\text{m}^3/\text{kg})$
340	0.0016379	0.01080
300	0.0014036	0.02167
200	0.0011565	0.1274
100	0.0010435	1.673

3.17 공기가 압력이 200 kPa이고 체적은 0.25 m³를 차지하고 있다. 이 공기가 이상 기체 거동을 한다고 가정하고, 다음 각각의 온도에서 공기의 질량을 구하라.

(a) 25 ℃, (b) 100 ℃, (c) 250 ℃, (d) 500 ℃

3.18 공기의 온도가 350 K이다. 이 공기는 이상 기체로 거동한다고 가정한다. 이 공기의 압력을 비체적이 0.100 m³/kg에서 1.00 m³/kg 사이인 범위에서 비체적의 함수로 그래프를 그려라.

3.19 질량이 1.5 kg인 질소 기체가 압력이 690 kPa이고 온도는 390 K이다. 이 질소 기체는 이상 기체 거동을 한다고 가정하고 차지하는 부피를 구하라.

3.20 미지의 기체가 0.075 m³의 체적을 차지하고 있으며, 압력은 0.500 MPa이고 온도는 47 ℃이다. 기체는 CO_2, O_2, N_2, CH_4 중에서 결정된다. 주어진 체적, 압력, 온도를 사용하여 이 4가지 기체에 대해서 질량을 각각 구하라. 미지의 기체가 그 질량이 0.441 kg으로 측정되었다면, 이 기체는 4가지 기체 중에서 어느 것이라고 생각하는가?

3.21 미지의 기체가 플라스크 속에 들어 있다. 플라스크는 체적이 0.025 m³이고, 기체는 질량이 0.0773 kg이며 온도는 70 ℃이다. 알고 있는 사실은 이 기체가 CO_2, Ar, O_2, 아니면 CH_4 가운데 하나라는 것이다. 기체 압력이 275 kPa으로 측정되었다면, 이 기체는 4가지 기체 중에서 어느 것이라고 생각하는가?

3.22 질량이 0.035 kg이고 체적이 0.005 m³인 CH_4 기체의 압력을, 온도가 0 ℃와 200 ℃ 사이에서 변할 때, 온도의 함수로 하는 그래프를 그려라. 이 메탄은 이상 기체로 거동한다고 가정한다.

3.23 500 kPa에서 0.5 kg인 수소 기체의 전체 체적을, 온도가 –50 ℃와 300 ℃ 사이에서 변할 때, 온도의 함수로 그래프를 그려라. 이 수소는 이상 기체로 거동한다고 가정한다.

3.24 기체가 이상 기체 거동을 한다고 가정하고, 이 기체가 690 kPa 및 300 K에서 0.015 m^3의 체적을 차지할 때, 다음 각각의 기체의 질량을 구하라.

(a) 수소, (b) 메탄, (c) 질소, (d) 아르곤, (e) 이산화탄소

3.25 공기가 20 ℃에서 100 ℃로 가열된다. 이 공기는 일정한 비열로 이상 기체 거동을 한다고 가정하고, 그 비내부 에너지의 변화와 비엔탈피의 변화를 각각 구하라.

3.26 공기 2 kg의 내부 에너지가 냉각 과정 중에 50 kJ로 감소된다. 초기에 공기는 온도가 40 ℃이다. 이 공기는 일정한 비열로 이상 기체 거동을 한다고 가정하고, 그 최종 온도를 구하라.

3.27 질소 기체 1.5 kg의 엔탈피가 가열 과정 중에 28 kJ만큼 증가된다. 초기에 질소는 온도가 25 ℃이다. 이 질소는 일정한 비열로 이상 기체 거동을 한다고 가정하고, 질소의 최종 온도를 구하라.

3.28 산소 0.33 kg이 초기에는 200 kPa 및 280 K이다. 이 산소는 등압 과정에서 그 체적이 0.175 m^3이 될 때까지 팽창한다. 이 산소는 일정한 비열로 이상 기체 거동을 한다고 가정하고, 이 과정 중에 산소의 전체 내부 에너지 변화와 전체 엔탈피 변화를 각각 구하라.

3.29 산소 0.5 kg이 피스톤–실린더 기구에 들어 있다. 초기에는 체적이 0.15 m^3이고 온도는 70 ℃이다. 이 산소는 일정 압력 과정에서 그 체적이 0.12 m^3이 될 때까지 냉각된다. 이 산소는 일정한 비열로 이상 기체 거동을 한다고 가정하고, 이 과정 중에 산소의 전체 내부에너지 변화와 전체 엔탈피 변화를 각각 구하라.

3.30 다음 각각의 기체의 비엔탈피 변화를 최종 온도의 함수로 그래프를 그려라. 초기 온도는 모두 10 ℃이다. 각각의 기체는 일정한 비열로 이상 기체 거동을 한다고 가정하고, 최종 온도의 범위는 0 ℃에서 100 ℃로 한다. (a) 헬륨, (b) 메탄, (c) 공기, 및 (d) 아르곤.

3.31 다음 각각의 기체의 비엔탈피 변화를 최종 온도의 함수로 그래프를 그려라. 초기 온도는 모두 25 ℃이다. 각각의 기체는 일정한 비열로 이상 기체 거동을 한다고 가정하고, 최종 온도의 범위는 0 ℃에서 100 ℃로 한다.

(a) 수소, (b) 질소, (c) 공기, (d) 이산화탄소

3.32 메탄 0.5 kg이 초기에는 500 kPa 및 25 ℃이다. 이 메탄은 등온 과정에서 그 최종 체적이 초기 체적의 2배가 될 때까지 팽창한다. 이 메탄이 일정한 비열로 이상 기체 거동을 한다고 가정하고, 다음을 각각 구하라.

(a) 초기 체적, (b) 최종 압력, (c) 비내부 에너지의 변화, (d) 비엔탈피의 변화

3.33 아르곤은 희소 기체로 비열이 일정한데, 비열의 비가 1.667이고 이상 기체 상수는 0.2081 kJ/kg·K 이다. 아르곤의 c_p와 c_v의 값을 구하라.

3.34 네온은 비열이 일정하고 비열의 비는 1.667이다. 네온의 몰 질량은 20.183 kg/kmol이다. 네온의 c_p와 c_v의 값을 구하라.

3.35 크세논은 희소 기체로 비열이 일정하며 비열의 비가 1.667이다. 정압비열 c_p는 0.1583 kJ/kg·K이 다. 크세논의 정적비열 c_v, 분자 질량 및 이상 기체 상수를 각각 구하라.

3.36 공기가 초기 온도 300 K에서 최종 온도 1200 K로 가열된다. 비열의 가변성을 고려하여, 이 과정에서 비내부 에너지 변화와 비엔탈피 변화를 각각 구하라.

3.37 공기가 610 K에서 280 K로 냉각된다. 비열의 가변성을 고려하여, 이 과정에서 비내부 에너지 변화와 비엔탈피 변화를 각각 구하라.

3.38 공기 1.5 kg이 초기에는 25 ℃이다. 이 공기의 엔탈피는 850 kJ만큼 증가된다. 비열의 가변성을 고려하여, 공기의 최종 온도를 구하라.

3.39 공기 2.75 kg이 초기에는 800 ℃이다. 이 공기의 내부 에너지는 냉각 과정에서 525 kJ만큼 감소된다. 비열의 가변성을 고려하여, 공기의 최종 온도를 구하라.

3.40 공기 0.7 kg이 초기에는 17 ℃이다. 이 공기에 열이 가해져서 내부에너지가 85 kJ만큼 증가된다. 비열의 가변성을 고려하여 공기의 최종 온도를 구하라.

3.41 공기 비열의 가변성을 고려하여, 공기가 1300 K의 초기 온도로부터 300 K와 1200 K 사이 범위의 최종 온도까지 냉각됨에 따라 공기의 비내부에너지 변화와 비엔탈피 변화를 그래프로 그려라.

3.42 공기 비열의 가변성을 고려하여, 공기가 0 ℃의 초기 온도로부터 100 ℃와 1000 ℃ 사이 범위의 최종 온도까지 냉각됨에 따라, 공기의 비엔탈피 변화의 그래프를 그려라.

3.43 공기 비열의 가변성을 고려하여, 공기가 1250 K의 초기 온도로부터 300 K와 1200 K 사이 범위의 최종 온도까지 냉각됨에 따라, 공기의 비내부 에너지 변화의 그래프를 그려라.

3.44 공기가 초기에는 25 ℃이다. 다음 각각의 조건을 고려하여, 공기가 30 ℃와 1200 ℃ 사이 범위의 최종 온도로 가열됨에 따라, 공기의 비내부 에너지 변화의 그래프를 그려라.
   (a) 비열이 c_v = 0.718 kJ/kg·K로 일정함

(b) 비열이 가변적임

3.45 다음 각각의 조건을 고려하여 25 ℃에서 1000 ℃로 가열되는 공기의 비엔탈피 변화를 구하라.

  (a) 비열은 25 ℃에서 잡은 값으로 일정함
  (b) 비열은 1000 ℃에서 잡은 값(c_p = 1.185 kJ/kg·K)으로 일정함
  (c) 비열은 500 ℃에서 잡은 값으로 일정함
  (d) 비열이 가변적임

3.46 질량이 0.7 kg인 공기가 초기에는 온도가 1100 ℃이다. 냉각 과정에서, 이 공기의 내부 에너지는 370 kJ 만큼 감소된다. 다음과 같은 조건에서 공기의 온도를 각각 구하라.

  (a) 비열이 1100 ℃에서 잡은 값으로 일정함
  (b) 비열이 40 ℃에서 잡은 값으로 일정함
  (c) 비열이 가변적임

3.47 다음과 같은 조건에서 질소 기체의 압축성 계수를 각각 구하라.

  (a) T = 298 K 및 P = 101 kPa
  (b) T = 200 K 및 P = 10,000 kPa
  (c) T = 600 K 및 P = 10,000 kPa
  (d) T = 600 K 및 P = 50 kPa

3.48 다음과 같은 조건에서 250 K 및 3500 kPa인 산소의 비체적을 각각 구하라.

  (a) 이상 기체 거동, (b) 압축성 계수를 사용

3.49 이상 기체 법칙과 압축성 계수를 사용하여, 온도가 300 K이고 비체적이 각각 다음과 같을 때, 메탄 기체의 압력을 각각 구하라.

  (a) 0.005 m³/kg, (b) 0.05 m³/kg, (c) 0.5 m³/kg

3.50 이상 기체 법칙과 압축성 계수를 사용하여, 비체적이 0.010 m³/kg이고 압력이 각각 다음과 같을 때, 산소 기체의 온도를 각각 구하라.

  (a) 5,000 kPa, (b) 10,000 kPa, (c) 20,000 kPa

3.51 이상 기체 법칙과 압축성 계수를 사용하여, 비체적이 0.010 m³/kg이고 온도가 각각 다음과 같을 때, 질소 기체의 압력을 각각 구하라.

  (a) 600 K, (b) 300 K, (c) 150 K

3.52 압축성 계수가 1의 10 % 이내(0.90과 1.0 사이)에 드는 물질에 이상 기체 법칙을 적용하여도 이를 근사치로 받아들일 수 있다고 생각하고, 기체가 온도가 300 K로 이상 기체 거동을 할 때 허용 압력 범위를 다음의 기체에서 각각 구하라.

(a) 수소, (b) 산소, (c) 이산화탄소

3.53 온도가 각각 다음과 같을 때, 문제 3.52를 다시 풀어라.

(a) 200 K, (b) 500 K

3.54 압축성 계수가 0.80 ~ 1.0 사이의 범위에 드는 물질에 이상 기체 법칙을 적용하여도 이를 근사치로 받아들일 수 있다고 생각하고, 문제 3.52를 다시 풀어라.

3.55 압축성 계수가 1의 10 % 이내(0.90과 1.0 사이)에 드는 물질에 이상 기체 법칙을 적용하여도 이를 근사치로 받아들일 수 있다고 생각하고, 기체가 압력이 500 kPa로 이상 기체 거동을 할 때 허용 온도 범위를 다음의 기체에서 각각 구하라.

(a) 수소, (b) 산소, (c) 이산화탄소

3.56 압력이 각각 다음과 같을 때, 문제 3.55를 다시 풀어라.

(a) 2500 kPa, (b) 25 MPa

3.57 이상 기체 법칙과 반데르발스 식을 모두 사용하여, 비체적이 0.95 m^3/kg이고 온도가 350 K일 때, N_2의 압력을 구하라.

3.58 이상 기체 법칙과 반데르발스 식을 모두 사용하여, 압력이 1000 kPa이고 비체적이 다음과 같을 때, O_2의 온도를 각각 구하라.

(a) 0.5 m^3/kg, (b) 0.1 m^3/kg, (c) 0.05 m^3/kg

3.59 이상 기체 법칙과 반 데르 발스 식을 모두 사용하여, 압력이 2500 kPa이고 비체적이 다음과 같을 때, CO_2 의 온도를 각각 구하라.

(a) 0.4 m^3/kg, (b) 0.1 m^3/kg, (c) 0.04 m^3/kg

3.60 질소가 비체적이 0.25 m^3/kg이다. 이상 기체 법칙과 반데르발스 식을 모두 사용하여, 압력이 250 kPa과 2500 kPa 사이에서 변화할 때 질소의 온도를 표로 작성하고, 두 값의 차를 압력의 함수로 하는 그래프를 그려라.

3.61 이산화탄소가 압력이 1500 kPa이다. 이상 기체 법칙과 반데르발스 식을 모두 사용하여, 온도가

각각 다음과 같을 때, CO_2의 비체적을 각각 구하라.

(a) 250 K, (b) 500 K, (c) 2000 K

3.62 산소가 압력이 3000 kPa이다. 이상 기체 법칙과 압축성 계수 및 반 데르 발스 식을 모두 사용하여, 온도가 각각 다음과 같을 때, O_2의 비체적을 각각 구하라.

(a) 200 K, (b) 500 K, (c) 1500 K.

3.63 납을 $c = 0.129$ kJ/kg·K인 비압축성 물질이라고 하고, 납 10 kg이 150 ℃에서 50 ℃로 냉각될 때, 내부에너지의 변화를 구하라.

3.64 철을 $c = 0.42$ kJ/kg·K인 비압축성 물질이라고 하고, 철 5 kg이 25 ℃에서 200 ℃ 가열될 때, 내부 에너지 변화를 구하라.

3.65 체적이 0.002 m^3인 주석 블록이 150 ℃에서 80 ℃로 냉각되고 있다. 이 주석이 밀도가 7304 kg/m^3이고 비열이 0.22 kJ/kg·K일 때, 이 과정에서 주석의 전체 내부 에너지 변화를 구하라.

3.66 어떤 환경에서는 얼음과 액체 물을 모두 다 비열이 일정한 비압축성 물질로 보기도 한다. 다음 각각에서 비내부 에너지 변화를 구하라. 얼음은 $c = 2.04$ kJ/kg·K이고, 액체 물은 $c = 4.18$ kJ/kg·K이다.

(a) 101.325 kPa에서 −5 ℃에서 −25 ℃로 냉각되고 있는 얼음

(b) 101.325 kPa에서 20 ℃에서 40 ℃로 가열되고 있는 액체 물.

3.67 구리는 밀도가 8890 kg/m^3이고 비열이 0.387 kJ/kg·K이다. 구리 블록이 101 kPa 및 300 K에서 2 MPa 및 720 K로 그 압력과 온도가 증가하는 과정을 겪고 있다. 이 과정에서 구리의 비내부 에너지 변화와 비엔탈피 변화를 구하라. 엔탈피를 계산할 때에는 압력 항을 무시하지 않는다.

3.68 펌프에 밀도가 910 kg/m^3이고 비열이 1.8 kJ/kg·K인 기름이 들어 있다. 이 펌프에서는 기름의 압력이 100 kPa에서 5000 kPa로 증가되는 반면에 기름의 온도는 40 ℃에서 90 ℃로 증가된다. 이 기름의 비내부 에너지 변화와 비엔탈피 변화를 구하라. 최종 압력이 얼마일 때 비엔탈피 변화에서 압력 항을 무시해도 된다고 생각하는가?

3.69 다음 각각의 비압축성 물질들은 온도를 300 K에서 500 K로 증가시킬 목적으로 가열을 시켜, 내부 에너지가 1500 kJ만큼 증가하게 된다. 이렇게 온도 증가가 이루어지게 되는 다음 물질의 질량을 각각 구하라.

(a) 알루미늄($c = 0.90$ kJ/kg·K)

(b) 금($c = 0.13$ kJ/kg·K

(c) 아연($c = 0.39$ kJ/kg $\cdot$ K)

(d) 가솔린($c = 2.08$ kJ/kg $\cdot$ K)

3.70 다음 물질들은 모두 다 비압축성 물질로서 질량이 모두 다 5 kg이고, 내부 에너지를 100 kJ를 제거함으로써 초기 온도 450 K에서 냉각이 된다. 다음 물질의 최종 온도를 각각 구하라.

(a) 구리($c = 0.395$ kJ/kg $\cdot$ K)

(b) 석회석($c = 0.909$ kJ/kg $\cdot$ K)

(c) 철($c = 0.45$ kJ/kg $\cdot$ K)

(d) 수은($c = 0.139$ kJ/kg $\cdot$ K)

3.71 부록에 있는 수증기 표를 사용하여, 다음과 같은 물의 열역학적 상태량 표를 완성하라. 계산 결과는 컴퓨터 기반 프로그램이나 앱을 사용하여 확인하라.

T(℃)	P(kPa)	v(m³/kg)	h(kJ/kg)	상 (건도, 해당할 때만)
200				포화($x = 0.45$)
150			850	
	500		3483.9	
		1.091		포화 증기($x = 1.0$)

3.72 부록에 있는 수증기 표를 사용하여, 다음과 같은 물의 열역학적 상태량 표를 완성하라. 계산 결과는 컴퓨터 기반 프로그램이나 앱을 사용하여 확인하라.

T(℃)	P(kPa)	v(m³/kg)	h(kJ/kg)	상 (건도, 해당할 때만)
150				포화($x = 0.25$)
	500		2150	
400	1000			
	300	0.820		

3.73 부록에 있는 수증기 표를 사용하여, 다음과 같은 물의 열역학적 상태량 표를 완성하라. 계산 결과는 컴퓨터 기반 프로그램이나 앱을 사용하여 확인하라.

T(℃)	P(kPa)	v(m³/kg)	h(kJ/kg)	상 (건도, 해당할 때만)
	2000			포화 증기($x = 1.0$)
500			3445	
100	10,000			
20				포화($x = 0.75$)

3.74 부록에 있는 수증기 표를 사용하여, 다음과 같은 물의 열역학적 상태량 표를 완성하라. 계산 결과는 컴퓨터 기반 프로그램이나 앱을 사용하여 확인하라.

T(℃)	P(kPa)	v(m³/kg)	h(kJ/kg)	상 (건도, 해당할 때만)
350	200			
	400	0.320		
420	5000			
510	3300			

3.75 부록에 있는 수증기 표를 사용하여, 다음과 같은 물의 열역학적 상태량 표를 완성하라. 계산 결과는 컴퓨터 기반 프로그램이나 앱을 사용하여 확인하라.

T(℃)	P(kPa)	v(m³/kg)	h(kJ/kg)	상 (건도, 해당할 때만)
55				포화($x = 0.67$)
	1400	0.0774		
315			3066	
	6900	0.001001		

3.76 부록에 있는 수증기 표를 사용하여, 다음과 같은 물의 열역학적 상태량 표를 완성하라. 계산 결과는 컴퓨터 기반 프로그램이나 앱을 사용하여 확인하라.

T(℃)	P(kPa)	v(m³/kg)	u(kJ/kg)	상 (건도, 해당할 때만)
250				포화 액체($x = 0.0$)
50	15,000			
	10,000		2832	
	600			포화($x = 0.40$)

3.77 부록에 있는 수증기 표를 사용하여, 다음과 같은 물의 열역학적 상태량 표를 완성하라. 계산 결과는 컴퓨터 기반 프로그램이나 앱을 사용하여 확인하라.

T(℃)	P(kPa)	v(m³/kg)	u(kJ/kg)	상 (건도, 해당할 때만)
385	10,000			
150				포화($x = 0.82$)
	585	0.250		
	1500			포화 증기($x = 1.0$)

3.78 냉매 R-134a의 열역학적 상태량을 구할 수 있는 인터넷 기반 컴퓨터 프로그램이나 앱을 찾아보라. 이 컴퓨터 프로그램이나 앱을 사용하여, 다음과 같은 R-134a의 열역학적 상태량 표를 완성하라.

T(℃)	P(kPa)	v(m³/kg)	h(kJ/kg)	상 (건도, 해당할 때만)
−20				포화 액체($x=0.0$)
	400			포화 증기($x=1.0$)
35		0.015		
20	190			
	700	0.0347		

3.79 냉매 R-134a의 열역학적 상태량을 구할 수 있는 인터넷 기반 컴퓨터 프로그램이나 앱을 찾아보라. 이 컴퓨터 프로그램이나 앱을 사용하여, 다음과 같은 R-134a의 열역학적 상태량 표를 완성하라.

T(℃)	P(kPa)	v(m³/kg)	h(kJ/kg)	상 (건도, 해당할 때만)
−20				포화 액체($x=0.0$)
	860			포화($x=0.75$)
	515	0.0094		
−7	175			
44		0.042		

3.80 암모니아(냉매로 사용됨)의 열역학적 상태량을 구할 수 있는 인터넷 기반 컴퓨터 프로그램이나 앱을 찾아보라. 이 컴퓨터 프로그램이나 앱을 사용하여, 다음과 같은 암모니아의 열역학적 상태량 표를 완성하라.

T(℃)	P(kPa)	v(m³/kg)	h(kJ/kg)	상 (건도, 해당할 때만)
−25				포화($x=0.20$)
	310			포화 증기($x=1.0$)
5	120			
20		0.05		
	620	0.250		

3.81 암모니아 (냉매로 사용됨) 의 열역학적 상태량을 구할 수 있는 컴퓨터 기반 프로그램이나 앱을 찾아보라. 이 컴퓨터 기반 프로그램이나 앱을 사용하여, 다음과 같은 암모니아의 열역학적 상태량 표를 완성하라.

T(℃)	P(kPa)	v(m³/kg)	h(kJ/kg)	상 (건도, 해당할 때만)
	500			포화($x=0.60$)
0				포화 증기($x=1.0$)
15	300			
	200	0.20		
−20		0.95		

열역학 제1법칙

학습 목표

4.1 열역학적 계에 질량 보존을 적용한다.

4.2 열역학 제1법칙의 바탕이 되는 개념을 식별한다.

4.3 열역학 제1법칙을 여러 가지 유형의 개방계에 적용하여 푼다.

4.4 열역학 제1법칙을 사용하여 일반적인 유형의 밀폐계에서 에너지 균형을 계산한다.

4.5 열기관의 열효율과 냉동기 및 열펌프의 성능계수를 설명한다.

4.1 서론

에너지란 무엇인가? 대부분의 엔지니어들은 이 단순한 질문 때문에 열역학의 핵심에 이르게 된다. 엔지니어라면 엔진을 취급하게 될 때면 십중팔구 이 질문을 하게 된다. 연료는 언제라도 방출될 수 있는 화학 에너지를 담고 있는데, 이러한 연료가 엔진에 공급이 되면 이 에너지에는 어떤 현상이 벌어질 것인가? 전기가 공기 압축기에 공급되면 그 에너지는 어디로 가는 것일까? 터빈에 유입되는 고속의 수증기 제트류에 들어 있는 에너지는 어떻게 되는 것일까? 에너지를 쫓아가 보려면 에너지 균형을 잡아주어야 한다. 이러한 균형에서, 에너지에서 일어나는 현상들을 알게 되고 에너지가 이동되게 하는 데 사용해야 할 수단들을 알게 되기 마련이다.

에너지 균형은 열역학 제1법칙을 사용하여 잡을 수 있는데, 이 법칙은 일상의 공학 적용에서 기본이 된다. 이 열역학 제1법칙은 또한 **에너지 보존 법칙**이라고도 하는데, 이는 다음과 같이 간단한 말로 표현하기도 한다. 즉,

에너지는 생성되지도 않고 소멸되지도 않는다.

이 짤막한 표현은 엔지니어가 계나 과정에서의 전체 에너지 흐름을 해석하는 데 강력한 도구가 된다. 예를 들어, 열역학 제1법칙을 사용함으로써 엔지니어는 과정에서 일어나게 되는

열전달이나 일 상호작용을 구하게 되고 계의 예상 온도를 계산할 수 있다.

에너지는 생성되지도 않고 소멸되지도 않지만, 에너지는(제2장에서 설명한 대로) 계 자체 내에서 그 형태가 변할 수는 있다. 에너지는 내부 에너지, 운동 에너지 및 위치 에너지 사이에서 변화할 수 있다. 이와 마찬가지로, 에너지는 열전달, 일 및 물질 유동으로 계의 안팎으로 전달되기도 한다. 에너지가 계의 경계를 지나 전달될 때에는, 계의 전체 에너지가 증가되기도 하고 감소되기도 한다. 이러한 내용을 반영하여 열역학 제1법칙을 바꿔 쓰면 다음과 같다.

계의 순 에너지 유입/유출 전달 = 계의 에너지 변화

열역학 제1법칙은 제2장에서 전개된 개념들을 사용하여 유도하게 된다. 그러나 물질 전달이 열역학 제1법칙 해석에서는 필수 부분이 되기도 하므로, 먼저 계에서의 질량 거동을 살펴보기로 한다.

4.2 질량 보존

에너지가 보존이 되는 것처럼, 근본이 되는 고전 물리 개념도 바로 질량 보존의 법칙이다. 이 법칙은 질량은 생성되지도 않고 소멸되지도 않는다는 사실을 명시하고 있다. (여기에서 주목해야 할 점은, 아인슈타인이 $E = mc^2$(여기에서, c는 빛의 속도임)라는 관계식을 통하여 질량과 에너지의 등가성을 발견함으로써, 열역학 제1법칙과 질량 보존 법칙을 더욱 더 정확하게 에너지 및 질량 보존의 법칙이라고 부르게 되었다는 것이다. 그러나 비핵 과정에서는, 질량 보존과 에너지 보존을 별개로 고려하는 것이 적절하다.) 에너지처럼 물질도 개방계에 유입되거나 개방계에서 유출되거나 하는 것이지만, 에너지와는 달리 물질은 그 형태가 변하는 것으로 보지는 않는다. 그러므로 질량 보존은 다음과 같이 표현할 수 있다.

계의 순 물질 유입/유출 전달 = 계의 물질 질량 변화

그림 4.1과 같이 2 kg의 물이 들어 있는 피처(pitcher)가 있다고 하자. 이제, 이 피처에 0.5 kg의 물을 부어 넣으면, 이로써 피처 안에는 2.5 kg의 물이 들어 있는 셈이 된다. 그런 다음, 피처에서 1 kg의 물을 따라내면 1.5 kg의 물이 남게 된다. 각각의 경우에 계의 질량 변화량은 부어 넣거나 따라낸 물의 질량과 같다.

다중 입구, 다중 출구로 되어 있는 계에서 질량 보존을 변화율 기준으로 다음과 같이 공식 형태로 쓸 수 있다.

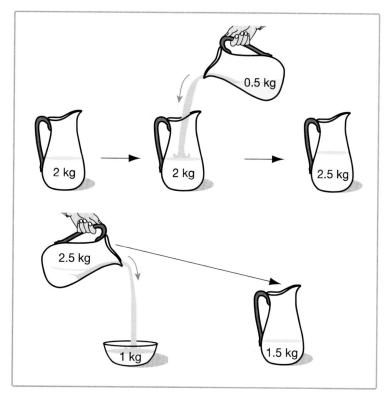

〈그림 4.1〉 질량이 계를 출입(이 경우에는 물을 피처로 부어 넣거나 피처에서 따라내고 있음)하면서, 계의 전체 질량은 변한다.

$$\sum_{i=1}^{j} \dot{m}_i - \sum_{e=1}^{k} \dot{m}_e = \left(\frac{dm}{dt} \right)_{\text{system}} \tag{4.1}$$

여기에서, $\dot{m}_i$는 입구 i를 통한 질량 유량이고, $\dot{m}_e$는 출구 e를 통한 질량 유량이며, j는 입구의 개수이고, k출구의 개수이다.〈역자 주〉식 (4.1)은 계의 질량 변화율이 계를 출입하는 순 질량 유량과 같다는 내용이다.

여러 가지 과정 중에서 특별한 유형으로는, **정상 상태, 정상 유동**(steady-state, steady-flow) 과정이 있다. 이러한 과정에서 계가 정상 상태에서는 계의 상태량들이 시간이 지나도 항상 일정하다는 것을 의미한다. 과정 중에 계를 출입하는 유동 또한 시간이 지나도 일정하게 된다면, 이는 "정상 유동"을 나타낸다. 예를 들어, 계가 정상 상태, 정상 유동 과정을 겪고 있을 때에는, 어느 순간에 계의 온도가 40 ℃로 측정이 되었으면, 1 분이 지나거나 10 분이 지나도, 아니면 1 시간이 지나도, 계속해서 이 과정이 지속된다고 해도, 온도는 여전히 40 ℃에 있게 되는 것이다. 이와 마찬가지로, 과정에서 입구 유동 상태가 0.1 kg/s로 일정하게 되면, 이 유량은

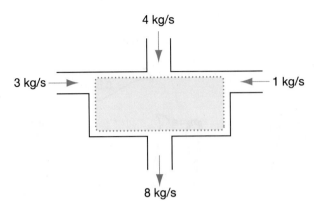

4 kg/s

3 kg/s →   ← 1 kg/s

8 kg/s

〈그림 4.2〉 개방계에는 입구와 출구가 여러 개가 있을 때도 있다.
정상 상태 과정에서는 순 유입 질량은 순 유출 질량과 같다.

과정이 지속되는 한 동일하게 된다. 이후, 많은 과정들이 정상 상태, 정상 유동 과정으로 적절하게 모델링되는 것을 볼 수 있을 것이다.

정상 상태, 정상 유동 과정에서 계의 질량은, 계의 다른 상태량처럼 시간이 지나도 일정하기 마련이다. 그러므로 그림 4.2와 같은 정상 상태, 정상 유동 과정에서는 식 (4.1)이 다음과 같이 변환된다.

$$\sum_{i=1}^{j} \dot{m}_i - \sum_{e=1}^{k} \dot{m}_e = 0 \tag{4.2}$$

더군다나, 개방계는 그림 4.3과 같이 단일 입구, 단일 출구만 있을 때가 많다. 단일 입구, 단일 출구만 있는 정상 상태, 정상 유동 과정에서는 질량 보존이 다음과 같이 된다.

$$\dot{m}_i - \dot{m}_e = 0 \tag{4.3}$$

식 (4.3)에서 분명한 점은, 계로 유입되는 질량 유량은 계에서 유출되는 질량 유량과 같으므로 질량 유량을 그 기호에 하첨자를 붙이지 않고 단지 $\dot{m}$로 표시하게 될 때가 많다는 것이다. 그러므로 정상 상태, 정상 유동, 단일 입구, 단일 출구 계에서는 다음과 같이 식을 세울 수 있다.

2 kg/s →   → 2 kg/s

〈그림 4.3〉 개방계에 입구와 출구가 한 개씩 있을 때, 정상 상태 과정에서는 유동하는 질량 유량이 동일하기 마련이다.

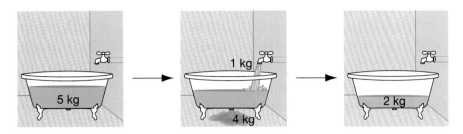

〈그림 4.4〉 액체 질량이 담겨 있는 용기에 질량을 어느 정도 유입시키면서, 한편으로는 달리 질량을 유출시켰다. 용기 안에 들어 있는 최종 질량은 원래 질량에 유입된 질량을 더한 다음 유출된 질량을 빼준 것과 같다.

$$\dot{m}_i = \dot{m}_e = \dot{m} \tag{4.4}$$

특히, 그림 4.4와 같은 비정상 과정에서는, 질량 유량보다도 계를 출입하는 전체 유동에 더 관심을 두어야 할 때도 있다. 이러한 경우에는, 식 (4.1)을 시간에 관하여 적분을 하게 되면 어떤 초기 상태 1과 최종 상태 2 사이 과정(과정 1 → 2라고 쓰기도 함)에서 다음 식과 같이 결론을 내릴 수 있다.

$$\sum_{i=1}^{j} m_i - \sum_{e=1}^{l} m_e = m_2 - m_1 = \Delta m_{\text{system}} \tag{4.5}$$

즉, 과정 중에 유입되는 전체 질량에서 유출되는 전체 질량을 뺀 것은 계의 질량 변화와 같다.

1차원 유동(관이나 이와 유사한 오리피스를 흐르는 유동을 일반적으로 근사화하는 유동 유형)에서 질량 유량을 구하는 것은 비교적 쉽다. 체적 유량 $\dot{V}$ 는 있는 그대로 유체의 속도 V 에 단면적 A 를 곱한 것으로 다음과 같다. 즉,

$$\dot{V} = VA \tag{4.6}$$

그러면 유체의 질량 유량은 밀도 ρ 에 체적 유량을 곱한 것이나, 또는 이와 등가로 체적 유량을 비체적 v 로 나눈 것으로 다음과 같다. 즉,

$$\dot{m} = \rho \dot{V} = \rho VA = \frac{VA}{v} = \frac{\dot{V}}{v} \tag{4.7}$$

유의해야 할 점은, 정상 상태, 정상 유동 문제에서는 질량 유량은 일정하지만, 체적 유량은 유체 밀도가 변화함에 따라 변할 수도 있다는 것이다.

▶ 예제 4.1

그림과 같은 장치가 있다. 이 장치에는 입구가 3개 있고 출구가 2개 있다. 어느 순간에 이 3개의 입구를 통하여 유입되는 물의 질량 유량은 각각 2 kg/s, 3 kg/s 및 5 kg/s이다. 그 순간에 2개의 출구를 통하여 유출되는 물의 질량 유량은 각각 7 kg/s와 6 kg/s이다. 이 순간에 계에서의 물의 질량 변화율을 구하라.

주어진 자료 : 입구 : $\dot{m}_1 = 2$ kg/s, $\dot{m}_2 = 3$ kg/s, $\dot{m}_3 = 5$ kg/s

출구 : $\dot{m}_4 = 7$ kg/s, $\dot{m}_5 = 6$ kg/s

구하는 값 : $\left(\dfrac{dm}{dt}\right)_{\text{system}}$

풀이 질량이 장치에 유입 및 유출하고 있으므로, 이 장치는 개방계를 나타낸다고 보아야 한다. 작동 유체는 물이다.

식 (4.1)은 다음과 같다.

$$\sum_{i=1}^{j} \dot{m}_i - \sum_{e=1}^{k} \dot{m}_e = \left(\frac{dm}{dt}\right)_{\text{system}}$$

이 문제에서는, $j = 3$이고 $k = 2$이다. 문제를 간단화하는 가정은 전혀 없다. 식을 전개하면 다음과 같이 된다.

$$\begin{aligned}\left(\frac{dm}{dt}\right)_{\text{system}} &= (\dot{m}_1 + \dot{m}_2 + \dot{m}_3) - (\dot{m}_4 + \dot{m}_5) \\ &= (2\,\text{kg/s} + 3\,\text{kg/s} + 5\,\text{kg/s}) - (7\,\text{kg/s} + 6\,\text{kg/s}) \\ &= -3\,\text{kg/s}\end{aligned}$$

해석 : 그러므로 이 장치에서는 물이 3 kg/s로 손실된다. 이는 정상 상태가 아니므로 이 손실률은 시간에 따라 지속될 수가 없다.

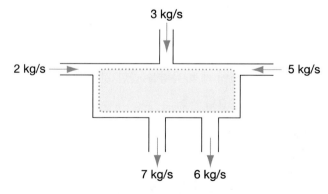

예제 4.1의 문제 내용을 나타내고 있는 용기 그림.

▸ 예제 4.2

정상 상태, 정상 유동 장치에 압력이 500 kPa이고 온도가 200 ℃인 수증기가 직경이 0.05 m인 원형 입구를 통하여 30 m/s의 속도로 유입된다. 이 수증기는 200 kPa, 150 ℃의 상태에서 단면적이 0.015 m²인 출구를 통하여 장치에서 유출된다. 수증기의 유출 속도를 구하라.

주어진 자료 : $P_1 = 500 \text{ kPa}$, $T_1 = 200\,℃$, $V_1 = 30 \text{ m/s}$, $d_1 = 0.05 \text{ m}$

$P_2 = 200 \text{ kPa}$, $T_2 = 150\,℃$, $A_2 = 0.015 \text{ m}^2$

구하는 값 : V_2

풀이 이 장치는 개방계이며 작동 유체는 증기(수증기)이다. 수증기의 열역학적 특성량은 컴퓨터 프로그램이나 과열 수증기 표에서 구하면 된다.

이 장치는 정상 상태, 정상 유동 장치이므로, 계에 유입되는 질량 유량은 계에서 유출되는 질량 유량과 같다. 질량 보존은, 정상 상태일 때는 식 (4.1)을 0으로 놓으면 다음과 같이 된다. 즉,

$$\sum_{i=1}^{i} \dot{m}_i - \sum_{e=1}^{k} \dot{m}_e = \left(\frac{dm}{dt} \right)_{\text{system}}$$

입구가 하나이고 출구도 하나이므로 이 식은 다음과 같이 된다.

$$\dot{m}_1 = \dot{m}_2 = \dot{m}$$

질량 유량은 식 (4.7)을 사용하여 입구에 주어진 정보에서 구하면 된다.

$$\dot{m} = \frac{V_1 A_1}{v_1}$$

원형 입구의 단면적은 다음과 같다.

$$A_1 = \frac{\pi d_1^2}{4} = 0.001963 \text{ m}^2$$

수증기의 비체적은 컴퓨터 프로그램에서 다음과 같이 구할 수 있다. 즉,

$$v_1 = 0.42503 \text{ m}^3/\text{kg}$$

그러므로 질량 유량은 다음과 같다.

$$\dot{m} = \frac{(30 \text{ m/s})(0.001963 \text{ m}^2)}{0.42503 \text{ m}^3/\text{kg}} = 0.1386 \text{ kg/s}$$

출구에서는 다음과 같다.

$$\dot{m} = \frac{V_2 A_2}{v_2}$$

컴퓨터 프로그램에서 다음과 같이 나온다.

$$v_2 = 0.95986 \, \text{m}^3/\text{kg}$$

식을 풀어 출구에서의 유출 속도를 구하면 다음과 같다.

$$V_2 = \frac{\dot{m} v_2}{A_2} = \frac{(0.1386 \, \text{kg/s})(0.95986 \, \text{m}^3/\text{kg})}{0.015 \, \text{m}^2}$$

$$\boldsymbol{V_2 = 8.87 \, \text{m/s}}$$

해석 : 이 값은, 입구 속도를 고려하고 출구 면적이 입구 면적보다 더 크다는 사실을 고려해 보면, 확실히 타당한 출구 속도이다. 또한, 출구 비체적은 입구 비체적의 약 2배 정도가 되는데, 이 때문에 속도가 영향을 받는 것은 당연하지만 속도를 극적으로 바꿔놓지는 못한다.

4.3 개방계에서의 열역학 제1법칙

이제 열역학 제1법칙의 일반식을 전개할 준비가 되었으므로, 이 일반식을 개방계에 적용해보자. 수많은 일반적인 개방계를 다뤄본 후에, 특별한 경우인 밀폐계에 적용할 수 있는 열역학 제1법칙의 간단한 형태를 전개할 것이다.

4.3.1 일반적인 열역학 제1법칙

이 장의 서론에서 열역학 제1법칙은 에너지가 생성되지도 않고 소멸되지도 않는다고 하는 내용이라고 한 바가 있다. 이 법칙은 더 나아가서 계의 순 에너지 유입/유출 전달은 계의 에너지 변화와 같다는 내용으로 해석되기도 한다. 이 내용을 기호식으로 나타낼 수 있으므로 이를 먼저 변화율 기준으로 전개하게 되면 다음과 같다. 즉,

$$\dot{E}_{\text{transfer}} = \left(\frac{dE}{dt} \right)_{\text{system}} \tag{4.8}$$

여기에서는, 계로 유입되는 에너지 전달률을 양(+)으로 잡는다. 그림 4.5는 이 식을 그 이상으로 전개하는 데 사용할 수 있는 일반적인 개방계이다. 에너지는 3가지 방식으로 전달되므로, 변화율 기준으로 식을 쓰면 다음과 같다.

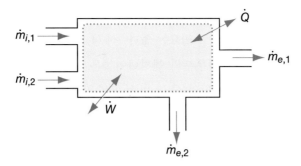

<그림 4.5> 물질이 유동하는 입구와 출구가 여러 개이고 열전달과 일의
상호작용도 함께 나타나 있는 일반적인 열역학 제1법칙의 그림 표현.

$$\dot{E}_{\mathrm{transfer}} = \dot{Q} - \dot{W} + \dot{E}_{\mathrm{mass\ flow}} \tag{4.9}$$

식 (4.9)에서 $\dot{Q}$는 계로 유입되는 순 열전달률인데, 여기에는 다중 열원이나 다중 열침(heat
sink)이 포함될 수 있다. 마찬가지로, 순 동력 $\dot{W}$에는 다중 일 전달 상호작용이 포함될 수
있다. 물질 유동을 통한 에너지 전달률을 나타내는 식 (2.33)을 고려하면, 식 (4.9)는 다음과
같이 바꿔 쓸 수 있다.

$$\dot{E}_{\mathrm{transfer}} = \dot{Q} - \dot{W} + \sum_{i=1}^{j} \dot{m}_i \left(h + \frac{V^2}{2} + \mathrm{g}z \right)_i - \sum_{e=1}^{k} \dot{m}_e \left(h + \frac{V^2}{2} + \mathrm{g}z \right)_e \tag{4.10}$$

계 에너지의 시간 변화율은 다음과 같은 식으로 세울 수 있다.

$$\left(\frac{dE}{dt} \right)_{\mathrm{system}} = \frac{d\left(mu + m\frac{V^2}{2} + mgz \right)_{\mathrm{system}}}{dt} \tag{4.11}$$

식 (4.11)에서 주목해야 할 점은, 계의 에너지 변화는 다음과 같은 경우에 일어날 수 있다는
것이다. 즉, (a) 계의 질량이 변화하고 있을 때, (b) 계의 내부 에너지나 속도나 높이가 변화하고
있을 때, 또는 (c) 계의 질량과 비에너지가 변화하고 있을 때 일어난다. 식 (4.10)과 식 (4.11)을
식 (4.8)에 대입하게 되면 열역학 제1법칙의 일반적인 표현이 시간 변화율(rate) 기준으로
나온다.

$$\dot{Q} - \dot{W} + \sum_{i=1}^{j} \dot{m}_i \left(h + \frac{V^2}{2} + \mathrm{g}z \right)_i - \sum_{e=1}^{k} \dot{m}_e \left(h + \frac{V^2}{2} + \mathrm{g}z \right)_e = \frac{d\left(mu + m\frac{V^2}{2} + mgz \right)_{\mathrm{system}}}{dt}$$

$$\tag{4.12}$$

기억해야 할 점은, 식 (4.12)에 있는 열전달률과 동력 항에는 여러 개의 값이 포함될 수 있으므로 열전달이나 동력 상호작용이 꼭 하나일 필요는 없다. 식 (4.12)는 사용하기 어려운 매우 복잡한 식으로 보일지도 모른다. 그러나 대부분의 엔지니어들은 이 완전한 형태의 열역학 제1법칙 식을 거의 사용하려고 하지 않고, 오히려 식 (4.12)를 단순화하여 대부분의 공학 해석에 적합한 형태의 열역학 제1법칙 식을 만들어내려고 한다. 이 장의 나머지 많은 부분은 열역학 제1법칙을 단순화하는 법을 학습하고 그 결과 식들을 일반적인 공학 환경에 적용하는 것에 할애하고 있다.

4.3.2 정상 상태, 정상 유동, 단일 입구, 단일 출구 개방계에 열역학 제1법칙을 적용하기

앞에서 설명하였듯이, 정상 상태, 정상 유동 과정은 열역학적 계의 상태량들이 시간이 지나도 변하지 않는 과정이므로, 계를 출입하는 물질 유동 또한 일정하다. 기술적으로 장치를 장시간 동안 순수 정상 상태, 정상 유동 상태로 운전하기가 매우 어렵기도 하므로, 공업 열역학적 해석에서는 일반적으로 계가 일련의 규준에 완벽하게 만족되도록 할 필요가 없이 가정을 단순화 하여 적절하게 사용하면 된다. 결과적으로, 터빈, 압축기 및 열교환기와 같은 많은 계들은, 이러한 장치들이 유량이나 환경에서 큰 변화를 자주 겪지 않는다는 가정하에서, 정상 상태, 정상 유동 장치로 모델링하면 된다. 예를 들어, 공기 압축기에서는 평균 유량과 평균 출구 압력이 사용된다고 가정하면 유입되는 입구 유량이 수 %의 범위에서 변하게 되고, 출구 압력도 동력 소비 계획을 극적으로 바꾸지 않는 한 그 변화가 미세하게 일어나게 된다.

이는 개방계를 공학적으로 해석할 때에는 흔히 정상 상태, 정상 유동 과정이라는 근사 모델을 사용하여 많이 이루어진다는 것을 의미한다. 여기서 알아야 할 점은, 그러한 해석에서는 기계 장치를 켜거나 끄는 동안에 상당히 틀릴 수도 있지만, 일단 정상 상태에 가까운 조건이 달성되면 이 해석은 일반적으로 적절하다는 것이다. 정상 상태, 정상 유동 상태라는 가정은 계 에너지의 시간 변화율이 0이라는 것을 의미하므로, 식 (4.12)의 우변은 0이 된다. 정상 상태, 정상 유동 과정에 적용하게 될 변화율 기준의 열역학 제1법칙의 결과 식은 다음과 같다.

$$\dot{Q} - \dot{W} + \sum_{i=1}^{j} \dot{m}_i \left(h + \frac{V^2}{2} + gz \right)_i - \sum_{e=1}^{k} \dot{m}_e \left(h + \frac{V^2}{2} + gz \right)_e = 0 \qquad (4.13)$$

더군다나 많은 과정에는 단일 입구 및 단일 출구로 된 장치가 관여되어 있다. 그러므로 식 (4.13)은 식 (4.4)를 동원하여 그 이상 다음과 같은 식으로까지 변환할 수 있다. 즉,

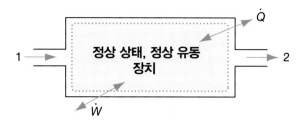

<그림 4.6> 정상 상태, 정상 유동, 단일 입구, 단일 출구 개방계.

$$\dot{Q} - \dot{W} + \dot{m}\left(h_{\text{in}} - h_{\text{out}} + \frac{V_{\text{in}}^2 - V_{\text{out}}^2}{2} + \text{g}(z_{\text{in}} - z_{\text{out}})\right) = 0 \qquad (4.14)$$

이러한 정상 상태, 정상 유동, 단일 입구, 단일 출구 과정에 적용할 변화율 기준의 열역학 제1법칙 식은, 계산할 때 사용하기에 어느 정도 더 쉬운 형태로 바꿔 쓸 수 있다. 이 형태에서 그림 4.6과 같이 출구 상태를 2라고 하고 입구 상태를 1이라고 한 다음, 식에서 물질 유동을 통한 에너지 전달 성분을 식의 우변으로 이항하게 되면 다음과 같이 된다. 즉,

$$\dot{Q} - \dot{W} = \dot{m}\left(h_2 - h_1 + \frac{V_2^2 - V_1^2}{2} + \text{g}(z_2 - z_1)\right) \qquad (4.15a)$$

즉,

$$\dot{Q} - \dot{W} = \dot{m}(h_2 - h_1 + \Delta ke + \Delta pe) \qquad (4.15b)$$

식 (4.15b)에 나타나 있는 형태는, 제2장에서 설명한 대로 내부 에너지 변화(엔탈피 항에 포함되어 있음)가 운동 에너지와 위치 에너지의 변화를 압도할 때가 많으므로, 특정한 상황에 적합한 식을 유도할 때 유용한 약식 표기법이다.

산업용 설비, 발전소, 자동차 또는 다른 기계 장치들을 주의 깊게 살펴보면, 유체가 단일 입구 및 단일 출구를 통하여 계를 출입하게 되는 정상 상태, 정상 유동 계로 모델링할 수 있는 장치들이 일상적으로 많이 사용되고 있다는 것을 알게 될 것이다. 예를 들어, 유체가 정상 상태로 흐르면서 사용되고 있는 호스 부 또는 배관부를 찾아내기란 쉬운 일이다. 그렇지 않으면, 제조 공장에서, 공압식 제조 장비 운전이 원활하게 유지되도록 정상 상태로 작동되고 있는 공기 압축기를 찾아볼 수도 있다. 자동차에서 연료 펌프는 자동차가 큰 길을 내려갈 때에는 연료를 거의 정상 상태로 엔진에 공급하기도 한다. 많은 경우에, 장치들은 엄밀한 의미에서 정상 상태로 작동되고 있지는 않지만, 설명한 대로 장비의 작동 시간에 걸쳐서 변화가 작아 결국은 평균치가 되어버릴 때가 많은데, 이러한 사실에서 볼 때 대부분의 경우에는 그러한

변화를 무시해도 무방하다는 것을 의미한다.

노즐, 디퓨저, 터빈, 압축기, 펌프 및 교축기 등은 눈에 많이 띠면서도 일반적으로 열역학적 해석을 해야 하는 장치 중에서도 한층 더 일반적인 장치이다. 다음 절에서는, 이러한 장치들을 살펴보고 이에 적용할 수 있는 일반적인 가정으로 열역학 제1법칙을 단순화하는 법을 실례를 들어 설명할 것이다. 그러나 명심해야 할 점은, 일반 가정 중에서 어떤 특정한 가정이라도 그러한 장치에 항상 성립하는 것은 아니므로, 상황에 따라서 그 계산에 사용되는 유도식에 의존하기보다는 열역학 제1법칙을 단순화하는 과정을 학습하는 데 집중하여야만 한다는 것이다. 예를 들어, 대형 터빈을 단열시켜야 할 때에는, 결과적으로 발생하는 열 손실은 발생된 동력에 견주어 보통은 무시하게 마련이다. 그러므로 터빈은 대개 단열적이라고 가정한다. 그러나 이러한 가정 때문에 열역학 제1법칙을 사용하여 단열이 되지 않은 소형 터빈의 운전을 예측할 때에 중대한 오차를 발생시킬 수도 있다. 그러므로 중요한 점은, 이러한 장치에 사용할 열역학 제1법칙을 단순화하는 가정을 자동적으로 세우기 전에 해석하고 있는 특정 장치에 관하여 충분히 생각해야한다는 것이다.

노즐 및 디퓨저

노즐과 디퓨저는 그 목적이 서로 상반되기는 하지만 그 해석이 매우 유사하므로 함께 취급할 때가 많다. **노즐**(nozzle)은 이동 유체를 가속시키는 장치(동시에 압력은 감소)인 반면에, **디퓨저**(diffuser)는 이동 유체를 감속시키는 장치(동시에 압력은 증가)이다. 그림 4.7에는 이러한 장치들이 개략적으로 그려져 있다. 이러한 장치들은 적어도 그 한쪽 끝은 전형적으로 추가적인 관류에 연결되기 마련이고, 다른 쪽 끝은 관류에 부착되기도 하고 환경에 노출되기도 한다. 노즐은 터빈의 입구에서부터 정원용 호스의 끝부분에 걸쳐 여러 군데에서 찾아볼 수 있다. 디퓨저는 항상 분명하게 드러나지는 않지만, 유체가 고속으로 흐르는 장치의 배기관에서 찾아볼 수 있으므로 외부 환경은 고속 유동으로 인하여 교란되지 않는다. 노즐과 디퓨저는 모두 비교적

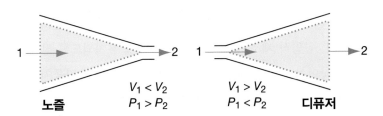

$$V_1 < V_2$$
$$P_1 > P_2$$
노즐

$$V_1 > V_2$$
$$P_1 < P_2$$
디퓨저

〈그림 4.7〉 왼쪽 그림은 입구와 출구 사이에서 유동 속도는 증가하고 유체 압력은 감소하는 상태를 나타내고 있는 노즐. 오른쪽 그림은 입구와 출구 사이에서 유동 속도는 감소하고 유체 압력은 증가하는 상태를 나타내고 있는 디퓨저.

비용이 거의 들지 않고 유동 기류의 속도를 변화시키는 데 유용한 도구이다.

이러한 장치들은 흔히 정상 상태, 정상 유동 조건에서 작동된다고 보고 있으며, 단일 입구와 단일 출구가 있기 마련이다. 그러므로 사용해야 할 열역학 제1법칙의 적절한 형태는 다음과 같다. 즉,

$$\dot{Q} - \dot{W} = \dot{m}\left(h_2 - h_1 + \frac{V_2^2 - V_1^2}{2} + \mathrm{g}(z_2 - z_1)\right) \tag{4.15a}$$

앞서 언급한 대로, 많은 계에서는 위치 에너지와 운동 에너지의 변화를 무시하기 마련이지만, 노즐과 디퓨저의 주목적이 유체의 속도를 변화시키는 것이므로 운동 에너지의 변화는 무시하면 안 된다. 위치 에너지의 변화는 노즐과 디퓨저가 유체의 높이에 그다지 중대한 영향을 미치지는 않기 때문에, 대개는 0이라고 가정하면 된다. 노즐과 디퓨저는 전형적으로 일 상호작용을 전혀 겪지 않는다. 일부 노즐에는 통과하는 유체의 온도를 올리고자 (왜냐하면, 유체 온도는 속도가 증가함에 따라 감소하므로) 전기 저항식 히터가 달려 있기는 하지만, 그러한 입력은 열 입력뿐만 아니라 일 상호작용으로 모델링하면 된다. 그러므로 위치 에너지 변화가 전혀 없고 일 상호작용도 전혀 없다고 가정하면, 열역학 제1법칙은 다음과 같이 된다.

$$\dot{Q} = \dot{m}\left(h_2 - h_1 + \frac{V_2^2 - V_1^2}{2}\right) \tag{4.16}$$

식 (4.16)은 계를 단열적이라고 가정하게 되면, 더욱 더 단순해질 때가 많다. 이러한 가정(조건)은 다음과 같은 경우에 좋은 가정이 된다. 즉, 계가 단열되어 있다고 할 때, 유체가 노즐이나 디퓨저를 통하여 매우 빠르게 이동하고 있다고 할 때, 또는 노즐이나 디퓨저 내부의 유체 온도가 환경 온도와 비슷하다고 할 때이다. 열전달이 전혀 없다고 더 가정하게 되면, 열역학 제1법칙은 다음과 같이 된다.

$$h_2 - h_1 + \frac{V_2^2 - V_1^2}{2} = 0 \tag{4.17}$$

식 (4.17)에서 유의해야 할 점은, 열전달률과 동력이 모두 0이 될 때에는 계가 질량 유량과는 독립적이 된다는 것이다. 때로는, 노즐의 입구 속도나 디퓨저의 출구 속도를 알지 못할 수도 있고 이 속도들이 다른 속도에 비하여 작을 수도 있다. 이럴 때에는 식 (4.16)이나 식 (4.17)에서 속도 항을 0으로 놓으면 된다.

▶ 예제 4.3

단열이 된 디퓨저에 20 ℃ 및 80 kPa 상태의 CO_2 기체가 150 m/s의 속도로 유입된다. 이 디퓨저의 입구는 단면적이 5 cm^2이다. 이 CO_2는 단면적이 20 cm^2인 출구를 통하여 10 m/s의 속도로 유출된다. 이 CO_2는 비열이 일정하다고 가정하고, 다음을 각각 구하라.

(a) CO_2의 출구 온도

(b) CO_2의 출구 압력

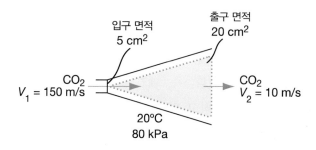

주어진 자료 : $V_1 = 150 \, \text{m/s}$, $T_1 = 20℃ = 293 \, \text{K}$, $P_1 = 80 \, \text{kPa}$, $A_1 = 5 \, \text{cm}^2 = 0.0005 \, \text{m}^2$

$\qquad\qquad\quad V_2 = 10 \, \text{m/s}$, $A_2 = 20 \, \text{cm}^2 = 0.002 \, \text{m}^2$

구하는 값 : (a) T_2, (b) P_2

풀이　이 장치는 질량이 유입 및 유출하는 디퓨저로서 개방계이다. 작동 유체는 CO_2이지만, 이를 이상 기체로 취급한다. 게다가, 이 문제에서는 일정 비열로 가정한다.

가정 : $\dot{Q} = \dot{W} = \Delta PE = 0$

　　　　일정 비열

　　　　정상 상태, 정상 유동, 단일 입구, 단일 출구

　　　　CO_2는 이상 기체로 거동한다.

풀이에 필요한 일정 비열 이상 기체 상태식은 다음과 같다. 즉,

$$h_2 - h_1 = c_p(T_2 - T_1)$$

$$\rho = \frac{P}{RT} \quad \text{(이상 기체 법칙)}$$

(a) 이 디퓨저에 열역학 제1법칙을 식 (4.15a)와 같이 적절한 형태로 적용하면 다음과 같다.

$$\dot{Q} - \dot{W} = \dot{m}\left(h_2 - h_1 + \frac{V_2^2 - V_1^2}{2} + g(z_2 - z_1)\right)$$

가정을 적용하고, (이상 기체에 성립되는) $h_2 - h_1 = c_p(T_2 - T_1)$을 대입하면 다음과 같이 된다.

$$c_p(T_2 - T_1) + \frac{V_2^2 - V_1^2}{2} = 0$$

CO_2는 비열이 $c_p = 0.842$ kJ/kg · K이다.

$$T_2 = \frac{V_1^2 - V_2^2}{2c_p} + T_1 = \frac{(150\,\text{m/s})^2 - (10\,\text{m/s})^2}{2(0.842\,\text{kJ/kg} \cdot \text{K})(1000\,(\text{J/kJ}))} + 20\,℃$$

$$T_2 = \textbf{33.3 ℃} = 306.3\,\text{K}$$

(b) 식 (4.7)에서 질량 유량이 일정하면 다음과 같이 된다.

$$\dot{m} = \rho_1 V_1 A_1 = \rho_2 V_2 A_2$$

입구 상태에서의 밀도는 이상 기체 법칙에서 구하면 된다. CO_2는 $R = 0.1889$ kJ/kg · K이므로 다음과 같이 나온다.

$$\rho_1 = \frac{P_1}{RT_1} = \frac{80\,\text{kPa}}{(0.1889\,\text{kJ/kg} \cdot \text{K})(293\,\text{K})} = 1.445\,\frac{\text{kg}}{\text{m}^3}$$

그러므로 다음과 같이 된다.

$$\rho_2 = \frac{\rho_1 V_1 A_1}{V_2 A_2} = \frac{(1.445\,\text{kg/m}^3)(150\,\text{m/s})(5\,\text{cm}^2)}{(10\,\text{m/s})(20\,\text{cm}^2)} = 5.419\,\text{kg/m}^3$$

출구 상태에서 이상기체 법칙을 적용하면 다음과 같이 된다.

$$P_2 = \rho_2 R T_2 = (5.419\,\text{kg/m}^3)(0.1889\,\text{kJ/kg} \cdot \text{K})(306.3\,\text{K})$$

$$\textbf{\textit{P}}_2 = \textbf{314 kPa}$$

해석 : 열전달이 전혀 없으므로, CO_2가 디퓨저를 통과할 때 운동 에너지가 열 에너지로 변환됨으로써 CO_2는 온도가 약간 증가하리라고 기대할 수 있다. 또한, 속도가 감소함에 따라 압력은 증가하게 된다. 이러한 2가지 기댓값을 해답에서 확인할 수 있다.

일단 디퓨저 해석 모델을 세웠으면, 디퓨저를 한층 더 상세하게 해석하면 된다. 그 해석 결과의 일례로, 이 디퓨저의 출구 속도가 1.0 m/s에서 100 m/s까지 변화할 때 출구 온도의 변화를 살펴보기로 하자. 다음 그래프는 그 결과를 나타내고 있다.

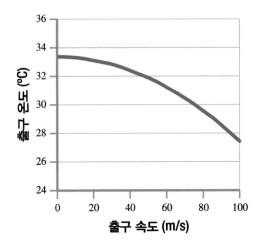

이 그래프를 보면 알 수 있겠지만, 출구 속도가 느릴수록 더욱 더 많은 운동 에너지가 내부 에너지로 변환되므로 출구 온도는 올라간다.

▶ 예제 4.4

수증기가 노즐을 통과하게 되어 있다. 물은 0.3 MPa, 500 K 상태에서 3 m/s의 속도로 유입되어 0.1 MPa, 460 K 상태에서 100 m/s의 속도로 유출된다. 입구의 단면적은 0.005 m²이다. 다음을 각각 구하라.

(a) 수증기의 질량 유량

(b) 노즐에서 일어나는 열전달률

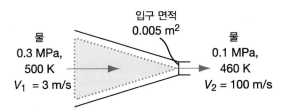

주어진 자료 : $P_1 = 0.3\,\text{MPa}$, $T_1 = 500\,\text{K}$, $V_1 = 3\,\text{m/s}$, $A_1 = 0.005\,\text{m}^2$

$P_2 = 0.1\,\text{MPa}$, $T_2 = 460\,\text{K}$, $V_2 = 100\,\text{m/s}$

구하는 값 : (a) $\dot{m}$, (b) $\dot{Q}$

풀이 이 장치는 물질이 유입 및 유출하므로 개방계이다. 작동 유체는 수증기로서, 그 상태량은 컴퓨터 프로그램에서나 과열 수증기 표에서 구하면 된다.

가정 : 정상 상태, 정상 유동, 단일 입구, 단일 출구

$$\dot{W} = \Delta PE = 0$$

이 노즐에 열역학 제1법칙을 식 (4.15a)와 같이 적절한 형태로 적용하면 다음과 같다.

$$\dot{Q} - \dot{W} = \dot{m}\left(h_2 - h_1 + \frac{V_2^2 - V_1^2}{2} + g(z_2 - z_1)\right)$$

가정을 적용하면 다음과 같이 된다.

$$\dot{Q} = \dot{m}\left(h_2 - h_1 + \frac{V_2^2 - V_1^2}{2}\right)$$

질량 유량은 식 (4.7)을 입구에 적용하면 구할 수 있다: $\dot{m} = \dfrac{V_1 A_1}{v_1}$

수증기의 비체적은 컴퓨터 프로그램에서 구하면 다음과 같다. 즉, $v_1 = 0.75958 \ \text{m}^3/\text{kg}$.

그러므로 다음과 같이 된다.

$$\dot{m} = \frac{(3 \ \text{m/s})(0.005 \ \text{m}^2)}{0.75958 \ \text{m}^3/\text{kg}} = \textbf{0.0197 kg/s} \tag{a}$$

수증기의 엔탈피는 컴퓨터 프로그램에서 구하면 다음과 같다.
즉, $h_1 = 2920.8 \ \text{kJ/kg}$ 및 $h_2 = 2849.5 \ \text{kJ/kg}$.

그러므로 열전달률은 다음과 같다.

$$\dot{Q} = (0.0197 \ \text{kg/s})\left(2849.5 \ \text{kJ/kg} - 2920.8 \ \text{kJ/kg} + \frac{(100 \ \text{m/s})^2 - (3 \ \text{m/s})^2}{2(1000 \ \text{J/kJ})}\right) = \textbf{-1.31 kW} \tag{b}$$

해석 : 가스(이 경우에는 수증기)의 밀도가 작은 경향이 있으므로, 이 경우와 같이 적당한 크기의 개방 구멍을 통과하는 저속 유동에서는 특별히 많은 질량 유량을 예상하기가 어렵다. 게다가, 노즐이 단열이 되어 있지 않다고 해도, 유동이 노즐에서 머무를 시간이 거의 없어서 열전달로 에너지를 잃게 되거나 얻게 되지도 않을 것이므로, 일반적으로 노즐에서는 큰 열전달이 예상되지 않는다.

일단 노즐 해석 모델을 세웠으면, 이 모델을 사용하여 노즐의 상태량을 변화시켜서 노즐에서 발생하는 현상을 더욱 더 잘 이해할 수 있다. 이 문제에서는 출구 온도를 400 K에서 500 K까지 변화시키면 열전달률 관계가 다음 그래프와 같이 나온다.

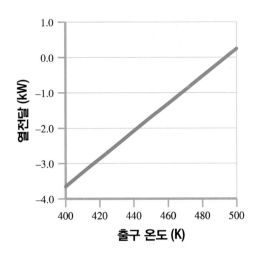

당연히, 출구 흐름의 온도를 더 낮추려면 수증기가 노즐을 통과할 때 수증기에서 열을 더 많이 제거시켜야만 한다. 또한, 출구 온도가 대략 494 K 이상이 되게 하려면, 수증기에 열을 가하여만 원하는 출구 온도를 달성할 수 있다. 494 K는 단열 노즐에서 달성할 수 있는 출구 온도를 나타낸다.

심층 사고/토론용 질문

일반적인 응용 (또는 보기 드문 응용) 에 사용되는 노즐의 사례를 들어 보라.

축 일 기계(터빈, 압축기 및 펌프)

일부 일반적인 장치는 그 주목적이 작동 유체의 에너지 변화를 사용하여 동력을 발생시키거나 동력을 사용하거나 하여 작동 유체 상태량의 일부 변화를 달성하는 것이다. 이러한 장치들을 일반적으로 축 일 기계라고 하며, 이러한 장치들은 일반적인 열역학 제1법칙 해석을 공유한다.

터빈(turbine)은 그림 4.8과 같이, 작동 유체에서 에너지를 취해서 에너지가 감소되어 있는 작동 유체를 분출시키면서 동력을 발생시키는 축 일 기계이다. 터빈은 증기 발전소에서나 가스 발전소에서 전기를 발생시키는 데 상용되는 기본적인 기계이다. 풍력 터빈은 이보다 더 일반적인 증기 터빈이나 가스 터빈과는 다른 형태이기는 하지만, 바람으로부터 전기를 발생시키는 용도로 흔해지고 있다. 터빈은 또한 오늘날 대부분의 항공기 엔진의 원동기로 사용되어, 팬이나 프로펠러를 회전시키는 데 필요한 동력을 제공한다.

대부분의 터빈은 중앙 회전축(로터, rotor)에 부착되는 1단 또는 여러 단의 블레이드로 구성되어 있다. 작동 유체가 블레이드 단에 유입되어 로터가 회전한다. 회전을 일으키는 2가지 요인은 다음과 같다. 첫 번째 요인은 작동 유체가 블레이드에 충격을 주고 블레이드를 밀어내는 유체력이다. 두 번째 요인은 블레이드의 양면에서 서로 다른 속도로 흐르는 유동으로 인해 블레이드의 한쪽에서 다른 쪽으로의 압력차이다. 이 압력차는 블레이드가 더 낮은 압력의 측면방향으로 움직이게 한다. 이것은 비행기 날개 위를 지나는 유동으로 인하여 날개 윗면은 압력이 더 낮게 되는데, 이로써 비행기에 양력이 부여되는 것과 아주 유사하다. 그런 다음, 유체는 계에서 배출되거나 아니면 모아져서 터빈의 또 다른 블레이드 단을 향하게 된다. 대부분의 터빈은 그 계가 외통(outer shell), 즉 스테이터(stator)에 내장되어 있지만, 풍력 터빈과 같은 일부 터빈들은 유동을 주위로부터 고립시키려 시도하지 않는다.

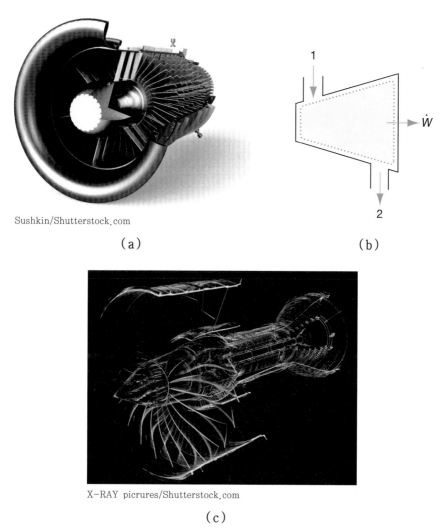

Sushkin/Shutterstock.com

(a) (b)

X-RAY picrures/Shutterstock.com

(c)

〈그림 4.8〉 (a) 터빈 내부의 사진. (b) 터빈의 일반적인 그림 표현. (c) 터빈 동력식 터보팬 엔진의 단면도.

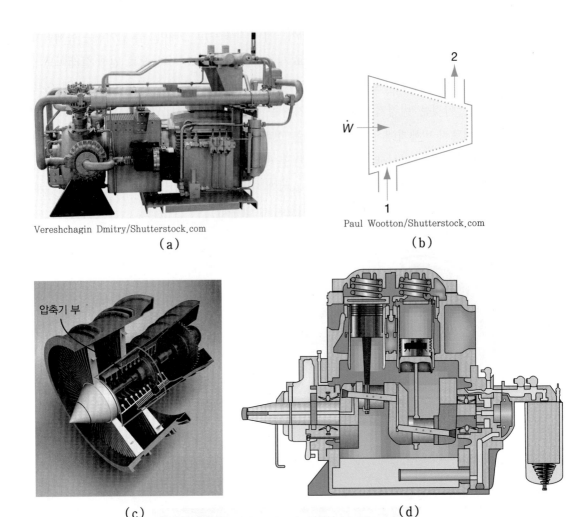

Vereshchagin Dmitry/Shutterstock.com
(a)

Paul Wootton/Shutterstock.com
(b)

압축기 부

(c)

(d)

〈그림 4.9〉 (a) 압축기의 사진. (b) 압축기의 일반적인 그림 표현.
(c) 축형 압축기가 들어 있는 가스 터빈 엔진의 단면도. (d) 왕복형 압축기의 단면도.

 압축기(compressor)는 동력을 사용하여 압축기 속을 통하여 흐르는 기체나 증기의 압력을 증가시키는 것이 목적인 축 일 기계이다. 그림 4.9와 같이 압축기는 (축형 압축기나 일부 원심형 압축기에서) 블레이드가 반대 방향으로 배치되는 것만 제외하고는 터빈과 유사한 형상이기도 하고, 공기가 피스톤–실린더 기구에서 압축되는 왕복형이기도 하다.

 축형 압축기와 원심형 압축기는 정상 상태, 정상 유동 장치로서 모델링하는 것이 한층 더 분명하기는 하지만, 왕복형 압축기 역시 고속에서 작동될 때에는 이와 같이 정상 상태, 정상 유동 장치로서 모델링을 하여도 충분하다.

 펌프는 입력 동력을 사용하여 펌프 속을 통하여 흐르는 액체의 압력을 증가시키는 것이

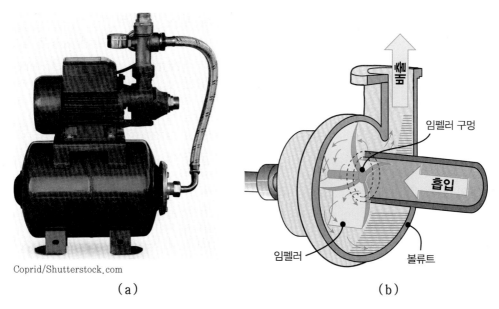

Coprid/Shutterstock.com

(a)　　　　　　　　　　　　　(b)

〈그림 4.10〉 (a) 펌프의 사진.　(b) 펌프 내부의 단면도.

목적인 축 일 기계이다. 이러한 장치들은 그림 4.10과 같이 전형적으로 회전 임펠러를 사용하여 유체 압력을 증가시킨다.

터빈, 압축기 및 펌프에서, 전형적인 가정은 유체의 위치 에너지 변화를 무시할 수 있다고 가정하는 것이다. 위치 에너지 변화는 주로 유체의 높이 변화에서 나오는데, 수력 발전용 터빈의 경우를 제외하고는, 이 가정 때문에 열역학 제1법칙을 단순화하는 데 거의 문제를 일으키지 않아야 한다. 이 가정을 식 (4.15a)에 적용한 결과 식은 다음과 같다.

$$\dot{Q} - \dot{W} = \dot{m}\left(h_2 - h_1 + \frac{V_2^2 - V_1^2}{2}\right) \tag{4.18}$$

축 일 장치를 통해서 유체의 속도 변화가 커질 때가 많이 있기는 하지만, 운동 에너지의 변화는 유체의 엔탈피 변화와 비교하면 일반적으로는 작다. 운동 에너지의 변화가 전혀 없다고 가정하면, 식 (4.18)은 다음과 같다.

$$\dot{Q} - \dot{W} = \dot{m}(h_2 - h_1) \tag{4.19}$$

끝으로, 이러한 장치들은 단열을 시켜서 장치의 성능을 향상시키고자 할 때가 많다. 예를 들어, 열이 터빈을 통하여 주위로 손실되면, 작동 유체로 발생시킬 수 있는 동력 양은 열손실률과 동일한 만큼 감소된다. 마찬가지로, 압축기에서의 열손실 때문에 압축기 출구에서는 압력이 감소하게 될 수도 있으므로, 그렇지 않으면 동일한 압력을 달성시키는 데 추가적인 동력 입력이 필요하기 마련이다. 축 일 기계를 (단열을 하였거나 아니면 열전달률이 발생/사용된 동력과 비교하여 매우 작거나 하여) 단열적으로 모델링하게 되면, 그리고 운동 에너지와 위치 에너지의 변화가 작다고 가정을 하면, 열역학 제1법칙은 다음과 같이 된다.

$$\dot{W} = \dot{m}(h_1 - h_2) \tag{4.20}$$

식 (4.20)에서 유의해야 할 점은, 식 (4.15)의 양변에 음(−)의 기호를 곱해주게 되면 동력 앞에 붙어 있는 음(−)의 부호가 상쇄되고 엔탈피 항의 순서가 바뀌게 된다는 것이다. 모든 가정이 정확하지 않을 수도 있지만, 식 (4.20)은 축 일 기계에서 발생되거나 축 일 기계에 필요하게 되는 동력을 예측하거나, 아니면 작동 유체에서 발생되거나 작동 유체에 필요한 동력의 영향을 예측하거나 하는 데 좋은 출발점을 나타내고 있다.

▶ 예제 4.5

단열이 된 압축기에 0.055 m³/s의 공기가 101 kPa 및 25 ℃ 상태의 주위에서 유입된다. 이 공기는 520 kPa 및 215 ℃ 상태에서 유출된다. 위치 에너지와 운동 에너지가 크게 변화하지 않는다고 가정하고, 일정 비열 가정을 사용하여 압축기에서 소비되는 동력을 구하라.

주어진 자료 : $\dot{V}_1 = 0.055$ m³/s, $T_1 = 25$ ℃ $= 298$ K,
$\qquad\qquad\quad T_2 = 215$ ℃ $= 488$ K, $P_1 = 101$ kPa, $P_2 = 520$ kPa

구하는 값 : $\dot{W}$

풀이 압축기는 개방계이며, 이 경우에 작동 유체는 공기이다. 여기에서는, 공기를 이상 기체로 취급하고, 일정 비열로 가정하고 해석한다.

가정 : $\dot{Q} = 0$(단열)
$\qquad \Delta KE = \Delta PE = 0$
$\qquad$ 비열이 일정한 이상 기체
$\qquad \dot{m} =$ 일정 (정 상태, 정상 유동)
$\qquad$ 단일 입구, 단일 출구 장치

문제 풀이에 필요한 일정 비열 이상 기체 상태식은 다음과 같다.

$$h_1 - h_2 = c_p(T_1 - T_2)$$

$$P\dot{V} = \dot{m}RT \quad \text{(이상 기체 법칙)}$$

먼저, 단일 입구, 단일 출구, 정상 상태, 정상 유동 장치에 열역학 제1법칙을 식 (4.15a)와 같이 적절한 형태로 적용하면 다음과 같다.

$$\dot{Q} - \dot{W} = \dot{m}\left(h_2 - h_1 + \frac{V_2^2 - V_1^2}{2} + \mathrm{g}(z_2 - z_1)\right)$$

가정을 적절하게 적용하고 나면 열역학 제1법칙은 다음과 같이 된다.

$$\dot{W} = \dot{m}(h_1 - h_2)$$

게다가, 비열이 일정한 이상 기체에서는 엔탈피 변화를 다음과 같이 바꿔 쓸 수 있다.

$$\dot{W} = \dot{m}c_p(T_1 - T_2)$$

질량 유량은 밀도와 체적 유량에서 다음과 같이 구한다(공기는 $R = 0.287\,\mathrm{kJ/kg \cdot K}$). 즉,

$$\dot{m} = \frac{P_1 \dot{V}_1}{R T_1} = \frac{\left(101\,\dfrac{\mathrm{kN}}{\mathrm{m}^2}\right)\left(0.055\,\dfrac{\mathrm{m}^3}{\mathrm{s}}\right)}{\left(0.287\,\dfrac{\mathrm{kJ}}{\mathrm{kg \cdot K}}\right)(298\,\mathrm{K})} = 0.0650\,\mathrm{kg/s}$$

그러면 공기는 $c_p = 1.005\,\mathrm{kJ/kg \cdot K}$이므로, 동력은 다음과 같다.

$$\dot{W} = \left(0.0650\,\frac{\mathrm{kg}}{\mathrm{s}}\right)\left(1.005\,\frac{\mathrm{kJ}}{\mathrm{kg \cdot K}}\right)(298\,\mathrm{K} - 488\,\mathrm{K}) = \mathbf{-12.4\,kW}$$

해석 : 비슷한 유량에서 공기 압축기 동력을 조사하여 보면, 실제 공기 압축기는 이러한 유량에서 동력을 약간 더 많이 사용하기도 한다. 그러나 이 책에서 나중에 구해보면 알겠지만, 이 압축기는 효율이 꽤 좋은 편이며 실제로는 압축기에서 어느 정도 열 손실이 있을 것으로 보인다. 그러므로 이 동력 소비 값은 공학적인 차원에서 볼 때 타당하다.

학생 연습문제

본인이 선정한 컴퓨터 솔루션 플랫폼용으로 3가지 모델을 개발하라. 이 중에 하나는 터빈용으로 설계를 하고, 다른 하나는 압축기용으로 설계를 하고, 또 다른 하나는 펌프용으로 설계를 하여야 한다. 모델에서는 위치 에너지 변화 효과를 무시해도 되지만, 단서 조항으로는 열전달과 운동 에너지 변화가 반드시 포함되어야 한다. 모델은 광범위한 유체 범위에서 사용가능하여야 하고, 터빈과 압축기 모델에서는 일정 비열 이상 기체와 가변 비열 이상 기체 모두에 사용할 수 있어야 한다. 펌프 모델은 액체용으로 개발되기만 하면 된다.

일단 모델을 개발하고 나면, 본인의 모델 결과를 예제 4.6부터 예제 4.8까지 나온 결과와 비교함으로써 본인 모델의 정확성을 시험하면 된다.

▶ 예제 4.6

단열이 된 증기 터빈이 100 MW의 동력을 발생시키도록 되어 있다. 수증기는 10 MPa 및 600 ℃ 상태의 과열 증기로 터빈에 유입되어, 압력이 100 kPa이고 건도가 0.93인 포화수로 터빈에서 유출된다. 필요한 수증기의 질량 유량을 구하라.

주어진 자료 : $P_1 = 10\,\text{MPa}$, $T_1 = 600\,℃$, $P_2 = 100\,\text{kPa}$, $x_2 = 0.93$,

$$\dot{W} = 100\,\text{MW} = 100{,}000\,\text{kW}$$

구하는 값 : $\dot{m}$

풀이 터빈은 개방계이고, 작동 유체는 물이다. 여기에서, 물은 입구에서는 과열 수증기이고 출구에서는 포화 혼합물이 된다. 상태량은 컴퓨터 프로그램이나 수증기 표로 구하면 된다.

가정 : $\dot{Q} = 0$(단열)

$\Delta KE = \Delta PE = 0$

$\dot{m} = $ 일정 (정상 상태, 정상 유동)

단일 입구, 단일 출구 장치

먼저, 다음과 같이 식 (4.15a) 형태의 열역학 제1법칙으로 시작한다.

$$\dot{Q} - \dot{W} = \dot{m}\left(h_2 - h_1 + \frac{V_2^2 - V_1^2}{2} + g(z_2 - z_1)\right)$$

가정을 적용하면 다음이 나오게 된다.

$$\dot{W} = \dot{m}(h_1 - h_2)$$

수증기의 엔탈피는 컴퓨터 프로그램에 있는 상태량에서 $h_1 = 3625.3\,\text{kJ/kg}$ 및 $h_2 = 2516.9\,\text{kJ/kg}$로 구한다.

이 값들을 대입하면 다음이 나온다.

$$\dot{m} = \frac{\dot{W}}{h_1 - h_2} = \frac{(100{,}000\,\text{kW})}{(3625.3 - 2516.9)\,\text{kJ/kg}} = \mathbf{90.2\,kg/s}$$

해석 : 많은 학생들이 처음에는 발전용 증기 터빈에서 접하게 되는 다량의 질량 유량을 보고 놀라워한다. 그러나 이만한 전기량이 도시에 전력을 공급하는 데 사용된다는 사실을 고려해야 하므로, 돌이켜 보건대 이렇게 매우 큰 대형 터빈에서 사용되고 있는 수증기량은 타당한 것이다.

본인이 세운 터빈 문제 해석 모델을 사용하여 터빈을 철저히 해석한다. 출구의 건도가 질량 유량에 미치는 영향을 살펴보자. 다음 그래프에는 0.925에서 1.0까지의 출구 건도의 범위에서, 질량 유량이 출구 건도의 함수로 나타나 있다.

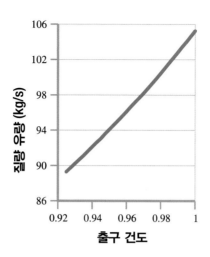

출구 건도가 증가함에 따라, 출구 흐름에는 (출구 엔탈피 값에서 볼 수 있듯이) 더욱 더 많은 에너지가 남아 있게 된다. 결과적으로 100 MW의 동력 출력을 얻고자 하면, 터빈을 통하여 추가적인 질량을 보내야만 한다. 이후의 장에서는, 출구 건도가 높을수록 터빈에서는 손실이 더 커져서 결국에는 터빈의 작동 효율이 더 낮아지게 되는 관계가 있음을 알게 될 것이다. 이러한 최적 미만의 운전에서 나오게 되는 현실적인 결과 때문에 동일한 100 MW의 동력 출력을 달성하려면 더 큰 질량 유량이 필요하게 되는 것이다. 이 때문에 더 높은 온도와 더 높은 압력의 수증기를 생성시키는 데에도 또한 추가적인 에너지가 필요하게 된다.

▶ 예제 4.7

단열이 된 압축기에 공기가 400 K 및 10 m/s로 유입되어 1000 K 및 50 m/s로 유출된다. 공기의 질량 유량은 10 kg/s이고, 출구의 단면적은 0.05 m²이다. 공기의 비열이 가변적이라고 보고 다음을 각각 구하라.

(a) 압축기 출구에서 공기의 압력, (b) 압축기에서 사용되는 동력

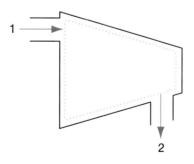

주어진 자료 : $T_1 = 400\,\mathrm{K}$, $V_1 = 10\,\mathrm{m/s}$, $T_2 = 1000\,\mathrm{K}$, $V_2 = 50\,\mathrm{m/s}$, $A_2 = 0.05\,\mathrm{m^2}$,

$\dot{m} = 10\,\mathrm{kg/s}$

구하는 값 : (a) P_2, (b) $\dot{W}$

풀이 압축기는 개방계이고, 작동 유체는 공기이다. 여기에서, 공기는 이상 기체로 거동하고, 문제를 풀 때에는 비열의 가변성을 고려해야 한다. 그러므로 상태량은 컴퓨터 프로그램으로 구하거나 공기 표(표 A.3 따위)에서 구하면 된다.

가정 : $\dot{Q} = 0$(단열)

$\quad\quad \Delta PE = 0$

$\quad\quad$ 공기는 이상 기체로 거동한다

$\quad\quad$ 정상 상태, 정상 유동

(a) 출구 흐름의 밀도는 질량 유량에서 구할 수 있으며, 압력은 밀도에서 구하면 된다.

$$\rho_2 = \frac{\dot{m}}{V_2 A_2} = \frac{P_2}{R T_2}$$

$$P_2 = \frac{(10\,\text{kg/s})(0.287\,\text{kJ/kg} \cdot \text{K})(1000\,\text{K})}{(50\,\text{m/s})(0.05\,\text{m}^2)} = 1150\,\text{kPa}$$

(b) 다음과 같이 식 (4.15a) 형태의 열역학 제1법칙으로 시작한다.

$$\dot{Q} - \dot{W} = \dot{m}\left(h_2 - h_1 + \frac{V_2^2 - V_1^2}{2} + g(z_2 - z_1) \right)$$

가정을 적용하면 다음이 나온다.

$$\dot{W} = \dot{m}\left(h_1 - h_2 + \frac{V_1^2 - V_2^2}{2} \right)$$

비열이 가변적일 때, 공기의 엔탈피는 컴퓨터 프로그램에 있는 상태량에서 다음과 같이 나온다.

$$h_1 = 527.02\,\text{kJ/kg}$$

$$h_2 = 1172.4\,\text{kJ/kg}$$

이 값들을 대입하면 다음이 나온다.

$$\dot{W} = (10\,\text{kg/s})\left(527.02\,\text{kJ/kg} - 1172.4\,\text{kJ/kg} + \frac{(10\,\text{m/s})^2 - (50\,\text{m/s})^2}{2(1000\,\text{J/kJ})} \right)$$

$$= -6470\,\text{kW}$$

음(-)의 부호는 동력이 압축기로 투입됨을 의미한다.

해석 : 주목해야 할 점은, 비교적 소량으로 보이는 공기를 압축하는 데에도 대량의 동력이 필요하다는 것이다. 그러나 표준 온도 및 압력 상태에서 공기 1 kg의 체적이 1.2 m³ 정도라는 점을 고려해보면, 공기 10 kg/s이 실제로 아주 작은 질량 유량은 아니라는 것을 알 수 있다.

일단 압축기 해석 모델을 세웠으면, 이 모델을 사용하여 출구 상태의 변화가 동력 요건에 미치는 영향을 나타내면 된다. 이 문제에서는, 질량 유량과 출구 온도를 일정하게 유지시키지만, 출구 압력은 500 kPa에서 1500 kPa까지 변화시켜 그 영향을 살펴보기로 한다. 주목할 점은, 이는 새로운 압력에서 새로운 출구 온도를 구한 다음, 동력을 구하면 된다는 것이다.

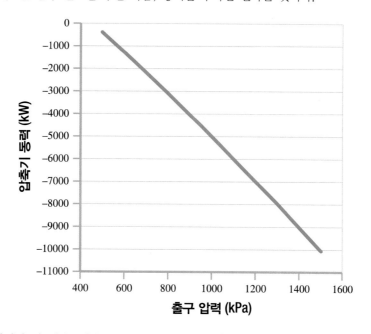

잊지 말아야 할 점은, 압축기 동력은 음(−)의 값으로, 이는 압축기에서는 동력이 소비되고 있음을 나타낸다는 것이다. 살펴보면 알게 되겠지만, 동력 요건은 출구 압력에 따라서 급격하게 증가하며, 이렇게 적정한 공기 유량조차도 이를 압축시키는 데 필요한 동력 양이 아주 커지게 된다. 다음 그래프에는 공기의 출구 온도가 출구 압력의 함수로 나타나 있다.

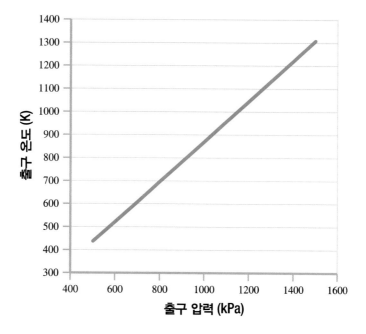

알아야 할 점은, 압축기에서 유출되는 공기의 온도는 이렇게 적당한 출구 압력에서 조차도 매우 뜨거워지게 된다는 것이다. 결과적으로, 많은 압축기에서는 공기를 압축기 시설에서 유출시키기 전에 열교환기를 사용하여 공기를 어느 정도 냉각시키고 있다.

▶ 예제 4.8

펌프를 사용하여 물의 압력을 100 kPa에서 20 MPa로 증가시키고자 한다. 물은 25 ℃로 유입되어 40 ℃로 유출된다. 물의 질량 유량은 10 kg/s이다. 펌프에서의 열 손실은 10 kW이다. 펌프에 필요한 동력을 구하라.

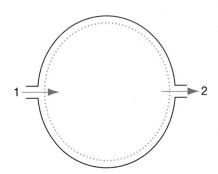

주어진 자료 : $P_1 = 100 \text{ kPa}$, $T_1 = 25\,℃$, $P_2 = 20 \text{ MPa}$, $T_2 = 40\,℃$, $\dot{m} = 10 \text{ kg/s}$, $\dot{Q} = -10 \text{ kW}$

구하는 값 : $\dot{W}$

풀이 펌프는 개방계이고, 작동 유체는 물이다. 여기에서, 물은 전 과정에서 압축 액체이다. 상태량은 컴퓨터 프로그램이나 압축 액체 물 표에서 구하면 된다.

가정 : 정상 상태, 정상 유동
$$\Delta KE = \Delta PE = 0$$

다음과 같이 식 (4.15a) 형태의 열역학 제1법칙으로 시작한다.

$$\dot{Q} - \dot{W} = \dot{m}\left(h_2 - h_1 + \frac{V_2^2 - V_1^2}{2} + \mathrm{g}(z_2 - z_1) \right)$$

가정을 적용하면 다음이 나오게 된다.

$$\dot{Q} - \dot{W} = \dot{m}\left(h_2 - h_1 \right)$$

물의 엔탈피는 컴퓨터 프로그램에 있는 상태량에서 구하면 다음과 같다.

$$h_1 = 105.0 \text{ kJ/kg}$$

$$h_2 = 185.0 \text{ kJ/kg}$$

위 식을 풀어서 동력을 구하면 다음과 같다.

$$\dot{W} = \dot{m}(h_1 - h_2) + \dot{Q}$$

$$\dot{W} = (10 \, \text{kg/s})(105.0 - 185.0) \, \text{kJ/kg} - 10 \, \text{kW} = -810 \, \text{kW}$$

해석 : 주목할 점은, 열전달은 펌프 동력에 비하여 마주 적다는 것이다. 이는 일반적인 경우이며, 이 때문에 펌프는 대개 단열 과정으로 가정을 하게 된다.

주목할 점은, 예제 4.7에서 공기를 압축하는 데 필요한 동력 양과 예제 4.8에서 물을 펌핑하는 데 필요한 동력 사이에 큰 차이가 있다는 것이다. 각각의 문제에서는 질량 유량이 같다. 그러나 펌프에서 필요한 동력은, 물에서는 압력을 훨씬 더 높게 올려야 함에도, 그리고 펌프에서는 열 손실이 존재함에도, 압축기에서 필요한 동력보다 그 값의 자릿수가 한 자리 더 작았다. 기체를 압축시키는 것은 액체를 펌핑하는 것보다 훨씬 더 동력 집약적인 과정이다.

> **심층 사고/토론용 질문**
>
> 전 세계에서 대부분의 전기는 터빈 동력식 발전기로 생산된다. 발전기에 동력을 공급하는 데 터빈을 사용하는 이점을 몇 가지 들어보라. 터빈이 발명되지 않았다면, 발전기에 동력을 공급하는 데 사용할 수 있는 다른 장치로는 무엇이 있을까?
>
> 액체 펌핑보다 더 동력 집약적으로 가스 압축을 하는 이유는?

교축기

아마도 설명했던 다른 장치들처럼 분명해 보이지 않을지도 모르겠지만, 교축기나 교축부는 계의 성능에 중요한 역할을 하기도 한다. 교축부는 그림 4.11과 같이, 오리피스 판, 부분적으로 개방되어 있는 밸브와 필터를 포함하여 다양한 형태를 취할 수 있다. 교축부의 주목적은 최소의 노력과 비용으로 작동 유체의 압력을 감소시키는 것이다. 교축부의 목적이 엔진 스로틀(throttle)의 경우에서와 같이 유량을 감소시킬 때도 있지만, 여기에서는 교축부의 주목적을 유체 압력을 감소시키는 것으로 잡을 것이다. 이와 같은 교축기가 일반적으로 사용되고 있는 장소로는 냉장고를 예로 들 수 있다.

냉장고는 전형적으로 냉각시켜야 할 공간에서 열을 흡수하여 저압(과 저온)에서 냉매를 비등시킴으로써 일을 한다. 이러한 열전달이 일어나려면 냉매 온도는 저온 공간의 온도보다 더 낮아야만 한다. 그런 다음 냉매 증기는 압축기 속을 통하여 흐름으로써 가압된다. 냉매는

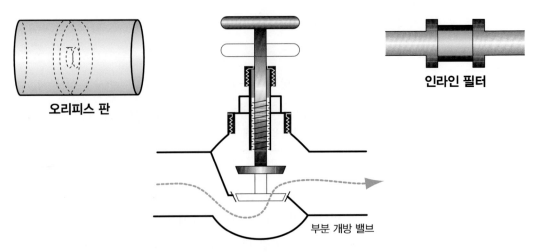

인라인 필터

오리피스 판

부분 개방 밸브

〈그림 4.11〉 오리피스 판, 부분 개방 밸브 및 필터는 모두 스로틀링 장치로 모델링할 수 있는 장치이다.

주위의 온도보다 더 높은 온도에서 압축기에서 유출된다. 열이 주위로 전달됨으로써 냉매는 액체로 다시 응축된다. 이 시점에서, 냉매의 온도는 더욱 더 낮아질 수밖에 없으므로, 냉매는 저온 공간에서 다시 열을 흡수할 수 있다. 이러한 과정은 냉매를 교축기를 통하여 보냄으로써 이루어지는데, 이로써 냉매의 압력(과 이에 상응하는 온도)이 낮아지게 된다.

교축기를 통과하는 유체는 위치 에너지에서 큰 변화를 거의 겪지 않게 되므로, 이러한 교축기에서는 동력이 전혀 사용되지 않게 설계된다. 교축기는 전형적으로 작기 때문에, 일반적으로 교축기에서는 열 획득이나 열 손실이 일어날 것이라고 보지 않는다. 교축기에서 열전달이 전혀 일어나지 않고, 동력도 전혀 사용되지 않으며, 위치 에너지 변화도 전혀 없다고 가정하면, 식 (4.15a)는 다음과 같이 된다.

$$h_2 - h_1 + \frac{V_2^2 - V_1^2}{2} = 0 \tag{4.21}$$

교축기 전후에서 작동 유체의 속도 변화는 비교적 작을 때가 많다. 교축기는 그와 같아서 운동 에너지의 변화를 0으로 가정하게 되면, 식 (4.21)이 다음과 같이 된다.

$$h_2 = h_1 \tag{4.22}$$

식 (4.22)가 자명한 것처럼 보일지도 모르겠지만, 여기에서 잊지 말아야 할 점은 많은 교축기의 주요 목적은 경제적 비용이 많이 들지 않고 에너지 손실을 최소화하면서 유체의 압력을 낮추는 것이라는 점이다. 교축기의 일반적인 응용은 예제 4.9에서 볼 수 있다.

▶ 예제 4.9

포화 액체 R-134a가 냉장고의 교축기에 1.0 MPa의 압력으로 유입되어 100 kPa로 유출된다. 교축기의 유동에서는 운동 에너지 변화가 전혀 없다고 가정하고 교축기에서 유출되는 R-134a의 건도를 구하라.

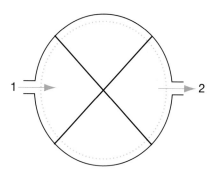

주어진 자료 : $P_1 = 1.0 \text{ MPa}$, $x_1 = 0.0$, $P_2 = 100 \text{ kPa}$

구하는 값 : x_2(출구 건도)

풀이 교축 장치는 개방계이고, 작동 유체는 냉매 R-134a 이다. R-134a 는 초기에는 포화 액체이고 교축 장치에서 유출될 때는 포화 혼합물이다. 상태량은 컴퓨터에 있는 R-134a 표에서 구하면 된다.

가정 : 정상 상태, 정상 유동

$\Delta KE = 0$

$\dot{Q} - \dot{W} = \Delta PE = 0$ (다른 정보를 알지 못할 때의 표준 교축기 가정)

다음과 같이 식 (4.15a) 형태의 열역학 제1법칙으로 시작한다.

$$\dot{Q} - \dot{W} = \dot{m}\left(h_2 - h_1 + \frac{V_2^2 - V_1^2}{2} + g(z_2 - z_1)\right)$$

가정을 적용하면 다음이 나오게 된다.

$$h_1 = h_2$$

R-134a의 엔탈피를 컴퓨터 프로그램에 있는 상태량에서 구하면 다음과 같다.

$$h_1 = 105.29 \text{ kJ/kg}$$

$h_2 = 105.29$ kJ/kg로 놓고, $P_2 = 100$ kPa이므로, $x_2 = 0.414$가 나온다.
그러므로 이 액체의 41.4 %가 교축 과정에서 기화된다.

해석 : 이 답이 옳은지를 확실히 알기는 어렵지만, 이 답은 타당하다. 일부 포화 액체들은 교축 밸브를 지나면서 일정한 엔탈피에서 압력이 낮아지면서 기화된다고 예상된다. 이 때문에 포화 혼합물이 되게 되므로, 이 풀이는 모순이 없다.

이 절에서는 일반적인 정상 상태, 정상 유동, 단일 입구, 단일 출구 장치의 몇 가지 예를 살펴보았다. 먼저, 각각의 장치마다 새로운 식이 전개된 것처럼 보이지만, 모든 식은 적절한 가정을 세운 다음 식 (4.15a)에서 유도된 것이다. 여기에서 알아야 할 점은, 엔지니어라면 어떤 특정한 장치를 해석할 때에는 일반식에서 어느 항들은 무시할 수 있고 어느 항들은 그 의미가 중요한지 이에 관하여 적절한 가정을 세워야 한다는 사실을 잘 알고 있어야 하며, 그러므로 세워진 가정과 적절한 가정을 세울 수 있는 근거를 바탕으로 하여 일반식을 변환시키는 방법을 이해하는 것이 중요하다는 것이다.

> **심층 사고/토론용 질문**
> 교축 장치는 작동 유체의 압력을 감소시키는 저렴한 방법으로 사용될 때가 많다. 유체의 압력을 감소시키는 다른 방법으로는 무엇이 있을까?

4.3.3 정상 상태, 정상 유동, 다중 입구 또는 다중 출구 개방계에 열역학 제1법칙을 적용하기

주위에는 정상 상태에서 작동되면서 입구가 여러 개이고 출구도 여러 개인, 즉 다중 입구와 다중 출구로 되어 있는 장치들이 있다. 이러한 장치들은 열교환기 형태일 때가 많은데, 이 열교환기에서는 열이 하나의 작동 유체에서 다른 하나의 작동 유체로 전달된다.

그림 4.12와 같이, 자동차용 라디에이터, 가정용 난로 및 냉장고용 냉각 코일은 모두 일반적인 열교환기의 예이다. 다른 계에서는 2가지 또는 그 이상의 유체가 유입되어 이들이 함께 단일의 출구류로 혼합된다. 이러한 혼합 챔버의 한 가지 예로는, 그림 4.13과 같이, 뜨거운 물과 찬물을 따로 따로 조절할 수 있는 수도꼭지를 들 수 있다. 이와 같은 계에서는, 입구류는 2개(온수류와

safacakir/Shutterstock.com

sspopov/iStock/Thinkstock

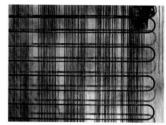
Tom Gowanlock/Shutterstock.com

〈그림 4.12〉 몇 가지 유형의 열교환기의 사진.

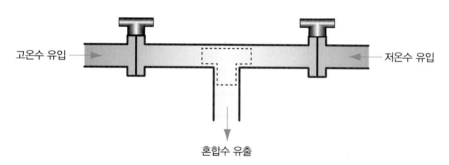

〈그림 4.13〉 혼합 챔버의 개략도. 이 경우에는 입구 수류는 별개의 고온 수류와 저온 수류로 2개이고, 출구 수류는 혼합수로 1개인 수도꼭지이다.

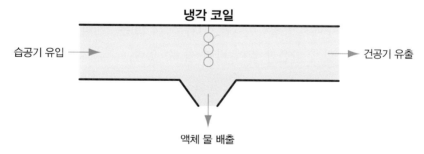

〈그림 4.14〉 제습기는 습공기를 냉각 코일을 지나게 하여 열을 충분히 제거시켜서 공기류에서 습기(물)가 응축되게 하는 일을 한다. 이후 액체 물은 배출되게 된다.

냉수류)가 있고 출구류는 1개가 있다. 또한, 그림 4.14와 같이, 1개의 입구류가 유입되어 이를 여러 개의 출구류로 분리시키는 장치를 접하기도 한다. 분리 챔버는 비등 계에서 액체 부분과 증기 부분을 분리시키거나, 기체 혼합물을 개별적인 성분으로 분리시키거나, 아니면 하나의 큰 유동을 2개 또는 그 이상의 작은 유동으로 분리시키는 데 사용된다. 이 절에서는 처음에는 열교환기에 중점을 두고, 그 다음에는 혼합 챔버를 살펴봄으로써, 열역학 제1법칙을 다중 입구 및/또는 다중 출구로 되어 있는 계에 적용하게 될 것이다.

열교환기

열교환기는 열 형태의 에너지를 하나의 작동 유체에서 또 다른 작동 유체로 전달시키는 것이 목적인 장치이다. 열교환기는 또 다른 과정으로 이동하게 될 유체를 가열시키거나 어떤 장치에서 되돌아온 유체를 냉각시키는 데 사용될 때가 많다. 예를 들어, 자동차용 라디에이터는 엔진을 돌고 오는 엔진 냉각수에서 주위 공기로 열을 전달시킴으로써 엔진 냉각수를 냉각시키는 데 사용된다. 이와는 반대로 가정용 난로는 연소 생성물에서 실내 송출 공기에 열을 전달시킴으로써 이 공기를 가열시키는 데 사용된다. 열교환기는 여러 가지로 설계될 수 있으며, 이 가운데 몇 가지가 그림 4.15에 나타나 있다.

유체를 혼합시킬 수 있는 계가 열교환기처럼 보일지도 모르겠지만, 이제는 열교환기를 서로 혼합되지 않는 2가지 별개의 작동 유체가 있는 개방계로 되어 있는 장치라고 할 것이다. 분명히 그러한 계는 입구가 2개이고 출구가 2개이기 마련이므로, 일단 이 계가 정상 상태, 정상 유동 조건을 달성하였을 때 이 계를 해석하려면, 여기에 사용할 열역학 제1법칙의 적절한 형태로는 다음과 같은 식 (4.13)이 있다. 즉,

$$\dot{Q} - \dot{W} + \sum_{i=1}^{j} \dot{m}_i \left(h + \frac{V^2}{2} + \mathrm{g}z \right)_i - \sum_{e=1}^{k} \dot{m}_e \left(h + \frac{V^2}{2} + \mathrm{g}z \right)_e = 0 \qquad (4.13)$$

정상 상태, 정상 유동 조건에서 작동하는 2유체 열교환기에서는, 각각의 유체의 질량 유량은 각각의 유체의 입구와 출구에서 동일하여야만 한다. 식 (4.13)은 2개의 유체를 유체 A와 유체 B로 구분하여, 이 계에 맞게 다음과 같이 바꿔 쓸 수 있다.

$$\dot{Q} - \dot{W} = \dot{m}_A \left(h_2 - h_1 + \frac{V_2^2 - V_1^2}{2} + \mathrm{g}(z_2 - z_1) \right) + \dot{m}_B \left(h_4 - h_3 + \frac{V_4^2 - V_3^2}{2} + \mathrm{g}(z_4 - z_3) \right)$$

$$(4.23)$$

여기에서 상태 1은 유체 A의 입구이고, 상태 2는 유체 A의 출구이며, 상태 3과 4는 각각 유체 B의 입구와 출구이다. 대부분의 열교환기에서는 유체의 높이 변화는 무시할 수 있으며,

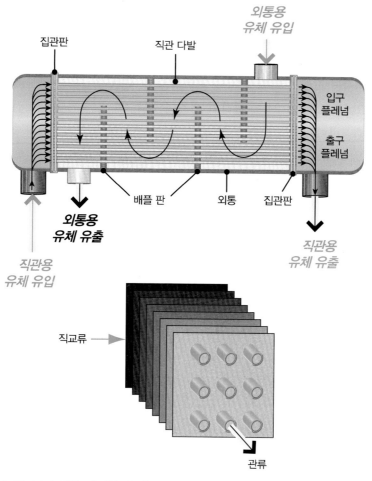

직관형 열교환기(일향류 직관용)

〈그림 4.15〉 외통-내관형 열교환기와 직교류형 열교환기의 개략도.

유체의 속도 변화도 또한 작기 마련이다. 그러므로 대부분의 열교환기 해석에서는 각각의 유체의 위치 에너지 변화와 운동 에너지 변화는 0이라고 가정할 수 있다. 그러므로 식 (4.23)은 다음과 같이 간단해 진다.

$$\dot{Q} - \dot{W} = \dot{m}_A(h_2 - h_1) + \dot{m}_B(h_4 - h_3) \tag{4.24}$$

일부 열교환기에는 팬이나 펌프 같은 축 일 기계가 포함되어 있어 유체를 열교환기 속을 통하여 이동시키는 촉진 수단이 된다. 이와 같은 경우에, 동력 항은 그대로 유지되어야만 한다. 그러나 동력 항은 계에 일을 부가하거나 계에서 일을 제거시키는 장치가 전혀 없을 때에는 0으로 놓으면 되는데, 이것이 일반적인 시나리오이다.

장치의 명칭이 **열교환기**이기는 하지만, 대부분의 열교환기는 초기에 적어도 외부 열전달률 $\dot{Q}$를 0으로 놓고 해석한다. 이렇게 해석할 수 있는 경우는, 전체 계가 단열되어 있어 고온 유체가 잃게 되는 모든 에너지가 열전달을 통하여 저온의 유체로 전달되고 주위로는 전달되지 않는 때이거나, 아니면 주위로 잃게 되는 열량이 유체 간에 전달되는 에너지에 비하여 매우 작은 때이다. 그러므로 식 (4.24)에 관하여 세울 수 있는 또 다른 가정은 열전달률이 0이라고 가정하는 것이다. 여기에서 유의해야 할 점은, 어떤 특정한 열교환기에서 외부 열전달률을 0이라고 놓을 때에는 특히 주의를 하여야 한다는 것이다.

학생 연습문제

본인이 선정한 컴퓨터 솔루션 플랫폼용으로 열교환기를 해석하는 데 사용할 수 있는 모델을 개발하라. 모델에서는 위치 에너지 변화 효과는 무시해도 되지만, 단서 조항으로는 열전달, 동력 및 운동 에너지 변화는 반드시 포함되어야 한다. 모델은 유체 간의 열전달 계산이 가능하도록 설정하여야 한다. 모델은 광범위한 유체 범위에서 사용 가능하여야 하고, 일정 비열 이상 기체와 가변 비열 이상 기체 모두에 사용할 수 있어야 한다.

일단 모델을 개발하고 나면, 본인의 모델 결과를 예제 4.10과 예제 4.11에서 나온 결과와 비교함으로써 본인 모델의 정확성을 시험하면 된다.

▶ 예제 4.10

건도가 0.90이고 절대 압력이 70 kPa인 상태로 터빈에서 유출되고 있는 수증기가 110 kg/s의 질량 유량으로 단열된 응축기(열교환기 형)로 유입된다. 이 수증기는 응축되어 압력이 70 kPa인 포화 액체 상태로 응축기에서 유출된다. 열은 외부 냉각수에 의해 수증기에서 제거되는데, 이 냉각수는 응축기에 10 ℃로 유입되어 40 ℃로 유출된다. 외부 냉각수의 질량 유량을 구하라.

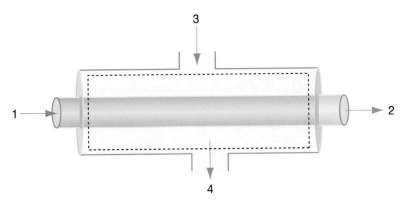

주어진 자료 : 수증기 : $P_3 = P_4 = 70$ kPa abs., $x_3 = 0.90$, $x_4 = 0.0$(포화 액체), $\dot{m}_s = 110$ kg/s

냉각수 : $T_1 = 10℃$, $T_2 = 40℃$

구하는 값 : $\dot{m}_{cw}$(냉각수의 질량 유량)

풀이 이 열교환기는 입구가 2개이고 출구가 2개인 개방계이며, 유체 혼합은 전혀 일어나지 않는다. 물은 열교환기에 포화 혼합물로 유입되어 출구에서 포화 액체로 응축된다. 이 유동의 상태량은 컴퓨터 프로그램이나 포화 수증기 표에서 구하면 된다. 액체 냉각수는 관 속을 흐르면서 수증기에서 열을 제거한다. 냉각수의 온도와 압력은 크게 변화하지 않으므로, 이 냉각수를 비열이 일정한 비압축성 액체로 취급해도 된다 (냉각수의 압력에 관한 정보는 전혀 없지만 이 장치에서는 큰 압력 변화가 일어나리라고 예상하지 않아도 된다).

가정 : 정상 상태, 정상 유동, 입구 2개, 출구 2개, 유체 혼합 없음

냉각수는 비열이 일정한 비압축성 액체로서 거동한다.

$\dot{Q} = 0$(외적 단열)

$\dot{W} = \Delta KE = \Delta PE = 0$(일반적인 열교환기 가정, 다른 값을 예측하는 데 제공된 정보가 전혀 없음)

다음과 같이 식 (4.23)으로 풀이를 시작한다.

$$\dot{Q} - \dot{W} = \dot{m}_{cw}\left(h_2 - h_1 + \frac{V_2^2 - V_1^2}{2} + g(z_2 - z_1)\right) + \dot{m}_s\left(h_4 - h_3 + \frac{V_4^2 - V_3^2}{2} + g(z_4 - z_3)\right)$$

가정을 사용하여 식을 간단히 정리하면 다음과 같다.

$$\dot{m}_{cw}(h_2 - h_1) + \dot{m}_s(h_4 - h_3) = 0$$

수증기/물의 엔탈피를 컴퓨터 프로그램에 있는 상태량에서 구하면 다음과 같다.

$$h_4 = 375 \text{ kJ/kg}, \quad h_3 = 2430 \text{ kJ/kg}$$

액체 냉각수는 비열이 일정한 비압축성 액체로서 다음의 관계가 성립한다. 즉,

$$h_2 - h_1 = c_p(T_2 - T_1)$$

식을 풀어서 냉각수의 질량 유량을 구하면 다음과 같다.

$$\dot{m}_{cw} = \frac{\dot{m}_s(h_4 - h_3)}{c_p(T_1 - T_2)} = \frac{(110 \text{ kg/s})(375 \text{ kJ/kg} - 2430 \text{ kJ/kg})}{(4.184 \text{ kJ/kg} \cdot \text{K})(10℃ - 40℃)} = 1800 \text{ kg/s}$$

해석 : 이 값은 대략 1.8 m^3/s와 등가이다. 이 값은 냉각수가 대량으로 필요한 것처럼 보일지도 모르겠지만, 이는 어느 정도 적당한 규모 (~ 100 MW 전력 출력) 의 석탄 화력 발전소에서 예상할 수 있는 양에 해당할 뿐이다. 이 값은 또한 이러한 시스템의 실제 크기에 관한 개념을 제공한다.

▶ 예제 4.11

기름이 단열이 된 2중관 열교환기의 외관으로 500 K의 온도로 유입되어 400 K의 온도로 유출된다. 기름의 질량 유량은 5 kg/s이고 기름은 비열이 $c_p = 1.91\ kJ/kg \cdot K$이다. 포화 액체 물은 100 ℃로 내관으로 유입되어 100 ℃로 유출되며 건도는 0.20이다. 이 물의 질량 유량을 구하라.

주어진 자료 : 기름 : $T_1 = 500\ K$, $T_2 = 400\ K$, $\dot{m}_{oil} = 5\ kg/s$, $c_{p,oil} = 1.91\ kJ/kg \cdot K$

물 : $T_3 = T_4 = 100\ ℃$, $x_3 = 0$(포화 액체), $x_4 = 0.20$

구하는 값 : $\dot{m}_w$(물의 질량 유량)

풀이 이 열교환기는 개방계이며, 입구가 2개이고 출구가 2개이며, 유체 혼합은 전혀 일어나지 않는다. 물은 열교환기에 포화 액체로 유입되어 비등하기 시작하여 포화 혼합물로 유출된다. 이 유체의 상태량은 컴퓨터 프로그램이나 포화 수증기 표에서 구하면 된다. 액체 기름은 관 속을 흐르면서 물에 열을 부가하면서 냉각된다. 기름에 관한 상세 정보가 전혀 없으므로, 이 기름을 비열이 일정한 비압축성 액체로 취급해도 된다.

가정 : 정상 상태, 정상 유동, 입구 2개, 출구 2개, 유체 혼합 없음

기름은 비열이 일정한 비압축성 액체로서 거동한다.

$\dot{Q} = 0$(외적 단열)

$\dot{W} = \Delta KE = \Delta PE = 0$(일반적인 열교환기 가정, 다른 값을 예측하는 데 제공된 정보가 전혀 없음)

다음과 같이 식 (4.23)으로 풀이를 시작한다.

$$\dot{Q} - \dot{W} = \dot{m}_{oil}\left(h_2 - h_1 + \frac{V_2^2 - V_1^2}{2} + g(z_2 - z_1)\right) + \dot{m}_w\left(h_4 - h_3 + \frac{V_4^2 - V_3^2}{2} + g(z_4 - z_3)\right)$$

가정을 사용하여 식을 간단히 정리하면 다음과 같다.

$$\dot{m}_{oil}(h_2 - h_1) + \dot{m}_w(h_4 - h_3) = 0$$

물의 엔탈피를 컴퓨터 프로그램에 있는 상태량에서 구하면 다음과 같다.

$$h_4 = 869.0\ kJ/kg,\ \ h_3 = 417.5\ kJ/kg$$

기름은 비열이 일정한 비압축성 액체로서 다음의 관계가 성립한다. 즉,

$$h_2 - h_1 = c_p(T_2 - T_1)$$

식을 풀어서 냉각수의 질량 유량을 구하면 다음과 같다.

$$\dot{m}_w = \frac{\dot{m}_{oil} c_{p,oil}(T_2 - T_1)}{h_4 - h_3} = \frac{(5\,\mathrm{kg/s})(1.91\,\mathrm{kJ/kg \cdot K})(500-400)\mathrm{K}}{(869.0 - 417.5)\mathrm{kJ/kg \cdot K}} = \mathbf{2.12\,kg/s}$$

해석 : 일반적으로, 이와 같은 단순 열교환기를 통해엄청나게 다른 질량 유량을 예상하지 않으며, 물의 질량 유량이 기름과 자릿수가 같으므로 이 결과는 타당하다.

본인이 열교환기 해석용으로 전개한 프로그램 모델을 사용하여, 열교환기의 운전 매개변수들이 어떻게 서로 간에 영향을 주는지를 나타내면 된다. 예를 들어, 이 열교환기 해석 모델을 사용하여, 물의 출구 건도가 변화함에 따라 물의 질량 유량이 변화하게 되는 방식을 나타내면 되는 것이다. 예컨대, 출구 건도는 열교환기 하류의 요구 조건에 맞춰서 정할 수도 있고, 열교환기 설계에서 일부 열전달 특성(열은 액체와 증기에 다른 전달률로 전달되기 마련임)을 충족시키고자 하는 희망 사항에 맞춰서 정할 수 있다. 다음 그래프에는, 물의 질량 유량이 물의 출구 건도의 함수로 작도되어 있다.

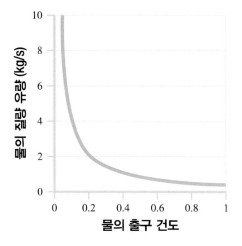

그래프에서 알 수 있듯이 건도 값이 작을 때에는 건도가 질량 유량에 크게 의존하지만, 물이 대부분이 증기로 되어감에 따라 이 의존성은 그 의미가 덜 중요해짐을 보여주고 있다. 그러므로 열교환기 설계의 완전성을 유지하고자 대부분의 물을 액체 형태로 유지시켜야 한다면, 물의 질량 유량을 반드시 비교적 높게 유지시켜야만 한다.

열교환기의 설명을 마치기 전에 주목하여야 할 점은, 단열된 2유체 열교환기는 2개의 단일 입구, 단일 출구, 정상 상태, 정상 유동 장치로 적절하게 모델링하면 된다는 것이다. 이 상황에서 는, 유체를 출입하는 열전달률을 구하고 이 열전달률의 부호를 반대로 바꿔서, 이 새로운

양을 다른 유체에서의 열전달률과 같게 놓으면 된다. 이러한 내용은, 하나의 유체에서 전달되는 열전달률이 다른 유체로 전달되는 열전달률이 되기 때문에 가능하다. (열전달 부호는 반대로 바뀌지만, 열전달 크기에는 전혀 변화를 주지 않는다.) 전체 계를 2중 입구, 2중 출구 장치로 처리하든지, 아니면 전체 계를 2가지 별도의 단일 입구, 단일 출구 장치로 취급하든지, 어떠한 방법으로 접근하여도 좋다.

어느 방법이 더 낫다고 할 수는 없지만, 유체 간에 열이 전달되는 양을 구하고자 할 때에는 후자 방법이 유용하다.

심층 사고/토론용 질문

본인의 집에서는 열교환기가 어떻게 사용되고 있는가? 열교환기가 달리 사용되고 있는 일반적인 용도를 몇 가지 들어보라.

혼합 챔버

2개 또는 그 이상의 입구류를 서로 혼합하여 하나의 출구류를 형성시켜야 하는 것은 매우 일반적인 것이다. 그러한 한 가지 응용은 그림 4.16과 같이 증기 발전소의 "개방형 급수 히터"인데, 이 히터에서는 터빈에서 추출된 수증기가 증기 발생기를 향하고 있는 액체 물과 혼합되어 물이 예열되고, 수증기를 생성시키는 데 필요한 열량이 감소하게 된다. 또 다른 응용은 그림 4.17과 같이, 공간에서 제거된 공기를 일부 신선한 외부 공기와 혼합시킨 다음, 이 혼합물을 냉각시키고 제습시켜서 건물 내의 전체 공기 질을 향상시키고자 할 때 건물에서 사용하는 공기조화 장치가 있다. 이러한 혼합 과정은 혼합을 촉진시키는 정형화된 장치에서 발생될 때도 있고, 이러한 과정들은 서로 연결된 2개의 관과 혼합물이 유출되는 제3의 관으로 되어 있는 장치에서 발생될 때도 있다. 어느 유형의 장치에서도, 계는 혼합 챔버로서 모델링될 수 있다.

정상 상태, 정상 유동 혼합 챔버를 해석하고자 할 때에는, 열역학 제1법칙 적용에 식 (4.13)이 필요하고, 질량 유량을 구하는 데 식 (4.2)의 질량 보존도 살펴보아야 한다. 그림 4.15와 같이, 2중 입구(상태 1과 상태 2)와 단일 출구(상태 3)로 되어 있는 일반적인 혼합 챔버 형태에서, 식 (4.2)는 다음과 같이 된다.

$$\dot{m}_1 + \dot{m}_2 = \dot{m}_3 \qquad (4.25)$$

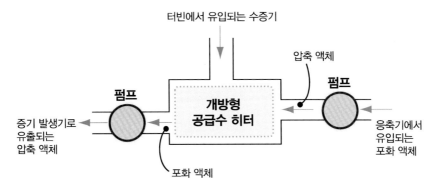

〈그림 4.16〉 일부 증기 발전기에서 사용되는 개방형 공급수 히터. 이 히터에서는 액체가 터빈에서 추출되는 수증기와 혼합됨으로써 예열되어 증기 발생기로 향하게 된다.

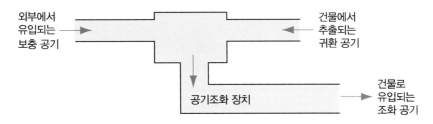

〈그림 4.17〉 많은 공기조화 장치에서는, 건물 외부에서 유입되는 신선한 공기가 실내 복귀 공기와 혼합된 다음, 공기조화 장치에 공급된다. 공기조화 장치계에서 이 부분을 혼합 챔버로 모델링할 수 있다.

혼합 챔버에 적용되는 열역학 제1법칙에 관한 일반적인 가정에는, 유체의 높이 변화와 유체의 속도 변화가 어떠한 엔탈피 변화에 비해서도 작으므로 위치 에너지 항과 운동 에너지 항은 무시되기 마련이라는 내용이 포함된다. 이 가정을 적용하면, 식 (4.13)은 다음과 같이 된다.

$$\dot{Q} - \dot{W} = \dot{m}_3 h_3 - (\dot{m}_1 h_1 + \dot{m}_2 h_2) \tag{4.26}$$

식 (4.25)와 식 (4.26)을 결합하면 다음의 식이 나온다.

$$\dot{Q} - \dot{W} = (\dot{m}_1 + \dot{m}_2) h_3 - (\dot{m}_1 h_1 + \dot{m}_2 h_2) \tag{4.27}$$

열교환기에서도 그랬듯이, 열전달률 항과 동력 항이 취급되는 방식은 특정한 상황에 종속되기 마련이다. 유체가 챔버 속을 통하여 급속하게 흐를 때 계에서 예측할 수 있는 열전달은 전혀 없거나 거의 없는 상태여서, 열전달률은 0으로 설정될 때가 많다. 그러나 이 가정을 세우기 전에 특정한 계를 주의 깊게 살펴보아야 한다. 거의 일반적으로는, 어떠한 동력 장치라도 축 일을 제공하여 유체 혼합을 촉진시키는 일종의 교반기 형태를 하고 있게 된다. 그러한 교반 장치가 전혀 없을 때에는, 다른 동력 장치가 전혀 존재하지 않는다면 동력 항은 0으로 설정되게 된다.

▶ 예제 4.12

단열된 혼합 챔버에 제1의 입구를 통하여 3 MPa 및 280 ℃의 과열 수증기 5.0 kg/s이 유입되고, 제2의 입구를 통하여 3 MPa의 포화 액체가 유입된다. 이 혼합류는 0.80의 건도와 3 MPa의 압력으로 유출된다. 10 kW의 전력을 사용하는 휘젓기 팬을 사용하여 혼합 과정을 돕고 있다. 제2의 입구를 통하여 계로 유입되는 포화 액체의 질량 유량을 구하라.

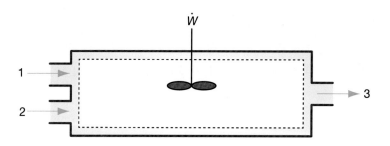

주어진 자료 : $\dot{m}_1 = 5.0 \, \text{kg/s}$, $P_1 = P_2 = P_3 = 3 \, \text{MPa}$, $T_1 = 280 \, ℃$,

$$x_2 = 0.0, \quad x_3 = 0.80, \quad \dot{W} = -10 \, \text{kW}$$

구하는 값 : $\dot{m}_2$(제2의 입구 흐름의 질량 유량)

풀이 이 혼합 챔버는 입구가 2개이고 출구가 1개인 개방계이다. 제1의 입구로는 물이 포화 수증기로 유입되고, 제2의 입구로는 물이 포화 액체로 유입된다. 출구로는 물이 포화 혼합물로 유출된다. 물의 상태량은 컴퓨터 프로그램이나 포화 수증기 표에서 구하면 된다.

가정 : 정상 상태, 정상 유동, 입구 2개, 단일 출구

$$\dot{Q} = 0 \text{(단열)}$$

$$\Delta KE = \Delta PE = 0$$

다음과 같이 식 (4.13)으로 풀이를 시작한다.

$$\dot{Q} - \dot{W} + \sum_{i=1}^{j} \dot{m}_i \left(h + \frac{V^2}{2} + gz \right)_i - \sum_{e=1}^{k} \dot{m}_e \left(h + \frac{V^2}{2} + gz \right)_e = 0$$

가정을 사용하여 식을 간단히 정리하면 다음과 같다.

$$-\dot{W} = \dot{m}_3 h_3 - (\dot{m}_1 h_1 + \dot{m}_2 h_2)$$

질량 보존에서 $\dot{m}_1 + \dot{m}_2 = \dot{m}_3$이므로, 열역학 제1법칙은 다음과 같은 식으로 바꿔 쓸 수 있다.

$$-\dot{W} = (\dot{m}_1 + \dot{m}_2) h_3 - (\dot{m}_1 h_1 + \dot{m}_2 h_2)$$

엔탈피는 컴퓨터 프로그램에 있는 상태량에서 구하면 다음과 같다.

$$h_1 = 2941.3 \text{ kJ/kg}, \quad h_2 = 1008.4 \text{ kJ/kg}, \quad h_3 = 2444.96 \text{ kJ/kg}$$

이 값들을 대입하면 다음과 같다. 즉,

$$10 \text{ kW} = (5 \text{ kg/s} + \dot{m}_2)(2444.96 \text{ kJ/kg}) - ((5 \text{ kg/s})(2941.3 \text{ kJ/kg}) + \dot{m}_2(1008.4 \text{ kJ/kg}))$$

식을 풀면 질량 유량이 다음과 같이 나온다.

$$\dot{m}_2 = \mathbf{1.73 \text{ kg/s}}$$

해석 : 재차 언급하지만, 더욱 많은 경험을 하기 전까지는, 이 값이 옳은가를 확신할 수는 없다. 그러나 이 경우에서처럼, 포화 액체와 약간 과열된 수증기를 혼합하여 유출 포화 혼합물을 구한 바와 같이, 질량 유량들이 서로 비교할 만한 크기라는 것을 적어도 예상은 할 수 있다.

앞서 한 설명은 혼합 챔버에 초점이 맞춰져 있지만, 그림 4.18과 같은 분리 챔버나, 다중 입구, 다중 출구, 혼합류 또는 분리류로 되어 있는 다른 정상 상태, 정상 유동 장치에서라면, 혼합 챔버와 동일하게 기본적인 과정으로 생각되면 변환된 식 (4.2)와 식 (4.13)을 사용하면 된다.

심층 사고/토론용 질문

혼합 챔버로 모델링할 수 있는 일상의 과정을 몇 가지 들어보라.

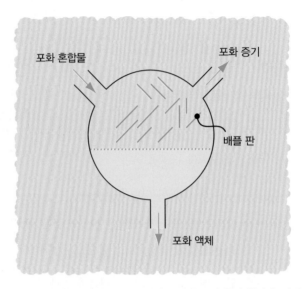

포화 혼합물

포화 증기

배플 판

포화 액체

〈그림 4.18〉 증기 발전소에 있는 증기 드럼(drum)은 분리 챔버 형이다. 여기에서는
포화 혼합물이 유입되어 배플 판에 부딪쳐 흐르면서 교란되어 포화 증기는 한쪽
포트를 통해서 나가고, 포화 액체는 다른 쪽 포트를 통하여 나간다.

학생 연습문제

본인이 선정한 컴퓨터 솔루션 플랫폼용으로 분리 챔버를 해석하는 데 사용할 수 있는 모델을
개발하라. 이 모델에서 위치 에너지 변화 효과는 무시해도 되지만, 단서 조항으로 열전달, 동력
및 운동 에너지 변화는 반드시 포함되어야 한다. 모델은 광범위한 유체 범위에서 사용가능하여야
하고, 일정 비열 이상 기체와 가변 비열 이상 기체 모두에 사용할 수 있어야 한다. 이 모델에서는,
챔버에서 유출되는 흐름은 3개까지 가능하지만 입구는 1개만 되도록 설계하여야 한다.

4.3.4 비정상(천이) 개방계 서론

지금까지는 정상 상태 개방계에 열역학 제1법칙을 적용하는 데 집중하였다. 분명한 점은
많은 실제 계들은 설령 계가 완벽하게 정상 상태가 아니더라도, 정상 상태로 거동한다고 가정하여
모델링할 수 있다는 것이다. 그러나 계의 상태량들이 시간에 따라 계속 유의미하게 변화하기
때문에, 그 정확성이 타당한 수준에 있는 정상 상태로 모델링할 수 없는 공학적인 적용이
여전히 많이 있다. 용기에 유체를 채울 때와 같은 일부 상황들은 그 내용이 명백하다. 즉,
분명히 용기에 들어 있는 유체의 질량은 시간에 따라 계속 증가한다. 그렇지 않으면, 저장
탱크를 공기로 채우고 있다가, 탱크가 1, 2분 정도 서서히 비워지는 동안에는 정지한 다음,

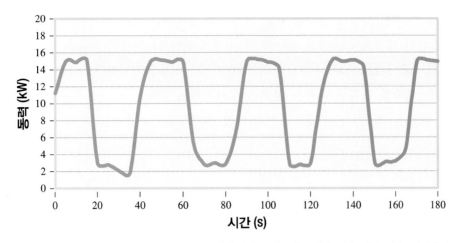

〈그림 4.19〉 많은 장치를 자세히 들여다보면 정상 상태로 작동되고 있지 않다. 예를 들어, 여기에서 예로 드는 공기 압축기의 동력 소비는 탱크에 공기를 채우고 있을 때에는 변화하며, 그런 다음 탱크 내 압력이 떨어지고 있는 동안에는 일시적으로 중단된다.

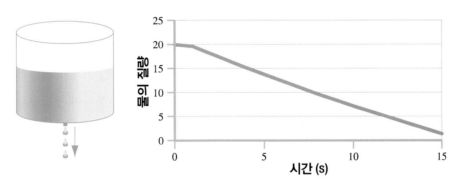

〈그림 4.20〉 탱크에서 물이 배출되고 있는 사례. 여기에서 탱크에 남아 있는 물의 질량은 시간의 함수이다.

다시 탱크를 채우곤 하는 데 사용되는 공기 압축기와 같이, 맥동류가 흐르는 상황이 있기도 하다. 정상 상태, 정상 유동 장치가 그 운전이 천이 상태에서 시작되고 끝나게 되는 것도 일반적인 것이다. 예를 들어, 증기가 증기 터빈으로 유입되기 시작한 후에 터빈은 당분간 가열되고, 그 후에나 정상 상태 운전이 달성된다. 시동 단계에 관심이 있다면, 천이 해석이 필요할 것이다.

그림 4.19에는 전이 운전으로 작동되는 공기 압축기에서 동력이 시간에 따라 변화하는 방식을 나타내고 있다. 그림 4.20은 탱크에 들어 있는 물을 시간에 걸쳐서 배출시킬 때, 탱크 안에서 물의 질량이 변화해 가는 방식을 그래프로 나타내고 있다.

비정상 계로 모델링할 수 있는 문제들이 폭 넓게 다양하기 때문에, 장치를 해석하는 데 전형적으로 사용될 수 있는 일련의 표준 가정들을 개발하는 것은 불가능하다. 그러므로 이 절에서는, 천이 해석만을 소개할 것이고 이 주제에 관한 그 이상의 학습은 수준이 한층 더 높은 열역학 과목에 맡기도록 하겠다. 열역학 제1법칙을 비정상 개방계에 적용하게 되는 방식을 설명하고자, 탱크를 기체로 채우는 문제를 살펴보기로 한다.

이러한 문제나 아니면 천이 문제라면 어떠한 문제라도, 그 풀이는 식 (4.12)로 시작하면 된다.

$$\dot{Q} - \dot{W} + \sum_{i=1}^{j} \dot{m}_i \left(h + \frac{V^2}{2} + gz \right)_i - \sum_{e=1}^{k} \dot{m}_e \left(h + \frac{V^2}{2} + gz \right)_e = \frac{d \left(mu + m \frac{V^2}{2} + mgz \right)_{\text{system}}}{dt}$$

$$(4.12)$$

그런 다음, 각각의 항은 해석 과정에서 존속을 시켜야 하는지 아니면 중요하지 않은지를 평가하여 결정하여야만 한다. 또한, 질량 보존을 나타내는 식 (4.1)도 해석을 할 때 필요할 것으로 보인다. 결국에는, 식 (4.1)과 식 (4.12)에서 유도된 결과 식을 시간에 관하여 적분을 하게 되면 전체 천이 경우에서의 모든 상태량들이 드러날 것으로 보인다.

그림 4.21과 같이 탱크를 채우는 특정한 문제에서는, 탱크가 초기에는 얼마간의 기체 질량 m_1이 들어 있고, 또한 탱크에 채워질 기체는 압력이 P_i이고 온도 T_i인 기체가 정상적으로(즉, 항상 일정한 상태로) 들어 있는 공급 관로에 연결되어 있는 밸브를 통하여 탱크로 유입되고 있다고 하자. 탱크의 체적과 탱크 내 기체의 초기 압력과 온도를 알고 있다고 가정한다. 기체는 탱크가 새로운 압력 P_2(여기에서, $P_2 < P_i$임)에 도달할 때까지 탱크 속으로 유입된다. 이 시나리오를 살펴보면, 이제 식 (4.12)에 있는 특정한 항을 무시할 것인지 아닌지를 평가할 수 있다. 밸브를 여닫는 데 얼마간의 일이 필요하겠지만, 이 일은 사소한 일량으로 보이므로

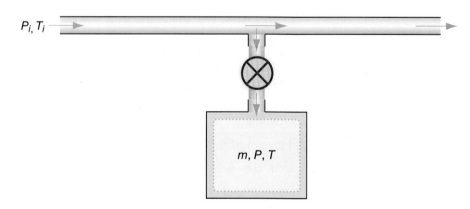

〈그림 4.21〉 기체를 공급 관로를 통해서 탱크에 채우는 계의 개략도.

동력 항은 0으로 놓을 수 있다. 질량만이 탱크로 유입되므로, 유출되는 질량 유량은 전혀 없으므로 $\dot{m}_e = 0$이 되는데, 이 때문에 식 (4.12) 좌변에서 출구 측 에너지의 전체 합을 나타내는 항이 소거되어 버린다. 입구 유동에서는 속도가 높을 수도 있겠지만, 입구 유입 유동의 운동 에너지는 입구 유동의 엔탈피에 비하여 작아 보이므로, 입구에서의 운동 에너지를 0으로 설정하기 마련이다. 마찬가지로, 입구에서의 위치 에너지가 유의미할 것이라고 보지 않으므로 이 또한 0으로 설정할 수 있다. 끝으로, 이 계는(즉, 탱크는) 정지 상태에 있으므로 운동 에너지는 0이고, 시간에 따른 위치 에너지의 변화 또한 0이다. 이러한 변경 사항으로 인하여 처음에 복잡하였던 식 (4.12)는 다음과 같이 변환된다.

$$\dot{Q} + \dot{m}_i h_i = \frac{d(mu)_{\text{system}}}{dt} \tag{4.28}$$

이 식은 이제 시간에 관하여 적분할 수 있다. 여기에서 유의할 점은, 이러한 적분을 할 때에는 입구에서의 엔탈피가 (또는 입구 상태량이라면 어떠한 상태량이라도) 시간에 관하여 변화한다는 사실을 알아야 한다는 것이다. 이 경우에는, 기체는 정상 상태원에서 유입되고 있으므로, 기체를 이상 기체로 모델링하다고 가정하면, 유입 기체의 온도는 일정하고 이에 따라 유입 기체의 엔탈피는 시간에 관하여 일정하다. 적분을 하고 나면, 열역학 제1법칙은 다음과 같이 된다.

$$Q + m_i h_i = m_2 u_2 - m_1 u_1 \tag{4.29}$$

역시나 주목해야 할 점은, 식 (4.1)을 시간에 관하여 적분하면 다음과 같이 나온다는 것이다.

$$m_i = m_2 - m_1 \tag{4.30}$$

다음 예제는 탱크 채우기 과정의 풀이 절차를 수치 연산으로 보여주고 있다.

▶ 예제 4.13

공기가 공급 관로에 연결된 밸브를 통하여 체적이 0.25 m³인 탱크에 채워지도록 되어 있다. 초기에 탱크에는 100 kPa 및 20 ℃인 공기가 들어 있다. 공급 관로에는 1200 kPa 및 25 ℃인 공기가 들어 있다. 밸브가 열리게 되면, 공기는 탱크 압력이 750 kPa이 될 때까지 탱크로 유입되게 된다. 탱크는 이 과정에서 단열이 되어 있다고 가정한다. 탱크 안에 들어 있는 공기의 최종 온도를 구하라.

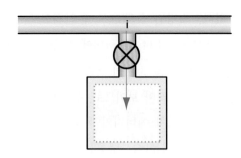

주어진 자료 : $V = 0.25 \, \text{m}^3$, $T_1 = 20 \, ℃ = 293 \, \text{K}$, $P_1 = 100 \, \text{kPa}$, $P_2 = 750 \, \text{kPa}$, $P_i = 1200 \, \text{kPa}$, $T_i = 25 \, ℃ = 298 \, \text{K}$

구하는 값 : T_2(최종 온도)

풀이 이 시스템은 개방계이지만, 시스템의 내용물이 시간에 따라 변하므로 비정상 상태가 수반되고 있다. 작동 유체는 공기이며, 이를 이상 기체라고 가정할 수 있다. 비열이 일정하다고 가정해서는 안 되며, 공기에 대한 가변 비열 해석에는 표 A.3 의 상태량을 사용하거나 컴퓨터 프로그램을 사용하면 된다. 공급 관로 속 공기 (와 이에 따른 탱크 입구에서의 공기) 의 상태량은 일정하다고 본다.

가정 : $W = \Delta KE = \Delta PE = 0$(그 외의 상황을 예측하는데 제공된 정보가 전혀 없음)

$Q = 0$(탱크는 단열되어 있음)

공기는 비열이 일정한 이상 기체로서 거동한다.

질량 유입만 있고, 계에서 질량 유출은 전혀 없음($m_e = 0$)

다음과 같이 식 (4.12)의 형태로 표현되는 일반적인 열역학 제1법칙으로 풀이를 시작한다.

$$\dot{Q} - \dot{W} + \sum_{i=1}^{j} \dot{m}_i \left(h + \frac{V^2}{2} + \text{g}z \right)_i - \sum_{e=1}^{k} \dot{m}_e \left(h + \frac{V^2}{2} + \text{g}z \right)_e = \frac{d\left(mu + m\frac{V^2}{2} + mgz \right)_{\text{system}}}{dt}$$

가정을 적용하고 이를 시간에 관하여 적분하면 다음과 같이 나온다.

$$m_i h_i = m_2 u_2 - m_1 u_1$$

질량 보존에서 $m_i = m_2 - m_1$이 성립하므로, 다음과 같이 된다.

$$(m_2 - m_1)h_i = m_2 u_2 - m_1 u_1$$

이상 기체 법칙을 사용하면, 초기 상태와 최종 상태의 질량은 다음과 같이 구할 수 있다.

$$m_1 = \frac{P_1 V}{R T_1} = \frac{(100 \, \text{kPa})(0.25 \, \text{m}^3)}{(0.287 \, \text{kJ/kg} \cdot \text{K})(293 \, \text{K})} = 0.297 \, \text{kg}$$

$$m_2 = \frac{P_2 V}{R T_2} = \frac{(750 \, \text{kPa})(0.25 \, \text{m}^3)}{(0.287 \, \text{kJ/kg} \cdot \text{K})(T_2)} = 653.3 \, / \, T_2 \, \text{kg}$$

비열이 가변적인 공기의 상태량으로는, 컴퓨터 프로그램에서 있는 값을 구하면 다음과 같다.

$$h_1 = 298.18 \text{ kJ/kg}, \quad u_1 = 209.06 \text{ kJ/kg}$$

이 값들을 대입하면 다음과 같다. 즉,

$$(653.3 / T_2 - 0.297) \text{ kg} (298.18 \text{ kJ/kg}) = (653.3 / T_2 \text{ kg}) u_2 - 62.09 \text{ kJ}$$

$$194.801 / T_2 - 653.3 \, u_2 / T_2 = 26.469$$

분명한 점은, 이 식에는 미지수가 2개(즉, T_2와 u_2)가 있다는 것이다. 다행히도 u_2는 T_2의 함수이므로 이 문제는 반복법을 사용하여 풀 수도 있고, c_v, T_2 및 u_2의 관계식을 사용하여 이를 풀어서 T_2를 구할 수도 있다. 첫째 방법이 더 선호되는데, 이는 표에 있는 값들이 비열의 가변성을 고려하여 작성된 것이므로 풀이를 할 때에는 일정 비열 요소(데이터)를 도입하지 않는 것이 가장 좋기 때문이다. 그러나 둘째 방법에서는 타당성이 있는 근삿값이 나오게 된다.

반복법으로 계산하면 다음 값이 나온다. 즉, $T_2 = 395 \text{ K}$.

해석 : 일단 보아도, 이 온도는 관심을 불러일으킬 수도 있다. 주목해야 할 점은, 탱크의 최종 온도가 공급 관로 온도보다도 그리고 탱크의 초기 온도보다도 더 높다는 것이다. 어떻게 이런 결과가 나오게 되는 것일까? 특히 탱크가 단열되어 있는데도 어떻게 공기가 가열이 될 수 있는 것일까? 이는 입구 유동의 엔탈피 때문에 계에 부가되고 있는 유동 일의 결과이다. 이 부가적인 에너지는 보존이 되어야 하므로, 결과적으로 이는 탱크 내 공기에 열에너지로 변환된다. 그러므로 유동 일은 결국 온도 상승으로 이어진다. 실생활 상황에서는, 유입 공기에는 운동 에너지도 있을 것이므로, 공기가 탱크의 잔여 부분으로 유입될 때 이 운동 에너지는 열 에너지로 변환되기 마련인 것이다. 그러나 이 문제에서는 입구 운동 에너지를 무시할 수 있으므로 이러한 특정한 효과는 문제에서 온도 상승과는 무관하다고 가정하고 있다.

여기서 주목할 것은, 이 간단한 시나리오조차도 급속하게 복잡해져 버리는 상황이다. 예를 들어, 탱크로 유입되는 유동이 그 온도가 시간에 따라 변화하게 된다면, 이 문제는 곧 바로 어려워질 것이다. 만약에 탱크에 누설이 있다면, 탱크에서 유출되는 유동 상태량들은 시간에 따라 변하게 될 것이고, 이 문제는 매우 어려워지게 될 것이다. 그러므로 천이 문제를 풀이할 때 중요한 점은, 문제의 중요한 특징은 그대로 유지하면서 가능한 한 열역학 제1법칙에 단순화한 가정을 많이 세우는 것이다.

4.4 밀폐계에서의 열역학 제1법칙

지금까지는 유동이 계의 경계를 통과할 수 있는 개방계를 살펴보았다. 그렇지만 그림 4.22에 있는 피스톤–실린더 기구처럼, 질량이 계를 전혀 출입하지 않는 계도 많이 있다. 앞서 설명한 대로, 고체와 밀폐 용기는 밀폐계로 볼 때가 많다. 밀폐계는 당연히 질량이 계를 출입하지 않는 계이지만 개방계의 특별한 형태로 볼 수 있다. 그러므로 다음과 같은 식 (4.12)에서 밀폐계에 사용할 열역학 제1법칙의 적절한 형태를 유도할 수 있다. 즉,

$$\dot{Q} - \dot{W} + \sum_{i=1}^{j} \dot{m}_i \left(h + \frac{V^2}{2} + gz\right)_i - \sum_{e=1}^{k} \dot{m}_e \left(h + \frac{V^2}{2} + gz\right)_e = \frac{d\left(mu + m\dfrac{V^2}{2} + mgz\right)_{\text{system}}}{dt}$$

$$(4.12)$$

밀폐계에서는 계를 출입하는 질량 유동이 전혀 없으므로, 질량 유동 항은 0이 된다. 또한, 밀폐계의 질량은 시간에 따라 변화하지 않으므로, 식 (4.12) 우변의 미분 항에서 빼낼 수

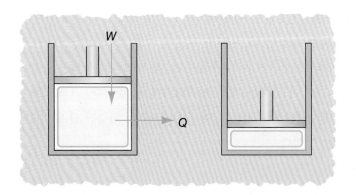

〈그림 4.22〉 계(기체)의 압축 과정 전후의 피스톤–실린더 기구를 나타내는 그림. 왼쪽 그림은 압축 과정 전이고, 오른쪽 그림은 압축 과정 후이다. 계가 일을 받으면 기체에 에너지가 가해지는 반면에, 기체가 냉각되면 에너지는 열전달 형태로 계에서 빠져나간다.

있다. 결과적인 열역학 제1법칙 식은 다음과 같다.

$$\dot{Q} - \dot{W} = m\frac{d\left(u + \frac{V^2}{2} + \mathrm{g}z\right)_{\mathrm{system}}}{dt} \tag{4.31}$$

식 (4.31)은 열역학 제1법칙이 밀폐계에 적용될 때의 변화율 기준 평형식이다. 가끔은 이 형태가 사용되기도 하지만, 식 (4.31)을 시간에 관하여 적분하여 밀폐계에서 발생하는 전체 과정을 살펴보는 것이 더 일반적이다. 식 (4.31)을 시간에 관하여 적분하게 되면, 결과적인 열역학 제1법칙 형태는 다음과 같다.

$$Q - W = m\left(u_2 - u_1 + \frac{V_2^2 - V_1^2}{2} + \mathrm{g}(z_2 - z_1)\right) \tag{4.32}$$

여기에서, 상태 1은 초기 상태이고 상태 2는 최종 상태이다. 식 (4.32)를 밀폐계에서 작용하고 있는 과정이나 일련의 과정에 적용하려면, 최종 상태를 알고 식 (4.32)를 사용하여 수행된 열전달이나 일을 구해야 하거나, 아니면 열전달과 일을 알고 최종 상태나 초기 상태를 구해야 한다.

개방계에서 그랬듯이, 밀폐계에서도 열역학 제1법칙은 가정을 세움으로써 더욱 더 간단해 질 수 있다. 이번에도 마찬가지로, 이러한 가정들은 열역학 제1법칙이 적용되고 있는 특정한 상황을 관찰함으로써 세울 수 있다. 많은 공학적인 적용에서는, 밀폐계의 운동 에너지 변화와 위치 에너지 변화는 무시할 수 있으므로 무시하면 된다. 또한, 일부 밀폐계에서는 일 상호작용이 전혀 없고, 일부 밀폐계는 단열되어 있어 열전달이 전혀 발생되지 않는다. 이어서 열역학 제1법칙을 밀폐계에 적용하는 예제 몇 문제가 실려 있다.

학생 연습문제

본인이 선정한 컴퓨터 솔루션 플랫폼용으로 피스톤–실린더 기구를 해석하는 데 사용할 수 있는 모델을 개발하라. 이 모델에서 운동 에너지 변화와 위치 에너지 변화 효과는 무시해도 되지만, 단서 조항으로는 열전달과 일은 반드시 포함되어야 한다. 또한, 모델은 여러 가지 일의 함수 관계(즉, 정압 함수, 폴리트로프 함수 및 다항식 함수)를 처리할 수 있도록 설계하여야 한다. 모델은 광범위한 유체 범위에서 사용 가능하여야 하고, 일정 비열 이상 기체와 가변 비열 이상 기체 모두에 사용할 수 있어야 한다. 일단 모델을 개발하고 나면, 본인의 모델 결과를 예제 4.14에서 나온 결과와 비교함으로써 본인 모델의 정확성을 시험하면 된다.

▶ 예제 4.14

초기에 295 K 및 325 kPa인 2 kg의 공기가 피스톤–실린더 기구 안에서 일정 압력 상태로 가열되고 있다. 공기의 최종 온도는 405 K이다. 공기가 비열이 일정한 이상 기체로 거동한다고 가정하고 이 과정 중에 부가되는 열량을 구하라.

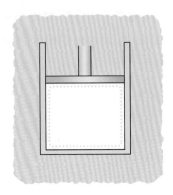

주어진 자료 : $m = 2\,\text{kg}$, $T_1 = 295\,\text{K}$, $P_1 = P_2 = 325\,\text{kPa}$(일정 압력), $T_2 = 405\,\text{K}$

구하는 값 : Q(과정 중에 부가되는 열)

풀이 이 피스톤–실린더 기구는, 과정 중에 시스템에 유입 또는 유출되는 질량이 전혀 없으므로, 밀폐계이다. 작동 유체는 일정한 비열을 가진 이상 기체로 취급할 수 있는 공기이다.

가정 : 공기는 비열이 일정한 이상 기체로 거동한다.
   이 과정은 밀폐계에서의 정압 과정이다.
   $\Delta KE = \Delta PE = 0$

식 (4.32) 에서, 밀폐계에서의 열역학 제1법칙은 다음과 같다.

$$Q - W = m\left(u_2 - u_1 + \frac{V_2^2 - V_1^2}{2} + \text{g}(z_2 - z_1)\right)$$

가정을 적용하면 다음과 같이 된다.

$$Q - W = m(u_2 - u_1) = mc_v(T_2 - T_1)$$

일은 정압 과정에서의 이동 경계일이다. 즉,

$$W = \int P\,d\Psi = P(\Psi_2 - \Psi_1)$$

체적은 이상 기체 법칙에서 다음과 같이 구한다. 즉,

$$\Psi_1 = \frac{mRT_1}{P_1} = \frac{(2\,\text{kg})(0.287\,\text{kJ/kg} \cdot \text{K})(295\,\text{K})}{325\,\text{kPa}} = 0.5210\,\text{m}^3$$

$$\Psi_2 = \frac{mRT_2}{P_2} = \frac{(2\,\text{kg})(0.287\,\text{kJ/kg} \cdot \text{K})(405\,\text{K})}{325\,\text{kPa}} = 0.7153\,\text{m}^3$$

$$W = (325\,\text{kPa})(0.7153 - 0.5210)\,\text{m}^3 = 63.15\,\text{kJ}$$

그러므로 다음과 같이 된다.

$$Q = (2\,\text{kg})(0.718\,\text{kJ/kg} \cdot \text{K})(405 - 295)\,\text{K} + 63.15\,\text{kJ} = \mathbf{221\ kJ}$$

해석 : 공기는 압력이 일정하게 유지되면서도 온도가 증가하였기 때문에, 최종 체적은 최초 체적보다 더 커지게 될 것으로 예상되었으며, 이는 계산에서 확인된 바 대로다. 이는 양(+)의 일 값으로 이동 경계일이 수행되었다는 것을 나타낸다. 일이 수행되고 공기 온도가 증가되면서, 이 과정에서 열전달 또한 양(+)의 값으로 예상되었으므로 이 열전달은 일보다 더 크다. 이러한 결과를 미뤄볼 때, 이 답은 적어도 논리적이다.

피스톤–실린더 기구의 컴퓨터 모델에서는 이러한 계산을 쉽게 할 수 있을 뿐만 아니라 예상할 수 있는 경향을 시연할 수도 있다. 이 예제에서 기술된 정압 과정에서는, 다음과 같은 그래프에 다양한 최종 온도에서 예상할 수 있는 일과 열전달 양이 나타나 있다. 일정 압력에서는 최종 온도가 증가함에 따라 최종 체적은 증가하고, 이 때문에 수행된 일의 양은 증가하게 된다. 예상하였듯이 공기에 부가되는 열전달량 또한 최종 온도가 증가함에 따라 증가하지만, 유의해야 할 사항으로는 온도가 더 높아지게 되고 팽창 기체가 추가적인 일을 하게 되어, 이 2가지 때문에 열전달량이 증가하게 된다는 것이다.

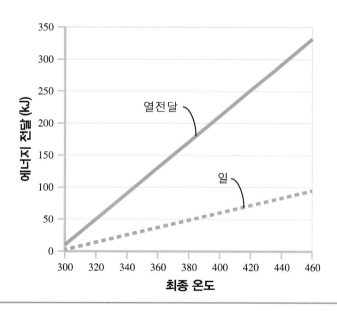

▶ 예제 4.15

질량이 5 kg인 구리 블록이 노에서 125 kJ의 열을 받는다. 이 구리는 초기에 온도가 25 ℃이다. 구리의 최종 온도를 구하라.

주어진 자료 : $m = 5\,\text{kg}$, $Q = 125\,\text{kJ}$, $T_1 = 25℃$

구하는 값 : T_2(최종 온도)

풀이 질량이 일정한 고체 물체는 밀폐계이다. 고체 물체는 큰 압력 변화를 전혀 겪지 않는 것처럼 보이므로, 이 구리는 비압축성 물질로 취급하면 된다. 이 문제에서는 1차 근사화를 하여 일정 비열로 가정한다.

가정 : 밀폐계

구리는 비열이 일정한 비압축성 물질로서 거동한다.

$W = \Delta KE = \Delta PE = 0$(구리 블록은 체적이 일정하여 이동 경계일이 전혀 없으므로 일이 전혀 없다. 또한, 어떠한 다른 일 형태가 존재한다고 하는 암시도 전혀 없다.)

식 (4.32)에서 밀폐계에서의 열역학 제1법칙은 다음과 같다.

$$Q - W = m\left(u_2 - u_1 + \frac{V_2^2 - V_1^2}{2} + \text{g}(z_2 - z_1)\right)$$

가정을 적용하면 다음과 같이 된다.

$$Q = m(u_2 - u_1) = mc_p(T_2 - T_1)$$

구리는, $c_p = 0.385\,\text{kJ/kg} \cdot \text{K}$이다.

풀이하면 다음과 같이 된다. 즉, $T_2 = \dfrac{Q}{mc_p} + T_1 = \dfrac{125\,\text{kJ}}{(5\,\text{kg})(0.385\,\text{kJ/kg} \cdot \text{K})} + 25℃ = \mathbf{90\,℃}$

해석 : 경험을 해보면 알겠지만, 블록의 질량에 부가되는 열량은 상당히 크지만 극단적이지는 않다. 그러므로 이 문제에서 온도가 65 ℃ 증가한 것은 타당한 것으로 보인다. 게다가, 온도 증가가 비교적 작으므로 일정 비열 가정 또한 타당하다. 온도 변화가 훨씬 더 크거나(∼ 200 ℃) 또는 정밀한 답이 필요할 때에는, 구리에 가변 비열을 사용하여 문제를 다시 푸는 것을 검토해야 한다.

밀폐계의 특별한 유형은 열역학적 사이클인데, 이 사이클에서 계는 최종 상태가 최초 상태와 같아지게 되는 일련의 과정을 겪는다. 이 사이클에서는 그림 4.23에 있는 단순 증기 발전소를 모델링하는 데 사용하는 랭킨 사이클(Rankine cycle)과 같이, 유체가 몇 가지 장치를 거쳐 초기 상태로 귀환하면서 장치 순환 흐름 과정을 반복하게 되거나, 아니면 스파크 점화 엔진을 모델링하는 오토 사이클(Otto cycle)을 따르는 피스톤–실린더 기구(장치)를 나타내는 그림 4.24와 같이, 유체가 하나의 장치에 머무르면서 몇 가지 과정을 겪기도 한다. 열역학 제1법칙을 전체 사이클에 걸쳐 적용하여 살펴보면, 초기 내부 에너지는 최종 내부 에너지와 같다($u_1 = u_2$)는 사실을 알 수 있다(운동 에너지와 위치 에너지에서도 동일한 내용이 성립됨). 그러므로 식 (4.32)를 적용하면, 열역학적 사이클에서 순 열전달은 순 일과 같아야 함을 알 수 있다.

$$Q_{\text{cycle}} = W_{\text{cycle}} \qquad (4.33)$$

여기에서 이 양들은, 즉 순 열전달과 순 일은 개별 과정에서의 열전달과 일의 합과 각각 같다.

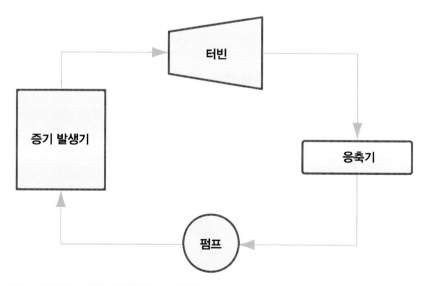

〈그림 4.23〉 단순 랭킨 사이클의 4가지 성분.

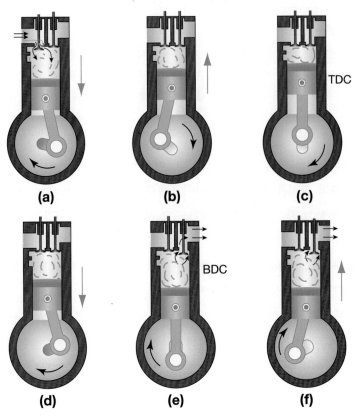

(a)　　　(b)　　　(c)

(d)　　　(e)　　　(f)

〈그림 4.24〉 스파크 점화 엔진 사이클에서 여러 가지 작동 단계에 있는 피스톤-실린더 기구를 보여주는 일련의 그림.

▶ 예제 4.16

열역학적 사이클이 4개의 과정으로 구성되어 있으며, 이 4개의 과정에서 열과 일의 상호작용은 다음 표에 나타나 있다. 과정 2에서 발생되는 일량을 구하라.

과정	열전달	일
1	257 kJ	0 kJ
2	−15 kJ	?
3	−161 kJ	0 kJ
4	0 kJ	−12 kJ

구하는 값 : W_2

풀이

열역학적 사이클에서, 순 일은 순 열전달과 같다. 제공된 데이터에서 순 열전달은 다음과 같다.

$$Q_{cycle} = Q_1 + Q_2 + Q_3 + Q_4 = (257 - 15 - 161 + 0)\,kJ = 81\,kJ$$

순 일은 다음과 같다.

$$W_{cycle} = W_1 + W_2 + W_3 + W_4 = (0 + W_2 + 0 - 12)\,kJ = (W_2 - 12)\,kJ$$

$Q_{cycle} = W_{cycle}$로 놓으면, $W_2 = (81 + 12)\,kJ = \mathbf{93\,kJ}$.

열역학 제1법칙을 전개하여 개방계와 밀폐계 모두에 적용해보고, 많은 문제를 풀어보았으므로, 엔탈피는 개방계에 적용하는 것이고 내부 에너지는 밀폐계에 적용하는 것이라고 생각할지도 모르겠다. 그러나 엄격히 말해서 이러한 생각은 사실이 아니다. 오히려, 이 생각은 열역학 제1법칙에 대한 가정과 간단화의 작위적인 결과이다. 정상 상태에서 작동하는 개방계에서는, 계에 출입하는 유체의 내부 에너지가 제2장에서 설명한 대로 엔탈피 항에 포함되어 있는 유동일과 결합되어 있으므로, 열역학 제1법칙에 내부 에너지가 명시적으로 드러나 있지는 않다. 그러나 내부 에너지는 여전히 문제 속에 존재하고 있다. 또한, 비정상 상태 개방계 문제에서는 내부 에너지가 열역학 제1법칙에 명확히 드러나 있을 것으로 보인다.

4.5 열기관의 열효율과 냉동기 및 열펌프의 성능계수

열역학은 열 입력에서 일을 연속적으로 발생시키는 것을 목적으로 하거나, 또는 일 입력으로 열전달을 촉진시키는 것을 목적으로 하는 장치 및 사이클의 해석과 연관이 있을 때가 많다. 전자와 같은 유형의 장치를 열기관이라고 하고 후자와 같은 유형의 장치를 냉동기나 열 펌프라고 하는데, 이는 장치의 특정한 목적에 따른 것이다. 제5장에서 한층 더 심도 있게 설명하겠지만, 이러한 장치들은 에너지가 완전히 변화되면서 작동되지는 않는다. 바꿔 말하면 열기관은 적어도 연속적으로 작동되기는 하지만, 입력 열을 모두 받아들여서 이를 일로 변환시키지는 않는다. 이러한 장치들의 성능을 정량화하려면, 열효율을 정의하면 된다. 일반적으로, 열효율은 다음과 같이 정의할 수 있다.

열효율 = 원하는 에너지 결과 / 필요한 에너지 입력

이 정의는 이후에 설명하겠지만, 여러 가지 장치마다 서로 다른 명시적인 형태를 취한다.

4.5.1 열기관

열기관은 고온의 열 저장소에서 열을 받으면서 일을 연속적으로 발생시키는 장치이다. 열 저장소는 알기 쉽게 열원이나 열침(heat sink)을 말하는데, 이 열원이나 열침은 너무 커서 열이 부가되거나 제거되더라도 온도가 전혀 변화하지 않는다. 예를 들어, 땅 위에 뜨거운 물을 조금 쏟은 다음 10 m 정도 떨어져서 땅의 온도를 측정해 봐도, 온도 변화를 감지하지 못하게 된다. 그러므로 땅은 열 저장소 라고 보게 되는 것이다. 이러한 장치들, 즉 열기관은 사이클로 작동되지만 모든 열이 일로 변환되는 것은 아니 므로(이에 관해서는 제5장에서 더 자세히 설명할 것임), 열은 일부 저온 열 저장소로 제거되어야만 한다. 그림 4.25에는 열기관의 일반도가 나타나 있다. 증기 발전소 나 가스 발전소는, 내연 기관처럼 열기관으로 볼 수 있다.

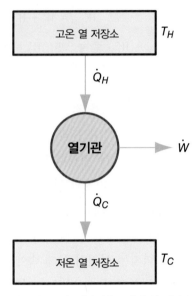

〈그림 4.25〉 열기관은 2개의 열 저장소 사이에서 작동되는 (터빈과 같은) 원동기 로 모델링할 수 있다.

열기관의 목적은 일이나 동력을 발생시키는 것이며, 그 원하는 에너지 결과는 일 W이다. 이 일을 얻어 내려 면, 열기관에는 고온의 열 저장소 Q_H에서 열에너지 입력이 필요하다. 그러므로 열기관의 열효율 η는 다음과 같다.

$$\eta = \frac{W}{Q_H} \tag{4.34a}$$

여기에서 주목할 점은, 식 (4.34a)는 시간 변화율 기준의 일량과 열전달량으로 다음과 같이 바꿔 쓸 수도 있다는 것이다. 즉,

$$\eta = \frac{\dot{W}}{\dot{Q}_H} \tag{4.34b}$$

▶ 예제 4.17

예제 4.16에서 기술한 사이클은 열을 열원에서 받아서 열침(heat sink)으로 제거시키는 동안에 일이 발생되기 때문에, 열기관으로 모델링할 수 있다. 예제 4.16에 기술된 열기관의 열역학적 사이클의 열효율을 구하라.

구하는 값 : η

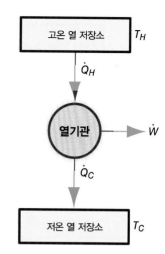

풀이   예제 4.16의 사이클에서 발생되는 순 일은 다음과 같다.

$$W = 81 \text{ kJ}$$

과정 1에서는 열 입력이 발생하므로 다음과 같이 된다.

$$Q_H = 257 \text{ kJ}$$

열효율은 다음과 같다.

$$\eta = W/Q_H = 81 \text{ kJ}/257 \text{ kJ} = \mathbf{0.315}$$

해석 : 열효율이 1 보다 더 작으므로, 이 경우에는 가능하다.

심층 사고/토론용 질문

발전소는 열효율이 40 % 정도 된다. 이는 입력 열은 60 % 가 주위로 버려져서 동력을 생산하지 못한다는 의미이다. 이 배제 열이 발전소 주위의 지역 환경을 어떻게 변화시킬 수 있을까? 폐열을 주위에 전달하는 방법에는 몇 가지가 있으며, 그 중에서 어느 방법이 지역 환경에 영향을 덜 미칠까? 이는 전지구적 규모의 문제라고 생각하는가?

4.5.2 냉동기와 열펌프

냉동기와 열펌프는 동일한 장치로 볼 수 있지만, 그 목적이 다르다. 그림 4.26에는 냉동기와 열펌프의 일반도가 나타나 있다. 이 장치들은 모두 사이클 형태로 저온의 차가운 공간 Q_C에서 열을 제거시켜서 고온의 따뜻한 공간 Q_H에 열을 내놓는다. 이렇게 하려면, 이 장치들은 모두 일 입력 W를 받아 들여야 한다. 열역학 제1법칙을 사이클에 적용하여 살펴보면, 따뜻한 공간에 내놓는 열이 차가운 공간에서 제거시키는 열보다 더 많다는 것을 알게 될 것이다. 이 장치 간의 차이는, 냉동기의 목적이 차가운 공간에서 열을 제거시키는 것이라면 열펌프의 목적은 따뜻한 공간에 열을 공급하는 것이다.

그림 4.27과 같은 일반적인 가정용 냉장고를 살펴보자. 대부분의 사람들은 이 장치를 냉장고 안에서 음식물을 차갑게 유지시키는 데 사용한다.

앞서 설명한 대로, 이렇게 음식물을 차갑게 유지시키려면 차가운 냉매가 냉장고의 벽 안쪽에서 순환하면서 냉장고의 "더 따뜻한" 고온의 내부에서 "더 차가운" 저온의 냉매로 열을 전달시켜야

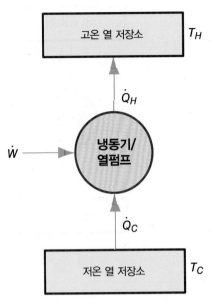

T_H

고온 열 저장소

$\dot{Q}_H$

$\dot{W}$

냉동기/
열펌프

$\dot{Q}_C$

저온 열 저장소

T_C

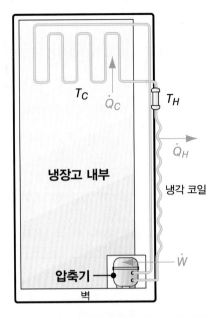

T_C　$\dot{Q}_C$　T_H

냉장고 내부

$\dot{Q}_H$

냉각 코일

$\dot{W}$

압축기

벽

〈그림 4.26〉 냉동기와 열펌프는 저온 열 저장소에서 열을
받아 고온 열 저장소로 열을 내보내면서, 2개의 열 저장소
사이에서 작동되는 장치로서 모델링할 수 있다.

〈그림 4.27〉 기본적인 가정용 냉장고의 개략도.

한다. 그런 다음 냉매는 압축기 속을 지나게 되는데, 이렇게 되면 냉매는 압력이 증가하면서 온도도 증가하게 된다. 그때 이미 냉매 온도는 실내 온도보다 더 높아져 있으므로, 냉매는 냉장고 외부에 있는 냉각 코일 속을 지나면서 냉매보다 더 온도가 낮은 실내에 열을 내놓게 된다. 대부분의 사람들은 이 장치를 음식물을 차갑게 유지시키는 데 사용하므로, 이 장치를 냉장고라고 한다. 즉, 냉장고의 목적은 차가운 공간에서 열을 제거시키는 것이다. 그러나 이와 똑같은 장치를 실내를 난방시키는 데 사용하고자 한다면, 그 주목적이 따뜻한 공간을 가열시키는 것이 되므로, 이 장치는 열펌프가 되는 것이다. 이 열펌프는 실내를 난방시키기에는 다소 비효율적인 방법이 되기도 한다. 그러나 시스템을 한층 더 적절한 온도에서 작동하게 하여 열펌프로서 운전되게 설계하기도 한다. 예를 들어, 일부 지열 시스템에서는 지하 영역을 증발기로 사용하고 건물 내부 영역을 계의 응축기로 사용하여, 다소 효율적으로 열을 건물에 공급하게 된다.

여기에서 주목할 점은 에어컨(air conditioner, 공기조화기)도 그림 4.28과 같이 그 목적이 차가운 공간에서 열을 제거시키는 것이다. 그러나 관찰하고 있는 온도를 말할 때나 또는 차가운 공간을 차지하는 물체의 유형을 말할 때에 사용하는 용어는 서로 다르다. 그러므로 더 낮은 온도를 추구하거나 차가운 공간에 무생물이 있을 때에는 그 장치를 냉동기라고 하는 것이 더 일반적이고, 어느 정도 더 높은 온도에서 작동되고 생명체(사람, 동물)에 사용될 때에는

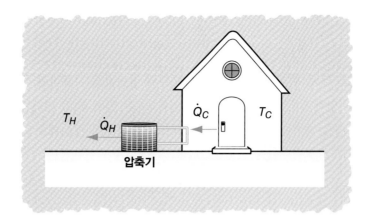

〈그림 4.28〉 열 저장소의 위치를 보여주고 있는 공기 조화 장치의 개략도.

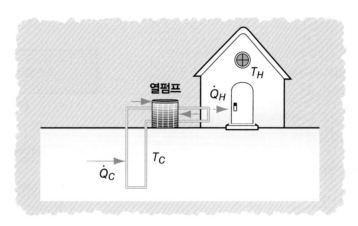

〈그림 4.29〉 열 저장소의 위치와 적절한 열전달을 보여주고 있는 열펌프 계의 개략도.

에어컨이 일반적이다. **공기 조화**(air conditioning)라는 용어는 공기 상태의 변화를 나타내는 말이기도 하므로 그림 4.29와 같이 열펌프도 공기조화 운전을 수행한다.

대부분의 냉동기를 살펴보면, 장치에 부가되는 일보다도 더 많은 열이 차가운 공간에서 제거되고 있다. 원하는 에너지 결과를 열 제거량 Q_C라고 보고, 필요한 에너지 입력을 일 W로 볼 때, 냉동기의 열효율은 대개 1보다 더 크다는 것을 알 수 있다. 대부분의 사람들은 효율이 100 %보다 더 커서는 안 된다고 보기 때문에 냉동기와 열펌프에서는 열효율을 **성능 계수**(COP; coefficient of performance)라고 새로이 이름을 붙이게 되었는데, 이는 열효율과 그 개념은 같지만 이름은 다르다.

냉동기에서 성능 계수 β는 다음과 같다.

$$\beta = \frac{Q_C}{|W|} = \frac{\dot{Q}_C}{|\dot{W}|} \tag{4.35}$$

주목할 점은 일은 계에 부가될 때 음수이므로, 일의 절댓값을 사용하여 성능계수를 양수로 유지한다는 것이다. 열펌프에서는 원하는 에너지 입력으로는 일로 하고, 원하는 에너지 결과로는 따뜻한 공간으로 열을 제거시키는 것이다. 그러므로 열펌프의 성능계수 γ는 다음과 같다.

$$\gamma = \frac{|Q_H|}{|W|} = \frac{|\dot{Q}_H|}{|\dot{W}|} \tag{4.36}$$

다시 말하지만, 계산에서는 절댓값을 사용하여 양(+)의 양을 유지시켜야 한다.

▸ 예제 4.18

냉장고에 있는 4.0 kW의 동력 입력을 제공하는 압축기를 사용하여 차가운 공간에서 15 kW의 열전달률로 열이 제거된다. 다음을 각각 구하라.

(a) 따뜻한 공간으로 제거되는 열전달률
(b) 냉장고의 성능계수

주어진 자료 : $\dot{Q}_C = 15\,\text{kW}$, $\dot{W} = -4.0\,\text{kW}$

구하는 값 : (a) $\dot{Q}_H$, (b) β

풀이

(a) 순 열전달률은 순 동력과 같으므로, 따뜻한 공간으로 배제되는 열을 구할 수 있다. 즉,

$$\dot{Q}_{\text{net}} = \dot{Q}_H + \dot{Q}_C = \dot{W}$$

$$\dot{Q}_H = \dot{W} - \dot{Q}_C = -4.0\,\text{kW} - 15\,\text{kW} = -19\,\text{kW}$$

(b) $\beta = \dfrac{\dot{Q}_C}{|\dot{W}|} = \dfrac{15\,\text{kW}}{4.0\,\text{kW}} = 3.75$

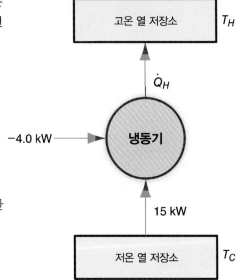

해석 : 문항 (a) 에서, 따뜻한 공간으로 배제되는 열은 예상한 대로 음(-)의 값이며, 가용한 에너지와 같다. 문항 (b) 에서, 성능 계수는 냉장고에서 일반적으로 예상되는 범위에 든다. 그러므로 겉으로 보기에 이 답은 타당하다.

▶ 예제 4.19

열펌프에 6.5 kW의 동력으로 작동되는 압축기가 있다. 이 열펌프는 성능계수가 4.2이다. 따뜻한 장소로 공급되는 열량을 구하라.

주어진 자료 : $\dot{W} = -6.5\,\text{kW}$, $\gamma = 4.2$

구하는 값 : $\dot{Q}_H$

풀이

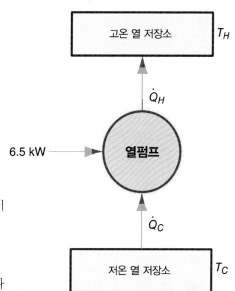

$$\gamma = \frac{|\dot{Q}_H|}{|\dot{W}|}$$

그러므로 다음과 같이 된다.

$$|\dot{Q}_H| = \gamma |\dot{W}| = (4.2)(6.5\,\text{kW}) = 27.3\,\text{kW}$$

이 값이 따뜻한 장소로 공급되는 열전달률이므로, 이는 곧 열펌프에서 배제되는 열전달률이다.

$$\dot{Q}_H = -27.3\,\text{kW}$$

해석 : 이 결과는, 성능 계수 4.2만큼 동력 입력보다 더 커야 하므로, 타당한 값이라고 생각할 수 있다.

심층 사고/토론용 질문

기계식 냉장고가 발명되기 전에는, 음식 같은 물품들을 차갑게 유지하는 꽤 일반적인 방법은 얼음 창고를 사용하는 것이었는데, 이는 겨울철에 강이나 호수에서 얼음덩어리를 잘라 내어 얼음 창고에서 녹을 때까지 저장하는 방법이었다. 기계식 냉장고에 있는 이점들은 무엇이고, 얼음 창고에 있는 이점들은 무엇인가?

열펌프는 전형적인 난로나 다른 가열 시스템보다 더 효율적인 것으로서 많이 볼 수 있다. 열펌프가 한층 더 널리 사용되지 않는 이유는 무엇일까?

요약

이 장에서는 열역학 제1법칙을 에너지 보존에 관한 단순한 설명에서 식 형태로 전개하였다. 그리고 적절히 가정을 세워서 열역학 제1법칙의 일반 형태를 간단화하는 방법을 알았다. 열역학 제1법칙을 정상 상태 개방계와 비정상 상태 개방계 모두에 적용하였고 또 밀폐계에 적용하였다. 개방계 문제를 해석하려면 질량 보존을 사용하여야 할 때가 많으므로, 이 물리 법칙을 설명하는 데 필요한 식을 전개하였다. 끝으로 열효율을 학습하여 이 열효율로서의 개념은 열기관에 적용하였고, 성능계수로서의 개념은 냉동기와 열펌프에 적용하였다.

열역학 제1법칙은 공정 장치를 해석하는 데 단독으로 사용될 때가 많긴 하지만, 거기에는 한계가 있다. 즉, 열역학 제1법칙에는 일을 할 수 없을 것이라고 알려져 있는 어떤 과정들도 그 성립이 가능하다는 사실이 시사되어 있기도 하다. 과정이 사실상 일을 할 수 있는지 아닌지를 결정을 내리게 하는 데에는, 열역학 제2법칙을 적용하면 된다. 이 장에서 학습한 원리들은 이후의 장에서 사용되어 열역학 제2법칙으로 과정과 장치를 해석하는 데 도움을 줄 것이다.

주요 식

질량 보존 :

일반식 :
$$\sum_{i=1}^{j} \dot{m}_i - \sum_{e=1}^{k} \dot{m}_e = \left(\frac{dm}{dt}\right)_{\text{system}} \tag{4.1}$$

질량 유량, 1-D 유동 :
$$\dot{m} = \rho \dot{V} = \rho VA = \frac{VA}{v} = \frac{\dot{V}}{v} \tag{4.7}$$

열역학 제1법칙 :

일반식 :
$$\dot{Q} - \dot{W} + \sum_{i=1}^{j} \dot{m}_i \left(h + \frac{V^2}{2} + gz\right)_i - \sum_{e=1}^{k} \dot{m}_e \left(h + \frac{V^2}{2} + gz\right)_e$$
$$= \frac{d\left(mu + m\frac{V^2}{2} + mgz\right)_{\text{system}}}{dt} \tag{4.12}$$

정상 상태, 정상 유동, 다중 입구, 다중 출구 개방계 :

$$\dot{Q} - \dot{W} + \sum_{i=1}^{j} \dot{m}_i \left(h + \frac{V^2}{2} + gz \right)_i - \sum_{e=1}^{k} \dot{m}_e \left(h + \frac{V^2}{2} + gz \right)_e = 0 \qquad (4.13)$$

정상 상태, 정상 유동, 단일 입구, 단일 출구 개방계 :

$$\dot{Q} - \dot{W} = \dot{m} \left(h_2 - h_1 + \frac{V_2^2 - V_1^2}{2} + g(z_2 - z_1) \right) \qquad (4.15a)$$

$$\dot{Q} - \dot{W} = \dot{m} \left(h_2 - h_1 + \Delta ke + \Delta pe \right) \qquad (4.15b)$$

밀폐계 (총량 기준)

$$Q - W = m \left(u_2 - u_1 + \frac{V_2^2 - V_1^2}{2} + g(z_2 - z_1) \right) \qquad (4.32)$$

열효율 — 열기관

$$\eta = \frac{W}{Q_H} = \frac{\dot{W}}{\dot{Q}_H} \qquad (4.34)$$

성능 계수 — 냉동기

$$\beta = \frac{Q_C}{|W|} = \frac{\dot{Q}_C}{|\dot{W}|} \qquad (4.35)$$

성능 계수 — 열펌프

$$\gamma = \frac{|Q_H|}{|W|} = \frac{|\dot{Q}_H|}{|\dot{W}|} \qquad (4.36)$$

주 : 다음 문제 가운데 일부를 풀 때에는 이 장에서 전개된 성분 모델을 사용해야 하지만, 다른 많은 문제를 풀 때에는 본인이 세운 모델을 사용하여도 된다.

4.1 탱크에 2개의 입구와 1개의 출구가 있다. 어느 순간 이 탱크에서는 하나의 입구로는 3.0 kg/s의 물이 유입되고 다른 입구로는 4.6 kg/s의 물이 유입되고 있는 반면에, 출구로는 2.5 kg/s의 물이 유출되고 있다. 이 순간에 탱크에 들어 있는 질량의 변화율을 구하라.

4.2 혼합 챔버에서 3개의 입구 관으로 물이 유입되어 혼합된 다음 1개의 출구로 유출된다. 이 챔버는 정상 상태 조건에서 정상 유동으로 작동된다. 출구 유량은 물 3.1 kg/s로 측정되고 있고, 입구 유량 중 2개는 각각 물 1.2 kg/s와 0.9 kg/s로 알려져 있다. 셋째 번 입구에서는 질량 유량이 얼마인가?

4.3 소화전에 관이 하나가 연결되어 액체 물이 공급되지만 그런 다음 유동이 호스 2개로 분배된다. 소화전에는 밀도가 1000 kg/m^{3}인 액체 물이 0.1 m^3/s로 유입된다고 가정한다. 유출 호스 가운데 하나에는 38 kg/s로 사용된다. 나머지 둘째 번 호스에 흐르는 물의 질량 유량은 얼마인가?

4.4 밀도가 890 kg/m^{3}인 엔진 오일이 직경이 5 mm인 원형 덕트 속을 30 cm^3/s의 체적 유량으로 흐른다. 이 엔진 오일 속도와 질량 유량은 각각 얼마인가?

4.5 밀도가 1000 kg/m^{3}인 액체 물이 직경이 42.0 mm인 원형 관 속을 8.5 m/s로 흐른다. 이 물의 체적 유량과 질량 유량은 각각 얼마인가?

4.6 밀도가 1000 kg/m^{3}인 액체 물이 직경이 7.5 cm인 원형 관 속을 0.035 m^3/s의 체적 유량으로 흐른다. 이 물의 속도와 질량 유량은 각각 얼마인가?

4.7 압력이 98.5 kPa이고 온도가 22.0 ℃인 공기가 사각 단면 덕트 속을 15.0 m/s로 흐른다. 이 덕트는 각 변의 길이가 15.0 cm이다.

(a) 공기의 체적 유량과 질량 유량을 각각 구하라. 다음 (b)와 (C) 문항에서는 스스로 덕트를 모델링해서 풀어야 한다.

(b) 온도를 22.0 ℃로 유지한 채로 압력의 범위를 98.5 kPa에서 500 kPa로 하여, 공기의 체적 유량과 질량 유량을 각각 그래프로 그려라.

(c) 압력을 98.5 kPa로 유지한 채로 온도의 범위를 22.0 ℃에서 150 ℃로 하여, 공기의 체적 유량과 질량 유량을 각각 그래프로 그려라.

4.8 500 ℃ 및 10.0 MPa인 수증기가 직경이 5.0 cm인 원형 덕트를 통해서 터빈으로 유입된다. 수증기의 체적 유량은 8.0 m³/s이다. 터빈으로 유입되는 수증기의 속도와 질량 유량을 각각 구하라.

4.9 밀도가 1000 kg/m³인 액체 물이 노즐을 통하여 흐른다. 노즐의 입구에서는 물의 속도가 3.0 m/s 이고, 출구에서는 물의 속도가 40.0 m/s이다. 입구의 단면적은 0.005 m²이다.

(a) 노즐이 정상 상태, 정상 유동 조건에서 작동된다고 가정하고, 출구의 단면적을 구하라.

(b) 본인이 작성한 식을 사용하여, 일정 입구 조건에서 출구 속도가 10.0 m/s에서 100.0 m/s까지 변할 때 노즐 출구 단면적을 그래프로 그려라.

4.10 밀도가 790 kg/m³인 액체 에탄올(ethanol)이 노즐을 통하여 흐른다. 노즐의 입구에서는 에탄올의 속도가 3 m/s이고, 출구에서는 에탄올의 속도가 35 m/s이다. 입구의 단면은 0.005 cm²이다.

(a) 노즐이 정상 상태, 정상 유동 조건에서 작동된다고 가정하고, 출구의 단면적을 구하라.

(b) 본인이 작성한 식을 사용하여, 일정 입구 조건에서 입구 속도가 10.0 m/s에서 100 m/s까지 변할 때 노즐 출구 단면적을 그래프로 그려라.

4.11 공기가 150 ℃ 및 825 kPa에서 정상 상태, 정상 유동 조건에서 작동되는 압축기에서 직경이 5.0 cm인 원형 관을 통하여 10 m/s의 속도로 유출된다.

(a) 공기의 출구 체적 유량과 질량 유량을 각각 구하라.

(b) 공기가 20.0 ℃ 및 100 kPa에서 1.0 m/s의 속도로 입구를 통하여 압축기로 유입될 때, 압축기로 유입되는 공기의 체적 유량과 필요한 입구의 단면적을 각각 구하라.

(c) 본인이 작성한 식을 사용하여, 입구 공기 속도가 0.25 m/s에서 10.0 m/s까지 변할 때 입구 체적 유량과 입구 단면적을 그래프로 그려라.

4.12 과열 수증기가, 2 MPa 및 400 ℃에서 원형 덕트 4개를 통해 터빈으로 유입되는데, 덕트는 모두 다 직경이 8 cm이고 과열 수증기는 유속이 250 m/s이다. 이 과열 수증기는 10 kPa에서 포화 물질로 직경이 120 cm인 원형 덕트 1개를 통해서 유출된다. 터빈은 정상 상태, 정상 유동 조건에서 작동될 때 다음을 각각 구하라.

(a) 터빈을 통하는 수증기의 질량 유량

(b) 터빈에서 유출되는 수증기의 건도가 0.88에서 1.0 까지의 범위에서 변할 때 이 수증기의 출구 체적 유량과 출구 속도를 출구 건도의 함수로 하여 그래프를 그려라.

4.13 물이 2개의 입구를 통하여 탱크에 유입되고 단일의 출구를 통하여 유출된다. 이 2개의 입구를 통한 질량 유량은 각각 2.5 kg/s와 0.8 kg/s이다. 출구의 단면적은 0.00015 m²이다. 물의 밀도를 1000 kg/m³로 보고 탱크가 정상 상태, 정상 유동 조건에서 작동된다고 가정하고, 물의 출구 속도를 구하라.

4.14 정원에 있는 얼마간의 꽃에 물을 주려고 하는데, 물을 줄 수 있는 것이라고는 물이 새는 물뿌리개 통 하나밖에 없다. 지역 농학자와 상담한 후에, 이 꽃들이 피려면 물이 2.1 kg이 필요하다는 것을 알았다. 물뿌리개 통은 물을 가득 채웠을 때 5.0 L를 담을 수 있다. 물은 물뿌리개 통에서 0.12 kg/s의 질량 유량으로 새어나온다. 물뿌리개 통에 물을 채우는 물 꼭지로부터 꽃밭 가장자리까지 걸어서 30초가 걸린다. 꽃에 물을 주고 있을 때 물뿌리개 통에서 새어나오는 일부 물이 꽃에 떨어진다. 꽃에 적당량의 물을 주려면 물 꼭지와 꽃밭 사이를 몇 번을 왔다 갔다 해야 하는가?

4.15 용기 안에 있는 물의 질량이 다음 관계식과 같이 변한다. 즉

$$dm/dt = 6.0 - 0.5t + 0.003t^2$$

여기에서, t는 단위가 초이고 m은 단위가 kg이다. 5 s 동안에 용기 안에 들어 있는 물의 질량 변화를 구하라.

4.16 탱크 안에 있는 물의 질량이 다음 관계식과 같이 변한다. 즉

$$dm/dt = -0.1\,m$$

이 식에서, t는 단위가 s(초)이고 m은 단위가 kg으로 그 초기 조건은 $m = 10$ kg이다. 0 s에서 30 s까지의 시간 동안 탱크 안에 들어 있는 물의 질량 변화를 그래프로 그려라. 탱크 내 물의 질량이 1 kg이 되는 시점은 언제인가?

4.17 어떤 복잡한 과정 중에, 계는 총 15 kJ의 에너지 증가를 겪게 된다. 이 과정에서는 열전달을 통해서 10 kJ의 에너지가 손실되며, 입구로 유입되는 질량 유동을 통하여 50 kJ의 에너지가 획득되고, 출구로 유출되는 질량 유동을 통하여 12 kJ의 에너지가 손실되고 있다. 이 과정 중에 일을 통하여 전달되는 에너지는 얼마인가?

4.18 과정 중에 계는 열전달을 통해서 83.5 kJ의 에너지를 받아들이고, 일을 통해서 72.1 kJ의 에너지가 손실되며, 입구로 유입되는 질량 유동을 통하여 7.2 kJ을 받아들이면서 출구로 유출되는 질량 유동을 통하여 8.5 kJ이 손실되고 있다. 이 과정 중에 계의 에너지 변화는 얼마인가?

4.19 과정 중에 계는 열전달을 통해서 35 kJ의 에너지를 잃고, 일을 통해서 51 kJ의 에너지를 얻으며, 입구로 유입되는 질량 유동을 통하여 10.5 kJ을 받아들여서 15.2 kJ의 에너지의 순 증가를 겪고 있다. 이 과정 중에 출구로 유출되는 유동에서 손실되는 에너지의 양은 얼마인가?

4.20 어떤 장치가 정상 상태, 정상 유동 조건에서 작동되고 있다. 이 장치는 45.2 kW의 열을 받아들이고, 유입 질량에는 165 kW의 에너지가 들어 있으며, 장치는 65.6 kW의 동력을 생산하고 있다. 출구를 통한 질량 유동으로 계에서 유출되는 에너지율을 구하라.

4.21 밀폐계가 어떤 순간에 15.0 kW의 동력을 받아들이면서 8.2 kW의 열을 잃고 있다. 이 순간에 계의 에너지의 시간 변화율을 구하라.

4.22 액체 물이 표면이 거친 관에 20 ℃로 유입되어 관 벽과의 마찰로 온도가 올라 22 ℃로 유출된다. 물은 질량 유량이 15.0 kg/s이다. 물은 대기압 상태에 있고, 관은 단열되어 있으며, 일은 전혀 수행되지 않는다고 가정할 때, 관 내의 에너지 변화율은 얼마인가

4.23 수증기가 온도가 200 ℃이고 압력이 150 kPa일 때 6.0 kg/s의 질량 유량으로 단열 시스템 관으로 유입된다. 수증기는 동일한 질량 유량으로 유출되지만, 온도는 160 ℃이고 압력이 140 kPa이다. 일이 전혀 수행되지 않는다고 가정할 때, 관 내의 에너지 변화율은 얼마인가?

4.24 관이 정상 상태, 정상 유동 조건에서 운용되고 있다. 수증기는 300 ℃ 및 250 kPa에서 관으로 유입되고, 250 ℃ 및 200 kPa에서 관에서 유출된다. 관으로 유입되는 수증기의 체적 유량은 1.2 m³/s이다. 일 상호작용이 전혀 없다고 가정한다.
(a) 관을 출입하는 열전달률을 구하라.
(b) 본인이 작성한 식을 사용하여, 위와 동일한 입구 조건과 출구 압력에서 열전달률을 그래프로 그려라. 단 출구 온도는 150 ℃에서 350 ℃까지 변한다.

4.25 관이 정상 상태, 정상 유동 조건에서 운용되고 있다. R-134a는 50 ℃ 및 410 kPa abs.에서 관으로 유입되고, 345 kPa abs.와 0.90의 건도에서 관에서 유출된다. 관으로 유입되는 R-134a의 체적 유량은 0.0500 m³/s이다. 일 상호작용이 전혀 없다고 가정한다.
(a) 관을 출입하는 열전달률을 구하라.
(b) 본인이 작성한 식을 사용하여 위와 동일한 입구 조건과 출구 압력에서 열전달률을 그래프로 그려라. 단 출구의 건도는 0.0에서 1.0까지 변한다.

4.26 어떤 장치에 대해 열역학 제1법칙 해석을 하려고 준비해야 한다. 조사를 하고 보니 이 장치는 크기가 작고 단열되어 있지 않으며, 입구와 출구가 하나이며 확실한 일 입력이나 일 출력이 전혀 없다. 운전자가 보고하길, 수증기는 입구를 통하여 유입되고 액체 물은 출구를 통하여 유출된다는 것이다. 또한 운전자가 말하길, 장치는 출근해서 켜고 퇴근할 때 끄며, 운전 중에는 전혀 들여다보지 않는다는 것이다. 열역학 제1법칙의 일반식으로 시작하여, 이 장치에 사용하기에 적합하게 되는 간단 식을 전개하라.

4.27 어떤 장치에 대해 열역학 제1법칙 해석을 하려고 준비를 해야 한다. 이 장치는 단열재로 피복되어 있고, 운전 중에 상하로 이동할 수 있는 상부에 플런저(plunger)가 있는 것으로 나타났다. 전선도 장치의 벽을 통해서 인입되고 인출되어 있다. 장치는 밀봉되어 있는 것으로 나타났다. 열역학 제1법칙의 일반식으로 시작하여, 이 장치에 사용하여 일정 시간 동안에 이 장치의 전체 거동을

계산하기에 적합하게 되는 간단 식을 전개하라.

4.28 어떤 장치에 대해 열역학 제1법칙 해석을 하려고 준비해야 한다. 이 장치는 입구가 2개이고 출구가 1개이다. 이 장치는 크기가 매우 크고, 2개의 입구는 출구 위로 30 m 정도에 위치하고 있다. 시스템에는 기계 축이 끼워져 있는데, 운전자가 알려주기를, 이 기계 축은 2가지 유체의 혼합을 촉진하고자 하는 것이라고 한다. 운전자가 또한 알려주기를, 이 시스템은 크기는 커도 사용되고 있는 유량은 작다는 것과, 장치는 정상 상태로 작동된다는 것이다. 열역학 제1법칙의 일반식으로 시작하여, 이 장치에 사용하기에 적합하게 되는 간단 식을 전개하라.

4.29 어떤 대형 장치가 꼭대기에는 입구가 2개 있고 바닥에는 출구가 1개 있다. 입구 가운데 하나로는 수증기가 유입되고 다른 하나로는 액체 물이 유입된다. 출구로는 액체 물이 배출된다, 입구는 모두 다 배출구 위로 2 m 정도에 위치하고 있다. 이 장치에는 얇은 강철로 만들어진 것으로 보이는 나벽(bare wall)이 있음을 볼 수 있다. 장치 운전자가 알려주기를, 유동들은 5분 간격으로 주기적으로 변하고 그런 다음에는 자체적으로 반복된다고 한다. 운전자가 또한 알려주기를, 장치의 외부에는 구동축이 있는 전기 모터가 장착되어 있어서 이 모터로 장치 내부에 있는 교반 장치를 제어한다고 한다. 열역학 제1법칙의 일반식으로 시작하여, 이 장치에 사용하기에 적합한 간단 식을 세워라.

4.30 액체 물이 120 kPa 및 30 ℃에서 단열된 노즐에 5 m/s로 유입된다. 이 물은 115 kPa 및 26 ℃에서 유출된다. 이 물의 출구 속도를 구하라.

4.31 수증기가 400 kPa 및 300 ℃에서 단열 노즐에 8 m/s로 유입된다. 이 수증기는 350 kPa 및 280 ℃로 노즐에서 유출된다. 이 수증기의 출구 속도를 구하라.

4.32 수증기가 415 kPa 및 175 ℃에서 단열 노즐에 유입된다. 이 수증기는 275 kPa abs. 및 165 ℃에서 130 m/s로 노즐에서 유출된다. 이 수증기의 입구 속도를 구하라.

4.33 공기가 5 m/s, 500 kPa 및 50 ℃에서 단열 노즐에 유입된다. 입구의 단면적은 0.0002 m²이다. 이 공기는 120 m/s의 속도와 48 ℃의 온도로 유출된다. 노즐의 열전달률을 구하라.

4.34 수증기가 1.0 MPa 및 400 ℃에서 단열 노즐에 3 m/s로 유입된다. 출구 압력이 400 kPa일 때, 본인이 노즐에 세운 모델을 사용하여 출구 온도가 280 ℃에서 380 ℃까지 변할 때 출구 속도를 그래프로 그려라.

4.35 R-134a가 압력이 800 kPa이고 온도가 60 ℃일 때 단열 디퓨저에 200 m/s의 속도로 유입된다. R-134a는 1.6 MPa 및 85 ℃에서 유출된다. 출구 속도를 구하라.

4.36 건도가 0.55이고 온도가 120 ℃인 포화수가 단열되지 않은 디퓨저에 180 m/s의 속도로 유입된다. 질량 유량은 1.5 kg/s이다.

    (a) 물이 120 ℃의 온도에서 속도를 무시한 채로 포화 수증기로 유출되어야 한다고 할 때, 필요한 열전달률을 구하라.

    (b) 본인이 세운 디퓨저 모델을 사용하여, 건도가 0.65에서 1.0까지 변할 때 포화 물질로 유출되는 유동의 필요한 열전달률을 구하고 그 그래프를 그려라.

4.37 건도가 0.25이고 온도가 150 ℃인 포화수가 단열되지 않은 디퓨저에 155 m/s의 속도로 유입된다. 질량 유량은 2.5 kg/s이다.

    (a) 물이 150 ℃의 온도에서 7.5 m/s의 속도로 포화 수증기로 유출되어야 한다고 할 때, 필요한 열전달률을 구하라.

    (b) 본인이 세운 디퓨저 모델을 사용하여, 건도가 0.40에서 1.0까지 변할 때 포화 물질로 유출되는 유동의 필요한 열전달률을 그래프로 그려라.

    (c) 본인이 세운 디퓨저 모델을 사용하여, 출구 속도가 0 m/s에서 90 m/s까지 변할 때 150 ℃의 포화 수증기로 유출되는 유동의 필요한 열전달률을 구하라.

4.38 공기가 압력이 200 kPa이고 온도가 50 ℃일 때 디퓨저에 250 m/s의 속도로 유입된다. 이 디퓨저의 입구는 직경이 2.5 cm인 원형이다. 출구 속도는 20 m/s이다. 열전달률이 −20.0 kW에서 20.0 kW까지 변할 때 출구 온도를 그래프로 그려라. 출구 속도가 100 m/s일 때 계산을 다시 하라.

4.39 산소 기체가 500 kPa 및 30 ℃에서 디퓨저에 285 m/s의 속도로 유입된다. 이 디퓨저는 단열이 되어 있다. 출구 온도가 32 ℃에서 70 ℃까지 변할 때 산소의 출구 속도를 그래프로 그려라.

4.40 수증기가 15.0 MPa 및 500 ℃에서 단열이 된 터빈에 75 kg/s의 질량 유량으로 유입된다. 이 수증기는 185 ℃ 및 800 kPa로 유출된다. 수증기는 입구 속도가 250 m/s이고 출구 속도는 15 m/s이다. 터빈에서 발생되는 동력(전력)을 구하라.

4.41 단열 증기 터빈에 5.0 MPa 및 400 ℃의 수증기가 유입되어 압력이 10 kPa이고 건도가 0.95인 수증기로 터빈에서 유출된다. 터빈에 유입되는 수증기의 체적 유량은 2.5 m³/s이다. 터빈이 발생시키는 동력을 구하라.

4.42 단열 증기 터빈에서 25.0 MW의 동력이 생산된다. 수증기는 10.0 MPa 및 500 ℃에서 단면적이 0.01 m²인 덕트를 통하여 150 m/s 속도로 터빈에 유입된다. 수증기는 100 kPa에서 10 m/s의 속도로 터빈에서 유출된다. 출구 온도를 구하고, 가능하면 수증기의 출구 건도를 구하라.

4.43 단열 증기 터빈에서 50 MW의 동력이 생산된다. 수증기는 14 MPa 및 550 ℃에서 단면적이

185 cm²인 덕트를 통하여 125 m/s 속도로 터빈에 유입된다. 수증기는 215 ℃의 온도에서 10 m/s 의 속도로 터빈에서 유출된다. 출구 압력을 구하고, 가능하면 수증기의 출구 건도를 구하라.

4.44 단열되지 않은 가스 터빈에 압력이 1000 kPa이고 온도가 800 ℃인 공기가 12.0 kg/s의 질량 유량으로 유입된다. 이 공기는 100 kPa 및 420 ℃에서 유출된다. 터빈에서는 4.10 MW의 동력이 생산된다.

(a) 터빈에서의 열전달률을 구하라.

(b) 본인이 세운 터빈 모델을 사용하여, 출구 온도가 400 ℃와 500 ℃ 사이에서 변하고, 다른 조건들은 그대로일 때 필요한 열전달률을 그래프로 그려라.

(c) 본인이 세운 터빈 모델과 원래의 조건을 사용하여, 열전달률이 0.0 MW에서 −3.0 MW까지 변할 때 생산되는 동력 변화를 그래프로 그려라.

4.45 단열되지 않은 가스 터빈에 압력이 1200 kPa이고 온도가 1000 K인 공기가 유입하여 150 kPa 및 600 K인 공기가 유출된다. 공기는 120 m/s로 터빈에 유입되어 20 m/s로 유출된다. 터빈에서는 9.52 MW의 동력이 생산된다. 터빈 속을 지나는 공기의 질량 유량을 구하라.

본인이 세운 터빈 모델을 사용하여, 동력이 5.0 MW와 20.0 MW 사이에서 터빈 속을 흐르는 공기의 질량 유량을 그래프로 그려라.

4.46 단열 증기 터빈에 8.0 MPa 및 400 ℃의 수증기가 35 kg/s의 질량 유량으로 유입된다. 수증기의 출구 압력이 20 kPa일 때, 본인이 세운 터빈 모델을 사용하여 다음과 같은 가변 범위에서 생산된 동력을 그래프로 그려라.

(a) 출구 건도가 0.85에서 1.0까지 변할 때

(b) 출구 수증기 온도가 65 ℃에서 200 ℃까지 변할 때

4.47 단열 증기 터빈이 100 MW의 동력을 생산하도록 되어 있다. 과열 수증기가 12 MPa 및 600 ℃에서 터빈으로 유입되고, 포화수가 80 kPa의 압력으로 터빈에서 유출된다. 고려해야 할 설계 제한조건이 다음과 같이 2가지가 있다. 즉,

(1) 터빈 블레이드 설계에서는 수증기의 건도가 0.90보다 낮아지지 않도록 하여 블레이드 내구성이 유지되게 하여야 한다.

(2) 시스템이 사용할 수 있는 수증기의 최대 질량 유량은 100 kg/s으로 한다.

출구 건도가 0.9에서 1.0까지 변할 때 100 MW의 동력을 생산하는 데 필요한 수증기의 질량 유량의 그래프를 그린 다음, 위 설계 제한조건을 모두 만족시키는 출구 건도의 범위를 구하라. 수증기의 필요한 질량 유량을 구하라.

4.48 증기 터빈이 200 MW의 동력을 생산하도록 되어 있다. 과열 수증기가 10 MPa 및 500 ℃로 터빈에 유입되고, 포화수가 50 kPa의 압력으로 터빈에서 유출된다. 터빈에서는 열 손실이 10 MW

가 있다. 고려해야 할 설계 제한조건이 다음과 같이 2가지가 있다. 즉,

(1) 수증기의 건도가 0.85보다 낮아지지 않도록 하여 블레이드 내구성이 유지되게 하여야 한다.
(2) 시스템에서 허용되는 수증기의 최대 질량 유량은 250 kg/s으로 한다.

출구 건도가 0.85에서 1.0까지 변할 때 주어진 열 손실로 주어진 동력을 제공하는 데 필요한 수증기의 질량 유량 그래프를 그려라. 위 설계 제한조건을 모두 만족시키는 최소 질량 유량은 얼마인가?

4.49 단열 터빈에 10.0 MPa의 과열 수증기가 유입되어, 이 수증기는 50 kPa에서 포화 수증기의 상태로 유출된다. 수증기의 질량 유량은 25 kg/s이다. 본인이 세운 터빈 모델을 사용하여, 입구 온도가 350 ℃에서 800 ℃까지 변할 때 터빈에 의해 생산된 동력을 그래프로 그려라.

4.50 단열되지 않은 터빈에 압력이 7 MPa인 과열 수증기가 유입되어, 이 수증기는 410 kPa에서 포화 수증기로 유출된다. 터빈에서는 950 kW의 열손실이 있다. 수증기의 질량 유량은 25 kg/s이다. 본인이 세운 터빈 모델을 사용하여, 입구 온도가 300 ℃에서 500 ℃까지 변할 때 터빈에 의해 생산된 동력을 그래프로 그려라.

4.51 단열되지 않은 터빈에 압력이 10.0 MPa, 600 ℃인 수증기가 유입되어, 10 kPa, 100 ℃인 수증기로 유출된다. 본인이 세운 터빈 모델을 사용하여, 열전달률이 0 MW에서 −10.0 MW까지 변할 때 터빈에 의해 생산된 동력을 그래프로 그려라.

4.52 단열이 되지 않은 터빈에 12.0 MPa 및 500 ℃인 수증기가 70 kg/s로 유입되어, 20 kPa 및 75 ℃인 수증기로 유출된다. 본인이 세운 터빈 모델을 사용하여, 터빈 발생 동력이 40 MW에서 48 MW까지 사이의 범위에서 변할 때, 열전달률을 그래프로 그려라.

4.53 단열 압축기에 100 kPa 및 10 ℃인 공기가 1 m/s의 속도로 유입된다. 이 압축기 입구 단면은 크기가 10 cm × 20 cm인 직사각형이다. 공기는 압축기에서 800 kPa 및 260 ℃로 유출된다. 압축기 출구는 직경이 4 cm인 원형 덕트이다. 이 압축기를 운전하는 데 필요한 동력과 공기의 출구 속도를 구하라.

4.54 단열 압축기에서 N₂ 기체가 100 kPa에서 1200 kPa까지 압축된다. 이 질소는 20 ℃에서 유입되어 380 ℃에서 유출된다. 질소의 질량 유량은 0.25 kg/s이다. 압축기를 작동시키는 데 필요한 동력을 구하라.

4.55 단열 압축기에서 35.0 kW의 동력이 사용되어 공기가 100 kPa에서 1400 kPa까지 압축된다. 이 공기는 25 ℃에서 유입되고 질량 유량은 0.092 kg/s이다. 압축기에서 유출되는 공기의 온도를 구하라.

4.56 단열 압축기에서 20 kW의 동력이 사용되어 공기가 101 kPa에서 550 kPa까지 압축된다. 이 공기는 25 ℃에서 유입되고 입구에서의 체적 유량은 70 L/s이다. 압축기에서 유출되는 공기의 온도를 구하라.

4.57 단열되지 않은 압축기에 압력이 100 kPa인 포화 수증기가 단면적이 0.005 m²인 덕트를 통하여 0.5 m³/s으로 유입된다. 과열 수증기는 800 kPa 및 350 ℃에서 15 m/s의 속도로 유출된다. 압축기에서는 175 kW의 동력이 사용된다. 압축기에서의 열손실률을 구하라.

4.58 단열 공기 압축기에서 공기가 100 kPa에서 700 kPa까지 압축되도록 되어 있다. 이 공기는 15 ℃로 유입되어 250 ℃로 유출된다.

    (a) 본인이 세운 압축기 모델을 사용하여, 질량 유량이 0.005 kg/s에서 5 kg/s까지 변할 때 이 압축기에서 필요한 동력을 그래프로 그려라.

    (b) 사용 중인 전기 장치를 통하여 압축기에 공급될 수 있는 최대 동력이 300 kW일 때, 이 압축기에서 생산될 수 있는 압축 공기의 질량 유량의 범위를 구하라.

4.59 단열 공기 압축기에 100 kPa 및 20 ℃인 공기가 0.25 kg/s로 유입된다. 공기는 900 kPa까지 압축된다. 출구 온도가 290 ℃에서 400 ℃까지 변할 때, 본인이 세운 압축기 모델을 사용하여, 압축기에서 필요한 동력을 그래프로 그려라.(출구 온도가 높을수록, 압축기의 효율은 떨어짐)

4.60 단열 공기 압축기에 101 kPa 및 20 ℃인 공기가 0.300 kg/s로 유입된다. 공기는 850 kPa까지 압축된다. 출구 온도가 300 ℃에서 400 ℃까지 변할 때, 본인이 세운 압축기 모델을 사용하여, 압축기에서 필요한 동력을 그래프로 그려라.(출구 온도가 높을수록, 압축기의 효율은 떨어짐)

4.61 단열되지 않은 공기 압축기에서 0.10 kg/s의 공기가 100 kPa 및 20 ℃에서 900 kPa 및 330 ℃까지 압축되도록 되어 있다. 본인이 세운 압축기 모델을 사용하여, 열전달률이 −2.0 kW에서 −10.0 kW까지 변할 때 이 과정에서 필요한 동력 양을 구하라.

4.62 단열 압축기에 150 ℃ 및 120 kPa인 과열 수증기가 유입된다. 이 수증기는 질량 유량이 0.75 kg/s이다. 수증기는 압축기에서 1.0 MPa로 유출된다. 압축기 입력 동력이 400 kW에서 600 kW까지의 범위에서 변할 때 수증기의 출구 온도를 그래프로 그려라. 압축기는 효율이 낮을수록 동력은 더 많이 사용되기 마련이다. 압축기의 효율을 실제 사용 동력을 최소 가능 동력(이 경우에는 400 kW)으로 나눈 값으로 정의을 한다면, 출구 수증기 온도가 480 ℃일 때 이에 상응하는 압축기 효율은 얼마인가?

4.63 단열 펌프에 15 ℃ 및 100 kPa인 액체 물이 0.05 m³/s로 유입된다. 이 물은 15.0 MPa 및 19 ℃로 유출된다. 펌프에 필요한 동력을 구하라.

4.64 단열 펌프에 20 ℃ 및 100 kPa인 액체 물이 유입되어 20.0 MPa 및 40 ℃인 물로 유출된다. 이 물의 질량 유량은 15 kg/s이다. 펌프에 필요한 동력을 구하라.

4.65 단열 펌프에 25 ℃ 및 105 kPa인 액체 엔진 오일($\rho = 880$ kg/m³, $c = 1.85$ kJ/kg · K)이 유입되어 20 MPa 및 60 ℃인 오일로 유출된다. 이 오일의 질량 유량은 0.500 kg/s이다. 펌프에 필요한 동력을 구하라.

4.66 단열 펌프에 25 ℃ 및 100 kPa인 액체 물이 유입된다. 이 물은 30.0 MPa 및 40.0 ℃에서 유출된다. 본인이 세운 압축기 모델을 사용하여, 유입 체적 유량이 0.001 m³/s에서 1.0 m³/s까지 변할 때 이 펌핑 운전에서 필요한 동력을 그래프로 그려라.

4.67 냉장고에 있는 교축 밸브에 포화 액체 R-134a가 800 kPa에서 유입되어, 이 R-134a가 180 kPa에서 포화 혼합물로서 유출된다.
    (a) R-134a의 운동 에너지 변화가 전혀 없다고 가정하고, 유출 혼합물의 건도를 구하라.
    (b) 입구 조건이 그대로일 때, 본인이 세운 교축 장치 모델을 사용하여, 출구 압력이 100 kPa에서 700 kPa까지 변할 때 R-134a의 출구 건도를 그래프로 그려라.

4.68 압력이 1000 kPa인 포화 수증기가 100 kPa까지 교축되도록 하고 있다. 이 수증기의 속도는 이 과정에 걸쳐서 일정하게 유지된다. 수증기의 출구 온도를 구하라.

4.69 공기가 더러운 필터가 들어 있는 원형 단면 관을 지나 흐른다. 이 필터는 교축 장치라고 생각할 수 있다. 필터는 단열이 되어 있다고 본다. 필터에 유입되는 공기는 속도가 30 m/s이고 유출되는 속도는 15 m/s이다. 공기는 필터에 400 kPa 및 20 ℃로 유입되어 350 kPa로 유출된다. 공기가 이상 기체 거동을 한다고 가정할 때, 출구 온도는 얼마인가?

4.70 압력이 800 kPa인 포화 액체 암모니아가 더 낮은 압력으로 교축된다. 운동 에너지 변화나 위치 에너지 변화는 전혀 없다고 가정한다. 출구 압력이 200 kPa에서 600 kPa까지의 범위에서 변할 때 포화 암모니아 혼합물의 건도를 그래프로 그려라.

4.71 압력이 2000 kPa인 포화 액체 물이 교축 밸브에 5 m/s로 유입된다. 이 교축류는 400 kPa에서 25 m/s의 속도로 교축 밸브에서 유출된다.
    (a) 유출 포화 혼합물의 건도를 구하라.
    (b) 본인이 세운 교축 장치 모델을 사용하여, 입구 조건도 그대로이고 출구 압력도 그대로이지만, 출구 속도가 1 m/s에서 100 m/s까지 변할 때 출구 건도를 그래프로 그려라.

4.72 압력이 830 kPa인 포화 액체 R-134a가 교축 밸브에 유입된다. 이 R-134a는 200 kPa의 압력에서

교축 밸브에서 유출된다. 속도 변화는 전혀 없다고 가정한다.

(a) R-134a의 출구 건도를 구하라.

(b) 본인이 세운 교축 장치 모델을 사용하여, 출구 압력이 100 kPa에서 700 kPa까지 변할 때 R-134a의 출구 건도를 구하라.

4.73 단열이 된 교축 밸브에 포화 액체 R-134a가 유입된다. 유출류는 압력이 200 kPa이 되어야 한다.

(a) 본인이 세운 교축 장치 모델을 사용하여, 입구 압력이 250 kPa에서 1000 kPa까지 변할 때 R-134a의 출구 건도를 입구 압력의 함수로 하는 그래프를 그려라.

(b) 교축 밸브에서 유출이 되고나면, 냉매는 열교환기 속으로 유입되도록 되어 있다. 열교환기를 적절하게 운전이 되게 하고자 하면, 교축 밸브의 출구 건도는 0.25보다 더 커지게 해서는 안 된다. 이 설계 제한조건을 만족시키려면 교축 밸브의 입구 압력의 범위는 얼마로 해야 하는가?

4.74 단열이 된 단순 동심 2중관 열교환기가 열을 물에 전달시킴으로써 고온의 오일을 냉각시키는 데 사용된다. 고온의 오일은 120 ℃ 및 5.0 kg/s의 질량 유량으로 내관으로 유입된다. 이 오일은 열교환기에서 80 ℃로 유출된다. 액체 물은 내관을 둘러싸고 있는 환형의 외관 속을 흐른다. 물은 10 ℃로 유입된다.

(a) 물이 50 ℃로 유출될 때, 물의 질량 유량을 구하라.

(b) 본인이 세운 열교환기 모델을 데이터를 획득하는 데 사용하여, 물의 출구 온도가 15 ℃에서 75 ℃까지 변할 때 필요하게 되는 물의 질량 유량을 그래프로 그려라. 오일의 비열은 1.90 kJ/kg · K라고 하고, 액체 물의 비열은 4.18 kJ/kg · K라고 한다.

4.75 단열이 된 단순 동심 2중관 열교환기가 열을 공기에 전달시킴으로써 고온의 물을 냉각시키는 데 사용된다. 고온의 물은 100 ℃ 및 3 kg/s의 질량 유량으로 내관으로 유입된다. 이 물은 열교환기에서 40 ℃로 유출된다. 공기는 내관을 둘러싸고 있는 환형의 외관 속을 흐른다. 공기는 10 ℃로 유입된다.

(a) 공기가 35 ℃로 유출될 때, 공기의 질량 유량을 구하라.

(b) 본인이 세운 열교환기 모델을 데이터를 획득하는 데 사용하여, 공기의 출구 온도가 12.5 ℃에서 40 ℃까지 변할 때 필요하게 되는 공기의 질량 유량을 그래프로 그려라.

(c) 공기의 최대 허용 출구 온도는 30 ℃라고 한다. 공기의 질량 유량이 2 kg/s에서 30 kg/s까지 변할 때 최대 출구 물 온도를 공기의 질량 유량의 함수로 하는 그래프를 그려라. 공기의 비열은 1.00 kJ/kg · K라고 하고, 액체 물의 비열은 4.184 kJ/kg · K라고 한다.

4.76 단열이 된 단순 동심 2중관 열교환기에서, 물은 압력이 200 kPa인 포화 증기에서 압력이 200 kPa인 포화 액체로 응축이 되도록 하고 있다. 물은 질량 유량이 2.5 kg/s이다. 다른 관 속을 흐르는 냉각 유체는 10 ℃로 유입되어 100 ℃ 미만으로 유출된다. 출구 온도가 15 ℃에서 100 ℃까지

변할 때 냉각 유체의 질량 유량을 그래프로 그려라. 단, 냉각 유체는 각각 다음과 같다. 즉,

(a) 엔진 오일($c = 1.91$ kJ/kg · K)

(b) 헬륨 기체($c_p = 5.193$ kJ/kg · K)

(c) 이산화탄소 기체($c_p = 0.846$ kJ/kg · K)

4.77 고온의 연소 생성물에서 나오는 열을 급속하게 물에 전달되게 하는 방식의 열교환기로서 탱크가 없는 온수기를 모델링할 수가 있다. 이 온수기에서는 온도가 50 ℃인 물을 0.001 m³/s로 제공하도록 되어 있다고 가정한다. 이 온수기는 극도로 단열이 잘 되어 있다고 가정하고, 입구의 물 온도가 2 ℃에서 25 ℃ 사이의 범위에서 변할 때 연소 과정에서 물에 공급되어야 하는 열전달률을 그래프로 그려라.

4.78 단열이 된 직교류형 열교환기에서 물은 열교환기 안에 있는 관 속을 흐르고 공기는 이 관의 외부 표면 위를 흐름으로써, 물이 냉각이 되도록 되어 있다. 이 물은 직경이 4.0 cm인 관에 15 m/s의 속도와 150 ℃의 온도와 0.10의 건도로 유입된다. 물은 100 ℃에서 액체로 유출된다.(이는 100 ℃에서 포화 액체로 근사화된다.) 공기는 15 ℃로 열교환기에 유입된다.

(a) 공기의 질량 유량이 5.0 kg/s일 때, 공기의 출구 온도를 구하라.

(b) 본인이 세운 열교환기 모델을 데이터를 획득하는 데 사용하여, 공기의 질량 유량이 4.0 kg/s에서 25 kg/s까지 변할 때 공기의 출구 온도를 그래프로 그려라.

4.79 발전소의 터빈에서 유출되는 수증기는 단열이 된 외통–관 형 열교환기 속을 흐른다. 이 수증기의 질량 유량은 145 kg/s이고, 수증기는 20 kPa에서 건도가 0.95인 포화 혼합물로서 열교환기에 유입된다. 수증기는 20 kPa에서 포화 액체로서 응축기에서 유출된다. 액체 냉각수는 수증기를 응축시키는 데 사용된다. 냉각수는 10 ℃에서 응축기에 유입된다.

(a) 액체 냉각수의 질량 유량이 4000 kg/s일 때, 액체 냉각수의 출구 온도를 구하라.

(b) 본인이 세운 열교환기 모델을 사용하여, 물의 출구 온도가 15 ℃에서 55 ℃까지 변할 때 냉각수(가 응축기에 유입될 때)의 질량 유량과 체적 유량을 각각 구하라.

(c) 냉각수의 출구 온도가 40 ℃보다 더 높아지지 않도록 조정하게 될 때, 그리고 응축기 속을 흐르는 냉각수 유량이 500 kg/s에서 2000 kg/s까지의 범위에서 조정하게 될 때, 응축기 속을 흐르는 흐름의 최대 가능 유량의 범위는 어떻게 되는가?

4.80 질량 유량이 8.0 kg/s인 1000 kPa의 과열 수증기를 325 ℃에서 200 ℃로 냉각시켜야 한다. 냉매로는 0 ℃에서 포화 액체로 사용할 수 있는 R-134a를 사용하여도 되고, 15 ℃ 및 100 kPa에서 사용할 수 있는 공기를 사용하여도 된다. 다른 운전 요인들 때문에, R-134a는 출구 온도가 75 ℃보다 더 높아서는 안 된다. 각 물질의 제한조건에 충족시키게 되는 시스템을 설계하고 각 시스템의 상대적인 실용성을 논평해 보아라.

4.81 과열 수증기가 15.0 kg/s의 질량 유량으로 500 kPa 및 200 ℃인 단열 혼합 챔버에 유입된다. 이 챔버에서, 수증기는 500 kPa 및 40 ℃인 액체 물과 혼합된다. 500 kPa인 포화 액체로서 유출하게 되는 혼합류에 필요한 유입 액체 물의 질량 유량을 구하라.

4.82 과열 암모니아가 350 kPa abs.의 절대 압력에서 2.5 kg/s의 질량 유량으로 혼합 챔버에 유입된다. 포화 액체 암모니아는 350 kPa abs.의 압력에서 250 g/s의 질량 유량으로 혼합 챔버에 유입된다. 열은 130 kW의 손실율로 챔버에서 손실된다. 혼합 유출류가 350 kPa abs.의 압력에서 포화 증기 암모니아일 때, 챔버로 유입되는 과열 암모니아의 온도를 구하라.

4.83 단열이 되어 있지 않은 챔버 속에서 2줄기 액체 수류를 500 kPa 상태에서 함께 혼합시켜 가열시키려 하고 있다. 수류 A는 10 ℃ 상태에서 질량 유량 5 kg/s로 유입된다. 수류 B는 30 ℃로 유입된다. 유출 수류는 45 ℃로 유출된다. 수류 B의 질량 유량이 1 kg/s에서 20 kg/s 사이에서 변할 때 부가시켜야 하는 열량을 그래프로 그려라.

4.84 온도가 10 ℃인 액체 물이 단열 혼합 챔버에 180 kg/s의 질량 유량으로 유입된다. 챔버에서는 물이 제2 액체 수류와 혼합되는데, 이 제2 액체 수류는 90 ℃로 유입된다. 본인이 세운 혼합 챔버 모델을 데이터를 계산하는 데 사용하여, 제2 수류의 질량 유량이 20 kg/s에서 500 kg/s까지 변할 때 혼합류의 출구 온도를 그래프로 그려라.

4.85 압력이 1000 kPa이고 온도가 30 ℃인 압축 액체 물이 단열 혼합 챔버에 50 kg/s의 질량 유량으로 유입된다. 이 물은 혼합 챔버에서 압력이 1000 kPa인 과열 수증기와 혼합된다. 이 혼합류는 압력이 1000 kPa인 포화 액체로서 유출된다. 본인이 세운 혼합 챔버 모델을 데이터를 계산하는 데 사용하여, 유입류의 온도가 200 ℃에서 500 ℃까지 변할 때 과열류의 질량 유량을 그래프로 그려라.

4.86 압력이 200 kPa인 포화 액체 물이 단열 혼합 챔버에 15 kg/s의 질량 유량으로 유입된다. 이 물은 혼합 챔버에서 200 kPa 및 125 ℃인 과열 수증기와 혼합된다. 이 혼합류는 압력이 200 kPa인 포화 혼합물로서 유출되게 된다. 본인이 세운 혼합 챔버 모델을 데이터를 계산하는 데 사용하여, 과열류의 입구 유량이 5 kg/s에서 200 kg/s까지 변할 때 혼합 유출류의 건도를 그래프로 그려라.

4.87 단열이 된 원심형 분리기가 포화 혼합류의 액체 부분과 증기 부분을 분리하는 데 사용하도록 되어 있다. 건도가 0.30이고 온도가 120 ℃인 물의 포화 혼합물은 4.50 kg/s의 질량 유량으로 계에 유입된다. 포화 액체 물은 120 ℃의 온도에서 3.00 kg/s의 질량 유량으로 하나의 배출관을 통하여 유출되며, 포화 수증기는 120 ℃의 온도에서 1.50 kg/s의 질량 유량으로 다른 배출관을 통하여 유출된다.

(a) 계에 부가되어 이러한 출구 유동을 발생시키게 되는 동력 양을 구하라.

(b) 본인이 세운 분리 챔버 모델을 사용하여, 포화 액체 물의 질량 유량이 1.40 kg/s에서 4.0 kg/s 까지 변할 때 온도가 120 ℃인 포화 수증기의 질량 유량을 생산하는 데 필요한 동력을 그래프로 그려라.

4.88 증류 장치가 순수 수증기를 발생시키는 데 사용되고 있다. 온도가 25 ℃인 액체 물은 2.0 kg/s의 질량 유량으로 계에 유입되어, 포화 수증기는 0.2 kg/s의 질량 유량으로 하나의 포트에서 유출되고 포화 액체는 (해석에서 무시할 수 있는 물속의 불순물과 함께) 1.8 kg/s의 질량 유량으로 제2 포트에서 유출된다. 압력은 전체 계에 걸쳐서 100 kPa이다. 이 과정에서 수행되는 일은 전혀 없고, 모든 에너지는 열전달을 통하여 부가된다.

(a) 이러한 포화 수증기의 질량 유량을 생산하는 데 필요한 열전달률을 구하라.

(b) 본인이 세운 분리 챔버 모델을 사용하여, 포화 수증기의 질량 유량을 0.1 kg/s과 1.0 kg/s 의 사이에서 생산하는 데 필요한 열전달률을 (포화 액체 물의 유출 유량에 상응하는 변화와 함께) 그래프로 그려라.

4.89 증류 장치가 순수 수증기를 발생시키는 데 사용되고 있다. 온도가 40 ℃인 액체 물은 2.5 kg/s의 질량 유량으로 계에 유입되어, 포화 수증기는 0.5 kg/s의 질량 유량으로 하나의 포트에서 유출되고 포화 액체는 (해석에서 무시할 수 있는 물속의 불순물과 함께) 2 kg/s의 질량 유량으로 제2 포트에서 유출된다. 압력은 전체 계에 걸쳐서 140 kPa abs.이다. 교반 장치가 사용되고 있는데 이 장치는 300 W짜리 모터로 구동된다. 여기에서 모든 모터 일은 계에 유입된다. 모든 다른 에너지는 열전달을 통하여 부가된다.

(a) 이러한 포화 수증기의 질량 유량을 생산하는 데 필요한 열전달률을 구하라.

(b) 본인이 세운 분리 챔버 모델을 사용하여, 포화 수증기의 질량 유량을 0.250 kg/s과 2 kg/s 의 사이에서 생산하는 데 필요한 열전달률을(포화 액체 물의 유출 유량에 상응하는 변화와 함께) 그래프로 그려라.

4.90 초기에는 비어있던 탱크가 공급 관로를 통하여 N_2 기체로 채워지도록 되어 있다. 공급 관로에 있는 N_2 기체는 온도가 20 ℃이고 압력이 800 kPa이다. 탱크 체적은 0.5 m^3이고, 탱크는 그 내부 압력이 750 kPa가 될 때까지 채워져야 한다. 탱크가 단열이 되어 있다고 가정하여 탱크로 유입되는 N_2의 양을 구하고, 탱크 내 N_2의 최종 온도를 구하라.

4.91 초기에는 비어있던 탱크가 압력이 1000 kPa이고 온도는 25 ℃인 O_2 기체가 들어 있는 공급 관로를 통하여 O_2 기체로 채워지도록 되어 있다. 탱크 체적은 0.25 m^3이고, 탱크는 그 내부 압력이 900 kPa가 될 때까지 채워져야 한다. 탱크 내 O_2의 온도가 40 ℃가 되어야 할 때, 필요한 열전달량을 구하라.

4.92 초기에는 비어있던 탱크가 압력이 1 MPa이고 온도는 20 ℃인 CO_2 기체가 들어 있는 공급 관로를

통하여 CO_2 기체로 채워지도록 되어 있다. 탱크 체적은 40리터이고, 탱크는 그 내부 압력이 800 kPa가 될 때까지 채워져야 한다. 탱크 내 CO_2의 온도가 25 ℃가 되어야 할 때, 필요한 열전달량을 구하라.

4.93 탱크에는 온도가 25 ℃이고 압력이 500 kPa인 CO_2 기체가 들어 있다. 탱크에 있는 밸브를 약간만 열어서 탱크 내부 압력이 100 kPa로 떨어질 때까지 CO_2 기체를 천천히 유출시킨다. 탱크 체적은 0.25 m^3이다. 이 과정을 거치는 동안 탱크 내 CO_2의 온도가 25 ℃로 유지되도록 하는 데 필요한 열전달량을 구하라.

4.94 단열 탱크에 초기에는 압력이 150 kPa이고 온도가 25 ℃인 N_2 기체가 1.25 kg 들어 있다. 탱크에는 20 ℃인 N_2 기체가 공급 관로를 통해서 3.0 kg이 유입된다. 탱크 내 N_2의 최종 온도와 압력을 구하라.

4.95 물 0.18 m^3이 들어 있는 탱크형 온수기가 있다. 다수의 온수 사용자가 동시에 온수를 필요로 하므로, 온수는 온수기에서 2 kg/s의 질량 유량으로 소진되도록 되어 있다. 초기에는, 온수가 47 ℃로 배출된다. 10 ℃의 물을 2 kg/s의 질량 유량으로 보충하여 탱크 내 온수의 전체 체적을 유지시킨다. 버너는 온수 탱크에 20 kW의 열 입력을 제공한다. 온수는 탱크 안에서 혼합이 잘 되어 있다고 가정하고, 온수의 출구 온도를 5분 동안의 운전 시간의 함수로 하는 그래프로 그려라.

4.96 150 L들이 탱크형 (단열) 온수기가 초기에는 온도가 40 ℃인 물로 채워져 있다. 갑자기 샤워기가 틀어지면서 탱크에서 물이 30 L나 빠져 나갔다. 바로 그때, 탱크에는 온도가 10 ℃인 물이 6 L/min의 체적 유량으로 유입되었다. 그러나 물은 계속해서 탱크에서 9 L/min의 체적 유량으로 유출되었다. 새로 공급되는 물이 유입되기 시작하면, 버너가 작동하여 10 kW의 열을 제공하기 시작한다. 탱크 속에 들어 있는 물과 새로 공급되는 물은 잘 섞인다고 가정한다. 새로 공급되는 물이 유입되는 시점을 기준으로 하여 각각 다음의 시간이 지난 후에 탱크에서 유출되는 물의 온도를 각각 구하라.

(a) 1분, (b) 5분, (c) 10분, (d) 20분

4.97 압력솥에 온도가 30 ℃인 액체 물이 2.0 kg이 들어 있다. 계에 열이 가해져서 압력이 150 kPa에 도달되면 릴리프 밸브로 포화 수증기가 방출된다. 이 계를 모델링하고 이 모델을 사용하여, 압력솥에 들어 있는 물의 질량이 1.95 kg에서 1.00 kg까지 변할 때 발생하는 열전달량을 그래프로 그려라.

4.98 구리로 되어 있고 질량이 50 g인 컴퓨터 칩이 10 W의 전력을 받고 있다. 칩은 단열되어 있다. 초기에 칩은 온도가 20 ℃이다. 1분 동안 작동된 후에 칩의 온도는 얼마인가?

4.99 어느 따뜻한 여름날, 방 안에 선풍기를 그대로 켜놓기로 하였다. 방은 크기가 4 m × 5 m ×

2.5 m이다. 방은 건조한 공기로 가득 차 있다. 방에서 나올 때에는 온도가 25 ℃였다. 선풍기에는 75 W짜리 모터가 달려있다. 공기 압력은 101 kPa로 일정하게 유지되며 방은 완벽하게 단열되었다고 가정하고, 8시간 후에 돌아왔을 때 방 안의 공기 온도를 구하라.

4.100 누군가가 방에서 나가기 전에 100 W짜리 전구를 켜놓고 공기로 가득 차 있는 2 m × 4 m × 4 m 크기의 방을 밀폐시켜 두었다. 초기에는 공기의 온도가 20 ℃이고 압력은 100 kPa이다. 방 안에 있는 공기의 질량은 일정하게 유지되고 있고 어떠한 압력 변화도 무시한다고 가정하고, 다음을 각각 구하라.

(a) 8시간 후에 방 안의 공기 온도를 구하라.

(b) 동시에 50 W짜리 선풍기도 함께 틀어놓았다면, 8 시간 후에 방 안의 공기 온도는 얼마가 되는가?

4.101 문제 4.100에서, 방에 팬을 틀어놓지 않았다고 하자. 100 W짜리 전등 대신에 각각 다음의 경우로 바꾸면 8시간 뒤 방 안 온도는 얼마가 될까?

(a) 23 W짜리 CFL등, (b) 13 W 짜리 LED등

4.102 풍선에는 초기에 35 ℃ 및 200 kPa인 공기가 0.005 m^{3}의 체적을 차지하며 들어 있다. 그런 다음, 풍선 안에 들어 있는 공기는 일정 온도 상태에서 체적이 0.002 m^{3}이 될 때까지 압축된다. 공기의 최종 압력과 발생 열전달량을 각각 구하라.

4.103 풍선에는 초기에 25 ℃ 및 450 kPa인 공기가 0.10 m^{3}의 체적을 차지하며 들어 있다. 풍선 안에 들어 있는 공기가 가열되어 체적은 0.25 m^{3}이 될 때까지 팽창한다. 이 과정에서 압력과 체적은 $PV^{1.3}$ = 일정의 관계식을 따르게 된다. 공기의 최종 온도와 가해진 열량을 각각 구하라.

4.104 공기가 초기 체적이 0.05 m^{3}인 풍선에 채워져 있다. 초기에 공기는 온도가 20 ℃이고 압력이 1000 kPa이다. 공기는 가열되고 풍선은 체적은 0.25 m^{3}이 될 때까지 팽창한다. 압력과 체적은 PV^n = 일정의 관계가 있다. 이와 같은 과정/장치의 해석에 필요한 컴퓨터 프로그램 모델을 개발하라. n = 1.1, 1.2, 1.3, 1.4 및 1.5일 때, 공기의 최종 온도, 이루어진 일 및 열전달을 그래프로 그려라.

4.105 N$_2$ 기체가 초기에는 체적이 0.05 m^{3}이고 온도가 30 ℃이며 압력이 800 kPa인 가요성 용기에 채워져 있다. 이 N$_2$ 기체는 압력이 100 kPa이 될 때까지 등온 과정으로 팽창하도록 되어 있다.

(a) 이 과정을 등온 특성으로 유지시키는 데 필요한 열전달량을 구하라.

(b) 이 과정을 시뮬레이션하는 데 사용할 컴퓨터 모델을 개발한 다음, 최종 압력이 100 kPa과 600 kPa 사이에서 변할 때 등온 과정에 필요한 열전달량을 그래프로 그려라.

4.106 공기가 피스톤–실린더 기구에 들어 있다. 초기에 공기는 온도가 20 ℃이고 압력이 200 kPa이며 체적은 $0.1 \ m^3$이다.

(a) 이 공기는 체적이 $0.3 \ m^3$이 될 때까지 일정한 압력에서 가열된다. 이 과정에서 열전달을 구하라.

(b) 초기 조건을 그대로 두고 본인이 세운 피스톤–실린더 기구 모델을 사용하여, 체적이 $0.15 \ m^3$에서 $0.50 \ m^3$까지 변할 때 등압 팽창에서 전달되는 열을 그래프로 그려라.

4.107 수증기가 압력이 600 kPa이고 온도가 250 ℃이며 체적은 $0.5 \ m^3$인 피스톤–실린더 기구에 들어 있다. 이 수증기는 체적이 $0.1 \ m^3$이 될 때까지 일정 압력에서 냉각된다.

(a) 이 과정에서 이루어진 일과 열전달을 각각 구하라.

(b) 본인이 세운 피스톤–실린더 기구의 컴퓨터 모델을 사용하여, 최종 체적이 $0.05 \ m^3$에서 $0.40 \ m^3$까지 변할 때, 이 과정에서 일과 열전달을 그래프로 그려라.

4.108 수증기가, 초기 체적이 $0.025 \ m^3$인 피스톤–실린더 기구에 들어 있다. 이 수증기는 초기에 압력이 500 kPa이고 온도가 300 ℃이다. 수증기는 일정 압력 상태에서 압축된다. 최종 온도가 151.86 ℃ (수증기가 포화 증기인 상태)과 275 ℃ 사이의 범위에서, 이 과정 중에 이루어진 일과 열전달 그리고 실린더의 최종 체적을 그래프로 그려라.

4.109 포화 액체 물 2 kg을 피스톤–실린더 기구에서 물이 전부 포화 수증기가 될 때까지 100 kPa의 일정 압력에서 끓이도록 되어 있다. 이 과정에서 일과 열전달을 각각 구하라.

4.110 포화 수증기 2.5 kg을 피스톤–실린더 기구에서 물이 전부 포화 액체가 될 때까지 160 kPa의 일정 압력에서 응축시키도록 되어 있다. 이 과정에서 일과 열전달을 각각 구하라.

4.111 건도가 0.10인 R-134a의 포화 혼합물이 가요성 단열 용기에서 압력이 500 kPa이 되고 건도가 0.5가 될 때까지 1.00 MPa의 압력과 $0.02 \ m^3$의 체적에서 팽창되도록 하고 있다. 이 과정에서 R-134a의 최종 온도와 체적, 이루어진 일을 각각 구하라.

4.112 2 kg의 철 블록을 높은 건물에서 떨어뜨리려고 한다. 이 철의 초기 온도는 25 ℃이고, 건물의 높이는 150 m이다.

(a) 철 블록은 단열되어 있으며 대기 효과를 무시한다고 가정하고, 철이 땅 위에 놓이게 될 때 철의 최종 온도를 구하라.

(b) 이 문제에 사용할 컴퓨터 모델을 개발하고, 건물 높이가 10 m에서 500 m의 범위에 걸쳐 있을 때 예측할 수 있는 철의 최종 온도를 그래프로 그려라.

4.113 알루미늄 공을 대포로 쐈다. 공이 포구에서 튀어나갈 때 공은 온도가 100 ℃이고 속도는 250 m/s

이다. 공은 공기 저항을 전혀 받지 않고 표적을 때리고 나서 속도는 0으로 떨어진다. 이 과정에서 열손실이 전혀 없다고 가정할 때, 이 알루미늄 공이 정지된 후에 온도는 얼마인가?

4.114 구리 지붕이 높이가 100 m인 건물에 설치되고 있다. 구리 타일을 떨어뜨려서 구리 타일이 땅 위로 떨어졌다. 구리 타일이 땅 위로 떨어지고 있을 때, 공기 저항은 전혀 없다고 가정하고, 또 구리 타일의 온도도 (25 ℃로) 일정하게 유지된다고 가정한다. 구리 타일이 땅에 부딪힐 때, 이 과정에서 열손실은 전혀 없이 운동 에너지는 모두가 열에너지로 변환된다. 구리 타일이 땅 위에 놓인 후에 그 온도는 얼마인가?

4.115 어떤 재질인지를 알지 못하는 금속 블록이 있는데, 이 금속은 알루미늄($c = 0.903$ kJ/kg·K), 구리($c = 0.385$ kJ/kg·K), 철($c = 0.447$ kJ/kg·K), 납($c = 0.129$ kJ/kg·K) 등 4가지 가운데 어느 하나라고 한다. 이 블록이 어떤 금속인지를 결정하고자, 해수면에서 100 m 높이에 있는 건물 옥상에서 블록을 떨어뜨려 온도 상승을 측정하려고 한다. 블록을 떨어뜨리기 전 온도는 20.3 ℃이다. 블록이 땅바닥에 막 부딪힌 직후 온도는 22.8 ℃로 측정되었다. 이 과정 중에 블록에서 열 손실은 전혀 없다고 가정할 때, 블록은 어떤 금속으로 추정되는가?

4.116 용기 안에 들어 있는 물이 스토브 위에서 끓고 있는데, 이 용기의 뚜껑은 가요성이어서 수증기의 양이 증가함에 따라 팽창할 수 있으면서 주위에 물이 조금이라도 손실되지 않는다. 물의 질량은 2 kg이다. 초기에 물은 100 ℃에서 포화 액체이며, 비등 과정은 일정 압력 상태이다. 물에 10 kW의 열이 가해지고, 물의 3/4이 수증기가 되어버릴 때까지 과정은 지속된다.

(a) 과정이 경과되는 시간을 구하라.

(b) 이 문제를 시뮬레이션하는 데 사용할 컴퓨터 모델을 개발하고, 물의 순 열전달, 이루어진 순 일, 및 물의 건도를 모두 시간의 함수로 하는 그래프를 그려라. 시간은 25 s에서 시작하여 비등 과정이 완료될 때 끝이 난다고 한다.

4.117 공기 1.5 kg이 초기에는 팽창이 가능한 용기 안에 200 kPa 및 30 ℃ 상태로 있다. 이 공기는 가열되어 $PV^{1.2}$ = 일정의 관계식을 따라 팽창하게 된다. 용기에는 또한 과정 중에 계에 총 50 kJ의 일을 부가하는 팬이 내장되어 있다. 이 과정의 최종 압력은 100 kPa이 된다.

(a) 이 과정에서 공기의 최종 체적, 최종 온도 및 열전달량을 각각 구하라.

(b) 이 문제에 사용할 컴퓨터 모델을 개발하여 최종 압력이 50 kPa에서 190 kPa까지 변할 때, 이 과정에서 최종 체적, 최종 온도 및 열전달량을 그래프로 그려라.

4.118 열역학적 사이클이 4개의 과정으로 구성되어 있으며, 이 4개의 과정에서 열과 일의 상호작용은 다음 표에 나타나 있다. 과정 3에서 발생되는 일량을 구하라.

과정	열전달	일
1	192 kJ	0 kJ
2	-18 kJ	50 kJ
3	-110 kJ	?
4	0 kJ	-32 kJ

4.119 열역학적 사이클이 3개의 과정으로 구성되어 있으며, 이 3개의 과정에서 열과 일의 상호작용은 다음 표에 나타나 있다. 과정 3에서 발생되는 열전달량을 구하라.

과정	열전달	일
1	92 kJ	10 kJ
2	11 kJ	-32 kJ
3	? kJ	17 kJ

4.120 열역학적 사이클이 4개의 과정으로 구성되어 있으며, 이 4개의 과정에서 열과 일의 상호작용은 다음 표에 나타나 있다. 과정 4에서 발생되는 동력을 구하라.

과정	열전달률	동력
1	0 kW	-15 kW
2	110 kW	37 kW
3	-26 kW	0 kW
4	-21 kW	?

4.121 열역학적 사이클이 4개의 과정으로 구성되어 있으며, 이 4개의 과정에서 열과 일의 상호작용은 다음 표에 나타나 있다. 과정 2에서 발생되는 동력을 구하라.

과정	열전달률	동력
1	25 kW	30 kW
2	0 kW	?
3	-40 kW	0 kW
4	5 kW	-20 kW

4.122 열역학적 사이클이 5개의 과정으로 구성되어 있으며, 이 5개의 과정에서 열과 일의 상호작용은 다음 표에 나타나 있다. 과정 3에서 발생되는 열전달률을 구하라.

과정	열전달률	동력(일률)
1	5 kW	-10 kW
2	12 kW	62 kW
3	?	-21 kW
4	-15 kW	0 kW
5	9 kW	8 kW

4.123 사이클로 작동되는 열기관에 입력으로 25 kW의 열이 유입되면서 10 kW의 동력이 발생된다. 이 열기관에서 저온 공간으로 전달되는 열배제율과 이 열기관의 열효율을 각각 구하라.

4.124 자동차 엔진에서 85 kW의 동력이 발생되고 그 열효율은 0.32이다. 연소 과정에서 엔진에 전달되는 열입력률뿐만 아니라 환경으로 전달되는 열손실률을 각각 구하라.

4.125 모터사이클 엔진에서 18.5 kW의 동력이 발생되고 그 열효율은 0.25이다. 연소 과정에서 엔진에 전달되는 열입력률뿐만 아니라 환경으로 전달되는 열손실률을 각각 구하라.

4.126 석탄 연소식 발전소가 석탄 연소에서 625 MW의 열전달률로 열이 투입되어 호수로 들어가는 냉각수에 430 MW의 열전달률로 열이 배제된다. 이 발전소의 열효율을 구하라.

4.127 증기 발전소가 열효율이 30 %이다. 이 발전소에서는 250 MW의 동력이 발생된다. 발전소로 투입되는 열은 보일러에서 수증기를 생산하는 데 사용된다. 물은 보일러에 8 MPa의 포화 액체로서 유입되어 8 MPa의 포화 증기로 유출된다. 이 보일러 속을 흐르는 물의 질량 유량을 구하라.

4.128 열효율이 0.05에서 0.70까지 변할 때, 고온의 열 저장소에서 100 kW의 열이 투입되는 사이클로 작동되는 열기관에서, 발생되는 동력과 저온의 열저장소로 전달되는 열배제율을 그래프로 그려라.

4.129 가정용 냉장고에서 그 성능계수는 3.25이고, 냉장고 내부에서 열이 1.82 kW의 전달률로 제거될 수 있다. 냉장고를 작동시키고자 압축기에서 사용되는 동력을 구하라.

4.130 375 W짜리 모터를 사용하는 냉장고의 성능계수가 3.05이다. 7.5리터의 차(물로 모델링함)가 25 ℃에서 냉장고에 들어간다. 이 차가 냉장고에서 5 ℃로 냉각되는 것만이 냉장고에 걸리는 열부하라고 가정할 때, 이렇게 되는 데 시간이 얼마나 걸릴까? 이렇게 되는 것이 현실적으로 보이는가? 그렇지 않다면, 어떠한 가정이 세워졌기에 이러한 계획이 비현실적인 것으로 나타나게 되었는가?

4.131 어떤 공기조화 장치에서 58 kW의 일률로 동력이 사용되면서 125 kW의 냉각이 이루어진다. 이 에어컨(냉장고)의 성능 계수를 구하라.

4.132 어떤 냉장고에서 고온 공간으로 35 kW의 열이 배제되면서 저온 공간에서 25 kW의 열이 제거된다. 사용되는 동력과 이 냉장고의 성능계수를 각각 구하라.

4.133 어떤 냉장고가 저온 공간에서 15 kW의 열이 제거되어야 한다. 그 성능계수가 1.5와 10 사이에서 변할 때, 이렇게 하는 데 필요한 동력을 그래프로 그려라.

4.134 어떤 냉장고에서 2 kg의 물이 (대기압에서) 40 ℃에서 5 ℃로 냉각되어야 한다. 이 냉장고의

성능계수는 3.10이다. 이 냉각 과정에서 냉장고를 작동시키는 데 필요한 일을 구하라.

4.135 열펌프에서 15 kW의 동력이 사용되면서 고온 공간으로 59 kW의 열이 공급되어야 한다. 이 열펌프의 성능계수를 구하라.

4.136 열펌프에서 4.5 kW의 모터가 사용되어 건물에 17.1 kJ/s로 열이 공급된다. 이 열펌프의 성능계수를 구하라.

4.137 열펌프에서 5 kW의 동력이 사용되어 저온 공간에서 15 kW로 열이 추출된다. 이 열펌프의 성능계수와 고온 공간으로 공급되는 열을 각각 구하라.

4.138 열펌프가 R-134a의 냉매 0.5 kg/s로 연속적으로 작동되어, 1200 kPa의 포화 증기가 포화 액체로 응축되면서 고온 공간으로 배제될 열이 제공된다. 열펌프의 성능계수가 4.50일 때, 열펌프에서 작동되고 있는 압축기를 구동시키는 데 필요한 동력을 구하라.

4.139 열기관이 냉장고 작동에 공급되는 동력을 발생시키고자 설치되었다. 이 냉장고에서는 저온 공간에서 1.5 kW의 열이 제거되며 성능계수는 2.75이다. 열기관의 열효율이 각각 다음과 같을 때, 냉장고를 작동시키는 데 사용되는 동력을 발생시키려면 열기관에 필요한 열 입력은 각각 얼마인가?
(a) 0.25, (b) 0.50, (c) 0.75, (d) 0.90

설계/개방형 문제

4.140 공장에는 720 kPa에서 압축기에서 유출되어 설비에 있는 모든 압축 공기 장비를 작동시키는 시스템 압력으로 공급되는 0.85 m³/s(평균값)의 압축 공기(표준 온도 및 압력 상태)가 필요하다. 또한, 평균적으로 압축 공기 중에서 5 %가 추가로 시스템에서 누설로 손실된다. 때로는 이 압축 공기 시스템의 수요가 1.0 m³/s에 이르기도 한다. 주 압축기 시스템이 고장 났을 때에는, 0.70 m³/s의 압축 공기를 제공할 수 있는 예비 시스템을 갖추어야 한다. 공장의 실내 온도는 공기 압축기 근방에서 35 ℃이며, 공장의 평균 외부 온도는 10 ℃이다. 설비의 필요량을 만족시키게 되는 공기 압축기 시스템을 설계하고, 입구 공기원을 명시하라. 본인이 설계하는 시스템에는 압축 공기를 저장하는 저장 탱크를 포함시켜도 되고 그렇지 않아도 된다. 특정 공기 압축기에 관한 상세 정보 제공원이 되는 공기 압축기 제조업체를 검색해도 좋다.

4.141 증기 발전소는 열효율이 35 %이고, 발전기는 열효율이 95 %이다. 이 발전소는 1년 기간(8760 시간)에 걸쳐서 평균 300 MW의 전기를 발생시키도록 되어 있다. 발전소의 열원은 연료 연소열이다. 연소기는 연료의 가용 에너지(연료의 "저위 발열량"으로 나타냈을 때)의 80 %를 액체 물을 수증기로 변환시키는 데 필요한 열로 변환시킬 수 있다. 인터넷을 사용가능한 연료의 저위 발열량과 연료의 시가에 관한 데이터원으로 사용하여, 이 발전소의 연료원을 (연간 연료비로) 설계하고 이를 뒷받침하

는 근거를 제시하라.

4.142 기름이 2 kg/s의 질량 유량으로 열교환기 속을 지나 90 ℃에서 25 ℃로 냉각되도록 되어 있다. 기름의 비열은 1.88 kJ/kg · K이다.(유체 간의 열전달은 이상적이라고 가정하고) 원하는 냉각을 달성할 수 있도록 열교환기에서 사용될 수 있는 냉각 유체의 매개변수(유체의 종류, 입구 및 출구의 온도, 유체의 유량)를 선정하라.

4.143 어떤 집에서 현재 낡고 비효율적인 조명 시스템을 사용하고 있다. 저녁에는 전형적으로 집 안에는 (하루에 평균 6시간을 사용하는) 40 W짜리 백열전구 2개와 75 W짜리 백열전구 4개와 100 W짜리 백열전구 8개가 있고 집 밖에는 하루에 평균 12시간을 사용하는 90 W짜리 할로겐 투광조명 4개가 있다. 각각의 광원에서 나오는 광 출력은 450루멘(40 W짜리 백열전구), 1100루멘(75 W짜리 백열전구), 1600 루멘(100 W 짜리 백열전구) 및 1350루멘(90 W짜리 할로겐 투광조명)이다. 동일한 밝기를 낼 수 있는 조명 시스템을 설계하고, 새로운 시스템으로 연간 에너지 절약 양뿐만 아니라 청구액이 감소된 청구서에서 절약되는 금액을 각각 구하라.

4.144 건물 난방 시스템에서 공기가 0.20 m³/s의 체적 유량으로 30 ℃에서 공급되어야 한다. 내부 공기는 18 ℃와 22 ℃ 사이의 온도에서 난로로 귀환될 수 있다. 건물로 다시 공급되는 공기 중에서 적어도 10 %는 외부에서 들어오는 신선한 공기이다. 난방 기간 중에 외부 공기 온도는 -5 ℃와 18 ℃ 사이의 범위에 있다. 변화하는 옥외 조건을 수용할 수 있게 되는 계를 설계하고, 조건 변화에서 건물 내부와 외부에서 취해야 할 공기량을 명시하라. 또한, 난로를 기술하는 요건들을 명시하라. (또는 실제 장치를 확인하라)

4.145 집 주인이 진입로에 시스템을 설치하여 겨울철에 눈을 녹이려고 한다. (진입로는 경사져 있어서 액체 물은 진입로에서 흘러내린다) 진입로는 길이가 15 m이고 폭은 3 m이며, 콘크리트로 되어 있다. 진입로에서 제거되는 열은 어떠한 열이라도 눈에서 직접 유래하는 것이라고 가정한다. 집 주인은 이 시스템이 눈을 시간당 2.5 cm까지 녹일 수 있기를 원한다. 눈을 녹는점까지 가열시켜서 눈을 녹이는 데 필요한 에너지양은 350 kJ/kg이고 눈의 밀도는 70 kg/m³이다. 이 녹는 과정을 달성하게 하는 가열 시스템을 설계하라.

4.146 발전소에 있는 응축기는, 터빈에서 유출되는 수증기를 포착하여 이를 동일한 압력에서 응축시켜 포화 액체로 바꾸는 데 사용된다. 이는 전형적으로 외부 냉각수를 유동시키고 나서 제거된 열을 주위로 전달시킴으로써 이루어진다. 발전소에서, 수증기가 건도는 0.95이고 압력은 30 kPa인 상태에서 200 kg/s의 질량 유량으로 터빈에서 유출된다고 하자. 외부 냉각수를 사용하여 수증기에서 열을 제거함으로써 이 수증기를 포화 액체로 바꾸는 응축기를 설계하라. 외부 냉각수는 온도가 10 ℃인 물을 호수에서 끌어다 쓰며, 수증기에서 열 제거에 사용된 뒤에는 온도가 30 ℃ 이상으로 호수로 되돌려 보내면 안 된다. 이 냉각수에 사용할 관의 개수와 관의 직경을 선정하라.

4.147 온도 범위가 38 ℃ ~ 45 ℃인 온수를 10 L/min의 체적 유량으로 1시간 동안 공급할 수 있는 0.20 m³들이 탱크형 온수기를 설계하라. 새로 공급되는 물은 온도가 8 ℃인 물 공급원에서 공급되어 보충됨으로써 탱크에 들어있는 물은 체적이 일정하게 유지된다. 온수를 원하는 출구 온도 범위에 유지시키는 데 필요한 버너 크기와 버너 운전 제어 계획을 둘 다 설계하라.

열역학 제2법칙 서론

학습 목표

5.1 열역학 제2법칙의 본질을 설명하고, 그 용도와 의미를 인식하며, 열역학 제2법칙의 고전적 표현을 분명히 한다.

5.2 가역 과정과 비가역 과정 사이의 차이를 설명한다.

5.3 열기관의 최고 가능 효율(카르노 효율)과 냉동기 및 열펌프의 성능계수를 계산한다.

5.4 영구 운동 기계의 개념을 안다.

5.1 열역학 제2법칙의 본질

제4장에서는 열역학 제1법칙을 학습하였으며, 그 결과 분명한 것은 열역학 제1법칙이 검토 중인 계와 과정에서의 모든 에너지에 대한 간단한 설명이라는 것이다. 실제로도 열역학 제1법칙을 말로 간명하게 표현하면 다음과 같다. 즉, "에너지는 보존된다." 열역학 제1법칙은 자연에서 관찰되는 모든 과정에서 지켜지고 있다. 공교롭게도, 열역학 제1법칙은 또한 관찰된 적도 없고 굳이 일어나리라고 믿을만한 이유도 없는 일부 과정과 결과까지도 염두에 두고 있다. 예를 들어 그림 5.1과 같이, 사각 얼음을 대기압에서 100 ℃의 끓는 물이 들어 있는 유리컵에 떨어뜨리면 어떤 일이 벌어지게 될까? 예상할 수 있는 답으로는, 사각 얼음은 녹아서 원래 얼음 형태였던 물은 온도가 올라가게 되고, 끓는 물은 차가워지게 되어, 결국 모든 물이 열적 평형에 도달하게 되면 온도는 같아지기 마련이라는 것이다. 그러나 간단히 에너지 균형식을 세워보게 되면 다른 답이 나오게 되는데, 이는 유리컵 안에 들어 있는 뜨거운 물 가운데 일부가 얼게 되어 사각 얼음이 더 커지게 되면서, 이 때문에 커진 얼음은 온도가 상승된 과열 수증기로 둘러싸인 상태가 된다는 것이다. 그러나 알려진 바로는 이러한 결과는 현실적으로는 일어나지가 않는다. 그러나 계의 에너지가 보존되기 때문에 이와 같은 이례적인 시나리오가 열역학 제1법칙에서는 허용이 된다.

또 다른 예로서 그림 5.2와 같이 오일을 냉각시키는 데 공기를 사용하는 열교환기를 살펴보자.

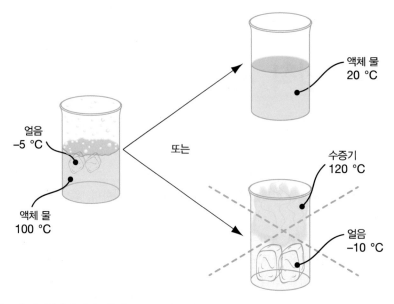

〈그림 5.1〉 대기압에서 사각 얼음을 끓는 물에 넣게 되면, 사각 얼음은 녹게 되고 끓는 물은 차가워져서 모든 물은 어떤 중간 온도에 도달할 것이라는 사실을 알고 있다. 또한, 사각 얼음이 더 차가워지거나 더 커지지 않게 된다는 사실도 알고 있다.

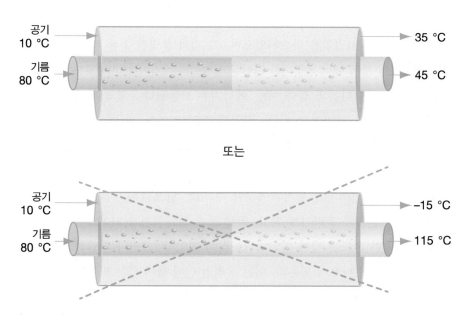

〈그림 5.2〉 고온 및 저온의 2가지 유체가 열교환기 속을 흐를 때, 고온의 유체는 냉각되고 저온의 유체는 가열된다는 사실은 잘 알려져 있다. 또한, 고온의 유체가 더 뜨거워지고 저온의 유체가 더 차가워지지 않는다는 사실도 잘 알려져 있다.

열교환기에 오일이 80 ℃로 유입되고 공기가 10 ℃로 유입되면, 유량에 따라서는 오일이 45 ℃로 유출되고 공기가 35 ℃로 유출되기도 한다. 그러나 열역학 제1법칙으로는 오일이 115 ℃로 가열되고 공기가 −15 ℃로 냉각되는 답이 나오기도 한다. 이번에도 마찬가지로, 전자의 결과는 가능하지만 후자의 결과는 현실적으로 일어나지 않는다. 그러나 시나리오마다 에너지가 보존되기 때문에, 열역학 제1법칙만을 사용해서는 두 번째 결과를 제외시킬 수는 없다.

열역학 제1법칙의 내용으로 일어날 수 있는 과정도 설명이 되고 일어날 수 없는 과정도 설명이 되는 것이라면, 해당 과정이 실제로 일어날 수 있는지 아닌지를 도대체 어떻게 결정할 수 있다는 말인가? 그러한 결정을 내리는 데에 열역학 제2법칙에 도움을 청할 필요가 있다. 열역학 제2법칙은 과정이 현실적으로 실제로 진행되는 방식을 결정하는 조건을 기술하고 있다. 위에서 예로 든 끓는 물과 사각 얼음에 관한 2가지 경우를 열역학 제2법칙으로 해석하게 되면, 물 전체가 평형 온도에 도달하게 되는 결과는 가능한 반면에, 사각 얼음이 팽창하고 게다가 물이 끓게 되는 결과는 불가능하다는 사실이 나타나게 된다. 또한, 위의 열교환기의 예를 열역학적 제2법칙으로 해석하게 되면, 오일이 냉각되고 공기가 가열되는 것은 가능하지만, 그 반대는 불가능하다는 사실이 나타나게 된다.

그러면 어떻게 하면 세상의 모든 과정이 진행되는 방식을 쉽게 기술할 수 있는 것인가? 그렇지 않으면, 어떻게 하면 과정의 발생 유무에 영향을 주는 모든 요인을 쉽게 기술할 수 있는 것인가? 아마도 짐작을 하였겠지만, 이 모든 것을 간결하게 요약하기란 어려운 일이다. 결과적으로, 열역학 제1법칙에서와는 달리 열역학 제2법칙을 간단히 나타낼 수 있는 표현은 전혀 없다. 마침내는 많은 경우에 유용하게 적용될 식이 개발되겠지만, 현실적으로는 발생이 가능한 모든 상황을 다룰 수 있는 단일의 식은 전혀 없다. 열역학 제2법칙은 일어날 수 있는 과정을 모두 만족시켜야만 하는데, 이 열역학 제2법칙에는 많은 관점이 있다. 이러한 관점들 때문에 열역학 제2법칙에는 다수의 관련 표현들이 서로 연합적으로 구성되어 있기 마련이다. 열역학 제2법칙에는 다양한 관점들이 있으므로, 잊지 말아야 할 중요한 점은 어떤 과정이 열역학 제2법칙의 한 가지 관점을 만족시킨다고 하더라도 열역학 제2법칙의 다른 관점들은 만족시키지 못 할 수도 있으며 이 경우에는 이 과정이 불가능하다는 것이다.

심층 사고/토론용 질문

가스 실린더에 압력이 500 kPa인 공기를 채웠다고 가정하자. 밸브를 열었을 때 무슨 일이 일어나는가? 공기가 실린더로 유입되지 않은 이유는?

5.2 열역학 제2법칙의 몇 가지 용도의 요약

열역학 제2법칙이 의미하는 모든 것에서 현실적으로 가능한 것을 알 수만 있다면, 우리는 발생하는 것에만 관심이 있기 때문에 법칙 자체에는 신경을 쓸 필요가 없다고 할 수 있을 것이다. 여기서 생각할 수 있는 점은, 어떤 과정에서 일이 수행되지 않는다는 것이 분명하면 그 과정은 열역학 제2법칙을 만족시킬 리가 없다는 것이다. 그러나 엔지니어로서는 과정을 수행할 장치를 설계하고 제조하는 절차를 거치기 전이라도 그 과정이 가능한지를 대강 알고 싶을 것이다. 게다가, 어떤 과정은 실제로 일이 수행되기는 하지만 그 과정을 완수하도록 설계된 장치가 불완전하게 제조되기도 한다. 앞 절에서 설명한 상황처럼, 일부 상황은 열역학 제2법칙을 위배하는 것이 명백하게 드러나기도 하지만, 다른 상황들은 그렇지 않기도 한다. 앞에서 제안된 발전소는 열효율이 75 %가 될 수는 있는 것인가? 대부분의 발전소는 열효율이 50 %가 되지는 않지만, 이러한 사실이 새로운 설비는 혁명적인 설계가 될 수 없다는 것을 의미하는 것은 아닐까? 그렇지 않다면, 단열된 터빈에 수증기가 5 MPa 및 500 ℃로 유입되어 1 MPa 및 200 ℃로 유출될 수 있다는 말인가? 얼핏 봐서는, 이러한 내용이 가능할는지는 실제로 알 수 없다. 열역학 제2법칙은 직관적으로 명백하지 않은 상황을 해석하는 데 사용할 수 있는 한 세트의 도구를 제공하게 될 것이다.

다음 목록은 열역학 제2법칙의 용도를 몇 가지 열거한 것이다.

1. 열기관의 최고 열효율의 결정 및 냉동기나 열펌프의 최고 성능계수의 결정.
2. 터빈, 펌프, 압축기, 노즐 및 디퓨저와 같은 장치에서 이상적인 성능에 대하여 실제 성능을 비교함으로써 그 효율을 결정.
3. 제안된 과정의 타당성을 결정.
4. 가용 에너지의 유용성 활용을 결정.
5. 여러 가지 과정을 비교하여 어느 과정이 열역학적으로 가장 효율적인가를 결정.
6. 화학 반응이 진행하는 방향을 결정.
7. 어떠한 물질이라도 그 상태량과는 독립적인 열역학적 온도 척도, 즉 절대 온도 척도의 제정.

이 목록이 예시하는 바와 같이, 열역학 제2법칙의 관점은 많은 이질적인 분야에 존재한다. 이러한 용도 중에서 많은 용도들은 어느 정도 관계가 있고, 열역학적 온도 척도의 제정과 같은 다른 용도들은 자리에 어울리지 않은 것처럼 보인다. 그러나 열역학 제2법칙을 온도

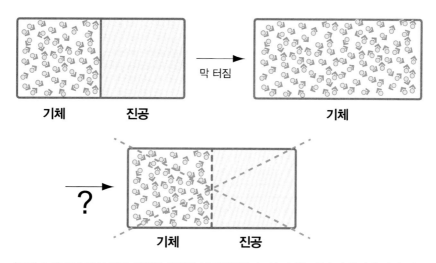

〈그림 5.8〉 구속에서 풀린 기체의 팽창은 비가역적이다. 이 기체는 구속이 풀리게 되면 진공 속으로 팽창할 것이지만, 이 팽창된 계는 자발적으로는 절반이 기체이고 절반이 진공이었던 처음 상태로 되돌아올 수는 없을 것이다.

엔지니어가 애써야 할 한 가지 일은 과정에서 비가역성의 양을 줄이는 것인데, 이렇게 하면 일반적으로 한층 더 효율적인 과정이 되기 때문이다. 제6장에서는, 과정의 비가역성 정도를 판단하는 법과 여러 가지 과정을 비교하여 한층 덜 비가역적인 과정을 찾아내는 법을 학습하게 될 것이다.

앞에서 언급한 바와 같이, 실제적으로 완전하게 가역적인 과정은 전혀 없다. 일부 과정은 가역 과정에 아주 근사한 것으로 볼 수 있다. 예를 들어, 엔진에서 표면이 매끈한 실린더 안에 들어 있는 표면이 매끈한 피스톤과 같이, 윤활이 잘 되어 있는 2개의 표면 사이에서 일어나는 운동은 가역 과정에 근사하다고 할 수 있다. 또한, 설계가 잘 되어있는 노즐이나 디퓨저를 통과하는 기체의 유동도, 고체 벽과 기체 사이의 마찰이 매우 작게 되어 열전달에서 변화가 거의 일어나지 않게 되기 때문에, 가역 과정에 근사하다고 볼 수 있다.

끝으로, **내적 가역** 및 **외적 가역**이라는 용어는 특히 한층 더 고급 열역학에서 사용될 때가 있다. 내적 가역 과정은 계는 가역 과정을 겪고 있지만 주위에는 비가역성이 존재하는 그러한 과정이다. 외적 가역 과정은 주위는 가역 과정을 겪고 있는 반면에 계 내부에서는 비가역성이 발생하고 있는 그러한 과정이다. 대부분의 기본적인 열역학적인 취지에서 볼 때, 실제로 계와 주위가 모두 다 비가역성을 겪을 것이라고 생각해도 되기 때문에, 이러한 구별은 특별히 중요하지는 않다.

5.5 열역학적 온도 척도

열역학 제2법칙은 주어진 재료의 상태량과는 독립적인 온도 척도를 새로이 제정하는 데 사용될 수 있다는 점을 주목하고 있다. 이러한 온도 척도를 제정하는 방식에 관한 상세한 내용은 다른 문헌에서 찾아보면 되는데, 그 최종적인 제정 결과는 엔지니어에게 매우 중요하기는 하지만, 상세한 개발 내용은 수준이 높은 열역학을 취급할 때에나 중요하고 그 이전에는 거의 쓸모가 없다. 사디 카르노(Sadi Carnot)는 19세기 프랑스 엔지니어로서 온도가 동일한 두 열 저장소 사이에서 작동하는 모든 가역 열기관은 열효율이 동일하게 된다는 사실을 알았다. 이 개념을 사용하면, 열 저장소 사이의 열전달 비는 다음과 같이 그 두 열 저장소 온도의 비라는 것을 증명할 수 있다. 즉, $\frac{|Q_H|}{|Q_C|} = f(T_H, T_C)$이다. 또한, 이 함수는 다음과 같이 각각의 온도의 함수의 비라는 것도 증명할 수 있다. 즉, $f(T_H, T_C) = g(T_H)/g(T_C)$이다. 이 함수는 다양한 형태를 취할 수 있지만, 가장 간단한 형태는 온도를 절대 0을 기준으로 삼은 상태에서, 즉 절대 온도 척도에서 절대 $g(T) = T$로 나타내는 것이다. 즉,

$$\left(\frac{|Q_H|}{|Q_C|}\right)_{\text{rev}} = \frac{T_H}{T_C} \tag{5.1}$$

여기에서 온도는 절대 온도로 설정되어 있으므로, 이 온도 척도는 어떠한 물질의 상태량과는 독립적이다. 즉, 0 점(절대 0)은 모든 물질에서 동일하며 모든 분자 운동이 중지되는 점이다. (이와는 다르게, 상대 온도 척도는 기준 점을 물질의 임의의 특징 점에 설정하고 있다. 예를 들면, ℃(섭씨, Celsius) 온도 척도에서 0 점은 대기압에서 물이 어는점이다. 즉, 온도 척도는 물질의 특성에 종속된다.) 상대 온도 척도를 사용할 때에는 각각의 물질마다 상태량을 설명해야 되는데, 이 때문에 열전달 간의 관계가 더욱 더 복잡해지게 된다. 그러므로 절대 온도 척도는 열역학 제2법칙을 기반으로 하는 가역 열기관에서 나타나는 이와 같은 비를 통하여 정의된다.

5.6 카르노 효율

가역 장치가 가장 효율적인 장치라는 사실을 알고 있으므로, 연기관과 냉동기나 열펌프를 가역적이라고 가정함으로써 열기관의 최고 가능 효율뿐만 아니라 냉동기나 열펌프의 최고 가능 성능계수를 유도할 수 있다.

그림 5.9와 같은 열기관을 살펴보기로 하자. 식 (4.34a)를 다시 쓰면 열기관의 열효율은 다음과 같다.

$$\eta = W/Q_H \qquad (4.34a)$$

또한, 열기관의 사이클에서와 같이 사이클의 정의를 다시 불러오면 순 열전달은 순 일과 같다. 즉,

$$Q_{\text{cycle}} = W_{\text{cycle}} \qquad (4.33)$$

열기관에서는 $W = W_{\text{cycle}}$이므로, 다음 식이 성립된다.

$$Q_{\text{cycle}} = Q_H - |Q_C|$$

그러므로 Q_H는 열 입력이고 부호 규약에 따라 양수이기 때문에 $W = Q_H - |Q_C|$가 된다. 식 (4.34a)에 대입하면 다음과 같이 된다.

$$\eta = \frac{Q_H - |Q_C|}{Q_H} = 1 - \frac{|Q_C|}{Q_H} \qquad (5.2)$$

이제 열기관이 가역적이라면, 효율은 최고 효율과 같게 되므로 식 (5.1)을 대입함으로써 구할 수 있으므로, 이를 가역 열기관에 적용하면 된다. 즉,

$$\eta_{\max} = 1 - \frac{T_C}{T_H} \qquad (5.3)$$

열기관에서의 이 최고 효율을 카르노 효율이라고도 할 때도 있고 가역 효율이라고 할 때도 있다. 이 최고 효율은 열 저장소의 절대 온도에만 종속된다는 점에 유의하여야 한다.

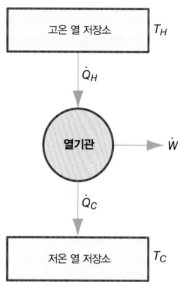

〈그림 5.9〉 열기관의 일반적인 모델.

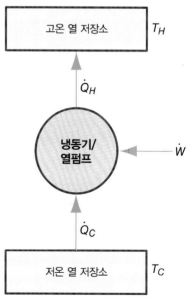

〈그림 5.10〉 냉동기 또는 열펌프의 일반적인 모델.

이제 그림 5.10과 같이 냉동기와 열펌프를 살펴보기로 하자. 냉동기나 열펌프의 최고 성능계수는 같은 방식으로 구하면 된다. 사이클의 순 일과 순 열전달 사이에 동일한 등가성을 적용하면, 식 (4.35)와 식 (4.36)은 어떠한 냉동기나 열펌프에 대해서도 다음과 같이 바꿔 쓸 수 있다.

$$\beta = \frac{Q_C}{|Q_H| - Q_C} \tag{5.4}$$

및

$$\gamma = \frac{|Q_H|}{|Q_H| - Q_C} \tag{5.5}$$

이 성능계수의 최고값은 열기관에서처럼 가역 냉동기와 가역 열펌프에서 존재한다. 그러므로 이러한 장치 중에서 가역적인 형태의 장치에는, 식 (5.1)을 식 (5.4)와 (5.5)에 대입시키면 다음과 같이 된다. 즉,

$$\beta_{\max} = \frac{T_C}{T_H - T_C} \tag{5.6}$$

및

$$\gamma_{\max} = \frac{T_H}{T_H - T_C} \tag{5.7}$$

당연히 열기관이나 냉동기 또는 열펌프는 어떠한 것이라도 주어진 2개의 열 저장소 사이에서 작동하는 장치에서는, 열효율이나 성능계수가 다음과 같이 최고 가능 값과 같거나 작을 수밖에 없다. 즉,

$$\text{열기관} : \eta \leq \eta_{\max}$$

$$\text{냉동기} : \beta \leq \beta_{\max}$$

$$\text{열펌프} : \gamma \leq \gamma_{\max}$$

이 내용은 열역학 제2법칙의 면모를 나타내는 또 다른 표현이며, 제안된 장치가 이러한 제한 조건에 위배되면 이 장치는 열역학 제2법칙에 위배되는 것이므로 존재할 수 없다.

▶ 예제 5.1
가역 열기관이 950 K의 고온 열 저장소와 300 K의 저온 열 저장소 사이에서 작동되고 있다. 열기관은 525 kW의 동력을 발생시킨다. 고온 열 저장소에서 받게 되는 열공급률을 구하라.

주어진 자료 : $T_H = 950\,\mathrm{K}$, $T_C = 300\,\mathrm{K}$, $\dot{W} = 525\,\mathrm{kW}$

구하는 값 : $\dot{Q}_H$

풀이 가역 열기관은 열효율이 카르노 열효율과 같다. 이로써 다음과 같이 실제 열효율을 최고 가능 열효율(식 (5.3))과 같게 놓을 수 있게 된다.

$$\eta = \eta_{\mathrm{max}} = 1 - \frac{T_C}{T_H} = 0.684$$

이 값을 식 (4.34b)에 대입하면 고온 열 저장소에서 나오는 열 입력이 나온다.

$$\dot{Q}_H = \frac{\dot{W}}{\eta} = \frac{525\,\mathrm{kW}}{0.684} = \mathbf{767\,kW}$$

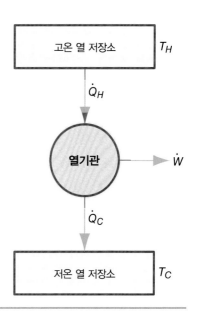

▶ 예제 5.2

엔지니어가 65 %의 효율로 가동하게 되는 발전소(이는 열기관으로 모델링할 수 있음)를 계획하고 있다. 발전소에서 사용되는 수증기는 최고 온도가 660 K이며, 열은 온도가 290 K인 환경으로 배출된다. 이 발전소 계획안은 타당한가? 아니면 이는 열역학 제2법칙을 위배하는가?

주어진 자료 : $T_H = 660\,\mathrm{K}$, $T_C = 290\,\mathrm{K}$, $\eta_{\mathrm{daim}} = 0.65$

구하는 값 : 이 발전소는 열역학 제2법칙을 위배하는가?

풀이 이 질문에 답을 하려면, 이 2가지 온도 사이에서 가동되는 열기관에서 최고 가능 열효율을 다음과 같이 구해야 한다. 즉,

$$\eta = \eta_{\mathrm{max}} = 1 - \frac{T_C}{T_H} = 1 - \frac{290\,\mathrm{K}}{660\,\mathrm{K}} = 0.561$$

$\eta_{\mathrm{daim}} > \eta_{\mathrm{max}}$ 이기 때문에, 계획안의 시스템은 **열역학 제2법칙을 위배**하므로 가능하지가 않다.

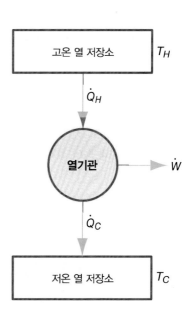

해석 : 이러한 유형의 해석에서는 열역학 제2법칙의 한 가지 면만을 고려하고 있다. 이 발전소가 이 한 가지 면에 위배가 되지 않는다고 하더라도, 이 발전소는 여전히 열역학 제2법칙의 모든 면에 충족되는 것은 아니다. 열역학 제2법칙의 다양한 면 가운데 한 가지라도 위배하는 한, 제안된 시스템이나 장치는 작동되지 않는다.

▶ 예제 5.3

카르노 냉동기가 8.20 kW의 동력을 사용하면서 5 ℃의 공간에 25.0 kW 의 냉각률을 제공하고 있다. 고온 공간에 열을 배제시켰을 때 이 공간의 온도는 얼마인가?

주어진 자료 : $T_C = 5 \ ℃ = 278\,K$, $\dot{Q}_C = 25.0\,kW$,

$$|\dot{W}| = 8.20\,kW$$

구하는 값 : T_H

풀이 이 카르노 냉동기는 2개의 열 저장소 간 작동 냉동기의 최고 가능 성능계수로 운전된다. 문제에서 "고온 공간"은 고온의 열 저장소로 해석하면 된다. 식 (4.35)에서, 이 냉동기의 성능계수는 다음과 같다.

$$\beta = \frac{\dot{Q}_C}{|\dot{W}|} = 3.049$$

카르노 냉동기에서, 식 (5.6) 은 다음과 같이 된다.

$$\beta = \beta_{\max} = \frac{T_C}{T_H - T_C} = \frac{278\,K}{T_H - 278\,K} = 3.049$$

이 식을 풀며 다음 값이 나온다.

$$T_H = 369\,K$$

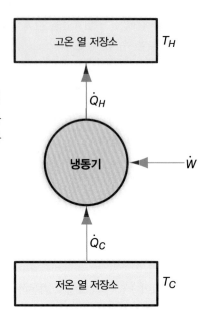

▶ 예제 5.4

젊은 엔지니어가 새로운 열펌프 설계를 회사에 제안하고 있다. 이 열펌프는 8.0 ℃와 22.0 ℃ 사이에서 작동하므로 단지 0.60 kW의 동력만을 사용하면서 따뜻한 공간에 15.0 kW로 열을 공급할 수 있다고 주장하고 있다. 본인이 소속한 회사라면 이 설계 개발을 결정하게 될까? 아니면 이 설계는 열역학 제2법칙을 위배하는 것일까?

주어진 자료 : $T_H = 22.0\,℃ = 295\,K$,

$T_C = 8.0\,℃ = 281\,K$,

$\dot{Q}_H = -15.0\,kW$,

$\dot{W} = -0.60\,kW$

구하는 값 : 이 시스템은 열역학 제2법칙을 위배하는가?

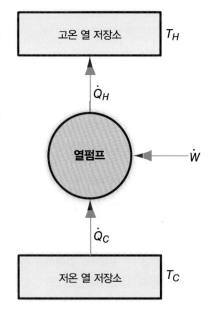

풀이 엔지니어가 주장하는 열펌프의 성능계수를, 주어진 열 저장소 온도 사이에서 작동되는 이상적인 열펌프에서 가능한 성능계수와 비교한다. 먼저, 식 (5.7)을 사용하여 카르노 성능계수를 구하면 다음과 같다. 즉,

$$\gamma_{\max} = \frac{T_H}{T_H - T_C} = \frac{295\,\text{K}}{295\,\text{K} - 281\,\text{K}} = 21.07$$

구하는 값 : 이 시스템은 열역학 제2법칙을 위배하는가?

$$\gamma = \frac{|\dot{Q}_H|}{|\dot{W}|} = \frac{15.0\,\text{kW}}{0.60\,\text{kW}} = 25.0$$

엔지니어가 주장하는 성능계수와 최고 성능계수를 비교해보면, $\gamma > \gamma_{\max}$ 임을 알 수 있다. 그러므로, 제안된 열펌프는 **열역학 제2법칙을 위배**하므로 회사에서는 개발을 추진하지 말아야 한다.

해석 : 이 제안된 설계가 열역학 제2법칙을 위배한다고는 하지만, 이 젊은 엔지니어가 완전히 실망을 하지 않았으면 한다. 열역학 제2법칙에서 볼 때 설계 변수를 크게 변경시키지 않아도 이 설계를 어떻게 해서라도 실현되게 할 수도 있기 때문에, 이 엔지니어에게 제안한 설계 치수를 다시 확인해보라고 권할 수도 있겠다.

심층 사고/토론용 질문

냉동기의 최고 성능계수는 무한대가 될 수도 있다. 냉동기를 최고 가능 성능계수에서 작동시키려고 하는 자체가 불합리한 것이 아니라면, 환경 조건과 냉동기 조건을 어떻게 조합하면 최고 가능 성능계수가 높은 냉동기가 되게 할 수 있는가?

5.7 영구 운동 기계

지나간 역사를 살펴보면, 에너지를 새로 투입하지 않고서도 영원히(또는 적어도 아주 오랫동안) 움직일 수 있는 장치를 많이 주장하고 있다. 이러한 장치들을 일명 영구 운동 기계라고 하는데, 어느 면에서 보나 이 기계들은 열역학 제1법칙이나 제2법칙을 위배하고 있다. 기계가 영원히 움직여야만 이 범주에 포함된다고 하는 것이 아니고, 그보다는 열역학 법칙을 위배하고 있는 기계라면 어떠한 기계라도 영구 운동 기계로 분류가 되는 것이다. 열역학 제1법칙을 위배하는 기계(보통은 에너지 생성으로 에너지 균형을 위배함)를 제1종 영구 운동 기계(PMM1)라고 하고, 열역학 제2법칙을 위배하는 기계를 제2종 영구 운동 기계(PMM2)라고 한다. 영구

운동 기계가 열역학 법칙들에 위배되는 방식을 쉽게 알아볼 때도 있지만, 그렇지 않은 경우에는 장치들이 기묘하여 실패한 장치인지 아닌지를 판별하는 데 실질적인 해석이 필요할 때도 있다.

예를 들어, 다음 장치는 펌프구동 저장식 수력 응용에 사용하게 제안된 것으로 이에 관하여 살펴보기로 하자. 저수지는 수력 터빈보다 더 높은 곳에 위치한다. 물이 방출되면, 물의 위치에너지는 터빈에 의해 동력으로 변환된다. 기계적 동력으로 발전기가 구동될 것이고, 전력량(말하자면, 100 kW) 중의 일부는 외곽 전력망으로 송전하게 된다. 나머지 전력은 펌프를 구동시키는 데 사용되어 물을 높은 곳에 있는 저수지로 다시 퍼 올릴 것이다. 이런 식으로 물은 다시 터빈 속으로 낙하될 것이고, 이 과정은 영원히 계속될 수 있을 것이다. 그러나 발생된 일량은 물이 높은 곳의 저수지에서 낙하할 때에 일어나는 물의 위치 에너지 변화보다 더 크지 않다는 사실을 열역학 제1법칙에서 알고 있다. 결과적으로 발생되는 동력 가운데 일부가 외부 세계로 전송되어 버린다면, 모든 물을 저수지로 다시 퍼 올리는 데 쓰이도록 남겨지는 동력은 불충분하기 마련이다(그렇게 하려면 낙하하는 물에 의해 발생되는 동력보다 적어도 더 많은 동력이 필요하게 된다). 그러므로 이 장치는 에너지를 생성시키고 있으며 PMM1이다.

또 다른 예로서, 다음의 제안된 장치를 살펴보자. 증기 발전소는 대량의 열을 응축기를 통하여 환경으로 배제시키고 있다. 응축기는 터빈 출구에서 나오는 저압, 저온의 수증기를 받아들여서 환경으로 열을 배출시킴으로써 수증기가 포화 액체가 되게 한다. 그런 다음, 이 액체 물은 고압이 되도록 펌핑되어 증기 발생기로 보내지는데, 여기에서 액체 물은 열 입력을 받게 된다. 발전소의 효율을 향상시킬 때에는 증기 발생기에 가해지는 열 입력을 감소시킴으로써 하는 것이 바람직하다. 응축되고 있는 수증기에서 제거되는 열을 취한 다음, 이 열을 환경으로 보내는 대신에 응축기 쪽으로 나가는 액체 물에 보내서 펌프로 들어가기 전에 가열되도록 하는 방법이 제안되어 있다. 그러나 이렇게 하는 것은 적어도 두 가지 면에서 열역학 제2법칙에 위배되므로 PMM2이다. 첫째, 제안된 시스템은 사이클이 열을 교환하게 되는 열 저장소 중에서 하나가 제거되어 있으므로, 일을 발생시키지만 단지 하나의 열 저장소로 열을 교환하면서 사이클 방식으로 작동함으로써 열역학 제2법칙에 관한 켈빈-플랑크의 표현에 위배되어 있다. 둘째, 이것이 한층 더 명백할지도 모르겠지만, 제거된 열로 액체 물을 가열하고자 열이 저온의 물질(응축되고 있는 수증기)에서 고온의 물질(가열되고 있는 액체 물) 쪽으로 전달되게 하여야 하는 것이다. 열은 일을 부가시키지 않고서는 저온의 계에서 고온의 계로 전달시킬 수 없으므로, 이 또한 열역학 제2법칙에 위배되고 있는 것이다.

흔히, 제안되는 장치는 마찰이 없을 것이므로 과정이 가역적일 것이라고 기대하는 점에서 PMM2이다. 에너지가 연속적으로 일을 하게 되는 능력은 에너지가 사용됨에 따라 감소되므로,

이러한 특징 때문에 장치의 작동이 불가능하게 되어 기발한 장치처럼 보이는 것이 그대로 또 다른 실패한 영구 운동 기계로 굴러 떨어져 버린다.

심층 사고/토론용 질문

사람들은 꾸준히 영구 운동 기계를 창작하여 특허를 받으려고 한다. 무엇 때문에 영구 운동 기계의 개념에 그렇게 안달이 나게 되는 것인가?

요약

이 장에서는 열역학 제2법칙의 기존 요소를 전체적으로 살펴보았다. 열역학 제2법칙이 광범위하고 다양하게 사용되는 용도를 조사하였으며 열역학 제2법칙으로 과정의 비가역성을 기술하는 방식도 알아보았다. 또한 열기관, 냉동기 및 열펌프의 성능에 관한 법칙의 역사적 요소들 가운데 일부를 살펴보았다. 제6장에서는 공학 실무에서 보통 사용되는 열역학 제2법칙의 수치적 응용을 더욱 더 많이 설명할 것이다.

주요 식

최고 열효율 ─ 열기관 :

$$\eta_{\max} = 1 - \frac{T_C}{T_H} \tag{5.3}$$

최고 성능계수 ─ 냉동기 :

$$\beta_{\max} = \frac{T_C}{T_H - T_C} \tag{5.6}$$

최고 열효율 ─ 열펌프 :

$$\gamma_{\max} = \frac{T_H}{T_H - T_C} \tag{5.7}$$

5.1 다음 각각의 과정을 비가역적이 되게 하는 몇 가지 특성을 기술하라.

   (a) 파이프 속을 흐르는 액체 물
   (b) 용융로의 열에 녹아 있는 납덩어리
   (c) 피스톤-실린더 기구에서 등온 압축되고 있는 공기
   (d) 반응하여 물을 형성하는 수소와 산소

5.2 다음 각각의 과정을 비가역적이 되게 하는 몇 가지 특성을 기술하라.

   (a) 가열되어 101 kPa 및 200 ℃의 수증기로 기화되고 있는 101 kPa의 액체 물
   (b) 질소 기체와 혼합되고 있는 이산화탄소 기체
   (c) 경사면을 굴러 내려가고 있는 공
   (d) 터진 풍선에서 빠져 나가는 공기

5.3 다음 각각의 과정을 비가역적이 되게 하는 몇 가지 특성을 기술하라.

   (a) 가정에서 공기를 덥히려고 난로에서 공기와 함께 연소되는 천연가스
   (b) 공기 중으로 찬 축구공
   (c) 식탁 소금 제조로 결합되는 나트륨과 염소
   (d) 표면에 묻은 기름 세척에 사용되는 물과 비누

5.4 다음 각각의 과정이 그 비가역도가 더 낮아지게 될 수 있는 방법에 관하여 몇 가지 의견을 제시하라.

   (a) 방에 일정량의 빛을 제공하는 등
   (b) 완전 개방 밸브를 통해 실린더에서 유출되는 압축 공기
   (c) 75 ℃의 온도에서 하는 음식 조리

5.5 다음 각각의 과정이 그 비가역도가 더 낮아지게 될 수 있는 방법에 관하여 몇 가지 의견을 제시하라.

   (a) 실린더 벽을 타고 미끄러져 이동하는 피스톤
   (b) 101 kPa의 수증기 응축하기
   (c) 금속을 용융로 안에서 녹는점까지 가열하기

5.6 다음 각각의 과정이 그 비가역도가 더 낮아질 수 있는 방법에 관하여 몇 가지 의견을 제시하라.

   (a) 파이프 속을 흐르는 액체 물
   (b) 터빈을 지나면서 팽창하는 수증기
   (c) 도로를 굴러 내려가는 자동차의 타이어

5.7 가역 열기관이 1200 K와 350 K 사이에서 작동된다. 이 열기관은 150 kW의 동력을 발생시킨다. 고온 열 저장소에서의 열 입력율과 저온 열 저장소로의 열 배제율을 구하라.

5.8 가역 열기관이 고온 열 저장소에서 열을 600 K에서 250 kW로 받아서 140 kW의 동력을 발생시킨다. 저온 열 저장소의 온도는 얼마인가?

5.9 가역 열기관이 고온 열 저장소에서 열을 610 K에서 7.4 kJ/s로 받아서 3.1 kW의 동력을 발생시킨다. 저온 열 저장소의 온도는 얼마인가?

5.10 가역 열기관이 고온 열 저장소에서 열을 750 K에서 500 kW로 받아서, 열은 저온 열 저장소로 200 kW로 배제된다. 저온 열 저장소의 온도는 얼마인가?

5.11 열기관이 700 K와 400 K 사이에서 작동된다. 이 열기관은 고온 열 저장소에서 열을 1500 kW로 받는다. 이 열기관이 발생시킬 수 있는 최대 동력은 얼마인가?

5.12 열기관이 열을 550 kW로 받아서 200 kW의 동력을 발생시킨다. 저온 열 저장소는 온도가 350 K이다. 고온 열 저장소의 최저 허용 온도는 얼마인가?

5.13 열기관이 215 kJ/s의 열 입력을 110 kW의 동력을 발생시킨다. 저온 열 저장소는 온도가 290 K 이다. 고온 열 저장소의 최저 허용 온도는 얼마인가?

5.14 열기관이 열 저장소에서 열을 500 K에서 650 kW로 받아서 200 kW의 동력을 발생시킨다. 저온 열 저장소의 최고 허용 온도는 얼마인가?

5.15 열기관에 온도가 300 ℃인 수증기가 유입되어 온도가 30 ℃인 액체 물로 유출된다. 이 열기관은 1500 kW의 동력을 발생시킨다. 수증기로 열기관에 부가시켜야 하는 최소 열량은 얼마인가?

5.16 문제 5.15에서, 수증기는 온도가 500 ℃인 열 저장소에서 생산되고 물은 온도가 10 ℃인 열 저장소로 배출된다. 수증기의 온도와 액체 물의 온도는 상황에 맞춰 조정이 가능하다고 가정할 때, 1500 kW의 동력을 발생시키는 조건 하에서 수증기로 열기관에 부가시켜야 하는 최소 열량은 얼마인가?

5.17 카르노 열기관이 525 kW의 열 입력을 사용하여 250 kW의 동력을 발생시키도록 되어 있다. 고온 열 저장소의 온도 범위가 500 K와 1000 K 사이일 때, 이에 상응하는 저온 열 저장소의 온도 그래프를 그려라.

5.18 카르노 열기관이 열 저장소에서 열을 750 K에서 1000 kW로 받는다. 저온 열 저장소의 온도가

300 K와 600 K 사이에서 변할 때, 발생되는 동력 그래프를 그려라.

5.19 가역 열기관이 열 저장소에서 열을 700 K에서 19 kJ/s로 받는다. 저온 열 저장소의 온도가 200 K와 600 K 사이에서 변할 때, 발생되는 동력 그래프를 그려라.

5.20 제안된 열기관이 1000 K의 공간에서 입력 열이 인출되어 열이 400 K의 공간으로 보내져서 배제된다. 이 엔진은 900 kW의 열 입력으로 300 kW의 동력을 발생시키도록 되어 있다. 이 과정은 가능한 것인가?

5.21 제안된 열기관이 열을 500 K에서 받아서 열이 350 K로 배제된다. 이 엔진은 150 kW의 열 입력으로 100 kW의 동력을 발생시키도록 되어 있다. 이 과정은 가능한 것인가?

5.22 제안된 열기관이 열을 170 kJ/s로 받으면서 95 kW의 동력을 발생시키도록 되어 있다. 이 열기관은 열은 780 K에서 받아서 열이 360 K로 배제된다. 이 과정은 가능한 것인가?

5.23 한 엔지니어가 증기 발전소의 기본 설계를 제안하였다. 열은 열원에서 500 ℃로 발전소에 입력되고, 열은 20 ℃로 냉각수로 보내져서 배제된다. 발전소는 700 MW의 입력률로 열을 받으면서 250 MW의 동력을 발생시키도록 되어 있다. 이 과정은 가능한 것인가?

5.24 문제 5.23의 엔지니어가 수행한 업무를 이어받아 또 다른 엔지니어가 그 발전소 설계에 추가적으로 몇 가지 수정안을 제안하였다. 이 엔지니어는 자신의 설계에서 열은 수증기에 550 ℃로 부가되고, 열은 전과 마찬가지로 20 ℃로 냉각수로 보내져서 배제되며, 400 MW의 열 입력에서 300 MW의 동력을 발생하게 된다고 제안하였다. 이 과정은 가능한 것인가?

5.25 제안된 가스 발전소에는 온도가 1200 K인 열원에서 열을 제공된다. 이 발전소는 20 MW의 열 입력을 받으면서 10 MW의 동력(전력)을 생산하게 되어 있다. 또한, 이 가스 발전소는 배기 가스를 700 K의 온도가 필요한 제조 공정에 공급하게 되어 있다. 이 과정은 가능한 것인가?

5.26 증기 발전소가, 이를 열기관으로 모델링하기도 하는데, 여기에서는 수증기가 550 ℃로 유입된다. 열 배제 온도 범위가 0 ℃에서 100 ℃ 사이의 범위일 때, 이 발전소의 최고 가능 열효율 그래프를 그려라.

5.27 증기 발전소가 이를 열기관으로 모델링하기도 하는데, 여기에서는 열이 295 K로 냉각수로 보내져서 배제되도록 되어 있다. 열 입력 온도 범위가 500 K에서 800 K일 때, 이 발전소의 최고 가능 열효율 그래프를 그려라.

5.28 증기 발전소가 열을 환경으로 배제시키도록 되어 있다. 2개의 가능한 열 싱크를 사용할 수 있는데,

그 하나는 수온이 280 K인 잔잔한 호수이고, 또 하나는 낮 동안에 기온이 300 K까지 오를 수 있는 공기이다. 이 발전소는 115 MW의 열 입력을 받는다. 최대 가능 동력 발생량 그래프를 그려라. 이 두 열원에 대한 열 배제 가능 온도 범위가 모두 다 500 K와 800 K 사이일 때, 발생되는 동력 그래프를 그려라.

5.29 새로운 상품을 지원하려고 찾고 있는 투자가에게 조언을 하는 위치에 있다고 하자. 투자가는 발명가가 자신의 발명이 새로운 유형의 자동차용 엔진을 제공하게 될 거라고 주장하여 받게 된 계획을 검토해달라고 하고 있다. 발명가는 또한 이 엔진이 열을 210 kW의 입력률로 받으면서 150 kW의 동력을 발생시키게 되리라고 주장하고 있다. 이 엔진은 열을 600 ℃의 온도로 받도록 되어 있으며 열은 80 ℃의 온도로 제거시킨다. 그렇다면 투자가에게 이 제안을 철저하게 살펴보라고 조언을 하겠는가 아니면 싹 무시하라고 하겠는가? 그 이유는?

5.30 고교 교사가 과학 프로젝트를 평가하는 데 도와달라고 요청을 해왔다. 그 프로젝트에 참여하고 있는 학생들은 소형 엔진을 제작하였는데, 이들은 이 엔진이 열을 5.8 kW의 배제율로 배제시키면서 5.1 kW의 동력을 발생시키는 것이라고 하였다. (그러나 학생들은 열 입력률을 측정하는 법을 알지 못했다.) 이 엔진은 열을 열원에서 315 ℃로 받고 열은 30 ℃로 제거된다. 학생들이 보고한 결과는 가능한 것인가?

5.31 카르노 냉동기가 5 kW의 동력 입력을 끌어내면서 15 kW의 열을 5 ℃의 저온 열 저장소에서 제거시키고 있다. 열이 보내져서 제거되는 고온 열 저장소의 온도는 얼마인가?

5.32 카르노 냉동기가 −5 ℃와 25 ℃의 열 저장소 사이에서 작동된다. 이 냉동기에는 25 kW의 동력이 사용된다. 저온 열 저장소에서의 열 제거율을 구하라.

5.33 가역 에어컨(냉동기로 모델링됨)이 −2 ℃와 25 ℃의 열 저장소 사이에서 작동된다. 이 냉동기에는 25 kW의 동력이 사용된다. 저온 열 저장소에서의 열 제거율을 구하라.

5.34 카르노 냉장고에 10 kW의 동력이 사용되어 저온 공간에서 35 kW의 열이 제거된다. 열은 310 K로 공간으로 보내져서 제거된다. 저온 공간의 온도를 구하라.

5.35 카르노 냉장고가 온도가 22 ℃인 부엌에서 작동된다. 이 냉장고에서는 작동 시에 1.5 kW의 동력이 사용된다. 이 냉장고에서는 냉장고 내부에서 3 MJ의 열이 제거되어 냉장고 내부가 2 ℃로 유지된다고 할 때, 이 냉장고가 작동되는 시간 간격은 얼마인가?

5.36 문제 5.35에서, 냉장고 내부 온도가 1 ℃와 20 ℃ 사이의 범위에서 변할 때, 냉장고가 작동되는 시간 간격을 그래프로 그려라.

5.37 저온 열 저장소 온도가 5 ℃이고 고온 열 저장소가 온도가 7 ℃와 50 ℃ 사이에서 변하는 카르노 냉동기에서, 고온 열 저장소 온도에 대한 성능계수 그래프를 그려라.

5.38 어떤 가정용 냉동기에서는 열이 30 ℃의 온도로 배제되므로 이 냉동기는 집 내부 온도가 쾌적하지 않게 고온이 되더라도 작동된다. 이 냉동기에서 저온 열 저장소 온도 범위가 −20 ℃와 5 ℃ 사이일 때, 최대 가능 성능계수 그래프를 저온 열 저장소 온도의 함수로 그려라.

5.39 카르노 에어컨이 건물에서 10 ℃의 온도로 100 kW의 열을 제거시키도록 되어 있다. 이 에어컨에서 열 제거 온도 범위가 25 ℃와 60 ℃ 사이일 때, 사용되는 동력 그래프를 그려라.

5.40 냉동기에 1.5 kW의 동력이 사용되어 열이 315 K로 배제되면서 저온 공간을 275 K로 유지시키고 있다. 이 냉동기에서 달성될 수 있는 최고 열 제거율을 구하라.

5.41 연속적으로 작동되고 있는 냉동기에서 정해진 시간 간격 동안 물체에서 500 kJ의 열이 제거되어야 한다. 열은 280 K로 제거되고, 열은 공간으로 305 K로 배제된다. 이 과정이 수행되는 데 필요한 고온 공간의 최고 가능 온도를 구하라.

5.42 냉동기에 125 kW의 동력이 사용되면서 저온 공간에서 15 ℃의 온도로 280 kW의 열이 제거된다. 열이 보내져서 제거되는 고온 열 저장소의 최고 가능 온도는 얼마인가?

5.43 냉동기는 냉동 용량을 "냉동톤"으로 규정하여 정격을 매길 때가 많이 있는데, 1 냉동톤은 211 kJ/min이다. 공기조화 장치가 열을 공간에서 25 ℃로 제거시킬 때 그 냉동 용량이 8 냉동톤이다. 이 냉동기에서, 고온 열 제거 공간의 온도 범위가 25 ℃와 50 ℃ 사이일 때, 냉동기 압축기에서 필요한 최소 동력 그래프를 (kW 단위로) 그려라.

5.44 제안된 에어컨이 공기에서 15 ℃로 250 kW의 열을 제거시켜서, 열을 35 ℃로 배제되게 하면서, 50 kW의 열이 사용되도록 되어 있다. 이 과정은 가능한 것인가?

5.45 제안된 냉동 장치가 공간에서 −3 ℃로 50 kW의 열을 제거시켜서 열을 공간에 25 ℃로 보내서 배제되도록 되어 있다. 이 장치에는 20 kW의 열이 사용되도록 되어 있다. 이 과정은 가능한 것인가?

5.46 제안된 냉동 장치가 공간에서 0 ℃로 11 kJ의 열을 제거시켜서, 열을 40 ℃로 배제되게 하면서, 1.2 kW의 동력이 사용되도록 되어 있다. 이 과정은 가능한 것인가?

5.47 어느 발명가가 절전형 냉동기를 발명했으며 이 냉동기를 온도가 25 ℃인 환경에 갖다 놓아도 물품들을 −5 ℃로 유지할 수 있다고 주장하고 있다. 본인의 주장을 증명을 하고자, 온도가 75 ℃

로 가열된 2 kg짜리 철($c = 0.447$ kJ/kg · K) 블록을 냉동기 내부에 넣어 놓았다. 냉동기의 전력계는 냉동기에 100 W의 전력이 사용되고 있다고 가리켰다. 냉동기는 1분 동안 작동되었고 철 블록의 온도가 −5 ℃로 나타났다. 이는 가능한 것인가?

5.48 젊은 엔지니어에게 건물용으로 에어컨 장치를 설계하도록 임무를 부여하고자 한다. 그 엔지니어는 열을 5 ℃로 제거하여 열을 40 ℃로 배제되게 하는 장치를 제안하였다. 저온 공기에서 850 kW의 열을 제거시키도록 되어 있으며, 장치에는 이와 같은 작동 조건이 수행되도록 140 kW의 동력을 제공하는 압축기가 구비되어 있다. 이 엔지니어가 제안한 장치는 열역학 제2법칙에 위배되는 것인가?

5.49 발명가가 새로운 냉동 장치를 창안하여 매우 낮은 온도에서 시스템들을 냉각시키고자 한다. 이 발명가가 설계한 장치는 계획대로 작동하게 된다면, 공간에서 열을 125 K에서 5 kW로 제거하여 열을 300 K로 배제되게 하며, 4 kW의 동력을 사용하게 된다. 이 장치는 열역학 제2법칙에 위배되는 것인가?

5.50 시스템들을 냉각시키는 데 한 가지 곤란한 점은, 필요한 동력량이 크다는 것이다. 냉장고가 저온 공간에서 열을 2 kW로 제거하여 공간에 열을 300 K로 배제시킨다고 가정한다. 저온 공간의 온도 범위가 50 K에서 290 K 사이일 때, 이러한 냉장고에서 최소 소요 동력과 최고 가능 성능계수의 그래프를 그려라.

5.51 가게의 판매원이 냉장고를 팔고자 한다. 이 판매원은, 냉매가 냉장고 내부에서 열을 0 ℃에서 제거하여, 열을 환경으로 35 ℃로 배제시킨다고 설명하고 있다. 또한, 평균 200 W의 동력이 사용되어 냉장고에서 5 kW의 열을 제거시킨다고도 하고 있다. 이 판매원이 주장하고 있는 내용은 믿을 수 있는 것인가?

5.52 가게에서 두 남녀가 창문용 에어컨 장치를 비교하면서 주고받는 말을 듣게 되었다고 하자. 남지는 에어컨 성능을 나타내는 표시에 문제가 있다고 의심을 하고 있지만, 여자는 그 표시가 타당하다고 신뢰하고 있는 것 같다. 그 표시를 보면, 에어컨이 냉매로 열을 10 ℃에서 제거하여, 냉매로 열을 40 ℃로 배제되게 하며, 1 kW의 동력이 사용되어 열을 7 kW로 제거시키게 된다는 내용을 알 수 있다. 두 사람 중에 어느 사람의 의견이 더 옳다고 생각하는가? 그 이유는?

5.53 카르노 열기관이 동력을 공급하여 카르노 냉동기를 작동시키도록 되어 있다. 열기관은 500 K의 열원에서 열을 100 kW로 받아서 열을 320 K의 열 싱크로 배제시키고 있다. 냉동기는 280 K 의 저온 공간에서 열을 제거하여 열을 320 K의 고온 공간으로 배제시키고 있다. 저온 공간에서의 열 제거율을 구하라.

5.54 카르노 열기관이 동력을 공급하는 데 사용되어 카르노 냉동기를 작동시키도록 되어 있다. 열기관은

열을 600 K로 받아서 열을 300 K로 배제시키고 있다. 냉동기는 저온 공간에서 열을 276 K에서 50 kW로 제거하여 열을 고온 공간에 300 K로 배제시키고 있다. 카르노 열기관으로의 열 부가율을 구하라.

5.55 카르노 열기관이 동력을 공급하는 데 사용되어 카르노 냉동기를 작동시키도록 되어 있다. 열기관은 열원에서 열을 500 K에서 90 kW로 받아서 열을 열침(heat sink)에 320 K로 배제시키고 있다. 냉동기는 저온 공간에서 열을 280 K에서 제거하여 열을 고온 공간에 320 K로 배제시키고 있다. 저온 공간에서의 열 제거율을 구하라.

5.56 카르노 열기관이 동력을 공급하는 데 사용되어 카르노 냉동기를 작동시키도록 되어 있다. 이 열기관은 열을 1000 kW로 받아서 이 열을 온도가 열 싱크에 350 K인 공간으로 배제시키고 있다. 이 냉동기는 온도가 270 K인 저온 공간에서 열을 900 kW로 제거하여 이 열을 온도가 350 K인 고온 공간으로 배제시키고 있다. 열기관에서 열원의 온도는 얼마인가?

5.57 가역 열펌프가 온도가 −5 ℃인 공간에서 열을 제거하면서 이 열을 온도가 40 ℃인 공간에 250 kW로 공급한다. 열펌프에서 사용되는 동력을 구하라.

5.58 가역 열펌프가 온도가 10 ℃인 저온 공간과 온도가 23 ℃인 고온 공간 사이에서 작동하도록 설치되어 있다. 이 열펌프는 전력을 1.2 kW를 사용한다. 고온 공간으로 공급되는 열전달률을 구하라.

5.59 카르노 열펌프가 5 kW의 동력을 사용하여 온도가 10 ℃인 공간에서 열을 제거한 다음 이 열을 온도가 35 ℃인 공간으로 공급한다. 고온 공간으로의 열 공급률과 저온 공간에서의 열 제거율을 각각 구하라.

5.60 카르노 열펌프가 온도가 5 ℃인 공간에서 열을 제거하면서 이 열을 온도가 30 ℃인 공간에 315 kW로 공급한다. 열펌프에서 사용되는 동력을 kW 단위로 구하라.

5.61 가역 열펌프가 8 kW의 동력을 사용하여 온도가 275 K인 저온 공간에서 열을 20 kW로 제거하고 있다. 고온 공간으로의 열 공급률과 저온 공간에서의 열 배출율을 각각 구하라.

5.62 열펌프가 열을 온도가 280 K인 공간에서 제거한 다음 이 열을 310 K로 공급하도록 되어 있다. 이 가열률을 제공하는 데 필요한 최소 동력은 얼마인가?

5.63 열펌프가 12 kW의 동력을 사용하여 열을 70 kW로 공급하고 있다. 열은 온도가 315 K인 공간으로 공급된다. 열펌프의 저온 공간 쪽에 허용되는 최저 온도는 얼마인가?

5.64 열펌프에서 냉매가 5 ℃와 30 ℃의 열 저장소 사이에서 순환되고 있다. 이 열펌프는 15 kW의 최대 동력을 사용하여 냉매를 이동시킬 수 있다. 고온 공간에 공급될 수 있는 최대 열량을 구하라.

5.65 열펌프에서 냉매가 2 ℃와 25 ℃의 열 저장소 사이에서 순환되고 있다. 이 열펌프는 3.75 kW의 최대 동력을 사용하여 냉매를 이동시킬 수 있다. 고온 공간에 공급될 수 있는 최대 열량을 구하라.

5.66 열펌프가 10 kW의 동력을 사용하여 열을 40 kW로 공급한다. 이 열펌프는 냉매를 온도가 10 ℃인 지하에서 순환시키면서, 이 냉매를 고온 공간으로 공급하고 있다. 고온 공간에서의 최고 가능 온도를 구하라.

5.67 계획에 따르자면, 일년 중 추운 달에는 열펌프를 사용하여 집에 열을 공급하도록 하고 있다. 열은 온도가 22 ℃인 집 내부에 공급된다. 저온 열원은 집 밖 공기(외기)이다. 열펌프는 1.5 kW의 전력으로 작동된다. 외기 온도가 −15 ℃와 10 ℃ 사이의 범위에서 변할 때, 최고 가능 성능계수와 집 실내에 공급 가능한 최대 열전달률을 그래프로 그려라. 외기 온도가 0 ℃일 때, 이 열펌프가 10 MJ의 에너지를 집에 공급하는 데 걸리는 최소 작동 시간 간격은 얼마인가?

5.68 열펌프가 8 ℃의 저온 열 저장소에서 작동된다. 이 열펌프는 열을 고온 열 저장소로 20 kW로 공급한다. 고온 열 저장소 온도 범위가 15 ℃와 50 ℃ 사이일 때, 이 공급률로 열을 공급하는 데 필요한 최대 가능 성능계수와 최소 동력 그래프를 그려라.

5.69 수심이 깊은 호수가 카르노 열펌프의 저온 열 저장소로 사용하도록 되어 있다. 수온은 호수 표면에서 298 K로 시작하여 호수 밑바닥에서 3 ℃로 낮아지듯이, 깊이에 따라 낮아진다. 고온 열 저장소는 310 K라고 한다. 이 열펌프의 성능계수는 배관이 설치되는 물의 온도를 선택함으로써 조절할 수 있다. 열이 저온 공간에서 10 kW로 제거될 때, 이 카르노 열펌프에 필요한 동력과 호수 온도 범위에서 고온 공간으로의 열 공급률 그래프를 그려라.

5.70 열펌프 외판원이 찾아와서 팔고자 하는 열펌프의 성능을 설명하고 있다. 이 외판원은 (마당 아래 땅속의) 저온 공간은 온도가 이미 10 ℃인 점을 강조하고 있고, 집주인은 열을 25 ℃의 온도로 집에 공급하길 바라고 있다. 외판원은 이 열펌프가 500 W의 동력을 사용하여 집으로 열을 10 kW로 공급하게 될 거라고 하고 있다. 이러한 주장은 열역학 제2법칙에 위배되는 것인가?

5.71 장차 공조냉동(HVAC; heating, ventilating and air conditioning) 회사의 기술 관리자로서 유망한 2명의 학생을 신입 사원으로 뽑아야 할 위치에 있다고 하자. 두 지원자 모두에게 다음과 같은 질문을 하게 된다고 하자. 즉, "열펌프가 열을 온도가 280 K인 공간에서 받아서 이 열을 온도가 300 K인 공간에 25 kW로 공급하도록 되어 있습니다. 여러분은 다음과 같은 2가지 제안된 장치 중에서 하나를 선택하여야 합니다. 그중에 하나는 1000 W의 동력이 사용되고 있고 다른 하나는 3 kW의 동력이 사용되고 있습니다. 어느 것을 선택하겠습니까?" 지원자 A는 1000 W

장치를 사용하겠다고 하고 지원자 B는 3 kW 장치를 사용하겠다고 한다. 어느 지원자를 고용하겠는가? 그 이유는?

5.72 열역학을 배우지 않은 (그리고 최신 기술을 잘 알지도 못하는) 희망에 찬 발명가가 경이로운 공간 난방용 장치를 발명해 냈다고 믿고 있다. 이 장치에서는 압축기를 사용하여 냉매를 이동시키면서 냉매를 저온 공간과 고온 공간 사이에서 순환시키고 있다. 저온 공간은 −3 ℃로 유지되는 한편, 고온 공간은 25 ℃로 유지된다. 발명가는 이 장치가 장치에 있는 압축기에 1 kW의 동력이 사용되면서 열을 50 kW로 공급할 수 있다고 믿고 있다. 이 발명가가 "열펌프"라고 하고 있는 이 제안 장치에 관하여 해주고 싶은 말은 무엇인가?

5.73 카르노 열기관이 카르노 열펌프를 작동시키려고 설치되었다. 카르노 열기관에서는 온도가 500 ℃인 열원에서 20 kW의 열이 유입되어 온도가 30 ℃인 저온 공간에 배제된다. 카르노 열펌프에서는 온도가 0 ℃인 공간에서 열이 유입되어 온도가 30 ℃인 공간에 배제된다(즉, 열기관과 열펌프는 열침(heat sink)이 같다). 열펌프가 열을 온도가 30 ℃인 공간에 공급하는 열전달률은 얼마이고, 열펌프와 열기관이 함께 열을 온도가 30 ℃인 공간에 공급하는 열전달률은 얼마인가?

설계/개방형 문제

5.74 무한으로 작동할 수 있지만 열역학 제1법칙에 위배되는 제1종 영구 운동 기계(PMM1)를 제안하여 보아라. 이 장치를 철저히 기술하여 어느 누구에게도 가능하게 보이도록 하라. 이 장치의 아이디어를 엔지니어가 아닌 사람들에게 알려주고 그 반응을 살펴보라. 그 반응들을 기술하고 이 장치가 열역학 제1법칙에 위배되는 이유도 함께 기술하라.

5.75 무한으로 작동할 수 있지만 열역학 제2법칙에 위배되는 제2종 영구 운동 기계(PMM2)를 제안하여 보아라. 이 장치를 철저히 기술하여 어느 누구에게도 가능하게 보이도록 하라. 이 장치의 아이디어를 엔지니어가 아닌 사람들에게 알려주고 그 반응을 살펴보라. 그 반응들을 기술하고 이 장치가 열역학 제2법칙에 위배되는 이유도 함께 기술하라.

5.76 역사 속에서 영구 운동 기계의 제안 내용을 찾아보는 연구를 수행하라. 제안된 장치를 기술하고 그 장치가 열역학 법칙들에 위배되는 방식에 관하여 조사한 내용을 놓고 토론을 해보라.

5.77 가역 열기관을 사용하여 본인의 집에 있는 가역 냉장고에 동력(전력)을 공급하는 시스템의 설계를 고안하라. 이 냉장고는 물 4 L를 15분 안에 30 ℃에서 4 ℃로 냉각시킬 수 있어야만 한다. (냉장고가 열침(heat sink)이 될 수 있도록) 냉장고가 놓여 있는 방 안 온도를 구하라(또는 추정해 보라). 여름철에 집에서 쉽게 사용할 수 있는 고온 열 저장소로 (가열로 같은 것을 사용하지 말고) 열기관을 사용하여야 한다. 이 설계안에는 열 저장소의 온도, 고온 열 저장소인 열기관에서 전달되는 가용한 열전달률 및 이 장치에서 사용되는 동력(전력) 결정량이 포함되어 있어야 한다.

엔트로피

학습 목표

6.1 엔트로피 개념과 엔트로피 생성 원리를 설명한다.

6.2 다양한 유형의 물질의 과정 중 엔트로피 변화를 계산한다.

6.3 개방계 및 밀폐계 응용에 엔트로피 균형을 적용한다.

6.4 터빈과 압축기 같은 장치의 등엔트로피 효율을 계산한다.

6.5 과정의 비가역성 개념을 설명한다.

6.6 여러 과정에서 상대 비가역성을 정량화하는 방법의 일관적이고도 상호보완적인 본질을 인식한다.

제5장에서는 열역학 제2법칙의 기초를 일부 설명하였다. 또한, 열역학적 사이클이 가능한지와 특정 사이클이 얼마나 이상적인 사이클에 가까운지를 결정하는 데 도움이 될 수 있는 몇 가지 계산 도구를 설명하였다. 그러나 이러한 도구들을 개별적인 장치 수준까지 확대하여 적용하지는 않을 것인데, 이는 주어진 장치가 계획된 대로 작동할 수 있을지, 아니면 계획된 작동이 열역학 제2법칙에 위배되는지 여부를 결정하는 데 개념과 이에 관련된 해석을 여전히 개발할 필요가 있음을 의미하는 것이다. 이러한 유형의 해석을 할 때 도움이 되게 할 뿐만이 아니라, 과정에서의 에너지 손실을 추적하는 한층 더 수준이 높은 응용에서 사용할 수 있는 툴을 마련해 놓으려면 엔트로피의 열역학적 개념을 도입할 수밖에 없다.

6.1 엔트로피와 클라우지우스 부등식

이 절을 학습하려면, 엔트로피의 정의를 전개하여야만 한다. 이를 전개하려면, 19세기에 루돌프 클라우지우스(Rudolph Clausius)가 틀을 잡아놓은 경로를 따라가 볼 수밖에 없다. 그림 6.1과 같은 표준 가역 사이클 열기관을 살펴보기로 하자. 주목하여야 할 점은, 열전달의 사이클 적분(이 적분에서는 사이클에서 발생하는 모든 열전달이 서로 합해짐)을 취하게 되면,

다음과 같이 쓸 수 있다는 것이다.

$$\oint \delta Q = Q_H - |Q_C| > 0 \qquad (6.1)$$

순 열전달은 순 일과 같으므로, 이 열전달의 사이클 적분에서
나오는 값은 0보다 더 크게 되어, 열기관의 목적은 일을,
즉 양(+)의 양을 발생시키는 것이다.

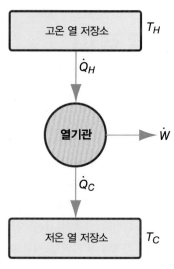

   또한, 주목하여야 할 점은 사이클에서 제거되는 열과 사이
클에서 발생되는 일을 열 입력에 부가시켜야만 한다면, 열
제거의 크기가 열 입력의 크기보다 더 작아진다는 것이다.
각각의 열전달을 열전달이 발생하게 되는 열 저장소의 절대
온도로 나누어 식 (5.1)을 다시 쓰게 되면, 다음과 같은 식이
나온다.

〈그림 6.1〉 열 저장소가 있는 열기관의
표준 모델.

$$\oint \frac{\delta Q}{T} = \frac{Q_H}{T_H} - \frac{|Q_C|}{T_C} = 0 \qquad (6.2)$$

또한, 유한한 온도 차에서 이루어지는 열전달은 비가역성 원인의 하나가 된다는 사실을 되새겨야
한다. 2개의 열 저장소 간의 온도 차가 감소하기 시작한다고 가정해보자. 이렇게 되면 비가역성의
양은 더욱 더 작아지게 될 수밖에 없다. T_H와 T_C 간의 온도 차가 무한소로 작아지게 되면,
과정은 가역적이 되므로, 드디어 가역 열기관이 성립되게 된다. 그러나 이렇게 온도 차가
무한소로 작아지게 되면 열전달량 또한 0에 접근하여 무한소로 작아지기 때문에, 열전달이
일어나게 하려면 온도 차가 존재하여야만 하므로 어떠한 열기관에서도 다음 식과 같은 결론이
나오게 된다.

$$\oint \delta Q \geq 0 \qquad (6.3a)$$

이 식은 가역 열기관에서는 0이 되므로, 가역 열기관에서는 다음 식이 성립된다.

$$\oint \left(\frac{\delta Q}{T} \right)_{\text{rev}} = 0 \qquad (6.3b)$$

   그림 6.2와 같은 열역학적 사이클은 정의를 내린 대로 최초 상태와 최종 상태가 동일한
일련의 과정이라는 사실을 되새겨야 한다. 열역학적 사이클 전체에 걸쳐서 열역학적 상태량을
적분하게 되면, 열역학적 상태량 값은 국부적인 열역학적 평형 상태에만 의존을 하고 그 상태가
달성된 방식에는 의존을 하지 않으므로, 그 적분 값이 0이 된다는 사실을 알게 될 것이다.

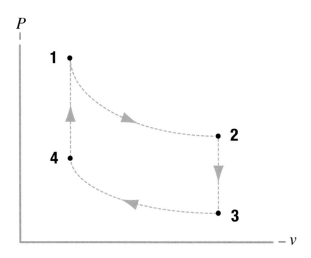

〈그림 6.2〉 *P-v* 선도에 나타낸 4개의 과정으로 구성된 사이클. 이 사이클의 최초 상태와 최종 상태는 동일하다.

B가 어떠한 상태량을 나타낸다고 할 때, 열역학적 사이클에서는 다음의 식이 성립하게 된다.

$$\oint dB = B_{\text{final}} - B_{\text{initial}} = 0 \tag{6.4}$$

이 식은 식 (6.3b)에서와 같이, 상태량 $(\delta Q/T)_{\text{rev}}$가 어떠한 열역학적 상태량의 미분이라는 것을 의미한다. 이 상태량은 그 이름을 **엔트로피**(entropy)라고 하며, 다음 식과 같이 S로 나타낸다. 즉,

$$dS = \left(\frac{\delta Q}{T}\right)_{\text{rev}} \tag{6.5}$$

이 식이 엔트로피의 공식적인 수학적 정의이기는 하지만, 엔트로피가 실제로 어떤 것인지를 직관적으로 이해하는 데에는 거의 도움이 되지 않는다. "가역 열전달을 그 열이 전달되는 온도로 나눈 것"이라는 말로는 엔트로피의 본질이 분명하게 드러나지가 않는다. 엔트로피가 무엇인지를 생각해 볼 수 있는 한 가지 방법으로는 그림 6.3과 같은 시스템(계) 안에 들어 있는 분자 무질서의 크기라고 보는 것이다. 저온에서 원자의 격자 패턴이 잘 정렬되어 있는 결정성 고체는 분자가 거의 전혀 무질서하지가 않으므로 그만큼 엔트로피가 매우 낮다. 이와는 반대로, 자유 원자와 분자가 고속으로 모든 방향으로 이동하고 있는 고온의 기체는 분자의 무질서 크기가 크므로 그만큼 엔트로피가 높다. 계에 열이 가해지면 이 때문에 분자는 더 고속으로 이동하기 마련이어서 주위 분자에게서 벗어나게 될 수도 있으며, 이로써 계의 무질서는, 즉 엔트로피는 증가하게 된다. 계에서 열이 제거되면 분자는 느려지기 마련이어서 계는 한층

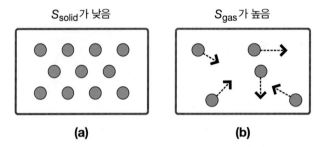

S_{solid}가 낮음 S_{gas}가 높음

(a)   **(b)**

〈그림 6.3〉 (a) 결정체 고체는 원자들의 진동이 미세할 뿐이어서 결정체 구조 내
원자들의 무질서도 미약한 상태로, 그 엔트로피(및 무질서)가 낮다. (b) 기체에서는
원자나 분자들이 무작위로 빠르게 움직이므로 엔트로피(및 무질서)가 높은 계가 된다.

더 질서가 잡혀지게 되는데, 이 때문에 계의 엔트로피는 감소하게 된다.

이러한 엔트로피의 설명은 열역학 제3법칙으로 정형화되어 있다. 잊지를 말아야 할 점은
과학 법칙은 틀렸음이 결코 드러난 적이 없는, 즉 아직까지 절대적으로 증명되지 않은 관찰에
기반을 두고 있다는 것이다. 열역학 제3법칙은 절대 0도에서 순수한 결정성 물질의 엔트로피는
0이라는 것을 나타내고 있다. 즉,

$$\lim_{T \to 0\,\mathrm{K}} S_{pure\ crystal} = 0$$

이러한 관계가 성립하는 이유는 절대 0도에서 모든 운동은 중단되고, 순수한 결정체에서 가능한
원자 배열은 단지 한 가지밖에 없기 때문이다. 그러므로 각각의 원자 위치의 불확실성은 전혀
없고, 계에는 무질서라는 것이 전혀 없다. 불순물이 섞인 결정체는 절대 0도에서도 엔트로피가
0보다 더 크기 마련인데, 이는 원자 배열에 무질서함이 있게 되어 원자의 특정 위치에 불확실성이
존재하기 때문이다. 온도가 절대 0도보다 더 높은 물질이라면 어떠한 물질이라도 엔트로피가
0보다 더 크기 마련인데, 이는 적어도 전자 운동, 분자의 진동과 회전, 그리고 원자와 분자의
병진 운동으로 인하여 무질서해질 수밖에 없기 때문이다. 열역학 제3법칙이 절대 엔트로피
척도를 계산할 때에는 매우 유용하기는 하지만, 공학 계산에서는 일반적으로 이러한 범위를
넘어서까지 사용되지는 않는다.

엔트로피가 무엇인지를 생각해 볼 수 있는 두 번째 방법은, 계에서 가용한 에너지의 질,
즉 유용성(usefulness)의 척도로서이다. 엔트로피가 낮을수록 계에 들어 있는 에너지를 한층
더 쉽게 사용할 수 있다. 예를 들어, 자동차 연료 탱크에 들어 있는 가솔린과 같은 연료를
살펴보자. 이 계의 엔트로피는 다소 낮으므로, 이 가솔린을 공기와 함께 연소시킴으로써 가솔린에
결합되어 있는 화학 에너지를 쉽게 방출시킬 수 있다. 엔진에서는 이렇게 함으로써 일이 발생되기

마련이며, 자동차는 이 발생된 일로 추진되는 것이다. 이 때문에 엔진에서 나온 고온의 배기가스가 후부 배기관을 통하여 방출되며, 열 또한 엔진 냉각액을 거쳐서 그리고 엔진 자체의 발열로 공기 중으로 소실되게 된다. 가솔린이 연소된 후에 엔진이 식을 때까지 기다린 후에 생각해보면, 모든 세상의 에너지는(열역학 제1법칙대로) 변함이 없다는 사실을 알게 되겠지만, 이제 에너지는 아주 약간 더 높은 공기와 땅의 온도 형태로 소산되어버렸을 뿐이다. 이렇게 더 커져버린 계는 초기의 가솔린보다 엔트로피가 더 크므로, 약간 가열이 된 이 공기와 땅의 에너지를 사용하여 무언가를 하기란 매우 어렵다. 그러므로 엔트로피가 증가되었다는 것은 가용한 에너지를 사용하여 일을 할 수 있는 가능성이 감소되었다는 것을 의미한다. 엔트로피에 관한 이 두 가지 해석은 모두 다 클라우지우스가 이루어놓은 업적을 학습한 후에야 추가적으로 사용할 수 있는 성질의 것이 될 것이다.

열기관으로 다시 돌아가서, 열 저장소의 온도들이 유한한 양만큼 서로 차이가 나서 이제 비가역성이 존재하게 되는 경우를 살펴보자. 이 경우에도, 식 (6.1)은 여전히 열전달의 사이클 적분을 나타내고 있다. 그러나 비가역성 때문에 발생되는 일량은 감소하게 된다. 즉,

$$W_{\mathrm{irr}} < W_{\mathrm{rev}} \tag{6.6}$$

여기에서 W_{irr} 은 비가역 과정에서 발생되는 일을, W_{rev} 은 가역 과정에서 발생되는 일을 각각 나타낸다. 온도들은 가역 열기관에서의 T_H 및 T_C 와 각각 동일하고, 받아들이는 열량은 가역 열기관에서처럼 고온 열 저장소에서 나오는 Q_H 와 동일한 비가역 열기관을 살펴보자. 순 일은 순 열전달과 같다는 점을 감안한다면, 이제 다음과 같은 식이 된다.

$$Q_H - |Q_C|_{\mathrm{irr}} < Q_H - |Q_C|_{\mathrm{rev}} \tag{6.7}$$

그러므로 다음과 같이 된다.

$$|Q_C|_{\mathrm{irr}} > |Q_C|_{\mathrm{rev}} \tag{6.8}$$

다시금 열전달을 열 저장소의 온도로 나눈 것에 사이클 적분을 취하면, 이제 다음과 같이 된다.

$$\oint \frac{\delta Q}{T} = \frac{Q_H}{T_H} - \frac{|Q_C|_{\mathrm{irr}}}{T_C} < 0 \tag{6.9}$$

이 시점에서, 식 (6.2)에서의 Q_C 는 고려 대상의 열기관이 가역적이었으므로 실제로는 $Q_{C,\mathrm{rev}}$ 이었다는 사실을 되돌아봐야 한다. 그러므로 비가역 열기관 사이클에서는 다음 식이 성립하게 된다.

$$\oint \delta Q \geq 0 \qquad (6.10a)$$

및

$$\oint \frac{\delta Q}{T} < 0 \qquad (6.10b)$$

주목해야 할 점은 냉동 사이클도 마찬가지로 동일하게 해석할 수 있으므로, 열전달의 사이클 적분이 0보다 더 작거나 같다는 점[즉, $(6.10a)$이 $\oint \delta Q \leq 0$이 된다는 점]을 제외하고는, 그 결과가 동일하다는 것이다. 가역 사이클과 비가역 사이클에서의 결과를 결합하면, 다음과 같이 클라우지우스 부등식이 된다. 즉,

$$\oint \frac{\delta Q}{T} \leq 0 \qquad (6.11)$$

여기에서, 가역 사이클에서는 값이 0과 같고 비가역 사이클에서는 값이 0보다 더 작다.

심층 사고/토론용 질문
사이클 작동 중에 다중 열전달을 겪게 되는 장치나 시스템의 예를 들자면 무엇이 있을까?

6.2 엔트로피 생성

2개의 과정으로 구성되어 있는 비가역 열역학적 사이클을 살펴보기로 하자. 과정 1-2에는 사이클의 모든 비가역성이 포함되어 있는 반면에, 과정 2-1은 가역 과정이다. 이 사이클은 그림 6.4에 나타나 있다. 이제, 클라우지우스 부등식을 다음과 같이 전개할 수가 있다.

$$\oint \frac{\delta Q}{T} = \int_1^2 \left(\frac{\delta Q}{T}\right) + \int_2^1 \left(\frac{\delta Q}{T}\right)_{\text{rev}} \leq 0 \qquad (6.12)$$

여기에서, 등식이 0이 될 가능성은 사이클이 2개의 가역 사이클로 구성되는 경우(즉, 과정 1-2에 전혀 비가역성이 없는 경우)에 놓여 있다. 식 (6.5)를 대입하면 다음과 같이 된다.

$$\int_1^2 \left(\frac{\delta Q}{T}\right) + \int_2^1 dS \leq 0$$

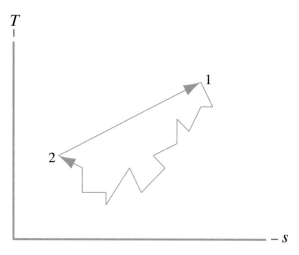

〈그림 6.4〉 $T-s$ 선도에 나타낸 2과정 사이클. 과정 1–2는 비가역 과정인 반면에, 과정 2–1은 가역 과정으로 본다.

및

$$\int_1^2 \left(\frac{\delta Q}{T}\right) + S_1 - S_2 \le 0$$

이 식을 다시 정리하면 다음과 같다.

$$S_2 - S_1 \ge \int_1^2 \left(\frac{\delta Q}{T}\right) \tag{6.13}$$

여기에서 등호는 가역 과정에서 성립하고 부등호는 비가역 과정에서 성립한다. 식 (6.13)의 우변은 열전달로 인하여 전달되는 엔트로피라고 볼 수 있다. 주목해야 할 점은 과정에서 계의 엔트로피 변화는 열전달에서 전달되는 엔트로피 양보다 더 크거나 같다는 것이다. 가역 과정에서는 엔트로피 변화가 열전달로 전달되는 엔트로피와 같다는 점을 고려하면, 주목해야 할 점은 실제 엔트로피 변화와 가역 과정에서 열전달로 겪게 되는 엔트로피 간의 차가 과정의 비가역성의 척도라는 것이다. 이 차를 과정에서 생성되는 엔트로피, 즉 단순히 엔트로피 생성 S_{gen} 이라고 할 수 있다. 이 개념을 식 (6.13)에 적용하여 다시 쓰면 다음이 나온다.

$$S_{\text{gen}} = S_2 - S_1 - \int_1^2 \left(\frac{\delta Q}{T}\right) \tag{6.14}$$

식 (6.14)를 사용하면, 과정에서 생성되는 엔트로피 양을 계산할 수 있다. 주목할 점은, 비가역 과정은 모든 실제 과정에서 고려해야 하는 과정으로서, 이 비가역 과정에서는 항상 엔트로피가 생성된다는 것이다. 과정이 이상 과정, 즉 가역 과정일 때에는 엔트로피 생성이 0이다. 그러니까 우주의 전체 엔트로피는 과정에서 전혀 감소되지 않는다. 과정에서 계의 엔트로피 변화와 주위의 모든 엔트로피 변화를 고려해 볼 때 알 수 있는 점은, 계와 주위 (즉, 우주)의 전체 엔트로피는 잘 해야 동일하게 유지 되고, 실제 과정이라면 어느 과정에서나 전체 엔트로피가 증가하게 된다는 사실이다. 이는 계의 엔트로피가 과정에서 감소될 수 없다는 것을 의미하는 것도 아니고 주위의 엔트로피도 감소될 수가 없다는 것을 의미하는 것도 아니다. 그러나 우주를 이루고 있는 여러 부분 중에서 한 부분의 엔트로피가 감소하게 되면, 다른 부분의 엔트로피는 적어도 같은 양만큼 증가해야만 한다. 예를 들어, 계가 주위로 열을 잃게 되면, 계의 엔트로피는 감소하지만 주위의 엔트로피는 그와 동일한 양이나 더 많은 양의 엔트로피만큼 증가하는데, 이러한 내용이 예제 6.1과 6.2에 예시되어 있다.

우주의 엔트로피는 과정에서 항상 증가하거나 동일하게 유지되기 마련이라는 열역학 제2법칙 요건의 결과로서, 과정에서의 엔트로피 생성을 사용하여 과정이 열역학 제2법칙에 위배되어 불가능한지 아닌지를 결정할 수 있다. 엔트로피 생성의 관점에 따라, 다음과 같은 규칙이 과정에 대하여 적용된다.

$$S_{\text{gen}} > 0 \quad \text{이 과정은 가능하며 비가역적임.}$$
$$S_{\text{gen}} = 0 \quad \text{이 과정은 가능하며 가역적임.}$$
$$S_{\text{gen}} < 0 \quad \text{이 과정은 불가능함.}$$

명심해야 할 점은, 주어진 과정의 엔트로피 생성 해석 결과가 꼭 양(+)이라고 해서 그 과정이 가능하다고 보장되지는 않는다는 것이다. 실수로 가정을 잘못하거나 아주 좋지 않은 근사치를 사용하게 되면, 엔트로피 생성 계산으로는 과정이 가능한 것으로 나타날 수도 있지만, 더욱 더 해석을 하게 되면 이 과정이 열역학 제2법칙의 무엇인가 다른 관점에 위배된다는 것이 드러나기도 한다. 엔트로피 생성 계산에서 가정을 할 때에는 매우 주의하여야만 한다.

▶ 예제 6.1

그림 6.5와 같은 가역 열전달이 있다. 온도가 500 K인 열 저장소에서 1000 kJ의 열이 제거되어 역시 온도가 500 K인 큰 물체에 부가되고 있다. 이 열전달로 물체의 상태량에는 큰 영향이 미치지 않는다고 간주하라. 열 저장소, 물체, 우주의 엔트로피 변화를 각각 구하라.

주어진 자료 : $T_{b,\text{res}} = 500$ K, $T_{b,\text{obj}} = 500$ K, $Q_{\text{res}} = -1000$ kJ, $Q_{\text{obj}} = +1000$ kJ

(이 식에서, "res"는 열 저장소를, "obj"는 물체를 각각 나타낸다.)

구하는 값 : ΔS_{res}, ΔS_{obj}, $\Delta S_{\text{universe}}$

풀이 열 저장소와 물체는 둘 다 매우 커서 이 열전달 때문에 온도 변화나 압력 변화를 겪지는 않는다. 그러므로 각각의 엔트로피 변화들은 이 열전달이 가역 열전달이기 때문에, 다음 식으로 간단히 구하면 된다.

$$S_2 - S_1 = \int_1^2 \left(\frac{\delta Q}{T} \right)$$

열 저장소에는 단지 하나의 온도만 있고 물체에도 단지 하나의 온도만 있기 때문에, 각각은 그 경계가 등온이라고 볼 수 있으므로, 이 적분은 다음과 같이 되기 마련이다.

$$\Delta S = S_2 - S_1 = Q/T_b$$

여기에서, T_b는 열전달이 일어나고 있는 경계의 온도이다.

열 저장소에서는, $Q_{res} = -1000 \text{ kJ}$이고 $T_{b,res} = 500 \text{ K}$이므로,

$$\Delta S_{res} = Q_{res}/T_{b,res} = (-1000 \text{ kJ})/500 \text{ K} = -2 \text{ kJ/K}$$

물체에서는, $Q_{obj} = +1000 \text{ kJ}$이고 $T_{b,obj} = 500 \text{ K}$이므로,

$$\Delta S_{obj} = Q_{obj}/T_{b,obj} = (+1000 \text{ kJ})/500 \text{ K} = +2 \text{ kJ/K}$$

이 값들은 "우주"의 엔탈피 변화를 고려할 때 사용할 수 있는 단지 2개의 항목일 뿐이므로, 다음과 같이 된다.

$$\Delta S_{universe} = \Delta S_{res} + \Delta S_{obj} = 0 \text{ kJ/K}$$

해석 : 가역 과정에서, 과정 중에 일어나는 우주의 엔트로피 변화는 0이지만, 그래도 이는 우주의 한 편에서는 엔트로피가 감소하였고 다른 한 편에서는 엔트로피가 증가함을 나타낸 것이다.

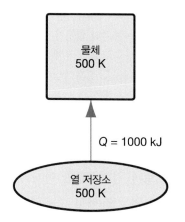

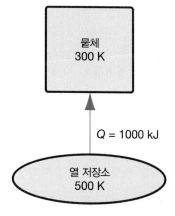

〈그림 6.5〉 예제 6.1에 기술되어 있는 시나리오 내용. 열은 온도가 동일한 2개의 영역 사이에서 가역적으로 전달되고 있다. 이는 가역 과정이다.

〈그림 6.6〉 예제 6.2에 기술되어 있는 시나리오 내용. 열은 온도가 동일한 2개의 영역 사이에서 유한한 온도 차를 가로질러 전달되고 있다. 이는 비가역 과정이다.

▶ 예제 6.2

예제 6.1을 다시 살펴보자. 단, 이 예제에서는 열전달이 그림 6.6과 같이 온도가 300 K인 물체에 비가역적으로 일어난다고 한다. 열 저장소, 물체, 우주의 엔트로피 변화를 각각 구하라.

주어진 자료 : $T_{b,\mathrm{res}} = 500\,\mathrm{K}$, $T_{b,\mathrm{obj}} = 300\,\mathrm{K}$, $Q_{\mathrm{res}} = -1000\,\mathrm{kJ}$, $Q_{\mathrm{obj}} = +1000\,\mathrm{kJ}$

(이 식에서, "res"는 열 저장소를, "obj"는 물체를 각각 나타낸다.)

구하는 값 : ΔS_{res}, ΔS_{obj}, $\Delta S_{\mathrm{universe}}$

풀이   이 경우에는 열 저장소의 해석은 동일하지만, 물체의 해석은 달라진다.

열 저장소에서는, $Q_{\mathrm{res}} = -1000\,\mathrm{kJ}$이고 $T_{b,\mathrm{res}} = 500\,\mathrm{K}$이므로,

$$\Delta S_{\mathrm{res}} = Q_{\mathrm{res}} / T_{b,\mathrm{res}} = (-1000\,\mathrm{kJ}) / 500\,\mathrm{K} = \mathbf{-2\,kJ/K}$$

물체에서는, $Q_{\mathrm{obj}} = +1000\,\mathrm{kJ}$이고 $T_{b,\mathrm{obj}} = 300\,\mathrm{K}$이므로,

$$\Delta S_{\mathrm{obj}} = Q_{\mathrm{obj}} / T_{b,\mathrm{obj}} = (+1000\,\mathrm{kJ}) / 300\,\mathrm{K} = \mathbf{+3.33\,kJ/K}$$

이 값들은 "우주"의 엔탈피 변화를 고려할 때에 사용할 수 있는 단지 2개의 항목일 뿐이므로, 다음과 같이 된다.

$$\Delta S_{\mathrm{universe}} = \Delta S_{\mathrm{res}} + \Delta S_{\mathrm{obj}} = \mathbf{1.33\,kJ/K}$$

해석 : 비가역 과정에서는 우주에 엔트로피의 순 증가가 일어난다. 이 말은, 엔트로피의 증가는 에너지가 일을 할 능력을 잃어버렸거나 열의 형태로 전달되고 말았다는 것을 의미한다는 사상과 연관이 있다고 할 수 있다. 우주의 엔트로피 변화가 전혀 없었을 때(예제 6.1에서의 가역 과정)에는, 1000 kJ의 에너지가 여전히 온도가 500 K인 상태에서 계에 존재하고 있었다―즉, 이 에너지에는 에너지가 전달되기 전까지 에너지가 보유하고 있는 정도만큼 어떤 다른 계에 일을 하거나 그 계를 가열하는 데 사용될 수 있는 동일한 능력이 있었던 것이다. 그러나 에너지가 그 보다 온도가 한층 더 낮은 계로 건네질 때에는, 그 에너지에서는 사용할 수 있는 능력의 일부가 상실되게 된다. 예를 들어, 에너지의 온도가 500 K 일 때에는 이 에너지를 온도가 400 K인 유체를 가열하는 데 사용할 수가 있겠지만, 에너지의 온도가 300 K 일 때에는 이 에너지를 온도가 400 K인 유체를 가열시키는 데 사용할 수가 없다―즉, 에너지는 에너지의 온도보다 한층 더 낮은 유체를 가열할 수 있을 뿐이다.

식 (6.14)를 완벽하게 사용하려면, 열전달로 인한 엔트로피 전달량뿐만 아니라 계에서의 엔트로피 변화를 값으로 구할 줄도 알아야 한다. 엔트로피 전달량 해석 주제로 되돌아가기 전에, 먼저 계가 과정 중에 변화를 겪을 때 이 계에서 일어나는 엔트로피 변화 값을 구하는 방법을 살펴보기로 한다.

6.3 시스템의 엔트로피 변화 값을 구하기

이미 설명한 대로, 공학적인 관점에서 엔트로피의 실체를 정확하게 측정하기에는 다소 어려움이 있다. 과연, 계의 에너지의 질(quality)은 "측정"할 수 있는 것일까? 계의 분자 수준의 무질서를 측정하고자 한 적이 몇 번 있었지만, 그 결과를 정량화하기에는 다소 어려움이 따랐다. 한 무리의 분자들이 또 다른 무리의 분자들보다 더 무질서하다고 말을 할 수는 있다. 그렇다면 얼마나 더 무질서한 것일까? 이 물음의 결과로는 계의 엔트로피를 측정하는 데 사용할 수 있는 "엔트로피 측정계"가 존재하지 않는다는 것이다. 실제로 엔트로피의 단위(kJ/K, 즉 일반적인 표현으로 에너지 단위/온도 단위)의 물리적인 의미를 이해해야 하는 것조차도 어려운 일이다 (이 엔트로피를 에너지가 열의 형태로 또 다른 계로 전달되게 되는 유용성에 관하여 살펴보려고 할지도 모른다. 에너지의 양이 고정되어 있을 때에는, 에너지와 관련된 엔트로피의 증가는 온도의 감소를 의미한다. 이와 같이, 에너지는 온도가 한층 더 낮은 물체를 가열하여 온도가 똑같아지게 하는 데 사용될 수 있을 뿐이어서, 그 에너지의 유용성은 떨어지게 된다). 오히려 다른 상태량들을 사용하여 계의 엔트로피 값을 유도하고, 이러한 상태량들의 변화와 계의 엔트로피 변화의 관계를 나타내는 상태식을 개발해야만 할 것이다.

운동 에너지의 변화도 없고 위치 에너지의 변화도 없는 밀폐계에서의 열역학 제1법칙을 미분 형태로 살펴보자. 이는 다음과 같이 쓸 수 있다.

$$\delta Q - \delta W = dU \qquad (6.15)$$

단순 압축성 과정에서는 다음 식이 성립한다.

$$\delta W = P d\forall \qquad (6.16)$$

가역 과정에서는, 식 (6.5)에서 다음과 같이 된다.

$$\delta Q = T dS \qquad (6.17)$$

식 (6.16) 및 식 (6.17)을 식 (6.15)에 통합하면 다음 식이 나온다.

$$TdS = dU + Pd\forall \tag{6.18}$$

$H = U + PV$임을 고려하면 다음과 같이 된다.

$$dH = dU + Pd\forall + \forall dP \tag{6.19}$$

식 (6.19)를 식 (6.18)에 대입하면 다음 식과 같이 된다.

$$TdS = dH - \forall dP \tag{6.20}$$

식 (6.18)과 식 (6.20)은 조사이아 깁스(Josiah Gibbs)의 이름을 따서 깁스 식이라고 하는데, 깁스는 19세기에 열역학 발전에 크게 공헌을 하였다. 이 식들을 계의 질량으로 나누면 다음과 같이 강도 상태량을 기반으로 하는 관계식이 나오게 된다. 즉,

$$Tds = du + Pdv \tag{6.21}$$

$$Tds = dh - vdP \tag{6.22}$$

이 관계식들은 비열의 정의와 결합되어 있는데, 이 때문에 이 관계식들에서는 쉽게 측정할 수 있는 상태량을 기반으로 하여 계의 엔트로피 변화를 구하는 데 필요한 도구가 나오게 된다. 그러나 열역학 제1법칙을 바탕으로 하여 식들을 전개할 때에는 가역 과정에만 적용된다는 제한 조건[즉, 식 (6.17)]을 사용하였기 때문에, 이 관계식들이 가역 과정에만 적용될 수 있는 것인지 아닌지를 의심해 봐야 될 것이다. 그러나 상태량 값은 국부적인 열역학적 평형 상태에만 종속될 뿐 그 상태에 도달하게 되는 과정과는 무관하다는 사실을 염두에 두어야 한다. 식 (6.21)과 식 (6.22)는 상태량으로만 되어 있다. 그러므로 상태량의 변화는 과정의 시점과 종점에서의 열역학적 상태에만 종속되며, 이 상태 간을 이행하는 데 사용된 과정의 유형과는 무관하다. 그러므로 이 관계식들은 모든 과정, 즉 가역 과정과 비가역 과정 모두에 성립된다.

일부 물질, 즉 물이나 냉매 같은 물질에서는, 온도의 함수인 비열의 관계식들은 매우 복잡해서 이 때문에 엔트로피 변화를 손으로 계산해내기가 쉽지 않다. 그러한 물질에서 엔트로피 값이 필요할 때에는 2개의 다른 열역학적 상태량, 즉 온도와 압력 또는 온도와 비체적이 주어지면, 해당 물질의 상태량을 구하고자 선택해 놓은 컴퓨터 소프트웨어를 사용하여 그 엔트로피 값을 계산하는 것이 가장 좋다. 이 계산은 비엔탈피 값과 비내부 에너지 값을 구할 때 사용했던 방법과 동일한 방법으로 이루어진다. 다음과 같이 건도를 구할 때 적용했던 관계식이 그대로 적용된다. 즉,

$$x = \frac{s - s_f}{s_g - s_f} \tag{6.23}$$

그러나 일부 이상적인 물질 종류에서는, 해당 물질의 엔트로피 변화를 손으로 빨리 계산하는 데 사용할 수 있는 식이 필요하면 깁스 식을 사용하여 전개하면 된다.

6.3.1 이상 기체의 엔트로피 변화

이상 기체에서는, 해석을 할 때에 비열의 가변성이 포함되는지 아닌지를 먼저 살펴볼 필요가 있었다. 제3장에서 설명한 대로, 비열의 가변성을 고려하여도 비교적 쉽게 계산을 할 수 있기는 하지만, 이상 기체를 해석할 때에는 그 비열이 일정하다고 가정하여도 많은 공학적인 목적에서 볼 때 충분히 정확한 개산과 계산을 신속하게 할 수 있다.

비열이 일정한 이상 기체

식 (6.21)과 식 (6.22)에서 알 수 있듯이, 비엔트로피의 변화는 비내부 에너지의 변화나 비엔탈피의 변화에 종속되기 마련이다. 이상 기체에서는 이러한 변화를 다음과 같은 식을 사용하여 온도 변화와 관련지을 수 있다.

$$du = c_v \, dT \tag{3.14}$$

및

$$dh = c_p \, dT \tag{3.13}$$

이 식들을 깁스 식에 대입할 수 있으므로, 비열을 일정하다고 가정하면 그 결과 식은 쉽게 적분된다. 이상 기체 법칙[식 (3.12b), $P = RT/v$ 또는 $v = RT/P$]에 대입하면 식 (6.21)과 식 (6.22)는 다음과 같이 된다.

$$ds = c_v \frac{dT}{T} + R \frac{dv}{v}$$

및

$$ds = c_p \frac{dT}{T} - R \frac{dp}{p}$$

비열이 일정하다고 가정하면, 적분 결과는 다음과 같이 나온다.

$$s_2 - s_1 = c_v \ln \frac{T_2}{T_1} + R \ln \frac{v_2}{v_1} \tag{6.24}$$

및

$$s_2 - s_1 = c_p \ln \frac{T_2}{T_1} - R \ln \frac{P_2}{P_1} \tag{6.25}$$

식 (6.24)와 식 (6.25)를 각각 사용하여 엔트로피 변화를 계산하면 동일한 결과가 나오므로, 어떤 식을 사용할 것인가를 선택하는 것은 어떤 상태량을 곧바로 알 수 있는가에 달려 있다. 이 두 경우에서, 엔트로피 변화는 과정의 시점과 종점에서 쉽게 측정되는 상태량 값을 앎으로써 구할 수 있다.

가변 비열을 고려한 이상 기체

이상 기체에서 비열의 가변성을 계산에 넣어야 하는 경우에는, 비열의 변화가 식 (6.22)의 비엔탈피의 변화나 식 (6.21)의 비내부 에너지의 변화에 미치는 영향을 고려할 필요가 있다. 전형적으로는, 식 (6.22)를 사용할 때에만 그러한 영향을 고려하게 된다. 식 (3.13)과 이상 기체 법칙 그리고 그 다음으로 식 (6.22)의 적분을 계산에 넣게 되면 다음의 식이 나온다.

$$s_2 - s_1 = \int_1^2 c_p \frac{dT}{T} - R \ln \frac{P_2}{P_1} \tag{6.26}$$

식 (6.26)에서 엔탈피 변화 부분은 이상 기체에서는 온도만의 함수이므로, 이상 기체의 온도 기준 엔트로피 함수, s_T^o을 보조로 사용하여 엔트로피 계산을 끝낼 때가 많이 있다. 즉,

$$s_T^o = \int_{T_{\mathrm{ref}}}^T c_p \frac{dT}{T} \tag{6.27}$$

여기에서, T_{ref}는 기준 상태 온도이다. 이 온도를 어떻게 선정하는가에 따라 s_T^o의 실제 값이 달라지기는 하겠지만, 두 엔트로피의 차가 결정되어 있을 때에는 이러한 온도 선정 단계가 생략되기 마련이다. s_T^o의 값은 전형적으로 101.325 kPa의 압력에서 구한다. 식 (6.27)을 사용하여 식 (6.26)을 바꿔 쓰면, 비열의 가변성을 고려해야 하는 이상 기체의 비엔트로피 변화를 구하는 데 사용할 수 있는 식이 다음과 같이 나오게 된다. 즉,

$$s_2 - s_1 = s_{T_2}^o - s_{T_1}^o - R \ln \frac{P_2}{P_1} \tag{6.28}$$

현대식 컴퓨터 계산에서는 이 계산을 프로그램과 물질에 따라 다르게 처리한다. 이 중에는 온도와 압력을 둘 다 바로 계산에 포함시켜서 기체의 엔트로피를 직접 계산하는 일부 프로그램도 통용이 되고 있다. 이러한 프로그램에서는, 엔트로피를 바로 구하기만 하면 되므로 두 엔트로피 값의 차는 추가적으로 압력 보정을 하지 않고서도 구할 수 있다. 다른 프로그램에서는 온도 종속부만 구할 수 있으므로, 이때에는 식 (6.28)에서와 같은 압력 보정이 필요하다. 잘 사용하지 않는 기체의 상태량을 구하는 컴퓨터 프로그램은 찾아보기 어려울 수도 있다. 그러므로 그러한

기체들에는 상태량 표를 사용하면 된다. 이 상태량 표에는 s^o_T의 값이 온도의 함수로서만 주어져 있으므로 101.325 kPa에서의 값이라고 생각하면 된다.

부록에 있는 표 A.3은 비열의 가변성을 고려한 공기의 상태량을 구하는 용도로 이미 소개한 바가 있다. 주의해야 할 점은, 이 표에는 엔트로피의 온도 종속부의 값, s^o_T가 수록되어 있으므로, 가변 비열을 고려해야 하는 공기 관련 문제를 해석할 때 식 (6.28)의 값으로 사용하면 된다.

▶ 예제 6.3

이상 기체로 거동하는 산소 기체가 있다. 이 O_2는 그 과정을 300 K 및 100 kPa에서 시작하여 700 K 및 250 kPa에서 끝난다. 이 O_2의 엔트로피 변화를 다음의 조건에서 각각 구하라.

(a) 비열을 일정하다고 할 때

(b) 비열이 가변적이라고 할 때

주어진 자료 : $T_1 = 300$ K, $T_2 = 700$ K, $P_1 = 100$ kPa 및 $P_2 = 250$ kPa

구하는 값 : (a) 일정 비열에서의 Δs, (b) 가변 비열에서의 Δs

풀이   이 문제의 작동 유체는 O_2이다.

가정 : 이 O_2는 이상 기체이다.

(a) O_2의 비열을 정하고자 할 때에는, $c_p = 0.918$ kJ/kg·K와 $R = 0.2598$ kJ/kg·K로 잡는다. 식 (6.25)를 사용하면 다음과 같다.

$$s_2 - s_1 = c_p \ln \frac{T_2}{T_1} - R \ln \frac{P_2}{P_1}$$ 을 사용하면,

$$s_2 - s_1 = (0.918 \, \text{kJ/kg} \cdot \text{K}) \ln \frac{700 \, \text{K}}{300 \, \text{K}} - (0.2598 \, \text{kJ/kg} \cdot \text{K}) \ln \frac{250 \, \text{kPa}}{100 \, \text{kPa}}$$

$$s_2 - s_1 - \mathbf{0.540 \, kJ/kg \cdot K}$$

(b) 가변 비열을 사용할 때에는, O_2 상태량은 101.325 kPa에서의 엔트로피의 온도 종속부를 컴퓨터 프로그램을 사용하여 구하면 된다. 즉,

$$s^o_{T_2} = 7.230 \, \text{kJ/kg} \cdot \text{K} \qquad s^o_{T_1} = 6.413 \, \text{kJ/kg} \cdot \text{K}$$

식 (6.28)을 사용하면 다음과 같다.

$$s_2 - s_1 = s^o_{T_2} - s^o_{T_1} - R \ln \frac{P_2}{P_1}$$ 을 사용하면,

$$s_2 - s_1 = (7.230 - 6.413) \text{kJ/kg} \cdot \text{K} - (0.2598 \, \text{kJ/kg} \cdot \text{K}) \ln (250 \, \text{kPa}/100 \, \text{kPa})$$
$$= \mathbf{0.579 \, kJ/kg \cdot K}$$

해석 : 문항 (a)와 문항 (b)의 결과를 비교할 때, 분명한 점은 일정 비열을 사용하게 됨으로써 약간의 오차가 개입된다는 것이다. 오차의 크기는 과정의 평균 온도에서의 비열 값을 사용함으로써 감소시킬 수가 있다. 이 경우에, 500 K의 온도에서의 O_2의 비열 값 (0.972 kJ/kg·K)을 사용하였을 때, 일정 비열 조건에서의 엔트로피 변화 값은 0.586 kJ/kg·K이 되는데, 이 때에는 오차가 단지 1.1 %에 불과하다.

6.3.2 비압축성 물질의 엔트로피 변화

비압축성 물질의 엔트로피 변화를 구하는 간단한 식 또한 개발할 수 있다. 제3장에서는, 비압축성 물질을 비체적(또는 밀도)이 일정한 물질이라고 정의한 바가 있다. 고체와 액체는, 그 과정 중에 매우 큰 압력 변화를 겪지 않는 한, 통상적으로 비압축성 물질로 가정한다. 'v = 일정'이면 $dv = 0$이므로, 비압축성 물질에서는 식 (6.21)이 다음과 같이 된다.

$$T ds = c_v dT \tag{6.29}$$

비압축성 물질에서는 $c_p = c_v = c$임을 고려하면, 식 (6.29)는 다음과 같이 된다.

$$ds = c \frac{dT}{T} \tag{6.30}$$

비압축성 물질의 비열이 일정하다고 가정할 때에는, 식 (6.30)을 적분하면 다음의 식이 나온다.

$$s_2 - s_1 = c \ln \frac{T_2}{T_1} \tag{6.31}$$

▶ 예제 6.4

온도가 20 ℃인 20 kg의 쇠 덩어리(철 블록)을 온도가 100 ℃인 끓는 물이 들어 있는 대형 버킷 속으로 떨어뜨렸다. 이 과정에서 쇠 덩어리의 엔트로피 증가를 구하라.

주어진 자료 : $m = 2.0 \, kg$, $T_1 = 20 \, ℃ = 293 \, K$, $T_2 = 100 \, ℃ = 373 \, K$

구하는 값 : Δs (쇠에서의 전체 엔트로피 변화)

풀이 해당 물질은 철이다.

가정 : 이 쇠는 비열이 일정한 비압축성 물질이다.

전체 엔트로피 변화는 다음과 같다. 즉,

$$S_2 - S_1 = m(s_2 - s_1)$$

쇠는 비열이 일정한 비압축성 물질로서 거동한다고 가정하면, 비엔트로피 변화를 계산하는 데 식 (6.31)을 사용하면 된다. 쇠는 $c = 0.45 \, \text{kJ/kg} \cdot \text{K}$이다.

$$S_2 - S_1 = m\left(c \ln \frac{T_2}{T_1}\right) = (2.0 \, \text{kg})\left((0.45 \, \text{kJ/kg} \cdot \text{K}) \ln \frac{373 \, \text{K}}{293 \, \text{K}}\right)$$

$$\boldsymbol{S_2 - S_1 = 0.217 \, \text{kJ/K}}$$

해석 : 쇠의 온도가 증가해 가면, 쇠의 엔트로피도 예상한 대로 증가한다.

6.4 엔트로피 균형

제6.2절에서 설명한 대로, 엔트로피는 실제(비가역) 과정이라면 어느 과정에서나 생성된다. 이 말은 엔트로피는 보존량이 아니라 오히려 우주에 존재하는 엔트로피는 일정하게 증가한다는 것을 의미한다. 식 (6.14)에서 알 수 있듯이, 과정 중에 계의 엔트로피 변화는 계의 안팎으로 수송되는 엔트로피에 생성된 엔트로피를 합한 것과 같다.

엔트로피 변화 = 수송된 엔트로피 + 생성된 엔트로피

여기에서 유의할 점은, 이 식은 제4장에서 열역학 제1법칙으로 표현되는 에너지 균형과는 어느 정도 다르다는 것이다. 에너지는 보존량이므로 생성되거나 소멸되지 않는다. 그러므로 에너지 균형은, 에너지 변화는 계로 수송 유입되는 순 에너지와 같다고 표현된다.

엔트로피는 2가지 방식으로 수송된다. 즉, (1) 열전달을 통해서, (2) 질량 유동을 통해서이다. 열전달을 통한 엔트로피 수송은 이미 설명한 바 있다. 제4장에서 에너지 균형의 전개 과정을 되돌아보면, 질량이 계를 유출·입을 할 때에는 그와 함께 질량에 존재하는 엔트로피도 운반되기 마련이다. 그러므로 질량 유동을 통한 엔트로피 수송은 질량이 계를 유출·입을 하게 되는 개방계에서는 예상할 수 있는 특징이다.

제4장에서의 에너지의 경우와 마찬가지로, 여기에서도 개방계와 밀폐계 모두에서 엔트로피 균형을 구하는 식을 전개할 것이다. 먼저, 일반적인 개방계에 적용되는 시간에 대한 변화율 형태의 균형식으로 시작한 다음, 이 식을 밀폐계의 특정한 경우에 적용되는 형태로 단순화할 것이다.

6.4.1 개방계에서의 엔트로피 균형

엔트로피 수송 방법과 엔트로피 생성을 고려하면, 그림 6.7과 같은 개방계에서는 시간에 대한 변화율 형태의 엔트로피 균형식을 다음과 같이 쓸 수 있다. 즉,

$$\frac{dS_{\text{system}}}{dt} = \sum_{\text{inlets}} \dot{m}_i\, s_i - \sum_{\text{outlets}} \dot{m}_e\, s_e + \int \frac{\dot{Q}}{T} + \dot{S}_{\text{gen}} \tag{6.32}$$

$\dot{m}$항들은 입구나 출구를 거쳐서 계를 출입하는 질량 유량(질량 유동률)을 나타내며, $\dot{S}_{\text{gen}}$은 과정 중의 엔트로피 생성률이다. 이 일반식은 정상 상태 계와 비정상 상태 계 모두에 적용할 수 있고, 질량 유량이 출입하는 입구와 출구의 개수가 몇 개가 되더라도 다 수용할 수 있으며, 어떠한 형태의 열전달 환경에서도 사용할 수 있다. 이러한 가능성이 있으므로 매우 복잡한 환경에도 적용할 수 있으며, 이러한 모든 점들을 고려함으로써 나타나게 되는 복잡성 때문에 계산 자체가 이 책의 관점을 넘어서게 되어 버린다. 그러나 식 (6.32)를 쉽게 적용할 수 있도록 논리적으로 단순화하는 방법이 몇 가지가 있다.

먼저, 열전달을 통한 엔트로피 수송은 열전달률이 비정상 상태일 때와 열전달량이 계의 경계에서의 위치에 따라 변할 때에는 값으로 계산하기가 어렵다. 게다가, 경계의 온도가 변하고 있을 때에는, 적분 값을 구하려면 열전달과 이 열전달이 일어나는 온도 간의 함수 관계를 알아야 한다. 이 적분 값을 구하는 것은 두 가지 통상적인 상황에서 단순화할 수 있다. 첫째는, 계가 단열($\dot{Q} = 0$)일 때에는, 열전달을 통한 엔트로피 수송이 0이다. 둘째 번 경우는 온도가 일정한 경계의 각각의 부분에 걸쳐 열전달 값이 일정한 상황이다. 이 경우를 통상적으로 경계가

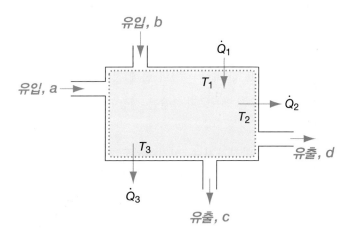

〈그림 6.7〉 입구와 출구가 여러 개이고, 온도가 서로 같거나 다른 표면에서
몇 가지 열전달이 일어나는 일반적인 개방계.

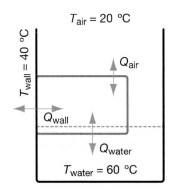

$T_{\text{air}} = 20\ ^\circ\text{C}$

$T_{\text{wall}} = 40\ ^\circ\text{C}$

Q_{air}

Q_{wall}

Q_{water}

$T_{\text{water}} = 60\ ^\circ\text{C}$

〈그림 6.8〉 수면에 떠 있으면서 탱크 안쪽 벽면에 맞닿아 있는 물체는 온도가
3가지로 서로 다른 영역에서 3가지 다른 열전달이 일어날 수 있다.

등온 상태인 계라고 한다. 열전달량을 온도가 일정한 경계의 특정 면적과 관련지을 수 있을 때에는 이 단순화 방법을 사용하면 된다. 이렇게 하면 열전달을 통한 엔트로피 수송의 적분이 각각의 위치에서의 합으로 바뀌게 된다. 즉,

$$\int \frac{\dot{Q}}{T} = \sum_{j=1}^{n} \frac{\dot{Q}_j}{T_{b,j}} \qquad (6.33)$$

여기에서, 계의 경계는 n개로 나눈 등온부로 분할되어 있다.

그림 6.8에는 계의 경계 여러 부분에서 열전달률이 각각 다른 상황이 발생하게 되는 경우의 일례가 나타나 있다. 여기에서는, 물체가 물탱크의 수면 위에 떠 있다. 이 물체는 또한 탱크의 안쪽 벽면에도 맞닿아 있고 일부는 공기와도 접촉하고 있다. 그림에서 보듯이, 3군데 접점은 모두 다 열적 평형에 이르지 못하고 있다. 즉, 공기는 20 ℃이고 물은 60 ℃이며, 벽은 40 ℃ 이다. 각각의 부분에는 여러 가지 열전달이 관련되어 있는 것이다.

▶ 예제 6.5

그림 6.9와 같이, 3개의 등온 경계 및 1개의 단열 벽과 접촉하고 있는 계에서 열전달을 통한 엔트로피 수송을 구하라.

주어진 자료 : $\dot{Q}_1 = -5\ \text{kW}$, $T_{b,1} = 20\ ℃ = 293\ \text{K}$, $\dot{Q}_2 = -1\ \text{kW}$, $T_{b,2} = 40\ ℃ = 313\ \text{K}$,

$\dot{Q}_3 = 8\ \text{kW}$, $T_{b,3} = 60\ ℃ = 333\ \text{K}$, $\dot{Q}_4 = 0$ (단열)

구하는 값 : $\int \dfrac{\dot{Q}}{T}$ (열전달을 통한 엔트로피 수송)

풀이 도시되어 있는 시스템 내 열전달은 개별적이고 각각의 열전달은 특정한 등온 경계에 걸쳐서

일어나고 있으므로, 열전달을 통한 엔트로피 수송은 식 (6.33)을 사용하여 구하면 된다.

$$\int \frac{\dot{Q}}{T} = \sum_{j=1}^{3} \frac{\dot{Q}_j}{T_{b,j}} = \frac{\dot{Q}_1}{T_{b,1}} + \frac{\dot{Q}_2}{T_{b,2}} + \frac{\dot{Q}_3}{T_{b,3}} + \frac{\dot{Q}_4}{T_{b,4}} = 0.00377 \text{ kW/K}$$

해석 : 순 열전달이 계 안으로 일어났으므로, 엔트로피 수송도 계 안으로 이루어졌으리라고 예상하는 것이 자연스러울지도 모른다. 그러나 주목해야 할 점은, 열전달 진행 방향에는 온도 종속성이 존재한다는 것이다. 만약에 $T_{b,3} = 400$ K이었다면, 열전달률이 그대로라고 할 때 그 결과는 순 엔트로피 수송이 계 밖으로 이루어지게 된다는 것이다. 엔트로피 수송은 양(+)이 될 수도 있고 음(−)이 될 수도 있으므로, 계산을 해보지 않고서 그 방향성을 추정하는 것이 반드시 안전한 것은 아니다.

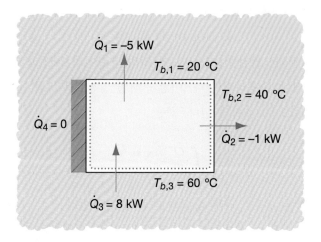

⟨그림 6.9⟩ 경계 온도가 서로 다른 3개의 표면에서 열전달이 일어나고 있는 상자. 이 상자의 넷째 번 면은 단열이 되어 있으므로 열전달이 전혀 일어나지 않는다.

잊지 말아야 할 점은, 이 합은 경계 온도가 한 가지 뿐이면 훨씬 더 간단해질 수 있다는 것이다. 이러한 상황은, 계가 공기나 액체 같은 한 가지 물질에 둘러싸여 있고 이 유체의 온도가 일정할 때 일어날 수 있다. 이 경우에는, 합해야 할 항이 하나 밖에 없으므로 합 부호는 사라져버린다. 그림 6.10에는 단일 등온 경계의 일례가 도시되어 있는데, 여기에서 물체는 액체 탱크에 잠겨있고 이 액체는 균일 온도 상태이다. 오븐 속에 들어 있는 물체 또한 균일 표면 온도이기 마련이다. 실제로, 환경에 노출되어 있지 않은 부분이라면 (장치와 물체 장착 브래킷 사이의 접촉 면적과 같이) 그 어떠한 부분에서도 열전달이 최소로 일어난다고 가정하면, 환경에 노출되어 있는 대부분의 물체는 균일 표면 온도 상태에 놓이기 마련이다.

식 (6.32)로 되돌아가서, 둘째 번 통상적인 가정은 계가 정상 상태에 놓여 있을 때이다. 이 경우에는 계의 엔트로피가 시간에 관계없이 일정하다. 즉, $dS_{\text{system}}/dt = 0$이다. 등온 경계이

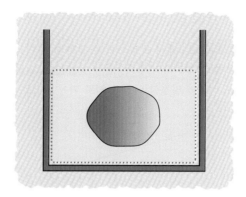

〈그림 6.10〉 액체에 잠겨있는 물체는 보통 단일 등온 경계이다.

면, 정상 상태 작동에서는 식 (6.32)를 (정리하여) 쓰면 다음과 같이 된다.

식 (6.32)로 되돌아가서, 둘째 번 통상적인 가정은 계가 정상 상태에 놓여 있을 때이다. 이 경우에는 계의 엔트로피가 시간에 관계없이 일정하다. 즉, $dS_{\text{system}}/dt = 0$이다. 등온 경계이면, 정상 상태 작동에서는 식 (6.32)를 (정리하여) 쓰면 다음과 같이 된다.

$$\dot{S}_{\text{gen}} = \sum_{\text{outlets}} \dot{m}_e\, s_e - \sum_{\text{inlets}} \dot{m}_i\, s_i - \sum_{j=1}^{n} \frac{\dot{Q}_j}{T_{b,j}} \qquad (6.34)$$

게다가, 그림 6.11에서와 같이 등온 경계로 되어 있는 정상 상태 계가 입구와 출구가 각각 한 개 뿐일 때에는, 엔트로피 균형이 다음과 같이 된다.

$$\dot{S}_{\text{gen}} = \dot{m}(s_2 - s_1) - \sum_{j=1}^{n} \frac{\dot{Q}_j}{T_{b,j}} \qquad (6.35)$$

제4장에서 설명한 대로, 식 (6.35)가 적절하게 적용될 수 있는 용례는 많이 있다.

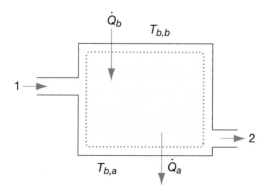

〈그림 6.11〉 단일 입구, 단일 출구 개방계는 등온 경계를 통하여 2개의 열전달이 일어난다.

▶ 예제 6.6

노즐에 공기가 300 K 및 150 kPa에서 2 m/s로 유입하게 되어 있다. 이 공기는 280 K 및 110 kPa에서 100 m/s로 유출하도록 되어 있다. 질량 유량은 0.1 kg/s이다. 노즐 표면은 온도가 270 K로 유지된다. 공기는 비열이 일정한 이상 기체로 거동한다고 가정한다. 이 과정은 가능한 것인가?

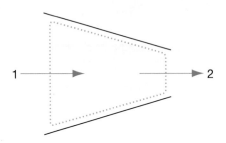

주어진 자료 : $V_1 = 2\,\text{m/s}$, $T_1 = 300\,\text{K}$, $P_1 = 150\,\text{kPa}$, $V_2 = 100\,\text{m/s}$, $T_2 = 280\,\text{K}$,

$\qquad$ $P_2 = 110\,\text{kPa}$, $\dot{m} = 0.1\,\text{kg/s}$ $\quad T_b = 270\,\text{K}$

구하는 값 : 이 과정은 가능한 것인가?

풀이 작동 유체는 공기이다. 해당 시스템은 단일 입구, 단일 출구 개방계로 모델링하면 된다. 이 과정은 정상 상태, 정상 유동이다.

가정 : 이 공기는 비열이 일정한 이상 기체로서 거동한다.
$\qquad$ 단일의 등온 경계에 걸쳐서 열전달이 일어나기는 일어난다.
$\qquad$ $\Delta PE = 0$

공기는 비열 값을 다음과 같이 정한다.

$$c_p = 1.005\,\text{kJ/kg} \cdot \text{K}, \quad R = 0.287\,\text{kJ/kg} \cdot \text{K}$$

이 과정을 시험으로 삼아, 엔트로피 생성률을 구하고자 한다. 먼저, 열전달이라면 어떠한 열전달이라도 찾아내야 한다. 일도 전혀 없고 위치 에너지 변화도 전혀 없다고 가정하면, 열역학 제1법칙은 다음과 같이 된다.

$$\dot{Q} = \dot{m}\left(h_2 - h_1 + \left(\frac{V_2^2 - V_1^2}{2\,(1000\,\text{J/kJ})}\right)\right) = \dot{m}\left(c_p\,(T_2 - T_1) + \left(\frac{V_2^2 - V_1^2}{2\,(1000\,\text{J/kJ})}\right)\right)$$

$$= -1.51\,\text{kW}$$

이제, 이 열전달률을 사용하여 엔트로피 생성률을 계산한다. 그런 다음, 단지 하나의 등온 표면에 걸쳐서만 열전달이 일어나는 상태에서, 엔트로피 생성률은 식 (6.35)로 다음과 같이 구한다.

$$\dot{S}_{\text{gen}} = \dot{m}\,(s_2 - s_1) - \frac{\dot{Q}}{T_b} = \dot{m}\left(c_p \ln\frac{T_2}{T_1} - R\ln\frac{P_2}{P_1}\right) - \frac{\dot{Q}}{T_b} = \mathbf{0.00756\,kW/K}$$

엔트로피 생성률이 0보다 더 크므로, 문제에서 세운 가정으로 이 과정이 **가능함**을 의미한다.

해석 : 엔트로피 발생률이 작다는 것은, 이 과정이 비가역성의 크기가 단지 작을 뿐이라는 것을 의미한다.

▶ 예제 6.7

단열된 펌프에 포화 액체 물이 15 ℃로 유입되어 이 물은 13.4 MPa abs.(절대 압력) 및 25 ℃로 유출된다. 물은 펌프를 7.0 kg/s의 질량 유량으로 흐른다. 이 펌핑 과정에서 펌프에는 375 kW가 사용된다. 펌프의 표면 온도는 40 ℃이다. 펌프에서의 엔트로피 생성률을 구하라.

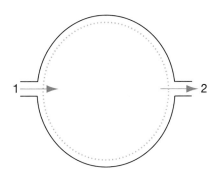

주어진 자료 : $x_1 = 0.0$, $T_1 = 15$ ℃, $P_2 = 13.4$ MPa abs., $T_2 = 25$ ℃, $\dot{m} = 7.0$ kg
$\dot{W} = -375$ kW, $T_b = 40$ ℃ $= 313$ K

구하는 값 : $\dot{S}_{\text{gen}}$

풀이   작동 유체는 물이다. 이 시스템은 단일 입구, 단일 출구 개방계이며, 과정은 정상 상태, 정상 유동으로 보면 된다.

가정 : $\Delta KE = \Delta PE = 0$.
       등온 경계에 걸쳐서 열전달이 일어나기는 일어난다.

물의 압력이 커지게 되면, 물을 비압축성이라고 가정하면 안 된다. 그보다는, 상태량을 구하는 컴퓨터 프로그램이나 표를 사용하면 된다.

가정을 적용하면, 열역학 제1법칙(식 (4.15a))은 다음과 같이 된다.

$$\dot{Q} = \dot{m}(h_2 - h_1) + \dot{W}$$

컴퓨터로 상태량을 구하면 다음과 같다. 즉,

$$h_1 = 63.0 \text{ kJ/kg}, \ h_2 = 179.4 \text{ kJ/kg}$$

열전달을 구하면 다음과 같다.

$$\dot{Q} = 566 \text{ kW}$$

이 값과 단일의 등온 경계 조건으로, 식 (6.53)은 다음과 같이 변형되어 엔트로피 생성률을 구하는 데 사용된다. 즉,

$$\dot{S}_{gen} = \dot{m}(s_2 - s_1) - \frac{\dot{Q}}{T_b}$$

컴퓨터 프로그램에서는 다음 값이 나온다.

$$s_1 = 0.2245 \text{ kJ/kg} \cdot \text{K}, \quad s_2 = 0.5672 \text{ kJ/kg} \cdot \text{K}$$

계산식을 풀어 답을 구하면 다음과 같다.

답 $\dot{S}_{gen} = 0.591 \text{ kJ/kg} \cdot \text{K}$

해석 : 엔트로피 생성률이 양(+)의 값이라는 것은 이 과정이 가능하면서도 비가역적이라는 것을 의미한다. 주어진 정보에 특별히 의문을 품을 만한 내용이 없으므로 위 사실은 예상을 할 수 있는 것이다. 즉, 물은 고압으로 펌핑되어야 하므로, 물의 온도가 펌프 표면 온도보다 더 낮게 유지되어 있어야 한다.

학생 연습문제

본인이 개발한 개방계 성분 컴퓨터 모델(즉, 터빈, 압축기, 열교환기 등)을 개정하여, 입구 및 출구 상태의 엔트로피 또는 다른 입력원에서 들어오는 입력을 계산할 수 있도록 하고, 각각의 성분에서 엔트로피 생성률을 계산할 수 있도록 하여야 한다.

▶ 예제 6.8

증기 터빈에 과열 증기가 6.0 MPa 및 400 ℃에서 5 kg/s로 유입되어, 500 kPa 및 200 ℃로 유출된다. 이 터빈에서는 1500 kW의 동력이 발생되고, 터빈의 표면은 50 ℃로 유지된다. 터빈에서의 엔트로피 생성률을 구하라.

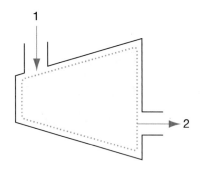

주어진 자료 : $\dot{m} = 5\ \text{kg/s}$, $T_1 = 400\ \text{℃}$, $P_1 = 6.0\ \text{MPa}$, $T_2 = 200\ \text{℃}$, $P_2 = 500\ \text{kPa}$,

$\dot{W} = 1500\ \text{kW}$, $T_b = 50\ \text{℃} = 323\ \text{K}$

구하는 값 : $\dot{S}_{\text{gen}}$

풀이 작동 유체는 물로서 과열 수증기 형태이다. 이 시스템은 단일 입구, 단일 출구 개방계이며, 과정은 정상 상태, 정상 유동으로 보면 된다.

가정 : $\Delta KE = \Delta PE = 0$.

　　　등온 경계에 걸쳐서 열전달이 일어나기는 일어난다.

먼저, 이 과정에서 열전달이 일어나고 있다면 어떠한 열전달이라도 구하여야 한다. 이 경우에는, 열역학 제1법칙이 다음과 같이 된다.

$$\dot{Q} = \dot{m}(h_2 - h_1) + \dot{W}$$

상태량을 구하는 컴퓨터 프로그램을 사용하면 다음 값이 나온다.

$$h_1 = 3177.2\ \text{kJ/kg}, \quad h_2 = 2855.4\ \text{kJ/kg}$$

그러므로 열전달은 다음과 같다.

$$\dot{Q} = -109\ \text{kW}$$

이 값과 단일의 등온 경계 조건으로, 식 (6.53)은 다음과 같이 변형되어 엔트로피 생성률을 구하는 데 사용된다. 즉,

$$\dot{S}_{\text{gen}} = \dot{m}(s_2 - s_1) - \frac{\dot{Q}}{T_b}$$

컴퓨터 프로그램에서는 다음 값이 나온다.

$$s_1 = 6.5408\ \text{kJ/kg} \cdot \text{K}, \quad s_2 = 7.0592\ \text{kJ/kg} \cdot \text{K}$$

대입하면 다음의 답이 나온다.

$$\dot{S}_{\text{gen}} = \mathbf{2.93\ kW/K}$$

해석 : 이 값은 이 과정이 가능하다는 것을 의미한다. 이러한 관점에서, 엔트로피 생성률 계산은 몇 가지 시나리오 중에서 어느 것이 가장 좋은지를 비가역성이 최소가 되는 것으로 결정하는 데 매우 유용하다. 이러한 계산은 컴퓨터 프로그램으로 쉽게 이루어진다. 본인이 세운 터빈(과 다른 구성 장비) 모델을 수정하여 엔트로피 생성률 계산이 가능하게 하길 바란다. 이미 그렇게 하였다면, 이 엔트로피 발생률 모델을 입구와 출력 상태를 동일하게 놓고 여러 가지 동력 발생 수준에서 시험해 보면 된다. 그렇게 계산을 해보면 다음과 비슷한 결과가 나오게 될 것이다.

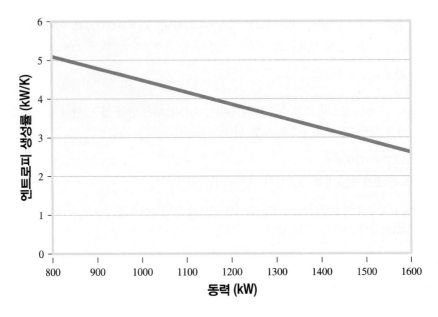

그러므로 발생되는 동력이 더 클수록, 과정은 덜 비가역적이 된다. 이러한 내용을 설명해 주는 또 다른 관점은, 에너지가 열전달에서 더 많이 손실될 때에는 터빈은 일 발생에서 효율이 떨어진다는 점이다. 이것이 흔히 터빈을 단열시키는 한 가지 이유이다. 즉, 환경 쪽으로 진행되는 열전달에서 에너지가 더 적게 손실되도록 하는 것이다. 터빈을 단열하게 되면 이 또한 출구 상태를 변화시키는 효과가 있게 되므로 이렇게 간단한 해석으로는 충분치가 않다. 그러나 이 해석으로도 터빈에서 더 좋은 성능이 발생되게 하는 데 필요한 통찰력을 어느 정도 제공하기에는 충분하다.

▶ 예제 6.9

단열된 열교환기에 공기가 20 ℃에서 2 kg/s의 질량 유량으로 유입되도록 되어 있다. 이 공기는 동일 압력 및 80 ℃로 유출된다. 물은 70 ℃에서 0.5 kg/s의 질량 유량으로 유입된다. 이 제안된 열교환기에서의 엔트로피 생성률을 구하라.

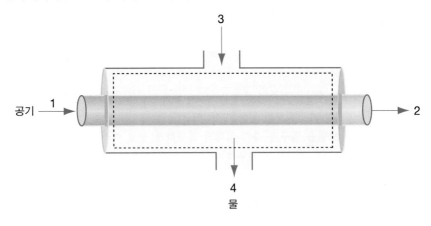

주어진 자료 : 공기 : $\dot{m}_a = 2\,\mathrm{kg/s}$, $T_1 = 20\,℃$, $T_2 = 80\,℃$, $P_2 = P_1$

물: $\dot{m}_w = 0.5\,\mathrm{kg/s}$, $T_3 = 70\,℃$

구하는 값 : $\dot{S}_{\mathrm{gen}}$

풀이 작동 유체는 물로서 과열 수증기 형태이다. 이 시스템은 단일 입구, 단일 출구 개방계이며, 과정은 정상 상태, 정상 유동으로 보면 된다. 여기에는 2가지 작동 유체가 있는데, 서로 혼합되지는 않는다. 즉, 물은 이 문제에서는 액체이고, 공기는 비열이 일정한 이상 기체로 모델링하면 된다.

가정 : 두 유체는 모두 $\Delta KE = \Delta PE = 0$.

$\dot{Q} = 0$(열교환기는 단열이 되어 있으므로, 이는 전체 열교환기에 유입 및 유출되는 열전달을 가리킨다).

등온 경계에 걸쳐서 열전달이 일어나기는 일어난다.

$\dot{W} = 0$(이 관계식은, 어떠한 일 상호 작용이라도 그 가능성에 관한 정보가 전혀 없는 열교환기에 서는 표준 표현이다).

물은 비열이 일정한 비압축성 유체로 간주하면 된다.

먼저, 출구 물 온도를 구하여 엔트로피 생성률을 구해야 한다. 이렇게 하려면, 열역학 제1법칙을 사용한다. 열역학 제1법칙(식 (4.13))에 가정을 적용하면, 다음 식과 같이 된다.

$$\dot{m}_a(h_2 - h_1) + \dot{m}_w(h_4 - h_3) = 0$$

수반되는 온도 차가 작으므로, 공기와 물의 비열을 다음과 같이 각각 일정하게 놓는다. 즉, $c_{p,\mathrm{air}} = 1.005\,\mathrm{kJ/kg \cdot K}$와 $c_w = 4.18\,\mathrm{kJ/kg \cdot K}$.

이를 열역학 제1법칙에 대입하면 다음과 같이 된다.

$$\dot{m}_a c_{p,\mathrm{air}}(T_2 - T_1) + \dot{m}_w c_w(T_4 - T_3) = 0$$

이 식을 계산하면 물의 출구 온도가 나오게 된다. 즉, $T_4 = 12.3\,℃$.

이제, 엔트로피 생성률은 식 (6.34)에서 $\dot{Q} = 0$으로 놓고 구하면 된다.

$$\dot{S}_{\mathrm{gen}} = \dot{m}_a(s_2 - s_1) + \dot{m}_w(s_4 - s_3)$$

비열이 일정하므로, 엔트로피 변화를 각각 계산하면 다음 값이 나온다.

$$s_2 - s_1 = c_{p,\mathrm{air}} \ln\frac{T_2}{T_1} - R\ln\frac{P_2}{P_1} = (1.005\,\mathrm{kJ/kg \cdot K})\ln\frac{353\,\mathrm{K}}{293\,\mathrm{K}} = 0.187\,\mathrm{kJ/kg \cdot K}$$

$$s_4 - s_3 = c_w \ln\frac{T_4}{T_3} = (4.18\,\mathrm{kJ/kg \cdot K})\ln\frac{285.3\,\mathrm{K}}{343\,\mathrm{K}} = -0.770\,\mathrm{kJ/kg \cdot K}$$

엔트로피 생성률을 계산하여 구하면 다음 값이 나온다.

$$\dot{S}_{\mathrm{gen}} = -0.011\,\mathrm{kW/K}$$

해석 : 유의할 점은, 이 숫자가 음수이므로 이 과정은 불가능함을 나타낸다는 것이다. 온도를 검사하여 보면 이 과정은 설계대로 가능하지 않다는 것이 명백해질 수밖에 없다. 공기는 냉각제 유체로서 유입되지만 물의 최고 온도보다 더 높게 가열이 되고 있다. 이렇게 되려면 일부 지점에서 열이 저온 유체에서 고온 유체로 이동되어야 하는데, 이러한 일은 실제로 일어날 리가 없다. 마찬가지로, 물은 공기의 최저 온도보다 더 낮은 온도로 냉각되고 있는데, 이 또한 가능하지가 않다.

음수의 크기가 크지는 않지만, 답에서 중요한 부분은 그 값이 음수라는 점이다. 음(−)의 엔트로피 생성은 가능하지가 않으므로, 이 과정은 가능하지가 않은 것이다. 발생률의 크기가 작은 것은 부분적으로는 수반된 질량 유량이 작위적인 값이어서 그렇지만, 이는 또한 이 과정이 거의 일어날 가능성이 있다는 것을 의미하기도 한다. 유량을 더 적절하게 선정함으로써 유출되는 공기의 온도가 70 ℃ 까지 제한되고 유출되는 물의 온도가 20 ℃까지 제한된다면, 이 과정은 엔트로피 생성이 음(−)이 되지 않게 되어 가능하게 된다.

심층 사고/토론용 질문

장치나 시스템의 작동을 고려할 때, 엔트로피 생성이 얼마나 중요한가? 우주의 엔트로피가 증가한다는 말이 당황스럽긴 하지만, 인류가 전체 우주에 관한 엔트로피 증가에 관하여 관심을 두어야만 하는 어떤 특별한 이유라도 있는가?

6.4.2 열 교환기에 대한 열역학 제2법칙의 관계

제5장에서 설명한 대로, 열역학 제2법칙의 요건은 일의 입력이 없는 한 열은 고온 물질에서 저온 물질로 전달되어야 한다는 것이다. 언뜻 보면, 이 열역학 제2법칙을 열 교환기에 적용시킬 때에는, 그 요건이 고온 유체의 유출 온도는 항상 저온 유체의 유출 온도보다 더 높아야 한다는 것이라고 생각할 수도 있다. 어떻게 하면 원래 저온이었던 유체가 원래 고온이었던 유체보다 온도가 더 높아질 수 있을까?

동심 2중관 열교환기와 외통−내관 열교환기에서는 유동 패턴을 다음과 같이 공통적으로 2가지로 분류하여 기술한다. 즉, 평행류와 대향류이다. 이들은 그림 6.12와 그림 6.13에 각각 그려져 있다. 간단하게 여기에서는 동심 2중관 설계만을 살펴보기로 한다. 평행류 열교환기에서는 2가지 유체가 같은 쪽에서 열교환기로 유입되어 같은 공통 방향으로 흐른다.

대향류 열교환기에서는, 2가지 유체가 열교환기의 양 끝에서 유입되어 열교환기 속을 반대 방향으로 흐른다. 열역학 제2법칙의 요건은 열 교환기의 어느 지점에서도 열은 고온 유체에서 저온 유체로 전달되어야 한다는 것이다. 그림 6.12에는 이러한 요건의 함축적인 내용이 평행류

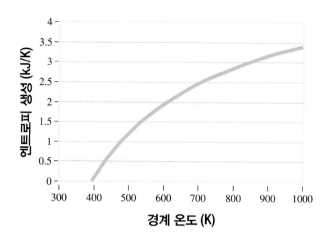

유의할 점은 음의 엔트로피 생성 결과가 나오는 온도는 그러한 과정이 불가능하므로, 존재하지 않는다는 것이다. 물이 200 kPa에서 끓으려면 열이 저온의 열원에서 고온의 열침(heat sink)으로 이동하여야 되는 것이다.

▶ 예제 6.11

질량이 2.5 kg인 얇은 철판을 오븐 속에 넣고 가열하려고 한다. 이 철판은 10 ℃에서 과정을 시작하여 온도가 150 ℃가 되면 오븐에서 꺼내진다. 오븐 온도는 300 ℃로 유지된다. 이 과정 중의 엔트로피 생성을 구하라.

주어진 자료 : $m = 2.5\,\text{kg}$, $T_1 = 10\,℃ = 283\,\text{K}$, $T_2 = 150\,℃ = 423\,\text{K}$, $T_b = 300\,℃ = 573\,\text{K}$

구하는 값 : S_{gen}

풀이 이 문제는 밀폐계이고, 작동 물질은 철이다. 이 문제에서, 철은 비열이 일정한 비압축성 물질로 취급하면 된다.

가정 : $\Delta KE = \Delta PE = 0$. $W = 0$(이 과정에서 어떠한 일이라도 발생하는지에 관한 지시 사항이 전혀 없다). 열전달은 등온 경계에 걸쳐서 일어난다.

먼저, 열전달을 열역학 제1법칙에서 열전달을 구해야 하는데, 밀폐계에서는 가정을 적용하면 열역학 제1법칙이 다음과 같은 형태가 된다.

$$Q = m(u_2 - u_1)$$

철의 비열이 일정($c = 0.443 \, \text{kJ/kg} \cdot \text{K}$)하다고 취급하고, 열역학 제1법칙을 변형시켜 열전달을 구하면 다음과 같다.

$$Q = mc(T_2 - T_1) = 155 \, \text{kJ}$$

그러면 등온 경계 온도가 한 가지일 때 엔트로피 생성은 식 (6.38)로 구한다.

$$S_{\text{gen}} = m(s_2 - s_1) - \frac{Q}{T_b} = mc \ln \frac{T_2}{T_1} - \frac{Q}{T_b}$$

이 식을 풀어 답을 구하면 다음과 같다.

$$\boldsymbol{S_{\text{gen}} = 0.182 \, \text{kJ/K}}$$

해석 : 양수 엔트로피 생성 값은 이 과정이 가능하면서도 비가역적임을 의미한다.

▶ 예제 6.12

예제 6.11의 과정을 사용하는 업체에서 엔지니어가 아닌 어떤 사람이 120 ℃로 유지된 오븐으로 철판을 가열하면 에너지를 절약할 수 있다고 제안하고 있다. 이 과정은 가능한 것인가?

풀이 여기에서도, $T_b = 120 \, ℃ = 393 \, \text{K}$인 점을 제외하고는 예제 6.11에서 사용된 해석 과정과 동일하다. 계산을 다시 하면 다음 값이 나온다. 즉, $S_{\text{gen}} = 0.052 \, \text{kJ/kg}$이다.

이 값은 이 과정이 가능하다는 것을 시사하고 있지만, 120 ℃의 열원에서 열을 전달시켜서 물질을 150 ℃까지 가열시킬 수 없다는 사실을 알고 있다. 그러므로 이 과정은 불가능하다. 그러나 이 해석에는 어떠한 문제가 있는 걸까? 이 과정은 명백히 불가능한데도 왜 엔트로피 균형 해석에서는 이 과정이 가능한 것이라고 나오는 걸까?

해석 : 문제는 경계 온도가 등온이 아니라는 점이다. 해석 대상인 계는 철판이다. 이 철판이 가열되고 있으므로 경계 온도도 시간에 따라 가열되고, 따라서 철판은 등온 상태가 아니다. 철판의 외부 표면은 오븐에서 신속하게 가열이 이루어지고, 그런 다음 열은 철을 통해서 전도되고 철판은 온도가 150 ℃가 되면 오븐에서 꺼내진다. 얇은 판에서는, 온도가 아주 신속하게 전체에 걸쳐서 균일해질 것으로 보이는데, 문제에서는 이 계가 얇은 판이라는 점을 간과하고 있다. 철 블록은 표면 온도가 내부 온도보다 더 높겠지만, 그런데도 해석에서는 아무런 차이가 없다. 예제 6.11에서는 경계 온도를 300 ℃로 잡았다. 이 온도가 철 블록에서는 적절할 지도 모르지만, 얇은 판에서는 표면 온도가 300 ℃면 중심 온도도 이와 비슷할 것이므로 이 온도는 너무 높아 보인다. 이 과정이 등온 과정은 아니지만 표면 온도로 잡기에 한층 더 적절한 온도는 150 ℃가 될 것이다. 그러나 이 시점에서는 단지 엔트로피 생성만을 사용하여 다른 가능한 과정들과 비교하고 있으므로, 경계 온도의 등온 특성에 표준 가정을 세우고 이를 일관적으로 적용하여도, 다른 과정들과 비교해서 이 과정이 더 좋게 되는 잘못된 결과가 나와서는 안 된다. 즉, 실제 엔트로피 생성 값은 등온 경계 가정으로 부정확할지라도, 일반적인 경향은 정확해야만 한다.

그러나 이 결론은 예제 6.12에서 열역학 제2법칙을 명백히 위배함으로써 깨졌다. 그런 점에서 오븐 온도를 원하는 철 온도에 가깝게 한 상태에서는(이 경우에는 더 낮게 한 상태에서는), 비등온 경계 효과가 해석에서 훨씬 더 결정적인 역할을 하게 되었다. 이것이 엔트로피 생성을 사용하여 과정이 가능한지 아닌지를 해석할 때에, 가정이 타당한지를 확신하는 것이 매우 중요하게 되는 대목이다.

6.4.4 엔트로피 생성의 이용

예제 6.12의 결과를 놓고 설명한 대로, 단순화시킨 부정확한 가정이 적용될 때에는 계산이 잘못 될지도 모른다면 엔트로피 생성의 용도가 무엇인지 의아해 할지도 모른다. 특히, 계산이 한층 더 타당하게 되도록 계가 등온 경계로 되어 있다고 가정하지만, 이 가정 때문에 특히 정상 상태가 아닌 밀폐계에서 부정확한 결론이 나오게 된다면, 엔트로피 생성 결과의 용도는 무엇이라는 건가? 제6.2절에서 설명한 대로, 엔트로피 생성의 첫째 번 용도는 과정이 잠재적으로 가능한지 아닌지를 알려주는 것이다. 이 엔트로피 생성만이 따져봐야 되는 유일한 요인은 아니므로, 열역학 제2법칙의 다른 면(온도에 기초하는 열전달 방향과 같은) 들도 살펴봐야 한다. 그러나 엔트로피 생성 계산 결과, 과정에서 음(-)의 엔트로피 생성이 나온다고 나타났다면, 그 과정은 아마도 불가능할 것이다. 가정을 불충분하게 세우게 되면, 엔트로피 생성 계산 결과에 가능하게 보이는 과정이 많아지는 경향이 나타나게 되므로, 과정이 실제로는 불가능한데 도 그 과정을 해석해서 음의 엔트로피 생성이 나올 확률은 거의 없는 것이다. 엔트로피 생성 계산은 과정이 가능한지 아닌지를 판별해주는 최종적인 보증수단이 되지 못할 수도 있지만, 그러한 판별에서 좋은 첫걸음이 된다.

그러나 엔트로피 생성 계산은, 가능할 것으로 보이는 여러 가지 과정들을 비교하여 어느 과정이 열역학적으로 더 좋은지를(즉, 어느 과정이 비가역도가 더 낮은지를) 알 수 있게 해주는 훨씬 더 가치가 있는 것이다. 예제 6.11을 살펴보자. 오븐 온도가 300 ℃인 과정 대신에 오븐 온도가 250 ℃인 과정이 더 비가역적인지 아닌지를 알아보기로 하자. 두 과정 모두 철판을 150 ℃로 가열하여야 한다는 것은 기정사실이다. 오븐 온도에 등온 경계 설정 가정이 의문스럽기 는 하지만, 정량적인 엔트로피 생성 계산이 부정확하더라도 일관적으로 적용한다면 타당한 결론을 얻게 되는 것이다(즉, 어떤 가능한 과정이 이와는 다른 어떤 가능한 과정보다 엔트로피 생성이 더 작으면, 엔트로피 생성이 더 작은 과정이 비가역성이 더 작다). 이 계산에서는 경계 온도가 250 ℃인 과정에서의 엔트로피 생성이 더 작은 것으로 나오므로, 이 과정이 비가역성이 더 작다. 철판과 오븐 간의 온도 차가 더 작으므로, 이 과정이 덜 비가역적이라고 예상하는 것은 당연하다. 즉, 엔트로피 생성 계산으로 결론은 확실해졌다.

과정을 비교할 수 있는 방식을 보여주는 또 다른 예로, 예제 6.8에서 살펴본 정상 상태 터빈과 단열을 들어보자. 터빈이 단열이 잘 되어 있을수록, 그래서 열전달이 작을수록, 엔트로피 생성률이 작아져서 비가역성이 작아진다는 사실을 알았다. 이 때문에 동력 출력이 더 커지게 되는데, 이는 터빈의 성능이 더 좋아짐을 나타내는 것이다.

그러나 과정이 더욱 더 가역적이 됨으로써 "열역학적으로 더 좋다"고 해서, 그 과정을 사용하는 것이 한층 더 이치에 맞는다는 것을 의미하지는 않는다. 이제 2가지 과정 중에서 하나를 선택해야 한다고 할 때, 그중의 하나는 운전비용이 연간 $100,000 이상이 든다. 이보다 더 비싼 과정은 그 엔트로피 생성이 0에 더 가까워서 "덜 비가역적"이다. 그러나 이 과정으로 달성되는 비용절감은 연간 $1000에 이른다는 계산이 나오는데, 이로써 "더 좋은" 과정에 비용을 치르는 데에는 100년이라는 순 원금회수 기간이 필요하게 된다는 것을 나타낸다. 분명한 점은, 열역학적으로 더 좋은 과정이 경제적으로 이치에 맞는 것은 아니라는 것이다. 또 다른 예로는 재료를 200 ℃로 매우 빠르게 가열시켜야 하는 과정이 있을 수도 있는 것이다. 이 재료를 온도가 205 ℃인 열원으로 가열시킬 수도 있겠지만, 이 과정이 500 ℃의 열원으로 한층 더 신속하게 일어나게 된다는 사실을 알 수 있을 것이다. 여기에서는 급속 가열이 필요함에 따라, 이 때문에 한층 더 많은 엔트로피가 발생되어 과정이 한층 더 비가역적이 되더라도, 한층 더 고온의 열원을 사용하게 된다.

가끔은 엔트로피 생성을 최소화하는 데에 몰두하기도 하지만, 중요한 점은 엔트로피 생성에는 근본적인 문제가 전혀 없다는 사실에 유의하여야 한다는 것이다. 엔트로피 생성이 보통은 과정이 덜 효율적이라는 것을 나타내기는 하지만, 효율을 증가시키는 것이 경제적으로 이치에 맞지 않을 때가 많이 있거나, 다른 요인들 때문에 과정의 에너지 효율의 중요성이 부정되는 경우가 많이 있다. 즉, 에너지 효율 요인을 대체하는 생산성 효율이나 경제적 고려 사항들이 있을 수 있는 것이다.

심층 사고/토론용 질문

지구상에서 화석 연료원과 그 사용에 관하여 엔트로피 생성이 함의하는 바는 무엇인가?

6.5 등엔트로피 효율

장치가 자체의 이상적인 성능에 얼마나 근접하여 작동하는지를 결정하는 것에 큰 관심을 두거나, 아니면 이와는 반대로, 알고 있는 장치의 알고 있는 효율을 사용하여 장치 속을 흐르는 유체의 출구 상태를 구하는 데 어떻게 해야 하는지 그리고 장치에서 얼마나 많은 동력이 생산되거나 소비되는지에 큰 관심을 두게 될 때가 많이 있다. 그럴 때에는 모두 다 **등엔트로피 효율**(isentropic efficiency)을 사용하면 된다. 등엔트로피 효율은 대부분 터빈, 압축기 및 펌프에 공통적으로 적용된다. 때때로 노즐과 디퓨저에 사용되기도 한다.

등엔트로피 효율이라는 용어는 어느 정도는 잘못된 용어이지만, 왜 이 용어가 사용되는지는 이해할 만하다. 앞서 이상적인 과정은 가역적이라고 정립한 바가 있다. 게다가 단열 터빈, 압축기 및 펌프가 동력 출력(터빈에서)을 최대화하거나 (압축기와 펌프에서는) 동력 소비를 최소화 해보려고 흔히 쓰는 방법을 설명한 적이 있다. 그러므로 이러한 장치를 대상으로 해서 실제 성능을 가역 단열 장치에서 나오게 되는 성능과 비교해보려고 하는 것이다. 다음과 같은 식 (6.35)를 살펴보자.

$$\dot{S}_{\text{gen}} = \dot{m}(s_2 - s_1) - \sum_{j=1}^{n} \frac{\dot{Q}_j}{T_{b,j}} \tag{6.35}$$

가역 과정에서는 $\dot{S}_{\text{gen}} = 0$이므로 단열 과정에서는 $\dot{Q} = 0$이다. 이 값들을 식 (6.35)에 대입하면 다음이 나온다.

$$0 = \dot{m}(s_2 - s_1) - 0$$

이 식을 논리적으로 다음과 같이 된다.

$$s_2 = s_1$$

엔트로피가 가역 단열 과정에서는 일정하므로, 일정 엔트로피 과정은 등엔트로피 과정이라고도 한다. 그러므로 가역 단열 과정이라는 용어가 그 과정이 등엔트로피라는 것을 의미하기 때문에, 가역 단열 효율이라고 부르는 게 더욱 더 정확하기는 하지만, 가역 단열 과정을 나타내고 있는 비교 유형을 등엔트로피 효율이라고 한다. 그렇다고는 하지만, 등엔트로피 과정이 가역 단열 과정일 필요는 없다는 사실을 알아야 한다. 계에서 열이 제거되어 엔트로피가 생성되지만 제각기에서 차지하는 몫이 균형을 이루게 되어 일정 엔트로피 과정이 될 수도 있는데, 이 때문에 이 과정은 등엔트로피가 된다.

6.5.1 이상 기체에서의 등엔트로피 과정

물과 냉각제와 같은 유체에 등엔트로피 과정을 수반하는 문제를 풀고자 할 때에는, 일반적으로 초기 엔트로피와 최종 압력, 최종 온도 또는 최종 비체적을 사용하는 적절한 상태량 값을 구하게 된다. 즉, 알고 있는 것에 따라 결정되는 적절한 상태량 값을 구하게 된다. 이렇게 하면 등엔트로피 최종 상태가 나오기 마련이다. 그러나 이상 기체에서는 어떤 관계를 사용하여 이 과정을 상세하게 기술하기도 한다.

먼저, **비열이 일정하다고 가정한 이상 기체**의 경우를 살펴보자. 등엔트로피 과정에서는 식 (6.24)와 식 (6.25)를 다음과 같이 쓸 수 있다.

$$c_v \ln \frac{T_2}{T_1} + R \ln \frac{v_2}{v_1} = 0$$

및

$$c_p \ln \frac{T_2}{T_1} - R \ln \frac{P_2}{P_1} = 0$$

이상 기체에서는,

$$c_p = \frac{kR}{k-1} \quad \text{및} \quad c_v = \frac{R}{k-1} \tag{6.39}$$

이며, 여기에서 k는 비열비이다. 즉, $k = c_p/c_v$이다. 이 관계를 등엔트로피 과정에서의 깁스 식에 대입하면 다음이 나온다.

$$\frac{T_2}{T_1} = \left(\frac{P_2}{P_1}\right)^{\frac{k-1}{k}} \tag{6.40}$$

및

$$\frac{T_2}{T_1} = \left(\frac{v_1}{v_2}\right)^{k-1} \tag{6.41}$$

더 나아가, 식 (6.40)과 식 (6.41)을 등치시키면 다음과 같이 된다.

$$\frac{P_2}{P_1} = \left(\frac{v_1}{v_2}\right)^{k} \tag{6.42}$$

이 식은 '$Pv^k = $ 일정'으로 쓸 수도 있다. 이 식은 $n = k$인 폴리트로프 과정이다. 그러므로 비열이 일정한 이상 기체에서의 등엔트로피 과정은 $n = k$인 폴리트로프 과정으로 표현되므로, 이 경우의 이동 경계 일은 식 (2.16c)에서 $n = k$로 치환하여 구할 수 있다. 게다가, 식 (6.40)-(6.42)는 이러한 과정에서 온도, 압력 및 비체적이라는 통상적인 상태량들의 관계를 나타내는 데 사용할 수 있다.

사용되고 있는 유체가 공기이고 그 비열의 가변성을 고려해야 할 때에는, 부록에 있는 표 A.3에서 등엔트로피 과정에서의 상태를 빨리 구할 수 있는 기회가 있다. 표 A.3에는 "P_r"값 세로 숫자란(column)과 "v_r"값 세로 숫자란이 있다. 이러한 숫자란에 실려 있는 값들은, 공기가 등엔트로피 과정을 겪을 때 공기의 상대 압력과 상대 비체적을 각각 나타낸다. 개별적으로는, 이러한 숫자란에 있는 숫자들은 쓸모가 거의 없지만, 등엔트로피 과정에서는 숫자란에 있는 값들의 비가 각각의 실제 상태량의 비와 같다. 그러므로 등엔트로피 과정을 겪고 있는 가변 비열의 공기에서는 다음과 같이 된다. 즉,

$$\frac{P_2}{P_1} = \frac{P_{r,2}}{P_{r,1}} \quad \text{및} \quad \frac{v_2}{v_1} = \frac{v_{r,2}}{v_{r,1}} \qquad\qquad (6.43a, \ b)$$

등엔트로피 과정에서 실제 압력비와 실제 비체적비를 알고 있고 초기 상태를 알고 있으면, 식 (6.43a)나 식 (6.43b)를 사용하여 최종 상대 압력 값이나 최종 상대 비체적 값을 계산한 다음, 표 A.3을 사용하여 필요한 대로 상응하는 최종 온도, 최종 비엔탈피, 또는 최종 비내부 에너지 값을 구하면 된다. 열역학적 상태량을 구하는 컴퓨터 프로그램에는 이러한 상대 값들이 들어 있지 않으므로, 표 A.3과 같은 표를 사용하여 이 계산을 활용하면 대부분 될 것 같다. 또한, 이러한 표는 공기 이외의 기체들에는 흔하지가 않다. 예제 6.13에는 이러한 계산 과정이 예시되어 있다.

▶ 예제 6.13

공기가 300 K 및 100 kPa에서 최종 압력 1500 kPa까지 등엔트로피 압축 과정을 겪고 있다. 공기를 비열이 가변적인 이상 기체라고 보고, 이 과정의 최종 상태에서의 공기 온도를 구하고, 이 과정에서의 비엔탈피 변화를 구하라.

주어진 자료 : $T_1 = 300$ K, $P_1 = 100$ kPa, $P_2 = 1500$ kPa

구하는 값 : T_2(최종 온도) 및 Δh(비엔탈피 변화)

풀이 작동 유체는 공기이다.

가정: 공기는 비열이 가변적인 이상 기체이고, 등엔트로피 과정이다($s_2 = s_1$).

이 예제에서는 표 A.3을 사용한다. 이 표에서, 온도가 300 K일 때에는 다음과 같다.

$$h_1 = 300.19 \text{ kJ/kg} \qquad P_{r,1} = 1.70203$$

식 (6.43a)에서 다음과 같다.

$$P_{r,2} = (P_2/P_1)P_{r,1} = (1500 \text{ kPa}/100 \text{ kPa})(1.70203) = 25.53$$

$P_{r,2}$는 이 표에 바로 나와 있지 않으므로, 선형 보간법(내삽법)을 사용하여 $T_2 = 678 \text{ K}$(이는 최종 온도임)와 $h_2 = 689.36 \text{ kJ/kg}$을 구하면 된다.

그러므로 비엔탈피 변화는 $\Delta h = h_2 - h_1 = 389.2 \text{ kJ/kg}$이다.

잊지 말아야 할 점은, 표 A.3에서 P_r과 v_r만이 등엔트로피 과정에 적용한다는 것이다. 게다가 유의해야 할 점은, 이 값들에는 그에 관련된 단위가 없다는 것이다.

6.5.2 등엔트로피 터빈 효율

터빈과 같이 일을 발생시키는 장치에서는, 비가역 장치와 그에 상응하는 가역 정치가 각각 동일한 두 압력 조건 사이에서 작동하게 되면, 비가역 장치에서는 가역 장치에서보다 일이 덜 발생하기 마련이다. 효율이 1 보다 작아지게 되도록, 일 발생 장치에서는 등엔트로피 효율 η_s를 다음과 같이 정의한다.

$$\eta_{s,\text{work-producing device}} = \frac{\text{실제 일}}{\text{등엔트로피 일}}$$

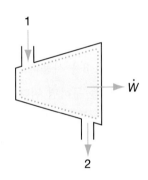

〈그림 6.14〉 상태 1은 입구 유동이고 상태 2는 출구 유동인 터빈.

특히, 그림 6.14와 같은 단열 터빈에서는 상태 1을 입구 상태라고 하고 상태 2를 출구 상태라고 할 때, 그 등엔트로피 효율은 다음과 같다.

$$\eta_{s,t} = \frac{h_1 - h_2}{h_1 - h_{2s}} \tag{6.44}$$

이 식은 운동 에너지 변화와 위치 에너지 변화가 전혀 없고 열전달이 0이라고 가정할 때, 분자와 분모에 있는 질량 유량 항들이 서로 소거되어 버린다는 사실을 알고서 전개시킨 것이다. 양 h_1은 입구 상태 엔탈피를, h_2는 실제 출구 상태 엔탈피를, 그리고 h_{2s}는 등엔트로피 과정 출구 상태 엔탈피를 각각 나타낸다. 이 값들은 등엔트로피 과정과 실제 과정 간의 비교와 마찬가지로서, 그림 6.15와 같이 그래프로 나타낼 수도 있다. 이 그림에는 증기 터빈에 과열 증기가 유입되는 상태에서 증기 터빈에 수반되는 잠재적인 상황에서의 $T-s$ 선도(온도-비엔트로피 선도)가 들어 있다.

유의할 점은 $\eta_{s,t} \le 1$이므로 계산 결과가 등엔트로피 효율이 1보다 더 크게 나오게 되면 그 과정은 열역학 제2법칙을 위배하게 된다는 것이다.

상태 1과 2는 간단히 이해가 되겠지만, 상태 $2s$에는 한층 더 많은 설명이 필요하다. 상태 $2s$에서는, 압력이 실제 출구 압력과 같다고 가정하고 엔트로피는 입구 상태 엔트로피와 같다고 가정한다. 즉,

$$P_{2s} = P_2$$

$$s_{2s} = s_1$$

이 2가지 상태량을 알면, 증기나 냉각제의 컴퓨터 프로그램에서 등엔트로피 출구 상태의 엔탈피를 구할 수 있다. 이와는 달리 이상 기체를 취급하고 있을 때에는, 6.5.1에서 설명한 이상 기체 관계들을 사용하여 등엔트로피 출구 상태 상태량들을 구하면 된다.

그림 6.15에는 증기 터빈 과정에 관한 3가지 가능한 시나리오가 나타나 있다. 즉, 그림 6.15a에는 가설적인 등엔트로피 출구 상태와 실제 출구 상태가 모두 포화 혼합물일 때의 결과가 나타나 있고, 그림 6.15b에는 등엔트로피 출구 상태는 포화 혼합물이지만, 실제 출구 상태는

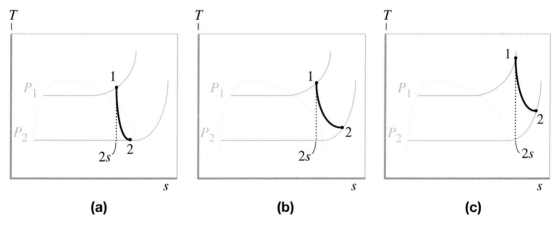

〈그림 6.15〉 (과열 증기가 유입되는 상태에서) 증기 터빈 거동에 관한 3가지 가능한 시나리오를 나타내는 $T-s$ 선도. (a) 가설적인 등엔트로피 출구 상태 $(2s)$와 실제 출구 상태 (2)가 모두 포화 혼합물이다. 이 경우에는 $T_{2s} = T_2$이다. (b) 등엔트로피 출구 상태는 포화 혼합물이지만, 실제 출구 상태는 과열 증기이다. (c) 등엔트로피 출구 상태와 실제 출구 상태가 모두 과열 증기이다. (b)와 (c)에서는 모두 $T_{2s} \ne T_2$이다.

과열 증기일 때의 선도가 나타나 있으며, 그림 6.15c에는 등엔트로피 출구 상태와 실제 출구 상태가 모두 과열 상태일 때의 선도가 나타나 있다. 3가지 시나리오는 모두가 터빈이 작동되고 있는 특정 상태에 따라서 실제로 존재할 수 있다. 주목할 점은, 시나리오에 따라서 등엔트로피 출구 상태와 실제 출구 상태는 그 온도가 서로 다를 수도 있지만, 정의한 대로 그 압력은 동일하다는 것이다. 경우 (a)에서는 상태 2와 상태 2s는 동일한 압력에서 포화 상태이기 때문에 온도가 같다. 그러나 경우 (b)와 (c)에서는 상태 2에서의 과열 증기의 온도가 이상적인 출구 상태 온도보다 더 높기 때문에, $T_2 > T_{2s}$이다.

학생 연습문제

본인이 개발한 터빈용 컴퓨터 모델을 터빈 해석에서 등엔트로피 효율이 사용될 수 있게 이를 포함시켜 수정하라. 모델에서는 실제 출구 온도가 직접 계산이 되거나 아니면 실제 출구 비엔탈피가 제공되어 그 값이 출구 온도를 구하는 데 또 다른 자료원으로 사용될 수 있도록 하여야 한다.

▶ 예제 6.14

증기가 600 ℃의 온도와 10 MPa의 압력에서 5 kg/s의 질량 유량으로 터빈에 유입된다. 이 증기는 100 kPa의 압력으로 유출된다. 터빈의 등엔트로피 효율은 0.75이다. 터빈은 단열되어 있다고 가정하고 터빈에서 나오는 동력 출력을 구하라.

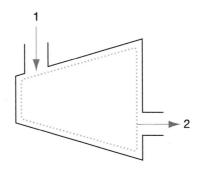

주어진 자료 : $P_1 = 10\,\text{MPa}$, $T_1 = 600\,℃$, $\dot{m} = 5\,\text{kg/s}$, $P_2 = 100\,\text{kPa}$, $\eta_{s,t} = 0.75$

구하는 값 : $\dot{W}$

풀이 이 시스템은 단일 입구, 단일 출구 개방계이다. 작동 유체는 물로서 수증기 형태이다. 이 수증기는 초기에는 과열 상태이지만, 출구에서는 이 수증기가 과열 상태인지 포화 혼합물인지 알지 못한다.

가정 : $\Delta KE = \Delta PE = 0$

$\quad\quad \dot{Q} = 0$(단열)

열전달이나 운동 에너지 변화나 위치 에너지 변화가 전혀 없는 터빈에서는, 열역학 제1법칙이 다음과 같이 된다.

$$\dot{W} = \dot{m}(h_1 - h_2)$$

컴퓨터 소프트웨어에서, $h_1 = 3625.3\ kJ/kg$이 나온다. h_2를 구하려면, 등엔트로피 효율이 필요한데, 그러려면 먼저 상태 $2s$를 구해야 한다.

컴퓨터 소프트웨어에서, $s_1 = 6.9029\ kJ/kg \cdot K$가 나온다.

상태 $2s$에서는, $s_{2s} = s_1 = 6.9029\ kJ/kg \cdot K$이고, $P_{2s} = P_2 = 100\ kPa$이다. 이는 포화 혼합물로서, $x_{2s} = 0.925$이고 $h_{2s} = 2506.1\ kJ/kg$이다.

다음 식에서,

$$\eta_{s,t} = \frac{h_1 - h_2}{h_1 - h_{2s}}$$

$h_2 = 2785.9\ kJ/kg$을 구한다. 이 상태는 $T_2 = 154.8℃$인 과열 증기로 판명된다.

발생된 동력을 구하면 다음과 같이 나온다.

$$\dot{W} = 4200\ kW$$

해석 : 이 문제는 이상적인 증기 터빈에서의 출구 상태가 어떻게 포화 혼합물인지를 보여주는 좋은 예제이지만, 비이상적인 증기 터빈의 실제 출구는 과열 상태이다. 항상 기억해야 할 점은, 이상적인 출구 상태는 바로 다음과 같다는 것이다. 즉, 이상적인 상태는 실제 상태가 아니며, 실제 상태는 터빈에 손실이라도 있을 때라야 실제로 존재할 뿐이라는 것이다. 실제 출구 온도를 구하려면 실제 출구 엔탈피를 사용하면 된다.

▶ 예제 6.15

비열이 일정한 이상 기체로 거동하는 공기가 터빈에 1000 kPa 및 700 K로 유입되어 100 kPa 및 425 K로 유출된다. 이 터빈의 등엔트로피 효율을 구하라.

주어진 자료 : $P_1 = 1000\ kPa$, $T_1 = 700\ K$, $P_2 = 100\ kPa$, $T_2 = 425\ K$

구하는 값 : $\eta_{s,t}$

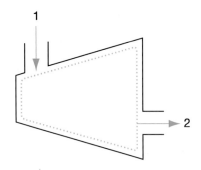

풀이   이 시스템은 작동 유체가 공기인 터빈으로, 공기는 이상 기체로 모델링하면 된다.

가정 : 이 공기는 비열이 일정한 이상 기체로 거동한다.

이 예제에서 비열은 300 K에서의 값을 사용한다. 즉,

$$k = 1.4, \quad c_p = 1.005 \text{ kJ/kg} \cdot \text{K}$$

먼저, 등엔트로피 출구 상태를 구해야 한다. $P_{2s} = P_2$임을 상기한다. 비열이 일정한 이상 기체에서는, 식 (6.40)을 사용하여 등엔트로피 출구 상태 온도와 압력비의 관계를 세우면 된다.

$$\frac{T_{2s}}{T_1} = \left(\frac{P_{2s}}{P_1} \right)^{\frac{k-1}{k}}$$

여기에서, 상태 2를 이제 $2s$로 나타내어 이 상태가 등엔트로피 출구 상태임을 강조하여 다음을 구하면 된다.

$$T_{2s} = 362.6 \text{ K}$$

이제, 식 (6.44) 를 사용하여 터빈의 등엔트로피 효율을 구하면 된다. 식 (6.44)를 사용할 때에는, 이상 기체에서의 비엔탈피 변화를 일정 비열과 연결시키면 다음과 같이 된다. 즉,

$$\eta_{s,t} = \frac{h_1 - h_2}{h_1 - h_{2s}} = \frac{c_p(T_1 - T_2)}{c_p(T_1 - T_{2s})} = \frac{T_1 - T_2}{T_1 - T_{2s}} = 0.815$$

해석 : 주목할 점은, 이 값이 실제 터빈에서 나올 수 있는 결과라는 것이다. 등엔트로피 효율이 1 보다 더 크다고 할 때에는, 주어진 정보가 부정확(하거나 제안된 터빈 시스템이라면 불가능)한 것으로 보면 된다.

아울러 주목할 점은, 사용되는 식 중에서 온도 위주의 식 형태는 비열이 일정한 이상 기체(또는 비열이 일정한 비압축성 물질)에서만 통하기 마련이다. (상변화 영역 근방 물질이나 상변화를 겪고 있는 물질이나 비열이 가변적인 이상 기체에서 처럼) 비엔탈피 변화에 온도 변화를 곱해서 상수가 되지 않을 때에는, 결과적으로 등엔트로피 온도 차에 대한 실제 온도 차의 비가 등엔트로피 효율에 대한 정확한 답이 될 수가 없기 마련이다.

일반적으로, 설계 조건에서 작동하는 설계가 잘 된 터빈이 있다면, 그 터빈의 등엔트로피 효율은 75~90 % 사이라고 예상하면 된다. 이 등엔트로피 효율은 터빈이 설계 조건에서 상당히 벗어나서 작동되고 있을 때에는 훨씬 낮게 나오기도 한다.

심층 사고/토론용 질문

터빈에서는, 등엔트로피 효율, 엔트로피 생성률, 및 관련 발생 동력이 어떻게 되는가?

6.5.3 등엔트로피 압축기 효율 및 등엔트로피 펌프 효율

압축기와 펌프처럼 일을 흡수하는 장치에서는, 등엔트로피 효율의 정의가 바뀌지만, 그 값은 1 이하로 그대로 유지된다. 비이상적인 압축기나 펌프는 이상적인 장치보다 더 많은 동력을 사용하기 마련이므로, 일 흡수 장치의 등엔트로피 효율은 다음과 같이 정의된다. 즉,

$$\eta_{s,\text{work-absorbing device}} = \frac{\text{등엔트로피 일}}{\text{실제 일}}$$

그림 6.16과 같은 압축기에서는, 등엔트로피 효율이 다음과 같이 표현된다. 즉,

$$\eta_{s,c} = \frac{h_1 - h_{2s}}{h_1 - h_2} \tag{6.45}$$

이와 동일한 표현식이 그림 6.17과 같은 펌프의 등엔트로피 효율에도 사용된다.

$$\eta_{s,p} = \frac{h_1 - h_{2s}}{h_1 - h_2} \tag{6.46}$$

그림 6.16에는 또한 가스 압축기에 수반되는 등엔트로피 과정과 실제 과정에서의 $T-s$ 선도가, 그림 6.17에는 액체 펌핑의 등엔트로피 과정과 실제 과정에서의 $T-s$ 선도가 각각 그려져 있다. 유의할 점은, 펌핑 과정에서 겪게 되는 온도 변화가 전형적으로 작다는 것이다. 식 (6.45)와 식 (6.46)에서 상태 1은 입구 상태를, 상태 2는 실제 출구 상태를, 그리고 상태 $2s$는 등엔트로피 출구 상태를 각각 나타낸다. 등엔트로피 출구 상태는 터빈에서와 같은 방식으로 정의된다. 즉, $P_{2s} = P_2$ 및 $s_{2s} = s_1$이다. 다시금 명심해야 할 것은, 펌프나 압축기의 등엔트로피 효율은 1보다 작거나 같아야만 하며, 이러한 장치 중에 하나가 그 등엔트로피 효율이 1보다 더 크게 되면 그 장치는 열역학 제2법칙을 위배하게 된다는 것이다. 전형적으로, 설계가 잘

되어 있고 설계 조건 근방에서 작동되고 있는 압축기들은 그 등엔트로피 효율이 0.75~0.85 사이가 되기 마련인 반면에, 펌프들은 등엔트로피가 어느 정도 더 낮을 때가 많아서 0.60~0.80 사이가 된다.

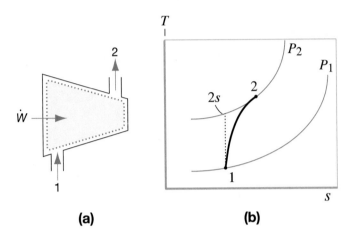

〈그림 6.16〉 (a) 가스 압축기의 개략도. 여기에서 상태 1은 입구 상태이고 상태 2는 출구 상태이다. (b) 압축기 내 유동의 비등엔트로피 과정을 나타낸 T-s 선도.

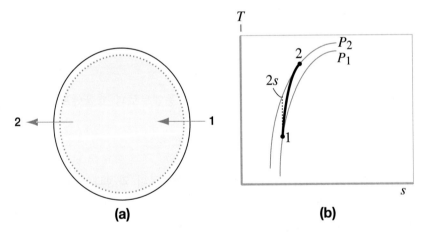

〈그림 6.17〉 (a) 액체 펌프의 개략도. 여기에서 상태 1은 입구 상태이고 상태 2는 출구 상태이다. (b) 펌프 내 유동의 비등엔트로피 과정을 나타낸 T-s 선도.

▶ 예제 6.16

압축기에 공기가 100 kPa 및 300 K로 유입되어 이 공기는 500 kPa로 압축된다. 이 압축기의 등엔트로피 효율은 0.7이다. 공기의 실제 출구 온도를 구하라.

주어진 자료 : $P_1 = 100$ kPa, $T_1 = 300$ K, $P_2 = 500$ kPa, $\eta_{s,c} = 0.70$

구하는 값 : T_2

풀이 이 장치는 비이상적인 기본 압축기다. 작동 유체는 공기로서 이상 기체로 취급하면 된다.

가정: 공기는 비열이 일정하다.

  공기의 비열비는 300 K에서의 값으로 정한다. 즉 $k = 1.40$.

첫 단계는 비열이 일정한 이상 기체에 등엔트로피 관계를 사용하여 등엔트로피 출구 온도를 구한다[식 (6.40)]. 즉,

$$\frac{T_{2s}}{T_1} = \left(\frac{P_{2s}}{P_1} \right)^{\frac{k-1}{k}}$$

P_{2s}는 P_2와 같다고 정의한 사실을 상기하면, $T_2 = 475.1$ K이다.

그러면, 압축기에 등엔트로피 효율식[식 (6.45)]을 적용하면 다음과 같다.

$$\eta_{s,c} = \frac{h_1 - h_{2s}}{h_1 - h_2} = \frac{c_p(T_1 - T_{2s})}{c_p(T_1 - T_2)} = \frac{(T_1 - T_{2s})}{(T_1 - T_2)} = 0.70$$

T_2를 구하면 다음이 나온다.

$$T_2 = 550 \text{ K}$$

해석 : 분명한 점은, 실제 출구 온도는 압축기의 등엔트로피 효율이 감소함에 따라 한층 더 크게 증가하기 마련이라는 것이다. 이 사실을 확인해 보려면, 터빈의 여러 가지 등엔트로피 효율 값들을 사용하여 실제로 계산을 해보면 된다. 그렇게 계산을 해보면 다음 그래프와 비슷한 결과가 나오게 된다. 즉,

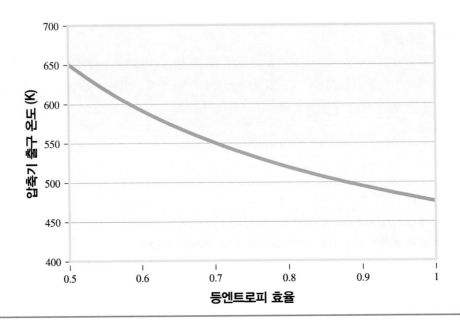

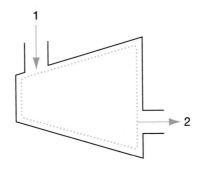

▸ 예제 6.17

냉장고 압축기에서 R-134a 냉매가 14 g/s의 질량 유량으로 200 kPa abs.의 포화 증기에서 825 kPa abs.로 압축된다. 압축기에서 유출되는 R-134a의 온도는 45 ℃로 측정된다. 압축기의 등엔트로피 효율은 얼마이고 압축기에서 소비되는 동력은 얼마인가?

주어진 자료 : $P_1 = 200\,\text{kPa abs.}$, $x_1 = 1.0$, $P_2 = 825\,\text{kPa abs.}$, $T_2 = 45\,℃$, $\dot{m} = 14\,\text{g/s}$

구하는 값 : $\eta_{s,c}$, $\dot{W}$

풀이 이 압축기는 정상 상태, 정상 유동으로 운전되는 단일 입구, 단일 출구 개방계이다. 작동 유체는 R-134a이며, 그 상태량은 컴퓨터 프로그램이나 표에서 구하면 된다.

가정 : $\Delta KE = \Delta PE = 0$

$\dot{Q} = 0$(단열)

이 압축기는 단열이 되어 있고 운동 에너지 변화나 위치 에너지 변화가 전혀 없다고 가정하면, 압축기에서 소비되는 동력은 다음과 같이 단순 변형된 열역학 제1법칙 식으로 구하면 된

$$\dot{W} = \dot{m}\,(h_1 - h_2)$$

상태량을 구하는 컴퓨터 프로그램에서 다음이 나온다.

$$h_1 = 393 \text{ kJ/kg} \quad \text{및} \quad h_2 = 429 \text{ kJ/kg}.$$

이 값들을 대입하면 다음이 나온다.

$$\dot{W} = -0.504 \text{ kW}$$

등엔트로피 효율을 구하려면, 먼저 입구 엔트로피가 필요하다. 상태량을 구하는 동일한 컴퓨터 프로그램에서 다음이 나온다.

$$s_1 = 0.9503 \text{ kJ/kg} \cdot \text{K}$$

$s_{2s} = s_1$ 및 $P_{2s} = P_2$라고 놓으면, h_{2s}를 다음과 같이 구할 수 있다.

$$h_{2s} = 419 \text{ kJ/kg}$$

식 (6.45)로 등엔트로피 효율을 구하면 다음과 같다.

$$\eta_{s,c} = \frac{h_1 - h_{2s}}{h_1 - h_2} = \mathbf{0.722}$$

해석 : 이 등엔트로피 효율은 냉동기 압축기에서 예상할 수 있는 값과 일치한다.

펌프와 압축기의 등엔트로피 효율이 설계에서 중요한 고려 사항이기는 하지만, 비이상적인 펌프를 사용할 때에는, 비이상적인 압축기를 사용할 때와 극적으로 거의 마찬가지로, 유체의 출구 온도와 장치의 동력 소비에 영향을 주지 않을 때가 많다. 그 이유는 압축기에서 사용되는 동력량과 비교하면, 펌프에서 사용되는 동력량이 적기 때문이다. 게다가, 액체의 비열은 흔히 기체의 비열보다 더 크다. 그러므로 에너지가 입력될수록 온도 변화가 느려지게 되는 물질에 영향을 미치는 동력량이 적어질수록, 그 온도 변화는 작아지게 된다. 비효율성 때문에 사용되는 동력과 유출되는 엔탈피는 증가하기 마련이지만, 그 엔탈피 차이 때문에 온도는 단지 근소하게 변화하게 되고 동력 소비가 증가하기 마련이다.

비이상적인 펌프에서 유출되는 액체의 온도 변화를 구하는 것은 어렵기도 하므로, 그 대신에 보통은 엔탈피 변화에 주목하게 된다. 그러나 등엔트로피 과정을 사용하여 등엔트로피 출구 상태 엔탈피를 구하는 것은 액체에서는 문제될 수도 있다. 그러나 비압축성 물질을 가정함으로써 이러한 어려움을 쉽게 극복할 수 있다. 식 (6.22)를 살펴보자. 즉,

$$Tds = dh - vdP \qquad (6.22)$$

식 (6.22)를 적분하면 다음이 나온다.

$$\int Tds = h_2 - h_1 - \int vdP \qquad (6.47)$$

비압축성 물질($v=$ 일정)에서 등엔트로피 과정($ds = 0$)을 살펴보면, 식 (6.47)은 다음과 같이
되기도 한다.

$$h_2 - h_1 = v(P_2 - P_1) \qquad (6.48)$$

식 (6.48)은 등엔트로피 과정(이 경우에는 $h_2 = h_{2s}$ 임)을 겪는 비압축성 액체에서 엔탈피 변화를
어림 계산하는 데 사용할 수 있다.

▶ 예제 6.18

단열된 펌프에 액체 물이 20 ℃ 및 100 kPa로 2.5 kg/s의 질량 유량으로 유입된다. 이 물은
2000 kPa로 유출된다. 펌프의 등엔트로피 효율은 0.65이다. 펌프에서 소비되는 동력을 구하라.

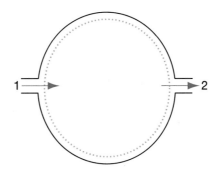

주어진 자료 : $P_1 = 100\,\text{kPa}$, $T_1 = 20\,℃$, $P_2 = 2000\,\text{kPa}$, $\dot{m} = 2.5\,\text{kg/s}$, $\eta_{s,p} = 0.65$

구하는 값 : $\dot{W}$

풀이 이 펌프는 정상 상태, 정상 유동으로 운전되는 단일 입구, 단일 출구 개방계이다. 작동 유체는
액체 물이다.

가정 : $\Delta KE = \Delta PE = 0$

$\quad\dot{Q} = 0$(단열)

물은 비압축성 물질이다. (그러나 압력 변화가 크므로 비열이 일정하다고 가정하면 안 되며,
그 대신에 컴퓨터 프로그램을 사용하여 엔탈피 값을 구하면 된다.)

단열된 펌프에서 운동 에너지 변화나 위치 에너지 변화는 전혀 없다고 가정하면, 소비되는 동력은
다음과 같은 열역학 제1법칙에서 구하면 된다.

$$\dot{W} = \dot{m}\,(h_1 - h_2)$$

컴퓨터 소프트웨어에서 다음을 구한다. 즉, $h_1 = 83.96\ \text{kJ/kg}$.

등엔트로피 출구 상태는 식 (6.48)에서 구하면 된다. 즉,

$$h_{2s} - h_1 = v(P_{2s} - P_1)$$

여기에서는 $P_{2s} = P_2$임을 잊지 말아야 한다. 컴퓨터 소프트웨어에서 $v = v_1 = 0.0010018\ \text{m}^3/\text{kg}$가 나온다.

식을 풀면 다음이 나온다.

$$h_{2s} = 85.86\ \text{kJ/kg}$$

펌프의 등엔트로피 효율 식(식 (6.46))은,

$$\eta_{s,p} = \frac{h_1 - h_{2s}}{h_1 - h_2}$$

이므로, h_2를 구하면 다음이 나온다.

$$h_2 = 86.89\ \text{kJ/kg}$$

값들을 대입하고 동력을 구하면 다음이 나온다.

$$\dot{W} = \dot{m}\,(h_1 - h_2) = -\,\textbf{7.32 kW}$$

해석 : 물의 출구 온도를 구하고자 한다면, $T_2 \approx 21\,℃$ 라고 놓아도 된다. 이때에는 온도 변화가 작기 때문에, 식 (6.48)의 해석방법을 사용하여 펌프에서 유출되는 물의 등엔트로피 출구 상태를 구하면 더 좋을 때가 있다.

심층 사고/토론용 질문

다음 과정 중에서 어느 쪽이 더 힘이 드는가? 기체 압축기의 등엔트로피 효율 올리기와 액체 펌프의 등엔트로피 효율 올리기.

학생 연습문제

본인이 개발한 펌프용 컴퓨터 모델을, 펌프의 등엔트로피 효율이 포함되게 수정하라. 펌프를 흐르는 액체는 온도 변화를 거의 겪지 않으므로, 실제 출구 온도를 계산할 수 있는 능력을 추가하고 말고는 본인의 선택에 맡긴다.

6.6 엔트로피 해석의 일관성

앞의 두 절에서는, 엔트로피로 수행할 수 있는 2가지 다른 유형의 해석을 살펴보았다. 이 두 가지 유형 모두는 (해석을 할 때 가정을 적절하게 세우고 있는지를 항상 고려해야만 하는데도) 과정이 가능한지 아닌지를 판단할 수 있는 통찰력을 제공해 주기도 하고, 이 두 가지 유형은 모두가 열역학적 관점에서 여러 가지 과정들을 비교하여 어느 과정에서 비가역성이 최소가 되는지를 알아보는 데 사용되기도 한다. 가역 과정을 해석해보면, 과정에서 달성될 수 있는 이상적인 한계들을 이해하는 데 도움이 될 때가 있다.

중요한 점은, 엔트로피 생성 해석의 결과와 등엔트로피 효율 해석의 결과는 일치된다는 사실을 잊지 말아야 하는 것이다. 등엔트로피 효율이 낮은 터빈, 압축기 또는 펌프는 등엔트로피 효율이 높은 장치보다 엔트로피 생성률이 높다는 것도 알 수 있을 것이다. 두 가지 해석 유형 모두에서는 비가역 과정과 이상적인 가역 과정이 비교되고 있다. 장치가 효율이 낮을수록, 그 장치에서 생성되는 엔트로피는 커진다. 마찬가지로, 효율이 낮은 장치일수록 터빈에서는 생산되는 동력이 적어지게 마련이고, 압축기나 펌프에서는 사용되는 동력이 많아지기 마련이다. 이러한 내용은 예제 6.19에 예시되어 있다.

▶ 예제 6.19

증기 터빈에 증기가 5.0 MPa 및 500 ℃로 25 kg/s의 질량 유량으로 유입되어, 이 증기는 150 kPa로 유출된다. 이 터빈은 단열되어 있다. 본인의 터빈 해석용 컴퓨터 모델을 사용하여, 등엔트로피 효율이 0.40에서 1.0 사이에서 변할 때, 발생되는 동력, 엔트로피 생성률 및 출구 온도를 그래프로 각각 그려라.

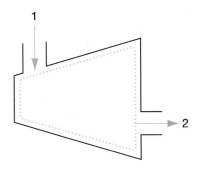

주어진 자료 : $\dot{m} = 25 \, \text{kg/s}$, $P_1 = 5.0 \, \text{MPa}$, $T_1 = 500 \, ℃$, $P_2 = 150 \, \text{kPa}$

구하는 값 : $\dot{W}$, $\dot{S}_{\text{gen}}$, 등엔트로피 효율 변화에 따른 출구 온도 T_2

풀이 이 시스템은 단일 입구, 단일 출구 개방계이다. 작동 유체는 물로서 수증기 형태이다.

이 수증기는 초기에는 과열 상태이지만, 출구에서는 과열 상태인지 포화 혼합물인지를 알지 못한다.

가정 : $\dot{Q} = \Delta KE = \Delta PE = 0$, 정상 상태, 정상 유동 과정.

열역학 제1법칙에 가정을 적용하면 다음과 같이 된다.

$$\dot{W} = \dot{m}\,(h_1 - h_2)$$

또한, 식 (6.35)에서 다음과 같다.

$$\dot{S}_{\text{gen}} = \dot{m}(s_2 - s_1)$$

그리고 식 (6.44)에서 다음과 같다.

$$h_2 = h_1 - \eta_{s,t}\,(h_1 - h_{2s})$$

컴퓨터 모델을 사용하면, 다음의 그래프를 그려낼 수 있다.

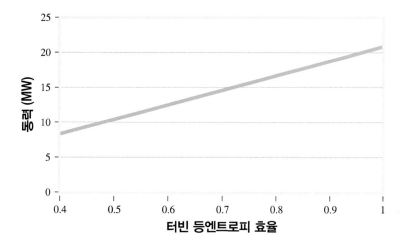

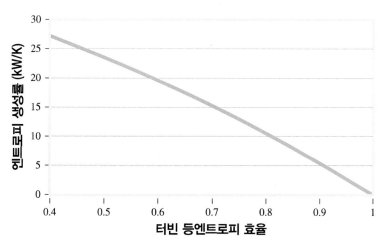

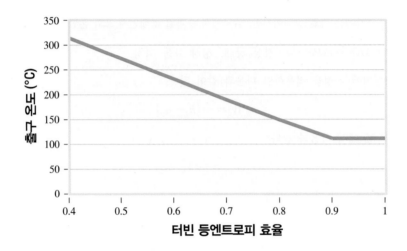

해석 : 유출 수증기는 등엔트로피 효율 값이 높은 포화 혼합물이다. 그러므로 고 등엔트로피 효율 영역에서는, 등엔트로피 효율이 증가함에 따라 증기 혼합물의 건도(quality)는 감소하지만 출구 온도는 변화하지 않는다. 저 등엔트로피 효율 영역에서는, 터빈에서 유출되는 수증기는 과열 상태이므로 저 등엔트로피 효율에서 나타나는 손실이 증가함에 따라 출구 온도는 더 높아진다. 아울러 주목해야 할 점은, 등 엔트로피 효율이 감소함에 따라 동력 출력은 감소하지만 엔트로피 생성률은 증가한다는 것이다.

6.7 엔트로피 생성과 비가역성

앞서, 비가역 과정이 어떻게 우주에서 엔트로피 생성을 겪게 되는지를, 반면에 가역 과정에서는 왜 엔트로피 생성이 전혀 일어나지 않는지를 설명한 바 있다. 또한, 어떻게 엔트로피 생성을 과정들을 비교하는 데 사용하여 어느 과정이 "덜 비가역적"인가를 결정할 수 있는지도 설명하였다. 이런 면에서, 비가역성은 과정 중에 손실된 퍼텐셜 일의 척도이다. 이 절에서는, 과정의 비가역성을 엔트로피 생성과 명시적으로 관계를 맺을 것이다. 그렇게 하고자 하려면 다수의 유사한 해석들을 할 수도 있고 그렇지 아니면 일반적인 전개를 할 수도 있다. 그러나 이를 분명하게 나타내고자 여기에서는 간단한 단일 입구, 단일 출구, 정상 상태, 정상 유동 과정 해석을 사용할 것이다.

그림 6.18과 같은 단일 입구, 단일 출구, 정상 상태, 정상 유동 장치를 살펴보자. 이 단계에서는 이 장치를 일 발생 장치라고 보면 된다. 계에서는 운동 에너지 변화나 위치 에너지 변화는 전혀 없다고 가정하면, 이 장치에서 열역학 제1법칙은 다음과 같다.

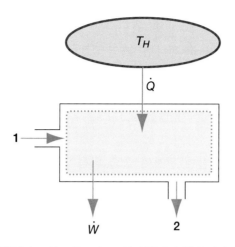

〈그림 6.18〉 일을 발생시키고 있고 온도가 T_H인 열원에서 열이 전입되고 있는, 단일 입구, 단일 출구 개방계. 열역학 제2법칙을 만족하려면, 열은 또한 주위로 제거되어야 마땅하다.

$$\dot{Q} - \dot{W} = \dot{m}(h_2 - h_1) \tag{6.49}$$

계는 온도가 T_H인 열원에서 하나의 열전달을 겪고 있다. 그러므로 이 계의 엔트로피 균형은 다음과 같다.

$$\dot{S}_{\text{gen}} = \dot{m}(s_2 - s_1) - \frac{\dot{Q}}{T_H} \geq 0 \tag{6.50}$$

비가역성 발생률 $\dot{I}$를 다음과 같이 정의하기로 하자.

$$\dot{I} = \dot{W}_{\text{rev}} - \dot{W}_{\text{irr}} \tag{6.51}$$

여기에서, $\dot{W}_{\text{rev}}$는 가역 과정에서 발생되는 동력이고, $\dot{W}_{\text{irr}}$은 비가역 과정에서 발생되는 동력이다(주목할 점은, 이 정의는 일 흡수 장치에서는 비가역성이 양수로 유지되도록 뒤바뀔 수도 있다는 것이다).

비가역 과정과 가역 과정은 모두 입구 상태와 출구 상태가 각각 동일(h_1, s_1, h_2 및 s_2)하고 동일한 열원(T_H)에서 전입되는 열전달률($\dot{Q}$)이 동일하다고 하자. 지금 식에 있는 항이 비가역 과정에서는 양(+)의 엔트로피 생성률을 발생시키기 때문에, 엔트로피 생성률이 0이어야 하는 가역 과정에서는 식 (6.50)에 엔트로피 수송 항이 추가되어야만 한다. 분명히 식 (6.50)에는 질량 유동을 통한 엔트로피 수송이 추가될 수는 없지만, 엔트로피 생성률 균형 개념의 초기 전개를 고려해보면, 열전달을 통한 엔트로피 수송은 추가될 가능성이 있다[식 (6.34) 참조].

이 열전달이 발생되어야 하는 자연스러운 곳은 주위와의 사이인데, 이 주위는 온도를 T_0라고 할 것이다. 이 열전달률을 $\dot{Q}_0$라고 한다면, 가역 과정에서의 엔트로피 발생률 균형은 다음과 같이 쓸 수 있다.

$$\dot{S}_{\text{gen}} = \dot{m}(s_2 - s_1) - \frac{\dot{Q}}{T_H} - \frac{\dot{Q}_0}{T_0} = 0 \tag{6.52}$$

식 (6.52)를 주위와의 열전달률에 관하여 풀면 다음이 나온다.

$$\dot{Q}_0 = \dot{m}\, T_0 (s_2 - s_1) - \frac{\dot{Q}\, T_0}{T_H} \tag{6.53}$$

이제 가역 과정에는 열전달이 2개가 있다고 보면, 가역 과정에서의 열역학 제1법칙은 다음과 같이 된다.

$$\dot{W}_{\text{rev}} = -\dot{m}(h_2 - h_1) + \dot{Q} + \dot{Q}_0 \tag{6.54}$$

시 (6.53)을 식 (6.54)에 내입하면 다음이 나온다.

$$\dot{W}_{\text{rev}} = -\dot{m}(h_2 - h_1) + T_0 \dot{m}(s_2 - s_1) + \dot{Q} - \dot{Q}\frac{T_0}{T_H} \tag{6.55}$$

비가역 과정 동력은 식 (6.49)로 구한다. 즉, 이 식에 적용된 시나리오는 비가역 과정에도 성립된다.

$$\dot{W}_{\text{irr}} = -\dot{m}(h_2 - h_1) + \dot{Q} \tag{6.56}$$

식 (6.55)와 식 (6.56)을 식 (6.51)에 대입하면 다음이 나온다.

$$\dot{I} = T_0 \dot{m}(s_2 - s_1) - T_0\frac{\dot{Q}}{T_H} \tag{6.57}$$

식 (6.51)로 시작하는 이 시나리오에서 엔트로피 생성률 표현식을 상기하면, 비가역성 발생률은 다음과 같다.

$$\dot{I} = T_0 \dot{S}_{\text{gen}} \tag{6.58}$$

이 전개가 특정한 상황에 관하여 이루어지기는 하였지만, 출구와 입구가 다중인 장치를 사용하거나 천이 상황에서도 유사한 표현식을 전개할 수 있다. 밀폐계도 사용될 수 있는데, 이때에는 다음과 같이 시간 변화율(rate) 형태가 아닌 표현식이 나온다.

$$I = T_0 S_{\text{gen}} \tag{6.59}$$

분명히, 과정에서의 엔트로피 생성은 비가역성 양과 직접적인 관계가 있다고 할 수 있다. 이어서, 이 비가역성은 가역적이 될 수 없는 과정의 결과로서 그 과정에서 손실된 퍼텐셜 일이라고 볼 수 있다. 일 흡수 장치에서, 비가역성은 장치 자체가 가역적이 될 수 없는 특성의 결과로서 수행되는 과정에서 우주에게서 필요한 추가적인 일량을 나타낸다. 그러므로 이 일은 다른 목적에는 사용할 수 없다.

지금까지는 2가지 유형의 효율, 즉 열효율과 등엔트로피 효율을 살펴보았다. 열효율은 열역학 제1법칙 효율이라고도 한다. 또한, 열역학 제2법칙 효율도 고려할 수 있는데, 이는 계에서 최고 가능한 성능에 대한 실제 성능을 말한다. 등엔트로피 효율은 이 일반적인 개념의 특별한 응용이다. 즉, 앞에서 전개된 등엔트로피 효율은 단열된 장치에서의 열역학 제2법칙 효율인 것이다. 그러나 다른 장치들은 분명히 단열되어 있지 않으므로, 일반적인 열역학 제2법칙 효율은 이 점을 고려한 것이다. 열기관에서는, 열역학 제2법칙 효율을 다음과 같이 쓸 수 있다.

$$\eta_{\text{2nd},HE} = \frac{\eta}{\eta_{\max}} \tag{6.60}$$

냉동기와 열펌프에서는, 열역학 제2법칙 효율을 각각 다음과 같이 쓸 수 있다.

$$\eta_{\text{2nd},\text{ref}} = \frac{\beta}{\beta_{\max}} \tag{6.61}$$

및

$$\eta_{\text{2nd},HP} = \frac{\gamma}{\gamma_{\max}} \tag{6.62}$$

이 정의들에서는, 어떻게 이러한 장치들이 열효율만을 사용하여 수집된 성능 자료보다 더 잘 작동하는지를 더 잘 생생하게 묘사해 주기도 한다. 예를 들어, 열효율이 40 %인 발전소는 그 성능이 좋지 않은 것처럼 보일 수도 있다. 그러나 이 발전소가 최대 가능 효율이 55 %가 되기만 한다면, 이 발전소의 성능은 나쁘지 않게 보인다.

일반적인 일 발생 장치에서는, 열역학 제2법칙 효율을 다음과 같이 쓴다.

$$\eta_{\text{2nd, work-producing}} = \frac{\dot{W}}{\dot{W}_{\text{rev}}} \tag{6.63}$$

반면에, 일 흡수 장치에는 그 열역학 제2법칙 효율에 다음의 식을 사용한다.

$$\eta_{\text{2nd, work-producing}} = \frac{\dot{W}_{\text{rev}}}{\dot{W}} \tag{6.64}$$

이 식은 이미 등엔트로피 효율에서 설명했던 바와 같은 것이다. 주목할 점은, 이러한 모든 형태의 열역학 제2법칙 효율 값은 실제 과정에서는 1보다 작거나 같다는 것이다.

▶ 예제 6.20

석탄 연소식 발전소가 35 %의 열효율로 작동되고 있다. 이 발전소에서는 증기가 780 K로 발생되고 열은 310 K의 온도로 제거된다. 이 발전소의 열역학 제2법칙 효율을 구하라.

주어진 자료 : $\eta = 0.35$, $T_H = 780\,\text{K}$, $T_C = 310\,\text{K}$

구하는 값 : η_{2nd}(열역학 제2법칙 효율)

풀이 이 시스템은 발전소 전체이며, 문제에 주어진 일반적인 특성만으로 열역학 제2법칙 효율을 구해야 한다.

먼저, 식 (5.3)으로 η_{max}를 구하면 된다.

$$\eta_{\text{max}} = 1 - \frac{T_C}{T_H} = 0.60$$

발전소는 열기관이므로, 식 (6.60)을 사용하여 열역학 제2법칙 효율을 구한다. 즉

$$\eta_{\text{2nd}} = \frac{\eta}{\eta_{\text{max}}} = \textbf{0.583}$$

해석 : 위 풀이는 해당 시스템에서의 포텐셜 일의 손실을 나타내고 있기는 하지만, 이러한 사실은 설비들이 100 % 효율에 도달하는 것이 불가능하다는 것을 인정하는 것인데, 이 때문에 이러한 비교가 유용한 것이다.

▶ 예제 6.21

주위 온도가 298 K일 때, 예제 6.8에 있는 터빈의 열역학 제2법칙 효율을 구하라.

주어진 자료 : $T_0 = 298\,\text{K}$, $\dot{S}_{\text{gen}} = 2.93\,\text{kW/K}$, $\dot{W} = 1500\,\text{kW}$

구하는 값 : $\eta_{\text{2nd, turbine}}$(터빈의 열역학 제2법칙 효율)

풀이 이 시스템은 단일 입구, 단일 출구 개방계로서, 이를 정상 상태, 정상 유동 조건으로 풀려고 한다.

과정의 비가역성 발생률은 식 (6.58)로 구한다. 즉,

$$\dot{I} = T_0 \dot{S}_{gen} = 873.1 \text{ kW}$$

비가역성의 정의에서, 다음이 나온다.

$$\dot{W}_{rev} = \dot{W} + \dot{I} = 2373 \text{ kW}$$

식 (6.61)에서 다음을 구한다.

$$\eta_{2nd, turbine} = \frac{\dot{W}}{\dot{W}_{rev}} = 0.632$$

심층 사고/토론용 질문
장치의 비가역성을 줄이게 되면 어떻게 해서 그 성능이 향상되는가?

열역학 제2법칙 해석과 비가역성 사상에 사용될 수 있는 한층 더 수준 높은 열역학적 개념이 **가용성**(availability)이다[이 가용성은 **엑서지**(exergy)라고도 한다]. 가용성 해석은 열역학 제1법칙과 엔트로피 균형을 함께 통합하여 실제로 얼마나 많은 에너지를 사용할 수 있는지를 고찰하는 것이다. 예를 들어, 가열된 금속 블록에서 에너지가 제거됨으로써 일이 발생되는 장치를 개발한다고 하자. 이 금속은 600 K로 가열되어 냉각됨으로써 일이 발생된다. 열역학 제1법칙 관점에서 엄격하게 보면, 일은 금속이 온도가 0 K로 냉각될 때까지 발생되어야만 한다. 그러나 이 장치가 온도가 298 K인 면적 안에 있다고 가정하면, 열역학 제2법칙에서 금속 블록은 298 K로 냉각이 될 뿐이라는 사실을 알고 있다. 그러므로 금속이 600 K에서 298 K로 냉각이 됨으로써 이 장치에서 일을 발생시킬 수 있는 에너지는 블록에 있는 에너지뿐이다. 즉, 이것이 금속 블록의 가용성을 나타내는 것이다.

어떻게 모든 에너지가 다 가용한 일을 수행하는 데 사용될 수는 없는지를 보여주는 둘째 번 예는, 그 내부에서 가스가 팽창하는 피스톤-실린더 장치에 있다. 이 장치는 대기 중에 위치할 것으로 보이므로, 기체에 의해 이루어진 일 가운데 일부가 피스톤을 대기압에 대하여 가압하고 있을 뿐이다. 즉, 팽창하는 가스에 의해 이루진 일이라고 해서 모두가 다 어떤 다른 과정에 전달되는 것은 아니다. 에너지를 공급하여 피스톤을 대기에 대하여 이동시킨 후에 이루어진 여분의 일 만이 가용한 임무를 수행하는 데 사용될 수 있다.

열역학 제2법칙은 물질에 들어 있는 모든 에너지를 회수하여 일을 하게 할 수는 없으므로 가용성 해석을 사용하여 이러한 해석에 도움이 되게 할 수 있다는 사실을 알려주고 있다.

가용성 해석을 수행할 수 있는 도구를 많이 습득하였다고 하더라도, 그 개념은 그러한 해석 도구가 개발되어 있는 정도로는 엔지니어들이 일반적으로 사용하고 있지는 않다. 그러므로 가용성 해석에 관한 상세한 설명은 한층 더 수준이 높은 열역학 과정에 남겨 놓을 것이다.

요약

이 장에서는 열역학 상태량 엔트로피의 기초를 학습하였다. 등엔트로피 과정에서 상태량들을 구하는 방법을 배웠다. 그리고 과정에서 엔트로피 생성 해석 방법과 등엔트로피 효율 및 기타 열역학 제2법칙 효율 해석 방법을 배웠다. 이 시섬에서도, 엔트로피가 실제로 무엇인지를 확신하지 못 할 수도 있다. 이는 열역학을 막 배우기 시작한 학생들에게서 나타나는 지극히 전형적인 반응이다.

엔트로피의 개념은 앞으로 열역학을 공부해가면서 한층 더 확실히 알게 될 것이다. 예를 들어, 제1장에서 주목했던 점은, 이 책에서 설명하고 있는 내용이 고전 열역학 표제의 범주에 들고, 통계 열역학이라고 하는 또 다른 열역학 분야가 있다는 것이었다. 엔트로피 개념이 고전 열역학에서는 이해하기가 한층 더 어려운 주제 가운데 하나이기는 하지만, 통계 열역학에서는 간단하다. 이 장을 학습하면서 익혔어야 할 가장 중요한 것은 어떻게 엔트로피를 사용하여 엔트로피를 해석해야 하는지를 이해하는 것이다. 배우고 있는 모든 개념을 확실히 이해하고자 하는 것은 자연스러운 일이지만, 엔트로피의 본질을 완벽하게 이해하려고 애쓰고 있다면 너무 낙담하지 않길 바란다. 이 책에서는 계속해서 이에 관하여 설명을 하고 있으므로, 엔트로피 학습에서 제공된 해석 도구를 적절하게 적용할 수 있을 때까지 잘 할 수 있게 될 것이다.

주요 식

깁스 (Gibbs) 식 :

$$TdS = dU + Pd\forall \tag{6.18}$$

$$TdS = dH - \forall dP \tag{6.20}$$

엔트로피 변화 — 비열이 일정한 이상 기체:

$$s_2 - s_1 = c_v \ln \frac{T_2}{T_1} + R \ln \frac{v_2}{v_1} \qquad (6.24)$$

$$s_2 - s_1 = c_p \ln \frac{T_2}{T_1} - R \ln \frac{P_2}{P_1} \qquad (6.25)$$

엔트로피 변화 — 비열이 가변적인 이상 기체:

$$s_2 - s_1 = s^o_{T_2} - s^o_{T_1} - R \ln \frac{P_2}{P_1} \qquad (6.28)$$

엔트로피 변화 — 비열이 일정한 비압축성 물질:

$$s_2 - s_1 = c \ln \frac{T_2}{T_1} \qquad (6.31)$$

엔트로피 생성률 균형 — 다중 입구, 다중 출구, 등온 경계, 정상 상태, 정상 유동 개방계:

$$\dot{S}_{\text{gen}} = \sum_{\text{outlets}} \dot{m}_e \, s_e - \sum_{\text{inlets}} \dot{m}_i \, s_i - \sum_{j=1}^{n} \frac{\dot{Q}_j}{T_{b,j}} \qquad (6.34)$$

엔트로피 생성률 균형 — 단일 입구, 단일 출구, 등온 경계, 정상 상태, 정상 유동 개방계:

$$\dot{S}_{\text{gen}} = \dot{m}(s_2 - s_1) - \sum_{j=1}^{n} \frac{\dot{Q}_j}{T_{b,j}} \qquad (6.35)$$

엔트로피 생성률 균형 — 등온 경계 밀폐계:

$$S_{\text{gen}} = m(s_2 - s_1) - \sum_{j=1}^{n} \frac{Q_j}{T_{b,j}} \qquad (6.38)$$

등엔트로피 과정 — 비열이 일정한 이상 기체:

$$\frac{T_2}{T_1} = \left(\frac{P_2}{P_1} \right)^{\frac{k-1}{k}} \qquad (6.40)$$

$$\frac{T_2}{T_1} = \left(\frac{v_1}{v_2}\right)^{k-1} \tag{6.41}$$

$$\frac{P_2}{P_1} = \left(\frac{v_1}{v_2}\right)^{k} \tag{6.42}$$

등엔트로피 효율 :

상태 1은 입구이고 상태 2는 출구 :

터빈 ;
$$\eta_{s,t} = \frac{h_1 - h_2}{h_1 - h_{2s}} \tag{6.44}$$

압축기 또는 펌프 :
$$\eta_{s,c} = \eta_{s,p} = \frac{h_1 - h_{2s}}{h_1 - h_2} \tag{6.45, 6.46}$$

비열이 일정한 비압축성 물질의 등엔트로피 압축 :

$$h_2 - h_1 = v(P_2 - P_1) \tag{6.48}$$

본인이 개발한 여러 가지 장치 및 과정 해석용 컴퓨터 모델에 엔트로피 생성 계산 기능이 들어 있지 않다면 그 계산이 가능하도록 수정하라. 또한, 본인의 터빈, 압축기, 및 펌프 모델들을 등엔트로피 효율이 포함되게 수정하라.

6.1   등온 경계 온도가 400 K인 계로 3150 kJ의 열이 전달되고 있다. 이 열전달의 결과로 인한 계의 엔트로피 변화를 구하라.

6.2   얼음 덩어리가 0 ℃에서 녹기 시작할 때 65 kJ의 열이 부가되고 있다. 이 열전달의 결과로 인한 계의 엔트로피 변화를 구하라.

6.3   초기에 온도가 100 ℃인 2 kg의 포화 물의 건도가 0.75이다. 이 물은 압축 가능한 용기에 들어 있으며, 이 용기는 물보다 온도가 더 낮은 공기로 둘러싸여 있다. 열은 건도가 0.50이 될 때까지 물에서 제거된다. 발생되는 열전달량을 구하고, 물의 엔트로피 변화를 구하라.

6.4   증기가 120 ℃에서 응축되고 있을 때 125 kJ의 열이 제거되고 있다. 이 열전달의 결과로 인한 계의 엔트로피 변화를 구하라.

6.5   온도가 175 ℃인 큰 자재 블록이 물에 떠 있다. 이 자재의 바닥 부분은 온도가 10 ℃인 물에 잠겨 있고, 이 자재의 윗부분은 온도가 25 ℃인 공기와 접촉하고 있다. 이 자재 블록은 50 kJ의 열이 물에 전달되고 40 kJ의 열이 공기에 전달된 후에 제거되고 있다. 이 모든 온도는 과정 중에 그대로 유지된다고 가정하고, 물, 공기 및 블록의 엔트로피 변화를 각각 구하라.

6.6   물이 담긴 용기가 초저녁에 집 밖 탁자에 놓여 있다. 이 탁자는 온종일 햇볕을 받고 있어서 온도가 35 ℃이다. 탁자에서 물로 8 kJ의 열이 전달된다. 용기의 다른 쪽에는 온도가 15 ℃인 차가운 산들바람이 불고 있어, 물에서 공기로 15 kJ의 열이 전달된다. 물은 온도가 25 ℃라고 하자. 이 과정 중에 물, 공기 및 탁자는 온도가 각각 일정하다고 가정하고, 물 용기, 공기 및 탁자의 엔트로피 변화를 각각 구하라.

6.7   온도가 5 ℃인 물이, 표면 온도가 30 ℃로 정상 상태가 유지되고 있는 펌프의 바깥에서 흐른다. 터빈에서는 벽을 통해서 5 kW의 열이 빠져나간다. 이 열전달의 결과로 물과 펌프의 엔트로피 변화율을 각각 구하라.

6.8   공기가 표면 온도가 60 ℃로 정상 상태인, 단열이 되지 않은 터빈 속을 흐르고 있다. 25 kW의 열이 터빈 벽을 거쳐서 터빈에서 빠져 나간다. 이 열전달의 결과로 인한 공기의 엔트로피 손실률을 구하라.

6.9 냉수가 표면이 가열되어 표면 온도가 40 ℃로 정상적으로 유지되고 있는 노즐 속을 흐른다. 이 물이 노즐 속을 흐를 때 1.6 kW의 열이 부가된다. 이 열전달의 결과로 인한 물의 엔트로피 획득률을 구하라.

6.10 물체가 2가지 가역 열전달이 수반되는 과정을 겪고 있다. 이 과정에서 50 kJ의 열이 온도가 60 ℃인 표면을 거쳐서 부가되고, 35 kJ의 열이 온도가 10 ℃인 표면을 거쳐서 제거되고 있다. 이 과정에서 물체의 엔트로피 변화를 구하라.

6.11 150 kJ의 가역 열전달이 표면 온도가 일정한 강제 체인(steel chain)에 일어나고 있다. 다른 상태량들을 측정함으로써, 이 체인의 엔트로피 증가를 0.460 kJ/K로 구할 수 있다. 체인의 표면 온도는 얼마인가?

6.12 증기 발전소에서 연소가스의 열을 물에 전달시킴으로써 물을 끓이고 있다. 이 물은 300 ℃의 온도에서 비등(포화 액체에서 포화 증기로 바뀜)하도록 되어 있다. 연소 가스는 1400 K의 온도로 공급된다. 이 물의 비등률이 15 kg/s이라면, 물의 엔트로피 변화율은 얼마이고, 연소 가스의 엔트로피 변화율은 얼마인가? 이 과정은 가역적인가?

6.13 낡은 보일러에서 물이 연소 생성물이 610 K의 온도로 통과하는 열교환기 속을 흐르면서 가열되고 있다. 이 물은 120 ℃의 온도에서 비등한다. 물이 보일러 속을 흐르는 유동률은 0.7 kg/s이다. 연소 가스의 온도는 열교환기를 통과하면서 떨어지지 않는다고 가정한다. 물의 엔트로피 변화율은 얼마이고, 연소 가스의 엔트로피 변화율은 얼마인가? 이 과정은 가역적인가?

6.14 핵발전소에서 원자로 노심(reactor core)에서 나오는 열을 물에 전달시킴으로써 물을 끓이고 있다. 이 물은 300 ℃의 온도에서 비등(포화 액체에서 포화 증기로 바뀜)하도록 되어 있다. 원자로 노심은 900 K로 유지된다. 이 물의 비등률이 15 kg/s이라면, 물의 엔트로피 변화율은 얼마이고, 원자로 노심의 엔트로피 변화율은 얼마인가? 이 과정은 가역적인가? 이 과정을 문제 6.12에서의 과정과 비교하여 보라.

6.15 문제 6.13 의 보일러에서, 연소 가스가 500 K가 되도록 열교환기가 개량되었다고 가정한다. 물의 엔트로피 변화율과 연소 가스의 엔트로피 변화율은 각각 얼마인가? 이 과정은 문제 6.13에 기술되어 있는 과정보다 "더 나은"가?

6.16 공기가 200 ℃ 및 300 kPa에서 50 ℃ 및 200 kPa로 냉각될 때, 각각 다음의 경우에이 공기의 비엔트로피 변화율을 구하라. (a) 일정 비열 가정, 및 (b) 비열의 가변성을 포함.

6.17 공기가 25 ℃ 및 100 kPa에서 300 ℃ 및 400 kPa로 가열될 때, 다음의 경우에서 이 공기의 비엔트로피 변하를 가가 구하라. (a) 일정 비열 가징, (b) 비열의 가변성을 포함.

6.18 공기가 500 K 및 500 kPa에서 325 K 및 100 kPa로 팽창될 때, 다음의 경우에서 이 공기의 비엔트로피 변화를 각각 구하라. (a) 일정 비열 가정, (b) 비열의 가변성을 포함.

6.19 공기가 150 ℃ 및 350 kPa에서 50 ℃ 및 140 kPa로 냉각될 때, 다음의 경우에서 이 공기의 비엔트로피 변화를 각각 구하라. (a) 일정 비열 가정, (b) 비열의 가변성을 포함.

6.20 수은이 30 ℃에서 150 ℃로 가열되고 있다. 이 과정에서 수은의 비엔트로피 변화를 구하라.

6.21 철이 300 ℃에서 50 ℃로 냉각되고 있다. 이 과정에서 철의 비엔트로피 변화를 구하라.

6.22 겨울날에 구리 전선에 전류가 흐르면서 구리 전선이 −10 ℃에서 50 ℃로 가열되고 있다. 이 과정에서 구리 전선의 비엔트로피 변화를 구하라.

6.23 이산화탄소가 100 ℃ 및 500 kPa에서 200 kPa로 등엔트로피 팽창 과정을 겪고 있다. 이 과정이 단열 과정일 때, 이 CO_2의 최종 온도와 이 과정에서 생산되는 CO_2의 kg당 일량을 각각 구하라.

6.24 질소가 25 ℃ 및 100 kPa에서 800 kPa로 등엔트로피 압축 과정을 겪고 있다. 이 과정이 단열 과정일 때 이 질소의 최종 온도와 이 과정에 필요한 N_2의 kg당 일량을 각각 구하라.

6.25 산소가 120 ℃ 및 280 kPa abs.에서 140 kPa abs.로 등엔트로피 팽창 과정을 겪고 있다. 이 과정이 단열 과정일 때 이 산소의 최종 온도와 이 과정에서 발생되는 O_2의 kg당 일량을 각각 구하라.

6.26 엔진의 압축비는 엔진이 사이클을 따라 작동될 때 실린더의 최소 체적에 대한 최대 체적의 비이다. 공기가 압축비가 9.5인 엔진에서 실린더가 최소 체적 위치에 있을 때 실린더 속으로 유입된다. 초기에, 공기는 40 ℃ 및 90 kPa의 상태에 있다. 압축은 실린더가 최소 체적 위치에 도달할 때까지 일어난다. 압축은 등엔트로피 과정으로 일어나며 공기는 비열이 일정한 이상 기체로서 거동한다고 가정하고, 다음을 각각 구하라.

(a) 압축 과정이 끝난 후, 공기의 최종 온도와 압력을 구하라.
(b) 동일한 가정에서 압축비의 범위가 7~12에 걸쳐서 변화할 때, 최종 온도와 압력을 그래프로 그려라.
(c) 공기 온도가 530 ℃를 초과하지 않을 때, 엔진의 최대 허용 압축비는 얼마인가?

6.27 문제 6.26에서, 엔진이 추운 계절에 작동되고 있다. 이 압축 과정의 초기에 공기는 0 ℃ 및 92 kPa이다. 압축은 등엔트로피 과정으로 일어나며 공기는 비열이 일정한 이상 기체로서 거동한다고 가정하고, (a) 압축 과정이 끝난 후에 공기의 최종 온도와 압력을 구하라. (b) 동일한 가정에서,

압축비의 범위가 7~12 사이의 범위에 걸쳐서 변화할 때, 최종 온도와 압력을 그래프로 그려라. (c) 공기 온도가 530 ℃를 초과하지 않을 때, 엔진의 최대 허용 압축비는 얼마인가?

6.28 수증기가 등엔트로피 터빈을 거쳐 50 kPa의 압력에서 건도 0.90으로 유출되고 있다. 입구 압력이 각각 다음과 같을 때, 수증기의 입구 압력은 각각 얼마인가? (a) 1.0 MPa, (b) 5.0 MPa 및 (c) 10.0 MPa

6.29 수증기가 1000 kPa 및 500 ℃의 상태에서 등엔트로피 터빈을 거쳐서 100 kPa의 압력으로 팽창하도록 되어 있다. 이 수증기의 온도와 건도(해당하는 경우)를 구하라.

6.30 수증기가 400 ℃로 등엔트로피 터빈으로 유입된다. 이 수증기는 압력이 50 kPa로 팽창된다. 입구 수증기 압력의 범위가 500 kPa에서 5000 MPa에 걸쳐서 변화할 때, 출구 온도와 건도(해당하는 경우)를 그래프로 그려라. 출구 수증기 건도와 입구 수증기 압력 사이의 정량적인 관계를 설명하라.

6.31 수증기가 480 ℃ 및 11 MPa abs.의 상태에서 등엔트로피 터빈으로 유입된다. 출구 수증기 압력의 범위가 40 kPa abs.에서 1.2 MPa abs.에 걸쳐서 변화할 때, 이를 계산하고 그래프로 그려라. 출구 수증기 압력과 출구 수증기 건도 사이의 정량적인 관계를 설명하라.

6.32 수증기가 5 MPa로 등엔트로피 터빈으로 유입된다. 이 수증기는 압력이 50 kPa로 팽창된다. 입구 수증기 온도의 범위가 264 ℃(포화 수증기)에서 600 ℃에 걸쳐서 변화할 때, 출구 온도와 건도(해당하는 경우)를 계산하고 그래프로 그려라. 출구 수증기 건도와 입구 수증기 온도 사이의 정량적인 관계를 설명하라.

6.33 수증기가 5 MPa 및 500 ℃로 등엔트로피 터빈으로 유입된다. 이 수증기는 터빈을 거쳐서 팽창한다. 출구 수증기 압력의 범위가 50 kPa에서 3 MPa에 걸쳐서 변화할 때, 출구 온도와 건도(해당하는 경우)를 계산하고 그래프로 그려라. 출구 수증기 건도나 온도와 출구 수증기 압력 사이의 정량적인 관계를 설명하라.

6.34 수증기를 500 ℃로 등엔트로피 터빈에 공급할 수 있다고 가정한다. 출구 압력은 25 kPa이다. 출구 건도가 각각 다음과 같을 때, 이에 상응하는 입구 압력은 각각 얼마인가? (a) 0.8, (b) 0.9 및 (c) 1.0

6.35 공기가 피스톤–실린더 기구에서 800 K 및 800 kPa에서 400 kPa로 등엔트로피 과정으로 팽창하도록 되어 있다. 이 공기는 비열이 일정한 이상 기체로서 거동한다고 가정한다. 출구 온도와 이 과정에서 사용된 단위 질량당 일을 각각 구하라.

6.36 공기가 피스톤–실린더 장치에서 300 K 및 100 kPa에서 1000 kPa로 등엔트로피 과정으로 압축되도록 되어 있다. 이 공기는 비열이 일정한 이상 기체로서 거동한다고 가정하고, 출구 온도와 이 과정에서 사용된 단위 질량당 일을 각각 계산하라.

6.37 공기가 터빈에서 800 K 및 1000 kPa에서 150 kPa의 압력으로 등엔트로피 과정으로 팽창한다. 공기의 질량 유량은 2.0 kg/s이다. 이 공기는 비열이 일정한 이상 기체로서 거동한다고 가정하고, 또 터빈은 단열 과정 상태라고 가정한다. 공기의 출구 온도와 터빈에서 발생된 동력을 각각 구하라.

6.38 공기가 터빈에서 15 ℃ 및 101.3 kPa abs.에서 800 kPa로 등엔트로피 과정으로 팽창한다. 다음의 경우에 공기의 출구 온도와 과정에서 사용된 단위 질량당 일을 각각 구하라.
  (a) 비열이 일정하다고 가정한다.
  (b) 비열의 가변성을 고려한다.

6.39 (a) 수증기가 단열 상태의 터빈에서 6 MPa 및 500 ℃에서 100 kPa 및 150 ℃로 팽창한다. 수증기의 질량 유량은 8 kg/s이다. 터빈에서 발생된 동력과 엔트로피 생성률을 각각 구하라.
  (b) 동일한 입구 조건과 출구 압력에서 출구 온도의 범위가 100 ℃에서 300 ℃에 걸쳐서 변화할 때, 터빈에서 발생된 동력과 엔트로피 생성률의 그래프를 그려라.

6.40 (a) R-134a가 0.5 kg/s로 냉장고에 있는 단열 상태의 압축기로 유입된다. 입구 조건은 −4 ℃의 포화 증기이다. 이 R-134a는 압축기에서 1.0 MPa 및 60 ℃로 유출된다. 이 압축기에서 사용된 동력과 엔트로피 생성률을 각각 구하라.
  (b) 동일한 입구 조건과 동일한 출구 온도에서 출구 압력의 범위가 500 kPa에서 1400 kPa에 걸쳐서 변화할 때, 압축기에서 소비된 동력과 엔트로피 생성률의 그래프를 그려라. 이러한 결과가 압축기에서 비가역성이 출구 조건에 미치는 효과에 관하여 나타내는 것은 무엇인가?

6.41 공기가 단열된 노즐에 20 ℃, 150 kPa 및 2 m/s로 유입된다. 이 공기는 105 kPa 및 200 m/s로 유출된다.
  (a) 노즐에서 공기의 kg당 엔트로피 생성을 구하라.
  (b) 출구 압력의 범위가 80 kPa에서 140 kPa에 걸쳐서 변화할 때, 공기의 kg당 엔트로피 생성의 그래프를 그려라. 위와 같은 조건에서 출구 압력이 얼마일 때 노즐의 작동이 불가능해지는가?

6.42 산소가 단열된 디퓨저에 −10 ℃, 101 kPa abs. 및 275 m/s로 유입된다. 이 산소는 140 kPa abs. 및 3 m/s로 유출된다. 비열은 일정하다고 가정한다.
  (a) 디퓨저에서 산소의 kg당 엔트로피 생성을 구하라.
  (b) 출구 압력의 범위가 125 kPa에서 350 kPa에 걸쳐서 변화할 때, 산소의 kg당 엔트로피 생성의 그래프를 그려라. 위와 같은 조건에서 출구 압력이 얼마일 때 디퓨저의 작동이 불가능해지는가?

6.43 R-134a가 단열된 교축 밸브에 1200 kPa에서 포화 액체로서 유입된다. 이 R-134a는 150 kPa로 팽창된다.

    (a) 이 과정에서 R-134a의 출구 건도와 kg당 엔트로피 생성은 얼마인가?

    (b) 출구 압력의 범위가 100 kPa에서 1000 kPa에 걸쳐서 변화할 때, R-134a의 출구 건도와 kg당 엔트로피 생성의 그래프를 그려라.

6.44 공기가 단열 교축 밸브에 425 K 및 500 kPa로 유입된다. 공기의 질량 유량은 0.015 kg/s이다. 운동 에너지 변화는 무시한다고 가정한다. 출구 압력의 범위가 100 kPa 에서 450 kPa에 걸쳐서 변화할 때, 엔트로피 생성률을 그래프로 그려라.

6.45 공기가 단열이 되지 않은 가스 터빈에 2 MPa 및 1000 K에서 10 kg/s로 유입되어, 600 K 및 150 kPa로 유출된다. 터빈에서는 4 MW의 동력이 발생되며, 터빈의 표면 온도는 110 ℃로 유지된다. 터빈의 엔트로피 생성률을 구하라. 이 과정은 가능한가?

6.46 수증기가 단열되지 않은 증기 터빈에 10 MPa, 450 ℃ 및 25 kg/s로 유입되어, 500 kPa 및 0.98의 건도로 유출된다. 터빈에서는 12 MW의 동력이 발생된다. 터빈의 표면 온도는 80 ℃이다.

    (a) 주어진 조건에서 엔트로피 생성률을 구하라.

    (b) 발생된 동력 값의 범위가 9 MW에서 13 MW에 걸쳐서 변화할 때, 터빈에서의 엔트로피 생성률의 그래프를 그려라.

6.47 수증기가 단열되지 않은 증기 터빈에 400 ℃, 8 MPa 및 20 kg/s로 유입되어, 3 MPa에서 포화 증기로서 유출되면서 6 MW의 동력을 발생시키도록 되어 있다. 터빈의 표면 온도는 50 ℃로 유지된다. 엔트로피 생성률을 계산하라. 이 과정은 가능한가? 가능하지 않다면, 이 증기 터빈 개념에서 찾아볼 수 있는 문제점들을 몇 가지 들어보라.

6.48 수증기가 단열되지 않은 증기 터빈에 8.25 MPa abs. 및 480 ℃로 유입되어, 550 kPa abs.의 포화 증기로서 30 kg/s의 질량 유량으로 유출되면서 25 MW의 동력을 발생시킨다. 터빈의 표면 온도는 50 ℃로 유지된다. 엔트로피 생성률을 계산하라. 이 과정은 가능한가? 가능하지 않다면, 이 증기 터빈 개념에서 찾아볼 수 있는 문제점들을 몇 가지 들어보라.

6.49 공기가 단열되지 않은 공기 압축기에 100 kPa 및 300 K에서 0.5 kg/s로 유입되어, 공기가 620 K 및 1000 kPa로 압축되도록 되어 있다. 이 압축기에서는 300 K로 유지되는 표면을 거쳐서 주위로 20 kW의 열이 손실된다.

    (a) 압축기에서 소모되는 동력과 엔트로피 생성률을 구하라. 이 과정은 가능한가?

    (b) 입구 조건, 출구 압력, 표면 온도 및 열전달률을 각각 동일하게 유지하면서, 출구 온도의 범위가 450 K에서 700 K에 걸쳐서 변화할 때, 압축기에서의 소모 동력과 엔트로피 생성률의

그래프를 그려라. 출구 온도가 얼마일 때 압축기의 작동이 불가능해지는가?

(c) 입력 조건과 출구 조건 그리고 표면 온도를 문항 (a)에서와 동일하게 유지하면서, 열전달률의 범위가 −100 kW에서 +50 kW에 걸쳐서 변화할 때, 압축기에서의 소모 동력과 엔트로피 생성률의 그래프를 그려라. 열전달률이 얼마일 때 압축기 작동이 불가능해지는가?

6.50 소규모 공장에서 10 MW의 동력을 발생시키는 데 필요한 2가지 증기 터빈 제안을 평가하도록 되어 있다고 하자.

제안 A: 수증기가 1000 kPa 및 300 ℃로 유입되어, 출구 압력이 30 kPa이 되고 출구 건도가 0.98이 되는 단열된 터빈.

제안 B: 수증기가 4000 kPa 및 500 ℃로 유입되어, 50 kPa 및 0.95의 건도에서 11.2 kg/s의 질량 유량으로 유출되며, 표면 온도가 50 ℃인 단열이 되지 않은 터빈.

각각의 터빈에서 엔트로피 생성을 계산하여, 어느 제안이 비가역도가 더 낮은지를 결정하라.

6.51 압축 공기를 750 kPa에서 2 kg/s로 발생시키도록 되어 있는 공기 압축기에 2가지 제안이 있어서, 어느 제안이 열역학적으로 더 좋은지(즉, 어느 제안이 엔트로피 생성률이 더 낮은지)를 평가하려고 한다. 두 제안은 모두 원래가 공기를 20 ℃ 및 100 kPa로 압축시키도록 되어 있었다. 2가지 제안은 다음과 같다.

제안 A: 표면 온도가 30 ℃이고 530 kW의 동력이 사용되어 공기가 270 ℃로 유출되는 단열이 되지 않은 압축기.

제안 B: 공기가 320 ℃로 유출되는 단열된 압축기.

각각의 압축기에서 엔트로피 생성을 계산하여, 어느 제안이 비가역도가 더 낮은지를 결정하라.

6.52 소규모 발전소에서 150 MW 의 동력을 발생시키는 데 필요한 2가지 증기 터빈 제안을 평가하도록 되어 있다고 하자.

제안 A: 수증기가 10,000 kPa 및 400 ℃로 유입되어, 출구 압력이 50 kPa이 되고 출구 건도가 0.84가 되는 단열이 된 터빈.

제안 B: 수증기가 12,000 kPa 및 500 ℃로 유입되어, 25 kPa 및 0.88의 건도에서 152 kg/s의 질량 유량으로 유출되며, 표면 온도가 75 ℃인 단열이 되지 않은 터빈.

각각의 터빈에서 엔트로피 생성을 계산하여, 어느 제안이 비가역도가 더 낮은지를 결정하라.

6.53 액체 물이 노즐에 20 ℃, 250 kPa 및 2 m/s로 유입된다. 이 물은 18 ℃, 200 kPa 및 30 m/s로 유출된다. 물의 질량 유량은 0.25 kg/s이다. 노즐의 표면은 25 ℃로 유지된다. 노즐에서의 열전달률과 엔트로피 생성률을 각각 구하라. 이 과정은 가능한가?

6.54 공기가 노즐에 80 ℃, 200 kPa 및 5 m/s로 유입되어, 78 ℃, 160 kPa 및 150 m/s로 유출된다. 공기의 질량 유량은 0.75 kg/s이다. 노즐의 표면은 80 ℃로 유지된다. 노즐에서의 열전달률과 엔트로피 생성률을 구하라. 이 과정은 가능한가?

6.55 수증기가 단열된 노즐에 1000 kPa 및 300 ℃에서 5 m/s의 속도로 유입된다. 이 수증기의 질량 유량은 2.5 kg/s이다. 수증기는 250 m/s로 유출된다. 각각 다음과 같을 때, 출구 온도를 구하라.
   (a) 노즐이 가역적일 때
   (b) 출구 온도가 300 kPa일 때
   (c) 출구 압력의 범위가 200 kPa에서 900 kPa까지 변화할 때, 엔트로피 생성률을 그래프로 그려라.

6.56 공기가 단열된 노즐에 80 ℃, 300 kPa abs. 및 1.2 m/s로 유입된다. 이 공기는 120 m/s로 유출된다. 공기의 질량 유량은 0.5 kg/s이다. 노즐의 표면은 90 ℃로 유지된다.
   (a) 노즐이 가역적일 때 출구 압력을 구하라.
   (b) 출구 압력의 범위가 100 kPa abs.에서 299 kPa abs.까지 변화할 때, 엔트로피 생성률을 그래프로 그려라.

6.57 공기가 디퓨저에 80 kPa 및 100 ℃에서 150 m/s의 속도와 2.1 kg/s의 질량 유량으로 유입된다. 공기는 120 kPa 및 135 ℃에서 15 m/s의 속도로 유출된다. 디퓨저의 표면은 25 ℃로 유지된다. 이 과정에서 엔트로피 생성률을 구하라. 이 과정은 가능한가? 가능하지 않다면, 몇 가지 가능한 설명을 해보라.

6.58 수증기가 단열된 디퓨저에 300 kPa 및 200 ℃에서 200 m/s의 속도로 유입된다. 이 수증기는 디퓨저에서 315 kPa의 압력에서 30 m/s의 속도로 유출된다. 이 과정에서 출구 온도와 수증기의 kg당 엔트로피 생성을 구하라.

6.59 공기 흐름이 3 m/s에서 100 m/s로 가속되는 노즐이 있다고 하자. 공기는 디퓨저에 500 kPa 및 20 ℃로 유입되어 300 kPa 및 10 ℃로 유출된다. 노즐의 표면은 0 ℃로 유지된다. 엔트로피 생성률(공기 1kg당)을 계산함으로써, 이 과정이 가능한지를 판정하라.

6.60 수증기를 노즐에서 가속시켜 증기 터빈으로 유입시켜야 된다. 이 수증기는 디퓨저에 10 MPa, 500 ℃ 및 250 m/s로 유입되어야 한다. 어느 엔지니어가 이러한 조건을 달성시키는 데 수증기가 10.1 MPa, 520 ℃에서 2 m/s의 속도로 유입되는 노즐을 제안하고 있다. 이 노즐은 표면 온도가 200 ℃로 단열을 하지 않는 것으로 되어 있다. 이 노즐에서는 터빈에서 필요한 입구 조건이 제공되어 있는가?

6.61 풍동에서 유출되는 공기를 디퓨저 속을 흐르게 하여 그 속도를 줄여야 한다. 이 디퓨저에서의 출구 조건은 100 kPa, 20 ℃ 및 2 m/s이 되어야 한다. 공기는 디퓨저에 80 kPa, 15 ℃ 및 100 m/s의 조건으로 유입되게 되어 있다. 디퓨저는 표면 온도가 15 ℃로 단열은 되지 않는다. 이 디퓨저에서는 필요한 출구 조건이 생성될 수 있겠는가?

6.62 단열된 대향류 열교환기를 사용하여 기계에서 나오는 오일을 냉각시킨다. 이 오일은 비열이 1.95 kJ/kg·K로, 150 ℃로 유입되어 50 ℃로 유출된다. 오일의 질량 유량은 0.5 kg/s이다. 오일은 공기로 냉각되는데, 이 공기는 10 ℃로 유입되어 60 ℃로 유출된다. 공기의 압력 변화는 무시한다. 공기에서 필요한 질량 유량과 열교환기의 엔트로피 생성률을 구하라.

6.63 단열된 대향류 열교환기를 사용하여 제조 공정에서 나오는 물을 냉각시킨다. 이 물은 질량 유량이 0.70 kg/s로, 55 ℃로 유입되어 27 ℃로 유출된다. 물은 공기로 냉각되는데, 이 공기는 24 ℃로 유입되고 질량 유량은 4.1 kg/s이다. 공기의 압력 변화는 무시한다. 공기의 출구 온도와 열교환기의 엔트로피 생성률을 구하라.

6.64 단열된 평행류 열교환기를 사용하여 수증기에서 공기로 열을 전달시킨다. 이 수증기는 500 kPa 및 300 ℃로 유입되어 500 kPa 및 160 ℃로 유출된다. 수증기의 질량 유량은 2 kg/s이다. 공기는 100 kPa 및 40 ℃로 유입되어 100 kPa 및 200 ℃로 유출된다. 공기에서 필요한 질량 유량과 열교환기의 엔트로피 생성률을 구하라. 이 평행류 열교환기 장치는 가능한가?

6.65 표면 온도가 40 ℃인 단열이 되지 않은 열교환기를 사용하여 엔진 냉각액을 공기로 냉각시킨다. 이 냉각액은 비열이 3.20 kJ/kg·K로, 열교환기에 120 ℃로 유입되어 50 ℃로 유출된다. 냉각액의 질량 유량은 1.2 kg/s이다. 공기는 100 kPa 및 15 ℃로 유입되어 100 kPa 및 35 ℃로 유출된다. 공기의 질량 유량은 10 kg/s이다. 이 열교환기의 엔트로피 생성률을 구하라.

6.66 제안된 단열된 열교환기를 사용하여 뜨거운 공기를 냉각수의 흐름으로 냉각시키고자 한다. 이 공기는 200 kPa 및 100 ℃로 유입되어 195 kPa 및 0 ℃로 유출된다. 공기의 질량 유량은 2.0 kg/s이다. 물은 열교환기에 30 ℃로 유입되어 95 ℃로 유출된다. 이 제안된 열교환기의 엔트로피 생성률을 구하라. 이 열교환기 과정은 가능한가?

6.67 문제 6.66의 열교환기가 표면 온도가 5 ℃로 유지되면서 단열이 되지 않는다고 가정한다. 열교환기가 작동하게 될 때, 주위로의 열전달률과 물의 질량 유량을 구하라.

6.68 단열된 열교환기를 사용하여 오일을 공기로 냉각시킨다. 이 오일은 질량 유량이 0.5 kg/s이며, 열교환기에 60 ℃로 유입되어 30 ℃로 유출된다. 오일의 비열은 1.82 kJ/kg · K이다. 공기는 10 ℃로 유입되며, 그 질량 유량은 0.75 kg/s까지 올릴 수 있다. 이 과정이 가능하다면, 열교환기가 각각 다음과 같을 때, 공기가 유출될 때 최고 온도를 구하라. (a) 평행류 및 (b) 대향류

6.69 단열된 열교환기를 사용하여 터빈에서 나오는 수증기를 응축시킨다. 이 수증기는 열교환기에 60 kPa 및 건도 0.90에서 30 kg/s의 질량 유량으로 유입되어 열교환기에서 60 kPa에서 포화 액체로서 유출된다. 열을 제거시키는 데 액체 물이 사용된다. 이 액체 물은 10 ℃로 유입된다. 냉각수의 출구 온도가 15 ℃에서 85 ℃까지 변화할 때, 액체 물의 질량 유량과 열교환기의 엔트로피 생성률을 그래프로 그려라.

6.70 단열된 열교환기를 사용하여 터빈에서 나오는 수증기를 응축시킨다. 이 수증기는 열교환기에 35 kPa abs. 및 건도 0.85에서 68 kg/s의 질량 유량으로 유입되어 열교환기에서 35 kPa abs.에서 포화 액체로서 유출된다. 열은 20 ℃로 유입되는 액체 물로 제거된다. 냉각수의 질량 유량이 700 kg/s에서 2300 kg/s까지 변화할 때, 액체 물의 출구 온도와 열교환기의 엔트로피 생성률을 그래프로 그려라.

6.71 단열된 열교환기를 사용하여 연소 생성물에서 나오는 열로 건물의 공기를 가열시킨다. 공기는 10 ℃로 유입되어 25 ℃로 유출되며, 질량 유량은 1.5 kg/s이다. 공기는 열교환기에 130 kPa로 유입되어 120 kPa로 유출된다. 연소 생성물은 공기로 모델링하면 되는데, 250 ℃ 및 105 kPa로 유입되어 100 kPa로 유출된다. 연소 생성물의 출구 온도가 240 ℃에서 60 ℃까지 변화할 때, 연소 생성물에서의 필요한 실량 유량과 열교환기의 엔트로피 생성률을 그래프로 그려라.

6.72 관리자가 산업 과정에서 나오는 수증기를 응축시키는 데 사용할 열교환기를, 단지 열역학적인 면에서만 따져보고 선정하라고 한다. 이 수증기는 질량 유량이 4.5 kg/s이며, 열교환기에 200 kPa 및 140 ℃에서 과열 증기로서 유입된다. 수증기는 200 kPa에서 포화 액체로서 유출된다. 열교환기의 2가지 제안은 다음과 같다.

제안 A: 공기를 사용하는 단열된 열교환기. 이 공기는 15 ℃ 및 120 kPa로 유입되어 110 ℃ 및 100 kPa로 유출된다.

제안 B: 액체 물을 사용하는 단열된 열교환기. 이 물은 20 ℃로 유입되어 50 ℃로 유출된다.

각각의 열교환기에서 엔트로피 생성을 계산하여 비가역성 양이 더 낮은 열교환기를 선정하라.

6.73 본인이, 산업 공정에서 나오는 오일을 냉각시키는 데 사용할 열교환기를, 단지 열역학적인 면에서만 따져보고 선정하려고 한다. 이 오일은 질량 유량이 3.0 kg/s이며, 열교환기에 150 ℃로 유입된다. 오일은 50 ℃로 유출되어야 하며, 비열은 1.75 kJ/kg·K이다. 2가지 열교환기의 제안은 다음과 같다.

제안 A: N_2를 사용하는 단열이 된 대향류 열교환기. 이 N_2는 25 ℃ 및 140 kPa로 유입되어 45 ℃ 및 105 kPa로 유출된다.

제안 B: 액체 물을 사용하는 단열이 된 대향류 열교환기. 이 물은 15 ℃로 유입되어 80 ℃로 유출되며, 둘 다 대기압 상태이다.

각각의 열교환기에서 엔트로피 생성을 계산하여 비가역성 양이 더 낮은 열교환기를 선정하라.

6.74 단열된 혼합 챔버를 사용하여 액체 물에 과열 수증기를 부가시킴으로써 포화 액체로 가열시킨다. 이 액체 물은 1000 kPa, 150 ℃ 및 20 kg/s의 질량 유량으로 유입된다. 과열 수증기는 1000 kPa 및 340 ℃로 유출된다. 혼합된 수증기는 1000 kPa에서 포화 액체로서 유출된다.

(a) 이 혼합 챔버에서의 엔트로피 생성률을 구하라.

(b) 수증기의 입구 온도가 320 ℃에서 500 ℃까지 변화할 때, 혼합 챔버의 엔트로피 생성률을 수증기 입구 온도의 함수로 하여 그래프를 그려라.

6.75 건물에 가열된 공기를 공급할 때에는, 일부 신선한 외부 공기를 건물에서 가열로로 가열시킨 공기와 혼합시키는 방식을 선택할 때가 많다. 건물에서 사용되는 이 2가지 공기류를 혼합하는 데에는 단열된 혼합 챔버가 사용된다. 외부에서 들어오는 공기류는 120 kPa 및 5 ℃에서 2 kg/s의 질량 유량으로 유입된다. 건물의 가열로를 거쳐 오는 제2의 공기류는 120 kPa 및 35 ℃에서 8 kg/s의 질량 유량으로 유입된다. 그런 다음, 혼합 기류는 120 kPa에서 난방 공간으로 유출된다. 이 혼합 챔버에서의 엔트로피 생성률을 구하라.

6.76 공기 1.5 kg를 피스톤–실린더 장치에서 압축시켜 100 kPa 및 20 ℃에서 500 kPa 및 100 ℃로 변화시켜야 한다. 이 과정에서는 280 kJ의 일이 소모된다. 이 과정에 걸쳐 실린더의 표면은 20 ℃로 유지된다. 이 과정 중에 생성된 엔트로피를 구하라.

6.77 공기 35 g를 피스톤–실린더 장치에서 60 kJ의 일을 사용하여 압축시켜 105 kPa abs. 및 10 ℃에서 550 kPa abs. 및 105 ℃로 변화시켜야 한다. 실린더의 표면은 이 과정에 걸쳐 10 ℃로 유지된다. 이 과정 중에 생성된 엔트로피를 구하라.

6.78 질량이 0.5 kg인 수증기가 표면이 70 ℃로 유지되는 피스톤–실린더 장치 안에 들어 있다. 초기에는 수증기가 500 kPa 및 400 ℃이다. 이 수증기가 정압 과정을 거치면서 체적이 초기 체적의 절반이 될 때, 열전달량이 −200 kJ에서 +200 kJ에 걸쳐서 변화할 때, 이 과정에서 최종 온도와 엔트로피 생성량을 그래프로 그려라.

6.79 압력이 200 kPa이고 온도가 20 ℃인 질소가 단열된 용기에 들어 있다. 초기에 이 용기는 박막에 의해 2개의 절반부로 분할되어 있는데, 각각의 절반부는 그 체적이 0.25 m^3이다. 박막이 제거되고 질소가 팽창하여 전체 용기를 채운다. 이 과정에서 엔트로피 생성량을 구하라. 이 과정은 가능한가?

6.80 압력이 100 kPa이고 온도가 20 ℃인 질소가 단열된 용기에 들어 있다. 용기는 그 체적이 0.50 m^3이다. 질소가 자연스럽게 용기의 한쪽 절반부로 유입되고 박막이 끼워져서 다른 쪽 절반부 0.25 m^3은 비워지면서 한쪽 절반부의 체적은 0.25 m^3으로 유지된다. 이 과정에서 엔트로피

생성량을 구하라. 이 과정은 가능한가?

6.81 단열된 알루미늄 봉에 120 V 및 1.5 A의 전기가 10분 동안 통하게 된다. 이 알루미늄 봉은 질량이 5 kg이며, 초기 온도는 5 ℃이다. 이 과정 중에 알루미늄에서 생성되는 엔트로피를 구하라.

6.82 질량이 2.5 kg인 단열된 구리 봉에 120 V 및 5 A의 전기가 2분 동안 통하게 된다. 이 구리 봉은 초기 온도가 10 ℃이다. 이 과정 중에 구리에서 생성되는 엔트로피를 구하라.

6.83 질량이 1.5 kg이고 스프링 상수가 1.5 kN·m인 철 스프링이, 그 길이가 0.25 m에서 1.0 m까지 늘려 졌다. 이 스프링은 초기에 온도가 15 ℃이다. 열전달은 전혀 일어나지 않는다고 가정하고, 이 과정 중에 생성되는 엔트로피를 구하라. 그 결과를 설명하라.

6.84 단열된 풍선에 초기에 550 kPa 및 75 ℃인 공기가 0.5 kg 들어 있다. 이 공기는 압력이 400 kPa이 되고 체적이 0.12 m³이 될 때까지 팽창한다. 이 과정에서 엔트로피 생성량을 구하라. 이 과정은 가능한가?

6.85 단열된 강성 용기에 20 ℃ 및 100 kPa인 액체 물 0.5 kg이 채워져 있다. 이 용기 안에 있는 교반 장치로 물에는 20 kJ의 일이 부가된다. 물을 비압축성 물질로 모델링하여 이 과정 중에 생성되는 엔트로피를 구하라.

6.86 5 kg의 납 블록을 온도가 20 ℃인 흐르는 물의 수류에 담가서, 200 ℃에서 25 ℃로 냉각시키려고 한다. 이 과정에서 생성되는 엔트로피를 구하라.

6.87 구리를 20 ℃에서 150 ℃로 가열시키려고 한다. 이 과정이 일어나게 되는 데 필요한 최소 등온 경계 온도를 구하라.

6.88 질량이 12 kg인 철제 볼트를 10 ℃에서 120 ℃로 가열하여 열처리시키려고 한다. 이 과정이 일어나게 되는 데 필요한 최소 등온 경계 온도를 구하라.

6.89 단열이 된 터빈 속을 공기가 5.0 kg/s로 흐른다. 이 공기는 900 K 및 1000 kPa로 유입되어 120 kPa로 유출된다. 터빈은 등엔트로피 효율이 0.82이다. 각각 다음과 같은 경우에, 출구 온도와 터빈에서 생산되는 동력(전력)을 각각 구하라. (a) 공기의 비열 (900 K에서 산출) 이 일정하다고 가정할 때, (b) 가스의 비열이 가변적이라고 할 때.

6.90 수증기를 등엔트로피 효율이 0.80인 단열된 터빈 속을 흐르게 하려고 한다. 수증기는 2000 kPa 및 400 ℃로 유입되고, 질량 유량은 15 kg/s이다. 출구 압력은 200 kPa이다. 이 과정에서 출구 온도(및 해당되는 경우 건도)와 터빈에서 발생되는 동력을 구하라.

6.91 수증기가 등엔트로피 효율이 0.70인 단열된 터빈 속을 흐른다. 수증기는 14 MPa의 포화 수증기로 유입되고, 질량 유량은 70 kg/s이다. 출구 압력은 43 kPa abs.이다. 이 과정에서 출구 온도(및 해당되는 경우 건도)와 터빈에서 발생되는 동력을 구하라.

6.92 수증기가 단열된 터빈에 1000 kPa 및 250 ℃로 유입되어, 이 터빈에서 100 kPa로 유출된다. 터빈은 등엔트로피 효율이 0.70이다. 수증기는 질량 유량이 25 kg/s이다. 출구 온도(및 해당되는 경우 건도)와 터빈에서 발생되는 동력을 구하라.

6.93 수증기가 단열된 터빈에 5000 kPa 및 400 ℃로 유입되어, 200 kPa에서 포화 수증기로 유출된다. 이 터빈의 등엔트로피 효율을 구하라.

6.94 어느 엔지니어가 수증기가 2000 kPa 및 400 ℃로 유입되어 200 kPa에서 0.90의 건도로 유출되는 터빈 설계를 제안하였다. 이 터빈은 단열이 되도록 되어 있다. 이 제안된 증기 터빈의 등엔트로피 효율을 계산하라. 이 과정은 가능한가?

6.95 수증기를 단열된 터빈에 15 MPa 및 400 ℃에서 30 kg/s의 질량 유량으로 유입시키려고 한다. 이 수증기는 50 kPa로 유출된다. 터빈의 등엔트로피 효율이 0.75에서 1.0 사이의 범위에 걸쳐서 변화할 때, 수증기의 출구 건도, 발생되는 동력 및 엔트로피 생성률을 그래프로 그려라.

6.96 수증기를 단열된 터빈에 75 kPa에서 0.95의 건도로 유입시키려고 한다. 이 수증기는 400 ℃의 온도로 터빈에 공급시키려고 한다.
  (a) 이 조건에 맞게 수증기가 공급되게 되는 최소 압력을 구하라.
  (b) 입구 압력의 범위가 문항 (a)에서 구한 최소 압력에서부터 원하는 출구 조건을 달성하는 데 필요한 5 MPa의 압력까지 변화할 때, 터빈의 등엔트로피 효율을 그래프로 그려라.

6.97 단열이 된 증기 터빈에서 출구 압력은 20 kPa이며 출구 수증기는 건도가 0.92가 되어야 한다. 이 수증기는 5 MPa의 압력으로 터빈에 공급된다. (a) 수증기의 최고 허용 입구 온도를 구하라. (b) 입구 온도의 범위가 400 ℃에서부터 문항 (a)에서 구한 최고 허용 온도까지 변화할 때, 터빈의 등엔트로피 효율을 그래프로 그려라.

6.98 등엔트로피 효율이 0.85인 증기 터빈에서 수증기가 100 kPa로 유출된다.
  (a) 입구 수증기 온도가 500 ℃일 때, 입구 압력이 1000 kPa에서 10 MPa에 걸쳐서 변화할 때, 출구 건도(및 출구 조건이 과열 상태이면 온도)를 그래프로 그려라.
  (b) 입구 수증기 압력이 5 MPa일 때, 입구 온도가 275 ℃에서 600 ℃에 걸쳐서 변화할 때, 출구 건도(및 출구 조건이 과열 상태이면 온도)를 그래프로 그려라.

6.99 수증기가 단열된 증기 터빈에 425 ℃ 및 14 MPa로 유입되어, 70 kPa abs.로 유출된다. 수증기의 질량 유량은 70 kg/s이다. 터빈의 등엔트로피 효율이 0.25에서 1.0 사이의 범위에 걸쳐서 변화할 때, 발생되는 동력, 출구 온도 및 건도(해당할 때)를 그래프로 그려라.

6.100 연소 생성물(공기로 모델링함)이 단열된 터빈에 1000 kPa 및 800 K로 유입된다. 가스의 질량 유량은 12 kg/s이다. 가스는 100 kPa로 유출된다. 다음의 각각에서, 터빈의 등엔트로피 효율이 0.70에서 1.0 사이의 범위에 걸쳐서 변화할 때, 가스의 출구 온도, 터빈에서 발생되는 동력, 엔트로피 생성률을 그래프로 그려라.
  (a) 가스의 비열이 일정하다고 가정할 때
  (b) 가스의 비열이 가변적이라고 할 때

6.101 공기가 단열된 가스 터빈에 700 kPa 및 300 ℃로 유입된다. 이 공기는 100 kPa 및 200 ℃로 유출된다. 이 가스 터빈의 등엔트로피 효율을 구하라. 이 과정은 가능한가?

6.102 공기가 단열된 압축기에 100 kPa 및 20 ℃에서 1.5 kg/s의 질량 유량으로 유입된다. 이 공기는 700 kPa 및 290 ℃로 유출된다. 이 과정에서 압축기의 등엔트로피 효율과 소모된 동력을 구하라.

6.103 R-134a가 단열된 냉농 장치의 압축기에 150 kPa에서 포화 증기로서 유입된다. 이 압축기의 등엔트로피 효율은 0.75이고, R-134a는 500 kPa로 유출된다. 질량 유량이 1.5 kg/s일 때, 출구 온도, 엔트로피 생성률 및 소모되는 동력을 구하라.

6.104 암모니아가 단열된 냉동기의 압축기에 310 kPa abs.에서 포화 증기로서 유입된다. 이 암모니아는 66 ℃ 및 690 kPa abs.로 유출된다. 암모니아는 질량 유량이 0.55 kg/s이다. 압축기의 등엔트로피 효율, 엔트로피 생성률 및 소모되는 동력을 구하라.

6.105 젊은 발명가가 R-134a가 100 kPa에서 포화 증기로서 유입되어 600 kPa에서 포화 증기로 유출되는 냉동기용 압축기를 설계하고자 한다. 또한, 이 계가 단열이 되게 하려고 한다. 이 제안된 장치의 등엔트로피 효율을 계산하라. 이 장치는 가능한가?

6.106 열펌프에서 R-134a가 사용된다. 제안된 바로는, 4 ℃에서 포화 증기가 유입되고 500 kPa 및 30 ℃에서 R-134a가 유출되는 단열 압축기를 사용하게 되어 있다. 제안된 압축기의 등엔트로피 효율을 계산하라. 이 장치는 가능한가?

6.107 공장에 있는 낡은 공기 압축기를 효율이 더 좋은 새로운 압축기로 교체하되, 교체했을 때 절감되는 에너지량을 구해야 한다. 현재, 이 공장에는 2 kg/s의 압축 공기가 필요하다. 압축기에 유입되는 공기는 100 kPa 및 15 ℃이다. 현행 압축기에서는 400 kPa 및 240 ℃의 압축 공기가 생산된다.

400 kPa에서 등엔트로피 효율이 80 %인 압축 공기를 생산하는 새로운 압축기를 모색하라. 이 새로운 압축기를 사용하면 낡은 압축기에서보다 동력을 얼마나 덜 사용하게 되는가?

6.108 R-134a가 단열된 압축기에 200 kPa에서 포화 증기로서 유입된다. 이 R-134a는 1000 kPa로 유출된다. 질량 유량은 0.5 kg/s이다. 압축기의 등엔트로피 효율이 0.50에서 1.0 사이의 범위에 걸쳐서 변화할 때, 출구 온도, 소모되는 동력 및 엔트로피 생성률을 그래프로 그려라.

6.109 R-134a가 단열된 압축기에 150 kPa abs.에서 포화 증기로서 유입된다. 이 R-134a는 410 kPa abs.로 유출된다. 질량 유량은 0.45 kg/s이다. 출구 온도가 15 ℃에서 65 ℃ 사이의 범위에 걸쳐서 변화할 때, 등엔트로피 효율, 소모되는 동력 및 엔트로피 생성률을 그래프로 그려라.

6.110 단열된 압축기에 공기가 100 kPa abs. 및 290 K로 유입된다. 이 공기는 600 kPa에서 1.25 kg/s의 질량 유량으로 유출된다. 출구 온도가 485 K에서 650 K 사이의 범위에 걸쳐서 변화할 때, 등엔트로피 효율, 소모되는 동력 및 엔트로피 생성률을 그래프로 그려라.

6.111 산소 가스가 단열된 압축기에 유입된다. 이 O_2는 100 kPa 및 30 ℃로 유입되어 800 kPa로 유출된다. O_2의 kg당 엔트로피 생성률이 0 kJ/kg·K에서 1 kJ/kg·K 사이의 범위에 걸쳐서 변화할 때, 등엔트로피 효율과 출구 온도를 그래프로 그려라.

6.112 질소 기체가 단열된 압축기 속을 0.25 kg/s의 질량 유량으로 흐른다. 이 N_2는 100 kPa 및 –10 ℃로 유입되어 700 kPa로 유출된다. 등엔트로피 효율이 0.40 과 1.0 사이의 범위에 걸쳐서 변화할 때, 출구 온도와 엔트로피 생성률을 그래프로 그려라.

6.113 액체 물이 등엔트로피 펌프에 유입된다. 이 물은 펌프에 20 ℃ 및 100 kPa로 유입되어 2 MPa로 유출된다. 질량 유량은 20 kg/s이다. 펌프에서 소모되는 동력과 물의 출구 온도의 근사치를 구하라.

6.114 등엔트로피 펌프를 사용하여 액체 물을 가압시킨다. 이 물은 펌프에 25 ℃ 및 100 kPa로 유입되며, 질량 유량은 15 kg/s이다. 출구 압력이 500 kPa에서 20 MPa 사이의 범위에 걸쳐서 변화할 때, 펌프에서 소비되는 동력을 그래프로 그려라.

6.115 등엔트로피 펌프를 사용하여 액체 물을 가압시킨다. 이 물은 펌프에 10 ℃ 및 105 kPa abs.에서 4.5 kg/s의 질량 유량으로 유입된다. 출구 압력이 700 kPa abs.에서 14 MPa abs. 사이의 범위에 걸쳐서 변화할 때, 펌프에서 소비되는 동력을 그래프로 그려라.

6.116 액체 물이 5 kg/s의 질량 유량으로 펌핑된다. 이 물은 20 ℃ 및 100 kPa로 유입되어 5000 kPa로 유출된다. 펌프에서 이 과정이 이루어지는 데 30 kW의 동력이 소비된다. 펌프의 등엔트로피

효율은 얼마인가?

6.117 엔진 오일이 $c = 1.97$ kJ/kg · K이고 $v = 0.00118$ m³/kg이며, 펌프 속을 0.75의 등엔트로피 효율로 흐른다. 이 오일은 질량 유량이 0.50 kg/s이다. 오일은 30 ℃ 및 150 kPa로 유입되어 3000 kPa로 유출된다. 펌프에서 사용되는 동력과 오일의 근사 출구 온도를 각각 구하라.

6.118 물이 등엔트로피 펌프에 10 ℃ 및 120 kPa로 유입되어 2 MPa로 유출된다. 물은 질량 유량이 8 kg/s이다.

    (a) 펌프의 등엔트로피 효율이 0.65일 때, 펌프에서 소비되는 동력을 구하라.

    (b) 압축기의 등엔트로피 효율이 0.40에서 1.0 사이의 범위에 걸쳐서 변화할 때, 소모되는 동력 및 엔트로피 생성률을 그래프로 그려라.

6.119 물이 10 ℃ 및 100 kPa로 유입되어 3000 kPa로 유출되는 단열된 펌프가 있다. 이 펌프의 등엔트로피 효율은 0.75라고 한다. 이 펌프에서 15 kW의 동력이 사용될 때, 펌프에 흐르는 물의 질량 유량은 얼마인가?

6.120 단열된 펌프에 물이 10 ℃ 및 100 kPa abs.로 유입되어 3.5 MPa로 유출된다. 물은 질량 유량이 2.7 kg/s이며, 펌프에서는 12 kW의 동력이 사용된다. 펌프의 등엔트로피 효율은 얼마인가?

6.121 단열된 펌프를 사용하여 15 ℃ 및 100 kPa의 액체 물의 압력을 5000 kPa로 증가시킨다. 펌프에 흐르는 물의 질량 유량은 2 kg/s이다. 펌프 동력이 −10 kW에서 −20 kW의 범위에 걸쳐서 변화할 때, 펌프의 등엔트로피 효율, 출구 온도, 및 엔트로피 생성률을 그래프로 그려라.

6.122 질량 유량이 3 kg/s인 액체 물의 압력을 100 kPa에서 4000 kPa로 증가시키는 데 단열된 펌프를 사용하려고 한다. 이 물은 10 ℃의 온도로 유입되며, 펌프에서는 10 kW의 동력이 사용된다. 펌프의 등엔트로피 효율과 엔트로피 생성률을 계산하라. 이 과정은 가능한가?

6.123 공기를 작동 유체로 하는, 단열된 압축기와 단열된 터빈이 모두 사용되는 시스템이 있다. 이 공기는 압축기에 100 kPa 및 10 ℃로 유입되어 1000 kPa로 압축된다. 그런 다음, 공기는 더욱 더 가열되어 터빈에 1000 kPa 및 1000 K로 터빈에 유입된다. 공기는 터빈을 거치면서 팽창되어 100 kPa가 된다. 시스템에서 나오는 순 동력은 압축기 동력과 터빈 동력을 합한 것과 같다고 본다. 시스템을 거치는 공기의 질량 유량은 10 kg/s이다. 각각 다음과 같을 때, 시스템의 순 동력, 압축기의 엔트로피 생성률, 및 터빈의 엔트로피 생성률을 각각 구하라.

    (a) 압축기와 터빈은 모두 등엔트로피 과정을 거친다.

    (b) 압축기와 터빈은 모두 등엔트로피 효율이 0.80이다.

6.124 물을 작동 유체로 하는, 단열된 펌프와 단열된 터빈이 모두 사용되는 시스템이 있다. 펌프를

사용하여 압력이 50 kPa인 포화 액체 물의 압력을 5 MPa로 상승시킨다. 그런 다음 물을 더욱 더 비등시키고, 터빈을 사용하여 포화 수증기가 5 MPa에서 50 kPa로 팽창되는 수증기에서 동력을 발생시킨다. 시스템에서 나오는 순 동력은 펌프 동력과 터빈 동력을 합한 것과 같다고 본다. 시스템을 거치는 물의 질량 유량은 25 kg/s이다. 각각 다음과 같을 때, 시스템의 순 동력, 펌프의 엔트로피 생성률 및 터빈의 엔트로피 생성률을 각각 구하라.

(a) 펌프와 터빈은 모두 등엔트로피 과정을 거친다.
(b) 펌프와 터빈은 모두 등엔트로피 효율이 0.80이다.

6.125 문제 6.39 (a)의 증기 터빈에서 주위 온도가 298 K일 때, 비가역률을 구하라.

6.126 문제 6.43 (b)에 개요가 설명되어 있는 교축 밸브의 조건에서 주위 온도가 25 ℃일 때, R-134a의 kg당 비가역성을 그래프로 그려라.

6.127 문제 6.48의 터빈에서 주위 온도가 25 ℃일 때 비가역률을 계산하라.

6.128 문제 6.66의 열교환기에서 주위 온도가 298 K일 때 비가역률을 계산하라.

6.129 문제 6.79의 과정과 주위 온도가 298 K일 때, 비가역성량을 계산하라.

6.130 문제 6.86에 기술되어 있는 납 냉각 과정에서, 주위 온도가 25 ℃일 때 비가역성량을 계산하라.

6.131 발전소에 흐르는 수증기에 열이 600 ℃로 부여되어 주위로 열이 40 ℃로 제거된다. 이 발전소 사이클의 열효율은 0.360이다. 이 발전소 사이클의 열역학 제2법칙 효율은 얼마인가?

6.132 발전소에 흐르는 수증기에 열이 666 K로 유입되어 열이 300 K로 제거된다. 이 발전소 사이클의 열효율은 0.290이다. 이 발전소 사이클의 열역학 제2법칙 효율은 얼마인가?

6.133 가스 터빈 발전소에서 열이 1200 K로 유입되어 열이 700 K로 배제된다. 이 발전소 사이클의 열효율은 0.240이다. 이 발전소 사이클의 열역학 제2법칙 효율은 얼마인가?

6.134 가정용 냉동기(저온 전용 냉동기)에서, 온도가 −15 ℃인 공간에서 열이 제거되어 온도가 35 ℃인 공간으로 배제된다. 이 냉동기는 성능계수가 2.75이다. 이 냉동기의 열역학 제2법칙 효율은 얼마인가?

6.135 가정용 냉장고에서 열이 2 ℃로 유입되어 열이 40 ℃로 제거된다. 이 냉장고의 성능계수는 3.10이다. 이 냉장고의 열역학 제2법칙 효율은 얼마인가?

6.136 에어컨 사이클에서 열이 4 ℃로 유입되어 열이 50 ℃로 제거된다. 이 에어컨 사이클의 성능계수는 3.25이다. 이 에어컨의 열역학 제2법칙 효율은 얼마인가?

6.137 열펌프 사이클에서 열이 10 ℃로 유입되어 열이 30 ℃로 제거된다. 이 사이클의 성능계수는 7.50이다. 이 열펌프의 열역학 제2법칙 효율은 얼마인가?

설계/개방형 문제

6.138 저장 탱크가 포함되어 있는 공기 압축기 시스템을 설계하여야 한다. 이 시스템이 설치될 공장에서는 공기가 620 kPa gage에서 (표준 대기압 상태에서) 0.025 m³/s로 공급되어야 한다. 공기는 압축 후에 냉각기에서 냉각되어 유출될 때에는 온도가 65 ℃를 넘지 않도록 해야 한다. 공기 압축기의 등엔트로피 효율은 (냉각) 부하가 감소되어 작동될 때에는 감소된다. 즉, 이 관계는 $\eta_c = 0.85$ − (100% 부하)/100 × 0.85을 따른다고 가정한다(즉, 80 % 부하에서 작동하는 공기 압축기는 등엔트로피 효율이 0.68이 된다). % 부하는 공기 압축기가 소비하는 실제 동력을 공기 압축기가 소비할 수 있는 최대 동력으로 나눈 것으로 정의된다. 공기 압축기에는 공기가 26 ℃ 및 100 kPa abs.로 유입되어 압축된다. 이러한 요구조건(이 압축기의 상업적 구매처)을 만족시킬 수 있는 시스템을 설계하라.

6.139 150 MW의 동력을 공급해야 하는 증기 터빈을 설계하여야 한다. 이 터빈에는 압력이 10,000 kPa를 초과하지 않고 온도가 400 ℃를 초과하지 않는 수증기가 유입된다. 터빈 출구는 30 ℃보다 더 낮지 않아야 한다. 과열 수증기가 터빈에서 유출될 때에는 터빈의 등엔트로피 효율은 0.80이 되고, 포화 혼합물이 터빈에서 유출될 때에는 등엔트로피가 다음과 같은 관계식에 의해 건도가 감소함에 따라 감소한다. 즉, $\eta_t = 0.80$ − $(1 - x_{out})$ × 0.5이다. 또한, 증기 터빈의 비용은 터빈을 흐르는 데 필요한 질량 유량이 증가함에 따라 다음과 같이 증가한다. 즉, 비용 = $15,000,000 + $40,000$\dot{m}$이다. 이 증기 터빈의 요구조건을 만족시킬 수 있는 시스템을 설계하고 비용을 산출하라.

6.140 열교환기에서 오일이 일정 압력(101.3 kPa)에서 110 ℃에서 30 ℃로 냉각되어야 한다. 이 오일은 비열이 1.82 kJ/kg·K이고 밀도는 915 kg/m³이다. 오일의 질량 유량은 2.5 kg/s이다. 이 목적을 달성할 수 있는 단열된 동심관형 열교환기를 설계하라. 두 유체는 모두 속도가 8 m/s를 초과하면 안 된다. 사용되는 오일과, 입구 및 출구의 상태량 및 관의 크기를 선정할 수가 있다(이 설계에서는 관의 길이를 무시하여도 된다). 가능한 설계를 몇 가지 살펴보고, 열교환기에서 엔트로피 생성률이 가장 낮은 설계를 선정하라.

6.141 증기 발전소에 있는 응축기는 터빈에서 유출되는 수증기를 동일 압력에서 포화 액체로 변환시키는 데 사용된다. 이 과정은 전형적으로 외통−내관(shell-tube)형 응축기에서 이루어지는데, 이 구성에서는 수증기가 외통 속을 지나게 되며 외통 안에는 다수의 내관이 들어 있고 이 내관 속에는

냉각 액체가 흐르게 되어 있다. 건도가 0.90인 수증기를 압력이 15 kPa인 포화 액체로 응축시키는 발전소용 응축기를 설계하라. 내관 속을 흐르는 냉각 액체는 압력이 125 kPa인 액체 물이다. 이 응축기에 유입되는 냉각수는 온도가 5 ℃이다. 수증기는 질량 유량이 150 kg/s이다. 냉각수는 유속이 10 m/s를 초과해서는 안 되며, 내관은 어떤 관이라도 그 직경이 8 cm보다 더 커서는 안 된다. 본인의 설계에는 다수의 내관을 포함시켜야 한다.

6.142 제조 과정에서 수류를 70 ℃에서 5.0 kg/s의 질량 유량으로 공급하여야 한다. 이 수증기를 발생시키는 데에는 몇 가지 물 공급원이 있어서 서로 혼합하면 된다. 즉, 공급원 1: 20 ℃의 액체 물, 공급원 2: 50 ℃의 액체 물, 공급원 3: 95 ℃의 액체 물, 공급원 4: 120 ℃의 과열 수증기로 각각 혼합한다. 모든 공급원의 압력과 혼합된 수류의 최종 압력은 101.3 kPa이다. 단열된 챔버에서 적절한 수류를 혼합하여 이 목적을 달성할 수 있는 시스템을 설계하라. 설계를 할 때에는 혼합 과정의 엔트로피 생성률을 최소화하라.

6.143 온도가 40 ℃인 물을 1.5 kg/s의 질량 유량으로 샤워기에 공급하는 시스템을 개발하여야 한다. 개발에 사용할 수 있는 수단으로는, 온도가 125 ℃로 유지되는 열원으로 물을 60 ℃까지 가열시킬 수 있는 단열된 물 가열기와, 온도가 45 ℃로 유지되는 열원으로 물을 35 ℃로 가열하고 이 온도에서 정상 상태로 제공할 수 있는 물 가열기, 그리고 이 두 가지 온수기의 급수관으로도 사용할 수 있는 온도가 15 ℃인 냉수가 흐르는 수관 하나이다. 단열된 혼합실에서 여러 수류를 적절하게 혼합하여 요구되는 출력을 내는 시스템을 설계하고, 이러한 물 가열 및 혼합 과정에서의 엔트로피 생성을 최소화해보라.

6.144 어느 발명가가 펌핑된 수력을 사용하여 건물에 동력을 연속적인 양으로 공급하게 될 시스템을 창작하기를 바라고 있다. 이 발명가의 계획에 따르자면, 건물 위로 30 m 높이에 있는 저장 탱크에 물을 채우고, 이 물을 탱크 타워에서 지상으로 이어지는 관 속으로 물을 낙하시키면서 터빈을 사용하여 물에서 동력을 생성해낸다는 것이다. 그런 다음, 이 동력을 사용하여 건물을 밝히기에 충분한 동력을 제공하는 한편 펌프를 돌려 물을 탱크로 되돌려보내겠다는 것이다. 여기에 다른 동력 입력은 전혀 없다. 이 발명가에게 그가 제안한 시스템이 영구적으로 가동될 수가 없는 이유를 설명하라.

6.145 다음 각각의 과정이 일어날 수 없는 이유를 설명하라. 적절한 계산으로 그 설명을 보강하라.
(a) 저압에서 고압으로 교축되고 있는 물질
(b) 자연적으로 최초 체적의 절반으로 수축되는 가스(나머지 절반은 진공이 됨)
(c) 어는점의 액체 물에 부어져서 과열 증기와 고체 얼음이 생성되는 비등하는 물

6.146 어느 발명가가 제안을 하였다. 제안에 의하면, 연료원으로 소량의 수소만을 사용하여 영구적으로 가동될 수 있는 엔진을 창작할 수 있다는 것이다. 수소는 공기 중의 산소와 연소되어 물을 생성하기

마련이다. 엔진의 동력은 발전기를 작동시켜서 전기를 발생시키게 되고, 이 전기는 전해 과정에서 사용되어 물을 수소와 산소로 변환시키게 된다. 이 수소는 포획되어 엔진으로 다시 공급되어 연소하게 된다. 이 발명가에게 그가 제안한 시스템이 영구적으로 가동될 수가 없는 이유를 설명하라.

동력 사이클

7.1 현대 세상에서 동력 사이클의 기능을 설명한다.

7.2 랭킨 증기 동력 사이클과 이 사이클에 성분을 추가하여 변형된 랭킨 사이클에 사이클 해석 기법을 적용한다.

7.3 브레이튼 사이클과 그 변형 사이클을 해석한다.

7.4 오토 사이클, 디젤 사이클 및 듀얼 사이클을 검토하고, 이러한 사이클의 예측과 실제 내연기관의 실제 거동을 비교한다.

7.5 사이클에서의 상태량 변화가 사이클의 성능에 영향을 미치는 방식을 모델링한다.

7.1 서론

많은 열역학적 응용은 결과적으로 열역학적 사이클을 이루게 되는 일련의 과정이 수반된다. 제1장에서 열역학적 사이클은 최초 과정과 최종 과정이 동일한 일련의 과정으로 정의를 내렸으며, 그러므로 작동 유체는 이 일련의 과정을 연속적으로 거치게 된다고 한 바가 있다. 열역학적 사이클의 부분집합이 **동력 사이클**이다. 동력 사이클의 목적은 작동 유체가 에너지를 열의 형태로 받고 나서 일이나 동력을 발생시키는 것이다. 동력은 원동기 속을 흐르는 작동 유체로 발생된다. 원동기의 예로는 터빈이나 (왕복동 내연기관에서와 같은) 피스톤–실린더 장치를 들 수 있다.

여러 가지 면에서, 열역학적 동력 사이클은 현대 사회 생활양식의 핵심부에 자리 잡고 있다. 전 세계에서 사용하고 있는 전기의 대부분은 화력 발전소에서 생산되는데, 이 화력 발전소에서는 동력 사이클을 사용하여 발전기의 축을 회전시켜서, 전기를 생산하게 된다. 자동차, 트럭, 버스 등과 같이 내연기관이 탑재되어 있는 차량들은, 엔진에 적용되어 있는 동력 사이클에 따라 사람과 물품을 이동시킬 동력을 차량 자체에서 발생시킨다. 비행기는 가스 터빈이나 내연기관을 사용하여 대기 중에서 추진된다. 풍력 발전기, 태양광 전지 패널, 수력 발전기로 발생되는 전기처럼 일부 전기는 동력 사이클을 거쳐서 발생되고 있지 않지만, 현재 이러한 수단으로 발생되고 있는 전기는 전 세계 전기의 20 % 미만에 그치고 있다. 동력 사이클이 존재하지 않게 되어 전 세계적으로 대부분의 전기와 대부분의 엔진 기반 수송 방식이 사라지게 된다면, 현대 사회는 훨씬 다른 양상을 보이게 될 것이다. 세상은 21세기에서 보이고 있는 모습보다는 오히려 18세기에서 나타났던 모습에 훨씬 더 가까워질 것 같다. 이러한 대비적인 모습이 그림 7.1과 그림 7.2에 사진으로 나타나 있다.

동력 사이클에는 전체 과정에 걸쳐서 기체 상태로 그대로 있거나 액체와 증기 사이에서

stockelements/Shutterstock.com

〈그림 7.1〉 현대 사회는 전기 구동식 및 동력 구동식 차량에 의존한다. 동력 사이클은 전기 생산과 연소 기관 작동에 기초가 된다.

Ksenia Ragozina/Shutterstock.com

〈그림 7.2〉 현대화 이전의 삶에서는 동력 사이클에 의존하지 않는 기술이 사용되었던 것이다.

상변화를 겪게 되는 작동 유체가 사용된다. 여기에서, 전자를 "가스 동력 사이클"이라고 하고 후자를 "증기 동력 사이클"이라고 한다. 가스 동력 사이클에서는 어떠한 기체라도 사용이 가능하긴 하지만, 사용되는 기체는 전형적으로 공기가 아니면 연소 생성물(이는 흔히 공기로 모델링됨)이 된다.

한편, 물은 증기 동력 사이클에서 압도적으로 많이 사용되는 작동 유체이지만, 어떤 시스템에서는 비등/응축 상태량이 물과는 다른 유체들이 특별한 용도에 사용되기도 한다. 예를 들어, (일부 지열 용도에서와 같이) 저온 열원은 냉매가 작동 유체로 사용될 때에는 동력 발생에 더 적합할 수도 있다.

이 장에서는, 현 시대의 많은 열역학적 동력 사이클을 해석하는 수단을 학습하게 될 것이다. 이 장에서 배우게 될 도구를 사용하게 되면, 이 장에서 확실하게 다루고 있지 않아서 미처 전개조차 되어 있지 않는 다른 사이클에도 열역학적 개념들을 적용할 수 있을 것이다. 이 장을 끝마칠 때까지는 사이클 해석의 원리가 간단하다는 사실을 깨달아야 되겠지만, 사이클이 한층 더 정교해지면 사이클 해석도 더욱 더 복잡해진다. 그러나 기본 사이클 해석에서 사용된 원리들은 한층 더 복잡한 사이클에서 사용되는 원리들과 동일하다.

심층 사고/토론용 질문

많은 동력 사이클은 화석 연료에 의존한다. 전기를 발생시켜서 화석 연료 연소 방식 동력 사이클을 사용하지 않는 교통수단을 촉진 시키려고 지금 어떠어떠한 노력이 진행되고 있으며, 그렇게 하는 것이 가까운 장래에 전기 생산이나 교통기관 동력의 지배적인 형태가 될 것이라고 어느 정도나 전망하고 있는가?

7.2 이상 카르노 동력 사이클

앞 절에서 설명한 내용을 바탕으로 하여, 동력 사이클은 열기관 형태라는 점을 이해하여야 하며, 그러한 만큼 동력 사이클의 최대 가능 효율은 열기관을 카르노 열기관으로 모델링하여 구하면 된다. 이러한 개념을 동력 사이클에 특별히 적용한 것을 카르노 동력 사이클이라고 한다. 이 카르노 동력 사이클은 4개의 가역 과정으로 구성된다. 즉,

과정 1-2 : 등온 열 부가
과정 2-3 : 등엔트로피 팽창

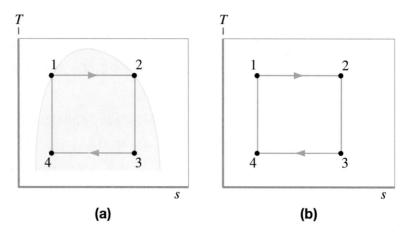

〈그림 7.3〉 (a) 증기 카르노 동력 사이클 및 (b) 가스 카르노 동력 사이클에서 각 과정을 나타내는 T–s 선도.

과정 3-4 : 등온 열 제거

과정 4-1 : 등엔트로피 압축

결과적으로 가르노 동력 사이클의 $T-s$ 선도는 직사각형이 된다. 증기 카르노 동력 사이클에서 $T-s$ 선도는 그림 7.3a와 같이, 전형적으로 증기 선도의 볼록부 영역(vapor dome) 안에서 작성된다. 가스 카르노 동력 사이클에서는 그림 7.3b와 같이, 직사각형 $T-s$ 선도가 완전히 기상 영역에 존재한다.

열역학적 사이클에서는 다음의 식이 성립한다고 하였다.

$$W_{\mathrm{net}} = Q_{\mathrm{net}} \tag{7.1}$$

열은 과정 1-2와 과정 3-4에서 전달된다. 카르노 동력 사이클의 과정에서 식 (6.5)를 적분하면 다음과 같다.

$$Q_{12} = m\,T_H(s_2 - s_1) \quad 및 \quad Q_{34} = m\,T_C(s_4 - s_3) \tag{7.2a, b}$$

여기에서 T_H는 과정 1-2에서의 온도이고, T_C는 과정 3-4에서의 온도이다. 그러나 2개의 등엔트로피 과정 때문에, 식 (7.2b)는 다음과 같이 바꿔 쓸 수 있다.

$$Q_{34} = m\,T_C(s_1 - s_2) \tag{7.2c}$$

순 열전달은 Q_{12}와 Q_{34}의 합과 같다. 즉,

$$Q_{\text{net}} = Q_{12} + Q_{34} = m\,T_H(s_2 - s_1) + m\,T_C(s_1 - s_2) = m\,(T_H - T_C)(s_2 - s_1) \quad (7.3)$$

식 (7.3)을 식 (7.1)이 의미하는 내용과 같이 순 일과 같게 놓은 다음, 카르노 동력 사이클의 열효율을 식 (4.34)를 사용하여 구하면 다음과 같이 된다.

$$\eta = \frac{W_{\text{net}}}{Q_H} = \frac{m\,(T_H - T_C)(s_2 - s_1)}{m\,T_H(s_2 - s_1)} = \frac{T_H - T_C}{T_H} \quad (7.4)$$

이 식에서 $Q_H = Q_{12}$이다. 식 (7.4)는 다음 식과 같이 카르노 열기관에서 가능한 최고 열효율을 구하는 식으로 바로 바꿀 수 있다.

$$\eta = 1 - \frac{T_C}{T_H} \quad \text{(카르노 동력 사이클의 열효율)} \quad (7.5)$$

카르노 동력 사이클은 어떠한 동력 사이클이라도 그 가역적인(이상적인) 형태를 나타내므로, 최고 온도와 최저 온도 사이에서 작동하는 어떠한 동력 사이클이라도 그 최고 가능 효율은 다음과 같이 된다.

$$\eta_{\max} = 1 - \frac{T_C}{T_H} \quad (7.6)$$

여기에서, T_C는 사이클에서 가장 낮은 온도이고 T는 가장 높은 온도이다. 이 식은 증기 동력 사이클과 가스 동력 사이클 모두에 적용된다.

▶ 예제 7.1

공기가 카르노 동력 사이클에서 흐른다. 이 공기는 열 부가 과정에서 600 ℃의 온도로 가열되고 열 제거 과정에서 200 ℃로 냉각된다. 이 사이클의 열효율은 얼마인가?

주어진 자료 : $T_H = 600\,℃ = 873\,\text{K}$, $T_C = 200\,℃ = 473\,\text{K}$

구하는 값 : η

풀이 해당 사이클은 카르노 동력 사이클이며, 작동 유체는 일반 기체이다.

카르노 동력 사이클이라면 어떠한 사이클이라도 그 효율은 식 (7.5)를 사용하여 구한다. 즉,

$$\eta = 1 - \frac{T_C}{T_H}$$

이는 카르노 동력 사이클의 실제 열효율은 2개의 온도 사이에서 작동되는 동력 사이클의 최고 가능 효율과 같다는 뜻이다.

그러므로 다음과 같이 된다.

$$\eta = 1 - \frac{T_C}{T_H} = 1 - \frac{473\,\mathrm{K}}{873\,\mathrm{K}} = 0.458 = 45.8\,\%$$

해석 : 잊지 말아야 할 점은, 이 계산에서는 온도끼리 나눠지는 항이 있으므로 절대 온도를 사용하여야 한다는 것이다.

앞에서 설명한 내용에서는, 열효율 식에서 열 입력을 나타내는 데 Q_H를 사용하였다. 열 입력이 하나만 있으므로, 이렇게 나타내는 것은 적절하다. 그러나 고려 대상이 되는 동력 사이클 가운데 일부는 열 입력이 여러 개가 되기도 한다. 그러므로 이후의 설명에서는 Q_{in}을 사용하여 사이클에 대한 열 입력을 나타낼 것이며, 이에 따라 열효율 식은 다음과 같이 된다.

$$\eta = \frac{W_{\mathrm{net}}}{Q_{\mathrm{in}}} = \frac{\dot{W}_{\mathrm{net}}}{\dot{Q}_{\mathrm{in}}}$$

역시나 주목할 점은, 이 식이 사이클에서 한 번 흐르는 일련의 질량에도 타당하고 질량 유량에도 타당하다는 것이다.

카르노 열기관에서 사이클의 최고 온도와 최저 온도를 관례적으로 각각 T_H와 T_C로 관련지어 생각하고는 있지만, 실제로 주목하여야 하는 온도는 열 저장소의 온도이다. 동력 사이클에서 고온 열 저장소는 그 온도가 사이클에서의 최고 온도와 같거나 더 높아야 하고, 저온 열 저장소 온도는 사이클에서의 최저 온도와 같거나 더 낮아야 한다. 이러한 열 저장소 온도를 사용하여 사이클에서의 최고 가능 열효율을 이전과는 다르게 구할 수 있으며, 이때에 나오는 열효율은 시스템에서의 최고 온도와 최저 온도를 사용하여 구하는 열효율보다 더 크게 된다. 그러나 재료나 열전달 장치의 한계 때문에 작동 유체가 이러한 열 저장소의 온도에 도달할 수 없으므로, 사이클에서의 최고 온도와 최저 온도를 사용하는 것이 여전히 특정 사이클의 최고 가능 열효율을 구하는 적절한 수단이 되고 있다.

7.3 랭킨 사이클

열역학에서 주가 되는 증기 동력 사이클은 랭킨 사이클이며, 이는 19세기 스코틀랜드 엔지니어인 윌리엄 랭킨(William Rankine)의 이름을 딴 것으로, 랭킨은 외부 응축기가 포함된 증기 기관을 대변해주는 열역학적 사이클을 개발하였다. 이 사이클은 흔히 변형된 형태로 오늘날 미국에서 대다수 발전의 근간이 된다. 대부분의 석탄 화력 발전소와 일부 천연가스 화력 발전소

그리고 대부분의 원자력(핵) 발전소에서는(그 뿐만 아니라 다른 연료를 사용하는 일부 시설에서도) 랭킨 사이클 형태를 사용하여 발전기에 전달되는 기계적인 동력을 발생시켜 전기를 생산하고 있다. 2019년에 미국에서 생산되는 전기의 60 % 정도는 이러한 증기 동력 발전소에서 생산되었다. 랭킨 사이클은 또한 열병합 발전 시스템에서 사용되기도 하는데, 여기에서는 전기와 부생 수증기(제조나 난방 목적)가 둘 다 동시에 발생된다.

물(수증기)은 랭킨 사이클에서 사용되는 가장 일반적인 작동 유체이다. 적절한 온도와 압력에서 상변화를 일으키는 다른 물질들이 사용될 수는 있지만, 랭킨 사이클의 기본 구성 성분은 액체와 수증기 간의 상변화이다. 물(수증기)이 랭킨 사이클 시스템에서 압도적으로 사용되는 유체이므로, 랭킨 사이클의 작동 유체에 관하여 물이나 수증기라는 용어를 사용할 때가 많이 있겠지만, 그렇다고 하더라도 잊지 말아야 할 점은 액체–증기 상변화를 일으키는 다른 유체들을 사용해도 된다는 것이다. 랭킨 사이클 학습에는, 이상적인 기본 랭킨 사이클로 시작하게 될 것이다. 그런 다음, 해석에 비이상적인 과정을 도입하게 될 것이다. 그리고 나서, 랭킨 사이클의 열효율을 향상시킬 수 있는 기본 랭킨 사이클의 3가지 일반적인 변형 사이클을 살펴볼 것이다.

7.3.1 이상적인 기본 랭킨 사이클

이상적인 기본 랭킨 사이클은 4가지 과정으로 구성되어 있는데, 이 과정들은 각각 펌프, 증기 발생기, 터빈 및 응축기 등의 4가지 구성 장치에서 수행된다. 랭킨 사이클의 하드웨어 구성은 그림 7.4에 그려져 있다.

기본 랭킨 사이클에서 증기 발생기는, 이코노마이저 부(여기에서는 증기 발생기로 유입되는 액체 물의 온도가 증기 발생기 압력에서의 포화 액체 온도로 상승됨)와 보일러 부(여기에서는 물이 포화 액체에서 포화 수증기로 기화됨)로 구성된다. 간단한 증기 발생기의 개략도는 그림 7.5에 나타나 있다. 이상적인 기본 랭킨 사이클의 4가지 과정은 다음과 같다. 즉,

> 과정 1–2 : 등엔트로피 압축
> 과정 2–3 : 정압 열 부가
> 과정 3–4 : 등엔트로피 팽창
> 과정 4–1 : 정압 열 제거

이 4가지 과정은 그림 7.6에 $T-s$ 선도로 나타나 있다. 기본 랭킨 사이클에는, 2가지 추가적인 요구조건이 적용되어 있다. 첫째, 증기 발생기에서 유출되는 수증기는 아임계 압력에서 포화

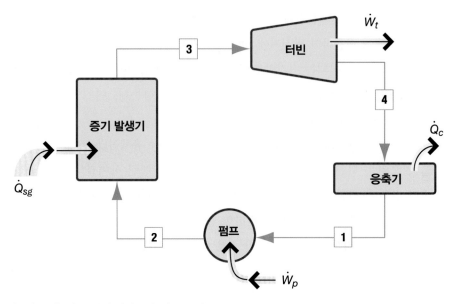

〈그림 7.4〉 기본 랭킨 사이클의 성분 구성도.

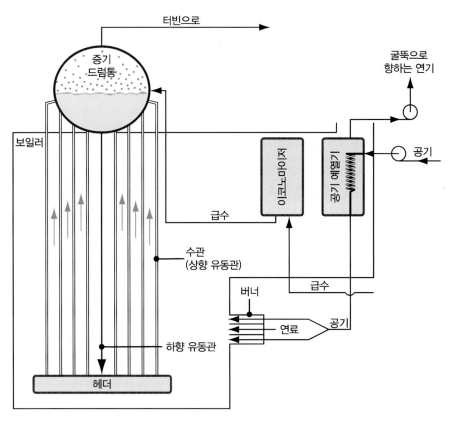

〈그림 7.5〉 연소 기반 랭킨 사이클 발전소에서 사용되는 증기 드럼통 타입 증기 발생기의 예시.

증기($x_3 = 1$)이다. 증기 발생기의 설계는, 기본 랭킨 사이클에서는 물이 증기 발생기에서 포화 증기로 유출되도록 되어 있어야 한다. 둘째, 응축기에서 유출되는 물은 포화 액체($x_1 = 0$)라고 본다. 응축기는 본질적으로 그림 7.7과 같이 외통−내관(shell−tube)형 열교환기이다. 응축기의 설계로 인하여 액체 물을 포화 온도 아래로 추가적으로 냉각시킬 수도 있지만, 응축기에서 유출되는 물은 일반적으로 추가적인 정보가 알려져 있지 않는 한 응축기 압력에서 포화 액체인 것으로 본다.

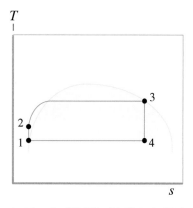

〈그림 7.6〉 이상적인 기본 랭킨 사이클의 $T{-}s$ 선도.

랭킨 사이클에서 터빈과 펌프는 제4장에서 설명한 바와 같이 각각 축 일 기계로서 취급될 수 있다. 증기 발생기와 응축기는 둘 다 열교환기이다. 그러나 이 시점에서는, 전체 장치를 해석하는 데에는 관심을 덜 쓰고, 증기 발생기에서는 얼마나 많은 열이 사이클에 부가가 되고 응축기에서는 수증기 응축 과정 중에 얼마나 많은 열이 사이클에서 제거가 되는지를 살펴보는데에 관심을 더 써야 한다. 이 정보는, 나중에 증기 발생기에서 열을 공급하는 데 얼마나 많은 연료가 필요하게

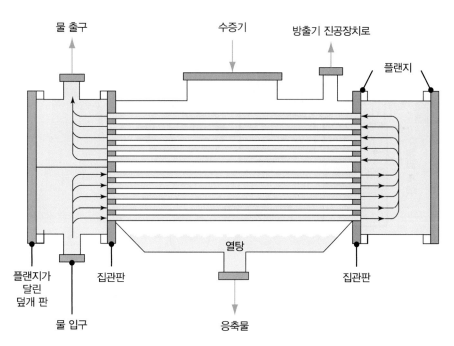

〈그림 7.7〉 랭킨 사이클 발전소에서 사용되는 전형적인 응축기. 이 응축기는 외통−내관 형 열교환기이다.

되는지를 결정하거나, 응축기에서 얼마나 많은 외부 냉각수(또는 냉각 공기가, 아니면 시스템에서 열을 제거하는 데 사용되는 어떠한 외부 유체)가 필요하게 되는지를 결정하는 데 사용될 수 있다.

그림 7.8에는 전체 증기 발전소 설계에서의 랭킨 사이클 장치 구성도가 그려져 있는데, 여기에는 연료가 연소용으로 부가되어 있고, 발전기가 있으며, 열을 냉각탑에서 환경으로 제거시키는 데 외부 냉각수가 사용되고 있다(많은 발전소에서는 사이클에서 열을 제거시키는 데 당연히 대량의 물을 사용하고 있다).

이상적인 기본 랭킨 사이클을 열역학적으로 해석할 때에는, 일반적으로 몇 가지 가정을 세우게 된다. 그러한 가정 중에서 한 가지 또는 그 이상을 세우지 않더라도, 실제 장치 상태를 측정할 수 있어서 이러한 측정값을 그 대신에 사용할 수 있으므로, 같은 식으로 해석을 할 수 있다. 그러나 추가적인 정보보다도, 다음의 가정들을 표준으로 삼는다. 즉,

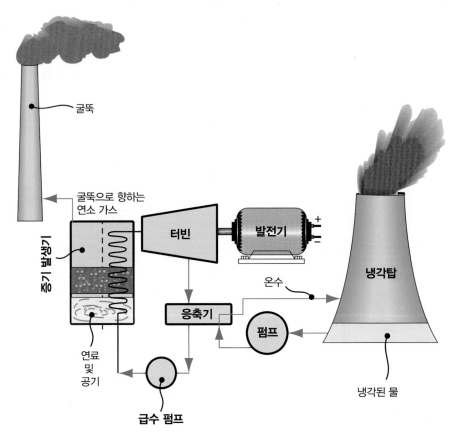

〈그림 7.8〉 전체 랭킨 사이클 발전 장치의 개략도. 여기에는 사이클 자체와 연소 과정 그리고 열을 환경으로 제거시키는 냉각탑이 포함되어 있다.

1. $s_1 = s_2$ (정의를 내린 대로, 펌프에서는 이상 사이클에서 등엔트로피 과정이 일어난다.)

2. $P_2 = P_3$ (열 부가는 정압 상태에서 이루어진다고 본다.)

3. $s_3 = s_4$ (정의를 내린 대로, 터빈에서는 이상 사이클에서 등엔트로피 과정이 일어난다.)

4. $P_4 = P_1$ (열 제거는 정압 상태에서 이루어진다고 본다.)

5. 각각의 장치에서 작동 유체의 운동 에너지 변화와 위치 에너지 변화는 무시한다.

6. 터빈과 펌프는 둘 다 단열되어 있다.($\dot{Q}_t = \dot{Q}_p = 0$, 여기에서 t는 터빈을 나타내고 p는 펌프를 나타낸다.)

7. 증기 발생기나 응축기에서는 동력이 전혀 사용되지도 않고 전혀 발생되지도 않는다. ($\dot{W}_{sg} = \dot{W}_c = 0$, 여기에서 sg는 증기 발생기를 나타내고 c는 응축기를 나타낸다.)

8. 펌프 속을 흐르는 액체는 비압축성이다.

9. 각각의 장치를 통과하는 질량 유량은 일정하다.

10. 각각의 장치는 정상 상태, 정상 유동 장치로서 작동한다.

터빈 입구에서의 포화 증기 상태라는 조건과 연동되는, 응축기에서의 일정 압력 가정과 터빈에서의 등엔트로피 가정 때문에, 그림 7.6에서 알 수 있듯이, 응축 과정 또한 이상적인 기본 랭킨 사이클에서는 등온 과정이 된다. 열 제거 과정에서의 이러한 등온 과정 운전은, 일단 이러한 이상적인 기본 랭킨 사이클에 변형을 주게 되면 성립되지 않을 수도 있으므로, 이 과정을 등온 과정보다는 정압 과정으로 생각하는 데 더 익숙해져야 한다.

각각의 장치는 정상 상태, 정상 유동, 단일 입구, 단일 출구 개방계로 모델링하게 될 것이다. 제4장에서는, 터빈과 펌프를 보통 이렇게 해석하였다. 그러나 이러한 해석은 증기 발생기와 응축기와 같은 열교환기에는 사용하지 않는다. 이러한 용도에서는, 증기 발생기와 응축기의 전체 해석에는 관심을 두지 말고 물에 부가되는 열이나 물에서 제거되는 열에만 관심을 두어야 한다. 그러므로 이러한 장치들을 해석할 때에는, 열이 몇 개의 열원에서 들어오거나 몇 개의 열침으로 제거되는 상태에서, 물/수증기용의 단일 입구, 단일 출구로서 취급하는 것이 한층 더 적절하다.

제4장에서 전개한 대로, 정상 상태, 정상 유동, 단일 입구, 단일 출구 장치에 적용할 열역학 제1법칙은 다음과 같다.

$$\dot{Q} - \dot{W} = \dot{m}\left(h_{\text{out}} - h_{\text{in}} + \frac{V_{\text{out}}^2 - V_{\text{in}}^2}{2} + \text{g}(z_{\text{out}} - z_{\text{in}})\right) \qquad (4.15a)$$

앞에서 랭킨 사이클에 세웠던 가정들을 식 (4.15a)에 적용하여 각각의 장치에 열역학 제1법칙의 변형을 제공할 수 있다.

$$\text{펌프:} \qquad \dot{W}_p = \dot{m}(h_1 - h_2) \tag{7.7}$$

$$\text{증기 발생기:} \quad \dot{Q}_{sg} = \dot{m}(h_3 - h_2) \tag{7.8}$$

$$\text{터빈:} \qquad \dot{W}_t = \dot{m}(h_3 - h_4) \tag{7.9}$$

$$\text{응축기:} \qquad \dot{Q}_c = \dot{m}(h_4 - h_1) \tag{7.10}$$

게다가 펌프에서의 유체는 비압축성으로 볼 수 있고 펌프는 등엔트로피 장치로 취급되고 있기 때문에, 식 (6.48)을 동원하면 펌프에서 사용되는 동력 식을 다음과 같이 구할 수 있다.

$$\text{펌프:} \qquad \dot{W}_p = \dot{m}(h_1 - h_2) = \dot{m}v_1(P_1 - P_2) \tag{7.11}$$

사이클에서 발생된 순 동력은 다음과 같이 터빈 동력과 펌프 동력의 합과 같다. 여기에서, 펌프 동력은 펌프가 동력을 소모하므로 음(−)이라는 사실을 인식하여야 한다.

$$\dot{W}_{\text{net}} = \dot{W}_t + \dot{W}_p \tag{7.12}$$

게다가, 사이클에서의 열 입력은 모두 증기 발생기에서 일어난다. : $\dot{Q}_{\text{in}} = \dot{Q}_{sg}$

그러므로 이상적인 기본 랭킨 사이클의 열효율은 다음과 같다.

$$\eta = \frac{\dot{W}_{\text{net}}}{\dot{Q}_{\text{in}}} = \frac{\dot{W}_t + \dot{W}_p}{\dot{Q}_{sg}} = \frac{(h_3 - h_4) + (h_1 - h_2)}{(h_3 - h_2)} \tag{7.13}$$

명백한 점은, 이상적인 기본 랭킨 사이클 해석이 각 상태에서의 비엔탈피 값의 결정을 중심으로 전개되기 마련이라는 것이다. 예제 7.2에는 이상적인 기본 랭킨 사이클의 전형적인 풀이 절차가 예시되어 있다.

▶ 예제 7.2

포화 수증기가 10 MPa의 압력에서 이상적인 기본 랭킨 사이클의 터빈으로 유입된다. 포화 액체 물은 20 kPa의 압력에서 사이클의 응축기에서 유출된다. 사이클을 거치는 물의 질량 유량이 125 kg/s일 때, 사이클에서 발생되는 순 동력과 사이클의 열효율을 구하라. 이러한 조건에서 동력 사이클의 최고 가능 효율은 얼마인가? 이 사이클에 적용하는 표준 가정을 사용하라.

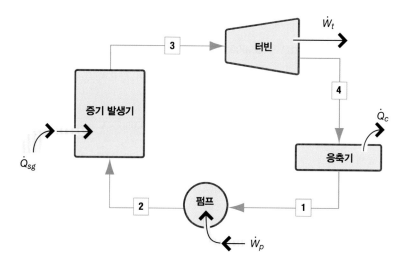

주어진 자료 : $x_1 = 0$, $P_1 = 20\,\text{kPa}$, $x_3 = 1$, $P_3 = 10\,\text{MPa}$, $\dot{m} = 125\,\text{kg/s}$

구하는 값 : $\dot{W}$, η, $\eta_{\max}$

풀이 해당 사이클은 이상적인 기본 랭킨 사이클이다. 작동 유체는 물로서, 사이클에서 포화 액체와 압축 액체 형태 2가지로 존재한다.

가정 : 각각의 장치에서 $P_2 = P_3$, $P_1 = P_4$, $s_1 = s_2$, $s_3 = s_4$, $\dot{W}_{sg} = \dot{W}_c = \dot{Q}_t = \dot{Q}_p = 0$,
$\quad\quad \Delta KE = \Delta PE = 0$. 정상 상태, 정상 유동계이다. 펌프에서의 액체 물은 비압축성이다.

첫 단계는 각각의 상태의 비엔탈피를 구하는 것이다. 상태량 계산 프로그램을 사용하여 구하면 다음과 같다.

상태 3에서는, 주어진 조건을 사용한다.

상태 3 :　$P_3 = 10\,\text{MPa}$, $x_3 = 1.0$　　$h_3 = 2724.7\,\text{kJ/kg}$

　　　　　　　　　　　　　　　　　$s_3 = 5.6141\,\text{kJ/kg} \cdot \text{K}$

상태 4에서는, 상태 1에서의 압력과 상태 3에서의 엔트로피를 사용한다. 그 이유는 이러한 값들이 가정한 대로 상태 4에서의 압력 값과 엔트로피 값에 상응하기 때문이다.

상태 4 :　$P_4 = P_1 = 20\,\text{kPa}$　　　　$s_4 = s_3 = 5.6141\,\text{kJ/kg} \cdot \text{K}$

　　　　　　　　　　　　　　　　　$x_4 = (s_4 - s_f)/(s_g - s_f) = 0.6758$

　　　　　　　　　　　　　　　　　$h_4 = x_4 h_{fg} + h_f = 1845.1\,\text{kJ/kg}$

상태 1에서는, 주어진 조건을 사용한다. 그러나 상태 1에서는 비엔트로피보다는 비체적을 구하는 것이 당연하다. 그 이유는 이 비체적이 상태 2의 비엔탈피 계산에서 사용되기 때문이다.

상태 1 :　$P_1 = 20\,\text{kPa}$, $x_1 = 0.0$　　$h_1 = 251.40\,\text{kJ/kg}$

　　　　　　　　　　　　　　　　　$v_1 = 0.0010172\,\text{kJ/kg} \cdot \text{K}$

상태 2에서는, 비압축성 물질의 등엔트로피 유동에 식 (6.47)의 관계를 사용한다.

상태 2 : $\quad P_2 = 10\,\text{MPa} = 10{,}000\,\text{kPa} \quad h_2 = h_1 + v_1(P_2 - P_1) = 261.6\,\text{kJ/kg}$

알고 있는 비엔탈피 값으로 식 (7.7)~식 (7.10)을 사용하여 필요한 동력 값이나 열전달률 값을 어느 것이나 구하면 된다.

터빈 동력 : $\qquad\qquad\qquad \dot{W}_t = \dot{m}(h_3 - h_4) = 109{,}950\,\text{kW}$

펌프 동력 : $\qquad\qquad\qquad \dot{W}_p = \dot{m}(h_1 - h_2) = -1{,}275\,\text{kW}$

증기 발생기의 열전달률 : $\quad \dot{Q}_{sg} = \dot{m}(h_3 - h_2) = 307{,}900\,\text{kW}$

그러므로 순 동력은 $\dot{W}_{\text{net}} = \dot{W}_t + \dot{W}_p = 108{,}700\,\text{kW} = \textbf{109 MW}$

이고, 열효율은 $\eta = \dfrac{\dot{W}_{\text{net}}}{\dot{Q}_{\text{in}}} = \dfrac{\dot{W}_t + \dot{W}_p}{\dot{Q}_{sg}} = \textbf{0.353}$

최고 가능 효율은 계의 최고 온도와 최저 온도를 사용하면 구할 수 있다. 이 값들은 각각 상태 3과 상태 1에서의 온도이며, 다음과 같다.

$$T_H = T_3 = T_{\text{sat}}(P_3) = 311.1\,\text{℃} = 584.1\,\text{K}$$

$$T_C = T_1 = T_{\text{sat}}(P_1) = 60.06\,\text{℃} = 333\,\text{K}$$

그러므로 최고 가능 효율, 즉 카르노 효율은 식 (7.6)으로 계산하면 나온다. 즉,

$$\eta_{\text{max}} = 1 - \frac{T_C}{T_H} = \textbf{0.430}$$

해석 : 이러한 결과에 관하여 몇 가지 관찰한 내용은 다음과 같다.

(1) 대규모 발전소에서는 유량이 엄청나기도 하므로, 발전소에서의 장치 크기 또한 거대해지기도 한다. 이 예제의 사이클은 순 동력이 100 MW 정도이다. 많은 발전소들은 1000 MW, 즉 1 GW 대이다. 그러므로 이러한 발전소에서는 물 유량도 대략 10배 정도 더 클 것으로, 즉 1200 kg/s 정도로 예상할 수 있다. 이러한 내용이 믿어지지 않을지도 모르겠지만, 액체 물의 밀도를 고려해보게 되면 이는 액체 물의 체적 유량이 1 m³/s 대에 이른다는 사실을 깨닫게 될 것이다.

(2) 액체를 압축하는 데 필요한 동력 양은 터빈에서 발생되는 동력에 견주어 매우 작다. 이 예제의 경우에는, 액체 물을 펌프로 수송하는 데 터빈에서 발생된 동력의 1.16 %만 필요하였다. 비효율적인 장치로 장치되어 있는 실제 발전소에서는 이 값이 2~3 % 정도로 약간 더 높다. 그러나 이러한 특징이 다른 사이클과 비교하여 랭킨 사이클 시스템을 사용하는 주된 이점이 된다. 다른 사이클들은 이어서 학습하게 될 것이다.

(3) 증기 발전소의 열효율은 높지 않다. 전형적으로 발생된 동력보다 훨씬 더 많은 열이 환경으로 제거된다. 이 예제의 경우에는, 35 % 정도의 열효율로, 입력 열의 65 % 정도가, 즉 발생된

동력인 108 MW에 견주어 199 MW 정도가 응축기를 거쳐서 환경으로 제거되고 있다. 이러한 열을 관리하는 것이 발전소 설계자와 운전자의 주요 관심사가 된다.

(4) 이상적인 기본 랭킨 사이클은 그 열효율이 이에 상응하는 카르노 사이클의 열효율보다 더 낮지만, 그렇게 낮지는 않다. 일반적인 열효율이 꽤 낮기도 하지만, 최고 가능 열효율도 꽤 낮다. 이 예제의 경우에는, 사이클의 열역학 제2법칙 효율이 0.821(이 값은 0.353/0.430으로 구함)인데, 이는 사이클이 실제로 최고 효율에 가깝게 작동되고 있을 뿐만 아니라 열역학 제2법칙의 관점에서 볼 때도 예상할 수 있는 사이클이라는 것을 나타낸다.

예제 7.2에서 지적한 바와 같이, 이상적인 기본 랭킨 사이클은 그 효율이 카르노 사이클보다 더 낮지만, 큰 차이가 나지는 않는다. 그림 7.9에서와 같이, 이 두 사이클의 $T-s$ 선도를 비교해보면, 두 사이클이 상당히 유사하다는 것을 알 수 있다. 이상적인 기본 랭킨 사이클의 $T-s$ 선도는 왼쪽이 다른 점을 빼고는 거의 사각형이다. 이것이 실용성의 결과이다. 실제로 등엔트로피 터빈이나 펌프를 입수할 수 없고, 포화 혼합물을 취하여 이를 포화 액체로 압축시킬 수 있는 등엔트로피 장치를 제작하려고 하는 것이 비현실적이라는 사실을 알고 있다. 이러한 과정은 결과적으로 실질적인 비가역성으로 끝나게 되므로, 표준 펌프를 사용하여 액체를 압축하는 것이 한층 더 실용적이라는 사실을 알고 있다. 예제 7.2에서 언급한 대로, 펌프는 본연의 임무를 수행하는 데에는 많은 동력이 필요하지가 않으므로, 이론적으로는 더 좋은데 실제로는 효율이 훨씬 더 좋지 않은 시스템을 개발하려고 하는 것과는 대조적으로, 펌프를 사용하는 것이 효율적으로 작동하는 시스템을 개발하는 데 감내해도 좋을 교환조건인 것 같다.

카르노 동력 사이클 $T-s$ 선도의 직사각형 모양을 사용하게 되면 어떤 사이클이 동력 사이클의 이론적인 최대 효율에 상당히 가까운지 아닌지를 빨리 결정하는 데 도움이 되기도 한다. 열역학적으로 이상적인 효율에 더 가까워지려면, 실제 사이클의 $T-s$ 선도가 직사각형에 가까워야 한다. 사이클의 $T-s$ 선도가 직사각형에 가까울수록 사이클은 이상적인 사이클에 더 가까워져서 사이클의 열역학 제2법칙 효율이 더 좋아진다.

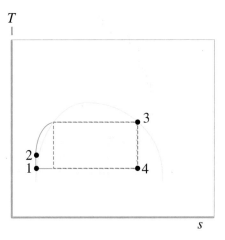

〈그림 7.9〉 증기 카르노 동력 사이클(점선으로 나타나 있음)과 이상적인 기본 랭킨 사이클의 T-s 선도 비교.

7.3.2 비이상적인 기본 랭킨 사이클

제6장에서 설명한 대로, 정말로 가역적인 실제 과정은 전혀 없다. 그러므로 실제 증기 발전소 사이클을 이상적인 기본 랭킨 사이클로 모델링하는 것은 현실적이지가 않다. 등엔트로피 터빈과 등엔트로피 펌프라고 가정하게 되면 실제 랭킨 사이클의 열효율이 초과 예측되기 마련이다. 다행스럽게도, 기본 랭킨 사이클에 비등엔트로피 터빈과 비등엔트로피 펌프를 통합시키는 것은 간단한 과정이다. 이렇게 하려면, 이상적인 랭킨 사이클에 적용하였던 계산 과정을 그대로 수행한 다음, 터빈과 펌프의 등엔트로피 효율을 적용하여 이러한 장치의 실제 출구 상태가 제공되도록 하면 된다.

그림 7.10에는 이상적인 기본 랭킨 사이클과 비이상적인 기본 랭킨 사이클 사이에서 예상할 수 있는 $T-s$ 선도의 차이가 예시되어 있다. 펌프와 터빈의 등엔트로피 출구 상태는 이상적인 기본 랭킨 사이클 해석에서 구할 수 있는데, 이는 하첨자 s(각각 $2s$와 $4s$)로 표시되어 있는 반면에, 비등엔트로피 장치의 실제 출구 상태는 각각에 적절한 번호로 표시되어 있다. 등엔트로피 펌프의 출구 상태(상태 $2s$)와

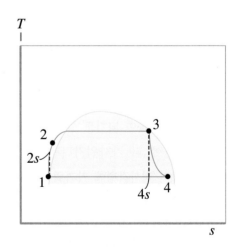

〈그림 7.10〉 이상적인 기본 랭킨 사이클과 비이상적인 기본 랭킨 사이클의 $T-s$ 선도 비교.

비등엔트로피의 출구 상태 간의 차이는 액체를 펌프로 수송할 때 겪게 되는 엔탈피 변화가 작기 때문에 실제로 매우 작지만, 그림 7.10에는 이를 분명히 나타내려고 과장되게 그려져 있다.

비등엔트로피 과정을 기본 랭킨 사이클 해석에 통합시키는 데에는 먼저 7.3.1에서 개략적으로 설명한 대로 이상적인 기본 랭킨 사이클의 풀이 절차가 수반된다. 그러나 이상적인 사이클에서는 펌프의 출구 상태에는 이제 $2s$를 붙이고 터빈의 출구 상태에는 $4s$를 붙여야 한다. 그런 다음, 사이클 성분에 적절한 상태 번호를 붙여서, 식 (6.44)와 식 (6.46)을 사용하여 펌프와 터빈의 실제 출구 상태를 계산하면 된다. 즉,

$$\eta_{s,p} = \frac{h_1 - h_{2s}}{h_1 - h_2} \tag{7.14}$$

및

$$\eta_{s,t} = \frac{h_3 - h_4}{h_3 - h_{4s}} \tag{7.15}$$

잊지 말아야 할 점은, 상태 2와 상태 4는 각각 펌프와 터빈의 실제 출구 상태이며, 등엔트로피 출구 상태($2s$와 $4s$)는 이러한 실제 출구 상태를 구하는 데에만, 즉 실제 출구 조건들을 알고 있을 때 장치들의 등엔트로피 효율을 구하는 데에만, 사용하는 이론적인 도구라는 것이다. 예제 7.3에는 비이상적인 터빈과 펌프를 기본 랭킨 사이클 해석에 통합시킨 경우가 예시되어 있다.

학생 연습문제

본인이 세운 기본 랭킨 사이클의 컴퓨터 원용 문제풀이 모델에서 비등엔트로피 터빈이나 펌프를 통합할 수 없을 때에는, 그 모델을 수정하여 터빈과 펌프의 등엔트로피 효율을 구할 수 있게 하라.

▶ 예제 7.3

예제 7.2와 같은 이상적인 기본 랭킨 사이클이 있다. 이 사이클은 터빈의 등엔트로피 효율이 0.80이며 펌프의 등엔트로피 효율이 0.70이라고 한다. 사이클에서 생산되는 순 동력과 사이클의 열효율을 각각 구하라.

주어진 자료 : 예제 7.2의 결과, $\eta_{s,t} = 0.80$, $\eta_{s,p} = 0.70$

구하는 값 : $\dot{W}$, η

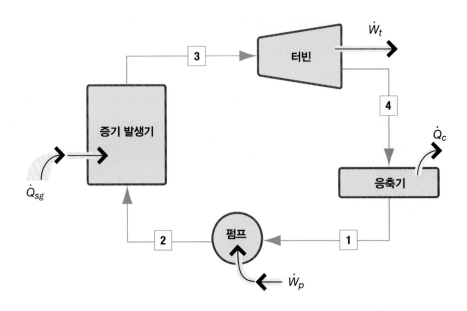

풀이 해당 사이클은 비이상적인 기본 랭킨 사이클이다. 비이상적인 속성은 터빈과 펌프가 등엔트로피 과정이 아니라는 점에서 볼 수 있다. 이 해석을 수행하려면, 먼저 예제 7.2에서 나온 엔탈피 계산 결과를 가져와야 한다. 등엔트로피 해석에서는 터빈과 펌프의 출구 상태에 하첨자 s를 붙여서 구별하기로 한 바 있다. 그러므로 이 예제에서 사용할 예제 7.2 계산 결과는 다음과 같다.

$$h_1 = 251.40 \text{ kJ/kg} \qquad\qquad h_{2s} = 261.6 \text{ kJ/kg}$$

$$h_3 = 2724.7 \text{ kJ/kg} \qquad\qquad h_{4s} = 1845.1 \text{ kJ/kg}$$

이제, 펌프와 터빈의 실제 출구 상태는 식 (7.14) 와 식 (7.15) 를 사용하여 구하면 된다. 즉,

$$h_2 = h_1 + \frac{h_{2s} - h_1}{\eta_{s,p}} = 265.97 \text{ kJ/kg}$$

및

$$h_4 = h_3 - h_{s,t}(h_3 - h_{4s}) = 2021 \text{ kJ/kg}$$

이 값들은 또한 상태량 전용 컴퓨터 소프트웨어로도 쉽게 구할 수 있고 본인이 세운 터빈과 펌프의 컴퓨터 원용 문제풀이 모델에서 구한 적절한 등엔트로피를 사용하여서도 쉽게 구할 수 있다. 이렇게 구한 새로운 비엔탈피 값으로, 식 (7.7) – (7.10)을 사용하여 필요한 동력 값과 열전달 값은 그 어느 것이나 구할 수 있다.

터빈 동력 : $\qquad\qquad \dot{W}_t = \dot{m}(h_3 - h_4) = 87{,}963 \text{ kW}$

펌프 동력 : $\qquad\qquad \dot{W}_p = \dot{m}(h_1 - h_2) = -1821 \text{ kW}$

증기 발생기의 열전달률 : $\quad \dot{Q}_{sg} = \dot{m}(h_3 - h_2) = 307{,}341 \text{ kW}$

그러므로 순 동력은 다음과 같다.

$$\dot{W}_{\text{net}} = \dot{W}_t + \dot{W}_p = 86,140 \text{ kW} = \textbf{86.1 MW}$$

그리고 열효율은 다음과 같다.

$$\eta = \frac{\dot{W}_{\text{net}}}{\dot{Q}_{\text{in}}} = \frac{\dot{W}_t + \dot{W}_p}{\dot{Q}_{sg}} = \textbf{0.280}$$

해석: 현실적인 터빈과 펌프의 등엔트로피 효율을 통합함으로써, 터빈 동력(및 순 동력)과 열효율은 두드러지게 감소한 반면에 펌프 동력은 증가하고 있다. 역시, 주목하여야 할 점은 증기 발생기에 대한 열 입력도 예제 7.2와 비교하여 두드러지게 감소하였다는 것이다. 증기 발생기에 대한 열 입력을 감소시키는 것이 열효율을 증가시키는 한 가지 방법이기는 하지만, 효율이 더 낮은 펌프를 사용하여 이와 같은 방법을 선택하는 것은 사이클의 열효율을 증가시키고자 해야 할 효과적인 수단은 아니다.

최고 가능 열효율(즉, 카르노 효율)은 이상적이거나 비이상적인 기본 랭킨 사이클에서는 변화하지 않기 마련이다. 그러므로 비이상적인 사이클에서 나타난 열효율의 감소 때문에 열효율이 최적 상황에서 벗어나게 된다. 이러한 원인은, 비이상적인 기본 사이클과 카르노 사이클의 $T-s$ 선도가 모두 그려져 있는 그림 7.11에서 찾아볼 수 있다. 그림 7.11을 보면, $T-s$ 선도의 오른쪽이 이상적인 랭킨 사이클보다 직사각형에서 더 벗어나 있는데, 이는 터빈에서 나타나는 엔트로피 증가 때문에 카르노 사이클에서 나오게 되는 열효율보다 훨씬 더 낮아지게 된다는 것을 나타낸다. 마찬가지로, 펌프에서의 엔트로피 증가 때문에 사이클은 이상적인 것에서 더 멀어지게 된다. 그러나 사이클의 $T-s$ 선도의 왼쪽은 카르노 사이클의 직사각형과는 이미 상당히 다르므로, 비등엔트로피 펌프로 인한 작은 차이는 아주 사소하다.

증기 동력 발전소의 열효율을 증가시킨다는 것은 좋은 일이다. 그림 7.3에서 알 수 있듯이, 현실적인 성분으로 되어 있는 기본 랭킨 사이클로 운전되는 발전소는 열효율이 30 % 미만이라고 볼 수밖에 없는 것이 타당하다. 발전소의 열효율이 낮을수록, 동일한 순 동력 출력을 얻고자 하는 데 소모되는 연료는 더 많이 필요하다. 연료에는 돈이 들게 되므로, 열효율은 높을수록 더 좋다. 그러나 물을 사용하는 기본 랭킨 사이클에 한해서만 살펴볼 때, 터빈에 유입되는 온도에서 달성할 수 있는 최고 온도는

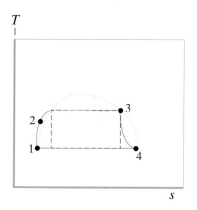

〈그림 7.11〉 증기 카르노 동력 사이클(점선으로 나타나 있음)과 비이상적인 기본 랭킨 사이클의 $T-s$ 선도 비교.

임계온도인 374.14 ℃(647 K)이다. 사이클의 열 제거 단계에서는, 열이 환경으로 제거될 수밖에 없다고 보는 것이 좋으므로 표준 환경 온도를 25 ℃ (298 K)로 잡는 것이 타당하다. 그러므로 열이 수증기에서 환경으로 전달되도록 되어 있을 때에는, 터빈에서 유출되어 응축기에서 응축되는 수증기는 환경 온도보다 더 낮아서는 안 된다. 이러한 두 온도 사이에서 작동하는 카르노 사이클은 열효율이 0.539가 될 수밖에 없다. 이는 최고 가능 효율로서는 낮은 값이며, 이러한 조건 하에서 현실적인 터빈의 등엔트로피 효율이 아주 높을 리가 없다고 생각한다면, 실제로 현실적인 기본 랭킨 사이클로 달성될 수 있는 최고 가능 열효율은(터빈을 지나는 수증기 유동의 수분 함유량이 높기 때문에) 40 % 미만이거나 심지어는 이보다 더 낮을 수밖에 없다고 결론을 내리는 것이 타당하다.

이후에는, 랭킨 사이클의 열효율을 증가시키는 몇 가지 선택적 방법을 설명할 것이다. 일반적으로, 이러한 선택적 방법에는 사이클 구성에 추가적인 자본비용이 들어가게 되므로, 이러한 방법들이 보편적으로 사용되지는 않는다. 규모가 더 작은 랭킨 사이클 장치들은 흔히 비용이 덜 드는 기본 랭킨 사이클에 의존하기 마련이다. 열병합 발전 방식을 사용하는 시스템에서는 두 과정 중에 랭킨 사이클에서 수증기와 전기가 발생되는데, 이 시스템 운전자들은 생산되는 전기를 보너스로 여기곤 하기 때문에 사이클의 열효율을 크게 증가시키는 데에는 특별히 관심을 두지 않기도 한다. 게다가, 단일의 대규모 발전소 설계 또한 기본 랭킨 사이클(원자력 발전소의 비능수 원자로 형)에 의존한다. 비등수 원자로 형 원자력 발전소에서는 기본 랭킨 사이클을 따르면서 터빈에 유입되는 작동 유체로 포화 수증기가 사용된다. 이렇게 되는 것은, 원자로에서는 원자로에 들어 있는 물에서 일부분만이 기화되도록 되어 있는 반면에 나머지 물은 그대로 액체로 유지되기 때문이다. 결과적인 포화 수증기(이는 액체와 증기 모두가 존재하므로 포화 혼합물일 수밖에 없음)는 추출되어 터빈으로 직행하게 된다. 쓸 수 있는 열원이 전혀 없기 때문에 추가적인 가열이 제공되지 않으므로, 원자로 노심의 복사열을 받는 장치의 양을 최소로 유지하는 것이 좋다.

7.3.3 과열 랭킨 사이클

최고 가능 열효율을 증가시키는 가장 간단한 방법은, 이는 원리적으로 실제 열효율도 증가시키게 되는데, 시스템의 최고 온도(즉, 터빈으로 유입되는 수증기의 온도)를 증가시키는 것이다. 이렇게 하려면 증기 발생기에서 수증기를 과열시키는 수밖에 없으며, 이는 대부분의 대규모 증기 동력 발전소에서 이루어지는 관행이다. 이 과정에서는 증기 발생기 설계를 수정해야할 필요가 있으므로 자본비용이 증가하게 되지만, 이렇게 증가된 자본비용은 발전소를 가동하는 기간 동안 연료비 절약으로 보상을 받게 된다.

그림 7.12에는 증기 발생기의 설계 변경이 도시되어 있다. 배관부가 증기 드럼 보일러 하류에 추가되어 있으므로, 보일러 부에서 유출되는 포화 수증기는 이 배관을 통하여 흐르게 되는 것이다. 가압수 원자로형 원자력 발전소에는 수증기를 과열시키는 어느 정도의 능력이 있기는 하지만, 수증기를 과열시키는 과정은 화석 연료 연소를 열원으로 사용하는 장치에서 대부분 통상적으로 찾아볼 수 있다. 연료 생성물은 보일러 부에서 유출된 후에 충분히 뜨거워서 열이 과열기에 있는 수증기에 전달되며, 이에 따라 수증기는 과열되게 된다. 실제 시스템에서는 과열기부에서 수증기의 압력 손실이 작다. 이론적으로는, 수증기는 증기 발생기에 유입되는 연소 생성물의 최고 온도로 가열될 수 있지만, 과열 수증기의 온도는 재료 특성과 내구성을 고려해야 하므로 대개는 약 600 ℃ 미만으로 유지된다.

그 결과로 등장하게 된 사이클이 과열 과정이 있는 과열 랭킨 사이클이다. 이 사이클의 하드웨어에서 유일한 변화는 증기 발생기에 가열 단계가 추가되어 있는 것이며, 랭킨 사이클 해석에서 증기 발생기를 단일의 구성 장치로서 간주할 수 있으므로 그림 7.4에 그려져 있는

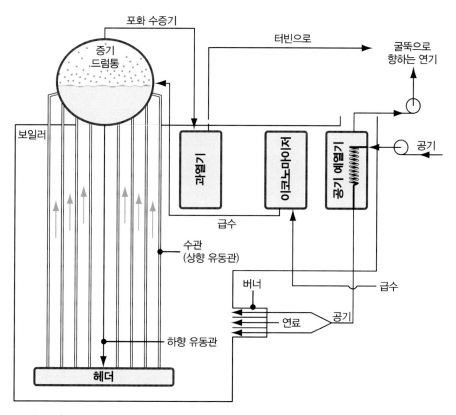

〈그림 7.12〉 과열부가 추가된 증기 발생기의 개략도.

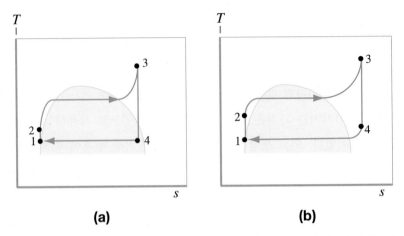

〈그림 7.13〉 이상적인 과열 랭킨 사이클의 견본 T–s 선도. 터빈에서 유출되는 수증기(상태 4)는
(a) 포화 혼합물 또는 (b) 과열 수증기일 수도 있다.

사이클의 개략도를 과열 랭킨 사이클에 적용할 수 있다. 랭킨 사이클에 과열을 추가하는 효과는
그림 7.13에 제공되어 있는 이상적인 과열 랭킨 사이클의 T–s 선도에 나타나 있다. 그림에서
알 수 있듯이, 상태 3은 이제는 과열되어 있다. 상태 4에 대한 2가지 가능한 전개 줄거리도
그림 7.13에 나타나 있다. 그림 7.13a에서는, 터빈을 거치는 등엔트로피 팽창으로 상태 4에서
포화 혼합물이 유출되게 되며, 이어서 응축기를 거치면서 정압 및 등온 열 제거 과정에 이르게
된다. 그림 7.13b에서는, 터빈을 거치는 팽창으로는 터빈에서 수증기의 응축이 시작되지 않으므
로, 상태 4에서는 과열 수증기가 터빈에서 유출된다. 그림에서 알 수 있듯이, 결과적으로
응축기를 거치게 되는 유동은, 수증기가 응축이 시작되기 전에 먼저 포화 수증기로 냉각되어야만
하기 때문에, 아직도 정압 상태이지만 더 이상 등온 상태는 아니다.

비이상적인 과열 랭킨 사이클은 실제로 보게 되는 사이클인데, 이 사이클에서는 사이클
해석을 할 때에 나타날 수 있는 복잡성이 추가되게 된다. 그림 7.14에는 이 비이상적인 랭킨
사이클에서 전개 가능한 3가지 줄거리가 그려져 있다. 그림 7.14a에는, 터빈을 거치는 이론적인
등엔트로피 팽창과 비등엔트로피 팽창 모두에서 결국은 물질이 포화 상태(각각, 상태 $4s$ 및
상태 4)가 되어버리는 가능성이 나타나 있다. 그림 7.14b에는, 등엔트로피 팽창에서는 결국
포화 혼합물이 되어 버리지만 실제 비등엔트로피 팽창에서는 과열 수증기가 되는 가능성이
나타나 있다. 그림 7.14c에서는, 등엔트로피 과정과 비등엔트로피 과정 모두에서 결국은 과열
수증기가 되어버린다. 이러한 여러 가지 전개 줄거리가 액화 과정에 변화를 주지는 않지만,
해석을 전개하고 설명할 때에는 여러 가지 가능성을 알고 있는 것이 좋다.

과열 랭킨 사이클의 해석은, 터빈에 유입되는 수증기(상태 3)는 더 이상 포화 증기가 아니라

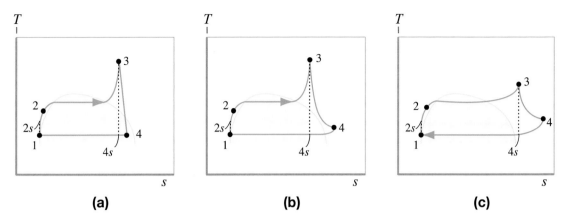

〈그림 7.14〉 비이상적인 과열 랭킨 사이클의 견본 T–s 선도. (a) 이상적인 등엔트로피 터빈 출구 상태(상태 $4s$)와 실제 출구 상태(상태 4)는 모두 포화 혼합물이다. (b) 상태 $4s$는 포화 상태이고 상태 4는 과열 수증기이다. (c) 상태 $4s$와 상태 4는 모두 과열 수증기이다.

과열 증기라는 점을 제외하고는, 기본 랭킨 사이클에서와 다를 바 없다. 그러므로 상태 3의 비엔탈피와 비엔트로피는 과열 증기일 때 구한다. 나머지 해석은 기본 랭킨 사이클에서와 동일하다.

학생 연습문제

본인이 세운 기본 랭킨 사이클의 컴퓨터 모델이 터빈에 유입되는 과열 수증기에 사용할 수 있도록 설계가 되어 있지 않으면, 그 모델을 수정하여 과열 수증기일 때에도 사용될 수 있도록 하라.

▶ 예제 7.4

예제 7.2에 있는 이상적인 기본 랭킨 사이클을 변형시켜, 증기 발생기에 과열부를 추가하려고 한다. 이제 증기 발생기는 10 MPa 및 600 ℃인 과열 수증기를 발생시킨다. 이 과열 랭킨 사이클에서 의 순 동력을 구하고, 이 사이클의 열효율을 구하라.

주어진 자료 : $x_1 = 0$, $P_1 = 20$ kPa, $T_3 = 600$ ℃, $P_3 = 10$ MPa, $\dot{m} = 125$ kg/s

구하는 값 : $\dot{W}$, η

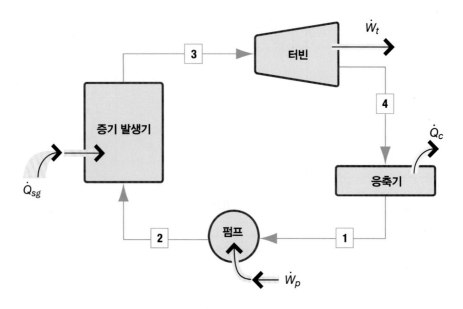

풀이 해당 사이클은 과열 과정이 있는 랭킨 사이클이다. 작동 유체는 물로서, 이 물은 사이클의 여러 지점에서 압축 액체, 포화 물질 및 과열 수증기 형태로 존재한다.

가정: $P_2 = P_3$, $P_1 = P_4$, $s_1 = s_2$, $s_3 = s_4$, $\dot{W}_{sg} = \dot{W}_c = \dot{Q}_t = \dot{Q}_p = 0$,

각각의 장치에서는 $\Delta KE = \Delta PE = 0$이다.

정상 상태, 정상 유동계이다. 펌프 속 액체 물은 비압축성이다.

첫 단계는 각각의 상태의 비엔탈피 값을 구하는 것으로, 여기에서는 상태량 계산 프로그램을 사용하여 구한다.

상태 3에서는, 주어진 조건을 사용한다.

상태 3: $P_3 = 10 \text{ MPa}$, $T_3 = 600 \,^{\circ}\text{C}$ $h_3 = 3625.3 \text{ kJ/kg}$
$s_3 = 6.9029 \text{ kJ/kg} \cdot \text{K}$

상태 4에서는, 상태 1에서의 압력과 상태 3에서의 엔트로피를 사용하는데, 이는 주어진 가정에 근거하여 이 값들이 상태 4에서의 압력과 엔트로피에 각각 상응하기 때문이다.

상태 4: $P_4 = P_1 = 20 \text{ kPa}$ $s_4 = s_3 = 6.9029 \text{ kJ/kg} \cdot \text{K}$
$x_4 = (s_4 - s_f)/(s_g - s_f) = 0.8579$
$h_4 = 2274.6 \text{ kJ/kg}$

상태 1에서는, 주어진 조건을 사용한다. 그러나 상태 1에서는 비엔트로피보다는 비체적을 구해야 하는데, 이는 비체적이 상태 2의 비엔탈피를 계산하는 데 사용되어야 하기 때문이다.

상태 1: $P_1 = 20 \text{ kPa}$, $x_1 = 0.0$ $h_1 = 251.40 \text{ kJ/kg}$
$v_1 = 0.0010172 \text{ kJ/kg} \cdot \text{K}$

상태 2에서는, 비압축성 물질의 등엔트로피 유동에 사용되는 관계식인 식 (6.48)을 사용한다.

상태 2: $P_2 = 10\,\mathrm{MPa} = 10{,}000\,\mathrm{kPa}$ $h_2 = h_1 + v_1(P_2 - P_1) = 261.6\,\mathrm{kJ/kg}$

알고 있는 비엔탈피로, 식 (7.7)–(7.10)을 사용하여 필요한 동력 값이나 열전달률 값을 구하면 된다.

터빈 동력: $\dot{W}_t = \dot{m}(h_3 - h_4) = 168{,}838\,\mathrm{kW}$

펌프 동력: $\dot{W}_p = \dot{m}(h_1 - h_2) = -1275\,\mathrm{kW}$

증기 발생기의 열전달률: $\dot{Q}_{sg} = \dot{m}(h_3 - h_2) = 420{,}463\,\mathrm{kW}$

그러므로 순 동력은 다음과 같다.

$$\dot{W}_{\mathrm{net}} = \dot{W}_t + \dot{W}_p = 167{,}560\,\mathrm{kW} = \mathbf{167.6\,MW}$$

그리고 열효율은 다음과 같다.

$$\eta = \frac{\dot{W}_{\mathrm{net}}}{\dot{Q}_{\mathrm{in}}} = \frac{\dot{W}_t + \dot{W}_p}{\dot{Q}_{sg}} = \mathbf{0.399}$$

해석:

(1) 최고 가능 효율은 역시 시스템의 최고 온도와 최저 온도를 사용하여 구하면 된다. 이 온도들은 각각 상태 3과 상태 1에서의 온도로서 다음과 같다.

$$T_H = T_3 = T_{\mathrm{sat}}(P_3) = 600\,\text{℃} = 873\,\mathrm{K}$$

$$T_C = T_1 = T_{\mathrm{sat}}(P_1) = 60.06\,\text{℃} = 333\,\mathrm{K}$$

그러면, 최고 가능 효율, 즉 카르노 효율은 식 (7.6)으로 구한다.

$$\eta_{\max} = 1 - \frac{T_C}{T_H} = \mathbf{0.619}$$

이 값은 예제 7.2에서 보았던 기본 랭킨 사이클에서의 카르노 효율보다 실질적으로 증가한 값이다.

(2) 열효율이 기본 랭킨 사이클에서보다 4.6 % 포인트만큼 증가되었지만, 이 사이클의 열역학 제2법칙 효율(열역학 제2법칙 효율은 사이클의 최고 가능 효율에 대한 사이클의 열효율의 비로 구함)은 (82 %에서 64.5 %로) 상당히 떨어졌다. 이는 과열 랭킨 사이클이 가역적인 사이클과는 거리가 멀다는 것(즉, "열역학적으로" 더 좋지 않다는 것)을 의미하므로 과열 과정이 있는 랭킨 사이클의 열효율에는 더욱 더 개선할 만한 실질적인 여지가 있다.

(3) 잊지 말아야 할 점은, 열효율이 열역학 제2법칙 효율보다 더 유용하다는 것이다. 발전소에서는 가역적인 사이클에 가까운 사이클보다는 열적으로 한층 더 효율이 좋은 사이클(즉, 과열 사이클)을 선정하여 사용하려는 경향이 있는데, 이는 열적으로 효율이 좋은 사이클이 결과적으로 동일한 양의 동력을 생산하는 데 연료가 덜 필요하게 되어 연료비용을 절감할 수 있기 때문이다.

예제 7.4에서 살펴본 대로, 과열 랭킨 사이클은 기본 랭킨 사이클보다는 이상적인 기준에서 벗어나 있다. 이는 그림 7.13과 그림 7.14에 있는 $T-s$ 선도를 보면 명백하게 드러나는데, 여기에서 과열 랭킨 사이클의 $T-s$ 선도는 더 이상 사각형과 유사하지 않는다. 결과적으로, 과열 과정이 추가되면 랭킨 사이클의 열효율이 좋아지지만, 최고 가능 효율 또한 더 크게 좋아진다. 과열 랭킨 사이클은 과열 과정이 없는 랭킨 사이클보다 비가역성이 더 크기는 하지만, 이것이 예시하는 바로서 중요한 점은 상황을 대국적으로 파악하기를 명심하여야 한다는 것이다. 효율이 한층 더 높아지기를 바라는 것이므로, 더욱 더 비가역적인 과정이 되는 가능성에서도 이러한 효율을 달성하고자 하는 데에 대부분 비중을 두는 것이다. 과열 과정이 없는 랭킨 사이클과 비교하여 과열 랭킨 사이클에서 열효율과 최고 가능 효율 간의 차가 더 큰 것은, 과열 랭킨 사이클에서 더욱 더 효율을 개선할 기회가 있으리라는 것을 나타낸다.

> **심층 사고/토론용 질문**
> 과열 과정이 있는 랭킨 사이클이 기본 랭킨 사이클보다 열효율이 더 높다는 사실이 거의 확실한데도, 발전소에 기본 랭킨 사이클 채택을 선택하는 사람들도 있는 이유는?

7.3.4 재열 랭킨 사이클

랭킨 사이클 발전소에서 골칫거리가 될 수 있는 장치 가운데 하나는 효율이 좋지 않은 터빈이며, 터빈 효율을 떨어뜨리는 원인이 될 수 있는 요인 가운데 하나는 포화 혼합물 수증기 흐름에 액체가 존재하는 것이다. 수증기 중에 떠도는 액체의 양이 많을수록 액체 방울(액적)의 크기가 더 커지며, 이 때문에 중심 로터의 둘레에 있는 터빈 블레이드의 회전에 더욱 더 장애가 된다. 액체의 양이 많을수록 그 결과로 블레이드에 액체가 퇴적될 수도 있는데, 이 때문에 회전 운동이 더욱 더 저항을 받게 된다. 이러한 운동 장애 때문에 터빈의 등엔트로피 효율이 낮아지게 되므로, 터빈 부를 흐르는 수증기의 건도가 낮을수록 그 터빈은, 건증기가 흐르거나 적어도 건도가 더 높은 수증기가 흐르는 비슷한 증기 터빈보다, 등엔트로피가 더 낮을 것이라는 사실을 예상할 수 있다. (이와 관련하여, 블레이드에 큰 물방울과 수막이 존재하게 되어도 작동 중에 블레이드에 가해지는 손상 종류가 증가하게 되고, 그 결과로서 블레이드의 수명이 감소되어 교체를 해주어야 한다.)

랭킨 사이클에 과열 과정을 추가하게 되면 터빈에서 유출되는 수증기의 건도가 증가하는 보조적인 이익이 있게 되는데, 이 때문에 결국은 터빈의 등엔트로피 효율이 더 높아지게 된다는 것을 알 수 있다. 그러나 어떤 경우에는 증기 발생기에서 고압이 사용되게 되면, 결국 수증기가 터빈에서 유출될 때까지 수증기의 건도가 낮아져서 좋지 않게 된다. 이러한 내용은 그림 7.15에 예시되어 있는데, 이 그림에는 등엔트로피 팽창 과정이 2가지 압력에서부터 공통적인 터빈 배출 압력까지 $T-s$ 선도로 그려져 있다. 그림에서 알 수 있듯이, 터빈 입구 압력이 높을수록, 동일한 출구 압력에서 출구 건도는 더 낮아진다.

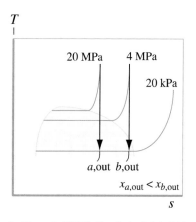

〈그림 7.15〉 특정한 온도에서 터빈에 유입되는 과열 수증기가 터빈에서 등엔트로피 팽창을 겪고 포화 혼합물이 될 때에는, 입구 압력이 높을수록 결과적으로 출구 건도는 낮아지기 마련이다.

터빈에서 좋지 않은 낮은 출구 건도를 회피하고자, 재열 단계가 추가되기도 한다. 재열 과정이 있는 재열 랭킨 사이클에서는, 수증기가 터빈 계통을 거치는 도중에서 추출되어 증기 발생기의 또 다른 부위, 즉 재열부로 복귀된다. 실제로, 재열부는 물리적으로 과열기부와 유사하지만, 재열부는 연소 생성물의 유동에 관하여는 과열기부의 바로 하류에 위치된다. 연소 생성물은 대개 그 때까지도 충분히 고온 상태여서 수증기를 과열기에서 유출되는 수증기의 온도에 가까운 온도로 가열시킨다. 그런 다음, 수증기는 터빈 계통으로 복귀되는데, 여기에서 수증기는 계속해서 팽창하게 된다. 그림 7.16에는 재열기 부가 있는 증기 발생기 계통의 개략도가 그려져 있다. 그림 7.17에는 1단 재열 과정이 있는 랭킨 사이클의 개략도가 그려져 있으며, 그림 7.18a에는 이상적인 재열 랭킨 사이클의 $T-s$ 선도가 그려져 있다. 그림 7.18b에는 비등엔트로피 터빈 때문에 $T-s$ 선도가 변형되어 그려져 있다.

하나 또는 2개의 재열 단계가 사용되는 것이 대개는 이점이 없기는 하지만, 그래도 하나 이상의 재열 단계가 사용되기도 한다. 게다가, 일부 재열 계통에는 포화 혼합물을 매우 높은 건도로 유입되게 할 수 있지만, 일반적으로는 과열 수증기를 재열기 부에 유입시키려고 한다.

재열 과정을 사용하는 2차적인 이점은, 온도가 높은 유체일수록 비열이 높아지므로 엔탈피를 더 크게 변화시킬 수 있어서, 결과적으로 온도가 높은 수증기를 사용할수록 터빈에서 더 큰 동력이 발생하게 된다. 예를 들어, 수증기가 10 MPa에서 1 MPa로 등엔트로피 팽창하는 2가지 사이클을 살펴보자. 그 하나는 온도가 700 ℃에서 시작하고, 다른 하나는 온도가 500 ℃에서 시작한다. 전자는 결과적으로 출구 온도가 312 ℃가 되고 비엔탈피 변화는 −792.3 kJ/kg이 발생하게 된다. 후자는 500 ℃에서 시작하여 결과적으로 출구 온도가 181.5 ℃가 되고 비엔탈피 변화는 −591.1 kJ/kg이 발생하게 된다. 그러므로 수증기가 터빈에 고온으로 유입될수록 터빈에

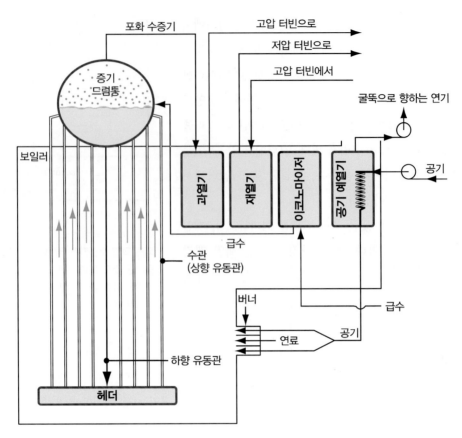

〈그림 7.16〉 재열부가 추가된 증기 발생기의 개략도.

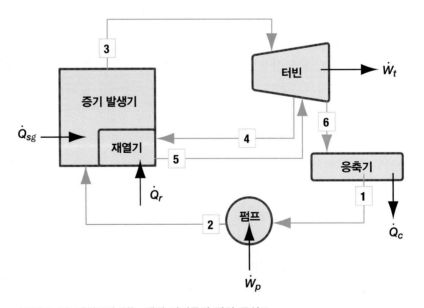

〈그림 7.17〉 재열부가 있는 랭킨 사이클의 장치 구성도.

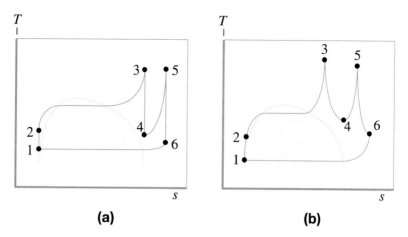

〈그림 7.18〉 재열 (및 과열) 랭킨 사이클의 *T–s* 선도. (a) 등엔트로피 터빈 및 펌프,
(b) 비등엔트로피 터빈 및 펌프.

서는 더욱 더 큰 동력량이 발생될 수 있다. 또한, 수증기의 온도가 높을수록 엔탈피를 증가시키는 데에는 더욱 더 많은 열 입력이 필요하기도 하다. 그 순 효과는, 재열 과정이 없는 사이클과 비교하여, 사이클의 열효율이 추가적으로 조금 증가하는 것으로 나타날 때가 많다. 재열 과정이 사용될 때에는, 열효율이 크게 증가할수록 터빈의 등엔트로피 효율도 더 높아지는 것으로 보인다.

재열 랭킨 사이클의 해석은 앞에서 살펴본 과열 랭킨 사이클의 해석과 매우 유사하다. 다른 점으로는, 일부 구성 장치에서 상태 번호를 달리 부여한 것 이외에, 열 입력 계산이 추가적으로 사용되어 터빈 해석을 터빈의 여러 부분으로 확대시켜야 하는 것이다. 재열 과정은 정압 열 부가 과정으로 간주된다. 이와 같으므로 그림 7.17을 참조하고, $P_5 = P_4$이므로, 기본 랭킨 사이클의 과정에서, $P_1 = P_6$이고 $P_2 = P_3$임을 알 수 있다. 재열부에서는 운동 에너지 변화나 위치 에너지 변화는 전혀 없다고 가정하고, 재열 가정에서는 전혀 동력 소비가 없다고 가정한다. 재열기에서 최종적인 열전달률은 다음과 같이 열역학 제1법칙에서 구한다.

$$\dot{Q}_r = \dot{m}(h_5 - h_4) \tag{7.16}$$

그리고 사이클에서 최종적인 열 입력률은 다음과 같다.

$$\dot{Q}_{\text{in}} = \dot{Q}_{sg} + \dot{Q}_r = \dot{m}[(h_3 - h_2) + (h_5 - h_4)] \tag{7.17}$$

재열기는 증기 발생기의 일부이기는 하지만, 재열기에서는 수증기가 다른 입력 조건으로 유입되어야 하므로, 열 입력 식에서는 별개로 취급된다. 본질적으로, 증기 발생기에 재열기

부가 추가됨으로써 증기 발생기는 다중 입력, 다중 출력 장치가 되었다. 증기 발생기를 이와 같이 구체적으로 살펴보는 대신에, 단일 입구, 단일 출구 장치 2개(또는 재열 단계의 개수에 따라, 그 이상)가 직렬 연결된 것으로 모델링하기로 한다.

또한, 터빈부도 2개가 있다는 사실을 알 수 있으므로, 터빈에서 나오는 동력은 이 2개의 터빈부에서 나오는 동력을 합쳐서 계산하여야 한다. 즉,

$$\dot{W_t} = \dot{W_{t1}} + \dot{W_{t2}} = \dot{m}[(h_3 - h_4) + (h_5 - h_6)] \tag{7.18}$$

펌프 동력 식은 기본 랭킨 사이클과 동일하지만, 응축기에서의 열전달률은 상태 번호만 바뀌었을 뿐 유사하다($\dot{Q_c} = \dot{m}(h_6 - h_1)$). 열효율은 역시 순 동력을 열 입력률로 나누어 다음과 같이 구한다. 즉,

$$\eta = \frac{\dot{W}_{net}}{\dot{Q}_{in}} = \frac{\dot{W_t} + \dot{W_p}}{\dot{Q}_{sg} + \dot{Q_r}} = \frac{(h_3 - h_4 + h_5 - h_6) + (h_1 - h_2)}{(h_3 - h_2) + (h_5 - h_4)} \tag{7.19}$$

주목할 점은, 랭킨 사이클에는 부가적인 구성 장치들이 추가되므로, 해석에서도 식들이 더 추가된다. 그러나 장치들을 흐르는 작동 유체 유동을 좇아서 각각의 장치에 적절한 열역학 제1법칙을 결정하게 되면, 해석이 간단해지므로 한층 더 복잡한 사이클도 정확하게 해석할 수 있게 된다.

학생 연습문제

본인이 세운 기본 랭킨 사이클의 컴퓨터 모델을 수정하여 하나 또는 그 이상의 재열 단계가 통합될 수 있도록 하라.

▶ 예제 7.5

예제 7.4의 이상적인 과열 랭킨 사이클을 변형시켜서 재열부를 추가시키려고 한다. 이 재열 과정에서는, 수증기가 터빈에서 2 MPa로 유출되어 600 ℃로 재열된다. 이 재열 랭킨 사이클에서 발생된 순 동력과 이 사이클의 열효율을 구하라.

주어진 자료 : $x_1 = 0$, $P_1 = 20\,\text{kPa}$, $T_3 = 600\,℃$, $P_3 = 10\,\text{MPa}$, $P_4 = 2\,\text{MPa}$, $T_5 = 600\,℃$, $\dot{m} = 125\,\text{kg/s}$

구하는 값 : $\dot{W}$, η

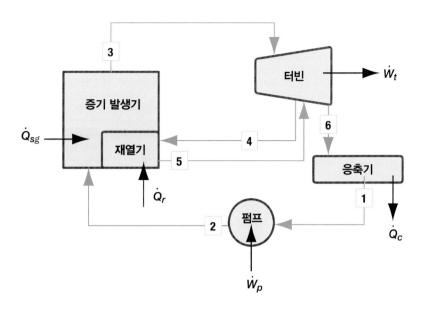

풀이 해당 사이클은 재열 과정이 있는 랭킨 사이클이다. 작동 유체는 물로서, 이 물은 사이클의 여러 지점에서 압축 액체, 포화 물질 및 과열 수증기 형태로 존재한다.

가정 : $P_2 = P_3$, $P_1 = P_6$, $P_4 = P_5$, $s_1 = s_2$, $s_3 = s_4$, $s_5 = s_6$, $\dot{W}_{sg} = \dot{W}_c = \dot{W}_r = \dot{Q}_t = \dot{Q}_p = 0$, 각각의 장치에서는 $\Delta KE = \Delta PE = 0$이다. 정상 상태, 정상 유동계이다. 펌프 속 액체 물은 비압축성이다.

첫 단계는 각각의 상태의 비엔탈피를 구하는 것으로, 선택한 상태량 계산 프로그램을 사용한다.

상태 3에서는, 주어진 조건을 사용한다.

상태 3: $P_3 = 10 \text{ MPa}$, $T_3 = 600\,^{\circ}\text{C}$ $h_3 = 3625.3 \text{ kJ/kg}$
$$s_3 = 6.9029 \text{ kJ/kg} \cdot \text{K}$$

상태 4에서는, 상태 1에서의 압력과 상태 3에서의 엔트로피를 사용하는데, 이 값들은 주어진 가정에 근거하면 상태 4에서의 압력과 엔트로피에 각각 상응하기 때문이다.

상태 4: $P_4 = 2.0 \text{ MPa}$ $s_4 = s_3 = 6.9029 \text{ kJ/kg} \cdot \text{K}$ (이것은 과열증기이다.)
$$h_4 = 3104.9 \text{ kJ/kg}$$

상태 5와 6은 비슷한 방법으로 구한다.

상태 5: $P_5 = 2 \text{ MPa}$, $T_5 = 600\,^{\circ}\text{C}$ $h_5 = 3690.1 \text{ kJ/kg}$
$$s_5 = 7.7024 \text{ kJ/kg} \cdot \text{K}$$

상태 6: $P_6 = P_1 = 20 \text{ kPa}$ $s_6 = s_5 = 7.7024 \text{ kJ/kg} \cdot \text{K}$ (이것은 포화혼합물이다.)
$$x_6 = 0.9709$$
$$h_6 = 2541.0 \text{ kJ/kg}$$

상태 1과 상태 2는 예제 7.4에서 구한 값들과 같다.

$$h_1 = 251.40 \text{ kJ/kg} \qquad h_2 = 261.6 \text{ kJ/kg}$$

알고 있는 비엔탈피로, 식 (7.7) 및 식 (7.17)-(7.19)를 사용하여 필요한 동력 값이나 열전달률 값을 구하면 된다.

터빈 동력:
$$\dot{W}_t = \dot{W}_{t1} + \dot{W}_{t2} = \dot{m}\left[(h_3 - h_4) + (h_5 - h_6)\right] = 208,688 \text{ kW}$$

펌프 동력:
$$\dot{W}_p = \dot{m}(h_1 - h_2) = -1275 \text{ kW}$$

시스템에 대한 열전달률은 1차 증기 발생기와 재열기에서의 열전달률의 합과 같다.

$$\dot{Q}_{in} = \dot{Q}_{sg} + \dot{Q}_r = \dot{m}\left[(h_3 - h_2) + (h_5 - h_6)\right] = 493,613 \text{ kW}$$

그러므로 순 동력은 다음과 같다.

$$\dot{W}_{net} = \dot{W}_t + \dot{Q}_p = 207,413 \text{ kW} = \textbf{207.4 MW}$$

그리고 열효율은 다음과 같다.

$$\eta = \frac{\dot{W}_{net}}{\dot{Q}_{in}} = \frac{\dot{W}_t + \dot{W}_p}{\dot{Q}_{sg}} = \textbf{0.420}\text{이다.}$$

해석 :

(1) 이는 재열 과정을 추가시킴으로써 사이클 효율이 눈에 띄게 증기한 것이지만, 여기에는 터빈의 등엔트로피 효율 개선이라는 실제 시스템에서의 추가적인 이익까지 들어 있지는 않다. 재열을 한다고 해서 열효율이 흔히 이렇게 크게 증가하여 나타나지는 않지만, 여기에서는 재열 과정의 압력이 잘 선정되었기 때문에 열효율이 증가되어 나타난 것이다.

(2) 역시 사이클 선도의 형상에서는 사각형과 비슷한 모양을 그 어디에서도 찾아볼 수 없지만, 재열 랭킨 사이클은 과열 과정만 있는 랭킨 사이클에서의 선도보다는 약간 더 사각형에 가깝다고 하기도 한다. 이와 같아서, 이 재열 랭킨 사이클은 그 열효율이 이상적인 카르노 사이클의 효율에 약간 더 가깝고, 가역 과정에도 약간 더 가깝다.

해석에 비등엔트로피 터빈부가 포함되어 있을 때에는, 각각의 터빈부에 등엔트로피 효율을 적용해야 한다는 점을 잊지 말아야 한다. 이러한 내용은 연습으로 남겨 놓는다.

7.3.5 재생 랭킨 사이클

앞에서 설명한 열효율이 30-40 %의 범위에 드는 랭킨 사이클 형태에서, 극단적으로는 입력 열 가운데 많은 양(60-70 %)이 환경으로 배제된다. 이 열 가운데 일부가 포획되어 사이클의 열 입력으로서 사용될 수 있다면, 열 입력 부하가 감소되어 열효율이 증가될 수 있을 것이다.

이것이 다양한 형태의 재생 과정이 있는 재생 랭킨 사이클의 배경 개념이며, 여기에서 "재생 (regeneration)"은 사이클 내에서의 내부 열전달을 의미한다.

응축기에서 제거된 열을 사이클의 다른 곳에 있는 물을 가열시키는 데 직접 사용한다는 기본적인 문제는, 응축기를 지나는 작동 유체가 사이클에서 온도가 가장 낮은 상태라는 것이다. 열역학 제2법칙의 관점에서, 열은 고온 물질에서 저온 물질로 전달되므로 응축 중인 작동 유체에서 환경으로 열이 전달될 수 있겠지만, 환경은 한층 더 낮은 온도 상태에 있기 때문에 열전달은 일어날 수밖에 없다. 사이클의 다른 곳에 있는 유체의 온도는 응축기 안의 온도보다 더 높기 때문에, 사이클의 다른 곳에 있는 이 작동 유체를 가열시키는 데 이 에너지를 사용하는 것은 불가능하다. 그러므로 재생을 달성하려면, 작동 유체가 응축기에 도달하기 전에 작동 유체에서 에너지가 추출되게 하는 것이 필요하다.

랭킨 사이클의 $T-s$ 선도를 들여다보면, 가장 논리적으로 재생을 사용하는 것은 증기 발생기에 유입되려고 하는 작동 유체를 예열시키는 것이다. 압축 액체가 증기 발생기에 고온으로 유입될수록, 증기 발생기에서는 압축 액체를 가열시켜 포화 액체 상태가 되게 하는 데 에너지가 덜 필요하다. 이로써 결국 열 입력은 전체적으로 감소하게 된다. 이 열전달 과정은 비교적 단순한 열교환기로도 달성시킬 수 있다.

그림 7.19에는 이러한 재생 설계 중의 하나가 그려져 있다. 이 설계에서는, 펌프에서 유출되는 압축 액체가 터빈 둘레에 감겨 있는 배관으로 보내져서 터빈 내에서의 흐름과는 반대 방향으로 흐른다. 이렇게 하여, 열은 터빈 속을 흐르는 수증기로부터 증기 발생기 유입 액체로 지속적으로 전달된다. 이는 두 유체 간에 다소 작은 온도 차로 열전달을 구동시키고 있으므로, 열역학 제2법칙의 관점에서 볼 때 열역학적으로 매우 훌륭한 과정이다. 그러나 실제 공정기술적인

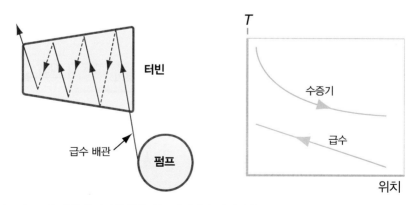

〈그림 7.19〉 재생 열전달을 활용하는 잠재적인 방법에서는 보일러 급수가 터빈에서 손실되는 열로 계속해서 가열되게 해야 한다. 이 과정은 가능하지만, 실용적이지는 않다.

관점에서 볼 때는, 필요한 하드웨어가 복잡하기 때문에 이는 다소 다루기 어려운 해법이다.

실제로는, 재생을 달성하는 데에 2가지 기술이 흔히 활용되고 있다. 즉, (1) 개방형 급수 가열기와, (2) 폐쇄형 급수 가열기가 그것인데, 여기에서 "급수(feedwater)"는 응축기에서 증기 발생기로 공급되는 물을 말한다. 이 기술 모두 터빈을 거치는 총 유량 중에서 일부 손실이 발생하게 되므로, 단위 총 질량 유량당 발생되는 동력이 사이클에서 감소된다. 그러나 매개변수를 적절하게 선정함으로써, 단위 총 질량 유량당 열 입력의 감소율이 동력 감소율보다 더 커지게 되는데, 이로써 결국 사이클의 열효율이 개선되게 된다.

개방형 급수 가열기가 있는 랭킨 사이클

개방형 급수 가열기는 혼합 챔버인데, 여기에서는 터빈에서 추출된 유동이 펌프에서 유입되는 유동과 혼합되고 그런 다음 이 혼합된 출구류는 증기 발생기로 향하게 된다. 이 3가지 흐름은 압력이 동일한 상태로 있어야만 터빈이나 펌프로 역류되지 않고 적절하게 흐르게 된다. 이 2가지 흐름의 상대적인 질량 유량은 출구류가 포화 액체가 되도록 전형적으로 설정되어 있다. 터빈의 유출류는 팽창되어 그 압력이 증기 발생기의 압력보다 더 낮아지기 때문에, 제2 펌프가 개방형 급수 가열기와 증기 발생기 사이에 필요하게 되며, 이로써 작동 유체 압력이 증기 발생기의 압력 수준으로 상승하게 된다. 그림 7.20에는 1개의 개방형 급수 가열기가 있는 랭킨 사이클의 개략적인 장치 구성도가 도시되어 있으며, 그림 7.21에는 랭킨 사이클의 이상적인

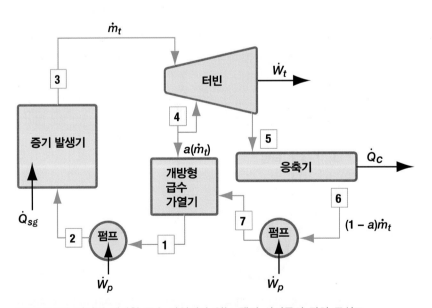

〈그림 7.20〉 하나의 개방형 급수 가열기가 있는 랭킨 사이클의 장치 구성도.

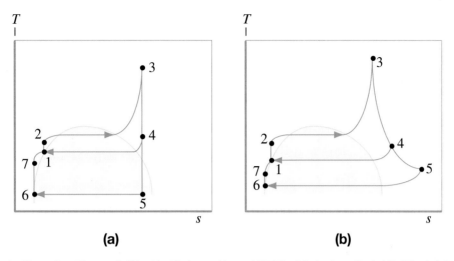

<그림 7.21> 그림 7.20에 있는 시스템의 T-s 선도. 이상적인 터빈과 펌프, 및 비이상적인 터빈과
펌프 모두가 고려되어 있음. (a) 이상적인 터빈과 펌프 (b) 비이상적인 터빈과 펌프

형태와 비등엔트로피 터빈과 펌프가 있는 랭킨 사이클의 T-s 선도가 모두 그려져 있다.
개방형급수 시스템에는 과열 과정이 포함될 수도 있고 그렇지 않을 수도 있지만, 그림 7.20과
그림 7.21에는 과열 과정이 포함되어 있다.

이러한 랭킨 사이클 형태를 해석할 때에는, 각각의 구성 장치에서 얼마나 많은 유량이 흐르는지
계속해서 정보를 얻어내야만 한다. 터빈 동력은 각각의 터빈 부분에서 흐르는 질량 유량과
엔탈피 변화를 곱한 것을 합해서 구하고, 펌프 동력은 각각의 펌프에서 흐르는 질량 유량과
엔탈피 변화를 곱한 것을 합해서 구한다. 작동 유체의 전체 질량은 증기 발생기를 거쳐 흐르기
마련이다. 그러나 재열부가 사용되어 있을 때에는, 급수 가열기가 재열기보다 더 높은 압력
상태로 놓여 있으면 감소된 질량 유량이 재열기를 거쳐 흐르기도 한다. 또한, 구성이 복잡하게
되어 있는 랭킨 사이클을 해석할 때에 잊지 말아야 할 점은, 압력은 터빈부를 거치면서 계속해서
떨어진다는 것과 펌프는 압력을 상승시키는 데 사용된다는 것이다.

중요한 점은, 터빈에서 추출되어 급수 가열기를 향하게 되는 총 질량 유량의 분율을 구하는
것이다. 이 분율을 a라고 하기로 한다. 그림 7.20을 참조하면, 다음과 같은 질량 유량 항등식들이
성립함을 알 수 있을 것이다. 즉,

$$\dot{m}_1 = \dot{m}_2 = \dot{m}_3 = \dot{m}_t$$

$$\dot{m}_4 = a\dot{m}_t$$

$$\dot{m}_5 = \dot{m}_6 = \dot{m}_7 = (1-a)\dot{m}_t$$

여기에서, $\dot{m}_t$는 (증기 발생기를 거치는) 총 질량 유량이다. 상태 4에서 터빈에서 추출되지 않는 질량 분율은 $(1-a)$이다.

개방형 급수 가열기에는 열역학 제1법칙을 적용할 수 있다. 이 개방형 급수 가열기는 정상 상태, 정상 유동, 다중 입구 및 단일 출구 시스템이라고 가정하고, 이 개방형 급수 가열기에는 외부 열전달 효과나 외부 동력 효과가 전혀 없다고 가정($\dot{Q}_{\text{ofwh}} = \dot{W}_{\text{ofwh}} = 0$)하며, 이 개방형 급수 가열기에서는 운동 에너지 효과와 위치 에너지 효과를 무시할 수 있다고 가정하면, 식 (4.13)은 다음과 같이 된다.

$$\dot{m}_4 h_4 + \dot{m}_7 h_7 = \dot{m}_1 h_1 \tag{7.20}$$

각각의 질량 유량 항에 그 항에 해당하는 총 질량 유량의 분율을 대입하면 다음이 나온다.

$$a\dot{m}_t h_4 + (1-a)\dot{m}_7 h_7 = \dot{m}_t h_1 \tag{7.21}$$

이 식은 다음과 같이 된다.

$$ah_4 + (1-a)h_7 = h_1 \tag{7.22}$$

$P_1 = P_4 = P_7$이고 상태 1은 포화 액체라고 가정하면, 식 (7.22)를 사용하여 상태 4에서 터빈에서 분기되는 유체의 질량 분율을 바로 구할 수 있다. 즉, a이다.

일단 a를 알고 있으면, 터빈 동력과 펌프 동력은 각각의 장치에서 질량 유량과 엔탈피 변화를 곱한 것을 합함으로써 다음과 같이 구할 수 있다. 즉,

$$\dot{W}_t = \dot{m}_3(h_3 - h_4) + \dot{m}_5(h_4 - h_5) = \dot{m}_t[(h_3 - h_4) + (1-a)(h_4 - h_5)] \tag{7.23}$$

$$\dot{W}_p = \dot{W}_{p1} + \dot{W}_{p2} = \dot{m}_6(h_6 - h_7) + \dot{m}_1(h_1 - h_2) = \dot{m}_t[(1-a)(h_6 - h_7) + (h_1 - h_2)] \tag{7.24}$$

과열 과정이 없는 랭킨 사이클 형태에서는, 총 유량이 증기 발생기를 진행할 때에도 관련 식에는 변화가 전혀 없다. 또한, 열효율은 여기에서도 마찬가지로 발생된 순 동력을 열 입력률로 나누어서 구한다. 사이클에 비등엔트로피 터빈과 펌프가 사용되어 있으면, 터빈에서 각각의 부분과 각각의 펌프에는 등엔트로피 효율을 적용해야만 한다. 개방형 급수 가열기가 추가되어 유량을 엄밀히 좇아야 되어 해석이 복잡해지긴 하였지만, 각각의 구성 장치의 해석은 여전히 간단하다. 하나 이상의 개방형 급수 가열기를 사용하는 것도 가능한데, 그럴 때에는 각각의 급수 가열기에서 터빈에서 분기되는 질량 유량의 분율을 구해야만 하며, 사용되고 있는 각각의 급수 가열기에는 펌프가 추가되어야 한다.

▶ 예제 7.6

예제 7.4의 이상적인 과열 랭킨 사이클을 변형시켜 개방형 급수 가열기를 추가시키려고 한다. 이 개방형 급수 가열기는 압력이 1 MPa이다. 포화 액체가 개방형 급수 가열기에서 유출되어 펌프로 유입되는데, 여기에서 펌프 유입 액체는 증기 발생기 압력인 10 MPa로 가압된다. 하나의 개방형 급수 가열기가 있는 이 랭킨 사이클에서 발생되는 순 동력과, 열효율을 구하라.

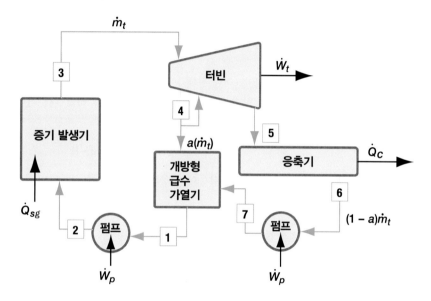

주어진 자료 : $x_1 = 0$, $x_6 = 0$, $P_6 = 20 \text{ kPa}$, $T_3 = 600\,^\circ\text{C}$, $P_3 = 10 \text{ MPa}$, $P_4 = P_7 = P_1 = 1 \text{ MPa}$,
$\dot{m}_t = 125 \text{ kg/s}$

구하는 값 : $\dot{W}$, η

풀이　해당 사이클은 개방식 급수 가열기가 1개 있는 랭킨 사이클이다. 작동 유체는 물로서, 이 사이클의 여러 지점에서 압축 액체, 포화 물질 및 과열 수증기 형태로 존재한다.

가정 : $P_2 = P_3$, $P_5 = P_6$, $P_1 = P_4 = P_7$, $s_1 = s_2$, $s_3 = s_4 = s_5$,
$\dot{W}_{sg} = \dot{W}_c + \dot{W}_{ofwh} = \dot{Q}_t = \dot{Q}_p = \dot{Q}_{ofwh} = 0$, 각각의 장치에서는 $\Delta KE = \Delta PE = 0$이다.
정상 상태, 정상 유동계이다. 펌프 속 액체 물은 비압축성이다.

랭킨 사이클에서는 늘 그렇듯이, 첫 단계는 각각의 상태의 비엔탈피 값을 구하는 것으로, 선택한 상태량 계산 프로그램을 사용한다.

상태 3에서는, 주어진 조건을 사용한다.

상태 3: $P_3 = 10 \, \text{MPa}, \ T_3 = 600 \, \text{℃}$ $h_3 = 3625.3 \, \text{kJ/kg}$

$s_3 = 6.9029 \, \text{kJ/kg} \cdot \text{K}$

상태 4에서는, 상태 1에서의 압력과 상태 3에서의 엔트로피를 사용하는데, 이는 주어진 가정에 근거하여 이 값들이 상태 4에서의 압력과 엔트로피에 각각 상응하기 때문이다.

상태 4: $P_4 = 1 \, \text{MPa}$ $s_4 = s_3 = 6.9029 \, \text{kJ/kg} \cdot \text{K}$

$h_4 = 2931.7 \, \text{kJ/kg}$

같은 식으로,

상태 5: $P_5 = P_6 = 20 \, \text{KPa}$ $s_5 = s_3 = 6.9029 \, \text{kJ/kg} \cdot \text{K}$

$x_5 = (s_5 - s_f)/(s_g - s_f) = 0.8579$

$h_5 = 2274.6 \, \text{kJ/kg}$

상태 6에서는, 주어진 조건을 사용한다. 그러나 상태 1에서는 비엔트로피보다는 비체적을 구해야 하는데, 이는 비체적이 상태 7의 비엔탈피를 계산하는 데 사용되어야 하기 때문이다.

상태 6: $P_6 = 20 \, \text{KPa}, \ x_6 = 0.0$ $h_6 = 251.40 \, \text{kJ/kg}$

$v_6 = 0.0010172 \, \text{kJ/kg} \cdot \text{K}$

상태 7에서는, 비압축성 물질의 등엔트로피 유동에 사용되는 관계식인 식 (6.48)을 사용한다.

상태 7: $P_7 = 1 \, \text{MPa} = 1000 \, \text{kPa}$ $h_7 = h_6 + v_6(P_7 - P_6) = 252.4 \, \text{kJ/kg}$

같은 식으로, 상태 1과 상태 2의 값을 구한다.

상태 1: $P_1 = 1 \, \text{MPa}, \ x_1 = 0$ $h_1 = 762.81 \, \text{kJ/kg}$

$v_1 = 0.0011273 \, \text{m}^3/\text{kg}$

상태 2: $P_2 = 10 \, \text{MPa}$ $h_2 = h_1 + v_1(P_2 - P_1) = 772.96 \, \text{kJ/kg}$

(주목해야 할 점은, 개방식 급수 가열기가 사용되었을 때는 증기 발생기로 유입되는 엔탈피 값이 얼마만큼 더 높아야 하는가 하는 것이다.)

알고 있는 비엔탈피 값으로, 터빈에서 분기되는 수증기의 질량 분율을 구할 수 있다. 개방형 급수 가열기 주위의 에너지 균형은 결과적으로 식 (7.22)와 같이 된다. 즉,

$$ah_4 + (1-a)h_7 = h_1$$

이 식을 풀어 a를 구하면 다음이 나온다. 즉, $a = 0.1918$이다.

이제, 식 (7.23)과 식 (7.24)를 사용하여 터빈 동력과 펌프 동력을 각각 구하면 된다.

$$\dot{W}_t = \dot{m}_t[(h_3 - h_4) + (1-a)(h_4 - h_5)] = 153{,}084 \text{ kW}$$

$$\dot{W}_p = \dot{W}_{p1} + \dot{W}_{p2} = \dot{m}_t[(1-a)(h_6 - h_7) + (h_1 - h_2)] = -1369.8 \text{ kW}$$

여기에서 순 동력이 다음과 같이 나온다. 즉,

$$\dot{W}_{\text{net}} = \dot{W}_t + \dot{W}_p = 151{,}715 \text{ kW} = \textbf{151.7 MW}$$

증기 발생기의 열전달률은 다음과 같다. $\dot{Q}_{sg} = \dot{m}(h_3 - h_2) = 356{,}540$ kW이다.

그리고 열효율은 다음과 같다.

$$\eta = \frac{\dot{W}_{\text{net}}}{\dot{Q}_{\text{in}}} = \frac{\dot{W}_t + \dot{W}_p}{\dot{Q}_{sg}} = \textbf{0.426}$$

해석 : 개방형 급수 가열기를 사용할 때에는 순 동력이 감소되기는 하지만, 열 입력도 역시 그보다 더 큰 % 값으로 떨어진다. (순 동력은 9.5 %만큼 감소하지만, 열 입력은 15.2 %만큼 감소된다.) 그 결과로서, 열효율은 급수 가열 과정의 사용으로 증가하게 된다. 이 경우에는, 열효율이 2.7 % 포인트만큼 증가되었다.

개방형 급수 가열기는 간단한 장치이지만, 장치를 관리하고 운전하는 것이 어려울 수 있다. 이와 같으므로, 대규모 증기 발전소에서는 그 시스템에 더 이상 두 개 이상의 개방형 급수 가열기를 사용하지 않고, 이 장치는 적소에서 주로 "탈기(deaeration)"를, 즉 물에서 비응축 가스(수증기 압력이 대기압보다 더 낮은 응축기에서 누설될 수 있는 공기 같은)를 제거시키는 것을 촉진하도록 하고 있다. 한층 더 널리 사용되는 급수 가열 유형은 폐쇄형 급수 가열기이다.

폐쇄형 급수 가열기가 있는 랭킨 사이클

폐쇄형 급수 가열기는 본질적으로 기본적인 외통-내관 열교환기 형태의 소형 응축기이다. 수증기는 터빈 계통에서 추출되어 폐쇄형 급수 가열기로 향하게 된다. 급수는 관 내부를 흐르면서 이 관의 외부에서 응축되고 있는 수증기에서 열을 받게 된다. 이러한 장치에서는, 수증기에서 변한 응축 물질은 전형적으로 포화 액체로서 유출된다($x_7 = 0$, 하첨자는 그림 7.22와 그림 7.23에서 사용된 번호 체계에 따름). 그런 다음, 응축된 수증기는 사이클의 또 다른 지점에서 급수와 혼합되어야 한다. 그림 7.22와 그림 7.23에는, 하나의 폐쇄형 급수 가열기가 있는 랭킨 사이클의 장치 구성도가 2가지 형태로 주어져 있다. 그림 7.22에는 한층 더 널리 사용되는 방식이 도시되어 있는데, 이 방식에서는 응축된 수증기가 더 낮은 압력으로 교축된 다음 결과적으로 원상태로 되돌아간 포화 혼합물은 응축기의 주 흐름과 혼합되는데, 여기에서 혼합물의

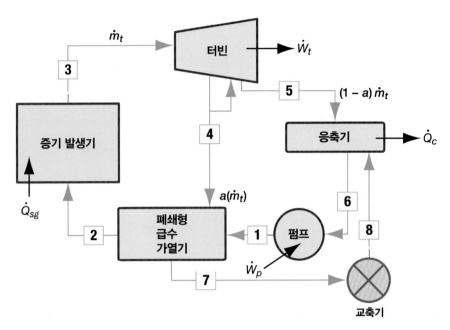

〈그림 7.22〉 하나의 폐쇄형 급수 가열기가 있고, 그 배수가 역순환 방향으로 단계적으로 행하여지는 랭킨 사이클의 장치 구성도.

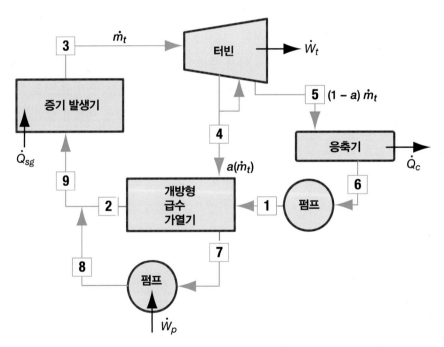

〈그림 7.23〉 하나의 폐쇄형 급수 가열기가 있고, 그 배수가 순순환 방향으로 펌핑되는 랭킨 사이클의 장치 구성도.

수증기 부분이 응축되면서 열이 추가로 회수된다. 그림 7.23에는 이보다는 덜 사용되기는 하지만, 더 낮은 압력(대기압 미만)에서 흔히 사용되는 방식이 도시되어 있는데, 이 방식에서는 응축 물질이 순순환 방향으로 펌핑되어, 배관 계통의 어떤 지점에서 동일한 압력으로 이 압축 액체는 압축 액체 상태의 급수와 혼합하도록 되어 있다. 배수를 역순환 방향으로 단계적으로 행하는 방식(즉, 제1 시나리오)에서는 추가로 펌프가 필요하지 않으며, 단순한 교축 장치가 사용되어 응축기에서 수증기를 혼합시키는 데 필요한 압력 강하를 달성시킬 수 있다. 그러나 배수를 순순환 방향으로 펌핑하는 방식(즉, 제2 시나리오)에서는 추가로 펌프가 필요하며 그에 따른 동력 사용도 뒤따르게 된다.

폐쇄형 급수 시스템의 중대한 이점 가운데 하나는 폐쇄형 급수 가열기에서 2개의 흐름이 압력이 서로 달라도 된다는 것이며, 일반적으로도 압력이 서로 다르다. 그러므로 폐쇄형 급수 가열기를 여러 개 사용할 수 있으며, 반드시 하나의 펌프는 초기에 응축기에서 유출되는 급수의 압력을 증기 발생기의 압력으로 상승시키는 데 사용되어야 한다. 이와 같은 전개 줄거리에서는, 배수가 응축기로 완전히 되돌아가는 것이 아니라 전형적으로 역순환 방향으로 단계적으로 행하여져 바로 직전의 급수 가열기로 향하게 된다.

이 때문에, 포화 혼합물이 그 다음으로 압력이 낮은 급수 가열기에서 포화 액체로 응축될 때, 더욱 더 많은 열이 회수된다. 그러나 실제 시스템에서는, 여전히 배수가 순순환 방향으로 가장 압력이 낮은 폐쇄형 급수 가열기로 펌핑되는 것이 필요할 때가 있다.

그림 7.22의 개략도는 하나의 폐쇄형 급수 가열기가 있는 랭킨 사이클의 해석을 쉽게 하는 데 사용된다. 이 경우에는 배수가 역순환 방향으로 단계적으로 행하여진다. 개방형 급수 가열기에서처럼, 상태 4에서 총 유량의 분율 a가 터빈 계통에서 추출되어 폐쇄형 급수 가열기로 향하게 된다. 시스템을 거쳐 흐르는 유량을 좇아보면, 다음을 알 수 있다.

$$\dot{m}_1 = \dot{m}_2 = \dot{m}_3 = \dot{m}_6 = \dot{m}_t$$

$$\dot{m}_4 = \dot{m}_7 = \dot{m}_8 = a\dot{m}_t$$

$$\dot{m}_5 = (1-a)\dot{m}_t$$

역시 중요한 점은, 압력이 일정한 상태들을 주목하여야 하는 것이다. 왜냐하면, 압력이 변화하는 곳은 터빈 계통, 펌프 및 교축기뿐이기 때문이다. 즉,

$$P_1 = P_2 = P_3$$

$$P_4 = P_7$$

$$P_5 = P_6 = P_8$$

이러한 관계에서 알 수 있는 점은, 교축기를 사용하게 되면 폐쇄형 급수 가열기에서 유출되는 응축 액체의 압력을 응축기의 압력으로 낮출 수 있다는 것이다. 이 때문에 상태 8에서는 결과적으로 포화 혼합물이 된다.

폐쇄형 급수 가열기에서는 다음과 같이 가정할 수 있다.

$$\dot{Q}_{\text{cfwh}} = \dot{W}_{\text{cfwh}} = 0$$

즉, 운동 에너지 효과나 위치 에너지 효과가 전혀 없으며, 시스템은 정상 상태, 정상 유동으로 작동된다. 그러면, 다중 입구와 다중 출구가 있는 이러한 시스템에 적용할 열역학 제1법칙[식 (4.13)]은 다음과 같이 된다.

$$a\dot{m}(h_4 - h_7) = \dot{m}_t(h_2 - h_1) \tag{7.25}$$

이 대목에서, 상태 1, 4 및 7(상태 7을 포화 액체라고 가정)에서의 엔탈피를 각각 구할 수 있다. 그러나 이 값들은 식 (7.25)에 있는 2개의 미지수(a 및 h_2)에 달려 있으며, 이 2개의 미지수 값은 서로에게 종속된다. 그러므로 이 2개의 값 중에서 하나가 명시되어야 한다. 흔히, h_2가 직접 명시되지 않고, 상태 2에서의 온도가 주어져서 상태 2에서의 엔탈피를 이 T_2에서의 포화 액체의 엔탈피로 취하게 된다. 상태 2에서의 온도를 선정할 때 명심해야 할 점은, 열역학 제2법칙의 관점에서 볼 때 폐쇄형 급수 가열기에서 유출되는 급수의 온도가 유입되는 수증기의 온도보다 낮거나 같아야만 된다는 것이다. 즉, $T_2 \leq T_4$이다.

일단 엔탈피 값과 추출된 질량 분율을 알게 되면, 앞에서 쓰였던 기법을 사용하여 터빈 동력, 펌프 동력, 열 입력 및 열효율을 다음과 같이 계산할 수 있다. 즉,

$$\dot{W}_t = \dot{m}_3(h_3 - h_4) + \dot{m}_5(h_4 - h_5) = \dot{m}_t[(h_3 - h_4) + (1-a)(h_4 - h_5)] \tag{7.26}$$

$$\dot{W}_p = \dot{m}_6(h_6 - h_1) = \dot{m}_t(h_6 - h_1) \tag{7.27}$$

$$\dot{Q}_{sg} = \dot{m}_t(h_3 - h_2) \tag{7.28}$$

또한, 배수가 순순환 방향으로 펌핑되는 폐쇄형 급수 가열기가 있는 시스템도 해석할 수 있다.

▶ 예제 7.7

예제 7.4의 이상적인 과열 랭킨 사이클을 변형시켜, 폐쇄형 급수 가열기를 추가시키려고 한다. 수증기가 압력이 1 MPa인 터빈 계통에서 추출되어 폐쇄형 급수 가열기에 보내진다. 포화 액체 물이 폐쇄형 급수 가열기의 배수로 유출되어 트랩(교축기)을 거친 다음 응축기로 유입된다. 급수는 폐쇄형 급수 가열기에서 175 ℃로 유출된다. 하나의 폐쇄형 급수 가열기가 있는 이 랭킨 사이클에서 발생되는 순 동력과, 열효율을 각각 구하라.

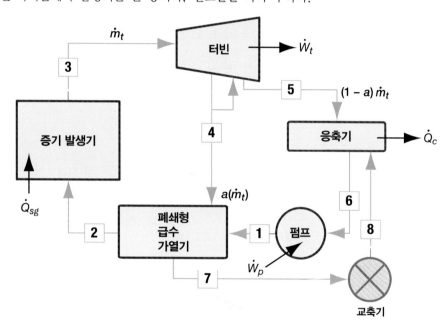

주어진 자료 : $x_6 = 0$, $x_7 = 0$, $P_6 = 20$ kPa, $T_3 = 600$ ℃, $P_3 = 10$ MPa, $P_4 = P_7 = 1$ MPa, $T_2 = 170$ ℃, $\dot{m}_t = 125$ kg/s

구하는 값 : $\dot{W}$, η

풀이 해당 사이클은 역순환 방향 단계적 급수 방식의 폐쇄식 급수 가열기가 1개 있는 랭킨 사이클이다. 작동 유체는 물로서, 이 사이클의 여러 지점에서 압축 액체, 포화 물질 및 과열 수증기 형태로 존재한다.

가정 : $P_1 = P_2 = P_3$, $P_5 = P_6 = P_8$, $P_4 = P_7$, $s_1 = s_6$, $s_3 = s_4 = s_5$

$\dot{W}_{sg} = \dot{W}_c = \dot{W}_{cfwh} = \dot{Q}_t = \dot{Q}_p = \dot{Q}_{cfwh} = 0$, 각각의 장치에서는 $\Delta KE = \Delta PE = 0$이다. 정상 상태, 정상 유동계이다. 펌프 속 액체 물은 비압축성이다.

많은 엔탈피 값들은 이미 예제 7.4 와 예제 7.5 에서 구하였다 (주의할 점은, 상태 번호 몇 가지가 바뀌었다는 것이다). 즉,

$$h_1 = 261.6 \, \text{kJ/kg}$$

$$h_3 = 3625.3 \, \text{kJ/kg}$$

$$h_4 = 2931.7 \, \text{kJ/kg}$$

$$h_5 = 2274.6 \, \text{kJ/kg}$$

$$h_6 = 251.40 \, \text{kJ/kg}$$

상태 2: 압축 액체이므로, 다음과 같이 놓는다. $h_2 = h_f(T_2) = 719.21 \, \text{kJ/kg}$.

상태 7: 포화 액체이므로, $h_7 = h_f = 762.81 \, \text{kJ/kg}$.

상태 8: 교축 과정이므로, $h_8 = h_7 = 762.81 \, \text{kJ/kg}$.

식 (7.25)를 사용하면, $a\dot{m}_t(h_4 - h_7) = \dot{m}_t(h_2 - h_1)$이므로, 추출된 질량 분율을 다음과 같이 구할 수 있다.

$$a = 0.211$$

터빈 동력과 펌프 동력은 식 (7.26)과 식 (7.27)을 사용하여 각각 구하면 된다.

$$\dot{W}_t = \dot{m}_3(h_3 - h_4) + \dot{m}_5(h_4 - h_5) = \dot{m}_t[(h_3 - h_4) + (1-a)(h_4 - h_5)] = 151{,}507 \, \text{kW}$$

$$\dot{W}_p = \dot{m}_6(h_6 - h_1) = \dot{m}_t(h_6 - h_1) = -1275 \, \text{kW}$$

열 입력은 식 (7.28)을 사용하여 구하면 다음과 같다. 즉,

$$\dot{Q}_{sg} = \dot{m}_t(h_3 - h_2) = 363{,}261 \, \text{kW}$$

그러면, 열효율은 다음과 같다.

$$\eta = \frac{\dot{W}_{\text{net}}}{\dot{Q}_{\text{in}}} = \frac{\dot{W}_t + \dot{W}_p}{\dot{Q}_{sg}} = 0.414$$

해석 : 이 폐쇄형 급수 가열기 예제가 예제 7.6의 개방형 급수 가열기보다 열효율이 더 낮은 사실을 더 이상 파고들지 않았으면 한다. 그 이유는, 폐쇄형 급수 가열기가 있는 랭킨 사이클의 열효율은 추출되는 수증기 양에 따라 달라지고, 증기 발생기에 유입되는 물의 예열에 비하여 이 추출된 수증기의 양이 터빈 동력에 영향을 미치는 방식에 따라 달라지기 때문이다.

심층 사고/토론용 질문

개방식 급수 가열기를 폐쇄식 급수 가열기를 비교하였을 때, 어떠어떠한 이점과 불리점이 있는가? 본인이라며 발전소에 어떤 방식을 선호하겠는가 그리고 그 이유는?

대형 증기 발전소에서는 흔히 이러한 부가적인 구성 장치들이 많이 추가되어 있는 랭킨 사이클을 사용한다. 예를 들어, 과열 과정, 하나의 재열기, 하나의 개방형 급수 가열기 및 다수의 밀폐식 급수 가열기가 있는 랭킨 사이클을 찾아볼 수도 있다. (또한, 주목해야 할 점은, 실제 발전소에서는 배관 계통과 구성 장치들을 거치면서 압력 손실이 발생하기 마련이지만 여기에 포함되어 있지 않은데, 각각의 구성 장치 전후의 압력과 온도의 측정치가 있다면 이러한 손실들은 쉽게 포함시킬 수 있다는 것이다. 그러나 여기에서는 그와 같은 특정한 온도 및 압력의 조합에 상응하는 엔탈피만을 사용하게 되었다.) 추가 구성 장치가 많이 있는 사이클을 해석할 때 중요한 점은, 터빈 동력, 폐쇄형 급수 가열기, 열 입력 등을 구하는 식들을 전개하는 방법을 생각해내는 것이다. 항상 잊지 말아야 하는 점은, 열역학 제1법칙에 근거하여 식들을 전개하여야 한다는 것이다. 시스템에서 터빈, 펌프, 및 교축기를 압력 변화를 부여하는 장치로서 취급하였음을 상기하면서, 어느 상태에서 압력이 동일하게 되는지를 결정하여야 한다. 흐르는 질량 유량을 좇아서, 얼마나 많은 질량이 여러 구성 장치로 분기되었는지 끊임없이 정보를 획득하여야 한다. 그런 다음, 특정 위치에서의 질량 유량에 엔탈피 변화를 곱하여 그 장치에서의 열전달률이나 동력을 구한다. 예제 7.8과 예제 7.9에는 다중 구성 장치를 취급할 때 나타날 수 있는 특정한 상황에 관한 식들을 어떻게 전개해야 하는지가 예시되어 있다.

▶ 예제 7.8

그림과 같이 변형된 랭킨 사이클에서 터빈을 참조하라. 상태 3에서 수증기가 터빈에 유입된 다음, 분율 a가 제거되어 상태 4에서 폐쇄형 급수 가열기로 보내진다. 나머지 수증기는 더욱 더 팽창되어 추출된 다음 상태 5에서 재열기로 향하게 되고, 상태 6에서 복귀된다. 더욱 더 팽창된 후에는, 분율 b가 추출된 다음 상태 7에서 개방형 급수 가열기로 향하게 되며, 더욱 더 팽창이 된 후에는, 상태 8에서 분율 c가 추출된 다음 폐쇄형 급수 가열기로 향하게 된다. 나머지 수증기는 상태 9에서 유출된다. 터빈에서 발생되는 동력에 사용할 식을 구하라.

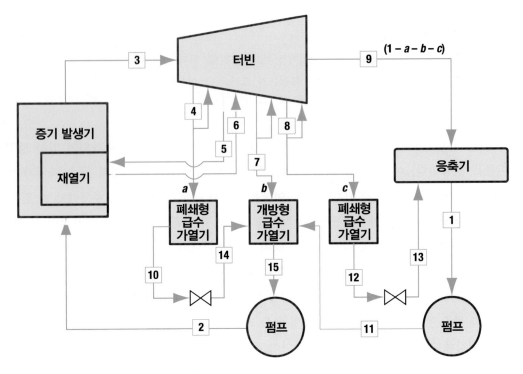

풀이　다음과 같이 질량 유량을 고려한다.

$$\dot{m}_3 = \dot{m}_t$$

$$\dot{m}_4 = a\dot{m}_t$$

$$\dot{m}_5 = \dot{m}_6 = (1-a)\dot{m}_t$$

$$\dot{m}_7 = b\dot{m}_t$$

$$\dot{m}_8 = c\dot{m}_t$$

$$\dot{m}_9 = (1-a-b-c)\dot{m}_t$$

터빈에서 상태 7과 상태 8 사이의 유량은 다음과 같다.

$$(1-a-b)\dot{m}_t$$

터빈에서 상태 간의 유량에 상태 간의 엔탈피 변화를 곱한 다음 그 결과를 합하면, 터빈 동력
식이 다음과 같이 나온다.

$$\dot{W}_t = \dot{m}_t[(h_3 - h_4) + (1-a)(h_4 - h_5) + (1-a)(h_6 - h_7)$$
$$+ (1-a-b)(h_7 - h_8) + (1-a-b-c)(h_8 - h_9)]$$

해석 : 증기 발생기를 거치는 총 유량의 분율만이 재열기를 흐르기 때문에, 재열기에서 부가되는
열은 $\dot{Q}_r = (1-a)\dot{m}_t(h_6 - h_5)$ 이다.

▶ 예제 7.9

그림과 같은 폐쇄형 급수 가열기에서는, 상태 5에서 수증기가 터빈에서 유입되어, 상태 6에서 포화 혼합물이 압력이 더 높은 급수 가열기에서 역순환 방향으로 단계적으로 행하여진다. 상태 5에서 총 수증기 유량의 질량 분율은 b이고, 상태 6에서 총 수증기 유량의 질량 분율은 a이다. 이 2개의 흐름은 모두 상태 8과 9에서 급수를 가열시키는 데 사용되는 반면에, 이 두 흐름은 혼합되어 상태 7에서 하나의 배수로 유출된다. 이 상황을 에너지 균형으로 기술하라.

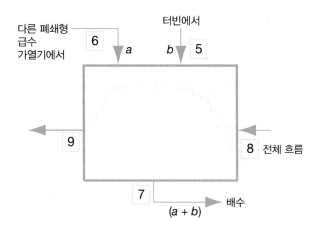

풀이   다중 입구와 다중 출구가 있는 개방계에 열역학 제1법칙인 식 (4.13)을 사용하려면, 열전달도, 사용되는 동력도, 운동 에너지와 위치 에너지 효과도 전혀 없다고 가정하여야 한다. 그러면 결과적으로 다음과 같이 된다.

$$\dot{m}_5 h_5 + \dot{m}_6 h_6 + \dot{m}_8 h_8 = \dot{m}_7 h_7 + \dot{m}_9 h_9$$

다음의 관계를 고려한다.

$$\dot{m}_8 = \dot{m}_9 = \dot{m}_t$$

$$\dot{m}_6 = a\dot{m}_t$$

$$\dot{m}_5 = b\dot{m}_t$$

$$\dot{m}_7 = \dot{m}_5 + \dot{m}_6 = (a+b)\dot{m}_t$$

대입하여 정리하면 다음과 같다.

$$bh_5 + ah_6 - (a+b)h_7 = h_9 - h_8$$

이 식에서는 각각의 항을 $\dot{m}_t$로 나누었다.

7.4   가스(공기) 동력 사이클과 공기 표준 사이클 해석

랭킨 사이클은 그 다양한 변형으로 증기 동력 사이클(즉, 작동 유체가 상변화를 하는 사이클)을 기술하고 있다. 이 사이클들은 통상적으로 사용되고 있기는 하지만, 다중의 작동 유체가 필요할 때가 많다는 점에서 불리한 점이 있다. 즉, 제1의 유체는 동력 사이클 자체를 유통하여야 하고, 제2의 유체는 고온의 연료 생성물과 같은 열원용으로 에너지를 제공하여야 하며, 제3의 유체가 사이클에서 열을 제거하는 데 필요할 때도 있다. 이러한 요구 조건 때문에 대개는 증기 동력 사이클이 정치형 용도로 제한을 받게 되며, 이 사이클을 사용하는 시스템의 비용 또한 증가하게 된다.

반면에, 가스 동력 사이클에는 전형적으로 단일의 작동 유체가 사용되고 있는데, 이 작동 유체는 초기에는 공기로 시작해서 나중에 연료와 혼합된다. 그 결과로 형성된 혼합물은 연소가 일어난 다음 연소 생성물이 되어 원동기를 거쳐 흐르면서 동력을 제공하게 된다. 최종적으로, 이 연소 생성물은 대기로 배기된다. 작동 유체는 대개 초기에는 공기로 시작하기 때문에, 이러한 사이클 종류를 공기 동력 사이클이라고도 한다. (이 설명은 가스 동력 사이클에서 나타나는 통상적인 실용 형태에는 적합하기는 하지만, 가스 동력 사이클은 또한 열이 사이클에서 유통되는 어떤 가스에 전달되고 열이 이 가스에서 주위로 제거되면서 폐루프 형식으로 이루어지기도 한다. 가스 동력 사이클은 개념적으로는 랭킨 사이클의 작동 방식과 유사하지만, 그 작동 유체에서는 상변화가 일어나지 않는다.)

위와 같은 실제 작동 설명은 열역학적 사이클의 작동 설명에 들어맞지 않는다는 사실을 알아차릴 수 있을 텐데, 열역학적 사이클은 그 시점과 종점에서 작동 유체의 열역학적 상태가 동일하기 때문이다. 그렇기 때문에, 몇 가지 가정이 세워져 있으므로 그러한 가정을 적용하게 되면 이러한 실용 시스템들을 열역학적 사이클로서 해석할 수 있다. 그러한 가정들을 적용하여 해석하려고 하는 사이클이 공기 표준 사이클(ASC; air standard cycle)이라고 하는 사이클이다. 이 ASC 해석에 적용하고자 세워져 있는 가정은 다음과 같다. 즉,

1. 사이클은 작동 유체로서 공기가 사이클을 흐르는 폐루프 계이다.

2. 공기는 이상 기체로서 거동한다.

3. 사이클에서 모든 과정은 내부적으로 가역적이다.

4. 연소 과정은 열 부가 과정으로 대체가 되는데, 이 과정에서는 열이 외부 원에서 공급된다.

5. 배기 과정과 흡기 과정은 단일의 열 제거 과정으로 대체가 되는데, 이 과정에서는 공기가 최초 상태로 되돌아간다.

공기가 아닌 다른 가스가 사용될 때에는, 그에 상응하는 가스 사이클 해석을 수행하면 되며, 이때에는 위의 가정에서 공기를 가스로 대체하면 된다. "cold ASC(비연소 ASC)" 해석이 수행되기도 하는데, 이때에는 공기의 비열을 25 ℃에서의 값으로 일정하게 잡는다.

실용적인 공기 동력 사이클이 많이 사용되고 있지만, 특별히 실용적으로 중요한 3가지 사이클에 초점을 맞추고자 한다. 브레이튼 사이클은 가스 터빈 용도로 사용되며, 오토 사이클은 스파크 점화식 내연기관의 작동을 설명해주는 이론적인 사이클이고, 디젤 사이클은 압축 착화식 내연기관의 작동을 설명해주는 역사적인 이론적인 사이클이다. 이러한 사이클들은 모두 정치식 작동과 이동식 작동에 사용될 수 있다. 또한, 이러한 사이클들이 사용되는 장치들은 일반적으로 개방형으로 작동되기도 하지만 폐루프형으로 작동되기도 한다. 여기에서, 개방형은 신선한 공기가 규칙적으로 흡입되어 연소 생성물이 배출되는 형식이고, 폐루프형은 사이클 자체에 열전달 특징이 내포되어 있는 형식이다.

7.5 브레이튼 사이클

브레이튼 사이클은 미국 엔지니어인 조지 브레이튼(George Brayton)이 19세기에 개발하였고, 이는 스털링(Stirling), 에릭슨(Ericsson), 르느와르(Lenoir) 등이 고안한 초기 사이클들에서 나타났던 성과를 능가하게 되었다. 브레이튼 사이클은 가스 터빈에 적용되므로 오늘날에는 발전기, 항공기 엔진, 기타 가스 터빈 등의 용도에서 찾아볼 수 있다. 그림 7.24에는 몇 가지 가스 터빈이 예시되어 있다. 사이클 자체는 다음과 같이 4개의 과정(이상적인 사이클에서)으로 구성되어 있기 때문에 기본 랭킨 사이클과 등가인 가스 동력 사이클처럼 보이기도 한다. 즉,

과정 1-2 : 등엔트로피 압축
과정 2-3 : 정압 열 부가
과정 3-4 : 등엔트로피 팽창
과정 4-1 : 정압 열 제거

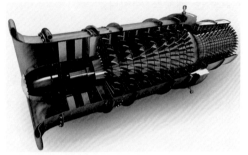

Sushkin/Shutterstock.com
yuyangc/Shutterstock.com

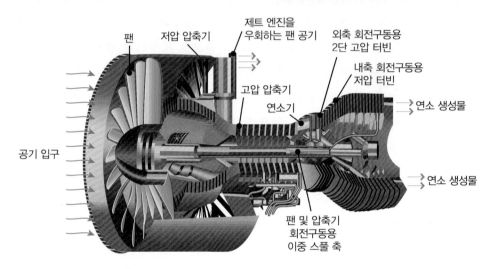

팬   저압 압축기   제트 엔진을 우회하는 팬 공기   외축 회전구동용 2단 고압 터빈   내축 회전구동용 저압 터빈   고압 압축기   연소기   연소 생성물   공기 입구   연소 생성물   팬 및 압축기 회전구동용 이중 스풀 축

〈그림 7.24〉 가스 터빈의 단면도.

그림 7.25에는 $T-s$ 선도와 $P-v$ 선도 모두에 4개의 과정이 도시되어 있다. 이 사이클에는 가스가 사용되기 때문에 작동 유체는 증기 선도의 볼록부 영역(기-액 혼합물 영역)에서 충분히 멀리 벗어나 있다고 보고 있으므로 증기 선도의 볼록부 영역은 이 선도에 나타나 있지 않다는 점을 상기하여야 한다. 그림 7.26에는 이러한 과정을 달성하고자 실제로 사용되고 있는 장치들이 개략적으로 그려져 있다. 가스는 먼저 압축기를 지난 다음, 연소기(여기에서는 통상적으로 연료가 부가되어 연소가 일어남)로 직행하고 이어서 터빈을 거쳐 흐른다. 열역학적 사이클 해석이 완결되게 하고자, 가설에 근거해서 열교환기가 상태 4와 상태 1 사이에 사용되는데, 이는 그림 7.26에 점선으로 그려져 있다. 브레이튼 사이클이 폐루프로 작동되는 경우에는, 열교환기가 이 폐루프 시스템에 추가된다. 또한, 이러한 폐루프 시스템에서는 연소기가 열교환기가 되므로 작동 유체 역할을 하는 가스에 연료가 전혀 부가되지 않게 된다.

브레이튼 사이클에 일반적으로 설정되는 가정들은, 각각의 구성 장치가 정상 상태, 정상

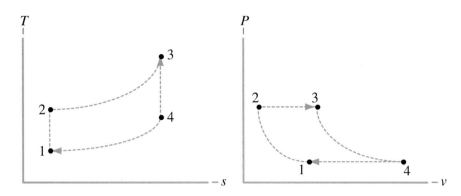

〈그림 7.25〉 이상적인 기본 브레이튼 사이클 과정의 T–s 선도와 P–v 선도.

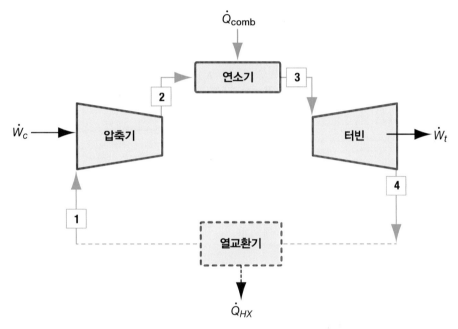

〈그림 7.26〉 기본 브레이튼 사이클의 장치 구성도. 대부분의 상용 시스템에는 터빈 배기구와 압축기 입구 사이에 열교환기가 없다.

유동, 단일 입구, 단일 출구 장치라는 점과, ASC 가정이 유효하다는 점과, 각각의 장치에서 운동 에너지 변화나 위치 에너지 변화가 전혀 없다는 점과, $\dot{Q}_c = \dot{Q}_t = \dot{W}_{\mathrm{comb}} = \dot{W}_{HX} = 0$ 이라는 점이다. 이 식에서 c는 압축기를 나타내고 'comb'은 연소기를 나타낸다. 또한, $P_2 = P_3$이 고 $P_1 = P_4$이다. 이상적인 브레이튼 사이클에서는, 2개의 등엔트로피 과정이 있으므로 $s_1 = s_2$ 이 되고 $s_3 = s_4$가 된다. 이러한 가정들을 사용하여, 식 (4.15a)에서 다음 식을 세울 수 있다.

$$\dot{W}_c = \dot{m}(h_1 - h_2) \qquad \text{압축기 동력} \tag{7.29}$$

$$\dot{W}_t = \dot{m}(h_3 - h_4) \qquad \text{터빈 동력} \tag{7.30}$$

$$\dot{Q}_{\text{comb}} = \dot{m}(h_3 - h_2) \qquad \text{(연소기 열 입력률)} \tag{7.31}$$

열효율은 위 식에서 다음과 같이 나온다.

$$\eta = \frac{\dot{W}_{\text{net}}}{\dot{Q}_{\text{in}}} = \frac{\dot{W}_c + \dot{W}_t}{\dot{Q}_{\text{comb}}} \tag{7.32}$$

앞에서 살펴본 대로, 압축기와 터빈은 실제로는 등엔트로피 과정이 아니다. 이 점을 고려하여, 브레이튼 사이클 해석에 이러한 장치들의 등엔트로피 효율을 포함시켜서 사이클을 비이상적인 브레이튼 사이클로 보게 되면 각각의 효율은 이제 다음과 같이 된다. 즉,

$$\eta_c = \frac{h_1 - h_{2s}}{h_1 - h_2}$$

및

$$\eta_t = \frac{h_3 - h_4}{h_3 - h_{4s}}$$

그림 7.27에는 비이상적인 브레이튼 사이클의 $T-s$ 선도가 도시되어 있다.

어떠한 가스 동력 사이클이라도 그 해석을 할 때에는, 일정 비열(즉, 비연소 ASC 해석을

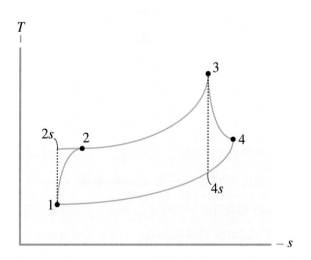

〈그림 7.27〉 비이상적인 기본 브레이튼 사이클의 $T-s$ 선도.

할 때)을 사용해야 할지 아니면 가변 비열을 사용해야 할지를 선택하여야 한다. 가변 비열을 사용하려고 할 때에는, 엔탈피 값들을 앞 절에서 설명한 대로 각각의 상태에서 구해 가면서, 소프트웨어에서 사용할 수 있는 상태량 자료를 채택할 수밖에 없다. 이렇게 해석을 하게 되면, 비연소 ASC 해석보다 더 좋은 정량적인 결과가 나오지만, 비연소 ASC 해석은 브레이튼 사이클에서 겪게 될 경향을 이해하는 데 유용할 뿐만 아니라 빨리 개략적으로 계산하는 데도 유용하다.

일정 비열 해석 방법에서는 다음의 관계식을 사용하여 여러 가지 상태를 구하면 된다(그림 7.26의 개략도 참조). 즉,

$$\frac{T_{2s}}{T_1} = \left(\frac{P_2}{P_1}\right)^{\frac{k-1}{k}}$$

$$\frac{T_{4s}}{T_3} = \left(\frac{P_4}{P_3}\right)^{\frac{k-1}{k}}$$

및 $\Delta h = c_p \Delta T$ (각각의 엔탈피 변화를 구할 때)

학생 연습문제

본인이 선정한 기존의 압축기와 터빈 장치를 사용하고(또는 이 장치들을 변형시켜 표준 가정이 자동적으로 적용되게 하고) 연소기 모델을 개발하여 브레이튼 사이클용 컴퓨터 모델을 개발하라. 이 컴퓨터 모델은 비등엔트로피 터빈과 비등엔트로피 압축기에 활용할 수 있어야 한다. 이 모델에서는 일정 비열이나 가변 비열을 사용할 수 있어야 한다(이를 대비하여, 2개의 유사한 시스템 모델을 세워서 선정할 수 있어야 한다). 이 모델로는, 온도와 압력 데이터가 주어질 때 순 동력 값과 열효율 값을 구할 수 있거나, 아니면 열 입력 정보나 일 정보가 주어지면 온도 데이터를 구할 수 있어야 한다.

▶ 예제 7.10

공기가 브레이튼 사이클의 압축기로 300 K 및 100 kPa에서 10 kg/s의 질량 유량으로 유입된다. 이 공기는 압력이 1000 kPa로 압축된 다음, 연소기에서 온도가 1200 K로 가열된다. 최종적으로, 공기는 터빈에서 압력이 100 kPa로 팽창된다. 공기를 가변 비열로 보고, 각각 다음의 조건에서 사이클에 의해 발생되는 동력과 사이클의 열효율을 각각 구하라.
(a) 터빈과 압축기가 등엔트로티 과정을 거칠 때
(b) 터빈과 압축기가 등엔트로피 효율이 0.80일 때

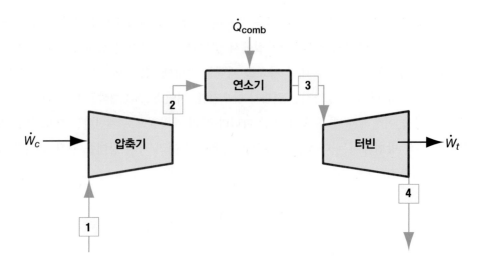

주어진 자료 : $P_1 = P_4 = 100\,\text{kPa}$, $P_2 = P_3 = 1000\,\text{kPa}$, $T_1 = 300\,\text{K}$, $T_3 = 1200\,\text{K}$,

$\dot{m} = 10\,\text{kg/s}$

구하는 값 : 다음 각각의 경우에서 $\dot{W}$, η를 각각 구한다. (a) 등엔트로피 터빈과 압축기일 때, (b) 주어진 효율과 같은 비등엔트로피 터빈과 압축기일 때.

풀이 해당 사이클은 기본 브레이튼 사이클이다. 작동 유체는 공기로서, 이 공기의 비열은 가변적이라고 본다 (그 상태량들은 표 A.3 을 사용해도 되지만, 컴퓨터 프로그램을 사용해도 된다).

가정 : $P_1 = P_4$, $P_2 = P_3$, $\dot{Q}_c = \dot{Q}_t = \dot{W}_{\text{comb}} = 0$. 각각의 장치에서는 $\Delta KE = \Delta PE = 0$이다. 정상 상태, 정상 유동 과정이다.

(a) 등엔트로피 터빈과 압축기에서, 부록의 표 A.3을 사용하고, 다음과 같은 공기의 등엔트로피 과정을 참조하여 출구 상태를 구하면 된다. 즉,

$$P_{r2} = (P_2/P_1)P_{r1}$$

300 K에서는 다음과 같다. $P_{r1} = 1.386$이므로 $P_{r2} = 13.86$이다.
이 값은 다음에 상응한다.

$$T_2 = 574\,\text{K}$$

1200 K에서, $P_{r3} = 238.0$이다. 그러면, $P_{r4} = P_{r3}(P_4/P_3) = 23.80$이며, 이는 $T_4 = 665\,\text{K}$에 상응한다.

이 온도들은 각각 다음의 공기 엔탈피 값에 상응한다. 즉,

$$h_1 = 300.19\,\text{kJ/kg} \qquad\qquad h_3 = 1277.79\,\text{kJ/kg}$$

$$h_2 = 579.8\,\text{kJ/kg} \qquad\qquad h_4 = 675.8\,\text{kJ/kg}$$

그러면, 압축기 동력이 다음과 같이 나온다.

$$\dot{W}_c = \dot{m}(h_1 - h_2) = -2796 \text{ kW}$$

터빈 동력은 다음과 같다.

$$\dot{W}_t = \dot{m}(h_3 - h_4) = 6020 \text{ kW}$$

여기에서 순 동력이 다음과 같이 나온다.

$$\dot{W}_\text{net} = \dot{W}_c + \dot{W}_t = \mathbf{3220\ kW}$$

열입력은 다음과 같다.

$$\dot{Q}_\text{comb} = \dot{m}(h_3 - h_2) = 6980 \text{ kW}$$

그리고 열효율은 다음과 같다.

$$\eta = \frac{\dot{W}_\text{net}}{\dot{Q}_\text{in}} = \frac{\dot{W}_c + \dot{W}_t}{\dot{Q}_\text{comb}} = \mathbf{0.462}$$

(b) 터빈과 압축기의 등엔트로피 효율은 0.80이다. 즉,

$$\eta_c = \eta_t = 0.80$$

문항 (a)에서 구한 압축기와 터빈에서 출구 상태는 이제 등엔트로피 출구 상태가 된다.

$$h_{2s} = 579.8 \text{ kJ/kg} \qquad h_{4s} = 675.8 \text{ kJ/kg}$$

등엔트로피 효율을 사용하여, 실제 출구 상태를 다음과 같이 구한다.

$$\eta_c = \frac{h_1 - h_{2s}}{h_1 - h_2} \qquad \rightarrow h_2 = 649.7 \text{ kJ/kg}$$

$$\eta_t = \frac{h_3 - h_4}{h_3 - h_{4s}} = 0.80 \quad \rightarrow h_4 = 796.2 \text{ kJ/kg}$$

그러면, 압축기 동력이 다음과 같이 나온다.

$$\dot{W}_c = \dot{m}(h_1 - h_2) = -3495 \text{ kW}$$

터빈 동력은 다음과 같다.

$$\dot{W}_t = \dot{m}(h_3 - h_4) = 4816 \text{ kW}$$

여기에서 순 동력이 다음과 같이 나온다.

$$\dot{W}_\text{net} = \dot{W}_c + \dot{W}_t = \mathbf{1320\ kW}$$

열입력은 다음과 같다.

$$\dot{Q}_\text{comb} = \dot{m}(h_3 - h_2) = 6281 \text{ kW}$$

그리고 열효율은 다음과 같다.

$$\eta = \frac{\dot{W}_{\text{net}}}{\dot{Q}_{\text{in}}} = \frac{\dot{W}_c + \dot{W}_t}{\dot{Q}_{\text{comb}}} = 0.210$$

해석 :

(1) 이상적인 브레이튼 사이클은 랭킨 사이클과 비교하여 열효율이 매우 유망하다.

(2) 그러나 실제 시스템에서는 등엔트로피 터빈과 압축기가 아니므로, 터빈과 압축기의 비등엔트로피 특징을 도입하게 되면 브레이튼 사이클의 성능이 실질적으로 저하된다. 랭킨 사이클의 성능 저하와 브레이튼 사이클의 성능 저하 사이의 차이점은, 브레이튼 사이클에서 터빈 발생 동력에서 압축기 소요 동력이 차지하는 비율이 랭킨 사이클에서 터빈 발생 동력에서 펌프 소요 동력이 차지하는 비율보다 훨씬 더 크다는 것이다. 랭킨 사이클에서는 펌프 동력이 거의 사소한 반면에, 브레이튼 사이클에서는 압축기 동력이 큰 손실을 나타낸다. 그러므로 브레이튼 사이클에서 이 두 장치(즉, 터빈과 압축기)가 모두 비등엔트로피를 겪게 된다면, 영향이 크게 증가하게 되어 순 동력이 급격히 떨어지게 되고 열효율도 역시 떨어지게 된다. 비효율적인 압축기 때문에 압축기 출구 온도가 고온이 되어 압축기에서 열 부가가 더 줄어들게 되기는 하지만, 열전달 효과 감소는 동력 감소에 비하여 작다.

(3) 이러한 작동 상의 문제점 때문에, 브레이튼 사이클 그 자체만으로는 랭킨 사이클이 사용될 때 정도의 대규모 기본 전기 생산에는 사용되지 않는다.

예제 7.10에서 알 수 있듯이, 실제 브레이튼 사이클의 열효율은 랭킨 사이클에 비하여 보통은 낮다. 그와 같으므로, 발전에서는, 브레이튼 사이클은 전형적으로 전기 수요가 클 때에는 가동되고 수요가 줄어들 때에는 가동이 중단되는 소규모 피크 수요형 발전소용으로 사용된다. 브레이튼 사이클은 또한 복합 사이클 장치로 통합되기도 하는데, 이 복합 사이클은 브레이튼 사이클에서의 터빈 배기의 고온을 랭킨 사이클에서 물을 가열시키는 데 사용하는 이점이 있으므로, 이러한 복합 사이클에서는 열효율을 50 % 이상 달성할 수 있다.

브레이튼 사이클을 변형시켜서 사이클 열효율의 향상을 기할 수 있다. 실제로는 브레이튼 사이클 시스템이 소규모로 그리고 건조 비용이 비교적 비싸지 않도록 설계되어 있으므로 이러한 변형은 흔하지 않다. 실제로도 브레이튼 사이클 시스템의 전체 열효율을 극적으로 증가시킬 수 있는 변형은 찾아볼 수 없으므로, 일반적으로 장치와 관련하여 비용을 추가하거나 규모를 확대시킬 가치는 없다.

브레이튼 사이클은 3가지 방식으로 변형시킬 수 있다. 즉, (1) 압축기의 중간에서 가스를 중간 냉각(intercooling)시키는 방식, (2) 터빈 중간에서 가스를 재열시키는 방식, (3) 회생 열전달을 사용하는 방식이다. 이어서 이러한 변형들이 설명되어 있다.

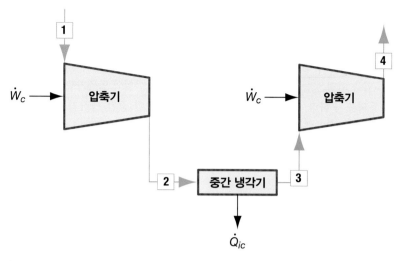

〈그림 7.28〉 2개의 압축기가 있고 그 사이에 중간 냉각기가 있는 장치 구성도.

7.5.1 중간 냉각 브레이튼 사이클

중간 냉각 변형은 이 설계로 저온 가스를 압축시키는 데 필요한 동력이 고온 가스를 압축시키는 데 필요한 동력보다 더 작다는 사실을 활용하고자 하는 것이다. 그림 7.28과 같이, 중간 냉각기라고도 하는 열교환기는 브레이튼 사이클에서 압축 과정의 중간에 위치될 수도 있다. 가스는 부분적으로 압축된 다음, 중간 냉각기를 거치게 되어 가스 온도가 낮아지게 된다. 중간 냉각기에는 동력이 전혀 사용되지 않는다고 가정하고, 가스의 운동 에너지 변화와 위치 에너지 변화를 무시하면, 중간 냉각기를 거치면서 제거되는 열량은 다음과 같다.

$$\dot{Q}_{ic} = \dot{m}(h_3 - h_2) \tag{7.33}$$

여기에서, 그림 7.28에서와 같이 상태 3은 중간 냉각기의 출구이고 상태 2는 중간 냉각기의 입구이다. 그런 다음, 냉각된 가스는 또 다른 압축기를 향하게 되어 브레이튼 사이클의 압축 과정이 완료된다. 이 과정으로 압축 완결에 필요한 동력량이 절감되기는 하겠지만, 이렇게 동력이 절감되어도 대개는 중간 냉각기 추가로 부가되는 복잡성에 대한 보상을 주목할 만큼 충분히 보증해주지 않는다. 즉, 온도 차(와 그에 상응하는 고온에서의 비열 변화)때문에 대개는 압축 동력 필요량에서 극적인 변동이 충분히 크게 일어나지 않는다. 게다가, 중간 냉각기를 거치는 냉각 유체를 충분히 흐르게 하려면, 펌프나 팬을 작동시키는 데 어느 정도의 동력이 필요할 것으로 보인다. 결국, 압축기에서 유출되는 가스는 온도가 더 낮아지게 되므로 연소기에 추가적인 열이 필요하게 되며, 이 때문에 사이클의 열효율 향상에 불리하게 된다.

브레이튼 사이클에서 압축 과정 중에 중간 냉각기를 사용하자는 제안이 있다. 공기는 압축기에 15 ℃ 및 100 kPa로 유입되어 압축 과정에서 1.2 MPa로 유출된다. 이 공기의 질량 유량은 2 kg/s이다. 압축 과정은 등엔트로피 과정이라고 가정한다. 단일의 압축기로 이 과정을 완료시키는 데 필요한 동력을 구하라. 그 다음으로, 압력이 400 kPa인 중간 냉각기를 추가시켜서 공기를 다시 15 ℃로 냉각시킨 다음, 제2의 압축기를 거쳐서 이 압축 과정을 1.2 MPa로 완료시켜라. 중간 냉각을 하는 이 과정에 필요한 동력을 구하라. 두 시스템에서는 모두 비열이 가변적이라고 본다.

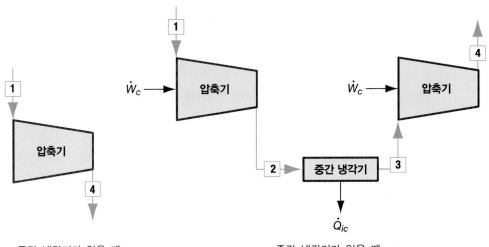

중간 냉각기가 없을 때   중간 냉각기가 있을 때

주어진 자료 : $T_1 = 15\,℃ = 288\,\text{K}$, $T_3 = 15\,℃ = 288\,\text{K}$, $P_1 = 100\,\text{kPa}$, $P_2 = P_3 = 400\,\text{kPa}$,

                $P_4 = 1.2\,\text{MPa}$, $\dot{m} = 2\,\text{kg/s}$

구하는 값 : $\dot{W}_c$, 중간 냉각기가 있을 때와 없을 때 모두 다 구한다.

풀이   여기에서 관심을 두는 범주는 중간 냉각기가 있는 브레이튼 사이클에서 단지 압축 과정뿐이다. 압축기에만 초점을 맞춘다. 작동 유체는 공기로서, 해석을 할 때에는 비열의 가변성(표 A.3 사용)을 포함시킨다.

가정 : $P_2 = P_3$. 압축기는 등엔트로피 거동을 한다고 간주하므로, $s_1 = s_2$이고 $s_8 = s_4$이다. $\dot{Q}_c = 0$. 모든 장치에서는 $\Delta KE = \Delta PE = 0$이다. 압축기는 정상 상태, 정상 유동 장치이다.

중간 냉각을 하지 않을 때에는, 표 A.3에서, $h_1 = 289\,\text{kJ/kg}$, $P_{r1} = 123\,\text{kPa}$이다.
$P_{r4} = P_{r1}(P_4/P_1) = 1.47\,\text{MPa}$이며, 이는 $T_4 = 582\,\text{K}$, $h_4 = 588\,\text{kJ/kg}$에 상응한다.
단일의 압축기에 필요한 동력은(운동 에너지 변화나 운동 에너지 변화가 전혀 없는 단열 작동 과정이라고 가정하면) 다음과 같다.

$$\dot{W}_c = \dot{m}(h_1 - h_4) = -598\,\text{kW}$$

중간 냉각을 할 때에는 $h_1 = 289 \, \text{kJ/kg}$, $P_{r1} = 123 \, \text{kPa}$이다.

$P_{r2} = P_{r1}(P_2/P_1) = 492 \, \text{kPa}$이며, 이는 $T_2 = 428 \, \text{K}$, $h_2 = 430 \, \text{kJ/kg}$에 상응한다.

중간 냉각 후에는, $T_3 = 288 \, \text{K}$ 및 $h_3 = 289 \, \text{kJ/kg}$, $P_{r3} = 123 \, \text{kPa}$이다.

$P_{r4} = P_{r3}(P_4/P_3) = 369 \, \text{kPa}$이며, 이는 $T_2 = 428 \, \text{K}$, $h_2 = 396 \, \text{kJ/kg}$에 상응한다.

그러므로 압축기의 전체 동력은 다음과 같다.

$$\dot{W}_c = \dot{m}\left[(h_1 - h_2) + (h_3 - h_4)\right] = \mathbf{-496 \, kW}$$

해석: 이 값은 주목할 만한 동력 감소량(~ 17 %)이지만, 실제로는 부가되는 시스템의 복잡성과 연소기에 필요한 추가적인 열 입력으로 상쇄되어 버린다. 또한, 일부 동력이 중간 냉각기를 통해서 공기와 냉각 유체를 송출하는 데 들어가게 될 것으로 보이는데, 이 때문에 동력 변환 이득이 추가로 감소하기 마련이다.

7.5.2 재열 브레이튼 사이클

브레이튼 사이클에 재열을 추가하게 되면 가스가 터빈을 거치면서 부분적으로 팽창하게 되고, 이 가스는 연료가 더 부가되어 열이 더 많이 발생하게 되는 추가적인 연소기로 향하게 되거나, 아니면 또 다른 열원에서 열을 받게 되는 또 다른 열교환기로 향하게 된 다음, 터빈을 거치면서 팽창 과정을 완료하게 된다. 그림 7.29에는 이 과정이 도시되어 있다. 재열을 하는 것은, 온도가 높은 가스일수록 이 가스가 팽창하면서 더 많은 동력을 발생시키게 되는 능력을

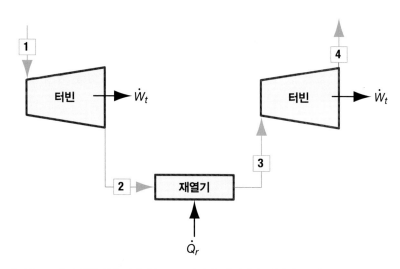

〈그림 7.29〉 2개의 압축기가 있고 그 사이에 재열기가 배치되어 있는 장치 구성도.

이용하고자 하는 것이다. 이번에도, 이 시스템에는 복잡성이 추가된다.

재열을 하게 되면 결국 동력 출력이 더 커지기는 하지만, 이 증가분의 동력은 대개 시스템에 추가되는 복잡성을 상쇄시킬 만한 가치가 없다. 그러나 일부 오염물질의 형성을 감소시키고자 설계된 일부 가스 터빈 연소 계획에서는 이 기술이 활용되기도 한다. 발생되는 추가 열량은 다음 식으로 구한다.

$$\dot{Q}_r = \dot{m}(h_3 - h_2) \tag{7.34}$$

여기에서, 상태 3은 제2 터빈의 입구부이고 상태 2는 제1 터빈의 출구부이며, 이는 그림 7.29에 나타나 있다.

7.5.3 재생 브레이튼 사이클

브레이튼 사이클에서 터빈에서 유출되는 가스는 전형적으로 압축기에서 유출되는 가스보다 온도가 더 높다. 그러므로 그림 7.30과 같이 터빈 배기가스에서 나오는 열을 연소기에 유입되는 가스에 전달하는 것이 가능하다. 이 과정은 열교환기를 거치면 가능하게 된다. 이상적으로는, 연소기에 유입되는 가스를 터빈에서 유출되는 가스의 온도와 같은 온도까지 가열시킬 수 있다. 이 이론적인 한계 때문에 재생기 유효도 $\varepsilon_{\mathrm{regen}}$ 를 다음과 같이 정의할 수 있다.

$$\varepsilon_{\mathrm{regen}} = \frac{\dot{Q}_{\mathrm{regen,\,act}}}{\dot{Q}_{\mathrm{regen,\,max}}} = \frac{h_3 - h_2}{h_5 - h_2} \tag{7.35}$$

여기에서, 각각의 상태에는 그림 7.30에서와 같은 번호가 붙여져 있다. 이 과정에서는 연소기에 필요한 열 입력이 감소되기는 하지만, 중간 냉각 과정이나 재열 과정에서와 같이, 이 재생 과정에서도 흔히 단순성이 근본적인 강점이 되어야 하는 시스템에 많은 복잡성이 부가되게 된다. 이렇게 얻어지는 온도 증가도 재생기의 추가 비용과 복잡성을 상쇄시킬 만한 가치가 없을 때가 많이 있다.

앞서 설명한 대로, 브레이튼 사이클은 랭킨 사이클과 결합시킬 수 있으므로 복합 사이클이라고 할 수 있는데, 그러한 구성 중의 한 가지가 그림 7.31에 도시되어 있다. 복합 사이클에서는 2개의 터빈에서 동력이 발생하게 되고, 펌프와 압축기 일이 필요하며, 브레이튼 사이클에서 연소기에서만 열 입력이 있거나 또는 여기에다가 랭킨 사이클에서 증기에 보충 가열할 때의 열 입력도 추가된다. 가스 터빈 배기가스와 증기 간의 열전달은 열교환기를 통해서 직접 달성되거나, 아니면 그 대안으로 랭킨 사이클 증기 발생기에서 연소 과정에 유입되는 한층 더 고온인 공기 온도로서 달성된다.

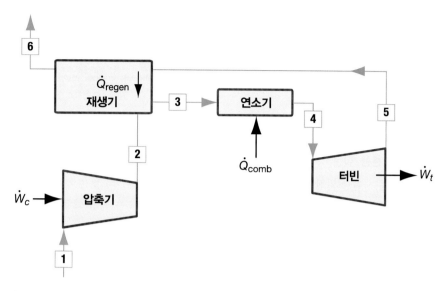

〈그림 7.30〉 연소기 앞에 재생기가 배치되어 있는 브레이튼 사이클.

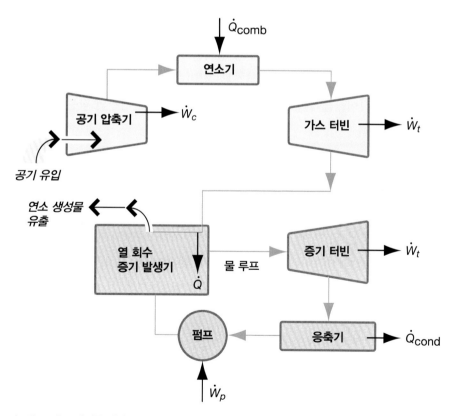

〈그림 7.31〉 브레이튼 사이클의 터빈에서 배출되는 고온 가스가 랭킨 사이클에 열 입력으로 사용되는 복합 사이클 설계의 장치 구성도.

7.6 오토 사이클

스파크 점화식 내연기관(가솔린 엔진과 같은 종류)에 사용되고 있는 기본 열역학적 모델은 오토 사이클이다. 작동 유체가 여러 가지 구성 장치를 거쳐 흐르는 브레이튼 사이클이나 랭킨 사이클과는 달리, 오토 사이클은 단일의 피스톤-실린더 기구에서 일어나는 4개의 과정으로 구성되어 있다. 오토 사이클을 설명하기 전에, 스파크 점화 내연기관의 작동 방식을 검토하는 것이 도움이 될 것이다.

7.6.1 기본 4행정 스파크 점화 기관

오늘날의 대부분의 엔진은 4행정 기관이다. 그림 7.32와 같이 4행정은 (1) 흡기 행정, (2) 압축 행정, (3) 팽창(또는 동력) 행정 및 (4) 배기 행정이다. 대부분의 스파크 점화식 엔진은 흡기 행정에서는 피스톤이 실린더에서 하향 이동하면서 연료 및 공기 혼합기(체)가 열린 흡기 밸브를 통하여 흡입된다. 이 흡기 행정의 말기에, 흡기 밸브가 닫히고 피스톤은 밸브를 향하여 상향 이동하면서 압축 행정으로 접어든다. 이 행정으로 연료-공기 혼합기(체)가 압축된다. 압축 행정의 말기 부근에서, 스파크가 발생하고 연료-공기 혼합기는 점화되어 급속하게 연소된다. 이 연소로 고온, 고압의 연소 생성물이 발생된다. 팽창 행정에서는, 이 연소 생성물이 피스톤을 가압하여 피스톤을 내리 누른다. 팽창 행정의 말기 부근에서, 배기 밸브가 열려서 압력이 아직도 대기압보다 더 큰 가스가 실린더에서 배출되기 시작한다. 이 과정을 배기 블로우다운(blowdown)이라고 한다. 이상적으로는, 배기 행정의 초기까지는 실린더 내부 압력이 대기압

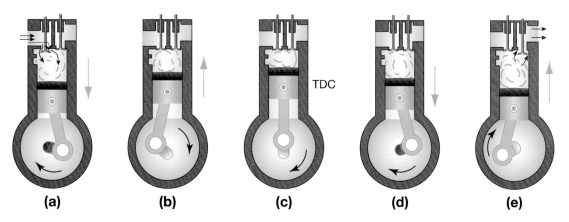

〈그림 7.32〉 스파크 점화식 4행정 엔진의 과정들을 예시하는 일련의 그림. 예시된 과정은 (a) 흡기 행정, (b) 압축 행정, (c) 연소, (d) 팽창/동력 행정 및 (e) 배기 행정이다.

정도로 떨어져야 하고, 배기 행정 중에는 피스톤이 밸브를 향하여 상향 이동하면서 이 피스톤에 의해 잔여 가스가 배기 밸브에서 밀려 나가게 된다. 이후에는, 배기 밸브가 닫히고 흡기 밸브가 열리면서, 이 과정들이 자체 반복된다. 3000 rpm으로 작동하는 엔진에서는, 이러한 사이클이 1분마다 1500번, 즉 1초마다 25번 일어난다. 그러므로 각각의 과정은 매우 짧은 시간에 일어난다.

피스톤은 커넥팅 로드를 통하여 크랭크축에 연결되어 있다. 이 연결 기구로 피스톤의 선형 운동이 크랭크축의 회전 운동으로 변환되고, 이어서 이 크랭크축으로 엔진의 동력 출력이 외부 부하에 전달된다. 주목할 점은, 엔진에서 발생되는 모든 동력은 팽창 행정에서 발생되므로, 다른 3가지 행정에서 피스톤을 이동시키는 데 필요한 동력 때문에 크랭크축을 통해서 외부 부하로 전달되는 동력량이 감소된다.

7.6.2 오토 사이클의 열역학적 해석

스파크 점화 기관에 사용되는 열역학적 사이클은 1876년에 니콜라스 오토(Nicholas Otto)가 개발하였다. 개발된 내용대로, 이 사이클은 2가지 피스톤 행정을 수반하는 4개의 과정으로 구성되어 있다. 여기에 추가적인 2가지 피스톤 행정이 추가되기도 하지만, 이 두 행정의 압력이 동일하게 되면 이 두 행정에서 나오는 일은 상쇄되기 마련이다. (이와는 반대로, 두 행정의 압력을 서로 다르게 취한다면 이 두 행정의 이동 경계일이 포함됨으로써 사이클의 순 일에서 작은 변화를 얻어낼 수 있다.) 오토 사이클의 4 과정은 다음과 같다. 즉,

과정 1-2   등엔트로피 압축
과정 2-3   정적 열 부가

과정 3-4   등엔트로피 팽창
과정 4-1   정적 열 제거

그림 7.33에는 이 4가지 과정이 $P-v$ 선도 및 $T-s$ 선도로 나타나 있다. 그림 7.33에는 2가지 추가적인 과정이 더해져 있다. 즉,

과정 1-1′   정압 수축
과정 1′-1   정압 팽창

압력을 상태 1과 상태 1′에서 같게 놓으면 이 두 과정에서의 이동 경계 일은 서로 상쇄되는데, 앞으로 해석에서는 이렇게 할 것이다.

그림 7.33에서 알 수 있듯이, 오토 사이클은 실제 엔진의 논리적인 표현으로, 가장 중요한 차이점은 실제 엔진에서 배기 블로우다운이 일어나는 팽창 행정의 말기 부근 영역이다. 주목해야 될 사항은 과정 1-2 및 과정 3-4를 등엔트로피 과정으로 해야 한다는 조건이지만, 윤활이 잘 되는 엔진에서는 피스톤과 실린더 벽 사이에서 마찰 손실이 많이 일어나지 않게 되고, 과정들이 매우 짧은 시간에 걸쳐 일어나므로 열전달이 일어날 기회는 최소가 된다.

이 4가지 과정이 하나의 장치에서 일어나고 있고 (공기 질량이 고정되어 있어) 장치에 대한 유입 및 유출이 전혀 없으므로, 해석을 해야 할 장치는 밀폐계이다. 밀폐계에서의 열역학 제1법칙은 식 (4.32)로 주어져 있다. 즉,

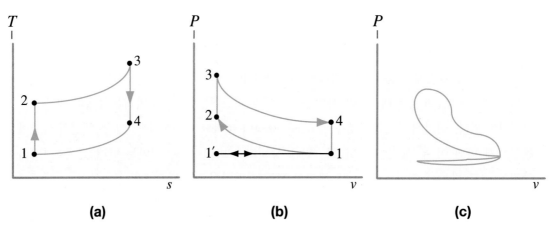

〈그림 7.33〉 (a) 오토 사이클의 $T-s$ 선도. (b) 오토 사이클의 $P-v$ 선도. (c) 스파크 점화 기관의 $P-v$ 그래프의 견본.

$$Q - W = m\left(u_f - u_i + \frac{V_f^2 - V_i^2}{2} + g(z_f - z_i)\right) \qquad (4.32)$$

여기에서, i는 과정의 초기 상태이고 f는 과정의 최종 상태이다. 계에서 발생하는 일은 이동 경계 일이다. 즉, $W = \int P\,d\forall$이다. 이와 같으므로, 과정 중에 체적이 일정할 때에는 일이 전혀 발생하지 않게 된다. 즉, $W_{23} = W_{41} = 0$이다. 여기에서, 23은 과정 2-3을, 41은 과정 4-1을 각각 나타낸다. 또한, 압축 과정과 팽창 과정에서는 열전달이 전혀 일어나지 않는다고 가정한다. 즉, $Q_{12} = Q_{34} = 0$이다. 여기에서, 12는 과정 1-2를, 34는 과정 3-4를 각각 나타낸다. 또한, 모든 과정에서는 운동 에너지 변화나 위치 에너지 변화가 전혀 없다고 가정한다. 이렇게 되면, 결국은 다음의 관계식이 되어 각각의 과정을 해석하면 된다.

$$W_{12} = m(u_1 - u_2) \qquad (7.36)$$

$$Q_{23} = m(u_3 - u_2) \qquad (7.37)$$

$$W_{34} = m(u_3 - u_4) \qquad (7.38)$$

$$Q_{41} = m(u_1 - u_4) \qquad (7.39)$$

사이클에서 순 일은 $W_{\mathrm{net}} = W_{12} + W_{34}$이며, 열 입력은 $Q_{\mathrm{in}} = Q_{23}$이다. 그러므로 오토 사이클에서 열효율은 다음과 같다.

$$\eta = \frac{W_{\mathrm{net}}}{Q_{\mathrm{in}}} = \frac{W_{12} + W_{34}}{Q_{23}} \qquad (7.40)$$

이 계산에서 나오는 열효율은 실제 엔진에서 나오는 열효율보다 더 높다는 사실을 알 게 될 것이다. 이런 차이가 나게 되는 가장 중요한 원인은 흡기 행정과 배기 행정을 정적 열 제거 과정으로 대체하였기 때문이다. 이러한 차이 때문에, 온도 변화가 큼에도, 오토 사이클을 일정 비열 기법을 사용하여 풀 때가 있다. 이는 가변 비열 기법으로 정확성이 높아진다고 해도 여전히 실제 엔진의 열효율은 다소 부정확하게 예측되기 때문이다. 열효율과 일 출력 및 온도의 정량적인 예측은 실제 엔진에서 나타나게 되는 값들과 비교하여 오차가 있을 수는 있지만, 오토 사이클은 엔진 매개변수나 작동 조건을 수정해야 하는 경향을 설명하고자 할 때에 그 가치가 있다.

오토 사이클의 압축비는, 오토 사이클을 열역학적으로 해석할 때 하나의 상태에서 또 다른 상태로 이어주는 도움 수단으로 흔히 사용된다.

압축비 r은 다음과 같이 정의된다.

$$r = \frac{V_{\max}}{V_{\min}} = \frac{v_{\max}}{v_{\min}} = \frac{v_1}{v_2} = \frac{v_4}{v_3} \tag{7.41}$$

왜냐하면, 오토 사이클에서는 $v_{\max} = v_1 = v_4$ 및 $v_{\min} = v_2 = v_3$이기 때문이다. 그러면 이상 기체에서 등엔트로피 관계식은 상태 1과 2에서의 상태량의 관계와 상태 3과 4에서의 상태량의 관계를 세우는 데 사용할 수 있다. 해석에서 가변 비열 기법을 선택하게 되면, 부록의 표 A.3이 2개의 등엔트로피 과정을 해석하는 데 도움이 될 것이다.

비열이 일정하다고 보게 되면, 내부 에너지의 모든 변화는 다음과 같다.

$$\Delta u = c_v \Delta T$$

게다가, 상태 1과 2는 등엔트로피 과정에서 다음과 같은 관계를 세울 수 있다.

$$\frac{T_2}{T_1} = \left(\frac{v_1}{v_2}\right)^{k-1} \quad 및 \quad \frac{P_2}{P_1} = \left(\frac{v_1}{v_2}\right)^{k} = r^k$$

마찬가지로, 상태 3과 상태 4는 다음과 같은 관계가 있다.

$$\frac{T_4}{T_3} = \left(\frac{v_3}{v_4}\right)^{k-1} = \left(\frac{1}{r}\right)^{k-1} \quad 및 \quad \frac{P_4}{P_3} = \left(\frac{v_3}{v_4}\right)^{k} = \left(\frac{1}{r}\right)^{k}$$

게다가, 이 식에서 구한 온도 값을 순 일과 열 입력을 구할 때 사용하면, 비열이 일정한 이상 기체를 작동 유체로 사용하는 오토 사이클에서는 열효율이 다음과 같다.

$$\eta = 1 - \frac{1}{r^{k-1}} \tag{7.42}$$

가변 비열로 구하게 되는 정량적인 답이 식 (7.42)로 구한 값들과 다르기는 하지만, 그래도 그 경향은 옳다. 즉, 그림 7.34에서 알 수 있듯이, 압축비가 높을수록 열효율도 높아지게 된다.

그러나 스파크 점화식 엔진은 전형적으로 압축비가 8과 12 사이이다. 압축비가 높을수록 엔진 효율도 더 높아지는데도 왜 더 높은 압축비가 사용되지 않는 것일까? 더 높은 압축비가 사용되지 않는 가장 중요한 이유는, 압축비가 높아질수록 압축 행정에서 온도가 높아지므로 이러한 압축 행정에서 압축되고 있는 연료-공기 혼합기(체)는 압축 행정 중에 자기 발화 (self-igniting)가 일어나게 될 경향이 한층 더 커지기 때문이다. 연료의 자발화가 일어나면

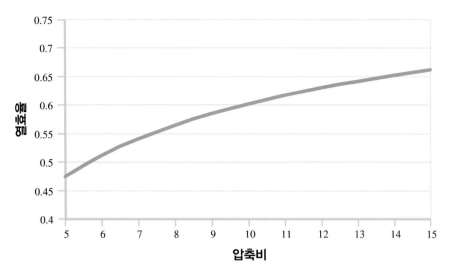

〈그림 7.34〉 압축비의 함수로 나타낸 오토 사이클의 열효율, 작동 유체는 비열이 일정한 이상 기체로 본다.

사이클에서 너무 일찍 압력이 증가하게 되므로, 엔진 일은 이렇게 압력이 더 높아져버린 가스를 압축시키는 데에 소모된다. 자기 발화는 또한 엔진 노킹(engine knocking)을 일으키게 되므로, 극단적인 경우에는 엔진 손상을 일으키게 된다. 연료의 옥탄가(octane number)는 연료의 자기 발화 특성을 평가하는 척도이며, 옥탄가가 높은 연료일수록 전형적으로 점화를 시키려면 온도가 더 높아야 한다. 고성능 엔진에서는 일반적으로 압축 행정 중에 실린더 압력이 한층 더 높게 되고 이에 따라 온도도 한층 더 높아지기 때문에 전형적으로 옥탄가가 높은 연료가 필요하게 된다. 그러므로 압축비가 높을수록 엔진 성능이 더 좋아질 것처럼 보이지만, 실제로는 사용되고 있는 연료-공기 혼합기(체)가 자기 발화를 일으킬 가능성이 한층 더 높아져서 실제 엔진의 성능은 떨어지게 된다.

일정 비열 해석이든지 가변 비열 해식이든지 간에, 상태 2와 3에서의 압력은 다음과 같은 관계가 있다.

$$\frac{P_3}{P_2} = \frac{T_3}{T_2} \tag{7.43}$$

식 (7.43)은 각각의 상태에서 이상 기체 법칙을 적용하여 결과적으로 나타난 비에서 v와 R항을 소거시킨 결과로 나타나게 된 식이다.

엔진과 오토 사이클에서 주목해야 하는 또 다른 양은 평균 유효 압력, mep(mean effective pressure)이다. 이 평균 유효 압력(mep)은, 사이클 중에 동일한 체적 변화(엔진 행정)를 사용하는 사이클이나 엔진에서, 일이 일정 비열 과정에서 발생한다고 할 때, 동일한 순 일을 발생시키게 되는 압력을 나타낸다. 즉,

$$\text{mep} = \frac{W_{net}}{\mathcal{V}_{max} - \mathcal{V}_{min}} = \frac{W_{net}/m}{v_1 - v_2} \tag{7.44}$$

이 평균 유효 압력으로는 크기가 여러 가지인 엔진들의 성능을 비교할 수 있으므로, 자연적으로 엔진이 클수록 일을 더 많이 발생시키리라고 예상할 수 있다. 이 mep을 이용하면 엔진에서 행정 체적이 그 크기와는 관계없이 어떻게 잘 활용되고 있는지를 비교할 수 있다. mep 값이 높을수록 mep 값이 낮은 것보다 더 좋다고 본다.

학생 연습문제

오토 사이클에서 본인이 선정한 해법 플랫폼의 컴퓨터 모델을 개발하라. 이 프로그램에서는 일정 비열 조건과 가변 비열 조건이 모두 다 적용될 수 있어야 하며, 여러 가지 가스를 취급할 수 있어야 한다. 명심하여야 할 점은, 한 과정의 최종 상태는 다음 과정의 초기 상태라는 것이다.

▶ 예제 7.12

오토 사이클에서 공기가 작동 유체로 사용되고 있다. 이 공기는 압축 과정이 100 kPa 및 25 ℃로 시작된다. 이 사이클의 압축비는 9.0이다. 열 입력 과정에서는 1510 kJ/kg의 열이 부가된다. 해석을 할 때에는 비열이 일정하다고 가정한다. 각 과정의 최종 압력, 과정의 열효율 및 사이클의 평균 유효 압력을 구하라.

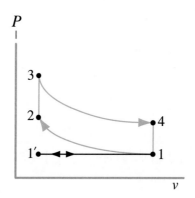

주어진 자료 : $P_1 = 100 \text{ kPa}$, $T_1 = 25 \text{ ℃} = 298 \text{ K}$, $r = 9$, $Q_{23}/m = 1510 \text{ kJ/kg}$

구하는 값 : 각각의 과정 끝에서의 T와 P, η, 및 mep.

풀이 해당 사이클은 오토 사이클이다. 작동 유체는 공기로서, 그냥 단순하게 비열이 일정하다고 가정한다. 각각의 과정은 밀폐계 과정으로 간주한다.

가정: ASC(공기 표준 사이클) 가정을 적용한다. $Q_{12} = Q_{34} = W_{23} = W_{41} = 0$.

각각의 장치에서는 $\Delta KE = \Delta PE = 0$이다.

이 문제에서는 25 ℃에서의 비열을 사용한다. 즉, $c_v = 0.718\,\text{kJ/kg} \cdot \text{K}$ 및 $k = 1.40$이다. $R = 0.287\,\text{m}^3 \cdot \text{Pa/kg} \cdot \text{K}$를 사용한다.

비열이 일정한 이상 기체의 등엔트로피 압축에서는 다음과 같이 된다.

$$T_2 = T_1 r^{k-1} = (298\,\text{K})(9)^{0.40} = \mathbf{718\,K}$$

$$P_2 = P_1 r^k = \mathbf{2170\,kPa}$$

상태 3의 온도는 이 과정에 열역학 제1법칙[식 (7.37)]을 사용하여 구한다. 즉,

$$\frac{Q_{23}}{m} = (u_3 - u_2) = c_v(T_3 - T_2) = 1512\,\text{kJ/kg}$$

이 식을 풀면, 다음이 나온다.

$$T_3 = \mathbf{2820\,K}$$

그럼 다음, 식 (7.43)의 관계를 사용하면 다음이 나온다.

$$P_3 = P_2(T_3/T_2) = \mathbf{8520\,kPa}$$

비열이 일정한 이상 기체의 등엔트로피 팽창에서는 다음과 같이 된다.

$$T_4 = T_3(1/r)^{k-1} = \mathbf{1170\,K}$$

$$P_4 = P_3(1/r)^k = \mathbf{393\,kPa}$$

이 사이클에서 단위 질량당 순 일은 다음과 같다.

$$W_{\text{net}}/m = W_{12}/m + W_{34}/m = (u_1 - u_2) + (u_3 - u_4) = c_v(T_1 - T_2 + T_3 - T_4)$$
$$= 833\,\text{kJ/kg}$$

그리고 열효율은 다음과 같다.

$$\eta = \frac{W_{\text{net}}/m}{Q_{\text{in}}/m} = \frac{W_{12}/m + W_{34}/m}{Q_{23}/m} = 0.585$$

(주 : 일정 비열일 때, 효율은 식 (7.42)를 사용하여 구할 수도 있다.)

평균 유효 압력을 구하려면, 사이클에서 최대 비체적 값과 최소 비체적 값이 필요하다. 즉,

$$v_1 = RT_1/P_1 = (287\,\text{m}^3 \cdot \text{Pa/kg} \cdot \text{K})(298\,\text{K})/(100\,\text{kPa}) = 0.855\,\text{m}^3/\text{kg}$$

$$v_2 = v_1/r = 0.0950\,\text{m}^3/\text{kg}$$

그러면, 평균 유효 압력은 식 (7.44)에서 구할 수 있다. 즉,

$$\text{mep} = \frac{W_{net}/m}{v_1 - v_2} = \frac{(883 \text{ kJ/kg})}{(0.855 - 0.095) \text{ m}^3/\text{kg}} = 1160 \text{ kPa}$$

해석 : 설명한 대로, 이 값들은 실제 엔진과 비교하여 큰 경향이 있다. 이것은, 사이클의 최종 상태의 낮은 온도에서 값들을 취한 상태에서, ASC 해석에서 세웠던 가정과 일정 비열의 사용에 그 원인이 있다. 평균 사이클 온도에서의 비열 값을 사용하거나 가변 비열을 사용하면 예측이 더 잘 되기는 하지만, 피크 온도 및 압력 그리고 열효율은 대개가 여전히 높게 나오기 마련이다.

심층 사고/토론용 질문

기본적인 4행정 스파크 점화 엔진 사이클은 지난 100년 동안 거의 변하지 않는 동안, 이러한 엔진에서 엔진 성능은 향상이 되게 하였으면서도 실제 사이클이 순수 오토 사이클에서 더 벗어나도록 추구해온 변형에는 어떠어떠한 것이 있는가?

7.7 디젤 사이클

1893년에 루돌프 디젤(Rudolph Diesel)이 개발한 디젤 사이클은 압축 착화 기관(즉, 디젤 엔진)의 초기 형태를 모델링하고 있다. 현대의 압축 착화 기관에는 그 성능을 한층 더 정확하게 설명해주는 변형된 열역학적 사이클이 사용될 때가 많이 있기는 하지만, 압축 착화 기관과 스파크 점화 기관의 차이점을 이해하는 데에는 디젤 사이클의 기본 내용이 유용하다.

7.7.1 기본 4행정 압축 착화 기관

그림 7.35에는 4행정 압축 착화식 엔진이 도시되어 있다. 초기에는, 공기가 흡기 행정에서 실린더로 흡입된다. 흡입 행정의 말기에는, 흡기 밸브가 닫히고 공기는 압축 행정에서 압축된다. 압축 행정의 말기 부근에서는, 연료가 실린더 속의 고온 압축 공기에 분사된다. 연소가 시작되어 팽창 행정으로 이어지는데, 대량의 동력이 필요할 때에는 연료도 계속해서 팽창 행정 속으로 분사되게 된다. 팽창 행정의 말기 부근에서는, 배기 밸브가 열려서 배기 블로우다운이 일어나게 된다. 최종적으로는, 배기 행정에서 연소 생성물이 실린더에서 강제 배출이 된다.

압축 착화식 엔진 사이클이 스파크 점화식 엔진 사이클과 상당히 유사하지만, 몇 가지 중요한 차이점이 있다. 첫째, 공기만 실린더에 흡기된다. 그 결과, 흡기 가스의 압축 가열 중에 연료가

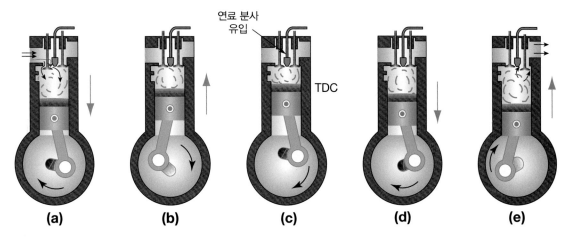

<그림 7.35> 4행정 압축 착화 기관에서의 일련의 과정을 나타내는 예시도. 예시 과정들은 (a) 흡입 행정, (b) 압축 행정, (c) 연료 주입, (d) 연소 및 동력 행정 및 (e) 배기 행정.

전혀 존재하지 않기 때문에, 사이클에서 원하는 시점이 되기 전에는 가스가 조기 착화 (pre-ignition)를 일으키지 않는다. 둘째, 연료는 온도가 연료의 자기 발화 온도보다 더 높은 고온의 공기에 의해 가열됨으로써 초기에 착화된다. 이것이 스파크 점화식 엔진에서 연료의 조기 착화가 이루어지는 기구이다.

그러나 압축 착화식 엔진에서는, 연료가 실린더 속으로 분사되기 전에는 연료 연소가 시작될 수 없기 때문에, 연료의 조기 착화가 필요하다. 이 연료 분사 시점은 압축 행정에서 충분히 늦게 정해져서 압축 행정이 끝나기 전에 실린더 내부의 가스 압력이 크게 증가하지 않게 된다. 셋째, 동력량은 엔진 속으로 흡입되는 연료-공기 혼합기를 교축시킴으로써 제어되는 것이 아니라, 연료가 실린더 속으로 분사되는 시간 길이를 조절함으로써 제어된다.

7.7.2 디젤 엔진의 열역학적 해석

디젤 사이클은 사이클을 4행정 사이클로 모델링되게 해주는 추가적인 2개의 과정을 포함하여, 4개의 과정으로 구성되어 있다. 오토 사이클에서와 같이, 압력을 동일하게 함으로써 이러한 2개의 추가적인 행정이 상쇄되게 해야 하지만, 압력을 다르게 하여 상쇄되지 않게 함으로써 변형된 해석을 4개의 행정으로 수행하기도 한다. 디젤 사이클의 과정은 다음과 같다. 즉,

과정 1-2   등엔트로피 압축
과정 2-3   정압 열 부가

과정 3-4   등엔트로피 팽창
과정 4-1   정적 열 제거

그림 7.36에는 이 4가지 과정이 $P-v$ 선도 및 $T-s$ 선도로 나타나 있다. 그림 7.36에는 2가지 추가적인 과정이 더해져 있다. 즉,

과정 1-1′   정압 수축
과정 1′-1   정압 팽창

디젤 사이클의 해석은, 과정 2-3과 작지만 중요한 변형된 과정 3-4를 제외하고는, 오토 사이클의 해석과 동일하다. 모든 과정들은 밀폐계에서 발생하므로, $Q_{12} = Q_{34} = W_{41} = 0$이라고 가정하고 각각의 과정에서는 운동 에너지 변화나 위치 에너지 변화가 전혀 없다고 가정한다.

과정 2-3에서는 열 부가가 정압 상태로 일어나므로 이동 경계 일이 발생하게 된다. 정압 상태에서 이동 경계 일은 다음과 같다.

$$W_{23} = \int_{2}^{3} Pd\forall = mP_2(v_3 - v_2) \tag{7.45}$$

식 (4.32)를 참조하면, 열전달은 다음과 같음을 알 수 있다.

$$Q_{23} = m(u_3 - u_2) + W_{23} = m(u_3 - u_2 + P_2(v_3 - v_2)) = m(h_3 - h_2) \tag{7.46}$$

이는 이 정압 과정에서 $h = u + Pv$이고 $P_2 = P_3$이기 때문이다. 사이클의 순 일은 과정 1-2, 2-3 및 3-4에서의 일의 합이다. 즉,

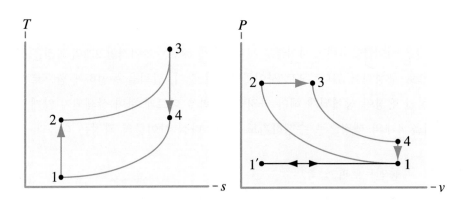

〈그림 7.36〉 디젤 사이클의 $P-v$ 선도와 $T-s$ 선도.

$$W_{\text{net}} = W_{12} + W_{23} + W_{34} = m\left[(u_1 - u_2) + P_2(v_3 - v_2) + (v_3 - v_4)\right] \qquad (7.47)$$

열효율은 다음과 같이 계산한다.

$$\eta = \frac{W_{\text{net}}}{Q_{\text{in}}} = \frac{W_{12} + W_{23} + W_{34}}{Q_{23}} \qquad (7.48)$$

상태 3과 상태 4 사이의 상태량에 관계되는 과정은 애매모호하게 변화한다. 즉, 등엔트로피 팽창의 시점에서의 체적이 더 이상 최소 체적과 같지 않기 때문이다. 그러므로 디젤 사이클에서는 다음과 같다.

$$r = \frac{v_{\max}}{v_{\min}} = \frac{v_1}{v_2} \neq \frac{v_4}{v_3}$$

그러므로 압축비를 상태 3과 상태 4에서의 비체적 관계를 세우는 데 사용할 수 없다. 그보다는, 이 두 상태 간의 등엔트로피 관계에서 명확하게 두 상태에서의 비체적이 사용되어야 한다.

상태 2와 상태 3의 관계를 나타내는 데 사용할 수 있는 한 가지 매개변수는 차단비(cut-off ratio), r_c이다. 이 차단비는 열 부가 과정의 종점 체적과 시점 체적의 비이다. 과정 2-3에는 정압 이상 기체가 관여되므로, 이 체적비는 또한 온도비와 같다.

$$r_c = \frac{v_3}{v_2} = \frac{T_3}{T_2} \qquad (7.49)$$

비열이 일정한 이상 기체에서는, 디젤 사이클의 열효율이 사이클의 압축비와 차단비의 함수가 되기도 한다. 일정 비열에서의 온도 관계를 사용하고 내부 에너지와 엔탈피의 적정한 변화를 알면, 비열이 일정한 이상 기체를 사용하는 디젤 엔진의 열효율은 다음과 같이 나타낼 수 있다.

$$\eta = 1 - \frac{1}{r^{k-1}}\left[\frac{r_c^k - 1}{k(r_c - 1)}\right] \quad \text{(일정 비열에만 사용함)} \qquad (7.50)$$

비열이 일정한 오토 사이클의 열효율[식 (7.42)]을 디젤 사이클의 열효율과 비교해보면, 압축비가 동일할 때에 디젤 사이클의 열효율이 더 낮다는 것을 알 수 있다. 예를 들어, 두 사이클은 압축비가 10이고 디젤 엔진은 또한 차단비가 2(이 r_c는 1보다 더 크기 마련이다)이며 $k = 1.4$라고 하자. 오토 사이클의 열효율은 0.602이고 디젤 사이클의 열효율은 0.534이다. 디젤 엔진의 압축비가 전형적으로 더 높아서 흔히 대략 18-24가 되므로, 아직도 당연하게 디젤 엔진이 기솔린 엔진보다 더 효율적이라고 생각한다. 그러므로 압축비가 10인 오토 사이클을 압축비가 20(이고 차단비가 2)인 디젤 사이클과 비교한다면, 이제는 디젤 사이클의 열효율이 0.647이 된다. 이는 일상 경험에 바탕을 둔 예상된 결과이다. 물론 주목해야 할 점은, 이러한 열효율들이 모든 기구적인 손실들을 고려해 넣는 실제 엔진에서 볼 수 있는 열효율보다 더 높다는 것이다. 전형적인 지시 열효율(피스톤-실린더만을 고려할 때의 엔진의 열효율)은 대개 이 값들의 80~85 %이다.

학생 연습문제

디젤 사이클에서 본인이 선정한 해법 플랫폼의 컴퓨터 모델을 개발하라. 이 프로그램에서는 일정 비열 조건과 가변 비열 조건이 모두 다 적용될 수 있어야 하며, 여러 가지 가스를 취급할 수 있어야 한다.

▶ 예제 7.13

디젤 사이클에 공기가 흘러서 압축 과정이 40 ℃ 및 90 kPa에서 시작한다. 사이클의 압축비는 18이다. 열 부가 과정 중에는 1100 kJ/kg의 열이 부가된다. 공기를 비열이 일정한 이상기체로 보고 각각의 상태 지점에서의 온도와 압력, 단위 질량당 순 일 및 사이클의 열효율을 구하라.

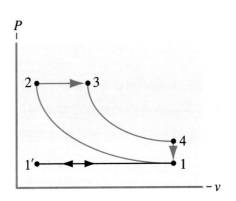

주어진 자료 : $T_1 = 40\,℃ = 313\,\mathrm{K}$, $P_1 = 90\,\mathrm{kPa}$, $Q_{23}/m = 1100\,\mathrm{kJ/kg}$, $r = 18$

구하는 값 : 각각의 과정 끝에서의 T와 P, W_{net}/m 및 η

풀이 해당 사이클은 디젤 사이클이다. 작동 유체는 공기로서, 그냥 단순하게 비열이 일정하다고 가정한다. 각각의 과정은 밀폐계 과정으로 간주한다.

가정: ASC (공기 표준 사이클) 가정을 적용한다. $Q_{12} = Q_{34} = W_{41} = 0$.
각각의 장치에서는 $\Delta KE = \Delta PE = 0$이다.

비열은 300 K에서의 값을 사용한다. 즉, $k = 1.4$, $c_p = 1.005 \, \text{kJ/kg} \cdot \text{K}$, $c_v = 0.718 \, \text{kJ/kg} \cdot \text{K}$, $R = 0.287 \, \text{kJ/kg} \cdot \text{K}$를 사용한다.

비열이 일정한 디젤 엔진의 전형적인 공식 체계를 사용한다.

$$T_2 = T_1 r^{k-1} = \mathbf{995 \ K}$$

$$P_2 = P_1 r^k = \mathbf{5150 \ kPa}$$

$$P_3 = P_2 = \mathbf{5150 \ kPa} \ (\text{디젤 사이클에서의 정의에 따름})$$

식 (7.46)에서, $Q_{23}/m = h_3 - h_2 = c_p(T_3 - T_2) \ \rightarrow \ \boldsymbol{T_3 = 2090 \ K}$

상태 3과 상태 4의 관계를 세우려면, 상태 3과 4의 비체적이 필요하다. 즉,

이상 기체 법칙에서: $v_1 = RT_1/P_1 = 0.998 \ \text{m}^3/\text{kg}$

$$v_2 = v_1/r = 0.05545 \ \text{m}^3/\text{kg}$$

이상 기체에서 정압 과정을 참조하면, $v_3 = v_2(T_3/T_2) = 0.1165 \ \text{m}^3/\text{kg}$

마지막으로, 일정 체적 열 제거 과정에서, $v_4 = v_1 = 0.998 \ \text{m}^3/\text{kg}$이다.

그러므로 $T_4 = T_3(v_3/v_4)^{k-1} = \mathbf{885 \ K}$이고 $P_4 = P_3(v_3/v_4)^k = \mathbf{255 \ kPa}$이다.

단위 질량당 순 일은 식 (7.47)로 구한다. 즉,

$$W_{\text{net}}/m = (W_{12} + W_{23} + W_{34})/m = [(u_1 - u_2) + P_2(v_3 - v_2) + (u_3 - u_4)]$$
$$= c_v(T_1 - T_2 + T_3 - T_4) + P_2(v_3 - v_2)$$

$$\boldsymbol{W_{\text{net}}/m = 690 \ kJ/kg}$$

그리고 열효율은 식 (7.48)로 구한다.

$$\eta = \frac{W_{\text{net}}/m}{Q_{\text{in}}/m} = \frac{(W_{12} + W_{23} + W_{34})/m}{Q_{23}/m} = \mathbf{0.627}$$

해석 : 재차 강조하지만, 일정 비열 해석 기법을 사용하면 이러한 조건에서 작동되는 실제 디젤 엔진에 비교하여 어느 정도는 더 높은 온도, 압력 및 열효율 값들에 이르게 된다.

7.8 이중 사이클

압축비가 동일한 오토 사이클과 디젤 사이클의 열효율 설명에서, 정적 열 부가 과정(스파크 점화식 엔진에서 매우 급속한 연소를 나타냄)이 정압 열 부가 과정(압축 착화식 엔진에서 연료가 실린더 속으로 분사될 때의 완속 연소를 나타냄)보다 더 효율적이라는 것을 알 수 있다. 그러므로 엔진 설계자는 사이클에서 연료가 약간 더 일찍 분사되기 시작하도록 압축

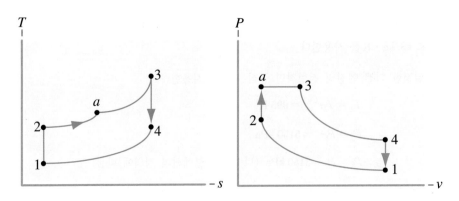

〈그림 7.37〉 이중 사이클의 *P–v* 선도와 *T–s* 선도.

착화식 엔진에서의 연료 분사 시점을 변경시킨다. 이렇게 하면 압축 행정의 종점 근방에서 연소의 일부가 거의 일정 체적에서 일어나게 된다. 이 과정은 이중 사이클로 한층 더 잘 모델링되어 있는데, 이 이중 사이클(dual cycle)은 오토 사이클과 디젤 사이클의 요소들이 복합된 것으로 그림 7.37에 도시되어 있다. 이중 사이클은 다음과 같이 구성되어 있다. 즉,

과정 1–2   등엔트로피 압축
과정 2–*a*   정적 열 부가
과정 *a*–3   정압 열 부가
과정 3–4   등엔트로피 팽창
과정 4–1   정적 열 제거

보다시피, 열 부가 과정은 두 부분으로 나뉘어져 있다. 오토 사이클과 디젤 사이클에서는 열 부가 과정이 유사하다고 가정을 하였으므로, 열 부가는 다음 식으로 구할 수 있다.

$$Q_{\text{in}} = Q_{2a} + Q_{a3} = m[(u_a - u_2) + (h_3 - h_4)] \qquad (7.51)$$

순 동력에 작은 변화가 있기도 하지만, 이 또한 디젤 사이클에서 구하는 것과 유사하다. 즉,

$$W_{\text{net}} = W_{12} + W_{a3} + W_{34} = m[(u_1 - u_2) + P_a(v_3 - v_a) + (u_3 - u_4)] \qquad (7.52)$$

또한, 주목해야 할 점은, 정의한 대로 $v_2 = v_a$이고 $P_a = P_3$라는 것이다. 차단비는 $r_c = v_3/v_a$이다.

이중 사이클을 해석할 때에는, 얼마나 많은 열이 정적 과정에서 부가되고 얼마나 많은 열이 정압 과정에서 부가되는지를 결정해야 한다. 이러한 열 분배는 총 열 부가에 대한 % 값으로 주어지거나 압력비 α로 직접 주어지기도 한다. 여기에서,

$$\alpha = \frac{P_a}{P_2} = \frac{T_a}{T_2} \tag{7.53}$$

재차, 비열이 일정한 이상 기체를 사용하는 이중 사이클의 열효율은 다음과 같은 식으로 표현된다. 즉,

$$\eta = 1 - \frac{1}{r^{k-1}} \left[\frac{\alpha r_c^k - 1}{k\alpha(r_c - 1) + \alpha - 1} \right] \quad \text{(일정 비열에서만 사용함)} \tag{7.54}$$

압축비와 차단비가 각각 동일한 사이클들을 비교해보면, 동일한 압축비와 동일한 차단비에서 다음의 관계가 있음을 알 수 있다.

$$\eta_{\text{Otto}} > \eta_{\text{Dual}} > \eta_{\text{Diesel}} \tag{7.55}$$

역시, 또 주목해야 할 점은, 실제로 이중 사이클과 디젤 사이클로 대표되는 압축 착화식 엔진은 스파크 점화식 엔진보다 압축비가 더 높으므로, 실제 압축 점화식 엔진은 스파크 점화식 엔진보다 열효율이 더 높다.

학생 연습문제

이중 사이클에서 본인이 선정한 해법 플랫폼의 컴퓨터 모델을 개발하라. 이 프로그램에서는 일정 비열 조건과 가변 비열 조건이 모두 다 적용될 수 있어야 하며, 여러 가지 가스를 취급할 수 있어야 한다.

▶ 예제 7.14

이중 사이클에서 공기가 압축비 18로 흐르고 있다. 공기의 열 입력은 1100 kJ/kg이며, 이 열 가운데 45 %는 정적 과정에서 부가되고 이 열의 55 %는 정압 과정에서 부가된다. 압축이 시작된 후에, 공기는 40 ℃ 및 90 kPa이 된다. 공기는 비열이 일정하다고 가정한다. 다음 각각을 구하라.

(a) 시스템에서 피크 온도와 피크 압력

(b) 사이클에서 단위 질량당 순 일

(c) 사이클의 열효율

주어진 자료 : $T_1 = 40℃ = 313$ K, $P_1 = 90$ kPa, $Q_{23}/m = 1100$ kJ/kg,

[$Q_{2a}/m = (0.45)\,Q_{23}/m = 495$ kJ/kg 및 $Q_{a3}/m = (0.55)\,Q_{23}/m = 605$ kJ/kg,

열 가운데 45 %는 정적 과정에서 부가되고 이 열의 55 %는 정압 과정에서 부가된다고 했음], $r = 18$.

구하는 값 : (a) T_3, P_3(피크 온도와 피크 압력)

(b) W_{net}/m

(c) η

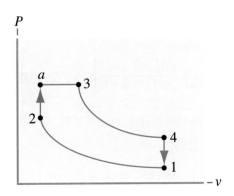

풀이 해당 사이클은 이중 사이클이다. 작동 유체는 공기로서, 그냥 단순하게 비열이 일정하다고 가정한다. 각각의 과정은 밀폐계 과정으로 간주한다.

가정: ASC (공기 표준 사이클) 가정을 적용한다. $Q_{12} = Q_{34} = W_{2a} = W_{41} = 0$.

각각의 장치에서는 $\Delta KE = \Delta PE = 0$이다.

비열은 300 K 에서의 값들로 다음과 같이 정한다. 즉, $k = 1.4$, $c_p = 1.005 \text{ kJ/kg} \cdot \text{K}$, $c_v = 0.718 \text{ kJ/kg} \cdot \text{K}$, $R = 0.287 \text{ kJ/kg} \cdot \text{K}$

비열이 일정한 이중 엔진의 전형적인 공식 체계를 사용한다.

$$T_2 = T_1 r^{k-1} = 995 \text{ K}$$

$$P_2 = P_1 r^k = 5150 \text{ kPa}$$

정적 열 부가 과정은 오토 사이클에서의 열 부가 과정처럼 처리한다. 즉,

$$Q_{2a}/m = (u_a - u_2) = c_v(T_a - T_2) \rightarrow T_a = 1684.4 \text{ K}$$

$$P_a = P_2(T_a/T_2) = 8720 \text{ kPa}$$

정압 열 부가 과정은 디젤 사이클에서의 열 부가 과정처럼 처리한다. 즉,

$$Q_{a3}/m = h_3 - h_a = c_p(T_3 - T_a) \rightarrow T_3 = \textbf{2286 K}$$

$$P_3 = P_a = \textbf{8720 kPa}$$

상태 3에서의 온도와 압력은 피크 온도와 압력을 나타낸다.

상태 4에서의 값을 구하려면, 디젤 엔진에서와 같이, 먼저 상태 3에서의 비체적을 구하여야 한다. 즉, 이상 기체 법칙에서 $v_1 = RT_1/P_1 = 0.998 \text{ m}^3/\text{kg}$, $v_2 = v_1/r = 0.05545 \text{ m}^3/\text{kg}$, 그리고 정적 과정에서 $v_a = v_2$이다.

이상 기체의 정압 과정을 참조하면, $v_3 = v_a(T_3/T_a) = 0.07527 \, \text{m}^3/\text{kg}$이다.

최종적으로, 정적 열 제거 과정에서는, $v_4 = v_1 = 0.998 \, \text{m}^3/\text{kg}$이다.

그러므로 $T_4 = T_3(v_3/v_4)^{k-1} = 813 \, \text{K}$이고 $P_4 = P_3(v_3/v_4)^k = 234 \, \text{kPa}$이다.

단위 질량당 순 일은 식 (7.47)로 구한다. 즉,

$$W_{\text{net}}/m = (W_{12} + W_{a3} + W_{34})/m = [(u_1 - u_2) + P_a(v_3 - v_a) + (u_3 - u_4)]$$
$$= c_v(T_1 - T_2 + T_3 - T_4) + P_a(v_3 - v_a)$$

$$W_{\text{net}}/m = 741 \, \text{kJ/kg}$$

그리고 열효율은 다음과 같다.

$$\eta = \frac{W_{\text{net}}/m}{Q_{\text{in}}/m} = \frac{(W_{12} + W_{a3} + W_{34})/m}{Q_{23}/m} = 0.673$$

해석 : 잊지 말아야 할 점으로 계산 값들이 실제 엔진에서 구한 값들과 비교하여 더 크다는 사실을 염두에 두고, 정량적인 추세를 살펴보면 된다. 예제 7.13과 예제 7.14는 압축 착화 엔진을 2가지로 다르게 해석해보도록 설정된 것이다 ― 디젤 사이클은 구식 압축 착화 엔진을 대표하지만, 이중 사이클은 더 나은 많은 현대식 압축 착화 엔진을 대표한다. 해석 결과, 예상한 대로 이중 사이클에는 열 부가 과정의 일부가 일정 체적 상태에 포함되어 있어서 그 효율이 디젤 사이클 열효율보다 더 높게 확인되었다. 일정 체적 기법은 일정 압력 기법보다 한층 더 "효율적"인 열 부가 방법이다. 사이클에서 연소를 일찍 일어나게 하면 열 부가의 일부가 거의 일정 압력 상태에서 일어나게 된다. 이렇게 하려면, 연료 분사 과정 시점을 변경시켜서 연료 분사가 압축 행정에서 일찍 일어나게 해야 한다. 이 때문에 결과적으로 압축 행정에서는 연료 점화가 늦어지게 되고, 열 부가의 일부가 거의 일정 체적 조건에서 일어나게 되어 엔진 효율이 증가하게 된다.

심층 사고/토론용 질문

압축 착화식 엔진은 스파크 점화식 엔진보다 열료 효율이 더 좋다고 하는데, 그렇다면 왜 더 많은 자동차 동력용으로 압축 착화식 엔진이 사용되고 있지 않은 것일까?

7.9 앳킨슨/밀러 사이클

최근 들어, 엔진 제조업체들은 앳킨슨 사이클(Atkinson cycle)에 관한 관심이 증가해왔다. 앳킨슨 사이클은 본질적으로 오토 사이클이 변형된 것으로 그 압축 행정 길이와 팽창 행정 과정 길이가 다르다. 역사적으로 볼 때, 이는 복잡한 기계식 링크기구로 달성되었지만, 오늘날

이 기구를 사용하고 있는 대부분의 엔진에서는 창의적인 밸브 타이밍으로 달성하고 있는데, 이는 흡입 밸브 개방을 표준 오토 사이클에서보다 시간 간격(duration)을 길게 유지시키고 있는 것이다. 이렇게 함으로써 공기-연료 혼합 신기(fresh mixture)의 일부를 흡기 계통 안으로 역류시키게 되는데, 이는 흡기 밸브가 닫혀야만 비로소 압축 행정이 시작되기 때문에 압축 행정 길이가 효과적으로 짧아지게 된다. 팽창 행정에서는 실린더 내 피스톤의 전체 행정 길이가 사용되게 된다. 흡입 계통 내로 역류된 신기 때문에 엔진에서 발생되는 동력은 감소되지 않은 채 연소되는 연료는 감소하게 된다. 그렇다고 해서, 하이브리드 구동 시스템에 사용된다고 하더라도 전기 모터가 동력 입력을 추가적으로 제공할 수 있으므로 문제를 일으킬 소지는 별로 없어 보인다. 원하는 결과를 달성하고자 밸브 타이밍을 변형시키는 방법을 사용한 것을 흔히 밀러 사이클(Miller cycle) 한다. 그러나 많은 엔진 제조업체가 밀러 사이클을 앳킨슨 사이클이라고 부르기 때문에 이 책에서도 그리 하고자 한다. (또한, 과거에 밀러 사이클이 사용되었던 많은 엔진에서는 과급(supercharge)을 시켜서 사이클에서의 공기 밀도를 증가시켜 왔는데, 이렇게 함으로써 한편으로 공기-연료 혼합 신기(fresh mixture)의 일부가 흡기 계통 안으로 역류하게 될 때 손실되는 동력이 보전된다.)

요약

지금까지 더욱 더 많은 사이클들이, 예를 들어 밀러 사이클, 앳킨슨 사이클, 칼리나 사이클 및 르느와르 사이클들이 제안되어 장치로 제공되거나 제안되어 있는데, 이 사이클들은 이 장에서 다루지는 않았다. 그러나 이 장에서 설명한 사이클들은 오늘날 가장 많이 활용되고 있다. 이들은 또한 앞으로 접할지도 모르는 다른 열역학적 동력 사이클에 적용할 수 있는 해석 도구 세트를 제공해주고 있다. 이 장에서 학습한 해석 도구로, 실제 장치에서 겪게 될 상황을 바탕으로 하여 설명한 사이클의 변형도 납득할 수 있어야 한다. 예를 들어, 증기 동력 사이클에서는 흔히 압력 손실이 있기 마련인데, 그러한 압력 손실은 일련의 이상적인 표준 가정에 의존하기보다는 차라리 증기의 실제 상태량에 의존하는 다른 방식으로 상태의 엔탈피를 구함으로써 랭킨 사이클 해석에 포함될 수도 있다. 그와 같은 변형은 비교적 그리 많지 않으므로, 실제로 원하는 대로 해석하는 데에는 어려움이 거의 없을 것이다.

7.1 카르노 동력 사이클이 300 K와 650 K 사이에서 작동되도록 설계되었다. 이 사이클의 열효율을 구하라.

7.2 카르노 동력 사이클이 열효율이 52 %이고 열은 10 ℃로 환경으로 제거된다. 이 사이클에서 유체의 저온 또한 10 ℃라고 가정하고, 이 사이클에서 유체의 고온을 구하라.

7.3 카르노 사이클이 최고 온도가 400 ℃이고 열효율은 58 %이다. 이 사이클에서 열이 공급될 수 있는 최고 온도는 얼마인가?

7.4 어떤 동력 사이클이 열효율이 41 %이고, 그 작동 유체는 최고 온도가 570 K이며 최저 온도는 305 K이다. 이 사이클이 열역학적으로 가능한 최고 열효율과 비교하여 타당하게 수행될 수 있는지를 검토할 것인가? 아니면, 실제로 개선 노력을 해서 효율을 더욱 더 향상시켜야 되는 것인가?

7.5 동력 사이클에서 작동 유체를 최고 온도가 500 ℃이고 최저 온도는 75 ℃라고 가정한다. 이 특정 사이클의 열효율은 23 %이다. 개선 노력을 하면 주어진 온도 범위에서도 효율을 더욱 더 향상시킬 수 있다고 추천을 하겠는가? 아니면 이 수치가 적절한 실제 열효율이라고 믿는가?

7.6 자동차 엔진이 2700 K와 800 K 사이에서 작동되는 동력 사이클로 동력을 발생시킨다. 이 엔진은 열효율이 45 %이다. 개선 노력을 하면 주어진 온도 범위에서도 효율을 더욱 더 향상시킬 수 있다고 추천을 하겠는가? 아니면 이 수치가 적절한 열효율인가?

7.7 물이 작동 유체로 사용되는 이상적인 기본 랭킨 사이클에서, 증기 발생기에서는 포화 수증기가 18 MPa로 유출되고, 응축기에서는 포화 액체가 25 kPa로 유출된다. 증기 발생기엔 250 MW의 열 입력이 유입된다. 물의 질량 유량, 사이클에서 발생되는 순 동력 출력, 및 사이클의 열효율을 각각 구하라. 이 온도 범위에서 작동되는 동력 사이클의 실제 열효율과 최고 가능 효율을 비교해보라.

7.8 물이 작동 유체로 사용되는 이상적인 기본 랭킨 사이클에서, 증기 발생기에서 포화 수증기가 15 MPa로 유출되고, 응축기에서 포화 액체가 20 kPa로 유출된다. 이 사이클에서 물의 질량 유량은 60 kg/s이다. 발생되는 순 동력, 증기 발생기에 부가되는 열 입력 및 사이클의 열효율을 구하라.

7.9 물이 작동 유체로 사용되는 이상적인 기본 랭킨 사이클에서, 증기 발생기에서 포화 수증기가 12 MPa로 유출되고, 응축기에서 포화 액체가 40 kPa로 유출된다. 이 사이클에서 물의 질량 유량은 150 kg/s이다. 발생되는 순 동력, 증기 발생기에 부가되는 열 입력 및 사이클의 열효율을

구하라.

7.10 물이 작동 유체로 사용되는 이상적인 기본 랭킨 사이클에서, 증기 발생기에서 포화 수증기가 13.8 MPa abs.로 유출되고, 응축기에서 포화 액체가 7.0 kPa abs.로 유출된다. 이 사이클에서 물의 질량 유량은 90 kg/s이다. 발생되는 순 동력, 증기 발생기에 부가되는 열 입력 및 사이클의 열효율을 구하라.

7.11 물이 작동 유체로 사용되는 이상적인 기본 랭킨 사이클에서, 터빈에 포화 수증기가 18 MPa로 유입된다. 물의 질량 유량은 50 kg/s이다. 물은 응축기에서 포화 액체로 유출된다. 응축기의 압력이 10 kPa와 1000 kPa 사이의 범위에 걸쳐서 변화할 때, 발생되는 순 동력, 터빈에서 출구의 건도 및 사이클의 열효율을 그래프로 그려라.

7.12 물이 작동 유체로 사용되는 이상적인 기본 랭킨 사이클에서, 응축기에서 포화 액체 물이 40 ℃로 유출된다. 물의 질량 유량은 120 kg/s이다. 물은 터빈에 포화 수증기로 유입된다. 터빈의 입구 온도가 200 ℃와 370 ℃ 사이의 범위에 걸쳐서 변화할 때, 발생되는 순 동력, 터빈에서 출구의 건도 및 사이클의 열효율을 그래프로 그려라.

7.13 물이 작동 유체로 사용되는 비이상적인 기본 랭킨 사이클에서, 터빈에 포화 수증기가 340 ℃로 유입되고, 응축기에서 포화 액체로 40 ℃로 유출된다. 터빈의 등엔트로피 효율은 0.80이고 펌프의 등엔트로피 효율은 0.70이다. 질량 유량이 100 kg/s일 때, 발생되는 순 동력, 및 사이클의 열효율을 구하라.

7.14 문제 7.8을 다시 풀어라. 단, 터빈은 등엔트로피 효율이 78 %이고, 펌프는 등엔트로피 효율이 65 %인 비이상적인 사이클로 본다.

7.15 문제 7.10을 다시 풀어라. 단, 터빈은 등엔트로피 효율이 81 %이고, 펌프는 등엔트로피 효율이 72 %인 비이상적인 사이클로 본다.

7.16 물이 작동 유체로 사용되는 비이상적인 기본 랭킨 사이클에서, 터빈에 포화 수증기가 20 MPa로 유입되고, 응축기에서 포화 액체가 20 kPa로 유출된다. 펌프의 등엔트로피 효율은 0.72이고 물의 질량 유량은 150 kg/s이다. 터빈의 등엔트로피 효율이 0.5에서 1.0 사이의 범위에 걸쳐서 변화할 때, 발생되는 순 동력, 터빈에서 출구의 건도 및 사이클의 열효율을 그래프로 그려라.

7.17 물이 작동 유체로 사용되는 비이상적인 기본 랭킨 사이클에서, 터빈에 포화 수증기가 15 MPa로 유입되고, 응축기에서 포화 액체가 50 kPa로 유출된다. 물의 질량 유량은 90 kg/s이다. 다음 각각에서 발생되는 순 동력, 터빈 출구 건도 및 사이클의 열효율을 그래프로 그려라.

(a) 펌프의 등엔트로피 효율은 0.75로 일정하고 터빈의 등엔트로피 효율이 0.5에서 1.0 사이의 범위에 걸쳐서 변화한다.

(b) 터빈의 등엔트로피 효율은 0.80으로 일정하고 펌프의 등엔트로피 효율이 0.30에서 1.0 사이의 범위에 걸쳐서 변화한다.

7.18 물이 작동 유체로 사용되는 비이상적인 기본 랭킨 사이클에서, 터빈에 포화 수증기가 13.8 MPa abs.로 유입되고, 응축기에서 포화 액체가 27 kPa abs.로 유출된다. 물의 질량 유량은 80 kg/s이다. 다음 각각에서 발생되는 순 동력, 터빈 출구 건도 및 사이클의 열효율을 그래프로 그려라.

(a) 펌프의 등엔트로피 효율은 0.70으로 일정하고 터빈의 등엔트로피 효율이 0.5에서 1.0 사이의 범위에 걸쳐서 변화한다.

(b) 터빈의 등엔트로피 효율은 0.75로 일정하고 펌프의 등엔트로피 효율이 0.30에서 1.0 사이의 범위에 걸쳐서 변화한다.

7.19 물이 작동 유체로 사용되는 비이상적인 기본 랭킨 사이클에서, 터빈에 포화 수증기가 18 MPa로 유입되고, 응축기에서 포화 액체로 유출된다. 물의 질량 유량은 200 kg/s이다. 터빈의 등엔트로피 효율은 0.80이고 펌프의 등엔트로피 효율은 0.70이다. 응축기의 압력이 10 kPa와 300 kPa 사이의 범위에 걸쳐서 변화할 때, 발생되는 순 동력, 터빈에서 출구의 건도, 및 사이클의 열효율을 그래프로 그려라.

7.20 물이 작동 유체로 사용되는 이상적인 과열 랭킨 사이클에서, 터빈에 과열 수증기가 20 MPa 및 600 ℃로 유입되고, 응축기에서 포화 액체가 25 kPa로 유출된다. 물의 질량 유량은 200 kg/s 이다. 발생되는 순 동력, 터빈 출구에서 물의 상태 및 사이클의 열효율을 구하라.

7.21 문제 7.20을 다시 풀어라. 단, 터빈은 등엔트로피 효율이 80 %이고 펌프는 등엔트로피 효율이 68 %인 비이상적인 사이클로 본다.

7.22 과열 랭킨 사이클에서 물이 작동 유체로 사용된다. 증기 발생기에서 과열 수증기가 12.4 MPa abs. 및 590 ℃로 유출되고, 응축기에서 포화 액체가 30 kPa abs.로 유출된다. 물의 질량 유량은 100 kg/s이다. 다음 각각에서 발생되는 순 동력, 터빈 출구에서 물의 상태 및 사이클의 열효율을 구하라.

(a) 터빈과 펌프는 등엔트로피 과정이다.

(b) 터빈의 등엔트로피 효율은 75 %이고 펌프의 등엔트로피 효율은 67 %이다.

7.23 과열 랭킨 사이클에서 물이 작동 유체로 사용된다. 터빈에 과열 수증기가 17 MPa 및 550 ℃로 유입되고, 응축기에서 포화 액체가 25 kPa로 유출된다. 사이클에서 발생되는 순 동력은 525 MW 이다. 외부 냉각수는 응축기에 10 ℃로 유입되어 40 ℃로 유출된다. 다음 각각에서 수증기의

질량 유량 및 외부 냉각수의 질량 유량을 각각 구하라.

(a) 터빈과 펌프에서는 등엔트로피 변화가 일어난다.

(b) 터빈의 등엔트로피 효율은 82 %이고 펌프의 등엔트로피 효율은 71 %이다.

7.24 과열 랭킨 사이클에서 물이 작동 유체로 사용된다. 터빈에는 과열 수증기가 12 MPa 및 450 ℃로 유입되고, 응축기에서는 포화 액체가 35 kPa로 유출된다. 사이클에서 발생되는 순 동력은 145 MW이다. 외부 냉각수는 응축기에 10 ℃로 유입되어 30 ℃로 유출된다. 다음 각각에서, 수증기의 질량 유량과 외부 냉각수의 질량 유량을 각각 구하라.

(a) 터빈과 펌프에서 등엔트로피 변화가 일어날 때.

(b) 터빈의 등엔트로피 효율이 77 %이고 펌프의 등엔트로피 효율이 69 %일 때.

7.25 과열 랭킨 사이클에서 물이 작동 유체로 사용된다. 터빈에는 수증기가 16 MPa, 550 ℃로 유입되고, 응축기에서는 포화 액체가 15 kPa로 유출된다. 사이클에서 발생되는 동력은 300 MW 이다. 펌프의 등엔트로피 효율은 0.75라고 본다. 터빈의 등엔트로피 효율이 0.60에서 1.0 사이의 범위에 걸쳐서 변화할 때, 필요한 물의 질량 유량, 및 사이클의 열효율을 그래프로 그려라.

7.26 과열 랭킨 사이클에서 물이 작동 유체로 사용된다. 터빈에 과열 수증기가 18 MPa 및 575 ℃로 유입되고, 응축기에서 포화 액체가 20 kPa로 유출된다. 물의 질량 유량은 220 kg/s이다. 터빈의 등엔트로피 효율이 0.40에서 1.0 사이의 범위에 걸쳐서 변화할 때, 발생되는 순 동력, 터빈 출구에서 물의 건도(및 온도) 및 사이클의 열효율을 그래프로 그려라.

7.27 물이 작동 유체로 사용되는 과열 랭킨 사이클에서, 터빈은 등엔트로피 효율이 0.75이고, 펌프는 등엔트로피 효율이 0.65이다. 과열 수증기는 터빈에 20 MPa로 유입된다. 응축기 압력은 10 kPa이다. 사이클에서 발생되는 순 동력은 750 MW이다. 터빈의 입구 온도가 400 ℃와 600 ℃ 사이의 범위에 걸쳐서 변화할 때, 필요한 수증기의 질량 유량, 터빈에서 유출되는 물의 출구 건도(및 온도) 및 사이클의 열효율을 그래프로 그려라.

7.28 물이 작동 유체로 사용되는 과열 랭킨 사이클에서, 터빈은 등엔트로피 효율이 0.75이고, 펌프는 등엔트로피 효율이 0.65이다. 과열 수증기가 터빈에 600 ℃로 유입된다. 응축기 압력은 10 kPa이다. 사이클에서 발생되는 순 동력은 750 MW이다. 터빈의 입구 압력이 1 MPa과 20 MPa 사이의 범위에 걸쳐서 변화할 때, 필요한 수증기의 질량 유량, 터빈에서 유출되는 물의 출구 건도(및 온도) 및 사이클의 열효율을 그래프로 그려라.

7.29 과열 랭킨 사이클에서 증기 발생기를 통해서 950 kW의 열 입력이 부가되고, 증기 발생기에서 수증기가 11 MPa abs. 및 540 ℃로 유출된다. 응축기 압력은 10 kPa abs.이다. 외부 냉각수는 응축기에 20 ℃로 유입되어 40 ℃로 유출된다. 펌프의 등엔트로피 효율은 0.75이다. 터빈의

등엔트로피 효율이 0.40에서 1.0 사이의 범위에 걸쳐서 변화할 때, 외부 냉각수의 질량 유량을 그래프로 그려라.

7.30 물이 작동 유체로 사용되는 과열 랭킨 사이클에서, 터빈에 과열 수증기가 18 MPa 및 570 ℃로 유입되고, 응축기에서 포화 액체가 유출된다. 물의 질량 유량은 200 kg/s이다. 터빈의 등엔트로피 효율은 0.80이고 펌프의 등엔트로피 효율은 0.70이다. 응축기의 압력이 10 kPa와 500 kPa 사이의 범위에 걸쳐서 변화할 때, 발생되는 순 동력, 터빈에서 출구의 건도(및 온도) 및 사이클의 열효율을 그래프로 그려라.

7.31 과열·재열 랭킨 사이클에서 수증기가 터빈에 15 MPa 및 500 ℃로 유입된다. 이 수증기는 추출되어 재열기에 3 MPa로 공급되고 터빈에는 500 ℃로 복귀된다. 응축기 압력은 20 kPa이다. 사이클에서는 동력이 400 MW가 발생된다. 다음 각각에서 수증기의 질량 유량, 터빈에서 출구의 건도(및 온도) 및 사이클의 열효율을 그래프로 그려라.

(a) 터빈과 펌프에서는 등엔트로피 변화가 일어난다.
(b) 터빈은 등엔트로피 효율이 0.75이고, 펌프는 등엔트로피 효율이 0.65이다.

7.32 과열·재열 랭킨 사이클에서 수증기가 터빈에 20.7 MPa abs. 및 540 ℃로 유입된다. 이 수증기는 추출되어 재열기에 5.5 MPa abs.로 공급되고 터빈에는 525 ℃로 복귀된다. 응축기 압력은 15 kPa abs.이다. 수증기의 질량 유량은 90 kg/s이다. 다음 각각에서 발생되는 순 동력, 터빈에서 출구의 건도(및 온도) 및 사이클의 열효율을 그래프로 그려라.

(a) 터빈과 펌프에서는 등엔트로피 변화가 일어난다.
(b) 터빈은 등엔트로피 효율이 0.75이고, 펌프는 등엔트로피 효율이 0.65이다.

7.33 과열·재열 랭킨 사이클에서, 수증기가 터빈에 18 MPa 및 600 ℃로 유입된다. 이 수증기는 추출되어 재열기에 공급되고 터빈에는 600 ℃로 복귀된다. 응축기 압력은 20 kPa이다. 터빈과 펌프에서는 등엔트로피 변화가 일어난다. 수증기의 질량 유량은 150 kg/s이다. 재열기의 압력이 500 kPa와 10 MPa 사이의 범위에 걸쳐서 변화할 때, 발생되는 순 동력, 터빈에서 출구의 건도(및 온도) 및 사이클의 열효율을 그래프로 그려라.

7.34 문제 7.33을 다시 풀어라. 단, 터빈은 등엔트로피 효율을 0.80으로, 펌프는 등엔트로피 효율을 0.70으로 한다.

7.35 과열 · 재열 랭킨 사이클에서, 터빈에는 수증기가 20 MPa 및 500 ℃로 유입된다. 이 수증기는 추출되어 재열기에 공급되고 터빈에는 500 ℃로 복귀된다. 응축기 압력은 15 kPa이다. 물은 질량 유량이 125 kg/s이다. 터빈은 등엔트로피 효율이 0.82이고, 펌프는 등엔트로피 효율을 0.68이다. 재열기의 압력이 1 MPa ~ 7.5 MPa 사이의 범위에 걸쳐서 변화할 때, 발생되는 순

동력 및 사이클의 열효율을 그래프로 그려라.

7.36 과열·재열 랭킨 사이클에서, 수증기가 터빈에 20 MPa로 공급된다. 응축기 압력은 27 kPa이다. 터빈은 등엔트로피 효율이 0.80이고, 펌프는 등엔트로피 효율이 0.72이다. 사이클에서는 동력이 600 MW가 발생된다. 다음 각각에서 수증기의 질량 유량, 순 열 입력, 터빈에서 출구의 건도(및 온도) 및 사이클의 열효율을 그래프로 그려라.

(a) 터빈 입구 및 재열 온도는 550 ℃이고, 재열 압력은 500 kPa에서 10 MPa의 범위에 걸쳐서 변화한다.

(b) 재열 압력은 5 MPa이고, 재열 온도는 500 ℃이며, 증기 발생기에서 이어지는 터빈 입구 온도는 500 ℃에서 650 ℃의 범위에 걸쳐서 변화한다.

(c) 재열 압력은 5 MPa이고, 증기 발생기에서 이어지는 터빈 입구 온도는 600 ℃이며, 재열 복귀 온도는 400 ℃에서 600 ℃의 범위에 걸쳐서 변화한다.

7.37 랭킨 사이클에 하나의 개방형 급수 가열기가 사용되어 있다. 초기에는 수증기가 터빈에 18 MPa 및 600 ℃로 유입되고, 포화 액체 물이 응축기에서 10 kPa로 유출된다. 개방형 급수 가열기에는 터빈에서 추출된 수증기가 800 kPa로 유입되고, 이 개방형 급수 가열기에서는 혼합류가 800 kPa의 포화 액체로 유출된다. 증기 발생기를 지나는 물의 질량 유량은 150 kg/s이다. 다음 각각에서 발생되는 순 동력 및 사이클의 열효율을 구하라.

(a) 터빈과 펌프에서는 등엔트로피 변화가 일어난다.

(b) 터빈은 등엔트로피 효율이 0.80이고, 두 펌프는 등엔트로피 효율이 0.70이다.

7.38 개방형 급수 가열기가 한 대 사용되어 있는 랭킨 사이클이 있다. 초기에, 터빈에는 수증기가 17 MPa 및 550 ℃로 유입되고, 응축기에서는 포화 액체 물이 25 kPa 로 유출된다. 개방형 급수 가열기에는 터빈에서 추출된 수증기가 1500 kPa로 유입되고, 급수 가열기에서는 혼합류가 1500 kPa의 포화 액체로 유출된다. 증기 발생기를 지나는 물의 질량 유량은 250 kg/s이다. 다음 각각에서, 발생되는 순 동력과 사이클의 열효율을 각각 구하라.

(a) 터빈과 펌프에서 등엔트로피 변화가 일어날 때.

(b) 터빈은 등엔트로피 효율이 0.81이고, 펌프는 둘 다 등엔트로피 효율이 0.71일 때.

7.39 하나의 개방형 급수 가열기가 있는 랭킨 사이클에서, 증기 발생기를 지나는 물의 질량 유량이 140 kg/s이다. 과열 수증기가 터빈 계통에 19.3 MPa abs. 및 540 ℃로 유입되고, 포화 액체 물이 응축기에서 30 kPa abs.로 유출된다. 개방형 급수 가열기에는 터빈에서 추출된 수증기가 2.4 MPa로 유입되고, 이 개방형 급수 가열기에서는 포화 액체 물이 2.4 MPa로 유출된다. 다음 각각에서 발생되는 순 동력, 및 사이클의 열효율을 구하라.

(a) 터빈과 펌프에서는 등엔트로피 변화가 일어난다.

(b) 터빈은 등엔트로피 효율이 0.82이고, 두 펌프는 등엔트로피 효율이 0.65이다.

7.40 문제 7.20에 주어진 이상적인 과열 랭킨 사이클에, 개방형 급수 가열기(와 그 부속 펌프)가 추가되었다. 이 개방형 급수 가열기의 압력은 1 MPa이다. 발생되는 순 동력, 터빈에서 추출된 물의 분율 및 이 변형된 사이클의 열효율을 구하라.

7.41 문제 7.40을 다시 풀어라. 단, 개방형 급수 가열기의 압력이 100 kPa와 5000 kPa 사이의 범위에 걸쳐서 변화할 때, 발생되는 순 동력, 터빈에서 추출되는 물의 분율 및 사이클의 열효율을 그래프로 그려라.

7.42 문제 7.20에 주어진 이상적인 과열 랭킨 사이클에, 폐쇄형 급수 가열기가 추가되었다. 이 폐쇄형 급수 가열기의 배수는 역순환 방향으로 단계적으로 행하여진다. 수증기는 추출되어 폐쇄형 급수 가열기에 1 MPa로 공급된다. 터빈에서 추출되는 질량 분율은 0.12이다. 발생되는 순 동력, 폐쇄형 급수 가열기 이후의 보일러 급수의 온도 및 이 변형된 사이클의 열효율을 구하라.

7.43 문제 7.42를 다시 풀어라. 단, 터빈에서 추출되는 질량 분율이 0.05와 0.25 사이의 범위에 걸쳐서 변화할 때, 발생되는 순 동력, 폐쇄형 급수 가열기 이후의 보일러 급수의 온도 및 이 변형된 사이클의 열효율을 그래프로 그려라.

7.44 배수가 역순환 방향으로 단계적으로 행하여지는 폐쇄형 급수 가열기가 하나 있는 랭킨 사이클에서, 증기 발생기를 거치는 물의 질량 유량이 140 kg/s이다. 터빈 계통에 과열 수증기가 19.3 MPa 및 540 ℃로 유입되고, 응축기에서 포화 액체가 28 kPa abs.로 유출된다. 이 폐쇄형 급수 가열기에는 터빈에서 추출된 수증기가 2.4 MPa abs.로 유입되고, 여기에서 유출되는 급수의 온도는 210 ℃이다. 다음 각각에서 사이클에서 발생되는 순 동력 및 사이클의 열효율을 구하라.

(a) 터빈과 펌프에서에서는 등엔트로피 변화가 일어난다.
(b) 터빈은 등엔트로피 효율이 0.82이고, 펌프는 등엔트로피 효율이 0.65이다.

7.45 문제 7.44에 주어진 랭킨 사이클을 다시 풀어라. 단, 폐쇄형 급수 가열기에서 유출되는 급수 온도가 90 ℃에서 220 ℃ 사이의 범위에 걸쳐서 변화할 때, 사이클에서 발생되는 순 동력, 터빈에서 추출되어 폐쇄형 급수 가열기에 공급되는 질량 분율 및 등엔트로피 터빈 및 펌프가 있는 시스템에서 사이클의 열효율을 그래프로 그려라.

7.46 배수가 역순환 방향으로 단계적으로 행하여져 교축기를 거쳐서 응축기로 유입되는 폐쇄형 급수 가열기가 있는 랭킨 사이클에서, 초기에는 수증기가 터빈에 550 ℃ 및 15 MPa로 유입되고, 포화 액체 물이 응축기에서 20 kPa로 유출된다. 폐쇄형 급수 가열기에는 터빈에서 추출된 수증기가 2000 kPa로 유입된다. 터빈은 등엔트로피 효율이 0.78이고, 펌프는 등엔트로피 효율이 0.70이다. 증기 발생기를 거치는 물의 질량 유량이 200 kg/s이다. 외부 냉각수는 응축기에 10 ℃로 유입되어 35 ℃로 유출된다. 폐쇄형 급수 가열기에서 유출되는 급수 온도가 100 ℃에서 210 ℃ 사이의

범위에 걸쳐서 변화할 때, 추출되는 물의 질량 분율, 사이클에서 발생되는 순 동력, 사이클의 열효율 및 외부 냉각수의 질량 유량을 그래프로 그려라.

7.47 배수가 순순환 방향으로 펌핑되는 폐쇄형 급수 가열기가 하나 있는 랭킨 사이클에서, 순 동력과 열효율을 계산하는 데 필요한 식을 개발하라. 이 전개 줄거리를 구체화하는 컴퓨터 모델을 세워라.

7.48 개방형 급수 가열기가 2개 있는 랭킨 사이클에서, 순 동력과 열효율을 계산하는 데 필요한 식을 개발하라.

7.49 개방형 급수 가열기가 하나 있고 폐쇄형 급수 가열기가 하나 있는 랭킨 사이클에서, 폐쇄형 급수 가열기가 개방형 급수 가열기보다 압력이 더 높은 터빈에서 수증기를 추출하는 방식을 사용할 때, 이 사이클의 순 동력과 열효율을 계산하는 데 필요한 식을 개발하라. 또한, 이 폐쇄형 급수 가열기의 배수는 개방형 급수 가열기에 역순환 방향으로 단계적으로 행하여진다. 개방형 급수 가열기에 이어지는 보일러 급수 펌프는 2개의 급수 가열기 사이에 위치된다.

7.50 폐쇄형 급수 가열기가 2개 있고 재열기가 하나 있는 랭킨 사이클에서, 이 사이클의 순 동력과 열효율을 계산하는 데 필요한 식을 개발하라. 재열기는 2개의 폐쇄형 급수 가열기의 추출 압력 사이에 드는 압력에 위치된다. 고압 급수 가열기의 배수는 저압 폐쇄형 급수 가열기에 역순환 방향으로 단계적으로 행하여지고, 저압 폐쇄형 급수 가열기의 배수는 응축기에 역순환 방향으로 단계적으로 행하여진다.

7.51 문제 7.20에 주어진 랭킨 사이클을 다시 풀어라. 단, 이제는 배수가 순순환 방향으로 펌핑되는 폐쇄형 급수 가열기가 하나 포함되어 있다. 수증기는 터빈에서 1 MPa로 추출되고, 이 폐쇄형 급수 가열기에서 유출되는 보일러 급수는 온도가 170 °C이다. 이 추출된 물은 급수 가열기에서 포화 액체로서 1 MPa로 유출되어 나머지 보일러 급수와 혼합될 때에는 20 MPa까지 펌핑된다. 터빈에서 추출되어 폐쇄형 급수 가열기에 공급되는 질량 분율, 사이클에서 발생되는 순 동력, 및 사이클의 열효율을 구하라.

7.52 개방형 급수 가열기와 폐쇄형 급수 가열기가 둘 다 있는 랭킨 사이클이 있다. 이 폐쇄형 급수 가열기에서는 배수가 역순환 방향으로 단계적으로 행하여져 응축기로 향한다. 수증기가 터빈에 20 MPa 및 600 °C에서 200 kg/s의 질량 유량으로 유입되고, 2 MPa로 추출되어 개방형 급수 가열기에 공급된다. 추가로 수증기가 500 kPa에서 추출되어 폐쇄형 급수 가열기에 공급된다. 물은 응축기에서 포화 액체로서 15 kPa로 유출되고, 이 물은 개방형 급수 가열기에서 포화 액체로서 2 MPa로 유출된다. 폐쇄형 급수 가열기에서 추출되는 급수는 온도가 150 °C이다. 응축기 다음에 있는 펌프에서는 물의 압력이 2000 kPa로 증가되고, 개방형 급수 가열기 다음에 있는 펌프에서는 압력이 20 MPa로 증가된다. 다음 각각에서 터빈에서 추출되어 각각의 급수 가열기로 공급되는 총 질량 유량의 분율, 사이클에서 발생되는 순 동력 및 사이클의 열효율을 구하라.

(a) 터빈과 펌프에서는 등엔트로피 변화가 일어난다.

(b) 터빈과 펌프는 모두 등엔트로피 효율이 0.80이다.

7.53 문제 7.52에 주어진 랭킨 사이클을 다시 풀어라. 단, 개방형 급수 가열기와 폐쇄형 급수 가열기의 위치가 바뀌어 있다(즉, 폐쇄형 급수 가열기 추출 압력은 2 MPa이고, 개방형 급수 가열기 압력은 500 kPa이다). 이 폐쇄형 급수 가열기에서 추출된 배수는 500 kPa로 교축되어 개방형 급수 가열기에 공급된다. 응축기 다음에 있는 펌프에서는 물의 압력이 500 kPa로 증가되고, 개방형 급수 가열기 다음에 있는 펌프에서는 압력이 20 MPa로 증가된다. 급수는 폐쇄형 급수 가열기에서 210 ℃로 유출된다. 다음 각각에서 터빈에서 추출되어 각각의 급수 가열기로 공급되는 총 질량 유량의 분율 및 사이클의 열효율을 구하라.

(a) 터빈과 펌프에서는 등엔트로피 변화가 일어난다.

(b) 터빈과 펌프는 모두 등엔트로피 효율이 0.80이다.

7.54 주어진 다양한 매개변수를 사용하여 하나의 개방형 급수 가열기와 하나의 재열기가 있는 랭킨 사이클을 설계하려고 한다. 수증기는 터빈에 18 MPa 및 550 ℃로 유입되고, 응축물은 포화 액체로서 응축기에서 12 kPa로 유출된다. 수증기는 터빈에서 4 MPa과 800 kPa로 추출될 수가 있다. 수증기는 재가열기에서 550 ℃로 터빈으로 복귀된다. 터빈은 등엔트로피 효율이 0.80이고, 각각의 펌프는 등엔트로피 효율이 0.70이라고 한다. 열효율은 재열기의 압력을 4 MPa로 하고 급수 가열기의 압력을 800 kPa로 할 때와, 급수 가열기의 압력을 4 MPa로 하고 재열기의 압력을 800 kPa 로 할 때 중에서 어느 때에 더 높게 나오는가?

7.55 재열기와 폐쇄형 급수 가열기(배수가 역순환 방향으로 단계적으로 행하여져 응축기로 향함)가 있는 랭킨 사이클에서, 과열 수증기가 터빈에 20 MPa abs. 및 600 ℃에서 150 kg/s의 질량 유량으로 유입된다. 수증기는 6.9 MPa abs.로 추출되어 재열기로 공급되는데, 여기에서 수증기는 터빈에 570 ℃로 복귀된다. 폐쇄형 급수 가열기에서 유출되는 급수의 온도는, 터빈에서 유출되어 폐쇄형 급수 가열기에 공급되는 수증기의 온도보다 5 ℃ 더 낮다. 폐쇄형 급수 가열기의 배수에서 추출된 물은 건도가 0이다. 응축기의 압력은 15 kPa abs.이다. 터빈은 등엔트로피 효율이 0.78이고, 펌프는 등엔트로피 효율이 0.68이다. 터빈에서 추출되어 밀폐형 급수 가열기로 공급되는 수증기의 압력이 150 kPa abs.와 950 MPa abs. 사이의 범위에 걸쳐 변화할 때, 사이클에서 발생되는 순 동력, 터빈에서 추출되어 밀폐형 급수 가열기에 공급되는 수증기의 질량 유량 및 사이클의 열효율을 그래프로 그려라.

7.56 과열 랭킨 사이클에서 수증기가 터빈에 20 MPa 및 500 ℃로 유입되고, 응축기 압력은 15 kPa 이다. 다음 각각에서 (수증기의 kg당) 터빈에서 발생되는 동력에 대한 펌프에서 사용되는 동력의 비를 그래프로 그려라.

(a) 펌프의 등엔트로피 효율은 0.75로 고정되어 있고 터빈의 등엔트로피 효율이 0.30과 1.0 사이의

범위에서 변화할 때

(b) 터빈의 등엔트로피 효율은 0.80으로 고정되어 있고 펌프의 등엔트로피 효율이 0.30과 1.0 사이의 범위에서 변화할 때

7.57 과열 랭킨 사이클에서 수증기가 터빈에 19 MPa abs. 및 540 ℃로 유입되고, 응축기 압력은 20 kPa abs.이다. 다음 각각에서, (수증기의 kg당) 터빈에서 발생되는 동력에 대한 펌프에서 사용되는 동력의 비를 그래프로 그려라.

(a) 펌프의 등엔트로피 효율은 0.70으로 고정되어 있고 터빈의 등엔트로피 효율이 0.30과 1.0 사이의 범위에서 변화할 때

(b) 터빈의 등엔트로피 효율은 0.75로 고정되어 있고 펌프의 등엔트로피 효율이 0.30과 1.0 사이의 범위에서 변화할 때

7.58 브레이튼 사이클에서, 공기가 압축기에 100 kPa 및 290 K로 유입된다. 이 공기는 압축기에서 1000 kPa로 유출되어, 열이 연소기를 거쳐서 부가되므로 이 공기는 터빈에 1100 K로 유입된다. 공기의 질량 유량은 15 kg/s이다. 공기는 가변 비열이라고 본다. 다음 각각에서 사이클에서 발생된 순 동력, 터빈 동력에 대한 압축기 동력의 비 및 사이클의 열효율을 구하라.

(a) 터빈과 압축기에서는 등엔트로피 변화가 일어난다.

(b) 터빈은 등엔트로피 효율이 0.80이고, 압축기는 등엔트로피 효율이 0.70이다.

7.59 문제 7.58을 다시 풀어라. 단, 공기는 비열(300 K에서의 값을 사용)이 일정하다고 본다.

7.60 브레이튼 사이클에서, 공기가 압축기에 100 kPa 및 25 ℃로 유입된다. 이 공기는 압축기에서 1100 kPa로 유출된다. 공기의 질량 유량은 40 kg/s이다. 25 MW의 열이 연소기를 거쳐서 부가된다. 공기는 가변 비열이라고 본다. 다음 각각에서 사이클에서 발생된 순 동력, 터빈 동력에 대한 압축기 동력의 비 및 사이클의 열효율을 구하라.

(a) 터빈과 압축기에서는 등엔트로피 변화가 일어난다.

(b) 터빈은 등엔트로피 효율이 0.75이고, 압축기는 등엔트로피 효율이 0.75이다.

7.61 폐쇄 순환 루프에 N_2 기체를 사용하는 브레이튼 사이클에서, N_2는 압축기에 80 kPa 및 15 ℃로 유입된다. 질소 기체는 압축기에서는 600 kPa로 유출되고 연소기에는 1000 K로 유입된다. 이 사이클에서는 순 동력이 10 MW가 생산된다. 압축기와 터빈은 둘 다 등엔트로피 효율이 0.78이다. 질소는 일정 비열로 가정한다. 필요한 질량 유량과 사이클의 열효율을 각각 구하라. 사용되는 기체가 CO_2일 때, 이러한 값들은 얼마인가?

7.62 브레이튼 사이클에서, 공기가 압축기에 100 kPa 및 24 ℃로 유입되어, 압축기에서 1.4 MPa로 유출된다. 열은 연소기에서 1200 ℃로 유출된다. 공기의 질량 유량은 11 kg/s이다. 공기는 가변

비열이라고 본다. 각각 다음에서 사이클에서 발생된 순 동력, 터빈 동력에 대한 압축기 동력의 비 및 사이클의 열효율을 구하라.

(a) 터빈과 압축기에서는 등엔트로피 변화가 일어난다.

(b) 터빈은 등엔트로피 효율이 0.78이고, 압축기는 등엔트로피 효율이 0.72이다.

7.63 브레이튼 사이클에서, 공기가 압축기에 100 kPa 및 25 ℃에서 50 kg/s의 질량 유량으로 유입된다. 이 공기는 압축기에서 1200 kPa로 유출되고 연소기에서 1200 K로 유출된다. 터빈은 등엔트로피 효율이 0.80이다. 공기는 가변 비열이라고 본다. 압축기의 등엔트로피 효율이 0.50과 1.0 사이의 범위에서 변화할 때, 사이클에서 발생된 순 동력, 터빈 동력에 대한 압축기 동력의 비 및 사이클의 열효율을 그래프로 그려라.

7.64 브레이튼 사이클에서, 공기가 압축기에 100 kPa 및 25 ℃에서 50 kg/s의 질량 유량으로 유입된다. 이 공기는 압축기에서 1200 kPa로 유출되고 연소기에서 1200 K로 유출된다. 압축기는 등엔트로피 효율이 0.75이다. 공기는 가변 비열이라고 본다. 터빈의 등엔트로피 효율이 0.50과 1.0 사이의 범위에서 변화할 때, 사이클에서 발생된 순 동력, 터빈 동력에 대한 압축기 동력의 비 및 사이클의 열효율을 그래프로 그려라.

7.65 브레이튼 사이클에서, 공기가 압축기에 100 kPa 및 25 ℃에서 60 kg/s의 질량 유량으로 유입된다. 이 공기는 압축기에서 1300 kPa로 유출된다. 터빈은 등엔트로피 효율이 0.80이고 압축기는 등엔트로피 효율이 0.75이다. 공기는 일정 비열이라고 본다. 연소기의 열 입력이 5000 kW와 50,000 kW 사이의 범위에서 변화할 때, 사이클에서 발생된 순 동력, 터빈 입구 온도 및 사이클의 열효율을 그래프로 그려라.

7.66 문제 7.65를 다시 풀어라. 단, 공기에는 가변 비열을 사용하라.

7.67 공기를 사용하는 브레이튼 사이클에서, 공기가 압축기에 100 kPa 및 20 ℃로 유입된다. 이 공기는 압축기에서 1.1 MPa로 유출되고 질량 유량은 30 kg/s이다. 터빈은 등엔트로피 효율이 0.80이고 압축기는 등엔트로피 효율이 0.78이다. 공기는 가변 비열이라고 본다. 터빈의 입구 온도가 800 ℃와 1400 ℃ 사이의 범위에서 변화할 때, 사이클에서 발생된 순 동력, 및 사이클의 열효율을 그래프로 그려라.

7.68 공기를 사용하는 브레이튼 사이클에서, 공기가 압축기에 100 kPa 및 290 K로 유입된다. 이 공기는 질량 유량이 50 kg/s이다. 공기는 터빈에 1250 K로 유입된다. 공기는 비열이 일정한 것으로 본다. 압축기 출구 압력이 400 kPa과 1500 kPa 사이의 범위에서 변화할 때, 다음 각각에서 압축기 동력 대 터빈 동력의 비, 사이클에서 발생된 순 동력 및 사이클의 열효율을 그래프로 그려라.

(a) 터빈과 압축기에서는 등엔트로피 변화가 일어난다.

(b) 터빈은 등엔트로피 효율이 0.80이고, 압축기는 등엔트로피 효율이 0.75이다.

7.69 공기를 사용하는 브레이튼 사이클에서, 공기가 압축기에 100 kPa로 유입된다. 이 공기는 압축기에 30 m³/s의 체적 유량으로 유입되며, 압축기에서 유출될 때의 압력은 1000 kPa이다. 공기는 터빈에 1200 K로 유입된다. 공기는 가변 비열이라고 보고, 압축기 입구 공기 온도가 −40 ℃와 40 ℃ 사이의 범위에서 변화할 때, 사이클에서 발생된 순 동력 및 사이클의 열효율을 그래프로 그려라.

7.70 압축기에 중간 냉각기가 추가된 브레이튼 사이클을 사용하려고 한다. 공기는 압축기에 100 kPa 및 25 ℃으로 유입되어 결국에는 압축기에서 1500 kPa로 유출된다. 공기는 질량 유량이 50 kg/s이다. 공기는 비열이 일정하다고 본다. 압축기는 등엔트로피 효율이 0.80이다. 다음 각각에서 압축기에 필요한 동력을 구하라.

(a) 압축은 하나의 단에서 일어난다.

(b) 공기는 400 kPa로 압축되어 중간 냉각기로 공급되고 여기에서 25 ℃로 냉각된 다음, 압축기로 복귀되어 여기에서 1500 kPa로 압축이 종료된다.

7.71 중간 냉각기가 있는 브레이튼 사이클에서, 질량 유량이 30 kg/s이다. 공기는 제1 압축기에 100 kPa 및 300 K로 유입되어 중간 압력으로 압축되고 중간 냉각기로 공급되어, 여기에서 305 K로 냉각된 다음, 압축기로 복귀되어, 여기에서 1000 kPa로 더 압축된다. 공기는 터빈에 1100 K로 유입되어 터빈을 거치면서 100 kPa로 팽창된다. 압축기와 터빈은 모두 등엔트로피 효율이 0.78이다. 공기는 비열이 가변적이라고 본다. 중간 냉각기 압력이 200 kPa과 800 kPa 사이의 범위에서 변화할 때, 사이클에서 발생된 순 동력, 중간 냉각기에서 제거되는 열량 및 사이클의 열효율을 그래프로 그려라.

7.72 문제 7.62을 다시 풀어라. 단, 터빈에는 재가열기가 포함되어 있다. 공기는 터빈을 거치면서 400 kPa로 팽창된 다음, 재가열기로 공급되어 1175 ℃로 가열되며, 이 온도로 터빈에 복귀되어 계속해서 100 kPa로 팽창한다.

7.73 재가열기가 있는 브레이튼 사이클에서, 질량 유량이 30 kg/s이다. 공기는 제1 압축기에 100 kPa 및 300 K로 유입되어 1200 kPa로 압축된다. 이 공기는 터빈에 1100 K로 유입되어 터빈을 거치면서 중간 재열 압력으로 팽창된다. 공기는 1100 K로 터빈에 복귀되어 터빈을 거치면서 계속해서 100 kPa로 팽창한다. 압축기와 터빈은 모두 등엔트로피 효율이 0.78이다. 공기는 비열이 가변적이라고 본다. 재가열기 압력이 200 kPa과 1000 kPa 사이의 범위에서 변화할 때, 사이클에서 발생된 순 동력, 재가열기에서 제거되는 열량 및 사이클의 열효율을 그래프로 그려라.

7.74 재생기가 있는 브레이튼 사이클이 있다. 이 재생기는 압축기와 연소기 사이에 위치되어 연소기를 거쳐서 부가되어야 하는 열을 감소시킨다. 공기는 압축기에 100 kPa 및 10 ℃로 유입되어 1000 kPa로 압축된다. 그런 다음, 이 공기는 재생기 유효도(effectiveness)가 0.80인 재생기를 통과한다. 공기는 터빈을 거치면서 100 kPa로 팽창한다. 공기는 질량 유량이 20 kg/s이다. 터빈은 등엔트로피 효율이 0.80이며, 압축기는 등엔트로피 효율이 0.75이다. 공기는 비열이 가변적이라고 본다. 터빈 입구 온도가 1000 K과 1400 K 사이의 범위에서 변화할 때, 사이클에서 발생된 순 동력, 열 입력 및 사이클의 열효율을 그래프로 그려라.

7.75 기본 브레이튼 사이클을 재열 기본 랭킨 사이클과 결합하여 복합 사이클을 구성하려고 한다. 공기는 브레이튼 사이클의 압축기에 100 kPa 및 25 ℃로 유입되어 1200 kPa로 압축되며, 연소기에서 1400 K로 가열된다. 압축기는 등엔트로피 효율이 0.78이고, 가스 터빈은 등엔트로피 효율이 0.80이다. 공기의 질량 유량은 200 kg/s이다. 터빈에서 나오는 배기 가스는 열교환기를 거쳐 랭킨 사이클에 공급되어 물을 가열시킨다. 브레이튼 사이클에서 나온 이 배기 가스는 열교환기에서 80 ℃로 유출된다. 수증기는 이 증기 발생기에서 15 MPa 및 400 ℃로 유출된다. 랭킨 사이클의 응축기 압력은 10 kPa이며, 증기 터빈은 등엔트로피 효율이 0.80이고 펌프는 등엔트로피 효율이 0.70이다. 수증기에는 추가로 부가되는 열은 전혀 없다고 하고, 다음을 각각 구하라.

(a) 랭킨 사이클에서 수증기의 질량 유량
(b) 복합 사이클에서 발생되는 총 순 동력
(c) 복합 사이클의 효율

7.76 복합 브레이튼–랭킨 사이클에서, 공기가 공기 압축기에 300 K 및 100 kPa로 유입된다. 이 공기는 1.2 MPa로 압축된 다음, 연소기에서 1250 ℃로 가열된다. 공기는 가스 터빈에서 0.1 MPa로 팽창된 다음, 열교환기를 거쳐서 랭킨 사이클에 공급되어 수증기에 열을 전달시킨다. 공기는 열교환기에서 65 ℃로 유출된다. 사이클을 거치는 공기의 질량 유량은 90 kg/s이다. 수증기는 증기 발생기에서 540 ℃ 및 19 MPa abs.로 유출된다. 랭킨 사이클의 응축기 압력은 20 kPa abs.이다. 공기 터빈과 압축기는 모두 등엔트로피 효율이 0.78이고, 증기 터빈은 등엔트로피 효율이 0.75이며, 펌프는 등엔트로피 효율이 0.70이다. 복합 사이클의 순 동력 출력이 100 MW와 400 MW 사이의 범위에서 변화할 때, 공기의 질량 유량에 대한 수증기의 질량 유량의 비, 랭킨 사이클에서 필요한 추가적인 보충 가열량 및 복합 사이클의 열효율을 그래프로 그려라.

7.77 복합 브레이튼–랭킨 사이클에서, 공기 압축기에 공기가 20 ℃ 및 100 kPa로 유입되어 1300 kPa로 압축된다. 그런 다음, 이 공기는 연소기에서 1200 K로 가열된다. 공기는 가스 터빈에서 100 kPa로 팽창된 다음, 열교환기를 거쳐서 랭킨 사이클에 공급되어 이 사이클에 있는 수증기에 열을 전달시킨다. 공기는 열교환기에서 80 ℃ 정도의 저온으로 (그러나 보충 가열이 전혀 요구되지 않을 때는 가능한 한 이보다 더 고온으로) 유출된다. 수증기는 증기 발생기에서 450 ℃ 및 15 MPa 로 유출된다. 응축기 압력은 10 kPa이다. 공기 터빈과 압축기는 둘 다 등엔트로피 효율이 0.78이고,

증기 터빈은 등엔트로피가 0.79이며 펌프는 등엔트로피가 0.71이다. 이 복합 사이클에서 생산되는 총 동력(전력)은 400 MW이다. 랭킨 사이클의 순 동력 출력이 100 MW와 300 MW 사이의 범위에서 변화할 때, 공기의 질량 유량에 대한 수증기의 질량 유량의 비, 랭킨 사이클에서 필요한 추가적인 보충 가열량, 및 복합 사이클의 열효율을 그래프로 그려라.

7.78 공기가 작동 유체인 오토 사이클이 있다. 공기는 압축 과정이 95 kPa 및 35 ℃에서 시작된다. 열 부가 과정 후, 공기는 온도가 2650 K가 된다. 사이클의 압축비는 9.6이다. 공기를 비열이 가변적인 이상 기체로 취급하여, 다음을 각각 구하라.

(a) 각각의 과정 끝에서의 온도와 압력
(b) 사이클에서 발생되는 공기의 kg당 순 일
(c) 사이클의 열효율
(d) 평균 유효 압력

7.79 공기가 작동 유체인 오토 사이클이 있다. 공기는 압축 과정이 90 kPa 및 40 ℃에서 시작된다. 열 부가 과정 중에는, 1400 kJ/kg의 열이 공기에 부가된다. 사이클의 압축비는 9.2이다. 공기를 비열이 가변적인 이상 기체로 취급하여, 다음을 각각 구하라.

(a) 각각의 과정의 최종 온도와 압력
(b) 사이클에서 발생되는 공기의 kg당 순 일
(c) 사이클의 열효율
(d) 평균 유효 압력

7.80 문제 7.79를 다시 풀어라. 단, 공기의 비열은 각각 다음의 온도에서 취한 값으로 일정하다고 가정한다.

(a) 300 K, (b) 1000 K

7.81 오토 사이클 엔진에서, 공기는 압축 과정이 95 kPa abs. 및 40 ℃에서 시작된다. 공기는 팽창 과정이 2600 ℃에서 시작된다. 이 엔진의 압축비는 9.8이다. 공기를 비열이 일정한 이상 기체로 취급하여, 다음을 각각 구하라.

(a) 각각의 과정의 최종 온도와 압력
(b) 사이클에서 발생되는 공기의 kg당 순 일
(c) 사이클의 열효율
(d) 평균 유효 압력

7.82 오토 사이클에서, 공기는 압축 과정이 85 kPa 및 50 ℃에서 시작된다. 열 부가 과정 중에는 1250 kJ/kg의 열이 공기에 부가된다. 공기는 비열이 가변적인 이상 기체로 거동한다고 가정하고, 압축비가 7과 12 사이의 범위에서 변화할 때, 시스템의 최고 온도와 압력, 사이클에서 발생되는

공기의 kg당 순 일, 사이클의 열효율 및 평균 유효 압력을 각각 구하라.

7.83 오토 사이클에서, 공기는 압축 과정이 90 kPa에서 시작된다. 압축 시작점에서 실린더에 들어 있는 가스의 체적은 0.001 m³이다. 열 부가 과정 중에는, 1200 kJ/kg의 열이 공기에 부가된다. 사이클의 압축비는 8.5이다. 공기는 비열이 일정한 이상 기체로 거동한다고 가정하고, 압축 시작점에서의 온도가 0 ℃과 100 ℃ 사이의 범위에서 변화할 때, 한 사이클에서 발생되는 일, 사이클의 최고 온도, 사이클의 열효율 및 평균 유효 압력을 그래프로 그려라.

7.84 오토 사이클에서, 공기는 압축 과정이 50 ℃에서 시작된다. 압축 시작점에서 실린더에 들어 있는 가스의 체적은 0.001 m³이다. 열 부가 과정 중에는, 1200 kJ/kg의 열이 공기에 부가된다. 사이클의 압축비는 8.5이다. 공기는 비열이 일정한 이상 기체로 거동한다고 가정하고, 압축 시작점에서의 압력이 50 kPa과 150 kPa 사이의 범위에서 변화할 때, 한 사이클에서 발생되는 일, 사이클의 최고 압력, 사이클의 열효율 및 평균 유효 압력을 그래프로 그려라.

7.85 오토 사이클에서, 공기는 압축 과정이 45 ℃ 및 95 kPa에서 시작된다. 압축 시작점에서 실린더에 들어 있는 가스의 체적은 0.0025 m³이다. 사이클의 압축비는 9.3이다. 엔진은 분당 1500 사이클을 완수한다. 공기는 비열이 가변적인 이상 기체로 거동한다고 가정하고, 피크 사이클 온도가 2000 K와 3000 K 사이의 범위에서 변화할 때, 엔진에서 발생되는 동력, 엔진에 대한 열 부가율, 사이클의 열효율 및 평균 유효 압력을 그래프로 그려라.

7.86 오토 사이클에서, 공기는 압축 과정이 50 ℃ 및 90 kPa abs.에서 시작된다. 압축 시작점에서 실린더에 들어 있는 가스의 체적은 2 L이다. 사이클의 압축비는 9.5이다. 엔진은 분당 1400 사이클을 완수한다. 공기는 비열이 가변적인 이상 기체로 거동한다고 가정하고, 열 부가 수준이 100 kJ/kg과 1000 kJ/kg 사이의 범위에서 변화할 때, 엔진에서 발생되는 동력, 사이클의 최고 온도, 사이클의 열효율 및 평균 유효 압력을 그래프로 그려라.

7.87 공기가 작동 유체인 디젤 사이클이 있다. 공기는 압축 과정이 100 kPa 및 40 ℃에서 시작된다. 열 부가 과정 중에는, 1200 kJ/kg의 열이 공기에 부가된다. 사이클의 압축비는 18이다. 공기를 비열이 가변적인 이상 기체로 취급하여, 다음을 각각 구하라.

(a) 각각의 과정의 최종 온도와 압력
(b) 사이클에서 발생되는 공기의 kg당 순 일
(c) 사이클의 열효율
(d) 평균 유효 압력

7.88 문제 7.87를 다시 풀어라. 단, 공기의 비열은 다음의 온도에서 각각 취한 값으로 일정하다고 가정한다.

(a) 300 K, (b) 1000 K

7.89 공기가 작동 유체인 디젤 사이클이 있다. 압축 과정은 공기가 100 kPa 및 30 ℃인 상태에서 시작된다. 열 부가 과정이 끝난 후, 온도는 2500 ℃가 된다. 이 사이클의 압축비는 19 이다. 공기를 비열이 일정한 이상 기체로 취급하여, 다음을 각각 구하라.

(a) 각각의 과정의 끝에서 온도와 압력
(b) 사이클에서 발생되는 공기의 kg당 순 일
(c) 사이클의 열효율
(d) 평균 유효 압력.

7.90 디젤 사이클 엔진에서, 공기는 압축 과정이 98 kPa abs. 및 40 ℃에서 시작된다. 공기는 팽창 과정이 2200 ℃에서 시작된다. 이 엔진의 압축비는 20이다. 공기를 비열이 일정한 이상 기체로 취급하여, 다음을 각각 구하라.

(a) 각각의 과정의 최종 온도와 압력
(b) 사이클에서 발생되는 공기의 kg당 순 일
(c) 사이클의 열효율
(d) 평균 유효 압력

7.91 디젤 사이클에서, 공기는 압축 과정이 100 kPa 및 50 ℃에서 시작된다. 열 부가 과정 중에는, 1400 kJ/kg의 열이 공기에 부가된다. 공기는 비열이 가변적인 이상 기체로 거동한다고 가정하고, 압축비가 16과 25 사이의 범위에서 변화할 때, 시스템의 최고 온도와 압력, 사이클에서 발생되는 공기의 kg당 순 일, 사이클의 열효율 및 평균 유효 압력을 각각 구하라.

7.92 디젤 사이클에서, 공기는 압축 과정이 100 kPa 및 50 ℃에서 시작된다. 엔진의 압축비는 20이다. 공기는 비열이 가변적인 이상 기체로 거동한다고 가정하고, 열 부가 과정 중의 열 입력이 500 kJ/kg과 1500 kJ/kg 사이의 범위에서 변화할 때, 시스템의 최고 온도와 압력, 사이클에서 발생되는 공기의 kg당 순 일, 사이클의 열효율, 차단비 및 평균 유효 압력을 각각 구하라.

7.93 디젤 사이클에서, 공기는 압축 과정이 100 kPa에서 시작된다. 압축 시작점에서 실린더에 들어 있는 가스의 체적은 0.0035 m³이다. 열 부가 과정 중에는, 1000 kJ/kg의 열이 공기에 부가된다. 사이클의 압축비는 19이다. 공기는 비열이 일정한 이상 기체로 거동한다고 가정하고, 압축 시작점에서의 온도가 0 ℃과 100 ℃ 사이의 범위에서 변화할 때, 한 사이클에서 발생되는 일, 사이클의 최고 온도, 사이클의 열효율 및 평균 유효 압력을 그래프로 그려라.

7.94 디젤 사이클에서, 공기는 압축 과정이 50 ℃에서 시작된다. 압축 시작점에서 실린더에 들어 있는 가스의 체적은 0.0025 m³이다. 열 부가 과정 중에는, 1000 kJ/kg의 열이 공기에 부가된다.

사이클의 압축비는 19이다. 공기는 비열이 일정한 이상 기체로 거동한다고 가정하고, 압축 시작점에서의 압력이 90 kPa과 250 kPa 사이의 범위에서 변화할 때, 한 사이클에서 발생되는 일, 사이클의 최고 압력, 사이클의 열효율 및 평균 유효 압력을 그래프로 그려라.

7.95 디젤 사이클에서, 공기는 압축 과정이 45 ℃ 및 100 kPa에서 시작된다. 압축 시작점에서 실린더에 들어 있는 가스의 체적은 0.0041 m³이다. 사이클의 압축비는 20이다. 엔진은 분당 1250 사이클을 완수한다. 공기는 비열이 가변적인 이상 기체로 거동한다고 가정하고, 피크 사이클 온도가 1800 K와 2200 K 사이의 범위에서 변화할 때, 엔진에서 발생되는 동력, 엔진에 대한 열 부가율, 사이클의 열효율 및 평균 유효 압력을 그래프로 그려라.

7.96 디젤 사이클에서, 공기는 압축 과정이 50 ℃ 및 90 kPa abs.에서 시작된다. 압축 시작점에서 실린더에 들어 있는 가스의 체적은 3.4 L이다. 사이클의 압축비는 22이다. 엔진은 분당 1100 사이클을 완수한다. 공기는 비열이 가변적인 이상 기체로 거동한다고 가정하고, 열 부가 수준이 500 kJ/kg과 2000 kJ/kg 사이의 범위에서 변화할 때, 엔진에서 발생되는 동력, 사이클의 최고 온도, 사이클의 열효율 및 평균 유효 압력을 그래프로 그려라.

7.97 공기가 작동 유체인 이중 사이클이 있다. 공기는 압축 과정이 100 kPa 및 40 ℃에서 시작된다. 열 부가 과정 중에는, 1200 kJ/kg의 열이 공기에 부가된다. 사이클의 압력비는 2이고 사이클의 압축비는 18이다. 공기를 비열이 가변적인 이상 기체로 취급하여, 다음을 각각 구하라.
  (a) 각각의 과정의 최종 온도와 압력
  (b) 사이클에서 발생되는 공기의 kg당 순 일
  (c) 사이클의 열효율
  (d) 평균 유효 압력

7.98 문제 7.97을 다시 풀어라. 단, 공기는 비열이 일정한 이상기체로 취급하고 그 비열은 각각 다음의 온도에서 취한 값으로 일정하다고 가정한다.
  (a) 300 K, (b) 1000 K

7.99 공기가 작동 유체인 이중 사이클이 있다. 압축 과정은 공기가 100 kPa 및 35 ℃인 상태에서 시작된다. 열 부가 과정이 끝난 후, 온도는 2600 K가 된다. 사이클의 압력비는 1.4이고 사이클의 압축비는 19이다. 공기를 비열이 가변적인 이상 기체로 취급하여, 다음을 각각 구하라.
  (a) 각각의 과정의 끝에서 온도와 압력
  (b) 사이클에서 발생되는 공기의 kg당 순 일
  (c) 사이클의 열효율
  (d) 평균 유효 압력

7.100 이중 사이클에서, 공기는 압축 과정이 100 kPa 및 50 ℃에서 시작된다. 열 부가 과정 중에는, 1400 kJ/kg의 열이 공기에 부가된다. 사이클의 압력비를 1.75로 잡는다. 공기는 비열이 가변적인 이상 기체로 거동한다고 가정하고, 압축비가 16과 25 사이의 범위에서 변화할 때, 시스템의 최고 온도와 압력, 사이클에서 발생되는 공기의 kg당 순 일, 사이클의 열효율 및 평균 유효 압력을 그래프로 그려라.

7.101 이중 사이클에서, 공기는 압축 과정이 100 kPa 및 50 ℃에서 시작된다. 열 부가 과정 중에는 1200 kJ/kg의 열이 공기에 부가된다. 사이클의 압축비를 18로 잡는다. 공기는 비열이 가변적인 이상 기체로 거동한다고 가정하고, 압력비가 1과 3 사이의 범위에서 변화할 때, 시스템의 최고 온도와 압력, 사이클에서 발생되는 공기의 kg당 순 일, 사이클의 열효율 및 평균 유효 압력을 그래프로 그려라.

7.102 이중 사이클에서, 공기는 압축 과정이 100 kPa 및 50 ℃에서 시작된다. 사이클의 압축비는 20으로 하고 사이클의 압력비는 1.75로 한다. 공기는 비열이 가변적인 이상 기체로 거동한다고 가정하고, 차단비(cut-off ratio)가 1.1과 1.3 사이의 범위에서 변화할 때, 시스템의 최고 온도와 압력, 사이클에서 발생되는 공기의 kg당 순 일, 사이클의 열효율 및 평균 유효 압력을 그래프로 그려라.

7.103 이중 사이클에서, 공기는 압축 과정이 50 ℃ 및 90 kPa abs.에서 시작된다. 압축 시작점에서 실린더에 들어 있는 가스의 체적은 2.8 L이다. 사이클의 압축비는 18이고 압력비는 1.5이다. 엔진은 분당 1100 사이클을 완수한다. 공기는 비열이 가변적인 이상 기체로 거동한다고 가정하고, 열 부가 수준이 500 kJ/kg과 1500 kJ/kg 사이의 범위에서 변화할 때, 엔진에서 발생되는 동력, 사이클의 최고 온도, 사이클의 열효율 및 평균 유효 압력을 그래프로 그려라.

7.104 공기를 비열이 일정한 이상 기체라고 가정하고, 다음을 그래프로 그려라.
(a) 각각의 압축비가 5와 15 사이의 범위에 걸쳐서 변화할 때, 오토 사이클의 열효율, 차단비가 3인 디젤 사이클의 열효율 및 차단비가 3이고 압력비가 1.5인 이중 사이클의 열효율
(b) 각각의 차단비가 1.2와 4 사이의 범위에 걸쳐서 변화할 때, 압축비가 18인 디젤 사이클의 열효율 및 압력비가 1.5이고 압축비가 18인 이중 사이클의 열효율
(c) 각각의 압축비가 15와 25 사이의 범위에 걸쳐서 변화할 때, 차단비가 2.5인 디젤 사이클의 열효율 및 차단비가 2.5이고 압력비가 1.5인 이중 사이클의 열효율
(d) 압력비가 1과 2 사이의 범위에 걸쳐서 변화할 때, 압축비가 18인 이중 사이클의 열효율

설계/개방형 문제

7.105 하나의 재열기와 하나의 개방형 급수 가열기가 있는 랭킨 사이클을 열효율이 높게 나오도록 설계하라. 시스템에서 최고 압력과 최고 온도는 각각 20 MPa 및 580 ℃이고 응축기 압력은 20 kPa이다. 터빈의 등엔트로피 효율은 0.82이고 펌프의 등엔트로피 효율은 0.69이다. 이 사이클에서 발생되는

순 동력은 450 MW이다.

7.106 두 개의 폐쇄형 급수 가열기가 있는 랭킨 사이클을 열효율이 높게 나오도록 설계하라. 사이클의 최고 압력은 20 MPa이고 최고 온도는 620 ℃이다. 응축기 압력은 20 kPa abs.이다. 급수 가열기에서 나오는 배수는 순순환 방향으로 펌핑될 수도 있고 역순환 방향으로 단계적으로 행하여질 수도 있다. 터빈의 등엔트로피 효율은 0.77이고 펌프의 등엔트로피 효율은 0.65이다. 이 사이클에서 발생되는 순 동력은 600 MW이다.

7.107 하나의 재열기, 하나의 개방형 급수 가열기 및 두 개의 폐쇄형 급수 가열기가 있는 랭킨 사이클을 설계하라. 이 두 개의 폐쇄형 급수 가열기에서는 배수가 역순환 방향으로 단적으로 행하여져 사이클에서 열효율이 높게 나오도록 한다. 사이클에서 최고 온도와 최고 압력온도는 각각 600 ℃ 및 18 MPa이다. 응축기 압력은 10 kPa이다. 터빈의 등엔트로피 효율은 0.80이고 펌프의 등엔트로피 효율은 0.70이다. 이 사이클에서 발생되는 순 동력은 750 MW이다. 또한, 온도가 20 ℃인 응축기를 거쳐서 온도를 증가시키는 데 필요한 외부 냉각수의 질량 유량을 구하라.

7.108 랭킨 사이클을 설계하라. 최대 허용 압력이 20 MPa이고 최고 허용 온도가 550 ℃이며 최소 허용 압력이 10 kPa이다. 터빈의 등엔트로피 효율은 0.84이고 펌프의 등엔트로피 효율은 0.60이다. 사이클의 열효율은 최소 42 %이어야 한다. 이 사이클에서 발생되는 순 동력은 400 MW이다. 외부 냉각수 계통의 설계를 포함시켜라. 외부 냉각수의 최대 허용 질량 유량은 10,000 kg/s이다.

7.109 기본적인 랭킨 사이클로 200 MW의 동력을 발생시키려고 한다. 입구 수증기 압력은 15 MPa을 초과하면 안 되고, 외부 환경 온도는 15 ℃이다. 터빈의 등엔트로피 효율은 0.80이고 펌프의 등엔트로피 효율은 0.75이다. 각각의 상태에서의 상태량, 필요한 수증기의 질량 유량, 사이클의 열효율 및 응축기에서 필요한 냉각수나 냉각 공기의 질량 유량을 명시함으로써 기본 사이클을 설계하라.

7.110 문제 7.109를 다시 풀어라. 단, 이제는 사이클에 과열 수증기를 포함시켜도 된다. 사이클의 수증기 온도는 600 ℃를 초과하면 안 된다. 또한, 터빈에서 수증기의 건도는 0.85 미만이 되면 안 된다.

7.111 문제 7.110을 다시 풀어라. 단, 이제는 사이클에 하나의 재열기와 하나의 개방형 급수 가열기를 포함시켜야 한다.

7.112 문제 7.110을 다시 풀어라. 단, 이제는 사이클에 하나의 재열기와 하나의 폐쇄형 급수 가열기를 포함시켜야 한다. 폐쇄형 급수 가열기의 압력이 100 kPa를 초과하게 되면 배수가 역순환 방향으로 단계적으로 행하여지게 하고, 그렇지 않을 때에는 순순환 방향으로 펌핑이 되게 하여야 한다.

7.113 문제 7.110을 다시 풀어라. 단, 이제는 사이클에 재열기를 2개까지 포함시켜도 되며 하나의 개방형

급수 가열기와 하나의 폐쇄형 급수 가열기를 포함시켜야 한다. 폐쇄형 급수 가열기의 압력이 100 kPa를 초과하게 되면 배수가 역순환 방향으로 단계적으로 행하여지게 하고, 그렇지 않을 때에는 순순환 방향으로 펌핑되게 하여야 한다.

7.114 문제 7.110을 다시 풀어라. 단, 이제는 사이클에 재열기를 2대까지, 개방형 급수 가열기를 3대까지, 그리고 폐쇄형 급수 가열기는 4대까지 포함시켜도 된다. 폐쇄형 급수 가열기의 압력이 100 kPa를 초과하게 되면 배수가 역순환 방향으로 단계적으로 행하여지게 하고, 그렇지 않을 때에는 순순환 방향으로 펌핑되게 하여야 한다. 최고로 가능한 효율이 나오는 시스템을 설계해보라.

7.115 재열기가 하나 있으며 400 MW의 동력을 생산하는 과열 랭킨 사이클을 설계하라. 이 사이클에서, 최대 허용 압력은 20 MPa 이고 최소 허용 압력은 10 kPa이다. 최고 허용 온도는 500 ℃이다. 펌프는 등엔트로피 효율이 0.74이다. 특정 터빈부의 등엔트로피 효율이 등엔트로피 출구 상태 건도에 따라 다음과 같이 달라진다.

출구 수증기가 과열 상태일 때: $\eta_{s,t} = 0.83$
출구 수증기의 건도가 0.6 ~ 1.0 일 때: $\eta_{s,t} = 0.83 - 0.8(1-x)$
출구 수증기 건도가 0.6 미만일 때: $\eta_{s,t} = 0.50$

본인의 설계에는 각각의 상태에서의 상태 특성량, 필요한 수증기 질량 유량, 및 사이클의 열효율이 명시되어 있어야 한다.

7.116 브레이튼 사이클에서 100 MW의 동력을 발생시키려고 한다. 사용되는 압축기는 등엔트로피 효율이 0.78이고 터빈은 등엔트로피 효율이 0.83이다. 압축기에 유입되는 공기의 조건은 100 kPa 및 20 ℃이다. 시스템에서 최대 허용 압력은 2.0 MPa이고, 최고 허용 온도는 1400 ℃이다. 이 요구조건들을 만족시키는 브레이튼 사이클을 설계하라. 각각의 상태에서의 온도와 압력, 시스템에서의 질량 유량 및 사이클의 열효율을 적시하라.

7.117 (본인이 선정한 구성 설비가 추가되어 있는) 브레이튼 사이클을 설계하라. 이 사이클에서, 공기의 압축기 입구 유입 조건은 100 kPa 및 20 ℃이고, 최대 허용 압력과 온도는 각각 1500 kPa 및 1400 K이다. 터빈과 압축기는 모두 등엔트로피 효율이 0.80이다. 사이클에서는 열효율이 높게 나와야 한다. 질량 유량이 25 kg/s일 때, 본인이 선정한 항목, 즉 공기 상태량 및 구성 설비가 옳다는 근거를 제시함으로써, 발생되는 순 동력과 사이클의 열효율을 구하라. 해석을 할 때에는, 비열이 일정하다고 해도 좋고 가변적이라고 해도 좋다.

7.118 문제 7.116을 다시 풀어라. 단, 이제 설계에는 중간 냉각기를 최대 2대까지, 재가열기를 최대 2대까지, 재생기는 최대 1대까지만 포함시킨다. 이 요구조건들을 만족시키는 브레이튼 사이클을 설계하라. 각각의 상태에서의 온도와 압력, 시스템에서의 질량 유량 및 사이클의 열효율을 적시하라.

7.119 오토 사이클 엔진에서, 엔진의 재료 특성으로서 사이클 내 최대 허용 압력은 7100 kPa이고, 최고 허용 온도는 2800 K이어야 한다. 압축 과정에서 유입되는 공기는 압력이 95 kPa이고 온도는 40 ℃보다 더 낮지 않아야 한다. 엔진은 압축비가 최소한 9.0이어야 한다. 공기는 비열이 일정하다고 가정하고 그 상태량은 1000 K에서의 값들을 사용한다. 이러한 제한 조건을 만족시키는 고 열효율 시스템을 설계하라. 이 사이클에서 각각의 상태의 온도와 압력을 적시하고 이 사이클의 열효율을 명시하라.

7.120 다음의 제한조건을 만족시키는 이중 사이클을 설계하라. 압축비는 최소한 14이어야 하지만, 22를 초과하여서는 안 되며, 시스템의 최대 허용 압력은 7.0 MPa이고, 최고 허용 온도는 2500 K이며, 공기는 압축 행정이 30 ℃ 및 100 kPa에서 시작하고, 공기의 비열은 일정하다고 가정한다. 설계의 일환으로, 사이클에서 각 상태의 온도와 압력 및 사이클의 열효율을 적시하라.

냉동 사이클

학습 목표

8.1 실제 냉동 시스템의 기초를 해석한다.

8.2 증기 압축 냉동 사이클과 가역 브레이튼 냉동 사이클을 해석한다.

8.3 흡수식 냉동과 캐스케이드식 냉동과 같은 기타 냉동 개념을 설명한다.

8.1 서론

제7장에서는 여러 가지 많은 유형의 동력 사이클을 설명하고 해석하였다. 동력 사이클의 목적은 열 입력을 받고나서 일을 생산하면서 열을 저온 영역으로 제거시키는 것이다. 동력 사이클이 가역적일 때에는, 일의 부가를 겪고 나서 저온 공간에서 고온 공간으로 열 이동을 완수할 수 있다. 그림 8.1에는 이 과정의 기본 선도가 나타나 있는데, 여기에는 열을 저온 공간에서 받는 과정, 일이 장치에 부가되는 과정, 그리고 열이 고온 공간으로 제거되는 과정이 그려져 있다. 이러한 기본 과정을 따르는 열역학적 사이클을 냉동 사이클이라고 한다.

냉동 사이클은 많은 응용에서 사용되고 있으며, 그 장치는 그림 8.2에 사진이 실려 있는데, 그 명칭은 응용에 따라 여러 가지 이름으로 불리고 있다. 저온 공간에서 열을 제거시키는 것을 목적으로 하는 장치나 사이클은 냉장고나 에어컨(air conditioner)이라고 한다. **냉장고**라는 용어는 공간을 저온 상태로 유지하여 음식물과 같은 물체를 저장하는 시스템에 흔히 사용된다. **에어컨**이라는 용어는 대개 공간에서 열을 제거시키

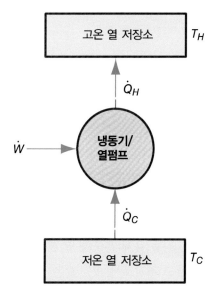

〈그림 8.1〉 냉동 사이클의 기본 구성을 나타내는 개략도.

ppart/Shutterstock.com　　　oleg begizov/Shutterstock.com　　　Le Do/Shutterstock.com

〈그림 8.2〉 냉동 사이클은 가정용 냉장고, 에어컨, 열펌프 시스템에 사용되고 있다.

지만 사람이나 동물들이 거주할 수 있도록 그 공간을 어느 정도 고온으로 유지시키는 장치와 사이클에 해당된다. (더운 날에 저온 냉동기에 들어가면 일시적으로 시원할 수는 있지만, 대부분의 사람들은 이내 추위를 타게 된다.) 이와는 다르게, 고온 공간을 난방하려고 이 고온 공간에 열을 전달시키는 것을 목적으로 하는 장치가 있다. 이러한 장치와 사이클은 **열펌프**라고 한다.

제5장에서 설명한 대로, 냉동기와 열펌프에는 이론적인 최고 가능 성능계수가 있다. 이러한 성능계수 값들은, 계산에서 사용할 온도에 주의를 하면서, 냉동 사이클에 적용할 수 있다. 식 (5.6)과 (5.7)은 다음과 같이 각각 냉동기와 열펌프의 성능계수 계산식이라고 한 바가 있다. 즉,

$$\beta_{\max} = \frac{T_C}{T_H - T_C} \tag{5.6}$$

및

$$\gamma_{\max} = \frac{T_H}{T_H - T_C} \tag{5.7}$$

또한, T_C는 열을 제거시켜야 하는 저온 열 저장소의 온도를 나타내고, T_H는 열을 배제시켜야 하는 고온 열 저장소의 온도이다. 제7장의 동력 사이클 설명에서 살펴보았듯이, 작동 유체는 사이클을 거쳐 흐르면서 고온 열 저장소의 열로 가열되고 저온 열 저장소에 열을 배제시키고 있다. 작동 유체 온도와 열 저장소 온도는 열전달이 적절한 방향으로 일어날 수 있도록 되어야 한다. 그 결과로서, T_C 값은 작동 유체의 최저 온도와 같아서는 안 되고, T_H는 이 사이클에서 작동 온도의 최고 온도와 같아서는 안 된다.

예를 들어, 그림 8.3에서와 같은 전개 줄거리를 살펴보기로 하자. 이 사이클에서는 작동

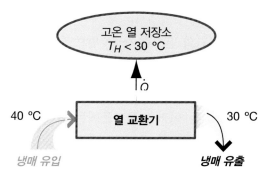

〈그림 8.3〉 열은 하나의 매체에서 온도가 더 낮은 열 저장소로 전달될 수 있다.

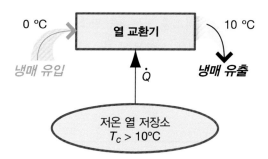

〈그림 8.4〉 작동 유체는 그 온도가 열 저장소의 온도보다 더 낮다는 조건하에서,
열 저장소에서 열을 받을 수 있다.

유체가 열교환기에 40 ℃로 유입되어 고온 열 저장소에 열을 배제시키고 난 후 열교환기에서 30 ℃로 유출된다. 열전달이 작동 유체에서 일어나게 하려면, 열 저장소의 온도는 항상 작동 유체의 온도보다 더 낮아야만 하므로 열 저장소의 온도는 30 ℃보다 더 높아서는 안 된다. T_H로 사용하기에 적합한 값은, 이 사이클에서 최고 온도에 해당하는 40 ℃가 아니라, 30 ℃(303 K)이다. 같은 식으로, 그림 8.4에서와 같은 작동 유체의 열 부가 과정을 살펴보자. 여기에서는, 작동 유체가 저온 열 저장소보다 온도가 더 낮기 때문에 작동 유체가 가열되고 있다. 작동 유체가 항상 열 저장소에서 열을 받으려면 열 저장소보다 온도가 더 낮아야만 하는데, 열 저장소에서 가능한 최저 온도는 10 ℃이다. 그러므로 T_C는 0 ℃가 아니라 10 ℃(283 K)가 되어야 하는데. 이 온도는 이 사이클에서 최저 온도에 해당한다.

냉동 사이클에는, 증기 냉동 사이클(액상과 증기상 사이에서 상변화가 수반됨)과 가스 냉동 사이클(전체 사이클에 걸쳐서 단지 기상만 수반됨)의 두 가지가 있다. 증기 냉동 사이클의 작동 유체로서 물을 사용할 수는 있지만, 물은 그 압력-온도 상변화 특성이 대부분의 냉동 운전에 특별히 좋지는 않기 때문에 통상적으로 채용하지는 않는다. 즉, 일반적으로 액체 물은 냉동 과정과 관계가 깊은 매우 낮은 압력에서도 존재하는데, 이 때문에 비효율로 이어져서 작동이 불량하게 된다. 또한, 공간의 온도를 0 ℃ 밑으로 낮추고자 할 때에는, 물이 얼게 되고, 일련의 장치들 사이로 고체 물질을 이동시키기가 매우 어려워진다.

이와 같으므로, 증기 냉동 사이클에는 암모니아, 프로판 그리고 기타 냉매용 화학 물질과 같은 다른 유체들이 사용되고 있다. 이러한 물질들에는 지나치게 압력을 높이거나 낮추지 않아도 원하는 온도에서 필요한 열전달을 달성하기에 한층 더 적절한 비등/응축 압력-온도 특성이 있다. 냉매 화합물은 다음과 같이 표준 방식으로 번호를 부여하여 구분한다. 즉, 맨 오른쪽에서부터 첫 번째 숫자는 불소 원자의 개수를, 두 번째 숫자는 수소 원자 개수에 1을 더한 숫자를, 세 번째 숫자는 탄소 원자 개수에 1을 뺀 숫자(탄소 원자가 하나만 있으면 무시)를, 그리고 네 번째 숫자는 그 화합물에서 2중 또는 3중 탄소-탄소 결합의 개수(모든 결합이 단일 결합이면 무시)를 각각 나타낸다. 냉매 화합물에 불소나 수소가 채워져 있지 않고 비어있는 지점(spot)이 있다면 그 지점에는 어느 곳이나(별도의 원자가 명시되어 있지 않는 한) 무조건으로 불소 원자가 있는 것으로 간주한다.

▶ 예제 8.1

냉매 R-12와 R-134a의 화학식과 화학결합 선도를 각각 구하라.

풀이

R-12 : 이 교재에서 설명한 번호명명법을 적용하면, 맨 오른쪽 번호는 불소 원자 개수를 나타내는 것이므로 F 원자는 2개이다. 숫자 1은 수소 원자 개수에 1을 더한 것을 나타내므로 H 원자는 0개이다. 오른쪽에서 세 번째 숫자는 없으므로 초기 설정 그대로 0이고, 이 0은 탄소 원자 개수에서 1을 뺀 것과 같으므로, 결국 탄소 원자는 1개이다. 탄소 원자 한 개는 4개의 결합을 할 수 있으므로, 비어있는 공간은 2개가 남게 되는데, 여기에는 불소가 채워진다. 그러므로 R-12의 화학식은 CF_2Cl_2이다.

$$Cl-\overset{\overset{\displaystyle F}{|}}{\underset{\underset{\displaystyle F}{|}}{C}}-Cl$$

R-12

R-134a : "a"는 동일하게 번호가 명명될 수 있는 화학적 화합물이 하나 또는 그 이상이 있을 수 있다는 가능성을 나타낸다. 숫자 4는 불소 원자가 4개임을 나타내며, 숫자 3은 수소 원자 개수에 1을 더한 것이므로 H 원자는 2개이다. 숫자 1은 탄소 원자 개수에 1을 뺀 것이므로 C 원자는 2개이다. 결국, 넷째 자리 숫자는 없으므로 모든 탄소 결합은 단일

결합이라는 의미이다. 서로 단일 결합되는 이 2개의 탄소 원자는 결합 과정에서 총 6개의 원자와 더 결합할 수 있으므로, 더 이상 불소 원자가 들어설 공간은 전혀 없다. 그 화학식은 CH_2FCF_3이다.

```
    H   F
    |   |
F — C — C — F
    |   |
    H   F
```

R-134a

동일한 번호를 CHF_2CHF_2에도 명명할 수 있는데, 여기에서 명칭에 "a"를 붙여주어 화합물들을 서로 구별할 필요가 있다.

심층 사고/토론용 질문

일부 냉매 부류는 냉동 시스템과 단기 안전 면에서 그 특성이 탁월하지만, 장기간에 걸쳐서 대량으로 사용될 때에는 지구에 해롭다는 사실이 드러났다. 어떻게 하면 엔지니어들은 냉매 재질이나 냉매 제품의 긍정적인 면과 부정적인 면의 균형을 잡으며, 더 나아가 제품의 필요성과 환경에 대한 책임 모두에 이득이 되는 해결책에 이를 수가 있을까?

8.2 증기 압축식 냉동 사이클

물질의 상변화를 사용하는 것은, 열을 제거하거나 공급하는 데 사용되는 작동 유체가 큰 온도로 변화되는 것을 염려할 필요가 없이 실질적인 열전달량을 달성하는 효과적인 방법이다. 이 기법은 랭킨 동력 사이클에서 사용된 바가 있다. 이 기법은 또한 증기 압축식 냉동 사용되는데, 이를 역 랭킨 사이클이라고도 한다. 이 사이클은, 단순하고 효과적이며 비교적 저렴하기 때문에, 냉동 목적으로 사용되는 가장 일반적인 열역학적 사이클이다.

증기 압축식 냉동 사이클은 4개의 과정으로 구성되어 있다. 이상 사이클에서, 이 4개의 사이클은 다음과 같다. 즉,

과정 1-2 : 등엔트로피 압축
과정 2-3 : 정압 열 제거
과정 3-4 : 교축 과정

과정 4-1 : 정압 열 부가

이 과정들은 그림 8.5와 같이 각각 압축기, 응축기, 교축 밸브 및 증발기로 달성된다. 그림 8.6에는 이 사이클의 T-s 선도가 나타나 있다.

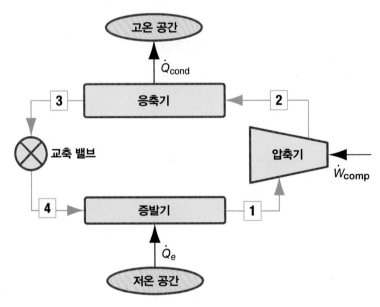

〈그림 8.5〉 증기 압축식 냉동 사이클의 성분 구성도.

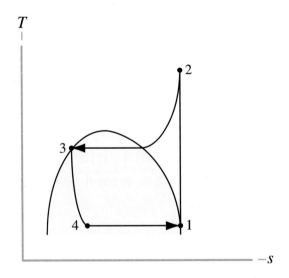

〈그림 8.6〉 이상 증기 압축식 냉동 사이클의 T-s 선도.

작동 유체는 상변화를 두 곳에서 겪게 되는데, 그것은 작동 유체에서 열이 제거되어 고온 공간에 공급되는 응축기와, 작동 유체가 저온 공간에서 열 입력을 받아서 증기가 되는 증발기에서 이다.

별도의 언급이 없는 한, 작동 유체는 증발기에서 포화 증기($x_1 = 1$)로 유출되고 응축기에서 포화 액체($x_2 = 0$)로 유출된다고 가정한다. 이 과정들은 둘 다 정의대로 정압 과정이므로, $P_1 = P_4$이고 $P_2 = P_3$라고 가정한다. 게다가, 증발기, 응축기 또는 교축 밸브에서는 동력이 전혀 사용되지 않고($\dot{W}_e = \dot{W}_{cond} = \dot{W}_{tv} = 0$), 압축기 또는 교축 밸브에서는 열전달이 전혀 없으며($\dot{Q}_{comp} = \dot{Q}_{tv} = 0$), 모든 장치에서는 운동 에너지나 위치 에너지의 변화가 전혀 없다고 가정하면 된다. 정상 상태, 정상 유동, 단일 입구, 단일 출구 계에 열역학 제1법칙을 사용하면, 다음의 식 (4.15)와 같이 되고,

$$\dot{Q} - \dot{W} = \dot{m}\left(h_{out} - h_{in} + \frac{V_{out}^2 - V_{in}^2}{2} + \mathrm{g}(z_{out} - z_{in})\right)$$

각각의 장치의 거동을 나타내는 식들은 다음과 같이 유도할 수 있다.

증발기 :
$$\dot{Q}_e = \dot{m}(h_1 - h_4) \tag{8.1}$$

(주: 이 값은 냉동률 또는 냉동 능력이라고도 하며, 이 값을 냉동 kW로 변환할 때도 있다.)

압축기 :
$$\dot{W}_{comp} = \dot{m}(h_1 - h_2) \tag{8.2}$$

응축기 :
$$\dot{Q}_{cond} = \dot{m}(h_3 - h_2) \tag{8.3}$$

교축 밸브 :
$$h_3 = h_4 \tag{8.4}$$

이상적인 증기 압축식 사이클에서는, 압축기에서 등엔트로피 과정($s_1 = s_2$)가 수행한다고 본다. 그러나 실제 압축기에서는 등엔트로피 과정이 수행되지 않으므로, 장치에 압축기 효율을 포함시켜서 한층 더 현실적인 사이클 평가를 할 수 있다. 압축기의 등엔트로피 효율은 다음과 같다.

$$\eta_{comp} = \frac{h_1 - h_{2s}}{h_1 - h_2} \tag{8.5}$$

또한 그림 8.7에는 비이상적인 증기 압축식 냉동 사이클의 $T-s$ 선도가 그려져 있다. 식 (8.5)에서, $s_{2s} = s_1$이고 $P_{2s} = P_2$이다.

이 사이클은 냉동용 (또는 공기조화용) 또는 열펌프용이라고 보면 된다. 냉동기에서 증기

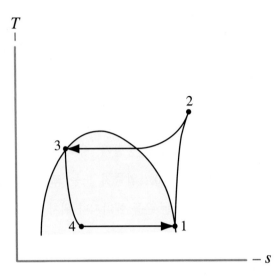

〈그림 8.7〉 비이상 증기 압축식 냉동 사이클의 T-s 선도.

압축식 냉동 사이클의 성능계수는 다음과 같다.

$$\beta = \frac{\dot{Q}_e}{|\dot{W}_{comp}|} = \frac{h_1 - h_4}{|h_1 - h_2|} \tag{8.6}$$

열펌프에서 증기 압축식 냉동 사이클의 성능 계수는 다음과 같다.

$$\gamma = \frac{|\dot{Q}_{cond}|}{|\dot{W}_{comp}|} = \frac{|h_3 - h_2|}{|h_1 - h_2|} \tag{8.7}$$

증기 압축식 사이클을 랭킨 동력 사이클과 비교해보면, 이 증기 압축식 사이클을 "역 랭킨 사이클"이라고도 하게 되는 유사성을 쉽게 찾아볼 수 있을 것이다. 동력 사이클에 있는 터빈이 압축기로 대체되어 있는데, 이는 흐름의 논리가 정반대 방향이다. 마찬가지로, 응축기는 증발기로 대체되어 있는데, 이 또한 흐름의 의미가 정반대 방향이므로, 보일러가 응축기로 대체되어 있다. 차이점으로는 펌프가 교축 밸브로 대체되어 있다는 점을 들 수 있다. 논리적으로는, 펌프를 터빈으로 대체시킬 수도 있는데, 이로써 작동 유체의 압력을 낮추는 과정에서 동력을 회수할 수도 있다. 일부 경우에서는, 그렇게 되도록 하고 있으므로 냉동 사이클에 교축 밸브보다는 터빈이 포함되어 있다. 이러한 상황에서는, 다른 터빈들을 해석할 때처럼 터빈을 해석해야 하므로, 순 동력($\dot{W}_{net} = \dot{W}_{comp} + \dot{W}_t$)은 압축기 동력만을 고려하기 보다는 성능계수 식을 고려해야 한다. 그러나 터빈을 사용하는 것은 통상적이지가 않은데, 그 이유는 (a) 터빈은 초기 비용이 교축 밸브보다 훨씬 더 많이 들고 유지비용도 더 많이 들며, (b) 터빈에서는 액체가

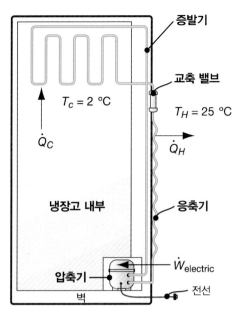

〈그림 8.8〉 가정용 냉장고의 단면 개략도. 냉장고 내부와 접하고 있는 냉매는 온도가 내부보다 더 낮아야 하고, 냉장고 외부와 접하고 있는 냉매는 온도가 외부보다 더 높아야 한다.

포화 혼합물로 팽창하는 과정이 수반되므로 터빈은 다량의 동력을 회수하지 못하게 되어 이로써 결국은 비효율적인 장치로 전락해버리는 경향이 있기 때문이다. 그러므로 터빈을 매우 큰 대형 시스템에서 사용할 때에만 상징적으로 사리에 맞게 된다.

증기 압축식 냉동 사이클이 저온 공간에서 열을 제거시키거나 고온 공간에 열을 공급하거나 아니면 둘 다 하거나 하는 목적을 어떻게 달성하는지를 이해하는 것이 어려울 수도 있다. 이를 시각화하는 데 도움이 될 수 있게, 그림 8.8과 같은 그림을 살펴보자. 이 그림에는, 사이클을 통상적인 가정용 냉장고에 적용한 것으로 나타나 있다. 냉장고의 내부는 2 ℃로 유지되어야 하고 외부 실내의 온도는 25 ℃이다. 냉매로는 R-134a가 사용되어 있다. 증발기 코일은 냉장고의 벽에 매입되어 있으므로 응축기 코일은 냉장고의 외부에 위치하게 된다. 이 응축기 코일은 덮개로 보호되어 있기도 하고 실내에 직접 노출되어 있기도 한다. 압축기는 냉장고의 외부에, 전형적으로는 냉장고의 밑바닥 부근에 있으며, 팽창 밸브는 응축기 코일의 끝 부분과 증발기 코일의 시작 부분과의 사이에 위치된다.

냉각이 이루어지게 하려면, 냉매는 2 ℃ 미만이 되어야 한다. 이 온도는 200 kPa인 R-134a의 증발기 압력으로 달성될 수 있다. 포화 온도는 증발기에서 R-134a의 온도에 상응하는 온도로 −10.09 ℃인데, 이 온도는 2 ℃보다 더 낮기 때문에 열이 냉장고의 내부에서 냉매로 전달될 수 있으므로 R-134a에는 비등이 일어나게 된다. 이 열이 주위로 전달되려면, R-134a는 전체 응축기를 흐르면서 온도가 25 ℃ 이상으로 유지되어야만 한다.

이는 800 kPa인 응축기 온도로 달성될 수 있는데, 이 압력에서는 포화 온도(즉, 응축기에서 응축이 일어나게 되는 온도)는 31.33 ℃이다. 그러므로 R-134a의 압력을 200 kPa에서 800 kPa로 상승시키는 압축기가 있기 때문에, 이 냉장고는 냉장고 내부의 저온 공간에서 주위의 실내로 열을 전달시킬 수 있다.

학생 연습문제

증기 압축식 냉동 사이클용 컴퓨터 모델을 개발하라. 단, 이 컴퓨터 모델은 냉동기와 열펌프 모두에 활용될 수 있고, 또 이상적인 작동과 비이상적인 작동 모두에도 활용할 수 있어야 한다. 명심해야 할 점은, 이 모델에서는 작동 유체로 사용되는 여러 종류의 가스가 허용될 수 있어야 한다는 것이다. 작동 유체의 적절한 상태가 주어지면, 이 모델로는, 나머지 모르는 열역학적 상태량 상태, 증발기에 대한 열전달률, 응축기로부터의 열전달률, 압축기에 필요한 동력 및 냉동기와 열펌프 로서 시스템의 성능계수를 구할 수 있어야 한다.

▶ 예제 8.2

증기 압축식 냉장고 사이클에 R-134a가 냉매로 사용되고 있다. 이 R-134a는 압축기에 포화 액체로서 200 kPa로 유입되어, 응축기에 포화 액체로서 800 kPa로 유출된다. 이 사이클의 냉동률은 10.55 kW가 되어야 한다. 냉동기로서 장치의 성능 계수, 및 다음 각각에 필요한 R-134a의 질량 유량을 구하라.

(a) 압축기는 등엔트로피 거동을 한다.
(b) 압축기는 등엔트로피 효율이 0.75이다.

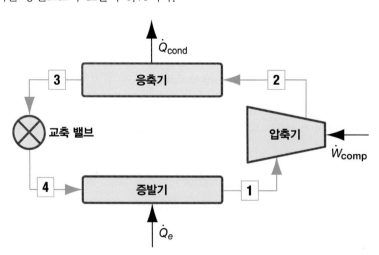

주어진 자료 : $x_1 = 1.0$, $P_1 = 200\,\text{kPa}$, $x_3 = 0.0$, $P_3 = 800\,\text{kPa}$, $\dot{Q}_e = 10.55\,\text{kW}$

구하는 값 : β, $\dot{m}$

풀이 해석할 사이클은 증기 압축식 냉동 사이클이다. 문항 (a)에서는 사이클이 이상 사이클이고, 문항 (b)에서는 압축기가 비등엔트로피 거동을 한다. 작동 유체는 냉매 R-134a이므로, 그 상태량 자료는 컴퓨터 프로그램을 사용하면 된다.

가정 : $P_1 = P_4$, $P_2 = P_3$, $\dot{W}_e = \dot{W}_{\text{cond}} = \dot{W}_{\text{tv}} = \dot{Q}_{\text{tv}} = \dot{Q}_{\text{comp}} = 0$,

모든 장치에서 $\Delta KE = \Delta PE = 0$이다. 모든 장치는 정상 상태, 정상 유동이다.

(a) 압축기는 등엔트로피 거동을 한다. 먼저, 각각의 상태에서 엔탈피를 구해야 한다. 즉,

$$h_1 = h_g(@P_1) = 241.30\,\text{kJ/kg}$$

$$s_1 = s_g(@P_1) = 0.9253\,\text{kJ/kg} \cdot \text{K}$$

$$s_2 = s_1 = 0.9253\,\text{kJ/kg} \cdot \text{K}$$

$$h_2 = 269.92\,\text{kJ/kg}$$

$$h_3 = h_f(@P_3) = 93.42\,\text{kJ/kg}$$

$$h_4 = h_3 = 93.42\,\text{kJ/kg}$$

식 (8.1)에서,

$$\dot{m} = \frac{\dot{Q}_e}{(h_1 - h_4)} = \frac{10.55\,\text{kW}}{(241.30 - 93.42)\,\text{kJ/kg}} = \textbf{0.0713 kg/s}$$

성능계수는 식 (8.6)에서 다음과 같이 구한다.

$$\beta = \frac{\dot{Q}_e}{|\dot{W}_{\text{comp}}|} = \frac{h_1 - h_4}{|h_1 - h_2|} = \textbf{5.17}$$

(b) 비등엔트로피 압축기는 다음과 같다.

$$h_{\text{comp}} = 0.75$$

상태 1, 3 및 4에서의 엔탈피는 문항 (a)에서와 같이 변하지 않은 채로 있으며, 상태 2에서의 엔탈피는 등엔트로피 상태 2에서의 엔탈피와 같게 본다. 즉,

$$h_1 = 241.30\,\text{kJ/kg} \qquad h_{2s} = 269.92\,\text{kJ/kg}$$

$$h_3 = 93.42\,\text{kJ/kg} \qquad h_4 = 93.42\,\text{kJ/kg}$$

압축기의 등엔트로피 효율[식 (8.5)]을 사용하면, 실제 출구 상태 2에서의 엔탈피가 다음과 같이 나온다. 즉,

$$h_2 = h_1 + \frac{h_{2s} - h_1}{\eta_{comp}} = 279.46 \text{ kJ/kg}$$

그러면, 다음과 같이 된다.

$$\dot{m} = \frac{\dot{Q}_e}{(h_1 - h_4)} = \frac{10.55 \text{ kW}}{(241.30 - 93.42) \text{ kJ/kg}} = 0.0713 \text{ kg/s}$$

및

$$\beta = \frac{\dot{Q}_e}{|\dot{W}_{comp}|} = \frac{h_1 - h_4}{|h_1 - h_2|} = 3.88$$

해석 :

(1) 냉매의 질량 유량을 살펴보라. 적당한 냉각량을 달성하는 데에는 냉매의 질량 유량이 비교적 거의 없다. 결과적으로, 냉매는 매우 작은 용기로 포장될 수 있다.

(2) 압축기의 등엔트로피 효율은 저온 공간에서 제거해야 하는 열량에 영향을 전혀 주지는 않지만, 고온 환경에 배제시켜야 하는 열량에는 영향을 주기 마련이다.

(3) 압축기가 비효율적이면 전체 시스템의 (성능 계수에서 보았듯이) 효율이 급격하게 감소될 수 있다.

▶ 예제 8.3

증기 압축식 냉동 사이클을 열펌프로서 작동시키려고 한다. 사용되는 냉매는 암모니아이고 그 질량 유량은 2 kg/s이다. 암모니아는 압축기에 포화 증기로서 345 kPa로 유입되고, 응축기에서 1.725 MPa로 유출된다. 압축기는 등엔트로피 효율이 0.78이다. 고온 공간에 대한 열공급률 및 열펌프의 성능계수를 각각 구하라.

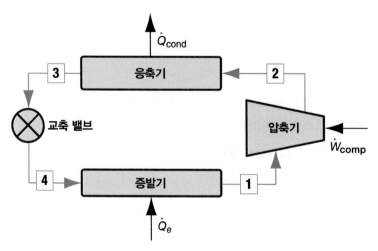

주어진 자료 : $x_1 = 1.0$, $P_1 = 345$ kPa, $x_3 = 0.0$, $P_3 = 1725$ kPa, $\dot{m} = 2$ kg/s, $\eta_{comp} = 0.78$

구하는 값 : $\dot{Q}_{cond}$ 및 γ

풀이 해석할 사이클은 열펌프로 사용하려고 하는 증기 압축식 냉동 사이클이다. 사이클이 비이상적인 사이클이고, 압축기가 비등엔트로피 거동을 한다. 작동 유체는 암모니아이므로, 그 상태량 자료는 컴퓨터 프로그램을 사용하면 된다.

가정 : $P_1 = P_4$ 및 $P_2 = P_3$, $\dot{W}_e = \dot{W}_{cond} = \dot{W}_{tv} = \dot{Q}_{tv} = \dot{Q}_{comp} = 0$,
모든 장치에서 $\Delta KE = \Delta PE = 0$이다. 모든 장치는 정상 상태, 정상 유동이다.

먼저, 컴퓨터 프로그램으로 구한 상태량을 사용하여, 각각의 상태에서 엔탈피 값을 구하는 것이 필요하다. 즉,

$$h_1 = h_g(@P_1) = 1437 \text{ kJ/kg}$$

$$s_1 = s_g(@P_1) = 5.4106 \text{ kJ/kg} \cdot \text{K}$$

$$s_{2s} = s_1 : h_{2s} = 1675 \text{ kJ/kg}$$

비등엔트로피 압축기에서는 다음과 같다.

$$h_2 = h_1 + \frac{h_{2s} - h_1}{\eta_{comp}} = 1742 \text{ kJ/kg}$$

$$h_3 = h_f(@P_3) = 390.2 \text{ kJ/kg}$$

$$h_4 = h_3 = 390.2 \text{ kJ/kg}$$

응축기의 냉매에서 제거되는 열은 식 (8.3)으로 구한다.

$$\dot{Q}_{cond} = \dot{m}(h_3 - h_2) = -\textbf{2.70 MW}$$

그러므로 2.70 MJ/s의 열이 고온 공간에 공급된다. 열펌프의 성능계수는 식 (8.7)로 구한다.

$$\gamma = \frac{|\dot{Q}_{cond}|}{|\dot{W}_{comp}|} = \frac{|h_3 - h_2|}{|h_1 - h_2|} = \textbf{4.42}$$

해석 : 열펌프로서 이 장치의 성능계수는 냉동기로서 성능계수보다 항상 더 크다. 즉, $\gamma = \beta + 1$이다. 또한, 주목해야 할 점은, 냉매의 실제 엔탈피 값은 사용된 컴퓨터 프로그램마다 다를 수가 있다. 실제로, 컴퓨터 프로그램마다 엔탈피 값으로 "0"을 부여하는 기준 상태를 서로 다르게 사용하고 있다. 이러한 현상은 물/수증기 에서 보다는 냉매에서 더 두드러지게 나타나는 것으로 보인다. 컴퓨터 프로그램에서 구한 엔탈피 값이 이 책에 실려 있는 값과 다르면, 계산에서 중요한 것은 바로 '엔탈피 차'라는 사실을 기억하길 바란다. 컴퓨터 프로그램마다 0점을 서로 다르게 임의로 사용한다고 하더라도, 양 쪽 엔탈피 값들은 동일한 양만큼 변화하도록 되어 있으므로 2개의 엔탈피 값 사이의 차는 변하지 않게 된다. 바꿔 말하면, 각각의 각각의 엔탈피 값에 100씩을 더하더라도, 여전히 엔탈피 차 (즉, 엔탈피 변화) 는 동일하게 나오기 마련이다.

일부 경우에서는, 시스템의 온도를 원하는 온도까지 낮추는 것이 특정한 냉매로는 뜻대로 잘 되지가 않거나, 아니면 그렇게 하려면 압축기에서 매우 큰 압력 변화가 일어나게 해야 된다. 이와 같은 상황에서는, 하나 이상의 증기 압축식 냉동 사이클을 직렬 배열로 복합시키면 되는데, 이를 캐스케이드 방식(cascade; 다단계 방식) 냉동이라고 한다. 이러한 시스템에서는, 최저 온도 사이클의 냉매에서 획득된 열이 그 다음으로 온도가 낮은 사이클의 증발기에 전달된다. 이 과정은 필요한 개수만큼 많은 단계를 거치면서 계속된다. 각각의 사이클은 개별적으로 해석할 수 있으므로, 캐스케이드 방식 시스템의 성능계수를 구하는 데에는 총합 동력 입력을 사용하면 된다. 그림 8.9에는 이러한 캐스케이드 방식 시스템이 예시되어 있다.

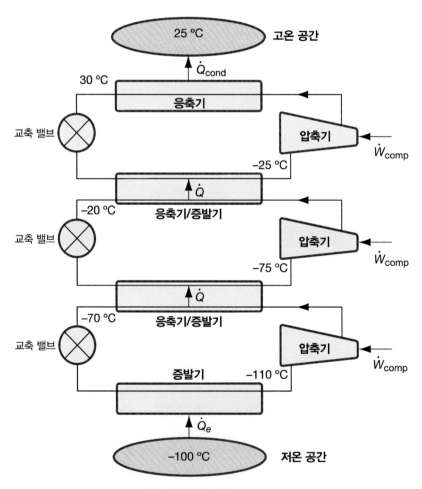

〈그림 8.9〉 3개의 증기 압축식 냉동 사이클을 캐스케이드 방식 냉동 시스템으로 복합시킨 일례.

열펌프는 건물을 난방하거나 냉방을 하기에 일반적으로 비용 효과가 큰 방법이다. 이와 같은 시스템을 한층 더 널리 채용하게 독려하려고 정부와 공익사업체는 무슨 일을 할까?

8.3 흡수식 냉동

제7장에서 언급한 대로, 압축기는 펌프가 액체를 가압하는 데 사용하는 동력보다 훨씬 더 많은 동력을 사용하여 가스를 가압한다. 결과적으로, 규모가 큰 냉동 용도에서는 냉매를 이동시키는 데 필요한 동력 소비가 매우 커지게 되어 다중의 압축기가 필요하거나 매우 큰 압축기가 필요하게 된다. 이러한 시스템의 운전비용도 또한 많이 들게 된다. 저온 공간에서 열을 흡수하는 과정에서 액체가 비등을 일으키려면 여전히 압축기가 필요하다. 운전비용의 견지에서 볼 때, 펌프를 사용하여 동력 소비를 줄이는 것은 중요한 일이 된다. 이것이 흡수식 냉동 사이클 개념의 배경이 되는 기본적인 아이디어이다.

흡수식 냉동 사이클에서는, 냉매가 증기 압축식 사이클에서와 같이 시스템을 순환하게 되지만, 냉매는 증발기에서 압축기 방향으로 흐르는 대신에 냉매 증기가 운반 액체(담지 액체) 속으로 흡수된다. 이로써 액체 수용액이 형성되어 이 수용액이 펌프로 수송되어 액체로서 가압된다. 가압된 다음, 냉매는 발생기에서 열이 부가됨으로써 운반 액체에서 분리된다. 그런 다음, 냉매는 표준적인 증기 압축식 냉동 사이클의 응축기, 교축 밸브, 및 증발기로 진행될 수 있다. 그림 8.10에는 이러한 흡수식 냉동 시스템의 단순한 형태가 도시되어 있다.

냉매 증기가 운반 액체에 흡수되는 것은 흡수기에서 일어난다. 냉각수가 이 흡수기에서 사용되기도 하는데, 이는 압력이 더 낮아질수록 더 많은 냉매가 운반 액체에 용해될 수 있기 때문이다. 냉매가 운반 액체에서 방출되는 것은 발생기에서 일어나는데, 이 방출기에서는 외부의 어떤 외부 열원에서 열이 들어와서 냉매의 방출이 촉진된다. 이 기본 시스템에 추가적인 구성 설비를 포함시키면 시스템의 성능이 향상될 수 있다. 이러한 구성 설비에는, 열교환기와 정류기가 포함된다. 이 열교환기는 발생기에서 유출되는 운반 액체에서 나오는 열을 발생기에 유입되는 수용액에게로 전달시켜 주어, 이에 따라 발생기에 부가되어야 하는 필요한 열량을 감소시켜 주며, 정류기는 냉매 증기가 응축기에 유입되기 전에 이 냉매 증기에 들어 있는 운반 액체의 잔류 미량을 제거시키는 데 사용되기도 한다(운반 액체가 잔존하게 되면 교축 밸브나 증발기에 결빙을 일으킬 수도 있다).

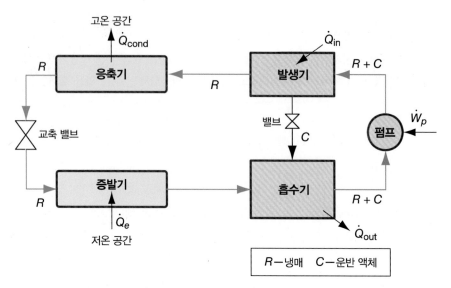

〈그림 8.10〉 단순 흡수식 냉동 시스템의 설비 구성도.

　이러한 유형의 시스템에 사용되는 유체 조합 중의 하나는, 냉매로는 암모니아이고 운반 액체로는 물이다. 흡수식 냉동 시스템이 일부 용도에, 특히 대형 시스템에 사용되기는 하지만, 이 시스템의 성능은 증기 압축식 냉동 시스템의 성능보다 더 낮은 경향이 있다. 이는 시스템에 들어가는 에너지 수요가 한층 더 많은 결과이다. 동력 입력은 압축기 대신에 펌프를 사용함으로써 감소되기는 하지만, 펌프를 지나는 질량 유량은 압축기를 지나는 질량 유량보다 훨씬 더 크기 마련이어서, 이러한 이점의 일부를 상쇄시켜버린다. 또한, 발생기에서 유체에 열을 부가시켜야 하므로 시스템에 필요한 에너지 입력이 증가하게 되고, 이에 따라 성능계수가 낮아지게 된다. 그러나 이 목적으로 사용할 수 있는 폐열이 가용하다면, 시스템을 운전시키는 총 비용이 크게 들지 않을 수도 있다. 이때에 열은 본질적으로 "자유" 에너지가 된다. 이 흡수식 냉동 사이클의 성능계수가 증기 압축식 냉동 시스템의 성능계수 만큼 높지 않을 수도 있지만, 그 시스템을 작동시키는 데 드는 에너지 비용은 충분히 낮아서 그 사용이 보장되기도 한다.

심층 사고/토론용 질문

공기조화 시스템의 어떤 특성들이 흡수식 냉동 시스템에 안성맞춤이 되는가?

8.4 역 브레이튼 냉동 사이클

상변화를 겪지 않는 가스들도 냉매 용도로 사용될 수 있다. 가스가 압축기를 거쳐서 압력이 상승함에 따라 어떻게 가스 온도가 증가하는지를 이미 살펴보았다. 이 때문에 저온 가스로 저온 공간에서 열을 제거시키고, 압축기에서 유출되는 고온 가스에서 열을 배제시켜 고온 공간에 공급시킬 수 있다. 또한, 터빈에서는 압력이 감소함에 따라 가스의 온도가 낮아지게 된다는 사실을 알았다. 터빈이나 압축기에 유입 또는 유출되는 가스의 압력과 온도를 적정하게 선정하게 되면 만족스러운 냉동 사이클이나 열펌프 사이클이 될 수 있다. 이는 브레이튼 동력 사이클을 역으로 운전시킴으로써, 즉 역 브레이튼 냉동 사이클을 운전시킴으로써 달성된다. 그림 8.11에는 이러한 시스템이 개략적으로 도시되어 있다.

이상적인 역 브레이튼 냉동 사이클은 4개의 과정으로 구성되어 있는데, 이러한 내용은 다음에 기술되어 있고 그림 8.12에 도시되어 있다.

과정 1-2 : 등엔트로피 압축
과정 2-3 : 정압 열 제거
과정 3-4 : 등엔트로피 팽창
과정 4-1 : 정압 열 부가

각각의 과정을 해석하고자, 다음과 같이 가정한다. 즉, (1) 고온 열교환기와 저온 열교환기에서

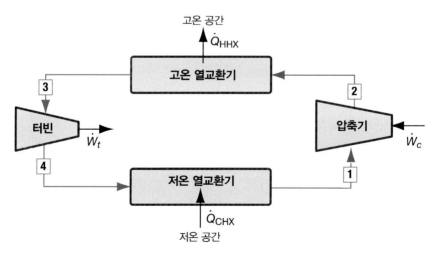

〈그림 8.11〉 역 브레이튼 냉동 사이클의 설비 구성도.

사용되는 일은 전혀 없다($\dot{Q}_{HHX} = \dot{Q}_{CHX} = 0$). (2) 압축기나 터빈에서는 열전달이 전혀 없다 ($\dot{Q}_c = \dot{Q}_t = 0$). (3) 각각의 장치에서는 운동 에너지 변화나 위치 에너지 변화가 전혀 없다.

단일 입구, 단일 출구, 정상 상태, 정상 유동, 개방계에서의 열역학 제1법칙[식 (4.15)]을 각각의 장치에 적용하면 다음과 같은 식들이 나온다. 즉,

압축기: $$\dot{W}_c = \dot{m}(h_1 - h_2) \tag{8.8}$$

고온 열교환기: $$\dot{Q}_{HHX} = \dot{m}(h_3 - h_2) \tag{8.9}$$

터빈: $$\dot{W}_t = \dot{m}(h_3 - h_4) \tag{8.10}$$

저온 열교환기: $$\dot{Q}_{CHX} = \dot{m}(h_1 - h_4) \tag{8.11}$$

이 사이클에서 소비되는 순 동력은 $\dot{W}_{net} = \dot{W}_c + \dot{W}_t$.

냉동기와 열펌프의 성능계수는 각각 다음과 같다.

$$\beta = \frac{\dot{Q}_{CHX}}{|\dot{W}_{net}|} = \frac{h_1 - h_4}{|h_1 - h_2 + h_3 - h_4|} \tag{8.12}$$

$$\gamma = \frac{|\dot{Q}_{HHX}|}{|\dot{W}_{net}|} = \frac{|h_3 - h_2|}{|h_1 - h_2 + h_3 - h_4|} \tag{8.13}$$

상태 간의 관계를 보완하려면, 사이클에서 과정의 정의에 따라, $P_1 = P_4$ 및 $P_2 = P_3$임을 잊지 말아야 한다.

실제로, 압축기와 터빈은 등엔트로피 거동을 하지 않는다는 사실을 알고 있으므로, 비이상적인 압축기와 터빈을 해석할 때에는 다음과 같은 적절한 등엔트로피 효율을 포함시켜야 한다.

$$\eta_c = \frac{h_1 - h_{2s}}{h_1 - h_2}$$

및

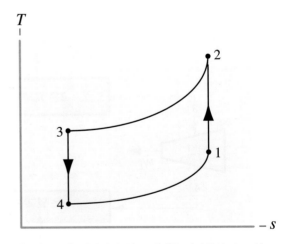

〈그림 8.12〉 이상적인 역 브레이튼 사이클의 T-s 선도.

$$\eta_t = \frac{h_3 - h_4}{h_3 - h_{4s}}$$

그림 8.13에는 비이상적인 역 브레이튼 사이클의 $T-s$ 선도가 도시되어 있다.

사이클에서는 이상 기체가 사용되어 있으므로, 사이클 해석에서 비열의 가역성을 고려하거나 아니면 비열이 일정하다고 가정하여도 된다. 가스의 온도는 사이클 도중에 대개는 수 백도씩으로만 변화하기 때문에, 비열이 일정하다고 가정하여도 받아들여질 때가 많다.

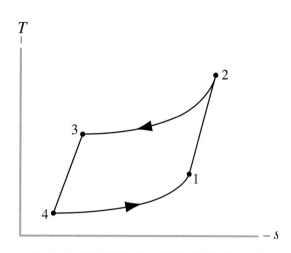

〈그림 8.13〉 비이상적인 역 브레이튼 사이클의 $T-s$ 선도.

학생 연습문제

역 브레이튼 사이클용 컴퓨터 모델을 개발하라. 단, 이 컴퓨터 모델은 냉동기와 열펌프 모두에 활용될 수 있고, 또 이상적인 작동과 비이상적인 작동 모두에도 활용할 수 있어야 한다. 명심해야 할 점은, 이 모델에서는 작동 유체로 사용되는 여러 종류의 가스가 허용될 수 있어야 한다는 것이다. 이 모델로는 미지의 열역학적 상태량 상태, 적정한 열전달률, 압축기와 터빈의 동력 및 시스템의 성능계수를 구할 수 있어야 한다.

▶ 예제 8.4

역 브레이튼 냉동 사이클에서 작동 유체로서 질소 가스가 사용되고 있다. 이 사이클은 폐루프형으로 운용되고 있는데, 질소는 압축기에 100 kPa 및 10 ℃로 유입되고, 터빈에 600 kPa 및 50 ℃로 유입된다. 이 사이클은 냉동기로서 활용되어 저온 공간에서 20 kW의 열을 제거하도록 되어 있다. N_2는 비열이 일정한 이상 기체로 거동한다고 가정한다. 다음 각각에서, 사이클을 거치는 N_2의 질량 유량 및 사이클의 성능계수를 구하라.

(a) 압축기와 터빈은 등엔트로피 거동을 한다.

(b) 터빈과 압축기는 모두 등엔트로피 효율이 0.78이다.

주어진 자료 : $P_1 = 100$ kPa, $T_1 = 10$ ℃ $= 283$ K, $P_3 = 600$ kPa, $T_3 = 50$ ℃ $= 323$ K,

$\dot{Q}_{CHX} = 20$ kW

구하는 값 : $\dot{m}$, β

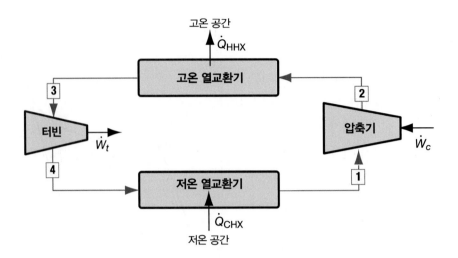

고온 공간

$\dot{Q}_{HHX}$

고온 열교환기

3   2

터빈 $\dot{W}_t$ 압축기 $\dot{W}_c$

4   1

저온 열교환기

$\dot{Q}_{CHX}$

저온 공간

풀이 해석할 사이클은 냉동기 내 역 브레이튼 냉동 사이클이다. 문항 (a)에서는 사이클이 이상 사이클이고, 문항 (b)에서는 비등엔트로피 압축기와 비등엔트로피 터빈이 해석에 포함되어 있다. 작동 유체는 N_2이므로, 이상 기체로 취급할 수 있다. 게다가, N_2는 큰 온도변화를 겪지 않게 될 것이므로 그 비열을 일정하다고 취급해도 된다.

가정 : $P_1 = P_4$ 및 $P_2 = P_3$. $\dot{W}_{CHX} = \dot{W}_{HHX} = \dot{Q}_t = \dot{Q}_c = 0$,

모든 장치에서 $\Delta KE = \Delta PE = 0$이다. 모든 장치는 정상 상태, 정상 유동이다.

N_2는 $c_p = 1.039\,\mathrm{kJ/kg \cdot K}, k = 1.405\,(300\,\mathrm{K}에서의\ 값)$.

먼저, 상태 2와 상태 4에서 온도를 구한다.

(a) 등엔트로피 압축기: $T_2 = T_1(P_2/P_1)^{(k-1)/k} = 474\,\mathrm{K}$

등엔트로피 터빈: $T_4 = T_3(P_4/P_3)^{(k-1)/k} = 192.7\,\mathrm{K}$

냉매의 질량 유량은 식 (8.11)에서와 같이, 저온 열교환기를 거쳐서 흡수된 열을 사용하여 구하면 된다. 즉,

$$\dot{m} = \frac{\dot{Q}_{CHX}}{(h_1 - h_4)} = \frac{\dot{Q}_{CHX}}{c_p(T_1 - T_4)} = 0.213\,\mathrm{kg/s}$$

성능계수는 식 (8.12)로 구한다. 즉,

$$\beta = \frac{\dot{Q}_{CHX}}{|\dot{W}_{net}|} = \frac{h_1 - h_4}{|h_1 - h_2 + h_3 - h_4|} = \frac{c_p(T_1 - T_4)}{|c_p(T_1 - T_2 + T_3 - T_4)|} = 1.49$$

(b) $\eta_c = \eta_t = 0.78$을 적용하려면 문항 (a)에서 구한 출구 상태를 등엔트로피 출구 상태로 잡아야 한다. 즉,

$$T_{2s} = 474\,\mathrm{K} \quad T_{4s} = 192.7\,\mathrm{K}$$

등엔트로피 효율을 사용하면 다음과 같이 실제 출구 온도가 나온다. 즉,

$$T_2 = T_1 + (T_{2s} - T_1)/\eta_c = 527.9\,\text{K}$$

$$T_4 = T_3 - (T_3 - T_{4s})\eta_t = 221\,\text{K}$$

그러면 N_2의 질량 유량과 사이클의 성능계수는 다음과 같다.

$$\dot{m} = \frac{\dot{Q}_{\text{CHX}}}{(h_1 - h_4)} = \frac{\dot{Q}_{\text{CHX}}}{c_p(T_1 - T_4)} = 0.310\,\text{kg/s}$$

$$\beta = \frac{\dot{Q}_{\text{CHX}}}{|\dot{W}_{\text{net}}|} = \frac{h_1 - h_4}{|h_1 - h_2 + h_3 - h_4|} = \frac{c_p(T_1 - T_4)}{|c_p(T_1 - T_2 + T_3 - T_4)|} = 0.434$$

해석 : 역 브레이튼 사이클의 성능계수는 전형적으로 증기 압축식 냉동 사이클의 성능계수만큼 높지가 않다. 또한 주목해야 할 점은, 터빈이 존재함으로 해서 시스템에 비효율성이 발생되어 정해진 냉각량을 달성하는 데 필요한 질량 유량에 영향을 주게 되는데, 이는 터빈 출구 조건이 냉동률에 영향을 주기 때문이라는 것이다.

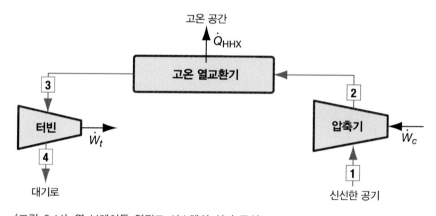

〈그림 8.14〉 역 브레이튼 열펌프 시스템의 설비 구성도.

개루프형 역 브레이튼 "사이클"이 사용되기도 하는데, 여기에서는 압축기에 신선한 공기가 연속적으로 유입되어 고온 열교환기로 유출된 다음, 터빈을 거치면서 일부 동력이 회수된다. 그림 8.14에는 이 사이클이 도시되어 있다. 작동 유체가 끊임없이 교체되므로, 이는 엄밀하게 말하자면 열역학적 사이클이 아니지만, 하나의 사이클로서 적절하게 모델링할 수 있다. 이 열펌프는 실내 공간을 난방시키는 효과적인 수단이 되기도 하는데, 이는 압축기에서 발생되는 고온의 공기로 상당한 양의 열을 공간에 공급시킬 수 있기 때문이다. 또한, 개방식 시스템을 설계하여 신선한 공기를 터빈에 유입시킬 수도 있지만, 그러한 시스템에서는 터빈을 구동시켜

대기압 이하의 가스를 발생시키는 데 압축기가 필요하게 된다. 그런데, 이 과정은 아주 효율이 좋지 않다. 이러한 방식으로 발생된 저온 공기로는 저온 공간에서 상당히 많은 열량을 제거시킬 수 있기는 하지만, 활용할 수 있는 효과적인 냉동 방식이 일반적으로 더 많이 있다.

심층 사고/토론용 질문

어떤 조건에서 또는 어떤 응용에 증기 압축식 냉동 사이클 대신에 역 브레이튼 사이클을 사용하는 것이 이치에 맞을까?

요약

이 장에서는, 통상적인 냉동 사이클의 기초를 학습하였다. 이 사이클들은, 열펌프 사이클이라고 하는 가열 과정 사이클이 되어, 공간을 냉각도 시키고 가열도 시키는 데 활용된다. 열전식 냉각, 증발식 냉각, 민 방열식 냉각과 같은 다른 기술들도 냉각을 달성하는 데 활용할 수 있다. 이러한 기술들은 모두 다 어떤 용도로 활용되고 있기는 하지만, 이 장에서 설명한 사이클들은 오늘날 기계적인 냉동 과정에서 가장 통상적으로 사용되고 있다.

문제

8.1 냉장고를 사용하여 음식물을 2 ℃로 보존하려고 한다. 이 냉장고는 주위 온도가 21 ℃인 실내에 놓여 있다.

(a) 이 과정이 일어나게 되도록 냉장고 작동 유체의 기본 계획을 설계하라.

(b) 이 상황에서 카르노 성능계수는 얼마인가?

8.2 냉동기를 사용하여 음식물을 −12 ℃로 보존하려고 한다. 이 냉동기는 온도가 24 ℃인 실내에 놓여 있다.

(a) 이 과정이 일어나게 되도록 냉동기 작동 유체의 기본 계획을 설계하라.

(b) 이 상황에서 카르노 성능계수는 얼마인가?

8.3 건물 내 공기조화(공조, air conditioning) 장치를 사용하여 건물 실내 공기를 20 ℃로 낮추려고 하는데, 건물 외기 온도는 32 ℃이다. (a) 이 과정이 일어나게 되도록 냉장고 작동 유체의 기본 운전 계획을 설계하라. (b) 이 상황에서 카르노 성능 계수는 얼마인가?

8.4 냉동기를 설계하려고 한다. 이 냉동기에서는 N_2 기체를 −196 ℃로 냉각시켜서 액화시킨다. 이 냉동기는 온도가 20 ℃인 환경에서 작동한다. 이 냉동기는 최고 가능 성능 계수가 얼마인가?

8.5 열펌프를 설계하려고 한다. 이 열펌프에서는 온도가 8 ℃인 지하에서 열을 취해서 온도가 25 ℃인 건물에 열을 전달시킨다. 이 열펌프의 최고 가능 성능계수는 얼마인가?

8.6 각각 다음의 냉매 혼합물의 화학식을 구하고 가능한 화학구조식을 그려라.

(a) R-11, (b) R-22, (c) R-115, (d) R-216

8.7 각각 다음의 냉매 혼합물의 화학식을 구하고 가능한 화학구조식을 그려라.

(a) R-12, (b) R-50, (c) R-143, (d) R-1120

8.8 각각 다음의 냉매 혼합물의 화학식을 구하고 가능한 화학구조식을 그려라.

(a) R-13, (b) R-124, (c) R-23 및 (d) R-114.

8.9 증기 압축식 냉동 사이클에 R-22가 냉매로 사용되고 있다. 이 사이클에서는 저온 공간에서 15 kW의 열이 제거된다. 이 R-22는 압축기에 압력이 250 kPa인 상태에서 포화 증기로 유입되어 1000 kPa로 압축된다. R-22는 응축기에서 포화 액체로 유출된다. 각각 다음과 같을 때, R-22의 질량 유량, 압축기 동력, 및 냉동기로서 사이클의 성능계수를 각각 구하라.

(a) 압축기는 등엔트로피 거동을 한다.

(b) 압축기는 등엔트로피 효율이 0.81이다.

8.10 증기 압축식 냉동 사이클에 R-22가 냉매로 사용되고 있다. 이 R-22의 질량 유량은 0.20 kg/s이다. R-22는 압축기에 포화 증기로서 300 kPa로 유입되어, 응축기에서 포화 액체로서 1200 kPa로 유출된다. 다음 각각에서, 증발기를 통한 저온 공간에서의 열 제거율 및 냉동기로서 사이클의 성능계수를 구하라.

(a) 압축기는 등엔트로피 거동을 한다.

(b) 압축기는 등엔트로피 효율이 0.75이다.

8.11 증기 압축식 냉동 사이클에 R-134a가 냉매로 사용되고 있다. 이 R-134a의 질량 유량은 0.15 kg/s이다. R-134a는 증발기에 포화 증기로서 140 kPa abs.로 유출되어, 교축 밸브에 포화 액체로서 700 kPa abs.로 유입된다. 다음 각각에서, 증발기를 통한 저온 공간에서의 열 제거율 및 냉동기로서 사이클의 성능계수를 구하라.

(a) 압축기는 등엔트로피 거동을 한다.

(b) 압축기는 등엔트로피 효율이 0.78이다.

(c) 사이클의 최고 가능 성능계수를 구하라.

8.12 증기 압축식 냉동 사이클에 R-134a가 냉매로 사용되고 있다. 이 사이클은 열펌프로서 운용되어 고온 공간에 25 kW의 열을 공급하도록 설계되어 있다. R-134a는 포화 증기로서 압축기에 350 kPa로 유입되어, 응축기에서 포화 액체로서 1 MPa로 유출된다. 다음 각각에서, R-134a의 질량 유량 및 열펌프로서 사이클의 성능계수를 구하라.

(a) 압축기는 등엔트로피 거동을 한다.

(b) 압축기는 등엔트로피 효율이 0.74이다.

(c) 사이클의 최고 가능 성능계수를 구하라.

8.13 증기 압축식 냉동 사이클에 R-134a가 냉매로 사용되고 있다. 사이클에 교축 밸브 대신에 터빈을 사용하겠다는 제안이 있다. 이 R-134a는 압축기에 포화 증기로서 200 kPa로 유입되어, 응축기에서 포화 액체로서 900 kPa로 유출된다. 이 사이클에서는 증발기를 통해서 고온 공간에서 15 kW의 열을 제거시키려고 한다. 압축기는 등엔트로피 효율이 0.75이고 제안된 터빈은 등엔트로피 효율이 0.60이다. 다음 각각에서, 필요한 R-134a의 질량 유량 및 냉동기로서 사이클의 성능계수를 구하라.

(a) 사이클에 교축 밸브가 사용될 때

(b) 사이클에 교축 밸브 대신에 제안된 터빈이 사용될 때

(c) 사이클의 최고 가능 성능계수를 구하라.

8.14 열 펌프 구성에서 증기 압축식 냉동 사이클에 R-134a가 냉매로 사용되고 있다. R-134a의 질량

유량은 300 g/s이고, R-134a는 압축기에 포화 증기로서 −15 ℃로 유입되어, 응축기에서 포화 액체로서 30 ℃로 유출된다. 압축기는 등엔트로피 효율이 0.80이다. 다음 각각에서, 응축기를 통한 고온 공간에 대한 열공급률 및 열펌프로서 사이클의 성능계수를 구하라.

(a) 사이클에 교축 밸브가 사용될 때

(b) 사이클에 교축 밸브 대신에 등엔트로피 효율이 0.70인 터빈이 사용될 때

8.15 증기 압축식 냉동 사이클에 R-134a가 냉매로 사용되고 있다. 이 R-134a는 압축기에 포화 증기로서 200 kPa로 0.75 kg/s의 질량 유량으로 유입되어야 한다. R-134a는 교축 밸브에 포화 액체로서 유입된다. 압축기는 등엔트로피 효율이 0.75이다. 응축기 압력이 400 kPa과 1200 kPa 사이의 범위에 걸쳐서 변화할 때, R-134a의 질량 유량, 냉동기로서 사이클의 성능계수 및 냉동기로서 사이클의 최고 가능 성능계수를 구하라.

8.16 냉동 장치에서 암모니아를 냉매로 사용하여 증기 압축식 냉동 사이클을 작동시키고 있다. 이 암모니아는 압축기에 온도가 −25 ℃인 포화 증기로 유입되어, 응축기에서 포화 액체로 유출된다. 이 장치에서는 냉동실에서 열을 제거할 때 열 제거율이 15 kW가 되어야 한다. 압축기는 등엔트로피 효율이 0.78이다. 압축기 출구 압력이 800 kPa과 1600 kPa 사이의 범위에 걸쳐서 변화할 때, 암모니아의 질량 유량, 압축기 출구 온도, 및 냉동기의 성능 계수를 그래프로 그려라.

8.17 증기 압축식 냉동 사이클에 R-22가 냉매로 사용되고 있다. 이 R-22는 압축기에 포화 증기로서 350 kPa로 유입되어, 응축기에서 포화 액체로서 유출된다. 이 사이클은 열펌프로서 설계되어 고온 공간에 25 kW의 열을 공급하려고 한다. 압축기는 등엔트로피 효율이 0.78이다. 응축기 압력이 700 kPa과 2000 kPa 사이의 범위에 걸쳐서 변화할 때, R-22의 질량 유량, 열펌프로서 사이클의 성능계수 및 열펌프로서 사이클의 최고 가능 성능계수를 구하라.

8.18 증기 압축식 냉동 사이클에 R-134a가 냉매로 사용되고 있다. 이 R-134a는 압축기에 포화 증기로서 유입되어, 압축기에서 포화 액체로서 1.1 MPa abs.로 유출된다. R-134a의 질량 유량은 0.10 kg/s이다. 압축기는 등엔트로피 효율이 0.80이다. 응축기 압력이 100 kPa abs.과 600 kPa abs. 사이의 범위에 걸쳐서 변화할 때, 응축기를 통한 저온 공간에서의 열 제거율, 냉동기로서 사이클의 성능계수 및 냉동기로서 사이클의 최고 가능 성능계수를 구하라.

8.19 증기 압축식 냉동 사이클에 R-134a가 냉매로 사용되고 있다. 이 R-134a는 압축기에 포화 증기로서 유입되어, 압축기에서 포화 액체로서 1000 kPa로 유출된다. R-134a의 질량 유량은 1.25 kg/s이다. 압축기는 등엔트로피 효율이 0.80이다. 응축기 압력이 100 kPa과 500 kPa 사이의 범위에 걸쳐서 변화할 때, 고온 공간에 배제되는 열, 열펌프로서 사이클의 성능계수 및 열펌프로서 사이클의 최고 가능 성능계수를 구하라.

8.20 증기 압축식 냉동 사이클에서, 냉매가 압축기에 포화 증기로서 −10 ℃로 유입되어, 교축 밸브에 포화 액체로서 40 ℃로 유입된다. 이 사이클에서는 증발기를 통해서 저온 공간에서 50 kW의 열을 제거시키려고 한다. 냉매가 각각 다음과 같을 때, 냉매의 질량 유량 및 냉동기로서 사이클의 성능계수를 구하라.

(a) R-22, (b) R-134a, (c) 암모니아

8.21 증기 압축식 냉동 사이클에서, 증발기를 통한 열전달로 저온 공간에서 25 kW의 열을 제거시켜야 한다. 이 사이클은 암모니아를 냉매로 사용한다. 암모니아는 압축기에 포화 증기로서 200 kPa로 유입되어, 응축기에서 포화 액체로 1800 kPa로 유출된다. 압축기의 등엔트로피 효율이 0.50과 1.0 사이의 범위에서 변화할 때, 냉매의 질량 유량 및 냉동기로서 사이클의 성능계수를 구하라.

8.22 증기 압축식 냉동 사이클로 작동되는 열펌프로 건물에 75 kW의 열을 공급시켜야 한다. 이 사이클은 R-134a를 냉매로 사용하며, 이 R-134a는 압축기에 포화 증기로서 140 kPa abs.로 유입되어, 응축기에서 포화 액체로 1000 kPa로 유출된다. 압축기의 등엔트로피 효율이 0.50과 1.0 사이의 범위에서 변화할 때, R-134a의 질량 유량 및 열펌프로서 사이클의 성능계수를 구하라.

8.23 오염이 된 증기 압축식 냉동 사이클이 응축기 안에서 냉매가 완전히 응축되지가 않는, 그러한 응축기 문제를 겪고 있다. 사이클에 걸쳐서 R-134a의 질량 유량은 0.50 kg/s이다. 증발기 압력은 200 kPa이고 응축기 압력은 1110 kPa이다. 압축기의 등엔트로피 효율은 0.76이다. 응축기 출구 건도가 0.0과 0.5 사이의 범위에서 변화할 때, 냉동률, 및 냉동기로서 사이클의 성능계수를 그래프로 그려라.

8.24 캐스케이드 방식 냉동 시스템에서 2개의 증기 압축식 냉동 사이클을 사용하여 더 낮은 온도로 냉각을 시키고 있다. 저온 사이클에서는 암모니아를 사용하여 저온 공간에서 열을 제거시키고 있다. 암모니아의 질량 유량은 0.50 kg/s이며, 이 암모니아는 압축기에 포화 증기로서 50 kPa로 유입되어, 응축기에서 포화 액체로 500 kPa로 유출된다. 열은 저온 사이클의 응축기를 거쳐서 (그리고 고온 사이클의 증발기로 유입되어) 고온 사이클에 배제된다. 고온 사이클에서는 R-134a를 사용하여 포화 수증기가 고온 사이클 쪽 압축기에 240 kPa로 유입되어 응축기에서 포화 액체로서 1000 kPa로 유출된다. 각각의 압축기는 등엔트로피 효율이 0.78이다. R-134a의 질량 유량 및 냉동기로서 사이클의 총괄 성능계수를 구하라.

8.25 캐스케이드 방식 냉동 시스템에서 2개의 증기 압축식 냉동 사이클을 사용하여 공간을 냉각시키고 있다. 저온 사이클에서는 냉매로서 프로판을 사용하여 저온 공간에서 25 kW의 열을 제거시키고 있다. 이 프로판은 압축기에 포화 액체로서 20 kPa로 유입되어, 응축기에서 포화 액체로서 200 kPa abs.로 유출된다. 열은 저온 사이클의 응축기를 거쳐서 고온 사이클의 증발기로 전달된다. R-22는 고온 사이클을 흐르면서 증발기에서 포화 수증기로서 175 kPa abs.로 유출되고, 응축기에서 포화 액체로서 350 kPa abs.로 유출된다. 각각의 압축기는 등엔트로피 효율이 0.75이다. R-22의

질량 유량과 프로판의 질량 유량 및 냉동기로서 사이클의 총괄 성능계수를 구하라.

8.26 캐스케이드 방식 냉동 시스템에서 두 개의 증기 압축식 냉동 사이클을 사용하여 CO_2를 냉각시켜서 드라이 아이스를 제조하려고 한다. 저온 루프에서는 냉매로서 프로판이 사용되어, 증발기에서는 온도가 $-80\ ℃$인 포화 프로판 증기 상태이다. 이 프로판은 등엔트로피 효율이 0.77인 압축기에서 200 kPa로 압축된다. 그런 다음, 프로판은 응축기에서 포화 액체로 응축되는데, 이는 고온 루프로서 기능을 하고 여기에서는 R-134a가 사용된다. R-134a는 증발기에서 온도가 $-30\ ℃$인 포화 증기로서 유출되어 등엔트로피 효율이 0.80인 압축기에서 700 kPa로 압축된다. CO_2에서는 열이 10 kW의 제거율로 제거된다고 가정한다. 각각의 냉매의 질량 유량, 및 냉동기로서 사이클의 총괄 성능계수를 각각 구하라.

8.27 증기 압축식 냉동 사이클이 2개인 캐스케이드 방식 냉동 시스템이 있다. 저온 사이클에서는 R-22를 사용하여 저온 공간에서 20 kW의 열을 제거시키고 있다. 이 R-22는 압축기에 포화 액체로서 100 kPa로 유입되어, 응축기에서 포화 액체로서 유출된다. R-134a는 고온 사이클을 흐르면서 증발기에서 포화 수증기로서 유출되고, 응축기에서 포화 액체로서 1000 kPa로 유출된다. 열전달률이 충분히 달성될 수 있도록, 저온 사이클 쪽 응축기에서의 R-22 응축 온도는 고온 사이클 쪽 증발기에서의 R-134a 비등 온도보다 $5\ ℃$ 더 높아야 한다. 각각의 압축기는 등엔트로피 효율이 0.80이다. R-22 응축기 압력이 200 kPa과 1400 kPa 사이의 범위에 걸쳐서 변화할 때, 시스템의 총괄 성능계수, R-22의 질량 유량 및 R-134a의 질량 유량를 그래프로 그려라.

8.28 역 브레이튼 냉동 사이클이 공기를 작동 유체로 하여 폐루프형으로 운용되고 있다. 공기는 압축기에 100 kPa 및 $-10\ ℃$로 유입되고, 터빈에 1000 kPa 및 $30\ ℃$로 유입된다. 사이클에 걸쳐서 공기의 질량 유량은 1.5 kg/s이다. 공기는 비열이 일정하다고 가정한다. 다음 각각에서, 저온 공간에서의 열 제거율 및 사이클의 성능계수를 구하라.

(a) 터빈과 압축기는 등엔트로피 거동을 한다.
(b) 터빈과 압축기는 모두 등엔트로피 효율이 0.80이다.

8.29 문제 8.28을 다시 풀어라. 단, 공기는 비열이 가변적이라고 가정한다.

8.30 문제 8.28을 다시 풀어라. 단, 다음 각각의 작동 유체를 사용한다.
(a) 질소 가스(N_2), (b) 이산화탄소(CO_2), (c) 아르곤(Ar), (d) 메탄(CH_4)

8.31 역 브레이튼 사이클 냉장고가 공기를 작동 유체로 하여 개루프형으로 작동되고 있다. 이 공기는 터빈에 $20\ ℃$ 및 101 kPa로 유입되어 20 kPa로 팽창된다. 공기는 저온 열교환기에서 $0\ ℃$로 유출되어 101 kPa로 압축된다. 공기는 질량 유량이 0.25 kg/s이다. 각각 다음과 같을 때, 저온 공간에서 제거되는 열, 및 냉장고로서 사이클의 성능계수를 각각 구하라. 공기는 비열이 일정한

이상 기체로 거동한다고 가정한다.

(a) 터빈과 압축기는 등엔트로피 거동을 한다.

(b) 터빈과 압축기는 모두 등엔트로피 효율이 0.80이다.

8.32 개루프형의 역 브레이튼 사이클에 공기가 사용되어 열펌프로서 작동된다. 이 공기는 압축기에 100 kPa 및 18 ℃로 유입되고, 터빈에 1 MPa 및 30 ℃로 유입된다. 이 사이클은 고온 공간에 50 kW의 열을 공급하도록 되어 있다. 공기는 비열이 일정한 이상 기체라고 가정한다. 다음 각각에서, 열펌프로서 사이클의 성능계수, 및 공기의 질량 유량 구하라.

(a) 터빈과 압축기는 등엔트로피 거동을 한다.

(b) 압축기는 등엔트로피 효율이 0.75이고, 터빈은 등엔트로피 효율이 0.80이다.

8.33 개루프형 역 브레이튼 사이클에 공기가 사용되어 열펌프로서 운용된다. 압축기에 유입되는 공기의 체적 유량은 1 m³/s이다. 공기는 압축기에 10 ℃ 및 100 kPa로 유입되고, 터빈에 1200 kPa 및 40 ℃로 유입된다. 압축기는 등엔트로피 효율이 0.78이고, 터빈은 등엔트로피 효율이 0.80이다. 다음 각각에서, 고온 공간에 대한 열배제율 및 열펌프로서 사이클의 성능계수를 구하라.

(a) 공기의 비열이 일정하다고 볼 때

(b) 공기의 비열이 가변적이라고 볼 때

8.34 개루프형 역 브레이튼 사이클에 공기가 사용되어 열펌프 형식으로 운용된다. 공기는 압축기에 5 ℃ 및 101 kPa 상태에서 체적 유량 0.25 m³/s로 유입된 다음, 터빈에 1000 kPa 및 30 ℃로 유입된다. 각각 다음에서, 고온 공간으로 배제되는 열 배제율, 및 열펌프로서 사이클의 성능계수를 각각 구하라. 공기는 비열이 일정하다고 가정한다.

(a) 압축기 등엔트로피 효율이 0.70이고, 터빈 등엔트로피 효율이 0.80일 때

(b) 압축기 등엔트로피 효율이 0.80이고, 터빈 등엔트로피 효율이 0.7일 때

8.35 역 브레이튼 사이클이 질소 가스를 작동 유체로 하여 폐루프형으로 운용되고 있다. 이 N_2는 압축기에 0 ℃ 및 100 kPa로 유입되고, 터빈에 40 ℃ 및 1200 kPa로 유입된다. 터빈은 등엔트로피 효율이 0.80이다. 질소의 질량 유량은 1.25 kg/s이다. 압축기의 등엔트로피 효율이 0.50과 1.0 사이의 범위에 걸쳐 변화할 때, 저온 공간에서의 열 제거율, 고온 공간에 대한 열배제율 및 냉동기로서 사이클의 성능계수를 그래프로 그려라. 질소는 비열이 일정한 이상 기체로서 거동한다고 가정한다.

8.36 역 브레이튼 사이클이 아르곤 가스를 작동 유체로 하여 폐루프형으로 운용되고 있다. 이 Ar은 압축기에 -4 ℃ 및 100 kPa abs.로 유입되고, 터빈에 30 ℃ 및 1.25 MPa로 유입된다. 압축기는 등엔트로피 효율이 0.77이다. 아르곤의 질량 유량은 350 g/s이다. 터빈의 등엔트로피 효율이 0.50과 1.0 사이의 범위에 걸쳐 변화할 때, 저온 공간에서의 열 제거율, 고온 공간에 대한 열배제율

및 냉동기로서 사이클의 성능계수를 그래프로 그려라.

8.37 폐루프형 역브레이튼 사이클에서 이산화탄소가 작동 유체로 사용되고 있다. 이 CO_2는 압축기에 5 ℃ 및 100 kPa abs. 상태로 유입되어 1000 kPa로 압축된다. 이후, CO_2는 터빈에 35 ℃로 유입되며, 터빈은 등엔트로피 효율이 0.79이다. 압축기 등엔트로피 효율이 0.50과 1.0 사이의 범위에 걸쳐 변할 때, 저온 공간에서 열이 제거되는 열제거율, 고온 공간에 열이 배제되는 열배제율, 및 냉장고로서 장치의 성능 계수를 그래프로 그려라.

8.38 역 브레이튼 사이클이 질소 가스를 작동 유체로 하여 폐루프형으로 운용되고 있다. 이 N_2는 압축기에 0 ℃ 및 120 kPa로 유입된다. N_2는 터빈에 40 ℃ 및 압축기 출구 압력으로 유입된다. N_2의 질량 유량은 1.5 kg/s이다. 압축기와 터빈은 모두 등엔트로피 효율이 0.80이다. 압축기 출구 압력이 400 kPa과 1500 kPa 사이의 범위에 걸쳐 변화할 때, 저온 열교환기를 통한 저온 공간에서의 열 제거율 및 냉동기로서 사이클의 성능계수를 그래프로 그려라. 질소는 비열이 일정한 이상 기체로서 거동한다고 가정한다.

8.39 역 브레이튼 사이클이 이산화탄소 가스를 작동 유체로 하여 폐루프형으로 운용되고 있다. 이 CO_2는 압축기에 0 ℃로 유입된다. CO_2는 터빈에 40 ℃ 및 1200 kPa로 유입된다. CO_2의 질량 유량은 2.0 kg/s이다. 압축기와 터빈은 모두 등엔트로피 효율이 0.80이다. 압축기 출구 압력이 50 kPa과 500 kPa 사이의 범위에 걸쳐서 변화할 때, 고온 공간에 대한 열배제율 및 열펌프로서 사이클의 성능계수를 그래프로 그려라. CO_2는 비열이 일정한 이상 기체로서 거동한다고 가정한다.

8.40 역 브레이튼 사이클 열펌프가 공기를 작동 유체로 하여 폐루프형으로 운용되어 고온 공간에 100 kW의 열을 공급하도록 되어 있다. 압축기 유입 압력은 150 kPa이고, 터빈 유입 압력은 1400 kPa이다. 공기는 열을 고온 공간에 공급한 다음 터빈에 30 ℃로 유입된다. 압축기는 등엔트로피 효율이 0.75이고, 터빈은 등엔트로피 효율이 0.82이다. 저온 열원은 온도가 변화하여, 압축기에 유입되는 공기의 온도가 −25 ℃와 5 ℃ 사이의 범위에 걸쳐 변화하게 된다. 압축기 입구 온도가 이 범위에서 변화할 때, 공기의 질량 유량 및 열펌프로서 사이클의 성능 계수를 그래프로 그려라. 공기는 비열이 일정한 이상 기체로서 거동한다고 가정한다.

8.41 문제 8.40을 다시 풀어라. 단, 공기는 비열이 가변적이라고 가정한다.

8.42 역 브레이튼 사이클이 아르곤을 작동 유체로 하여 폐루프형으로 운용되어 저온 공간에서 40 kW의 열을 제거시키도록 되어 있다. 이 Ar은 압축기에 0 ℃ 및 100 kPa로 유입되어, 1200 kPa로 유출된다. 압축기는 등엔트로피 효율이 0.77이고, 터빈은 등엔트로피 효율이 0.84이다. 열이 배제되는 고온 열원은 온도가 변화하여, 이 때문에 터빈에 유입되는 Ar의 온도는 15 ℃와 50 ℃ 사이의 범위에 걸쳐 변화하게 된다. 터빈 입구 온도가 이 범위에서 변화할 때, Ar의 질량 유량 및 냉동기로시 사이클의 성능 계수를 그래프로 그려라.

8.43 문제 8.42를 다시 풀어라. 단, 작동 유체로서 아르곤 대신 질소를 사용한다.

8.44 개루프형의 역 브레이튼 사이클이 겨울에 열펌프로서 운용되고 있다. 외부 공기가 압축기에 100 kPa로 유입되어, 700 kPa로 유출된다. 이 공기는 터빈에 700 kPa 및 30 ℃로 유입된다. 압축기에 유입되는 공기의 체적 유량은 1.1 m³/s이다. 터빈과 압축기는 모두 등엔트로피 효율이 0.75이다. 압축기에 유입되는 공기의 온도가 −30 ℃와 10 ℃ 사이의 범위에 걸쳐 변화할 때, 고온 공간에 대한 열배제율 및 열펌프로서 사이클의 성능계수를 그래프로 그려라. 공기는 비열이 일정한 이상 기체로서 거동한다고 가정한다.

8.45 문제 8.44를 다시 풀어라. 단, 공기는 비열이 가변적이라고 가정한다.

8.46 공기로 작동되는 개루프형의 브레이튼 사이클을 사용하여 매우 낮은 온도의 냉동기를 제공하고자 조사를 하려고 한다. 이 시스템에서는 공기가 터빈 입구로 유입되어 공기가 압축기에서 대기로 유출되도록 되어 있다. 이 공기는 터빈에 100 kPa로 유입되고, 압축기에 20 kPa 및 −50 ℃로 유입된다. 공기는 압축기에서 100 kPa로 유출된다. 터빈에 유입되는 공기의 체적 유량은 1.5 m³/s이다. 압축기는 등엔트로피 효율이 0.70이고, 터빈은 등엔트로피 효율이 0.75이다. 공기는 비열이 일정하다고 보고, 터빈에 유입되는 공기의 온도가 0 ℃와 30 ℃ 사이의 범위에 걸쳐 변화할 때, 저온 열교환기를 통한 저온 공간에서의 열 제거율 및 냉동기로서 사이클의 성능계수를 그래프로 그려라.

설계/개방형 문제

8.47 냉장고로서 사용될 증기 압축식 냉동 사이클을 설계하라. 사용할 수 있는 냉매라면 어느 것을 선정하여도 된다. 압축기의 등엔트로피 효율은 0.75로 하라. 저온 공간은 3 ℃로 유지되고 열이 배제되는 고온 공간은 24 ℃이다. 이 냉장고에서는 저온 공간에서 30 kW의 열이 제거될 수 있어야 한다. 압축기에는 포화 증기가 유입되고 응축기에서는 포화 액체가 유출된다고 가정하라. 이 설계에는 냉매의 선정, 필요한 냉매의 질량 유량 및 응축기 압력과 증발기 압력이 포함되어 있어야 한다. 설계한 사이클을 성능 계수로 평가하라.

8.48 조직 표본 급속 냉동용으로 증기 압축식 냉동 시스템을 설계하고자 한다. 이 냉동기는 온도가 −40 ℃로 유지되어야 하며, 이 냉동기가 놓여 있는 실내는 온도가 20 ℃이다. 이 시스템은 냉각 능력을 최대로 설정해 놨을 때에는 저온 공간에서 열을 10 kW로 제거하여야 한다. 냉매로는 어느 것이나 사용해도 좋지만, 이 시스템이 유지되어야 하는 최대 압력은 1500 kPa이다. 압축기 등엔트로피 효율은 0.80으로 잡으면 된다. 응축기에서는 포화 액체로 유출되고 압축기에서는 포화 증기로 유출된다고 가정한다. 이 설계에는, 냉매의 선정, 최대 냉각 능력에서 냉매의 질량 유량, 및 응축기 압력과 증발기 압력이 명시되어 있어야 한다. 설계한 시스템의 성능 계수를 제시하라.

8.49 열펌프로서 사용될 증기 압축식 냉동 사이클을 설계하라. 사용할 수 있는 냉매라면 어느 것을 선정하여도 된다. 압축기의 등엔트로피 효율은 0.80으로 하라. 저온 공간은 10 ℃로 유지되고 열이 공급되는 고온 공간은 22 ℃이다. 이 열펌프에서는 고온 공간에 100 kW의 열이 공급되어야 한다. 압축기에는 포화 증기가 유입되고 응축기에서는 포화 액체가 유출된다고 가정하라. 이 설계에는 냉매의 선정, 필요한 냉매의 질량 유량 및 응축기 압력과 증발기 압력이 명시되어 있어야 한다. 설계한 사이클을 성능 계수로 평가하라.

8.50 연구실 설비에서 액화 가스용으로 매우 낮은 온도를 조성하는 데 사용될 2단 또는 3단 캐스케이드 방식 증기 압축식 냉동 시스템을 설계하라. 냉동기의 저온 공간은 −170 ℃ 이하로 유지되어야 하고, 주위 온도는 25 ℃이다. 이 시스템에서는 저온 공간에서 3 kW의 열이 제거되어야 한다. 이 설계에는 사용되는 냉매, 시스템의 각 구성 설비에서 유입 온도와 유출 온도, 동력 요구조건 및 냉동 시스템의 성능 계수가 포함되어 있어야 한다.

8.51 폐루프형의 역 브레이튼 사이클 열펌프 시스템을 설계하라. 터빈은 등엔트로피 효율이 0.80이고, 압축기는 등엔트로피 효율이 0.78이다. 가스는 고온 공간에 150 kW의 열을 공급시킨 다음, 고온 열교환기에서 30 ℃로 유출된다. 가스는 저온 열교환기에서 0 ℃ 이하로 유출되면 된다. 가스의 질량 유량은 2 kg/s 이하면 된다. 사용되는 냉매 및 터빈과 압축기에서 유입 압력과 온도 및 유출 압력과 온도를 선정하라. 필요한 질량 유량 및 열펌프로서 사이클의 성능 계수를 구하라. 설계에서 선정한 매개변수가 옳았다는 근거를 제시하라.

CHAPTER
09

이상 기체 혼합물

학습 목표

9.1 기체 혼합물 조성 설명에 다양한 방법을 적용한다.

9.2 이상 기체 혼합물의 열역학적 상태량을 계산한다.

9.3 실제 기체 혼합물과 이상 기체 혼합물 사이의 차이를 일부 설명한다.

9.1 서론

지금까지는 물이나 다양한 냉매, 아니면 N_2와 CO_2 같은 단일 성분 기체처럼, 단일의 불변 성분으로 구성된 작동 유체에 주목하여 왔다. 그 예외로는 작동 유체로서의 "공기", 즉 한층 더 적절하게는 "건공기"가 관심사였다. 공기는 단일 성분 기체가 아니고, 오히려 기체 혼합물이다. 그러나 공기는 널리 사용되는 그러한 기체 혼합물이기 때문에 공기의 상태량을 구하는 것은 당연한 일이므로, 공기는 흔히 단일 성분 기체로 취급된다. 그러나 그림 9.1과 같이, 작동 유체로 (공기 이외의) 기체 혼합물을 사용하는 실제 시스템은 많이 있다. 예를 들어, 가스 터빈 엔진에서는 연소 과정에서 나오는 기체 생성물이 터빈 부를 관통하여 흐르게 된다. 가정용 연소식 난방 장치에서는 연소 생성물을 열원으로 사용하게 되고 이 열원에서 나오는 열이 공기로 전달된다. 일부 재료 처리 시스템에서는 산소가 전혀 없는 기체 혼합물로 구성되는 환경이 필요하기도 한다. 일부 의료 요법에서는 보통의 공기보다 산소 농도가 더 높은 기체 혼합물이 환자에게 투여되기도 한다.

공기는 가장 흔하게 겪는 기체 혼합물이기도 하지만, 분명한 것은, 공기가 아닌 기체 혼합물을 오히려 필요로 하는 다른 응용들도 많이 있다는 점과 이러한 기체 혼합물들은 조성이 아주 다양하다는 것이다. 예를 들어, 연소 과정 생성물은 사용되고 있는 연료의 종류와 반응제에 들어 있는 초기 공기의 양에 따라 달라지기 마련이다. 기체가 혼합물과 결합되는 방식의 가짓수는 무한하므로, 모든 가능한 기체 혼합물에 사용될 수 있는 열역학적 상태량을 미리 구해놨으리라고

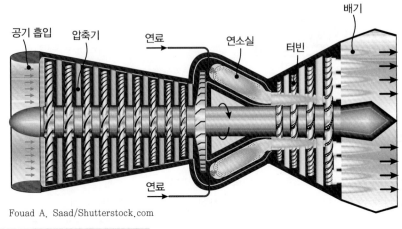

공기 흡입　압축기　　연료　　연소실　　터빈　　배기

연료

Fouad A. Saad/Shutterstock.com

Yury Kosourov/Shutterstock.com

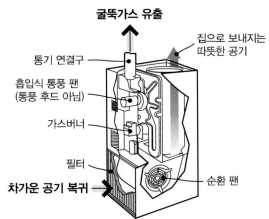

굴뚝가스 유출

통기 연결구

흡입식 통풍 팬
(통풍 후드 아님)

가스버너

필터

차가운 공기 복귀

집으로 보내지는
따뜻한 공기

순환 팬

〈그림 9.1〉 기체 혼합물은 여러 가지 형태와 응용에서 나타날 수 있다. 예를 들면, 가스 터빈이나 연소식
난방장치의 연소 생성물과 재료 처리를 촉진시키는 특수한 혼합물 등이다.

기대하는 것은 현실적이지 않다. 그러므로 기체 혼합물의 필요한 상태량을 구할 때 사용할
수 있는 계산 방법이 필요한 것이다. 이 장에서는, 바로 그러한 계산 방법을 전개하고자 한다.
이 장을 마칠 쯤에는, 어떠한 이상 기체 혼합물이라도 그 열역학적 상태량을 구할 수 있어야
한다. 이 장을 학습하고 나면, 이상 기체와 관련 있는 기본적인 열역학 문제를 이해하고 푸는
데도 당연히 도움이 될 것이다.

심층 사고/토론용 질문
기체 혼합물은, 공기와 연소 생성물 말고도, 그 밖에 어떤 용도로 쓰이는가?

9.2 기체 혼합물의 조성을 확정하기

기체 혼합물의 상태량을 구하려면, 먼저 그 혼합물의 조성을 명시하여야만 한다. 기체 혼합물은 j개의 기체 성분으로 구성되어 있고, 각각의 성분은 질량이 m_i라고 하자. 예를 들어, 그림 9.2에는 $j = 3$인 성분으로 되어 있는 계가 예시되어 있다. 또한, 각각의 성분의 분자 질량은 M_i로 특정하며, 각각의 성분의 몰수를 n_i라고 하면 $n_i = m_i / M_i$로 구할 수 있다. 기체 혼합물의 총 질량 m과 혼합물에 들어 있는 총 몰수 n은, 성분 기체들의 이 양들을 합하여 구한다. 즉,

$$m = \sum_{i=1}^{j} m_i \tag{9.1}$$

및

$$n = \sum_{i=1}^{j} n_i \tag{9.2}$$

전체 기체 혼합물에서 성분의 분율은 그 성분의 질량이나 몰수를 참고하여 구할 수 있다. 성분 i의 질량 분율 mf_i는 다음과 같이 주어진다.

$$mf_i = \frac{m_i}{m} \tag{9.3}$$

그리고 성분 i의 몰 분율 y_i는 다음과 같이 구한다.

$$y_i = \frac{n_i}{n} \tag{9.4}$$

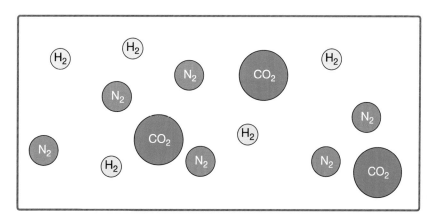

〈그림 9.2〉 기체 혼합물에는 하나의 계에 여러 가지 많은 화학종이 들어 있다.

혼합물에서 기체 성분의 질량 분율과 몰 분율을 각각 합하면 각각 1이 된다. 즉,

$$\sum_{i=1}^{j} mf_i = \sum_{i=1}^{j} y_i = 1$$

혼합물의 분자 질량은 혼합물의 질량을 혼합물의 몰수로 나누면 구할 수 있다. 즉,

$$M = \frac{m}{n} \tag{9.5}$$

이 식에 관련 식들을 대입하면, 혼합물의 분자 질량은 질량 분율이나 몰 분율로 명시되는 바와 같이 혼합물 성분에 대한 지식으로부터 구할 수 있다는 사실을 알 수 있다.

$$M = \sum_{i=1}^{j} y_i M_i = \left[\sum_{i=1}^{j} \frac{mf_i}{M_i} \right]^{-1} \tag{9.6}$$

특정 기체 혼합물은 그 혼합물의 분자 질량을 알게 되면, 기체별 이상 기체 상수(the gas-specific ideal gas constant) R (일반적으로 **기체 상수**라고 한다)을 다음 식으로 구할 수 있다.

$$R = \frac{\overline{R}}{M} \tag{9.7}$$

기체 성분의 질량 분율과 몰 분율의 관계는 다음과 같이 된다.

$$mf_i = \frac{m_i}{m} = \frac{n_i M_i}{m} = \frac{y_i n M_i}{m} = \left(\frac{n}{m} \right) y_i M_i$$

이므로,

$$mf_i = y_i \frac{M_i}{M} \quad \text{또는} \quad y_i = mf_i \frac{M}{M_i} \tag{9.8}$$

▶ 예제 9.1

H_2 3 kg, CO_2 5 kg, O_2 4 kg 및 N_2 8 kg로 구성된 기체 혼합물이 있다. 질량 분율과 몰 분율, 분자 질량 및 이 혼합물의 기체 상수 R를 구하라.

주어진 자료 : $m_{H_2} = 3\,kg$ $m_{CO_2} = 5\,kg$

             $m_{O_2} = 4\,kg$ $m_{N_2} = 8\,kg$

구하는 값 : mf_i(각각의 기체의 질량 분율), y_i (각각의 기체의 몰 분율), M, R

풀이 문제에 등장하는 4가지 물질은 기체이다. 이 기체들과 그 결과적인 혼합물은, 나머지 계산

과정에서 이 기체들이 이상 기체이거나 말거나 이에 상관없다고 하더라도, (기체 기준) 이상 기체 상수를 구할 때는 이상 기체라고 생각하면 된다.

전체 질량은 식 (9.1)을 사용하여 개별 성분 질량을 합하여 구한다. 즉,

$$m = m_{H_2} + m_{CO_2} + m_{O_2} + m_{N_2} = 20\,kg$$

그런 다음, 각각의 성분의 질량 분율은 식 (9.3)을 사용하여 구한다. 즉,

$$mf_{H_2} = \frac{m_{H_2}}{m} = 0.15$$

$$mf_{CO_2} = 0.25$$

$$mf_{O_2} = 0.20$$

$$mf_{N_2} = 0.40$$

몰 분율을 구하는 방법은 여러 가지가 있다. 여기에서는 2가지 다른 방법을 사용하여도 그 결과가 동일하다는 것을 분명히 보이도록 하겠다.

방법 1 : 각 성분의 몰수를 구한 다음, 이 값들을 사용하여 몰 분율을 구한다.

$$n_i = m_i / M_i$$

각각의 기체의 몰 질량은 다음과 같이 잡을 수 있다. 즉, $M_{H_2} = 2\,kg/kmole$, $M_{CO_2} = 44\,kg/kmole$, $M_{O_2} = 32\,kg/kmole$, $M_{N_2} = 28\,kg/kmole$ 이다. 그러므로 다음과 같다.

$$n_{H_2} = 3\,kg/2\,kg/kmole = 1.5\,kmole$$

$$n_{CO_2} = 0.1136\,kmole$$

$$n_{O_2} = 0.125\,kmole$$

$$n_{N_2} = 0.2857\,kmole$$

그런 다음, 총 몰수는 식 (9.2)로 구한다. 즉, $n = n_{H_2} + n_{CO_2} + n_{O_2} + n_{N_2} = 2.024\,kmole$.
그런 다음, 몰 분율은 식 (9.4)로 구한다. 즉,

$$y_{H_2} = \frac{n_{H_2}}{n} = 0.741$$

$$y_{CO_2} = 0.0561$$

$$y_{O_2} = 0.0617$$

$$y_{N_2} = 0.141$$

방법 2 : 혼합물의 분자 질량을 질량 분율에서 구한 다음, 식 (9.8)을 사용하여 몰 분율을 구한다. 식 (9.6)에서 다음을 구한다.

$$M = \left[\sum_{i=1}^{4} \frac{mf_i}{M_i} \right]^{-1} = \left[\frac{mf_{H_2}}{M_{H_2}} + \frac{mf_{CO_2}}{M_{CO_2}} + \frac{mf_{O_2}}{M_{O_2}} + \frac{mf_{N_2}}{M_{N_2}} \right]^{-1}$$

$$= \left[\frac{0.15}{2\,\mathrm{kg/kmole}} + \frac{0.25}{44\,\mathrm{kg/kmole}} + \frac{0.20}{32\,\mathrm{kg/kmole}} + \frac{0.40}{28\,\mathrm{kg/kmole}} \right]^{-1}$$

$$M = 9.88\ \mathrm{kg/kmole}$$

그런 다음,

$$y_i = mf_i \frac{M}{M_i}$$

이므로, 다음과 같이 된다.

$$y_{H_2} = mf_{H_2}(M/M_{H_2}) = (0.15)(9.88\,\mathrm{kg/kmole} / 2\,\mathrm{kg/kmole}) = 0.741$$

$$y_{CO_2} = 0.0561$$

$$y_{O_2} = 0.0617$$

$$y_{N_2} = 0.141$$

이 값들은 방법 1에서 구한 값과 같다.

끝으로, 이상 기체 상수는 식 (9.7)로 구한다.

$$R = \frac{\overline{R}}{M} = \frac{8.314\,\mathrm{kJ/kmole \cdot K}}{9.88\,\mathrm{kg/kmole}} = 0.842\ \mathrm{kJ/kg \cdot K}$$

해석 : 위 내용을 검토해보면 알 수 있겠지만, 몰 분율은 이 2가지 방법에서 동일하게 나왔다. 그러므로 어느 방법을 사용해도 받아들일 수가 있다. 일반적으로, 혼합물에서 성분 가지 수가 많으면 많을수록 방법 2가 사용하기에 한층 더 간결하기 마련이다.

9.2.1 건공기의 조성

지금까지 일반적으로 단순히 "공기"라고 하는 건공기가 작동 유체였던 문제를 수도 없이 다루었다. 제10장에서 더 설명하겠지만, 주위의 공기는 다수의 기체 분자와 수증기의 혼합물이다. 수증기 함유량은 규칙대로 변하지만, 나머지 분자들의 조성은 여러 위치와 시각에서도 거의 일정하게 유지된다. **건공기**(dry air)라는 용어는 수증기가 제거된 공기에 들어 있는 분자 혼합물을 말한다. 건공기에서 소량 성분일수록 그 구성 분자들의 조성은 시간과 공간에 따라 조금씩 변하긴 하지만, 건공기의 99 % 이상을 차지하는 분자들의 조성은 실제로는 변하지 않고 있다. 건공기에서 소량 성분이 변화하고 있는 특성을 잘 보여주고 있는 예를 들자면, 1950년대 이후로 쭉 관찰되고 있는 CO_2 농도의 완만한 증가이다. 그림 9.3에는 이러한 증가가 예시되어 있는데, 이는 미국 하와이에 있는 마우나로아 천문대(Mauna Loa Conservatory)의 측정 결과이다. 2020년 5월에 마우나 로아 천문대에서 CO_2의 몰 분율은 417 ppm이었다. 비교치로서, 1988년에는 CO_2 농도가 350 ppm이었다. 이러한 증가가 지구 기상에 극적인 효과를 미칠 수는 있지만, 이 CO_2 농도 증가는 여전히 완만해서, 건공기의 공업 열역학적 상태량에는 사실상 이번 생애에는 충분히 영향을 미치지는 못할 것이다.

건공기의 조성은 몰 분율 기준으로, 다음과 같이 잡는다.

$$y_{N_2} = 0.7807$$

$$y_{O_2} = 0.2095$$

$$y_{Ar} = 0.0093$$

$$y_{CO_2} = 0.0004$$

$$y_{기타} = 0.0001$$

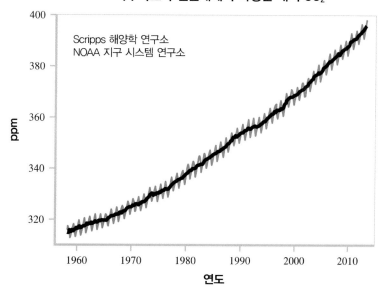

마우나로아 천문대에서 측정한 대기 CO_2

〈그림 9.3〉 대기 중 CO_2 농도 선도. 미국 하와이 마우나로아 천문대 측정 결과이다.

기타 기체에는 네온, 헬륨, 이산화황, 그리고 메탄이 포함된다. 이 모두는 본질적으로 여러 가지 안정된 기체들이다. 이 조성으로 알 수 있듯이, 건공기는 99 %가 N_2와 O_2로만 구성되어 있으며, 아르곤도 포함되면 (몰 기준으로) 건공기의 99.95 % 정도를 차지하게 된다.

건공기의 분자 질량은 식 (9.6)을 사용하여, 그리고 예제 9.1에서 사용된 분자 질량보다 더 정밀한 값들을 참고하여 구할 수 있다. 여기에서는, $M_{N_2} = 28.02 \, \text{kg/kmole}$, $M_{O_2} = 32.00 \, \text{kg/kmole}$, $M_{Ar} = 39.94 \, \text{kg/kmole}$ 및 $M_{CO_2} = 44.01 \, \text{kg/kmole}$을 사용할 것이다.

CO_2가 차지하는 몫은 매우 작으므로, 건공기에 들어 있는 기타 기체들은 무시할 것이다. 식 (9.6)을 사용하면, 건공기의 분자 질량은 다음과 같다.

$$M = \sum_{i=1}^{j} y_i M_i = (0.7807)(28.02) + (0.2095)(32.00) + (0.0093)(39.94) + (0.0004)(44.01)$$

$$= 28.97 \, \text{kg/kmole}$$

이 숫자가 생소해 보일지도 모르지만, 건공기의 기체 상수를 계산해보면 알아보기가 더 쉬운 값이 나오게 될 것이다. 즉,

$$R = (8.314 \, \text{kJ/kmole} \cdot \text{K}) / (28.97 \, \text{kg/kmole}) = 0.287 \, \text{kJ/kg} \cdot \text{K}$$

여기에서 2가지 사실이 분명해질 것이다. 첫째, 건공기는 실제로는 기체 혼합물이므로, 건공기에 사용해 온 상태량들은 바로 이러한 사실에서 나온 것이다. 둘째, 건공기를 사용하여 문제를 풀어봤다면, 다른 기체 혼합물들을 사용하는 문제 해법들도 매우 유사하리라는 것이다. 건공기 이외의 기체 혼합물들의 비 상태량들을 유도해야 할 필요도 있겠지만(이러한 상태량들은 기체 혼합물들의 일반적인 특징이기 때문에 쉽게 찾아볼 수 있다), 기체 혼합물들이 연관된 열역학 응용문제를 해결하는 데 사용하는 기본 방법은 변하지 않을 것이다. 이러한 사실을 뒷받침하고자, 어떠한 이상 기체 혼합물이라도 그 상태량을 구할 수 있는 기법들을 전개한 다음, 비교적 일반적인 응용문제를 풀어봄으로써 이러한 기법들을 시범해 보일 것이다.

9.3 이상 기체 혼합물

질량 분율과 몰 분율이라는 명칭은 어떠한 (실제 또는 이상) 기체 혼합물의 조성을 나타내는 데 사용할 수 있지만, 다른 상태량들은 실제 기체 혼합물과 이상 기체 혼합물 사이에서 다를 수도 있다. 알고 있는 대로, 실제 기체에서는 분자들 사이의 상호작용 때문에 정확한 상태량 값들이 변하기도 한다. 예를 들어, 분자의 실제 크기와 분자 간 인력을 고려하면, 반데르발스

식과 이상 기체 법칙과 같은 상태식을 사용하여 예상하고 있는 기체의 비체적 값은 달라진다. 실제 기체의 혼합물에서는 이종 분자들 간에 복잡한 현상이 추가로 일어나기도 하지만, 이러한 사실은 실제 기체 혼합물에서도 성립되기 마련이다. 결과적으로, 실제 기체 혼합물의 상태량 값을 구하는 것이 아주 복잡해질 수도 있다. 그러나 압력이 매우 높거나 온도가 매우 낮지만 않다면, 실제 기체 혼합물이 공학 설계(engineering design)에 미치는 효과의 영향은 비교적 작다. 기체 혼합물이 사용되는 대부분의 공정기술 응용은, 적어도 설계와 해석의 초기 단계에서 이상 기체 혼합물로서 적정하게 모델링될 수 있다. 설계에서 전형적인 안전계수를 사용할 거라면, 이상 기체 혼합물 해석도 대부분의 실제 시스템의 최종 설계에 적정하다.

이상 기체 혼합물은 특정한 이상 기체의 특징을 나타낸다. 이는 건공기를 이상 기체로서 취급하여 왔으므로, 생각했던 대로이다. 이상 기체 혼합물의 가장 중요한 특징은, 분자 간에 상호작용이 전혀 없다는 것이다. 결과적으로, 이상 기체 혼합물은 이전에 전개한 다음과 같은 모든 이상 기체 상태식들을 따른다.

이상 기체 법칙: $P\mathcal{V} = mRT$ (또한, $Pv = RT$, $P\mathcal{V} = n\overline{R}T$, $P\overline{v} = \overline{R}T$)

상태량 변화: $\Delta u = \int_{T_1}^{T_2} c_v\, dT$, $\Delta h = \int_{T_1}^{T_2} c_p\, dT$,

$$\Delta s = \int_{T_1}^{T_2} \frac{c_v}{T}\, dT + R\ln\frac{v_2}{v_1} = \int_{T_1}^{T_2} \frac{c_p}{T}\, dT - R\ln\frac{P_2}{P_1}$$

이 마지막 식들은 비열이 일정하다는 가정으로 간단해진다. 일정 비열 해석을 사용할 거라면, 혼합물의 비열 값을 구해야 할 것이다.

그러한 목표에 접근하고자, 먼저 이상 기체 혼합물의 부분 압력(분압) 및 부분 체적과 관련 있는 2가지 원리를 살펴보기로 한다.

9.3.1 돌턴의 분압 법칙

이상 기체 혼합물에서 성분의 분압(부분 압력) P_i는, 혼합물이 차지하고 있는 체적 안에 해당 성분만이 혼합물의 온도 상태로 홀로 들어 있다고 가정할 때, 그 성분이 나타내는 압력이다. 돌턴의 분압 법칙은, 18~19세기 과학자 존 돌턴(John Dalton)의 이름을 딴 것으로, 그 내용은 다음과 같다.

이상 기체 혼합물의 압력은 그 혼합물의 성분 기체의 분압의 합과 같다.

이를 식 형태로 쓰면, 다음과 같이 쓸 수 있다.

$$P = \sum_{i=1}^{j} P_i \qquad (9.9)$$

이상 기체 혼합물이므로, 각 성분의 분압은 다음과 같이 이상 기체 법칙에서 구한다.

$$P_i = \frac{n_i \overline{R} T}{\Psi} \qquad (9.10)$$

여기에서, n_i는 성분의 몰수이고, T와 Ψ는 각각 혼합물 온도와 체적이다. 역시 이상 기체 법칙에서, 혼합물의 전압(전체 압력)은 다음과 같다.

$$P = \frac{n \overline{R} T}{\Psi} \qquad (9.11)$$

여기에서, n은 혼합물에서 기체의 총 몰수이다. 식 (9.11)에 대한 식 (9.10)의 비를 구하면 성분 i의 **분압비**의 식이 나온다. 즉,

$$\frac{P_i}{P} = \frac{\dfrac{n_i \overline{R} T}{\Psi}}{\dfrac{n \overline{R} T}{\Psi}} = \frac{n_i}{n} = y_i \qquad (9.12)$$

이상 기체 혼합물에서는, 분압비는 기체 성분의 몰 분율과 같다. 이어서, 이는 혼합물의 전체 압력(전압)과 혼합물의 몰수의 구성을 알면, 개별 기체의 분압을 바로 계산할 수 있다는 것을 나타낸다. 이러한 정보는 중요하다. 예를 들어, 이러한 정보로 기체 혼합물의 성분이 혼합물에서 응축하기 시작하는 시점을 구할 수 있게 된다.

그림 9.4에는 혼합물의 분압을 해석하는 방식이 예시되어 있다. 그림 9.4a와 같이, 전체 압력이 100 kPa인 건공기 혼합물이 있다고 가정한다.

여과 시스템을 개발하여 시스템의 체적이나 온도에 영향을 주지 않고 한 가지 종류의 기체 분자를 제외하고 나머지 모든 것은 제거시킨다. 먼저 이 시스템을 설정하여 N_2를 제외하고 나머지 모든 기체 성분을 제거시킨다. 9.2.1에 주어진 건공기의 몰 조성을 참고하면, N_2의 몰 분율은 $y_{N_2} = 0.7807$이다. 이 값에 전체 혼합물 압력을 곱하면 그 분압은 그림 9.4b의 기압계에 나타나 있듯이, 78.07 kPa로 나온다. 다음으로, 이 여과 시스템을 원 혼합물에 적용하되, O_2를 제외하고 나머지 모든 기체 성분을 제거시키도록 설정한다. 건공기에서 O_2의 몰 분율은 0.2095이므로, 이 상황에서는 O_2의 분압이 20.95 kPa로 나온다. O_2는 공간에 남아있는 유일한

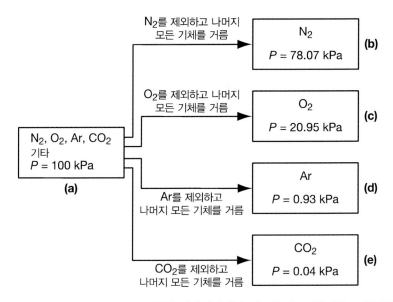

<그림 9.4> 압력이 100 kPa인 건공기를 취했을 때의 예상 압력. 이 건공기는 이상 기체로 간주하였으며, 원 체적에서 한 가지 성분만을 남기고 나머지 각 성분을 제거시켰다. 예를 들어, O_2만을 남기고 다른 모든 기체를 제거시켰을 때 용기 속의 예상 압력은 20.95 kPa이 된다.

기체이므로, 그림 9.4c의 기압계에는 압력이 20.95 kPa로 나타나 있다. 마찬가지로 Ar만이 남도록 설정하면, 그림 9.4d와 같이 기압계로 읽으면 0.93 kPa가 나온다. 이 값은 Ar 분압에 상응한다. 끝으로, 이 여과 시스템을 CO_2를 제외하고 나머지 모든 기체 성분을 제거시키도록 설정하면, 거의 모든 기체가 용기에서 제거되어, 그림 9.4e와 같이 기압계 압력이 0.04 kPa, 즉 40 Pa가 나오는데 이 값이 CO_2의 분압이다.

이 결과를 참조하면, 이상 기체 혼합물에서 전압은 돌턴 법칙의 내용대로 기체 분압의 합이라는 사실을 알 수 있다. 명심할 점은, 실제 기체로 간주하는 기체 혼합물들의 부분 압력 값들은 이상 기체 혼합물에서 유도한 값들과 같지 않다는 것이며, 그 편차는 혼합물이 이상에서 벗어나는 거동을 보일수록 더 커진다.

▶ 예제 9.2

기체 혼합물이 CH_4 1.5 kg와 N_2 4.0 kg로 구성되어 전체 압력이 290 kPa이다. 이 혼합물을 이상 기체로 보고 각 성분의 분압을 구하라.

주어진 자료 : $m_{CH_4} = 1.5 \, \mathrm{kg}$, $m_{N_2} = 4.0 \, \mathrm{kg}$, $P = 290 \, \mathrm{kPa}$

구하는 값 : ~~V~~

풀이 이 문제의 작동 유체는 2가지 성분으로 구성된 이상 기체 혼합물이다.

각각 성분의 몰수는 $n_i = m_i/M_i$로 구한다. $M_{CH_4} = 16 \text{ kg/kmole}$과 $M_{N_2} = 28 \text{ kg/kmole}$로 잡으면 다음이 나온다.

$$n_{CH_4} = 0.09375 \text{ kmole} \qquad n_{N_2} = 0.1429 \text{ kmole}$$

혼합물의 전체 몰수는 $n = n_{CH_4} + n_{N_2} = 0.2366 \text{ kmole}$이다.

각 성분의 몰 분율, $y_i = n_i/n$는 다음과 같다.

$$y_{CH_4} = 0.3962 \qquad y_{N_2} = 0.6038$$

각 성분의 분압은 $P_i = y_i P$이다. 그러므로 다음과 같다.

$$\mathbf{P_{CH_4}} = \mathbf{115 \text{ kPa}} \qquad \mathbf{P_{N_2}} = \mathbf{175 \text{ kPa}}$$

해석 : 예상한 대로, 이상 기체 혼합물을 구성하는 이러한 성분들의 분압을 합하면 혼합물의 전체 압력과 같다. 그러나 기체들이 두드러지게 비이상적인 거동을 보일 때는, 반드시 그렇게 되는 것은 아니다.

9.3.2 아마가의 부분 체적 법칙

이상 기체 혼합물에서 성분의 부분 체적 V_i는, 해당 기체 성분만이 혼합물의 압력과 온도 상태로 홀로 있다고 가정할 때, 그 기체 성분이 차지하게 되는 체적이다. 아마가의 부분 체적 법칙은, 에밀 아마가(Emile Amagat)의 이름을 딴 것으로, 그 내용은 다음과 같다.

이상 기체 혼합물의 체적은 그 혼합물의 모든 성분 기체의 부분 체적의 합과 같다.

이를 식 형태로 쓰면, 다음과 같이 쓸 수 있다.

$$V = \sum_{i=1}^{j} V_i \tag{9.13}$$

개별 성분에서, 성분 i의 부분 체적은 다음과 같은 이상 기체 법칙으로 구한다.

$$V_i = \frac{n_i \overline{R} T}{P} \tag{9.14}$$

여기에서, P와 T는 각각 혼합물의 압력과 온도이다. 혼합물의 전체 체적도 역시 이상 기체 법칙에서 구한다.

$$\Psi = \frac{n\overline{R}T}{P} \qquad (9.15)$$

성분 i의 **체적 분율**은 식 (9.14)와 식 (9.15)의 비로 구할 수 있다. 즉,

$$\frac{\Psi_i}{\Psi} = \frac{\dfrac{n_i\overline{R}T}{P}}{\dfrac{n\overline{R}T}{P}} = \frac{n_i}{n} = y_i \qquad (9.16)$$

이상 기체 혼합물에서 성분 i의 체적 분율은 분압비에서와 마찬가지로 몰 분율과 같다.

부분 체적 개념을 시각적으로 예시되게 하고자, 그림 9.5와 같이 건공기의 이상 기체 혼합물을 살펴보기로 한다. 그림 9.5a에는, 1 m^3으로 주어진 전체 체적에 4개의 성분 기체가 채워져 있다. 이제, 분류 장치를 개발하여 각 성분 분자를 분류하여 용기에 혼합물의 온도와 압력 상태로 채워 넣을 수 있다고 하자. 그림 9.5b에는 이러한 4개의 용기들이 체적이 0.7807 m^3인 N_2(이 체적은 건공기에서 혼합물 체적과 N_2 몰 분율의 곱과 같음), 체적이 0.2095 m^3인 O_2, 체적이 0.0093 m^3인 Ar 및 체적이 0.0004 m^3인 CO_2용으로 도시되어 있다.

그림 9.5c에서는 각 용기들이 원 용기에서 서로 서로 인접하여 배치되어 있으므로, 체적이나 원 혼합물의 대부분의 막대한 양은 N_2나 O_2 분자가 차지하고 있다는 것을 알 수 있다.

분압에서와 마찬가지로, 이상 기체 혼합물의 전체 체적은 아마가 법칙의 내용대로 성분들의

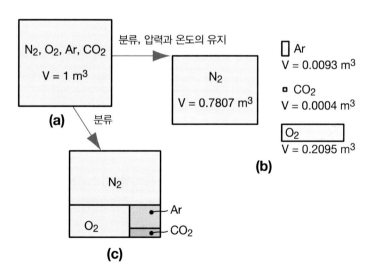

〈그림 9.5〉 (a) 체적이 1.0 m^3인 건공기로 되어 있는 원 기체 혼합물로서, 이 혼합물은 이상 기체로 간주한다. (b) 각각의 특정한 기체를 원 기체의 온도와 압력 상태로 수용하는 데 필요한 용기들의 체적, (c) 기체들을 특정한 기체 성분을 포함하고 있는 화학종으로 분류시켰을 때, 원 체적에서의 기체 분포.

부분 체적의 합이다. 여기에서도 명심해야 할 점은, 아마가 법칙은 이상 기체 혼합물에만 적용이 된다는 것과, 실제 기체 혼합물은 대개 극적이지는 않지만, 이 이상적인 거동에서 어느 정도 벗어날 것이라는 것이다.

▶ 예제 9.3

예제 9.2에 주어진 혼합물이 온도가 50 ℃이다. 시스템에서 CH_4와 N_2의 부분 체적을 구하라.

주어진 자료 : $m_{CH_4} = 1.5 \, kg$, $m_{N_2} = 4.0 \, kg$, $T = 50 \, ℃ = 323 \, K$, $P = 290 \, kPa$

구하는 값 : V_{CH_4}, V_{N_2}

풀이   작동 유체는 2가지 성분으로 구성된 이상 기체 혼합물이다.
예제 9.2에서, 혼합물의 몰수와 각각의 성분의 몰 분율은 다음과 같다.

$$n = 0.2366 \, kmole \qquad y_{CH_4} = 0.3962 \qquad y_{N_2} = 0.6038$$

혼합물의 천체 체적은 다음과 같이 이상 기체 법칙으로 구한다. 즉,

$$V = \frac{n \overline{R} T}{P} = \frac{(0.2366 \, kmole)(8.314 \, kJ/kmole \cdot K)(323 \, K)}{290 \, kPa} = 2.191 \, m^3$$

그런 다음, 부분 체적은 다음 식으로 구한다.

$$V_i = y_i V$$

그러므로 다음과 같다.

$$V_{CH_4} = 0.868 \, m^3 \qquad V_{N_2} = 1.32 \, m^3$$

해석 : 주목할 점은, 예상한 대로, 이 이상 기체 혼합물에서 2가지 부분 체적을 합하면 혼합물의 전체 체적과 같다는 것이다.

9.3.3   이상 기체 혼합물의 깁스-돌턴 법칙

돌턴과 아마가의 연구 결과를 바탕으로 하여, 조사이아 깁스(Josiah Gibbs)는 이상 기체 혼합물에서의 상태량 거동을 한층 더 포괄적으로 설명해주는 표현을 전개하였다. 이것이 이상 기체 혼합물의 깁스-돌턴 법칙의 내용이다. 즉,

이상 기체 혼합물의 모든 종량 상태량은 보존된다. 혼합물의 상태량 값은 각각의 기체 성분에 상응하는 부분 상태량 값의 합과 같다. 각 기체 성분의 부분 상태량(부분 체적은 제외)은,

혼합물이 차지하고 있는 체적 안에 해당 성분만이 혼합물의 온도 상태로 홀로 들어 있다고 가정하여 구할 수 있다. 부분 체적은 각각의 기체 성분만이 혼합물의 압력과 온도 상태로 홀로 있다고 가정할 때, 해당 성분의 체적이다.

이 내용으로 (돌턴 법칙으로) 부분 압력이나 (아마가 법칙으로) 부분 체적이 개별적으로 설명될 수 있다. 그러나 이 법칙은 그 개념이 내부 에너지, 엔탈피 및 엔트로피와 같은 상태량에도 확장된다. 이러한 경우에, 각각의 부분 상태량(부분 내부 에너지, 부분 엔탈피, 부분 엔트로피) 값은, 해당 기체의 온도와 압력이 각각 혼합물의 온도와 압력이라고 가정할 때 나오게 되는 값이 된다. 전체 상태량은 부분 상태량의 합이다. 즉,

$$U = \sum_{i=1}^{j} U_i \tag{9.17}$$

$$H = \sum_{i=1}^{j} H_i \tag{9.18}$$

$$S = \sum_{i=1}^{j} S_i \tag{9.19}$$

깁스-돌턴 법칙은 그 자체로도 유용한 개념이기는 하지만, 이 표현이 확장되어 혼합물의 강도 상태량을 구할 때에는 한층 더 강력해진다. 이를 설명하는 데 엔탈피를 예로 들어 보자. 다음의 내용은 어떠한 종량성 상태량을 대상으로 전개해도 되며, 그 일례로 엔탈피가 사용되어 있다. 전체 부분 엔탈피는 기체의 질량과 질량 기준 비엔탈피 h의 곱(또는 기체의 몰수와 몰 기준 비엔탈피 $\overline{h}(= H/n)$의 곱)으로 쓸 수 있다. 식 (9.18)을 전개하면 다음이 나온다.

$$H = \sum_{i=1}^{j} H_i = \sum_{i=1}^{j} m_i h_i = \sum_{i=1}^{j} n_i \overline{h}_i \tag{9.20}$$

식 (9.20)을 혼합물의 질량으로 나누면 혼합물의 질량 기준 비엔탈피가 나오고, 식 (9.20)을 혼합물의 몰수로 나누면, 혼합물의 몰 기준 비엔탈피가 나온다. 즉,

$$h = \frac{H}{m} = \sum_{i=1}^{j} \frac{m_i}{m} h_i = \sum_{i=1}^{j} mf_i h_i \tag{9.21a}$$

및

$$\overline{h} = \frac{H}{n} = \sum_{i=1}^{j} \frac{n_i}{n} \overline{h}_i = \sum_{i=1}^{j} y_i \overline{h}_i \tag{9.21b}$$

이 유도 과정이 비엔탈피에만 특정되는 것이 아니므로, 이 개념은 다른 비상태량(specific property)에도 적용된다는 결론을 내릴 수 있다. 그러므로 혼합물의 질량 기준 강도성 상태량은 질량 분율 가중 비상태량(the mass-fraction-weighted specific properties)의 합이며, 혼합물의 몰 기준 강도성 상태량은 몰 분율 가중 비상태량의 합으로서, 다음과 같다.

$$v = \frac{\Psi}{m} = \sum_{i=1}^{j} mf_i v_i \qquad u = \frac{U}{m} = \sum_{i=1}^{j} mf_i u_i \qquad s = \frac{S}{m} = \sum_{i=1}^{j} mf_i s_i \qquad (9.22a)$$

및

$$\bar{v} = \frac{\Psi}{n} = \sum_{i=1}^{j} y_i \bar{v}_i \qquad \bar{u} = \frac{U}{n} = \sum_{i=1}^{j} y_i \bar{u}_i \qquad \bar{s} = \frac{S}{n} = \sum_{i=1}^{j} y_i \bar{s}_i \qquad (9.22b)$$

대개는 비열을 비상태량이라고 생각하지 않을 수도 있지만, 비열도 강도성 비상태량이다. 그러므로 다음과 같은 결론을 내릴 수 있다.

$$c_p = \sum_{i=1}^{j} mf_i c_{p,i} \qquad\qquad c_v = \sum_{i=1}^{j} mf_i c_{v,i} \qquad (9.23a)$$

및

$$\bar{c}_p = \sum_{i=1}^{j} y_i \bar{c}_{p,i} \qquad\qquad \bar{c}_v = \sum_{i=1}^{j} y_i \bar{c}_{v,i} \qquad (9.23b)$$

열역학적 문제를 풀 때에, 여러 기체의 비열이 일정하다고 하면, 식 (9.23)을 적용하는 것이 더 쉽지만, 가변 비열을 고려해야 하는 때에도 이 식들을 사용해도 된다. 그러나 필요에 따라 식 (9.21)과 식 (9.22)를 적용하는 것이 더 쉬울 때가 있다.

▶ 예제 9.4

9.2.1에 기재되어 있는 건공기의 혼합물 조성에서, 온도가 300 K일 때 이 건공기의 정압 비열 c_p 값을 구하라.

주어진 자료 : 건공기, $y_{N_2} = 0.7807$, $y_{O_2} = 0.2095$, $y_{Ar} = 0.0093$, $y_{CO_2} = 0.0004$
$\qquad\qquad T = 300 \text{ K}$

구하는 값 : c_p

풀이 작동 유체는 조성이 건공기인 이상 기체 혼합물이다. 질량 기준 비열을 사용하는 것이 더 익숙하므로, 이 문제를 풀기 전에 먼저 몰 분율을 질량 분율로 변환시켜야 한다.

먼저, $M = 28.97 \text{ kg/kmole}$을 구한다.

식 (9.8), $mf_i = y_i \dfrac{M_i}{M}$ 을 사용하면, 질량 분율을 다음과 같이 구할 수 있다. 즉,

$$mf_{N_2} = 0.7552 \qquad mf_{O_2} = 0.2314 \qquad y_{Ar} = 0.0128 \qquad y_{CO_2} = 0.0006$$

300 K에서, 성분 기체들은 c_p 값이 다음과 같다. 즉,

$$c_{p,N_2} = 1.039\,\text{kJ/kg} \cdot \text{K} \qquad c_{p,O_2} = 0.918\,\text{kJ/kg} \cdot \text{K} \qquad c_{p,Ar} = 0.520\,\text{kJ/kg} \cdot \text{K}$$

$$c_{p,CO_2} = 0.846\,\text{kJ/kg} \cdot \text{K}$$

식 (9.23a)에서, $c_p = \displaystyle\sum_{i=1}^{j} mf_i\, c_{p,i} = 1.004\ \text{kJ/kg} \cdot \text{K}$이다.

해석 : 이 계산 값은 흔히 사용되는 실험치인 1.005 kJ/kg · K에 아주 근사하다. 이와는 다른 풀이 절차로 $\bar{c}_p$를 구하였으면, 혼합물의 분자 질량을 사용하여 이 $\bar{c}_p$를 c_p로 변환시키면 된다.

이렇게 이상 기체 혼합물의 비열을 구할 수 있는 능력이라면, 어떠한 이상 기체 혼합물이라도 기체와 관련된 열역학적 문제는 다 풀 수 있다. 다음 절에서는 이를 설명할 것이다.

심층 사고/토론용 질문

공학적인 관점에서 볼 때, 어떤 조건에서 기체 혼합물을 이상 기체 혼합물로 취급하지 않는 것이 현명한 것일까?

9.4 이상 기체 혼합물이 포함되어 있는 열역학 문제 풀이

지금까지 열역학 제1법칙이 관련되고, 공기를 사용하는 엔트로피 균형이 관련되는 열역학적 문제를 풀어 왔으며, 이상 기체 혼합물을 취급할 때에는 그러한 문제를 푸는 기본적인 절차가 바뀌지 않을 것이다. 그러나 응용에 어떤 이상 기체 혼합물이 사용되어 있는지를 모르므로 그 상태량을 미리 정할 수 있는 것이 아니기 때문에, 특정한 혼합물에서 비열을 구하는 것으로 풀이를 마칠 수밖에 없다. 식 (9.21)과 식 (9.22)와 같은 관계를 사용하여 풀이 절차에 가변 비열을 포함시킬 수는 있지만, 지금은 일정 비열의 근사 해석을 사용하는 데 초점을 맞출 것이다. 제11장에서 연소를 학습할 때에는, 연소 과정에서 큰 온도 변화를 겪게 되어 일정 비열 해석과 관련되는 오차가 더 커지기 때문에, 가변 비열을 사용하는 풀이를 포함시킬 것이다.

이 절에서 사용되는 풀이 절차는 앞에서 사용했던 절차와 매우 유사하다. 가장 큰 차이점은, 문제를 풀기 전에 혼합물의 조성을 구해야 하고, 이상 기체 혼합물의 일정 비열을 구해야 하는 것이다. 이러한 절차는 다음 예제에 예시되어 있다.

> **학생 연습문제**
> 본인이 다양한 장치와 시스템에 사용하려고 개발한 컴퓨터 모델이 모든 이상 기체라고 해서 다 적용될 수 있는 것이 아니라면, 어떠한 이상 기체 혼합물이라도 그 비열 값을 입력으로서 받아들일 수 있도록 모델을 수정하라.

▶ 예제 9.5

이상 기체 혼합물이 N_2 2.0 kg과 CO_2 4.0 kg으로 구성되어 있으며, 이 혼합물을 피스톤–실린더 기구에서 일정 압력으로 가열시키려고 한다. 혼합물은 초기에 300 K이며 500 K로 가열된다. 기체 압력은 750 kPa이다. 혼합물은 비열이 일정하다고 가정하고, 비열을 300 K에서 구하라. 이 과정 중에서 혼합물에 부가되는 열 입력을 구하라.

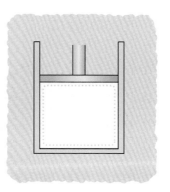

주어진 자료 : $m_{N_2} = 2.0\,\text{kg}$, $m_{CO_2} = 4.0\,\text{kg}$, $P = 750\,\text{kPa}$, $T_1 = 300\,\text{K}$, $T_2 = 500\,\text{K}$

구하는 값 : Q

풀이 이 시스템은 작동 유체가 일정한 압력에서 가열되고 있는 밀폐계이므로, 체적이 팽창된다고 예상할 수 있다. 이 작동 유체는 2성분 이상 기체 혼합물이다.

가정 : $\Delta KE = \Delta PE = 0$. 기체들은 비열이 일정한 이상 기체로 거동한다.

이 문제를 풀려면, 밀폐계에서의 열역학 제1법칙을 사용하여야 한다. 식 (4.32)는 다음과 같다.

$$Q - W = m\left(u_2 - u_1 + \frac{V_2^2 - V_1^2}{2} + g(z_2 - z_1)\right)$$

운동 에너지 변화와 위치 에너지 변화는 전혀 없다고 가정하고, 비열이 일정하다고 가정하면 다음과 같다.

$$Q - W = m(u_2 - u_1) = mc_v(T_2 - T_1)$$

이 문제에서는 일정 압력에서 이동 경계 일이 발생한다. 즉,

$$W = \int_1^2 Pd\forall = P(\forall_2 - \forall_1)$$

분명한 점은, 이 식들에서 초기 상태와 최종 상태에서의 체적을 구해야 하며, 혼합물의 질량과 혼합물의 c_v값을 구해야 한다는 것이다. 먼저, 혼합물의 전체 질량을 구하고 나서 질량 분율을 구한다. 즉,

$$m = m_{N_2} + m_{CO_2} = 6.0 \text{ kg}$$

$$mf_{N_2} = \frac{m_{N_2}}{m} = 0.333 \qquad\qquad mf_{CO_2} = \frac{m_{CO_2}}{m} = 0.667$$

$M_{N_2} = 28 \text{ kg/kmole}$과 $M_{CO_2} = 44 \text{ kg/kmole}$이므로, 혼합물의 분자 질량은 다음과 같다.

$$M = \left[\sum_{i=1}^{j} \frac{mf_i}{M_i} \right]^{-1} = 36.97 \text{ kg/kmole}$$

그리고 기체 상수는 다음과 같다.

$$R = \frac{\overline{R}}{M} = 0.225 \text{ kJ/kg} \cdot \text{K}$$

300 K에서는, $c_{v,N_2} = 0.743 \text{ kJ/kg} \cdot \text{K}$이고 $c_{v,CO_2} = 0.657 \text{ kJ/kg} \cdot \text{K}$이므로, 혼합물에 식 (9.23a)를 사용하면 다음과 같다.

$$c_v = \sum_{i=1}^{j} mf_i c_{v,i} = 0.6856 \text{ kJ/kg} \cdot \text{K}$$

초기 체적과 최종 체적은 이상 기체 법칙으로 구한다. 즉,

$$\forall_1 = \frac{mRT_1}{P} = 0.540 \text{ m}^3 \qquad\qquad \forall_2 = \frac{mRT_2}{P} = 0.900 \text{ m}^3$$

이동 경계 일 $W = P(\forall_2 - \forall_1) = 270 \text{ kJ}$이다.
열전달은 $Q = mc_v(T_2 - T_1) + W = \mathbf{1090 \text{ kJ}}$이다.

해석 : 이러한 유형의 문제를 풀어보는 경험을 해봐야지만 위에서 구한 값들이 타당한지 아닌지 판단을 할 수 있게 된다. 이 문제에서는 이 값들이 논리적이라는 것을 알 수 있다. 일은 양(+)의 값으로 이는 이 시스템이 팽창하면서 주위에 일을 한다는 것을 의미한다. 열전달은 양(+)의 값으로 이는 이 시스템에 열이 부가된다는 것을 의미하는데, 이는 시스템에서 일이 발생되고 작동 유체 또한 온도가 증가할 거라고 예상한 대로이다.

▶ 예제 9.6

두 부분의 H_2와 한 부분의 O_2의 혼합물(몰 조성 기준)이 엔진에 유입되기 전에 단열된 노즐을 통해서 가속되고 있다. 이 혼합물은 40 ℃로 유입되어 30 ℃로 유출된다. 혼합물이 2 m/s의 속도로 유입될 때, 출구 속도는 얼마인가? 일 형태의 상호작용이 전혀 없고 위치 에너지 변화도 전혀 없다고 가정하고, 혼합물의 비열은 일정하다고 본다.

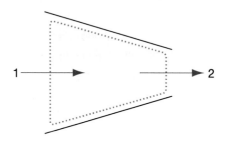

주어진 자료 : $T_1 = 40\,℃$, $T_2 = 30\,℃$, $\dot{Q} = 0$(단열), $V_1 = 2\,m/s$
혼합물은 전부 세 부분이므로, 주어진 몰 분율은 $y_{H_2} = 0.667$이고 $y_{O_2} = 0.333$이다.

구하는 값 : V_2

풀이 해석해야 할 시스템은 노즐로서, 이를 정상 상태, 정상 유동, 단일 입구, 단일 출수 개방계로 볼 수 있다. 작동 유체는 이상 기체 혼합물로서 비열은 일정하다고 가정하면 된다.

가정 : $\dot{W} = 0$, $\Delta PE = 0$.
일정 비열 이상 기체 혼합물.

출구 속도를 구하려면, 단일 입구, 단일 출구, 정상 상태, 정상 유동 계에서의 열역학 제1법칙(식 (4.15))를 사용하여야 한다. 즉,

$$\dot{Q} - \dot{W} = \dot{m}\left(h_2 - h_1 + \frac{V_2^2 - V_1^2}{2} + g(z_2 - z_1)\right)$$

열전달이나 일 또는 위치 에너지 변화가 전혀 없고, 비열이 일정한 이상 기체에서는 식 (4.15)가 다음과 같이 된다.

$$h_2 - h_1 + \frac{V_2^2 - V_1^2}{2} = c_p(T_2 - T_1) + \frac{V_2^2 - V_1^2}{2} = 0$$

이제 혼합물의 정압 비열 c_p를 구해야 한다. c_p를 구하려면, 먼저 혼합물의 분자 질량을 구해야 하는데, $M_{H_2} = 2\,kg/kmole$과 $M_{O_2} = 32\,kg/kmole$이므로 다음과 같이 된다. 즉,

$$M = \sum_{i=1}^{j} y_i M_i = 12\,kg/kmole$$

그런 다음, 질량 분율을 $mf_i = y_i \dfrac{M_i}{M}$ 을 사용하여 구한다. 그러므로 다음과 같다.

$$mf_{H_2} = 0.111 \quad 및 \quad mf_{O_2} = 0.889$$

40 ℃에서, $c_{p,H_2} = 14.34 \ \text{kJ/kg} \cdot \text{K}$ 이고 $c_{p,O_2} = 0.921 \ \text{kJ/kg} \cdot \text{K}$ 이므로, 식 (9.23a)에서 다음과 같이 된다.

$$c_p = \sum_{i=1}^{j} mf_i \, c_{p,i} = 2.41 \ \text{kJ/kg} \cdot \text{K}$$

V_2 를 구하면 다음과 같다.

$$V_2 \left[2c_p (T_2 - T_1) + V_1^2 \right]^{1/2} = \left[2\left(2410 \, \frac{\text{J}}{\text{Kg} \cdot \text{K}}\right)(40\,℃ - 30\,℃) + \left(2\, \frac{\text{m}}{\text{s}}\right)^2 \right]^{1/2}$$

$$V_2 = 220 \ \text{m/s}$$

해석 : c_p 에 온도 차를 곱할 때에는, 온도 차가 10 ℃나 10 K로 동일하므로, 그 결과는 ℃ 단위에서나 K 단위에서 동일하게 나온다. 출구 속도는 입구 속도보다 훨씬 더 크며, 이는 노즐에서 예상하는 바 대로이다.

▶ 예제 9.7

이상 기체 혼합물이 그 체적 조성이 25 % N_2, 50 % O_2 및 25 % CO_2 이다. 이 혼합물이 단열된 터빈 속을 질량 유량 12 kg/s로 흐른다. 혼합물은 터빈에 2 MPa 및 500 ℃로 유입되어 터빈에서 300 kPa로 유출된다. 터빈은 등엔트로피 효율이 0.85이다. 운동 에너지 변화와 위치 에너지 변화는 무시할 수 있으며, 혼합물은 비열이 일정(600 K에서 선정)하다고 가정하고, 터빈에서 발생되는 동력과 과정에서의 엔트로피 생성률을 각각 구하라.

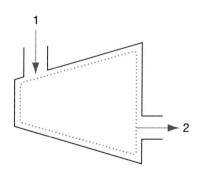

주어진 자료 : $P_1 = 2 \ \text{MPa}$, $T_1 = 500\,℃ = 773 \ \text{K}$, $P_2 = 300 \ \text{kPa}$, $\dot{m} = 12 \ \text{kg/s}$, $\eta_{s,t} = 0.85$

이상 기체 혼합물에서는 체적 조성이 몰 조성과 같으므로, 다음과 같이 된다.

$$y_{N_2} = 0.25 \text{이고} \quad y_{O_2} = 0.50 \text{이며} \quad y_{CO_2} = 0.25 \text{이다.}$$

구하는 값: $\dot{W}$, $\dot{S}_{gen}$

풀이 단일 입구, 단일 출구, 정상 상태, 정상 유동 계에서의 열역학 제1법칙[식 (4.15)]을 고려하면 다음과 같다.

$$\dot{Q} - \dot{W} = \dot{m}\left(h_2 - h_1 + \frac{V_2^2 - V_1^2}{2} + \mathrm{g}(z_2 - z_1)\right)$$

운동 에너지 변화나 위치 에너지 변화가 전혀 없고, 열전달도 전혀 없으며, 비열이 일정한 이상 기체에서 열역학 제1법칙은 다음과 같이 된다.

$$\dot{W} = \dot{m}(h_1 - h_2) = \dot{m}c_p(T_1 - T_2)$$

마찬가지로, 엔트로피 생성률 균형[식 (6.32)]은 다음과 같이 된다.

$$\dot{S}_{gen} = \dot{m}(s_2 - s_1) = \dot{m}\left[c_p \ln\frac{T_2}{T_1} - R\ln\frac{P_2}{P_1}\right]$$

이 식들에는 분명히 혼합물의 c_p 값과 R 값이 필요하고, 출구 온도를 구해야 한다. 먼저, 혼합물의 상태량을 구하려면, 몰 분율을 질량 분율로 변환시켜야 한다.

$$M_{N_2} = 28 \text{ kg/kmole} \qquad M_{O_2} = 32 \text{ kg/kmole} \qquad M_{CO_2} = 44 \text{ kg/kmole}$$

$$M = \sum_{i=1}^{j} y_i M_i = (0.25)(28) + (0.50)(32) + (0.25)(44) = 34 \text{ kg/kmole}$$

그런 다음, 질량 분율은 $mf_i = y_i \dfrac{M_i}{M}$ 을 사용하여 구한다. 그러므로 다음과 같다.

$$mf_{N_2} = 0.2059 \qquad mf_{O_2} = 0.4706 \qquad mf_{CO_2} = 0.3235$$

$c_{p,N_2} = 1.075 \text{ kJ/kg} \cdot \text{K}$, $c_{p,O_2} = 1.003 \text{ kJ/kg} \cdot \text{K}$ 및 $c_{p,CO_2} = 1.075 \text{ kJ/kg} \cdot \text{K}(600 \text{ K에서})$이므로, 식 (9.23a)에서 다음이 나온다.

$$c_p = \sum_{i=1}^{j} mf_i c_{p,i} = 1.041 \text{ kJ/kg} \cdot \text{K}$$

또한, 다음과 같다.

$$R = \frac{\overline{R}}{M} = 0.2445 \text{ kJ/kg} \cdot \text{K}$$

$c_v = c_p - R$이므로, $c_v = 0.796$ kJ/kg·K과 $k = c_p/c_v = 1.307$을 구할 수 있다.
이 k를 사용하여, 터빈에서의 등엔트로피 출구 온도를 구할 수 있다.

$$T_{2s} = T_1 \left(\frac{P_2}{P_1} \right)^{\frac{k-1}{k}} = 495 \text{ K}$$

터빈의 등엔트로피 효율에서 T_2를 계산할 수 있는데, 실제 출구 온도는 다음과 같다.

$$\eta_{s,t} = \frac{h_1 - h_2}{h_1 - h_{2s}} = \frac{c_p(T_1 - T_2)}{c_p(T_1 - T_{2s})}$$

이 식을 풀면 $T_2 = 537 \text{ K}$가 나온다.

(주 : 비열을 600 K에서 선정하는 것이 정확히 평균 온도에서 선정하는 것은 아니지만, 상당히 평균값에 가까우므로 계산에 충분히 정확하게 사용할 수 있다.)

최종 계산을 마치면 다음이 나온다.

$$\dot{W} = \dot{m} c_p (T_1 - T_2) = 2950 \text{ kW}$$

$$\dot{S}_{\text{gen}} = \dot{m} \left[c_p \ln \frac{T_2}{T_1} - R \ln \frac{P_2}{P_1} \right] = 1.02 \text{ kW/K}$$

해석 : 이 풀이 절차는 제6장에 밟았던 절차와 비슷하지만, 여기에는 혼합물 상태량 계산이 들어 있다. 또한, 계산 결과는 질량 유량이 다소 적은 터빈에서 예상할 수 있는 바와 일관되는 것으로 보인다.

중요한 점은 혼합물과 관련 있는 것처럼 보이는 문제라고 해서 모두 다 혼합물 상태량을 사용하여 문제를 더 쉽게 풀 수 있는 것은 아니라는 사실에 유의하여야 한다는 것이다. 예를 들어, 일부 경우에는 문제가 혼합물의 생성과 관련이 있고, 혼합물에 분명한 입구 조건이 전혀 없을 때가 있다. 이러한 문제에서는, 혼합물의 성분들을 혼합되지 않은 별개의 기체로 취급하여 개별적으로 시스템을 거쳐 흐르는 각 기체의 결과들을 합하는 것이 더 쉬울 때가 많이 있다. 이는 이상 기체 혼합물이 성분 간에 상호작용을 전혀 겪지 않기 때문에 가능하므로, 그 최종 결과는 그림 9.6과 같이 각 기체가 개별적으로 관련이 되는 몇 개의 유사한 문제들의 결과를 합한 것이기도 하다. 이 내용은 예제 9.8에 예시되어 있다.

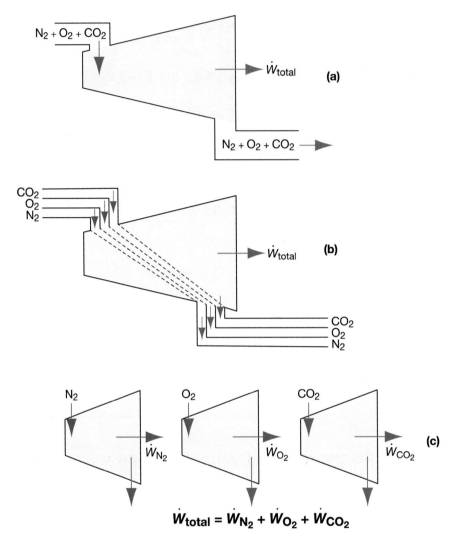

〈그림 9.6〉 (a) 3개의 이상 기체의 혼합물이 내부를 흐르는 가스 터빈. (b) 이상 기체는 혼합물로서의 효과가 전혀 없으므로, 터빈은 3개의 별개의 기류가 그 내부에 흐른다고 생각할 수 있다. (c) 그 대안으로, 이 문제를 3개의 별개의 터빈으로 보고, 각 터빈에는 하나의 기체가 흐르고 전체 일은 이 3개의 기체가 발생시키는 일의 합이라고 생각할 수 있다.

▶ 예제 9.8

혼합 챔버에 온도가 20 ℃인 CO_2가 1.5 kg/s로, 그리고 온도가 0 ℃인 CH_4가 2.0 kg/s로 유입된다. 혼합 챔버에서는, 2개의 기류가 혼합·가열되고 이 혼합류는 30 ℃로 유출된다. 이 기체들은 비열이 일정한 이상 기체로서 거동하며, 과정은 정상 상태라고 가정하고, 혼합 챔버에서의 열전달률을 구하라.

주어진 자료 : 입구 1 (CO_2): $T_1 = 20 \text{ ℃}$, $\dot{m}_1 = 1.5 \text{ kg/s}$, $c_{p,CO_2} = 0.846 \text{ kJ/kg·K}$

입구 2 (CH_4): $T_2 = 0 \text{ ℃}$, $\dot{m}_2 = 2.0 \text{ kg/s}$, $c_{p,CH_4} = 2.254 \text{ kJ/kg·K}$

출구 3 (CO_2 및 CH_4): $T_3 = 30 \text{ ℃}$

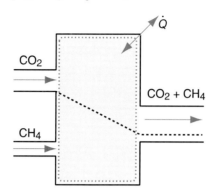

구하는 값 : $\dot{Q}$

풀이 이 시스템은 입구가 2개이고 출구가 1개인 개방계이다. 또한, 정상 상태, 정상 유동 조건에서 운전된다. 작동 유체는 이상 기체이다.

가정 : 운동 에너지 변화나 위치 에너지 변화가 전혀 없다. $\dot{W} = 0$. 기체들은 비열이 일정하다.

이 문제를 처음부터 끝까지 혼합물로서 취급하면, 2개의 기체가 서로 다른 온도로 유입되므로 어려워진다. 우리는 혼합류의 "입구" 온도를 몇 도로 해야 하는지를 알지 못한다. 열역학 제1법칙을 사용하면 혼합물이 혼합 챔버 안에서 가열되기 이전의 온도를 구할 수 있다. 그러나 이렇게 계산을 하려면, 문제를 2개의 별개의 문제(즉, 하나는 CO_2를 20 ℃에서 30 ℃로 가열시키는 문제, 또 하나는 CH_4를 0 ℃에서 30 ℃로 가열시키는 문제)로 취급하여 그 결과들을 합하는 것이 아마도 전체적으로 더 쉬울 것이다. 이상 기체 혼합물이라는 가정은 분자들 간에는 상호작용이 전혀 없다는 것을 의미하므로, 기체들은 해당 기체 이외에는 아무것도 없는 것처럼 거동한다. 그러므로 각 기체는 다른 기체의 존재의 영향을 받지 않는다.

각각의 개별 문제는 단일 입구, 단일 출구, 정상 상태, 정상 유동 계가 된다. 동력이 전혀 없고 운동 에너지나 위치 에너지 변화가 전혀 없다고 가정한다. 열역학 제1법칙[식 (4.15)]는 다음과 같다.

$$\dot{Q} - \dot{W} = \dot{m}\left(h_{\text{out}} - h_{\text{in}} + \frac{V_{\text{out}}^2 - V_{\text{in}}^2}{2} + g(z_{\text{out}} - z_{\text{in}})\right)$$

이 식은 비열이 일정한 이상 기체에서는 다음과 같이 된다.

$$\dot{Q} = \dot{m}(h_{\text{out}} - h_{\text{in}}) = \dot{m}c_p(T_{\text{out}} - T_{\text{in}})$$

CO_2에서는 다음과 같다 : $\dot{Q}_{CO_2} = \dot{m}_1 c_{p,CO_2}(T_3 - T_1) = 12.69 \text{ kW}$

CH_4에서는 다음과 같다 : $\dot{Q}_{CH_4} = \dot{m}_2 c_{p,CH_4}(T_3 - T_2) = 135.24 \text{ kW}$

그러면 전체 열전달률은 다음과 같다.

$$\dot{Q} = \dot{Q}_{CO_2} + \dot{Q}_{CH_4} = 148 \text{ kW}$$

해석 : 온도가 필요한 만큼 증가가 되려면, 메탄의 질량 유량이 이산화탄소보다 더 크므로 CO_2 온도를 증가시키는 데보다 CH_4 온도를 증가시키는 데 더 많은 열이 필요하다는 것이 논리적이다. 이 문제는 전체에 걸쳐 혼합물로서 취급하여 이해하려고 해야 된다. 그렇게 하려면, 추가적인 에너지 균형을 잡아야 할 필요가 있게 된다. 에너지 균형을 잡으려면 두 입구 기류의 혼합을 고려해야만 된다. 이 혼합 해석에서는 열전달이나 일 전달이 전혀 없다고 가정하면 된다.

일반적으로, 입구 조건과 출구 조건이 각각 공통인 혼합물은 혼합물 상태량을 사용하는 혼합물로서 취급하는 것이 계산하기에 더 간단하기 마련이다. 그러나 이상 기체 혼합물에서는 과정을 개별 기체가 겪는 일련의 과정으로 취급하여도 되므로 전체 결과는 부분 결과의 합이다. 이는 바로 문제가 너무 어려워서 단일의 기체 혼합물로서 풀 수 없을 때 사용하는 방법이다.

> **심층 사고/토론용 질문**
>
> 문제들 중에는, 이상 기체가 하나씩 수반되는 몇 개의 유사한 문제로 취급하는 것이 더 쉬운 문제들도 있고, 혼합물로 취급하는 것이 더 나은 문제들도 있다. 시스템의 어떤 특성들 때문에, 작동 유체를 문제 전체에 걸쳐서 이상 기체 혼합물로 취급하는 방법이 더 재치가 있다고 하게 되는 것일까?

9.5   실제 기체 혼합물 거동의 서론

많은 기체 혼합물은 공정기술에서 이상 기체 혼합물로서 해석되지만, 중요한 점은 그러한 가정에서 나올 수 있는 오차 유형을 이해하는 것이다. 그러므로 이 절에서는 실제 기체 혼합물 거동에서 몇 가지 다른 점을 소개한다.

실제 기체 혼합물의 압력-체적-온도($P-v-T$) 거동을 해석할 때에는, 반데르발스 식과 같은 복잡한 상태식을 사용하고, 특정 기체 혼합물에 유도된 수정 계수를 사용한다. 이러한 과정에서는 혼합물에 사용될 다음과 같은 상수가 유도된다.

$$a = \left(\sum_{i=1}^{j} y_i a_i^{1/2} \right)^2 \tag{9.24a}$$

및

$$b = \sum_{i=1}^{j} y_i b_i \tag{9.24b}$$

여기에서, a_i와 b_i는 혼합물에 들어 있는 각 특정 기체에 사용하는 반데르발스 상수이다.

이보다 더 간단한 방법은, 각 기체의 압축성을 활용하여, 개별 기체 성분의 압축성 계수의 몰 기준 가중 합을 사용하는 것이다. 즉,

$$Z = \sum_{i=1}^{j} y_i Z_i \tag{9.25}$$

여기에서 Z_i는 혼합물의 성분 i의 압축성 계수이다. 대개는 혼합물의 온도와 압력을 사용하여, 즉 아마가의 법칙을 사용하여 이러한 압축성 계수를 구하는 것이 가장 좋다. 이 방법에서는 $T_{R,i} = T/T_{cr,i}$와 $P_{R,i} = P/P_{cr,i}$를 구하는 것이며, 여기에서 T와 P는 각각 혼합물의 온도와 압력이다. 이와는 대안적인 다른 방법으로는, 혼합물의 온도와 체적을 사용하여, 즉 케이(Kay)의 법칙을 사용하여 압축성 계수를 구할 수도 있는데, 이 케이 법칙의 내용은 혼합물의 준임계 압력과 준임계 온도는 개별 성분의 임계 압력과 임계 온도의 몰 분율 기준 가중 합으로 구할 수 있으며, 그런 다음 이 값들을 사용하여 혼합물의 압축성 계수를 구한다는 것이다. 일단 압축성 계수를 구하면, 기체 혼합물의 거동을 다음과 같이 나타낼 수 있다. 즉,

$$PV = Zn\overline{R}T \tag{9.26}$$

그 차이점은 예제 9.9에 예시되어 있다.

▶ 예제 9.9

실제 기체가 (몰 기준으로) 35 % N_2와 65 % C_2H_4로 구성되어 있으며, 압력은 18 MPa이고 온도는 300 K이다. 혼합물의 압축성 계수를 사용하여 혼합물의 몰 비체적을 구하고, 이 값을 이상 기체 법칙을 사용하여 산정한 값과 비교하라.

주어진 자료 : $y_{N_2} = 0.35$, $y_{C_2H_4} = 0.65$, $P = 18{,}000\,\text{kPa}$, $T = 300\,\text{K}$

구하는 값 : $\overline{v}$ (압축성 계수와 이상 기체 법칙을 모두 사용)

풀이 먼저, (아마가의 모델에 따라) 혼합물의 온도와 압력을 사용하여 각 기체의 압축성 계수를 구한다.

N_2에서는 다음과 같다.

$$T_{c, N_2} = 126.2\,\mathrm{K}, \quad P_{c, N_2} = 3{,}390\,\mathrm{kPa}:$$

$$T_{R, N_2} = T/T_{c, N_2} = 2.38$$

$$P_{R, N_2} = P/P_{c, N_2} = 5.31$$

압축성 도표에서 다음과 같다.

$$Z_{N_2} = 1.03$$

C_2H_4에서 다음과 같다.

$$T_{c, C_2H_4} = 282.4\,\mathrm{K}, \quad P_{c, C_2H_4} = 5120\,\mathrm{kPa}:$$

$$T_{R, C_2H_4} = T/T_{c, C_2H_4} = 1.06$$

$$P_{R, C_2H_4} = P/P_{c, C_2H_4} = 3.52$$

압축성 도표에서 다음과 같다.

$$Z_{C_2H_4} = 0.52$$

식 (9.25)를 사용하면 다음과 같다.

$$Z = \sum_{i=1}^{2} y_i Z_i = y_{N_2} Z_{N_2} + y_{C_2H_4} Z_{C_2H_4} = 0.699$$

그러면, 다음과 같이 된다.

$$\bar{v} = \frac{Z \bar{R} T}{P} = \frac{(0.699)(8.314\,\mathrm{kJ/kmole \cdot K})(300\,\mathrm{K})}{18{,}000\,\mathrm{kPa}} = 0.0968\ \mathbf{m^3/kmole}$$

이상 기체 법칙을 사용할 때에는, 그 결과가 다음과 같다.

$$\bar{v} = \frac{\bar{R} T}{P} = \frac{(8.314\,\mathrm{kJ/kmole \cdot K})(300\,\mathrm{K})}{18{,}000\,\mathrm{kPa}} = 0.139\ \mathbf{m^3/kmole}$$

해석 : 그러므로 이상 기체 법칙에서는 몰 비체적이 과다 산정되는데, 여기에서는 ~43 %이나 된다. 압축성 계수를 사용하여 구한 값이 정확하지 않더라도, 이상 기체 법칙으로 구한 값보다는 훨씬 더 가까우므로 압축성 도표는 기체 혼합물의 거동이 이상 기체에 얼마나 가까운지를 평가하는 데 사용할 수 있는 훌륭한 수단이다. 예를 들어, 기체 혼합물의 압력이 100 kPa이라면, 압축성 계수 방법으로는 압축성 계수가 1에 매우 가깝게 결정될 것이므로, 기체 혼합물은 이상 기체로 간주될 것이다.

잊지 말아야 할 점은, 단일 성분 기체에서와 똑같이, 극단적인 조건들을 적절하게 부여하여야만 실제 기체 거동이 이상 기체 법칙으로 예상할 수 있는 거동에서 많이 벗어나게 된다는 것이다. 이 경우에는, 압력이 18 MPa 이다. 이 때문에 공학 응용에서 일반적으로 볼 수 있는 밀도보다 밀도가 훨씬 더 높게 된다. 공학 목적상, 대부분은 아니지만 많은 기체 혼합물 문제는 여전히 이상 기체 혼합물 문제로 취급해도 된다. 그러나 아울러 알고 있어야 할 점은, 매우 높은 압력과 매우 낮은 온도로 인하여 충분히 커진 밀도 때문에 기체 거동이 이상 조건에서 멀리 벗어나게 되었다는 것이다.

혼합물에서 실제 기체 상태량들 간의 관계는, 실제 기체에서는 비내부 에너지 u와 비엔탈피 h와 같은 상태량들도 압력과 온도의 함수이므로, 한층 더 복잡해진다. 그러므로 실제 기체 거동이 압력에 영향을 주게 되면, 실제 기체 거동 또한 이러한 상태량 값에 영향을 주게 된다. 예제 9.9에서 나타난 바와 같이, 예상할 수 있는 점은, 많은 공정기술 문제에서는 오히려 극한 조건들을 겪기 전에는 이상 기체 거동에서 벗어나는 편차가 크지 않으리라는 것이다. 결과적으로 엔탈피와 엔트로피와 같은 실제 기체 혼합물 상태량을 구하는 방법들은 열역학에서 한층 더 고급 과정으로 남게 된다.

요약

이 장에서는, 이상 기체 혼합물을 둘러싸고 있는 개념들을 학습하였다. 기체 혼합물의 조성을 기술하는 여러 가지 방법들을 접하였고, 임의의 이상 기체 혼합물의 열역학적 상태량을 구하는 방법을 배웠다. 작동 유체로 이상 기체 혼합물을 사용할 때에도 열역학적 문제를 풀이하는 방법들이 크게 달라지지 않는다는 것을 알았다. 즉, 가장 중요한 변동 사항은 열역학적 상태량들을 건별 기준으로 구해야 된다는 것이다. 끝으로, 이상 기체 혼합물과 실제 기체 혼합물의 몇 가지 차이점을 배웠다. 이러한 지식을 바탕으로 하여, 이제 기체 혼합물이 통상적으로 존재하는 2가지 상황(즉, 습공기 및 연소)을 살펴보기로 하자.

주요 식

질량 분율 :

$$mf_i = \frac{m_i}{m} \tag{9.3}$$

몰 분율 :

$$y_i = \frac{n_i}{n} \tag{9.4}$$

혼합물의 분자 질량 :

$$M = \sum_{i=1}^{j} y_i M_i = \left[\sum_{i=1}^{j} \frac{mf_i}{M_i} \right]^{-1} \tag{9.6}$$

혼합물의 비열 :

$$c_p = \sum_{i=1}^{j} mf_i c_{p,i} \qquad c_v = \sum_{i=1}^{j} mf_i c_{v,i} \tag{9.23a}$$

$$\bar{c}_p = \sum_{i=1}^{j} y_i \bar{c}_{p,i} \qquad \bar{c}_v = \sum_{i=1}^{j} y_i \bar{c}_{v,i} \tag{9.23b}$$

9.1 기체 혼합물이 H_2 2 kg, CO_2 7 kg 및 N_2 5 kg으로 구성되어 있다. 이 혼합물에서 각 성분의 질량 분율과 몰 분율, 혼합물의 분자 질량 및 혼합물의 기체 상수를 각각 구하라.

9.2 기체 혼합물이 O_2 5 g, CO 3 g, CH_4 1 g 및 CO_2 2 g으로 구성되어 있다. 이 혼합물에서 각 성분의 질량 분율과 몰 분율, 혼합물의 분자 질량 및 혼합물의 기체 상수를 각각 구하라.

9.3 기체 혼합물이 N_2 2 kmole, C_3H_8 3 kmole 및 H_2 1 kmole로 구성되어 있다. 각각의 성분의 질량 분율과 몰 분율, 혼합물의 분자 질량 및 혼합물의 기체 상수를 각각 구하라.

9.4 기체 혼합물이 O_2 5 kmole, CH_4 2 kmole 및 CO_2 6 kmole로 구성되어 있다. 이 혼합물에서 각 성분의 질량 분율과 몰 분율, 혼합물의 분자 질량 및 혼합물의 기체 상수를 각각 구하라.

9.5 어떤 제조 공정이 다음과 같은 이상 기체 혼합물로 구성된 환경에서 진행되어야 한다. 즉, He $0.25 \, m^3$, N_2 $0.35 \, m^3$ 및 Ar $0.10 \, m^3$. 이 혼합물은 압력이 101 kPa이고 온도는 298 K이다. 이 혼합물 구성 성분 각각의 질량 분율과 몰 분율, 혼합물의 이상 기체 상수를 각각 구하라.

9.6 기체 혼합물이 N_2 2 kg 및 H_2 가변량으로 구성되어 있다. 이 혼합물에서 H_2 질량의 범위가 0.1 kg과 5 kg 사이에 걸쳐 변화할 때, 각 성분의 질량 분율과 몰 분율, 혼합물의 분자 질량 및 혼합물의 기체 상수를 그래프로 그려라.

9.7 기체 혼합물이 O_2 5 kmole 및 CH_4 가변량으로 구성되어 있다. 이 혼합물에서 CH_4의 몰량의 범위가 1 kmole과 20 kmole 사이에 걸쳐 변화할 때, 각 성분의 질량 분율과 몰 분율, 혼합물의 분자 질량 및 혼합물의 기체 상수를 각각 구하라.

9.8 기체 혼합물이 He 1.5 kg, Ar 2.0 kg 및 Ne 가변량으로 구성되어 있다. 이 혼합물에서 Ne 질량의 범위가 0 kg과 10 kg 사이에 걸쳐 변할 때, 혼합물 구성 성분 각각의 질량 분율과 몰 분율, 및 혼합물의 분자 질량을 그래프로 구하라.

9.9 기체 혼합물의 질량 기준 분석에서, 혼합물이 He 15 %, O_2 25 % 및 모르는 기체 60 %로 구성되어 있는 것으로 나왔다. 이 혼합물의 분자 질량은 12.08 kg/kmole로 구해졌다. 모르는 기체의 분자 질량을 구하고, 이 모르는 기체의 정체를 밝힐 수 있는 타당한 근거를 제시하라.

9.10 기체 혼합물의 (질량 기준) 중량 측정 분석(gravimetric analysis)에서, 혼합물이 N_2 25 %, CO_2 60 % 및 미지 기체 15 %로 구성되어 있는 것으로 나왔다. 이 혼합물의 기체 상수는 0.227 kJ/kg·K으로

구해졌다. 미지 기체의 분자 질량을 구하고, 이 미지 기체의 정체를 밝힐 수 있는 타당한 근거를 제시하라.

9.11 기체 혼합물의 몰 분석에서, 혼합물이 O_2 30 %, C_3H_8 45 % 및 미지 기체 25 %로 구성되어 있는 것으로 나왔다. 이 혼합물의 기체 상수는 0.249 kJ/kg·K로 구해졌다. 미지 기체의 분자 질량을 구하고, 이 미지 기체의 정체를 밝힐 수 있는 타당한 근거를 제시하라.

9.12 기체 혼합물의 화학 분석에서, 혼합물이 He와 Ar으로만 구성되어 있는 것으로 나왔다. 이 혼합물의 기체 상수는 0.285 kJ/kg·K으로 구해졌다. 혼합물에 들어 있는 He와 Ar의 몰 분율과 질량 분율을 구하라.

9.13 CH_4와 공기의 혼합물을 받아 보고 이 혼합물이 가연성인지를 판정하여야 한다. 혼합물은 연료 질량에 대한 공기 질량의 비가 10.5와 37.4 사이에 들 때에만 가연성이라는 사실을 알았다. 혼합물을 실험하여 그 기체 상수는 0.295 kJ/kg·K로 구해졌다. 이 혼합물은 가연성인가?

9.14 문제 9.10과 같은 상황에서, CH_4와 공기의 혼합물을 2가지 받아 보고 이 혼합물들의 기체 상수를 각각 0.354 kJ/kg·K과 0.495 kJ/kg·K로 구했다. 이 혼합물은 모두 가연성인가 아니면 어느 쪽이 가연성인가?

9.15 방에 일산화탄소(CO)가 새어 들어오고 있다고 하자. 사람에게 미치는 영향은 사람마다 다르기 마련이어서, (체적 기준으로 0.08 %인) 800 ppm에 노출되면 3시간 안에 죽음에 이르는 사람도 있다고 한다. 초기에 방 안에 CO는 전혀 없고 공기만 21 kg이 들어 있었다. 이 방에 CO가 새어 들어와 방안에는 CO가 시간 당 0.1 kg이 부가된다. 방 안에서 어느 정도 유출되는 공기나 CO는 무시한다. CO의 몰 농도가 800 ppm에 도달할 때까지 이러한 누설이 감지되지 않는 시간 간격은 얼마나 되는가?

9.16 문제 9.15 를 다시 풀어라. 단, 공기는 (CO가 전혀 없이) CO가 첨가될 때의 부가율, 즉 0.1 kg air/h로 방에서 유출된다고 한다.

9.17 이상 기체 혼합물이, 그 조성은 몰 기준으로 N_2 25 %, H_2 5 %, Ar 30 % 및 CO_2 40 %이다. 이 혼합물의 전체 압력은 250 kPa이다. 이 혼합물에서 각 성분의 부분 압력(분압)을 구하라.

9.18 이상 기체 혼합물의 조성이 몰 기준으로 N_2 50 %, O_2 40 % 및 CH_4 10 %이다. 이 혼합물의 전체 압력은 450 kPa abs.이다. 이 혼합물에서 각 성분의 부분 압력(분압)을 구하라.

9.19 이상 기체 혼합물이 몰 기준으로 Ar 40 %, O_2 40 % 및 Ne 20 %로 구성되어 있다. 이 혼합물이 차지하고 있는 전체 체적은 0.75 m^3이다. 이 혼합물에서 각 성분의 부분 압력(분압)을 구하라.

9.20 이상 기체 혼합물이 질량 기준으로 N_2 70 %, H_2 25 % 및 CO_2 5 %로 구성되어 있다. 이 혼합물이 차지하고 있는 전체 체적은 1.25 m^3이다. 이 혼합물에서 각 성분의 부분 압력(분압)을 구하라.

9.21 체적이 0.2 m^3인 용기에 질량 기준으로 N_2 20 %, CO_2 40 % 및 Ne 20 %로 구성된 이상 기체 혼합물이 들어 있다. 이 혼합물에서 각각의 성분이 차지하는 부분 체적을 각각 구하라.

9.22 이상 기체 혼합물이 강성 용기에 들어 있다. 초기에 이 혼합물 성분들의 부분 압력은 N_2 8.5 kPa, CO_2 6.2 kPa 및 Ar 1.5 kPa로 구성되어 있다. 혼합물 온도는 초기에 15 ℃이다. 혼합물은 온도가 80 ℃일 때까지 가열된다. 가열 후에 N_2, CO_2 및 Ar의 부분 압력(분압)을 구하라.

9.23 용기가 칸막이로 세 부분으로 나뉘어 있다. 용기의 A 부분에는 N_2가 0.25 m^3, B 부분에는 He이 0.35 m^3, C 부분에는 CO_2가 0.10 m^3이 각각 들어 있다. 각 기체의 압력은 125 kPa이고, 모든 기체의 온도는 300 K이다. 이제, 칸막이를 제거하여 3가지 기체가 서로 섞이게 한다. 이 기체들은 모두 이상 기체로서 거동한다고 가정하고, 최종 혼합물의 분자 질량과 최종 혼합물에서의 정압 비열을 각각 구하라.

9.24 초기에 비어 있는 용기를 3종류의 이상 기체로 채우려고 한다. 이 용기의 체적은 0.25 m^3이다. 시스템의 압력은 각 기체를 더한 후에 측정한다. 먼저, O_2를 용기 내부의 절대 압력이 125 kPa이 될 때까지 더한다. 그 다음으로, Ar을 용기 내부의 압력이 350 kPa가 될 때까지 더한다. 마지막으로, CH_4를 용기 내부의 압력이 380 kPa가 될 때까지 더한다. 혼합물의 최종 온도가 150 ℃이므로 더해진 기체들도 각각 150 ℃라고 가정한다. 최종 혼합물에서, 각 성분의 부분 압력 및 용기 내 혼합물의 전체 질량을 각각 구하라.

9.25 이상 기체 혼합물이 N_2 1.5 kg, O_2 2.5 kg 및 CO_2 0.15 kg으로 구성되어 있다. 이 혼합물의 분자 질량과, 300 K에서 혼합물의 정압 비열과 정적 비열을 모두 구하라.

9.26 기체 혼합물이 CO_2 2.5 kg, N_2 0.5 kg, 및 H_2 0.75 kg으로 구성되어 압축기 속으로 유출된다. 이 혼합물을 이상 기체라고 가정하고, 혼합물의 분자 질량을 구하고, 온도 300 K에서 혼합물의 정압 비열과 정적 비열을 모두 구하라.

9.27 O_2 0.15 kmole 이 CH_4 0.05 kmole 및 CO_2 0.20 kmole 과 혼합된다. 이 혼합물의 이상 기체 상수와 비열비(k)를 각각 구하라.

9.28 이상 기체 혼합물이 H_2 0.25 kmole, CH_4 0.50 kmole 및 Ne 1.5 kmole로 구성되어 있다. 이 혼합물의 분자 질량과, 300 K에서 혼합물의 질량 기준 정압 비열을 구하라.

9.29 질량 기준으로, 이상 기체 혼합물이 N_2 25 %, CO_2 60 % 및 O_2 15 %로 구성되어 있다. 300 K

에서, 질량 기준으로 정압 비열과 정적 비열을 모두 구하라.

9.30 체적 기준으로, 이상 기체 혼합물이 N_2 15 %, CO_2 25 %, Ar 40 % 및 CH_4 20 %로 구성되어 있다. 혼합물의 정압 비열과 정적 비열을 300 K에서 질량 기준과 몰 기준으로 모두 구하라.

9.31 이상 기체 혼합물이 N_2 및 CO_2로 구성되어 있다. 혼합물의 온도는 300 K이다. N_2의 질량 분율이 0과 1.0 사이에서 변화할 때, 질량 기준으로 정압 비열, 정적 비열, 비열의 비 및 기체 상수를 그래프로 그려라.

9.32 이상 기체 혼합물이 CH_4 및 O_2로 구성되어 있다. 혼합물의 온도는 300 K이다. CH_4의 몰 분율이 0과 1.0 사이에서 변화할 때, 몰 기준으로 정압 비열, 정적 비열 및 비열의 비를 그래프로 그려라.

9.33 이상 기체 혼합물이 초기에 N_2 1.0 kg 및 H_2 1.0 kg으로 구성되어 있다. 그런 다음, O_2가 이 혼합물에 더해진다. 혼합물의 온도는 300 K로 유지된다. 혼합물에 더해지는 O_2의 질량이 0 kg에서 10 kg까지 변화할 때, 혼합물에서 N_2의 질량 분율과 O_2의 질량 분율, 혼합물의 정압 비열, 혼합물의 기체 상수 및 비열의 비를 그래프로 그려라.

9.34 이상 기체 혼합물이 CO_2 0.25 kg와 H_2 01.0 kg으로 구성된 다음, 이 혼합물은 온도가 298 K로 유지되면서 혼합물에 N_2 기체가 첨가되었다. 혼합물에 첨가되는 N_2의 질량이 0 kg에서 1 kg 사이의 범위에서 변할 때, 혼합물의 정적 비열과 비열비를 그래프로 그려라.

9.35 N_2와 Ar으로 구성된 온도가 300 K인 이상 기체 혼합물이 있다. N_2의 질량 분율이 0.0과 1.0 사이에서 변화할 때, 이 혼합물의 정압 비열을 N_2의 질량 분율의 함수인 그래프로 그려라. 다음 각각의 c_p 측정값에서, 혼합물의 조성을 구하라.

(a) 0.98 kJ/kg·K, (b) 0.73 kJ/kg·K, (c) 0.59 kJ/kg·K

9.36 연구소 기술자에게 N_2, O_2 및 H_2로 구성되는 이상 기체 혼합물을 준비하라고 부탁하였다. 공정에서 사용할 때에는 O_2의 질량 분율이 30 %를 초과하면 안 된다. 이 혼합물을 받으면서 이미 N_2가 0.5 kg이 들어 있는 용기에 O_2와 H_2를 넣었다는 정보를 들었다. 그러나 O_2와 H_2를 얼마나 넣었는지는 기록하지 않았다고 한다. 최종 혼합물의 질량을 1.75 kg으로 구하였고, 실험을 해서 혼합물의 정적 비열을 2.25 kJ/kg·K로 구하였다. 최종 혼합물에서 각 기체의 질량 분율은 얼마인가? 또, 이 혼합물은 공정에서 사용할 때에 안전한가?

9.37 문제 9.36과 같은 상황에서, 기술자에게 새로운 N_2, O_2 및 H_2 혼합물을 부탁하였다. 이번에도 과정 중에 약간 부주의를 했지만, (이번에도 N_2를 0.5 kg으로 시작해서) 새로운 1.75 kg의 혼합물을

가져 왔으므로, 이 혼합물의 정적 비열을 5.75 kJ/kg·K로 구하였다. 이 혼합물은 공정에서 사용할 때에 안전한가?

9.38 문제 9.36과 문제 9.37을 참조하여, 기술자에게 재차 적절한 혼합물을 제조하라고 부탁하였다. 이번에도, 기술자는 O_2 0.50 kg를 시작으로 N_2와 O_2를 첨가하여 첨가량이 얼마인지 꼼꼼히 기록도 해 놓지 않고서 또 다시 혼합물 1.75 kg을 제조해 놓았다. 온도가 300 K인 상태에서 이 혼합물의 정적 비열을 측정하여 보았더니 2.90 kJ/kg·K로 나왔다. 이 혼합물은 공정에서 사용하기에 안전할까?

9.39 조성을 알지 못하지만, N_2, O_2 및 CO_2로 구성되어 있는 이상 기체 혼합물이 있다. 25 ℃에서, 이 혼합물의 정압 비열을 0.942 kJ/kg·K로, 정적 비열을 0.699 kJ/kg·K로 각각 구하였다. 혼합물의 조성을 질량 분율로 구하라.

9.40 이상 기체 혼합물이 3가지 미지 기체로 구성되어 있다. 용기에는 "이 용기에는 불활성 기체로 희석된 가연성 혼합물이 들어 있음."이라는 내용의 라벨이 붙어 있다. 각각의 성분을 분리함으로써 질량 분석을 하면 되므로, 질량 분율은 기체 A는 27 %, 기체 B는 61 %, 기체 C는 12 %로 각각 나왔다. 또한, 300 K에서 혼합물이 $c_p = 0.971$ kJ/kg·K이고 $c_v = 0.694$ kJ/kg·K임을 구할 수 있었다. 이 3가지 미지 성분이 무슨 기체인지를 제시하고, 전체 압력이 150 kPa일 때 각 성분의 부분 압력을 구하라.

9.41 N_2 1.5 kg과 Ar 0.60kg으로 구성된 이상 기체 혼합물을 피스톤–실린더 기구에서, 관계식 $Pv^{1.3}$ = 일정에 따라 압축하려고 한다. 초기에는, 혼합물의 압력이 100 kPa이고 혼합물의 온도가 25 ℃이다. 압축 후에는, 혼합물의 압력과 온도가 각각 2000 kPa 및 300 ℃이다. 이 과정에서 일과 열전달을 구하라.

9.42 CH_4 1.1 kg, N_2 2.0 kg 및 CO_2 1.5 kg으로 구성된 이상 기체 혼합물이, 체적이 0.5 m³인 강성 용기에 들어 있다. 이 혼합물의 초기 온도는 10 ℃이다. 혼합물에 250 kJ의 열이 가해진다. 이 혼합물의 최종 온도와 압력을 구하라.

9.43 풍선에 O_2 0.5 mole과 CO_2 0.25 mole이 압력은 140 kPa abs.로 온도는 15 ℃로 들어 있다. 이 이상 기체 혼합물에 열이 정압 상태에서 온도가 40 ℃가 될 때까지 가해진다. 혼합물에 가해지는 열량과 과정 중의 체적 변화를 구하라.

9.44 풍선에는 He 0.25 kg, N_2 0.10 kg 및 Ar 0.05 kg가 압력은 200 kPa이고 온도는 50 ℃인 상태로 들어 있다. 이 이상 기체 혼합물에서는 일정 압력 상태에서 온도가 30 ℃가 될 때까지 열이 제거된다. 이 과정 중 혼합물에서 제거되는 열량과 체적 변화를 각각 구하라.

9.45 체적이 50 L인 강성 용기에 (질량 기준으로) N_2 20 %, H_2 5 % 및 CO_2 75 %로 구성된 이상 기체 혼합물이 초기에 10 ℃ 및 350 kPa abs.로 들어 있다. 이제, 이 용기를 대형 얼음물 통(0 ℃) 안에 넣게 되어 기체 혼합물에서는 그 온도가 0 ℃가 될 때까지 열이 전달된다. 과정에서의 열전달량과 과정에서의 엔트로피 생성량을 각각 구하라.

9.46 피스톤-실린더 장치에 (체적 기준으로) N_2 50 % 및 O_2 50 %로 구성된 이상 기체 혼합물 2 kg이 들어 있다. 초기에 혼합물은 체적이 0.45 m^3이고 온도는 300 ℃이다. 혼합물은 체적이 0.65 m^3이 될 때까지 팽창한다. 표면 온도는 25 ℃이다. 팽창 과정이 각각 다음과 같을 때, 과정 중에 이루어진 일과 엔트로피 생성 및 혼합물의 최종 압력과 온도를 구하라.

(a) 등엔트로피 과정, (b) 관계식 $Pv^{1.8}$ = 일정을 따르는 과정, (c) 정압 과정

9.47 체적이 0.25 m^3인 강성 용기에 He 및 CO_2로 구성된 이상 기체 혼합물이 들어 있다. 초기에 혼합물의 온도와 압력은 각각 300 K 및 150 kPa이고 가열 후에 혼합물의 온도는 500 K이다. 혼합물의 조성이 순수 He에서 순수 CO_2까지의 범위에서 변화할 때, 과정에서 필요한 열전달과 최종 혼합물의 온도 그래프를, 각각 다음의 함수로서 그려라.

(a) He의 질량 분율, (b) He의 몰 분율

9.48 피스톤-실린더 장치에 Ne 및 O_2로 구성된 이상 기체 혼합물이 0.75 kg이 들어 있다. 혼합물의 압력은 초기에 700 kPa abs.이고 초기 온도는 25 ℃이다. 혼합물에 열이 가해짐으로써 체적이 정압 상태에서 두 배가 된다. 혼합물의 조성이 순수 Ne 및 순수 O_2까지의 범위에서 변화할 때, 과정에서의 열전달, 과정에서 이루어진 일 및 혼합물의 최종 온도 그래프를, 각각 다음의 함수로서 그려라.

(a) O_2의 질량 분율, (b) O_2의 몰 분율

9.49 피스톤-실린더 장치에 CH_4 및 N_2로 구성된 이상 기체 혼합물이 0.25 kmole 들어 있다. 혼합물의 초기 압력과 온도는 각각 1200 kPa 및 600 K이다. 혼합물이 정압 상태에서 냉각됨으로써 최종 체적이 최초 체적의 60 %로 수축된다. 혼합물의 조성이 순수 CH_4에서 순수 N_2까지의 범위에서 변화할 때, 과정에서의 열전달, 과정에서 이루어진 일 및 혼합물의 최종 온도 그래프를 각각 다음의 함수로서 그려라.

(a) N_2의 질량 분율, (b) N_2의 몰 분율

9.50 피스톤-실린더 기구에 들어 있는 이상 기체 혼합물을 0.30 m^3에서 0.50 m^3까지 등엔트로피 팽창 과정을 거치게 하려고 한다. 이 혼합물은 H_2 및 Ar으로 구성하려고 하며 초기 압력은 1000 kPa이고 초기 온도는 200 ℃이다. H_2의 질량 분율이 0과 1 사이의 범위에서 변화할 때, 과정에서 이루어진 일, 과정 후의 최종 압력 및 최종 온도 그래프를, H_2의 질량 분율의 함수로서 그려라.

9.51 단열된 피스톤–실린더 기구에 He 및 N_2의 혼합물이 들어 있다. 이 혼합물은 초기에는 500 kPa 및 25 ℃ 상태에서 체적이 40 L이며, 등엔트로피 압축 과정을 거친 후에는 압력이 1.75 MPa이 된다. N_2의 질량 분율이 0과 1 사이의 범위에서 변화할 때, 과정 중의 체적 변화 및 과정 후의 최종 온도 그래프를, N_2의 질량 분율의 함수로서 그려라.

9.52 질량 기준으로 N_2 25 %, O_2 20 % 및 CO_2 55 %로 구성된 이상 기체 혼합물이, 단열된 터빈에 2.0 MPa 및 700 ℃에서 질량 유량 5.5 kg/s로 유입된다. 이 기체들은 터빈에서 압력 100 kPa로 유출된다. 혼합물은 비열이 일정하다고 가정하고, 다음 각각에서 출구 온도 및 발생 동력을 각각 구하라.

(a) 등엔트로피 과정일 때

(b) 터빈의 등엔트로피 효율이 0.80일 때

9.53 질량 기준으로 CO_2 30 %, N_2 50 % 및 Ne 20 %로 구성된 이상 기체 혼합물이, 단열된 압축기에 압력이 100 kPa이고 온도가 20 ℃인 상태에서 정상 체적 유량 0.25 m^3/s로 유입된다. 이 기체들은 압축기에서 800 kPa로 유출된다. 이 혼합물은 비열이 일정하다고 가정하고, 다음 각각에서 출구 온도 및 소비 동력을 각각 구하라.

(a) 등엔트로피 과정일 때

(b) 압축기가 등엔트로피 효율이 0.75 일 때

9.54 질량 기준으로 CH_4 25 %, N_2 40 % 및 Ar 35 %로 구성된 이상 기체 혼합물이, 단열된 터빈에 1.1 MPa 및 500 ℃에서 체적 유량 275 L/s로 유입된다. 이 혼합물은 터빈에서 150 kPa abs.로 유출된다. 혼합물은 비열이 일정하다고 가정하고, 다음 각각에서 발생 동력 및 출구 온도를 각각 구하라.

(a) 등엔트로피 과정일 때

(b) 터빈의 등엔트로피 효율이 0.77일 때

9.55 등엔트로피 효율이 0.82인 터빈에 (체적 기준으로) CO_2 50 %, N_2 25 % 및 O_2 25 %로 구성된 이상 기체 혼합물이 유입된다. 이 혼합물은 터빈에 1.5 MPa 및 1000 ℃에서 체적 유량 7.5 m^3/s로 유입된다. 혼합물은 터빈에서 압력 125 kPa로 유출된다. 혼합물은 비열이 일정하다고 가정하고, 다음 각각에서 출구 온도, 발생 동력 및 엔트로피 생성률을 각각 구하라.

(a) 터빈이 단열되어 있을 때

(b) 터빈에서 열 손실이 500 kW이고, 그 표면 온도가 320 K로 유지되고 있을 때

9.56 H_2와 Ar으로 구성되어 있는 이상 기체 혼합물이, 단열된 터빈에 900 kPa 및 800 ℃로 유입된다. 이 혼합물은 터빈에서 200 kPa로 유출된다. 터빈의 등엔트로피 효율은 0.78이다. 터빈에서 발생된 동력은 1.20 MW이다. 이 이상 기체 혼합물은 비열이 일정하다고 가정한다. 다음 각각에서 출구

온도 및 필요한 혼합물의 질량 유량을 그래프로 그려라.

(a) H_2의 질량 분율이 0과 1 사이에서 변화할 때

(b) H_2의 몰 분율이 0과 1 사이에서 변화할 때

9.57 CH_4—N_2 이상 기체 혼합물이 단열된 터빈에 1.25 MPa abs. 및 700 ℃로 유입되어, 125 kPa abs.로 유출된다. 터빈의 등엔트로피 효율은 0.85이다. 터빈에는 흡입 과정에서 기체가 체적 유량 650 L/s로 유입된다. 이 이상 기체 혼합물은 비열이 일정하다고 가정하고, 다음 각각에서 출구 온도 및 발생 동력을 구하라.

(a) CH_4의 질량 분율이 0과 1 사이에서 변화할 때

(b) CH_4의 몰 분율이 0과 1 사이에서 변화할 때

9.58 단열된 기체 압축기에, 질량 기준으로 H_2 15 %, N_2 40 % 및 CO_2 45 %로 구성된 이상 기체 혼합물이 유입된다. 이 기체 혼합물은 17 ℃ 및 100 kPa로 유입되어, 1200 kPa로 유출된다. 혼합물의 질량 유량은 2.5 kg/s이다. 이 기체 혼합물은 비열이 일정하다고 가정하고, 다음 각각에서 출구 온도 및 소비 동력을 구하라.

(a) 압축기가 등엔트로피 과정을 거칠 때

(b) 압축기가 등엔트로피 효율이 0.78일 때

9.59 체적 기준으로 N_2 25 %, O_2 50 % 및 CO 25 %로 구성된 이상 기체 혼합물이, 단열된 기체 압축기에 15 ℃ 및 100 kPa abs.로 유입된다. 혼합물의 질량 유량은 2 kg/s이다. 이 기체 혼합물은 압축기에서 900 kPa abs.로 유출된다. 다음 각각에서 출구 온도 및 소비 동력을 구하라.

(a) 압축기가 등엔트로피 과정을 거칠 때

(b) 압축기가 등엔트로피 효율이 0.80일 때

9.60 단열되어 있지 않은 압축기에서 동력이 1500 kW가 소비되어 이상 기체 혼합물 4.0 kg/s이 300 K로 유입되면서 100 kPa에서 1000 kPa로 압축된다. 이 혼합물은 체적 기준으로 CH_4 30 %, CO 60 % 및 Ar 10 %로 구성되어 있다. 압축기의 표면은 310 K로 유지된다. 압축기의 등엔트로피 효율은 82 %이다. 압축기에서 출구 온도, 열전달률 및 엔트로피 생성률을 각각 구하라.

9.61 CH_4 및 O_2로 구성된 이상 기체 혼합물이 단열된 압축기에 20 ℃ 및 100 kPa abs.에서 체적 유량 140 L/s로 유입된다. 이 혼합물은 압축기에서 850 kPa abs.로 유출된다. 압축기의 등엔트로피 효율은 0.82이다. 혼합물은 비열이 일정하다고 가정하고, 다음 각각에서 출구 온도와 소비 동력을 그래프로 그려라.

(a) O_2의 질량 분율이 0과 1 사이에서 변화할 때

(b) O_2의 몰 분율이 0과 1 사이에서 변화할 때

9.62 H_2—Ar 이상 기체 혼합물이 단열된 압축기에 25 ℃ 및 100 kPa에서 체적 유량 1.5 m³/s로 유입된다. 이 혼합물은 압축기에서 1100 kPa로 유출된다. 압축기의 등엔트로피 효율은 0.75이다. 혼합물은 비열이 일정하다고 가정하고, 다음 각각에서 출구 온도와 소비 동력을 그래프로 그려라.

(a) H_2의 질량 분율이 0과 1 사이에서 변화할 때

(b) H_2의 몰 분율이 0과 1 사이에서 변화할 때

9.63 질량 기준으로 H_2 15 % 및 O_2 85 %의 혼합물이, 노즐에 20 ℃, 100 kPa에서 5 m/s의 속도로 유입된다. 노즐의 단면적은 0.10 m²이다. 이 혼합물은 노즐에서 18 ℃, 92 kPa에서 250 m/s의 속도로 유출된다. 노즐의 표면은 20 ℃로 유지된다. 혼합물은 비열이 일정하다고 가정하고, 과정에서 열전달률 및 엔트로피 생성률을 각각 구하라.

9.64 단열된 노즐을 사용하여 이상 기체 혼합물을 3 m/s에서 100 m/s으로 가속시키고자 한다. 이 혼합물은 질량 유량이 0.15 kg/s이다. 혼합물은 질량 기준으로 Ar 30 %와 CH_4 70 %로 구성되어 있다. 입구 온도와 압력은 각각 15 ℃ 및 300 kPa이다. 혼합물은 200 kPa 로 유출된다. 이 과정에서 혼합물의 출구 온도 및 엔트로피 생성률을 각각 구하라.

9.65 단열된 노즐에, 체적 기준으로 CO_2 40 %, O_2 40 % 및 N_2 20 %로 구성된 이상 기체 혼합물이 질량 유량 1.5 kg/s로 유입된다. 이 혼합물은 20 ℃에서 2 m/s로 유입되어, 175 m/s로 유출된다. 혼합물은 비열이 일정하다고 가정하고, 혼합물의 출구 온도를 구하라.

9.66 단열된 디퓨저에, 체적 기준으로 N_2 60 %, H_2 30 % 및 O_2 10 %로 구성된 이상 기체 혼합물이 7 ℃에서 130 m/s로 체적 유량 35 L/s로 유입된다. 이 혼합물은 디퓨저에서 10 ℃로 유출된다. 혼합물은 비열이 일정하다고 가정하고, 혼합물의 출구 속도를 구하라.

9.67 단열된 열교환기를 사용하여, 물에서 이상 기체 혼합물로 열을 전달시킴으로써 이 물을 응축시킨다. 이 물은 150 kPa에서 건도 0.85로 유입되어 150 kPa에서 포화 액체로 유출된다. 물의 질량 유량은 15 kg/s이다. 이상 기체 혼합물은 20 ℃로 유입되어 110 ℃로 유출된다. 이상 기체 혼합물의 조성이 (체적 기준으로) 각각 다음과 같을 때, 이 기체 혼합물의 질량 유량을 구하라.

(a) N_2 30 %, CO_2 70 %, (b) N_2 30 %, O_2 70 %, (c) N_2 30 %, H_2 70 %

9.68 단열된 열교환기를 사용하여, 정압 상태에서 이상 기체 혼합물로 열을 전달시킴으로써 기름을 140 ℃에서 40 ℃로 냉각시킨다(기름은 비열이 1.8 kJ/kg·K이다). 이 기름의 질량 유량은 2 kg/s이다. 이상 기체 혼합물은 15 ℃로 유입되어 115 ℃로 유출되며, 200 kPa abs.의 일정 압력 상태로 흐른다. 이상 기체 혼합물의 조성이 (체적 기준으로) 각각 다음과 같을 때, 혼합물의 질량 유량, 혼합물의 입구 체적 유량 및 과정에서의 엔트로피 생성률을 구하라.

(a) N_2 50 %, H_2 50 %, (b) N_2 50 %, CO 50 % (c) N_2 50 %, CO_2 50 %

9.69 단열된 열교환기를 사용하여, 100 kPa의 압력에서 이상 기체 혼합물로 열을 전달시킴으로써 물을 95 ℃에서 30 ℃로 냉각시킨다. 이 이상 기체 혼합물은 N_2 및 CO_2로 구성되어 있다. 이 물의 질량 유량은 10 kg/s이다. 이상 기체 혼합물은 10 ℃로 유입되어 70 ℃로 유출되며, 250 kPa 의 일정 압력 상태로 흐른다. 다음 각각에서, 혼합물의 질량 유량 및 혼합물의 입구 체적 유량을 그래프로 그려라.

(a) N_2의 질량 분율이 0과 1 사이에서 변화할 때

(b) N_2의 몰 분율이 0과 1 사이에서 변화할 때

9.70 단열 혼합 챔버에서, 제1입구로는 25 ℃ 및 110 kPa로 N_2가 질량 유량 2.5 kg/s로 유입되고, 제2입구로는 70 ℃ 및 110 kPa로 CO_2가 질량 유량 4.0 kg/s로 유입된다. 이 혼합된 N_2—CO_2 기류는 105 kPa로 유출된다. 각 기체의 비열은 일정하다고 가정하고, 과정에서 출구 온도 및 엔트로피 생성률을 각각 구하라.

9.71 단열 혼합실을 사용하여, 3개의 이상 기체를 하나의 출구 기류로 혼합시킨다. 제1입구로는 N_2가 10 ℃ 및 150 kPa 상태에서 질량 유량 0.25 kg/s로 유입되고, 제2입구로는 CO가 30 ℃ 및 150 kPa 상태에서 질량 유량 0.15 kg/s 로 유입되며, 제3입구로는 CO_2가 50 ℃ 및 150 kPa 상태에서 질량 유량 0.30 kg/s로 각각 유입된다. 혼합된 기류는 140 kPa로 유출된다. 각각의 기체는 비열이 일정하다고 가정하고, 과정에서의 출구 온도 및 엔트로피 생성률을 각각 구하라.

9.72 표면 온도가 20 ℃이고 단열이 되어 있지 않은 혼합 챔버에서, 제1입구로는 40 ℃ 및 175 kPa로 O_2가 체적 유량 40 L/s로 유입되고, 제2입구로는 25 ℃ 및 175 kPa로 C_3H_8가 체적 유량 15 L/s로 유입되며, 제3입구로는 42 ℃ 및 175 kPa로 Ar이 체적 유량 35 L/s로 유입된다. 이 혼합 기류는 30 ℃ 및 175 kPa로 유출된다. 각각의 비열은 일정하다고 가정하고, 과정에서 열전달률 및 엔트로피 생성률을 각각 구하라.

9.73 단열이 되어 있지 않은 분리 장치에서, 40 ℃ 및 100 kPa로 He와 O_2 혼합물이 체적 유량 1.5 m³/s로 유입된다. 이 혼합물은 초기에 체적 기준으로 He 30 % 및 O_2 70 %로 구성되어 있다. 이 장치에서는 두 기체가 별개의 기류로 분리되며, 과정에서는 동력이 10 kW가 사용된다. 다음 각각에서 장치에서의 열전달률을 구하라.

(a) He와 O_2가 모두 30 ℃로 유출될 때

(b) He는 20 ℃로 유출되고 O_2는 40 ℃로 유출될 때

(c) He는 40 ℃로 유출되고 O_2가 20 ℃로 유출될 때

문항 (a)는 전체 과정을 이상 기체 혼합물로서 취급하고 기체들은 2가지 개별적인 유출 기류로서 취급하여 풀어라.

9.74 체적 기준으로 N_2 30 %, O_2 50 % 및 CO_2 20 %로 구성된 이상 기체 혼합물이, 단열된 터빈에

1350 K 및 1.50 MPa로 유입된다. 혼합물은 850 K로 유출된다. 혼합물의 질량 유량은 7.5 kg/s이다. 다음 각각에서, 발생된 동력을 구하라.

(a) 각 기체의 비열이 300 K에서 산정한 값으로 일정하다고 가정할 때

(b) 각 기체의 비열이 1100 K에서 산정한 값으로 일정하다고 가정할 때

(c) 각 기체의 비열이 가변적이라고 할 때

9.75 기체 압축기에서, (체적 기준으로) N_2 60 %, O_2 30 % 및 CO 10 %로 구성된 이상 기체 혼합물이 체적 유량 100 L/s로 유입된다. 이 혼합물은 20 °C 및 100 kPa로 유입되어, 120 °C로 유출되면서, 과정 중에 열손실이 70 kJ/kg로 일어난다. 다음 각각에서, 압축기에서 소비되는 동력을 구하라.

(a) 각 기체의 비열이 일정하다고 가정할 때

(b) 각 기체의 비열이 가변적이라고 할 때

9.76 단열된 기체 압축기에서, (질량 기준으로) N_2 40 % 및 CO_2 60 %로 구성되어 있는 이상 기체 혼합물이 체적 유량 1.5 m^3/s로 유입된다. 이 혼합물은 298 K 및 101 kPa로 유입되어, 550 K로 유출된다. 다음 각각에서, 압축기에서 소비되는 동력을 구하라.

(a) 각 기체의 비열이 일정하다고 가정할 때

(b) 각 기체의 비열이 가변적이라고 할 때

9.77 단열된 터빈에서 N_2 및 CO_2 이상 기체 혼합물을 사용하여 동력 50 MW를 발생시키려고 한다. 이 혼합물은 1000 K 및 1200 kPa로 유입되어 700 K로 유출된다. 각 비열은 가변적이라고 보고, 다음 각각에서 필요한 혼합물의 질량 유량 및 입구 체적 유량을 그래프로 그려라.

(a) N_2의 질량 분율이 0과 1 사이에서 변화할 때

(b) N_2의 몰 분율이 0과 1 사이에서 변화할 때

9.78 단열된 기체 압축기에서 이상 기체 혼합물이 300 K 및 100 kPa로 체적 유량 2.0 m^3/s로 유입된다. 이 혼합물은 O_2 및 CO_2로 구성되며, 압축기에서 610 K로 유출된다. 각 비열은 가변적이라고 보고, 다음 각각에서 압축기에서 소비되는 동력을 그래프로 그려라.

(a) O_2의 질량 분율이 0과 1 사이에서 변화할 때

(b) O_2의 몰 분율이 0과 1 사이에서 변화할 때

9.79 질량 기준으로 N_2 25 %, O_2 30 % 및 CO_2 45 %로 구성된 이상 기체 혼합물이, 단열된 터빈에 1100 K로 유입되어 750 K로 유출된다. 이 혼합물의 질량 유량은 15.0 kg/s이다. 각 기체의 비열은 일정하다고 가정한다. 다음 각각에서, 터빈에서 발생된 동력을 구하라.

(a) 혼합물을 전체 용액 상태에서 혼합물로서 취급할 때

(b) 터빈에서는 각각의 기체를 개별적으로 취급한 다음 그 결과를 합할 때

9.80 체적 기준으로 H_2 10 %, Ar 70 % 및 O_2 20 %로 구성된 이상 기체 혼합물이, 단열된 터빈에 666 K로 유입되어 390 K로 유출된다. 이 혼합물의 질량 유량은 11 kg/s이다. 각 기체의 비열은 일정하다고 가정한다. 다음 각각에서, 터빈에서 발생된 동력을 구하라.

(a) 혼합물을 전체 용액 상태에서 혼합물로서 취급할 때
(b) 터빈에서는 각각의 기체를 개별적으로 취급한 다음 그 결과를 합할 때

9.81 단열된 압축기를 사용하여 이상 기체 혼합물의 압력을 증가시키려고 한다. 이 혼합물은 300 K 및 100 kPa로 유입하여 700 K 및 800 kPa로 유출된다. 혼합물은 체적 기준으로 H_2 50 %, N_2 10 %, O_2 15 % 및 CO_2 25 %로 구성되어 있다. 이 혼합물의 질량 유량 12.0 kg/s이다. 각 기체의 비열은 일정하다고 가정한다. 다음 각각에서, 압축기에서 소비된 동력 및 과정에서의 엔트로피 생성률을 구하라.

(a) 혼합물을 전체 용액 상태에서 혼합물로서 취급할 때
(b) 압축기에서는 각각의 기체를 개별적으로 취급한 다음 그 결과를 합할 때

9.82 단열된 압축기를 사용하여 이상 기체 혼합물을 가압하려고 한다. 이 혼합물은 질량 기준으로 N_2 35 % 및 O_2 65 %로 구성되어 있다. 혼합물은 300 K 및 100 kPa에서 체적 유량 0.75 m^3/s로 유입하여 750 K 및 900 kPa로 유출된다. 각 기체의 비열은 일정하다고 가정한다. 다음 각각에서, 압축기에서 소비된 동력 및 과정에서의 엔트로피 생성률을 구하라.

(a) 혼합물을 전체 용액 상태에서 혼합물로서 취급할 때
(b) 압축기에서는 각각의 기체를 개별적으로 취급한 다음 그 결과를 합할 때

9.83 혼합물이 체적 기준으로 O_2 35 %, CH_4 10 % 및 CO 55 %으로 구성되어 있다. 혼합물은 온도가 250 K이고 압력이 325 kPa 이다. 다음 각각에서, 혼합물의 몰 비체적을 구하라.

(a) 이상 기체 모델을 사용할 때
(b) 반 데르 발스 식을 사용할 때
(c) 아마가 (Amagat) 모델을 따르는 압축성 계수를 사용할 때

9.84 기체 혼합물이 체적 기준으로 N_2 25 %, CH_4 50 % 및 CO_2 25 %로 구성되어 있다. 이 혼합물의 온도는 320 K이고 혼합물의 압력은 175 kPa이다. 다음 각각에서, 혼합물의 몰 비체적을 구하라.

(a) 이상 기체 모델을 사용할 때
(b) 반데르발스 식을 사용할 때
(c) 아마가 모델을 따라 압축성 계수를 사용할 때

9.85 기체 혼합물이 체적 기준으로 H_2 40 % 및 N_2 60 %로 구성되어 있다. 다음 각각의 조건에서, 이상 기체 모델과 압축성 계수를 모두 사용하여 혼합물의 몰 비열을 구하라.

(a) $T = 200 \text{ K}$, $P = 15 \text{ MPa}$ (b) $T = 200 \text{ K}$, $P = 150 \text{ kPa}$

(c) $T = 1000 \text{ K}$, $P = 15 \text{ MPa}$ (d) $T = 1000 \text{ K}$, $P = 150 \text{ kPa}$

9.86 기체 혼합물이 체적 기준으로 CH_4 30 %, CO 10 % 및 CO_2 60 %로 구성되어 있다. 다음 각각의 조건에서, 이상 기체 모델과 압축성 계수를 모두 사용하여 혼합물의 몰 비열을 구하라.

(a) $T = 275 \text{ K}$, $P = 10 \text{ MPa}$ (b) $T = 1100 \text{ K}$, $P = 10 \text{ MPa}$

(c) $T = 275 \text{ K}$, $P = 50 \text{ kPa}$ (d) $T = 1100 \text{ K}$, $P = 50 \text{ kPa}$

9.87 기체 혼합물이 질량 기준으로 N_2 50 % 및 CO_2 50 %로 구성되어 있다. 이 혼합물은 체적이 0.5 m^3인 용기에 들어 있다. 혼합물의 온도는 300 K이다. 질량이 0.25 kg과 50 kg 사이에서 변화할 때, 이상 기체 모델과 반데르발스 식을 모두 사용하여 혼합물의 압력을 그래프로 그려라.

9.88 기체 혼합물이 체적 기준으로 N_2 20 %, O_2 30 % 및 CH_4 50 %로 구성되어 있다. 이 혼합물은 체적이 75 L인 용기에 들어 있으며, 온도는 300 K이다. 압력이 25 kPa과 7 MPa 사이에서 변화할 때, 이상 기체 모델과 반 데르 발스 식을 모두 사용하여 혼합물의 질량을 그래프로 그려라.

설계/개방형 문제

9.89 제조 공정에서 사용할 압축 기체를 생산하는 시스템을 설계하려고 한다. 이 과정에서는, 다른 화합물에 산소 분자 형태나 산소 원자 형태로 존재하지 않아 압축 기체 자체에 산소가 전혀 들어 있지 않아야 한다. 또한, 이 과정에서는, CH_4의 농도가 (체적 기준으로) 적어도 20 %이어야 하지만 40 %를 초과하면 안 된다. 압축기 시스템에서는 과정에서 온도가 50 ℃이고 압력이 700 kPa인 기체가 질량 유량 0.25 kg/s로 생산되어야 한다. 압축기의 등엔트로피 효율은 0.75이고, 압축기에 사용되는 기체들은 압축기에 25 ℃ 및 100 kPa로 유입된다고 가정한다. 이러한 요구 조건을 만족시키는 기체들의 혼합물을 선정하고, 이 과정의 요건을 충족시킬 수 있는 압축기 및 냉각 시스템을 설계하라. 이러한 시스템의 운전비용을 시가로 분석하라.

9.90 이상 기체 혼합물이 체적 기준으로 N_2 60 %, CO_2 20 %, CO 10 % 및 O_2 10 %로 구성되어 있다. 체적 유량이 0.5 m^3/s인 혼합물은 열교환기를 거침으로써 150 ℃ 및 250 kPa에서 50 ℃ 및 250 kPa로 냉각되어야 한다. 냉각제는 온도가 40 ℃를 초과해서는 안 되며, 열교환기에 10 ℃ 보다 더 낮은 온도로 유입되어야 한다. 냉각제를 선정하고, 열교환기를 통과하는 냉각제의 유량, 입구 조건 및 출구 조건을 각각 명시하라.

9.91 연소 과정에서의 반응물 유동 제어 시스템을 설계하라. 이 시스템에서는, N_2와 O_2의 양이 개별적으로 제어되어 혼합 챔버에서 연료와 혼합된다. 시스템은 반응물 혼합물을 350 kPa abs.로 3 L/s와 30 L/s 사이의 체적 유량으로 공급할 수 있어야 한다. N_2와 O_2 간의 체적 비는 2와 3.76 사이에서 변화될 수 있어야 한다. 사용되는 연료는 CH_4이며, CH_4와 O_2 간의 체적 비는 0.4와 0.7 사이에서

변화될 수 있어야 한다. 기체들은 원래 별개의 탱크에서 1.750 MPa로 유입된다. 사용할 유동 장비를 명시하고, 제어 방법을 기술하고, 필요한 조절기와 배관 요건이 있으면 확인하라.

9.92 특정한 공장에 가용한 N_2, CO_2 및 Ar이 다량 보유되어 있다. 이 공장의 어떤 과정에서는 물을 75 ℃에서 30 ℃로 냉각시켜야 한다. 이 설비에서는 과정에서 물이 10 kg/s 정도가 필요하다. 이 공장에서는 가용한 기체들을 사용하여 열교환기에서 물을 냉각시키려고 한다. 기체들은 모두 0 ℃ 및 125 kPa로 사용할 수 있다. 기체 혼합물을 설계하고, 열교환기에서 필요한 유량과 온도를 확인하라.

9.93 고온 영역에 20 kW의 열을 공급하는 폐루프형 역브레이튼 사이클 열펌프를 설계하라. 이 열은 대형 공간에 공급되어 이 공간의 온도가 20 ℃보다 더 낮아지지 않도록 하여야 하며 저온 열교환기의 열원은 온도가 0 ℃인 외부 공기 (외기) 이다. 작동 유체로는 N_2, Ne 및 CO_2로 구성된 이상 기체 혼합물을 사용하면 된다. 터빈과 압축기는 등엔트로피 모두 다 0.80이다. 설계에는 혼합물의 조성, 사이클 도처에서의 온도와 압력, 및 필요한 혼합물의 질량 유량이 각각 포함되어 있어야 한다.

9.94 공정에서 기체 혼합물의 조성을 선정할 때 고려해야 할 설계 사항을 몇 가지 검토하라. 조성을 알 수 없는 기체 혼합물에 잠재적으로 사용할 수 있는 2~3가지 용도를 선정하고, 기체들의 상태량 중에서 어떤 상태량들이 설계 과정에 포함되어야 하는 지를 검토하라.

CHAPTER

10

습공기학: "대기 공기"학

학습 목표

10.1 건공기 - 수증기 혼합물 관련 용어를 설명한다.

10.2 공학에서 건공기 - 수증기 혼합물의 중요성을 설명한다.

10.3 습공기의 습도를 구하는 데 사용되는 몇 가지 방법을 이해한다.

10.4 열역학 원리를 다양한 습공기 응용 해석에 적용한다.

10.1 서론

사람들의 안락한 수준은 사람들을 늘 둘러싸고 있는 유체, 즉 대기에 존재하는 공기의 직접적인 영향을 받는다. 많은 가정이나 업종에서 사용되는 에너지 중에서 많은 부분은 공기의 조건을 바꾸려고 설계된 과정에서, 전형적으로 사람들을 안락하게 하려는 목적으로 소비된다. 예를 들어, 2011년 미국에서 주거 단위용으로 사용된 에너지의 50 % 가량이 건물에서 공기를 가열하거나 냉각시키는 데 사용되었다. 주위의 공기는 "건공기"(이는 N_2, O_2, Ar, CO_2 등의 혼합물로서, 지금까지 "공기"라고 호칭했던 것이다)와 수증기의 혼합물이다. 건공기의 성분들은, 각각의 성분들이 차지하는 %가 고도와 시간에 따라 약간씩 다르기는 하지만, 본질적으로는 시간과 대부분의 위치에서 일정하다. 그러나 공기에 존재하는 수증기의 양은 짧은 시간 간격에도 극적으로 변할 수 있다. 예를 들어, 그림 10.1과 같이, 덥고 습한 날에 한랭 전선이 어떤 지역을 통과하게 되면, 해당 지역에 있는 공기 중의 수증기 함유량은 한랭한 공기가 유입됨에 따라 비교적 단시간에 쉽사리 절반으로 줄어들 수도 있다. 이러한 건공기-수증기 혼합물의 학문(즉, "대기 공기"학)을 **습공기학**(psychrometrics)이라고 한다.

습공기 해석에서는, 전형적으로 건공기-수증기 혼합물을 이상 기체 혼합물로 본다. 물을 이상 기체로 취급하지 않았던 점을 상기하여야 한다. 그러나 여기에서는 수증기를 이상 기체 혼합물의 성분으로서 취급하겠다고 밝히는 것이며, 이로써 이상 기체로 취급하고자 하는 것이다. 이는 타당한 것인가? 그 대답으로는, 이 상황에서는 수증기 농도가 매우 낮기 때문에 타당하다는

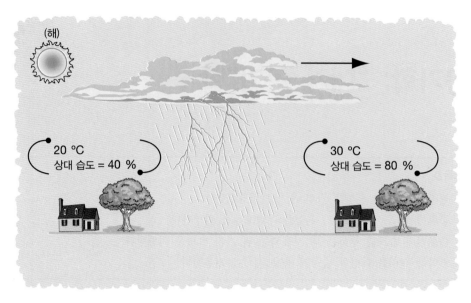

〈그림 10.1〉 한랭 전선이 해당 지역을 지날 때면 공기(습한 공기)의 수증기 함유량이 급격히 바뀔 수 있다. 이때에는, 한랭 전선 때문에 고온 다습한 공기가 온난 건조 공기로 바뀌게 된다.

것이다. 대기압 상태의 공기에 들어 있는 수증기의 부분 압력(분압)은 대개가 4 kPa보다 더 낮으며, 그 보다 훨씬 더 낮을 때도 많다. 체적 기준 수증기는 공기 체적에서 몇 %만을 차지하고 있을 뿐이다. 이렇게 낮은 부분 압력에서, 수증기의 거동은 이상 기체의 거동에 가깝다.

게다가, 수증기는 공기 중에서 부차 성분이기 때문에, 이상 기체 거동에서 벗어나는 어떠한 편차라도 전체 혼합물 상태량에는 거의 영향을 주지 못한다. 건공기와 수증기의 혼합물을 이상 기체 혼합물이라고 가정하게 됨으로써 해석에 들어오게 되는 임의의 오차들은 혼합물의 조성을 변화시키는 시스템을 설계함으로써 쉽게 취급할 수 있다. 즉, 이 오차들은 너무 작아서 공학기술 기준에서는 중요하지가 않다. 그러므로 혼합물 해석의 복잡성을 단순하게 해주므로 수증기를 이상 기체로 취급하게 된다.

수증기가 "대기 공기"의 부차 성분(대개 수증기는 공기 중에서 차지하는 %가 아르곤 기체보다 약간 더 크다)이기는 하지만, 사람들의 안락함 수준을 결정하는 데에는 결정적인 역할을 한다. 그림 10.2와 같이, 사람 피부에서 땀이 나서 증발하는 것(발한 증발)은 인체에서는 중요한 냉각 기구이다. 이 과정에서, 액체 물(수분)이 피부에서 공기로 증발되고, 이 증발 때문에 결국은 피부가 차가워진다(냉각된다). 공기 중의 수증기의 부분 압력이 높을수록(상대적으로 말해서), 피부에서 수분의 증발은 느려지므로 증발 냉각률은 감소한다. 덥고 습한 날에는, 증발률이 감소될 뿐만 아니라, 외부 온도가 높을수록 그 높아지는 온도 때문에 신체에서는

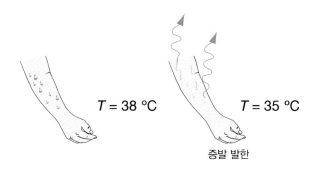

$T = 38\ ^{\circ}\text{C}$ $T = 35\ ^{\circ}\text{C}$

증발 발한

〈그림 10.2〉 증발 냉각은 피부에서 땀이 흘러 증발할 때 일어난다.

냉각률이 더 높아져야 한다. 이런 때에는 신체에서의 발한 증발이 빨리 일어나지 않기 때문에, 땀투성이가 되고 끈적거리며 불쾌함을 느낄 때가 많다. 반면에, 공기가 너무 "건조"할 때에는, 증발이 매우 빠르게 일어나기도 하는데, 이 때문에 신체가 지나치게 차가워지므로(과냉되므로), 추위를 많이 타게 된다. 제10.4절에서, 인체가 가장 안락함을 느끼게 되는 조건들을 간단히 검토하기로 한다.

공기의 상태는 인체의 안락함에 매우 중요하므로, **공조냉동**(HVAC; heating, ventilating, and air-conditioning)이라는 공학 분야가 발달되어 있다. HVAC는, 통상적으로 "**공기 조화** (air-conditioning)"라고 생각하는 냉각 및 제습(공기에서 수증기를 제거하기) 과정을 통하여 공기의 "상태"를 변화시키는 전문 분야이지만, 여기에는 가열, 가습(공기에 수증기를 부가하기) 및 공기 정화/세정도 또한 포함되기도 한다. 이 장의 뒷부분에서는, 이러한 일부 과정에 습공기 해석을 적용하게 될 것이다. 열 제거율이나 열 부가율을 구하는 계산 방법뿐만 아니라 공기에 수분을 공급하거나 제거할 때 필요한 수분의 질량 유량을 구하는 계산 방법을 제공할 것이다. 다른 통상적인 습공기 과정에는, 공기 기류를 혼합시키는 과정과 냉각탑을 사용하여 물과 같은 한 가지 유체류에서 대기로 에너지를 수송시키는 과정이 포함된다. 이러한 과정들 또한 이 장에서 설명한다. 그러나 이러한 응용들을 살펴보기 전에, 습공기학과 관련 있는 여러 가지 개념과 용어를 소개한다.

10.2 습공기학의 기본 개념과 용어

대기 공기를 건공기와 수증기의 이상 기체 혼합물로서 취급하기 때문에, 혼합물의 전체 압력(전압) P는 다음과 같다.

$$P = P_{da} + P_v \tag{10.1}$$

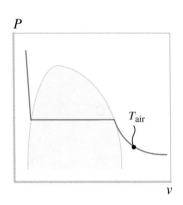

〈그림 10.3〉 기-액 상변화 영역 근방 물의 P-v 선도에 그린 등압선.

여기에서, P_{da}는 건공기 성분의 부분 압력이고 P_v는 혼합물에 들어 있는 수증기의 부분 압력이다. 이 수증기의 부분 압력 P_v는 공기 온도에서의 물의 포화 압력보다 더 낮아야만 한다. 그림 10.3과 같이, 물(또는 다른 물질)의 압력이 물 온도에서의 포화 압력보다 더 높으면, 물은 액체 형태이므로 물을 압축 액체라고 본다는 제3장의 내용을 염두에 두어야 한다. 물이 공기 중에서 수증기 형태로 존재하려면, 그 압력이 포화 압력 이하여야만 한다.

공기 중에 존재하는 수증기 양의 특성을 기술하는 방법 가운데 하나는, 공기의 **상대 습도** ϕ를 명시하는 것이다. 상대 습도는 공기 온도에서의 물의 포화 압력 $P_{sat}(T)$에 대한 공기 중 수증기의 부분 압력의 비로 정의된다. 즉,

$$\phi = \frac{P_v}{P_{sat}(T)} \tag{10.2}$$

상대 습도가 1(즉, 100 %)인 공기는 "포화 공기"라고 보는데, 이는 수증기의 부분 압력이 해당 온도에서의 압력 정도로 높기 때문($P_v = P_{sat}(T)$)이며, 그 공기에는 가능한 한 많은 수증기가 들어 있다. 상대 습도가 수증기 성분의 특성을 기술하는 방법으로 널리 알려져 있기는 하지만, 과학적으로는 한계가 있다. 온도를 모른 채 상대 습도를 알고 있으면, 공기 중에 존재하는 수증기의 실제 양을 구할 수 없다. 그림 10.4와 같이, 물의 포화 압력은 온도가 높을수록 커지므로, 공기는 온도가 높아질수록 수증기를 더 많이 함유할 수 있는 능력이 있다. 결과적으로, 공기에 들어 있는 수증기 양이 같더라도 온도에 따라 상대 습도는 달라진다. 예를 들어, 그림 10.5와 같이, 겨울철 추운 지역에서 옥외 공기가 포화 상태(즉, $\phi_{outdoor}$ = 100 %)가 될 수도 있지만, 동일한 건공기 및 수증기 혼합물은 실내에서 쾌적한 온도로 가열된 후에는 그 상대 습도가 더 낮아지게 된다. 즉, 실내의 상대 습도는 아주 낮아지게 되는데, 실제로는 20 또는

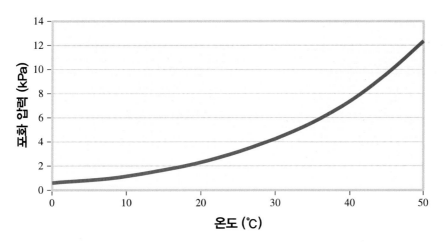

〈그림 10.4〉 물의 포화 압력을 온도의 함수로 나타낸 그래프. 공기–수증기 혼합물의 온도가 높을수록 수증기 양을 더 많이 함유할 수 있다.

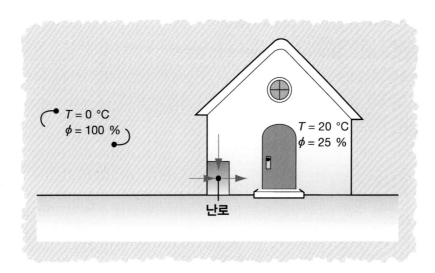

$T = 0\ °C$
$\phi = 100\ \%$

$T = 20\ °C$
$\phi = 25\ \%$

난로

〈그림 10.5〉 차가운 포화 공기가 가열되면, 결과적으로 그 혼합물에는 수증기 양이 불쾌할 정도로 적게 들어 있을 수도 있다. 이 그림에는 난로로 차가운 포화 공기를 가열하여 상대 습도가 낮은 따뜻한 공기를 발생시키는 상황이 나타나 있다.

30 % 정도가 통상적이다.

그러나 상대 습도는 쾌적함 수준과 강수 가능성에 관한 정보를 제공하는 데에는 유용하다. 공기가 건조할수록 포화 상태에 가까운 공기보다 땀 증발이 더 잘 일어나게 되므로, 상대 습도는 신체의 쾌적함 수준을 판단하는 데 사용할 수 있다.

그밖에도, 해당 지역에서의 물(수분)의 양이 공기 중의 물(수분)의 포화 압력을 초과하면 대기 중에 강수가 형성된다. 강수(비 또는 눈)는 지표면에서의 상대 습도가 100 % 미만일 때 지상에 도달할 수 있지만, 상대 습도가 100 %보다 훨씬 더 낮게 떨어질수록 비나 눈이 내리기가 더욱 더 어려워진다. 그러므로 강수는 지표면에서의 습도가 95 %를 초과하면 일어날 가능성이 커진다. 게다가, 안개 같은 현상 또한 대개는 상대 습도가 100 %일 때에만 일어난다. 그러나 이러한 요인들은 공정기술 설계에서 필요한 대로 공기의 상태량을 계산하는 데 도움이 되지 않는다. 그러므로 혼합물 조성의 특성을 기술하는 한층 더 과학적인 방법들이 필요하게 된다.

심층 사고/토론용 질문

대기에서 물의 증발과 응축을 생각해보자. 대기에서 비나 눈이 형성되어 내리기 시작하지만 강수는 전혀 땅에 도달하지 않을 때는 물에 어떤 현상이 일어난 것인가?

첫 번째 방법으로는, **절대 습도**, **비습도** 또는 **습도비** ω를 사용하여, 공기 혼합물 조성의 특성을 온도와는 독립적으로 기술하는 것이다. 이 중에서 습도비라는 명칭을 사용할 것이다. 이 습도비는, 다음과 같이 혼합물에 들어 있는 건공기의 질량 m_{da}에 대한 수증기 질량 m_v의 비로 정의된다.

$$\omega = \frac{m_v}{m_{da}} \tag{10.3}$$

공기에 들어 있는 수증기의 질량은 건공기의 양과 비교하면 대개 몇 % 정도이므로, 습도비의 값은 흔히 0.01 kg 수증기/kg 건공기 정도이다. 이 장의 뒷부분에서 알게 되겠지만, 쾌적함의 관점에서 볼 때, 수증기 함유량이 크게 변하여도 습도비의 값은 거의 변화를 보이지 않기 마련이므로, 일반적으로 일반 대중들은 습도비를 일상 용도로 택하지 않았다.

습도비는 상대 습도와 직접적인 관계가 있다고 볼 수 있다. 이상 기체 법칙을 사용하여 다음과 같이 변형시킨다.

$$m_v = \frac{P_v \forall}{\dfrac{\overline{R}}{M_v} T} \quad \text{및} \quad m_{da} = \frac{P_{da} \forall}{\dfrac{\overline{R}}{M_{da}} T} = \frac{(P - P_v) \forall}{\dfrac{\overline{R}}{M_{da}} T} \tag{10.4a, b}$$

이 식들을 식 (10.3)에 대입하여 유도하면 다음과 같이 된다.

$$\omega = \frac{M_v P_v}{M_{da}(P - P_v)} \qquad (10.5)$$

주 : $M_v = 18.02$ kg/kmole 이고 $M_{da} = 28.97$ kg/kmole 이므로, $M_v/M_{da} = 0.622$ 이다. 이 값을 식 (10.5)에 대입하고 식 (10.2)를 다시 불러오면 다음이 나온다.

$$\omega = 0.622\frac{\phi P_{\text{sat}}(T)}{P - \phi P_{\text{sat}}(T)} \qquad (10.6)$$

두 번째 방법으로는, **이슬점 온도** T_{dp} 를 사용하여, 공기 중의 수증기 함유량을 온도와는 독립적으로 정량화하는 것이다. 이 이슬점 온도는, 공기 온도가 낮아짐에 따라 물(수분)이 공기에서 응축되기 시작하는 온도로서 정의된다. 이를 기호식으로 나타내면 다음과 같다.

$$T_{dp} = T_{\text{sat}}(P_v) \qquad (10.7)$$

또한, 그림 10.6에는 이슬점이 그래프에 그려져 있다. 전형적으로는 상대 습도가 높은 따뜻한 공기가 냉각되면, 공기는 수증기의 부분 압력이 그 공기 온도에서의 물의 포화 압력과 같은 점에 도달하기 마련이다. 공기가 그보다 더 냉각되어 버리면, 물(수분)은 공기에서 응축될 수밖에 없는데, 이 때문에 공기에 들어 있는 수증기의 부분 압력이 낮아지게 된다. 이 과정이 따뜻한 낮/밤에 옥외에서 일어나게 되면, 풀잎, 자동차 등에 이슬이 맺히게 되므로, 이슬은 바로 공기가 냉각될 때 공기에서 응축되는 수증기 부분으로 형성되는 액체 물인 것이다. 이 과정이 추운 낮/밤에 옥외에서 일어나게 되면, 서리(고체 물)가 사물의 표면에 직접 쌓이게 된다.

참고로, 공기에 들어 있는 수증기 함유량의 극적인 변화가 하룻밤 사이에 일어나지 않는다고

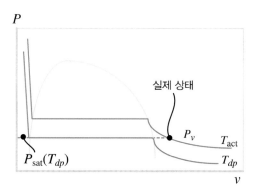

〈그림 10.6〉 이슬점 온도의 예시. 이슬점 온도는 주어진 실제 상태에서
수증기의 부분 압력에 상응하는 포화 온도이다.

할 때(즉, 온난 전선이나 한랭 전선이 전혀 해당 지역을 지나가지 않는다고 할 때), 밤에 얼마나 추워지게 될지를 잘 알려주는 추정치가 전날 저녁의 이슬점 온도이다. 온도가 이슬점 온도 밑으로 떨어지려고 하면, 응축과 이에 수반되는 열 방출이 일어나게 된다. 그리고 이 때문에 온도가 전날 저녁의 이슬점 온도 밑으로 많이 떨어질 가능성을 최소화해준다.

이슬점 온도와 상대 습도는 공통점이 있다. 즉, 공기의 상대습도가 100 %이면, 공기는 포화되므로 실제 온도는 이슬점 온도와 같다.

▶ 예제 10.1

따뜻한 여름 오후에, 공기의 온도는 28 ℃이고 상대 습도는 55 %이다. 공기 압력은 101.325 kPa 이다. 수증기의 부분 압력, 습도비 및 공기의 이슬점 온도를 구하라.

주어진 자료 : $T = 28$ ℃, $\phi = 55$ %, $P = 101.325$ kPa

구하는 값 : P_v, ω, T_{dp}

풀이 이 문제에서 작동 유체는 대기 공기이다 — 대기 공기는 건공기와 수증기의 이상 기체 혼합물이다. 이와 같으므로, 습공기학적 관계를 사용하여 구하고자 하는 양들을 계산한다.
28 ℃에서는, $P_{sat}(T) = 3.782$ kPa이다. 그러므로 식 (10.2)에서 다음과 같이 된다.

$$P_v = \phi P_{sat}(T) = (0.55)(3.782 \text{ kPa}) = \textbf{2.08 kPa}$$

식 (10.5)에서 다음과 같이 된다.

$$\omega = 0.622 \frac{P_v}{P - P_v} = 0.622 \frac{2.08 \text{ kPa}}{101.325 - 2.08 \text{ kPa}} = \textbf{0.0130 kg } \mathbf{H_2O}\textbf{/kg dry air}$$

상태량 계산 소프트웨어를 사용하면, 포화 압력이 2.08 kPa인 온도는 다음과 같다.

$$\boldsymbol{T_{dp}} = T_{sat}(P_v) = \textbf{18.1 ℃}$$

▶ 예제 10.2

공기 표본이 초기 온도가 24 ℃이고 압력이 101 kPa로 측정되었다. 그런 다음, 공기는 정압 상태에서 냉각되어, 온도가 18 ℃일 때 물(수분)이 공기에서 응축되기 시작하였다. 초기 공기 온도에서 표본의 상대 습도 및 냉각 전 표본의 습도비를 구하라.

주어진 자료 : $T = 24$ ℃, $P = 101$ kPa, $T_{dp} = 18$ ℃이며, 물이 응축되기 시작하는 온도는 이슬점 온도이다.

구하는 값 : ϕ(초기 온도에서의 값), ω(수분이 응축되기 전의 값)

풀이 이 문제에서 작동 유체는 대기 공기이다. 그러므로 습공기학적 관계를 사용하여 구하고자 하는 양들을 계산한다.

이슬점 온도에서, $P_v = 2.035\,\text{kPa}$이다. 초기 온도에서 물의 포화 압력은 $P_{sat}(T) = 3.065\,\text{kPa}$이다. 이 두 값의 비가 초기 공기 표본의 상대 습도이다. 즉,

$$\phi = \frac{P_v}{P_{sat}(T)} = \frac{2.035\,\text{kPa}}{3.065\,\text{kPa}} = 0.664 = \textbf{66.4 \%}$$

습도비는 식 (10.5)에서 구한다.

$$\omega = 0.622\,\frac{P_v}{P-P_v} = 0.622\,\frac{2.035\,\text{kPa}}{101\,\text{kPa}-2.035\,\text{kPa}} = \textbf{0.0128 kg H}_2\textbf{O vapor/kg dry air}$$

해석 : 첫째, 이슬점 온도는 주어진 양이다. 문제 제시문에서 "물(수분)이 공기에서 응축되기 시작"이라 는 구절은 공기가 이슬점으로 냉각되었을 때 물(수분)이 공기에서 응축되어 나오게 되는 이슬점 온도를 의미한다. 둘째로, 주목할 점은, 상대 습도는 시스템 전체 압력과는 독립적이지만, 습도 비는 혼합물 전체 압력의 영향을 받게 되어 있다는 것이다.

습공기 해석을 할 때에는, 흔히 값이 일정한 양 가운데 하나는 시스템에 존재하는 건공기의 양이다. 수증기 양은 제습 과정이나 가습 과정 중에 변화할 수도 있지만, 건공기 양은 그러한 과정에서 전형적으로 일정하다. 이와 같으므로 건공기 질량을 기준으로 하는 비상태량인 습공기 상태량을 정의하여야 한다. 예를 들어, 습공기 비체적은 다음과 같이 정의된다.

$$v_a = V/m_{da} \tag{10.8}$$

습공기 비엔탈피는 혼합물의 전체 엔탈피에서 유도된다. 전체 엔탈피는 건공기 엔탈피와 수증기 엔탈피의 합이다. 즉,

$$H = H_{da} + H_v$$

$$H = m_{da}h_{da} + m_v h_v$$

건공기의 질량으로 나누면, 습공기 엔탈피 h_a를 나타내는 식은 다음과 같이 전개된다. 즉,

$$h_a = \frac{H}{m_{da}} = h_{da} + \frac{m_v}{m_{da}}h_v$$

습도비의 정의[식 (10.3)]를 적용하면 다음과 같이 된다.

$$h_a = h_{da} + \omega h_v \tag{10.9}$$

건공기의 비엔탈피는 혼합물의 온도에서 결정된다. 수증기의 비엔탈피는 수증기 분압과 공기 온도 모두의 함수이지만, 이 비엔탈피는 압력에 함수적으로 종속되는 종속성이 공기 중의 수증기 분압이 낮을 때에는 작으므로, $h_v = h_g(T)$으로 잡으면 된다. 즉, 수증기의 비엔탈피는 혼합물의 온도에서 해당하는 포화 수증기의 비엔탈피와 같다.

공기가 액체 물과 접촉하고 있을 때에는, 물은 공기가 포화될 때까지 증발한다. 공기가 포화될 때까지는 시간이 많이 걸릴 수도 있지만, 이 시간은 액체 물과 공기의 접촉 표면을 늘림으로써 줄일 수도 있고, 수증기가 전체 계에 거쳐 표면에서 천천히 확산되게 하는 것보다 수증기가 전체 계에 거쳐 신속하게 수송될 수 있도록 뒤섞거나 휘저음으로써 줄일 수 있다. 이러한 액체 물-공기 계의 특성은 다양한 기법으로 활용함으로써 공기의 습도 수준을 구할 수 있다.

10.3 습도를 구하는 법

공기의 습도 수준은 끊임없이 측정되고 있지만, 아직까지 단순한 기법으로는 되지 않는다. 습도를 측정하는 데 흔히 사용하는 저렴한 장비는, 대개 습공기 환경에 노출시켜 검출하게 되는 물질의 상태량 변화에 의존한다. 예를 들어, 소금처럼 수분을 흡수할 수 있는 물질이 수분을 흡수하지 않는 물질 위에 놓여 있을 때에는, 습도 수준이 변화함에 따라 계의 형상이 변하게 되므로, 이러한 형상 변화를 다이얼 지시기로 기록할 수 있다. 다른 장비에서는 물질이 공기에서 수증기를 흡수하거나 공기로 수증기를 방출할 때 물질에서 검출되는 전기 저항 변화나 정전 용량 변화를 사용하여 습도를 측정한다. 이러한 종류의 장비들은 대부분의 용도에서 상당히 정밀한 편이어서, 고가의 장비일수록 정밀도가 높을 가능성이 많다. 그러나 이러한 장비들은 습도 수준의 변화에 어느 정도 느리게 응답하기도 한다. 게다가, 고정밀도로 습도 수준을 측정하는 장치들은 영점 조정을 필요로 한다.

습도를 한층 더 정밀하게 측정할 수 있는 장치 중에는 **단열 포화기**(adiabatic saturator)가 있다. 그림 10.7에는 단열 포화기의 개략도가 나타나 있다. 이러한 종류의 장비에서는 단열되어 있어 일어날 수 있는 어떠한 열손실도 최소화되므로, 열역학 제1법칙 해석이 질량 보존과 결합되어 사용되어 공기 표본에서 습도 수준이 구해진다.

그림 10.7과 같이, 습도가 알려지지 않은 공기의 표본이 장비에 유입되어 액체 물 위를 지나게 된다. 이 액체 물의 수준이 일정하게 유지되고 있으므로, 이 일정한 수준이 유지되도록

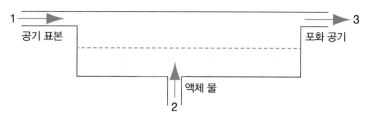

〈그림 10.7〉 단열 포화기의 개략도.

보충시키는 데 필요한 액체 물의 양을 측정할 수 있다. 공기가 물과 접촉 상태에 있게 되는 체류 시간이 충분히 길다고 가정한다면, 유출 공기 기류는 포화되기 마련이다(즉, 유출 공기는 상대 습도가 100 %이다). 유입되는 공기 온도와 물의 온도를 측정하고 유출되는 공기 온도를 측정하게 되면, 입구 공기의 상대 습도를 구할 수 있다.

이러한 장비를 해석하는 데에는 몇 가지 가정이 필요하다. 첫째, 출구 공기의 상대 습도가 100 %라고 가정하는 것이다. 즉, ϕ_3 = 100 %이다. 둘째, 계에서는 열전달이 전혀 없고 어떠한 일 상호작용도 전혀 없으며 계에서는 운동 에너지나 위치 에너지로 인한 어떠한 효과도 전혀 없다고 가정하는 것이다. 계는 정상 상태이고 정상 유동이라고 가정한다. 물의 열용량은 입구 공기에 비하여 크기 때문에, 물의 입구 온도는 시스템 안에 들어 있는 물과 동일하다고 가정하므로 이 값은 일정하다고 가정한다. 이러한 가정들을 적용하면, 입구와 출구가 여러 개인 정상 상태 개방계의 열역학 제1법칙인 식 (4.13)은 다음과 같이 된다. 즉,

$$\dot{m}_{da,1}h_{da,1} + \dot{m}_{v,1}h_{v,1} + \dot{m}_{w,2}h_{w,2} = \dot{m}_{da,3}h_{da,3} + \dot{m}_{v,3}h_{v,3} \tag{10.10}$$

여기에서는, 습공기 기류를 건공기 성분과 수증기 성분으로 구분해서 살펴보고 있다. 상태 2에서 아래 첨자 w는 액체 물의 상태량을 가리킨다. 건공기의 질량 보존에서, $\dot{m}_{da,1} = \dot{m}_{da,3}$ = $\dot{m}_{da}$가 성립된다. 식 (10.10)을 이 건공기 질량 유량 관계식으로 나누면 다음 식이 나온다.

$$h_{da,1} + \omega_1 h_{v,1} + \frac{\dot{m}_{w,2}}{\dot{m}_{da}} h_{w,2} = h_{da,3} + w_3 h_{v,3} \tag{10.11}$$

여기에서, 액체 물의 엔탈피는 해당하는 물의 온도에서의 포화 액체의 엔탈피와 같다 $[h_{w,2} = h_{f,2}(T_2)]$고 가정하고, 수증기의 엔탈피는 해당하는 습공기 온도에서 포화 증기의 엔탈피와 같다$[h_v = h_g(T)]$고 가정한다. 게다가, 건공기의 온도 변화가 크다고 보지 않으므로, 건공기를 비열이 일정하다고 취급하여도 무방하다. 즉, $h_{da,3} - h_{da,1} = c_{p,da}(T_3 - T_1)$가 된다.

물의 질량 보존을 사용하면 식 (10.11)을 더욱 더 간단하게 할 수 있다. 물의 질량 보존에서 다음이 나온다. 즉,

$$\dot{m}_{v,1} + \dot{m}_{w,2} = \dot{m}_{v,3} \tag{10.12}$$

이 식으로 액체 물의 질량 유량을 다음과 같이 구할 수 있다.

$$\dot{m}_{w,2} = \dot{m}_{v,3} - \dot{m}_{v,1}$$

이 식을 건공기의 질량 유량으로 나누면 다음 식이 나온다.

$$\frac{\dot{m}_{w,2}}{\dot{m}_{da}} = \omega_3 - \omega_1 \tag{10.13}$$

이제, 앞에서 언급한 모든 가정과 식 (10.13)을 식 (10.11)에 적용하고 대입하면 된다. 그 결과 식을 정리하면 입구 공기 기류의 습도비 ω_1의 식을 전개할 수 있다.

$$\omega_1 = \frac{c_{p,da}(T_3 - T_1) + \omega_3(h_{g,3} - h_{f,2})}{h_{g,1} - h_{f,2}} \tag{10.14}$$

온도 가운데 일부가 측정되어 있지 않을 때에는, 출구 공기 온도와 물 온도는 공기를 포화시키는 데 필요한 긴 체류 시간(즉, 공기와 물이 열적 평형을 이루어질 정도로 충분히 긴 시간)의 결과와 같다고 가정할 때가 많이 있다. $T_2 = T_3$이면, $h_{g,3} - h_{f,2} = h_{fg,2}$가 된다. 이는 포화 액체와 포화 증기 사이에서 해당하는 물 온도에서의 물의 비엔탈피 차(즉, 기화 엔탈피)이다. 이 결과를 적용하면, 입구 공기 기류의 습도비는 다음 식으로 구할 수 있다.

$$\omega_1 = \frac{c_{p,da}(T_3 - T_1) + \omega_3 h_{fg,2}}{h_{g,1} - h_{f,2}} \tag{10.15}$$

주목해야 할 점은, 주어진 온도마다 물의 엔탈피 값을 알고 있으면 건공기의 비열도 알 수 있다는 것이다. 출구 공기 기류의 습도비는 식 (10.6)에서 상대 습도가 100 %라는 가정을 바탕으로 하여 쉽게 계산할 수 있다. 그러므로 정상적으로 작동하는 단열 포화기라고 한다면, 공기의 습도비는 온도를 측정함으로써 구할 수 있다. 그래도 기억해야 할 점은, 이렇게 습도비를 구하는 방법은 공기의 포화 상태에 달려 있으며 그렇게 되는 데에는 시간이 걸린다는 것이다. 그러므로 이 시간을 단축시켜야만 하는데, 그렇게 하려면 공기 기류를 매우 느리게 이동시키거나 또는 공기와 액체 물 사이의 접촉 길이를 매우 길게 하여야 하며, 이 두 가지를 모두 할 때도 있다. 이 때문에 단열 포화기를 상시 사용하는 데에는 그 실용성에 한계가 있다.

▶ 예제 10.3

단열 포화기를 사용하여 습공기 표본의 습도비를 구하고자 한다. 공기는 단열 포화기에 22 ℃로 유입되어 15 ℃로 유출된다. 또한, 물은 단열 포화기에 15 ℃로 보충된다. 공기의 전체 압력(전압)은 101.3 kPa로 일정하다. 이 장비에서 유출되는 공기가 포화 상태라고 가정하고, 입구 공기 표본의 습도비와 상대 습도를 구하라.

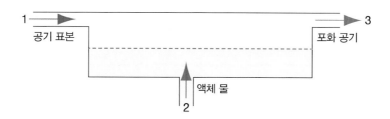

주어진 자료 : $T_1 = 22$ ℃, $T_2 = T_3 = 15$ ℃, $\phi_3 = 100$ %.

구하는 값 : ω_1 및 ϕ_1

풀이 해석할 유체는 습(대기)공기이며, 해석 대상 시스템은 단열 포화기이다. 그러므로 단열 포화기 관계를 사용하여 해석을 하면 된다.

가정 : 정상 상태, 정상 유동, 유출 공기는 포화 상태

$Q = 0$, $h_{w,2} = h_{f,2}(T_2)$, $h_v = h_g(T)$

건공기는 비열이 일정.

습도비는 식 (10.15)로 구하면 된다.

$$\omega_1 = \frac{c_{p,da}(T_3 - T_1) + \omega_3 h_{fg,2}}{h_{g,1} - h_{f,2}}$$

건공기에는, $c_{p,da} = 1.005$ kJ/kg · K로 잡는다. 습공기 상태량을 구하는 컴퓨터 프로그램으로 다음의 값들을 구할 수 있다. 즉, $h_{g,1} = 2541.7$ kJ/kg, $h_{f,2} = 62.99$ kJ/kg 및 $h_{fg,2} = 2465.9$ kJ/kg이다. 식 (10.6)에서,

$$\omega_3 = 0.622 \frac{\phi_3 P_{sat,3}(T)}{P - \phi_3 P_{sat,3}(T)}$$

여기에서, 프로그램으로 계산한 값으로서 $P_{sat,3}(T) = 1.705$ kPa이다.

상태 3에서 습도비를 풀어서 구하면, $\omega_3 = 0.01065$ kg H_2O/kg dry air 이다.

그런 다음, 상태 1에서 습도비를 풀어서 구하면, 다음과 같다.

$$\omega_1 = \frac{1.005\,\text{kJ/kg dry air}\,(15\,℃ - 22\,℃) + (0.01065\,\text{kg } H_2O/\text{kg dry air})(2465.9\,\text{kJ/kg } H_2O)}{(2541.7 - 62.99)\text{kJ/kg } H_2O}$$

$\omega_1 = 0.00776$ kg H_2O/kg dry air

그런 다음, 식 (10.6)을 사용하여 입구 공기의 상대 습도를 구하면 된다.

$$\omega_1 = 0.622 \frac{\phi_1 P_{sat,1}(T)}{P - \phi_1 P_{sat,1}(T)} \text{ 에서 } P_{sat,1}(T) = 2.645 \text{ kPa}$$

상대 습도를 풀어서 구하면 다음이 나온다.

$$\phi_1 = 0.472 = 47.2 \%$$

해석 : 이 두 가지 답은 둘 다 주어진 입구 조건과 거의 같은 상태량에서 예상할 수 있는 전형적인 값이다.

계에 필요한 체류 시간을 단축시켜서 포화 공기를 발달시키는 것이 좋다. 이렇게 할 수 있는 한 가지 고전적인 장비로는 그림 10.8과 같은 고무줄 새총처럼 생긴 슬링형 건습계가 있다. 이 슬링형 건습계에는, 2개의 온도계가 판이나 봉에 장착되어 있다. 온도계 중의 하나에는 공기에 직접 노출되는 구가 있으므로, 이를 건구 온도계라고 한다. 이 온도계로는 실제 공기 온도를 측정한다. 둘째 번 온도계에는 물로 흠뻑 적셔 놓은 면 조각 같은 습윤 심지에 감싸여진 구가 있다. 이 둘째 번 온도계는 습구 온도계라고 한다. 그런 다음, 이 건습계는 각각의 온도계의 온도가 정상 온도에 도달하기까지 시간이 걸린다. 습구 온도계의 온도 T_{wb}는, 심지에서 공기로 물이 증발함으로써 습구의 증발 냉각이 있으므로, 건구 온도계의 온도 T_{db}보다 낮거나 같기 마련이다. 상대 습도가 100 %이면, 심지에서 증발이 전혀 일어나지 않으므로, $T_{wb} = T_{db}$이다. 그러나 상대습도가 100 % 미만이면 $T_{wb} < T_{db}$이다. 주목해야 할 점은, 이 슬링형 건습계는 고정 위치에서 사용할 수도 있지만, 이를 좌우로 흔듦으로써 물의 증발을 한층 더 빨리 일어나게 하여 곧 바로 습도 측정을 해낼 수 있다는 것이다.

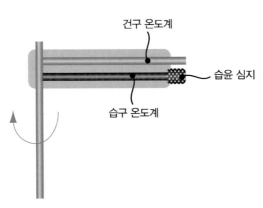

Photo Researchers

〈그림 10.8〉 슬링형 건습계의 개략도와 사진.

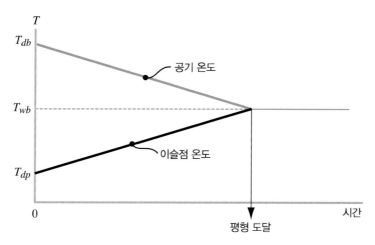

〈그림 10.9〉 물이 공기-수증기 혼합물 속으로 증발하게 되면, 혼합물은 냉각되어 결국 건구 온도계의 온도는 낮아지게 된다. 이와 동시에 수증기의 부분 압력(분압)이 증가하게 되어, 혼합물의 이슬점 온도가 증가하게 된다. 건구 온도와 이슬점 온도가 같게 되면, 증발이 중단되므로 건구 온도가 바로 혼합물의 온도가 된다.

습구 온도를 이슬점 온도로 잘못 알고 있는 사람들도 있지만, 습구 온도는 상대 습도가 100 %보다 낮은 한 이슬점 온도보다 더 높기 마련이다. 습구 온도는 물이 증발됨으로써 공기가 냉각될 수 있는 온도를 나타내는 반면에, 이슬점 온도는 공기가 냉각될 때 공기에서 물이 응축하게 되는 온도를 나타낸다. 이슬점 온도는 단지 공기를 냉각시킴으로써 구할 수 있는 것이지만, 그림 10.9에서와 같이 습구 온도가 결정되는 과정에는 이에 관여하는 2가지 상반되는 요인이 있다. 첫째, 물이 습구에서 증발하게 되면, 증발 냉각으로 공기 온도는 낮아지게 된다. 둘째, 물이 증발하게 되면, 공기 중의 수증기 부분 압력(분압)은 증가하게 되는데, 이 때문에 이슬점 온도는 그에 덩달아서 증가하게 된다. 습구 온도는 증가하는 이슬점 온도가 감소하는 공기 온도와 같게 되는 온도이다. 이 조건이 충족되면, 더 이상 증발이 일어나지 않으므로 습구 온도계의 눈금 표시는 안정된다. 이 과정에서, 공기 온도는 공기가 (또는 온도계가) 이동하는 지 여부와 관계가 없기 때문에, 건구 온도계의 눈금 표시는 일정하게 유지된다.

일단 습구 온도와 건구 온도를 알면, 상대 습도, 습도비, 습공기 엔탈피 및 습공기 비체적과 같은 다른 상태량 데이터들을 소프트웨어 패키지나 습공기 선도에서 구할 수 있다. 역사적으로도, 습공기 선도는 그와 같은 데이터를 구하는 데 사용되어 왔으며, 그림 10.10에는 그러한 선도가 재현되어 있다. 이러한 선도에 그려져 있는 다양한 상태량 값들은 그 정밀도에 한도가 있을 수밖에 없지만, 그래도 이 정밀도는 일반적으로 공정기술 설계 용도로는 쓸 만하다. 예를 들어, 공기 조화 시스템을 설계하고 있다면, 이 시스템이 입력 조건과 출력 조건의 범위에서

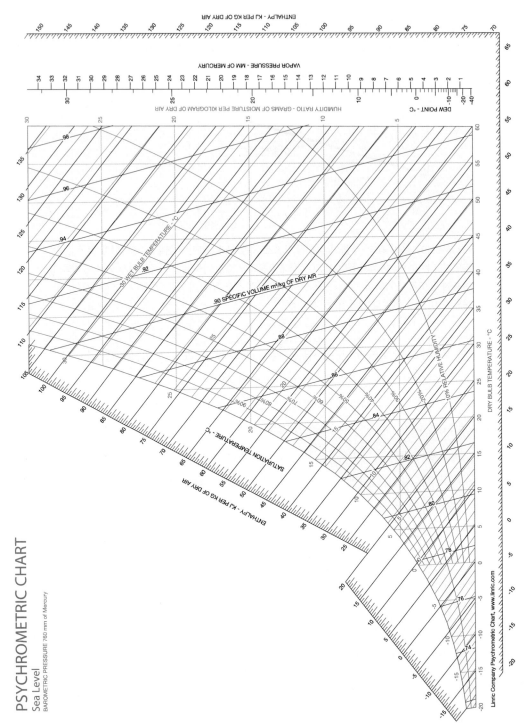

〈그림 10.10〉 기본적인 대기압용 습공기 선도.

출전 : Linric Company Psychrometric Chart, www.linric.com

작동할 수 있도록 시스템을 설계하면 되는 것이다.

그래서 시스템은 정확한 운전에 필요한 센서 입력에 따라 제어되어야 하는 것이므로, 습증기 선도가 아주 정밀할 필요는 없다. 설계 계산은 시스템이 수요자의 요구를 충족시키고 있다는 것을 확신시켜 줄 만큼 정밀해야만 하지만, 시스템이 반드시 그러한 계산대로 제어된다고 볼 수는 없을 것 같다.

컴퓨터 때문에 습공기 데이터를 구하는 데 이러한 선도를 사용할 필요가 없게 되어버렸지만, 아직도 습공기 선도는 습공기 시스템에서 발생하는 과정을 설명하는 데 유용하다. 습공기 선도는 그 데이터를 특정한 상태에 사용할 수 있는가에 따라서 사용하기가 더 쉬울 수도 있다. 그러므로 그림 10.10에 있는 습공기 선도의 체제를 살펴보기로 하자. 선도의 하변을 따라서는 건구 온도 좌표가 작성되어 있는데, 이는 실제 공기 온도이다. 이 축을 기준으로 하여 일련의 곡선이 우상 방향으로 증가하여 그려져 있는데, 이는 등 상대 습도 선들을 나타낸다. 건구 온도 축은 상대 습도가 0 %인 선을 나타내며, 습구 온도는 좌상에서 우하 방향으로 그어진 대각선으로 나타나 있다. 상대 습도가 100 %인 선의 위에 우상에서 좌하 방향으로 그어진 사선은 습공기 비엔탈피 h_a의 척도이다. 이 비엔탈피 값들은 대각선에 있는 눈금으로 나타나 있다. 선도를 살펴보면서 유의해야 할 점은, 등 습공기 엔탈피 선의 기울기가 등 습구 온도 선의 기울기와 같아 보이지만 전혀 같지 않다는 것이다. 단열 증발 과정과 같이, 습구 온도를 결정하게 되는 과정에서 열역학 제1법칙 해석을 하게 되면, 초기 상태와 최종 상태 간 습공기 엔탈피의 차는 습도비의 변화와 액체 물의 비엔탈피를 곱한 것과 같게 된다는 것을 알 수 있다. 즉,

$$h_{a,2} - h_{a,1} = (\omega_2 - \omega_1)h_f$$

이 양은 전형적으로 매우 작으므로, 단열 증발 과정 전후에서 공기의 습공기 엔탈피는 거의 같다. 그러므로 많은 사람들은 습구 온도 선과 습공기 엔탈피 선이 동일하다고 생각한다. 그러나 반드시 알아야 할 점은, 이 두 선은 실제로 전혀 같지 않다는 것이다.

습공기 선도의 우변을 따라서는 습도비의 척도가 있다. 습도비는 선도에서 수평선으로 나타나 있다. 습도비를 정하고 이 값과 100 % 상대 습도 선과의 교점을 구하면, 그 판독 온도가 그 특정한 습도비를 공유하는 조건 세트의 이슬점 온도이다. 결론을 내리자면, 습공기 선도에는 등 습구 온도 선보다 기울기가 더 가파른 대각선들이 포함되어 있는데, 이 선들이 바로 등 습공기 비체적 선이라는 것이다.

습공기 상태량 데이터를 구할 때 사용하게 되는 컴퓨터 지원 프로그램이나 태블릿 지원 앱은 검증을 해보는 것이 도움이 될 수도 있다. 이러한 지원 수단들은 인터넷으로 "습공기

▶ 예제 10.4

습공기 선도를 사용하여, 대기압에서 건구 온도가 28 ℃이고 습구 온도가 20 ℃인 공기의 상대
습도, 습도비, 습공기 엔탈피, 습공기 비체적 및 이슬점 온도를 구하라. 계산 결과를 컴퓨터
소프트웨어로 확인하여 보라.

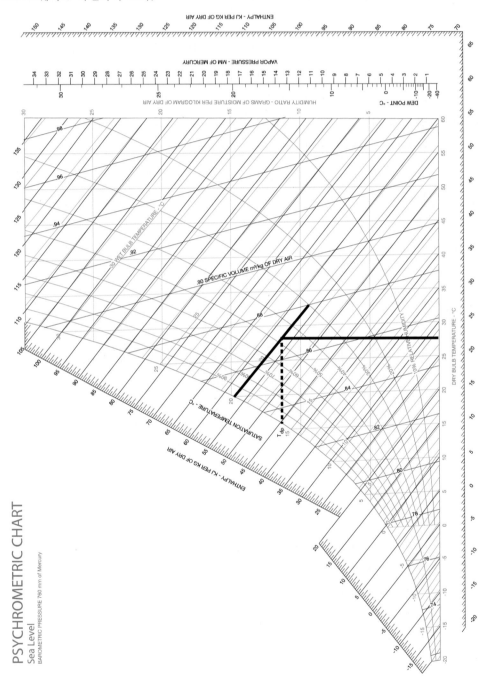

PSYCHROMETRIC CHART
Sea Level
BAROMETRIC PRESSURE 760 mm of Mercury

주어진 자료 : $T_{db} = 28\ ℃$, $T_{wb} = 20\ ℃$

구하는 값 : ϕ, ω, T_{dp}, h_a, v_a

풀이   여기에서는, 2가지 방법을 사용하여 습공기의 습공기학적 상태량을 구한다. 습공기 선도를 사용하여, 다음 점들을 판독하면 된다. 즉,

$\phi = 48\ \%$ $\omega = 0.0115\ kg\ H_2O/kg\ dry\ air$ $T_{dp} = 16\ ℃$

$h_a = 57.5\ kJ/kg\ dry\ air$ $v_a = 0.869\ m^3/kg\ dry\ air$

컴퓨터 소프트웨어을 활용하면 다음이 나온다.

$\phi = 48.6\ \%$ $\omega = 0.0117\ kg\ H_2O/kg\ dry\ air$ $T_{dp} = 16.2\ ℃$

$h_a = 58.07\ kJ/kg\ dry\ air$ $v_a = 0.87\ m^3/kg\ dry\ air$

해석 : 이러한 선도에서 값들을 판독하려면 연습이 필요하긴 하지만, 습공기 선도로도 양호한 근사 값들을 구할 수가 있기 때문에, 연습을 할 만한 가치가 있다. 거의 즉석에서 습공기학적 상태량을 구할 수 있게 해주는 기술(즉, 컴퓨터와 스마트폰)이 널리 사용되고 있는 덕에, 습공기 선도가 필요한 건지 의문을 품을 수도 있다. 습공기 선도가 실제 상태량 값을 구하는 많은 경우에 필수적이지는 않더라도, 습공기학적 응용에서 발생하기 마련인 과정들을 가시화하고자 할 때 여전히 유용하기도 하며, 일부 (2기류 혼합과 같은) 경우에는 해당 문제를 손으로 푸는 것보다 더 빨리 답을 제공해 주기도 한다.

계산기"를 검색해보면 쉽게 찾을 수 있다. 특정한 수식 솔버를 사용하고 있다면, 그 솔버에 습공기 상태량을 구하는 용도의 코드를 추가하여도 좋을 것이다.

주목할 점은, 습공기 선도 상의 일부 값들은 전체 압력(전압)에 따라 다르다는 것이다. 그러므로 습공기 선도마다 전압이 다르게 되어 있다.

습공기학적 상태량을 구하는 데 지원 수단이 되는 컴퓨터 프로그램이나 태블릿 앱을 알고 있으면 도움이 될 수도 있다. 이러한 지원 수단은 인터넷 검색으로 "습공기 계산기" 프로그램을 쉽게 찾을 수 있다. 특정한 수식 솔버를 사용하고 있다면, 그 솔버에 습공기학적 상태량 계산 코드를 추가해도 좋을 것이다.

심층 사고/토론용 질문

엔지니어라면 공기조화 시스템을 설계할 때 실내 공기의 상대 습도를 어느 정도의 정밀도로 구하면 될까?

10.4 쾌적 조건

습공기의 조건을 바꾸는 것은 습공기학과 매우 밀접하게 관련이 되는 공정설계 기술의 목적이므로, 대부분의 사람들이 쾌적하다고 느끼게 되는 온도 범위와 습도 범위를 이해하는 것이 중요하다. 전체적인 공기의 질 또한 사람들이 환경에서 쾌적함을 느끼게 되는 수준을 결정할 때 중요하지만, 여기에서는 공기의 질이 양호한 상태라고 가정하기로 한다. 양질의 공기를 얻고자 한다면, 공기를 필터로 거르거나 아니면 품질이 좋지 않은 공기를 더 깨끗한 공기와 혼합하면 될 터이므로, 습공기학에서는 그러한 공기 개질이 주안점은 아니다.

대부분의 사람들이 쾌적함을 느끼게 되는 온도 범위와 상대 습도 범위에 영향을 미치는 요인들은 많이 있다. 게다가, 개인적으로 선호하는 조건들은 대부분의 사람들이 쾌적하다고 생각하는 범위를 벗어나 있기도 하므로, 원하는 최종 조건을 조정하여 그러한 선호 조건들을 들어줄 필요도 있다. ASHRAE(the American Society of Heating, Refrigerating, and Air-Conditioning Engineers; 미 공조냉동학회)는 대부분의 사람들이 쾌적하다고 판단하는 조건들에 관한 표준을 개발해온 전문가 단체이다. 수용 조건에 영향을 주는 주요 요인 가운데 하나는 계절이다. 한랭 기후에서, 사람들은 겨울에는 무거운 옷을 입는 편이고 여름에는 가벼운 옷을 입는 편이다. 그러므로 대부분의 사람들에게 쾌적할 거라고 여겨지는 조건들은 일반적으로 여름보다는 겨울에 더 시원해야 하는 것이다. 그림 10.11에서 알 수 있듯이, 대부분의 사람들은 상대 습도가 50 %이고 온도가 22~26 ℃인 범위에서 여름옷을 입고 주로 앉아서 하는 활동을 하고 있을 때에 최적 쾌적 조건들을 판단한다. 습도 수준이 인체의 냉각률에 영향을 준다는 사실을 일깨워주는 듯이, 온도 범위는 상대 습도가 ~60 %로 더 높아지면(1 ℃ 정도만큼) 하한치가 더 낮아지고 상대 습도가 ~30 %로 더 낮아지면 그 정도만큼 상한치는 더 높아진다. 단지 쾌적 조건만을 고려한다면, 여름철 공기의 온도와 상대 습도로서 적절한 목표점은 각각 24 ℃와 45 %이다.

겨울에는 사람들이 온도 범위가 20~23 ℃이고 상대 습도가 50 %인 상태에서 온도가 낮아질수록 한층 더 쾌적함을 느끼게 되는데, 여기에서도 이 온도 범위는 상대 습도 값이 높아질수록 하한치는 더 낮아지고 상대 습도 값이 낮아질수록 상한치는 더 높아지게 된다. 재차 순수한 쾌적 수준 관점에서 보면, 겨울철 공기의 온도와 상대 습도로서 적절한 목표점은 각각 21 ℃와 45 %이다. 대부분의 사람들은 일반적으로 상대 습도가 75 %를 초과하는 매우 높은 수준에서 쾌적함을 느끼지 않거나 상대 습도가 25 % 미만인 매우 낮은 수준에서 쾌적함을 느끼지 않게 된다.

사람들의 쾌적 수준을 결정할 때에는 다른 요인들도 고려해야만 한다. 염두에 두어야 할

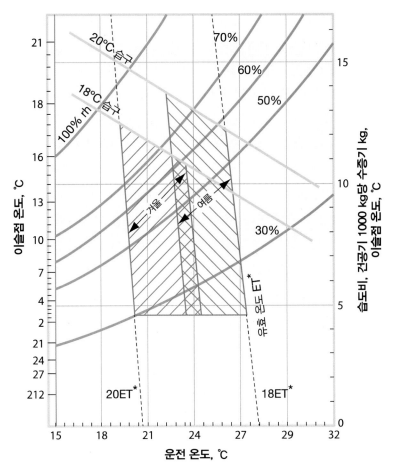

〈그림 10.11〉 대부분의 사람들이 겨울 조건과 여름 조건 모두에서 쾌적하다고 생각하는 온도와 상대 습도의 조합. 유효 온도는 공기 온도, 습도 및 공기 이동을 모두 고려한다.

점은 쾌적 수준이 인체의 냉각률로 결정될 때가 많다는 것이다. 계에서 통풍이 이루어지고 있을 때에는, 공기 온도가 높아질수록 인체에서 발생하게 되는 추가적인 대류 열손실을 그만큼 보정해주면 된다. 이와 마찬가지로, (겨울철에 창에서처럼) 대량으로 일어날 수 있는 열복사가 공간에 존재할 때에는, 온도가 높아질수록 공간에서 발생하게 되는 추가적인 복사 열전달을 그만큼 보정해주면 된다. 체육관과 같이 고강도 운동 전용 공간일 때에는, 사용자들이 필요 이상의 열을 발생시키게 되리라는 것과 쾌적함을 느끼고자 공간이 온도가 어느 정도 더 낮아지기 를 선호한다는 것을 예상할 수 있다.

한층 더 극한적인 예로는 실내 아이스 링크가 있는데, 여기에서는 링크 사용자들이 운동도 하고 있고 대체로 운동복을 무겁게 입고 있다. 이러한 공간에서는, 실내 공간치고는 온도가 확실히 낮다고 느낄 수 있을 정도로 공기 온도를 유지시켜야 될 것이다. 분명한 점은, 공간의 적절한 목표 온도와 상대 습도를 결정하고자 할 때에는 그 공간의 물리적인 특질뿐만 아니라 공간의 용도를 고려해야만 한다는 것이다.

이러한 논의는 대부분의 사람들이 쾌적하다고 느끼게 되는 조건에 집중되어 왔다. 공교롭게도 공기를 이러한 조건에 알맞게 조절(공기조화)하는 데에는 에너지가 필요하게 되므로, 에너지 비용이 증가할수록, 공간을 알맞은 상태로 조절(공기조화)하는 데 사용되는 에너지 양의 감소에 더욱 더 중점을 두게 된다. 앞에서 언급한대로, 겨울철에 공기를 가열하고 여름철에 공기를 냉각시키는 데에, 가정이나 회사에서는 에너지를 주로 사용하게 되기도 하고 일부 산업 설비에서는 비용을 대부분 치르게 되기도 한다. 에너지 사용과 비용을 줄이려면, 대체로 여름철에는 공기 온도가 높더라도 이를 감수하고 겨울철에는 공기 온도가 낮더라도 이를 감수하는 것이 필요하다. 이러한 사항들도 일반적으로는 사람들의 쾌적 수준의 견지에서 고려하여야만 한다. 집에 있는 거주자가 실내 온도가 15 ℃까지만 되도록 난방을 함으로써 에너지를 절약할 수는 있겠지만, 쾌적하지 않음을 느끼게 되는 수준은 돈을 아낄만한 가치가 되지 않을 수도 있다. 그러나 공간에 사람이 없거나 야간일 때, 겨울철에 온도를 낮추고 여름철에 온도를 올리는 것은 에너지 소비를 줄일 수 있는 효과적인 방법이다. 이렇게 에너지를 절약하게 되면 공간 안팎의 온도 차가 작아지므로 벽을 통해서 외부로 전달되는 열전도 양이 감소하게 되는데, 이로써 공기를 가열시키거나 냉각시켜서 실내 온도를 유지시키는 데 필요한 에너지 양을 더 낮출 수 있게 된다. 공간에 사람이 없거나, 겨울밤에 담요를 덮고 잠을 자거나 하면, 이러한 시간대에는 사람들의 쾌적함을 더욱 더 걱정할 필요가 없다.

지금까지는 사람들의 쾌적 수준을 살펴보았으며, 다음의 두 절에는 공기조화에 가장 일반적으로 사용되는 습공기 과정에 초점이 맞춰져 있다.

심층 사고/토론용 질문

본인이라면, 온도와 상대 습도의 범위가 어느 정도가 되어야 쾌적하다고 할 것이며, 대부분의 사람들이 쾌적하다고 하는 ASURE 해석에 비하여 개인적인 쾌적 선호도는 어떠한가?

10.5 습공기의 냉각 및 제습

가장 일반적으로 공기조화 과정이라고 생각하는 과정은 습공기의 냉각 · 제습 과정이다.

이 과정은 전형적으로 고온 다습한 공기를 냉각시키고 습증기를 제거함으로써 한층 더 쾌적하게 되도록 하는 데 사용된다. 때로는 공기를 냉각만 시키기도 하지만, 그 결과 상대 습도가 반드시 좋은 수준이 된다고 볼 수는 없으므로, 대개는 제습도 얼마간 시키게 된다. 그림 10.12에는 이러한 냉각·제습 과정에 일반적으로 사용되는 장치가 도시되어 있다. 이 냉각·제습 과정은 공기에서 열교환기 속을 흐르는 유체에게로 열을 전달시킴으로써 이루어진다. 대개는, 냉각제(냉매)가 냉각 코일 속을 흐르고 공기는 냉각 코일 튜브들의 외부를 흐른다. 사용하고 있는 시스템에 따라 다르지만, 이 냉각 코일은 제8장에서 학습한 증기압축식 냉동 사이클의 "증발기"라고 할 수도 있다. 냉각제는 공기에서 제거되고 있는 열을 증발기에서의 열 입력으로서 받아들인다.

이 과정이 냉각·제습을 달성하는 방식을 이해하는 데에는, 과정을 습증기 선도에 나타내는 것이 유용하다. 그림 10.13a에는 그 일례가 주어져 있다. 이 사례에서는, 고온 다습한 공기가 냉각 코일과 접촉하게 되어, 공기 온도가 일정한 습도비로 떨어지게 된다. 공기는 상대 습도가 100 %로 포화 상태가 될 때까지 냉각된다.

이 시점에서, 공기는 원하는 최종 온도와 같아지거나 그보다 낮아지게 되지만, 상대 습도가 100 %라고 하는 것을 쾌적함의 관점에서 보면 일반적으로 좋은 것은 아니므로, 수증기 함유량이 괜찮다고 볼 수는 없다. 그러나 공기는 온도가 낮을수록 고온에서 만큼 수증기를 함유할 수 없기 때문에, 공기를 더욱 더 냉각시키려면 공기에서 응축이 되어야 할 수분이 필요하기 마련이다. 그러므로 공기를 계속해서 냉각 코일과 접촉시키게 되면 액체 상태의 물은 응축물로서 공기 기류에서 제거되면서 공기는 상대 습도가 100 %로 일정하게 된다. 이 과정은 원하는 최종 습도비가 달성될 때까지 지속된다.

그림 10.12의 시스템에서는 가열기가 냉각 코일 다음에 배치되어 있다. 냉각 코일을 거쳐

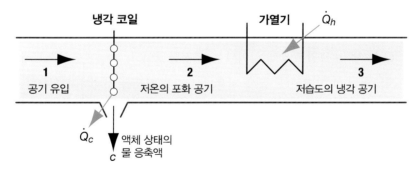

〈그림 10.12〉 냉각·제습 과정의 개략도. 습공기는 먼저 냉각 코일 외부를 흐름으로써 냉각·제습이 되고, 그 결과 저온의 포화 공기는 그 조건이 한층 더 쾌적한 온도와 상대 습도의 조합으로 향상된다. 응축된 물(c)은 냉각 코일로 시스템에서 배출된다.

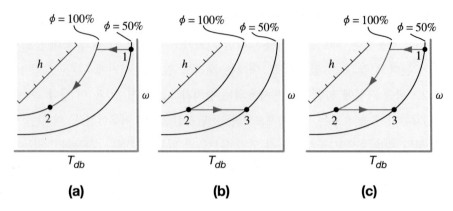

〈그림 10.13〉 (a) 습공기 선도에 나타낸 그림 10.12의 냉각 · 제습 과정. (b) 습공기 선도에 나타낸 가열 과정. (c) 습공기 선도에 나타낸 그림 10.12의 전체 과정.

나오는 공기 기류는 대개 대부분의 사람들에게 쾌적하지 않은 저온의 포화 공기 기류이므로, 가열 과정을 구비하는 것이 필요하다. 결과적으로, 이 공기 기류는 원하는 최종 온도와 상대 습도가 달성될 때까지 일정한 습도비로 가열된다. 이 가열 과정은 그림 10.13b의 습공기 선도에 나타나 있으며, 2단계 혼합 과정은 그림 10.13c에 나타나 있다. 원하는 최종 온도와 상대 습도에서 최종 습도비는 결정되고, 이어서 이 값을 바탕으로 해서 냉각 코일에서 공기가 얼마나 냉각이 되는지가 결정된다.

냉각 · 제습 과정 해석과 가열 과정 해석은 전형적으로 별개로 수행된다. 먼저 냉각 · 제습 과정을 살펴보기로 하자. 이 과정은 입구가 1개이고 출구가 2개인 장치에서 정상 상태, 정상 유동 과정으로 가정하기로 한다. 또한, 일도 전혀 없고 운동 에너지와 위치 에너지 효과도 전혀 없다고 가정한다. 이러한 가정으로, 식 (4.13)은 다음과 같이 될 수 있다.

$$\dot{Q}_c = \dot{m}_{da,2} h_{da,2} + \dot{m}_{v,2} h_{v,2} + \dot{m}_{w,c} h_{w,c} - (\dot{m}_{da,1} h_{da,1} + \dot{m}_{v,1} h_{v,1}) \qquad (10.16)$$

여기에서, $\dot{Q}_c$는 냉각 코일부에서 일어나는 열전달률이고, $\dot{m}_{w,c}$는 시스템에서 유출되는 응축된 물(응축수)의 질량 유량이다. 물에 적용되는 질량 보존을 사용하여 응축된 물(응축수)의 질량 유량은 다음과 같음을 나타낼 수 있다.

$$\dot{m}_{w,c} = \dot{m}_{v,1} - \dot{m}_{v,2} \qquad (10.17)$$

식 (10.16)에서, 공기 기류의 건공기 성분과 수증기 성분은 분리되어 있다. 건공기의 질량 유량은 일정하다고 보고, 다음과 같이 습공기의 습공기학적 엔탈피(psychrometric enthalpy) 값들이 사용되기도 한다. 즉,

$$\dot{Q}_c = \dot{m}_{da}(h_{a,2} - h_{a,1}) + \dot{m}_{w,c}h_{w,c} \tag{10.18}$$

식 (10.16)과 식 (10.18)을 사용할 때 한 가지 주목해야 할 점은 응축수의 비엔탈피가 관여되어 있다는 것이다. 과정의 습공기 선도를 조사해보면 수분은 온도 범위에 걸쳐서 응축되고 있는 것으로 나타나므로, 이러한 응축수에서 나타날 수 있는 엔탈피 값에도 범위가 있다. 다행히도, 응축수의 질량 유량은 건공기의 질량 유량에 비하여 대개는 (대략 1 % 대로) 매우 작기 때문에, 열전달에서 이 항이 차지하는 몫은 일반적으로 작다. 그러므로 공학적인 목적에서는 응축수의 엔탈피 값을 아주 정확하게 선정할 필요는 없다. 통상적으로는 시스템에서 유출되는 액체 상태의 물이 냉각부를 거쳐 나온 공기 온도(T_2)로 냉각되어 버린다고 가정을 하기 마련이다. 그러면 시스템에서 유출되는 응축수의 엔탈피 값을 선정하는 것이 T_2에서 포화 액체의 엔탈피를 선정하는 것이 된다. 즉, $h_{w,c} = h_{f,2}$가 된다. 만약, 시스템에서 유출되는 응축수의 온도 측정값이 있을 때에는 이 온도를 T_2 대신에 사용하여야 한다.

식 (10.18)은 또한 이 식을 건공기의 질량 유량으로 나눠서 건공기의 단위 질량 유량 기준으로 나타낼 수도 있다. 즉,

$$\frac{\dot{Q}_c}{\dot{m}_{da}} = (h_{a,c} - h_{a,1}) + (\omega_1 - \omega_2)h_{w,c} \tag{10.19}$$

여기에서, 응축수의 질량 유량에 식 (10.17)이 사용되었다.

시스템의 가열부는 단일 입구, 단일 출구, 정상 상태, 정상 유동 개방계로 모델링할 수 있으므로 해석하기가 더 쉽다. 이 계에서는 일 상호작용이 전혀 없고 운동 에너지 변화와 위치 에너지의 변화를 무시할 수 있다고 가정한다. 그러면 식 (4.15)는 다음과 같이 된다.

$$\dot{Q}_h = \dot{m}_{da,3}h_{da,3} + \dot{m}_{v,3}h_{v,3} - (\dot{m}_{da,2}h_{da,2} + \dot{m}_{v,2}h_{v,2}) \tag{10.20}$$

여기에서, $\dot{Q}_h$는 가열부에서의 열전달률이다. 다시 말하지만, 건공기의 질량 유량이 일정하므로, 식 (10.20)은 다음과 같이 습공기학적 엔탈피로 나타낼 수 있다. 즉,

$$\dot{Q}_h = \dot{m}_{da}(h_{a,3} - h_{a,2}) \tag{10.21}$$

식 (10.21)을 건공기의 단위 질량 유량 기준으로 나타내면 다음과 같이 된다.

$$\frac{\dot{Q}_h}{\dot{m}_{da}} = h_{a,3} - h_{a,2} \tag{10.22}$$

냉각·제습 과정을 해석할 때에는, 다음 가정들을 잊지 말아야 한다. 즉,

$$\omega_3 = \omega_2 \quad \text{그리고 전형적으로는} \quad \phi_2 = 100\,\% \text{이다.}$$

▶ 예제 10.5

온도가 29 ℃이고 상대 습도가 70 %인 습공기 기류를 온도가 21 ℃이고 상대 습도가 40 %인 기류로 조절시키고자 한다. 건공기의 질량 유량은 1.1 kg/s로 조절하고자 한다. 냉각 코일로 공기에서 응축되는 물의 유량을 구하라.

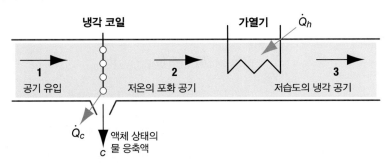

주어진 자료 : $T_1 = 29\,℃$, $\phi_1 = 70\,\%$, $T_3 = 21\,℃$, $\phi_3 = 40\,\%$, $\dot{m}_{da} = 1.1\,\text{kg/s}$

구하는 값 : $\dot{m}_{w,c}$

풀이 식 (10.3)과 식 (10.17)을 사용하면 다음과 같다.

$$\dot{m}_{w,c} = \dot{m}_{v,1} - \dot{m}_{v,2} = \dot{m}_{da}(\omega_1 - \omega_2)$$

$\omega_2 = \omega_3$임을 염두에 두고, 컴퓨터 습공기학적 상태량 소프트웨어를 사용하면, 초기 상태와 최종 상태에서의 습도비를 각각 다음과 같이 구할 수 있다. 즉,

$$\omega_1 = 0.0185\ \text{kg H}_2\text{O/kg dry air} \qquad \omega_3 = \omega_2 = 0.00632\ \text{kg H}_2\text{O/kg dry air}$$

이 값들을 대입하면 $\dot{m}_{w,c} = \dot{m}_{da}(\omega_1 - \omega_2) = \textbf{0.0134 kg H}_2\textbf{O/s}$가 나온다.

해석 : 응축수의 질량 유량은 건공기 질량 유량의 1.2 %이다. 이렇게 적은 양은 공기에서 냉각 코일을 거쳐 제거되는 열제거율에 작은 영향만을 끼칠 뿐이다.

▶ 예제 10.6

여름날에 그림 10.12와 같은 공기조화 시스템에 온도가 30 ℃이고 상대 습도가 65 %인 습공기가 2.0 m³/s로 유입된다. 공기는 가열부를 온도가 20 ℃이고 상대 습도가 40 %인 상태로 유출된다. 다음을 각각 구하라.

(a) 공기에서 응축되는 수증기의 유량
(b) 냉각부에서의 열전달률
(c) 가열부에서 부가되는 열의 열전달률

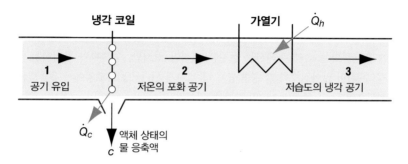

주어진 자료 : $T_1 = 30 ℃$, $\phi_1 = 65 \%$, $T_3 = 20 ℃$, $\phi_3 = 40 \%$, $\dot{V}_1 = 2.0 \text{ m}^3/\text{s}$

구하는 값 : (a) $\dot{m}_{w,c}$, (b) $\dot{Q}_c$, (c) $\dot{Q}_h$

풀이 작동 유체는 습공기와 액체 물이며, 해석할 시스템은 기술되어 있는 전형적인 냉각 및 제습 시스템이다.

가정: 과정은 개방계에서 정상 상태, 정상 유동이다. 운동 에너지나 위치 에너지 영향은 전혀 없으며, 일도 전혀 사용되지 않는다. $\omega_3 = \omega_2$이며, 습공기 선도에 과정을 적용하여 보면 $\phi_2 = 100 \%$이다. $T_c = T_2 = T_{dp,3}$이다.

컴퓨터 습공기학적 상태량 소프트웨어를 사용하여, 상태 1과 상태 3에서의 습공기학적 엔탈피와 상대 습도를 각각 다음과 같이 구하면 된다. 즉,

$$h_{a,1} = 75.5 \text{ kJ/kg dry air} \qquad \omega_1 = 0.0177 \text{ kg H}_2\text{O/kg dry air}$$

$$h_{a,3} = 35.1 \text{ kJ/kg dry air} \qquad \omega_3 = 0.0059 \text{ kg H}_2\text{O/kg dry air}$$

게다가, 상태 1에서의 습공기학적 비체적은 $v_{a,1} = 0.882 \text{ m}^3/\text{kg dry air}$이다. 상태 3에서의 이슬점 온도는 6 ℃이다. 그러므로 $T_2 = 6 ℃$이고 $\phi_2 = 100 \%$이다. 이 정보로 값을 구하면 다음과 같다.

$$h_{a,2} = 20.9 \text{ kJ/kg dry air} \qquad \omega_2 = 0.0059 \text{ kg H}_2\text{O/kg dry air}$$

또한, $h_c = h_f(6℃) = 25.2 \text{ kJ/kg H}_2\text{O}$이다.

건공기의 질량 유량은 $\dot{m}_{da} = \dfrac{\dot{V}_1}{v_{a,1}} = 2.268 \text{ kg/s}$이다.

(a) $\dot{m}_{w,c} = \dot{m}_{v,1} - \dot{m}_{v,2} = \dot{m}_{da}(\omega_1 - \omega_2) = \mathbf{0.0268\ kg\ H_2O/s}$

(b) 냉각 코일에서의 열전달률을 구하는 데에는 식 (10.18)을 사용하면 된다. 즉,

$$\dot{Q}_c = \dot{m}_{da}(h_{a,2} - h_{a,1}) + \dot{m}_{w,c}h_{w,c} = \mathbf{-123\ kW}$$

(c) 가열기에서의 열전달률은 식 (10.21)로 구하면 된다. 즉,

$$\dot{Q}_h = \dot{m}_{da}(h_{a,3} - h_{a,2}) = \mathbf{32.2\ kW}$$

해석 : 예상한 대로, 냉각 코일을 거쳐 공기에서 제거되는 열이 가열 요소로 부가되는 열보다 더 많다. 냉각 코일 내 열 제거에서 차지하는 액체 물의 응축 몫은 0.5 % 정도이다. 이 양이 적어서 무시하기에 충분하다는 점에 관해서는 논란의 소지가 있지만, 응축수가 차지하는 몫은 공기에서 제거되는 물(수분)이 많아질수록 그 중요성이 더 커지게 된다. 냉각 코일에서 유출되는 물의 온도가 높을수록 이 요인은 그 중요성이 더 커지게 된다.

심층 사고/토론용 질문

공기를 냉각 및 제습하는 데에는 전기가 대량으로 필요한데, 미 국내 건물에 이러한 시스템이 광범위한 규모로 사용되기는 지난 60년에 걸쳐 일어난 현상 중에서 비교적 최근 일이다. 이러한 시스템의 광범위한 가용성이 미국을 어떻게 변화시켰나? (예컨대, 문화적인 측면, 사람 거주지 등)

10.6 냉각 · 제습 과정과 냉동 사이클의 복합

앞에서 언급한 대로, 공기를 냉각 · 제습하는 열 제거 메커니즘을 제공하고자 할 때에 사용하는 통상적인 방법은, 따뜻한 습공기가 스쳐 지나는 냉각 코일 속에 냉각제(냉매)를 유입시키는 것이다. 그러면 이러한 냉각 코일은 증기 압축식 냉동 사이클에서의 증발기 같은 역할을 하기도 한다. 그림 10.14에는 공기 경로뿐만 아니라 증기 압축식 냉동 사이클이 그려져 있는 복합 시스템이 도시되어 있다. 이 시스템이 작동되려면, 증발기 냉매 온도가 바람직한 출구 상태의 이슬점 미만으로 유지되어야만 한다. 운전 중인 시스템에서는 이 매개변수를 조정하기가 쉽지 않기 때문에, 냉각 · 제습 시스템을 설계 · 제작하기 전에 이 시스템에서 달성이 되는 바람직한 최저 이슬점 온도를 알고 있어야만 한다. 이 온도를 기준으로 하여 증발기 냉매의 최대 압력이 정해지기 마련이다.

이러한 복합 시스템의 해석은 증발기의 열전달률로 구하게 되는 공기의 질량 유량과 냉매의

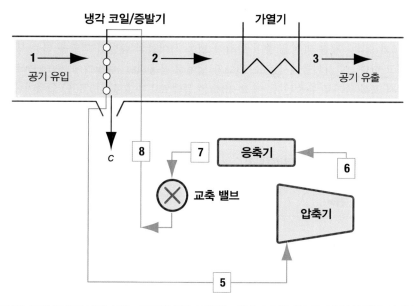

냉각 코일/증발기　　　　가열기

1 공기 유입　　**2**　　**3** 공기 유출

c　　**8**　　**7**　　응축기　　**6**

교축 밸브　　압축기

5

〈그림 10.14〉 그림 10.12에 나타나 있는 과정의 냉각 코일에는 냉매가 포함되어 증기 압축식 냉동 사이클에서의 증발기와 같은 기능을 할 때가 많다. 여기에는 이 두 가지 시스템이 복합되어 그려져 있다.

질량 유량에 관한 것이다. 냉각 코일/증발기에서의 열전달 방향은 공기에서 냉매 쪽이므로, 열전달률의 크기는 동일하지만 그 부호는 열전달의 부호 규약에 따라 변한다. 즉,

$$\dot{Q}_e = -\dot{Q}_c$$

여기에서, $\dot{Q}_e$는 증발기에서 냉매의 열전달률이고, $\dot{Q}_c$는 냉각 코일에서 공기의 열전달률이다. 제8장에 있는 증기 압축식 냉동 사이클 해석을 돌이켜보면, 다음이 성립함을 알 수 있다.

$$\dot{m}_R(h_5 - h_8) = -[\dot{m}_{da}(h_{a,2} - h_{a,1}) + \dot{m}_{w,c}h_{w,c}] \tag{10.23}$$

여기에서, $\dot{m}_R$은 냉매의 질량 유량이며, 증기 압축식 사이클의 상태 번호를 그대로 그림 10.14의 선도에 다시 사용하였다.

학생 연습문제

냉각·제습 과정 해석을 증기 압축식 냉동 사이클 해석과 복합시킨 컴퓨터 모델을 개발하라. 이 모듈로는 앞서 개발한 증기 압축식 냉동 사이클 모듈에서 사용될 용도로 냉각·제습 과정에서 열 부하를 구할 수 있어야 하며, 또한 예정된 증기 압축식 냉동 사이클에서 처리될 수 있는 공기량을 구할 수 있어야 한다.

▶ 예제 10.7

예제 10.6의 냉각·제습 과정을 증기 압축식 냉동 사이클의 증발기 역할을 하는 냉각 코일로 완수하려고 한다. 이 사이클에서는 R-134a가 냉매로 운용되어, 증발기에 200 kPa로 유입되어 증발기에서 포화 증기로 유출된다. 이 R-134a는 등엔트로피 효율이 0.80인 압축기에서 압력이 1000 kPa로 압축되어, 응축기에서 포화 액체로 유출된다. 이 시스템을 운전하는 데 압축기에 필요한 동력을 구하라.

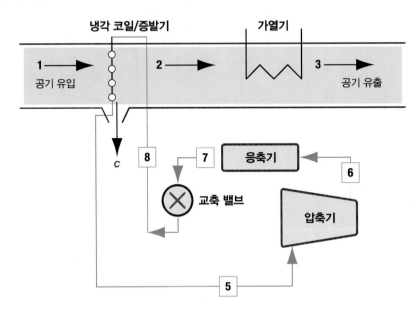

주어진 자료 : 예제 10.6에서, 냉각 코일에서 공기에서 냉매로 전달되는 열전달은 다음과 같다. 즉, $\dot{Q}_c = -123$ kW이다.

$$P_5 = P_8 = 200 \text{ kPa}, \ P_6 = P_7 = 1000 \text{ kPa}, \ \eta_c = 0.80, \ x_5 = 1, \ x_7 = 0$$

구하는 값 : $\dot{W}_c$(압축기 동력)

풀이 습공기학적 문항은 이미 푼 적이 있으며, 여기에서 해석할 문항은 증기 압축식 냉동 사이클이다. 작동 유체는 R-134a이며, 그 상태량은 냉매 상태량 데이터를 제공해 주는 컴퓨터 프로그램으로 구하면 된다.

가정 : $P_5 = P_8, \ P_6 = P_7, \ \dot{W}_e = \dot{W}_{cond} = \dot{Q}_{tv} = \dot{Q}_{comp} = 0.$

각각의 장치에서는 $\Delta KE = \Delta PE = 0$이다. 각각의 장치는 정상 상태, 정상 유동 과정이다.

컴퓨터로 구한 냉매 상태량에서, 다음과 같이 냉매의 엔탈피(및 엔트로피) 상태량을 (제8장에 그 개요가 설명되어 있는 증기 압축식 냉동 사이클에 따라) 구할 수 있다.

$$h_5 = 241.30 \text{ kJ/kg}$$

$$s_5 = 0.9253 \text{ kJ/kg} \cdot \text{K} = s_{6s}$$

s_{6s} 값과 $P_{6s} = P_6$의 관계를 사용하면, $h_{6s} = 274.63 \text{ kJ/kg}$이다.

$$h_7 = 105.29 \text{ kJ/kg} = h_8$$

압축기의 등엔트로피 효율인 $\eta_c = \dfrac{h_5 - h_{6s}}{h_5 - h_6}$을 사용하여, 압축기에서 실제 출구 엔탈피를 구하면, $h_6 = 282.96 \text{ kJ/kg}$이다.

냉매에 전달되는 열전달률은 $\dot{Q}_e = -\dot{Q}_c = 123 \text{ kW}$이다.

사이클에서, $\dot{Q}_e = \dot{m}_R(h_5 - h_6)$이므로, $\dot{m}_R = 0.904 \text{ kg/s}$이다.

압축기 동력은 다음과 구한다.

$$\dot{W}_c = \dot{m}_R(h_5 - h_6) = -37.7 \text{ kW}$$

그러므로 사이클이 공기 기류에 의도한 대로 냉각·제습을 수행할 수 있도록 하는 데 압축기에는 동력이 37.7 kW가 필요하다.

해석 : 여름철 공기조화 과정에서 공기를 냉각·제습하는 데 드는 비용이 어떻게 대형 건물 소유주에게 쉽사리 핵심 지출이 될 수 있는지를 볼 수가 있다. 대형 시스템에 내장된 압축기 가동에 드는 동력량은 방대하고 비싸기도 하다. 개인 주택처럼 소형 건물일지라도 공기를 냉각·제습하는 데 들어가는 에너지 비용은 골칫거리이다.

10.7 공기의 냉각 및 제습

공기의 상태를 변화시키는 데 통상적으로 사용되는 제2의 방법은 공기를 가열시키는 것이다. 가열 과정은 제10.4절에서 학습하였던 바, 이 과정에서는 냉각·제습 과정의 냉각 코일에서 유출되는 저온 다습한 공기를 한층 더 쾌적한 온도로 가열시켰다. 그림 10.15에는 냉각 과정을 무시하고 상태 번호를 다시 사용하여 표시하면, 가열 과정에 사용되는 식[식 (10.21)]은 습공기학적 엔탈피를 사용할 때에는 다음과 같이 된다.

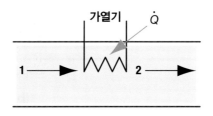

〈그림 10.15〉 가열 요소를 지나는 공기의 개략도.

$$\dot{Q}_h = \dot{m}_{da}(h_{a,2} - h_{a,1}) \qquad (10.24)$$

가열 과정은 가스로와 같은 열교환기에서 일어날 수 있는데, 여기에서 연소 생성물은 열교환기의 한쪽을 지나가고, 차가운 공기는 전기 저항식 가열기를 지나거나 적외선 등에서 나오는 복사 가열을 겪으면서, 또는 가열할 수 있는 방식이라면 어떠한 다른 방식으로라도 열교환기의 다른 쪽을 지나간다.

이러한 기본적인 가열 과정은 공기의 습기 함유량을 변화시키지 않으므로, $\omega_1 = \omega_2$이다. 이 장의 앞에서 설명한 대로, 공기는 따뜻할수록 차가운 공기보다 더욱 더 많은 습기를 함유할 수 있다. 그러므로 절대 수분 함유량이 그대로 유지된다고 하면, 따뜻한 공기일수록 상대 습도는 차가운 공기보다 더 낮아지기 마련이다. 안타깝게도, 이렇게 되면 가열된 공기의 상대 습도는 대부분의 사람들에게 쾌적한 수준보다 더 낮아지게 된다. 예를 들어, 추운 겨울날에는 건물에서 바깥 공기를 사용하기 위해 가열하기도 할 것이다. 바깥 공기가 상대 습도가 높더라도, 습기 함유량이 그대로인 채로 가열된 공기는 상대 습도가 불쾌함을 느낄 정도로 낮다. 그러므로 가습 과정을 사용하여 흔히 공기의 상대 습도를 올리곤 한다.

공기를 가습하는 데 사용되는 비용 효과가 큰 기본적인 방법에는 다음과 같이 2가지가 있다. (1) 공기가 액체를 지나게 하는 방법. 여기에는 공기를 액체 물로 포화시킨 다공성 패드를 통과시키는 방법 등이 있다. (2) 공기에 수증기를 부가하는 방법. 이러한 2가지 과정은 그림 10.16에 개략적으로 예시되어 있다. 이 두 방법은 온도 면에서 공기에 상반되는 효과를 나타낸다. 첫째 번 방법에서는 액체 물이 증발되도록 하여야만 하므로 공기의 증발 냉각이 일어나게 되는데, 이 때문에 공기의 온도가 더 낮아질 수 있다. 그러므로 이 방법이 사용될 때에는,

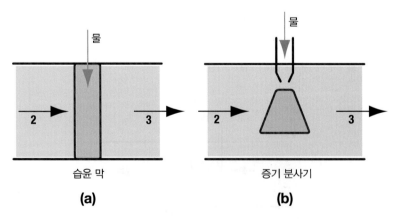

〈그림 10.16〉 공기에 습기를 부가하는 방법. (a) 공기가 액체 물을 함유하고 있는 습윤 막을 통과하게 하는 방법 및 (b) 공기에 수증기를 분사하는 방법.

냉각을 용이하게 하고자 한다면 공기를 바람직한 최종 온도 이상으로 가열시키려고 하면 된다. 수증기를 부가시키는 둘째 번 방법에서는, 수증기가 일반적으로 공기 온도보다 더 높다. 그러므로 공기에 부가되는 수증기 때문에 공기의 온도가 증가하려고 하므로, 공기에 수증기를 부가하기 전에 공기를 더 낮은 온도로 가열시키도록 선정하여 어디까지나 바람직한 최종 온도에 도달하도록 하면 된다. 이 두 가지 방법 중 어디에서도, 부가되는 물의 양은 공기 속에 존재하는 양에 비하여 작다는 사실과, 결과적으로 공기의 온도 변화는 작기 마련이라는 사실을 명심하여야 한다. 그러나 대부분의 사람들에게 쾌적한 온도 범위가 좁다는 점에 근거하면, 이러한 작은 변화 때문에라도 온도가 불쾌함을 느끼는 조건이 되어 버릴 수도 있다.

가습 과정은 열전달이 전혀 없고, 일도 전혀 없으며, 운동 에너지 효과나 위치 에너지 효과가 전혀 영향을 주지 않는 정상 상태, 정상 유동 과정으로 모델링되기도 한다.

건공기의 질량 유량은 이 가습 과정 중에 일정하게 유지되기 마련이다. 결과적으로, 입구가 2개이고 출구가 1개일 때에는 가습 과정의 열역학 제1법칙은 다음과 같이 쓸 수 있다.

$$\dot{m}_{da} h_{da,2} + \dot{m}_{v,2} h_{v,2} + \dot{m}_w h_w = \dot{m}_{da} h_{da,3} + \dot{m}_{v,3} h_{v,3} \tag{10.25}$$

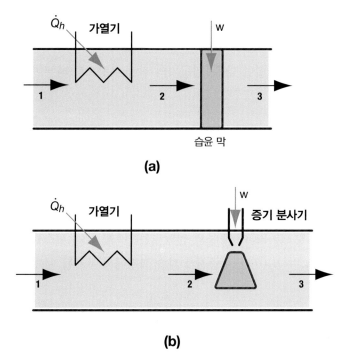

〈그림 10.17〉 (a) 공기를 습윤 막을 지나게 하여 가열·가습하는 시스템.
(b) 공기에 수증기를 분사시켜 가열·가습하는 시스템.

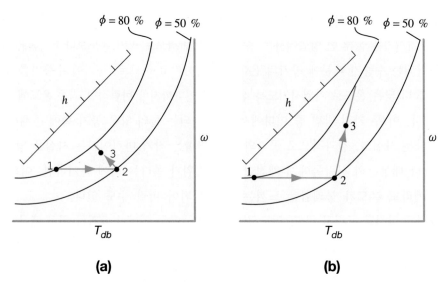

〈그림 10.18〉 습공기 선도에 나타낸 가열·가습 과정의 예. (a) 물이 습윤 막에서 증발하여 부가될 때. (b) 물이 수증기 분사로 부가될 때.

물의 질량 보존에서 다음 식이 나온다.

$$\dot{m}_w = \dot{m}_{v,3} - \dot{m}_{v,2} \tag{10.26}$$

식 (10.25)와 식 (10.26)을 결합한 다음, 건공기의 질량 유량으로 나누면, 다음과 같이 열역학 제1법칙 적용식이 나온다.

$$h_{da,2} + \omega_2 h_{v,2} + (\omega_3 - \omega_2)h_w = h_{da,3} + \omega_3 h_{v,3} \tag{10.27}$$

또는, 습공기학적 엔탈피로 나타내면 다음과 같다.

$$h_{a,2} + (\omega_3 - \omega_2)h_w = h_{a,3} \tag{10.28}$$

식 (10.25), (10.27) 및 (10.28)에서 물의 엔탈피는, 액체 물이 시스템에 부가될 때는 액체 물의 엔탈피와 같거나[$h_w = h_f(T)$], 수증기가 가습 과정에서 부가될 때에는 수증기의 엔탈피와 같다[$h_w = h_g(T)$].

가열·가습 과정은 그림 10.17과 같이 결합되기도 한다. 이러한 해석에서는, 식 (10.25)—(10.28)이 각각 순차적으로 수증기를 해석하는 데 사용된다. 그림 10.18에는 가열·가습 과정을 (a) 액체 물이 부가될 때와 (b) 수증기가 부가될 때로 각각 예시하는 2가지 대표적인 습공기 선도가 나타나 있다.

▶ 예제 10.8

차가운 습공기를 가열·가습시키려고 한다. 공기는 상대 습도가 80 %이고 온도가 5 ℃인 상태로 유입되어 가습 후에는 공기가 상대 습도가 40 %이고 온도가 22 ℃로 되어야 한다. 가습은 공기를 온도가 18 ℃인 액체 물로 포화된 습윤 막을 지나도록 함으로써 이루어진다. 이 시스템에서 건공기의 질량 유량은 5 kg/s이다. 가열 과정 중에 부가되는 열량과 가습 중에 부가되는 액체 물의 질량 유량을 각각 구하라. 압력은 101.325 kPa로 일정하다.

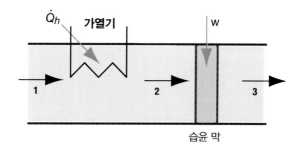

주어진 자료 : $T_1 = 5\ ℃$, $\phi_1 = 80\ \%$, $T_3 = 22\ ℃$, $\phi_3 = 40\ \%$, $T_w = 18\ ℃$,

$\dot{m}_{da} = 5$ kg dry air/s, $P = 101.325$ kPa

구하는 값 : $\dot{Q}_h$, $\dot{m}_w$

풀이 작동 유체는 습공기와 액체 물이며, 해석 대상 시스템은 습윤 막을 사용하는 가열·가습 시스템이다.

가정 : 과정들은 개방계에서 정상 상태, 정상 유동 과정이다. 운동 에너지나 위치 에너지의 영향은 전혀 없으며 일도 전혀 사용되지 않는다고 가정한다. $\omega_1 = \omega_2$이다.

먼저, 가열 후 공기의 엔탈피를 구해야 한다. 가열 과정 중에는 $\omega_1 = \omega_2$이다. 이 정보를 식 (10.28)과 결합하게 되면, 상태 2에서 습공기학적 엔탈피를 구할 수 있다. 컴퓨터 습공기 상태량 프로그램에서, 다음과 같은 습공기학적 상태량을 구할 수 있다. 즉,

$$h_{a,1} = 16.0 \text{ kJ/kg dry air} \qquad \omega_1 = 0.00439 \text{ kg H}_2\text{O/kg dry air}$$

$$h_{a,3} = 39.1 \text{ kJ/kg dry air} \qquad \omega_3 = 0.00668 \text{ kg H}_2\text{O/kg dry air}$$

또한, 액체 물은 $h_w = h_f(T_w) = 75.58\ \text{kJ/kg H}_2\text{O}$이다.

$\omega_2 = \omega_1 = 0.00439\ \text{kg H}_2\text{O/kg dry air}$임을 알고 있으므로, $h_{a,2}$는 식 (10.28)을 사용하여 구한다.

$$h_{a,2} = h_{a,3} - (\omega_3 - \omega_2)h_w = 38.9\ \text{kJ/kg dry air}$$

(주 : 이 ω_2와 $h_{a,2}$의 조합에 상응하는 온도와 상대 습도는 28 ℃와 18 %이다. 이는 대부분의 사람들이 느끼는 쾌적 영역에 들지 못한다.)

이제, 가열 과정에서의 가열 부하는 식 (10.24)를 사용하여 구하면 된다. 즉,

$$\dot{Q}_h = \dot{m}_{da}(h_{a,2} - h_{a,1}) = \mathbf{115\ kW}$$

가습 과정에서 부가되는 물의 양은 식 (10.26)을 사용하여 구하면 된다. 즉,

$$\dot{m}_w = \dot{m}_{v,3} - \dot{m}_{v,2} = \dot{m}_{da}(\omega_2 - \omega_2) = 0.0115\ \text{kg H}_2\text{O/s}$$

해석 : 이 값으로 보아 물의 양이 적다고 할지는 모르겠지만, 체적 유량으로는 대략 11.5 cm³/s에 해당하므로, 원하는 습도 수준으로 유지시키고자 공기 중으로 증발시켜야 하는 물은 하루에 대략 1 m³이 필요하게 된다.

심층 사고/토론용 질문
왜 겨울철에 건물 실내 공기를 가열만 하기보다는 제습하기를 원하는 사람들도 있을까?

10.8 습공기 기류의 혼합

설비 내의 공기라고 해서 모든 공기가 즉각적으로 조화(상태 조절)되는 것은 일반적이지 않다. 공기조화 과정에서는, 공간에서 공기의 일부만이 제거되어 조화된다고 하거나 신선한 바깥 공기가 설비에 유입되어 조화된다고 하는 것이 한층 더 일반적이다. 그런 다음 이 유입된 공기는 공간에 있는 기존의 공기와 혼합된다. 이 과정이 연속적으로 일어나지 않는다고 하더라도, 공간에 존재하는 공기는 조화된 공기와 조화되지 않은 공기가 혼합된 결과물이다. 그러므로 조화된 공기가 되게 할 때에는, 만들려고 하는 공기는 바깥 공기를 공간에 있는 기존의 공기와 혼합시켜 쾌적한 전체 혼합물이 만들어지게 하는 것이기 때문에, 이 바깥 공기를 공간에 있는 사람들이 쾌적함을 느끼는 수준으로 만들려고 하게 되는 것이다. 예를 들어, 겨울철에 공간에 있는 기존의 공기를 21 ℃의 온도로 가열시키려고 할 때, 공기를 공간에 21 ℃로 공급하게 되면 전체 공간은 실제로 21 ℃에 도달하지 못하거나, 그렇지 않더라도 그렇게 되는 데에

시간이 많이 걸릴 것이다. 그러나 공기가 30 ℃로 공급된다면 공간은 한층 더 빨리 따뜻해질 것이므로, 전체적인 에너지 소비는 줄어들 것으로 보인다. 그러나 공급되고 있는 조화된 공기가 대부분의 사람들의 쾌적함 범위에서 많이 벗어나거나 너무 큰 유량으로 공급되면, 이 때문에 입구 통풍구 부근의 상태는 감당하기 어렵게 될 수도 있다.

습공기 기류의 혼합은 기계적인 공기조화가 없을 때에 일어나기도 한다. 예를 들어, 날씨가 좋은 날에 내부 공간이 더욱 더 쾌적해지도록 건물 창문을 열어 볼 수 있다. 이럴 때면, 바깥에서 들어온 공기는 내부 공기와 혼합이 이루어진다. 그렇지 않으면 그림 10.19와 같이 계속해서 외부 공기를 설비 내로 들어오게 하여 공기 질이 유지되게 한다. 이 경우에, 외부 공기는 흔히 조화가 이루어지기 전에 일부 내부 공기와 혼합되기도 하고 기존의 내부 공기와 직접 혼합되기도 한다.

습공기 기류 혼합 과정을 해석하려고 하면, 건공기의 질량 보존, 물의 질량 보존 및 열역학 제1법칙을 사용하여야 한다. 그림 10.20에는 2개의 기류가 혼합되어 하나의 유출 기류가 형성되는 혼합 과정이 도시되어 있다. 이 해석에서는, 운동 에너지 효과와 위치 에너지 효과가 전혀 없으며 계는 정상 상태라고 가정한다. 건공기의 질량 보존에서 다음 식이 나온다.

$$\dot{m}_{da,3} = \dot{m}_{da,1} + \dot{m}_{da,2} \tag{10.29}$$

물은 오직 수증기 형태만을 띨 것이므로, 물의 질량 보존은 다음과 같다.

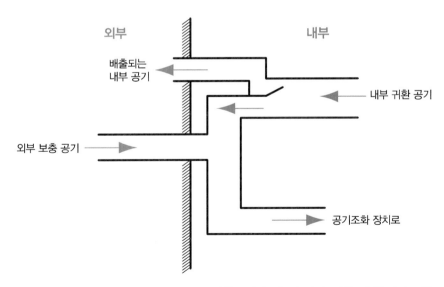

〈그림 10.19〉 외부 보충 공기가 건물 내부 귀환 공기의 일부와 섞이고 있는 혼합 과정. 이후 혼합물은 공기조화 장치로 보내진다. 나머지 귀환 공기는 실외로 배출된다.

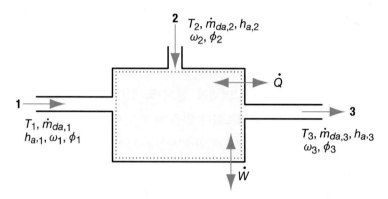

〈그림 10.20〉 2개의 습공기 기류가 섞여서 제3의 습공기 기류를 형성하는 혼합 과정.
여기에서는 열전달과 일 상호작용이 동시에 일어난다.

$$\dot{m}_{v,3} = \dot{m}_{v,1} + \dot{m}_{v,2} \qquad (10.30)$$

식 (10.30)은 또한 다음과 같이 습도비로 나타낼 수도 있다. 즉,

$$\dot{m}_{da,3}\omega_3 = \dot{m}_{da,1}\omega_1 + \dot{m}_{da,2}\omega_2 \qquad (10.31)$$

그리고 이를 건공기의 질량 유량으로 나누면 다음 식이 나온다.

$$\omega_3 = \frac{\dot{m}_{da,1}}{\dot{m}_{da,3}}\omega_1 + \frac{\dot{m}_{da,2}}{\dot{m}_{da,3}}\omega_2 \qquad (10.32)$$

식 (10.32)에서, 혼합 기류의 습도비는 입구 기류의 가중 평균 습도비와 같다는 사실을 알수 있는데, 여기에서 가중 처리는 각각의 입구로 유입되는 건공기의 질량 유량으로 이루어진다. 사전에 세운 가정하에서 열역학 제1법칙을 적용하면 다음과 같다.

$$\dot{Q} - \dot{W} + \dot{m}_{da,1}h_{a,1} + \dot{m}_{da,2}h_{a,2} = \dot{m}_{da,3}h_{a,3} \qquad (10.33)$$

여기에서는, 습공기학적 엔탈피가 사용되었다. 열전달은 거의 일어나지 않을 때가 많고, 일 상호작용은 무시되기도 한다. 시스템을 주목할 만한 일 상호작용이 없는 단열 과정이라고 가정하면, 식 (10.33)이 다음과 같이 된다.

$$\dot{m}_{da,1}h_{a,1} + \dot{m}_{da,2}h_{a,2} = \dot{m}_{da,3}h_{a,3} \qquad (10.34)$$

이 식을 출구 기류의 건공기 질량 유량으로 나누면 다음 식이 나온다.

$$h_{a,3} = \frac{\dot{m}_{da,1}}{\dot{m}_{da,3}}h_{a,1} + \frac{\dot{m}_{da,2}}{\dot{m}_{da,3}}h_{a,2} \qquad (10.35)$$

재차 강조하지만, 열 및 일 상호작용이 없을 때에는, 출구의 습공기학적 엔탈피는 입구의 습공기학적 엔탈피의 가중 평균과 같다. 식 (10.32)와 식 (10.35)로, 혼합 기류의 2가지 상태량을 구할 수 있는데, 이로써 혼합 기류의 온도와 상대 습도를 구할 수 있다.

그림 10.21은 입구 기류가 2개일 때를 보여주는 대표적인 습공기 선도이다. 2개의 상태를 연결하는 점선은 열전달이나 일이 전혀 없을 때 시스템 출구 상태의 가능한 범위를 나타낸다. 이 연결선상에서의 위치는 두 입구 기류의 질량 유량으로 결정된다. 이 두 기류의 건공기 질량 유량이 같으면, 출구 상태는 연결선의 중간점에 위치한다. 기류 1이 유량이 더 크면, 출구 상태는 비례적으로 상태 1에 더 가깝고 기류 2가 유량이 더 크면 출구 상태는 비례적으로 상태 2에 더 가깝다. 이 두 기류의 상대 유량을 조정함으로써 출구 상태를 조절할 수 있다.

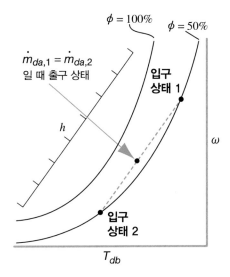

〈그림 10.21〉 2개의 상태가 열전달이나 일 없이 정압, 정상 상태 과정으로 혼합될 때에는, 그 결과로서 출구 기류의 상태는 습공기 선도에서 이 두 상태를 연결하는 선 위에 위치한다. 이 연결선상에서의 위치는 두 입구 기류 건공기의 상대 질량 유량으로 결정된다. 두 기류의 질량 유량이 같으면, 출구 상태는 연결선의 중간점에 위치하게 된다.

학생 연습문제

습공기 기류의 혼합 과정을 해석할 수 있는 컴퓨터 모델을 개발하라. 이 모듈로는, 입구 상태를 알고 있을 때 출구 상태를 구할 수 있거나, 출구 상태와 1개의 입구 상태를 알고 있을 때 다른 1개의 입구 조건을 구할 수 있어야 한다. 또한, 이 모듈로는 알고자 하는 기류의 유량을 구할 수 있어야 한다.

▶ 예제 10.9

2개의 습공기 기류를 제조 설비로 보내기 전에 함께 혼합하려고 한다. 기류 1은, 건물 내부에서 끌어들인 것으로, 온도가 32 ℃이고 상대 습도는 60 %이며 건공기의 질량 유량은 5 kg dry air/s이다. 기류 2는 외부 공기이며 온도가 4 ℃이고 상대 습도는 70 %이며 건공기의 질량 유량은 15 kg dry air/s이다. 이 혼합 기류의 온도와 상대 습도를 구하라. 전체 압력은 101.325 kPa로 유지된다.

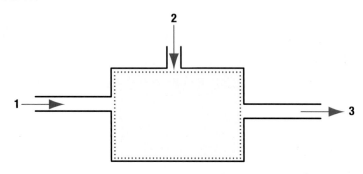

주어진 자료 : $T_1 = 32$ ℃, $\phi_1 = 60$ %, $\dot{m}_{da,1} = 5$ kg dry air/s, $T_2 = 4$ ℃, $\phi_2 = 70$ %,

$\dot{m}_{da,2} = 15$ kg dry air/s

구하는 값 : T_3, ϕ_3

풀이 작동 유체는 습공기이고, 해석 대상 시스템은 단순 혼합 과정이다.

가정 : 이 혼합 과정은 개방계에서 정상 상태, 정상 유동 과정이다. 운동 에너지나 위치 에너지의 영향은 전혀 없으며, $\dot{Q} = \dot{W} = 0$이다.

먼저, 혼합 기류의 건공기 질량 유량을 식 (10.29)로 구한다. 즉,

$$\dot{m}_{da,3} = \dot{m}_{da,1} + \dot{m}_{da,2} = 20 \text{ kg dry air/s}$$

입구 상태의 습공기학적 엔탈피와 상대 습도는 컴퓨터 프로그램으로 다음과 같이 구한다. 즉,

$$h_{a,1} = 97.0 \text{ kJ/kg dry air} \qquad \omega_1 = 0.0183 \text{ kg H}_2\text{O/kg dry air}$$

$$h_{a,2} = 31.4 \text{ kJ/kg dry air} \qquad \omega_2 = 0.00362 \text{ kg H}_2\text{O/kg dry air}$$

혼합 기류의 습도비는 식 (10.32)를 사용하여 구한다.

$$\omega_3 = \frac{\dot{m}_{da,1}}{\dot{m}_{da,3}}\omega_1 + \frac{\dot{m}_{da,2}}{\dot{m}_{da,3}}\omega_2 = 0.00729 \text{ kg H}_2\text{O/kg dry air}$$

혼합 기류의 습공기학적 엔탈피는 식 (10.35)를 사용하여 구한다.

$$h_{a,3} = \frac{\dot{m}_{da,1}}{\dot{m}_{da,3}}h_{a,1} + \frac{\dot{m}_{da,2}}{\dot{m}_{da,3}}h_{a,2} = 47.8 \text{ kJ/kg dry air}$$

이 ω_3와 $h_{a,3}$를 사용하면, 혼합 기류의 온도와 상대 습도를 다음과 같이 구할 수 있다.

$$T_3 = 11.6\ ℃, \qquad \phi_3 = 86\ \%$$

해석 : 실제 수증기 함유량이 혼합되고 있기 때문에, 혼합 기류는 상대 습도가 어느 쪽 입구 기류의 상대 습도보다도 더 높다. 혼합 기류의 온도는 두 입구 기류의 온도 사이가 될 것이다.

10.9 냉각탑 응용

그림 10.22와 같은 냉각탑들은 대량의 열을 냉각 유체(전형적으로는, 물)에서 공기로 전달시키는 데 사용되는 시스템이다. 냉각탑은 "건식"으로 설계되기도 하지만, 대부분의 효율적인 냉각탑은 공기와 물 사이에서 직접 접촉이 이루어지게 함으로써 작동된다.

냉각탑이 응용되는 곳으로 한 가지 분명한 곳은 발전고이다. 이 제7장에서 학습한 대로, 랭킨 사이클 발전소에서 발생하게 되는 대량의 열은 응축기의 수증기에서 제거되어야만 한다. 응축기에서는 대개 열 제거 매질로서 물이 사용되게 되며, 그러면 이 냉각수가 열을 환경으로 전달하게 된다. 어떤 경우에는 이러한 과정이 냉각수를 대량의 물에 직접 버림으로써 이루어지기도 하지만, 많은 발전소에서는 냉각탑을 사용하여 냉각수에서 공기로 열을 전달시키고 있다. 냉각탑에서는 팬을 사용하여 강제로 공기 흐름이 시스템을 관통(이러한 방식을 "강제 통풍(기계적 통풍)"이라고 함)하도록 하기도 하고, 시스템을 통과하는 공기 부력의 변화를 사용하여

feiyuezhangjie/Shutterstock.com

vipphotos/Shutterstock.com

〈그림 10.22〉 냉각탑은 여러 가지 형태를 하고 있다. (a) 자연 통풍 냉각탑 및 (b) 강제(기계식) 통풍 냉각탑.

공기 흐름을 발달(이러한 방식을 "자연 통풍"이라고 함)시키기도 한다. 강제 통풍식 냉각탑은, 입구와 출구 사이에 밀도 변화가 적절히 이루어지게 하여 공기 흐름이 좋아지게 하는 데 큰 높이 변화가 필요하지 않으므로, 대개 자연 통풍식 냉각탑보다 더 작다. 그러나 강제 통풍식 냉각탑에서는 동력이 한층 더 많이 사용되고 설비 보전에 더욱 더 신경을 써야 하므로, 용도가 소형일수록 더 적합할 때가 많다. 또한, 냉각탑을 설계할 때, 선택할 수 있는 다른 설계 유형들이 많이 있으며, 여기에는 유동 형태가 직교류 또는 대향류인가의 여부, 물이 공기 속으로 유입될 때 물의 접촉 표면인 "충전부(fill)"의 유형과 배열, 그리고 사용되는 물 배급 시스템의 유형 등이 포함된다. 여기에서는, 냉각탑의 포괄적인 설계보다도 냉각탑의 습공기학적 해석에 주목할 것이다. 그러한 설계에는 지금까지 학습한 것보다 한층 더 상세한 열전달 내용이 필요하다.

습식 냉각탑에서는 물과 공기 사이의 열전달이 다음과 같은 2가지 메커니즘으로 이루어지므로 건식 냉각탑보다 한층 더 효율적이다. 즉, (a) 두 유체 간의 대류 열전달 및 (b) 액체 물이 공기 중으로 증발할 때의 증발 냉각이 그것이다. 건식 냉각탑에서는 이 두 번째 메커니즘이 일어나지 않는데, 이 메커니즘은 습식 냉각탑에서 일어나는 물의 전체 냉각 중 절반 이상의 냉각이 쉽게 제공될 수 있다. 습식 냉각탑이 불리한 점은 냉각수가 수증기 형태로 공기 중으로 끊임없이 손실되므로 이 냉각수를 보충하여야만 하고, 그렇게 하려면 근방에 쓸 수 있는 물이 대량으로 필요하다는 것이다.

그림 10.23에는 냉각탑의 습공기학적 해석에 사용되는 습식 냉각탑의 개략도가 나타나 있다.

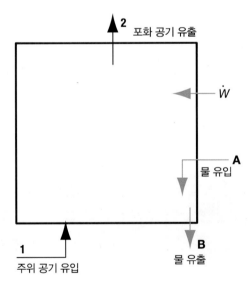

〈그림 10.23〉 물 입구와 출구 및 공기 입구와 출구가 나타나 있는, 냉각탑의 개략도.

뜨거운 냉각수가 상태 A로 유입되어 차가워진 냉각수는 상태 B로 유출된다. 주위 공기는 상태 1로 유입되어 가열·가습된 공기는 상태 2로 유출된다. 습식 냉각탑에서는, 공기가 물과 접촉하는 체류 시간 때문에, 흔히 출구 공기가 포화되고는 한다. 본 해석에서는, 시스템이 정상 상태라고 보며, 운동 에너지 변화와 위치 에너지 변화의 영향은 없다고 가정한다. 외부 열전달은 유체 간의 내부 열전달에 비하여 크다고 보지 않기 때문에 무시한다. 상태 1로 유입되는 건공기의 질량 유량은 상태 2로 유출되는 건공기의 질량 유량과 같으므로, 건공기의 질량 유량은 단순하게 $\dot{m}_{da}$로 표시한다. 이러한 다중 입구, 다중 출구 계에서 물의 질량 보존은 다음과 같다.

$$\dot{m}_{v,1} + \dot{m}_{w,A} = \dot{m}_{v,2} + \dot{m}_{w,B} \tag{10.36}$$

여기에서 항 Ω를 도입할 텐데, 이 항은 수증기에서 상대 습도와 유사하지만 다음과 같이 액체 물의 질량을 건공기의 질량으로 나눈 것으로 정의된다. 즉, $\Omega = \dfrac{\dot{m}_w}{\dot{m}_{da}}$이다. 이 항을 사용하여, 식 (10.36)을 건공기의 질량 유량으로 나누게 되면, 결과 식은 다음과 같다.

$$\omega_1 + \Omega_A = \omega_2 + \Omega_B \tag{10.37}$$

외부 열전달을 무시하지만 여전히 일 상호작용의 가능성을 열어둔다면, 열역학 제1법칙을 다음과 같이 쓸 수 있다.

$$-\dot{W} + \dot{m}_{da}h_{a,1} + \dot{m}_{w,A}h_{w,A} = \dot{m}_{da}h_{a,2} + \dot{m}_{w,B}h_{w,B} \tag{10.38}$$

여기에는, 습공기학적 엔탈피가 사용되어 있다. 액체 물의 엔탈피는 앞서 언급한 대로 대략 $h_w = h_f(T)$라고 할 수 있다. 이 관계식대로 대입한 다음, 건공기의 질량 유량으로 나누면, 식 (10.38)을 다음과 같이 나타낼 수 있다.

$$-\frac{\dot{W}}{\dot{m}_{da}} + h_{a,1} + \Omega_A h_{f,A} = h_{a,2} + \Omega_B h_{f,B} \tag{10.39}$$

일부 냉각탑 해석에서는, 습공기학적 엔탈피를 성분 항으로 분리하는 것이 유리할 수 있다. 이렇게 분리하면, 건공기의 비엔탈피 변화는 일정한 비열을 사용하여 구할 수 있으며[$h_{da,2} - h_{da,1} = c_{p,da}(T_2 - T_1)$], 수증기의 비엔탈피는 공기 온도에서 포화 수증기의 비엔탈피로 잡을 수도 있다[$h_v = h_g(T)$]. 이러한 가정하에서, 식 (10.37)과 식 (10.39)를 결합하면 다음과 같이 나올 수 있다.

$$-\frac{\dot{W}}{\dot{m}_{da}} + \omega_1 h_{g,1} + \Omega_A h_{f,A} = c_{p,da}(T_2 - T_1) + \omega_2 h_{g,2} + [\Omega_A - (\omega_2 - \omega_1)]h_{f,B} \quad (10.40)$$

이 식으로는, 냉각탑에서 얼마나 많은 냉각수가 귀환하는지 알지 못해도 냉각탑을 해석할 수 있다.

학생 연습문제

  습공기 기류의 혼합 과정을 해석할 수 있는 컴퓨터 모델을 개발하라. 이 모듈로는 입구 상태를 알고 있을 때 출구 상태를 구할 수 있거나, 출구 상태와 1개의 입구 상태를 알고 있을 때 다른 1개의 입구 조건을 구할 수 있어야 한다. 또한, 이 모듈로 알고자 하는 기류의 유량을 구할 수 있어야 한다.

▶ 예제 10.10

발전소에 있는 자연 통풍식 냉각탑에서는 냉각수가 응축기에서 30 ℃로 유입되어 15 ℃로 냉각된다. 냉각탑에 유입되는 물의 질량 유량은 800,000 kg/min이다. 주위 공기 조건은 온도가 10 ℃이고 상대 습도는 40 %이다. 공기는 냉각탑에서 온도가 25 ℃인 포화 공기로 유출된다. 공기 압력은 101.325 kPa로 일정하다고 본다. 다음을 각각 구하라.

(a) 증발을 보상하는 데 필요한 보충수의 양

(b) 시스템에 유입되어야 하는 공기의 체적 유량

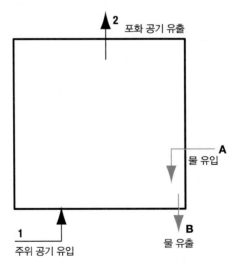

주어진 자료 : $T_A = 30$ ℃, $T_B = 15$ ℃, $T_1 = 10$ ℃, $\phi_1 = 40$ %, $T_2 = 25$ ℃, $\phi_2 = 100$ %,
$\dot{m}_{w,A} = 800,000$ kg/min

구하는 값 : (a) $\dot{m}_{\text{make-up}}$, (b) $\dot{V}_1$

풀이   작동 유체는 습공기와 액체 물이다. 해석 대상 시스템은 표준 자연 통풍식 냉각탑이다.

가정 : $\dot{Q} = \dot{W} = 0$이며, 기류에 운동 에너지나 위치 에너지의 영향은 전혀 없다.
정상 상태, 정상 유동 개방계이다.

컴퓨터 프로그램에서, 다음과 같이 입구 및 출구 공기의 습도비뿐만 아니라 액체 물과 수증기의 엔탈피를 구할 수 있다.

$$\omega_1 = 0.00304 \text{ kg } H_2O/\text{kg dry air} \qquad \omega_2 = 0.0201 \text{ kg } H_2O/\text{kg dry air}$$

$$h_{g,1} = 2519 \text{ kJ/kg } H_2O \qquad h_{g,2} = 2547 \text{ kJ/kg } H_2O$$

$$h_{f,A} = 125.71 \text{ kJ/kg } H_2O \qquad h_{f,B} = 62.97 \text{ kJ/kg } H_2O$$

$$c_{p,da} = 1.005 \text{ kJ/kg dry air} \cdot K$$

이 값으로, 다음과 같이 식 (10.40)을 사용하여,

$$-\frac{\dot{W}}{\dot{m}_{da}} + \omega_1 h_{g,1} + \Omega_A h_{f,A} = c_{p,da}(T_2 - T_1) + \omega_2 h_{g,2} + [\Omega_A - (\omega_2 - \omega_1)]h_{f,B}$$

을 풀어 $\Omega_A = 0.904 \text{ kg } H_2O/\text{kg dry air}$를 구한다.

그러면, $\dot{m}_{da} = \dfrac{\dot{m}_{w,A}}{\Omega_A} = 884,956 \text{ kg dry air/min}$.

(a) 필요한 보충수의 양은 증발로 손실된 양과 같다. 증발로 손실된 양은 유입되는 물의 질량 유량과 유출되는 물의 질량 유량의 차이다. 즉,

$$\dot{m}_{\text{make-up}} = \dot{m}_{\text{evap}} = \dot{m}_{v,2} - \dot{m}_{v,1} = \dot{m}_{da}(\omega_2 - \omega_1) = \textbf{15,100 kg } \boldsymbol{H_2O}\textbf{/min}$$

(b) 컴퓨터 프로그램에서, 주위 공기의 습공기학적 비체적은 다음과 같다.

$$v_{a,1} = 0.805 \text{ m}^3/\text{kg dry air}$$

그러면, 시스템에 유입시켜야 할 공기의 체적 유량은 다음과 같다.

$$\dot{V}_1 = \dot{m}_{da}v_{a,1} = \textbf{713,000 m}^3\textbf{/min} = \textbf{11,900 m}^3\textbf{/s}$$

해석 : 이 값으로 발전소의 절대적인 크기를 알 수가 있다. 냉각수는 응축용 수증기에서 열을 836 MW를 추출하고 있다고 볼 수 있다. 발전소가 열효율이 40 %라면, 흔히 1000 MW를 생산하는 최대 증기 발전소 규모에는 들지 못한다. 그런데도, 이러한 발전기조차도 정규 운전을 하는 데에는 방대한 양의 냉각 공기가 필요하다.

요약

　이 장에서는, 습공기학에 가려져 있던 기초를 학습하였는데, 이 습공기학은 건공기와 수증기의 이상적인 기체 혼합물에 관한 분야이다. 이 혼합물은 우리 주위에 있는 공기이므로, 습공기학적 해석에 필요한 잠재적인 용도가 많이 있다. 현실적으로 에너지 사용 분야 중에서 주목을 끄는 한 분야는 공기 조건을 변화시켜서 사람의 쾌적함을 증진시키거나 어떤 제조 과정 또는 저장 시스템과 같은 용도로 기후 조절 환경을 준비하는 분야이다. 그와 같은 응용 분야에서 일을 하고 있는 엔지니어는 이 장에서 설명한 습공기학적 해석에 기대어 적정한 HVAC 시스템 설계에 참여하게 된다. 습공기학적 해석은 냉각탑 설계같은 분야에까지 미치기도 하는데, 이 냉각탑은 오늘날 많은 발전소에서 중요한 구성 설비이다.

주요 식

상대 습도:

$$\phi = \frac{P_v}{P_{\text{sat}}(T)} \tag{10.2}$$

습도 비:

$$\omega = 0.622 \frac{\phi P_{\text{sat}}(T)}{P - \phi P_{\text{sat}}(T)} \tag{10.6}$$

이글 점 온도:

$$T_{dp} = T_{\text{sat}}(P_v) \tag{10.7}$$

냉각/제습 과정 :

$$\dot{m}_{w,c} = \dot{m}_{v,1} - \dot{m}_{v,2} \tag{10.17}$$

$$\dot{Q}_c = \dot{m}_{da}(h_{a,2} - h_{a,1}) + \dot{m}_{w,c} h_{w,c} \tag{10.18}$$

$$\dot{Q}_h = \dot{m}_{da}(h_{a,3} - h_{a,2}) \tag{10.21}$$

가열/가습 과정 :

$$\dot{Q}_h = \dot{m}_{da}(h_{a,2} - h_{a,1}) \tag{10.24}$$

$$\dot{m}_w = \dot{m}_{v,3} - \dot{m}_{v,2} \tag{10.26}$$

2기류 습공기의 혼합 :

$$\omega_3 = \frac{\dot{m}_{da,1}}{\dot{m}_{da,3}}\omega_1 + \frac{\dot{m}_{da,2}}{\dot{m}_{da,3}}\omega_2 \tag{10.32}$$

$$h_{a,3} = \frac{\dot{m}_{da,1}}{\dot{m}_{da,3}}h_{a,1} + \frac{\dot{m}_{da,2}}{\dot{m}_{da,3}}h_{a,2} \tag{10.35}$$

냉각탑 :

$$-\frac{\dot{W}}{\dot{m}_{da}} + \omega_1 h_{g,1} + \Omega_A h_{f,A} = c_{p,da}(T_2 - T_1) + \omega_2 h_{g,2} + [\Omega_A - (\omega_2 - \omega_1)]h_{f,B} \tag{10.40}$$

10.1 상태량이 다음과 같은 습공기 혼합물의 상대 습도를 구하라.

    (a) $T = 20\,℃$, $P_v = 0.725$ kPa   (b) $T = 30\,℃$, $y_v = 0.025$, $P = 101$ kPa

    (c) $T = 10\,℃$, $y_v = 0.005$, $P = 150$ kPa   (d) $T = 40\,℃$, $y_v = 0.025$, $P = 250$ kPa

10.2 상태량이 다음과 같은 습공기 혼합물의 상대 습도를 구하라.

    (a) $T = 25\,℃$, $P_v = 2.5$ kPa abs.   (b) $T = 5\,℃$, $P_v = 0.5$ kPa abs.

    (c) $T = 30\,℃$, $y_v = 0.017$, $P = 200$ kPa abs.   (d) $T = 65\,℃$, $y_v = 0.021$, $P = 700$ kPa abs.

10.3 상태량이 다음과 같은 수증기의 부분 압력(분압)을 구하라.

    (a) $T = 25\,℃$, $\phi = 75\,\%$, $P = 101$ kPa   (b) $T = 35\,℃$, $\phi = 25\,\%$, $P = 101$ kPa

    (c) $T = 45\,℃$, $\phi = 50\,\%$, $P = 300$ kPa   (d) $T = 12\,℃$, $\phi = 100\,\%$, $P = 14.7$ psia

    (e) $T = 30\,℃$, $\phi = 40\,\%$, $P = 14.7$ psia   (f) $T = 30\,℃$, $\phi = 40\,\%$, $P = 80$ psia

10.4 다음과 같은 상태에 있는 습공기의 습도비와 이슬점 온도를 구하라.

    (a) $T = 15\,℃$, $\phi = 85\,\%$, $P = 100$ kPa   (b) $T = 35\,℃$, $\phi = 85\,\%$, $P = 100$ kPa

    (c) $T = 35\,℃$, $\phi = 30\,\%$, $P = 100$ kPa   (d) $T = 15\,℃$, $\phi = 85\,\%$, $P = 500$ kPa

10.5 다음과 같은 상태에 있는 습공기의 습도비와 이슬점 온도를 구하라.

    (a) $T = 10\,℃$, $\phi = 80\,\%$, $P = 100$ kPa   (b) $T = 30\,℃$, $\phi = 80\,\%$, $P = 100$ kPa

    (c) $T = 30\,℃$, $\phi = 30\,\%$, $P = 100$ kPa   (d) $T = 10\,℃$, $\phi = 80\,\%$, $P = 1$ MPa

10.6 다음과 같은 상태에 있는 습공기의 상대 습도와 이슬점 온도를 구하라(압력은 모두 다 101.325 kPa 이다).

    (a) $T = 20\,℃$, $\omega = 0.0075$ kg H_2O/kg dry air

    (b) $T = 30\,℃$, $\omega = 0.0115$ kg H_2O/kg dry air

    (c) $T = 15\,℃$, $\omega = 0.004$ kg H_2O/kg dry air

    (d) $T = 35\,℃$, $\omega = 0.015$ kg H_2O/kg dry air

10.7 습도비가 0과 0.015 kg H_2O/kg dry air 사이에서 변할 때, 35 ℃ 및 101.325 kPa인 습공기의 상대 습도와 이슬점 온도를 그래프로 그려라.

10.8 상대 습도가 0과 100 % 사이에서 변할 때, 30 ℃, 101.325 kPa인 습공기의 습도비와 이슬점

온도를 그래프로 그려라.

10.9 습도비가 0과 0.020 kg H$_2$O/kg dry air 사이에서 변할 때, 25 ℃, 101.325 kPa인 습공기의 상대 습도를 그래프로 그려라.

10.10 상대 습도가 5와 100 % 사이에서 변할 때, 이슬점이 10 ℃이고 압력이 101.325 kPa인 습공기의 공기 온도를 그래프로 그려라.

10.11 상대 습도가 5와 100 % 사이에서 변할 때, 상대 습도는 0.007 H$_2$O/kg 건공기이고 압력이 101.325 kPa인 습공기의 공기 온도를 그래프로 그려라.

10.12 여름과 겨울에 각각 쾌적하다고 생각하는 온도와 상대 습도의 조합을 선정하라. 이 두 상태에서 이슬점 온도를 구하라.

10.13 습공기가 파이프에 체적 유량 0.5 m^3/s로 유입된다. 공기는 온도가 25 ℃이고 상대 습도는 30 %이며 압력은 101.325 kPa이다. 건공기의 질량 유량과, 혼합물의 습공기학적 비체적 및 습공기학적 비엔탈피를 구하라.

10.14 문제 10.13의 습공기가 공기 온도는 25 ℃로 유지되면서 상대 습도가 20과 100 % 사이에서 변할 때, 건공기의 질량 유량, 습공기학적 비체적 및 습공기학적 비엔탈피를 그래프로 그려라.

10.15 습공기가 HVAC 덕트 속을 체적 유량 0.25 m^3/s로 흐른다. 공기는 온도가 15 ℃이고 상대 습도는 70 %이며 압력은 100.9 kPa이다. 건공기의 질량 유량과, 혼합물의 습공기학적 비체적 및 습공기학적 비엔탈피를 각각 구하라.

10.16 문제 10.15의 습공기가, 공기 온도는 15 ℃로 유지되면서 상대 습도가 10 %와 100 % 사이의 범위에서 변할 때, 건공기의 질량 유량, 습공기학적 비체적, 및 습공기학적 비엔탈피를 그래프로 그려라.

10.17 습공기가 공장에서 체적 유량 560 L/s로 추출된다. 공기는 온도가 35 ℃이고 상대 습도는 70 %이다. 건공기의 질량 유량과, 혼합물의 습공기학적 비체적 및 습공기학적 비엔탈피를 구하라.

10.18 습공기 선도를 사용하여, 다음의 상태에서 대기압 습공기의 상대 습도, 습도비, 습공기학적 비엔탈피 및 이슬점 온도를 각각 구하라.

(a) $T_{db} = 25 ℃$, $T_{wb} = 20 ℃$ (b) $T_{db} = 25 ℃$, $T_{wb} = 10 ℃$

(c) $T_{db} = 25 ℃$, $T_{wb} = 25 ℃$ (d) $T_{db} = 15 ℃$, $T_{wb} = 5 ℃$

각각의 답을 습공기학적 상태량을 구하고자 선정한 컴퓨터 프로그램 결과와 비교해 보라.

10.19 습공기 선도를 사용하여, 다음의 상태에서 대기압 습공기의 상대 습도, 습도비, 습공기학적 비엔탈피 및 이슬점 온도를 각각 구하라.

(a) $T_{db} = 25\,℃$, $T_{wb} = 15\,℃$
(b) $T_{db} = 25\,℃$, $T_{wb} = 10\,℃$
(c) $T_{db} = 25\,℃$, $T_{wb} = 25\,℃$
(d) $T_{db} = 12\,℃$, $T_{wb} = 2\,℃$

각각의 답을 습공기학적 상태량을 구하고자 선정한 컴퓨터 프로그램 결과와 비교해 보라.

10.20 습공기 선도를 사용하여, 다음의 상태에서 대기압 습공기의 습구 온도, 습도비, 습공기학적 비엔탈피 및 이슬점 온도를 각각 구하라.

(a) $T_{db} = 25\,℃$, $\phi = 20\,\%$
(b) $T_{db} = 22\,℃$, $\phi = 40\,\%$
(c) $T_{db} = 27\,℃$, $\phi = 70\,\%$
(d) $T_{db} = 15\,℃$, $\phi = 45\,\%$

각각의 답을 습공기학적 상태량을 구하고자 선정한 컴퓨터 프로그램 결과와 비교해 보라.

10.21 습공기 선도를 사용하여, 다음의 상태에서 대기압 습공기의 습구 온도, 습도비, 습공기학적 비엔탈피 및 상대 습도를 각각 구하라.

(a) $T_{db} = 25\,℃$, $T_{dp} = 20\,℃$
(b) $T_{db} = 21\,℃$, $T_{dp} = 10\,℃$
(c) $T_{db} = 24\,℃$, $T_{dp} = 15\,℃$
(d) $T_{db} = 15\,℃$, $T_{dp} = 14\,℃$

각각의 답을 습공기학적 상태량을 구하고자 선정한 컴퓨터 프로그램 결과와 비교해 보라.

10.22 습공기 선도를 사용하여, 다음의 상태에서 대기압 습공기의 습구 온도, 습도비, 습공기학적 비엔탈피 및 이슬점 온도를 각각 구하라.

(a) $T_{db} = 11\,℃$, $\phi = 57\,\%$
(b) $T_{db} = 22\,℃$, $\phi = 82\,\%$
(c) $T_{db} = 24\,℃$, $\phi = 73\,\%$
(d) $T_{db} = 6\,℃$, $\phi = 57\,\%$

각각의 답을 습공기학적 상태량을 구하고자 선정한 컴퓨터 프로그램 결과와 비교해 보라.

10.23 단열 포화기를 사용하여 입구 공기의 습도를 구하려고 한다. 물 온도와 출구 공기는 모두 온도가 25 ℃이고, 출구 공기는 포화되어 있다. 공기 입구 온도는 30 ℃이다. 공기 압력은 101.325 kPa이라고 가정하고, 입구 공기 기류의 습도비와 상대 습도를 구하라.

10.24 공기가 단열 포화기에 20 ℃로 유입되어 포화 공기가 이 단열 포화기에서 10 ℃로 유출된다. 물 온도 또한 10 ℃이다. 공기 압력이 101.325 kPa일 때, 입구 공기의 습도비와 상대 습도를 구하라.

10.25 공기가 단열 포화기에 25 ℃로 유입되고, 물은 온도가 10 ℃이다. 포화 공기는 10 ℃로 유출된다.

공기 압력이 0.3 MPa일 때, 입구 공기의 습도비와 상대 습도를 구하라.

10.26 온도가 30 ℃이고 상대 습도가 60 %인 고온 습공기가 냉각ㆍ제습 장치에 건공기 질량 유량 2.5 kg/s로 유입된다. 냉각 코일을 지난 후에 포화 공기는 가열되어, 온도가 22 ℃이고 상대 습도가 30 %가 된다. 공기 압력은 101.325 kPa이다. 냉각 코일과 가열기에서의 열전달률을 각각 구하고 이 시스템에서 유출되는 응축된 물의 질량 유량을 구하라.

10.27 온도가 30 ℃이고 상대 습도가 40 %인 습공기가 냉각ㆍ제습 시스템에 유입된다. 공기는 이 시스템에서 20 ℃ 및 상대 습도 40 %로 유출된다. 공기 압력은 101.325 kPa이고, 건공기의 질량 유량은 2 kg/s이다. 다음 각각을 구하라.

(a) 공기에서 응축되는 물의 응축률
(b) 냉각 코일에서의 열전달률
(c) 가열기에서의 열전달률

10.28 대기압 상태이고 체적 유량이 3.5 m^3/s인 습공기가 25 ℃ 및 상대 습도 90 %로 냉각ㆍ제습 시스템에 유입된다. 공기는 이 시스템에서 20 ℃ 및 상대 습도 25 %로 유출된다. 다음 각각을 구하라.

(a) 공기에서 응축되는 물의 응축률
(b) 냉각 코일에서의 열전달률
(c) 가열기에서의 열전달률

10.29 공기조화(줄여서 공조, air conditioning) 시스템이 습공기를 냉각 및 제습하고자 한다. 이 공조 시스템에는 공기가 온도는 32 ℃이고 상대 습도가 50 %인 상태에서 체적 유량 0.55 m^3/s로 유입된다. 공기는 이 시스템에서 온도가 18 ℃이고 상대 습도가 40 %인 상태로 유출된다. 다음 각각을 구하라.

(a) 공기에서 응축되는 물의 응축률
(b) 냉각 코일에서의 열전달률
(c) 가열기에서의 열전달률

10.30 대기압 상태인 습공기가 32 ℃ 및 상대 습도 50 %로 냉각ㆍ제습 시스템에 유입된다. 시스템으로 유입되는 공기는 체적 유량이 1.5 m^3/s이다. 공기는 이 시스템에서 온도 18 ℃로 유출되게 하고자 한다. 출구 상태의 상대 습도가 35 %와 100 % 사이의 범위에 걸쳐서 변화할 때, 응축수의 질량 유량, 냉각 코일에서의 열전달률 및 가열기에서의 열전달률을 그래프로 그려라.

10.31 문제 10.30을 다시 풀어라. 단, 입구 공기는 온도가 27 ℃이고 상대 습도는 60 %인 상태이다.

10.32 대기압 상태인 습공기가 32 ℃ 및 상대 습도 50 %로 냉각·제습 시스템에 유입된다. 시스템으로 유입되는 공기는 체적 유량이 1.5 m³/s이다. 공기는 이 시스템에서 상대 습도 40 %로 유출되게 하고자 한다. 출구 상태의 온도가 5 ℃와 30 ℃ 사이의 범위에 걸쳐서 변화할 때, 응축수의 질량 유량, 냉각 코일에서의 열전달률 및 가열기에서의 열전달률을 그래프로 그려라.

10.33 대기압 상태인 습공기가 30 ℃ 및 상대 습도 70 %로 냉각·제습 시스템에 유입된다. 시스템으로 유입되는 공기는 체적 유량이 140 L/s이다. 공기는 이 시스템에서 온도 20 ℃로 유출되게 하고자 한다. 출구 상태의 상대 습도가 35 %와 100 % 사이의 범위에 걸쳐서 변화할 때, 응축수의 질량 유량, 냉각 코일에서의 열전달률 및 가열기에서의 열전달률을 그래프로 그려라.

10.34 대기압 상태인 습공기가 35 ℃ 및 체적 유량 2.0 m³/s로 냉각·제습 시스템에 유입된다. 시스템에서 유출되는 공기는 온도가 20 ℃이고 상대 습도가 50 %가 되게 하고자 한다. 입구 공기의 상대 습도 값이 30 %와 80 % 사이의 범위에 걸쳐서 변화할 때, 응축수의 질량 유량, 냉각 코일에서의 열전달률 및 가열기에서의 열전달률을 그래프로 그려라.

10.35 대기압 상태인 습공기가 상대 습도 80 % 및 체적 유량 2.0 m³/s로 냉각·제습 시스템에 유입된다. 시스템에서 유출되는 공기는 온도가 20 ℃이고 상대 습도가 50 %가 되게 하고자 한다. 입구 온도 값이 15 ℃와 35 ℃ 사이의 범위에 걸쳐서 변화할 때, 응축수의 질량 유량, 냉각 코일에서의 열전달률 및 가열기에서의 열전달률을 그래프로 그려라.

문제 10.36~10.42에서는, 냉매가 증발기에서는 포화 증기로 유출되고 응축기에서는 포화 액체로 유출된다고 가정한다.

10.36 증기 압축식 냉동 사이클로 문제 10.26의 냉각 코일에 열 제거 메커니즘을 제공하고자 한다. 이 시스템에 사용되는 냉매는 R-134a이다. 증발기 압력은 210 kPa이고 응축기 압력은 1200 kPa 이다. 다음과 각각 같을 때 냉동 사이클의 압축기에 필요한 동력을 구하라.
(a) 압축기가 등엔트로피 과정일 때
(b) 압축기의 증엔트로피 효율이 80 %일 때

10.37 문제 10.36에서 냉매를 R-134a 대신에 암모니아로 하여 다시 풀어라.

10.38 증기 압축식 냉동 사이클로 문제 10.27의 냉각 코일에 열 제거 메커니즘을 제공하고자 한다. 이 시스템에 사용되는 냉매는 R-134a이다. 증발기 압력은 140 kPa abs.이고 응축기 압력은 0.98 MPa이다. 다음과 각각 같을 때 냉동 사이클의 압축기에 필요한 동력을 구하라.
(a) 압축기가 등엔트로피 과정일 때
(b) 압축기의 등엔트로피 효율이 80 %일 때

10.39 증기 압축식 냉동 사이클로 문제 10.28의 냉각 코일에 열 제거 메커니즘을 제공하고자 한다. 이 시스템에 사용되는 냉매는 R-134a이다. 증발기 압력은 150 kPa이고 응축기 압력은 1000 kPa 이다. 설정되어 있는 등엔트로피 효율의 범위가 0.40과 1.0 사이일 때, 냉동 사이클의 압축기에 필요한 동력을 압축기의 등엔트로피 효율의 함수로 하여 그래프로 그려라.

10.40 증기 압축식 냉동 사이클로 문제 10.26의 냉각 코일에 열 제거 메커니즘을 제공하고자 한다. 이 시스템에 사용되는 냉매는 R-134a이다. 응축기 압력은 1000 kPa이다. 압축기의 등엔트로피 효율은 0.80이다. 증발기 압력이 100 kPa와 300 kPa 사이의 범위에서 변화할 때, 냉동 사이클의 압축기에 필요한 동력을 그래프로 그려라.

10.41 증기 압축식 냉동 사이클로 문제 10.27의 냉각 코일에 열 제거 메커니즘을 제공하고자 한다. 이 시스템에 사용되는 냉매는 R-134a이다. 증발기 압력은 275 kPa abs.이다. 압축기의 등엔트로피 효율은 0.80이다. 응축기 압력이 830 kPa abs.와 2 MPa 사이의 범위에서 변화할 때, 냉동 사이클의 압축기에 필요한 동력을 그래프로 그려라.

10.42 문제 10.41을 다시 풀어라. 단, 냉매로는 R-134a 대신에 암모니아를 사용한다.

10.43 습공기가 온도가 15 ℃이고 상대 습도가 55 %이며 압력이 101.325 kPa인 상태에서 가열로에 체적 유량 0.45 m³/s로 유입된다.이다. 공기는 22 ℃로 가열된다. 출구 상태의 상대 습도와 공기에 전달되는 열전달률을 구하라.

10.44 습공기 기류가 가열기에 5 ℃, 101.325 kPa 및 상대 습도 70 %로 유입된다. 이 공기 기류의 체적 유량은 2.5 m³/s이다. 공기가 온도 25 ℃로 유출되도록 할 때, 출구 상태의 상대 습도와 열전달률을 구하라.

10.45 온도가 −4 ℃이고, 압력이 101.325 kPa이며 상대 습도가 60 %인 습공기가 가열기에 체적 유량 140 L/s로 유입된다. 공기는 25 ℃로 가열된다. 유출 공기의 상대 습도와 과정에서의 열 부가율은 얼마인가?

10.46 온도가 15 ℃이고, 압력이 101.325 kPa이며 상대 습도가 90 %인 습공기가 가열기에 체적 유량 0.5 m³/s로 유입된다. 출구 온도가 18 ℃와 35 ℃ 사이의 범위에서 변화할 때, 출구 상태의 상대 습도와 과정에서의 열전달률을 그래프로 그려라.

10.47 온도가 12 ℃이고, 압력이 101.325 kPa인 포화 공기가 가열기에 체적 유량 0.75 m³/s로 유입되게 하면서 가열시키고자 한다. 출구 상태 상대 습도가 10 %와 90 % 사이의 범위에서 변화할 때, 출구 상태 온도와 과정에서의 열전달률을 그래프로 그려라.

10.48 차가운 공기 기류가 가열기 및 가습 시스템에 온도 5 ℃, 압력 101.325 kPa, 상대 습도 60 % 및 체적 유량 0.25 m³/s로 유입된다. 공기는 이 시스템에서 22 ℃ 및 상대 습도 45 %로 유출되도록 하려고 한다. 가습 과정은 온도가 20 ℃인 액체 물을 증발시키는 데 사용되도록 되어 있다. 가열기와 가습기 사이의 온도와 상대 습도, 가열기에서 공기로 이동되는 열전달률 및 가습부에서 공기로 부가되는 물의 유량을 각각 구하라.

10.49 문제 10.48을 다시 풀어라. 단, 가습 과정은 온도가 100 ℃인 물을 부가시켜서 수행된다.

10.50 습공기가 가열기 및 가습 시스템에 온도 2 ℃, 압력 101.325 kPa, 상대 습도 70 % 및 체적 유량 110 L/s로 유입된다. 공기는 이 시스템에서 24 ℃ 및 상대 습도 40 %로 유출되도록 하려고 한다. 가습 과정은 온도가 15 ℃인 액체 물을 증발시키는 데 사용되도록 되어 있다. 가열기와 가습기 사이의 온도와 상대 습도, 가열기에서 공기로 이동되는 열전달률 및 가습부에서 공기로 부가되는 물의 유량을 각각 구하라.

10.51 문제 10.50을 다시 풀어라. 단, 가습 과정은 온도가 100 ℃인 물을 부가시켜서 수행된다.

10.52 공기가, 공기 가습에 액체 물의 증발 방식을 사용하는 가열/가습 시스템에 유입된다. 입구 조건은, 온도 5 ℃, 상대 습도 80 %, 압력 101.325 kPa 및 체적 유량 0.25 m³/s이다. 최종 출구 상태는 온도가 23 ℃이고 상대 습도가 50 %가 되게 하려고 한다. 액체 물에서 증발이 일어나는 온도는 20 ℃이다. 가열기에서 부가되는 열전달률과 가습부에서 부가되는 물의 유량을 각각 구하라.

10.53 온도 10 ℃, 압력 101.325 kPa 및 상대 습도 40 %인 습공기가 가열 · 가습 시스템에 체적 유량 2.0 m³/s로 유입된다. 공기는 액체 물을 사용하여 가습되도록 하고, 공기의 최종 출구 상태는 온도 25 ℃ 및 상대 습도 40 %가 되도록 하려고 한다. 액체 물의 온도가 10 ℃와 50 ℃ 사이의 범위에서 변화할 때, 열 부가율, 가열 및 가습 시스템 사이에서의 공기 온도 및 부가시켜야 할 물의 양을 그래프로 그려라.

10.54 온도 8 ℃, 압력 101.325 kPa 및 상대 습도 50 %인 습공기가 가열 · 가습 시스템에 체적 유량 1.0 m³/s로 유입된다. 공기는 액체 물을 사용하여 가습되도록 하고, 공기의 최종 출구 상태는 온도 25 ℃ 및 상대 습도 50 %가 되도록 하려고 한다. 액체 물의 온도가 10 ℃와 50 ℃ 사이의 범위에서 변화할 때, 열 부가율, 가열 및 가습 시스템 사이에서의 공기 온도 및 부가시켜야 할 물의 양을 그래프로 그려라.

10.55 온도 4 ℃, 압력 101.325 kPa인 습공기가 가열 · 가습 시스템에 체적 유량 140 L/s로 유입된다. 공기는 액체 물을 사용하여 15 ℃로 가습이 되도록 한다. 공기의 최종 상태는 온도가 24 ℃이고 상대 습도가 50 %이다. 입구 상대 습도가 10 %와 100 % 사이의 범위에서 변화할 때, 열 부가율, 가열 및 가습 시스템 사이 중간 상태의 공기 온도 및 부가시켜야 할 물의 양을 그래프로 그려라.

10.56 상대 습도가 70 %이고 압력이 101.325 kPa인 습공기가 가열 · 가습 시스템에 체적 유량 1.5 m³/s로 유입된다. 공기는 100 ℃인 수증기를 사용하여 가습되도록 하고 있다. 공기의 최종 상태는 온도 25 ℃ 및 상대 습도 50 %이다. 입구 온도가 0 ℃에서 15 ℃ 사이의 범위에서 변화할 때, 열 부가율, 가열 및 가습 시스템 사이 중간 상태의 공기 온도 및 부가시켜야 할 물의 양을 그래프로 그려라.

10.57 공기가 10 ℃인 액체 물을 사용하여 가습되도록 하고 있다. 가습 전의 공기는 40 ℃, 101.325 kPa 및 상대 습도 10 %이다. 이 시스템에서 건공기의 질량 유량은 1 kg/s이다. 증발수의 질량 유량이 0.001 kg/s와 0.005 kg/s 사이의 범위에서 변화할 때, 공기의 출구 온도와 출구 상대 습도를 그래프로 그려라.

10.58 공기가 100 ℃인 수증기를 사용하여 가습되도록 하고 있다. 가습 전의 공기는 16 ℃, 101.325 kPa 및 상대 습도 20 %이다. 이 시스템에서 건공기의 질량 유량은 0.5 kg/s이다. 수증기의 질량 유량이 0.5 g/s와 4 g/s 사이의 범위에서 변화할 때, 공기의 출구 온도와 출구 상대 습도를 그래프로 그려라.

10.59 2개의 습공기 기류를 혼합시키려고 한다. 제1기류는 혼합실에 건공기 질량 유량 5 kg/s, 온도 30 ℃ 및 상대 습도 40 %로 유입된다. 제2기류는 혼합실에 건공기 질량 유량 3 kg/s, 온도 10 ℃ 및 상대 습도 80 %로 유입된다. 시스템의 압력은 101.325 kPa로 유지된다. 혼합 기류의 온도와 상대 습도는 얼마인가?

10.60 습공기 기류가 온도는 15 ℃이고 상대 습도가 70 % 인 상태로 혼합실에 체적 유량 0.50 m³/s로 유입된다. 제2 습공기 기류는 온도가 33 ℃이고 상대 습도가 25 %인 상태로 혼합실에 체적 유량 0.20 m³/s 로 유입된다. 이 시스템은 압력이 101.325 kPa이다. 혼합 기류의 온도, 상대 습도 및 이슬점 온도는 각각 얼마인가?

10.61 사무실 건물의 공기를 재순환시켜 외부 공기와 혼합시키려고 한다. 사무실 건물의 내부 공기는 체적 유량 5 m³/s로 흐르고, 온도는 24 ℃이며 상대 습도가 40 %이다. 외부 공기는 체적 유량이 2 m³/s이고 온도가 12 ℃이며 상대 습도가 80 %이다. 모든 기류의 압력은 101.325 kPa이다. 혼합 기류의 온도와 상대 습도를 구하라.

10.62 공장에서 공기를 신선하게 유지하고자, 재순환된 공기를 외부 공기와 혼합시킨다. 공장의 공기는 체적 유량이 3 m³/s이고, 온도가 32 ℃이며, 상대 습도가 60 %이다. 외부 공기는 체적 유량이 1 m³/s이고, 온도가 20 ℃이며, 상대 습도가 60 %이다.

(a) 혼합 기류의 온도와 상대 습도를 구하라.

(b) 공기를 공장에 15 ℃ 및 상대 습도 40 %로 귀환시키려고 한다. 이를 위해, 혼합 기류를 냉각 · 제습 시스템을 거쳐 보낸다. 이 시스템에서 냉각 코일부와 가열기 부에서의 열전달률을 각각 구하라.

10.63 겨울철에, 사무실 건물에서 공기 질을 유지하는 데 신선한 공기가 필요하다. 엔지니어들은 가열 부하를 줄이고자 공기를 가열하기 전에 신선한 공기와 건물의 재순환 공기를 혼합시키는 시스템을 제안하고 있다. 외부 공기는 -1 ℃이고 상대 습도가 70 %이며, 이 공기가 280 L/s가 필요하다. 가열 전에 외부 공기와 혼합되어야 하는 내부 공기는 25 ℃이고 상대 습도가 30 %이며, 체적 유량은 225 L/s이다. 그러면, 혼합 기류는 가열 및 가습된 다음, 23 ℃ 및 상대 습도 50 %로 건물로 귀환된다. 전체 시스템은 101.325 kPa로 유지된다. 다음 각각에서 가열 부하를 구하라. (a) 외부 공기 단독일 때, (b) 외부 및 내부 공기의 혼합 기류일 때. 가습은 찬물로 일어나도록 하려고 하므로, 가습에 수반되는 에너지 필요량에 관해서는 신경 쓸 필요가 없다. 혼합 기류를 가열시키는 것은 신선한 공기를 단독으로 가열시킬 때와는 대조적으로 대체로 에너지 집약적인가?

10.64 압력이 모두 101.325 kPa인 3개의 기류를 서로 혼합시키려고 한다. 기류 1은 건공기 질량 유량이 2 kg/s이고 온도는 20 ℃이며 상대 습도는 30 %이다. 기류 2는 건공기 질량 유량이 5 kg/s이고 온도는 25 ℃이며 상대 습도는 70 %이다. 기류 3은 건공기 질량 유량이 3 kg/s이고 온도는 5 ℃이며 상대 습도는 40 %이다. 혼합 기류의 온도와 상대 습도를 구하라.

10.65 4개의 대기압 습공기가 서로 혼합된다. 이 네 기류의 체적 유량, 온도 및 상대 습도는 다음의 표에 주어져 있다. 혼합 기류의 온도와 상대 습도를 구하라.

기류	온도 (℃)	상대 습도	체적 유량 (L/s)
A	5	40	140
B	10	80	200
C	25	50	85
D	30	30	110

10.66 2개의 습공기를 서로 혼합시켜 온도가 20 ℃이고 상대 습도가 40 %인 기류를 발생시키려고 한다. 제1입구 기류는 15 ℃ 및 상대 습도 50 %이다. 제2기류는 온도가 24 ℃이지만, 상대 습도는 가변적이다. 이 두 입구 기류에서 건공기 질량 유량의 비와 제2기류의 상대 습도를 각각 구하라. 모든 기류의 압력은 101.325 kPa이다.

10.67 2개의 습공기를 서로 혼합시켜 온도가 25 ℃이고 상대 습도가 60 %인 기류를 발생시키려고 한다. 제1입구 기류는 온도가 30 ℃이고 상대 습도가 50 %인 것으로 알려져 있다. 제2입구 기류는 알려진 바가 없다. 또한, 제1입구 기류의 건공기 질량 유량은 제2입구 기류의 2배라고 알려져 있다. 모든 기류의 압력은 101.325 kPa이다. 제2입구 기류의 온도, 습도비 및 상대 습도를 각각 구하라.

10.68 2개의 대기압 입구 기류를 서로 혼합시키려고 한다. 기류 1은 온도가 10 ℃이고 상대 습도는 80 %이며 체적 유량은 2 m³/s이다. 기류 2는 온도가 30 ℃이고 상대 습도는 60 %이다. 기류

2의 체적 유량이 1 m³/s과 10 m³/s 사이의 범위에서 변화할 때, 출구 기류의 온도와 상대 습도를 그래프로 그려라.

10.69 2개의 대기압 입구 기류를 서로 혼합시키려고 한다. 기류 1은 온도가 2 ℃이고 상대 습도는 70 %이며 체적 유량은 55 L/s이다. 기류 2는 온도가 30 ℃이고 상대 습도는 65 %이다. 기류 2의 체적 유량이 12.5 L/s과 250 L/s 사이의 범위에서 변화할 때, 출구 기류의 온도와 상대 습도를 그래프로 그려라.

10.70 외부 공기를 내부 공기와 혼합시킨 다음, 냉각 코일이 증기 압축식 냉동 사이클의 증발기로서 작동하는 냉각·제습 시스템을 거쳐 유출시키려고 한다. 외부 공기는 온도가 28 ℃이고 상대 습도는 60 %이다. 외부 공기와 혼합될 내부 공기는 온도가 24 ℃이고 상대 습도는 35 %이다. 혼합 기류는 온도와 상대 습도가 각각 20 ℃ 및 50 %인 공간으로 체적 유량 5 m³/s으로 귀환시키려고 한다. 모든 습공기 기류는 101.325 kPa이다. 증기 압축식 냉동 사이클에는 R-134a가 사용되며, 이 R-134a는 증발기에서는 200 kPa의 포화 증기로 유출되며, 응축기에서는 1000 kPa의 포화 액체로 유출된다. 압축기의 등엔트로피 효율은 0.78이다. 압축기에서 소비되는 동력을 혼합에서 사용되는 내부 공기의 백분율(내부 공기 0 %에서 100 %)의 함수로 하여 그래프로 그려라.

10.71 문제 10.70을 다시 풀어라. 단, 외부 공기(외기)는 온도가 33 ℃이고 상대 습도는 30 %로 한다.

10.72 외부 공기를 내부 공기와 혼합시킨 다음, 가열·가습 시스템으로 보내려고 한다. 가습기에서는 액체 물의 증발을 사용하여 가습화가 달성된다. 외부 공기는 온도가 2 ℃이고 상대 습도는 60 %이다. 내부 공기는 온도가 20 ℃이고 상대 습도는 40 %이다. 이 가열·가습 시스템으로 24 ℃ 및 상대 습도 60 %인 공기를 공간으로 체적 유량 1.5 m³/s으로 공급시키려고 한다. 모든 습공기 기류는 101.325 kPa이다. 가열 시스템에서는 연료의 연소에서 발생된 열이 사용된다. 연소 과정은 연료에서 28,500 kJ/kg을 제공한다. 연료 단가는 $ 1.60/kg이다. 외부 공기의 백분율이 0 %에서 100 % 사이의 범위에서 변화할 때, 연료 비용을 혼합 기류에서 사용된 외부 공기의 함수로 하여 그래프로 그려라.

10.73 습식 냉각탑을 사용하여 냉각수에서 공기로 열을 전달시키려고 한다. 공기는 냉각탑에 101.325 kPa, 15 ℃ 및 상대 습도 40 %로 유입된다. 공기는 101.325 kPa 및 32 ℃인 포화 공기로 유출된다. 냉각수는 냉각탑에 35 ℃로 유입되어 냉각탑에서 20 ℃로 유출된다. 유입 냉각수의 질량 유량은 500 kg/s이다. 이 과정으로 귀환되는 냉각수에서 대체되어야 하는 물의 유량 및 냉각탑으로 유입되는 습공기의 체적 유량을 각각 구하라.

10.74 습식 냉각탑을 사용하여 공장용 HVAC 설비의 응축기를 거쳐 순환되는 물을 냉각시키려고 한다. 공기는 냉각탑에 20 ℃ 및 상대 습도 60 %로 유입된다. 공기는 온도가 35 ℃인 포화 상태로 유출된다. 냉각수는 냉각탑에 38 ℃로 유입되어 21 ℃로 유출된 다음 응축기로 귀환한다. 냉각수는

질량 유량이 150 kg/s이다. 응축기로 귀환되는 냉각수에서 대체되어야 하는 물의 유량, 및 냉각탑으로 유입되는 공기의 체적 유량을 각각 구하라.

10.75 소형 발전소에서 냉각탑을 사용하여 냉각수에서 공기로 열을 전달시키고 있다. 공기는 냉각탑에 101.325 kPa, 4 ℃ 및 상대 습도 70 %로 유입된다. 공기는 101.325 kPa 및 25 ℃인 포화 공기로 유출된다. 냉각수는 냉각탑에 30 ℃로 유입되어 7 ℃로 유출된다. 유입 냉각수의 질량 유량은 180 kg/s이다. 이 과정으로 귀환되는 냉각수에서 대체되어야 하는 물의 유량 및 냉각탑으로 유입되는 습공기의 체적 유량을 각각 구하라.

10.76 습식 냉각탑에 20 ℃ 및 상대 습도 50 %인 공기가 유입된다. 공기는 30 ℃인 포화 공기로 유출된다. 공기는 압력이 101.325 kPa이다. 냉각수는 냉각탑에 35 ℃로 유입되어 22 ℃로 유출된다. 냉각탑에 유입되는 냉각수 질량 유량이 100 kg/s과 10,000 kg/s 사이의 범위에서 변화할 때, 냉각탑에 유입되는 공기의 체적 유량을 그래프로 그려라.

10.77 습식 냉각탑을 사용하여 질량 유량 1000 kg/s 및 35 ℃로 유입되는 물을 냉각시킨다. 공기는 냉각탑에 10 ℃ 및 상대 습도 40 %로 유입된다. 냉각수는 냉각탑에서 15 ℃로 유출된다. 냉각탑에서는 포화 공기가 유출되도록 하여야 한다. 공기 출구 온도가 15 ℃와 30 ℃ 사이의 범위에서 변화할 때, 냉각탑에 유입되는 공기의 체적 유량과 냉각수의 증발률을 그래프로 그려라.

10.78 물이 습식 냉각탑에 질량 유량 900 kg/s 및 온도 30 ℃로 유입된다. 이 물은 냉각탑에서 15 ℃로 유출된다. 공기는 냉각탑에서 29 ℃ 및 상대 습도 100 %로 유출된다. 냉각탑에 유입되는 습공기는 13 ℃이다. 냉각탑에 유입되는 습공기의 상대 습도가 10 %와 100 % 사이의 범위에서 변화할 때, 냉각탑에 유입되는 공기의 체적 유량과 냉각수의 증발률을 그래프로 그려라.

10.79 습식 냉각탑이 이른 아침에 안개가 자주 끼는 지역에 설치되어 있다. 물이 습식 냉각탑에 질량 유량 500 kg/s 및 온도 30 ℃로 유입되어, 냉각탑에서 15 ℃로 유출되어야 한다. 포화 공기가 냉각탑에 유입되어, 온도가 27 ℃인 포화 공기가 냉각탑에서 유출된다. 냉각탑에 유입되는 포화 공기의 온도가 2 ℃와 15 ℃ 사이의 범위에서 변화할 때, 냉각탑에 유입되는 공기의 체적 유량과 냉각수의 증발률을 그래프로 그려라.

10.80 습식 냉각탑에 상대 습도가 50 %인 공기가 체적 유량 12,000 m³/s로 유입된다. 공기는 상대 습도 100 % 및 온도 35 ℃로 유출된다. 냉각수는 온도가 40 ℃로 유입되어 주위 온도보다 2 ℃ 더 높은 온도로 유출된다. 냉각탑에 유입되는 습공기의 온도가 2 ℃와 20 ℃ 사이의 범위에서 변화할 때, 냉각탑에 유입되는 냉각수의 질량 유량과 냉각수의 증발률을 그래프로 그려라.

10.81 랭킨 사이클 발전소에서 운전되는 대형 냉각탑을 사막에 설치하려고 한다. 주위 공기는 상대 습도가 0 %라고 가정할 수 있다. 냉각탑에는 온도가 45 ℃인 물이 유입되어, 이 물은 발전소의

응축기로 주위 온도로 귀환된다. 포화 공기가 냉각탑에서 40 ℃로 유출된다. 냉각탑에는 주위 공기가 10,000 m³/s로 유입된다. 발전소 운전은 하루 중 주위 온도에 영향을 받는다. 주위 공기의 온도가 5 ℃와 40 ℃ 사이의 범위에서 변화할 때, 냉각탑에서 응축기로 복귀하는 물에 부가시켜야 할 보충수의 유량과 냉각탑에 유입되는 물의 백분율을 그래프로 그려라. 해석 결과를 설명하라. 주위 공기 온도가 발전소의 성능에 영향을 주는 방식을 몇 가지 설명하라.

설계/개방형 문제

10.82 신선한 공기를 건물에 공급하여 공기의 질을 유지시켜야 할 필요가 많이 있다. 겨울에 공장을 냉방시켜야 한다고 가정하고, 이 냉방을 외부에서 들여오는 신선한 공기를 혼합시켜서 달성하려 한다고 하자. 공기 질을 유지시키고자, 매 시간마다 건물 내부 공기 중에서 적어도 10 %를 건물 외부에서 들여오는 공기와 교체시켜야 한다. 공장에서 발생하는 과정 때문에, 공기는 건물에서 제거되기 전에 35 ℃로 가열된다. 공기를 25 ℃로 냉각되게 하고 건물 내의 습도를 40 %로 유지시키려고 한다. 이 과정이 여러 실외 공기 상태에서 발생되게 하는 시스템의 기본 요건을 명시하라. 실외 공기는 (겨울에) 온도가 −15 ℃와 10 ℃ 사이에서 변화한다고 보고, 외부의 상대 습도는 전형적으로 60 %로 잡는다.

10.83 대학생이 아파트에서 가습기 없이 살고 있다. 결과적으로 이 아파트의 공기는 겨울에 대개 온도가 22 ℃이고 상대 습도는 20 %이다. 이 학생이 가습기를 구매하지 않고도 온도가 크게 떨어지지 않으면서 공기를 상대 습도 50 %로 가습할 수 있게 해주는 시스템을 설계하라. 이 아파트는 체적이 60 m³이다.

10.84 요리 강좌에서 학생들이 파스타 조리법을 배우고 있기 때문에 많은 양의 물을 끓이고 있다. 이 때문에 교실의 상대 습도는 쾌적하지 못한 수준으로 증가하고 있다. 특히, 체적이 50 m³인 교실은 강좌 중에 온도가 25 ℃이고 상대 습도가 90 %이다. 강사는 다음 강좌에서는 한층 더 쾌적한 환경에서 작업할 수 있도록, 제습기를 구매하지 않고도 1 시간 내로 교실 내의 상대 습도를 50 %로 낮추려고 한다. 이 제습을 달성할 수 있는 시스템을 설계하라.

10.85 사막 환경에서 사무소 건물에 냉각탑을 건조하려고 한다. 냉각탑이 운전되면, 실외 공기 상태는 온도가 35 ℃이고 상대 습도가 10 %가 될 것으로 기대하고 있다. 일부 물은 근처에서 얻을 수 있고 그 물은 온도가 30 ℃이다. 건물의 냉각 시스템에서 환경으로 열을 50 MW를 제거시키는 냉각탑의 열역학적 특성을 설계하라.

10.86 랭킨 사이클 발전소에서 40 %의 열효율로 전력/동력 을 400 MW를 발전/생산 한다. 이 발전소에서는 응축기에서 외부 냉각수를 사용하여 유출된 수증기를 응축 액체로 응축시킨다. 그런 다음, 이 외부 냉각수는 자체 보유 열을 습식 냉각탑을 거쳐 주위로 전달한다. 외부 공기(외기)는 냉각탑에 온도가 5 ℃이고 상대 습도가 60 %인 상태로 유입된다. 냉각수는 응축기에서 35 ℃로 유출된다.

이 운전 과제를 달성할 수 있는 냉각탑을 설계하라. 이 설계안에는 냉각탑 출구 온도, 공기의 출구 온도와 상대 습도, 공기의 체적 유량, 및 냉각수 보충률을 각각 구하라.

10.87 예제 10.5의 냉각 코일을 검토해 보라. 이 냉각 코일은 증기 압축식 냉동 사이클의 증발기인 것이다. 이 증발기를 수용할 수 있는 증기 압축식 냉동 사이클을 설계하고, 설계된 사이클의 실용성을 설명하라.

연소 해석

학습 목표

11.1 연소 과정의 화학적 기초를 설명한다.

11.2 연소 과정의 총괄 화학 반응을 구성한다.

11.3 연소 중에 방출되는 열을 계산한다.

11.4 연소의 비가역적 특성을 이해한다.

11.5 연료 전지의 기초를 설명한다.

11.6 기초적인 화학적 평형 해석을 사용한다.

11.1 서론

연소는 연료와 산화제 사이에서 일어나는 고도로 비가역적이며 열을 방출하는 화학적 반응이다. 이 화학적 반응으로 연료와 산화제("반응물")의 조성이 변화하게 되면서 과정에서 새로운 화학종("생성물")이 생성된다. 인류는 수 천 년 동안 연소를 사용해 오면서 빛을 발생시키고 음식 조리와 같은 일에서 열을 방출시켰다. 현대에는, 전기 발생과 차량 구동을 포함하여 목적 범위에 맞춰서 장치에 동력을 부여하는 데 사용되는 열을, 연소 과정으로 발생시키고 있다. 대부분 종래의 발전소에서는 연소로 전기를 발생시키는데, 이는 연소열로 연료를 태워서 연료 화합물에 구속되어 있는 화학 에너지를 방출시키고, 이 화학 에너지를 사용하여 물을 끓이거나 고온의 가스를 발생시켜 이로써 터빈을 작동시킬 수 있는 것이다. 이어서, 이 터빈은 발전기 내부에 있는 회전축에 동력을 공급하여 구동시킨다. 마찬가지로, 기계화 교통수단(자동차, 트럭, 기차, 비행기)의 대부분의 형태는 내연 기관으로 움직이는데, 이 내연 기관에서는 연소 과정으로 고온·고압의 가스를 발생시켜 원동기에 동력을 공급하여 구동시킨다. 그림 11.1에 나타나 있는 용도를 포함하여, 연소를 사용하는 모든 용도를 고려해보면, 연소는 분명히 오늘날의 세상에서 매우 중요하다.

연소는 연료에 존재하는 화학 에너지를 방출시켜 무언가 의미가 있는 고된 일을 수행할 수 있게 하는 단순·간결한 과정이다. 풍력과 태양 에너지와 같은 재생 에너지원은, 대량의 에너지를 산출해낼 수 있는 잠재력이 있음에도 분산 에너지원이기 때문에, 대규모로 동력화되지 않는다. 즉, 이러한 에너지원에서 에너지를 획득하려면 넓은 땅과 많은 설비가 필요하다. 반면에, 연료에 들어 있는 화학 에너지는 밀도가 높다. 이 화학 에너지가 방출되어 태양 에너지와 풍력에서 나오는 에너지의 양을 얻는 데 필요한 설비보다 더 작은 설비에서 그에 필적하는 전기를 생산해낼 수 있다. 전기는 전자회로 기판이 탑재되어 있는 차량으로 보내져서 그러한 차량을 구동시키는 에너지원의 역할을 할 수 있다. 매우 고속인 30 m/s로 움직이면서 표준 온도 및 압력에서 공기 1 m^3에서 얻어낼 수 있는 에너지의 양과, 표준 온도 및 압력에서 메탄가스 1 m^3의 연소에서 방출되어 얻어낼 수 있는 에너지 양의 차를 생각해보자. 공기의 운동 에너지는 대략 0.5 kJ이다. 메탄이 연소되어 방출될 수 있는 에너지의 양은 대략 32,500 kJ이다.

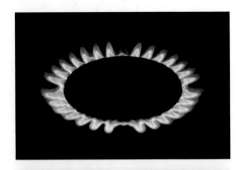

⟨그림 11.1⟩ 연소가 응용되는 다양한 예: 가스 스토브 불꽃, 촛불, 로켓 엔진.

연소로 발생되는 에너지를 활용하여 광범위한 산업화가 이루어지고 삶의 질이 엄청 향상되었다. 연소 과정으로 인한 대기 오염 때문에, 스모그(smog)가 증가하고, 대기의 보호성 오존층이 손상되어 산성비 현상이 나타나게 되었다. 탄소 기반 연료의 연소에서 발생되는 CO_2 때문에 서서히 대기 중의 CO_2 농도가 증가하면서 지구 온난화와 잠재적으로 심각한 기후 변화가 일어나고 있다. 게다가, 인류의 그칠 줄 모르는 에너지 추구로 재생 불가능한 화석 연료가 광범위하게 사용되었다. 일단, 이러한 화석 연료는 사용이 되고 나면 영원히 사라져 버린다. 제한된 자원의 공급과 이러한 자원에 대한 끝이 없어 보이는 수요로 최근에는 연료 가격이 증가하게 되었다(알고 있듯이, 높은 연료 가격은 주유소에서 파는 휘발유 값뿐만 아니라 식탁 위에 오르는 음식 값이 비싸지는 데 반영된다). 화석 연료 공급이 줄어들면, 채취 비용이 증가하게 되므로 공급가능한 양은 수요가 증가하는데도 감소하게 된다. 이 두 요인은 모두 다 향후에 에너지 비용이 더욱 더 증가하게 되리라는 것을 시사하고 있다. 그러나 지구에는 여전히 충분한 화석 연료가 매장되어 있어 향후 수백 년 동안은 인류의 수요를 충족시키겠지만, 화석 연료에 드는 보상 비용은 계속해서 증가할 것이고, 이러한 화석 연료를 획득하고 구매하는 비용이 치솟게 되어 그 공급량이 고갈되기도 훨씬 전에 이를 사용하는 데 비용이 많이 들게 될 것으로 보인다.

엔지니어들은 에너지를 유용한 형태로 변환시키는 새로운 방법을 개발하는 업무를 하게 될 때에는 이러한 문제점들을 고려해야만 한다. 일부 사람들은 화석 연료의 연소와 소비를 중단하자고 주창하지만, 화석 연료의 연소가 적어도 수십 년 동안은 세계 에너지 구성비에서 중요한 부분이 될 수밖에 없다는 것이 현실이다. 게다가, 재생가능 에너지원의 연소는 먼 장래까지 지속될지도 모른다. 이 장에서는 연소 해석의 기초를 학습할 것이므로, 엔지니어로서 연소 과정을 평가하고 설계할 수 있어야 한다. 이 장에서는 사용된 반응물을 기반으로 하는 연소 반응물 결정 방법, 연소 생성물을 기반으로 하는 연소 반응물 결정 방법 및 연소 과정 중에 나오는 방출열의 개략치를 구하는 방법 등이 전개되어 있다. 해석을 단순하게 함으로써 이해하는 데 도움을 주면서 이 책에서 사용하는 매개변수 안에 들도록 하며, 이러한 단순화에 포함되어 있는 의미는 이 장에서 나중에 설명하겠다.

11.2 연소과정의 구성 성분

앞에서 언급한 바와 같이, 연소에는 연료와 산화제의 화학 반응이 수반되어 연소 생성물이 발생한다. 즉,

$$연료 + 산화제 \rightarrow 생성물$$

연료는 사실상 고체, 액체, 또는 기체일 수 있으며, 산화제도 이와 마찬가지인데 주로 기체 형태이기는 하다. 생성물은 주로 기체 형태이며, 일부 생성물은 충분히 냉각되면 액화되기도 하는데, 일부 재나 검댕 잔류물은 고체 형태로 존재하기도 한다. 이 장에서는, 주로 생성물을 기체 상태로 있는 이상 기체 혼합물이라고 간주할 것이다. 또한, 일반적으로 단일의 이상 기체나 이상 기체 혼합물인 산화제와 관계할 것이다. 연료와 연소기 설계에 따라, 연료는 전체 반응물 기류에서는 산화제와 결합하여 이상 기체 혼합물이 되기도 하고, 연소 과정으로 유입되는 별개의 반응물 흐름으로서 취급되기도 한다. 이러한 기체 혼합물 근사화를 사용할 때에는 제9장에서 설명한 일부 요소가 수반될 것이다.

11.2.1 산화제

이 반응물의 이름이 암시하듯이, 산소 분자(O_2)는 대부분의 연소 과정에서 존재하는 산화제이다. O_2 가스는 연소 과정에서 산화제로서 저절로 사용될 수 있지만, O_2는 공기의 성분으로서 연소 과정에 가장 일반적으로 공급된다. 그러한 경우에는 공기를 산화제라고 봐도 되지만, 공기 중에서 O_2 이외의 성분들은 연소 과정에 거의 기여하는 바가 없다. 대부분을 이루는 다른 주성분인 N_2는 연소 과정에서 오염 물질인 NO_x를 생성시키는 것 이외에는 거의 하는 일이 없는데, 이 NO_x는 과정 온도를 떨어뜨리고 과정에서 사용할 수 있는 열량을 감소시킨다. 목적에 맞게, 일반적으로 대기에 존재하는 수증기는 무시하는 대신에 연소 과정에서 사용되는 공기는 건공기로 모델링할 것이다. 수증기가 공기 중에 존재한다고 할 때, 여기에서는 수증기는 변하지 않은 채로 생성물 속으로 들어간다고 가정해도 된다.

제9장에서 설명한 대로, 건공기의 조성은 몰 기준으로 N_2가 ~78.07 %, O_2가 ~20.95 %이고 주로 Ar인 기타는 ~1 %이다. 이 "기타" 가스에 들어가는 아르곤, CO_2 등은 비활성이기도 하고 해석에 중대한 영향을 전혀 미치지 못할 만큼 낮은 농도일 수 있으므로 이 기타 가스를 N_2 가스와 함께 뭉뚱그리려고 하며, N_2는 비활성이므로 반응물에서 생성물로 직행하다고 가정한다. 이 때문에 건공기를 몰 기준으로 대략 N_2 79 % 및 O_2 21 %인 것으로 모델링할 수 있다. 그러므로 공기의 연소 반응을 나타는 데 ($0.21\ O_2 + 0.79\ N_2$)로 쓸 수 있다. 그러나 보통은 존재하는 O_2의 몰수와 관계가 있으므로, 이 식을 0.21로 나누어서 ($O_2 + 3.76N_2$)로 나타내는 것이 더 쉽다.

11.2.2 연료

많은 물질들이 연소되기는 하지만, 연료는 대부분 가장 통상적으로 사용되는 연료 종, 즉 탄화수소라고 간주하고자 한다. 탄화수소는 탄소 원자 몇 개와 수소 원자 몇 개의 혼합물로 구성된 화합물이다. 순수 탄소 연료와 순수 H_2 연료의 분석은 탄화수소에서 사용하는 것과 같은 해석 기법을 따르면 되므로, 이 연료들을 관심 대상의 연료로 분류하여도 된다. 알코올 연료 또한 관심 대상으로 삼을 텐데, 이 알코올 연료는 그 화합물 내에 산소 원자가 포함되어 있는 탄화수소이다. 그러나 이 장에서 나중에 전개되는 일부 일반식들은 알코올 연료에는 적용되지 않을 것이다.

탄화수소 연료는 화합물에 존재하는 수소 및 산소 원자들의 상대 개수뿐만 아니라 이 원자들의 배열에 입각하여 여러 가지 종류로 분류된다. 표 11.1에는 일부 탄화수소 연료의 일반적인 분류와 예가 수록되어 있다.

〈표 11.1〉 대표적인 탄화수소 족의 분류. 동일 족의 탄화수소끼리는 유사한 연소 특성을 갖는다.

분류	화학식/배열	예
알칸족(Alkanes)	C_nH_{2n+2} / C-원자의 직선 사슬 또는 분기 사슬	메탄(CH_4), 프로판(C_3H_8), 부탄(C_4H_{10}), 옥탄(C_8H_{18})
알켄족(Alkenes)	C_nH_{2n} / C-원자의 직선 사슬 또는 분기 사슬	에텐(에틸렌)(C_2H_4), 프로펜(C_3H_6)
알킨족(Alkynes)	C_nH_{2n-2} / C-원자의 직선 사슬 또는 분기 사슬	아세틸렌(C_2H_2)
시클로파라핀족 (Cycloparaffins)	C_nH_{2n} / C-원자의 고리	시클로프로판(C_3H_6), 시클로부탄(C_4H_8)
방향족(Aromatics)	C_nH_{2n-6} / 단일 결합과 이중 결합이 교대로 되어 있는 C-원자의 고리에 기반	벤젠(C_6H_6), 톨루엔(C_7H_8)

n 은 양의 정수

이러한 연료의 연소에서 방출되는 열은 화합물의 화학 결합에 존재한다. 이러한 결합이 깨지게 되면 에너지가 방출되는데, 일부 에너지는 생성물의 새로운 화합물에서 결합을 발생시키는 데 사용되기도 한다.

심층 사고/토론용 질문

석유와 천연가스는 플라스틱처럼 연소용 연료와 산업용 원자재로 양쪽에 다 사용되는 공동 자원이다. 인류가 이 석유와 천연가스를 연소시켜서 최고로 잘 사용하고 있다고 생각하는가?

11.2.3 생성물

탄화수소 연료가 연소될 때, 탄소는 산화제와 반응하여 먼저 일산화탄소(CO)가 생성된 다음 이산화탄소(CO_2)가 생성된다. 여기에서 주목할 점은, CO는 탄화수소 연소의 생성물이기는 하지만, CO_2로 추가적인 산화가 가능하므로 그 자체가 연료이기도 하다. 연료 내 수소는 반응하여 물 H_2O를 형성한다. 이후에 설명하겠지만, 이러한 반응에는 많은 중간 화학 반응이 존재하지만, 대부분의 공학적 차원에서는 과정에서 최초 화합물과 최종 화합물을 아는 것이 필요할 뿐이다.

연소 과정을 기술할 때에는 몇 가지 용어를 사용해야 되므로, 이 용어들을 다음과 같이 정의한다. **완전 연소**(complete combustion)는 연료를 완전히 산화되게 하는 상태를 말한다. 즉, 연료에 들어 있는 모든 탄소는 이산화탄소(CO_2)가 되고, 연료에 들어 있는 모든 수소는 물(H_2O)이 되는 것이다. 화합물 속에 산화되어 열을 방출할 수 있는 어떤 다른 원자들이 들어 있을 때에는, 이 원자들도 (황이 이산화황(SO_2)이 되듯이) 완전히 산화된다. **화학량론적 완전 연소**(perfect combustion; 화학량론적 혼합물의 완전 연소)는 추가적인 산소가 전혀 없이도 일어나는 완전 연소 상태를 말한다. 화학량론적 완전 연소는 **화학량론적**(또는 **이론**) **연소**(stoichiometric or theoretical combustion)라고 하기도 하며, 여기에서 반응물 혼합물은 주어진 연료에서 특정한 조성(**화학량론적 혼합물**이라고 함)이어야만 한다. 화학량론적 혼합물(이론 혼합물)이 반드시 화학량론적 완전 연소가 되어야 할 필요는 없지만, 화학량론적 완전 연소는 화학량론적 혼합물로 시작해야만 한다. 공기 중에서 탄화수소 연료가 화학량론적 완전 연소될 때의 생성물은 CO_2, H_2O 및 N_2뿐이라고 본다.

반응물 속에 완전 연소를 일으키는 데 필요한 양보다 더 많은 산소(또는 공기)가 존재할 때에는, 이 연소를 **희박**(lean) 연소(또는 연료 희박 연소)라고 한다. 탄화수소와 공기 사이에서 희박 반응물 혼합물로 완전 연소가 일어난다면, 이 연소 과정의 생성물은 CO_2, H_2O, O_2 및 N_2가 된다. 화학량론적 혼합물의 완전 연소에서는 CO_2와 H_2O의 양이 동일하게 생성되지만, N_2의 양은 공기량이 많을수록 증가하게 되고 생성물에 들어 있는 O_2는 탄소와 수소에 필요한 모든 산화제가 소모되고 나서 남은 과잉 산소를 나타내게 되는 것이다.

반응물에 존재하는 산소(또는 공기)의 양이 완전 연소를 발생시키는 데 필요한 양보다 더 적을 때에는, 이 연소를 **농후**(rich) 연소(또는 연료 농후 연소)라고 한다. 완전 연소를 발생시키기에는 불충분한 산소가 존재하고 있기 때문에, 농후 연소는 훨씬 더 복잡한 혼합물이다. 산소가 얼마나 적게 존재하는가에 따라 CO_2, CO, H_2O, H_2, N_2 및 미연소 연료가 발생할 것으로 예상된다. 미연소 연료는 원래의 연료 화합물의 형태로 존재할 수도 있고, 원래의 연료가 분해할 때 형성되었던 기타 탄화수소 화합물 형태로 존재할 수도 있다. 예를 들어, 매우 농후한 프로판-공기 혼합물이 연소되고 있을 때에는, 프로판을 포함하고 있을 뿐만 아니라 기타 탄화수소 중에서 메탄, 에탄 및 에틸렌 등도 존재할 수 있다.

11.3 연소 과정의 간략한 설명

이제는 탄화수소 연료가 공기로 연소될 때 발생하는 상황을 간략하게 정량적으로 기술하는 것이 유용할 것이다. 먼저 연료와 산소(또는 공기)의 혼합물로 시작한다. 이 혼합물은 이미 연료와 산화제가 완전히 혼합(이는 결국 예혼합 화염이 됨)되어 있을 수도 있고 연료와 산화제 사이의 계면에서 서로 확산되어야 하는 개별 체적(이는 결국 비예혼합 화염이 됨)으로 존재할 수도 있다. 전형적인 가솔린 엔진에서 발생하는 연소는 전자의 일례인 반면에, 촛불은 후자의 일례로 볼 수 있다. 이 대목에서 점화원이 있어야 하는데, 이는 단순히 연소 반응이 시작할 수 있도록 하는 열의 적용이다. 이 열원은 (스파크 플러그나 성냥과 같은) 스파크, 고열 표면 및 (압축 착화 엔진에서 압축 공기와 같은) 고온 가스 등을 포함하여 다양한 형태를 취할 수 있다. 이 열원의 목적은 연료 및 산소의 온도를 국부적으로 증가시켜 화학 반응이 시작되어 한층 더 급속한 화학 반응률로 진행되도록 하고자 하는 것이다. 연료 및 산소는 저온에서 반응하기도 하지만, 그 반응은 너무 느리게 진행되어 분자 근방의 온도를 높여서 연소 과정이 가속되게 하는 데 필요한 열을 제공할 수 없다.

연료와 산소로 이루어진 작은 체적이 가열되면, 화학 반응이 시작되어 연료의 열분해가 일어난다. 이 과정에는 연료가 더 작은 화합물로 쪼개지는 분해 과정이 수반되는데, 이 중에 일부는 안정하기도 하고 일부는 불안정하기도 한다. 불안정한 원자와 분자를 기(radical)라고 한다. 이와 동시에, 산소 분자는 불안정한 산소 원자로 쪼개지기 마련이다. 불안정한 기는 안정된 분자보다 훨씬 더 쉽게 결합할 수 있으므로, 추가적인 화학 반응이 일어난다. 이러한 반응 가운데 다수에서는 열이 방출되는데, 이 때문에 국부 온도가 증가하여 화학 반응률이 증가하게 된다. 온도가 높을수록 연료와 산소의 온도도 높아지게 되어 이러한 영역에서는 연소 과정이 시작될 수 있다. 연료와 산소는 화학적으로 급격하게 반응하게 되므로 고온의 생성물이 발생하게 된다. 화학 반응은 안정된 생성물이 형성되거나, 주위로 너무 많은 열전달이 일어나 온도가 낮아지거나, 아니면 불충분한 산소나 연료가 사용되어 진행될 때까지 계속된다. 이러한 과정은 그림 11.2에 예시되어 있다.

연소 과정이 진행되면서, 안정된 분자인 CO와 H_2O가 생성물 가운데에서 가장 먼저 형성된다. 그런 다음, 산소가 추가로 CO와 반응하여 CO_2가 생성된다. 이러한 내용을 알면 농후 연소 생성물의 본질을 이해하는 데 도움이 될 것이다. 적은 양의 과잉 연료가 있을 때에는, 거의 충분한 O_2가 존재하게 되어 CO가 CO_2로 완전 연소되므로 CO의 양은 상대적으로 적다. 더욱

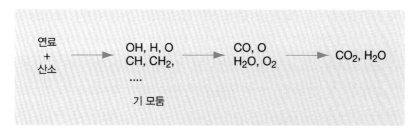

〈그림 11.2〉 연료와 산소가 연소되면, 분자 크기가 클수록 먼저 불안정한 기로 쪼개지게 되는데, 그런 다음 이 불안정 기는 CO_2의 형성이 H_2O의 형성보다 더 늦어지는 경향을 보이면서, 연소 생성물로 결합되기 시작한다.

더 많은 연료가 존재하게 되면, 수소가 H_2O로 형성되는 경향이 있기는 하지만, CO는 더 많아지고 CO_2는 더 적어지는 것을 쉽게 볼 수 있다. 과잉 연료 양이 증가하면서, 계속해서 더욱 더 많은 CO와 더욱 더 적은 CO_2를 보게 되지만, 미연소 탄화수소 화합물 양이 계속 증가할 뿐만 아니라 충분한 O_2를 만나지 못한 일부 H_2가 H_2O로 형성되는 것을 계속 보게 된다.

연료 및 산소(또는 공기) 혼합물이라고 해서 모두 다 연소가 일어나는 것은 아니다. 모든 연소는 제각기 연소가 지속되게 하고자 하려면 존재해야만 하는 산소 양의 범위가 있는데, 이를 연료의 가연성 범위라고 하며, 이 범위의 양쪽 한계를 각각 희박 가연성 한계와 농후 가연성 한계라고 한다. 이로써 직관적인 이해가 가능하게 되는 것이다. 공기가 가득 찬 방에 메탄을 시험관 분량 정도를 방출시켜서 이들을 완전히 혼합시킨 다음, 스파크를 사용하여 이 혼합물을 점화시키게 되면, 연소가 일어나지 않는다. 이 연료는 지나치게 확산되어 있어 화학 반응이 지속될 수 없다. 몇 개의 메탄 분자가 연소할 때에는, 발생되는 열이 너무 적어서 떨어져 이웃하고 있는 연료 분자를 점화시킬 수 없다. 이와 마찬가지로, 연료가 한 탱크 정도 있는데, 여기에 공기를 아주 조금 도입을 하게 되면, 연료는 점화되지 않기 마련이다. 이 경우에는, 공기가 거의 없어서 화학 반응이 지속되는 데 필요한 산소를 제공되지가 않는다.

11.4 화학 반응의 균형맞추기

연소 과정을 지배하는 총괄 화학 반응을 구하려고 한다면, 앞에서 설명한 적절한 예상 생성물들을 고려해야 하고, 각 종류의 원자들의 개수가 생성물 쪽과 반응물 쪽에서 같아야만 한다. 이렇게 하는 절차를 원자 균형맞추기(atom balancing)라고 하는데, 이로써 화학 반응에서 각각의 화합물 앞에 붙는 계수를 구할 수 있다. 이 과정을 예시하고자, 산소 중에서 메탄의 완전 연소를 기술하는 화학 반응(즉, 메탄과 산소의 화학량론적 혼합물의 완전 연소를 기술하는 식)을 구하는 것으로 시작한다. 이러한 경우에는, 생성물이 CO_2와 H_2O뿐이라는 것을 알고 있다(여기에서 산화제로서는 산소만이 관계하고 있으므로, 반응물이나 생성물에 N_2가 전혀 존재하지 않는다). 이 과정에서 기질(basis)로서는 CH_4가 1 mole이 있다고 놓았는데, 이렇게 연소 반응에서 1 mole(또는 1 kmole)을 사용한다고 가정을 세우는 것이 가장 쉬울 때가 많다는 것을 알게 될 것이다. 이 경우에, 화학 반응은 다음과 같이 쓴다.

$$CH_4 + a\,O_2 \rightarrow b\,CO_2 + c\,H_2O$$

여기에서, a, b 및 c는 미정 계수로서 원자 균형맞추기 절차를 거쳐서 구해야 한다. 세울 수 있는 원자 균형 식은 3개로서, 그 하나는 탄소 원자에 관한 것이고, 또 하나는 산소 원자에 관한 것이며, 나머지 하나는 수소 원자에 관한 것이다. 이 원자 균형은, 생성물에 들어 있는 특정한 종류의 원자 개수와 반응물에 있는 그 특정한 종류의 원자 개수가 같아지도록 기술한다. 그러므로 특정 원자가 들어 있는 모든 화학종들을 살펴보고, 그 화학종에 들어 있는 어떤 종류의 원자 개수가 그 화학종의 몰수에다가 화합물에 들어 있는 그 종류의 원자 개수를 곱한 것과 같은 지를 따져보아야만 한다. 즉,

C-균형: $(1)(1) = b(1)$ (CH$_4$와 CO$_2$에서 탄소 원자가 1개씩)

H-균형: $(1)(4) = c(2)$ (CH$_4$에서 H가 4개 그리고 H$_2$O에서 H가 2개)

O-균형: $(a)(2) = b(2)+c(1)$ (O$_2$와 CO$_2$에서 O가 2개씩 그리고 H$_2$O에서 O가 1개)

이 식들을 풀면 $b = 1$, $c = 2$ 및 $a = 2$가 나온다. 그러므로 CH$_4$ 1 mole과 O$_2$의 화학량론적 완전 연소 화학식은 다음과 같다.

$$CH_4 + 2O_2 \rightarrow CO_2 + 2H_2O$$

이 과정은 그림 11.3에 예시되어 있다.

이제, 산화제가 공기로서 유입될 때에는, 이 식은 O$_2$를 (O$_2$ + 3.76N$_2$)로 대체함으로써 다음과 같이 확장시킬 수 있는데, 이는 건공기에서의 근삿값으로 11.2.1에 전개되어 있다. 즉,

$$CH_4 + 2(O_2 + 3.76N_2) \rightarrow CO_2 + 2H_2O + d\,N_2$$

N$_2$를 추가하여도 O$_2$, CO$_2$ 및 H$_2$O의 앞에 붙는 계수들은 영향을 전혀 받지 않으므로 이러한 숫자들은 변하지 않는다. 질소 균형에서 다음과 같이 d에 관하여 풀어서 화학식을 완성하면 된다. 즉,

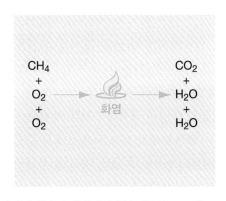

〈그림 11.3〉 메탄과 산소가 화염에서 연소되면서, CO₂와 H₂O가 형성된다.

N-균형: $2(3.76)(2) = d(2)$

이를 풀면 $d = 7.52$가 나오므로, 공기 중에서 CH_4 1 mole의 화학량론적 완전 연소 화학식은 다음과 같다.

$$CH_4 + 2(O_2 + 3.76N_2) \rightarrow CO_2 + 2H_2O + 7.52N_2$$

잊지 말아야 할 점은, 이 식은 메탄 분자 하나하나의 연소를 기술하고 있는 것이 아니라는 것이다. 물론, 7.52개의 N_2 분자라는 표현은 불가능한 것이다. 그보다는, 연료의 1 mole 또는 1 kmole의 연소를 쭉 살펴보아야 한다. 1 mole에는 해당 물질의 분자가 아보가드로(Avogadro) 수만큼 들어 있다. 즉, 6.0225×10^{23}개의 분자가 들어 있다. 그러므로 이 식에서는 N_2 7.52 mole 이, 즉 4.5×10^{24}개 이상의 분자가 수반되어 있음을 분명하게 나타내고 있는 것이다. 반응에 수반되는 분자는 어디까지나 정수 개가 되어야 하겠지만, 물질의 mole을 다룰 때에는 반응을 그 정도 수준까지 정밀하게 제어할 수는 없다. 이것은 이 장과 관계있는 모든 총괄 화학 반응에 해당된다.

이 화학 반응 균형맞추기 절차를 조사해보면, 어떠한 탄화수소 화합물이라도 그 화학량론적 완전 연소의 일반식을 세울 수 있음을 시사하고 있는 듯하다. 화합물의 화학식이, y와 z가 각각 연료의 탄소와 수소의 원자 개수라고 할 때, $C_y H_z$라고 가정하자. CH_4에서는, $y = 1$이고 $z = 4$이다. 연료가 화합물의 혼합물일 때에는 y와 z가 평균값일 수도 있으므로, 이 숫자들은 정수일 필요는 없다. $C_y H_z$ 1 mole의 화학량론적 완전 연소를 기술하는 화학 반응에서 C, H, O 및 N에 원자 균형맞추기를 할 때에는, 다음과 같이 유도된 식을 사용한다.

$$C_y H_z + \left(y + \frac{z}{4}\right)(O_2 + 3.76N_2) \rightarrow yCO_2 + \frac{z}{2}H_2O + 3.76\left(y + \frac{z}{4}\right)N_2 \qquad (11.1)$$

이 식은 모든 가능한 탄화수소 화합물마다 새로운 원자 균형맞추기를 할 필요가 없도록 바로 사용할 수 있게 해두는 것이 유용하며, 화학량론적 혼합물에서 공기 앞에 붙는 계수의 특징을 나타내는 인수$(y + z/4)$는 특히 쓸모가 있도록 기억을 해둬야 할 것이다.

희박 혼합물의 완전 연소에서의 화학적 균형맞추기는, 이제 생성물에도 O_2가 나타난다는 점을 빼고는, 화학량론적 혼합물의 화학적 균형맞추기와 아주 유사하다. 게다가, 과잉 공기량은 알고 있거나, 아니면 알고 있는 생성물에서 나오는 정보에서 구할 수 있다는 것이 일반적이다. 공기가 화학량론적 혼합물에서보다 20 % 더 많은 상태에서 메탄 1 mole의 연소를 살펴보자. 이 20 % 추가 공기 때문에 공기 앞에 붙는 계수는 화학량론적 혼합물일 때의 2에서 2.4로 변하게 된다. 그러므로 화학식은 처음에 다음과 같이 쓸 수 있다.

$$CH_4 + 2.4(O_2 + 3.76N_2) \rightarrow aCO_2 + bH_2O + cO_2 + dN_2$$

원자 균형은 다음과 같이 쓸 수 있다.

C-균형: $\qquad (1)(1) = a(1)$

H-균형: $\qquad (1)(4) = b(2)$

O-균형: $\qquad\qquad (2.4)(2) = a(2) + b(1) + c(2)$

N-균형: $\qquad\qquad (2.4)(3.76)(2) = d(2)$

(주목해야 할 점은, 질소만 N_2 형태로 나타날 때에는, N-균형맞추기보다도 N_2-균형맞추기를 하면 된다는 것이다.) 원자 균형을 풀면, $a = 1$, $b = 2$, $c = 0.4$ 및 $d = 9.024$가 나와, 결국 다음의 화학식이 된다. 즉,

$$CH_4 + 2.4(O_2 + 3.76N_2) \rightarrow CO_2 + 2H_2O + 0.4O_2 + 9.024N_2$$

연소 과정에 미치는 과잉 O_2의 효과는 그림 11.4에 예시되어 있다.

화학량론적 혼합물의 완전 연소에서와 같이, 공기와의 희박 혼합물에 들어 있는 일반적인 탄화수소 C_yH_z의 완전 연소에도 일반식을 쓸 수 있다. 과잉 공기량은 명시해야 하므로, 변수 x를 사용하여 나타낼 것이다. 이 변수 x는 % 이론 공기/100 %를 나타내게 되는데, 여기에서 100 % 이론 공기는 연료와 공기의 화학량론적 혼합물에 존재하는 공기량이다. 그러므로 20 % 과잉 공기가 있다면, 이는 120 % 이론 공기에 상응한 데, 이로써 $x = 1.2$가 된다. 이 희박 연소에서, 완전 연소는 다음과 같이 기술할 수 있다.

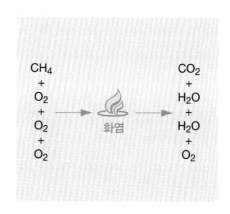

〈그림 11.4〉 과잉 O_2가 연소 과정에 존재하면, O_2는 주요 생성물 중의 하나로 흔히 배출된다.

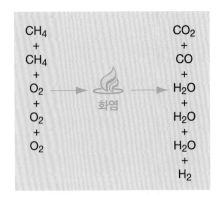

〈그림 11.5〉 반응물에 불충분한 O_2 양이 함유되어 완전 연소로 끝나게 되면, CO와 H_2(및 미연소 의심 연료)가 중요한 생성물이 될 수 있다.

$$C_y H_z + (x)\left(y + \frac{z}{4}\right)(O_2 + 3.76N_2)$$

$$\rightarrow y\,CO_2 + \frac{z}{2}H_2O + (x-1)\left(y + \frac{z}{4}\right)O_2 + 3.76(x)\left(y + \frac{z}{4}\right)N_2 \tag{11.2}$$

이 식은, $x = 1$이 되면 화학량론적 혼합물을 나타내므로, 식 (11.1)이 된다.

농후 연소 혼합물은 해당 반응을 나타내는 화학 반응을 기술하는 데 더 큰 문제를 나타낸다. 미연소 탄화수소는 포함되어 있지 않으므로, 반응물 혼합물을 알고 있을 때, CO_2, CO, H_2O, H_2 및 N_2로 된 한 세트의 생성물에서는 5개의 계수를 결정해야 한다. 그런데도, 사용할 수 있는 원자 균형은 단지 4가지뿐이다. 그러므로 이러한 문제는 풀 수 없다. 이 장의 뒷부분에서는, 생성물을 개략적으로 계산하는 방법을 제공할 것이다. 그 때까지는, 농후 연소 과정에서는 연소 생성물이 측정되어야만 한다고 생각하기로 한다. 그림 11.5에는 농후 연소에서 겪게 되는 결핍 O_2의 효과가 예시되어 있다.

▶ 예제 11.1

다음 각각에서, 옥탄 $C_8 H_{18}$의 완전 연소에 관한 화학 반응을 쓰라. 먼저, 원자 균형맞추기 방법을 사용한 다음, 이 결과를 연소의 일반식 및 희박 혼합물의 완전 연소 일반식과 대조하라.

(a) 연료 및 공기의 화학량론적 혼합물

(b) 25 % 과잉 공기

주어진 자료 : $C_8 H_{18}$와 공기의 완전 연소

구하는 값 : 옥탄과 각각 다음 조건의 공기의 완전 연소를 기술하는 화학 반응. (a) 100 % 이론 공기 및 (b) 25 % 과잉 공기

풀이 이 문제는 원자 균형맞추기 방법을 사용하여 풀면 된다. 반응물과 생성물 양쪽에서 각각의 유형의 원자 개수를 같게 놓은 한 벌의 식을 푼다.

(a) 공기와 옥탄으로 화학량론적 완전 연소에 도달한 화학량론적 혼합물에서는 다음과 같다. 즉,

$$C_8H_{18} + a(O_2 + 3.76N_2) \rightarrow bCO_2 + cH_2O + dN_2$$

각각의 원자 유형은, 반응물과 생성물 양쪽에서 그 원자 개수가 같아야만 한다. 특정 유형의 원자 개수는, 반응물이나 생성물 어느 쪽에서나, 그 특정 원자가 들어 있는 특정 화학종(분자나 원자)에서 해당 원자의 개수에다가 그 화학종의 몰 수를 곱한 것과 같다. 탄소를 예로 들어 보면, 반응물 쪽에는 탄소가 들어 있는 화학종이 단지 한 가지—C_8H_{18}—가 있고 생성물 쪽에도 탄소가 들어 있는 화학종이 한 가지—CO_2—만 있다. 위 반응에는, C_8H_{18} 1몰과 CO_2 b 몰이 있다. C_8H_{18}분자에는 탄소 원자가 8개 들어 있고 CO_2 문자에는 탄소 원자가 1개 들어 있다. 반응물 쪽에 있는 탄소 원자 개수와 생성물 쪽에 있는 탄소 원자 개수를 같게 놓으면 다음과 같이 탄소 원자 균형이 맞춰진다. 즉,

C-균형: $(1)(8) = b(1)$

나머지 원자 균형맞추기에서 다음이 나온다.

H-균형: $(1)(18) = c(2)$

O-균형: $(a)(2) = b(2) + c(1)$

N-균형: $(3.76a)(2) = d(2)$

이 식들을 풀면, $a = 12.5$, $b = 8$, $c = 9$ 및 $d = 47$이 나오게 되어, 다음과 같은 화학식이 나온다.

$$C_8H_{18} + 12.5(O_2 + 3.76N_2) \rightarrow 8CO_2 + 9H_2O + 47N_2$$

그런 다음, 이 결과는 일반적인 탄화수소 완전 연소식인 식 (11.1)에 $y = 8$과 $z = 18$를 대입하면 확인해 볼 수 있다.

$$C_yH_z + \left(y + \frac{z}{4}\right)(O_2 + 3.76N_2) \rightarrow yCO_2 + \frac{z}{2}H_2O + 3.76\left(y + \frac{z}{4}\right)N_2$$

값들을 대입하면 다음이 나온다.

$$C_8H_{18} + 12.5(O_2 + 3.76N_2) \rightarrow 8CO_2 + 9H_2O + 47N_2$$

(b) 25 % 과잉 공기(즉, 125 % 이론 공기)로 하는 희박 연소에서는, 공기 앞에 붙는 계수가 다음과 같이 된다.

$$(12.5)(1.25) = 15.63$$

이는 100 % 이론 공기에서의 계수에 곱하는 연산자는 $\frac{\% \text{이론공기}}{100 \%}$ 이다. 과잉 공기로 인하여 생성물에서 (이미 완전 연소에서 예상한 3가지 생성물 이외에도) O_2도 또한 존재하게 된다. 생성물에서 계수를 모르는 상태에서 화학식은 다음과 같이 된다.

$$C_8H_{18} + 15.63(O_2 + 3.76N_2) \rightarrow aCO_2 + bH_2O + cO_2 + dN_2$$

원자 균형맞추기에서 다음과 같은 4개의 식이 나오는데, 이를 풀어서 4개의 미지수를 구할 수 있다. 즉,

C-균형: $(1)(8) = a(1)$

H-균형: $(1)(18) = b(2)$

O-균형: $(15.63)(2) = a(2) + b(1) + c(2)$

N-균형: $((15.63)(3.76))(2) = d(2)$

이 식들을 풀면, $a=8$, $b=9$, $c=3.13$ 및 $d=58.77$이 나오게 되어, 다음과 같은 화학식이 나온다.

$$C_8H_{18} + 15.63(O_2 + 3.76N_2) \rightarrow 8CO_2 + 9H_2O + 3.13O_2 + 58.77N_2$$

이 식은 식 (11.2)에 $y=8$, $z=18$ 및 $x=1.25$(이는 125 % 과잉 공기나 25 % 이론 공기를 나타냄)를 대입하면 확인할 수 있다. 즉,

$$C_yH_z + (x)\left(y + \frac{z}{4}\right)(O_2 + 3.76N_2)$$

$$\rightarrow yCO_2 + \frac{z}{2}H_2O + (x-1)\left(y + \frac{z}{4}\right)O_2 + 3.76(x)\left(y + \frac{z}{4}\right)N_2$$

값들을 대입하면 다음이 나온다.

$$C_8H_{18} + 15.63(O_2 + 3.76N_2) \rightarrow 8CO_2 + 9H_2O + 3.13O_2 + 58.77N_2$$

해석 : 위 일반식을 사용하면 좋긴 하지만. 식이 나오게 되는 과정을 이해하는 것이 중요하며, 또한 잊지 말아야 할 점은 이 식은 탄화수소 연료에만 성립된다는 것이다.

▶ 예제 11.2

공기 중에서의 메탄올 CH_3OH의 화학량론적 완전 연소의 화학식을 쓰라.

주어진 자료 : CH_3OH와 공기의 연소

구하는 값 : 공기 중에서의 메탄올의 화학량론적 완전 연소를 기술하는 화학 반응(이 화학량론적 완전 연소에는 100 % 이론 공기가 필요하다).

풀이   메탄올은 탄화수소라기 보다는 알코올이므로, 식 (11.1)은 사용할 수가 없고 그 대신에 원자 균형맞추기 방법을 사용하여야 한다. (화학량론적 완전 연소의 표현으로) CO_2, H_2O 및 N_2의 생성물로만 식을 쓰면 다음과 같다. 즉,

$$CH_3OH + a(O_2 + 3.76N_2) \rightarrow bCO_2 + cH_2O + dN_2$$

4가지 원자 균형은 다음과 같다.

C-균형: $(1)(1) = b(1)$

H-균형: $(1)(3 + 1) = c(2)$

O-균형: $(1)(1) + (a)(2) = b(2) + c(1)$

N-균형: $(3.76a)(2) = d(2)$

이 식들을 풀면 $a = 1.5$, $b = 1$, $c = 2$ 및 $d = 5.64$가 나온다. 그러므로 화학 반응은 다음과 같이 된다.

$$CH_3OH + 1.5(O_2 + 3.76N_2) \rightarrow CO_2 + 2H_2O + 5.64N_2$$

해석 : 여기서 주목할 점은, 탄화수소 염기에 비하여, 이 경우에는 메탄(CH_4)에 비하여 알코올의 화학량론적 완전 연소에서는 공기가 덜 필요하다는 것이다. 이러한 내용이 바로 (에탄올이 10 %가 들어 있는 가솔린과 같은) 산소 첨가 연료를 사용함으로써 스파크 점화 엔진에서 "더 깨끗한" 배기가스를 얻는 데 사용되는 개념이다. 이 스파크 점화 엔진은 흔히 연료 농후 상태에서 작동되므로 결과적으로 CO와 미연소 탄화수소 배기가스를 상당히 많이 발생시킨다. 연료에 산소를 첨가함으로써, 전체 반응은 화학량론적 혼합물에 더 가까워지므로, CO와 미연소 탄화수소가 더 적게 발생된다. 이러한 생성물들이 뒤이어서 자동차의 촉매 변환기에서 흔히 처리된다고는 하지만, 연소 과정 자체에서 CO와 미연소 탄화수소가 더 적게 발생된다고 하는 것은 촉매 변환기에는 처리 작용에 관여하는 분자 개수가 더 적어진다는 것을 의미하며, 이는 더 나아가서 전체적으로 더 낮은 오염물질 배출로 이어진다.

11.5 반응물 혼합물의 특성을 나타내는 방법

반응물 혼합물을 항상 각 성분의 몰수로 해석하면 된다고는 하지만, 이러한 혼합물 계는 다루기가 어렵기도 해서 이 혼합물에서 기대하는 것을 다른 사람들이 알게 하는 것이 어려울 때가 많이 있기도 하다. 예를 들어, 누군가가 생소한 연료 1 mole이 O_2 3 mole과 반응하는 것을 설명한다고 해도, 그 과정이 희박인지 농후인지를 쉽게 알 수 없으므로 생성물에서 기대하는 것을 알지 못하거나 그 과정이 안정적일 것 같은지 아닌지를 알 수 없다. 그 결과, 반응물 혼합물의 특성을 나타내는 몇 가지 방법이 개발되어 있다. 이러한 방법 가운데 중요한 2가지는 이미 소개하였다.

11.5.1 % 이론 공기

앞에서 설명한 대로, "이론 공기"는 가용한 과잉 산소가 전혀 없이도 연료를 완전 연소시키는 데 필요한 공기량, 즉 화학량론적 혼합물 내의 공기량이다. **100 % 이론 공기**라는 용어는 특정한 연료에 대한 화학량론적 혼합물이라는 말과 같다. 100 %보다 더 큰 값은 과잉 공기가 있고 반응물 혼합물이 희박하다는 것을 나타내는 반면에, 100 %보다 더 작은 값은 공기 결핍(또는 연료 과잉)이 있고 반응물 혼합물이 농후하다는 것을 나타낸다. 그러므로 누군가가 연료가 120 % 과잉 공기로 연소되고 있다고 설명한다면, 이는 그 연소 과정이 희박이고 그 생성물은 주로 CO_2, H_2O, O_2 및 N_2가 될 것 같다는 점을 알려 주고 있다.

11.5.2 % 과잉 공기 또는 % 결핍 공기

앞에서도 언급한 이 방법은 % 이론 공기 방법과 매우 비슷하긴 하지만, 그것은 아니고 이 방법에서는 % 이론 공기(이론 공기 백분율)에 대비되는 값들이 나온다. % 과잉 공기(과잉 공기 백분율)는 희박 연소에 사용되며 % 이론 공기와는 다음과 같은 관계가 있다.

$$\text{\% 과잉 공기} = \text{\% 이론 공기} - 100\ \%$$

그러므로 반응물 혼합물이 115 % 이론 공기라면, 이는 15 % 과잉 공기라고도 한다.

% 결핍 공기(결핍 공기 백분율)라는 명칭은 농후 연소 환경에 사용된다. 이는 % 이론 공기와 다음과 같은 관계가 있다.

$$\text{\% 결핍 공기} = 100\ \% - \text{\% 이론 공기}$$

그러므로 반응물 혼합물이 90 % 이론 공기라면, 이 또한 10 % 결핍 공기라고 단정하기도 한다.

11.5.3 공연비와 연공비

공연비는 공기량을 반응물 혼합물에 존재하는 연료량으로 나눈 것으로 규정된다. 주어진 연소 상황이라면 어떤 상황에서도, 두 가지 **공연비**(AF; air-fuel ratio)가 존재한다. 즉, 반응물에 있는 각 물질의 몰(mole)수를 기준으로 하는 공연비와, 반응물에 있는 각 물질의 질량을 기준으로 하는 공연비가 그것이다. 이 공연비는 어느 형태든 어떤 연소 상황에서도 사용할 수는 있지만, 기체 연료에는 몰 기준 값을 더 많이 사용하는 반면에 액체 연료나 고체 연료에는 질량 기준 값을 더 많이 사용한다는 사실을 쉽게 알 수 있을 것이다. 이는 체적은 액체 연료나 기체 연료보다는 기체 연료에서 훨씬 더 잘 알 수 있고, 질량은 기체보다 액체나 기체에서 더 잘 알 수 있다고 보기 때문인데, 기체 연료의 체적은 몰과 밀접한 관계가 있다. 질량 기준 공연비는 다음과 같다.

$$AF = \frac{m_{\text{air}}}{m_{\text{fuel}}} \qquad (11.3)$$

그리고 몰 기준 공연비는 다음과 같다.

$$\overline{AF} = \frac{n_{\text{air}}}{n_{\text{fuel}}} \qquad (11.4)$$

이러한 값들을 계산할 때에 잊지 말아야 할 점은, 공기는 O_2와 N_2 모두로 구성되어 있다는 것이다. 공기 앞에 붙어 있는 계수를 공기의 몰수로 잡기만 하면 된다고 쉽게 생각할지도 모르겠지만, 기억해야 할 점은 이 계수는 공기를 나타내는 항 내부에 $(1 + 3.76)$이 곱해진 값이라는 것이다. 그러므로 이 점에서 화학 반응을 기술할 때에 사용되는 방법에서는, 공기의 몰수는 4.76이 곱해져서 공기 앞에 붙는 계수이다.

연공비(FA; fuel-air ratio)도 질량 기준이나 몰 기준으로 나타낼 수 있다. 이 연공비는 다음과 같이 고유한 공연비의 역수이다. 즉,

$$FA = (AF)^{-1} \quad \text{및} \quad \overline{FA} = (\overline{AF})^{-1} \qquad (11.5)$$

공연비로는 1보다 큰 숫자가 나오는 경향이 있지만, 30보다는 작은 반면에, 연공비로는 작은 소수 값이 나오는 경향이 있다. 그 결과, 반응물 혼합물들의 공연비의 차는 이에 상응하는 연공비의 차보다 한층 더 현저하다.

공연비나 연공비의 단점은, 그 숫자가 그 자체로는 연소 과정의 상세한 내용을 전혀 나타내지 못한다는 것이다. 반응물 혼합물에서 기대하는 것을 해석하고자 하려면, 해당 연료의 100 % 이론 공기의 경우에 상응하는 공연비(또는 연공비)를 알아야만 한다. 통상적인 연료를 사용하는 분야나 산업에서는, 그 분야의 엔지니어들이 공연비나 연공비의 숫자가 의미하는 것을 당연히 알 수 있을 것이므로, 반응물 혼합물의 특성이 공연비나 연공비로 기술되어 있는 것을 한층 더 많이 겪을 것으로 보인다. 예를 들어, 가솔린은 화학량론적 혼합물에서 $AF = 14.6$이다. 그러므로 가솔린을 연료로 하는 스파크 점화 엔진에서 AF가 13이라고 나타낸다면, 혼합물은 공기가 화학량론적 혼합물보다 더 적으므로 그 연소는 농후임을 알게 된다는 것이다. 마찬가지로, AF가 15.8이라고 주어지면, 과잉 공기가 있으므로 그 연소는 희박임을 알게 된다는 것이다. 그러나 화학량론적 혼합물의 공연비를 알지 못하면, 그 연소 과정에서 기대하는 것을 알지 못하게 된다는 것이다.

11.5.4 당량비

공연비 해석에 도움이 되게 하고자, **당량비**(equivalence ratio) ϕ의 개념이 개발되었다. 이 당량비는 연료의 화학량론적 혼합물의 공연비에 대한 실제 혼합물의 공연비의 비로 정의된다. 이 정의는, 질량과 몰 간의 변환에 사용되는 연료 분자량과 공기 분자량의 비가 당량비 계산에서는 소거되기 마련이므로, 질량 기준 양과 몰 기준 양 모두에 유효하다. 하첨자 a가 붙은 실제 반응물 혼합물을 하첨자 st가 붙은 화학량론적 혼합물로 대체하면, 다음과 같이 당량비를 구할 수 있다.

$$\phi = \frac{FA_a}{FA_{st}} = \frac{\overline{FA}_a}{\overline{FA}_{st}} = \frac{AF_{st}}{AF_a} = \frac{\overline{AF}_{st}}{\overline{AF}_a} \tag{11.6}$$

이러한 연공비와 공연비의 역수 관계 때문에 공연비에서 화학량론적 양이 분자에 나타나게 된다. 이를 살펴보면, 연공비와 공연비의 몰 기준 양들을 화학 반응에서 쉽게 구할 수 있다는 것을 알 수 있을 것이다. 게다가, 연료 1 mole을 기준으로 하여 실제 화학 반응과 화학량론적 화학 반응을 쓰게 되면, 공기량 앞에 붙는 계수들의 비에서 당량비를 구할 수 있는데, 탄화수소 연소에서 화학량론적 경우에는 이 당량비를 식 (11.1)의 $(y+z/4)$ 항에서 빨리 구할 수 있다.

$\phi = 1$이면 혼합물은 화학량론적이고, $\phi < 1$이면 혼합물이 희박 조건이 되며, $\phi > 1$이면 혼합물이 농후 조건이 된다. 그 결과들은 동일하지 않겠지만, 상이한 연료에서도 동일한 당량비에서는 유사한 생성물을 기대할 수 있다. 예를 들어, 동일한 당량비에서 공기와 함께 하는 프로판 연소와 옥탄 연소에서는 모두 다 유사한 생성물 세트가 나오기 마련이다.

▶ 예제 11.3

프로판 C_3H_8이 110 % 이론 공기로 완전 연소되고 있다. 이 과정의 화학 반응을 쓰고, 반응물 혼합물의 특성을 % 과잉(또는 결핍) 공기, 질량 기준 공연비, 몰 기준 공연비, 질량 기준 연공비, 몰 기준 연공비 및 당량비로 나타내어라.

주어진 자료 : C_3H_8이 110 % 이론 공기와 완전연소한다.

구하는 값 : 이 과정의 총괄 화학 반응, 반응물에서의 % 과잉 또는 결핍 공기, AF, $\overline{AF}$, FA, $\overline{FA}$, ϕ (당량비)

풀이 110 % 이론 공기로는, 연소가 희박 조건이 된다. 희박 연소에서는, 110 % 이론 공기 = **10 % 과잉 공기**이다.

식 (11.2)를 사용하여, $x = 1.1$(10 % 과잉 공기를 나타낸다), $y = 3$ 및 $z = 8$를 대입하면 다음과 같이 된다.

$$C_3H_8 + 5.5(O_2 + 3.76N_2) \rightarrow 3CO_2 + 4H_2O + 0.5O_2 + 20.68N_2$$

반응물의 분자 질량을 $M_{C_3H_8} = 44$, $M_{O_2} = 32$ 및 $M_{N_2} = 28$로 잡는다. 연료가 1 kmole 이 연소되고 있음을 고려하면, 연료의 질량은 $m_{fuel} = n_{fuel}M_{fuel} = n_{C_3H_8}M_{C_3H_8} = 44$ kg이다.

공기에서는, $m_{air} = m_{O_2} + m_{N_2} = n_{O_2}M_{O_2} + n_{N_2}M_{N_2} = (5.5)(32) + (5.5)(3.76)(28) = 755$ kg이다. 그러므로 다음과 같이 된다.

$$AF = \frac{m_{air}}{m_{fuel}} = 17.2$$

연료의 몰수는 1 kmole이고, 공기의 몰수는 $n_{air} = n_{O_2} + n_{N_2} = 5.5 + 5.5\,(3.76) = 26.18$ kmole이다. 그러므로 다음과 같다.

$$\overline{AF} = \frac{n_{air}}{n_{fuel}} = 26.2$$

각각의 연공비는 바로 이 값들의 역수이다. 즉,

$$FA = (AF)^{-1} = 0.0581 \quad \text{및} \quad \overline{FA} = (\overline{AF})^{-1} = 0.0382$$

당량비를 사용하려면 화학량론적 반응물 혼합물을 잘 알아야 한다. 식 (11.1)을 사용하면, 화학량론적 반응물 혼합물은 $C_3H_8 + 5(O_2 + 3.76N_2)$이다.
여기에서 몰 기준 공연비는 다음과 같다.

$$\overline{AF}_{st} = 5(1+3.76)/1 = 23.8$$

실제 몰 기준 공연비가 26.2임을 알고 있으므로, 당량비는 다음과 같이 구할 수 있다.

$$\phi = \frac{\overline{AF}_{st}}{\overline{AF}_a} = \frac{23.8}{26.2} = 0.909$$

앞에서 언급한 대로, 실제 반응물과 화학량론적 반응물은 모두 동일한 몰수(이 경우에는 1 kmole)의 연료를 기준으로 하고 있으므로, 이 값은 공기 앞에 붙은 계수의 비로 구할 수도 있다. 즉, 5/5.5 = 0.909이다.

11.6 알고 있는 생성물에서 반응물을 구하기

연소 과정이 포함되어 있는 장치를 작동시키고 있는 사람은 항상 반응물의 조성을 알고 있을 것이라고 생각할지도 모른다. 그러나 과정에 유입되는 공기를 제어한다는 것은 어느 정도 부정확할 때가 많고 연료의 조성을 완전하게 알고 있지 못할 수도 있으므로, 그것은 사실이 아니다. 명심해야 할 점은, 가솔린, 디젤 연료 및 천연 가스 같은 통상적인 연료들은 많은 화합물로 구성되어 있으므로 조성이 가변적이라는 것이다. 그러므로 엔지니어들은 연소 생성물을 측정함으로써 반응물 조성을 연역적으로 도출하려고 할 때가 있기 마련이다. 생성물을 측정한 후에, 원자 균형화를 수행하여 반응물들을 구할 수 있다. 연료 조성을 알고 있을 때에는 그러한 해석으로 질량 기준과 몰 기준의 공연비가 제공될 수 있는 반면에, 연료 조성을 모를 때에는 이 해석으로(연료가 탄화수소라는 가정에서) 연료의 탄소 대 수소의 비와 질량 기준 공연비가 제공될 수 있다.

주요 연소 생성물들은 비교적 쉽게 측정될 수 있으므로, 정례적으로 그러한 측정은 그림 11.6에 있는 5종 가스 분석기와 같은 장치로 이루어진다. 이 5종 가스 분석기로는 CO_2, CO, 미연소 탄화수소, NO_x 및 O_2의

〈그림 11.6〉 간단한 5종 가스 분석기의 제어 및 기록 패널.

농도를 측정한다. CO_2와 CO는 통상적으로 비확산 적외선 검출기로, 미연소 탄화수소는 화염 이온화 분석기로, NO_x는 화학 발광 분석기로, O_2는 상자성 분석기로 각각 측정된다. 간단한 검출 장치를 사용할 때에는, 건량 기준 생성물(물을 뺀 생성물)의 나머지는 N_2라고 가정한다. 한층 더 상세한 생성물 분석은 푸리에 변환 적외선(FTIR; Fourier transform infrared) 시스템과 같은 장치나 가스 크로마토그래프로 할 수 있는데, FTIR 시스템으로는 탄화수소 종들에 관한 한층 더 상세한 정보가 제공될 수 있고, 가스 크로마토그래프로는 연소 생성물에 있는 거의 모든 성분들의 상세한 분석이 제공될 수 있다. 이 두 가지 기법은 5종 가스 분석기 기법보다 더 비싸고 시간이 많이 들므로 정례적인 측정보다는 연구 프로젝트에 더 많이 사용된다.

생성물 분석을 수행하기 전에, 수증기를 제거시키기 위해 흔히 생성물을 건조시킨다. 수증기는 물로 응축되면 측정 장비에 손상을 입힐 수 있다. 생성물이 건조되어 있을 때에는, 이 분석을 "건량 기준 생성물 분석"이라고 간주하며, 이 건량 기준 생성물 분석으로는 생성물에서 물이 아닌 성분(nonwater component)들의 몰 분율이 제공되기 마련이다. 화학 반응을 설정하는 유용한 절차는 건량 기준 생성물의 100 mole(또는 kmole)을 기준으로 하는 분석을 살펴보는 것이다. 몰 백분율로서 주어졌을 때에는, 건량 기준 생성물 앞에 붙어있는 계수들은 단지 백분율로서 기재된 값이다. 물의 양을 알지 못하므로, 반응물도 알지 못한다. 다음 2개의 예제에는 연료 조성을 알거나 모르거나 간에 반응물을 구하는 절차가 예시되어 있다.

▶ 예제 11.4

프로판(C_3H_8)이 공기로 연소되고 있는 연소 과정에 건량 기준 생성물 분석을 하고 있다. 이 건량 기준 생성물 분석에서는 조성에 다음과 같은 체적 기준 %가 나온다. 즉, CO_2 9.85 %, CO 4.93 %, O_2 0.62 %, H_2 1.23 % 및 N_2 83.37 %이다. 이 연소 과정을 기술하는 화학 반응, 반응물의 몰 기준 공연비 및 반응물의 당량비를 각각 구하라.

주어진 자료 : 연료 : C_3H_8. 산화제 : 공기. 건식 생성물 몰 분율은 다음과 같다. 즉,

$$y_{CO_2} = 0.0985, \quad y_{CO} = 0.0493, \quad y_{O_2} = 0.0062, \quad y_{H_2} = 0.0123, \quad y_{N_2} = 0.8337$$

구하는 값 : 연소를 기술하는 총괄 화학 반응, $\overline{AF}$, ϕ

풀이 이 건식 생성물 분석에서 이상 기체 혼합물을 처리한다. 이 이상 기체 혼합물은 주어진 체적 백분율과 몰 분율과 같다.

가정 : 생성물에 원래 들어 있던 물은 이 건식 생성물 분석 전에 제거되어 있다.

먼저, 건식 생성물 100 mole을 기준으로 하는 화학 반응을 쓰려고 한다면, 그러려면 모르는 연료량 %가 필요하다. 몰 분율에 100을 곱하면 다음과 같이 총괄 화학 반응이 나온다. 즉,

$$a C_3H_8 + b(O_2 + 3.76N_2) \rightarrow 9.85CO_2 + 4.93CO + 1.23H_2 + cH_2O + 0.62O_2 + 83.37N_2$$

주목해야 할 점은, 생성물에 물이 있고 게다가 모르는 양이라는 것이다. 원자 균형을 4가지를 세울 수 있고 미지수는 3개이다. 미지수를 구하려면, C-균형, H-균형 및 N-균형을 사용하면 된다. (O-균형은 나중에 확인용으로 사용하면 된다.)

C-균형:	$3a = 9.85(1) + 4.93(1)$
H-균형:	$8a = 1.23(2) + 2c$
N-균형:	$3.76b(2) = 83.37(2)$

이 식들을 풀면, $a = 4.927$, $b = 22.17$ 및 $c = 18.48$이 나온다. 그러므로 이 과정의 화학 반응은 다음과 같다.

$$4.927C_3H_8 + 22.17(O_2 + 3.76N_2)$$
$$\rightarrow 9.85CO_2 + 4.93CO + 1.23H_2 + 18.48H_2O + 0.62O_2 + 83.37N_2$$

또는, 이 식을 4.927로 나누어 반응물을 연료 1 mole로 환산하면 다음과 같다.

$$C_3H_8 + 4.5(O_2 + 3.76N_2) \rightarrow 2CO_2 + CO + 0.25H_2 + 3.75H_2O + 0.125O_2 + 16.92N_2$$

몰 기준 공연비는 다음과 같다.

$$\overline{AF} = \frac{n_{air}}{n_{fuel}} = \frac{n_{O_2} + n_{N_2}}{n_{C_3H_8}} = \frac{4.5 + 4.5(3.76)}{1} = 21.4$$

연료 1 mole에서는, 화학양론적 혼합물의 반응물은 $y = 3$과 $z = 8$을 사용하여 식 (11.1)로 구할 수 있다. 즉,

$$C_3H_8 + (3 + 8/4)(O_2 + 3.76N_2): \quad C_3H_8 + 5(O_2 + 3.76N_2)$$

그러면, 화학량론적 혼합물의 몰 기준 공연비는 $\overline{AF_{st}} = 5(1+3.76)/1 = 23.8$이다. 그러므로 당량비는 다음과 같이 계산된다.

$$\phi = \frac{\overline{AF_{st}}}{\overline{AF_a}} = \frac{23.8}{21.4} = \textbf{1.11}$$

해석 : 이 연소 과정은, 생성물에 (CO_2 양보다는 훨씬 더 적지만) CO가 상당량 존재하고 H_2나 O_2가 비교적 적게 존재하는 것으로 봐서, 약간 농후 조건이다.

앞의 예제에서 알 수 있듯이, 이 방법은 완전 연소와 불완전 연소 모두를 분석하는 데 사용할 수 있다. 예제 11.4에서의 생성물에는, 모두 산화되어야 하는 CO와 H_2가 함유되어 있으며, 시간이 충분하고 혼합이 충분히 되었다면 CO와 H_2의 전부는 아니더라도 이 생성물들의 일부를 산화시켰을 수 있는 얼마간의 O_2도 함유되어 있다. 주목해야 할 점은, 대부분의 실제 연소 과정은 불완전하다는 것이다. 완전 연소에는 고온 상태가 되어 반응을 완료하는 데 과정에서의 완벽한 혼합과 적절한 시간이 필요하다. 그러므로 희박 화염에는 CO의 양이 CO_2 양에 비하여 적어 보일지는 몰라도, 자체 생성물에 얼마간의 CO가 있기 마련이다. 실제로, CO의 양은 반응물 혼합물이 매우 희박해지면서 한층 더 두드러지기도 한다. 그러한 경우에는, O_2가 모든 탄소를 완전히 산화시키기에 충분한 양보다 더 많이 있다고 하더라도, 연소 온도가 더 낮아지므로 가스들이 너무 급격하게 냉각되어 산화가 전부 일어날 수는 없다. 그러나 경험에 미루어, 불완전 연소 생성물을 해석하여 그 과정이 농후인지 희박인지를 결정할 수 있을 것이다. 예를 들어, 생성물에 O_2 양은 실질적으로 들어 있고 CO와 미연소 탄화수소가 비교적 거의 들어 있지 않다면 혼합물은 희박일 것이고, 그에 반해 생성물이 그와는 반대 상태라면 반응물 혼합물은 농후일 것이다. 이 해석으로 또한 연소기와 연소 과정의 전체적인 설계에 관한 통찰력이 제공될 수도 있다. 예를 들어, 생성물에 나타나 있기를, 반응물 혼합물이 당량비가 0.9이어야 하되 반응물에는 CO가 CO_2보다 더 많이 존재하여야 한다면, 그 연소 과정이 완료되기에는 아마도 혼합이 적절하게 되지 않았거나 시간이 충분하지가 않았을 것이다.

▶ 예제 11.5

알려지지 않은 탄화수소가 공기 중에서 연소되어, 건량 기준 분석 결과가 다음과 같다(주어진 %는 몰 기준임). 즉, CO_2 12.68 %, CO 0.67 %, O_2 1.33 % 및 N_2 85.32 %이다. 이 과정에서 연료의 탄화수소 모델, 반응물의 질량 기준 공연비 및 과정에서의 당량비를 각각 구하라.

주어진 자료 : 산화제 : 공기. 건식 생성물 분석 몰 분율 :

$$y_{CO_2} = 0.1268, \quad y_{CO} = 0.0067, \quad y_{O_2} = 0.0133, \quad y_{N_2} = 0.8532$$

구하는 값 : 연료(C_yH_z)의 탄화수소 모델, AF, ϕ

풀이 이 건식 생성물 분석에서 이상 기체 혼합물을 처리한다.

가정 : 생성물에 원래 들어 있던 물은 이 건식 생성물 분석 전에 제거되어 있다.

이 알려지지 않은 연료는 C_yH_z로 모델링할 것이며, 이 미지 연료 1 mole이 연소되는 것을 살펴볼 것이다. 그런 다음 화학식을 건식 생성물 100 mole을 기준으로 하여 쓰면 다음과 같이 된다. 즉,

$$C_yH_z + a(O_2 + 3.76N_2) \rightarrow 12.68CO_2 + 0.67CO + bH_2O + 1.33O_2 + 85.32N_2$$

여기에는 4개의 미지수(a, b, y, z)가 있으므로 4개의 원자 균형식을 사용하면 된다. 즉,

C-균형: $(1)y = 12.68(1) + (0.67)(1)$

H-균형: $(1)z = 2b$

O-균형: $2a = (12.68)(2) + (0.67)(1) + b + 1.33(2)$

N-균형: $3.76a(2) = 85.32(2)$

이 식들을 풀면 다음 값이 나온다.

$$a = 22.69, \quad b = 16.69, \quad y = 13.35 \ \text{및} \ z = 33.38$$

이 값으로, 연료의 탄화수소 모델은 $C_{13.35}H_{33.38}$이 되는데, 이것이 단일의 탄화수소 화합물이 1 mole인 상황을 분명히 나타내지는 않는다. 이는 연료에서 C 원자에 대한 H 원자의 비가 $33.38/13.35 = 2.5$임을 나타내는 것이다. 이는 전체 H/C 비가 나오는 단일 연료를 나타낼 수도 있고(이 경우에는, 부탄 C_4H_{10}을 나타낸다), 아니면 연료의 혼합물을 나타낼 수도 있다. 어떤 경우에 해당하는지를 모르기 때문에, 화학 반응에서 연료가 몇 몰이 사용되었는지를 구할 수 없으므로, 몰 기준 공연비를 구할 수 없다. 즉, n_{fuel}은 알 수 없다. 그러나 질량 기준 공연비는 구할 수 있다. 공기의 질량은 다음과 같다.

$$m_{air} = m_{O_2} + m_{N_2} = n_{O_2}M_{O_2} + m_{N_2}M_{N_2}$$
$$= (22.69 \, \text{mole})(32 \, \text{g/mole}) + ((22.69)(3.76) \, \text{mole})(28 \, \text{g/mole}) = 3114.9 \, \text{g}$$

이다. 연료의 질량에서는, 화합물의 분자량을 알아야 한다.

$$M_{fuel} = (\text{탄소 원자의 개수})(M_C) + (\text{수소 원자의 개수})(M_H)$$
$$= (13.35)(12) + (33.38)(1) = 193.6 \, \text{g/mole}$$

$n_{fuel} = 1$이면, $m_{fuel} = 193.6$ g이다.

그러면 질량 기준 공연비는 다음과 같이 구한다.

$$AF = \frac{m_{air}}{m_{fuel}} = 16.1$$

식 (11.1)에서, 연료 1 mole일 때는 화학량론적 혼합물에서 공기 앞에 붙는 계수는 $y+z/4 = 21.7$이다. 이 반응물 혼합물에서 공기의 질량은 2979.0 g이며, 화학량론적 질량 기준 공연비는 다음과 같다.

$$AF_{st} = \frac{m_{air}}{m_{fuel}} = 15.39$$

그러면 당량비는 다음과 같이 계산된다.

$$\phi = \frac{AF_{st}}{AF_a} = 0.96$$

해석 : 생성물 조성을 살펴볼 때, CO_2에 비하여 CO 양이 적으며 O_2 양 또한 적기 때문에, 혼합물이 약간 희박 조건에 지나지 않는 것은 당연한 것이다.

당량비는, 화학양론적 경우와 실제 경우에 연료의 몰 수가 각각 1이므로, 이 두 가지 경우에 공기 앞에 붙은 계수들을 사용하기만 해도 구할 수가 있다. 즉,

$$\phi = 15.39/16.1 = 0.96$$

심층 사고/토론용 질문

반응물을 애써서 측정하기보다는 생성물을 측정함으로써 연소 과정의 반응물에 관한 정보를 구하기가 더 손쉬울 때는 어떤 경우일까?

11.7 화합물의 엔탈피 및 생성 엔탈피

에너지 해석을 수행할 때에는, 특정한 기준 점과 실제로 관계있는 내부 에너지와 엔탈피 값들이 많이 사용되어 왔다. 예를 들어, 지금껏 사용되어 온 물의 엔탈피 값은, 0.01 ℃에서 포화 액체일 때 비내부 에너지로 잡은 임의의 0점과 관계가 있다. 게다가, 고체 물조차도 내부 에너지가 있으므로, 분명히 그와 같은 점에서도 내부 에너지와 엔탈피는 실제로 0이 아니다. 그러나 이러한 상태량들은 단지 상태 간의 차만이 관심사가 되어 왔다. 상대 값을 사용하여 구한 차는 절대 내부 에너지나 엔탈피를 사용하여 구한 차와 같다. 즉, 기준 상태에서의 상태량의 절대 값은 계산에서 소거되기 마련이다. 이 방법은, 작동 유체 물질의 화학 조성이 변화하지 않고 있을 때에는 전적으로 받아들일 수 있다. 그러나 연소 과정과 기타 화학 반응에서는,

화합물의 화학적 조성이 계속 변화하므로 내부 에너지와 엔탈피에 상대 값들을 사용하게 되면 오차가 발생하기 마련이다. 화합물이 생성되고 소멸될 때 얼마나 많은 에너지가 소요되거나 방출되는지를 따져볼 필요가 있다.

그러려면, 여러 화합물의 전혀 절대적이지 않은 엔탈피 값들과 관계를 맺을 수 있는 기준 상태를 설정하면 된다. 이 기준 상태는 표준 온도 및 압력(STP; 25 ℃, 101.325 kPa)에서의 화학적 원소의 자연적인 상태로 하게 되어 있다. 이를 기준 상태로 설정하게 되면, 해당되는 화학적 원소의 자연적인 상태에서 화합물이 생성되는 과정 중에 저장되거나 방출되는 에너지의 양을 도출할 수 있다. 기준 상태를 설정함으로써, 해석할 때에 화합물의 생성이나 소멸 중에 소요되거나 방출되는 에너지의 양을 반영시킬 수 있다. 이 절차에서는, 표준 온도 및 압력에서 자체의 자연적인 상태에 있는 화학적 원소는 그 상태로 존재하는 데 전혀 에너지가 필요하지 않으며 단독으로 있을 때에는 그 상태에서 일을 할 능력이 전혀 없다고 가정한다.

그러면, 화학적 원소의 자연적인 상태란 무엇인가? 그것은 반드시 주기율표에서 볼 수 있는 그러한 원자라고 할 수는 없다. 예를 들어, 원소 산소를, 특히 표준 온도와 압력에서, 원자 형태로 보는 것은 지극히 드문 일이다. 산소는 오존 O_3로서 존재하기도 하지만, 그렇다고 오존이 가장 통상적인 상태는 아니다. 원소 산소의 가장 통상적인 형태(그것이 자연적인 형태임) 는 2원자 산소 O_2이다. 마찬가지로, 수소의 자연적인 상태는 H_2이고, 질소의 자연적인 상태는 N_2이다. 여기에서 연소 과정과 관련 있는 기타 원소로는 탄소가 있는데, 탄소의 자연적인 상태는 (다이아몬드 같은 탄소의 다른 상태와는 대조적으로) 흑연(graphite) C(s)라고 본다.

화합물이 생성되거나 소멸될 때 소요되거나 방출되는 에너지는, 자체의 자연적인 상태에 있는 해당 원소에서 화합물이 생성될 때 도출된다. 이것이 화학 결합에서 존재하는 에너지를 나타내며, 이 에너지는 화학 결합이 깨질 때 방출되고 화학 결합이 형성될 때 소멸되는 것과 관계가 있다. 이러한 과정과 관련되는 에너지의 합을 생성 엔탈피라고 하며 기호 $\overline{h}_f^o$ 로 나타낸다. 이 기호에서, 바(‾)는 그 값이 몰 기준 비엔탈피 값으로 주어졌다는 것(질량 기준 비엔탈피 값도 있지만, 여기에서는 사용하지 않을 것임)을 의미하고, 하첨자 f는 "형성(formation)"을 나타내며, 상첨자 o는 표준 압력(101.325 kPa)을 나타낸다. 앞으로는 이 값을 사용하여 기준 온도 T_{ref}에서의 값들을 구하게 될 텐데, 이 온도는 표준 온도(25 ℃)이지만, 다른 온도에서도 값을 구하기도 할 것이다. 중점적으로 다루게 될 대상은 이상 기체이므로, 엔탈피에서는 압력 의존성이 중요하지 않기 마련이다. 그러나 실제 기체를 다룰 때에는 압력 변화가 엔탈피에 미치는 영향을 고려해야만 될 것이다.

생성 엔탈피는 실험적으로나 이론적으로 구하면 된다. 대부분의 엔지니어들은 화합물의 엔탈피를 그런 식으로는 전혀 구하려고 하지 않고, 그 대신 관심 대상이 되는 화합물의 엔탈피 값을 표를 사용해서 구하려고 하기 마련이므로, 여기에서는 엔탈피 값을 구하는 데 사용하는 방법을 상세하게 설명하지는 않겠다. 표를 살펴보면, 일부 화합물들은 생성 엔탈피가 양의 값이고 일부 화합물들은 음의 값임을 알 수 있을 것이다. 양의 값은 해당 원소에서 화합물이 생성되는 데 열이 소요된다는 것을 의미하는 반면에, 음의 값은 해당 과정에서 열이 방출된다는 것을 의미한다. 예를 들어, CO_2의 생성 엔탈피는 $-393,520$ kJ/kmole이다. 이는 (연소 과정에서와 같이) 흑연과 산소가 결합되면서 CO_2가 생성되고, 이 CO_2가 25 ℃로 냉각되면서 열이 $-393,520$ kJ/kmole이 방출되는 것을 의미한다. 이와 반대로, 원자 수소 H의 생성 엔탈피는 $+218,000$ kJ/kmole이다. H는 H_2 분자에서 결합이 깨짐으로써 생성되므로, 여기에는 에너지 입력이 필요하다. 그러므로 H의 생성 엔탈피는 양의 값이 된다.

STP(표준 온도 및 압력)에서 자체의 자연적인 상태에 있는 원소의 생성 엔탈피는 0이라고 본다. 즉,

$$\overline{h}^o_{f H_2} = \overline{h}^o_{f O_2} = \overline{h}^o_{f N_2} = \overline{h}^o_{f C(s)} = 0$$

다양한 화합물의 생성 엔탈피 값들은, 표 A.10이나 다양한 온라인 자료원에서 입수 가능한 정보로 구하면 된다.

생성 엔탈피의 중요한 특성을 들자면, 주어진 온도와 압력에서 물질의 엔탈피는 생성 엔탈피에다가 이 생성 엔탈피가 결정된 기준 상태와 실제 상태 간의 엔탈피 차를 합한 것과 같다는 점이다. 즉,

$$\overline{h}_i(T, P) = \overline{h}^o_{f,i}(T_{\mathrm{ref}}) + (\overline{h}_{i, T, P} - \overline{h}_{i, T_{\mathrm{ref}}, P^o}) \tag{11.7}$$

여기에서, T_{ref}는 기준 온도이고 P^0는 기준 압력으로 101.325 kPa이다. 형태를 바꾸는 화합물과 무관하다면, 생성 엔탈피와 기준 상태에서의 엔탈피가 계산 중에 상쇄되기 때문에, 두 상태 간의 엔탈피 변화는 이 두 상태 간의 상대 엔탈피의 차라는 것으로 귀착된다.

이 책의 연소 해석에서는, 이상 기체를 관심 대상으로 삼을 것이므로 엔탈피의 압력 종속성은 있을 수 없다. 또한, 기준 온도로는 표준 온도 T^0(25 ℃ 또는 298 K)를 삼을 것이다. 이러한 조건으로, 몰 기준 비엔탈피 값은 다음과 같이 된다.

$$\overline{h}_i(T) = \overline{h}^o_{f,i}(T^o) + (\overline{h}_{i, T} - \overline{h}_{i, T^o}) \tag{11.8}$$

식 (11.8)에서 우변의 첫째 항은 화합물의 생성 엔탈피이고, 괄호로 묶여 있는 둘째 항은

흔히 현열 엔탈피라고 한다. 연소 계산에서 흔히 볼 수 있는 다양한 화합물에 관한 온도의 함수로서의 비엔탈피 값은 부록에 있는 표 A.4에서 구할 수 있다. 또한, 이러한 화합물에 관한 값들은 다양한 인터넷 자료원에서도 구할 수 있다. 그러나 알고 있어야 할 점은, 여러 자료원은 서로 다른 0점을 사용할 수도 있으므로, 현열 엔탈피에 있는 두 항의 차를 구하고자 할 때에는, 반드시 동일한 자료원에서 구한 값들이어야 한다.

11.8 연소 과정의 추가 설명

제11.2절에서는, 연소 과정의 화학을 간략하게 설명하였지만, 발생되는 열은 거의 고려하지 않았다. 대부분의 연소 과정들은 열을 발생시키는 데 사용된다고 알려져 있다. 연료에 있는 탄소와 수소가 산화되면서 열이 방출되는 것이다. 이 방출 열 가운데 일부는 주위의 연료와 산소를 가열시키는 데 사용되어 연료 과정이 그러한 영역으로까지 확산되게 한다. 그러나 방출되는 열은 연소 과정을 유지시키는 데 필요한 열보다 더 많다. 전체적으로, 연소 생성물은 고온으로 계속 상승하게 된다. 동시에, 열은 전도와 대류와 복사를 거쳐 가스에서 계속 손실이 일어나게 된다. 연소기의 설계에 따라서, 이러한 열전달 기구 가운데 하나가 지배적이 되어 주위로 손실되는 열량은 다소 심각할 수도 있다. 예를 들어, 연소가 수냉식 버너에서 일어났을 때에는, 연소 가스로부터 버너로 손실되는 열 때문에 가스 온도는 연소가 수냉식이 아닌 버너에서 일어났을 때 예상되는 온도보다 더 낮아지게 된다. 우열이 뒤바뀌는 과정들이 계속 발생하고 있는 것이다. 그림 11.7과 같이, 에너지는 연소 반응으로 가스에 계속 부가되어 가스 온도는 상승하게 되고, 이와 동시에 열은 이 고온의 가스로부터 주위로 계속 손실된다. 이러한 과정들의 상대적인 진행률로 생성물 가스가 얼마나 고온이 될 수 있는지가 결정된다.

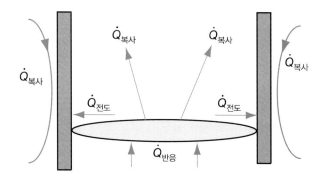

〈그림 11.7〉 열은 전도와 복사로 연소 가스에 부가되기도 하고 연소 가스에서 제거되기도 한다. 또한, 대류 열전달로 전체 계에서 열이 제거되기도 한다.

연소 과정에서는, 연소 생성물이 주요 화학 반응을 따라서 곧 바로 아주 고온이 된다. 뒤이어서, 이 가스들은 냉각된다. 가스들이 자체의 피크 온도로부터 가스들이 연소기에서 유출될 때의 더 낮은 온도로 냉각되면서, 열은 주위로 방출된다. 이 열은 예를 들어, 랭킨 사이클 발전소의 증기 발생기에서 물을 비등시키는 데 사용될 수도 있다. 가스들이 계에서 유출되기 전에 그 온도를 낮출수록, 더 많은 열이 방출되어 과정에서 사용될 수 있다. 그러므로 임의의 온도로 유입되는 주어진 연료 및 공기 혼합물에서는, 생성물이 700 K보다는 500 K로 계에서 유출될 때, 한층 더 많은 열이 방출된다. 이 방출되는 열량은, 가스들이 더욱 더 고온이 되어 가면서도 연소 과정 중에 손실되는 열과, 연소 생성물들이 자체의 최고 온도에 도달된 후에 자체의 출구 온도로 냉각되면서 손실되는 열의 합이다. 대부분의 목적으로, 방출될 수 있는 열의 대부분은 생성물이 표준 온도인 25 ℃로 냉각될 때까지 생성물에서 제거되는 양이라고 가정한다. 연소 주위의 온도가 한층 더 낮아서, 이른바 0 ℃일 때에는, 계산에서는 이 점을 고려하여 조정해야겠지만, 이 정도 열 방출의 변화는 통상적으로 대단한 것이 아니어서 그렇게 작은 변화까지 고려할 만큼은 아니다.

11.9 반응열

반응열은, 반응물이 연소기에 유입될 때부터 얼마 후에 생성물이 연소기에서 유출될 때까지, 화학 반응 과정 중에 방출되는 열량이다. 연소 과정에 적용하면, 반응열은 또한 연소열이라고도 하며, **반응 엔탈피** 또는 **연소 엔탈피**라는 용어가 사용되기도 한다. 이 반응열의 양을 구하는 것은, 반응물을 초기 상태로 잡고 생성물을 최종 상태로 잡아서, 열역학 제1법칙을 적용함으로써 간단히 해결된다. 학습 목적 상, 대부분의 연소 과정은 흔히 계로 유입되는 연료 및 산화제 흐름과 계에서 유출되는 생성물 흐름이 있으므로, 엔탈피 값을 사용하여 개방계로서 해석한다.

11.9.1 개방 연소계

여기에서는 연소 과정이 있는 개방계는 정상 유동이 있는 정상 상태에서 발생되는 것이라고 가정한다. 그림 11.8과 같은 연소 과정이 포함되어 있는 개방계를 살펴보자. 이 경우 입구 상태는 그 온도와 압력이 반응물의 온도와 압력인 반응물(하첨자 R)로 이루어져 있으며 출구 상태는 그 온도와 압력이 생성물의 온도와 압력인 생성물(하첨자 P)로 이루어져 있다. 계의 크기는 연소 과정 자체만큼이나 작게 하거나, 연료와 산화제의 혼합 면적이 포함되거나, 전체 연소기가 포함되거나, 다른 구성 장비들이 포함될 수 있게 조정할 수 있다. 앞으로 알게 되겠지만,

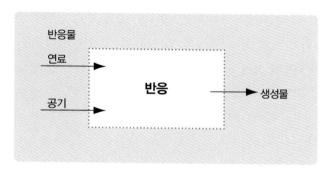

〈그림 11.8〉 유동 연소 과정에서 계는 반응물로서 연료 및 공기가 유입되고
연소 생성물이 계에서 유출하는 과정을 겪게 된다.

엔탈피 변화는 거의 모든 연소 과정에서 운동 에너지 변화와 위치 에너지 변화를 쉽게 압도할
것이므로, 여기의 해석에서는 운동 에너지 변화 효과와 위치 에너지 변화 효과를 무시한다.
이 계에서는, 정상 상태 개방계의 열역학 제1법칙을 다음과 같이 쓸 수 있다.

$$\dot{Q} - \dot{W} = \dot{H}_P - \dot{H}_R \tag{11.9}$$

여기에서, $\dot{H}$는 반응물로 계에 유입되는 엔탈피 유입률이나 생성물로 계에서 유출되는 엔탈피
유출률이다. 이 값은 계에 유입 또는 유출되는 개별 성분들의 엔탈피의 합이다. 즉,

$$\dot{H}_R = \sum_R \dot{n}_i \overline{h}_i = \sum_R \dot{n}_i (\overline{h}^o_{f,i} + \overline{h}_{i,T_R} - \overline{h}_{i,T^o}) \tag{11.10}$$

및

$$\dot{H}_P = \sum_P \dot{n}_i \overline{h}_i = \sum_P \dot{n}_i (\overline{h}^o_{f,i} + \overline{h}_{i,T_P} - \overline{h}_{i,T^o}) \tag{11.11}$$

여기에서, T_R은 계에 유입되는 반응물 온도이고 T_P는 계에서 유출되는 생성물 온도이다.
대부분의 경우에는, 화염이나 연소기 자체에 해석이 집중되어 열 방출에 비하여 연소기에서
소비되는 동력을 대개는 무시할 수 있기 때문에, 동력 $\dot{W}$가 계산에 포함되지 않는다. 그러나
예컨대, 계를 확장시켜 터빈을 포함시킨다든지, 연소기와 가스 터빈 연소기의 터빈을 둘 다
동시에 모델링한다든지 할 때에는 식 (11.9)에 동력 항을 포함시켜야 할 것이다.

동력을 0이라고 가정하는 훨씬 더 일반적인 상황에서, 열역학 제1법칙은 식 (11.10)과 (11.11)을
식 (11.9)에 대입한 다음, 반응열 $\dot{Q}$에 관하여 풀면 된다. 즉,

$$\dot{Q} = \sum_P \dot{n}_i (\overline{h}^o_{f,i} + \overline{h}_{i,T_P} - \overline{h}_{i,T^o}) - \sum_R \dot{n}_i (\overline{h}^o_{f,i} + \overline{h}_{i,T_R} - \overline{h}_{i,T^o}) \tag{11.12}$$

연료의 열전달률을 구할 때에는 kmole 기준으로 풀면 편리할 때가 많다. 그런 다음, 이 열전달률 값을 사용하여 특정 연소 과정에 얼마나 많은 연료가 필요한지를 재빨리 구하여 원하는 열전달률 값이 나오게 하면 된다. 이 열전달률 값은 식 (11.12)를 연료의 몰 기준 유량으로 나누어 구한다.

$$\frac{\dot{Q}}{\dot{n}_{\text{fuel}}} = \sum_P \frac{\dot{n}_i}{\dot{n}_{\text{fuel}}}(\bar{h}^o_{f,i} + \bar{h}_{i,T_P} - \bar{h}_{i,T^o}) - \sum_R \frac{\dot{n}_i}{\dot{n}_{\text{fuel}}}(\bar{h}^o_{f,i} + \bar{h}_{i,T_R} - \bar{h}_{i,T^o}) \qquad (11.13)$$

식 (11.13)에는 계산 효율 면에서 보면 추가적인 이익이 있다. 관심 대상이 되는 화학 반응이 연료 1 kmole(또는 mole)을 기준으로 하여 쓰여 있다면, 이러한 경우에 연료의 kmole 유량은 1 kmole/s이므로, 식 (11.13)에 있는 각 엔탈피 항의 계수들은 간단히 화학 반응식에 있는 그 특정 반응물이나 생성물 앞에 붙는 계수들이 된다.

연소열을 계산할 때 구해야 되는 하나의 요인은 생성물에 있는 물의 상(phase)이다. 대부분의 연소 과정에서 물은 수증기 형태로 유출되지만, 생성물이 해석 대상이 되는 특정한 연소기에서 생성물이 (생성물에 있는 수증기 분압(부분 압력) 기준 물의 이슬점 온도 아래로) 충분히 낮은 온도로 냉각되면, 물은 액상과 증기상으로 모두 유출될 수 있다. 매우 높은 전압이 사용되고 있는 경우를 제외하고, 물은 생성물 온도가 350 K보다 높은 한 증기 형태라고 가정하는 것이 일반적으로 안전하다. 생성물이 충분히 낮은 온도로 냉각되어 일부 물이 응축된다면, 액체가 되어 버린 물의 정확한 양에 관심두기보다 여전히 통상적으로는 생성물에서 물을 전부 액체 또는 수증기로 취급하기 마련이다.

다음 예제에는 식 (11.13)을 사용하여 연소열을 계산하는 데 사용하는 방법이 예시되어 있다.

▸ 예제 11.6

에탄과 공기의 화학량론적 혼합물이 완전 연소가 된다. 반응물은 298 K로 유입되고 생성물은 298 K로 유출된다. 다음 각각에서 에탄의 kmole당 방출되는 열을 구하라.

(a) 생성물에서 물을 전부 수증기라고 볼 때

(b) 생성물에서 물을 전부 액체라고 볼 때

주어진 자료 : 연료는 에탄 C_2H_6이다. $\phi = 1$(화학양론적이다), $T_R = T_P = 298\,\text{K}$이다.

구하는 값 : $\dfrac{\dot{Q}}{\dot{n}_{\text{fuel}}}$,

이는 생성물 내 물이 각각 (a) 전부 수증기일 때와 (b) 전부 액체일 때의 값이다.

풀이　작동 유체는 이상 기체이다. 단, 문항 (b)에서 생성물 내 액체 물은 제외한다.

가정 : $\dot{W} = \Delta KE = \Delta PE = 0$. 정상 상태, 정상 유동 개방계이다.

첫 단계는 화학량론적 에탄–공기 혼합물의 완전 연소를 기술하는 화학 반응을 쓰는 것이다. 식 (11.1)에서, 에탄은 $y = 2$이고 $z = 6$이므로 다음과 같이 된다.

$$C_2H_6 + 3.5(O_2 + 3.76N_2) \rightarrow 2CO_2 + 3H_2O + 13.16N_2$$

식 (11.13)을 사용하여 에탄의 kmole당 방출되는 열을 구하면 된다.

식 (11.13)에서는, $T_R = T^o = 298\,\mathrm{K}$ 및 $T_P = T^o = 298\,\mathrm{K}$이므로, 반응물과 생성물 각각에서 현열 엔탈피 성분($\overline{h_{i,T}} - \overline{h_{i,T^o}}$)은 0이다. 그러므로 식 (11.13)은 다음과 같이 된다.

$$\frac{\dot{Q}}{\dot{n}_{\mathrm{fuel}}} = \sum_P \frac{\dot{n}_i}{\dot{n}_{\mathrm{fuel}}}(\overline{h}^o_{f,i}) - \sum_R \frac{\dot{n}_i}{\dot{n}_{\mathrm{fuel}}}(\overline{h}^o_{f,i})$$

이를 전개하면 다음과 같다.

$$\frac{\dot{Q}}{\dot{n}_{C_2H_6}} = \left[\frac{\dot{n}_{CO_2}}{\dot{n}_{C_2H_6}}\overline{h}^o_{f,CO_2} + \frac{\dot{n}_{H_2O}}{\dot{n}_{C_2H_6}}\overline{h}^o_{f,H_2O} + \frac{\dot{n}_{N_2}}{\dot{n}_{C_2H_6}}\overline{h}^o_{f,N_2}\right] - \left[\frac{\dot{n}_{C_2H_6}}{\dot{n}_{C_2H_6}}\overline{h}^o_{f,C_2H_6} + \frac{\dot{n}_{O_2}}{\dot{n}_{C_2H_6}}\overline{h}^o_{f,O_2} + \frac{\dot{n}_{N_2}}{\dot{n}_{C_2H_6}}\overline{h}^o_{f,N_2}\right]$$

생성 엔탈피는 다음과 같다(표 A.10 참조).

$$\overline{h}^o_{f,CO_2} = -393,520\,\mathrm{kJ/kmole\ \ CO_2}$$

$$\overline{h}^o_{f,C_2H_6} = -84,680\,\mathrm{kJ/kmole\ \ C_2H_6}$$

$$\overline{h}^o_{f,O_2} = \overline{h}^o_{f,N_2} = 0$$

그리고 $\overline{h}^o_{f,H_2O}$는 물이 증기 형태인지 액체 형태인지에 따라 다르다.

(a) 생성물에 있는 물을 전부 증기라고 보는 경우에는, $\overline{h}^o_{f,H_2O(g)} = -241,820\ \mathrm{kJ/kmole\ H_2O}$이다. 대입하면 다음과 같다.

$$\frac{\dot{Q}}{\dot{n}_{C_2H_6}} = \left[\frac{2\,\mathrm{kmole\ CO_2}}{\mathrm{kmole\ C_2H_6}}(-393,520\,\mathrm{kJ/kmole\ CO_2}) + \frac{3\,\mathrm{kmole\ H_2O}}{\mathrm{kmole\ C_2H_6}}(-241,820\,\mathrm{kJ/kmole\ H_2O})\right.$$

$$+ \frac{13.16\,\mathrm{kmole\ N_2}}{\mathrm{kmole\ C_2H_6}}(0)\Big] - \Big[(1)(-84,680\,\mathrm{kJ/kmole\ C_2H_6})$$

$$\left.+ \frac{3.5\,\mathrm{kmole\ O_2}}{\mathrm{kmole\ C_2H_6}}(0) + \frac{13.16\,\mathrm{kmole\ N_2}}{\mathrm{kmole\ C_2H_6}}(0)\right]$$

$$\frac{\dot{Q}}{\dot{n}_{C_2H_6}} = \mathbf{-1,428,000\ kJ/kmole\ C_2H_6}$$

주목할 점은, 단위들이 식에서 어떻게 소거되어 각 항이 연료의 kmole로 나누어진 에너지

항으로 끝나게 되는지 하는 것이다. 이는 이러한 모든 계산에서 일어나므로, 각각의 예제에서는 각 항에 단위를 붙이지 않을 것이다. 그러나 명심해야 할 점은, 단위는 여기에서 보인 것처럼 소거된다는 것이다.

(b) 생성물에 있는 물을 전부 액체라고 보는 경우에는, $\bar{h}^o_{f,H_2O(l)} = -285,830$ kJ/kmole H_2O이다. (액체 물의 생성 엔탈피와 수증기의 생성 엔탈피의 차는 298 K에서의 물의 응축 엔탈피이다. 즉, $-h_{fg} = 2442.3$ kJ/kg, 또는 몰 기준으로는 $-\bar{h}_{fg} = -44,010$ kJ/kmole 이다.) 이 물의 생성 엔탈피 값을 앞에 있는 식에 대입하면 다음이 나온다.

$$\frac{\dot{Q}}{\dot{n}_{C_2H_6}} = -1,560,000 \text{ kJ/kmole } C_2H_6$$

해석 : 열전달률은, 열이 반응에서 유출되었음을 나타내고 있으며 부호 규약에서는 계에서 열이 유출될 때 음(-)으로 정하고 있으므로, 음의 값이다. 그런 다음, 이 열은 또 다른 계에 열 입력으로 전달된다. 예를 들어, 랭킨 사이클 증기 발전소의 증기 발생기에서는 연소 과정에서 열이 유출될 것을 의미하므로 연소 과정의 해석에서는 음(-)의 열전달이 발생되기 마련이다. 그런 다음, 이 열은 물에 대하여 열 입력으로 사용되는데, 이 열로 인하여 압축 액체가 수증기로 변환하게 된다.

또한, 물이 액체로 응축되면서 한층 더 많은 열이 방출된다. 그러나 앞에서 설명한 대로, 대부분의 연소 과정에서는 생성물 온도가 높을수록 수증기 형태로 존재하는 물을 맞닥뜨리게 된다.

예제 11.6은 상이한 연료의 발열 잠재능력을 비교하는 데 사용하는 계산 과정을 소개하고 있다. 반응물을 표준 온도에서 유입되게 함으로써, 연소 과정에 연료로 추가되는 에너지는 없다고 보는 것이다. 생성물을 표준 온도로 냉각시킴으로써, 표준 조건에 있는 연소 생성물에서 추출될 수도 있는 최대 열량이 제거된다고 본다. 화학량론적 화합물로 완전 연소에 필요한 공기량을 최소로 할 수 있으므로, 생성물에는 다른 계로 전달되어버릴 수도 있는 에너지를 흡수하는 과잉 공기는 전혀 없다. 완전 연소를 고찰함으로써, 연료의 산화로 방출되는 대부분의 열량을 구할 수 있다. 이 조건 세트를 적용함으로써 모든 연료들을 동일 기준에서 비교할 수 있다. 이 해석으로 구하는 양은 연료의 발열량이며 이는 표준 조건에서 연료의 연소 중에 발생될 수 있는 대부분의 열을 나타낸다. 발열량은 통상적으로 양의 값으로 표에 수록되며 흔히 질량 기준$\left(HV = -\dfrac{\dot{Q}}{\dot{m}_{fuel}}\right)$으로 표현된다.

생성물 온도는 298 K이므로 2가지 발열량(HV)이 고려된다. 저위 발열량(LHV; lower heating value)은 물이 전부 수증기 형태라는 가정에서 계산되고, 고위 발열량(HHV; higher heating value)은 물이 전부 액체 형태라는 가정에서 계산된다. 에탄은 LHV = 47,480 kJ/kg이고

HHV = 51,870 kJ/kg이다. 예제 11.6에서 구한 값들을 발열량으로 환산하면, 계산된 값들은 LHV = 47,483 kJ/kg이고 HHV = 51,874 kJ/kg인데, 이 값들은 분명히 계산에서 사용된 값들의 정밀도 범위 내에 든다. 표 11.2에는 다양한 연료의 고위 및 저위 발열량이 수록되어 있다.

발열량으로 원하는 열량을 제공하는 데 얼마나 많은 연료가 필요한지를 재빨리 값을 구할 수 있으며, 여러 연료를 사용할 때 부담해야 하는 비용을 구할 수도 있다. 예를 들어, 순수 옥탄이나 순수 에탄올을 둘 다 액체 형태로 사용하여 엔진을 작동시킨다고 가정하자. 옥탄의 LHV는 에탄올의 LHV의 1.66배가 된다. 옥탄이 에탄올보다 kg당 비용이 최소 66 %보다 적게 든다면, 엔진을 옥탄으로 작동시키는 것이 한층 더 경제적이다. 분명히, (생성물 온도와 같은) 다른 요인들도 그러한 결정을 내리는 요인에 들어가지만, 이 일반적인 설명은 해석을 시작하는 데 필요한 값 계산이 제공되는 것이다.

예제 11.6은 연료의 발열량을 어떻게 계산하는지를 예시하는 데 유용하지만, 연소기에서 유출되기 전에 생성물 온도를 25 ℃로 낮춘다는 것이 흔한 일은 아니다. 다음 예제에는 반응물은 표준 온도로 유입되지만 생성물은 상승된 온도로 유출되는, 한층 더 일반적인 풀이 과정이 예시되어 있다.

〈표 11.2〉 다양한 연료의 고위 발열량과 저위 발열량 (kJ/kg)

물질	화학식	고위 발열량(kJ/kg)	저위 발열량(kJ/kg)
탄소(s)	C	32,800	32,800
수소(g)	H_2	141,800	120,000
일산화탄소(g)	CO	10,100	10,100
메탄(g)	CH_4	55,530	50,050
메탄올(l)	CH_3OH	22,660	19,920
아세틸렌(g)	C_2H_2	49,970	48,280
에탄(g)	C_2H_6	51,900	47,520
에탄올(l)	C_2H_5OH	29,670	26,810
프로판(l)	C_3H_8	50,330	46,340
부탄(l)	C_4H_{10}	49,150	45,370
톨루엔(l)	C_7H_8	42,400	40,500
옥탄(l)	C_8H_{18}	47,890	44,430
가솔린(l)[a]		47,300	44,000
경유 디젤(l)[a]		46,100	43,200
천연가스(l)[a]		50,000	45,000

[a] 이 연료의 발열량은 해당 연료의 정확한 조성에 달려 있지만, 주어진 값들은 전형적인 조성에서의 값들이다.

▶ 예제 11.7

메탄이 15 % 과잉 공기와 함께 25 ℃로 연소기에 유입되어 완전 연소가 된다. 생성물은 720 K로 시스템에서 유출된다. 다음 각각을 구하라.

(a) CH_4의 mole당 방출되는 열

(b) 메탄이 표준 온도 및 압력일 때, 메탄의 체적 유량 0.25 m^3/s에서의 열방출률

주어진 자료 : 연료 : CH_4, 산화제 : 공기. $T_R = 25$ ℃ $= 298$ K, $T_P = 720$ K, 15 % 과잉 공기(115 % 이론 공기), $\dot{V}_{CH_4} = 0.25$ m^3/s, $P = 101.325$ kPa

구하는 값 : (a) $\dfrac{\dot{Q}}{\dot{n}_{CH_4}}$, (b) $\dot{Q}$

풀이 작동 유체는 전체에 걸쳐서 이상 기체이다. 생성물의 온도를 보면 생성물 내 물이 수증기 형태임을 확실히 알 수 있다.

가정 : $\dot{W} = \Delta KE = \Delta PE = 0$. 정상 상태, 정상 유동 개방계이다.

화학 반응은 식 (11.2)에서 $y = 1$, $z = 4$이고 $x = 1.15$일 때 구할 수 있다.

$$CH_4 + 2.3(O_2 + 3.76N_2) \rightarrow CO_2 + 2H_2O + 0.3O_2 + 8.65N_2$$

예제 11.6에서와 같이, $T_R = T^o = 298$ K이고, 반응물의 현열 엔탈피는 0이다. 그러나 현열 엔탈피 항은 여전히 생성물에 존재한다. 식 (11.13)을 전개하면 다음이 나온다.

$$\frac{\dot{Q}}{\dot{n}_{CH_4}} = \left(1 \frac{mole\,CO_2}{mole\,CH_4}\right)(\bar{h}_f^o + \bar{h}_{720K} - \bar{h}_{298K})_{CO_2} + \left(2 \frac{mole\,H_2O}{mole\,CH_4}\right)(\bar{h}_f^o + \bar{h}_{720K} - \bar{h}_{298K})_{H_2O}$$

$$\times \left(0.3 \frac{mole\,O_2}{mole\,CH_4}\right)(\bar{h}_f^o + \bar{h}_{720K} - \bar{h}_{298K})_{O_2} + \left(8.65 \frac{mole\,N_2}{mole\,CH_4}\right)(\bar{h}_f^o + \bar{h}_{720K} - \bar{h}_{298K})_{N_2}$$

$$- \left[\left(1 \frac{mole\,CH_4}{mole\,CH_4}\right)\bar{h}_{f,CH_4}^o + \left(2.3 \frac{mole\,O_2}{mole\,CH_4}\right)\bar{h}_{f,O_2}^o + \left(8.65 \frac{mole\,N_2}{mole\,CH_4}\right)\bar{h}_{f,N_2}^o\right]$$

온도가 너무 높아서 액체 물이 존재할 수 없기 때문에, 생성물에 있는 물은 수증기 형태이기 마련이다.

대입할 값은 다음의 요약 표에서 구하면 된다(표 A.4 및 표 A.10 참조).

화합물	$\overline{h}_f^o$(kJ/kmol)	h_{720K}(kJ/kmol)	h_{298K} (kJ/kmol)
CO_2	−393,520	28,121	9364
H_2O	−241,820	24,840	9904
O_2	0	21,845	8682
N_2	0	21,220	8669
CH_4	−74,850	—	—

이 예제에서는 CH_4의 현열 엔탈피를 전혀 고려하고 있지 않으므로, 표에서 CH_4의 현열 엔탈피 관련 값들을 고려할 필요가 없다.

대입을 하면 다음이 나온다.

$$\frac{\dot{Q}}{\dot{n}_{CH_4}} = -641,000 \text{ kJ/kmol } CH_4$$

(b) 표준 온도와 압력은 $T = 298$ K이고 $P = 101.325$ kPa이다. 이상 기체 법칙을 사용하여 CH_4 0.25 m^3의 몰수를 구할 수 있다. 즉,

$$n = \frac{PV}{\overline{R}T} = \frac{(101,325 \text{ Pa})(1 \text{ m}^3)}{(8.314 \text{ m}^3 \cdot \text{Pa/mol} \cdot \text{K})(298 \text{ K})} = 0.0102 \text{ kmol}$$

체적 유량이 0.25 m^3/s이므로, 이 몰 수의 CH_4가 매 초마다 연소 되기 마련이다. 그러므로 다음이 된다.

$$\dot{n}_{CH_4} = 0.0102 \text{ kmol/s}$$

그러면 열방출률은 다음과 같다.

$$\dot{Q} = \dot{n}_{CH_4} \frac{\dot{Q}}{\dot{n}_{CH_4}} = -6560 \text{ kW}$$

해석: 생성물이 어떻게 냉각시키느냐에 따라, 탄화수소 연료가 상대적으로 적은 양으로 연소 될 때 발생 되는 열량은 커질 수 있다. 생성물 온도가 증가하게 되면 열은 덜 방출되고, 생성물 온도가 감소하게 되면 열은 더 방출된다. 주목할 점은, 기체 상태 CH_4는 가스로서는 밀도가 꽤 낮으므로 CH_4는 주어진 체적에서 질량이 상대적으로 작다는 것이다.

전적으로 반응물 온도가 기준 온도와 같을 때에만, 반응물의 현열 에너지는 바로 0이 된다. 반응물의 현열 엔탈피가 0이라고 가정하고 예제 11.7의 방법을 사용함으로써 비교적 거의 오차가 발생되지 않는다. 반응열 계산에서의 작은 편차는 연소 과정의 실제 적용에서 예상되는 불확실성의 범위 내에 들어가도록 계산 절차에는 충분한 가정이 세워져 있다. 그러나 반응물을 고의적으로 예열시킴으로 해서 반응물의 현열 엔탈피 성분이 필요할 때가 있다. 예를 들어, 반응물을 열교환기로 보내서 노에 존재하는 연소 생성물에서 일부 열을 회수함으로써 반응물을

예열시킬 수 있다. 이러한 생성물 가스들은 이미 자체의 목적을 달성했기 때문에 상승된 온도로 배출장치로 보내지고 있는 것이다. 반응물에 있는 이러한 열의 일부를 포획함으로써 연소 과정에서 임의의 설정 온도에 이르도록 부가시켜야만 하는 연료량을 줄이게 된다. 또 다른 예는 발전소에 있는 증기 발생기이다. 가스들은 상승된 온도로 이코노마이저(economizer; 예열기)에서 유출된다. 생성물 가스들을 굴뚝으로 보내기 전에 공기 예열기로 보냄으로써, 그 에너지의 일부는 대기에 버려지지 않고 회수될 수 있다.

  일부 경우에는, 단지 공기만 예열되고 연료는 여전히 과정에 환경 조건으로 유입되는 때가 있다. 이 경우에는, 연료에는 현열 엔탈피 몫이 전혀 없지만, 공기에는 있다. 다른 경우에는, 공기와 연료가 모두 가열되는데, 이때에는 둘 모두의 현열 엔탈피를 고려해야만 한다. 어떤 경우에는, 연료의 몰 기준 비엔탈피의 자료를 쉽게 입수할 수 없을 때가 있다. 그러한 경우에는, 연료의 비열이 일정하다고 보고 연료의 현열 엔탈피를 어림잡아도 괜찮다. 일정 비열 방법과 가변 비열 방법을 혼합하지 않는 것이 더 좋기는 하지만, 이 경우에는 연료양이 공기에 비하여 일반적으로 적으므로, 연료 온도와 기준 온도 간의 온도 차 때문에 계산에서 실질적인 오차로 이어지지 않을 때가 많다.

$$(\bar{h}_{T_R} - \bar{h}_{T^o})_{\text{fuel}} \approx \bar{c}_{p,\,\text{fuel}}(T_R - T^o) \tag{11.14}$$

▶ 예제 11.8

프로판 C_3H_8을 12 % 과잉 공기로 연소시키려고 한다. 연료와 공기는 연소기에 450 K로 유입되어, 생성물은 1000 K로 유출된다. 이 프로판의 kmole당 열 방출률을 구하라.

주어진 자료 : 연료 : C_3H_8, 산화제 : 공기, $T_R = 450\,\text{K}$, $T_P = 1000\,\text{K}$, 12 % 과잉 공기
                (112 % 이론 공기)

구하는 값 : $\dfrac{\dot{Q}}{n_{C_3H_8}}$

풀이 작동 유체는 전체에 걸쳐서 이상 기체이다. 생성물의 온도를 보면 생성물 내 물이 수증기 형태임을 확실히 알 수 있다.

가정 : $\dot{W} = \Delta KE = \Delta PE = 0$. 정상 상태, 정상 유동 개방계. 프로판은 기체이다.

식 (11.2)를 $y = 3$, $z = 8$이고 $x = 1.12$로 하여 사용하면, 연소 과정의 화학 반응을 다음과 같이 구할 수 있다.

$$C_3H_8 + 5.6(O_2 + 3.76N_2) \rightarrow 3CO_2 + 4H_2O + 0.6O_2 + 21.06N_2$$

$T^o = 298\,\text{K}$임을 염두에 두고, 식 (11.13)을 사용하여 프로판의 kmole당 열 방출을 구한다.

식 (11.14)는 프로판의 현열 엔탈피를 구하는 데 사용한다. 즉,

$$\frac{\dot{Q}}{\dot{n}_{C_3H_8}} = \left(3\frac{\text{kmole CO}_2}{\text{kmole C}_3\text{H}_8}\right)(\bar{h}_f^o + \bar{h}_{1000\,\text{K}} - \bar{h}_{298\,\text{K}})_{CO_2} + \left(4\frac{\text{kmole H}_2\text{O}}{\text{kmole C}_3\text{H}_8}\right)(\bar{h}_f^o + \bar{h}_{1000\,\text{K}} - \bar{h}_{298\,\text{J}})_{H_2O}$$

$$\times \left(0.6\frac{\text{kmole O}_2}{\text{kmole C}_3\text{H}_8}\right)(\bar{h}_f^o + \bar{h}_{1000\,\text{K}} - \bar{h}_{298\,\text{K}})_{O_2} + \left(21.06\frac{\text{kmole N}_2}{\text{kmole C}_3\text{H}_{84}}\right)(\bar{h}_f^o + \bar{h}_{1000\,\text{K}} - \bar{h}_{298\,\text{K}})_{N_2}$$

$$- \left[\left(1\frac{\text{kmole C}_3\text{H}_8}{\text{kmole C}_3\text{H}_8}\right)(\bar{h}_{f,C_3H_8}^o + \bar{c}_{p,C_3H_8}(T_R - T^o)) + \left(5.6\frac{\text{kmole O}_2}{\text{kmole C}_3\text{H}_8}\right)(\bar{h}_f^o + \bar{h}_{450\,\text{K}} - \bar{h}_{298\,\text{K}})_{O_2}\right.$$

$$\left. + \left(21.06\frac{\text{kmole N}_2}{\text{kmole C}_3\text{H}_{84}}\right)(\bar{h}_f^o + \bar{h}_{450\,\text{K}} - \bar{h}_{298\,\text{K}})_{N_2}\right]$$

생성물에 있는 물은 고온으로 인하여 수증기 형태가 된다.

대입할 상태량은 다음의 표에서 구하면 된다(표 A.4 및 표 A.10 참조).

화합물	$\bar{h}_f^o$ (kJ/kmol)	$\bar{h}_{1000\text{K}}$ (kJ/kmol)	$\bar{h}_{450\text{K}}$ (kJ/kmol)	$\bar{h}_{298\text{K}}$ (kJ/kmol)
CO_2	−393,520	42,769	—	9,364
H_2O	−241,820	35,882	—	9,904
O_2	0	31,389	13,228	8,682
N_2	0	30,129	13,105	8,669
CH_4	−103,850	—	—	—

프로판의 비열은 다음과 같다.

$$\bar{c}_{p,C_3H_8} = 73.49 \text{ kJ/kmole} \cdot \text{K}$$

계산하면 다음과 같이 나온다.

$$\frac{\dot{Q}}{\dot{n}_{C_3H_8}} = -1{,}504{,}000 \text{ kJ/kmole C}_3\text{H}_8$$

해석 : 프로판의 예열이 전혀 없다면(즉, $T_R = 298$ K이면), 열 방출률은 $\frac{\dot{Q}}{\dot{n}_{C_3H_8}} = -1{,}374{,}000$ kJ/ kmole C_3H_8이 될 것이다. 그러므로 예열이 사용되었을 때에는 동일한 반응 열량을 제공하는 데 더 적은 연료가 필요하다.

학생 연습문제

반응물과 생성물의 온도뿐만 아니라 화학 반응도 주어질 때, 연료의 kmole당 반응열을 계산할 수 있는 컴퓨터 모델을 세워라. 이 모델을 변형시켜 사용하여 알고 있는 연료량에서 방출되는 열이나 명시된 열 방출을 제공하는 데 필요한 연료량을 구할 수 있도록 하라. 예제 11.6~11.8과 비교함으로써 이 모델을 시험해 보라.

11.9.2 반응열: 정압 밀폐계

일부 연소 계들은 밀폐계로 가장 잘 모델링할 수 있다. 이러한 밀폐계 해석에서는, 열 방출률보다는 연소 과정에서 방출되는 전체 열량을 구한다. 한 가지 관심 대상이 되는 밀폐계 해석은 압력이 일정한 계이다. 제4장에서 전개한 대로, 밀폐계에서의 열역학 제1법칙은 다음과 같이 쓸 수 있다.

$$Q - W = m\left(u_2 - u_1 + \frac{V_2^2 - V_1^2}{2} + \mathrm{g}(z_2 - z_1)\right) \tag{4.32}$$

연소 과정에서는, 초기 상태를 반응물 R이라고 하고, 최종 상태를 생성물 P라고 한다. 개방계에서와 같이, 운동 에너지와 위치 에너지는 일반적으로 무시할 수 있다고 본다. 또한, 내부 에너지는 몰 기준으로 쓰는 것이 더 유용하다. 이러한 사항들을 고려하여 식 (4.32)를 다시 쓰면 다음과 같이 식이 나온다.

$$Q - W = U_P - U_R = \sum_P n_i \bar{u}_i - \sum_R n_i \bar{u}_i \tag{11.15}$$

일정 압력 과정에서는, 이동 경계 일이 다음과 같이 된다.

$$W = \int P d\Psi = P(\Psi_P - \Psi_R) = P\Psi_P - P\Psi_R = \sum_P P n_i \bar{v}_i - \sum_R P n_i \bar{v}_i \tag{11.16}$$

식 (11.16)을 식 (11.15)에 대입하면 다음과 같이 된다.

$$Q = \sum_P n_i \bar{u}_i - \sum_R n_i \bar{u}_i + \sum_P P n_i \bar{v}_i - \sum_R P n_i \bar{v}_i \tag{11.17}$$

$\bar{h} = \bar{u} + P\bar{v}$ 임을 염두에 두어야 한다. 이 관계식으로, 일정 압력에서 연소를 겪게 되는 밀폐계에서의 열전달은 다음 식으로 구할 수 있다.

$$Q = \sum_P n_i \bar{h}_i - \sum_R n_i \bar{h}_i \tag{11.18}$$

여기에서는, 식 (11.8)에서 $\bar{h}_i(T) = \bar{h}_{f,i}^o(T^o) + (\bar{h}_{i,T} - \bar{h}_{i,T^o})$ 이다. 연료의 kmole당 기준으로 쓰면, 다음과 같이 된다.

$$\frac{Q}{n_{\text{fuel}}} = \sum_P \frac{n_i}{n_{\text{fuel}}}(\bar{h}_{f,i}^o + \bar{h}_{i,T_P} - \bar{h}_{i,T^o}) - \sum_R \frac{n_i}{n_{\text{fuel}}}(\bar{h}_{f,i}^o + \bar{h}_{i,T_R} - \bar{h}_{i,T^o}) \tag{11.19}$$

이는 거의 식 (11.13)과 같다. 식 (11.13)에는 열전달률과 열 유량이 들어 있는 반면에, 식 (11.19)에는 이러한 양들이 모두 들어 있다.

11.9.3 정적 밀폐계에서의 반응열

관심 대상의 밀폐계가 봄 열량계(bomb calorimeter; 연료의 연소에서 반응열을 측정하는 데 사용하는 기구)와 같이 밀폐된 체적일 때에는, 11.9.2에서와 같은 유사한 해석을 할 수 있다. 그러나 체적이 일정하기 때문에, 이동 경계 일은 전혀 없다. 즉, $W = 0$이다. 참고로, 일정 체적 연소실의 개략도는 그림 11.9에 그려져 있다. 식 (11.15)는 다음과 같이 된다.

$$Q = U_P - U_R = \sum_P n_i \bar{u}_i - \sum_R n_i \bar{u}_i \tag{11.20}$$

이 식으로 반응열을 계산한다는 것은, 흔히 생성 엔탈피 자료보다 입수하기가 더 쉽지 않은 형성 내부 에너지 데이터 때문에 복잡하다. 그래도 현열 내부 에너지 값은 쉽게 구할 수 있다. 이 문제는 $U = H - P\mkern-10mu V$임을 염두에 둠으로써 풀 수도 있다. 이상 기체 혼합물에서는, $P\mkern-10mu V = n\bar{R}T$이므로, $U = H - n\bar{R}T$이다. 이 관계식으로, 일정 체적 밀폐계의 연소 과정에서의 반응열은 다음 식으로 구할 수 있다.

$$Q = \left[\sum_P n_i (\bar{h}^o + \bar{h}_{i,T_p} - \bar{h}_{i,T^o}) - n_p \bar{R} T_p \right]$$
$$- \left[\sum_R n_i (\bar{h}^o + \bar{h}_{i,T_R} - \bar{h}_{i,T^o}) - n_R \bar{R} T_R \right] \tag{11.21}$$

연료 kmole당 기준으로, 식 (11.21)은 다음과 같이 된다.

$$\frac{Q}{n_{\text{fuel}}} = \left[\sum_P \frac{n_i}{n_{\text{fuel}}} (\bar{h}^o_{f,i} + \bar{h}_{i,T_p} - \bar{h}_{i,T^o}) - \frac{n_p}{n_{\text{fuel}}} \bar{R} T_p \right]$$
$$- \left[\sum_R \frac{n_i}{n_{\text{fuel}}} (\bar{h}^o_{f,i} + \bar{h}_{i,T_R} - \bar{h}_{i,T^o}) - \frac{n_R}{n_{\text{fuel}}} \bar{R} T_R \right] \tag{11.22}$$

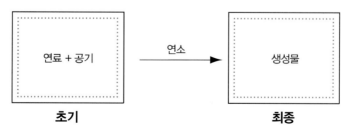

〈그림 11.9〉 밀폐계 연소 과정에서는 연료와 공기가 용기에서 반응하여 연소 생성물을 생성한다.

▶ 예제 11.9

액체 메탄올 0.25 kg이 대기압에서 110 % 이론 공기와 함께 강성 용기 내에 들어 있다. 반응물은 점화 전에는 298 K이다. 연소 후에, 생성물은 700 K로 냉각된다. 이 과정에서 일어나는 열전달량을 구하라.

주어진 자료: 연료 : CH_3OH, 산화제 : 공기, $m_{CH_3OH} = 0.25$ kg, 110 % 이론 공기, $T_R = 298$ K, $T_P = 700$ K, 정적 밀폐계(강체 용기)

구하는 값 : Q

풀이 공기와 생성물은 이상 기체이다. 메탄올 연료는 액체이지만, 이 때문에 풀이 과정에 영향은 없다.

가정 : $W = \Delta KE = \Delta PE = 0$

먼저, 메탄올의 kmole수를 구한다. 즉, $M_{CH_3OH} = 32.04$ kg/kmole이므로, $n_{CH_3OH} = m_{CH_3OH}/M_{CH_3OH} = 0.00780$ kmole이다.

다음으로, 메탄올 1 kmole과 100 % 이론 공기의 연소 화학식을 구한다. 메탄올은 진정한 탄화수소가 아니므로, 이 연소식은 원자 균형맞추기를 해서 구해야 된다. 즉,

$$CH_3OH + a(O_2 + 3.76N_2) \rightarrow bCO_2 + cH_2O + dN_2$$

C−균형:	$(1)(1) = b(1)$
H−균형:	$(1)(3+1) = c(2)$
O−균형:	$(1)(1) + 2a = b(2) + c(1)$
N−균형:	$3.76a(2) = d(2)$

이 식들을 풀면 다음 값이 나온다.

$$a = 1.5, \quad b = 1, \quad c = 2 \quad 및 \quad d = 5.64.$$

그러면 110 % 이론 공기에서의 화학 반응을 다음과 같이 구할 수 있다.

$$CH_3OH + (1.1)(1.5)(O_2 + 3.76N_2) \rightarrow CO_2 + 2H_2O + 0.15O_2 + 6.204N_2$$

이 반응에서 연료의 kmole당 반응물과 생성물의 몰수를 구할 수 있다.

$$n_R = 1 + (1.1)(1.5)(1 + 3.76) = 8.854 \text{ kmole}$$

$$n_P = 1 + 2 + 0.15 + 6.204 = 9.354 \text{ kmole}$$

이제, 식 (11.22)를 사용하여 메탄올의 kmole당 반응열을 구할 수 있다.

$$\frac{Q}{n_{\text{CH}_3\text{OH}}} = \left[\sum_P \frac{n_i}{n_{\text{CH}_3\text{OH}}} (\overline{h}^o_{f,i} + \overline{h}_{i,T_P} - \overline{h}_{i,T^o}) - \frac{n_p}{n_{\text{fuel}}} \overline{R} T_p \right]$$

$$- \left[\sum_R \frac{n_i}{n_{\text{CH}_3\text{OH}}} (\overline{h}^o_{f,i} + \overline{h}_{i,T_R} - \overline{h}_{i,T^o}) - \frac{n_R}{n_{\text{fuel}}} \overline{R} T_R \right]$$

$$= [1 (\overline{h}^o_f + \overline{h}_{T_p} - \overline{h}_{T^o})_{\text{CO}_2} + 2 (\overline{h}^o_f + \overline{h}_{T_p} - \overline{h}_{T^o})_{\text{H}_2\text{O}} + 0.15 (\overline{h}^o_f + \overline{h}_{T_p} - \overline{h}_{T^o})_{\text{O}_2}$$

$$+ 6.204 (\overline{h}^o_f + \overline{h}_{T_p} - \overline{h}_{T^o})_{\text{N}_2} - n_p \overline{R} T_p] + [(\overline{h}^o_f)_{\text{CH}_3\text{OH}} - n_R \overline{R} T_R]$$

주목할 점은, $T_R = T^o$이므로, 반응물에서는 현열 엔탈피 항이 0이라는 것이다.

다음 데이터는 식에 대입할 값들이다(표 A.4 및 표 A.10 참조). 즉,

화합물	$\overline{h}^o_f$ (kJ/kmol)	$\overline{h}_{700\text{K}}$ (kJ/kmol)	$\overline{h}_{298\text{K}}$ (kJ/kmol)
CO_2	$-393,520$	$27,125$	$9,364$
H_2O	$-241,820$	$24,088$	$9,904$
O_2	0	$21,184$	$8,682$
N_2	0	$20,604$	$8,669$
$CH_3OH(1)$	$-238,810$	—	—

이를 풀면 다음이 나온다. 즉, $\dfrac{Q}{n_{\text{CH}_3\text{OH}}} = -548,800 \text{ kJ/kmol}$ 이다.

그러면 메탄올 0.25 kg에서의 전체 열전달은 다음과 같다.

$$Q = n_{\text{CH}_3\text{OH}} \frac{Q}{n_{\text{CH}_3\text{OH}}} = -4,280 \text{ kJ}$$

심층 사고/토론용 질문

희박 연소 과정의 반응물에서 공기량을 증가시키게 되면 이 과정에서 방출되는 열량이 감소하게 되는 상황과 이유는? 생성물 온도를 낮추게 되면 이 과정에서 방출되는 열량이 증가하게 되는 상황과 이유는?

11.9.4 반응열과 동력 사이클

제7장에서는 많은 동력 사이클을 해석하였다. 이러한 동력 사이클 간의 공통점은 동력 사이클에는 열 입력이 있다는 것이다. 제7장에서는, 일반적으로 이 입력 열은 어디에선가 오는 것이라고 가정했지만, 그 열원에는 특별히 관심을 두지 않았다. 대부분의 동력 사이클에서의 열원은,

일부 랭킨 사이클 발전소에서 사용되는 핵에너지를 분명히 제외하고, 그림 11.10에 예시되어 있는 바와 같이 연소 과정에서 연소되고 있는 연료이다. 일부 경우에서는 열원이 사이클의 작동 유체와는 별개의 흐름 형태이다. 이는 분명히 랭킨 사이클에서의 경우인데, 여기에서는 흐름이 연소 과정에서 생성되는 고온의 가스로부터 작동 유체 연결 파이프를 거치는 열전달로 발생된다. 다른 실제 장치에서의 연소 과정은, 스파크 점화 엔진이나 압축 착화 엔진의 실린더 내에서의 연소 과정과 같이, 실제 사이클 형태이다. 흔히 동력 사이클에 필요한 열 입력을 제공하는 데 연소 과정에서는 얼마나 많은 연료가 필요하게 되는지를 아는 데 관심 있기 때문에, 반응열 계산을 사이클 해석과 결합시켜야 한다.

이러한 해석들을 결합할 때에는, 연소 과정에서 방출되는 열을 사이클에서 작동 유체에 흡수되는 열과 등치시켜야 한다. 그림 11.11과 같이, 열전달 방향이 하나의 계(화학 반응)에서 다른 계(사이클에서의 작동 유체)로 바뀌기 때문에, 열전달의 크기는 변하지 않지만 부호는 바뀔 것이다. 즉,

$$\dot{Q}_{in, cycle} = -\dot{Q}_{combustion}$$

여기에서, $\dot{Q}_{in, cycle}$ 은 관심 대상의 동력 사이클에서 작동 유체에 대한 열입력률이며, $\dot{Q}_{combustion}$ 는 식 (11.12)에서 계산되는 연소 과정에서의 열발생률이다. 이 관계로 연소 과정과 사이클 해석이 연결되므로, 연료 유량은 주어진 열입력률에서 구할 수 있거나, 사이클의 작동 유체 유량은 주어진 연료 유량에서 구해지는 특정 반응열에서 구할 수 있다(이어서, 이로써 사이클로 발생되는 동력을 계산할 수 있게 된다).

연소 과정을 동력 사이클 해석과 연계시킬 때에는 달리 고려해야 할 사항이 또 있다. 상세히 말하자면, 작동 유체는 연소 과정의 최고 온도보다 더 높아질 수 없다. 다음 절에서는 이 최고 온도를 값으로 구하는 방법을 학습하게 되겠지만, 작동 유체 온도가 피크(peak) 화염 온도보다 더 높아질 수 없다는 사실은 열역학 제2법칙에서 볼 때 논리적이다. 예를 들어, 오토 사이클에서 피크 온도가 3000 K에 이를 것으로 기대하지만 최고 가능 화염 온도는 2700 K에 불과하므로, 열이 가스에 2700 K를 초과하여 전달될 수 없기 때문에 가스들은 3000 K에 도달할 수 없음이 분명하다. 이 말은 시스템은 생성물 온도가 낮아지면 이보다 온도가 더 낮은 작동 유체 쪽으로 일어나는 열전달이 이용되도록 그 설계가 이루어질 수 있기 때문에, 작동 유체 온도가 생성물의 최종 출구 온도보다 더 낮아야만 하는 것을 의미하지는 않는다. 예를 들어, 랭킨 사이클에 있는 증기 발생기에서는, 연소 생성물들이 먼저 보일러와 접촉하게 되고, 그런 다음 과열기와 접촉하게 되어있다. 이 가스들에서 나오는 열이 물/수증기로

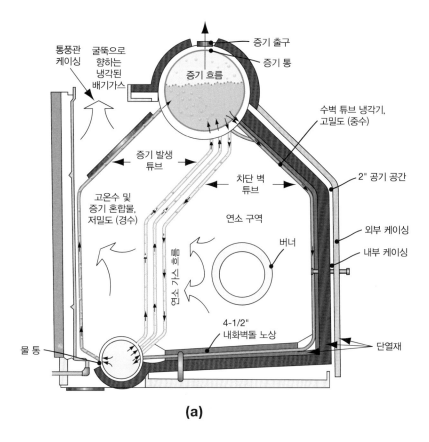

(a)

(b)

〈그림 11.10〉 (a) 연소 동력식 랭킨 사이클 발전소에서는 연소가 증기 발생기에서 일어나는데, 이는 수관으로 둘러싸여 열이 제거된다. (b) 스파크 점화 엔진에서의 연소는 실린더 내의 밸브 근방에서 일어난다.

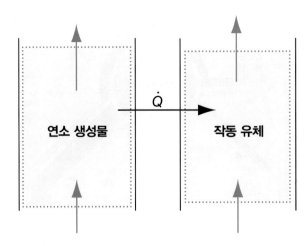

〈그림 11.11〉 연소 과정에서 생성되는 열은 작동 유체로 전달될 수 있다.

전달되면서 가스들은 계속 냉각되지만, 열은 여전히 이코노마이저에서 액체 물에 전달되는 것은 물론이고, 어쩌면 공기 예열기를 거쳐 늘어오는 흡기 공기에도 전달될 수도 있다. 그러므로 예를 들어 피크 수증기 온도는 600 ℃가 될 수도 있지만, 연소 생성물에서 뒤이어 열이 제거되기 때문에 증기 발생기에서 나오는 연소 생성물의 최종 출구 온도는 300 ℃로 더 낮아질 수 있다. 연소 생성물들의 온도가 주어진 위치에서 사이클의 작동 유체 온도보다 더 높은 한, 그 위치에서 작동 유체는 가열 작용이 가능하다.

11.10 단열 화염 온도

지금까지, 실제 화염 온도를 상세하게 설명하지 않았다. 생성물 온도는 생성물들이 시스템에서 유출될 때의 온도를 나타내지만, 그때까지 대개는 가스에서 실질적인 열손실이 일어난다. 그러므로 가스의 피크 온도에서 가스에서 일어나는 열전달은 반응열로 나타낸다. 그러나 연소 과정이 수반되는 시스템을 설계해야 할 때와 가스가 어느 정도의 고온으로 시스템에 유입되는지를 아는 것이 중요할 때에는, 화염의 최고 온도를 알아야만 한다. 예를 들어, 연소 과정에서 발생하는 고온의 가스를 사용하여 가스를 통과하는 가느다란 튜브 속을 흐르는 또 다른 유체에 열을 전달시키려고 할 때에는, 그 튜브가 녹게 되는지 아니면 적어도 고온으로 손상을 입게 되는지를 알고자 할 것이다.

안타깝게도, 실제로 화염 온도의 정확한 예측치나 심지어는 정확한 측정치도 구하기 어렵다. 화염 온도를 측정하는 많은 기법에서 공통적으로 나타나는 불확실성의 정도는 ±5 %이다.

2000 K의 온도를 측정한다고 하자. 이 불확실성이라면, 화염 온도는 1900 K와 2100 K의 사이에 있는 어떤 값이라고 확신할 수 있다. 분명히 이 온도 차는 크며, 재료의 온도에 관한 모든 것을 정확하게 이해하는 수준을 바로 넘어서 버린다. 이러한 온도에서는, 오염물질 NO를 형성하는 양이 온도에 따라 증가하며, 이 증가량은 온도가 100 K 증가할 때마다 (어떤 화염 조건에서는) 대략 2배가 된다. 그러므로 2100 K에서 형성되는 NO 양은 1900 K에서 형성되는 양의 4배가 된다.

최고 온도의 이론적 계산은 열전달 환경을 완전히 이해하고 모델링해야 할 필요가 있으므로 복잡하다.

많은 연소기에서 이 최고 온도에는, 난류 화염의 존재로 환경이 한층 더 어렵게 되어 버린 상태에서, 복잡한 기하 형상이 관련된다. 그러나 반응물 온도가 분명한 특정 반응물 세트의 연소에서 발생할 수 있는 최고 가능 온도를 계산하는 것은 비교적 간단하다. 이 최고 온도를 **단열 화염 온도**(AFT; Adiabatic Flame Temperature)라고 한다. 실제로, 연소 가스에서 일부 열손실이 있다는 사실 때문에 이 온도는 달성되지는 않고, 실제 시스템에서는 연소가 완전히 일어나지는 않을 것이라고 보고 있으며, 생성물의 해리와 이온화와 같이 고온에서 일어나는 연소 때문에 가스 온도가 낮아지게 된다. 그림 11.12에는 단열 화염 온도가, 반응물이 298 K로 유입되는 상태에서, 공기 중의 몇 가지 연료들에서 당량비의 함수로서 도시되어 있다.

단열 화염 온도에서는 연소 과정에서 열전달이 전혀 없다고 가정한다. 이 단열 화염 온도는

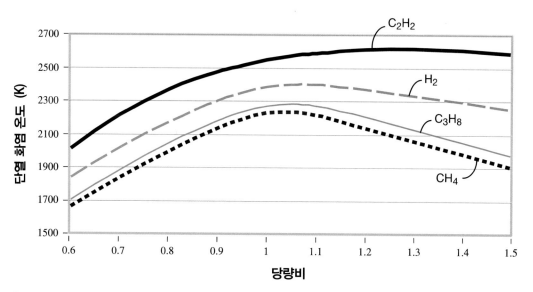

〈그림 11.12〉 몇 가지 연료에서 당량비에 대한 단열 화염 온도의 그래프.

식 (11.13)에서 열전달을 0으로 놓고 풀어서 생성물 온도 T_P를 구한다.

$$0 = \sum_P \frac{\dot{n}_i}{\dot{n}_{\text{fuel}}}(\overline{h}_{f,i}^o + \overline{h}_{i,\,T_P} - \overline{h}_{i,\,T^o}) - \sum_R \frac{\dot{n}_i}{\dot{n}_{\text{fuel}}}(\overline{h}_{f,i}^o + \overline{h}_{i,\,T_R} - \overline{h}_{i,\,T^o}) \qquad (11.23)$$

이 식에는, 하첨자에 T_P만이 나타나 있으므로 하첨자에 대하여 직접 푸는 것이 불가능하기 때문에, 이러한 풀이 절차의 간단한 설명에는 분명히 문제가 있다. 그 풀이 절차는 간접적이므로 방법에서는 반복적이 된다.

식 (11.23)에서, 풀이 절차는 반응물의 엔탈피와 등가인 생성물의 엔탈피가 설정되는 생성물 온도를 구하는 것이라는 것을 알 수 있다.

$$\frac{\dot{H}_P}{\dot{n}_{\text{fuel}}} = \sum_P \frac{\dot{n}_i}{\dot{n}_{\text{fuel}}}(\overline{h}_{f,i}^o + \overline{h}_{i,\,T_P} - \overline{h}_{i,\,T^o}) = \sum_R \frac{\dot{n}_i}{\dot{n}_{\text{fuel}}}(\overline{h}_{f,i}^o + \overline{h}_{i,\,T_R} - \overline{h}_{i,\,T^o}) = \frac{\dot{H}_R}{\dot{n}_{\text{fuel}}} \qquad (11.24)$$

그렇게 하려면, 화학 반응을 구할 때에 다음의 절차를 밟으면 된다. 즉,

1. 알고 있는 반응물 혼합물 및 반응물 온도(들)에서 $\dfrac{\dot{H}_P}{\dot{n}_{\text{fuel}}} = \sum_R \dfrac{\dot{n}_i}{\dot{n}_{\text{fuel}}}(\overline{h}_{f,i}^o + \overline{h}_{i,\,T_R} - \overline{h}_{i,\,T^o})$을 계산한다.

2. T_P 값을 추정한다.

3. T_P 값에서 $\dfrac{\dot{H}_P}{\dot{n}_{\text{fuel}}} = \sum_P \dfrac{\dot{n}_i}{\dot{n}_{\text{fuel}}}(\overline{h}_{f,i}^o + \overline{h}_{i,\,T_P} - \overline{h}_{i,\,T^o})$을 계산한다.

4. $\dfrac{\dot{H}_P}{\dot{n}_{\text{fuel}}}$ 값을 $\dfrac{\dot{H}_R}{\dot{n}_{\text{fuel}}}$ 값과 비교한다. 필요하면 T_P 값을 조정한다.

   (a) $\dfrac{\dot{H}_P}{\dot{n}_{\text{fuel}}} = \dfrac{\dot{H}_R}{\dot{n}_{\text{fuel}}}$ 이면, $T_P = AFT$.

   (b) $\dfrac{\dot{H}_P}{\dot{n}_{\text{fuel}}} < \dfrac{\dot{H}_R}{\dot{n}_{\text{fuel}}}$ 이면, T_P를 증가시킨다.

   (c) $\dfrac{\dot{H}_P}{\dot{n}_{\text{fuel}}} > \dfrac{\dot{H}_R}{\dot{n}_{\text{fuel}}}$ 이면, T_P를 감소시킨다.

5. AFT가 구해질 때까지 단계 3으로 돌아가서 반복한다.

추정된 온도 값이, 반응물의 엔탈피와 동일한 생성물의 엔탈피가 정확하게 등가되게 나오는 어떤 온도로 귀착될 것 같지는 않다. 그러므로 그림 11.13과 같이 추정된 생성물 온도에서

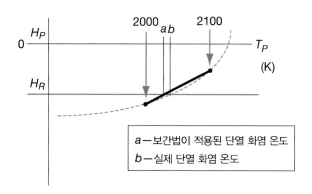

〈그림 11.13〉 단열 화염 온도를 계산할 때에는, 흔히 생성물의 엔탈피와 반응물의 엔탈피가 등가되는 온도를 구간으로 묶은 다음, 온도에 대하여 보간법(내삽법)을 취하는 것이 적절하다. 이 묶여진 구간의 온도 범위가 작을수록 보간법은 더욱 더 정밀해진다. 100 K 의 범위가 전형적으로 적절하다.

100 K의 범위 내에 들어가는 단열 화염 온도(AFT)를 얻게 될 때까지 반복 계산을 계속하는 것이 통상적으로 받아들여질 수 있는 것이다. 그 점에서, 선형 보간법이 수행될 수 있으며, 이로써 단열 화염 온도의 2 K 범위 내에 드는 온도로 귀착하게 된다. 이것이 최고 가능 생성물 온도를 계산하는 유일한 방법이지만, 이 정도의 정밀도이면 공학적인 목적에서는 충분한 것이다.

단계 4에서 생성물 온도를 조정하는 절차의 이론적 설명은 그림 11.13에서 확인할 수 있다. 그림 11.13에는 공기 중에 있는 메탄의 화학량론적 완전 연소에서, 반응물 온도가 298 K일 때, $\dfrac{\dot{H}_P}{\dot{n}_{\text{fuel}}}$ 의 계산이 온도의 함수로서 나타나 있다. $\dfrac{\dot{H}_R}{\dot{n}_{\text{fuel}}}$ 의 값은 점선으로 그려져 있다. T_P 값이 단열 화염 온도보다 낮을 때에는 $\dfrac{\dot{H}_P}{\dot{n}_{\text{fuel}}} < \dfrac{\dot{H}_R}{\dot{n}_{\text{fuel}}}$ 이 되므로, 추정된 생성물 온도를 증가시켜야만 AFT를 구할 수 있다. T_P 값이 단열 화염 온도보다 높을 때에는 반대 상황이 성립이 된다. (염두에 두어야 할 점은, 추가적인 열이 과정에 부가되지 않는 한 이러한 상황은 실제로 존재하지 않는다는 것이다.)

▶ 예제 11.10

프로판과 공기의 화학량론적 혼합물이 298 K로 유입되어 완전 연소될 때 단열 화염 온도를 구하라.

주어진 자료 : 연료 : $C_8H_{18}(g)$. 산화제 : 공기. $T_R = 298\ \text{K}$, $\phi = 1$

구하는 값 : AFT

풀이 이 예제는 표준 단열 화염 온도 계산 문제이며, 작동 유체는 생성물에서 이상 기체이다.

가정 : $\dot{Q} = \dot{W} = \Delta KE = \Delta PE = 0$

먼저, 화학량론적 혼합물에서는 당량비가 1이므로, 화학 반응을 식 (11.1)에서 구하면 된다. 식 (11.1)에서, 프로판일 때에는 $y = 3$이고 $z = 8$이다.

$$C_3H_8 + 5(O_2 + 3.76N_2) \rightarrow 3CO_2 + 4H_2O + 18.8N_2$$

$T_R = T^o$이므로, 반응물에는 현열 엔탈피가 전혀 없다. 그러면 반응물의 엔탈피는 다음 식으로 구한다.

$$\frac{\dot{H}_R}{\dot{n}_{C_3H_8}} = \sum_R \frac{\dot{n}_i}{\dot{n}_{C_3H_8}}(\overline{h}_{f,i}^o + \overline{h}_{i,T_R} - \overline{h}_{i,T^o}) = \sum_R \frac{\dot{n}_i}{\dot{n}_{C_3H_8}}(\overline{h}_{f,i}^o) = \overline{h}_{f,C_3H_8}^o$$

$$= -103,850 \text{ kJ/kmole } C_3H_8$$

생성물의 엔탈피는 다음 식으로 구하면 된다.

$$\frac{\dot{H}_P}{\dot{n}_{C_3H_8}} = \sum_P \frac{\dot{n}_i}{\dot{n}_{C_3H_8}}(\overline{h}_{f,i}^o + \overline{h}_{i,T_P} - \overline{h}_{i,T^o})$$

$$= 3(\overline{h}_f^o + \overline{h}_{T_P} - \overline{h}_{T^o})_{CO_2} + 4(\overline{h}_f^o + \overline{h}_{T_P} - \overline{h}_{T^o})_{H_2O} + 18.8(\overline{h}_f^o + \overline{h}_{T_P} - \overline{h}_{T^o})_{N_2}$$

이 계산은 예제 11.7과 예제 11.8에서 한 계산과 아주 유사하게 진행된다.

다음 값들은 모든 추정 온도용으로 일정하다.

화합물	$\overline{h}_f^o$ (kJ/kmol)	$\overline{h}_{298K}$ (kJ/kmol)
CO_2	−393,520	9,364
H_2O	−241,820	9,904
N_2	0	8,669

먼저, $T_P = 2200$ K라고 추정한다. 이 생성물 온도에서는, 다음 값들이 유효하다.

화합물	$\overline{h}_{2200K}$ (kJ/kmol)
CO_2	112,939
H_2O	92,940
N_2	72,040

그러면, 다음과 같이 된다.

$$\frac{\dot{H}_P}{\dot{n}_{C_3H_8}} = -313,596 \text{ kJ/kmole } C_3H_8$$

$\dfrac{\dot{H}_P}{\dot{n}_{C_3H_8}} < \dfrac{\dot{H}_R}{\dot{n}_{C_3H_8}}$ 이므로, T_P를 2300 K으로 증가시키면 된다.

화합물	$\bar{h}_{2300K}$ (kJ/kmol)
CO_2	119,035
H_2O	98,199
N_2	75,676

그러면, 다음과 같이 된다.

$$\frac{\dot{H}_P}{\dot{n}_{C_3H_8}} = -205{,}915 \text{ kJ/kmole C}_3\text{H}_8$$

다시, 이 값이 너무 낮으므로, T_P를 2400 K으로 증가시키면 된다.

화합물	$\bar{h}_{2400K}$ (kJ/kmol)
CO_2	125,152
H_2O	103,508
N_2	79,320

그러면, 다음과 같이 된다.

$$\frac{\dot{H}_P}{\dot{n}_{C_3H_8}} = -97{,}821 \text{ kJ/kmole C}_3\text{H}_8$$

이 값은 이제 반응물 엔탈피보다 높다. AFT를 구하려면, 선형 보간법을 사용하여 $\frac{\dot{H}_P}{\dot{n}_{\text{fuel}}} = \frac{\dot{H}_R}{\dot{n}_{\text{fuel}}}$일 때 T_P 값을 구하면 된다. 이 등식은 **AFT = 2394 K**에서 성립된다.

해석 : 분명히 매우 높은 고온은 열전달이 일어나지 않는 상태에서 탄화수소 연료를 연소시켜서 달성할 수가 있다. 또한, 이 값은 찾아 쓸 수 있는 표 값들과는 다를 수가 있다. 이러한 표 값들은 생성물의 해리를 고려하여 구한 값일 때가 많지만, 여기의 해석에는 그러한 현상이 포함되어 있지 않다.

심층 사고/토론용 질문

단열 화염 온도(AFT)가 실제로는 달성이 되지 않는데도, 엔지니어라면 주어진 반응물 세트에서 AFT의 값을 알고자 관심을 기울이게 되는 이유는?

11.11 연소 과정에서의 엔트로피 균형

이 장의 맨 처음에서 언급한 대로, 연소 과정은 매우 비가역적이다. 연료와 산화제가 연소되어 생성물과 열이 생성될 수 있는 것이지만, 동일한 열량과 동일한 생성물을 사용한다고 하더라도, 혼합물은 단독으로 원래의 연료와 산화제로 그리고 원래 온도로 되돌아갈 수 없다. 일부 생성물은 반응을 일으켜서 연료와 산화제를 형성하기도 하지만, 대부분의 생성물은 결코 연료와 산화제의 형태로 되돌아가지 않는다. 그래서 연소 과정은 매우 비가역적인 것이다.

비가역성을 설명할 때에는, 엔트로피 생성이 흔히 거론된다. 제6장에서 설명한 대로, 엔트로피는 비가역 과정 중에 발생되며, 과정이 가역적인 것에서 멀어질수록 엔트로피는 더 많이 생성된다. 연소 과정이 일어나는지 아닌지를 결정할 필요는 없다고 하더라도, 기획된 연소 시스템에서 여러 화학적 반응 간의 엔트로피 생성량을 비교하여 어느 반응이 덜 비가역적인가를 결정하는 것은 도움이 될 수 있다.

이 해석에서는, 그림 11.14와 같은 개방계를 중점적으로 다루고자 한다. 밀폐계에 적용할 변형은 제11.8절과 제6상에서처럼 하면 된다. 또한, 반응물이 유입되고 생성물이 유출하면서 등온 경계들이 있는 정상 상태 계를 중점적으로 다룰 것이다. 그런 목적으로, 식 (6.32)를 다음과 같이 변형할 수 있다.

$$\dot{S}_{\text{gen}} = \sum_P \dot{n}_i \bar{s}_i - \sum_R \dot{n}_i \bar{s}_i - \sum_{j=1}^{n} \frac{\dot{Q}_j}{T_{b,j}} \tag{11.25}$$

또는, 연료의 단위 몰 유량 기준으로는 다음과 같이 된다.

$$\frac{\dot{S}_{\text{gen}}}{\dot{n}_{\text{fuel}}} = \sum_P \frac{\dot{n}_i}{\dot{n}_{\text{fuel}}} \bar{s}_i - \sum_R \frac{\dot{n}_i}{\dot{n}_{\text{fuel}}} \bar{s}_i - \sum_{j=1}^{n} \frac{\dot{Q}_j/\dot{n}_{\text{fuel}}}{T_{b,j}} \tag{11.26}$$

엔탈피와는 달리, 엔트로피 값들은 이미 열역학 제3법칙으로 기술한 바와 같이 공통적인 0점에 기준이 맞춰져 있으므로, 형성 엔트로피가 없다(제6장 참조). 그러나 대부분의 엔트로피

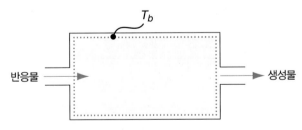

〈그림 11.14〉 온도가 T_b인 등온 경계가 있는 기본적인 개방계.

데이터는 표준 압력(101.325 kPa)을 기준으로 하여 구한 것이므로 (가스 혼합물의 전압은 101.325 kPa이지만 각각의 성분은 이보다 더 낮은 분압일 때처럼) 성분의 압력이 101.325 kPa가 아닐 때에는 조정할 필요가 있다. 표준 압력에서의 비엔트로피를 성분의 실제 분압에서의 비엔트로피로 변환시키고자 한다면, 다음 식을 이상 기체 혼합물의 성분에 사용하면 된다. 즉,

$$\overline{s}_i(T, P) = \overline{s}_i^o(T) - \overline{R} \ln \frac{P_i}{P^o} = \overline{s}_i^o(T) - \overline{R} \ln \frac{y_i P}{P^o} \tag{11.27}$$

분압의 효과에는 반응물이 계로 유입되는 방식에 입각한 함의가 분명히 있다. 연료와 산화제가 따로 따로 유입되면, 연료의 압력이 연료의 전압과 같아야 하고 전체 반응물 혼합물의 일부가 되지 않으므로 몰 분율과는 관련이 없다. 연료와 산화제가 계에 유입되기 전에 혼합되면, 연료의 압력은 말할 것도 없이 반응물의 전압보다 더 낮은 어떤 분압이 될 것이다. 마찬가지로 액체 물이 생성물에 들어 있으면, 이 액체 물은 이상 기체 혼합물의 일부임을 나타내는 몰 분율과는 관련이 있을 수 없고, 그 보다는 액체 물의 압력이 물의 전압이 되는 것이다. (물이 액체 형태로 있을 때에는 물의 엔트로피 값으로 수증기 데이터를 사용하지 않는다.)

▶ 예제 11.11

수소가 화학량론적 O_2와 혼합되며, 이 혼합물은 298 K에서 연소기에 유입된다. 혼합물은 완전 연소되고, 생성물은 500 K의 온도에서 유출된다. 이 과정은 101.325 kPa에서 일어난다. 연소기의 표면 온도가 450 K로 유지될 때, H_2의 kmole당 엔트로피 생성률을 구하라.

주어진 자료 : 연료 : H_2. 산화제 : O_2. $T_R = 298$ K, $T_P = 500$ K, $T_b = 450$ K, $P = 101.325$ kPa

구하는 값 : $\dfrac{\dot{S}_{gen}}{\dot{n}_{H_2}}$

풀이 작동 유체는 이상 기체이며, 시스템은 정상 상태, 정상 유동 개방계이다.

가정 : $\dot{W} = \Delta KE = \Delta PE = 0$

$H_2 - O_2$ 화학량론적 완전 연소의 유일한 생성물은 H_2O라는 사실을 염두에 두고, 원자 균형을 사용하여 다음과 같은 화학 반응을 구할 수 있다.

$$H_2 + 0.5O_2 \rightarrow H_2O$$

500 K에서, 물은 대기압에서 수증기 형태이기 마련이다.

엔트로피 생성을 구하기 전에, 열전달률을 구해야만 한다. 식 (11.13)을 사용하여, $T_R = T^o$이므로 반응물의 현열 엔탈피를 0으로 하여, 다음 식에서 H_2의 kmole당 열전달률을 구한다.

$$\frac{\dot{Q}}{\dot{n}_{H_2}} = \left(1\frac{\text{kmole }H_2O}{\text{kmole }H_2}\right)(\overline{h}_f^o + \overline{h}_{T_P} - \overline{h}_{T^o})_{H_2O(g)} - \left[1\frac{\text{kmole }H_2}{\text{kmole }H_2}\overline{h}_{f,H_2}^o + 0.5\frac{\text{kmole }O_2}{\text{kmole }H_2}\overline{h}_{f,O_2}^o\right]$$

그러나 H_2와 O_2의 형성 엔탈피가 0이므로, 298 K에서 반응물의 엔탈피는 0이다. 기체 상태 물 $H_2O(g)$에서는 다음과 같다.

화합물	$\overline{h}_f^o$ (kJ/kmol)	$\overline{h}_{500K}$ (kJ/kmol)	$\overline{h}_{298K}$ (kJ/kmol)
H_2O	−241,820	16,828	9,904

그러므로 다음과 같이 된다.

$$\frac{\dot{Q}}{\dot{n}_{H_2}} = -234,896 \text{ kJ/kmole }H_2$$

H_2의 kmole당 엔트로피 생성률은, 식 (11.26)을 사용하면 된다. 즉,

$$\frac{\dot{S}_{gen}}{\dot{n}_{H_2}} = \frac{\dot{n}_{H_2O}}{\dot{n}_{H_2}}\overline{s}_{H_2O} - \left[\frac{\dot{n}_{H_2}}{\dot{n}_{H_2}}\overline{s}_{H_2} + \frac{\dot{n}_{O_2}}{\dot{n}_{H_2}}\overline{s}_{O_2}\right] - \frac{\dot{Q}/\dot{n}_{H_2}}{T_b}$$

엔트로피의 온도 종속부의 값은 표 A.10에서 구할 수 있다.

물은 유일한 생성물이고 압력은 101.325 kPa이므로, 몰 기준 엔트로피는 101.325 kPa과 생성물 온도 500 K에서 구한 것과 같다. 즉,

$$\overline{s}_{H_2O} = \overline{s}_{H_2O}^o = 206.413 \text{ kJ/kmole}\cdot K$$

생성물에서는 각 성분의 몰 분율이 $y_{H_2} = 0.667$이고 $y_{O_2} = 0.333$이다.

식 (11.27)로, 반응물들의 몰 기준 비엔트로피는 다음과 같이 구한다($P = P^o = 101.325$ kPa 및 $T_R = 298$ K). 즉,

$$\overline{s}_{H_2} = \overline{s}_{H_2}^o - \overline{R}\ln\frac{y_{H_2}P}{P^o} = 130.574 - (8.314)\ln\frac{(0.667)(101.325\,\text{kPa})}{101.325\,\text{kPa}} = 133.941 \text{ kJ/kmole}\cdot K$$

$$\overline{s}_{O_2} = \overline{s}_{O_2}^o - \overline{R}\ln\frac{y_{O_2}P}{P^o} = 205.033 - (8.314)\ln\frac{(0.333)(101.325\,\text{kPa})}{101.325\,\text{kPa}} = 214.175 \text{ kJ/kmole}\cdot K$$

이를 대입하면 다음과 같다.

$$\frac{\dot{S}_{gen}}{\dot{n}_{H_2}} = (1)\overline{s}_{H_2O} - [(1)\overline{s}_{H_2} + (0.5)\overline{s}_{O_2}] - \frac{\dot{Q}/\dot{n}_{H_2}}{T_b} = \mathbf{435 \text{ kJ/kmole }H_2}$$

해석 : 여기에서 몰 단위 당 엔트로피 생성률이 익숙하지는 않겠지만, 이 엔트로피 생성률 값을 일반적인 유량으로 변환시켜보면 큰 값이라는 것을 알 수 있다. 그러므로 이 연소 과정은 매우 비가역적이다─이는 제6장에서 살펴본 기계적 과정보다 한층 더 비가역적일 때가 많다.

연소 과정이 매우 비가역적이라는 특성 때문에 연료에 수용되어 있는 화학 에너지를 방출시키는 대체적인 수단을 모색해 왔다. 그러한 방법 가운데 하나가 연료 전지로, 이는 곧 설명할 것이다. 그러나 연료 전지를 학습하기 전에, 먼저 새로운 열역학적 상태량인 깁스 함수(Gibbs function)를 소개한다.

11.12 깁스 함수

아직까지 맞닥뜨리지 않았지만 화학 과목에서 흔히 사용되는 열역학적 상태량은 깁스 함수 (Gibbs function) G이다. 깁스 함수는 엔탈피에서 온도와 엔트로피의 곱을 뺀 것과 같다. 즉,

$$G = H - TS \tag{11.28}$$

질량 기준 비특성량이나 몰 기준 비특성량을 기반으로 할 때에는, 비깁스 함수(specific Gibbs function)가 다음과 같이 된다.

$$\mathrm{g} = \frac{G}{m} = h - Ts \quad \text{및} \quad \overline{\mathrm{g}} = \frac{G}{n} = \overline{h} - T\overline{s} \tag{11.29}$$

깁스 함수는 3가지 열역학적 상태량의 조합이므로, 엔탈피를 열역학적 상태량이라고 인정하는 만큼, 깁스 함수 또한 열역학적 상태량이라고 인정하여야 한다.

11.13 연료 전지

연료 전지는 연료와 산화제 간의 제어된 반응을 통해 연료에 결합되어 있는 화학 에너지가 방출되도록 설계된 장치이다. 반응은 전기 화학적 장치에서 수행되어 외부 회로에 동력이 공급되는데 사용할 수 있는 전류를 발생시킨다. 연소 과정에서처럼, 연료 전지에서도 역시

생성물이 생성되지만 연료와 산화제가 직접 함께 유입되지 않으면 시스템에서는 실질적으로 열이 덜 발생되어 엔트로피 생성률은 훨씬 더 낮다. 그림 11.15에는 간단한 연료 전지의 개략도가 그려져 있다. 이 특정한 종류는 양자 교환 박막형 연료 전지이지만, 다른 종류의 연료 전지들도 있다. 수소는 이를 사용했을 때 일반적으로 가장 좋은 성능이 나오므로, 연료 전지에서 가장 통상적으로 사용되는 연료이다. 탄소 화합물들은 연료 전지의 성능을 저하시키는 경향이 있다. 수소는 정말로 지구에 그 양이 풍부하게 존재하지 않는다. 그러므로 수소는 다른 화합물로부터 발생되어야 한다. 수소 발생은 연료 전지 근방에서 재형성 과정으로 또는 독립형 시스템으로 완수된다.

그림 11.15에서와 같이 연료(이 경우에는 H_2)가 양극에서 반응하여 전자와 수소 이온이 생성된다. 전자는 회로를 거쳐 양극으로 이동하는데, 이 회로는 외부 부하에 연결되어 있다. 이온은 전해질을 거쳐 양극으로 이동한다. 산화제(이 경우에는 O_2)는 양극 부근에서 도입되므로 산화제, 수소 이온 및 전자는 음극에서 재결합되어 반응 생성물인 물이 생성된다. 전체 화학 반응은 연소 과정에서 예상되는 바와 같지만, 연료 전지에서의 과정은 더 느리고 더 제어적이다. 연료 전지는 배터리와 유사점이 많다. 배터리는 처음에 내부에 들어 있는 고정된 양의 반응물이 사용되지만, 연료 전지는 그렇지 않고 반응물의 정상 흐름을 사용한다.

연료 전지의 목적은 일반적으로 열을 발생시키는 것이 아니라 전자 장치에 동력을 공급하는 데 사용할 수 있는 전자 흐름(electron stream)을 발생시키는 것이다. 전류가 작기도 하므로, 결과적으로 연료 전지는 흔히 집단으로 함께 묶어서 적절한 동력을 제공한다. 이렇게 단체화하면 시스템의 단가가 증가하므로, 연료 전지는 (자동차와 같이) 널리 보급된 용도에서

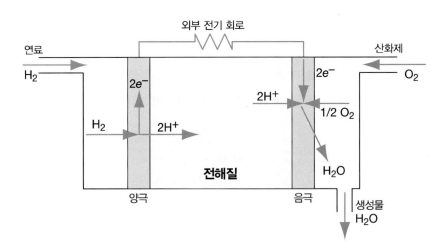

〈그림 11.15〉 적절한 화학 반응이 도시되어 있는 양자 교환 박막형 H_2-O_2 연료 전지.

보다는 (우주선과 같이) 특화된 용도에 가장 적합하다. 그러나 연료 전지는 연소 과정에서 발생되는 것보다 오염 물질이 확실히 더 적게 배출되고, 연료 전지는 (연소 과정에서 흔히 있는 일이지만) 열기관에 편입되지 않으므로 결국은 연료에 존재하는 화학 에너지에서 훨씬 더 큰 비율의 몫이 과정에 공급될 수 있다. 연료 전지를 개선하여 교통 기관 및 동력 발생 용도에서 한층 더 매력적인 선택지가 되도록 하려는 연구가 진행 중이다.

연료 전지의 해석은 연료 전지의 기전 전위, 즉 전압을 결정하는 데 집중된다. 운동 에너지 변화와 위치 에너지의 변화가 전혀 없는 정상 상태, 정상 유동, 개방계를 고려할 때에는, 열역학 제1법칙을 사용하여 다음과 같은 동력 식을 전개할 수 있다. 즉,

$$\dot{W} = -\left[\sum_{\text{out}} \dot{n_i}\bar{h}_i - \sum_{\text{in}} \dot{n_i}\bar{h}_i \right] + \dot{Q} \tag{11.30}$$

단일의 등온 경계가 있는 계에서, 열전달은 다음과 같은 엔트로피 균형에서 쓸 수 있다.

$$\dot{Q} = T_b\left[\sum_{\text{out}} \dot{n_i}\bar{s}_i - \sum_{\text{in}} \dot{n_i}\bar{s}_i - \dot{S}_{\text{gen}} \right] \tag{11.31}$$

식 (11.30)과 식 (11.31)을 결합하면 다음이 나온다.

$$\dot{W} = -\left[\sum_{\text{out}} \dot{n_i}(\bar{h}_i - T_b\bar{s}_i) - \sum_{\text{in}} \dot{n_i}(\bar{h}_i - T_b\bar{s}_i) \right] - T_b\dot{S}_{\text{gen}} \tag{11.32}$$

또는, 깁스 함수로 다시 쓰면 다음과 같다.

$$\dot{W} = -\left[\sum_{\text{out}} \dot{n_i}\bar{g}_i - \sum_{\text{in}} \dot{n_i}\bar{g}_i \right] - T_b\dot{S}_{\text{gen}} \tag{11.33}$$

분명한 점은, (생성된 엔트로피가 나타내는) 비가역성이 존재하기 때문에 연료 전지로 발생될 수 있는 동력이 감소한다는 것이다. 연료 전지에서 발생될 수 있는 최대 동력량은 엔트로피 생성이 0인 가역 연료 전지에서 발생한다. 즉,

$$\dot{W}_{\text{max}} = -\left[\sum_{\text{out}} \dot{n_i}\bar{g}_i - \sum_{\text{in}} \dot{n_i}\bar{g}_i \right] = -\Delta\dot{G} \tag{11.34}$$

깁스 함수의 값이 표로 작성되어 있기는 하지만, 특정 온도와 압력에서 물질의 엔탈피와 엔트로피에서 깁스 함수의 값을 계산할 필요가 있을 수도 있다. 그러한 경우에, 잊지 말아야 할 점은 계산할 때 물질의 생성 엔탈피뿐만 아니라 물질의 부분 압력(분압)도 포함시켜야 한다는 것이다.

전기적 일 또한 계의 전류에 전위(전압)을 곱한 것과 같다. 전류는 회로를 흐르는 전자 개수에

전자의 전하를 곱한 것과 같다. 그러므로 전기적 일도 다음과 같이 쓸 수 있다.

$$\dot{W} = \Phi I = \Phi \dot{n}_e N_A e \qquad (11.35)$$

여기에서, Φ는 전위, I는 전류, $\dot{n}_e$는 회로를 흐르는 전류의 kmole 유량, N_A는 아보가드로 수(6.022×10^{26} 전자/kmole), e는 전자의 전하($e = 1.602 \times 10^{-23}$ kJ/eV)이다. 식 (11.34)와 식 (11.35)를 결합하면, 연료 전지의 최고 전압식을 다음과 같이 쓸 수 있다. 즉,

$$\Phi_{\max} = \frac{-\Delta G}{96,485 \, n_e} = \frac{-\Delta \dot{G}}{96,485 \, \dot{n}_e} \qquad (11.36)$$

여기에서 G는 단위가 kJ이다.

▶ 예제 11.12

H_2–O_2 연료 전지가 400 K와 101.325 kPa에서 작동된다. 전지의 생성물은 수증기이다. 이 연료 전지의 최고 전압을 구하라.

주어진 자료 : 연료 : H_2. 산화제 : O_2. $T = 400\,K$, $P = 101.325\,kPa$, 생성물 : $H_2O(g)$

구하는 값 : $\Phi_{\max}$

풀이 해석할 대상은 기본 H_2–O_2 연료 전지이다. 유일한 생성물은 수증기이다. 이 시스템은 개방계이 지만 유동률(유량)은 무시하고 전체 상태량을 다룰 뿐이다.

가정 : 작동 유체는 모두 다 이상 기체이다.

총괄 반응은, $H_2 + \frac{1}{2} O_2 \rightarrow H_2O(g)$이다. 그러나 연료 1 kmole 기준으로 하여 전자의 kmole 수를 구할 때에는 단지 양극을 살펴보기만 해도 유용하다. 즉,

$$H_2 \rightarrow 2H^+ + 2e^- \text{이므로, } n_e = 2\,\text{kmole}$$

각각의 화합물에서는 다음과 같이 된다.

$$\bar{g} = \bar{h} - T\bar{s} = \bar{h}_f^o + \bar{h}_T - \bar{h}_{T^o} - T\left(\bar{s}_T^o - \bar{R} \ln \frac{yP}{P^o}\right)$$

그러나 각 물질은 유입 및 유출 시에 몰 분율이 1이고 $P = P^o$이므로, 엔트로피 성분의 압력 교정은 전혀 할 필요가 없다.

그러므로 400 K에서는, 다음 값들을 구할 수 있다.

$$\bar{g}_{H_2} = (0 + 11,426 - 8,468)\frac{kJ}{kmole\,H_2} - (400\,K)\left(139.106 \frac{kJ}{kmole\,H_2 - K}\right)$$

$$= -52,684.4\,kJ/kmole\,H_2$$

$$\overline{g}_{O_2} = (0 + 11,711 - 8,682)\frac{kJ}{kmole\ O_2} - (400\,K)\left(213.765\frac{kJ}{kmole\ O_2 - K}\right)$$

$$= -82,477.0\,kJ/kmole\ O_2$$

$$\overline{g}_{H_2O} = (-241,820 + 13,356 - 9,904)\frac{kJ}{kmole\ H_2O} - (400\,K)\left(198.673\frac{kJ}{kmole\ H_2O - K}\right)$$

$$= -317,837.2\,kJ/kmole\ H_2O$$

그런 다음, 깁스 함수 변화의 음의 값은 다음에서 구할 수 있다.

$$-\Delta G = -\left[\sum_{out} n_i \overline{g}_i - \sum_{in} n_i \overline{g}_i\right] = [n_{H_2O}\overline{g}_{H_2O} - (n_{H_2}\overline{g}_{H_2} + n_{O_2}\overline{g}_{O_2})]$$

$$-\left[(1)(-317,837.2) - \left((1)(-52,684.4) + \left(\frac{1}{2}\right)(-82,477.0)\right)\right] = 223,914.3\,kJ$$

그러면, 다음과 같다.

$$\Phi_{max} = \frac{-\Delta G}{96,485\,n_e} = 1.16\ V$$

해석 : 분명한 점은, 연료 전지가 장래성이 있는 동력원이기는 하지만, 실용적인 용도로 널리 확산되도록 충분한 동력을 발생시키려면 병합을 시켜야만 한다는 것이다.

11.14 화학 평형 서론

지금까지는, 생성물 혼합물의 조성에 영향을 줄 수 있는 다양한 사항들을 언급하였다. 특히, 해리(dissociation) 과정을 언급하였지만, 불완전 연소로 이어질 수도 있는 복잡한 화학적 과정을 암암리에 언급하기도 하였다. 해리는 산소 분자(O_2)가 고온에서 2개의 산소 원자(2O)로 분해되는 것처럼, 화합물이 그보다 더 작은 성분으로 용해되는 것이다. 일부 해리는 어떠한 온도에서도 일어날 수 있지만, 이 과정은 화합물이 에너지 수준이 높을수록, 따라서 화학 결합이 더 잘 깨지기 쉬운 가급적 높은 온도에서 일어나는 것이라고 단언하는 편이 더 좋다. 그러한 과정은 고온 상태에 있는 모든 화합물에서 발생하며, 생성물의 재결합도 이어서 일어날 수 있다. 지금까지 설명한 총괄 반응은 생성물의 조성을 기술하는 데 상당히 타당하지만, 실제 생성물 조성과 단순한 이론적 조성과의 어긋남은 온도가 높을수록 더 커진다. 더 나아가서, 이 어긋남은 연소 과정에서 방출되는 열량에 영향을 미치기도 한다.

연소 생성물들은 화학적 평형 상태에 도달할 때까지 많은 기본적인 화학 반응들을 거친다. 열적 평형이나 기계적 평형처럼, 화학적 평형도 화학적 혼합물의 조성이 자발적으로는 변화하지 않는 상태이다. 관심을 두고 있는 특정한 온도와 압력에서 성분들의 농도는 계가 화학적 평형에 있을 때에는 정상 상태이다. 그러나 압력 또는 온도가 변화하거나, 성분이 부가 또는 제거되면 이 때문에 계가 새로운 화학적 평형 상태를 모색하게 되기도 한다. 열역학적 평형에 있는 계의 일부에는 화학적 평형에 있는 계의 조건들이 포함되어 있다.

여기에서는 상세하게 들어가지는 않겠지만, 중요한 점은 계는 계의 깁스 함수가 최소일 때에 화학적 평형에 있다고 본다는 사실을 이해하는 것이다. 특정 온도와 압력에서 가스 혼합물의 조성을 계산할 수 있는 컴퓨터 프로그램을 쉽게 사용할 수 있다. 이러한 프로그램들은 최소 깁스 함수가 나오게 되는 화합물의 조성을 찾아내는 데 사용되지만, 조성에는 각 종류의 원자들의 적절한 개수가 포함되어 있다.

화학적 평형은 또한 개별적인 반응을 기반으로 하여 살펴볼 수도 있다. 이러한 일련의 반응식들을 동시에 풀어서 한 세트의 연소 생성물 평형 조성을 구한다는 것은 지루한 일이지만, 이 기법을 적용하게 되면 어떤 요인들이 화학적 평형에 영향을 미치는지를 그리고 그러한 계산이 필요한지 아닌지를 한층 더 잘 이해할 수 있다. 예를 들어, 연소 생성물들이 비교적 낮은 온도에 있을 때에는, 화학적 평형 계산을 해봐도 생성물 조성에는 거의 영향을 주지 못하지만, 그에 반해 아주 고온에서는 그와 같은 계산이 필요할 수도 있다.

다음과 같은 화학적 평형 반응을 살펴보자.

$$v_A A + v_B B \leftrightarrow v_C C + v_D D$$

여기에서 A, B, C 및 D는 여러 화학종이며, 계수는 화학적 평형 혼합물에서 각 성분의 상대 숫자를 나타낸다. 양방향 화살표는 반응이 양쪽 방향으로 진행된다는 것을 의미한다. 즉, A와 B가 반응하여 C와 D가 생성되고, 한편으로는 C와 D가 반응하여 A와 B가 생성된다. 그러므로 모든 화학종들은 반응물도 되고 생성물도 되지만, 이 식의 좌변에 있는 종들은 반응물이라고 하고 우변에 있는 종들은 생성물이라고 하기로 한다.

평형에서는, 화학종들이 파괴되는 소멸률이 화학종들이 만들어지는 생성률과 같다. 예를 들어, 공기가 가득 차있는 방에서 일부 O_2 분자들은 언제라도 주어진 시간에 O 원자로 해리되지만, 그와 동시에 일부 O 원자들은 재결합하여 O_2를 형성하기도 한다. O_2와 O의 전체 농도는 일정하지만(주로 O_2임), 어느 것이라도 주어진 분자들은 언제라도 해리 과정에 놓일 수 있다. 온도가 3000 K일 때 O_2 소멸률은 증가하지만, 화학적 평형에 도달하면 O_2 생성률도 증가하게 되므로 재차 정상 농도에 이르게 된다. 그러나 충분한 O_2를 생성하여 정상 농도를 유지하는 데 필요한 O의 양이 한층 더 많아야 하므로, 이 요구 조건 때문에 실온에 존재하는 것과는 다른 평형 혼합물이 생성되게 된다.

화학적 평형에 있는 반응에서는, 평형 상수를 나타낼 수 있다. 이 평형 상수는 성분들의 분압으로 다음과 같이 쓸 수 있다.

$$K_P = \frac{\left(\dfrac{P_C}{P^o}\right)^{v_C}\left(\dfrac{P_D}{P^o}\right)^{v_D}}{\left(\dfrac{P_A}{P^o}\right)^{v_A}\left(\dfrac{P_B}{P^o}\right)^{v_B}} \tag{11.37}$$

이상 기체 혼합물에서는, $P_i = y_i P$이며, 여기에서 P는 전체 혼합물의 압력이다. 이 관계식을 대입하면, 평형 상수 식은 다음과 같이 쓸 수 있다.

$$K_P = \frac{y_C^{v_C} y_D^{v_D}}{y_A^{v_A} y_B^{v_B}}\left(\frac{P}{P^o}\right)^{v_C + v_D - (v_A + v_B)} \tag{11.38}$$

또는 한층 더 일반적으로는 다음과 같이 된다.

$$K_P = \frac{\prod_{P'} y_i^{v_i}}{\prod_{R'} y_i^{v_i}}\left(\frac{P}{P^o}\right)^{\sum_{P'} v_i - \sum_{R'} v_i} \tag{11.39}$$

여기에서, P'는 평형 반응의 우변에 있는 화합물을 말하며 R'은 좌변에 있는 화합물을 말한다. 대문자 파이(Π)는, 개념상으로는 합을 의미하는 대문자 시그마(Σ)와 유사한 수학 기호이지만, 항들의 곱을 취하는 것을 의미한다.

평형 상수는 표준 압력에서 평형 반응이 반응물에서 생성물로 완전히 진행되었을 때 발생하게 되는 깁스 함수의 변화에서 구한다. 즉,

$$\Delta G^o = \sum_{P'} v_i \bar{g}_i - \sum_{R'} v_i \bar{g}_i \tag{11.40}$$

그러면 관심 대상 온도에서의 평형 상수는 다음과 같다.

$$K_P(T) = \exp \frac{-\Delta G^0}{\bar{R} T} \tag{11.41}$$

평형 상수 값이나 평형 상수 로그 값은, 많은 일반적인 평형 반응에 대하여는 쉽게 찾아볼 수 있다. 일부 평형 반응에서의 평형 상수 값들은 표 A.11에 실려 있다. 평형 상수 값들을

이용할 수 없을 때에는, 이 값들을 엔탈피와 엔트로피 데이터로 계산하면 된다.

화학적 평형 해석의 일반적인 목표는 화학적 평형에 있는 혼합물의 각 성분들의 몰 분율을 구하거나, 가능하다면 각 성분들의 전체 몰수를 구하는 것이다. 이러한 값들은 식 (11.39)를 사용하여 구하면 된다. 그러나 식 (11.39)에는 관심 대상 화학종만큼이나 많은 미지수들이 있다는 사실을 얼른 알아차릴 수도 있겠지만, 그런데도 식은 하나 밖에 없다. 그러므로 문제를 풀 수 없게 된다. 이러한 문제를 푸는 비결은 모든 몰 분율들을 단일의 변수, 즉 반응 진행 변수 ξ와 관계를 맺어주는 것이다. 이렇게 하려면, 다음과 같은 단계들이 필요하다. 즉,

(1) 각각의 화학종에 존재하는 초기 몰수의 표현식을 쓴다. 즉, $n_{i,i}$.

(2) 반응 진행 변수를 하나의 화학종에 할당하고 평형 반응에서 화학종들 간의 관계를 바탕으로 다른 화학종의 표현식을 씀으로써 각각의 종들의 몰수 변화(Δn_i)를 구한다. 이 몰수 변화량은 평형 반응에서 종들 앞에 붙은 계수 비와 같아서, 일부 종들은 생성(양의 변화)되고 일부 종들은 소멸(음의 변화)된다.

(3) 초기 몰수와 몰수의 변화로, 화학적 평형에 있는 각각의 종들의 최종 몰수의 표현식을 쓴다. 즉, $n_{f,i} = n_{i,i} + \Delta n_i$.

(4) 화학적 평형에 있는 각 종들의 몰수를 합하여, 즉 $n_T = \Sigma n_{f,i}$으로, 평형 상태에 있는 각 종의 몰 분율 y_i의 표현식들을 구한다. 이러한 각 표현식들은 미지수 ξ의 항들이 되어야 한다.

(5) 이 표현식들을 식 (11.39)에 대입하고 풀어서 ξ를 구한다.

(6) ξ를 사용하여 원하는 최종 결과에 따라 몰 분율 y_i를 풀거나, 각 종들의 최종 몰 수 $n_{f,i}$를 푼다.

이러한 풀이 절차는 응용에서 사용을 해보면 매우 쉽게 이해할 수 있다. 다음 예제에는 그러한 응용이 제공되어 있다.

▶ 예제 11.13

CO_2 1 kmole이 급격히 가열되어 온도가 2000 K 가까이 되었다. 일부 CO_2는 O_2와 CO로 해리되므로, 평형 혼합물은 다음과 같은 반응을 따라서 달성된다.

$$CO_2 \leftrightarrow \frac{1}{2}O_2 + CO$$

화학적 평형이 온도 2000 K와 압력 101.325 kPa에서 달성될 때, 각 화합물의 몰 수를 구하라.

주어진 자료 : $n_{i,CO_2} = 1$ kmole, $T = 2000$ K, $P = 101.325$ kPa

구하는 값 : 화학 평형에서의 n_{f,CO_2}, n_{f,O_2}, $n_{f,CO}$

풀이 이 예제는 화학 평형 계산 문제이다. 이에 관련된 3가지 물질은 이상 기체이다.

반응물의 계수는 $\nu_{CO_2} = 1$인 반면에, 생성물의 계수는 각각 $\nu_{O_2} = \frac{1}{2}$이고 $\nu_{CO} = 1$이다.

화학적 평형 해석을 시작하고자, 다음과 같이 각 물질의 초기 몰수를 식으로 표현한다. 즉,

$$n_{CO_2} = 1 \text{ kmole}$$

$$n_{O_2} = n_{CO} = 0$$

다음으로, 반응 진행 변수를 할당한다. CO_2는 소멸되었으므로, CO_2의 변화는 다음의 ξ와 같다고 본다. 즉, $\Delta n_{CO_2} = -\xi$.

평형 반응에 따라 소멸된 CO_2의 1 몰당 O_2 $\frac{1}{2}$몰과 CO 1 몰이 생성된다. 그러므로 화학적 평형이 달성되면 이러한 화합물들의 변화는 다음과 같이 된다.

$$\Delta n_{O_2} = -\frac{1}{2}\xi \quad \text{및} \quad \Delta n_{CO} = -\xi$$

각 혼합물의 최종 몰수는 $n_{f,i} = n_{i,i} + \Delta n_i$로 다음과 같이 구한다.

$$n_{f,CO_2} = 1 - \xi$$

$$n_{f,O_2} = 0 + \frac{1}{2}\xi = \frac{1}{2}\xi$$

$$n_{f,CO} = 0 + \xi = \xi$$

이 식들을 합하면 평형 상태에서 존재하는 전체 몰수가 나온다. 즉, $n_T = 1 + \frac{1}{2}\xi$.

그러면 몰 분율의 식은 $y_i = n_{f,i}/n_T$으로 다음과 같이 구한다.

$$y_{CO_2} = \frac{1-\xi}{1+\frac{1}{2}\xi} \qquad y_{O_2} = \frac{\frac{1}{2}\xi}{1+\frac{1}{2}\xi} \qquad y_{CO} = \frac{\xi}{1+\frac{1}{2}\xi}$$

이 식으로, 식 (11.39)를 다음과 같이 쓸 수 있다. 즉,

$$K_P = \frac{\prod\limits_{P} y_i^{v_i}}{\prod\limits_{R} y_i^{v_i}} \left(\frac{P}{P^o}\right)^{\sum\limits_{P} v_i - \sum\limits_{R} v_i} = \frac{y_{O_2}^{v_{O_2}} y_{CO}^{v_{CO}}}{y_{CO_2}^{v_{CO_2}}} \left(\frac{P}{P^o}\right)^{v_{O_2} + v_{CO} - v_{CO_2}}$$

$P = P^o = 101.325 \, \text{kPa}$을 대입하면 다음과 같이 된다.

$$K_P = \frac{\left(\dfrac{\xi/2}{1+\dfrac{\xi}{2}}\right)^{1/2} \left(\dfrac{\xi}{1+\dfrac{\xi}{2}}\right)^{1}}{\left(\dfrac{1-\xi}{1+\dfrac{\xi}{2}}\right)^{1}} \left(\frac{101.325 \, \text{kPa}}{101.325 \, \text{kPa}}\right)^{\left(\frac{1}{2}+1-1\right)}$$

2000 K일 때 이 반응에서는, $K_P = -6.641$이므로 $K_P = 0.001306$이다.

분명한 점은, 이 식이 복잡하므로 수치적으로 풀어야 된다는 것이다. 이 경우에 이 식은 $\xi = 0.0674$에서 풀린다.

화학적 평형에서 혼합물은 각각의 화합물의 최종 kmole수가 다음과 같이 나온다.

$$n_{CO_2} = 1 - \xi = \textbf{0.933 kmole}$$

$$n_{O_2} = \frac{1}{2}\xi = \textbf{0.0337 kmole}$$

$$n_{CO} = \xi = \textbf{0.0674 kmole}$$

해석 : 예상한 대로, 이렇게 상승된 수준에서는 CO_2가 CO 와 O_2로 해리되는 현상이 일어나기는 일어난다. 그러므로 이 해리 때문에 전체 몰 수가 변화되었다고 생각할 수도 있다. 화학적 평형 반응으로 몰 수 변화에서 그러한 결과가 발생될 때에는, 평형 상수 표현에서 압력 종속성이 나타날 때가 많이 있다. 이 경우에는, 압력이 참고로 주어진 압력이므로 평형 상수에 미치는 압력 효과는 전혀 없다.

앞의 예제에서 나타난 바와 같이, 시연된 풀이 과정을 많은 화학적 평형 과정에 동시에 사용하게 될 때에는, 불가항력적이 아니라면 풀이 절차는 컴퓨터 계산상에서 급속하게 어려워진다. 결과적으로, 화학적 평형에 있는 혼합물의 최소 깁스 함수를 구하도록 설계된 컴퓨터 프로그램이 개발되어 사용되고 있다.

이 장의 끝부분에 있는 문제에서는, 온도, 압력 및 추가 종들의 존재가 화학적 평형에 영향을 미치는 방식을 조사한다. 일반적으로, 화학종이 많을수록 온도가 증가함에 따라 양이 더 많아지는 경향이 있으며, (몰수가 평형 반응에서 변화하고 있을 때에는) 압력이 일부 평형 과정에 영향을 미치지만 (평형 반응의 반응물과 생성물에서 몰수가 동일할 때에는) 압력이 다른 과정에 영향을

미치지 않고, 추가적인 종들은 존재하는 전체 몰수에 영향을 주기 마련인데, 이 때문에 그러한 종들이 평형 반응에 수반되지 않는다고 하더라도 혼합물의 조성이 변할 수 있다.

심층 사고/토론용 질문

엔지니어라면 개정된 생성물 혼합물이 반응열 계산에 미치는 영향에 관심을 기울여야 하는데, 그에 앞서 본인은 연소 생성물의 해리가 얼마나 필요하다고 생각하는가?

11.15 수성가스 변위 반응 및 농후 연소

이 장의 앞부분에서 이미 설명한 대로, 단지 원자 균형만을 사용하여서는 공기 중에 있는 탄화수소의 농후 연소 과정에서 생성물을 예측할 수 없다. 생성물에는 CO, CO_2, H_2O, H_2 및 N_2가 존재할 것으로 예상되는 상태에서, 4가지 원자 균형 식으로 5개의 미지수를 구해야 할 것으로 예상된다. 그런데도, 농후 혼합물의 개략적인 조성을 구하는 것이 유용하다. 명백하게 도, 다양한 미연소 탄화수소들이 포함될 때에는 이렇게 개략적인 조성을 구하는 것이 지극히 복잡해지지만, 미연소 탄화수소가 심각한 양으로 존재할 가능성을 배제한다면, 농후 연소에서 생성물을 예측할 때에 화학적 평형 반응을 사용하여 지원할 수 있다. 관심 대상이 되는 반응은 수성가스 변위 반응(water-gas shift reaction)이라고 하며, 이 반응은 CO, CO_2, H_2O 및 H_2 간의 화학적 평형을 기술한다.

$$CO + H_2O \leftrightarrow CO_2 + H_2$$

일반적인 탄화수소 C_yH_z가 공기 중에서 알고 있는 당량비 ϕ로 농후 연소되고 있는 과정을 해석한다고 가정하자. 이 과정에서의 일반식은 다음과 같이 쓸 수 있다.

$$C_yH_z + \frac{y + \frac{z}{4}}{\phi}(O_2 + 3.76\,N_2) \rightarrow a\,CO_2 + b\,CO + c\,H_2O + d\,H_2 + e\,N_2$$

4가지 원자 균형이 전개될 수 있으므로, 화학적 평형에서의 수성가스 변위 반응을 5번째 식으로 채택할 수 있다. 생성물들의 몰 분율을 써서 이들을 식 (11.39)에 대입하면, 다음 식이 유도된다. 즉,

$$K_P = \frac{a \cdot d}{b \cdot c} \tag{11.42}$$

원자 균형과 식 (11.42)를 풀면 다음 식이 나온다. 즉,

$$a = \frac{2f(K_P-1)+y+\frac{z}{2}}{2(K_P-1)} - \frac{1}{2(K_P-1)}\left[\left(2f(K_P-1)+y+\frac{z}{2}\right)^2 - 4K_P(K_P-1)(2fy-y^2)\right]^{1/2}$$

(11.43a)

$$b = y - a$$

(11.43b)

$$c = 2f - a - y$$

(11.43c)

$$d = -2f + a + y + z/2$$

(11.43d)

$$e = 3.76f$$

(11.43e)

여기에서, $f = \dfrac{y+\dfrac{z}{4}}{\phi}$ 이다.

다양한 온도에서의 물-가스 전이 반응의 K_P 값은 표 11.3에서 구할 수 있다. 주목할 점은, T와 K_P의 관계가 온도가 낮을 때에는 매우 비선형적이라는 것이다. 그러나 계산 하는 도중에는 생성물을 개략적으로 계산하기 때문에, 평형 상수 값은 그에 상응하는 온도가 표 11.3에 있는 온도 범위 안에 들면 이 표에 선형 보간법을 사용하여도 괜찮다. 다른 방법으로는, 실제로

〈표 11.3〉 $CO + H_2O \leftrightarrow CO_2 + H_2$ 물-가스 전이 반응에서의 K_P 값

T (K)	K_P
298	104,200
400	1540
500	137.7
600	28.3
800	4.22
1000	1.442
1200	0.773
1400	0.465
1600	0.336
1800	0.265
2000	0.220
2200	0.192
2400	0.172
2600	0.158
2800	0.147
3000	0.139
3500	0.125

생성물의 온도가 상당히 불확실할 때가 많이 있다고 생각할 수 있으므로, 가장 가까운 온도에서의 값을 그냥 사용하여 계산을 끝내면 된다.

분명히 이는 희박 혼합물이나 화학량론적 혼합물의 완전 연소 계산만큼 간단한 계산이 아니다. 게다가 이 계산이 정밀하다고 전혀 기대할 수도 없으며, 일반적으로 $\phi > 1.15$일 때 더 낮다. 또한, 생성물에서 온도를 명시해야만 하므로 K_P의 정확한 값을 사용하면 된다.

▶ 예제 11.14

수성가스 변위 반응 방법을 사용하여, 공기 중에 있는 옥탄 1 kmole이 2000 K에서 당량비 1.2로 연소될 때 예상되는 생성물을 구하라.

주어진 자료 : 연료 : C_8H_{18}. 산화제 : 공기. $\phi = 1.2$, $T = 2000$ K

구하는 값 : 이 연소에서 예상되는 생성물

풀이　이 농후 연소 문제는 물-가스 전이 반응 방법을 사용한다.

식 (11.43)들을 사용한다. 먼저, 옥탄에서 $y = 8$이고 $z = 18$이다. 이 경우에, $\phi = 1.2$이므로 $f = 10.42$이다.

2000 K에서, $K_P = 0.2200$이다.

식 (11.43)들을 풀면 다음이 나온다.

$$a = 4.926$$

$$b = 3.074$$

$$c = 7.914$$

$$d = 1.086$$

$$e = 39.18$$

이로써 다음과 같이 예상된 화학 반응이 나온다.

$$C_8H_{18} + 10.42(O_2 + 3.76N_2) \rightarrow 4.93CO_2 + 3.07CO + 7.91H_2O + 1.09H_2 + 39.18N_2$$

해석 : 이 반응은 생성물 온도가 달라지면 변하게 된다. 또한, 이 반응은 연소 과정이 어떻게 진행되는지를 예시하고 있다. 초기에는 H_2O와 CO가 지배적으로 형성되고, 그런 다음 CO가 이어서 CO_2로 산화된다. H_2O의 양을 H_2와 비교하고 CO_2의 양을 CO와 비교하면, H_2보다 H_2O가 훨씬 더 많은 반면에, CO_2와 CO의 양들은 한층 더 균등하게 분포되어 있음을 알 수 있다. 이러한 내용은 충분한 O_2가 존재할 때 추후 CO_2 형성 개념과 일치한다.

요약

이 장에서는, 연소 과정들과 관계있는 몇 가지 개념을 학습하였고 이러한 과정들을 공학적인 관점에서 살펴보았다. 따라서 총괄 화학 반응에 중점을 두었고, 이 총괄 반응으로 연소 과정에서 예측되는 대략적인 생성물 세트를 기술하였으며, 연소 과정의 완성도에 관한 가정을 세웠다. 대부분 그와 같은 해석 방법은 공학적인 목적에 알맞은 예측 생성물과 열 방출의 근사치를 제공한다. 그러나 실제 연소 시스템이 항상 이렁 식으로 모델링이 잘 되는 것은 아니다. 예를 들어, 스파크 점화 엔진에서는, 온도가 CO 산화가 느려지는 점으로 떨어지기 이전에 연료와 산화제가 연소를 끝내는 데 시간이 충분하지 않을 때가 많이 있으므로, 결과적으로 엔진 실린더에서는 CO 배출물이 다량으로 방출된다. 다른 경우에서는 모델링에서 중요한 항목들을 놓치게 된다. 예를 들어, 어떤 과정에서 얼마나 많은 NO_x 배출물이 예상되는지 알고 싶어도, (N_2가 반응을 하지 않는) 총괄 화학 반응에서는 필요한 정보가 나오지 않기 마련이다. 게다가, 이 장에서 사용된 단열 화염 온도 계산 방법이 유용하기도 하지만, 이 방법으로는 생성물의 화학 평형 해석과 단열 화염 온도 계산을 결합해서 계산한 단열 화염 온도보다 일반적으로 초과 예측되기 마련이다.

이와 같은 상황을 처리하려면 한층 더 복잡한 모델링 기법을 사용하여야 한다. 예를 들어, NO와 미연소 탄화수소들은 화학 반응 속도론을 사용하면 모델링이 가장 잘 되기 때문에, 예측해야 할 오염 물질의 양을 완벽하게 이해하려면 이 화학 반응 속도론 방법을 사용해야만 할 수도 있다. 화학 반응 속도론 모델링에서는 연소 과정이 단일의 총괄 반응으로 구성되어 있지 않다고 인정하고 있다. 그보다는, 사용된 연료와 산화제에 따라서, 20, 30, 40 또는 그 이상의 중간 화학종 간의 반응들을 설명해주는 수 십 가지 또는 수 백 가지의 요소 화학 반응으로 되어 있다. 이러한 모든 화학종들의 생성과 소멸을 추적함으로써, 생성물에서 NO와 미연소 탄화수소들과 같은 부차적인 화학종의 농도를 한층 더 정확하게 구할 수 있다.

실제 연소기에서 난류 연소 과정의 거동을 모델링할 때에는, 일련의 환원 화학 반응을 사용하여 유체 유동 모델링 용도의 전산 유체역학(CFD)과 결합시킨 화학 과정을 모델링하여도 좋다. 난해한 난류 유동 환경에서의 완전한 화학 반응 속도론 모델을 모델링하려고 하면 너무 컴퓨터 계산 집약적이 된다.

결국, 이 모델들은 실제 연소 시스템의 일부 상세를 놓칠 가능성이 있어 보인다. 그와 같은 경우에는, 모델들을 사용하여 연소 시스템을 개발하는 데 참여할 수도 있으며, 연소기에서 예측하고자 하는 대상의 타당한 추정치가 제공될 수도 있다. 그러나 설계를 할 때에는 실험적으로 검토해야 하기도 하고, 시행오차를 통한 조정을 거쳐 최상의 성능을 발휘하는 장치가 되도록 해야 하기도 한다. 예를 들어, 제조 공정에서 노를 사용하는 데 관심이 있어, 열 방출 필요량에 충족되도록 메탄의 질량 유량이 2.5 kg/s가 필요하다고 계산했을 수 있다. 실제로 메탄의 질량 유동이 약간 더 필요하다는 사실을 알게 되면, 해당 질량 유량을 2.6 kg/s로 조정하게 될 것이다. 여기에서 학습하였던 해석 기법들, 그리고 이보다 한층 더 진보된 기법들을 사용해도 필요한 연료 유량의 대략적인 수준이 제공되겠지만, 실제로는 일부를 조정해서 목표를 달성해야만 한다.

주요 식

화학량론적 완전 연소 — 일반 탄화수소 :

$$C_yH_z + \left(y + \frac{z}{4}\right)(O_2 + 3.76N_2) \rightarrow yCO_2 + \frac{z}{2}H_2O + 3.76\left(y + \frac{z}{4}\right)N_2 \tag{11.1}$$

완전 연소 — 희박 혼합물, 일반 탄화수소 :

$$C_yH_z + (x)\left(y + \frac{z}{4}\right)(O_2 + 3.76N_2)$$

$$\rightarrow yCO_2 + \frac{z}{2}H_2O + (x-1)\left(y + \frac{z}{4}\right)O_2 + 3.76(x)\left(y + \frac{z}{4}\right)N_2 \tag{11.2}$$

x 는 $\dfrac{\%\,이론공기}{100\,\%}$ 이다.

당량비 :

$$\phi = \frac{FA_a}{FA_{st}} = \frac{\overline{FA}_a}{\overline{FA}_{st}} = \frac{AF_{st}}{AF_a} = \frac{\overline{AF}_{st}}{\overline{AF}_a} \tag{11.6}$$

반응열 — 개방계, 정상 상태, 정상 유동 :

$$\frac{\dot{Q}}{\dot{n}_{\text{fuel}}} = \sum_P \frac{\dot{n}_i}{\dot{n}_{\text{fuel}}}(\overline{h}_{f,i}^o + \overline{h}_{i,T_P} - \overline{h}_{i,T^o}) - \sum_R \frac{\dot{n}_i}{\dot{n}_{\text{fuel}}}(\overline{h}_{f,i}^o + \overline{h}_{i,T_R} - \overline{h}_{i,T^o}) \tag{11.13}$$

반응열 — 일정 압력 밀폐계 :

$$\frac{Q}{n_{\text{fuel}}} = \sum_P \frac{n_i}{n_{\text{fuel}}}(\overline{h}_{f,i}^o + \overline{h}_{i,T_P} - \overline{h}_{i,T^o}) - \sum_R \frac{n_i}{n_{\text{fuel}}}(\overline{h}_{f,i}^o + \overline{h}_{i,T_R} - \overline{h}_{i,T^o}) \tag{11.19}$$

반응열—일정 체적 밀폐계:

$$\frac{Q}{n_{\text{fuel}}} = \left[\sum_P \frac{n_i}{n_{\text{fuel}}} (\overline{h}_{f,i}^o + \overline{h}_{i,T_P} - \overline{h}_{i,T^o}) - \frac{n_p}{n_{\text{fuel}}} \overline{R} T_p \right]$$

$$- \left[\sum_R \frac{n_i}{n_{\text{fuel}}} (\overline{h}_{f,i}^o + \overline{h}_{i,T_R} - \overline{h}_{i,T^o}) - \frac{n_R}{n_{\text{fuel}}} \overline{R} T_R \right] \tag{11.22}$$

엔트로피 생성률—개방계, 정상 상태, 정상 유동, 등온 경계:

$$\frac{\dot{S}_{\text{gen}}}{\dot{n}_{\text{fuel}}} = \sum_P \frac{\dot{n}_i}{\dot{n}_{\text{fuel}}} \overline{s}_i - \sum_R \frac{\dot{n}_i}{\dot{n}_{\text{fuel}}} \overline{s}_i - \sum_{j=1}^{n} \frac{\dot{Q}_j / \dot{n}_{\text{fuel}}}{T_{b,j}} \tag{11.26}$$

연료 전지—최고 전기 포텐셜:

$$\Phi_{\max} = \frac{-\Delta G}{96,485\, n_e} = \frac{-\Delta \dot{G}}{96,485\, \dot{n}_e} \tag{11.36}$$

11.1 다음 각각에서 화학량론적 완전 연소(화학량론적 혼합물의 완전 연소; perfect combustion)를 기술하는 화학 반응을 쓰라.

(a) $C_3H_8 + O_2$(산화제)   (b) C_6H_{14} + 공기(산화제)

(c) C_2H_5OH + 공기(산화제)

11.2 다음 각각에서 화학량론적 완전 연소(화학량론적 혼합물의 완전 연소)를 기술하는 화학 반응을 쓰라.

(a) C_2H_2 + 공기(산화제)   (b) $C_{10}H_{22}$ + 공기(산화제)

(c) $CH_3OH + O_2$(산화제)

11.3 다음과 같은 연료 및 공기 조합의 완전 연소를 기술하는 화학 반응을 쓰라.

(a) CH_4 + 125 % 이론 공기   (b) C_8H_{18} + 5 % 과잉 공기

(c) C_2H_4 + 30 % 과잉 공기

11.4 다음과 같은 연료 및 공기 조합의 완전 연소를 기술하는 화학 반응을 쓰라.

(a) H_2 + 15 % 과잉 공기   (b) C_3H_8 + 200 % 이론 공기

(c) CO + 15 % 과잉 공기   (d) C_4H_{10} + 120 % 이론 공기

11.5 에탄 C_2H_6가 20 % 과잉 공기와 완전 연소를 한다. 다음을 구하라.

(a) 이 과정을 기술하는 화학 반응   (b) 질량 기준 공연비

(c) 몰 기준 공연비   (d) 이 과정의 당량비

11.6 부탄 C_4H_{10}이 10 % 과잉 공기와 완전 연소를 한다. 다음을 구하라.

(a) 이 과정을 기술하는 화학 반응   (b) 질량 기준 공연비

(c) 몰 기준 공연비   (d) 이 과정의 당량비

11.7 아세틸렌 C_2H_2와 공기가 서로 혼합되어 몰 기준 공연비(공기-연료비)가 14.3이 되고, 이 혼합물은 점화된 다음 완전 연소된다. 다음을 각각 구하라.

(a) 이 과정을 기술하는 화학 반응   (b) % 이론 공기

(c) % 과잉/결손 공기   (d) 질량 기준 공연비

(e) 이 과정의 당량비

11.8 프로판-공기 혼합물이 몰 기준 공연비 25로 완전 연소를 한다. 다음을 구하라.

(a) 이 과정을 기술하는 화학 반응   (b) % 이론 공기
(c) % 과잉 또는 결핍 공기   (d) 질량 기준 공연비
(e) 과정의 당량비

11.9 질량 기준 공연비가 16인 옥탄-공기 혼합물이 완전 연소를 한다. 다음을 각각 구하라.

(a) 이 과정을 기술하는 화학 반응   (b) % 이론 공기
(c) % 과잉 또는 결핍 공기   (d) 몰 기준 공연비
(e) 과정의 당량비

11.10 당량비가 0.82인 메탄-공기 혼합물이 완전 연소를 한다. 다음을 각각 구하라.

(a) 이 과정을 기술하는 화학 반응   (b) % 이론 공기와 % 과잉 공기
(c) 질량 기준 공연비   (d) 몰 기준 공연비

11.11 부탄-공기 혼합물이 당량비가 1.2이다. 다음을 각각 구하라.

(a) % 이론 공기와 % 결핍 공기   (b) 질량 기준 공연비
(c) 몰 기준 공연비

11.12 헵탄-공기 혼합물이 당량비가 1.25이다. 다음을 각각 구하라.

(a) % 이론 공기와 % 결핍 공기   (b) 질량 기준 공연비
(c) 몰 기준 공연비

11.13 에탄올-공기 혼합물이 당량비가 1.15이다. 다음을 각각 구하라.

(a) % 이론 공기와 % 결핍 공기   (b) 질량 기준 공연비
(c) 몰 기준 공연비

11.14 연료가 체적 기준으로 CH_4 50 %와 C_2H_6 50 %로 구성되어 있다고 가정한다. 이 연료는 공기와 혼합되어 그 혼합물의 당량비는 결과적으로 1.12가 된다. 다음을 각각 구하라.

(a) % 이론 공기와 % 결손 공기   (b) 질량 기준 공연비
(c) 몰 기준 공연비

11.15 아세틸렌-공기 혼합물이 몰 기준 연공비(연료-공기비)가 0.080이다. 다음을 각각 구하라.

(a) 이 혼합물의 완전 연소를 기술하는 화학 반응
(b) 혼합물의 질량 기준 연공비   (c) 혼합물의 당량비
(d) % 이론 공기

11.16 당량비가 0.50과 1.50 사이의 범위에서 변화할 때, 메탄–공기 혼합물의 몰 기준 공연비를 그래프로 그려라.

11.17 당량비가 0.50과 1.50 사이의 범위에서 변화할 때, 옥탄–공기 혼합물의 질량 기준 공연비를 그래프로 그려라.

11.18 메탄(CH_4)에서 도데칸($C_{12}H_{26}$)에 이르는 알칸(alkane) 계열과, 산화제로서 공기와의 화학량론적 혼합물의 질량 기준 공연비와 몰 기준 공연비를 그래프로 그려라.

11.19 에텐(C_2H_4)에서 도데센($C_{12}H_{24}$)에 이르는 알켄(alkene) 계열과, 산화제로서 공기와의 화학량론적 혼합물의 질량 기준 공연비와 몰 기준 공연비를 그래프로 그려라.

11.20 메탄(CH_4)에서 헥산(C_6H_{14})까지의 알칸(alkane) 계열 탄화수소 및 그에 상응하는 메탄올(CH_3OH)에서 헥산올($C_6H_{13}OH$)까지의 알코올과, 산화제로서 공기와의 화학량론적 혼합물의 질량 기준 공연비와 몰 기준 공연비를 그래프로 그려라.

11.21 몰 기준으로 메탄 25 %와 프로판 75 %으로 구성된 연료와 공기와의 화학량론적 혼합물의 완전 연소를 기술하는 화학 반응을 쓰라.

11.22 연료가 질량 기준으로 옥탄 90 %와 에탄올 10 %로 구성되어 있다. 이 연료는 공기와 함께 혼합시켜 질량 기준 공연비가 15.5가 되게 한다. 이 혼합물의 완전 연소를 기술하는 화학 반응을 쓰라. 이 과정의 % 이론 공기와 당량비를 구하라.

11.23 연료가 몰 기준으로 에텐 30 %와 프로판 70 %로 구성되어 있다. 이 연료는 공기와 함께 혼합시켜 혼합물의 당량비가 0.88이 되게 한다. 이 혼합물의 완전 연소를 기술하는 화학 반응을 쓰고, 혼합물의 질량 기준 및 몰 기준 연공비를 구하라.

11.24 에탄(C_2H_6)을 공기와 함께 연소시킨 다음, 건량 기준 생성물 분석으로 다음의 몰 백분율이 나왔다. 즉, CO_2 11.4 %, O_2 2.85 % 및 N_2 85.75 %이다. 이 연소 과정을 기술하는 화학 반응을 쓰라. 반응물의 몰 기준 공연비와 당량비를 구하라.

11.25 부탄(C_4H_{10})을 건공기와 함께 연소시킨 다음, 건식 생성물 분석을 하였다. 그 결과, 건식 생성물은 체적 기준으로 CO_2 8.31 %, CO 2.77 %, O_2 5.54 % 및 N_2 83.37 %이 나왔다. 이 연소 과정을 기술하는 화학 반응을 써라. 반응물 혼합물의 질량 기준 공연비와 당량비를 각각 구하라.

11.26 에탄(C_2H_6)을 공기와 함께 연소시켰다. 이 과정의 건식 생성물 분석 결과가 (체적 기준으로) CO_2 11.9 %, CO 1.32 %, H_2 4.63 %, O_2 1.32 % 및 N_2 80.83 %로 나왔다. 이 연소 과정을

기술하는 화학 반응을 쓰고, 이 반응물 혼합물의 질량 기준 공연비와 당량비를 각각 구하라.

11.27 프로판(C_3H_8)을 공기와 함께 연소시킨 다음, 건량 기준 생성물 체적 분석 결과가 CO_2 8.10 %, CO 7.10 %, H_2 3.55 %, O_2 1.27 % 및 N_2 79.98 %로 나왔다. 이 연소 과정을 기술하는 화학 반응을 쓰고, 이 과정에서의 몰 기준 공연비, 당량비 및 % 이론 공기를 구하라.

11.28 펜탄(C_5H_{12})을 공기와 함께 연소시킨다. 건량 기준 생성물 분석으로 이 생성물의 몰 기준 조성은 CO_2 12.3 %, CO 0.5 %, O_2 2.3 % 및 N_2 84.9 %로 나왔다. 이 연소 과정을 기술하는 화학 반응을 쓰고, 이 과정에서의 질량 기준 공연비, 당량비 및 % 이론 공기를 구하라.

11.29 메탄(CH_4)을 공기와 연소시켜, 건량 기준 생성물 분석 결과(몰 기준)가 CO_2 7.46 %, CO 4.97 %, H_2 6.21 %, O_2 1.87 % 및 N_2 79.49 %로 나왔다. 이 연소 과정을 기술하는 화학 반응을 쓰고, 이 과정에서의 몰 기준 공연비, 당량비 및 % 이론 공기를 구하라. 생성물의 전압(전체 압력)이 101.325 kPa일 때, 생성물에 들어 있는 물의 이슬점 온도를 구하라.

11.30 옥탄(C_8H_{18})을 엔진에 사용하여 공기와 연소시키려고 한다. 5종 가스 분석기를 사용하여 건량 기준 생성물의 몰 분율을 구하였으며, 그 결과 CO_2 9.70 %, CO 1.39 %, O_2 5.54 % 및 N_2 83.37 %로 나왔다. 이 연소 과정을 기술하는 화학 반응을 쓰고, 이 과정에서의 질량 기준 공연비, 당량비 및 % 이론 공기를 구하라. 생성물의 전압이 101.325 kPa일 때, 생성물에 들어 있는 물의 이슬점 온도를 구하라.

11.31 부탄(C_4H_{10})을 공기와 연소시켜, 건량 기준 생성물 분석 결과(몰 기준)가 CO_2 4.0 %, CO 10.0 %, CH_4 2.0 %, H_2 4.0 %, O_2 5.0 % 및 N_2 75.0 %로 나왔다. 이 연소 과정을 기술하는 화학 반응을 쓰고, 이 과정에서의 몰 기준 공연비, 당량비 및 % 이론 공기를 구하라. 생성물의 전압이 101.325 kPa 일 때, 생성물에 들어 있는 물의 이슬점 온도를 구하라.

11.32 에탄올(C_2H_5OH)을 공기와 연소시킨 다음, 건량 기준 생성물을 분석하였다. 건량 기준 생성물은 몰 기준으로 CO_2 11.3 %, CO 1.26 %, H_2 0.63 %, O_2 4.10 % 및 N_2 82.71 %로 구성되어 있는 것으로 결정되었다. 이 연소 과정을 기술하는 화학 반응을 쓰고, 이 과정에서의 몰 기준 공연비, 당량비 및 % 이론 공기를 구하라.

11.33 모르는 탄화수소 연료를 공기와 연소시킨다. 건량 기준 생성물의 체적 해석에서 CO_2 14.05 %, O_2 1.41 % 및 N_2 84.54 %로 나왔다. 이 과정에서의 탄화수소의 모델(C_yH_z), 질량 기준 공연비, 당량비 및 % 이론 공기를 구하라. 생성물의 전압이 101.325 kPa일 때, 생성물에 들어 있는 물의 이슬점 온도를 구하라.

11.34 모르는 탄화수소 연료를 공기와 연소시킨다. 건량 기준 생성물의 체적 해석에서 CO_2 13.11 %,

CO 1.61 %, H₂ 4.01 %, O₂ 0.80 % 및 N₂ 80.47 %로 나왔다. 이 과정에서의 탄화수소의 모델(C_yH_z), 질량 기준 공연비, 당량비 및 % 이론 공기를 구하라. 생성물의 전압이 101.325 kPa일 때, 생성물에 들어 있는 물의 이슬점 온도를 구하라.

11.35 모르는 탄화수소 연료를 공기와 연소시킨다. 건량 기준 생성물의 체적 해석에서 CO₂ 12.76 %, CO 0.93 %, H₂ 0.70 %, CH₄ 0.46 %, O₂ 2.32 % 및 N₂ 82.83 %로 나왔다. 이 과정에서의 탄화수소의 모델(C_yH_z), 질량 기준 공연비, 당량비 및 % 이론 공기를 구하라. 생성물의 전압이 101.325 kPa일 때, 생성물에 들어 있는 물의 이슬점 온도를 구하라.

11.36 모르는 탄화수소 연료를 공기와 연소시킨다. 건식 생성물 분석에서 그 결과는 체적 기준으로 다음과 같다. 즉, CO₂ 9.86 %, CO 4.93 %, H₂ 1.23 %, O₂ 0.62 % 및 N₂ 84.3 %로 나왔다. 이 과정에서의 탄화수소의 모델(C_yH_z), 질량 기준 공연비, 당량비 및 % 이론 공기를 각각 구하라. 생성물의 전압(전체 압력)이 101.325 kPa일 때, 생성물에 들어 있는 물의 이슬점 온도를 구하라.

11.37 에탄이 정상 과정에서 100 % 이론 공기와 완전 연소된다. 반응물은 298 K로 유입되고 생성물은 298 K로 유출된다. 다음 각각에서 이 과정의 반응열(연료 kmole당)을 구하라.
   (a) 생성물 내의 물을 모두 수증기라고 가정할 때
   (b) 생성물 내의 물을 모두 액체라고 가정할 때
   이 결과들을 에탄의 저위 발열량과 고위 발열량으로 공표된 값과 비교하라.

11.38 부탄이 정상 과정에서 100 % 이론 공기와 완전 연소된다. 반응물은 298 K로 유입되고 생성물은 298 K로 유출된다. 다음 각각에서 이 과정의 반응열(연료 kmole당)을 구하라.
   (a) 생성물 내의 물을 모두 수증기라고 가정할 때
   (b) 생성물 내의 물을 모두 액체라고 가정할 때
   이 결과들을 부탄의 저위 발열량과 고위 발열량으로 공표된 값과 비교하라.

11.39 아세틸렌이 100 % 이론 공기와 완전 연소된다. 반응물은 25 ℃로 유입되고 생성물은 25 ℃로 유출된다. 다음 각각에서 이 과정의 반응열(연료 mole당)을 구하라.
   (a) 생성물 내의 물을 모두 수증기라고 가정할 때
   (b) 생성물 내의 물을 모두 액체라고 가정할 때
   이 결과들을 아세틸렌의 저위 발열량과 고위 발열량으로 공표된 값과 비교하라.

11.40 액체 헥산이 정상 과정에서 100 % 이론 공기와 완전 연소된다. 반응물은 298 K로 유입되고 생성물은 298 K로 유출된다. 다음 각각에서 이 과정의 (연료 kmole 당) 반응열을 구하라.
   (a) 생성물 내의 물을 모두 수증기라고 가정할 때

(b) 생성물 내의 물을 모두 액체라고 가정할 때

이 결과들을 액체 헥산의 저위 발열량과 고위 발열량으로 공표된 값과 비교하라.

11.41 옥탄이 정상 과정에서 당량비가 0.90인 공기와 완전 연소된다. 옥탄은 질량 유량이 0.15 kg/s이다. 반응물은 298 K로 유입되고 생성물은 298 K로 유출된다. 다음 각각에서 이 과정의 반응열을 구하라.
(a) 생성물 내의 물을 모두 수증기라고 가정할 때
(b) 생성물 내의 물을 모두 액체라고 가정할 때

11.42 몰 기준으로 헵탄 60 %과 에탄올 40 %로 구성된 연료가 정상 과정에서 당량비가 0.85인 공기와 완전 연소된다. 반응물은 298 K로 유입되고 생성물은 298 K로 유출된다. 연료는 질량 유량이 0.10 kg/s이다. 다음 각각에서 이 과정의 반응열을 구하라.
(a) 생성물 내의 물을 모두 수증기라고 가정할 때
(b) 생성물 내의 물을 모두 액체라고 가정할 때

11.43 메탄이 당량비가 0.85인 공기와 함께 연소실에 유입되어 정상 과정으로 완전 연소된다. 반응물은 298 K로 유입되어 666 K로 유출된다. 이 과정의 반응열(메탄 mole당)을 구하라.

11.44 프로판이 20 % 과잉 공기와 함께 연소실에 유입되어 정상 과정으로 완전 연소된다. 반응물은 298 K로 유입되어 1000 K로 유출된다. 이 과정의 반응열(메탄 kmole당)을 구하라.

11.45 옥탄과 공기의 반응물 혼합물이 당량비 0.92로 정상 과정에서 완전 연소된다. 반응물은 298 K로 유입되어 800 K로 유출된다. 이 과정에서 (옥탄 kmole 당) 반응열을 구하라.

11.46 에탄이 연소로에 체적 유량이 0.25 m³/s, 온도가 298 K 그리고 압력이 101 kPa로 유입된다. 이 연소로에서는 에탄이 10 % 과잉 공기와 함께 혼합되어 완전 연소된다. 생성물은 700 K로 유출된다. 이 연소 과정에서 나오는 열 방출률을 구하라.

11.47 메탄이 연소로에 체적 유량이 1 m³/s, 온도가 298 K 그리고 압력이 99 kPa로 유입된다. 이 연소로에서는 메탄이 10 % 과잉 공기와 함께 혼합되어 완전 연소된다. 생성물은 666 K로 유출된다. 이 연소 과정에서 나오는 열 방출률을 구하라.

11.48 정상 상태에서의 프로판-공기의 연소를 살펴보자. 반응물 혼합물은 당량비가 0.86이고 반응물은 298 K로 유입된다. 시스템 압력은 101.325 kPa이다. 생성물 온도가 500 K와 1500 K 사이의 범위에서 변화할 때, 연료 kmol당 반응열을 그래프로 그려라.

11.49 정상 상태에서의 옥탄–공기의 연소를 살펴보자. 반응물 혼합물은 당량비가 0.96이고 반응물은 298 K로 유입된다. 시스템 압력은 101.325 kPa이다. 생성물 온도가 500 K와 1500 K 사이의 범위에서 변화할 때, 연료 kmol당 반응열을 그래프로 그려라.

11.50 부탄과 공기가 정상 과정에서 완전 연소된다. 반응물은 298 K로 유입되어 700 K로 유출된다. 과잉 공기의 %가 0 %와 100 % 사이의 범위에서 변화할 때, 연료 kmol당 반응열을 그래프로 그려라.

11.51 에틸렌과 공기가 정상 과정에서 완전 연소된다. 반응물은 298 K로 유입되어 800 K로 유출된다. 반응물 혼합물의 당량비가 0.60과 1.0 사이의 범위에서 변화할 때, 연료 kmol당 반응열을 그래프로 그려라.

11.52 메탄과 10 % 과잉 공기의 혼합물이 450 K로 가열된 후 가열로의 연소기에 정상 과정으로 유입된다. 이 혼합물은 완전 연소되고 생성물은 노에서 800 K로 유출된다. 연료 kmol당 반응열을 구하라.

11.53 프로판과 공기가 당량비 0.86으로 연소기에 온도 120 ℃로 유입되어 완전 연소된다. 프로판은 질량 유량이 0.35 kg/s이다. 생성물은 노에서 650 ℃로 유출된다. 연소 과정에서 나오는 열 방출률을 구하라.

11.54 에틸렌(C_2H_4)과 공기가 온도가 400 K인 연소기에 유입되고 당량비는 0.95이다. 이 에틸렌은 질량 유량이 0.05 kg/s이다. 혼합물은 완전 연소되고 생성물은 연소기에서 700 K로 유출된다. 이 연소 과정에서 나오는 열 방출률을 구하라.

11.55 옥탄(C_8H_{18})이 130 % 이론 공기로 연소되는데, 이 옥탄은 질량 유량이 1.2 kg/s이고 온도가 298 K로 유입된다. 공기는 연소기에 유입되기 전에 예열되어 500 K로 유입된다. 이 혼합물은 완전 연소되고 생성물은 650 K로 유출된다. 연소 과정에서 나오는 열 방출률을 구하라.

11.56 부탄(C_4H_{10})이 연소기에 질량 유량이 0.50 kg/s이고 온도는 25 ℃로 유입된다. 이 부탄은 15 % 과잉 공기와 혼합되어 연소기에 247 ℃로 유입된다. 혼합물은 모든 수소가 수증기로 변환되나 탄소의 90 %만 CO_2로 변환될 때까지만 연소되는데, 잔류 탄소는 CO를 형성한다. 생성물은 연소기에서 577 ℃로 유출된다. 연소 과정에서 나오는 열 방출률을 구하라.

11.57 에탄(C_2H_6)과 20 % 과잉 공기의 혼합물이 연소실로 유입되는데, 에탄은 몰 유량이 0.25 kmole/s이다. 혼합물은 완전 연소되어 800 K로 유출된다. 반응물 온도가 298 K와 600 K 사이의 범위에서 변화할 때, 연소 과정에서 나오는 방출열을 반응물 온도의 함수로 하여 그래프로 그려라.

11.58 프로판(C_3H_8)이 10 % 과잉 공기로 완전 연소되고 있다. 연료의 질량 유량은 0.70 kg/s이다.

생성물은 666 K로 유출된다. 반응물 온도가 298 K와 500 K 사이의 범위에서 변화할 때, 연소 과정 중에 방출되는 열을 반응물 온도의 함수로 하는 그래프를 그려라.

11.59 메탄(CH_4)이 15 % 과잉 공기로 완전 연소되고 있다. 연료의 질량 유량은 0.25 kg/s이다. 생성물은 1200 K로 유출된다. 다음 각각에서 방출되는 열을 반응물 온도의 함수로 하는 그래프를 그려라.
(a) 메탄은 298 K로 유입되지만, 공기 반응물 온도는 298 K와 600 K 사이의 범위에서 변화할 때
(b) 메탄과 공기 모두 다 298 K와 600 K 사이의 범위에서 변화할 때

11.60 랭킨 사이클 발전소가 열효율이 40 %이고 전력을 750 MW 생산한다. 열은 메탄(CH_4)과 10 % 과잉 공기의 연소로 증기 발생기 속에 있는 물에 공급되도록 하고 있다. 메탄과 공기는 모두 다 증기 발생기에 298 K로 유입되어 완전 연소하며, 생성물은 증기 발생기에서 650 K로 유출된다. 연소 과정은 101 kPa에서 일어난다. 필요한 메탄의 질량 유량을 구하고, 이에 상응하는 연료의 체적 유량과 증기 발생기에 유입되는 공기의 체적 유량을 구하라.

11.61 문제 11.60을 다시 풀어라. 단, 다음 각각에서 필요한 유량을 구하라.
(a) 프로판(C_3H_8)   (b) 옥탄(C_8H_{18})
(c) 석탄(연료로 사용될 때에는 고체 탄소로 모델링하면 됨)

11.62 문제 11.60에서 기술한 과정의 생성물에 남아 있는 에너지의 일부를 포획하여 연소 과정에 유입되고 있는 공기를 예열시키려고 한다. 증기 발생기에 공기 예열기를 추가시킴으로써 공기 온도(메탄 온도는 아님)는 450 K로 상승되고 생성물의 온도는 475 K로 낮아진다. 필요한 메탄의 질량 유량을 구하고, 이에 상응하는 연료의 체적 유량과 이와 같이 적절하게 변형시킨 증기 발생기에 유입되는 공기의 체적 유량을 구하라.

11.63 스파크 점화 엔진에서의 연소 과정을 개방계 과정으로 모델링하라. 압축비가 9인 오토 사이클은 동력을 75 kW 발생시킨다. 이 오토 사이클을 비열이 일정한 이상 기체를 사용하는 것으로 모델링하라. 열은 옥탄을 당량비 1로 공기와 함께 연소시켜서 제공된다. 공기와 연료는 온도 700 K에서 연소 과정을 시작하고, 생성물은 연소 과정에서 1400 K로 유출된다. 이 연소 과정에서 필요한 열을 발생시키는 데 필요한 옥탄의 질량 유량을 구하라.

11.64 압축비가 20이고 단절비가 2.5인 디젤 사이클에서 동력 200 kW가 발생된다. 이 디젤 사이클을 비열이 일정한 이상 기체를 사용하고 일정 압력 밀폐계 과정에서 제공되는 열을 사용하는 것으로 모델링하라. 공기는 압축 행정에 300 K로 유입되고, 연소 과정은 압축 행정의 말기에 시작된다. 연료는 데칸이고, 연소 과정에는 500 K로 유입된다. (주 : 이는 실제 엔진에서의 복잡한 과정의 완전한 모델링은 아니다.) 연소의 총 당량비는 0.6이라고 본다. 생성물은 연소 과정에서 1300 K로 유출된다. 이 연소 과정에서 필요한 열을 발생시키는 데 필요한 데칸의 질량 유량을 구하라.

11.65 문제 11.63을 다시 풀어라. 단, 순수 옥탄을 연료로 사용하는 대신에, 기체 상태의 체적 기준으로 에탄올 20 %와 옥탄 80 %의 혼합물을 사용했을 때, 이 에탄올 및 옥탄의 질량 유량을 구하라.

11.66 브레이튼 사이클에서 공기가 압축기에 100 kPa 및 25 ℃로 유입된다. 공기는 압축기를 1100 kPa의 압력으로 유출된다. "공기"(실제로는 연소 생성물이지만, 브레이튼 사이클에서는 생성물을 공기로 모델링함)는 터빈에 1400 K로 유입된다. 사이클로 발생되는 동력은 50 MW이다. 이 공기는 비열이 가변적이라고 본다. 열은 옥탄(C_8H_{18})과 공기의 연소를 거쳐서 제공되고, 공기는 압축기에서 유출되는 공기 중의 일부에서 공급되며, 반응물 혼합물은 화학량론적 혼합물이다. 연료는 298 K로 유입되어 완전 연소된다. 생성물 온도는 1400 K이다. 다음 각각에서, 과정에 필요한 옥탄의 질량 유량과 연소 과정에서 필요한 압축기에서 유출되는 공기의 분율을 각각 구하라.

(a) 터빈과 압축기가 등엔트로피 과정을 겪을 때
(b) 터빈의 등엔트로피 효율이 0.75이고 압축기의 등엔트로피 효율이 0.75일 때

11.67 문제 7.62의 브레이튼 사이클을 살펴보자. 열은 옥탄(C_8H_{18})과 공기의 연소로 공급되게 하려고 하는데, 공기로는 10 % 과잉 공기가 사용되고 연소는 완전 연소로 진행된다. 공기는 연소 과정에 압축기의 출구 온도로 유입되고, 연료는 25 ℃로 유입되며, 생성물은 1200 ℃로 유출된다. 문제 7.62의 문항 (a)와 (b)에 관하여, 연소 과정에 필요한 옥탄의 질량 유량을 각각 구하라.

11.68 프로판과 공기를 피스톤-실린더 장치에서 일정 압력으로 연소시키려고 한다. 혼합물은 초기에는 298 K이고 150 kPa에서 프로판-공기 혼합물(당량비가 1임)이 0.25 m³ 들어 있다. 혼합물은 일정 압력 과정에서 완전 연소되고, 생성물은 1500 K로 냉각된다. 과정 중에 방출되는 열량을 구하라.

11.69 에탄(C_2H_6)이 강체 용기에서 온도가 298 K인 공기와 당량비 1로 혼합된다. 초기에는 0.10 kmole의 에탄이 있다. 혼합물은 완전 연소되고 생성물은 700 K로 냉각된다. 과정 중에 방출되는 열량을 구하라.

11.70 프로판(C_3H_8) 0.08 kmole이 강체 용기에서 온도가 298 K인 15 % 과잉 공기와 혼합된다. 이 혼합물은 완전 연소가 되고 생성물은 1000 K로 냉각된다. 이 과정 중에 방출되는 열량을 구하라.

11.71 부탄(C_4H_{10})이 강체 용기에서 온도가 298 K인 10 % 과잉 공기와 혼합된다. 초기에는 0.25 mole의 부탄이 있다. 혼합물은 완전 연소되고 생성물은 777 K로 냉각된다. 과정 중에 방출되는 열량을 구하라.

11.72 메탄을 10 % 과잉 공기로 연소시키려고 하는데, 반응물은 초기에 298 K이다. 이 과정에서의 단열 화염 온도를 구하라.

11.73 에탄올(C_2H_5OH)을 15 % 과잉 공기로 연소시키려고 하는데, 반응물은 초기에 298 K이다. 이 과정에서의 단열 화염 온도를 구하라.

11.74 헥산(C_6H_{14})을 120 % 이론 공기로 연소시키려고 하는데, 반응물은 초기에 298 K이다. 이 과정에서의 단열 화염 온도를 구하라.

11.75 산화제가 각각 다음과 같을 때, 에탄(C_2H_6)의 연소에서 단열 화염 온도를 구하라.
(a) 100 % 이론 공기   (b) 100 % 과잉 공기
이 두 경우에 반응물은 298 K이다.

11.76 당량비가 0.5와 1.0 사이의 범위에서 변화할 때, 프로판(C_3H_8)과 공기의 연소에서 단열 화염 온도를 당량비의 함수로 하여 그래프를 그려라. 반응물은 초기에 298 K이다.

11.77 당량비가 0.5와 1.0 사이의 범위에서 변화할 때, 옥탄(C_8H_{18})과 공기의 연소에서 단열 화염 온도를 당량비의 함수로 하여 그래프를 그려라. 반응물은 초기에 298 K이다.

11.78 반응물 온도가 298 K와 700 K 사이의 범위에서 변화할 때, 프로판(C_3H_8)과 공기의 연소에서 단열 화염 온도를 반응물 온도의 함수로 하여 그래프를 그려라. 반응물 혼합물은 화학량론적이다.

11.79 메탄(CH_4)과 공기의 혼합물이 당량비 0.85로 연소로에서 완전 연소된다. 반응물은 298 K로 유입되고, 생성물은 1000 K로 유출된다. 열은 온도가 800 K인 표면을 가로질러 과정으로 전달된다. 메탄은 연소로에 체적 유량은 0.10 m^3/s이고 압력은 101 kPa로 유입된다. 이 연소 과정에서 엔트로피 생성률을 구하라.

11.80 옥탄(C_8H_{18})이 피스톤-실린더 장치에서 공기로 완전 연소된다. 연소시킬 옥탄의 질량은 25 g이고, 연소 과정은 10 % 과잉 공기로 일어난다. 이 과정은, 200 kPa로 일정 압력이고 반응물은 초기에 600 K로 가정한다. 연소 과정이 완료된 후에, 생성물은 1200 K로 냉각된다. 실린더 벽은 1000 K로 유지된다. 이 연소 과정에서 엔트로피 생성량을 구하라.

11.81 프로판과 공기의 혼합물이 가스 그릴에서 연소된다. 프로판의 질량 유량은 0.02 kg/s이며, 혼합물은 당량비가 0.90이다. 이 과정을 일정 압력(101 kPa)이라고 가정하고, 반응물은 초기 온도가 298 K라고 가정한다. 생성물은 버너에서 1100 K로 유출된다. 버너 벽은 온도가 600 K로 유지된다. 이 과정에서 엔트로피 생성률을 구하라.

11.82 액체 에탄올(C_2H_5OH)이 15 % 과잉 공기로 완전 연소된다. 반응물은 298 K로 유입된다. 연소기의 표면 온도는 800 K로 유지된다. 압력은 101.325 kPa로 일정하고, 연료와 공기는 연소기에 따로

유입된다. 생성물 온도가 800 K와 1500 K 사이의 범위에서 변화할 때, 에탄올의 kmole당 엔트로피 생성률을 그래프로 그려라.

11.83 액체 헵탄(C_7H_{16})이 20 % 과잉 공기로 완전 연소된다. 반응물은 298 K로 유입되고, 생성물은 1000 K로 유출된다. 압력은 101.325 kPa로 일정하고, 연료와 공기는 연소기에 따로 유입된다. 연소기 표면 온도가 300 K와 1000 K 사이의 범위에서 변화할 때, 헵탄의 kmole당 엔트로피 생성률을 그래프로 그려라.

11.84 헥산(C_6H_{14})이 공기로 완전 연소된다. 반응물은 298 K로 유입되고, 생성물은 900 K로 유출되며, 연소기 표면 온도는 600 K로 유지된다. 과정의 압력은 101.325 kP이다. 당량비가 0.50과 1.0 사이의 범위에서 변화할 때, 헥산의 kmole당 엔트로피 생성률을 그래프로 그려라.

11.85 연료 전지가 H_2와 O_2를 사용하여 전기를 발생시킨다. 연료 전지의 생성물은 액체 물이다. 연료 전지는 298 K 및 101.325 kPa에서 작동한다. 이 연료 전지에서 가능한 최대 전압을 구하라.

11.86 연료 전지가 H_2와 공기를 사용하여 전기를 발생시킨다. 연료 전지의 생성물은 액체 물과 질소이다. 연료 전지는 298 K에서 작동한다. 다음 각각에서, 이 연료 전지의 최대 전압을 구하라.
 (a) 연료 전지 압력이 101.325 kPa일 때
 (b) 연료 전지 압력이 1 MPa일 때

11.87 H_2-공기 연료 전지가 전기를 발생시킨다. 연료 전지의 생성물은 액체 물과 질소이다. 연료 전지는 400 K 및 101.325 kPa에서 작동한다. 이 연료 전지에서 가능한 최대 전압을 구하라.

11.88 H_2-O_2 연료 전지가 전기와 수증기를 발생시킨다. 연료 전지는 900 K 및 5 atm에서 작동한다. 이 연료 전지에서 가능한 최대 전압을 구하라.

11.89 H_2-O_2 연료 전지의 온도가 압력 101.325 kPa에서 변화한다고 가정한다. 연료 전지 온도가 400 K와 1000 K 사이의 범위에서 변화할 때, 대기압에서 작동하는 이 연료 전지의 최대 전압을 그래프로 그려라.

11.90 H_2-O_2 연료 전지의 압력이 변화한다고 가정한다. 연료 전지 압력이 20 kPa과 500 kPa 사이의 범위에서 변화할 때, 430 K에서 작동하는 이 연료 전지의 최대 전압을 그래프로 그려라.

11.91 O_2 0.5 kmole이 1500 K 및 101.325 kPa로 가열되는데, 이 상태에서는 화학 평형에 도달될 때까지 해리(dissociation)가 일어난다. 화학적 평형이 막 달성되었을 때 존재하게 되는 O_2와 O의 kmole수를 각각 구하라.

11.92 N_2 0.25 kmole이 2200 K 및 101.325 kPa로 가열되는데, 이 상태에서는 화학 평형에 이르게 될 때까지 해리가 일어난다. 화학적 평형이 막 달성되었을 때 존재하게 되는 N_2의 kmole 몰 수와 N의 kmole 수를 각각 구하라.

11.93 고온에서의 3가지 서로 다른 원자 가스의 해리를 살펴보자. 다음과 같은 3가지 가스가 각각 가스 1 kmole이 초기에 압력 101.325 kPa에서 2500 K로 가열된다고 하자. 다음 각각에서, 화학적 평형이 2500 K 및 101.325 kPa에 도달하자마자 가스의 결과적인 혼합물(2원자 및 단원자 형태)을 결정하라.

(a) H_2, (b) O_2, (c) N_2

11.94 CO_2 1 kmole이 200 kPa에서 급격하게 2200 K로 가열된다. 화학 반응은 CO_2, CO 및 O_2의 평형 혼합물이 달성될 때까지 일어난다. 화학적 평형에서 결과적인 혼합물의 몰 조성을 구하라.

11.95 초기에 O_2 1 kmole과 N_2 1 kmole로 구성된 혼합물이 1000 K 및 101.325 kPa이다. 혼합물은 NO로 화학적 평형에 도달한다.

(a) 화학적 평형에서 존재하게 되는 O_2, N_2 및 NO 혼합물의 몰 조성을 구하라.
(b) 이 과정을 혼합물 온도가 3000 K일 때로 하여 다시 풀어라.

11.96 초기에 혼합물이 CO_2 1 kmole과 Ar 2 kmole로 구성되어 있다. 혼합물은 2200 K 및 101.325 kPa에서 CO_2, CO, O_2 및 Ar의 평형 혼합물이 된다. 이 평형 혼합물의 몰 조성을 구하라.

11.97 O_2 2 kmole이 He 3 kmole과 혼합되어 2500 K로 가열된다. O_2는 일부 해리되고, O_2, O 및 He의 혼합물은 화학적 평형에서 존재한다. 다음 각각에서 이 혼합물의 조성을 구하라.

(a) 혼합물 압력이 101.325 kPa일 때
(b) 혼합물 압력이 1 MPa일 때

11.98 초기에 O_2 1 kmole로 구성되어 있는 시스템이 있다. 이 혼합물은 가열되어 각각의 시험 온도에서 화학적 평형에 도달한다. 혼합물이 압력이 101.325 kPa이고 온도가 298 K와 3000 K 사이의 범위에서 변화할 때, 화학적 평형에서 O_2와 O의 혼합물에서 O_2의 몰 분율과 O의 몰 분율을 그래프로 그려라. 압력이 10 kPa과 2 MPa일 때 각각 다시 계산하라.

11.99 O_2, N_2 및 NO 간의 화학적 평형 반응을 살펴보자. 초기에 혼합물은 O_2 1 kmole과 N_2 3.76 kmole로 구성되어 있다. 혼합물 온도가 298 K와 3000 K 사이의 범위에서 변화할 때, 화학적 평형에서 혼합물의 3가지 성분 모두의 몰 분율을 그래프로 그려라. 혼합물 압력이 변화하면 몰 분율도 변화하는가?

11.100 CO_2 1 kmole이 가열되어 2000 K에서 CO 및 O_2로 화학적 평형에 도달한다. 압력이 10 kPa과 2.5 MPa 사이의 범위에서 변화할 때, 3가지 성분의 몰 분율을 압력의 함수로 하여 그래프를 그려라.

11.101 초기에 혼합물이 CO_2 1 kmole, CO 0.75 kmole 및 O_2 0.25 kmole로 구성되어 있다. 이 혼합물은 2300 K로 가열된다. 혼합물 압력이 101.325 kPa에서 화학적 평형이 달성되었을 때 혼합물의 조성을 구하라.

11.102 NO 1 kmole이 1000 K로 가열된다. O_2, N_2 및 NO의 화합물은 압력이 101.325 kPa이고 온도가 1000 K일 때 형성된다. 화학적 평형이 막 달성되었을 때 이 혼합물의 몰 조성을 구하라.

11.103 CO_2 0.5 kmole, CO 0.25 kmole, H_2O 0.75 kmole 및 H_2 0.10 kmole로 구성되어 있는 한 세트의 연소 생성물이, 수성 가스 변위 반응에 따라 1800 K 및 101.325 kPa에서 화학적 평형에 이르게 된다. 이 평형 혼합물의 조성을 구하라.

11.104 H_2O 1 kmole이 어느 정도 양의 Ar 가스와 혼합된다. 이 혼합물이 가열되어 H_2O, H_2, O_2 및 Ar 간의 화학적 평형 상태는 온도가 2000 K이고 압력이 101.325 kPa일 때 달성된다. Ar의 초기 양이 0.05 kmole과 5 kmole 사이의 범위에서 변화할 때, 각각의 성분의 몰수를 그래프로 그려라.

11.105 CO_2 1 mole이 가열되어 CO_2, CO 및 O_2 간에 화학적 평형은 압력이 250 kPa일 때 달성된다. 혼합물 온도가 555 K와 3000 K 사이의 범위에서 변화할 때, 화학적 평형에서 혼합물의 각각의 성분의 몰 분율을 그래프로 그려라.

11.106 프로판(C_3H_8)이 당량비 1.3으로 공기와 함께 연소될 때를 살펴보자. 원자 균형 및 수성 가스 변위 반응 결합법을 사용하여, 생성물 온도 1500 K에서 이 과정을 기술하는 화학 반응을 구하라.

11.107 부탄(C_4H_{10})이 당량비 1.20으로 공기로 연소된다. 원자 균형 및 물-가스 전이 반응 결합법을 사용하여, 생성물 온도 1200 K에서 이 과정을 기술하는 화학 반응을 구하라.

11.108 에탄(C_2H_6)이 당량비 1.25로 공기와 함께 연소된다. 원자 균형 및 수성 가스 변위 반응 결합법을 사용하여, 생성물 온도 1200 K에서 이 과정을 기술하는 화학 반응을 구하라.

11.109 옥탄(C_8H_{18})이 질량 기준 공연비 13으로 공기와 함께 연소된다. 원자 균형 및 수성 가스 변위 반응 결합법을 사용하여, 생성물 온도가 각각 다음과 같을 때, 이 과정을 기술하는 화학 반응을 구하라.

(a) 500 K, (b) 1000 K, (c) 1500 K

11.110 부탄(C_4H_{10})이 80 % 이론 공기로 연소된다. 원자 균형 및 수성 가스 변위 반응 결합법을 사용하여, 생성물 온도가 각각 다음과 같을 때, 이 과정을 기술하는 화학 반응을 구하라.

(a) 500 K, (b) 1000 K, (c) 1500 K

11.111 메탄(CH_4)이 25 % 결핍 공기로 연소되고 있다. 반응물은 298 K로 유입되고 생성물은 1000 K로 유출된다. 원자 균형 및 수성 가스 변위 반응 결합법을 사용하여 이 연소를 기술하는 화학 반응을 구한 다음, 연료의 kmol당 반응열을 구하라.

11.112 에탄(C_2H_6)이 당량비 1.50로 공기와 함께 연소되고 있다. 반응물은 298 K로 유입되고 생성물은 1000 K로 유출된다. 원자 균형 및 수성 가스 변위 반응 결합법을 사용하여 이 연소를 기술하는 화학 반응을 구한 다음, 연료의 kmol당 반응열을 구하라.

11.113 프로판(C_3H_8)이 당량비 1.35로 공기와 함께 연소되고 있다. 반응물은 298 K로 유입된다. 생성물을 구하는 데, 원자 균형 및 수성 가스 변위 반응 결합법을 사용하라. 연소기로 유입되는 프로판의 체적 유량은 0.05 m^3/s라고 하고, 입구 압력은 101 kPa로 한다. 생성물 온도가 500 K와 1600K 사이의 범위에서 변화할 때, 이 연소에서 나오는 열 방출률을 그래프로 그려라. (주: 생성물의 조성은 온도가 변함에 따라 변하게 된다.)

11.114 프로판(C_3H_8)이 농후 연소 과정에서 공기로 연소되고 있다. 반응물은 298 K로 유입되고 생성물은 800 K로 유출된다. 이 프로판은 연소기에 대기압 및 체적 유량 0.25 m^3/s로 유입된다. 생성물을 구하는 데, 원자 균형 및 수성 가스 변위 반응 결합법을 사용하라. 당량비가 1.1과 1.5 사이의 범위에서 변화할 때, 이 과정에서 나오는 열 방출률을 반응물 혼합물 당량비의 함수로 하여 그래프로 그려라.

11.115 메탄(CH_4)이 당량비 1.25로 대기압 상태에서 공기와 함께 연소되고 있다. 반응물은 400 K로 유입되고 메탄의 체적유량은 42 L/s이다. 상태에서, 400 K 및 대기압으로 유입된다. 생성물을 구하는 데, 원자 균형 및 수성 가스 변위 반응 결합법을 사용하라. 생성물 온도가 500 K와 1250K 사이의 범위에서 변화할 때, 이 연소에서 나오는 열 방출률을 그래프로 그려라. (주 : 생성물의 조성은 온도가 변함에 따라 변한다.)

11.116 문제 11.60을 다시 풀어라. 단, 연소는 20 % 결핍 공기로 일어난다고 본다. 요구되는 유량을 구하라.

11.117 문제 11.63을 다시 풀어라. 단, 연소는 당량비 1.2로 일어난다고 본다. 요구되는 상태량들을 구하라.

11.118 문제 11.67을 다시 풀어라. 단, 연소는 질량 기준 공연비 12.5로 일어난다고 본다. 요구되는 상태량들을 구하라.

설계/개방형 문제

11.119 보일러로 대기압에서 포화 수증기 1 kg/s를 발생시키려고 한다. 액체 물은 보일러에 20 ℃로 유입된다. 손쉽게 사용할 수 있는 가능성이 있는 연료로는 천연 가스(메탄으로 모델링하면 됨)와 프로판이 있다. 연료와 공기는 보일러의 연소기에 25 ℃ 및 대기압으로 유입된다. 보일러에 충분한 열이 공급될 수 있는 연소 과정을 설계하라(당량비와 생성물 출구 온도를 선정하라). 이 연소 과정에서 방출되는 열의 95 %는 물로 전달된다고 가정한다. 해당 지역에서의 천연 가스와 프로판의 시가를 적용하여 본인이 설계한 연소 과정에 들어가는 일일 연료비를 구하라(이 연소 과정은 하루 24시간 가동된다고 가정한다).

11.120 집 안에 가열된 공기를 정상 상태로 공급해 줄 수 있는 가정용 난로 설비를 설계하라. 공기는 열교환기를 거쳐 가열되며, 기타 작동 유체는 연소 생성물 상태이다. 가열된 공기는 35 ℃ 및 101.325 kPa인 상태에서 0.25 m³/s의 유량으로 공급시키려고 한다. 난로 쪽으로 귀환하는 저온 공기에는 집 안 나머지 공기가 18 ℃ 상태로 딸려 온다. 안전상의 이유로, 설계에서 반응물 혼합물은 전반적으로 희박 상태가 되어야 하지만, 당량비는 최소 0.80이 되어야 한다. 설계 항목에는 사용 연료, 공연비, 열교환기의 유입 생성물 온도와 유출 생성물 온도, 및 공기 유량과 연료 유량이 포함되어야 한다.

11.121 예제 7.4에 기술되어 있는 변형된 랭킨 사이클에 필요한 열을 제공할 수 있는 연소 과정을 (연료, 당량비, 및 생성물 출구 온도를 명시하여) 설계하라. 연료 시가에 근거하여, 사이클에 들어가는 연료의 일일 비용을 견적하라. 연료와 공기는 25 ℃로 유입된다고 가정하라.

11.122 예제 7.5에 기술되어 있는 변형된 랭킨 사이클에 필요한 열을 제공할 수 있는 연소 과정(연료, 당량비 및 생성물 출구 온도 명시)을 설계하라. 연료 시가에 근거하여, 사이클에 들어가는 연료의 일일 비용을 견적하라. 연료와 공기는 25 ℃로 유입된다고 가정하라.

11.123 문제 11.122를 다시 풀어라. 단, 여기에서는 랭킨 사이클의 증기 발생기에 공기 예열부를 추가하여, 연소 과정에서 사용되는 공기가 연소 과정에서 유출되는 가스로 400 K로 가열되도록 한다. 이렇게 함으로써 증기 발생기에서 필요한 열 부하 증가가 수반되어 공기의 가열에 포함되게 한다.

11.124 예제 7.10에 기술되어 있는 브레이튼 사이클에 필요한 열을 제공할 수 있는 연소 과정(연료, 당량비 및 생성물 출구 온도 명시)을 설계하라. 연료 시가에 근거하여, 사이클에 들어가는 연료의 일일 비용을 견적하라. 연료와 공기는 25 ℃로 유입된다고 가정하라.

11.125 예제 10.8을 살펴보라. 공기 가열이 가열로에서 이루어지고 있는데, 이 노에서는 연소 과정에서 공기로 전달되는 열효율이 95 %이다. 필요한 열을 제공할 수 있는 연소 과정(연료, 당량비 및 생성물 출구 온도 명시)을 설계하라. 연료와 공기는 5 ℃로 유입된다고 가정하라.

11.126 무탱크형 물 가열기가 있다. 이 물 가열기는 온도가 10 ℃로 공급되는 물을 사용하여 온도가 45 ℃인 물을 체적 유량 1 L/s로 공급한다. 이 가열기에 사용되는 연료는 천연가스로서, 이는 체적 기준으로 대략 CH_4 93 % 및 C_2H_6 7 %이다. 연소 생성물은 60 ℃보다 더 낮지 않은 온도로 이 시스템에서 유출되어야 한다. 공기와 연료는 모두 10 ℃로 시스템에 유입되지만, 연소 과정 이전에 배기 가스로 예열하면 된다. 이 연소 생성물–물 열교환기의 효율이 95 %가 되도록 고려하여야 한다. 물에 필요한 열을 공급할 수 있는 연소 과정을 설계하라.

부 록

〈표 A.1〉 대표적인 이상 기체의 상태량

물질	화학식	몰 질량 M (kg/kmol)	기체 상수 R (kJ/kg·K)	c_p (kJ/kg·K)	c_v (kJ/kg·K)	k	임계 온도 T_c (K)	임계 압력 P_c (MPa)
공기	—	28.97	0.2870	1.005	0.718	1.400	132.5	3.77
암모니아	NH_3	17.03	0.4882	2.16	1.67	1.29	405.5	11.28
아르곤	Ar	39.948	0.2081	0.5203	0.3122	1.667	151	4.86
부탄	C_4H_{10}	58.124	0.1433	1.7164	1.5734	1.091	425.2	3.80
이산화탄소	CO_2	44.01	0.1889	0.846	0.657	1.289	304.2	7.39
일산화탄소	CO	28.011	0.2968	1.040	0.744	1.400	133	3.50
에탄	C_2H_6	30.070	0.2765	1.7662	1.4897	1.186	305.5	4.48
헬륨	He	4.003	2.0769	5.1926	3.1156	1.667	5.3	0.23
수소	H_2	2.016	4.124	14.307	10.183	1.405	33.3	1.30
메탄	CH_4	16.043	0.5182	2.2537	1.7354	1.299	191.1	4.64
네온	Ne	20.183	0.4119	1.0299	0.6179	1.667	44.5	2.73
질소	N_2	28.013	0.2968	1.039	0.743	1.400	126.2	3.39
옥탄	C_8H_{18}	114.22	0.0728	1.7113	1.6385	1.044	569	2.49
산소	O_2	31.999	0.2598	0.918	0.658	1.395	154.8	5.08
프로판	C_3H_8	44.097	0.1885	1.6794	1.4909	1.126	370	4.26
이산화황	SO_2	64.063	0.1298	0.64	0.51	1.29	430.7	7.88
수증기	H_2O	18.015	0.4615	1.8723	1.4108	1.327	647.1	22.06

* c_p와 c_v는 300 K에서의 값.

〈표 A.2〉 대표적인 이상 기체의 온도별 비열 값 (kJ/kg·K)

온도 (K)	공기			질소, N_2			산소, O_2		
	c_p	c_v	k	c_p	c_v	k	c_p	c_v	k
250	1.003	0.716	1.401	1.039	0.742	1.400	0.913	0.653	1.398
300	1.005	0.718	1.400	1.039	0.743	1.400	0.918	0.658	1.395
350	1.008	0.721	1.398	1.041	0.744	1.399	0.928	0.668	1.389
400	1.013	0.726	1.395	1.044	0.747	1.397	0.941	0.681	1.382
450	1.020	0.733	1.391	1.049	0.752	1.395	0.956	0.696	1.373
500	1.029	0.742	1.387	1.056	0.759	1.391	0.972	0.712	1.365
550	1.040	0.753	1.381	1.065	0.768	1.387	0.988	0.728	1.358
600	1.051	0.764	1.376	1.075	0.778	1.382	1.003	0.743	1.350
650	1.063	0.776	1.370	1.086	0.789	1.376	1.017	0.758	1.343
700	1.075	0.788	1.364	1.098	0.801	1.371	1.031	0.771	1.337
750	1.087	0.800	1.359	1.110	0.813	1.365	1.043	0.783	1.332
800	1.099	0.812	1.354	1.121	0.825	1.360	1.054	0.794	1.327
900	1.121	0.834	1.344	1.145	0.849	1.349	1.074	0.814	1.319
1000	1.142	0.855	1.336	1.167	0.870	1.341	1.090	0.830	1.313

온도 (K)	이산화탄소, CO_2			일산화탄소, CO			수소, H_2		
	c_p	c_v	k	c_p	c_v	k	c_p	c_v	k
250	0.791	0.602	1.314	1.039	0.743	1.400	14.051	9.927	1.416
300	0.846	0.657	1.288	1.040	0.744	1.399	14.307	10.183	1.405
350	0.895	0.706	1.268	1.043	0.746	1.398	14.427	10.302	1.400
400	0.939	0.750	1.252	1.047	0.751	1.395	14.476	10.352	1.398
450	0.978	0.790	1.239	1.054	0.757	1.392	14.501	10.377	1.398
500	1.014	0.825	1.229	1.063	0.767	1.387	14.513	10.389	1.397
550	1.046	0.857	1.220	1.075	0.778	1.382	14.530	10.405	1.396
600	1.075	0.886	1.213	1.087	0.790	1.376	14.546	10.422	1.396
650	1.102	0.913	1.207	1.100	0.803	1.370	14.571	10.447	1.395
700	1.126	0.937	1.202	1.113	0.816	1.364	14.604	10.480	1.394
750	1.148	0.959	1.197	1.126	0.829	1.358	14.645	10.521	1.392
800	1.169	0.980	1.193	1.139	0.842	1.353	14.695	10.570	1.390
900	1.204	1.015	1.186	1.163	0.866	1.343	14.822	10.698	1.385
1000	1.234	1.045	1.181	1.185	0.888	1.335	14.983	10.859	1.380

T (K)	h (kJ/kg)	P_r	u (kJ/kg)	v_r	s^o (kJ/kg·K)	T (K)	h (kJ/kg)	P_r	u (kJ/kg)	v_r	s^o (kJ/kg·K)
200	199.97	0.3363	142.56	1707	1.29559	780	800.03	43.35	576.12	51.64	2.69013
220	219.97	0.4690	156.82	1346	1.39105	820	843.98	52.49	608.59	44.84	2.74504
240	240.02	0.6355	171.13	1084	1.47824	860	888.27	63.09	641.40	39.12	2.79783
260	260.09	0.8405	185.45	887.8	1.55848	900	932.93	75.29	674.58	34.31	2.84856
280	280.13	1.0889	199.75	738.0	1.63279	940	977.92	89.28	708.08	30.22	2.89748
290	290.16	1.2311	206.91	676.1	1.66802	980	1023.25	105.2	741.98	26.73	2.94468
300	300.19	1.3860	214.07	621.2	1.70203	1020	1068.89	123.4	776.10	23.72	2.99034
310	310.24	1.5546	221.25	572.3	1.73498	1060	1114.86	143.9	810.62	21.14	3.03449
320	320.29	1.7375	228.43	528.6	1.76690	1100	1161.07	167.1	845.33	18.896	3.07732
340	340.42	2.149	242.82	454.1	1.82790	1140	1207.57	193.1	880.35	16.946	3.11883
360	360.58	2.626	257.24	393.4	1.88543	1180	1254.34	222.2	915.57	15.241	3.15916
380	380.77	3.176	271.69	343.4	1.94001	1220	1301.31	254.7	951.09	13.747	3.19834
400	400.98	3.806	286.16	301.6	1.99194	1260	1348.55	290.8	986.90	12.435	3.23638
420	421.26	4.522	300.69	266.6	2.04142	1300	1395.97	330.9	1022.82	11.275	3.27345
440	441.61	5.332	315.30	236.8	2.08870	1340	1443.60	375.3	1058.94	10.247	3.30959
460	462.02	6.245	329.97	211.4	2.13407	1380	1491.44	424.2	1095.26	9.337	3.34474
480	482.49	7.268	344.70	189.5	2.17760	1420	1539.44	478.0	1131.77	8.526	3.37901
500	503.02	8.411	359.49	170.6	2.21952	1460	1587.63	537.1	1168.49	7.801	3.41247
520	523.63	9.684	374.36	154.1	2.25997	1500	1635.97	601.9	1205.41	7.152	3.44516
540	544.35	11.10	389.34	139.7	2.29906	1540	1684.51	672.8	1242.43	6.569	3.47712
560	565.17	12.66	404.42	127.0	2.33685	1580	1733.17	750.0	1279.65	6.046	3.50829
580	586.04	14.38	419.55	115.7	2.37348	1620	1782.00	834.1	1316.96	5.574	3.53879
600	607.02	16.28	434.78	105.8	2.40902	1660	1830.96	925.6	1354.48	5.147	3.56867
620	628.07	18.36	450.09	96.92	2.44356	1700	1880.1	1025	1392.7	4.761	3.5979
640	649.22	20.65	465.05	88.99	2.47716	1800	2003.3	1310	1487.2	3.944	3.6684
660	670.47	23.13	481.01	81.89	2.50985	1900	2127.4	1655	1582.6	3.295	3.73541
680	691.82	25.85	496.62	75.50	2.54175	2000	2252.1	2068	1678.7	2.776	3.7994
700	713.27	28.80	512.33	69.76	2.57277	2100	2377.4	2559	1775.3	2.356	3.8605
720	734.82	32.02	528.14	64.53	2.60319	2200	2503.2	3138	1872.4	2.012	3.9191
740	756.44	35.50	544.02	59.82	2.63280						

* 출전 : J. H. Keenan and J. Kaye, Gas Tables, Wiley, New York, 1945.

〈표 A.4〉 이상 기체 상태량 - 질소(N₂)

$$\bar{h}_f^o = 0\ \text{kJ/kmol}$$

T (K)	$\bar{h}$ (kJ/kmol)	$\bar{u}$ (kJ/kmol)	$\bar{s}^o$ (kJ/kmol·K)	T (K)	$\bar{h}$ (kJ/kmol)	$\bar{u}$ (kJ/kmol)	$\bar{s}^o$ (kJ/kmol·K)
0	0	0	0	1000	30 129	21 815	228.057
220	6391	4562	182.639	1020	30 784	22 304	228.706
240	6975	4979	185.180	1040	31 442	22 795	229.344
260	7558	5396	187.514	1060	32 101	23 288	229.973
280	8141	5813	189.673	1080	32 762	23 782	230.591
298	8669	6190	191.502	1100	33 426	24 280	231.199
300	8723	6229	191.682	1120	34 092	24 780	231.799
320	9306	6645	193.562	1140	34 760	25 282	232.391
340	9888	7061	195.328	1160	35 430	25 786	232.973
360	10 471	7478	196.995	1180	36 104	26 291	233.549
380	11 055	7895	198.572	1200	36 777	26 799	234.115
400	11 640	8314	200.071	1240	38 129	27 819	235.223
420	12 225	8733	201.499	1260	38 807	28 331	235.766
440	12 811	9153	202.863	1280	39 488	28 845	236.302
460	13 399	9574	204.170	1300	40 170	29 361	236.831
480	13 988	9997	205.424	1320	40 853	29 878	237.353
500	14 581	10 423	206.630	1340	41.539	30 398	237.867
520	15 172	10 848	207.792	1360	42 227	30 919	238.376
540	15 766	11 277	208.914	1380	42 915	31 441	238.878
560	16 363	11 707	209.999	1400	43 605	31 964	239.375
580	16 962	12 139	211.049	1440	44 988	33 014	240.350
600	17 563	12 574	212.066	1480	46 377	34 071	241.301
620	18 166	13 011	213.055	1520	47 771	35 133	242.228
640	18 772	13 450	214.018	1560	49 168	36 197	243.137
660	19 380	13 892	214.954	1600	50 571	37 268	244.028
680	19 991	14 337	215.866	1700	54 099	39 965	246.166
700	20 604	14 784	216.756	1800	57 651	42 685	248.195
720	21 220	15 234	217.624	1900	61 220	45 423	250.128
740	21 839	15 686	218.472	2000	64 810	48 181	251.969
760	22 460	16 141	219.301	2100	68 417	50 957	253.726
780	23 085	16 599	220.113	2200	72 040	53 749	255.412
800	23 714	17 061	220.907	2300	75 676	56 553	257.02
820	24 342	17 524	221.684	2400	79 320	59 366	258.580
840	24 974	17 990	222.447	2500	82 981	62 195	260.073
860	25 610	18 459	223.194	2600	86 650	65 033	261.512
880	26 248	18 931	223.927	2700	90 328	67 880	262.902
900	26 890	19 407	224.647	2800	94 014	70 734	264.241
920	27 532	19 883	225.353	2900	97 705	73 593	265.538
940	28 178	20 362	226.047	3000	101 407	76 464	266.793
960	28 826	20 844	226.728	3100	105 115	79 341	268.007
980	29 476	21 328	227.398	3200	108 830	82 224	269.186

* 출전 : JANAF Thermodynamical Tables, NSRDS-NBS-37, 1971.

〈표 A.4〉 이상 기체 상태량 – 산소(O₂)

$$\bar{h}_f^o = 0 \text{ kJ/kmol}$$

T (K)	$\bar{h}$ (kJ/kmol)	$\bar{u}$ (kJ/kmol)	$\bar{s}^\circ$ (kJ/kmol·K)	T (K)	$\bar{h}$ (kJ/kmol)	$\bar{u}$ (kJ/kmol)	$\bar{s}^\circ$ (kJ/kmol·K)
0	0	0	0	1020	32088	23607	244.164
220	6404	4575	196.171	1040	32789	24142	244.844
240	6984	4989	198.696	1060	33490	24677	245.513
260	7566	5405	201.027	1080	34194	25214	246.171
280	8150	5822	203.191	1100	34899	25753	246.818
298	8682	6203	205.033	1120	35606	26294	247.454
300	8736	6242	205.213	1140	36314	26836	248.081
320	9325	6664	207.112	1160	37023	27379	248.698
340	9916	7090	208.904	1180	37734	27923	249.307
360	10511	7518	210.604	1200	38447	28469	249.906
380	11109	7949	212.222	1220	39162	29018	250.497
400	11711	8384	213.765	1240	39877	29568	251.079
420	12314	8822	215.241	1260	40594	30118	251.653
440	12923	9264	216.656	1280	41312	30670	252.219
460	13535	9710	218.016	1300	42033	31224	252.776
480	14151	10160	219.326	1320	42753	31778	253.325
500	14770	10614	220.589	1340	43475	32334	253.868
520	15395	11071	221.812	1360	44198	32891	254.404
540	16022	11533	222.997	1380	44923	33449	254.932
560	16654	11998	224.146	1400	45648	34008	255.454
580	17290	12467	225.262	1440	47102	35129	256.475
600	17929	12940	226.346	1480	48561	36256	257.474
620	18572	13417	227.400	1520	50024	37387	258.450
640	19219	13898	228.429	1540	50756	37952	258.928
660	19870	14383	229.430	1560	51490	38520	259.402
680	20524	14871	230.405	1600	52961	39658	260.333
700	21184	15364	231.358	1700	56652	42517	262.571
720	21845	15859	232.291	1800	60371	45405	264.701
740	22510	16357	233.201	1900	64116	48319	266.722
760	23178	16859	234.091	2000	67881	51253	268.655
780	23850	17364	234.960	2100	71668	54208	270.504
800	24523	17872	235.810	2200	75484	57192	272.278
820	25199	18382	236.644	2300	79316	60193	273.981
840	25877	18893	237.462	2400	83174	63219	275.625
860	26559	19408	238.264	2500	87057	66271	277.207
880	27242	19925	239.051	2600	90956	69339	278.738
900	27928	20445	239.823	2700	94881	72433	280.219
920	28616	20967	240.580	2800	98826	75546	281.654
940	29306	21491	241.323	2900	102793	78682	283.048
960	29999	22017	242.052	3000	106780	81837	284.399
980	30692	22544	242.768	3100	110784	85009	285.713
1000	31389	23075	243.471	3200	114809	88203	286.989

* 출전 : JANAF Thermodynamical Tables, NSRDS–NBS–37, 1971.

〈표 A.4〉 이상 기체 상태량 - 이산화탄소(CO₂)

$$\overline{h}_f^o = -393\ 520 \text{ kJ/kmol}$$

T (K)	$\overline{h}$ (kJ/kmol)	$\overline{u}$ (kJ/kmol)	$\overline{s}^{\,o}$ (kJ/kmol·K)	T (K)	$\overline{h}$ (kJ/kmol)	$\overline{u}$ (kJ/kmol)	$\overline{s}^{\,o}$ (kJ/kmol·K)
0	0	0	0	1020	43859	35378	270.293
220	6601	4772	202.966	1040	44953	36306	271.354
240	7280	5285	205.920	1060	46051	37238	272.400
260	7979	5817	208.717	1080	47153	38174	273.430
280	8697	6369	211.376	1100	48258	39112	274.445
298	9364	6885	213.685	1120	49369	40057	275.444
300	9431	6939	213.915	1140	50484	41006	276.430
320	10186	7526	216.351	1160	51602	41957	277.403
340	10959	8131	218.694	1180	52724	42913	278.361
360	11748	8752	220.948	1200	53848	43871	279.307
380	12552	9392	223.122	1220	54977	44834	280.238
400	13372	10046	225.225	1240	56108	45799	281.158
420	14206	10714	227.258	1260	57244	46768	282.066
440	15054	11393	229.230	1280	58381	47739	282.962
460	15916	12091	231.144	1300	59522	48713	283.847
480	16791	12800	233.004	1320	60666	49691	284.722
500	17678	13521	234.814	1340	61813	50672	285.586
520	18576	14253	236.575	1360	62963	51656	286.439
540	19485	14996	238.292	1380	64116	52643	287.283
560	20407	15751	239.962	1400	65271	53631	288.106
580	21337	16515	241.602	1440	67586	55614	289.743
600	22280	17291	243.199	1480	69911	57606	291.333
620	23231	18076	244.758	1520	72246	59609	292.888
640	24190	18869	246.282	1560	74590	61620	294.411
660	25160	19672	247.773	1600	76944	63741	295.901
680	26138	20484	249.233	1700	82856	68721	299.482
700	27125	21305	250.663	1800	88806	73840	302.884
720	28121	22134	252.065	1900	94793	78996	306.122
740	29124	22972	253.439	2000	100804	84185	309.210
760	30135	23817	254.787	2100	106864	89404	312.160
780	31154	24669	256.110	2200	112939	94648	314.988
800	32179	25527	257.408	2300	119035	99912	317.695
820	33212	26394	258.682	2400	125152	105197	320.302
840	34251	27267	259.934	2500	131290	110504	322.308
860	35296	28125	261.164	2600	137449	115832	325.222
880	36347	29031	262.371	2700	143620	121172	327.549
900	37405	29922	263.559	2800	149808	126528	329.800
920	38467	30818	264.728	2900	156009	131898	331.975
940	39535	31719	265.877	3000	162226	137283	334.084
960	40607	32625	267.007	3100	168456	142681	336.126
980	41685	33537	268.119	3200	174695	148089	338.109
1000	42769	34455	269.215				

* 출전 : JANAF Thermodynamical Tables, NSRDS-NBS-37, 1971.

<표 A.4> 이상 기체 상태량 – 일산화탄소(CO)

$$\overline{h}_f^o = -110\ 530\ \text{kJ/kmol}$$

T (K)	$\overline{h}$ (kJ/kmol)	$\overline{u}$ (kJ/kmol)	$\overline{s}^{\,o}$ (kJ/kmol·K)	T (K)	$\overline{h}$ (kJ/kmol)	$\overline{u}$ (kJ/kmol)	$\overline{s}^{\,o}$ (kJ/kmol·K)
0	0	0	0	1040	31 688	23 041	235.728
220	6391	4562	188.683	1060	32 357	23 544	236.364
240	6975	4979	191.221	1080	33 029	24 049	236.992
260	7558	5396	193.554	1100	33 702	24 557	237.609
280	8140	5812	195.713	1120	34 377	25 065	238.217
300	8723	6229	197.723	1140	35 054	25 575	238.817
320	9306	6645	199.603	1160	35 733	26 088	239.407
340	9889	7062	201.371	1180	36 406	26 602	239.989
360	10 473	7480	203.040	1200	37 095	27 118	240.663
380	11 058	7899	204.622	1220	37 780	27 637	241.128
400	11 644	8319	206.125	1240	38 466	28 426	241.686
420	12 232	8740	207.549	1260	39 154	28 678	242.236
440	12 821	9163	208.929	1280	39 844	29 201	242.780
460	13 412	9587	210.243	1300	40 534	29 725	243.316
480	14 005	10 014	211.504	1320	41 226	30 251	243.844
500	14 600	10 443	212.719	1340	41 919	30 778	244.366
520	15 197	10 874	213.890	1360	42 613	31 306	244.880
540	15 797	11 307	215.020	1380	43 309	31 836	245.388
560	16 399	11 743	216.115	1400	44 007	32 367	245.889
580	17 003	12 181	217.175	1440	45 408	33 434	246.876
600	17 611	12 622	218.204	1480	46 813	34 508	247.839
620	18 221	13 066	219.205	1520	48 222	35 584	248.778
640	18 833	13 512	220.179	1560	49 635	36 665	249.695
660	19 449	13 962	221.127	1600	51 053	37 750	250.592
680	20 068	14 414	222.052	1700	54 609	40 474	252.751
700	20 690	14 870	222.953	1800	58 191	43 225	254.797
720	21 315	15 328	223.833	1900	61 794	45 997	256.743
740	21 943	15 789	224.692	2000	65 408	48 780	258.600
760	22 573	16 255	225.533	2100	69 044	51 584	260.370
780	23 208	16 723	226.357	2200	72 688	54 396	262.065
800	23 844	17 193	227.162	2300	76 345	57 222	263.692
820	24 483	17 665	227.952	2400	80 015	60 060	265.253
840	25 124	18 140	228.724	2500	83 692	62 906	266.755
860	25 768	18 617	229.482	2600	87 383	65 766	268.202
880	26 415	19 099	230.227	2700	91 077	68 628	269.596
900	27 066	19 583	230.957	2800	94 784	71 504	270.943
920	27 719	20 070	231.674	2900	98 495	74 383	272.249
940	28 375	20 559	232.379	3000	102 210	77 267	273.508
960	29 033	21 051	233.072	3100	105 939	80 164	274.730
980	29 693	21 545	233.752	3150	107 802	81 612	275.326
1000	30 355	22 041	234.421	3200	109 667	83 061	275.914
1020	31 020	22 540	235.079				

* 출전 : JANAF Thermodynamical Tables, NSRDS-NBS-37, 1971.

〈표 A.4〉 이상 기체 상태량 – 수소(H₂)

$$\overline{h}_f^o = 0 \ \text{kJ/kmol}$$

T (K)	$\overline{h}$ (kJ/kmol)	$\overline{u}$ (kJ/kmol)	$\overline{s}^{\,o}$ (kJ/kmol·K)	T (K)	$\overline{h}$ (kJ/kmol)	$\overline{u}$ (kJ/kmol)	$\overline{s}^{\,o}$ (kJ/kmol·K)
0	0	0	0	1440	42 808	30 835	177.410
260	7370	5209	126.636	1480	44 091	31 786	178.291
270	7657	5412	127.719	1520	45 384	32 746	179.153
280	7945	5617	128.765	1560	46 683	33 713	179.995
290	8233	5822	129.775	1600	47 990	34 687	180.820
298	8468	5989	130.574	1640	49 303	35 668	181.632
300	8522	6027	130.754	1680	50 622	36 654	182.428
320	9100	6440	132.621	1720	51 947	37 646	183.208
340	9680	6853	134.378	1760	53 279	38 645	183.973
360	10 262	7268	136.039	1800	54 618	39 652	184.724
380	10 843	7684	137.612	1840	55 962	40 663	185.463
400	11 426	8100	139.106	1880	57 311	41 680	186.190
420	12 010	8518	140.529	1920	58 668	42 705	186.904
440	12 594	8936	141.888	1960	60 031	43 735	187.607
460	13 179	9355	143.187	2000	61 400	44 771	188.297
480	13 764	9773	144.432	2050	63 119	46 074	189.148
500	14 350	10 193	145.628	2100	64 847	47 386	189.979
520	14 935	10 611	146.775	2150	66 584	48 708	190.796
560	16 107	11 451	148.945	2200	68 328	50 037	191.598
600	17 280	12 291	150.968	2250	70 080	51 373	192.385
640	18 453	13 133	152.863	2300	71 839	52 716	193.159
680	19 630	13 976	154.645	2350	73 608	54 069	193.921
720	20 807	14 821	156.328	2400	75 383	55 429	194.669
760	21 988	15 669	157.923	2450	77 168	56 798	195.403
800	23 171	16 520	159.440	2500	78 960	58 175	196.125
840	24 359	17 375	160.891	2550	80 755	59 554	196.837
880	25 551	18 235	162.277	2600	82 558	60 941	197.539
920	26 747	19 098	163.607	2650	84 368	62 335	198.229
960	27 948	19 966	164.884	2700	86 186	63 737	198.907
1000	29 154	20 839	166.114	2750	88 008	65 144	199.575
1040	30 364	21 717	167.300	2800	89 838	66 558	200.234
1080	31 580	22 601	168.449	2850	91 671	67 976	200.885
1120	32 802	23 490	169.560	2900	93 512	69 401	201.527
1160	34 028	24 384	170.636	2950	95 358	70 831	202.157
1200	35 262	25 284	171.682	3000	97 211	72 268	202.778
1240	36 502	26 192	172.698	3050	99 065	73 707	203.391
1280	37 749	27 106	173.687	3100	100 926	75 152	203.995
1320	39 002	28 027	174.652	3150	102 793	76 604	204.592
1360	40 263	28 955	175.593	3200	104 667	78 061	205.181
1400	41 530	29 889	176.510	3250	106 545	79 523	205.765

* 출전 : JANAF Thermodynamical Tables, NSRDS–NBS–37, 1971.

<표 A.4> 이상 기체 상태량 – 수증기(H_2O)

$$\bar{h}_f^o = -241\ 810\ \text{kJ/kmol}$$

T (K)	$\bar{h}$ (kJ/kmol)	$\bar{u}$ (kJ/kmol)	$\bar{s}^{\,o}$ (kJ/kmol·K)	T (K)	$\bar{h}$ (kJ/kmol)	$\bar{u}$ (kJ/kmol)	$\bar{s}^{\,o}$ (kJ/kmol·K)
0	0	0	0	1020	36 709	28 228	233.415
220	7295	5466	178.576	1040	37 542	28 895	234.223
240	7961	5965	181.471	1060	38 380	29 567	235.020
260	8627	6466	184.139	1080	39 223	30 243	235.806
280	9296	6968	186.616	1100	40 071	30 925	236.584
298	9904	7425	188.720	1120	40 923	31 611	237.352
300	9966	7472	188.928	1140	41 780	32 301	238.110
320	10 639	7978	191.098	1160	42 642	32 997	238.859
340	11 314	8487	193.144	1180	43 509	33 698	239.600
360	11 992	8998	195.081	1200	44 380	34 403	240.333
380	12 672	9513	196.920	1220	45 256	35 112	241.057
400	13 356	10 030	198.673	1240	46 137	35 827	241.773
420	14 043	10 551	200.350	1260	47 022	36 546	242.482
440	14 734	11 075	201.955	1280	47 912	37 270	243.183
460	15 428	11 603	203.497	1300	48 807	38 000	243.877
480	16 126	12 135	204.982	1320	49 707	38 732	244.564
500˙	16 828	12 671	206.413	1340	50 612	39 470	245.243
520	17 534	13 211	207.799	1360	51 521	40 213	245.915
540	18 245	13 755	209.139	1400	53 351	41 711	247.241
560	18 959	14 303	210.440	1440	55 198	43 226	248.543
580	19 678	14 856	211.702	1480	57 062	44 756	249.820
600	20 402	15 413	212.920	1520	58 942	46 304	251.074
620	21 130	15 975	214.122	1560	60 838	47 868	252.305
640	21 862	16 541	215.285	1600	62 748	49 445	253.513
660	22 600	17 112	216.419	1700	67 589	53 455	256.450
680	23 342	17 688	217.527	1800	72 513	57 547	259.262
700	24 088	18 268	218.610	1900	77 517	61 720	261.969
720	24 840	18 854	219.668	2000	82 593	65 965	264.571
740	25 597	19 444	220.707	2100	87 735	70 275	267.081
760	26 358	20 039	221.720	2200	92 940	74 649	269.500
780	27 125	20 639	222.717	2300	98 199	79 076	271.839
800	27 896	21 245	223.693	2400	103 508	83 553	274.098
820	28 672	21 855	224.651	2500	108 868	88 082	276.286
840	29 454	22 470	225.592	2600	114 273	92 656	278.407
860	30 240	23 090	226.517	2700	119 717	97 269	280.462
880	31 032	23 715	227.426	2800	125 198	101 917	282.453
900	31 828	24 345	228.321	2900	130 717	106 605	284.390
920	32 629	24 980	229.202	3000	136 264	111 321	286.273
940	33 436	25 621	230.070	3100	141 846	116 072	288.102
960	34 247	26 265	230.924	3150	144 648	118 458	288.9
980	35 061	26 913	231.767	3200	147 457	120 851	289.884
1000	35 882	27 568	232.597	3250	150 250	123 250	290.7

* 출전 : JANAF Thermodynamical Tables, NSRDS–NBS–37, 1971.

〈표 A.5〉 대표적인 고체와 액체의 열역학적 상태량

물질	비열 c (kJ/kg·K)	밀도 ρ (kg/m³)	열전도도 κ (W/m·K)
고체, 300 K			
알루미늄	0.903	2,700	237
벽돌(일반)	0.835	1,920	0.72
구리	0.385	8,930	401
코르크	1.800	120	0.039
유리(판재)	0.750	2,500	1.4
화강암	0.775	2,630	2.79
철	0.447	7,870	80.2
납	0.129	11,300	35.3
은	0.235	10,500	429
강(AISI 302)	0.480	8,060	15.1
아연	0.227	7,310	66.6
액체(포화 상태), 300 K			
암모니아	4.818	599.8	0.465
수은	0.139	13,529	8.540
엔진오일	1.909	884.1	0.145
물	4.180	996.5	0.613

주 : 이 표의 값들은 다양한 자료원에서 인용한 것으로 해당 상태량의 대표 값.
　　벽돌과 같은 물질의 값은 환경 조건과 재료 조성에 따라 달라짐.

〈표 A.6〉 포화수(액체-증기)의 상태량 – 온도 기준

T °C	P MPa	v m³/kg		u kJ/kg		h kJ/kg			s kJ/kg·K		
		v_f	v_g	u_f	u_g	h_f	h_{fg}	h_g	s_f	s_{fg}	s_g
0.01	0.000611	0.001000	206.1	0.0	2375.3	0.0	2501.3	2501.3	0.0000	9.1571	9.1571
2	0.0007056	0.001000	179.9	8.4	2378.1	8.4	2496.6	2505.0	0.0305	9.0738	9.1043
5	0.0008721	0.001000	147.1	21.0	2382.2	21.0	2489.5	2510.5	0.0761	8.9505	9.0266
10	0.001228	0.001000	106.4	42.0	2389.2	42.0	2477.7	2519.7	0.1510	8.7506	8.9016
15	0.001705	0.001001	77.93	63.0	2396.0	63.0	2465.9	2528.9	0.2244	8.5578	8.7822
20	0.002338	0.001002	57.79	83.9	2402.9	83.9	2454.2	2538.1	0.2965	8.3715	8.6680
25	0.003169	0.001003	43.36	104.9	2409.8	104.9	2442.3	2547.2	0.3672	8.1916	8.5588
30	0.004246	0.001004	32.90	125.8	2416.6	125.8	2430.4	2556.2	0.4367	8.0174	8.4541
35	0.005628	0.001006	25.22	146.7	2423.4	146.7	2418.6	2565.3	0.5051	7.8488	8.3539
40	0.007383	0.001008	19.52	167.5	2430.1	167.5	2406.8	2574.3	0.5723	7.6855	8.2578
45	0.009593	0.001010	15.26	188.4	2436.8	188.4	2394.8	2583.2	0.6385	7.5271	8.1656
50	0.01235	0.001012	12.03	209.3	2443.5	209.3	2382.8	2592.1	0.7036	7.3735	8.0771
55	0.01576	0.001015	9.569	230.2	2450.1	230.2	2370.7	2600.9	0.7678	7.2243	7.9921
60	0.01994	0.001017	7.671	251.1	2456.6	251.1	2358.5	2609.6	0.8310	7.0794	7.9104
65	0.02503	0.001020	6.197	272.0	2463.1	272.1	2346.2	2618.2	0.8935	6.9375	7.8310
70	0.03119	0.001023	5.042	292.9	2469.5	293.0	2333.8	2626.8	0.9549	6.8012	7.7561
75	0.03858	0.001026	4.131	313.9	2475.9	313.9	2321.4	2635.3	1.0155	6.6678	7.6833
80	0.04739	0.001029	3.407	334.8	2482.2	334.9	2308.8	2643.7	1.0754	6.5376	7.6130
85	0.05783	0.001032	2.828	355.8	2488.4	355.9	2296.0	2651.9	1.1344	6.4109	7.5453
90	0.07013	0.001036	2.361	376.8	2494.5	376.9	2283.2	2660.1	1.1927	6.2872	7.4799
95	0.08455	0.001040	1.982	397.9	2500.6	397.9	2270.2	2668.1	1.2503	6.1664	7.4167
100	0.1013	0.001044	1.673	418.9	2506.5	419.0	2257.0	2676.0	1.3071	6.0486	7.3557
110	0.1433	0.001052	1.210	461.1	2518.1	461.3	2230.2	2691.5	1.4188	5.8207	7.2395
120	0.1985	0.001060	0.8919	503.5	2529.2	503.7	2202.6	2706.3	1.5280	5.6024	7.1304
130	0.2701	0.001070	0.6685	546.0	2539.9	546.3	2174.2	2720.5	1.6348	5.3929	7.0277
140	0.3613	0.001080	0.5089	588.7	2550.0	589.1	2144.8	2733.9	1.7395	5.1912	6.9307
150	0.4758	0.001090	0.3928	631.7	2559.5	632.2	2114.2	2746.4	1.8422	4.9965	6.8387
160	0.6178	0.001102	0.3071	674.9	2568.4	675.5	2082.6	2758.1	1.9431	4.8079	6.7510
170	0.7916	0.001114	0.2428	718.3	2576.5	719.2	2049.5	2768.7	2.0423	4.6249	6.6672
180	1.002	0.001127	0.1941	762.1	2583.7	763.2	2015.0	2778.2	2.1400	4.4466	6.5866
190	1.254	0.001141	0.1565	806.2	2590.0	807.5	1978.8	2786.4	2.2363	4.2724	6.5087
200	1.554	0.001156	0.1274	850.6	2595.3	852.4	1940.8	2793.2	2.3313	4.1018	6.4331
210	1.906	0.001173	0.1044	895.5	2599.4	897.7	1900.8	2798.5	2.4253	3.9340	6.3593
220	2.318	0.001190	0.08620	940.9	2602.4	943.6	1858.5	2802.1	2.5183	3.7686	6.2869
230	2.795	0.001209	0.07159	986.7	2603.9	990.1	1813.9	2804.0	2.6105	3.6050	6.2155

〈표 A.6〉 (계속)

T °C	P MPa	v m³/kg		u kJ/kg		h kJ/kg			s kJ/kg·K		
		v_f	v_g	u_f	u_g	h_f	h_{fg}	h_g	s_f	s_{fg}	s_g
240	3.344	0.001229	0.05977	1033.2	2604.0	1037.3	1766.5	2803.8	2.7021	3.4425	6.1446
250	3.973	0.001251	0.05013	1080.4	2602.4	1085.3	1716.2	2801.5	2.7933	3.2805	6.0738
260	4.688	0.001276	0.04221	1128.4	2599.0	1134.4	1662.5	2796.9	2.8844	3.1184	6.0028
270	5.498	0.001302	0.03565	1177.3	2593.7	1184.5	1605.2	2789.7	2.9757	2.9553	5.9310
280	6.411	0.001332	0.03017	1227.4	2586.1	1236.0	1543.6	2779.6	3.0674	2.7905	5.8579
290	7.436	0.001366	0.02557	1278.9	2576.0	1289.0	1477.2	2766.2	3.1600	2.6230	5.7830
300	8.580	0.001404	0.02168	1332.0	2563.0	1344.0	1405.0	2749.0	3.2540	2.4513	5.7053
310	9.856	0.001447	0.01835	1387.0	2546.4	1401.3	1326.0	2727.3	3.3500	2.2739	5.6239
320	11.27	0.001499	0.01549	1444.6	2525.5	1461.4	1238.7	2700.1	3.4487	2.0883	5.5370
330	12.84	0.001561	0.01300	1505.2	2499.0	1525.3	1140.6	2665.9	3.5514	1.8911	5.4425
340	14.59	0.001638	0.01080	1570.3	2464.6	1594.2	1027.9	2622.1	3.6601	1.6765	5.3366
350	16.51	0.001740	0.008815	1641.8	2418.5	1670.6	893.4	2564.0	3.7784	1.4338	5.2122
360	18.65	0.001892	0.006947	1725.2	2351.6	1760.5	720.7	2481.2	3.9154	1.1382	5.0536
370	21.03	0.002213	0.004931	1844.0	2229.0	1890.5	442.2	2332.7	4.1114	0.6876	4.7990
374.14	22.088	0.003155	0.003155	2029.6	2029.6	2099.3	0.0	2099.3	4.4305	0.0000	4.4305

* 출전 : Keenan, Keyes, Hill, and Moore, Steam Tables, Wiley, New York, 1969., G. J. Van Wylen and R. E. Sonntag, Fundamentals of Classical Thermodynamics, Wiley, New York, 1973.

〈표 A.7〉 포화수(액체-증기)의 상태량—압력 기준

P MPa	T ℃	v m³/kg		u kJ/kg		h kJ/kg			s kJ/kg·K		
		v_l	v_g	u_l	u_g	h_l	h_{ig}	h_g	s_l	s_{ig}	s_g
0.0006	0.01	0.001000	206.1	0.0	2375.3	0.0	2501.3	2501.3	0.0000	9.1571	9.1571
0.0008	3.8	0.001000	159.7	15.8	2380.5	15.8	2492.5	2508.3	0.0575	9.0007	9.0582
0.001	7.0	0.001000	129.2	29.3	2385.0	29.3	2484.9	2514.2	0.1059	8.8706	8.9765
0.0012	9.7	0.001000	108.7	40.6	2388.7	40.6	2478.5	2519.1	0.1460	8.7639	8.9099
0.0014	12.0	0.001001	93.92	50.3	2391.9	50.3	2473.1	2523.4	0.1802	8.6736	8.8538
0.0016	14.0	0.001001	82.76	58.9	2394.7	58.9	2468.2	2527.1	0.2101	8.5952	8.8053
0.002	17.5	0.001001	67.00	73.5	2399.5	73.5	2460.0	2533.5	0.2606	8.4639	8.7245
0.003	24.1	0.001003	45.67	101.0	2408.5	101.0	2444.5	2545.5	0.3544	8.2240	8.5784
0.004	29.0	0.001004	34.80	121.4	2415.2	121.4	2433.0	2554.4	0.4225	8.0529	8.4754
0.006	36.2	0.001006	23.74	151.5	2424.9	151.5	2415.9	2567.4	0.5208	7.8104	8.3312
0.008	41.5	0.001008	18.10	173.9	2432.1	173.9	2403.1	2577.0	0.5924	7.6371	8.2295
0.01	45.8	0.001010	14.67	191.8	2437.9	191.8	2392.8	2584.6	0.6491	7.5019	8.1510
0.012	49.4	0.001012	12.36	206.9	2442.7	206.9	2384.1	2591.0	0.6961	7.3910	8.0871
0.014	52.6	0.001013	10.69	220.0	2446.9	220.0	2376.6	2596.6	0.7365	7.2968	8.0333
0.016	55.3	0.001015	9.433	231.5	2450.5	231.5	2369.9	2601.4	0.7719	7.2149	7.9868
0.018	57.8	0.001016	8.445	241.9	2453.8	241.9	2363.9	2605.8	0.8034	7.1425	7.9459
0.02	60.1	0.001017	7.649	251.4	2456.7	251.4	2358.3	2609.7	0.8319	7.0774	7.9093
0.03	69.1	0.001022	5.229	289.2	2468.4	289.2	2336.1	2625.3	0.9439	6.8256	7.7695
0.04	75.9	0.001026	3.993	317.5	2477.0	317.6	2319.1	2636.7	1.0260	6.6449	7.6709
0.06	85.9	0.001033	2.732	359.8	2489.6	359.8	2293.7	2653.5	1.1455	6.3873	7.5328
0.08	93.5	0.001039	2.087	391.6	2498.8	391.6	2274.1	2665.7	1.2331	6.2023	7.4354
0.1	99.6	0.001043	1.694	417.3	2506.1	417.4	2258.1	2675.5	1.3029	6.0573	7.3602
0.12	104.8	0.001047	1.428	439.2	2512.1	439.3	2244.2	2683.5	1.3611	5.9378	7.2980
0.14	109.3	0.001051	1.237	458.2	2517.3	458.4	2232.0	2690.4	1.4112	5.8360	7.2472
0.16	113.3	0.001054	1.091	475.2	2521.8	475.3	2221.2	2696.5	1.4553	5.7472	7.2025
0.18	116.9	0.001058	0.9775	490.5	2525.9	490.7	2211.1	2701.8	1.4948	5.6683	7.1631
0.2	120.2	0.001061	0.8857	504.5	2529.5	504.7	2201.9	2706.6	1.5305	5.5975	7.1280
0.3	133.5	0.001073	0.6058	561.1	2543.6	561.5	2163.8	2725.3	1.6722	5.3205	6.9927
0.4	143.6	0.001084	0.4625	604.3	2553.6	604.7	2133.8	2738.5	1.7770	5.1197	6.8967
0.6	158.9	0.001101	0.3157	669.9	2567.4	670.6	2086.2	2756.8	1.9316	4.8293	6.7609
0.8	170.4	0.001115	0.2404	720.2	2576.8	721.1	2048.0	2769.1	2.0466	4.6170	6.6636
1	179.9	0.001127	0.1944	761.7	2583.6	762.8	2015.3	2778.1	2.1391	4.4482	6.5873
1.2	188.0	0.001139	0.1633	797.3	2588.8	798.6	1986.2	2784.8	2.2170	4.3072	6.5242
1.4	195.1	0.001149	0.1408	828.7	2592.8	830.3	1959.7	2790.0	2.2847	4.1854	6.4701
1.6	201.4	0.001159	0.1238	856.9	2596.0	858.8	1935.2	2794.0	2.3446	4.0780	6.4226

〈표 A.7〉 (계속)

P MPa	T °C	v m³/kg		u kJ/kg		h kJ/kg			s kJ/kg·K		
		v_f	v_g	u_f	u_g	h_f	h_{fg}	h_g	s_f	s_{fg}	s_g
2	212.4	0.001177	0.09963	906.4	2600.3	908.8	1890.7	2799.5	2.4478	3.8939	6.3417
4	250.4	0.001252	0.04978	1082.3	2602.3	1087.3	1714.1	2801.4	2.7970	3.2739	6.0709
6	275.6	0.001319	0.03244	1205.4	2589.7	1213.3	1571.0	2784.3	3.0273	2.8627	5.8900
8	295.1	0.001384	0.02352	1305.6	2569.8	1316.6	1441.4	2758.0	3.2075	2.5365	5.7440
10	311.1	0.001452	0.01803	1393.0	2544.4	1407.6	1317.1	2724.7	3.3603	2.2546	5.6149
12	324.8	0.001527	0.01426	1472.9	2513.7	1491.3	1193.6	2684.9	3.4970	1.9963	5.4933
14	336.8	0.001611	0.01149	1548.6	2476.8	1571.1	1066.5	2637.6	3.6240	1.7486	5.3726
16	347.4	0.001711	0.00931	1622.7	2431.8	1650.0	930.7	2580.7	3.7468	1.4996	5.2464
18	357.1	0.001840	0.00749	1698.9	2374.4	1732.0	777.2	2509.2	3.8722	1.2332	5.1054
20	365.8	0.002036	0.00583	1785.6	2293.2	1826.3	583.7	2410.0	4.0146	0.9135	4.9281
22.09	374.14	0.00316	0.00316	2029.6	2029.6	2099.3	0.0	2099.3	4.4305	0.0	4.4305

* 출전 : Keenan, Keyes, Hill, and Moore, Steam Tables, Wiley, New York, 1969., G. J. Van Wylen and R. E. Sonntag, Fundamentals of Classical Thermodynamics, Wiley, New York, 1973.

〈표 A.8〉 과열 수증기의 상태량

T ℃	v m³/kg	u kJ/kg	h kJ/kg	s kJ/kg·K	v m³/kg	u kJ/kg	h kJ/kg	s kJ/kg·K	v m³/kg	u kJ/kg	h kJ/kg	s kJ/kg·K
	P=0.010 MPa (45.81℃)				P=0.050 MPa (81.33℃)				P=0.10 MPa (99.63℃)			
Sat.	14.674	2437.9	2584.7	8.1502	3.240	2483.9	2645.9	7.5939	1.6940	2506.1	2675.5	7.3594
50	14.869	2443.9	2592.6	8.1749	—	—	—	—	—	—	—	—
100	17.196	2515.5	2687.5	8.4479	3.418	2511.6	2682.5	7.6947	1.6958	2506.7	2676.2	7.3614
150	19.512	2587.9	2783.0	8.6882	3.889	2585.6	2780.1	7.9401	1.9364	2582.8	2776.4	7.6134
200	21.825	2661.3	2879.5	8.9038	4.356	2659.9	2877.7	8.1580	2.172	2658.1	2875.3	7.8343
250	24.136	2736.0	2977.3	9.1002	4.820	2735.0	2976.0	8.3556	2.406	2733.7	2974.3	8.0333
300	26.445	2812.1	3076.5	9.2813	5.284	2811.3	3075.5	8.5373	2.639	2810.4	3074.3	8.2158
400	31.063	2968.9	3279.6	9.6077	6.209	2968.5	3278.9	8.8642	3.103	2967.9	3278.2	8.5435
500	35.679	3132.3	3489.1	9.8978	7.134	3132.0	3488.7	9.1546	3.565	3131.6	3483.1	8.8342
600	40.295	3302.5	3705.4	10.1608	8.057	3302.2	3705.1	9.4178	4.028	3301.9	3704.7	9.0976
700	44.911	3479.6	3928.7	10.4028	8.981	3479.4	3928.5	9.6599	4.490	3479.2	3928.2	9.3398
800	49.526	3663.8	4159.0	10.6281	9.904	3663.6	4158.9	9.8852	4.952	3663.5	4158.6	9.5652
900	54.141	3855.0	4396.4	10.8396	10.828	3854.9	4396.3	10.0967	5.414	3854.8	4396.1	9.7767
1000	58.757	4053.0	4640.6	11.0393	11.751	4052.9	4640.5	10.2964	5.875	4052.8	4640.3	9.9764
1100	63.372	4257.5	4891.2	11.2287	12.674	4257.4	4891.1	10.4859	6.337	4257.3	4891.0	10.1659
1200	67.987	4467.9	5147.8	11.4091	13.597	4467.8	5147.7	10.6662	6.799	4467.7	5147.6	10.3463
1300	72.602	4683.7	5409.7	11.5811	14.521	4683.6	5409.6	10.8382	7.260	4683.5	5409.5	10.5183

T ℃	v m³/kg	u kJ/kg	h kJ/kg	s kJ/kg·K	v m³/kg	u kJ/kg	h kJ/kg	s kJ/kg·K	v m³/kg	u kJ/kg	h kJ/kg	s kJ/kg·K
	P=0.20 MPa (120.23℃)				P=0.30 MPa (133.55℃)				P=0.40 MPa (143.63℃)			
Sat.	0.8857	2529.5	2706.7	7.1272	0.6058	2543.6	2725.3	6.9919	0.4625	2553.6	2738.6	6.8959
150	0.9596	2576.9	2768.8	7.2795	0.6339	2570.8	2761.0	7.0778	0.4708	2564.5	2752.8	6.9299
200	1.0803	2654.4	2870.5	7.5066	0.7163	2650.7	2865.6	7.3115	0.5342	2646.8	2860.5	7.1706
250	1.1988	2731.2	2971.0	7.7086	0.7964	2728.7	2967.6	7.5166	0.5951	2726.1	2964.2	7.3789
300	1.3162	2808.6	3071.8	7.8926	0.8753	2806.7	3069.3	7.7022	0.6548	2804.8	3066.8	7.5662
400	1.5493	2966.7	3276.6	8.2218	1.0315	2965.6	3275.6	8.0330	0.7726	2964.4	3273.4	7.8985
500	1.7814	3130.8	3487.1	8.5133	1.1867	3130.0	3486.0	8.3251	0.8893	3129.2	3484.9	8.1913
600	2.013	3301.4	3704.0	8.7770	1.3414	3300.8	3703.2	8.5892	1.0055	3300.2	3702.4	8.4558
700	2.244	3478.8	3927.6	9.0194	1.4957	3478.4	3927.1	8.8319	1.1215	3477.9	3926.5	8.6987
800	2.475	3663.1	4158.2	9.2449	1.6499	3662.9	4157.8	9.0576	1.2372	3662.4	4157.3	8.9244
900	2.706	3854.5	4395.8	9.4566	1.8041	3854.2	4395.4	9.2692	1.3529	3853.9	4395.1	9.1362
1000	2.937	4052.5	4640.0	9.6563	1.9581	4052.3	4639.7	9.4690	1.4685	4052.0	4639.4	9.3360
1100	3.168	4257.0	4890.7	9.8458	2.1121	4256.5	4890.4	9.6585	1.5840	4256.5	4890.2	9.5256
1200	3.399	4467.5	5147.3	10.0262	2.2661	4467.2	5147.1	9.8389	1.6996	4467.0	5146.8	9.7060
1300	3.630	4683.2	5409.3	10.1982	2.4201	4683.0	5409.0	10.0110	1.8151	4682.8	5408.8	9.8780

〈표 A.8〉 (계속)

T ℃	P=0.50 MPa (151.86℃) v m³/kg	u kJ/kg	h kJ/kg	s kJ/kg·K	P=0.60 MPa (158.85℃) v m³/kg	u kJ/kg	h kJ/kg	s kJ/kg·K	P=0.80 MPa (170.43℃) v m³/kg	u kJ/kg	h kJ/kg	s kJ/kg·K
Sat.	0.3749	2561.2	2748.7	6.8213	0.3157	2567.4	2756.8	6.7600	0.2404	2576.8	2769.1	6.6628
200	0.4249	2642.9	2855.4	7.0592	0.3520	2638.9	2850.1	6.9665	0.2608	2630.6	2839.3	6.8158
250	0.4744	2723.5	2960.7	7.2709	0.3938	2720.9	2957.2	7.1816	0.2931	2715.5	2950.0	7.0384
300	0.5226	2802.9	3064.2	7.4599	0.4344	2801.0	3061.6	7.3724	0.3241	2797.2	3056.5	7.2328
350	0.5701	2882.6	3167.7	7.6329	0.4742	2881.2	3165.7	7.5464	0.3544	2878.2	3161.7	7.4089
400	0.6173	2963.2	3271.9	7.7938	0.5137	2962.1	3270.3	7.7079	0.3843	2959.7	3267.1	7.5716
500	0.7109	3128.4	3483.9	8.0873	0.5920	3127.6	3482.8	8.0021	0.4433	3126.0	3480.6	7.8673
600	0.8041	3299.6	3701.7	8.3522	0.6697	3299.1	3700.9	8.2674	0.5018	3297.9	3699.4	8.1333
700	0.8969	3477.5	3925.9	8.5952	0.7472	3477.0	3925.3	8.5107	0.5601	3476.2	3924.2	8.3770
800	0.9896	3662.1	4156.9	8.8211	0.8245	3661.8	4156.5	8.7367	0.6181	3661.1	4155.6	8.6033
900	1.0822	3853.6	4394.7	9.0329	0.9017	3853.4	4394.4	8.9486	0.6761	3852.8	4393.7	8.8153
1000	1.1747	4051.8	4639.1	9.2328	0.9788	4051.5	4638.8	9.1485	0.7340	4051.0	4638.2	9.0153
1100	1.2672	4256.3	4889.9	9.4224	1.0559	4256.1	4889.6	9.3381	0.7919	4255.6	4889.1	9.2050
1200	1.3596	4466.8	5146.6	9.6029	1.1330	4466.5	5146.3	9.5185	0.8497	4466.1	5145.9	9.3855
1300	1.4521	4682.5	5408.6	9.7749	1.2101	4682.3	5408.3	9.6906	0.9076	4681.8	5407.9	9.5575

T ℃	P=1.00 MPa (179.91℃) v m³/kg	u kJ/kg	h kJ/kg	s kJ/kg·K	P=1.20 MPa (187.99℃) v m³/kg	u kJ/kg	h kJ/kg	s kJ/kg·K	P=1.40 MPa (195.07℃) v m³/kg	u kJ/kg	h kJ/kg	s kJ/kg·K
Sat.	0.19444	2583.6	2778.1	6.5865	0.16333	2588.8	2784.8	6.5233	0.14084	2592.8	2790.0	6.4693
200	0.2060	2621.9	2827.9	6.6940	0.16930	2612.8	2815.9	6.5898	0.14302	2603.1	2803.3	6.4975
250	0.2327	2709.9	2942.6	6.9247	0.19234	2704.2	2935.0	6.8294	0.16350	2698.3	2927.2	6.7467
300	0.2579	2793.2	3051.2	7.1229	0.2138	2789.2	3045.8	7.0317	0.18228	2785.2	3040.4	6.9534
350	0.2825	2875.2	3157.7	7.3011	0.2345	2872.2	3153.6	7.2121	0.2003	2869.2	3149.5	7.1360
400	0.3066	2957.3	3263.9	7.4651	0.2548	2954.9	3260.7	7.3774	0.2178	2952.5	3257.5	7.3026
500	0.3541	3124.4	3478.5	7.7622	0.2946	3122.8	3476.3	7.6759	0.2521	3121.1	3474.1	7.6027
600	0.4011	3296.8	3697.9	8.0290	0.3339	3295.6	3696.3	7.9435	0.2860	3294.4	3694.8	7.8710
700	0.4478	3475.3	3923.1	8.2731	0.3729	3474.4	3922.0	8.1881	0.3195	3473.6	3920.8	8.1160
800	0.4943	3660.4	4154.7	8.4996	0.4118	3659.7	4153.8	8.4148	0.3528	3659.0	4153.0	8.3431
900	0.5407	3852.2	4392.9	8.7118	0.4505	3851.6	4392.2	8.6272	0.3861	3851.1	4391.5	8.5556
1000	0.5871	4050.5	4637.6	8.9119	0.4892	4050.0	4637.0	8.8274	0.4192	4049.5	4636.4	8.7559
1100	0.6335	4255.1	4888.6	9.1017	0.5278	4254.6	4888.0	9.0172	0.4524	4254.1	4887.5	8.9457
1200	0.6798	4465.6	5145.4	9.2822	0.5665	4465.1	5144.9	9.1977	0.4855	4464.7	5144.4	9.1262
1300	0.7261	4681.3	5407.4	9.4543	0.6051	4680.9	5407.0	9.3698	0.5186	4680.4	5406.5	9.2984

〈표 A.8〉 (계속)

T ℃	v m³/kg	u kJ/kg	h kJ/kg	s kJ/kg·K	v m³/kg	u kJ/kg	h kJ/kg	s kJ/kg·K	v m³/kg	u kJ/kg	h kJ/kg	s kJ/kg·K
	P = 1.60 MPa (201.41℃)				P = 1.80 MPa (207.15℃)				P = 2.0 MPa (212.42℃)			
Sat.	0.12380	2596.0	2794.0	6.4218	0.11042	2598.4	2797.1	6.3794	0.09963	2600.3	2799.5	6.3409
225	0.13287	2644.7	2857.3	6.5518	0.13673	2636.6	2846.7	6.4808	0.10377	2628.3	2835.8	6.4147
250	0.14184	2692.3	2919.2	6.6732	0.12497	2686.0	2911.0	6.6066	0.11144	2679.6	2902.5	6.5453
300	0.15862	2781.1	3034.8	6.8844	0.14021	2776.9	3029.2	6.8226	0.12547	2772.6	3023.5	6.7664
350	0.17456	2866.1	3145.4	7.0694	0.15457	2863.0	3141.2	7.0100	0.13857	2859.8	3137.0	6.9563
400	0.19005	2950.1	3254.2	7.2374	0.16847	2947.7	3250.9	7.1794	0.15120	2945.2	3247.6	7.1271
500	0.2203	3119.5	3472.0	7.5390	0.19550	3117.9	3469.8	7.4825	0.17568	3116.2	3467.6	7.4317
600	0.2500	3293.3	3693.2	7.8080	0.2220	3292.1	3691.7	7.7523	0.19960	3290.9	3690.1	7.7024
700	0.2794	3472.7	3919.7	8.0535	0.2482	3471.8	3918.5	7.9983	0.2232	3470.9	3917.4	7.9487
800	0.3086	3658.3	4152.1	8.2808	0.2742	3657.6	4151.2	8.2258	0.2467	3657.0	4150.3	8.1765
900	0.3377	3850.5	4390.8	8.4935	0.3001	3849.9	4390.1	8.4386	0.2700	3849.3	4389.4	8.3895
1000	0.3668	4049.0	4635.8	8.6938	0.3260	4048.5	4635.2	8.6391	0.2933	4048.0	4634.6	8.5901
1100	0.3958	4253.7	4887.0	8.8837	0.3518	4253.2	4886.4	8.8290	0.3166	4252.7	4885.9	8.7800
1200	0.4248	4464.2	5143.9	9.0643	0.3776	4463.7	5143.4	9.0096	0.3398	4463.3	5142.9	8.9607
1300	0.4538	4679.9	5406.0	9.2364	0.4034	4679.5	5405.6	9.1818	0.3631	4679.0	5405.1	9.1329

T ℃	v m³/kg	u kJ/kg	h kJ/kg	s kJ/kg·K	v m³/kg	u kJ/kg	h kJ/kg	s kJ/kg·K	v m³/kg	u kJ/kg	h kJ/kg	s kJ/kg·K
	P = 2.50 MPa (223.99℃)				P = 3.00 MPa (233.90℃)				P = 3.50 MPa (242.60℃)			
Sat.	0.07998	2603.1	2803.1	6.2575	0.06668	2604.1	2804.2	6.1869	0.05707	2603.7	2803.4	6.1253
225	0.08027	2605.6	2806.3	6.2639	—	—	—	—	—	—	—	—
250	0.08700	2662.6	2880.1	6.4085	0.07058	2644.0	2855.8	6.2872	0.05872	2623.7	2829.2	6.1749
300	0.09890	2761.6	3008.8	6.6438	0.08114	2750.1	2993.5	6.5390	0.06842	2738.0	2977.5	6.4461
350	0.10976	2851.9	3126.3	6.8403	0.09053	2843.7	3115.3	6.7428	0.07678	2835.3	3104.0	6.6579
400	0.12010	2939.1	3239.3	7.0148	0.09936	2932.8	3230.9	6.9212	0.08453	2926.4	3222.3	6.8405
450	0.13014	3025.5	3350.8	7.1746	0.10787	3020.4	3344.0	7.0834	0.09196	3015.3	3337.2	7.0052
500	0.13998	3112.1	3462.1	7.3234	0.11619	3108.0	3456.5	7.2338	0.09918	3103.0	3450.9	7.1572
600	0.15930	3288.0	3686.3	7.5960	0.13243	3285.0	3682.3	7.5085	0.11324	3282.1	3678.4	7.4339
700	0.17832	3468.7	3914.5	7.8435	0.14838	3466.5	3911.7	7.7571	0.12699	3464.3	3908.8	7.6837
800	0.19716	3655.3	4148.2	8.0720	0.16414	3653.5	4145.9	7.9862	0.14056	3651.8	4143.7	7.9134
900	0.21590	3847.9	4387.6	8.2853	0.17980	3846.5	4385.9	8.1999	0.15402	3845.0	4384.1	8.1276
1000	0.2346	4046.7	4633.1	8.4861	0.19541	4045.4	4631.6	8.4009	0.16743	4044.1	4630.1	8.3288
1100	0.2532	4251.5	4884.6	8.6762	0.21098	4250.3	4883.3	8.5912	0.18080	4249.2	4881.9	8.5192
1200	0.2718	4462.1	5141.7	8.8569	0.22652	4460.9	5140.5	8.7720	0.19415	4459.8	5139.3	8.7000
1300	0.2905	4677.8	5404.0	9.0291	0.24206	4676.6	5402.8	8.9442	0.20749	4675.5	5401.7	8.8723

〈표 A.8〉 (계속)

T ℃	v m³/kg	u kJ/kg	h kJ/kg	s kJ/kg·K	v m³/kg	u kJ/kg	h kJ/kg	s kJ/kg·K	v m³/kg	u kJ/kg	h kJ/kg	s kJ/kg·K
	P = 4.0 MPa (250.40℃)				P = 4.5 MPa (257.49℃)				P = 5.0 MPa (263.99℃)			
Sat.	0.04978	2602.3	2801.4	6.0701	0.04406	2600.1	2798.3	6.0198	0.03944	2597.1	2794.3	5.9734
275	0.05457	2667.9	2886.2	6.2285	0.04730	2650.3	2863.2	6.1401	0.04141	2631.3	2838.3	6.0544
300	0.05884	2725.3	2960.7	6.3615	0.05135	2712.0	2943.1	6.2828	0.04532	2698.0	2924.5	6.2084
350	0.06645	2826.7	3092.5	6.5821	0.05840	2817.8	3080.6	6.5131	0.05194	2808.7	3068.4	6.4493
400	0.07341	2919.9	3213.6	6.7690	0.06475	2913.3	3204.7	6.7047	0.05781	2906.6	3195.7	6.6459
450	0.08002	3010.2	3330.3	6.9363	0.07074	3005.0	3323.3	6.8746	0.06330	2999.7	3316.2	6.8186
500	0.08643	3099.5	3445.3	7.0901	0.07651	3095.3	3439.6	7.0301	0.06857	3091.0	3433.8	6.9759
600	0.09885	3279.1	3674.4	7.3688	0.08765	3276.0	3670.5	7.3110	0.07869	3273.0	3666.5	7.2589
700	0.11095	3462.1	3905.9	7.6198	0.09847	3459.9	3903.0	7.5631	0.08849	3457.6	3900.1	7.5122
800	0.12287	3650.0	4141.5	7.8502	0.10911	3648.3	4139.3	7.7942	0.09811	3646.6	4137.1	7.7440
900	0.13469	3843.6	4382.3	8.0647	0.11965	3842.2	4380.6	8.0091	0.10762	3840.7	4378.8	7.9593
1000	0.14645	4042.9	4628.7	8.2662	0.13013	4041.6	4627.2	8.2108	0.11707	4040.4	4625.7	8.1612
1100	0.15817	4248.0	4880.6	8.4567	0.14056	4246.8	4879.3	8.4015	0.12648	4245.6	4878.0	8.3520
1200	0.16987	4458.6	5138.1	8.6376	0.15098	4457.5	5136.9	8.5825	0.13587	4456.3	5135.7	8.5331
1300	0.18156	4674.3	5400.5	8.8100	0.16139	4673.1	5399.4	8.7549	0.14526	4672.0	5398.2	8.7055
	P = 6.0 MPa (275.64℃)				P = 7.0 MPa (285.88℃)				P = 8.0 MPa (295.06℃)			
Sat.	0.03244	2589.7	2784.3	5.8892	0.02737	2580.5	2772.1	5.8133	0.02352	2569.8	2758.0	5.7432
300	0.03616	2667.2	2884.2	6.0674	0.02947	2632.2	2838.4	5.9305	0.02426	2590.9	2785.0	5.7906
350	0.04223	2789.6	3043.0	6.3335	0.03524	2769.4	3016.0	6.2283	0.02995	2747.7	2987.3	6.1301
400	0.04739	2892.9	3177.2	6.5408	0.03993	2878.6	3158.1	6.4478	0.03432	2863.8	3138.3	6.3634
450	0.05214	2988.9	3301.8	6.7193	0.04416	2978.0	3287.1	6.6327	0.03817	2966.7	3272.0	6.5551
500	0.05665	3082.2	3422.2	6.8803	0.04814	3073.4	3410.3	6.7975	0.04175	3064.3	3398.3	6.7240
550	0.06101	3174.6	3540.6	7.0288	0.05195	3167.2	3530.9	6.9486	0.04516	3159.8	3521.0	6.8778
600	0.06525	3266.9	3658.4	7.1677	0.05565	3260.7	3650.3	7.0894	0.04845	3254.4	3642.0	7.0206
700	0.07352	3453.1	3894.2	7.4234	0.06283	3448.5	3888.3	7.3476	0.054 81	3443.9	3882.4	7.2812
800	0.08160	3643.1	4132.7	7.6566	0.06981	3639.5	4128.2	7.5822	0.06097	3636.0	4123.8	7.5173
900	0.08958	3837.8	4375.3	7.8727	0.07669	3835.0	4371.8	7.7991	0.06702	3832.1	4368.3	7.7351
1000	0.09749	4037.8	4622.7	8.0751	0.08350	4035.3	4619.8	8.0020	0.07301	4032.8	4616.9	7.9384
1100	0.10536	4243.3	4875.4	8.2661	0.09027	4240.9	4872.8	8.1933	0.07896	4238.6	4870.3	8.1300
1200	0.11321	4454.0	5133.3	8.4474	0.09703	4451.7	5130.9	8.3747	0.08489	4449.5	5128.5	8.3115
1300	0.12106	4669.6	5396.0	8.6199	0.10377	4667.3	5393.7	8.5473	0.09080	4665.0	5391.5	8.4842

〈표 A.8〉 (계속)

T ℃	v m³/kg	u kJ/kg	h kJ/kg	s kJ/kg·K	v m³/kg	u kJ/kg	h kJ/kg	s kJ/kg·K	v m³/kg	u kJ/kg	h kJ/kg	s kJ/kg·K
	P = 9.0 MPa (303.40℃)				P = 10.0 MPa (311.06℃)				P = 12.5 MPa (327.89℃)			
Sat.	0.02048	2557.8	2742.1	5.6772	0.018026	2544.4	2724.7	5.6141	0.013495	2505.1	2673.8	5.4624
325	0.02327	2646.6	2856.0	5.8712	0.019861	2610.4	2809.1	5.7568	—			
350	0.02580	2724.4	2956.6	6.0361	0.02242	2699.4	2923.4	5.9443	0.016126	2624.6	2826.2	5.7118
400	0.02993	2848.4	3117.8	6.2854	0.02641	2832.4	3096.5	6.2120	0.02000	2789.3	3039.3	6.0417
450	0.03350	2955.2	3256.6	6.4844	0.02975	2943.4	3240.9	6.4190	0.02299	2912.5	3199.8	6.2719
500	0.03677	3055.2	3386.1	6.6576	0.03279	3045.8	3373.7	6.5966	0.02560	3021.7	3341.8	6.4618
550	0.03987	3152.2	3511.0	6.8142	0.03564	3144.6	3500.9	6.7561	0.02801	3125.0	3475.2	6.6290
600	0.04285	3248.1	3633.7	6.9589	0.03837	3241.7	3625.3	6.9029	0.03029	3225.4	3604.0	6.7810
650	0.04574	3343.6	3755.3	7.0943	0.04101	3338.2	3748.2	7.0398	0.03248	3324.4	3730.4	6.9218
700	0.04857	3439.3	3876.5	7.2221	0.04358	3434.7	3870.5	7.1687	0.03460	3422.9	3855.3	7.0536
800	0.05409	3632.5	4119.3	7.4596	0.04859	3628.9	4114.8	7.4077	0.03869	3620.0	4103.6	7.2965
900	0.05950	3829.2	4364.3	7.6783	0.05349	3826.3	4361.2	7.6272	0.04267	3819.1	4352.5	7.5182
1000	0.06485	4030.3	4614.0	7.8821	0.05832	4027.8	4611.0	7.8315	0.04658	4021.6	4603.8	7.7237
1100	0.07016	4236.3	4867.7	8.0740	0.06312	4234.0	4865.1	8.0237	0.05045	4228.2	4858.8	7.9165
1200	0.07544	4447.2	5126.2	8.2556	0.06789	4444.9	5123.8	8.2055	0.05430	4439.3	5118.0	8.0987
1300	0.08072	4662.7	5389.2	8.4284	0.07265	4660.5	5387.0	8.3783	0.05813	4654.8	5381.4	8.2717

T ℃	v m³/kg	u kJ/kg	h kJ/kg	s kJ/kg·K	v m³/kg	u kJ/kg	h kJ/kg	s kJ/kg·K	v m³/kg	u kJ/kg	h kJ/kg	s kJ/kg·K
	P = 15.0 MPa (342.24℃)				P = 17.5 MPa (354.75℃)				P = 20.0 MPa (365.81℃)			
Sat.	0.010337	2455.5	2610.5	5.3098	0.007920	2390.2	2528.8	5.1419	0.005834	2293.0	2409.7	4.9269
350	0.011470	2520.4	2692.4	5.4421	—				—			
400	0.015649	2740.7	2975.5	5.8811	0.012447	2685.0	2902.9	5.7213	0.009942	2619.3	2818.1	5.5540
450	0.018445	2879.5	3156.2	6.1404	0.015174	2844.2	3109.7	6.0184	0.012695	2806.2	3060.1	5.9017
500	0.02080	2996.6	3308.6	6.3443	0.017358	2970.3	3274.1	6.2383	0.014768	2942.9	3238.2	6.1401
550	0.02293	3104.7	3448.6	6.5199	0.019288	3083.9	3421.4	6.4230	0.016555	3062.4	3393.5	6.3348
600	0.02491	3208.6	3582.3	6.6776	0.02106	3191.5	3560.2	6.5866	0.018178	3174.0	3537.6	6.5048
650	0.02680	3310.3	3712.3	6.8224	0.02274	3296.0	3693.9	6.7357	0.019693	3281.4	3675.3	6.6582
700	0.02861	3410.9	3840.1	6.9572	0.02434	3398.7	3824.6	6.8736	0.02113	3386.4	3809.0	6.7993
800	0.03210	3610.9	4092.4	7.2040	0.02738	3601.8	4081.1	7.1244	0.02385	3592.7	4069.7	7.0544
900	0.03546	3811.9	4343.8	7.4279	0.03031	3804.7	4335.1	7.3507	0.02645	3797.5	4326.4	7.2830
1000	0.03875	4015.4	4596.6	7.6348	0.03316	4009.3	4589.5	7.5589	0.02897	4003.1	4582.5	7.4925
1100	0.04200	4222.6	4852.6	7.8283	0.03597	4216.9	4846.4	7.7531	0.03145	4211.3	4840.2	7.6874
1200	0.04523	4433.8	5112.3	8.0108	0.03876	4428.3	5106.6	7.9360	0.03391	4422.8	5101.0	7.8707
1300	0.04845	4649.1	5376.0	8.1840	0.04154	4643.5	5370.5	8.1093	0.03636	4638.0	5365.1	8.0442

〈표 A.8〉 (계속)

T °C	v m³/kg	u kJ/kg	h kJ/kg	s kJ/kg·K	v m³/kg	u kJ/kg	h kJ/kg	s kJ/kg·K	v m³/kg	u kJ/kg	h kJ/kg	s kJ/kg·K
	P = 25.0 MPa				P = 30.0 MPa				P = 40.0 MPa			
375	0.0019731	1798.7	1848.0	4.0320	0.001789	1737.8	1791.5	3.9305	0.0016407	1677.1	1742.8	3.8290
400	0.006004	2430.1	2580.2	5.1418	0.002790	2067.4	2151.1	4.4728	0.0019077	1854.6	1930.9	4.1135
425	0.007881	2609.2	2806.3	5.4723	0.005303	2455.1	2614.2	5.1504	0.002532	2096.9	2198.1	4.5029
450	0.009162	2720.7	2949.7	5.6744	0.006735	2619.3	2821.4	5.4424	0.003693	2365.1	2512.8	4.9459
500	0.011123	2884.3	3162.4	5.9592	0.008678	2820.7	3081.1	5.7905	0.005622	2678.4	2903.3	5.4700
550	0.012724	3017.5	3335.6	6.1765	0.010168	2970.3	3275.4	6.0342	0.006984	2869.7	3149.1	5.7785
600	0.014137	3137.9	3491.4	6.3602	0.011446	3100.5	3443.9	6.2331	0.008094	3022.6	3346.4	6.0114
650	0.015433	3251.6	3637.4	6.5229	0.012596	3221.0	3598.9	6.4058	0.009063	3158.0	3520.6	6.2054
700	0.016646	3361.3	3777.5	6.6707	0.013661	3335.8	3745.6	6.5606	0.009941	3283.6	3681.2	6.3750
800	0.018912	3574.3	4047.1	6.9345	0.015623	3555.5	4024.2	6.8332	0.011523	3517.8	3978.7	6.6662
900	0.021045	3783.0	4309.1	7.1680	0.017448	3768.5	4291.9	7.0718	0.012962	3739.4	4257.9	6.9150
1000	0.02310	3990.9	4568.5	7.3802	0.019196	3978.8	4554.7	7.2867	0.014324	3954.6	4527.6	7.1356
1100	0.02512	4200.2	4828.2	7.5765	0.020903	4189.2	4816.3	7.4845	0.015642	4167.4	4793.1	7.3364
1200	0.02711	4412.0	5089.9	7.7605	0.022589	4401.3	5079.0	7.6692	0.016940	4380.1	5057.7	7.5224
1300	0.02910	4626.9	5354.4	7.9342	0.024266	4616.0	5344.0	7.8432	0.018229	4594.3	5323.5	7.6969

* 출전 : Keenan, Keyes, Hill, and Moore, Steam Tables, Wiley, New York, 1969., G. J. Van Wylen and R. E. Sonntag, Fundamentals of Classical Thermodynamics, Wiley, New York, 1973.

〈표 A.9〉 대표적인 압축 액체 물의 상태량

T °C	v m³/kg	u kJ/kg	h kJ/kg	s kJ/kg·K	v m³/kg	u kJ/kg	h kJ/kg	s kJ/kg·K	v m³/kg	u kJ/kg	h kJ/kg	s kJ/kg·K
	P = 5 MPa (264.0℃)				P = 10 MPa (311.1℃)				P = 15 MPa (342.4℃)			
0	0.000 998	0.04	5.04	0.0001	0.000 995	0.09	10.04	0.0002	0.000 993	0.15	15.05	0.0004
20	0.001 000	83.65	88.65	0.296	0.000 997	83.36	93.33	0.2945	0.000 995	83.06	97.99	0.2934
40	0.001 006	167.0	172.0	0.570	0.001 003	166.4	176.4	0.5686	0.001 001	165.8	180.78	0.5666
60	0.001 015	250.2	255.3	0.828	0.001 013	249.4	259.5	0.8258	0.001 010	248.5	263.67	0.8232
80	0.001 027	333.7	338.8	1.072	0.001 024	332.6	342.8	1.0688	0.001 022	331.5	346.81	1.0656
100	0.001 041	417.5	422.7	1.303	0.001 038	416.1	426.5	1.2992	0.001 036	414.7	430.28	1.2955
120	0.001 058	501.8	507.1	1.523	0.001 055	500.1	510.6	1.5189	0.001 052	498.4	514.19	1.5145
140	0.001 077	586.8	592.2	1.734	0.001 074	584.7	595.4	1.7292	0.001 071	582.7	598.72	1.7242
160	0.001 099	672.6	678.1	1.938	0.001 095	670.1	681.1	1.9317	0.001 092	667.7	684.09	1.9260
180	0.001 124	759.6	765.2	2.134	0.001 120	756.6	767.8	2.1275	0.001 116	753.8	770.50	2.1210
200	0.001 153	848.1	853.9	2.326	0.001 148	844.5	856.0	2.3178	0.001 143	841.0	858.2	2.3304

T °C	v m³/kg	u kJ/kg	h kJ/kg	s kJ/kg·K	v m³/kg	u kJ/kg	h kJ/kg	s kJ/kg·K	v m³/kg	u kJ/kg	h kJ/kg	s kJ/kg·K
	P = 20 MPa (365.8℃)				P = 30 MPa				P = 50 MPa			
0	0.000 990	0.19	20.01	0.0004	0.000 986	0.25	29.82	0.0001	0.000 977	0.20	49.03	0.0014
20	0.000 993	82.77	102.6	0.2923	0.000 989	82.17	111.8	0.2899	0.000 980	81.00	130.02	0.2848
40	0.000 999	165.2	185.2	0.5646	0.000 995	164.0	193.9	0.5607	0.000 987	161.9	211.21	0.5527
60	0.001 008	247.7	267.8	0.8206	0.001 004	246.1	276.2	0.8154	0.000 996	243.0	292.79	0.8052
80	0.001 020	330.4	350.8	1.0624	0.001 016	328.3	358.8	1.0561	0.001 007	324.3	374.70	1.0440
100	0.001 034	413.4	434.1	1.2917	0.001 029	410.8	441.7	1.2844	0.001 020	405.9	456.89	1.2703
120	0.001 050	496.8	517.8	1.5102	0.001 044	493.6	524.9	1.5018	0.001 035	487.6	539.39	1.4857
140	0.001 068	580.7	602.0	1.7193	0.001 062	576.9	608.8	1.7098	0.001 052	569.8	622.35	1.6915
160	0.001 088	665.4	687.1	1.9204	0.001 082	660.8	693.3	1.9096	0.001 070	652.4	705.92	1.8891
180	0.001 112	751.0	773.2	2.1147	0.001 105	745.6	778.7	2.1024	0.001 091	735.7	790.25	2.0794
200	0.001 139	837.7	860.5	2.3031	0.001 130	831.4	865.3	2.2893	0.001 115	819.7	875.5	2.2634

〈표 A.10〉 대표적인 물질의 생성 엔탈피, Gibbs 생성 함수, 엔트로피, 몰 질량 및 비열 (25 ℃ 및 1 atm 기준)

물질	화학식	몰 질량 M (kJ/kmol)	$\bar{s}^o$ (kJ/kmol)	$\bar{s}_f^o$ (kJ/kmol)	$\bar{s}_f^o$ (kJ/kmol)	$\bar{s}_f^o$ (kJ/kmol)
탄소	C (s)	12.011	0	0	5.74	0.708
수소	H_2 (g)	2.016	0	0	130.68	14.4
질소	N_2 (g)	28.01	0	0	191.61	1.039
산소	O_2 (g)	32.00	0	0	205.04	0.918
일산화탄소	CO (g)	28.013	−110,530	−137,150	197.65	1.05
이산화탄소	CO_2 (g)	44.01	−393,520	−394,360	213.80	0.846
수증기	H_2O (g)	18.02	−241,820	−228,590	188.83	1.87
물(액체)	H_2O (l)	18.02	−285,830	−237,180	69.92	4.18
메탄	CH_4 (g)	16.043	−74,850	−50,790	186.16	2.20
에탄	C_2H_6 (g)	30.070	−84,680	−32,890	229.49	1.75
에틸렌	C_2H_4 (g)	28.05	52,280	68,120	219.83	1.55
아세틸렌	C_2H_2 (g)	26.038	226,730	209,170	200.85	1.69
프로판	C_3H_8 (g)	44.097	−103,850	−23,490	269.91	2.77
n−부탄	C_4H_{10} (g)	58.123	−126,150	−15,710	310.12	2.42
n−옥탄	C_8H_{18} (l)	114.231	−249,950	6,610	360.79	2.23
메탄올	CH_3OH (l)	32.042	−238,660	−166,360	126.80	2.53
에탄올	C_2H_5OH (l)	46.069	−277,690	−174,890	160.70	2.44

<표 A.11> 다양한 화학 평형 반응에서의 평형 상수 K_P의 자연로그 값

반응 $v_A A + v_B B \Leftrightarrow v_C C + v_D D$에서의 평형 상수 K_P는 $k_p = \dfrac{P_C^{\nu_C} P_D^{\nu_D}}{P_A^{\nu_A} P_B^{\nu_B}}$로 정의됨.

온도 K	$H_2 \Leftrightarrow 2H$	$O_2 \Leftrightarrow 2O$	$N_2 \Leftrightarrow 2N$	$H_2O \Leftrightarrow$ $H_2 + \frac{1}{2}O_2$	$H_2O \Leftrightarrow$ $\frac{1}{2}H_2 + HO$	$CO_2 \Leftrightarrow$ $CO + \frac{1}{2}O_2$	$\frac{1}{2}N_2 + \frac{1}{2}O_2$ $\Leftrightarrow NO$
298	−164.005	−186.975	−367.480	−92.208	−106.208	−103.762	−35.052
500	−92.827	−105.630	−213.373	−52.691	−60.281	−57.616	−20.295
1000	−39.803	−45.150	−99.127	−23.163	−26.034	−23.529	−9.388
1200	−30.874	−35.605	−80.611	−18.182	−20.283	−17.871	−7.569
1400	−24.463	−27.742	−66.329	−14.609	−16.099	−13.842	−6.270
1600	−19.637	−22.285	−56.055	−11.921	−13.066	−10.830	−5.294
1800	−15.866	−18.030	−48.051	−9.826	−10.657	−8.497	−4.536
2000	−12.840	−14.622	−41.645	−8.145	−8.728	−6.635	−3.931
2200	−10.353	−11.827	−36.391	−6.768	−7.148	−5.120	−3.433
2400	−8.276	−9.497	−32.011	−5.619	−5.832	−3.860	−3.019
2600	−6.517	−7.521	−28.304	−4.648	−4.719	−2.801	−2.671
2800	−5.002	−5.826	−25.117	−3.812	−3.763	−1.894	−2.372
3000	−3.685	−4357	−22.359	−3.086	−2.937	−1.111	−2.114
3200	−2.534	−3.072	−19.937	−2.451	−2.212	−0.429	−1.888
3400	−1.516	−1.935	−17.800	−1.891	−1.576	0.169	−1.690
3600	−0.609	−0.926	−15.898	−1.392	−1.088	0.701	−1.513
3800	0.202	−0.019	−14.199	−0.945	−0.501	1.176	−1.356
4000	0.934	0.796	−12.660	−0.542	−0.044	1.599	−1.216
4500	2.486	2.513	−9.414	0.312	0.920	2.490	−0.921
5000	3.725	3.895	−6.807	0.996	1.689	3.197	−0.686
5500	4.743	5.023	−4.665	1.560	2.318	3.771	−0.497
6000	5.590	5.963	−2.865	2.032	2.843	4.245	−0.341

* 출전 : Gordon J. Van Wylen and Richard E. Sonntag, Fundamentals of Classical Thermodynamics, English/SI Version, 3rd ed.(New York: John Wiley & Sons, 1986), p.723, Table A.14. 및 JANAF 에 수록된 열역학적 자료, Thermodynamical Tables(Midland, MI: Thermal Research Laboratory, The Dow Chemical Company, 1971).

찾아보기 가나다순

찾아보기 분류별

공업 열역학 2판

2판 1쇄 인쇄 | 2023년 3월 2일
2판 1쇄 발행 | 2023년 3월 5일

지은이 | John R. Reisel
옮긴이 | 권영진·박상희·박세환·양 협
염정국·정창윤·한영배
펴낸이 | 조승식
펴낸곳 | (주)도서출판 북스힐

등 록 | 1998년 7월 28일 제22-457호
주 소 | 서울시 강북구 한천로 153길 17
전 화 | (02) 994-0071
팩 스 | (02) 994-0073

홈페이지 | www.bookshill.com
이메일 | bookshill@bookshill.com

정가 33,000원
ISBN 979-11-5971-470-2